Vorwort

In diesem Fachbuch finden die Auszubildenden der Berufe Werkzeugmechanikerin und Werkzeugmechaniker bzw. Feinwerkmechanikerin und Feinwerkmechaniker Schwerpunkt Werkzeugbau die für ihre Ausbildung notwendigen relevanten Lerninhalte.

Fort- und weiterbildungswillige Schülerinnen und Schüler sowie Studentinnen und Studenten an Fach- und Hochschulen erhalten viele Anregungen für Verfahren und Werkzeuge in der Stanz-, Umform- und Formentechnik.

Die **19. Auflage** wurde an wenigen Stellen aktualisiert.
Die Auflage wurde sorgfältig durchgesehen und korrigiert, besonders wurde auf neue bzw. zurückgezogene Normen geachtet.

Um die geforderte **Handlungskompetenz** zu stärken, bleiben die am Schluss der Abschnitte Stanztechnik, Formenbau und Vorrichtungsbau eingefügten **Fallbeispiele** erhalten. Diese eignen sich besonders als Lernsituationen für den Unterricht im Lernfeld, weil sie neben den fachlichen Aspekten der Technologie und der Werkstofftechnik auch noch Inhalte der Arbeitsplanung und technische Berechnungen enthalten. Dies gilt ebenso für die **erweiterte Beispielsammlung Kapitel 7.** Besonderer Wert liegt auf dem Anwendungsbezug und der Problemorientierung sowie der Relevanz zur Abschlussprüfung Teil 2.

Um das Unterrichtskonzept **„Lernen im Lernfeld"** zu stärken, sind auf den Seiten 346 bis 365 die Lernfelder 5 bis 14 für Werkzeugmechaniker/innen bearbeitet. Für jedes Lernfeld wird ein Vorschlag für einen Lerngegenstand gemacht und das Lernfeld in Lernsituationen aufgeteilt.

Das Medienpaket (siehe Umschlaginnenseite vorne) enthält über 700 Bilder und Tabellen, die **Lösungsvorschläge** für die im Buch gestellten Wiederholungsfragen sowie Animationen und Präsentationen aus dem Fertigungsbereich Stanz- und Umformtechnik.

Die mit roten Zahlen gekennzeichneten Wiederholungsfragen haben einen erhöhten Schwierigkeitsgrad.

Im Sachwortbereich werden die technischen Fachbegriffe sowohl in deutscher als auch in **englischer Sprache** angeben, um das Textverständnis in englischer Fachliteratur zu fördern.

Besonderer Dank gilt den auf Seite 367 aufgeführten Firmen und Organisationen, die den Autoren wertvolle Unterstützung gewährten.

Für Anregungen und kritische Hinweise an die E-Mail-Adresse **lektorat@europa-lehrmittel.de**, die zu einer weiteren Vervollständigung und Verbesserung des Buches beitragen können, sind Autoren und Verlag aufgeschlossen und dankbar.

Eisingen, im Frühjahr 2025 — Autoren und Verlag

1 Stanztechnik — Seite 7 ... 117 — 1

2 Formenbau — Seite 118 ... 199 — 2

3 Vorrichtungsbau — Seite 200 ... 249 — 3

4 Messgeräte und Lehren — Seite 250 ... 270 — 4

5 Bearbeitungsverfahren im Werkzeugbau — Seite 271 ... 300 — 5

6 Werkstoffe und Wärmebehandlungsverfahren — Seite 301 ... 325 — 6

7 Beispielsammlung mit Analysen — Seite 326 ... 345 — 7

8 Lernfelder mit Lernsituationen — Seite 346 ... 365 — 8

1 Stanztechnik ... 7

1.1 Begriffsbestimmungen ... 7
1.2 Zerteilen ... 7
1.2.1 Scherschneiden ... 7
1.2.2 Scherschneidverfahren ... 8
1.2.3 Lage der Schneiden beim Scherschneiden ... 9
1.2.4 Schneidvorgang ... 10
1.3 Schneidwerkzeuge ... 11
1.3.1 Einteilung nach dem Fertigungsverfahren ... 11
1.3.2 Einteilung nach dem Fertigungsablauf 11
1.3.3 Einteilung nach dem konstruktiven Aufbau ... 16
1.3.4 Besondere Schneidwerkzeuge ... 19
1.4 Bauelemente der Schneidwerkzeuge ... 24
1.4.1 Grundplatte ... 24
1.4.2 Schneidplatte ... 24
1.4.3 Streifenführungselemente ... 26
1.4.4 Führungsplatte ... 27
1.4.5 Spannplatte ... 27
1.4.6 Schneidstempel ... 28
1.4.7 Aufschlagstücke ... 29
1.4.8 Stempelplatte ... 30
1.4.9 Druckplatte ... 30
1.4.10 Kopfplatte ... 30
1.4.11 Einspannzapfen ... 30
1.4.12 Säulengestelle ... 31
1.4.13 Federelemente ... 33
1.4.14 Vorschubbegrenzung ... 34
1.4.15 Werkstück- und Abfallentfernung ... 37
1.5 Werkstoffbeispiele für die Bauteile eines Schneidwerkzeuges ... 40
1.6 Einflüsse auf die Gestaltung von Schneidwerkzeugen ... 42
1.6.1 Schneidspalt und Spiel ... 42
1.6.2 Schnittgrat ... 44
1.6.3 Schneidkraft ... 45
1.6.4 Kräfte am Werkzeug ... 47
1.6.5 Werkstoffausnutzung ... 50
1.7 Keilschneiden ... 57
1.7.1 Messerschneiden ... 57
1.8 Stechen ... 58
1.9 Unfallverhütung an Schneidwerkzeugen ... 59
1.10 Fallbeispiel: Folgeschneidwerkzeug ... 60
1.10.1 Aufgabenstellung ... 60
1.10.2 Vorüberlegungen ... 60
1.10.3 Werkzeugaufbau ... 61
1.11 Verfahren der Umformtechnik ... 62
1.11.1 Druckumformen ... 62
1.11.2 Zug-Druckumformen ... 71
1.11.3 Zugumformen ... 81
1.11.4 Biegeumformen ... 81
1.11.5 Umformwerkzeuge mit Wirkmedien ... 88
1.11.6 Innenhochdruckumformen ... 89
1.12 Verbundwerkzeuge ... 91
1.12.1 Folgeverbundwerkzeuge ... 91
1.12.2 Aufbau der Folgeverbundwerkzeuge ... 92
1.12.3 Gesamtverbundwerkzeuge ... 95
1.13 Großwerkzeuge in der Stanztechnik ... 96
1.13.1 Aufbau der Werkzeuge ... 96
1.14 Rechnergestütze Konstruktion von Stanzwerkzeugen ... 98
1.14.1 Arbeitsschritte ... 98
1.15 Alternative Verfahren zur Stanztechnik 102
1.16 Pressen und Hilfseinrichtungen der Stanztechnik ... 104
1.16.1 Pressenarten ... 104
1.16.2 Wirkungsweise der Pressen ... 109
1.16.3 Auswahl von Pressen ... 112
1.16.4 Zusatzgeräte an Pressen ... 113
1.16.5 Werkzeugeinbau und Werkzeugüberwachung ... 114
1.16.6 Sicherheitseinrichtungen an Pressen ... 114
1.17 Instandhaltung im Werkzeugbau ... 115
1.17.1 Instandhaltungsstrategien ... 115
1.17.2 Vorgehensweise im Werkzeugbau ... 116
1.17.3 Standort der Instandhaltung ... 117

2 Formenbau ... 118

2.1 Fertigungsverfahren ... 118
2.2 Kokillengießen ... 118
2.3 Druckgießen ... 119
2.3.1 Warmkammerverfahren ... 120
2.3.2 Kaltkammerverfahren ... 121
2.3.3 Druckgießmaschinen ... 122
2.3.4 Richtlinien für die Gestaltung von Druckgießteilen ... 122
2.3.5 Aufbau der Druckgießwerkzeuge ... 123
2.3.6 Eingießen von Fremdmetallteilen ... 127
2.3.7 Kühlen der Form ... 127
2.4 Form- und Spritzpressen ... 128
2.4.1 Formpressen ... 128
2.4.2 Spritzpressen ... 129
2.4.3 Beheizung von Press- und Spritzpresswerkzeugen ... 130
2.5 Spritzgießen ... 131
2.5.1 Vorgänge beim Spritzgießen ... 131
2.5.2 Spritzgießmaschine ... 135
2.5.3 Gestaltung von Spritzgießteilen ... 139
2.5.4 Aufbau von Spritzwerkzeugen ... 142
2.5.5 Gießformen aus Normalien ... 157
2.5.6 Sonderbauarten von Werkzeugen ... 175
2.5.7 Sonderverfahren beim Spritzgießen ... 176
2.5.8 Prototypen ... 181
2.6 Additive Fertigung ... 181
2.6.1 Stereolithographie (SL) ... 182
2.6.2 Solidier-Verfahren ... 182
2.6.3 Selektives Laser-Sintern ... 183
2.6.4 Laminated Layer Manufacturing (LLM) ... 183
2.6.5 Fused Layer Modeling (FLM) ... 184
2.6.6 3-D-Plotten (3DP) ... 184
2.6.7 Vakuumgießverfahren ... 184
2.7 Extrudieren ... 185
2.7.1 Vollstabwerkzeug ... 186
2.7.2 Rohrwerkzeug ... 187
2.7.3 Blasformen von Hohlkörpern ... 188
2.7.4 Warmumformen ... 191

1
2
3
4
5
6
7
8

EUROPA-FACHBUCHREIHE
für Metallberufe

Mirja Didi
Heiner Dolmetsch
Frank Gengenbach
Roland Ihwe
Wolfgang Klein
Friedrich Ott

METALLTECHNIK FACHBILDUNG

Der Werkzeugbau

1 **Stanztechnik**
2 **Formenbau**
3 **Vorrichtungsbau**
4 **Messgeräte und Lehren**
5 **Bearbeitungsverfahren im Werkzeugbau**
6 **Werkstoffe und Wärmebehandlungsverfahren**
7 **Beispielsammlung**
8 **Lernfelder**

19. Auflage

VERLAG EUROPA-LEHRMITTEL · Nourney, Vollmer GmbH & Co. KG
Düsselberger Straße 23 · 42781 Haan-Gruiten

Europa-Nr.: 10889

Autoren

Didi, Mirja	Dipl.-Ing. (FH), M.Eng., Studienrätin	Rodalben
Dolmetsch, Heiner	Dipl.-Gwl., Dipl.-Ing. (FH), Studiendirektor	Metzingen
Gengenbach, Frank	Oberstudienrat	Ersingen
Ihwe, Roland	Dipl.-Ing., Oberstudienrat	Pforzheim
Klein, Wolfgang	Studiendirektor	Pforzheim
Ott, Freidrich	Studienrat	Pforzheim

Lektorat und Leitung des Arbeitskreises:
Wolfgang Klein

Bildbearbeitung:
Zeichenbüro des Verlags Europa-Lehrmittel GmbH & Co., Ostfildern

Diesem Buch wurden die neuesten Ausgaben der DIN-Blätter und der VDI-Richtlinien zugrunde gelegt. Verbindlich sind jedoch nur die DIN-Blätter und die VDI-Richtlinien selbst.
Verlag für die DIN-Blätter: Beuth-Verlag GmbH, Burggrafenstraße 6, 10787 Berlin.

19. Auflage 2025
Druck 5 4 3 2 1
Alle Drucke derselben Auflage sind parallel einsetzbar, da sie bis auf die Korrektur von Druckfehlern identisch sind.

ISBN 978-3-7585-1494-4

Satz: rkt, 51379 Leverkusen, www.rktypo.com
Umschlag: braunwerbeagentur, 42477 Radevormwald
Umschlagfotos: Kummer GmbH + Co. KG, 75443 Ötisheim und
Härter Stanztechnik GmbH & Co. KGaA, 75203 Königsbach-Stein
Druck: mediaprint solutions GmbH, 33100 Paderborn

2.8 Urformen von Sinterwerkstoffen 194
2.8.1 Allgemeines 194
2.8.2 Aufbau und Wirkungsweise eines Presswerkzeuges 195
2.9 Kontrolle und Erprobung von Werkzeugen im Formenbau 195
2.10 Instandhaltung und Wartung von Werkzeugen im Formenbau 196
2.11 Fallbeispiel: Spritzgießwerkzeug 198
2.11.1 Aufgabenstellung 198
2.11.2 Vorüberlegungen 198
2.11.3 Werkzeugaufbau 199

3 Vorrichtungsbau **200**

3.1 Allgemeines 200
3.1.1 Begriffsbestimmung 200
3.1.2 Verwendungszweck 200
3.1.3 Einteilung der Vorrichtungen 200
3.1.4 Aufbau einer Vorrichtung 201
3.1.5 Vorgänge bei der Bedienung einer Vorrichtung 201
3.2 Grundlagen des Vorrichtungsbaues 202
3.2.1 Lagebestimmung 202
3.2.2 Wahl der Bestimmflächen 202
3.2.3 Bestimmelemente 202
3.2.4 Einlegen und Entnehmen des Werkstückes 205
3.2.5 Spannen des Werkstückes 207
3.2.6 Spannkräfte 207
3.2.7 Spannelemente 207
3.2.8 Hilfsspannelemente 212
3.2.9 Bedienelemente 216
3.2.10 Vorrichtungsverschlüsse 217
3.2.11 Feststellelemente 218
3.2.12 Vorrichtungskörper 219
3.2.13 Aufnahme der Vorrichtung in der Werkzeugmaschine 220
3.3 Vorrichtungsarten 223
3.3.1 Bohrvorrichtungen 223
3.3.2 Fräsvorrichtungen 229
3.3.3 Drehvorrichtungen 233
3.3.4 Fügevorrichtungen 236
3.4 Werkstückträger 238
3.4.1 Palettierung 238
3.4.2 Anwendung von Mehrfach-spannsystemen 239
3.4.3 Nullpunktspannsysteme 240
3.4.4 Werkstückspanner für 5-Achsbearbeitung 242
3.4.5 Werkstückspanner für komplex geformte Werkstücke 243
3.5 Modulare Vorrichtungssysteme 244
3.5.1 Baukastensysteme 244
3.5.2 Bauelemente 245
3.5.3 Vorgehensweise bei der Erstellung einer Vorrichtung 245
3.5.4 Anwendung 246
3.5.5 Sondervorrichtungen 247
3.6 Fallbeispiel: Fräsvorrichtung 248
3.6.1 Aufgabenstellung 248
3.6.2 Vorüberlegungen 248
3.6.3 Vorrichtungsaufbau 249

4 Messgeräte und Lehren **250**

4.1 Allgemeines 250
4.1.1 Begriffsbestimmung 250
4.1.2 Prüfmittel 250
4.2 Maßverkörperungen 251
4.2.1 Strichmaße 251
4.2.2 Parallelendmaße 251
4.3 Anzeigende Messgeräte 252
4.3.1 Grundbegriffe 252
4.3.2 Messverfahren 252
4.3.3 Messschrauben 253
4.3.4 Messuhren und Feinzeiger 253
4.4 Optische Messgeräte 254
4.4.1 Messmikroskop 254
4.4.2 Profilprojektor 255
4.5 Optisch-elektrische Messgeräte 255
4.5.1 Inkrementale Messtaster 255
4.6 Elektrische Messgeräte 256
4.6.1 Allgemeines 256
4.6.2 Induktive Messtaster 256
4.6.3 Induktive Messdorne 257
4.6.4 Mehrstellenmessgeräte 257
4.7 Pneumatische Messgeräte 258
4.7.1 Messverfahren 258
4.7.2 Messaufnehmer 259
4.7.3 Messanordnung 259
4.8 Winkelprüfung 260
4.8.1 Winkelendmaße 260
4.8.2 Sinuslineal 260
4.9 Koordinaten-Messgeräte 261
4.9.1 Einkoordinaten-Messgeräte 261
4.9.2 Dreikoordinaten-Messgeräte 262
4.9.3 Messaufnahmesysteme 264
4.10 Lehren 265
4.10.1 Überprüfen und Instandsetzen von Prüfmitteln 267
4.11 Digitalisieren 269
4.11.1 Digitalisieren mittels Tastkopf 269
4.11.2 Digitalisieren mittels optischer Verfahren 269
4.11.3 Digitalisieren mittels Röntgenstrahlen 270
4.11.4 Aufbereiten der Abtastdaten 270

5 Bearbeitungsverfahren im Werkzeugbau **271**

5.1 Allgemeine Verfahren 271
5.1.1 Vorrichten und Anreißen 271
5.1.2 Stoßen 272
5.1.3 Fräsen mit konventioneller Fräsmaschine 272
5.2 Fräsen mit CNC-Fräsmaschinen 274
5.2.1 Anforderungen an die CNC-Fräsmaschine 274
5.2.2 Einteilung der CNC-Fräsmaschinen 274
5.2.3 Bearbeitungszentrum 275
5.2.4 Programmieren von CNC-Fräsmaschinen 276

5.3 Bearbeitung mit CAM ... 281
5.3.1 Strukturen von CAD-Daten ... 282
5.3.2 Ablauf im CAD-CAM-System ... 282
5.4 Hochgeschwindigkeitsfräsen ... 283
5.4.1 HSC in der Elektrodenherstellung ... 285
5.5 Schleifen ... 286
5.5.1 Profilschleifen ... 286
5.5.2 Tiefschleifen ... 287
5.5.3 Koordinatenschleifen ... 287
5.6 Abtragen ... 288
5.6.1 Funkenerosionsverfahren ... 288
5.6.2 Funkenerosives Senken ... 290
5.6.3 Funkenerosives Schneiden ... 296

6 Werkstoffe und Wärmebehandlungsverfahren ... 301

6.1 Werkstoffe im Vorrichtungs- und Werkzeugbau ... 301
6.1.1 Einteilung der Stähle ... 301
6.1.2 Baustähle ... 301
6.1.3 Werkzeugstähle ... 305
6.1.4 Sinterwerkstoffe ... 306
6.1.5 Beschichtete Werkstoffe ... 307
6.1.6 Keramische Werkstoffe ... 308
6.1.7 Nichteisenmetalle ... 309
6.1.8 Kunststoffe im Werkzeugbau ... 311
6.2 Allgemeine Beschreibung der Wärmebehandlungsverfahren ... 313
6.2.1 Glühen ... 313
6.2.2 Härten ... 315
6.2.3 Anlassen ... 318
6.2.4 Maßnahmen beim Härten und Anlassen ... 319
6.2.5 Altern ... 321
6.3 Wärmebehandlung der Werkzeugstähle ... 321
6.3.1 Unlegierte Werkzeugstähle ... 321
6.3.2 Kaltarbeitsstähle ... 322
6.3.3 Warmarbeitsstähle ... 322
6.4 Wärmebehandlung der Baustähle ... 323
6.4.1 Vergüten ... 323
6.4.2 Einsatzhärten ... 324
6.4.3 Nitrieren ... 325

7 Beispielsammlung ... 326

7.1 Folgeverbundwerkzeug (plattengeführt) ... 326
7.2 Folgeverbundwerkzeug (säulengeführt) ... 328
7.3 Gesamtverbundwerkzeug ... 330
7.4 Zweifach-Spritzgießwerkzeug ... 332
7.5 Spritzgießwerkzeug (Backenwerkzeug) ... 334
7.6 Druckgießwerkzeug ... 336
7.7 Fräsvorrichtung ... 338
7.8 Bohrvorrichtung ... 340
7.9 Messvorrichtung ... 342
7.10 Baukastenvorrichtung ... 344

8 Lernfelder ... 346

8.1 Lernfeld 5: Formgeben von Bauelementen durch spanende Fertigung ... 346
8.2 Lernfeld 6: Herstellen technischer Teilsysteme des Werkzeugbaus ... 348
8.3 Lernfeld 7: Fertigen mit numerisch gesteuerten Werkzeugmaschinen ... 350
8.4 Lernfeld 8: Planen und Inbetriebnahme steuerungstechnischer Systeme ... 352
8.5 Lernfeld 9: Herstellen von formgebenden Werkzeugoberflächen ... 354
8.6 Lernfeld 10: Fertigung von Bauelementen in der rechnergestützten Fertigung ... 356
8.7 Lernfeld 11: Herstellen der technischen Systeme des Werkzeugbaus ... 358
8.8 Lernfeld 12: Inbetriebnahme und Instandhalten von technischen Systemen des Werkzeugbaus ... 360
8.9 Lernfeld 13: Planen und Fertigen technischer Systeme des Werkzeugbaus ... 362
8.10 Lernfeld 14: Ändern und Anpassen techischer Systeme des Werkzeugbaus ... 364

Normblattverzeichnis ... 366
Quellenverzeichnis ... 367
Sachwortverzeichnis ... 368

1
2
3
4
5
6
7
8

1 Stanztechnik

1.1 Begriffsbestimmungen

Das Stanzen gehört zu den spanlosen Fertigungsverfahren. Der Begriff fasst mehrere Schneid-, Umform- und Formverfahren zusammen **(Tabelle 1)**. Mit einem Stanzwerkzeug kann man beispielsweise zerteilen, umformen oder fügen.

Mit Hilfe der Stanztechnik fertigt man vorwiegend Werkstücke aus Blechstreifen, Metallbändern, Platten oder Bahnen aus Kunststoff, Papier, Leder, Textilien und aus Dichtungswerkstoffen. Die zweiteiligen, formgebundenen Werkzeuge werden meist in Pressen eingebaut und besitzen ein Ober- und ein Unterteil.

Die eingesetzten Werkzeuge bezeichnet man als Zerteilwerkzeuge, Umformwerkzeuge und Fügewerkzeuge. In Verbundwerkzeugen können die einzelnen Verfahren kombiniert werden.

Zerteilen ist nach DIN 8588 ein spanloses Trennverfahren. Die hauptsächlich angewendeten Verfahren sind das Scherschneiden und das Keilschneiden.

Durch **Umformen** (DIN 8582) kann an einem festen Körper eine bleibende Formänderung herbeigeführt werden. Die Benennung der Werkzeuge erfolgt meist durch die Angabe des Fertigungsverfahrens, z. B. Biegewerkzeug.

Fügen ist nach DIN 8593 das Zusammenbringen zweier oder mehrerer Werkstücke in fester Form durch Einpressen, Falzen oder Nieten.

Tabelle 1: Verfahren der Stanztechnik

Verfahren	Werkzeuge und Vorgang
Zerteilen	**Scherschneiden** **Keilschneiden** 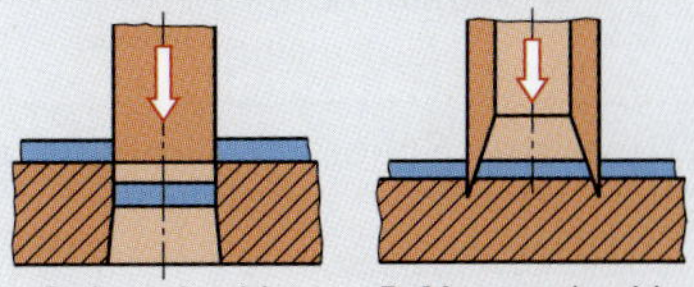 z.B. Ausschneiden z.B. Messerschneiden
Umformen	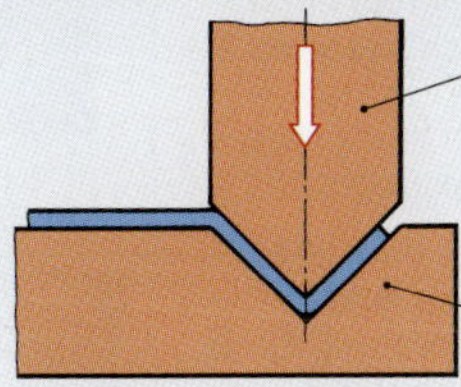 Biege-stempel **Biegen** Biege-gesenk
Fügen	**Falzen** **Nieten** 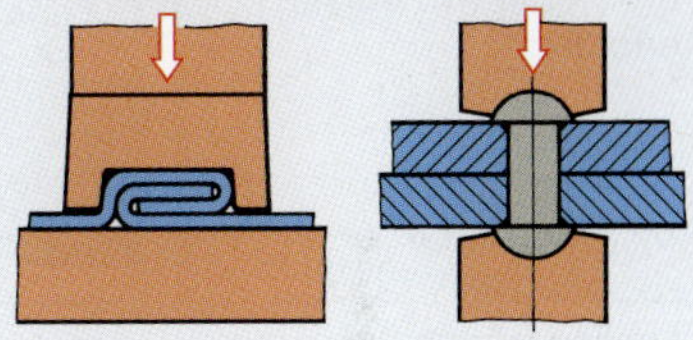

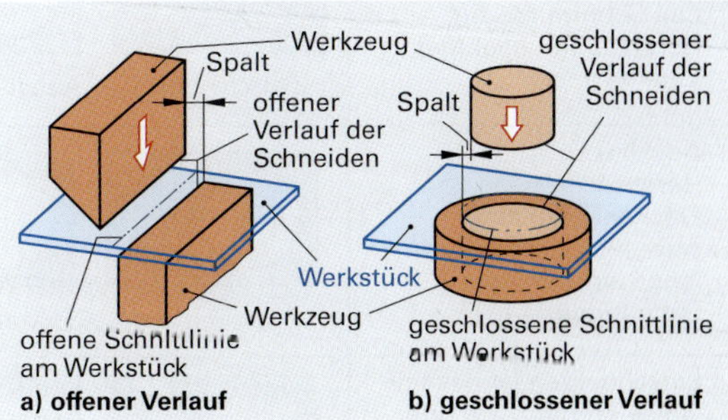

Bild 1: Scherschneiden

1.2 Zerteilen

1.2.1 Scherschneiden

Scherschneiden ist das Zerteilen von Werkstoffen durch zwei Schneiden, die sich aneinander vorbeibewegen.

Der Verlauf der Schneiden am Werkzeug und der Verlauf der Schnittlinien am Werkstück können dabei sowohl offen als auch geschlossen sein **(Bild 1)**.

Begriffe, die das Werkzeug betreffen, erhalten die Stammsilbe „Schneid-“, wie z. B. Schneidstempel, Schneidplatte **(Bild 2 a)**. Begriffe, die das Werkstück betreffen, erhalten die Stammsilbe „Schnitt-“, wie z. B. Schnittfläche, Schnittkante **(Bild 2 b)**.

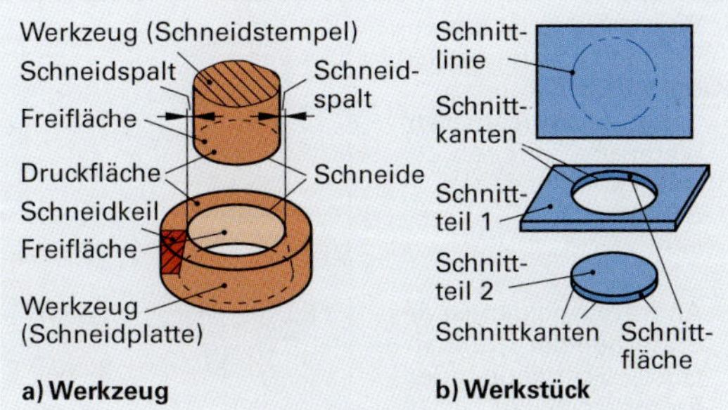

Bild 2: Begriffe am Werkzeug und am Werkstück

1

1.2.2 Scherschneidverfahren

Die Fertigungsverfahren beim Scherschneiden können unter anderem nach der Lage der Schnittlinie eingeteilt werden. Die einzelnen Verfahren heißen:

- **Ausschneiden**
- **Abschneiden**
- **Lochen**
- **Ausklinken**
- **Einschneiden**
- **Beschneiden mit Abgratschneiden**
- **Nachschneiden**
- **Trennschneiden**
- **Knabberschneiden**
- **Feinschneiden**

Tabelle 1: Scherschneidverfahren

Verfahren	Ausgangsform Fertigungsablauf Endform	Anwendung
Ausschneiden ist das Schneiden längs einer in sich geschlossenen Schnittlinie zur Herstellung der Außenform eines Werkstückes.	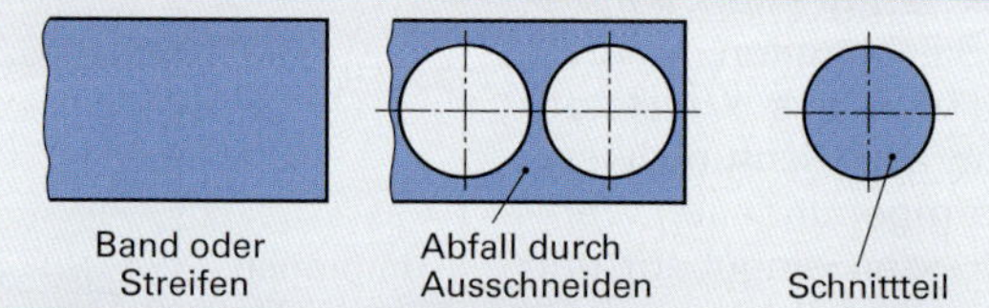	Werkstücke mit genauen Außenformen
Abschneiden ist das Schneiden entlang einer offenen Schnittlinie. Das Abschneiden kann ohne oder mit Abfall erfolgen.	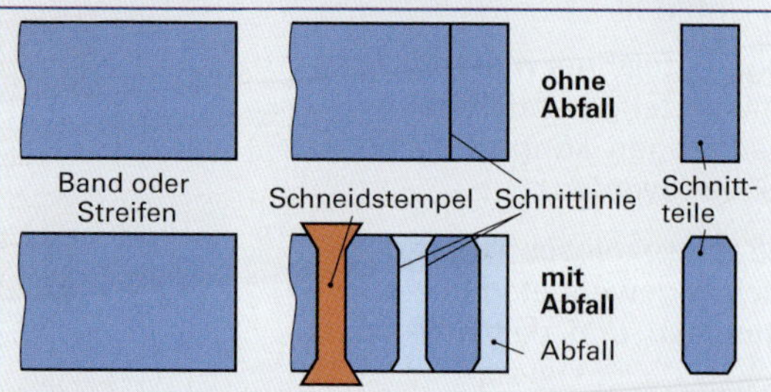	Einfache Werkstücke, Außenform wird nur teilweise geschnitten
Lochen ist das Schneiden des Werkstoffes längs einer in sich geschlossenen Schnittlinie zur Herstellung beliebiger Innenformen.	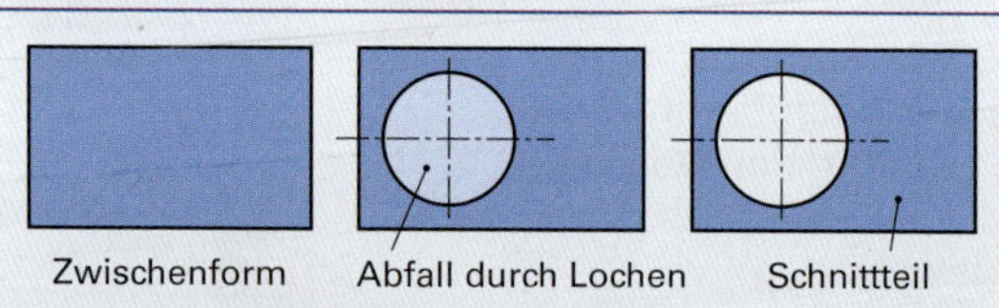	Werkstücke mit genauen Innenformen
Ausklinken ist das Herausschneiden von Flächenteilen an der Außen- oder Innenform längs einer offenen Schnittlinie.	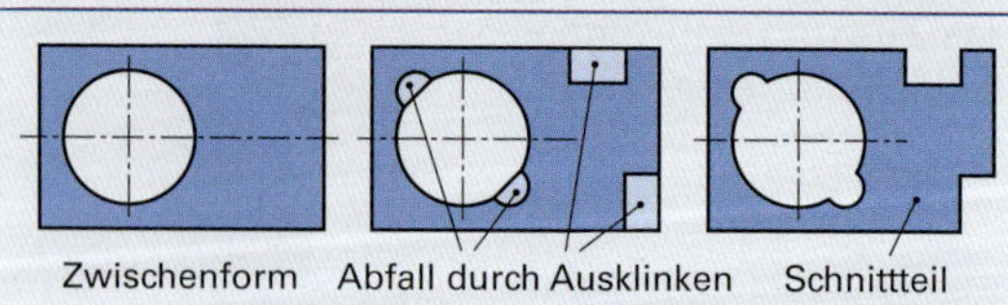	An Werkstücken, die nicht in einem Arbeitsgang bearbeitbar sind
Einschneiden ist das teilweise Trennen am oder im Werkstück entlang einer offenen Schnittlinie.	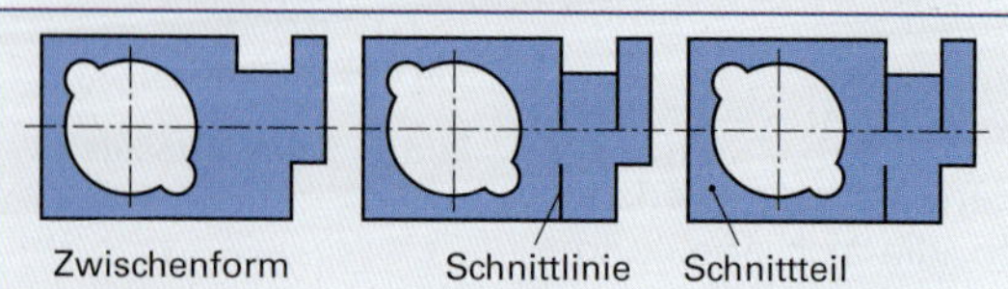	Vorbereitung für Biege- und Zieharbeiten
Beschneiden ist das Trennen von Rändern oder Bearbeitungszugaben an Werkstücken längs einer offenen oder geschlossenen Schnittlinie.	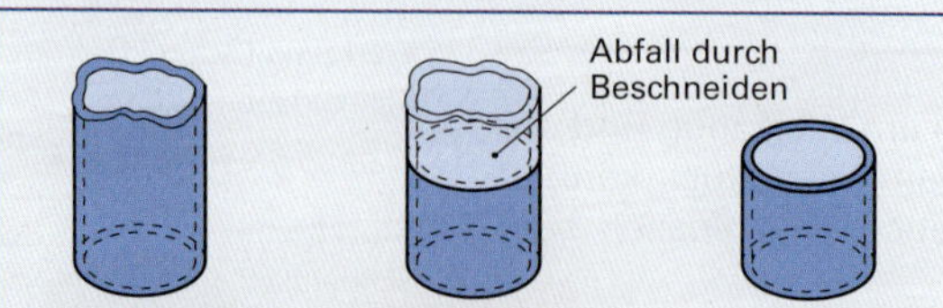	Form- und maßgenaue Teile Abgraten von Rändern
Abgratschneiden ist das Entfernen der Grate an Guss-, Schmiede- oder Formpressteilen.	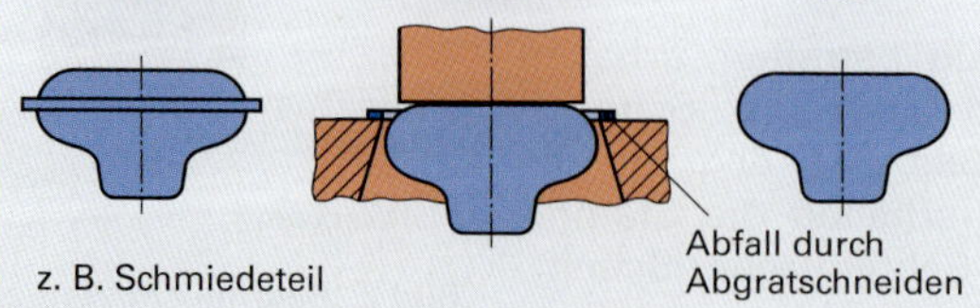	Überstehender Werkstoff an Guss- und Schmiedeteilen, der scharfe Kanten erzeugt

Tabelle 1: Scherschneidverfahren (Fortsetzung)

Verfahren	Ausgangsform Fertigungsablauf Endform	Anwendung
Nachschneiden ist das Abtrennen schmaler Ränder entlang offener oder in sich geschlossener Schnittlinien an vorgeschnittenen Werkstücken.	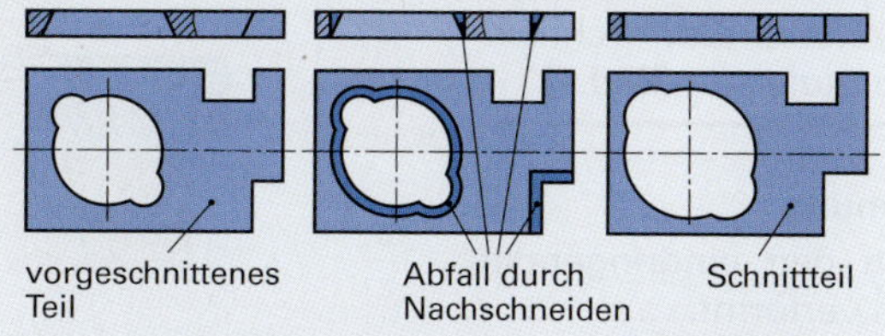	Vorgeschnittene Werkstücke, die eine glatte, senkrechte Schnittfläche benötigen
Trennschneiden ist das Schneiden längs einer offenen oder in sich geschlossenen Schnittlinie, wobei aus der Ausgangsform mehrere Werkstücke hergestellt werden.	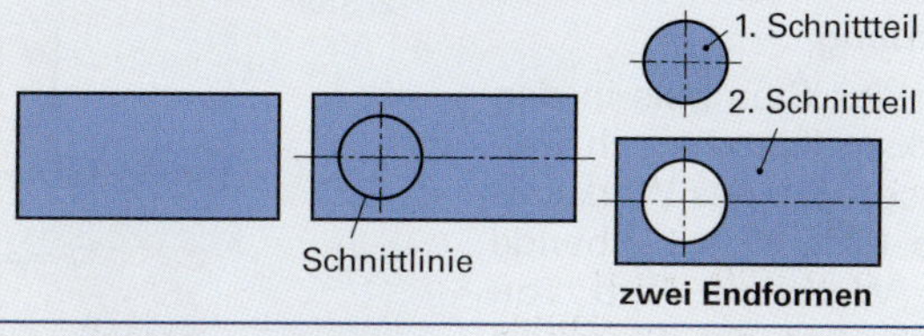	Endformen, die aus demselben Ausgangsteil bestehen sollen
Knabberschneiden ist das stückweise Abtrennen von Werkstoffteilchen entlang einer offenen Schnittlinie bei einer beliebig verlaufenden Vorschublinie.	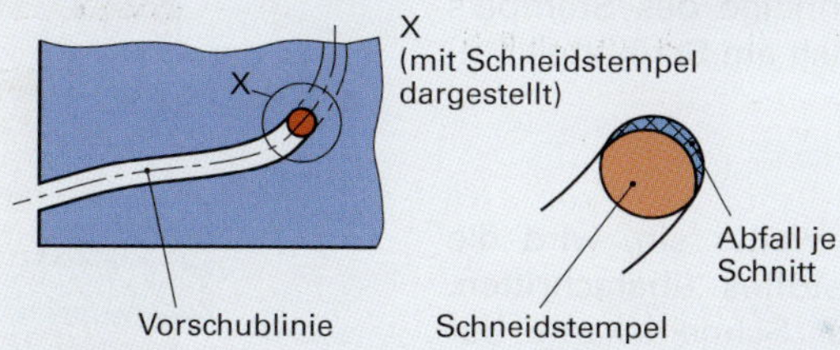	Werkstücke, die von Hand oder mit einer Maschine bearbeitet werden und eine freie Kontur besitzen.
Feinschneiden ist das Schneiden eines Werkstoffes zur Herstellung von Innen- und Außenformen, die rechtwinklig zur Planfläche des Werkstückes liegen und eine geringe Oberflächenrauheit aufweisen.	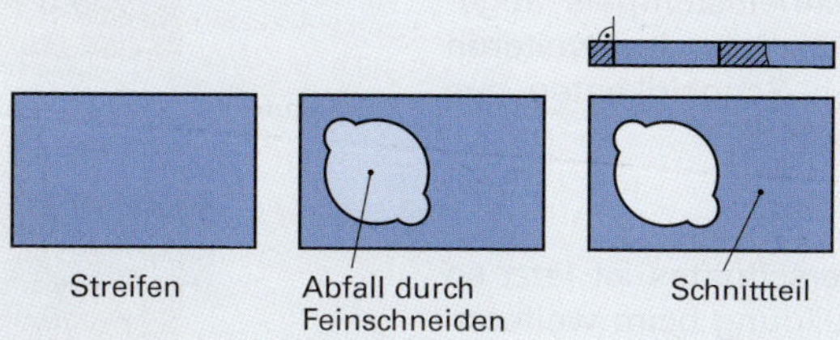	Dicke Werkstücke, die eine genaue, rechtwinklige und glatte Schnittfläche benötigen

1.2.3 Lage der Schneiden beim Scherschneiden

Scherschneiden lässt sich auch nach der Lage der Schneiden zueinander und nach dem Arbeitsvorgang unterscheiden und bezeichnen **(Tabelle 2)**.

Tabelle 2: Einteilung des Scherschneidens

	Vollkantig Schneiden	Kreuzend Schneiden
Drückende Schneiden	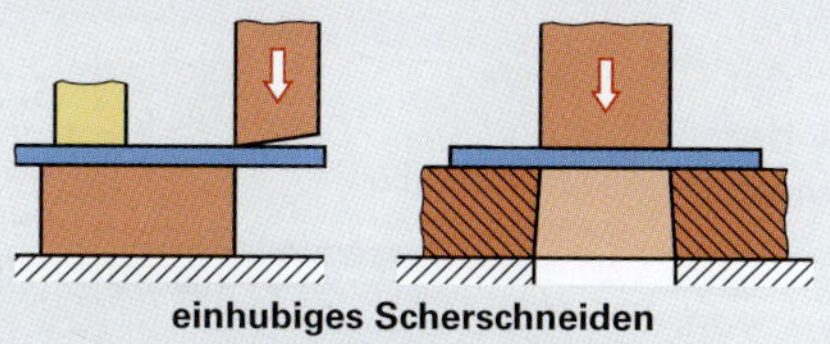	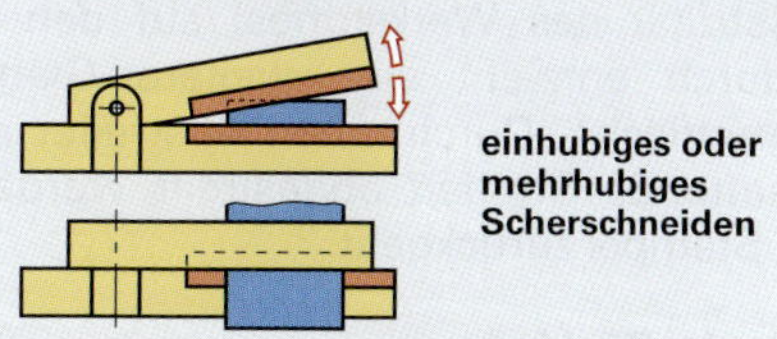
Ziehende Schneiden	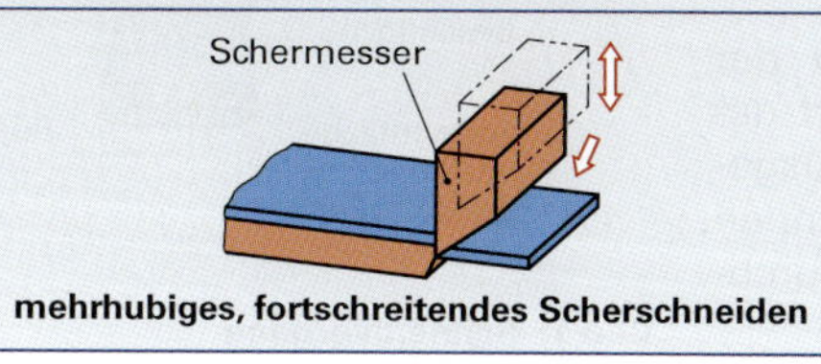	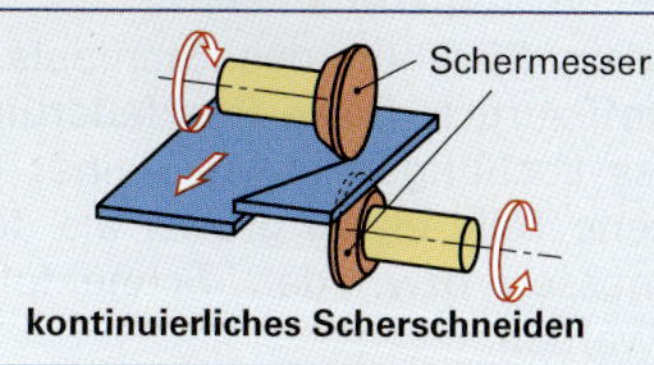

1

1.2.4 Schneidvorgang

Beim Scherschneiden mit Schneidwerkzeugen wird der Werkstoff mit dem Schneidstempel und der Schneidplatte zerteilt. Der Schneidvorgang läuft in mehreren Stufen ab **(Bild 1)**.

1. Stufe: Elastische Verformung

Der Werkstoff wird durch den eindringenden Stempel zunächst elastisch verformt.

2. Stufe: Bleibende Verformung

Beim weiteren Eindringen des Stempels in den Werkstoff werden die Werkstofffasern noch weiter gedehnt. Die Elastizitätsgrenze des Werkstoffes wird überschritten, so dass eine bleibende Verformung eintritt. Der Werkstoff wird von außen nach innen zur Schneide des Stempels gezogen. Dadurch bilden sich am Schnittteil Einziehrundungen.

3. Stufe: Abscherung

Dringt der Stempel noch weiter ein, wird die Scherfestigkeit des Werkstoffes überschritten. Der Werkstoff wird an der Schneidekante der Schneidplatte und des Schneidstempels abgeschert und bildet Schnittflächen. Im weiteren Verlauf entstehen von den Schneidkanten aus Risse, die aufeinander zulaufen.

4. Stufe: Bruch

Die Festigkeit des Restquerschnittes ist jetzt so gering, dass sich die Rissbildung beim weiteren Eindringen des Stempels fortsetzt, bis der Bruch des Werkstoffes eintritt. Die Bruchfläche verläuft jedoch nicht senkrecht, sondern schräg zur Schnittstreifen- bzw. Schnittteiloberfläche.

5. Stufe: Glättung der Schnittflächen

Nach dem Trennen des Werkstoffes wird der zurückgleitende Stempel an den Seitenflächen durch den Werkstoff stark beansprucht. Beim Rückhub drücken die Rückverformungskräfte F_e (Elastizität des Werkstoffes) auf den Stempel. Dadurch entsteht eine weitere Glättung der Schnittfläche. Durch einen Abstreifer muss der anhaftende Streifen abgestreift werden, wenn der Stempel zurückgeht.

6. Stufe: Rückfederung

Nach dem Rückhub des Stempels federt der Werkstoff zurück. Diese Rückfederung führt dazu, dass Lochungen etwas kleiner und ausgeschnittene Teile etwas größer als der Stempeldurchmesser bzw. der Schneidplattendurchbruch werden.

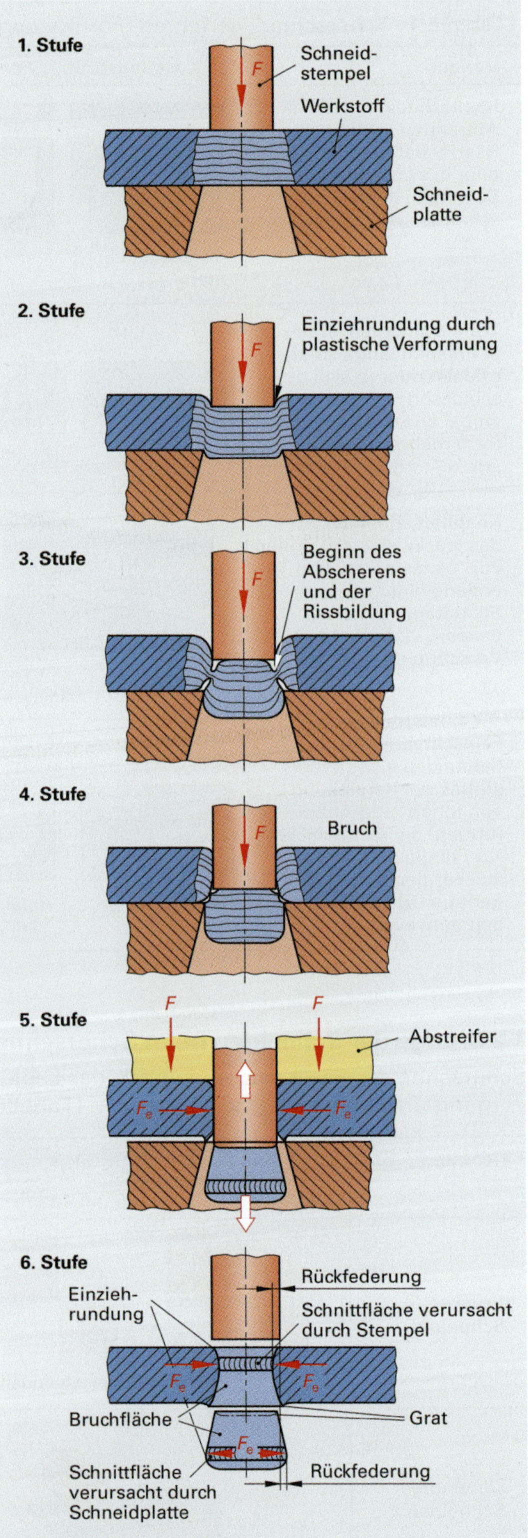

Bild 1: Schneidvorgang

1.3 Schneidwerkzeuge

Nach DIN 8588 werden Werkzeuge für das Scherschneiden kurz als Schneidwerkzeuge bezeichnet. Die Benennung kann dabei nach folgenden Gesichtspunkten erfolgen: Fertigungsverfahren, Fertigungsablauf, konstruktiver Aufbau.

1.3.1 Einteilung nach dem Fertigungsverfahren

Die Fertigungsverfahren des Scherschneidens werden in der Tabelle 1 auf der Seite 8 aufgeführt und dargestellt. Die zugehörigen Werkzeuge werden dementsprechend als Ausschneidwerkzeuge, Abschneidwerkzeuge, Lochwerkzeuge usw. bezeichnet.

1.3.2 Einteilung nach dem Fertigungsablauf

Werden die Schneidwerkzeuge nach dem Fertigungsablauf unterteilt, so wird die Anzahl der im Schneidwerkzeug angewendeten Verfahren sowie deren Reihenfolge zur Bezeichnung herangezogen **(Bild 1)**.

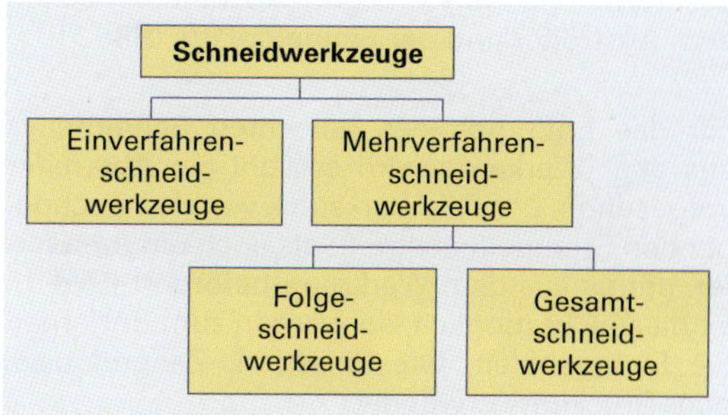

Bild 1: Einteilung der Schneidwerkzeuge nach dem Fertigungsablauf

1.3.2.1 Einverfahrenschneidwerkzeuge

Beim Einverfahrenwerkzeug kommt immer nur ein Verfahren zur Anwendung, z. B. Abschneiden oder Lochen oder Beschneiden.

Mit dem Ausschneidwerkzeug können Schnittteile mit einer Endform oder mit einer Zwischenform, einer so genannten Platine, hergestellt werden **(Bild 2)**. Das ausgeschnittene Teil kann dann in ein Lochwerkzeug eingelegt und gelocht werden. Für jeden Arbeitsgang ist ein Hub und ein eigenes Werkzeug erforderlich.

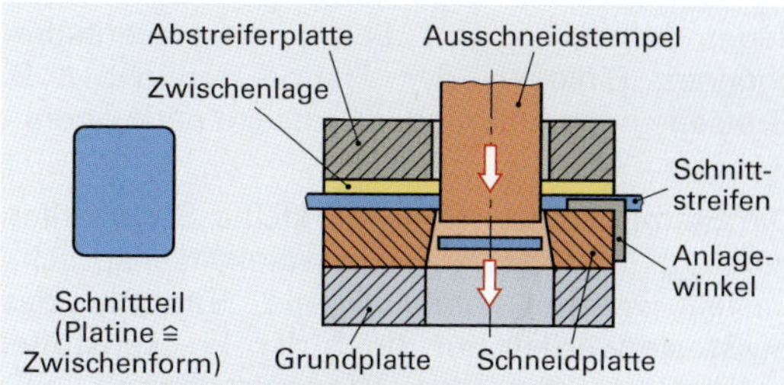

Bild 2: Arbeitsprinzip beim Einverfahren-Ausschneidwerkzeug

Der Werkstoffstreifen wird eingeschoben und an einem Anlagewinkel angeschlagen. Der Anlagewinkel dient als Anschlag, so dass damit eine gleich bleibende Stegbreite am Schnittstreifen entsteht und der Stempel allseitig schneiden muss. Bild 2 zeigt das Arbeitsprinzip.

Die Genauigkeit der Lage der Innen- zu der Außenform hängt sowohl von der Güte der Werkstückaufnahme als auch von der jeweiligen Stempelführung ab. Wird nur ein Verfahren angewendet, so hängt die Genauigkeit allein von der Stempelführung ab. Damit das Werkzeug auf den Pressentisch gespannt werden kann, sind die Werkzeuge mit einer Grundplatte versehen. Weil der Werkstoff beim Zerteilen zurückfedert, nimmt der hochgehende Stempel den Schnittstreifen mit, der dann an einer Abstreiferplatte zurückgehalten wird **(Bild 3)**.

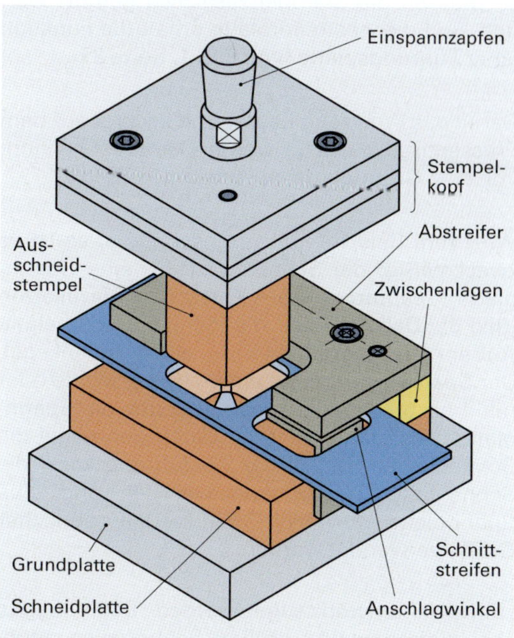

Bild 3: Ausschneidwerkzeug ohne Führung

1

Das vorgeschnittene Werkstück (Platine) kann in einem zweiten Werkzeug, z. B. einem Lochwerkzeug, weiterverarbeitet werden. Für die genaue Lagebestimmung der eingelegten Platinen wird eine **Werkstückaufnahme** vorgesehen, die gleichzeitig auch als Zwischenlage dient. Diese bestimmt den notwendigen Abstand zwischen dem Abstreifer und der Schneidplatte **(Bild 1).**

Für das Entfernen des gelochten Schnittteiles aus dem Werkzeug wird sowohl ein **Abstreifer** vorgesehen, der das Werkstück von den hochgehenden Stempeln abstreift, als auch ein **Auswerfer,** der es aus dem Werkzeug befördert **(Bild 1).** Ist dies nicht möglich, so werden zum Entfernen die Einlegehilfen, wie Pinzetten, Zangen usw. oder Druckluft verwendet.

Wird aus bestimmten Gründen gefordert, dass die entstehenden Grate jeweils auf einer Seite liegen sollen, so wird dies durch ein entsprechendes Einlegen der Platine erreicht (z. B. Gratseite nach unten oder Gratseite nach oben).

Die Stempel sind, wenn nur kleine Stückzahlen gefertigt und geringe Genauigkeitsansprüche gestellt werden, ohne eigene Führung, das heißt, sie werden nur durch den Pressenstößel geführt, in den das Werkzeugoberteil eingespannt ist. Sollen hingegen genaue Schnittteile und große Stückzahlen angefertigt werden, so müssen die Stempel zusätzlich geführt werden, und die Abstreiferplatte erhält die Funktion einer Führungsplatte **(vgl. Bild 1, Seite 27).**

Damit das Werkzeug besser und leichter auf dem Pressentisch befestigt werden kann, ist es sinnvoll eine **Grundplatte** zu verwenden **(Bild 2).**

Wird zum Beispiel nur ausgeschnitten, so ist es zweckmäßig, die Schneidplatte in eine Spannplatte (Spannfrosch) aus Gusseisen einzusetzen **(Bild 3).** Dabei erhält die Schneidplatte einen Außen- und der Spannring einen Innenkegel. Der **Spannring** wird mit einem Feingewinde oder mit 4 bis 6 Zylinderschrauben gegen die Spannplatte gezogen. Er zentriert durch den Kegel die Schneidplatte. Bei dieser Ausführung kann die Schneidplatte leicht ausgewechselt und eine Spannplatte für viele Werkzeuge ähnlicher Größe verwendet werden.

Einverfahrenwerkzeuge werden überwiegend bei einfachen und großen Schnittteilen angewendet.

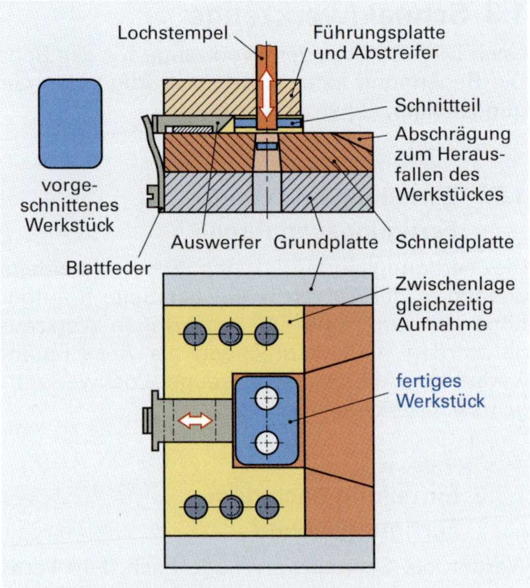

Bild 1: Arbeitsprinzip beim Einverfahren-Lochwerkzeug

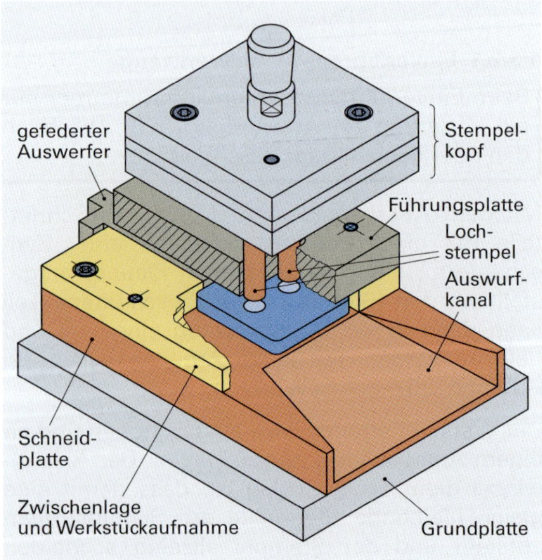

Bild 2: Ausführung eines Lochwerkzeuges

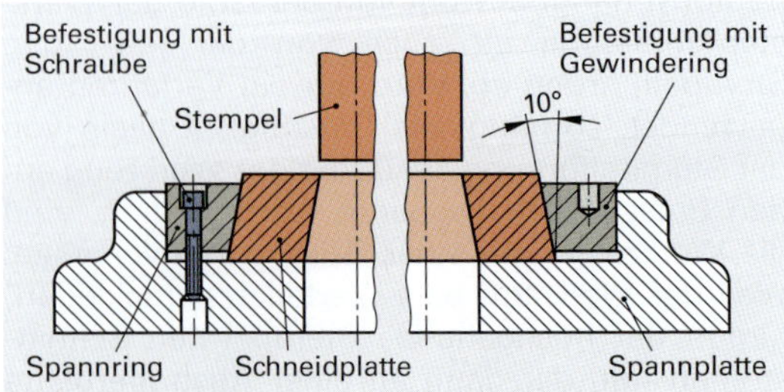

Bild 3: Spannplatte

1.3.2.2 Mehrverfahrenwerkzeuge

Folgeschneidwerkzeug

Beim Folgeschneiden werden verschiedenartige Schneidverfahren nacheinander und in direkter Folge in einem Werkzeug angewendet **(Bild 1)**.

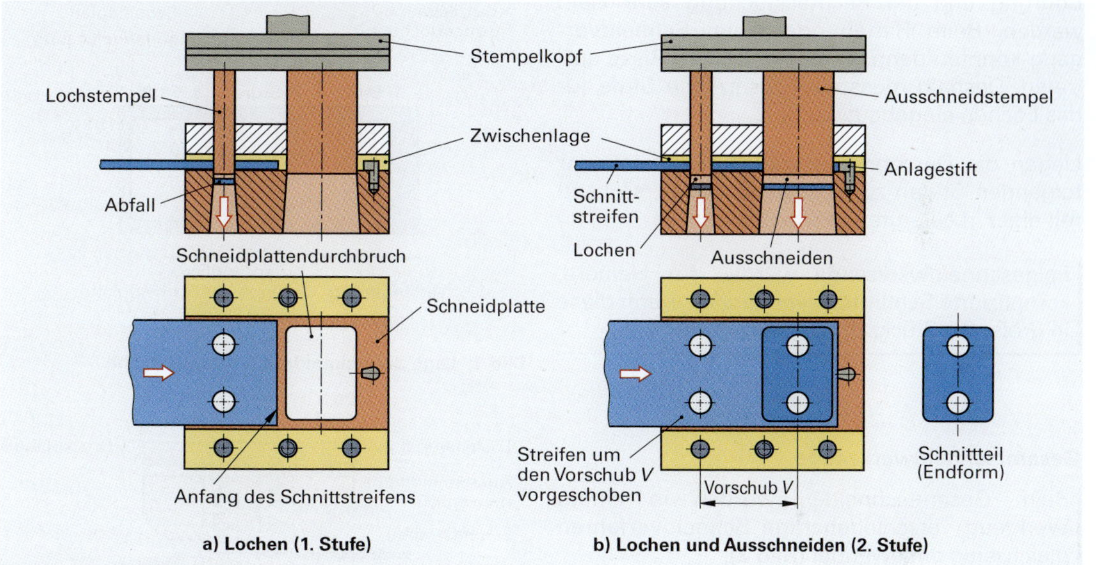

Bild 1: Arbeitsprinzip beim Folgeschneiden

Soll das Schnittteil **Bild 1b** hergestellt werden, so wird mit einem Hub der Schnittstreifen sowohl gelocht, als auch der bereits gelochte Teil des Schnittstreifens ausgeschnitten. Anschließend muss der Streifen exakt um den **Vorschub *V*** vorgeschoben werden, damit die Lage der Löcher zum Schneidplattendurchbruch für das Ausschneiden genau stimmt.

Die Herstellung eines Schnittteiles erfolgt in mehreren Hüben. Die Anzahl ist davon abhängig, in wie viel Stufen der Fertigungsablauf aufgeteilt wird. Bei dem Schnittteil **Bild 1** sind zwei Hübe notwendig: einmal Lochen und einmal Ausschneiden.

Durch die Aufteilung der Fertigung in Stufen ist es möglich auch schwierige Werkstückformen bei großer Maßgenauigkeit herzustellen. Der Aufwand lohnt sich allerdings nur bei größeren Stückzahlen.

Besonderheiten bei Folgeschneidwerkzeugen

Die gewählte Aufteilung der Fertigung in mehrere Stufen führt zu dünnen Stempeln, die dann im Werkzeug durch Platten und Säulen gestützt werden. Dies erst führt zur notwendigen Lagegenauigkeit und Stabilität der Stempel **(Bild 2)**.

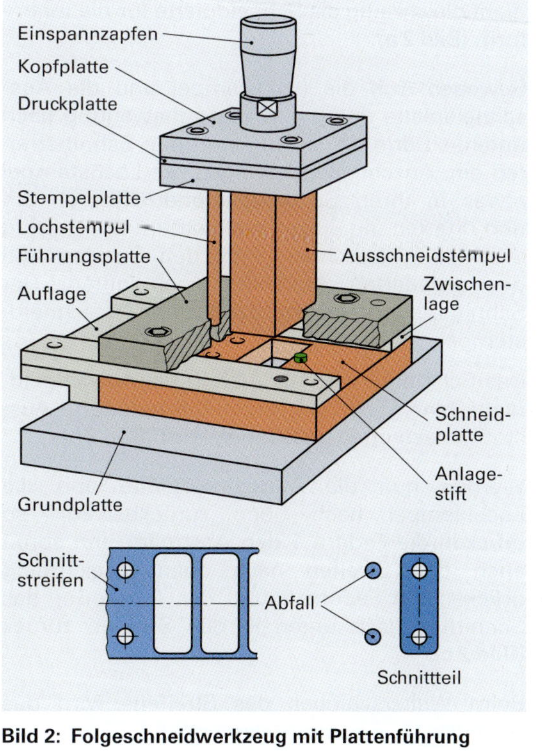

Bild 2: Folgeschneidwerkzeug mit Plattenführung

1

Eine große Anzahl von Stufen führt zu einer Verlängerung der Schneidplatte und zu einer Verlängerung des Folgeschneidwerkzeuges.

Wäre z.B. eine zusätzliche Rechtecklochung im Schnittteil **(Bild 1)** verlangt, so würden die Abstände „a" zwischen den Schneidkanten der Bohrung und der Rechtecklochung sehr klein werden. Beim Härten oder beim Schneidvorgang könnten dann an diesen Stellen Risse auftreten. Deshalb muss eine zusätzliche Stufe für das Lochen eingebaut werden.

Liegen die Durchbrüche von zwei aufeinander folgenden Stufen zu dicht beieinander, so kann mit einer „Leerstufe" gearbeitet werden.

Folgeschneidwerkzeuge werden für kleinere, komplizierte Schnittteile verwendet, wenn diese in größeren Stückzahlen gefertigt werden.

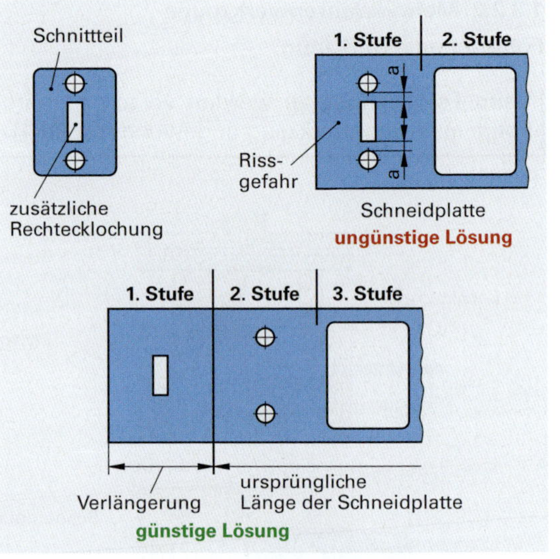

Bild 1: Lage der Schneidplattendurchbrüche

Gesamtschneidwerkzeuge

Beim Gesamtschneiden werden in einem Werkzeug verschiedenartige Schneidverfahren gleichzeitig angewendet **(Bild 2)**.

Beim Gesamtschneiden ist der Ausschneidstempel im Unterteil des Werkzeuges befestigt. Er dient gleichzeitig als Schneidplatte für die Innenform **(Bild 2 a)**.

Bewegen sich die Lochstempel und die Ausschneidplatte durch die Pressenbewegung nach unten, so dringen sie zuerst in den Schnittstreifen ein. Anschließend dringen die Lochstempel etwas in ihren Schneidplattendurchbruch ein und drücken die Butzen nach unten. Gleichzeitig drückt die Ausschneidplatte den Streifen und den gefederten Abstreifer nach unten. Der Schnittstreifen umgibt dann den Ausschneidstempel.

Das Schnittteil wird dadurch in die Ausschneidplatte hineingedrückt, wobei der gefederte Ausstoßer nach oben geschoben wird **(Bild 2b)**.

Werden nun die Ausschneidplatte und die Lochstempel nach oben zurückbewegt, so drücken die Federn 1 den Abstreifer und somit auch den Streifen nach oben. Gleichzeitig drücken die Federn 2 und der Ausstoßer das Schnittteil nach unten in den Streifen zurück **(Bild 2c)**.

Beim Weiterschieben des Streifens wird das Schnittteil aus dem Streifen entfernt.

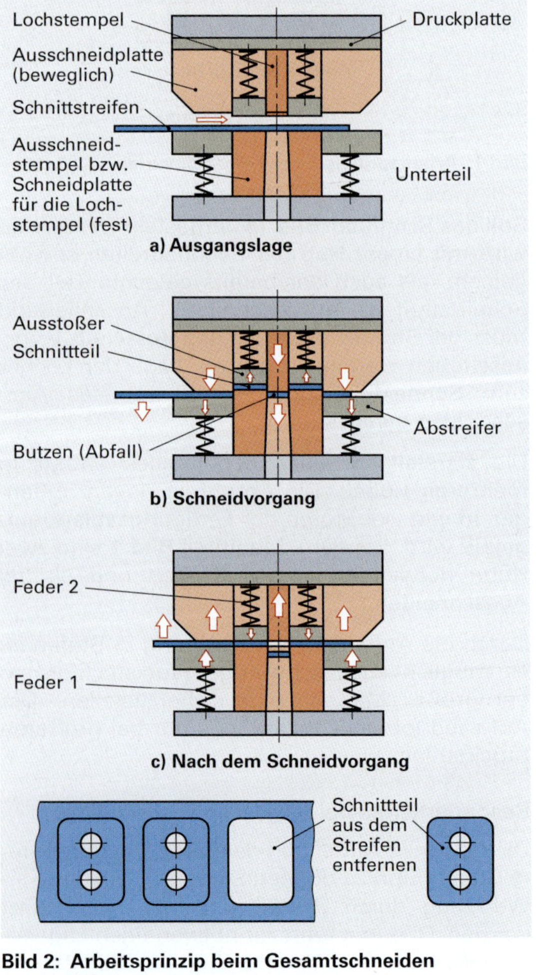

Bild 2: Arbeitsprinzip beim Gesamtschneiden

Zur Herstellung eines Schnittteiles ist immer nur ein Hub erforderlich, weil gleichzeitig gelocht und ausgeschnitten wird. Beim Gesamtschneiden können Werkstücke mit gleich bleibend exakter Lage der Innenform zur Außenform hergestellt werden.

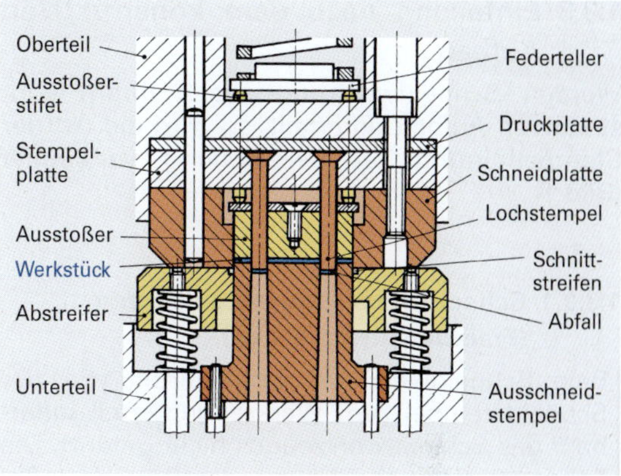

Bild 1: Hauptteile des Gesamtschneidwerkzeuges

Besonderheiten der Gesamtschneidwerkzeuge

Der Ausschneidstempel ist mit dem Unterteil verschraubt und verstiftet. Die Schneidplatte und der Lochstempel sind im Oberteil befestigt. Diese Anordnung von Stempel und Schneidplatte ist notwendig, damit der Abfall nach unten durch den Ausschneidstempel fallen kann **(Bild 1)**.

Der **Ausstoßer** hat neben dem Ausstoßen des Schnittteiles die Aufgabe, die Lochstempel zu führen. Er muss deshalb in der Schneidplatte mit sehr geringem Spiel gleiten. Die Lochstempel sind auf diese Weise bis zum Eindringen in den Schnittstreifen geführt.

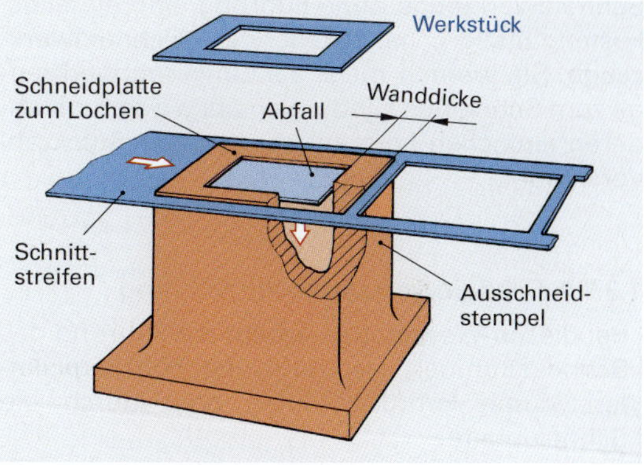

Bild 2: Ausschneidstempel

Sind die Lochstempel zu nahe beieinander oder liegen sie zu nah an der Außenform, so besteht die Gefahr, dass die Wanddicken in der Schneidplatte bzw. im Ausschneidstempel zu klein werden **(Bild 2)**. An diesen Stellen können bei der Wärmebehandlung oder während des Werkzeugeinsatzes Risse entstehen.

Voraussetzung für die kleinen Lagetoleranzen (0,01 mm bis 0,02 mm) sind sehr genaue Führungen im Gesamtschneidwerkzeug **(Bild 3)**.

Der Fertigungsaufwand wird sich erst lohnen, wenn die Werkstücke nicht nur sehr genau sein müssen, sondern auch in sehr großer Stückzahl benötigt werden.

Vorteilhaft ist, dass die beim Gesamtschneiden entstandenen Grate immer auf derselben Werkstückseite liegen.

Mit Gesamtschneidwerkzeugen werden Werkstücke hergestellt, bei denen die Lage der Innen- zur Außenform sehr genau sein muss und die in großen Stückzahlen benötigt werden.

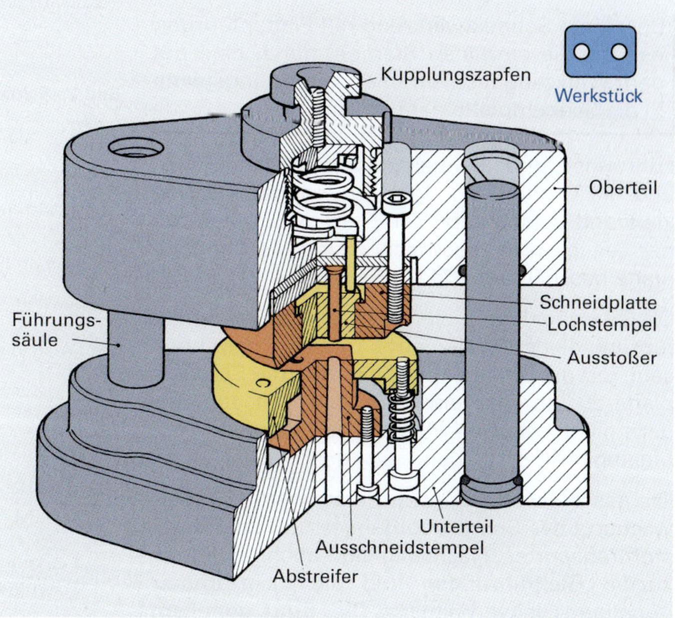

Bild 3: Gesamtschneidwerkzeug

1

1.3.3 Einteilung nach dem konstruktiven Aufbau

Werden Schneidwerkzeuge nach ihrem konstruktiven Aufbau unterteilt, so wird die Art der Stempelführung zur Bezeichnung verwendet **(Bild 1)**.

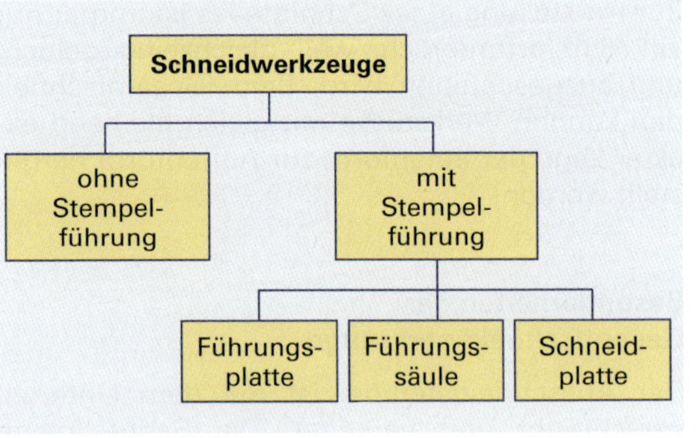

Bild 1: Schneidwerkzeuge nach der Art der Stempelführung

1.3.3.1 Schneidwerkzeuge ohne Führung (Freischneidwerkzeuge)

Beim Schneidwerkzeug ohne Führung wird der Schneidstempel zum Werkzeugunterteil innerhalb des Schneidwerkzeuges nicht geführt. Die Führung erfolgt allein durch den Pressenstößel **(Bild 2)**.

Schneidwerkzeuge ohne Führung sind einfache, kostengünstig herzustellende Schneidwerkzeuge. Sie werden meist als Einverfahrwerkzeuge zum Schneiden runder Scheiben oder von anderen einfachen Formen mit geringer Stückzahl verwendet.

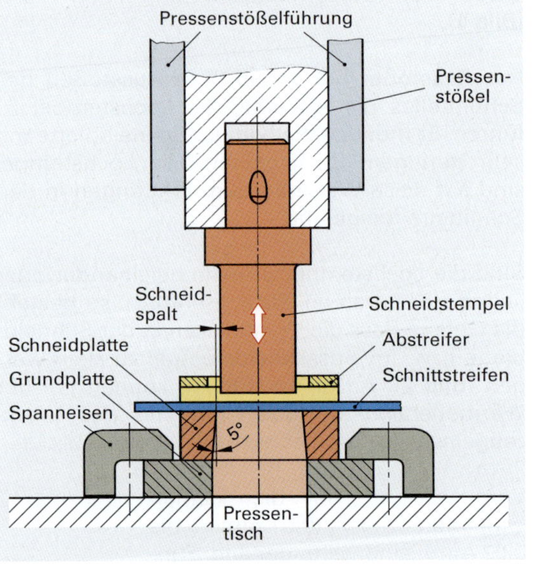

Bild 2: Schneidwerkzeug ohne Führung

1.3.3.2 Schneidwerkzeuge mit Führung

Bei diesen Werkzeugen erfolgt die Führung des Schneidstempels mit Hilfe von Führungsplatten, durch Führungssäulen oder durch die Schneidplatte.

Schneidwerkzeuge mit Plattenführung

Bei einem Schneidwerkzeug mit Plattenführung werden die einzelnen Stempel durch eine mit dem Werkzeug fest verbundene Führungsplatte in die Schneidplatte geführt **(Bild 3)**.

Führungs- und Schneidplatte, Zwischenlagen und die Grundplatte sind mit Zylinderstiften fixiert und verschraubt. Die Stempel können daher seitlich nicht ausweichen und die Schneidplatte beschädigen **(Bild 1, Seite 17)**.

Die Zwischenlagen, die gleichzeitig als Streifenführung dienen, sollen nur 5 mm bis 8 mm hoch sein, um die Stempel bis dicht über die Schneidplatte zu führen. Außerdem kann mit den Fingern nicht zwischen Stempel und Schneidplatte hineingegriffen werden.

Die geschlossene Bauweise erschwert die Überwachung des Schneidvorganges und des Werkstofftransportes. Nachteilig sind auch die relativ kurzen Gleitführungen und die nicht immer günstigen Gleitverhältnisse. Dies führt, vor allem bei seitlichen Kräften, schnell zu Verschleiß.

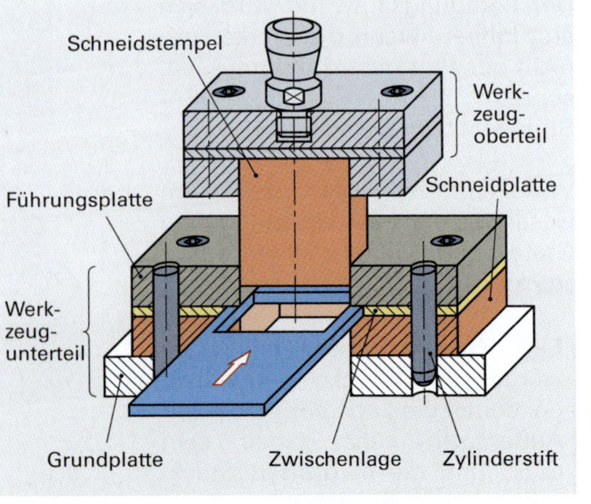

Bild 3: Schneidwerkzeug mit Plattenführung

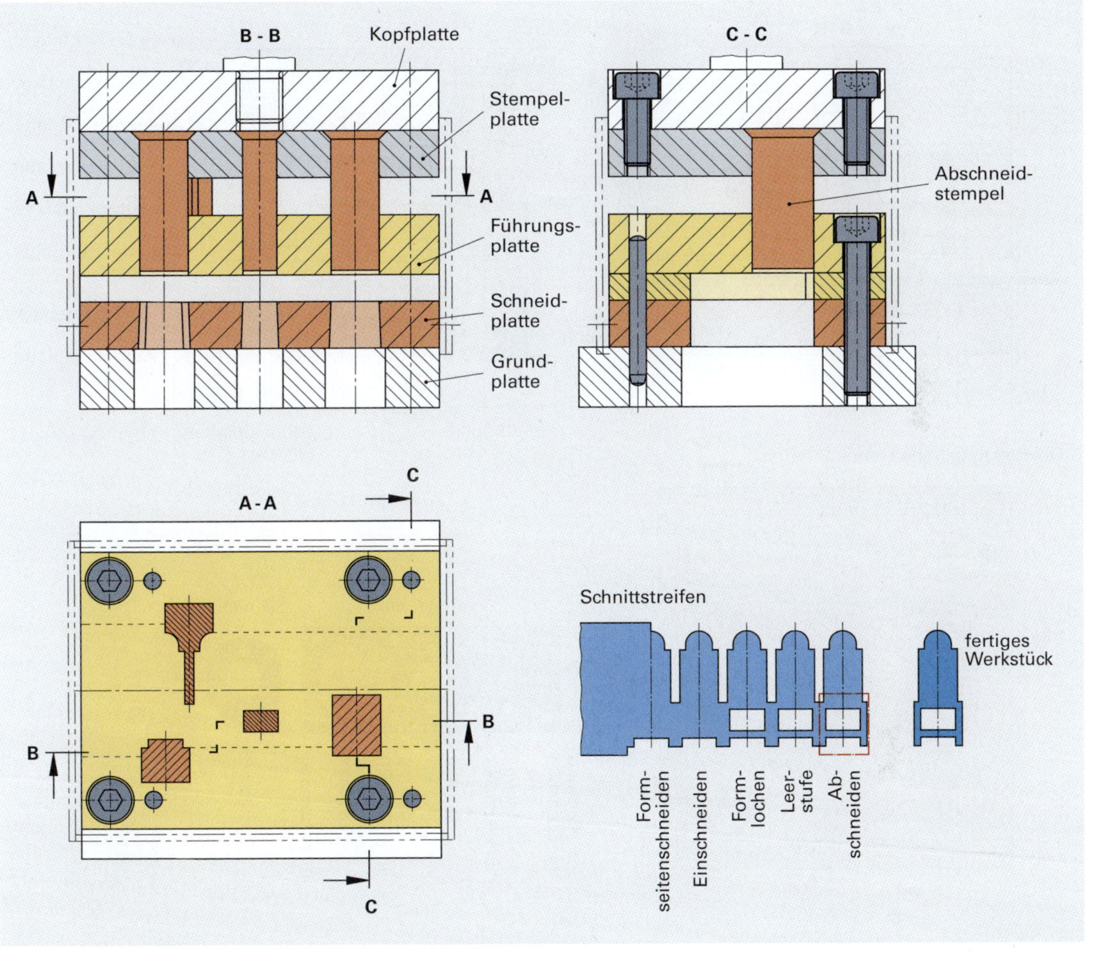

Bild 1: Plattenführungswerkzeug

Schneidwerkzeuge mit Säulenführung

Bei einem Schneidwerkzeug mit Säulenführung erfolgt die Führung der Stempel durch zwei, bei großen Werkzeugen auch durch vier gehärtete, geschliffene und geläppte Säulen **(Bild 2)**.

Die Säulen sitzen in der Regel mit Übermaß im Werkzeugunterteil. Im Gegensatz zur Plattenführung wird bei der Säulenführung nicht der einzelne Stempel geführt, sondern das ganze Oberteil. Durch den großen Abstand der Führungssäulen ergibt sich eine wesentlich bessere Führung als bei einer Plattenführung.

Außerdem besteht eine viel größere Lebensdauer, weil die längeren Gleitflächen und die bessere Abstimmung der Gleitwerkstoffe auch bei ungünstigen Kraftverhältnissen nur geringen Verschleiß zulassen.

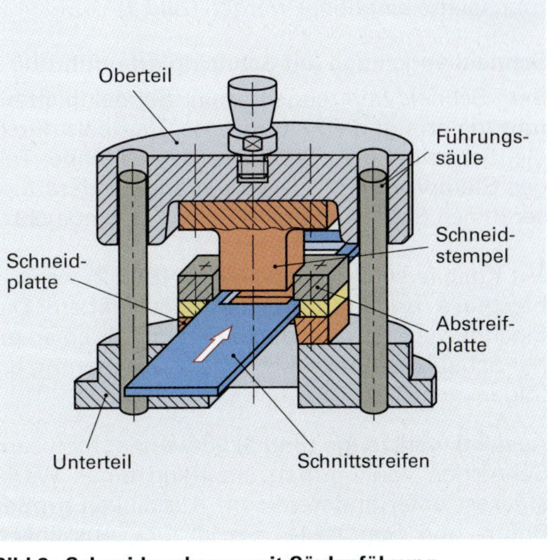

Bild 2: Schneidwerkzeug mit Säulenführung

1

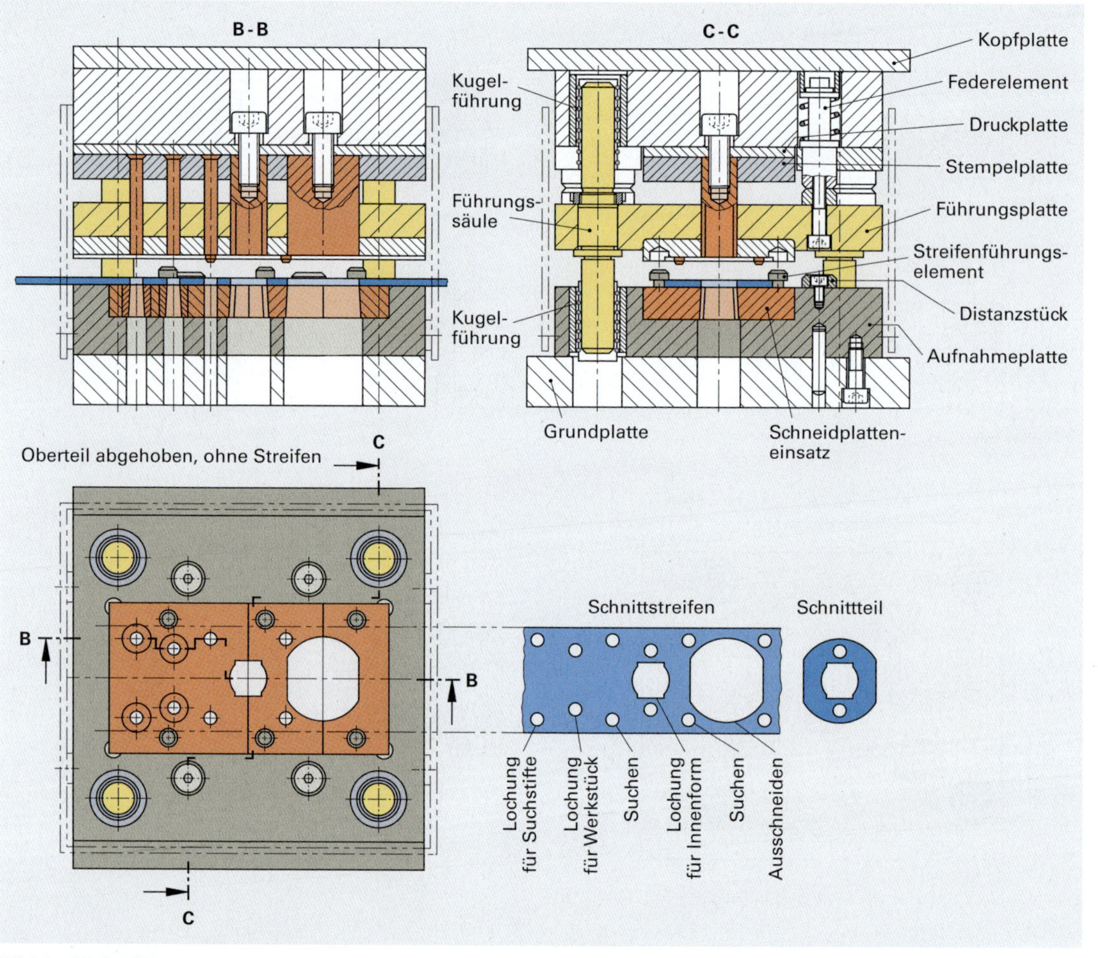

Bild 1: Säulenführungswerkzeug

Für dünne Stempel muss auch hier eine Führungsplatte eingebaut werden **(Bild 1)**.

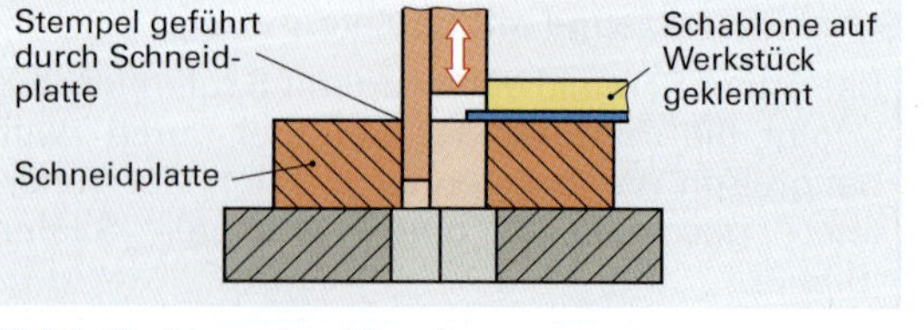

Bild 2: Knabberschneidwerkzeug

Schneidwerkzeuge mit Schneidplattenführung

Bei Schneidwerkzeugen mit Schneidplattenführung erfolgt die Führung des Stempels durch die Schneidplatte. Der nicht schneidende Teil des Stempels wird so weit verlängert, dass dieser in den Schneidplattendurchbruch eintaucht.

Mit **Knabberschneidwerkzeugen (Bild 2)** werden Blechteile an ihren Rändern beschnitten. Die Blechbewegung kann durch Entlangfahren an einer Schablone oder durch eine NC-Steuerung erfolgen.

Ausklinkwerkzeuge (Bild 3) verwendet man zum Schneiden von Formen am Rand eines Werkstückes, unter anderem zum Ausklinken großer Rotor- und Statorteile, sowie zum Ausklinken grob gezahnter Sägen.

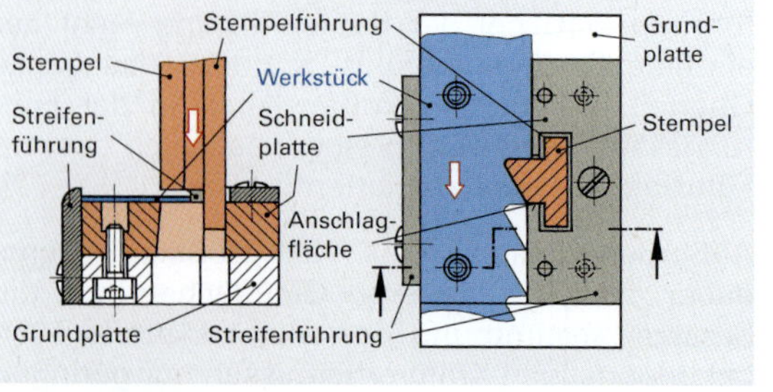

Bild 3: Ausklinkwerkzeug

1.3.4 Besondere Schneidwerkzeuge

1.3.4.1 Beschneidwerkzeuge

Mit Beschneidwerkzeugen werden bereits geformte, meist durch Tiefziehen hergestellte Hohlteile oder vorgearbeitete Teile an ihren Rändern durch einen zusätzlichen Arbeitsgang beschnitten. Damit können die Teile mit sauberen Kanten und maßhaltig hergestellt werden **(Bild 1)**.

Werden die Teile in das Beschneidwerkzeug eingelegt, so ist darauf zu achten, dass sie immer eine bestimmte Lage erhalten und fest in die Aufnahme geklemmt werden.

Die Lage der Werkstücke wird durch einen Aufnahmeteil des Werkzeuges bestimmt **(Bild 2a)**. Seine Form richtet sich nach dem Werkstück. Je nach Werkstück wird man dessen Umriss, Form, Durchbrüche oder Kombinationen davon für die Aufnahme vorsehen. Das Festhalten des eingelegten Werkstückes wird durch einen **Niederhalter** besorgt **(Bild 2b)**.

Ergeben sich beim Beschneiden Außenabfälle, so ist entweder ein Abstreifer notwendig oder es werden **Abfalltrenner** vorgesehen **(Bild 2c)**. Sie zerteilen den Abfall in kurze Stücke, die leicht entfernt werden können.

Bei **Beschneidwerkzeugen** mit Keiltrieb **(Bild 3)** werden die Werkstücke auf einen senkrecht stehenden Aufnahmedorn gesteckt. Der Aufnahmedorn entspricht der Innenform des fertigen Ziehteils. In der Höhe, die das Ziehteil erhalten soll, befinden sich die Schneidkanten. Die Schneidmesser sind auf Schiebern befestigt, die seitlich durch Keilstempel nach innen geschoben und durch Zugfedern oder zwangsweise durch die Keilstempel zurückgezogen werden. Die Anzahl der Messer und damit der Schieber und Keilstempel richtet sich nach der Form der Werkstücke. Meist sind drei oder vier erforderlich, damit eine günstige Schneidrichtung entsteht und ein kurzer Weg der Messer erreicht wird. Um glatte Schnittflächen zu erhalten, soll jedes Messer in den Schneidbereich des benachbarten Messers übergreifen. Darum müssen die Schneidbewegungen der Messer nacheinander erfolgen. Man erreicht das, indem man die Steuerflächen der Keilstempel versetzt anordnet und den Pressenhub entsprechend groß einstellt. Die schrägen Flächen der Keilstempel haben in der Regel einen Winkel von 30° zur Bewegungsrichtung des Stempels.

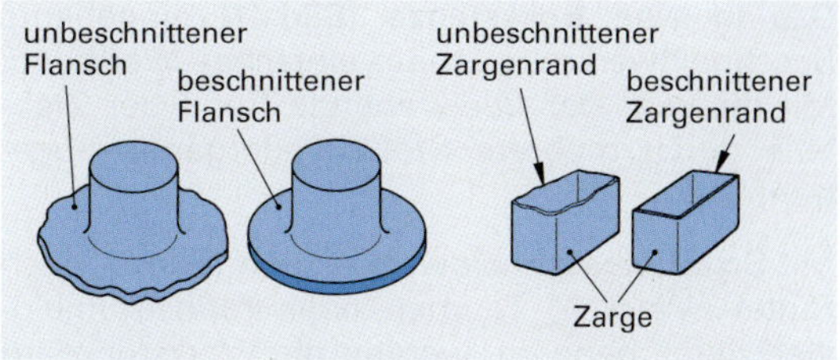

Bild 1: Unbeschnittene und beschnittene Ziehteile

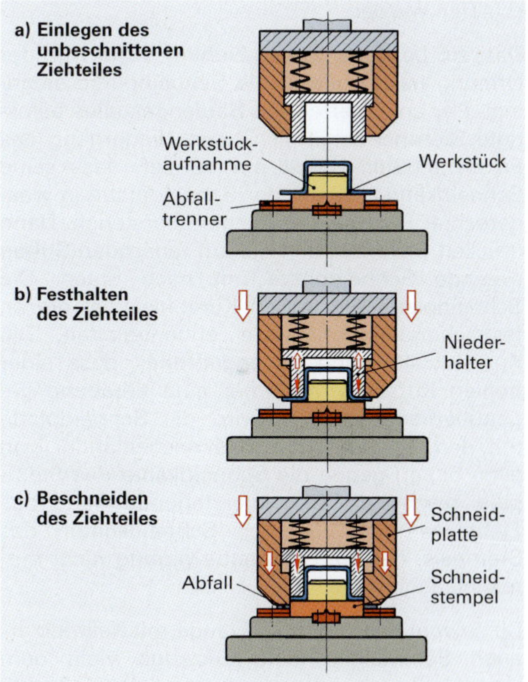

Bild 2: Arbeitsprinzip beim Beschneidwerkzeug

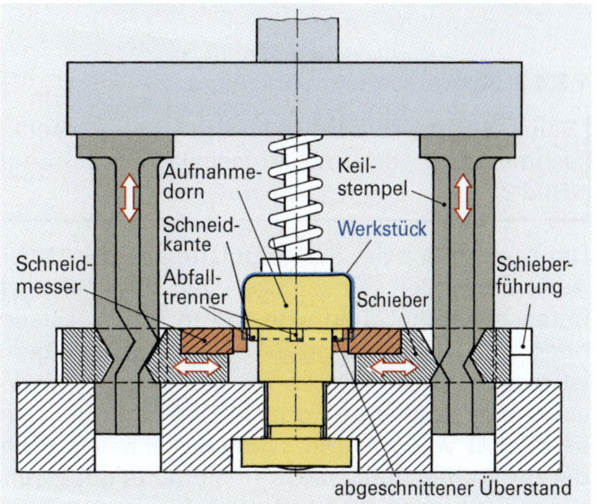

Bild 3: Beschneidwerkzeug mit Keiltrieb

Das in eine **Bockstanze (Bild 1)** eingebaute Beschneidwerkzeug ist ein einfaches Werkzeug. Mit ihr wird der überstehende Rand der Ziehteile durch mehrere Stößelniedergänge abgetrennt.

Mit **Schüttelbeschneidwerkzeugen (Bild 2),** auch Rüttel-, Wackel-, Taumel- oder Pendelschneidwerkzeuge genannt, werden die Werkstücke im Allgemeinen sauberer und genauer als mit Keiltrieb-Beschneidwerkzeugen, doch müssen die Schneidkanten der Werkzeuge öfter nachgeschliffen werden.

Das zu beschneidende Ziehteil wird mit der Öffnung nach oben in die Schneidplatte eingelegt. Der am Oberteil des Säulengestelles befestigte Stempel senkt sich beim Niedergang des Pressenstößels zuerst nur so tief, dass seine Schneidkanten denen der Schneidplatte in waagerechter Ebene genau gegenüberstehen. Dann drücken Distanzbolzen die auf federnden Stiften ruhende Schneidplatte mit nach unten. Die Schneidplatte hat außen Kurvenleisten, die an feststehenden Keilleisten entlanggleiten. Die Kurvenleisten sind so angeordnet, dass einer hohlen Kurvenform immer eine erhabene gegenüberliegt. Dadurch wird die Schneidplatte mit dem Ziehteil horizontal nacheinander von allen Seiten gegen die Schneidkante des Stempels geschoben. Der überstehende Rand des Ziehteiles wird von den Schneidkanten des Stempels, der die Schüttelbewegung nicht mitmacht, abgetrennt.

Da sowohl Beschneidwerkzeuge mit Keiltrieb als auch Schüttelbeschneidwerkzeuge viele dem Verschleiß unterworfene, bewegliche Teile haben, sind Instandsetzungsarbeiten öfter als bei anderen Beschneidwerkzeugen notwendig.

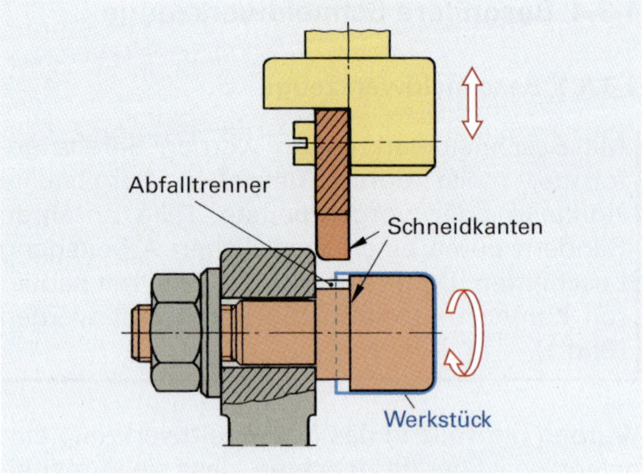

Bild 1: Beschneidwerkzeug als Bockstanze

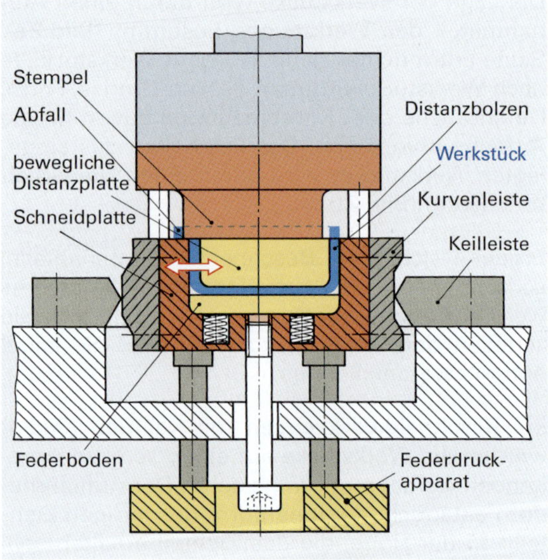

Bild 2: Schüttelbeschneidwerkzeug

1.3.4.2 Abgratschneidwerkzeuge

Beim Abgraten wird der Grat von Gesenkschmiedestücken und Pressteilen abgetrennt **(Bild 3)**.

Der Durchbruch der Schneidplatte entspricht der Außenform der Werkstücke. Der Stempel darf unten nur dann eben sein, wenn die Pressteile oben eine genügend große ebene Fläche haben. Ist dies nicht der Fall, so muss eine dem Werkstück entsprechende Form in den Stempel eingearbeitet werden. Die Werkstücke fallen nach dem Abgraten durch die Schneidplatte oder werden von einem Ausstoßer nach oben ausgestoßen.

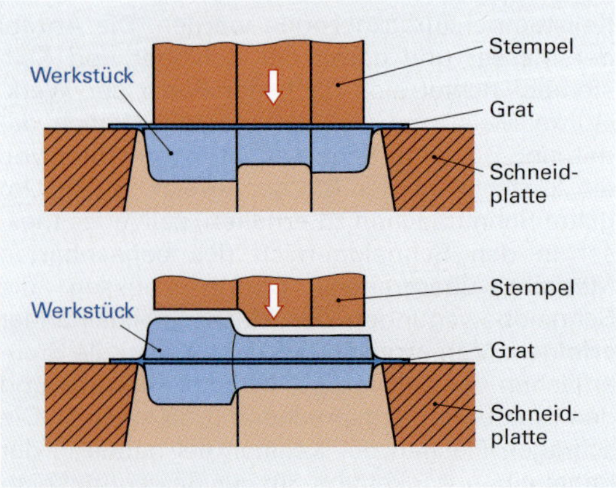

Bild 3: Abgraten

1.3.4.3 Nachschneidwerkzeuge

Mit Nachschneidwerkzeugen erhält man an vorgeschnittenen Schnittteilen rechtwinklig zur Schnittteiloberfläche liegende Schnittflächen mit hoher Oberflächengüte und scharfen Kanten sowie hohe Maßgenauigkeit **(Bild 1 und Bild 2)**.

Die Werkstücke werden zuerst mit Schneidwerkzeugen so ausgeschnitten, dass ihre Außenmaße größer, ihre Innenmaße kleiner als die verlangten Fertigmaße sind **(Bild 2)**. Die Zugabe je Seite beträgt ungefähr 10 % der Blechdicke. Bei Blechdicken über 4 mm ist zu beachten, dass unter Umständen zweimal nachgeschnitten werden muss und daher die Bearbeitungszugaben verdoppelt werden müssen. Mit Nachschneidwerkzeugen werden dann die Werkstücke auf das genaue Maß nachgeschnitten.

Bei Nachschneidwerkzeugen ist der Ausschneidstempel um ca. 0,3 mm je Seite größer als der Schneidplattendurchbruch, da er meist nicht in die Schneidplatte eindringt, sondern 0,3 ... 0,5 mm über dieser stehen bleibt. Die Höhe des zylindrischen und polierten Schneidplattendurchbruchs ist ca. 2- bis 4-mal größer als die Werkstückdicke. Die nachgeschnittenen Teile werden von den nachfolgenden Teilen durch die Schneidplatte geschoben oder von einem Ausstoßer nach oben ausgestoßen **(Bild 3)**. Beim Nachschneiden von Innenformen muss der Stempel in die Schneidplatte eintauchen. Der notwendige Schneidspalt beträgt 0,01 ... 0,02 mm bzw. 0,8 % der Blechdicke.

Scharfgeschliffene Schneidplatten ergeben am Werkstück eine rechtwinklige Schnittfläche und scharfe Kanten. Abgerundete Schneidkanten erzeugen auf einer Werkstückseite abgerundete Kanten und eine Verdichtung des Werkstoffes. Mit einer gehärteten Werkstückaufnahme wird das Teil zentriert, so dass es an allen Seiten gleichmäßig beschnitten wird. Vorgeschnittene Teile legt man mit der Gratseite nach unten ein **(Bild 4)**.

Bei nachgeschnittenen Teilen erreicht man neben der hohen Oberflächengüte (Ra ca. 1 µm) auch hohe Maßgenauigkeiten mit Toleranzen von ± 1 µm bis ± 3 µm.

Nachschneiden kann auf normalen Pressen oder auf besonderen Nachschneidepressen (Repassierpressen) vorgenommen werden (siehe Seite 108). Die nachgeschnittenen Teile weisen meist einen feinen Grat auf, der durch Gleitschleifen, auf elektrochemischem Wege oder durch Ultraschall entfernt wird.

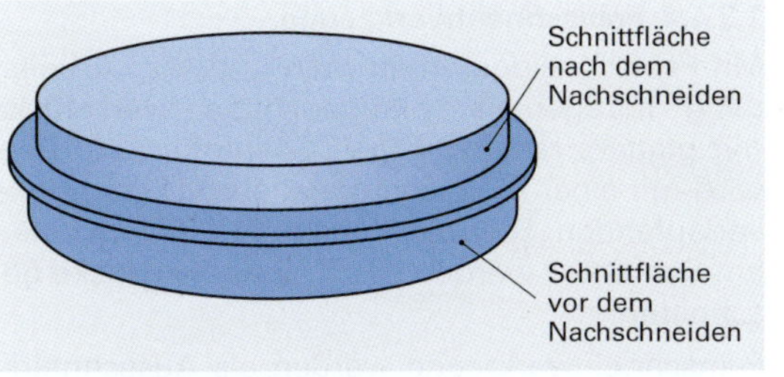

Bild 1: Schnittteil zur Hälfte nachgeschnitten

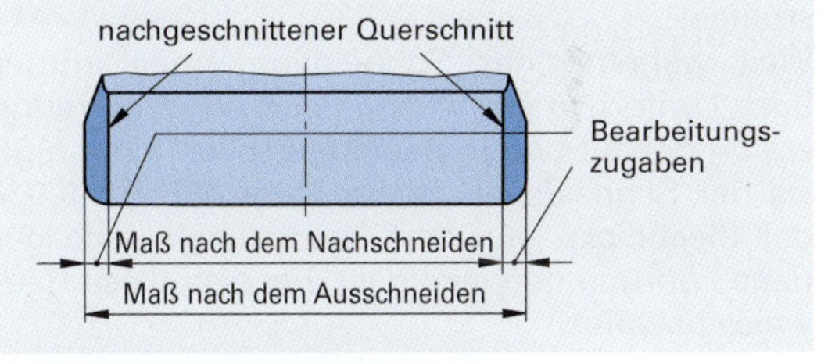

Bild 2: Nachgeschnittenes Schnittteil

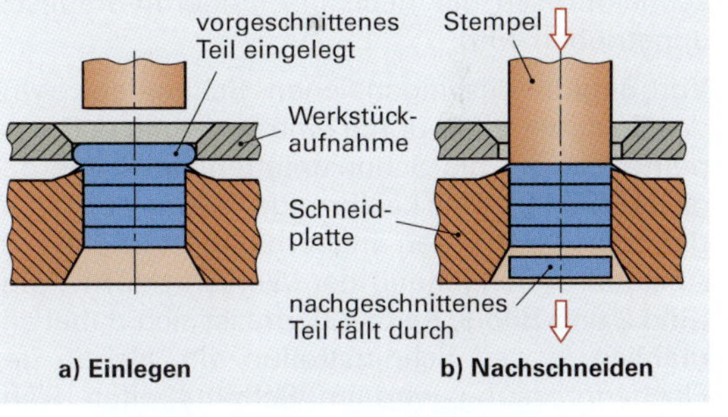

Bild 3: Arbeitsprinzip beim Nachschneiden

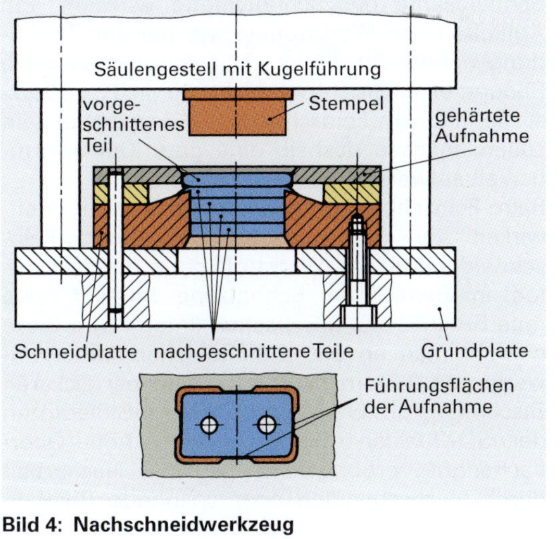

Bild 4: Nachschneidwerkzeug

1

1.3.4.4 Feinschneidwerkzeuge

Mit Feinschneiden erhält man in einem Arbeitsgang maßgenaue, plangerichtete Werkstücke mit glatten, rechtwinkligen Schnittflächen. Dies wird mit einer möglichst parallel zur Schnittlinie verlaufenden Ringzacke erreicht. Innenformen am Schnittteil werden meist ohne Ringzacke geschnitten.

Feinschneidwerkzeuge werden als Ausschneid-, Folge- oder als Folgeverbundwerkzeuge konzipiert. **Bild 1** zeigt ein Folgewerkzeug mit doppelreihiger Anordnung der Werkstücke im Schnittstreifen.

Weil während des Schneidvorganges immer auch Umformkräfte wirken, sind die Werkzeuge kräftig gebaut und in Säulengestellen eingefügt. Da der Schneidspalt **(siehe Seite 42)** nur 0,5% der Blechdicke sein darf und deshalb eine genaue Führung notwendig ist, hat sich diese Bauweise bewährt.

Sind die Werkzeuge als Gesamtschneidwerkzeuge gebaut **(Bild 1, Seite 23)** so benötigt der Schneidvorgang eine mehrfachwirkende Feinschneidpresse, die mechanisch oder hydraulisch angetrieben wird.

Vor Beginn des eigentlichen Schneidens wird der Schnittstreifen durch eine bewegliche Pressplatte fest auf die Schneidplattenoberfläche gedrückt **(Bild 2)**. Eine keilförmige Ringzacke, die an der Pressplatte unten angearbeitet ist und die im Abstand a weitgehend der Werkstückform folgt **(Bild 2 und Bild 3, Seite 23)**, presst sich dabei allmählich in den Schnittstreifen ein. Neben der Flächenpressung wird im Schnittstreifen während des Schneidvorganges durch die Seitenwirkung der Ringzacke zusätzlich eine Werkstoffverdrängung in Richtung des Stempels und auf die Schneidkante der Schneidplatte wirksam. Ein Abfließen des Werkstoffes, wie bei der Rissbildung notwendig, findet nicht statt, so dass die Bildung einer Bruchzone nicht möglich ist. Werkstoffe, die zum Feinschneiden gut geeignet sein sollen, müssen deshalb eine gute Kaltverformbarkeit aufweisen.

Beim Feinschneiden wird durch das Zusammenwirken von Feinschneidwerkzeug und Feinschneidpresse der Werkstoff ganz durchschnitten; im Bereich der Schnittzone entsteht keine raue Bruchfläche. Bei Blechen unter 4 mm Dicke erreicht man an den Schnittflächen Mittenrauwerte von 0,3 µm bis 0,7 µm und bei dickeren Blechen 0,5 µm bis 1,2 µm sowie Maßtoleranzen der ISO-Qualität 6 bis 8. Durch die hohe Oberflächengüte erübrigt sich jegliche Nacharbeit durch Nachschneiden oder spanende Bearbeitung.

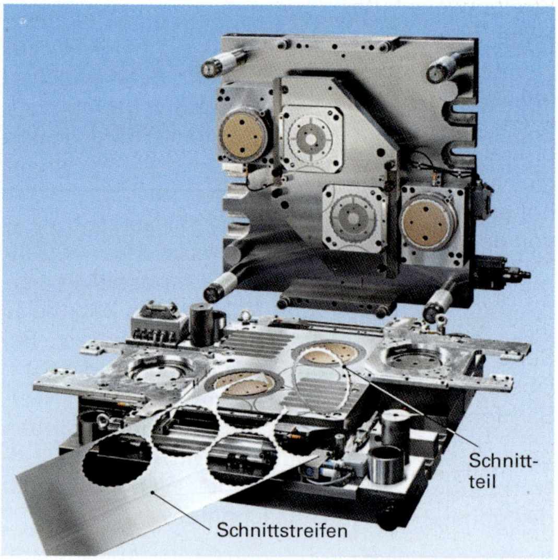

Bild 1: Feinschneidwerkzeug

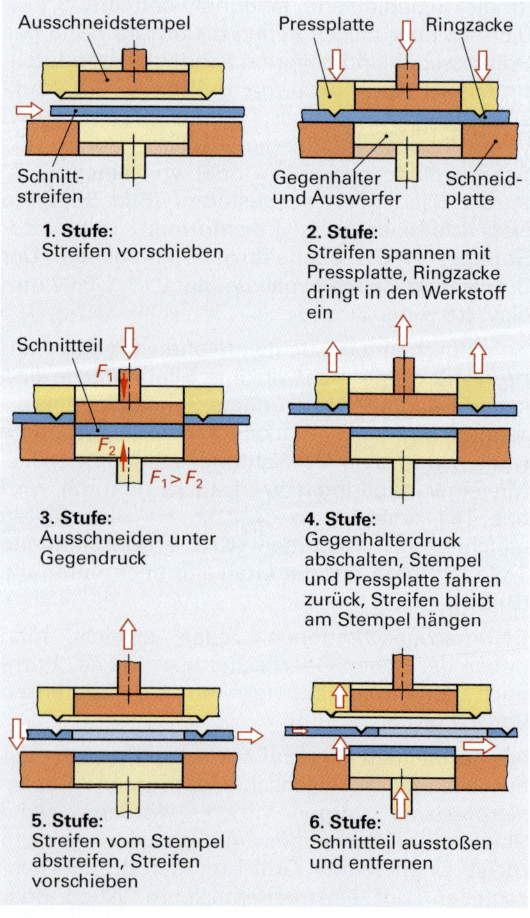

Bild 2: Arbeitsprinzip beim Feinschneiden

Je nach Beschaffenheit des Streifenwerkstoffes beträgt die Höhe *h* der **Ringzacke** 1/6 bis 1/3 der Streifendicke **(Bild 2)**. Mit niedrigerer Ringzacke, die näher an der Schnittlinie angeordnet ist, erreicht man die gleiche Wirkung wie mit einer höheren Ringzacke, die weiter von der Schnittlinie entfernt ist. Je tiefer die Ringzacke eingedrückt wird, desto kleiner fällt die Einziehrundung **(siehe Seite 10)** an den Teilen aus. Überschreitet die Dicke des Streifens 4 mm, dann ist an der Schneidplattenoberfläche ebenfalls eine Ringzacke erforderlich. In der Regel braucht diese nicht mehr eine geschlossene Form aufzuweisen **(Bild 3)**. An den Innenformen sind Ringzacken nicht erforderlich, da sich durch die Wirkung des Gegenhalters einwandfreie Schnittflächen ergeben.

Die Rand- und Stegbreiten am Schnittstreifen sind etwas größer als beim herkömmlichen Schneiden zu wählen.

Das beidseitige Fetten des Streifens erhöht die Standzeit der teuren Werkzeuge sowie die Genauigkeit und Sauberkeit der Schnittteile.

Die zum Feinschneiden benötigte Schneidkraft ist fast doppelt so groß wie beim herkömmlichen Schneiden. Zusätzlich müssen noch die Pressplattenkraft und die Gegenhalterkraft berücksichtigt werden.

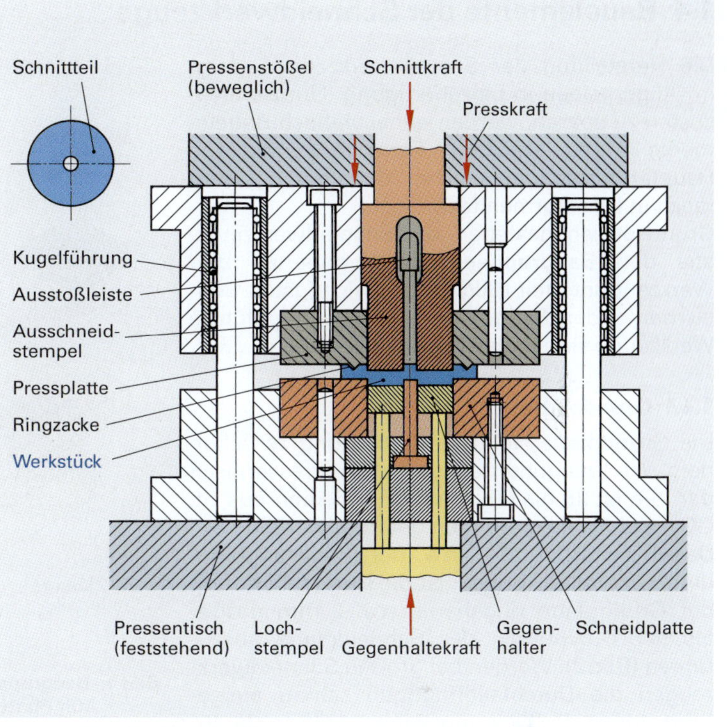

Bild 1: Feinschneidwerkzeug

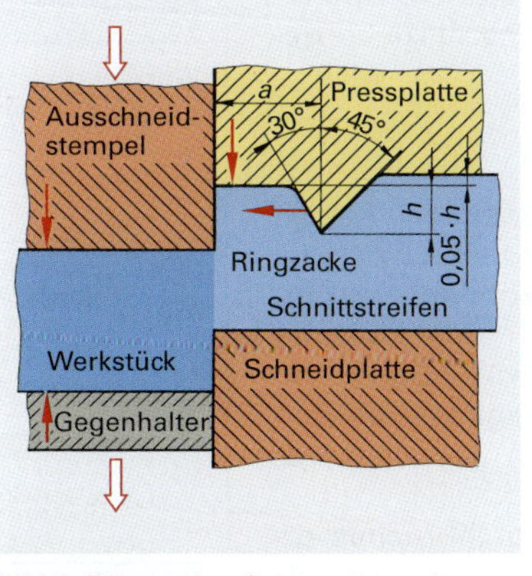

Bild 2: Ringzackenform

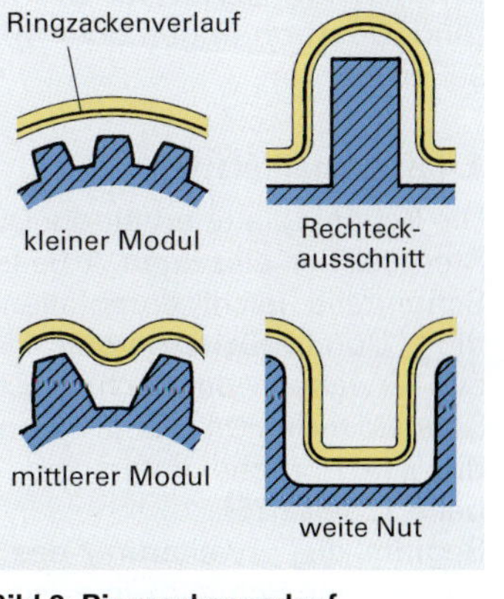

Bild 3: Ringzackenverlauf

Wiederholung und Vertiefung

1. Beschreiben Sie die Scherschneidverfahren Ausschneiden, Abschneiden und Lochen.
2. Skizzieren Sie den Schneidvorgang beim Scherschneiden.
3. Beschreiben Sie den Aufbau eines Einverfahren-Ausschneidwerkzeuges.
4. Erläutern Sie den Aufbau eines Gesamtschneidwerkzeuges.
5. Bewerten Sie die Entscheidung, für das in **Bild 2, Seite 45** dargestellte Werkstück ein Gesamtschneidwerkzeug einzusetzen.
6. Geben Sie die Einteilung der Schneidwerkzeuge nach dem konstruktiven Aufbau an.
7. Unterscheiden Sie Nachschneiden und Feinschneiden.
8. Beschreiben Sie den Einfluss der Ringzacke auf das Aussehen der Schnittteile.

1

1.4 Bauelemente der Schneidwerkzeuge

Die Herstellung der Schneidwerkzeuge erfolgt im Allgemeinen in Einzelfertigung. Um Herstellkosten zu sparen, werden dabei vielfach Bauelemente in standardisierter Form verwendet. Die Hauptabmessungen solcher Bauelemente sind meist in DIN-Normen festgelegt.
Grundsätzlich bestehen die Schneidwerkzeuge aus den **Baugruppen** Werkzeugoberteil und Werkzeugunterteil **(Bild 1)**. Die wichtigsten Bauelemente der Baugruppen für plattengeführte Werkzeuge sind in der **Tabelle 1** aufgeführt.

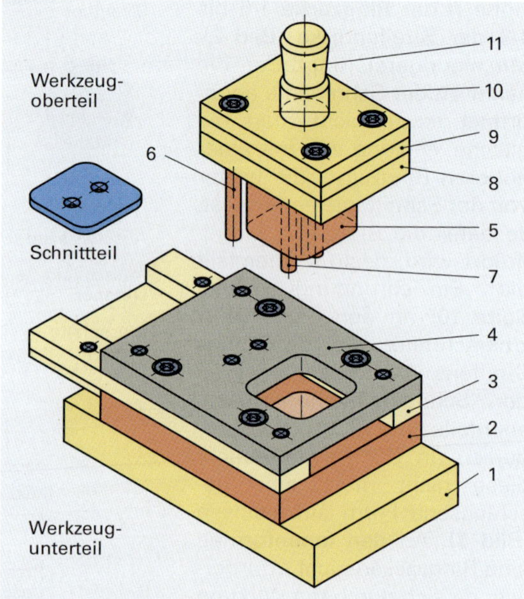

Bild 1: Baugruppen eines Folgeschneidwerkzeuges mit Plattenführung

1.4.1 Grundplatte

Die Grundplatte stellt die Verbindung zwischen dem Werkzeugunterteil und dem Pressentisch dar. Sie ist 25 bis 60 mm dick und kann aus St, GG, oder Alu-Legierungen gefertigt werden.
Damit die Schnittteile bzw. der Abfall ungehindert durchfallen können, ist die Durchfallöffnung der Grundplatte ringsherum ca. 2 mm größer als der Durchbruch der Schneidplatte auszuführen **(Bild 2)**. Werden bei großen Schneidwerkzeugen die Durchfallöffnungen schräg ausgeführt, muss der Neigungswinkel größer als 45° sein.
Zum Festspannen des Unterteils auf dem Pressentisch können an der Grundplatte ein Spannrand, Querbohrungen oder Spannschlitze vorgesehen werden.

Tabelle 1: Baugruppen, Bauelemente

Gruppe	Pos.	Bauelement (vgl. Bild 1)
Werkzeug-unterteil	1	Grundplatte
	2	Schneidplatte
	3	Zwischenlage
	4	Führungsplatte
Werkzeug-oberteil	5	Ausschneidstempel
	6	Lochstempel
	7	Suchstift
	8	Stempelplatte
	9	Druckplatte
	10	Kopfplatte
	11	Einspannzapfen

1.4.2 Schneidplatte

Die Schneidplatte erhält die Durchbrüche für die Stempel der einzelnen Arbeitsstufen. Damit die Schnittteile leicht durchfallen können, werden die Durchbrüche von der Schneidkante aus erweitert. Je nach Blechdicke, Stückzahl, Schneidverfahren und Genauigkeit werden die Durchbrüche unterschiedlich gestaltet **(Tabelle 1, Seite 25)**.
Beginnt die Erweiterung des Durchbruches direkt an der Schneidkante, so sind Schneidplattendurchbrüche durch Drahterodieren einfacher herstellbar. Die sich beim Nachschleifen ergebende Vergrößerung ist gering und kann meist mit der zulässigen Schnittteiltoleranz ausgeglichen werden.

Beispiel: Eine Schneidplatte mit einem Freiwinkel $\alpha = 0{,}25°$ wird um $a = 0{,}2$ mm nachgeschliffen. Wie viel erweitert sich der Schneidspalt u?

Lösung:
$\Delta u = a \cdot \tan \alpha$
$= 0{,}2 \text{ mm} \cdot \tan 0{,}25°$
$= \mathbf{0{,}00087\ mm}$

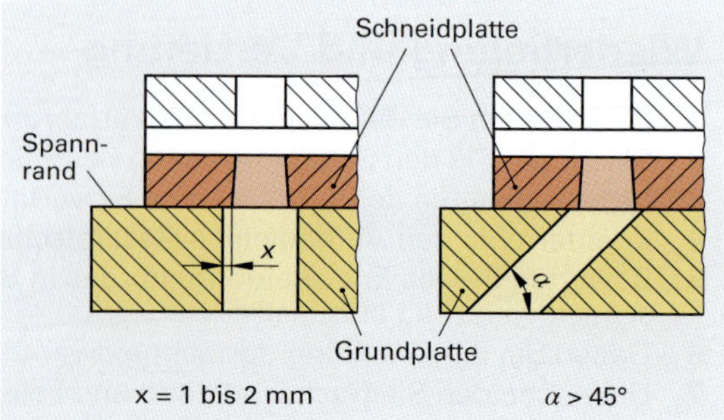

Bild 2: Schneidplatte mit Grundplatte

Bei Gesamt- und Feinschneidwerkzeugen wird keine Erweiterung gewählt, damit der Ausstoßer eine bessere Führung erhält.

Durchbrüche für dünne Lochstempel müssen besonders sorgfältig gefertigt werden und dürfen nach unten nicht zu stark erweitert werden. Die kleinen Abfallbutzen neigen zum Verkleben, was zum Verstopfen des Durchbruchs führen kann **(Bild 1)**. Bei zu großem Schneidspalt werden die Abfallbutzen nicht genügend in der Schneidplatte gehalten, wodurch sie nach oben kommen können, was zu Störungen führt. Die Dicke der Schneidplatte ist stark von der Größe der Schneidkraft abhängig und wird zwischen 16 und 40 mm gewählt.

Als **Werkstoff** werden hochlegierte Werkzeugstähle oder Hartmetalle eingesetzt (vgl. S. 40).

Die Länge und Breite der Schneidplatte wird durch die Anzahl der Arbeitsstufen bzw. durch die Schnittstreifenbreite bestimmt. Als Faustregel gilt:

l Länge der Schneidplatte
b Breite der Schneidplatte
V Vorschub
n Anzahl der Arbeitsstufen
d Plattendicke
B Streifenbreite

$$l = (n + 2) \cdot V$$

$$b = B + 3\,d$$

Größere Schneidplatten, Platten mit besonders schwierigen Formen und solche in Verbundwerkzeugen werden oft in geteilter Form ausgeführt. Hierdurch ergeben sich folgende Vorteile:

- Verminderung der Härterissgefahr
- Profilschliff eckiger Durchbrüche möglich
- Verschieden harte Einsätze verwendbar
- Reparaturen sind einfacher durchführbar

Bei geteilten Schneidplatten werden Schneidplattensegmente **(Bild 3)** verwendet, die mittels Haltenasen oder durch Verschrauben befestigt werden. Für kleine Durchbrüche kommen Schneidbuchsen zur Anwendung **(Bild 2)**. Bei Großwerkzeugen werden aus Kostengründen auf Baustahlgrundkörper gehärtete Schneidleisten aufgesetzt.

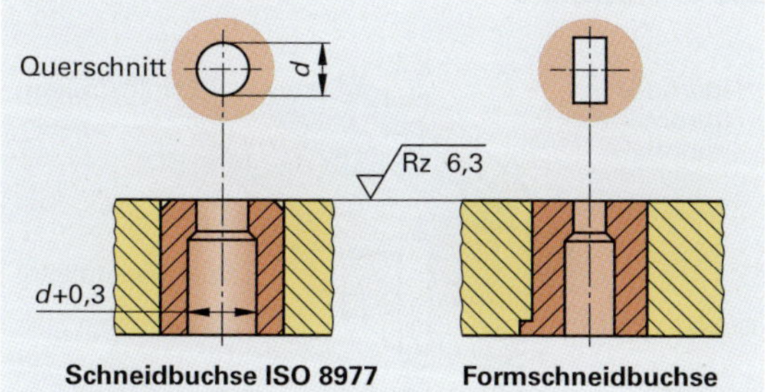

Bild 2: Schneidbuchsen

Tabelle 1: Gestaltung von Schneidplattendurchbrüchen

Form	Freiwinkel	Anwendung
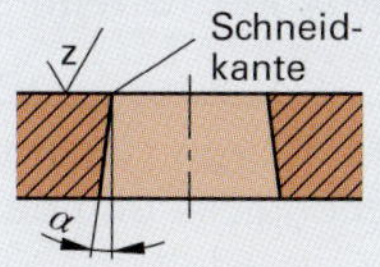	10' bis 40'	• Blechdicken *s* bis 3 mm • mittlere Fertigungsstückzahlen
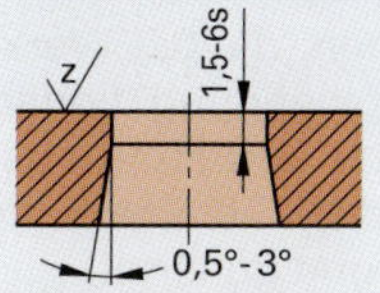	0°	• Blechdicken *s* über 3 mm • große Fertigungsstückzahlen
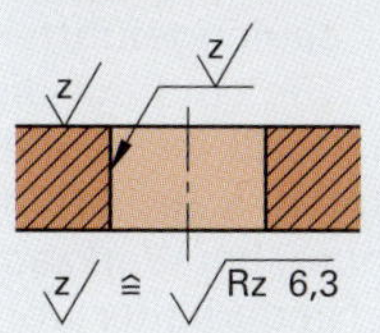	0°	• Gesamtschneidwerkzeuge • Feinschneidwerkzeuge

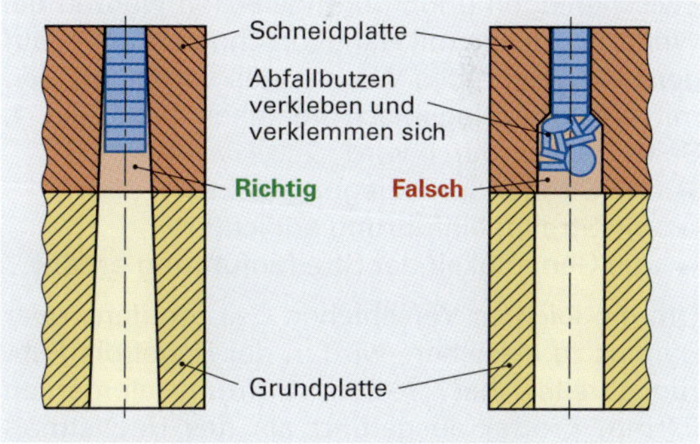

Bild 1: Durchbrüche für dünne Stempel

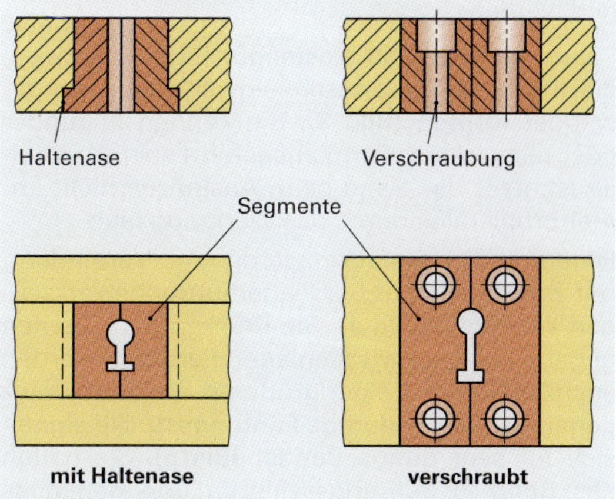

Bild 3: Segmente einer geteilten Schneidplatte

1

1.4.3 Streifenführungselemente

Elemente zur Streifenführung haben die Aufgabe, die Streifen oder Bänder sicher durch das Werkzeug zu führen und ein Ausknicken des Abfallgitters nach oben zu verhindern. Man unterscheidet feste und federnde Streifenführungen.

Die Art der zu wählenden Streifenführung ist von dem Werkzeugaufbau, der Streifendicke und der Hubzahl abhängig.

Zwischenlagen sind feste Leisten, die bei Werkzeugen mit Plattenführung Anwendung finden und zwischen der Schneidplatte und Führungsplatte angeordnet werden **(Bild 1)**. Sie sind 5 bis 8 mm dick, aus Werkzeugstahl und gehärtet.

Führungsleisten werden bei säulengeführten Werkzeugen verwendet **(Bild 2)**. Sie sind auf die Schneidplatte aufgeschraubt und mit ihr verstiftet. Um ein Ausknicken des Streifens zu verhindern, werden Rückhaltenasen oder, bei Werkzeugen ohne Führungsplatte, ein Niederhalter vorgesehen.

Zwischenlagen und Führungsleisten werden bei Werkzeugen, die mit Handvorschub arbeiten, auf der Einlaufseite des Werkzeuges verlängert und mit einem Auflageblech versehen **(vgl. Bild 1, Seite 24)**. Hierdurch wird

- die Streifendurchbiegung kleiner
- die Streifeneinführung erleichtert
- die Genauigkeit der Streifenführung erhöht.

Um ein leichtes Verschieben des Streifens oder Bandes zu erreichen, wird in der Regel die Führungsbreite bei festen Führungselementen 0,2 mm größer ausgeführt als das Höchstmaß der Streifenbreite. Um trotzdem eine genaue Positionierung des Streifens zu erhalten, müssen Suchstifte im Werkzeug **(vgl. Seite 34)** vorgesehen werden.

Führungspilze sind kostengünstige Lösungen, die meist bei Gesamtschneidwerkzeugen angewendet werden **(Bild 3)**. Sie können in runder oder rechteckiger Form ausgeführt sein. Nachteilig ist, dass das Band beim Anstanzen nicht immer problemlos durch das Werkzeug läuft.

Federnde **Druckstücke** werden in Verbindung mit Zwischenlagen bei Plattenführungswerkzeugen verwandt **(Bild 4)**. Sie drücken den Streifen gegen die feste Zwischenlage. Hierdurch werden auch Streifen mit einer größeren Breitentoleranz genau geführt. Federnde **Führungsstücke** eignen sich für sehr dünne Bänder **(Bild 5)**. Sie halten das Band in Führungsschlitzen und heben es nach dem Abstreifen an, wodurch es sich leicht weiterschieben lässt.

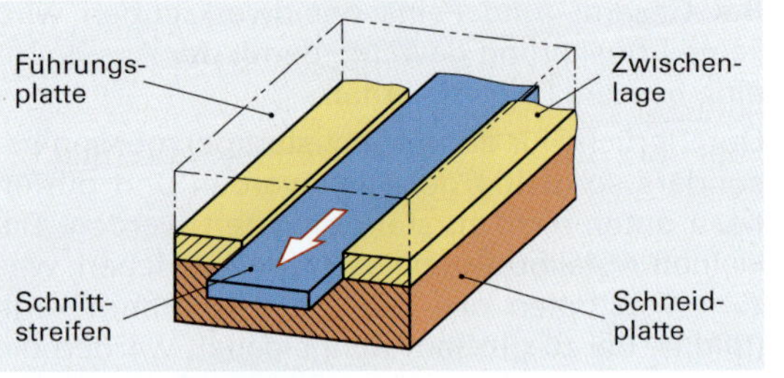

Bild 1: Zwischenlagen

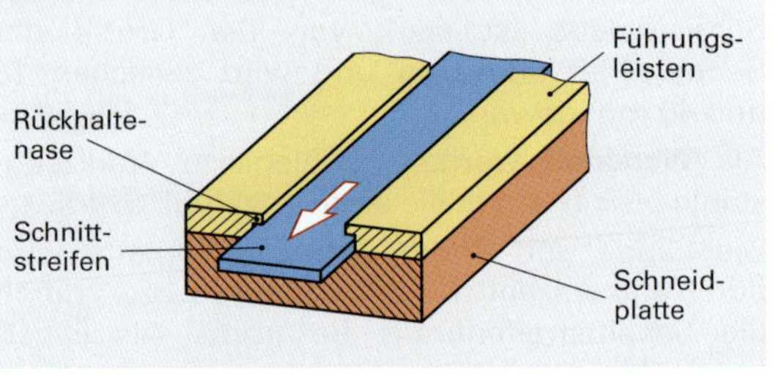

Bild 2: Führungsleisten

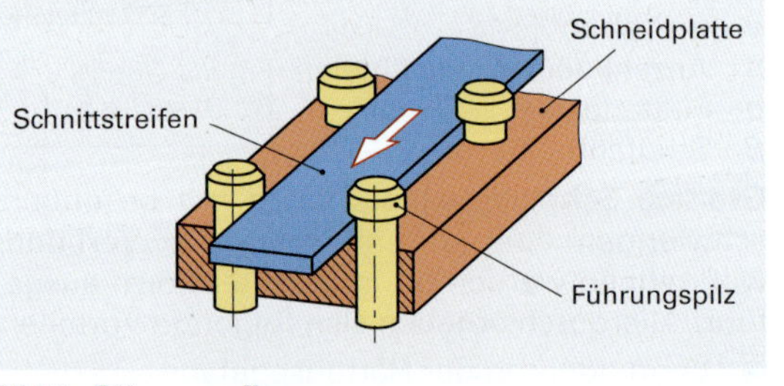

Bild 3: Führungspilze

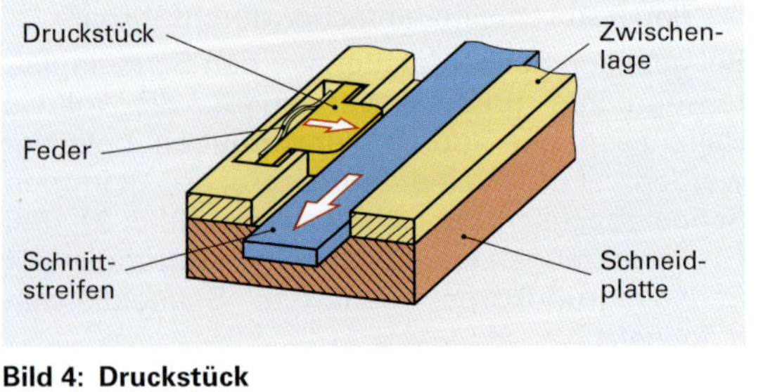

Bild 4: Druckstück

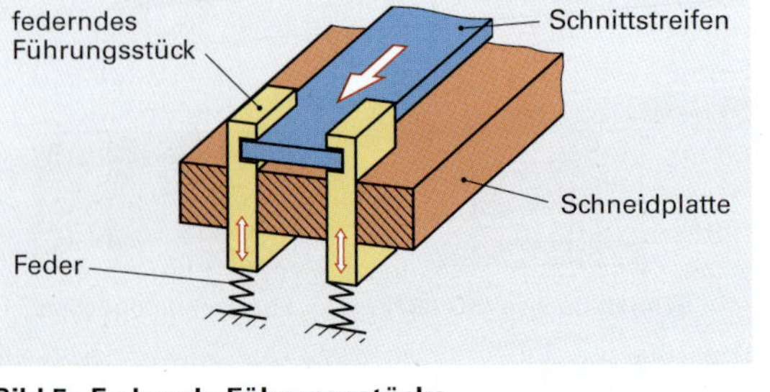

Bild 5: Federnde Führungsstücke

1.4.4 Führungsplatte

Die Führungsplatte führt die Schneidstempel und wirkt als Abstreifer für den Schnittstreifen, der vom Stempel hochgenommen wird **(Bild 1)**.

Die Form und Größe der Führungsplatte richtet sich überwiegend nach der Schneidplatte. Als Werkstoff eignet sich C45U. Sie wird nur in Ausnahmefällen gehärtet.

Bei der Gestaltung der Führungsplatte sind folgende Punkte zu beachten:

- Die Stempel sollten so eingepasst sein, dass sie sich gerade noch von Hand bewegen lassen.
- Für die Stempel sind Schmiermöglichkeiten vorzusehen (Schmiernuten, Ölwanne).
- Für die Einsicht auf den Anlagestift kann eine Aussparung vorgesehen werden.

Für runde Lochstempel können bei großen Werkzeugen gehärtete **Stempelführungsbuchsen** eingesetzt werden.

Bei Werkzeugen für kleine Schnittteilmengen ist das Herstellen der Durchbrüche durch Vergießen mit Kunststoffgießharz vorteilhaft. Man erspart sich langwierige Einpassarbeiten und die genaue Lagebestimmung von Stempel und Schneidplatte wird erleichtert.

Kunststoffgießharze haben gute Gleit- und Notlaufeigenschaften, ausreichende Druckfestigkeit und sind bei 20 °C gut gießbar.

Der Gießspalt zwischen dem Stempel und der ausgesägten Führungsplatte soll nicht kleiner als 0,5 mm und nicht größer als 3 mm sein. Statt schwierig herzustellender Durchbrüche genügt für kleine Stempel eine Bohrung oder ein rechteckiger Durchbruch in den Platten **(Bild 2)**.

1.4.5 Spannplatte

Um Rüstzeiten zu verringern, werden bei modernen Pressen Schnellspannelemente zur Befestigung der Werkzeuge eingesetzt. Diese, meist hydraulisch arbeitenden Elemente, erfordern eine Anpassung des Werkzeuges und der Presse an diese Bauteile. Zu diesem Zweck werden die Werkzeuge mit Spannplatten **(Bild 3)** ausgestattet. Die Spannkraft am Werkzeug wird entweder über einen Spannrand oder über Spannnuten eingeleitet. Die Spannplatte mit Spannrand **(Bild 3 a)** erfordert weniger Aufwand bei der Presse, bedingt aber eine Standardisierung der Werkzeugabmessungen. Bei Spannnuten **(Bild 3 b)** müssen die Spannelemente im Pressentisch eingelassen werden, was nachträglich nur bedingt möglich ist. Die Spannnuten haben aber den Vorteil, dass die Spannkräfte innerhalb des Werkzeuges angreifen.

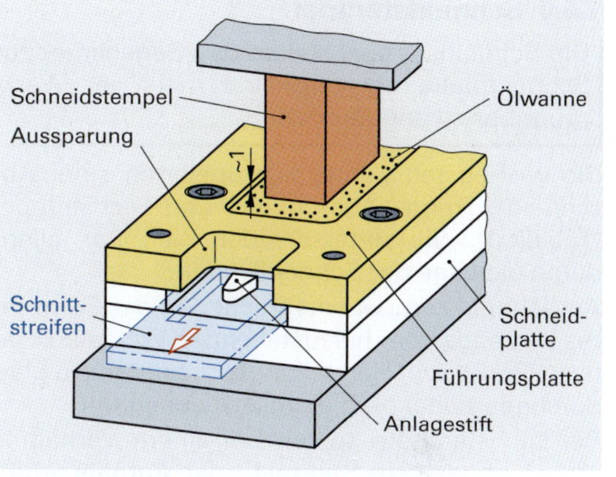

Bild 1: Werkzeug mit Führungsplatte

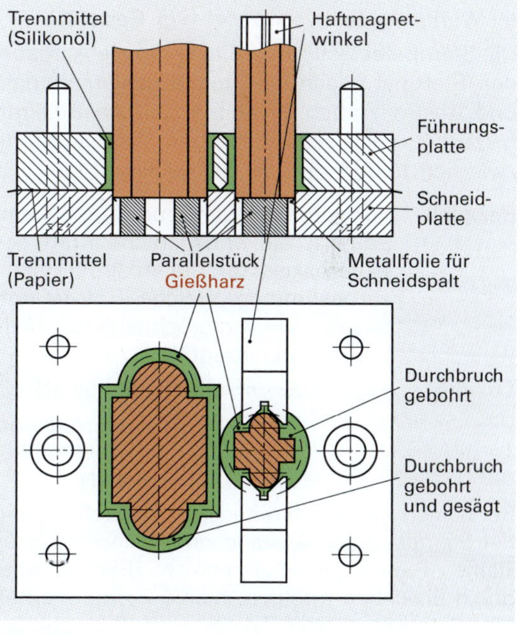

Bild 2: Ausgegossene Führungsplatte

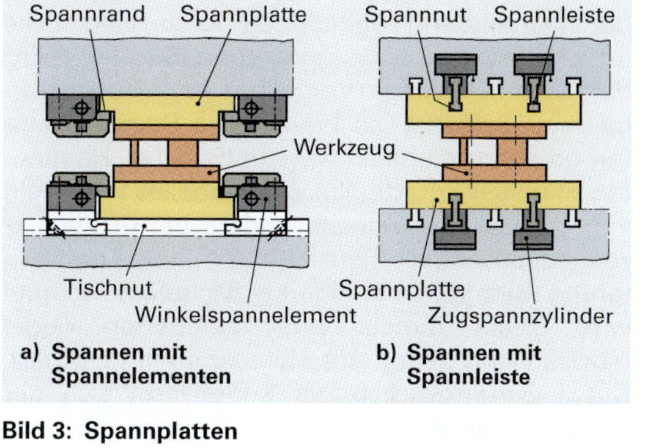

Bild 3: Spannplatten

1

1.4.6 Schneidstempel

Die Schneidstempel stellen das Gegenstück zur Schneidplatte dar und sind meist im Werkzeugoberteil angeordnet.

Die wichtigsten Schneidstempelarten sind: Abschneid-, Trenn-, Ausschneid- und Lochstempel **(Tabelle 1)**. Sie unterscheiden sich vor allem durch die Lage der Schneidkanten.

Ausschneidstempel entsprechen in der Form ihres Umfangs dem herzustellenden Werkstück. Je nach Größe und Herstellungsart werden sie glatt durchgearbeitet oder abgesetzt ausgeführt.

Bei Lochstempeln sollten bei einem Verhältnis $d/s \leq 1$ **abgesetzte Stempel** oder **Aufnahmehülsen (vgl. Seite 29)** verwendet werden. Die Stempellänge beträgt in Werkzeugen ohne Schutzgitter 60 bis 70 mm. Als **Werkstoff** wird hochlegierter Werkzeugstahl verwendet **(vgl. Seite 41).**

Die Stempelbefestigung **(Bild 1)** hat die Aufgabe, den Stempel gegenüber den Beschleunigungs- und Abstreifkräften zu halten. Die Abstreifkraft beträgt je nach Blechdicke und Werkstoffhärte zwischen 15 und 25 % der Schneidkraft.

Beispiel: Für ein Lochwerkzeug mit 8 Stempeln ist die erforderliche Kraft des Federpakets für die Abstreiferplatte zu bestimmen. Welche Kraft ist notwendig, wenn die Schneidkraft 12 kN je Stempel beträgt?

Lösung: $F_{Sges} = F_S \cdot n = 12\ \text{kN} \cdot 8 = 96\ \text{kN}$

$F_a = 20\ \% \cdot F_S$ (Abstreifprozentsatz mit 20 % gewählt)

$= 0{,}2 \cdot 96\ \text{kN} = \mathbf{19{,}2\ kN}$

Bei kleinen Abstreiferkräften kann die Befestigung der Stempel durch Anstauchen (Anklopfen) eines kleinen Randes am Stempelkopf **(Bild 1 a)** oder durch Einkleben erfolgen. Kleine Stempel erhalten einen Kegel- oder Zylinderkopf **(Bild 1 b)**. Bei genügend großen Querschnittsflächen kann der Stempel auch stumpf an die Druck- oder Kopfplatte angeschraubt werden **(Bild 1 c)**. Stempel mit durchgehendem Profil können durch Haltestücke oder Haltebleche befestigt werden **(Bild 1 d)**. Wird der Stempel durch Vergießen mit Kunststoffgießharz befestigt, so braucht die Stempelplatte nur grob vorgearbeitet werden **(Bild 1 e)**. Haltenuten sind aber erforderlich. Ein schnelles Wechseln von Lochstempeln, insbesondere bei Großwerkzeugen, erlaubt die Befestigung mittels Kugelhalterung **(Bild 1 f)**. Über eine Keilfläche am Stempel wird dieser mittels einer gefederten Kugel blockiert und gegen das Herausziehen gesichert. Durch Zurückdrücken der Kugel lässt sich der Stempel schnell auswechseln.

Tabelle 1: Schneidstempelarten

Abschneid-stempel	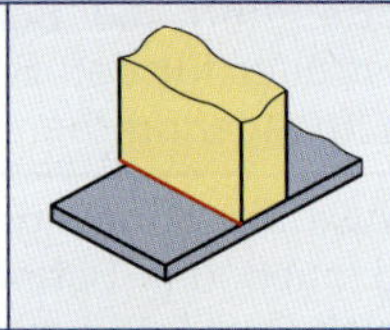	Schneid-kante einseitig
Trenn-stempel	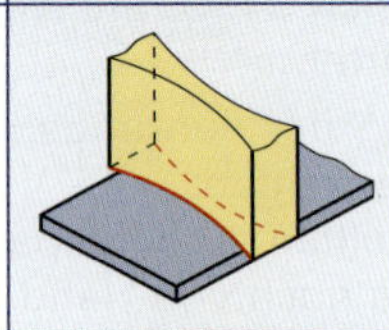	Schneid-kanten zwei-seitig
Aus-schneid-stempel	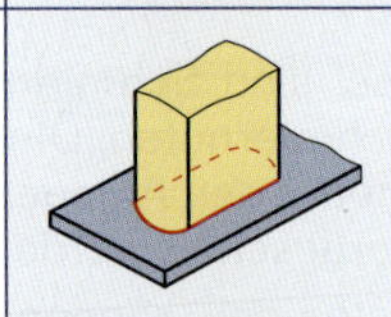	geschlossene Schneid-kante für Außenform
Loch-stempel	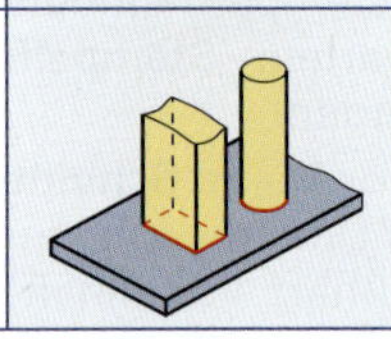	geschlossene Schneid-kante für Innenform

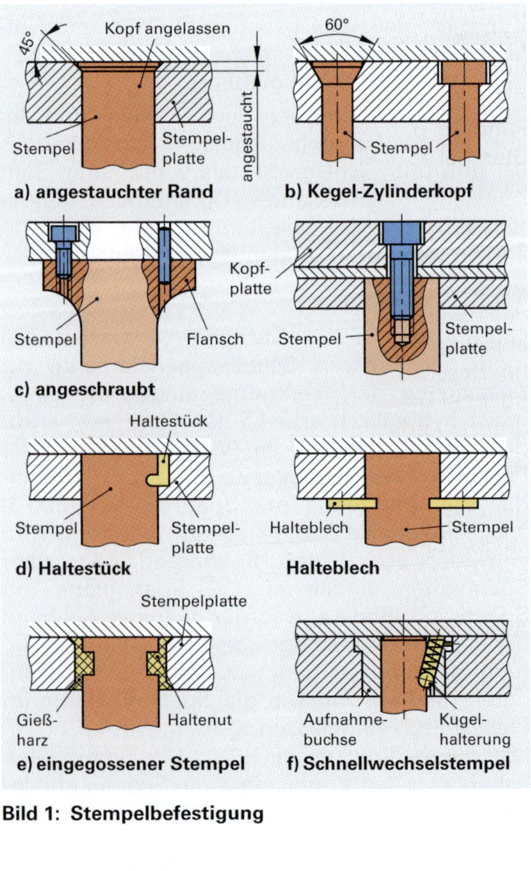

Bild 1: Stempelbefestigung

Lochstempel sind nach ISO 8020 und DIN 9837[1] mit Zylinderkopf sowie DIN 9861 mit Kegelkopf genormt **(Bild 1)**. Die Stempelköpfe sind warm angestaucht. Runde Stempel mit Vierkantquerschnitt erhalten eine Verdrehsicherungsfläche, die parallel zu einer Vierkantfläche liegt, oder einen Querstift. Lochstempel nach DIN 9844 haben eine abgesetzte Anlagefläche, wodurch sich Biegebeanspruchungen durch Fluchtungsfehler bei starrem Einbau vermeiden lassen. Diese Form eignet sich auch für Stempel aus Hartmetall.

Bei kleinen Schneidwerkzeugen ohne Führung werden Stempel und Einspannzapfen aus einem Stück gefertigt oder der Stempel wird in eine Stempelplatte eingesetzt und diese am Einspannzapfen befestigt. Um teuren Werkzeugstahl zu sparen, wird bei größeren Schneidwerkzeugen ohne Führung der Einspannzapfen in den Stempel eingeschraubt oder der Stempel an einer Stempelplatte befestigt **(Bild 2)**.

Aufnahmehülsen (Docken)

Aufnahmehülsen dienen dazu, dünne Stempel zu verstärken und sie dadurch am Verbiegen oder Knicken zu hindern **(Bild 3)**.

Fliegende Aufnahmehülsen werden auf den Durchmesser des Stempels aufgerieben und zwischen der Stempel- und der Führungsplatte über den Stempel geschoben.

Stempel unter 2 mm dockt man so ein, dass ihre Führung durch die Aufnahmehülse erfolgt. Die Stempel können auch nur im oberen Teil durch einen dickeren Füllstift abgestützt werden.

1.4.7 Aufschlagstücke

Aufschlagstücke sind besonders beim Einstellen des Werkzeuges wichtig. Damit kann beim unbeabsichtigten Tieferfahren des Pressenstößels eine Beschädigung des Werkzeuges vermieden oder bei Umformwerkzeugen der Arbeitsweg begrenzt werden.

Bei abgesetzten Stempeln, die durch die Führungsplatte hindurchgehen, müssen zwischen der Stempel- und der Führungsplatte Aufschlagstücke **(Bild 4)** angebracht werden. Dadurch wird eine Beschädigung des Werkzeuges durch zu tiefe Einstellung des Pressenstößels verhindert. Die Aufschlagstücke, die in runder oder rechteckiger Form ausgeführt werden, sind so zu setzen, dass sie nicht über dem Streifenkanal liegen.

Beim Nachschleifen der Stempel müssen auch die Aufschlagstücke nachgeschliffen werden.

[1] Norm zurückgezogen

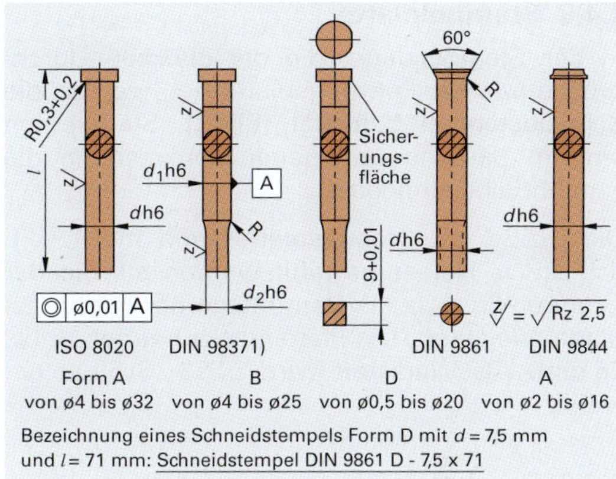

Bild 1: Lochstempel

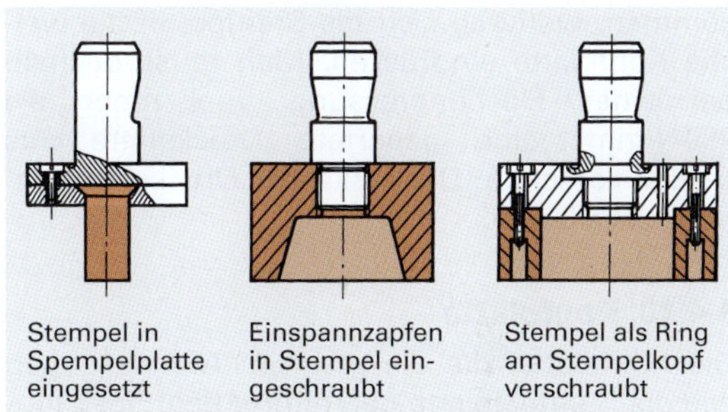

Bild 2: Ausschneidstempel für Werkzeuge ohne Führung

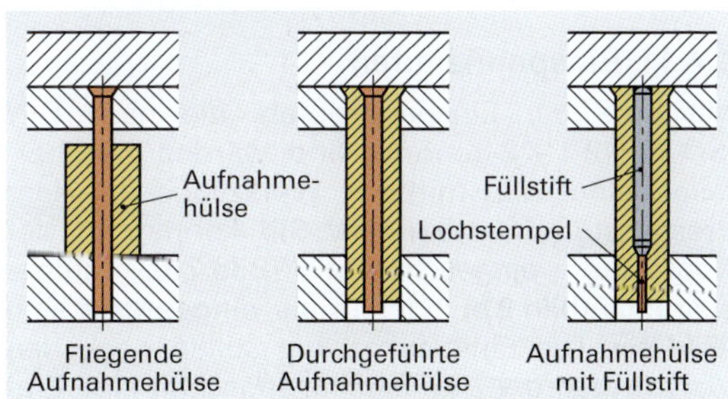

Bild 3: Aufnahmehülsen (Docken)

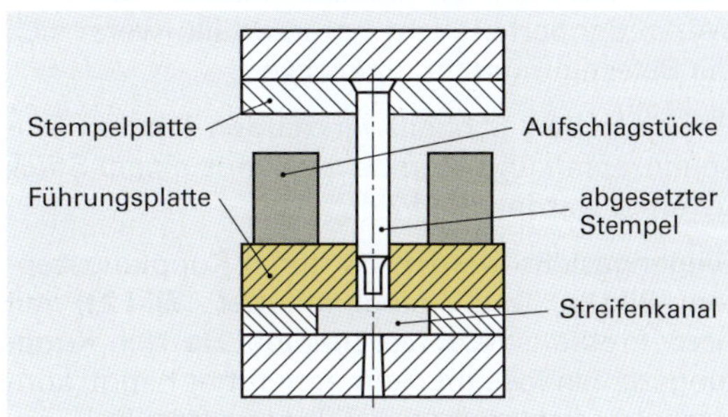

Bild 4: Werkzeug mit Aufschlagstücken

1.4.8 Stempelplatte

In der Stempelplatte, die die gleichen Durchbrüche wie die Führungsplatte hat, werden die Schneidstempel befestigt **(Bild 1)**. Sie werden stramm passend und genau senkrecht in die Durchbrüche eingepasst.

Die Größe der Stempelplatte kann meist seitlich etwas kleiner gewählt werden als die der Grundplatte, was die Demontage der Führungsplatte erleichtert. Die Plattendicke beträgt 12 bis 25 mm. Als Werkstoff wird E295 (St50-2) gewählt.

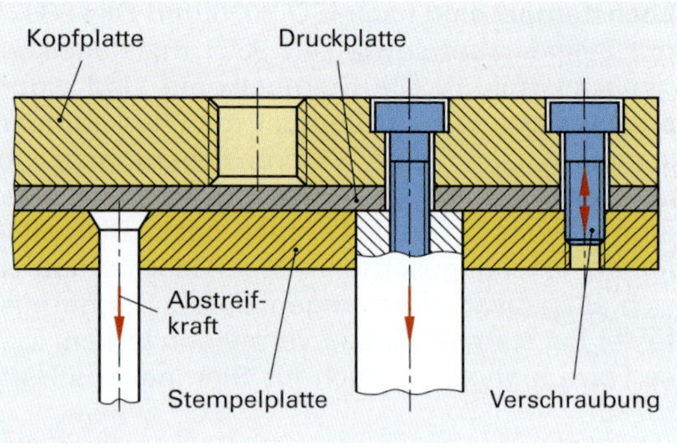

Bild 1: Werkzeugoberteil

1.4.9 Druckplatte

Durch hohe Schneidkräfte kann es bei dünnen Lochstempeln zu überhöhter Flächenpressung kommen, wodurch sich die Stempel in die weiche Kopfplatte eindrücken. Man muss deshalb bei einer Flächenpressung von mehr als 250 N/mm² eine gehärtete Druckplatte aus C105U vorsehen. Die Dicke der Druckplatte beträgt etwa 5 mm.

1.4.10 Kopfplatte

Die Kopfplatte, die die gleichen Abmessungen wie die Stempelplatte hat, nimmt den Einspannzapfen auf. Die Dicke der Kopfplatte liegt zwischen 18 und 28 mm. Als Werkstoff eignet sich E295 (St50-2).

1.4.11 Einspannzapfen

Mit Hilfe der Einspannzapfen, die nach DIN ISO 10242-1 + 2 genormt sind, werden die Oberteile kleiner und mittlerer Werkzeuge mit dem Pressenstößel verbunden. Sie können in der Kopfplatte eingeschraubt **(Bild 2 a)**, aufgeschraubt **(Bild 2 b)** oder in sie eingepresst sein **(Bild 2 c)**. Die Einspannzapfen sollen nach den Vorschriften der Berufsgenossenschaft eine Einkerbung oder eine Eindrehung erhalten, in welche die Befestigungsschraube des Pressenstößels eingreift. Sie soll sicherstellen, dass das Werkzeugoberteil nicht herunterfällt, wenn sich die Befestigungsschraube lockert.

Bei einfachen Schneidwerkzeugen können Einspannzapfen und Stempel auch aus einem Stück gefertigt werden **(Bild 2 d)**.

Säulengestelle werden oft durch Kupplungszapfen **(Bild 2e)** und Aufnahmefutter **(Bild 2 f)** mit dem Pressenstößel verbunden. Da der Kupplungszapfen lose im Aufnahmefutter hängt, können sich Fehler in der Führung des Pressenstößels nicht auf das Werkzeug übertragen.

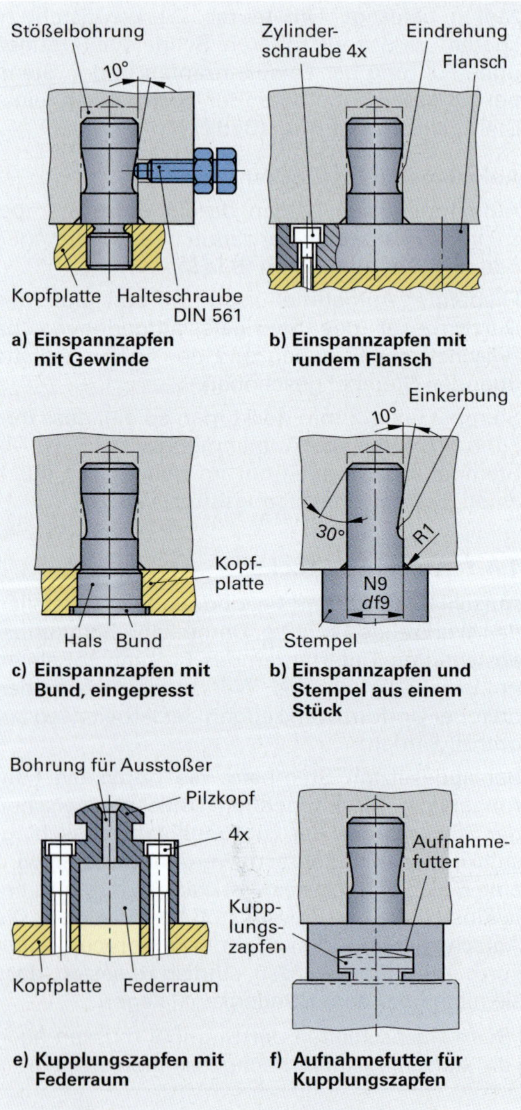

Bild 2: Einspann- und Kupplungszapfen

1.4.12 Säulengestelle

Bei sehr genauen und größeren Werkzeugen werden Säulengestelle verwendet. Gesamt- und Feinschneidwerkzeuge werden ausschließlich mit solchen Gestellen gebaut.

Das Säulengestell besteht aus dem Ober- und Unterteil und den Führungssäulen. Die Säulenführung ergibt eine sehr genaue Lage des Werkzeugoberteils zum Werkzeugunterteil. Gestelle können in Gussbauweise **(Bild 1)** oder in Stahl **(Bild 2)** ausgeführt werden.

Genormt sind Gussgestelle mit rechteckigen und runden Arbeitsflächen sowie mit zwei und vier Führungssäulen. In den Gestellen können die Säulen mittig, hinten oder übereck stehend angeordnet sein **(Bild 4)**. Von jeder dieser Ausführungen sind wieder verschiedene Größen genormt.

Die Gestelle mit übereck stehenden Säulen lassen die Nutzung der Arbeitsfläche in Längs- oder Querrichtung zu. Die einzelnen Gestellformen werden für Werkzeuge mit dünnen Stempeln mit beweglichen Führungsplatten, die auch als Abstreifer dienen, gefertigt. Für Gesamtschneidwerkzeuge kommen Gestelle mit dickerem Oberteil zum Einsatz.

> Säulengestelle, in die verschiedene Werkzeugeinsätze eingebaut werden können, bezeichnet man als Wechselgestelle **(Bild 3)**.

Sie besitzen ein Oberteil, in dem der Schneidstempeleinsatz befestigt wird, und ein Unterteil zur Aufnahme des Schneidplatteneinsatzes. Diese Bauweise hat den Vorteil, dass kleinere Werkzeugkosten entstehen und eine einfache Werkzeuginstandhaltung möglich ist.

Die Spanneinrichtungen in den Wechselgestellen gewährleisten eine genaue Positionierung der Einsätze.

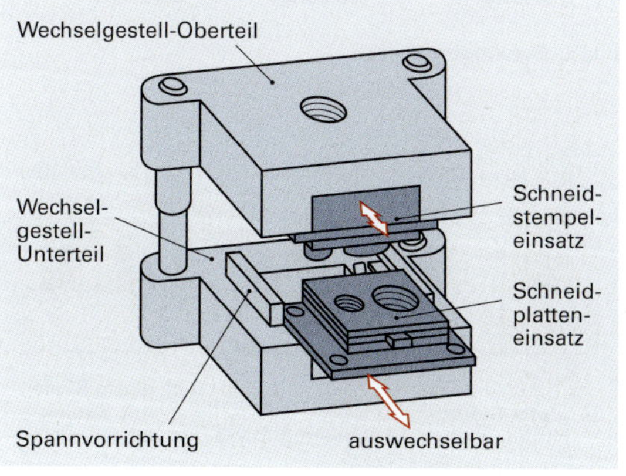

Bild 3: Wechselgestell

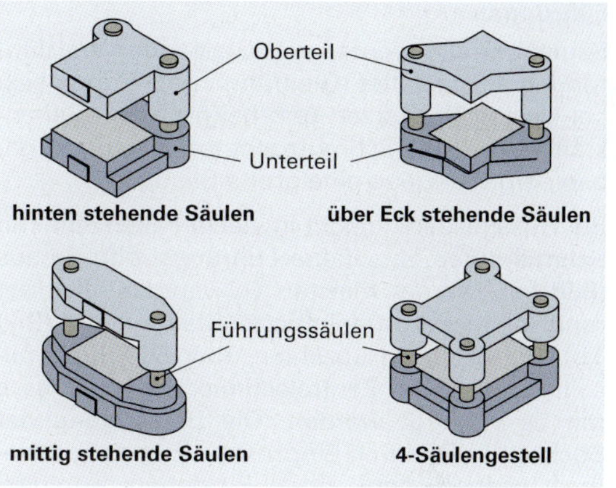

Bild 1: Säulengestelle in Gussbauweise

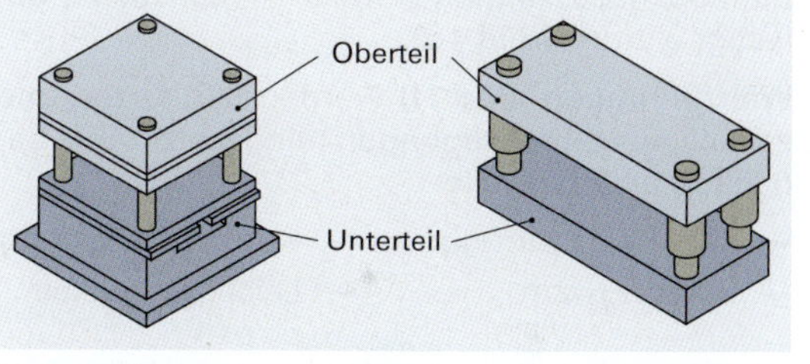

Bild 2: Säulengestelle aus Stahl

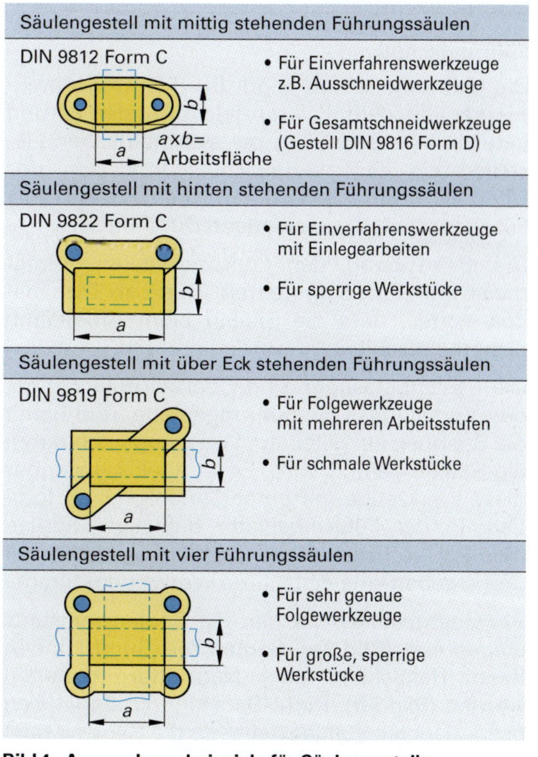

Bild 4: Anwendungsbeispiele für Säulengestelle

1

Führungen

Säulengestelle werden mit Gleit- oder Wälzführungen ausgestattet. Gleitführungen eignen sich bei kleinen Hubzahlen und bei größeren Seitenkräften. Sie sind schmutzunempfindlich und geben dem Werkzeug eine große Steifigkeit.

Bei Gussgestellen reicht in vielen Fällen eine mit Schmiernuten versehene Führungsbohrung aus **(Bild 1 a)**. Die am meisten verwendete Gleitführung ist die bronzeplattierte Stahlbuchse **(Bild 1 b)**. Bei großen Hubzahlen über 500 Hübe/min sollte sie von der Zentralschmierung der Presse mit Öl versorgt werden. Die Befestigung der Buchsen kann durch Einpressen (Bohrung eventuell nacharbeiten) oder Einkleben erfolgen. Flanschbuchsen und Flanschlager lassen sich mit Schrauben befestigen **(Bild 1 c und 1 e)**. Bundbuchsen können mittels Haltestücken befestigt werden **(Bild 1 d)**.

Wälzführungen (Bild 1 f) werden bei kurzen und schnellen Hubbewegungen eingesetzt. Sie haben folgende Vorteile:

- spielfreie Führung
- wenig Erwärmung
- wartungsarm
- Leichtgängigkeit

> Bedingt durch den Abwälzvorgang der Wälzkörper ist der Weg des Käfigs nur halb so groß wie der Werkzeughub.

Führungssäulen

Die Führungssäulen sind im Führungsdurchmesser mit dem Toleranzfeld h4 gefertigt und induktionsgehärtet. Um bei symmetrischen Gestellen ein seitenvertauschtes Aufsetzen des Oberteils unmöglich zu machen, haben die Führungssäulen verschiedene Durchmesser.

Die Befestigung der Führungssäulen erfolgt meist im Werkzeugunterteil **(Bild 2 a)**. Dies hat den Vorteil, dass die Säulen beim Arbeitshub nicht mitbeschleunigt werden müssen.

Die Säulenbefestigung im Oberteil **(Bild 2 b)** hat den Vorteil, dass die Führungsplatte, und damit die Stempel, bei geteiltem Werkzeug noch durch die Säulen geführt wird. Es ist aber schwieriger diese Werkzeuge mit guter Genauigkeit zu fertigen. In der Führungsplatte befestigte Säulen **(Bild 2 c)** verbessern die seitliche Belastbarkeit und ergeben eine einfachere Werkzeugmontage.

Bei Gussgestellen werden die Säulen meistens eingepresst **(Bild 3 a)**. Säulen mit Bund können durch Haltestücke oder Nutmuttern gehalten werden **(Bild 3 b)**. Diese Befestigung eignet sich besonders für Stahlgestelle, da die Säulen leicht ein- und ausgebaut werden können. Für Groß-

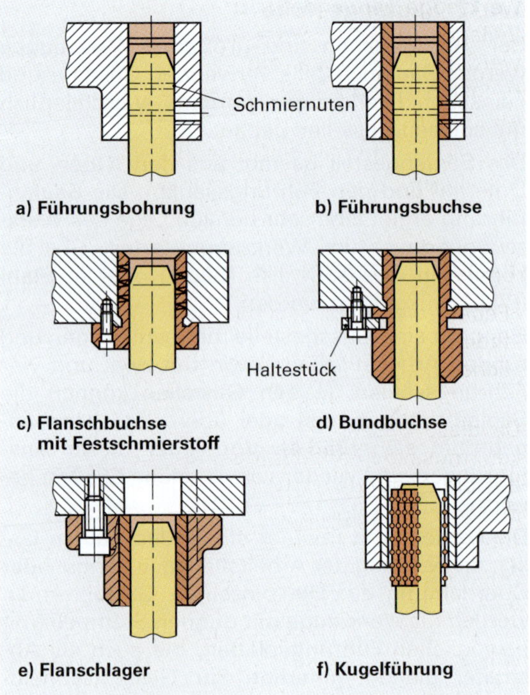

Bild 1: Führungselemente

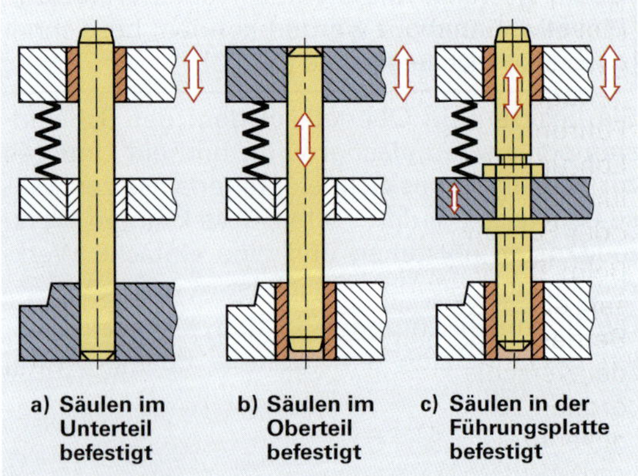

Bild 2: Befestigungsarten

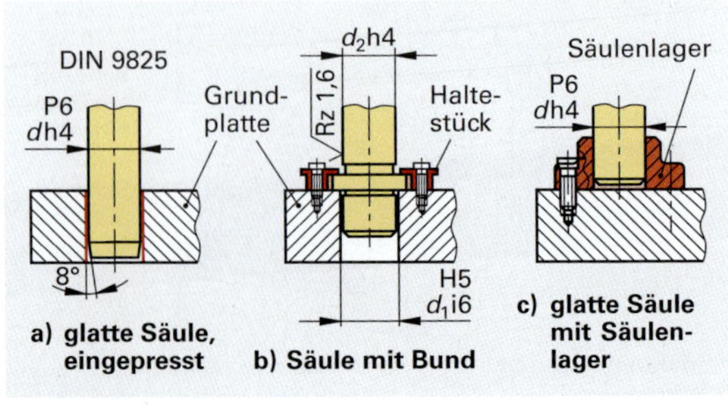

Bild 3: Säulenarten

werkzeuge verwendet man flanschförmige Säulenlager **(Bild 3c, Seite 32)**, die angeschraubt werden. Zusammen mit entsprechenden Führungslagern können sie in aufgesetzter oder eingelassener Form verwendet werden.

Durch einen einheitlichen Außendurchmesser können die verschiedenen Säulen und Führungsbuchsen gegeneinander ausgetauscht werden.

1.4.13 Federelemente

Federn dienen in Schneidwerkzeugen zum Abfedern der Niederhalter, Ausstoßer und beweglichen Führungsplatten.

Da diese Bauelemente auch als Abstreifer wirken, muss die Federkraft ausreichend groß sein, um die Abstreifkraft **(vgl. Seite 28)** zu überwinden bzw. die erforderliche Niederhaltekraft zu erzeugen.

Der Federweg (Arbeitshub) ist von der Blechdicke, vom Scherweg und vom Stempelabschliffmaß abhängig. Bei Elastomerdruckfedern soll der Federweg max. 30 % der ungespannten Federhöhe betragen.

Welche **Federart** zu verwenden ist, hängt von der erforderlichen Federkraft, dem Federweg, den Platzverhältnissen und der Hubzahl ab **(Tabelle 1)**. Der Einbau der Federn muss so erfolgen, dass die Feder gut geführt wird und eine genügend große Vorspannung gegeben ist. Die Führung kann mittels Federbolzen oder Führungshülsen erfolgen **(Bild 1)**. Die Einstellung der Vorspannung ist über Ansatzschrauben oder Führungshülsen möglich.

Beim Bruch einer Feder sollte der ganze Federsatz eines Werkzeuges erneuert werden, was die Betriebssicherheit wieder erhöht. Um die Federn den verschiedenen Belastungsarten schneller zuordnen zu können, werden sie vielfach farblich gekennzeichnet. Beim Einbau von Tellerfedersäulen ist auf die richtige, wechselseitige Schichtung zu achten. Die Bestimmung der Federkraft kann am einfachsten mit einer Federkennlinie erfolgen **(Bild 2)**.

Beispiel: In einem Werkzeug sind vier Polyurethan-Druckfedern eingebaut mit $D_a = 25$ mm, $L_o = 40$ mm. Welche Federkraft ergibt sich, wenn die Federn $s = 3{,}5$ mm vorgespannt sind und der Arbeitshub $\Delta s = 6{,}5$ mm ist.

Lösung: Federweg $s = s_1 + \Delta s$

$= 3{,}5 \text{ mm} + 6{,}5 \text{ mm} = 10 \text{ mm}$

Aus Bild 2 ergibt sich für $s = 10$ mm, $F = 2{,}4$ kN

$F_{ges} = 4 \cdot 2{,}4 \text{ kN} = \mathbf{9600\,N}$

Tabelle 1: Federelemente für Schneidwerkzeuge

Federart	Eigenschaften	Anwendung
Druckfeder 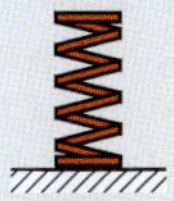	• mittlere Federkraft • großer Federweg • hohe Eigenfrequenz	• Messerschneidwerkzeuge • Werkzeugelement mit großem Arbeitshub
Tellerfeder 	• große Federkräfte • geringer Platzbedarf • kleiner Federweg	• Folgeverbundwerkzeuge mit großer Hubzahl • Gesamtschneidewerkzeuge
Elastomerfeder 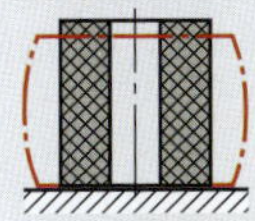	• große Federkraft • mittlerer Federweg • große Dämpfung	• Verbundwerkzeuge mit großen Umformkräften und kleinen Hubzahlen
Gasdruckfeder 	• sehr große Federkraft • großer Federweg • kleiner Platzbedarf	• Großwerkzeuge zum Beschneiden • Ziehwerkzeuge mit Keilschieber

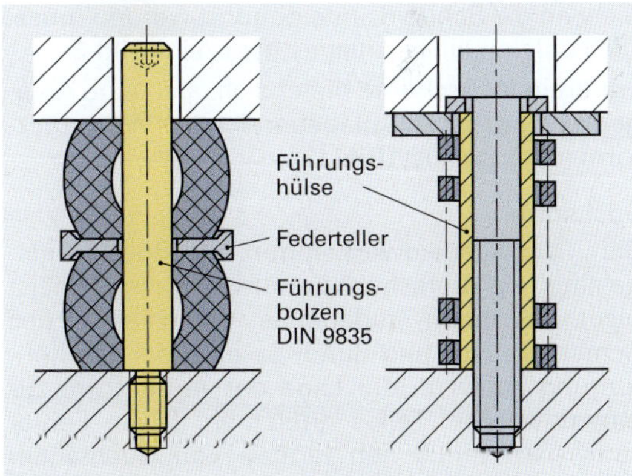

Bild 1: Führungselemente für Federn

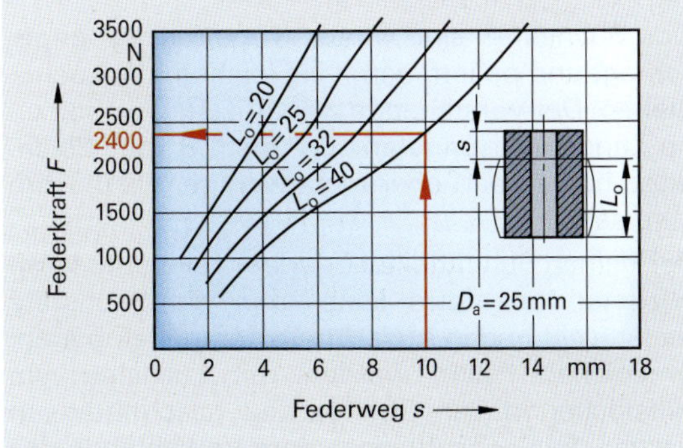

Bild 2: Kennlinie für PUR-Elastomer-Druckfeder

1

1.4.14 Vorschubbegrenzung

Der Vorschub des Schnittstreifens kann durch feste oder verstellbare Anschläge, Anlagestifte, Suchstifte, Seitenschneider oder Vorschubapparate begrenzt werden. Die Wahl der Vorschubbegrenzung hängt von der Art des Schneidwerkzeuges und von der verlangten Genauigkeit der Teile ab. Man verwendet oft auch mehrere Einrichtungen zur Vorschubbegrenzung nebeneinander.

Feste und einstellbare Anschläge

Feste und einstellbare Anschläge werden bei Abschneidwerkzeugen **(Bilder 1 u. 2, Seite 51)** verwendet. Durch Einstellen des Anschlags können mit einem Werkzeug Teile verschiedener Länge geschnitten werden.

Anlagestifte

Der Anlagestift (Einhängestift) ist billig in der Herstellung und im Einbau. Er wird bei Schneidwerkzeugen ohne und mit Führung sowie bei Gesamtschneidwerkzeugen verwendet. Anlagestifte werden entweder hakenförmig **(Bild 1)** oder pilzförmig ausgeführt. Dadurch erreicht man, dass das Loch in der Schneidplatte nicht so dicht an die Schneidkante gebohrt werden muss. Die Funktion eines Anlagestiftes zeigt **Bild 2.**

Für breite Ausschnitte bietet sich auch eine **Anlageplatte** an, deren Anlagebereich der Werkstückform angepasst ist **(Bild 1).**

Suchstifte

Bei Folgeschneidwerkzeugen genügen Anlagestifte als Vorschubbegrenzung allein meist nicht, da durch ungenaues Vorschieben des Schnittstreifens und durch Spiel in der Streifenführung Fehler in der Lage der Außenform zur Innenform des Teiles entstehen. Diese Fehler kann man durch den Einbau von Suchstiften **(Bild 3)** sehr klein halten. Die im Ausschneidstempel befestigten Suchstifte greifen in die im Schnittstreifen vorgeschnittenen Löcher und schieben ihn in die richtige Lage.

Die Suchstifte sind meist kegelförmig angeschrägt und poliert, damit sie leicht in die Löcher gleiten. Der vorstehende zylindrische Teil soll eine Länge von ungefähr 0,7 bis 0,8 mal Blechdicke haben, darf aber nicht weniger als 0,5 mm lang sein.

Bei kleinen Schnittteilen oder bei Teilen mit komplizierter Innenform kann man die Suchstifte meist nicht in den Ausschneidstempel einbauen. In solchen Fällen werden mit Lochstempeln Hilfslöcher in den Streifenrand geschnitten, in welche die Suchstifte nach dem Vorschieben des Streifens fixierend eingreifen **(Bild 4).**

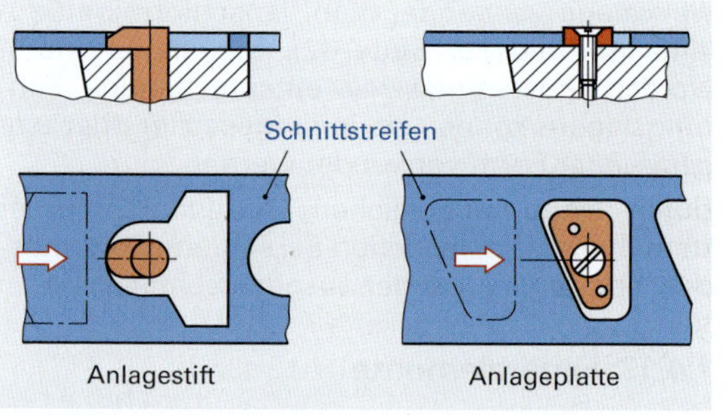

Bild 1: Anlagestift und Anlageplatte

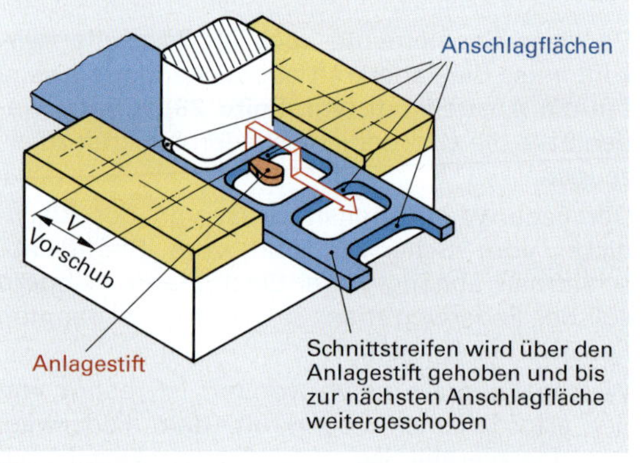

Bild 2: Vorschubbegrenzung mit einem Anlagestift

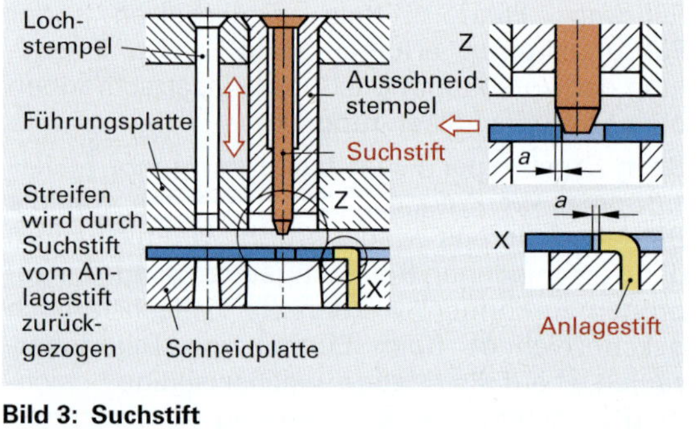

Bild 3: Suchstift

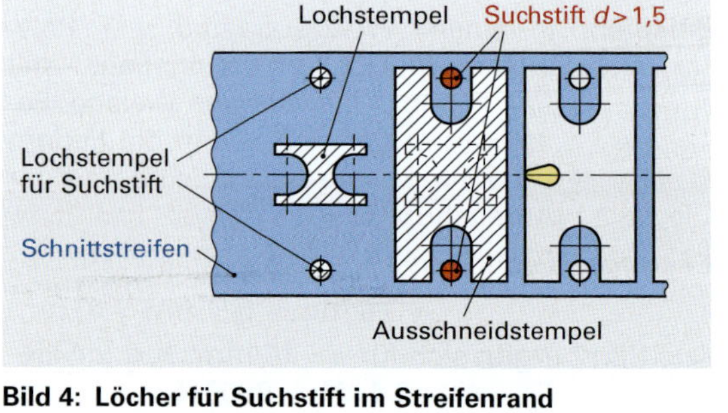

Bild 4: Löcher für Suchstift im Streifenrand

Bei Werkzeugen mit Suchstiften wird der Anlagestift so angebracht, dass der Streifen zunächst um einige Zehntelmillimeter zu weit vorgeschoben wird. Die Suchstifte ziehen den Streifen dann in die richtige Lage zurück. Dadurch entsteht zwischen dem Anlagestift und dem Steg ein Spiel. Dieses Spiel ist notwendig, da sich am Anlagestift Schmutz und kleine Gratteilchen ablagern können, so dass der Schnittstreifen nicht weit genug vorgeschoben werden kann und die Suchstifte dann die geschnittenen Löcher beschädigen **(Bild 3, Seite 34).**

Der Anlagestift dient zur Vorschubbegrenzung, der Suchstift zur Vorschub- und Lageberichtigung.

Folgeschneidwerkzeuge benötigen zum Schneiden der ersten Löcher im Schnittstreifen noch einen Anschneide- oder **Voranschlag,** um die Ausnutzung des Streifens zu verbessern **(Bild 1).** Dieser wird federnd in eine der Zwischenlagen eingebaut. Vor dem ersten Pressenhub wird der Voranschlag nach innen gedrückt und der Streifen dagegen geschoben. In dieser Lage wird der erste Arbeitsgang am Streifen, das Schneiden einer Innenform, ausgeführt. Eine Feder zieht dann den Anschlag zurück, da er beim weiteren Durchlaufen des Streifens nicht mehr benötigt wird.

Die Anschlagfläche des Voranschlages wird meist so angeordnet, dass der Ausschneidstempel vom Streifenanfang einige Millimeter abtrennt. Schneidet der Ausschneidstempel bei dicken Blechen zu wenig vom Streifen ab, so wird er abgedrängt. Um dies zu verhindern, setzt man den Voranschlag entweder so, dass der Ausschneidstempel beim ersten Pressenniedergang den Streifen nicht beschneidet (Abstand bis zum Ausschneidstempel kleiner als die Stegbreite e) oder so viel Werkstoff abtrennt, dass ein Abdrängen nicht möglich ist. Der Voranschlag darf aber nicht so gesetzt werden, dass die Suchstifte auf den ungelochten Streifen auftreffen.

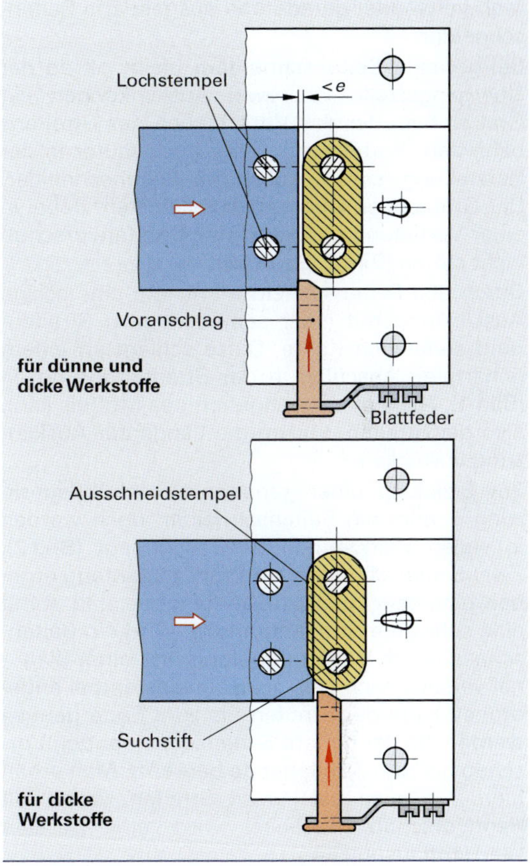

Bild 1: Anordnung der Voranschläge

Seitenschneider

Mit Seitenschneidern **(Bild 2)** erreicht man eine gute Vorschubbegrenzung und gleichzeitig eine gute Streifenführung.

Die Seitenschneider sind 6 mm bis 12 mm dicke Stempel, die an den Seiten des Werkstoffstreifens kleine Rechtecke von der Länge des Streifenvorschubes *V* und der Breite *i* ausklinken. Damit wird der Streifen auf die erforderliche Streifenbreite geschnitten.

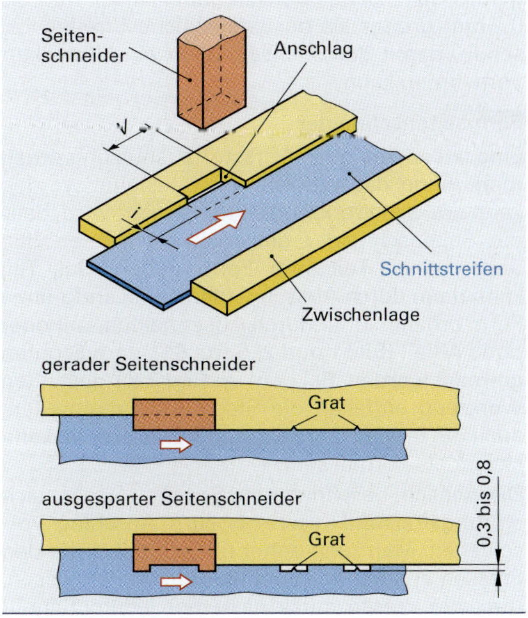

Bild 2: Seitenschneiderformen

1

Man verwendet gerade und ausgesparte Seitenschneider.

Bei geraden **Seitenschneidern** bleibt oft an der Übergangsstelle von zwei Ausklinkungen ein Grat stehen, der das Vorschieben des Streifens behindert. Vorteilhafter, aber auch teurer in der Herstellung, sind ausgesparte Seitenschneider. Der Grat an den Übergangsstellen steht dabei in einer Vertiefung und kann den Streifenvorschub nicht stören **(Bild 2, Seite 35)**.

Durch den Seitenschneider entsteht eine eckige Ausklinkung mit einer senkrecht zum Streifenrand stehenden Kante. Diese schlägt an einem gehärteten Anschlag in der Streifenführung an **(Bild 1)**. Nach dem Hochgehen des Stößels kann also der Streifen nur um die Länge der Ausklinkung vorrücken.

Zur Erzielung einer genauen Vorschubbegrenzung genügt ein Seitenschneider, doch werden in vielen Werkzeugen zwei eingebaut **(Bild 2)**. Zwei Seitenschneider am Werkzeuganfang ergeben eine sehr genaue Streifenbreite und somit eine sehr gute Streifenführung. Wird ein Seitenschneider am Werkzeuganfang und einer diagonal versetzt nach dem Ausschneidstempel angeordnet, kann der Streifen bis zum Ende genutzt werden, da der hintere Seitenschneider den Vorschub bis zum Streifenende begrenzt. Man erhält hierdurch auch bei kurzen Streifen, wenn mit Handvorschub gearbeitet wird, eine bessere Werkstoffausnutzung.

Ein Seitenschneider kann auch in Verbindung mit einem Suchstift verwendet werden. Die Länge des Seitenschneiders ist dabei ca. 0,1 mm bis 0,2 mm größer als der tatsächliche Streifenvorschub, damit der Suchstift noch eine Korrektur vornehmen kann.

Formseitenschneider

Eine besonders gute Werkstoffausnutzung erhält man, wenn das Werkstück so gestaltet werden kann und das Werkzeug so konstruiert wird, dass die Seitenschneider den Werkstücken an den Seiten einen Teil ihrer Form geben. Das Teil kann dann durch Ausschneiden seine endgültige Form erhalten oder durch Abschneiden, mit oder ohne Abfall **(Bild 1 und 2, Seite 51)**, vom Streifen getrennt werden. Bei dem im **Bild 3** dargestellten Werkzeug entfallen die Steg- und Randbreiten, auch die Breite *i* des Seitenschneiderabfalls kann kleiner als normal sein.

Die seitlich beschnittenen Streifen lassen sich störungsfrei und rasch bis zum Anschlag vorschieben. Man kann daher mit schnell laufenden Pressen den ganzen Streifen durchlaufen lassen, d.h., die Presse muss nicht bei jedem Schnitt ausgelöst werden.

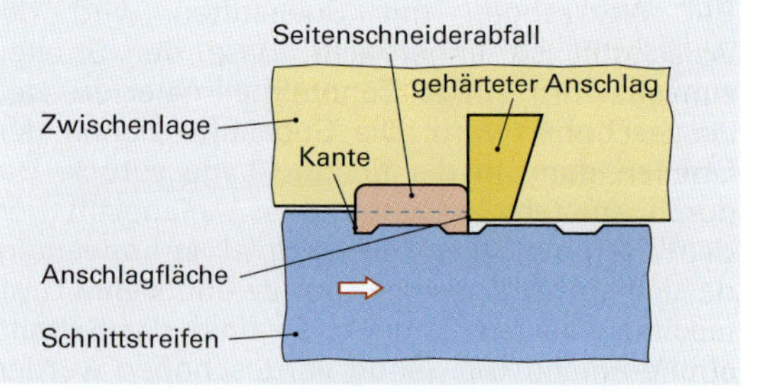

Bild 1: Anschlag in der Streifenführung

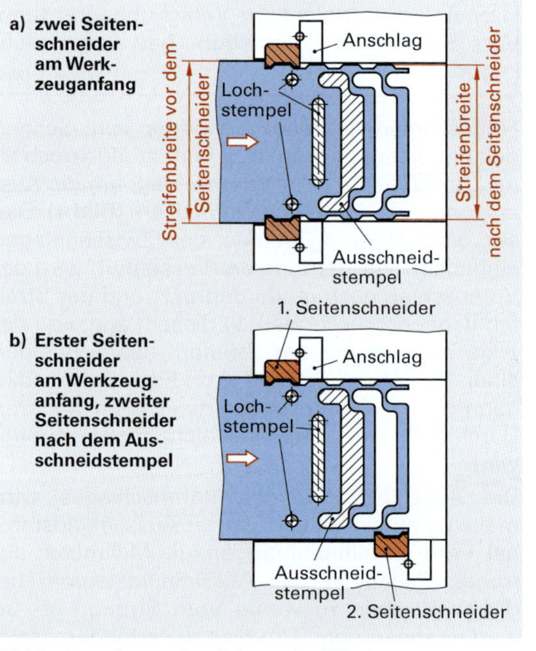

Bild 2: Anordnung der Seitenschneider

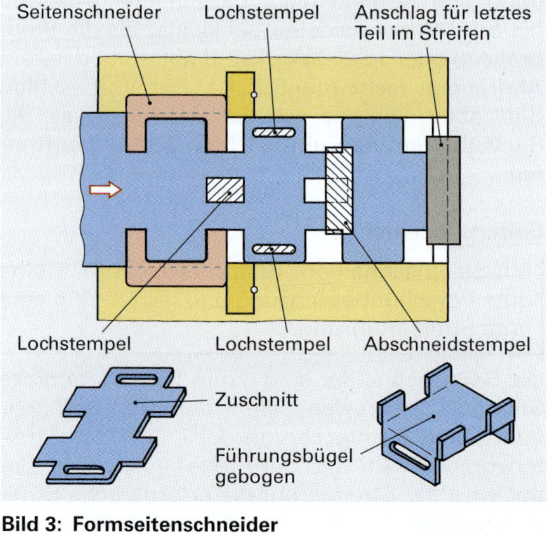

Bild 3: Formseitenschneider

Vorschubapparate

Vorschubapparate **(siehe Seite 113)** sind Zusatzeinrichtungen, die am Pressentisch befestigt werden. Man kann sie auf jeden beliebigen Streifenvorschub einstellen. Der Blechstreifen wird durch Walzen oder Zangen vorgeschoben. Zusätzliche Einrichtungen zur Vorschubbegrenzung, wie z. B. Suchstifte oder Seitenschneider, sind bei Verwendung dieser Apparate dann nötig, wenn die Lage der Außenform der Teile zur Innenform genau sein muss. Vorschubapparate ermöglichen ein automatisches Arbeiten der Presse.

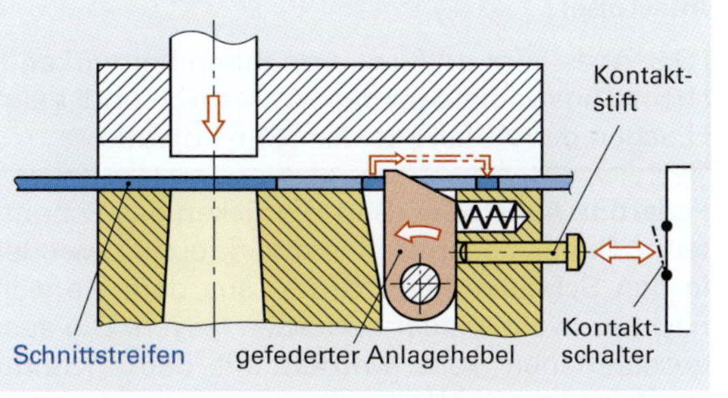

Bild 1: Elektro-mechanische Vorschubüberwachung

Vorschubüberwachung

Um Ausschneidfehler und damit meist verbundene Störungen zu vermeiden, ist in komplizierten Werkzeugen oder bei größeren Hubgeschwindigkeiten eine Vorschubüberwachung vorzusehen. Sie ist meist am Werkzeugende angeordnet und kann elektromechanisch oder opto-elektronisch arbeiten.

Bei elektromechanischen Lösungen kann dies mittels eines gefederten Anlagehebels in Verbindung mit einem Kontaktschalter erfolgen **(Bild 1)**.

Bei der Verwendung von Durchlicht-Lichtschranken kann ein Vorschubmerkmal, z. B. eine Lochkante, direkt abgefragt werden, was auch bei größeren Hubgeschwindigkeiten mit großer Genauigkeit möglich ist **(Bild 2)**.

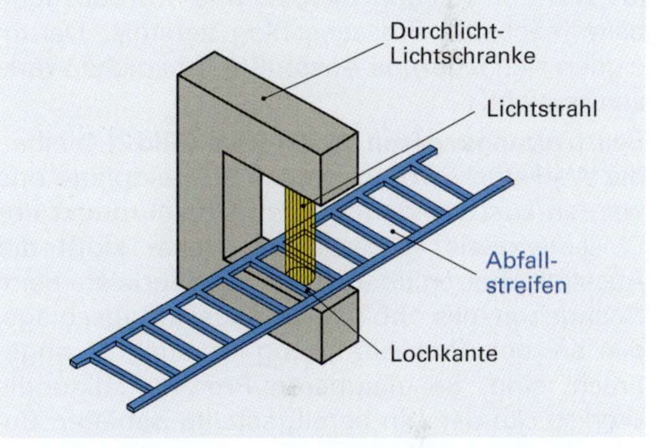

Bild 2: Optoelektronische Vorschubüberwachung

1.4.15 Werkstück- und Abfallentfernung

Die Rückfederung des Werkstoffes nach dem Schneidvorgang und spezielle Werkzeugbauweisen führen dazu, dass Schnittstreifen, Schnittteile, Butzen usw. an Werkzeugteilen bzw. im Werkzeug haften bleiben. Es müssen deshalb im Werkzeug Bauelemente vorgesehen werden, die die festhaftenden Teile aus dem Werkzeug entfernen.

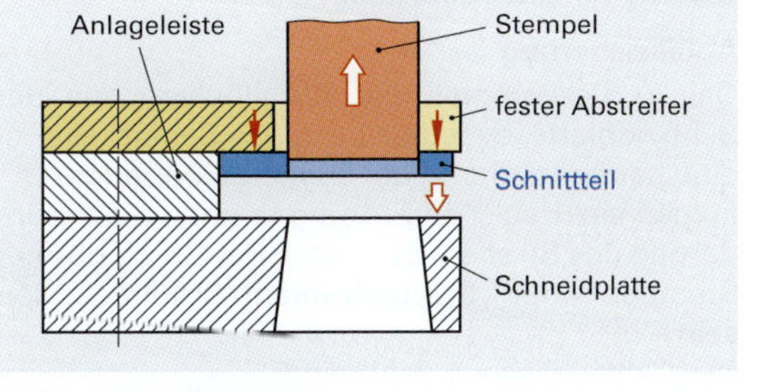

Bild 3: Fester Abstreifer

Abstreifer

Der Abstreifer entfernt, von außen her wirkend, beim Lochen das Werkstück und beim Ausschneiden den Abfall vom Stempel. Der Abstreifer selber kann fest mit der Schneidplatte **(Bild 3)** verbunden sein. Dabei ist es möglich, dass er auch noch andere Funktionen, wie z. B. bei Plattenführungswerkzeugen das Führen der Stempel, mit übernimmt. Wird hingegen ein federnder Abstreifer vorgesehen **(Bild 4)**, so kann dieser den Streifen gegen die Schneidplatte drücken und ihn gegen Verformung und Verschieben sichern, was bei dünnen Materialien vorteilhaft ist. Der Abstreifer wirkt somit zusätzlich noch als Niederhalter.

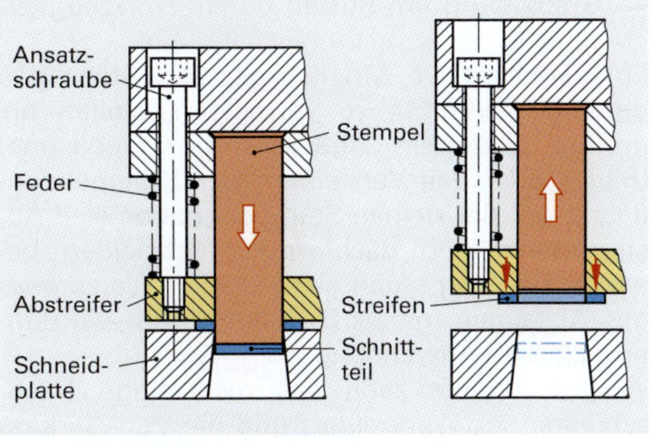

Bild 4: Federnder Abstreifer

1

Ausstoßer

> Der Ausstoßer entfernt, von innen her wirkend, beim Ausschneiden das Werkstück und beim Lochen den Abfall aus der Schneidplatte.

Federnde Ausstoßer (Bild 1) drücken das Schnittteil, z. B. bei Gesamtschneidwerkzeugen, wieder in den Schnittstreifen zurück, aus dem sie sich nachher leicht wieder entfernen lassen. Die ausgeschnittenen Teile werden mit dem Schnittstreifen aus dem Werkzeug gezogen.
Großflächige Werkstücke aus dünnen Blechen haften aber nicht sicher im Streifen, sie könnten im Werkzeug liegen bleiben und werden dann beim nächsten Pressenschlag zerstört. Darum eignen sich federnde Ausstoßer für solche Werkstücke nicht.

Beim **zwangsweisen Ausstoßer (Bild 2)** bleiben die Werkstücke vorerst in der Schneidplatte und werden kurz vor dem oberen Umkehrpunkt des Pressenstößels ausgestoßen. Dabei stößt der Ausstoßerbolzen über eine Ausstoßerleiste beim Hochgehen des Stößels an Ausstoßanschläge, die an der Pressenführung verstellbar angebracht sind. Bei neigbaren Pressen fallen die Werkstücke dann in bereitgestellte Behälter. Besitzt die Presse die Einrichtung zum Schrägstellen nicht, so werden die aus der Schneidplatte fallenden Werkstücke mit Druckluft in einen Sammelbehälter geblasen.

Abfallsicherung

Das Zurückkommen der Abfallbutzen aus der Schneidplatte, eventuell auch des Schnittteils, ist eine häufige Störung bei Schneidwerkzeugen.
Folgen einer solchen Störung können die Behinderung des Streifenvorschubs, der Bruch dünner Stempel oder Schneidkantenbeschädigungen sein.
Mögliche Ursachen dafür sind:

- ein zu großer Schneidspalt
- die Haftung des Butzens durch Saugwirkung
- dickflüssiges, verharztes Schmiermittel
- Gratbildung am Butzen durch Werkzeugverschleiß

Eine konstruktive Möglichkeit, um Störungen durch Abfallbutzen zu vermeiden, stellen bei großen Stempeln **Abdrückstifte** (Klebestifte) **(Bild 3)** oder das Verkleinern der Stempelstirnfläche dar. Bei kleinen Stempeln haben sich Abstreifkanten und dachförmige Schneiden bewährt. Das Vorprägen einer kleinen Warze oder das Absaugen mittels Druckluft findet bei dünnen Blechen Anwendung.
Weitere Abhilfe kann das rechtzeitige Nachschleifen des Werkzeuges und die Verwendung von dünnflüssigen Schneidölen bringen.

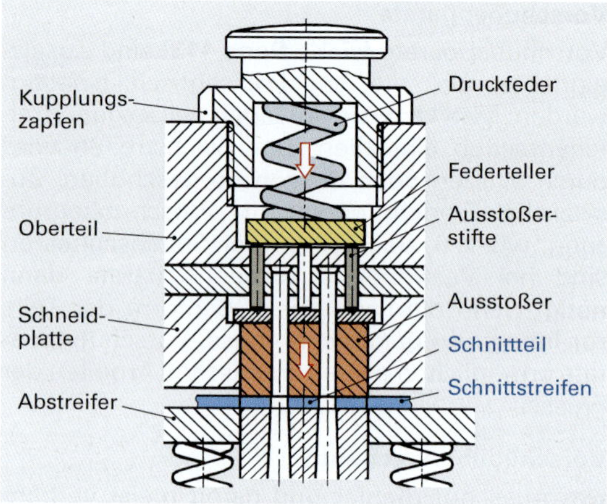

Bild 1: Federnder Ausstoßer

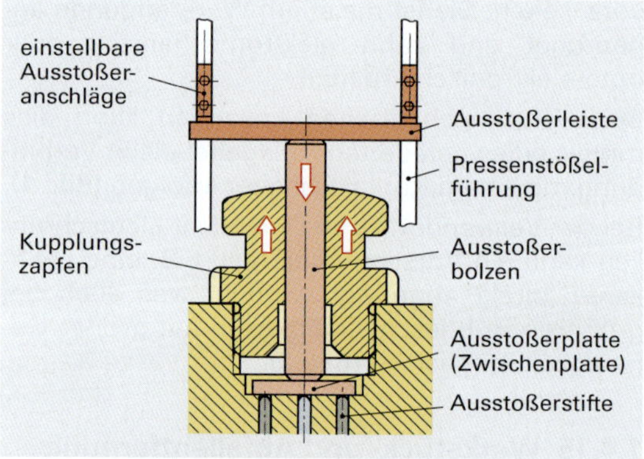

Bild 2: Zwangsweiser Ausstoßer

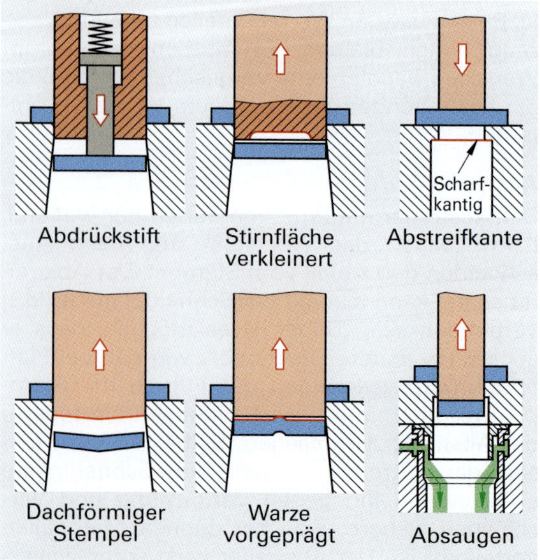

Bild 3: Abfallsicherung

Auswerfer

Der mechanische Auswerfer befördert, überwiegend bei kleinen Lochwerkzeugen, das fertige Werkstück nach erfolgtem Abstreifen aus dem Werkzeug. Das Schnittteil wird vom Stempel nach dem Lochen mit hochgenommen, schiebt dabei den angeschrägten Auswerfer zurück und spannt eine Blattfeder. An der Führungsplatte wird es abgestreift und dann vom vorschnellenden Auswerfer ausgeworfen **(Bild 1)**.

Beim Auswerfen mit Druckluft wird nach der Fertigbearbeitung des Schnittteils, beim Erreichen des oberen Umkehrpunktes des Stößels, ein Schaltimpuls ausgelöst. Dieser Impuls kann zur Steuerung der Druckluft für eine Ausblasdüse **(Bild 2)** oder bei großen Werkstücken für die Steuerung eines pneumatischen Auswerfzylinders verwendet werden.

Bei Schnittteilen, die mittels Druckluft ausgeblasen werden, ist meist eine **Auswurfkontrolle** notwendig. Hierbei wird die Presse erst zum nächsten Hub freigegeben, wenn das Schnittteil das Werkzeug verlassen hat. Die Kontrolle kann mittels Prallplatten oder Lichtschranken erfolgen. Bei kleinen Werkstücken sollten diese Einrichtungen justierbar sein.

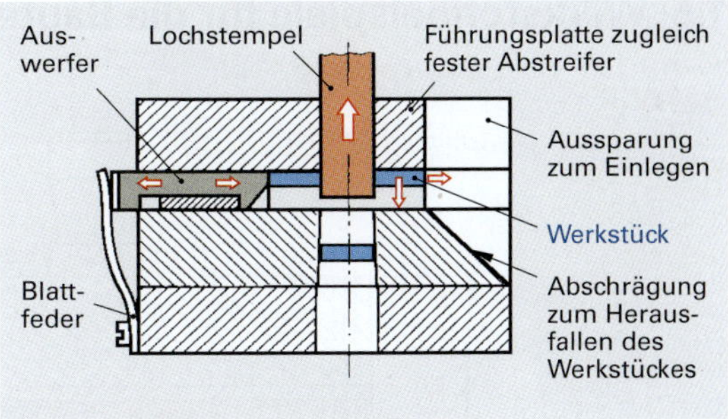

Bild 1: Vorgänge beim Auswerfen

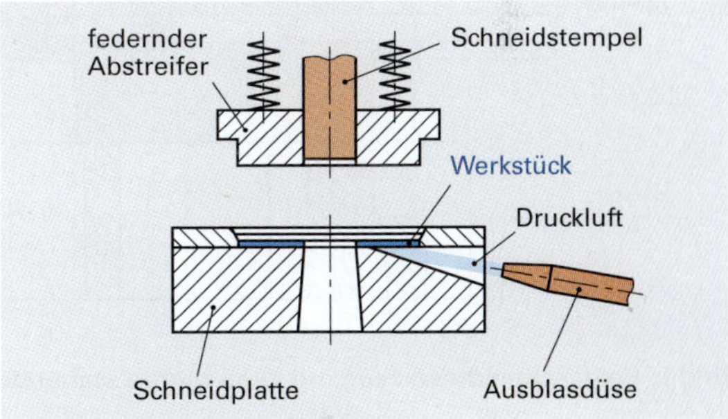

Bild 2: Druckluft-Auswerfer

Wiederholung und Vertiefung

1 Geben Sie die wichtigsten Bauteile an, die zu einem Schneidwerkzeug mit Plattenführung gehören.

2 Nennen Sie Gründe für den Einsatz geteilter Schneidplatten.

3 Vergleichen Sie Schneidplattendurchbrüche mit und ohne Freiwinkel bezüglich der Anwendung.

4 Nennen Sie vier Bauelemente, die zur Streifenführung dienen.

5 Beurteilen Sie die Anwendung von Spannplatten zur Befestigung von Schneidwerkzeugen in Pressen.

6 Beschreiben Sie die Arbeitsweise eines Werkzeuges mit Voranschlag.

7 Nennen Sie vier Befestigungsarten, die für größere Ausschneidstempel geeignet sind.

8 Geben Sie an, in welchen Fällen abgesetzte Lochstempel verwendet werden.

9 Vergleichen Sie Lochstempel mit Kegelkopf und Zylinderkopf hinsichtlich Bruchsicherheit, Platzbedarf und Flächenpressung.

10 Begründen Sie den Einsatz von Gasdruckfedern bei Großwerkzeugen.

11 Beschreiben Sie die Wirkungsweise eines zwangsgesteuerten Ausstoßers.

12 Erklären Sie, warum die Säulen bei Viersäulengestellen mit unterschiedlichen Durchmessern ausgeführt werden.

13 Ermitteln Sie die Flächenpressung für den Stempelkopf eines Lochstempels, wenn die Schneidkraft 2000 N und der Kopfdurchmesser 10 mm betragen.

14 Begründen Sie die Anwendung von gehärteten Druckplatten in Schneidwerkzeugen.

15 Vergleichen Sie die Führungseigenschaften von Platten- und Säulenführungswerkzeugen.

16 Nennen Sie Möglichkeiten der Vorschubbegrenzung bei Schneidwerkzeugen.

17 Erklären Sie die Aufgaben von Suchstiften und Anlagestiften.

18 Skizzieren Sie drei Anordnungsarten für Seitenschneider.

19 Erklären Sie den Begriff Abfallsicherung.

20 Beurteilen Sie die Einsatzmöglichkeiten von Säulengestellen nach DIN 9819 Form C.

21 Ermitteln Sie die Kraftzunahme für vier Druckfedern eines Werkzeugs, wenn die Federrate 7,5 N/mm beträgt und sich ein Federweg von 8 mm ergibt.

1

1.5 Werkstoffbeispiele für die Bauteile eines Schneidwerkzeuges

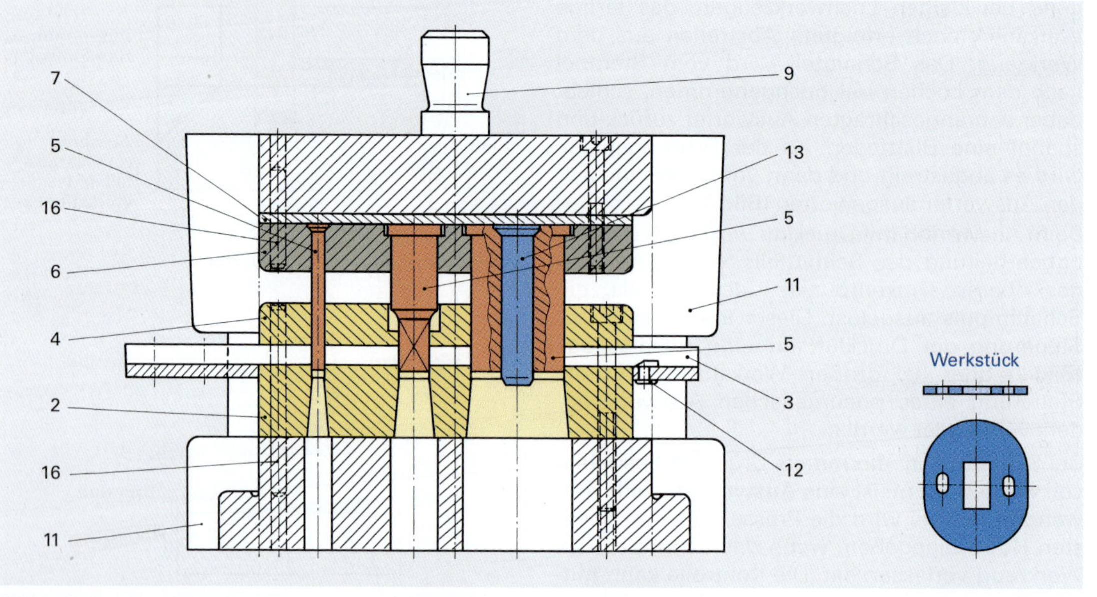

Bild 1: Folgeschneidwerkzeug mit zwei hinten stehenden Führungssäulen

Pos.	Benennung	Werkstoff-Norm		Bemerkung
		Kurzname	Werkstoff-nummer	
(1)	Grundplatte	S235JR(St 37-2) C45U EN-GJL-200 AlZn5,5MgCu	1.0037 1.1730 EN-JL 1030 EN AW-7075	Für große Werkzeuge
2	Schneidplatte	C105U	1.1545	Für einfache Schnittteile, Wasserhärter, große Oberflächenhärte, zäher Kern, verzugsempfindlich, für dickere Bleche
		X210CrW12	1.2436	Für kompliziertere Schnittteile, Öl-Lufthärter, verzugsarm, durchhärtend 60 ± 2 HRC, für mittlere und hohe Beanspruchungen
		HS6-5-2C	1.3343	Gute Schneidfähigkeit bei hoher Zähigkeit, 62 ± 2 HRC, für höchste Beanspruchung, universell verwendbar
		G20…G30		Sehr große Standzeiten, für hohe Verschleißbeanspruchung wie z. B. bei korrosionsbeständigen, federharten Stählen, Trafo- und Dynamoblechen, biege- und stoßempfindlich
3	Zwischenlage Führungsleiste	E295(St 50-2) C45U 90MnCrV8	1.0050 1.1730 1.2842	Bei hohen Stückzahlen gehärtet, 60 ± 2 HRC
4	Führungsplatte	E295(St 50-2) C45U 90MnCrV8	1.0050 1.1730 1.2842	Bei hohen Stückzahlen und großen Gleitgeschwindigkeiten gehärtet, 60 ± 2 HRC
(4a)	Pos. 1 mit 4 zusammengefasst zum sog. Schneidkasten			Ohne Durchbrüche fertig beziehbar

Pos.	Benennung	Werkstoff-Norm: Kurzname	Werkstoff-Norm: Werkstoffnummer	Bemerkung
5	Schneidstempel	X210CrW12 HS6-5-2C (siehe Schneidplatte)	1.2436 1.3343	Gehärtet 62 ± 2 HRC Gehärtet 64 ± 2 HRC Gasnitriert 70 ± 2 HRC (Randhärte) } Kopf gehärtet auf 45 ± 5 HRC Runde Stempel genormt nach DIN 9861[1)]
6	Stempelplatte	E295(St 50-2) C45U	1.0050 1.1730	Für hohe Stückzahlen gehärtet, 45-55 HRC
7	Druckplatte	C105U 90MnCrV8 51CrV4	1.1545 1.2842 1.8159	Meist werden nur gehärtete Druckplatten verwendet, Härte 45-55 HRC
(8)	Kopfplatte	E295(St 50-2) C45U	1.0050 1.1730	
9	Einspannzapfen	E295(St 50-2)	1.0050	Genormt nach DIN ISO 10242-1
(10)	Pos. 6 mit 9 zusammengefasst zum sog. Stempelkopf			Ohne Durchbrüche fertig beziehbar
11	Säulengestell	EN-GJL-250 C45U S355J2G3 AlZn5,5MgCu	EN-JL 1040 1.1730 1.0570 EN AW-7075	Genormt nach DIN 9811, 9812, 9814 u. a.
	Führungssäulen	C60E 16MnCr5	1.1221 1.7131	61-62 HRC induktiv gehärtet, genormt nach DIN 9825
	Gleitführungsbuchsen	EN-GJS-600-3	0.7060	Sehr gute Gleit- und Notlaufeigenschaften
		16MnCr5 bronzeplattiert	1.7131	Große Lebensdauer, auch bei großer Belastung, Härte 63 ± 2 HRC
12	Anlagestift	E295(St 50-2) C45U	1.0050 1.1730	Gehärtet 54 ± 2 HRC
13	Suchstifte	X210CrW12	1.2436	Suchstiftspitze gehärtet 62 ± 2 HRC Suchstiftbund 40 ± 2 HRC
(14)	Seitenschneider	X210CrW12	1.2436	Schneide gehärtet 62 ± 2 HRC Bund 40 ± 2 HRC
	Anschläge für Seitenschneider	90MnCrV8 C45U	1.2842 1.1730	Gehärtet 60 ± 2 HRC
(15)	Voranschlag	E295(St 50-2) C45U	1.0050 1.1730	Gehärtet 60 ± 2 HRC
16	Zylinderstift	100Cr6	1.3505	Gehärtet 60 ± 2 HRC, DIN EN ISO 8734
(17)	Abstreifer	E335(St 60-2)	1.0060	Gehärtet 58 ± 2 HRC
	Ausstoßer	90MnCrV8	1.2842	
	Auswerfer	115CrV3	1.2210	

1) Norm zurückgezogen

Die Werkstoffauswahl richtet sich aber nicht nur nach dem Werkstoff des Werkstückes und der geforderten Stückzahl. Fertigungstechnische Überlegungen oder eine bestimmte Lagerhaltung können zu einer anderen Werkstoffauswahl führen.

1.6 Einflüsse auf die Gestaltung von Schneidwerkzeugen

1.6.1 Schneidspalt und Spiel

Zwischen der Schneidkante des Stempels und der entsprechenden Schneidkante des Schneidplattendurchbruches muss, rechtwinklig zur Schneidenebene gemessen, ein Schneidspalt vorhanden sein **(Bild 1)**.

Die Größe des Schneidspaltes hängt von der Dicke und von den Festigkeitseigenschaften des zu schneidenden Werkstoffes ab sowie von der Art des Werkzeugaufbaues und der geforderten Qualität der Schnittflächen **(Tabellen 1 und 2)**.

In der Regel beträgt der Schneidspalt 2 bis 5 % der Blechdicke, wobei der untere Wert für kleinere Blechdicken gilt. Nur wenn der Schneidspalt die richtige Größe und überall das gleiche Maß hat, erhält man Schnittteile mit normalen Grathöhen.

Von der Größe und Lage des Schneidspaltes wird vor allem auch die Standzeit der Werkzeuge beeinflusst. Unter **Standmenge** versteht man bei Schneidwerkzeugen die Anzahl der Schnittteile, die mit einem scharfgeschliffenen Werkzeug geschnitten werden können, bis ein neuer Scharfschliff notwendig wird.

Ist der Schneidspalt an einer Stelle enger als an der gegenüberliegenden, so wird der Stempel abgedrängt. Dadurch sind die Führungen einem erhöhten Verschleiß unterworfen, die Standzeit verringert sich, die Schneidkraft wird größer und die Gratbildung am Schnittteil wird unregelmäßig.

Ob die richtige Größe des Schneidspaltes eingehalten worden ist, erkennt man an der Schnittfläche und am Grat **(Tabelle 3)**. Die Überprüfung des Schneidspaltes geschieht am einfachsten mit einem Höhenmess- oder Winkelprüfgerät mit Digitalanzeige.

Die Größe des Schneidspaltes beeinflusst die folgenden Merkmale:

- Grathöhe am Schnittteil
- Oberflächengüte der Schnittflächen
- Maßgenauigkeit
- Schneidkraft
- Verschleiß des Werkzeugs (Standmenge)

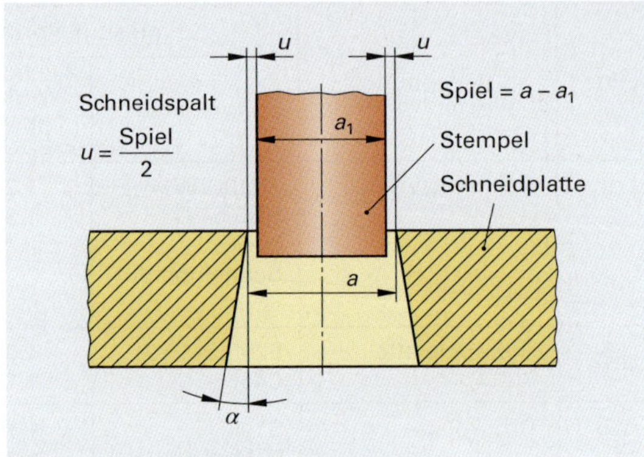

Bild 1: Schneidspalt und Spiel

$$\text{Schneidspalt} = \frac{\text{Spiel}}{2} \qquad u = \frac{a - a_1}{2}$$

Tabelle 1: Schneidspalt u für $\alpha = 0°$

Dicke s mm	Scherfestigkeit τ_{ab} in N/mm² bis 250	251...400	401...600
0,4...0,6	0,015	0,02	0,025
0,7...0,8	0,025	0,03	0,04
0,9...1	0,03	0,04	0,05
1,5...2	0,05	0,06...0,08	0,08...0,10

Tabelle 2: Schneidspalt u für $\alpha > 0°$

Dicke s mm	Scherfestigkeit τ_{ab} in N/mm² bis 250	251...400	401...600
0,4...0,6	0,010	0,015	0,020
0,7...0,8	0,015	0,02	0,03
0,9...1	0,02	0,03	0,04
1,5...2	0,03	0,04...0,05	0,05...0,07

Tabelle 3: Auswirkungen verschiedener Schneidspalte

Schneidspalt	Schnittfläche	Grat
zu groß	rau, brüchig	stark gezackt
zu klein	glänzend	fein, hoch
richtig	$^1/_3 \cdot s$[1] glänzend[2] $^2/_3 \cdot s$ matt	normal
ungleich	rau, brüchig und glänzend und glänzend/matt	stark gezackt und fein, hoch und normal

[1] s = Werkstoffdicke
[2] bei härteren Werkstoffen verringert sich der glänzende Anteil von s.

Berechnung der Stempel- und Schneidplattenmaße

Bezeichnungen:

u Schneidspalt
a_1; b_1; d_1 Maße der Stempel
a; b; d Maße der Schneidplattendurchbrüche

Um maßgenaue Außen- und Innenformen bei Schnittteilen zu erhalten, müssen folgende Grundsätze beachtet werden:

Beim **Lochen (Innenformen)** ist der Lochstempel bestimmend und erhält das Sollmaß des Schnittteiles. Der Schneidplattendurchbruch wird um das Spiel (= 2 · Schneidspalt) größer **(Bild 1)**.

Beim **Ausschneiden (Außenformen)** ist der Schneidplattendurchbruch bestimmend und erhält das Sollmaß des Schnittteiles. Der Lochstempel wird um das Spiel kleiner **(Bild 2)**.

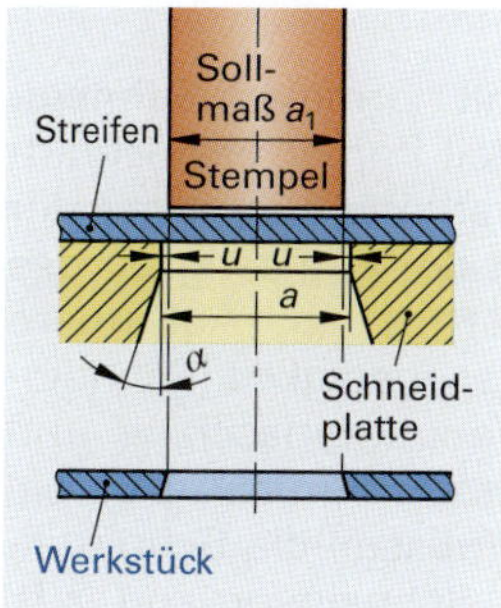

Bild 1: Lochen

$$a = a_1 + 2 \cdot u$$

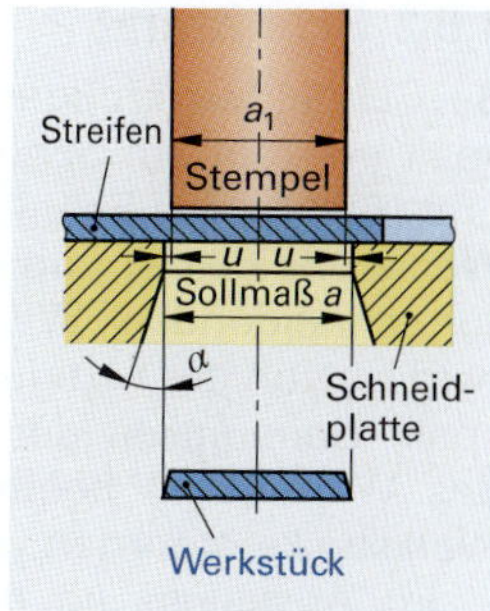

Bild 2: Ausschneiden

$$a_1 = a - 2 \cdot u$$

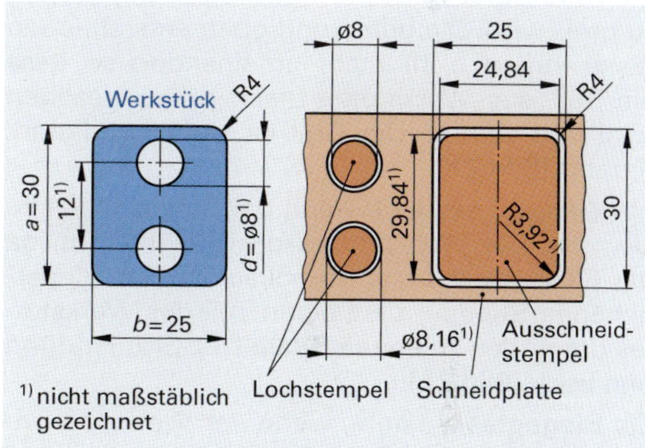

Bild 3: Schnittteil mit Stempeln und Schneidplatte

Beispiel: Das Schnittteil **Bild 3** soll aus 3 mm dickem Stahlblech hergestellt werden. Für einen Schneidspalt von 0,08 mm sind die Maße für die Schneidplattendurchbrüche und die Lochstempelmaße zu ermitteln.

Lösung: **Lochen**

Der Lochstempel erhält das Sollmaß des Schnittteiles. d_1 = 8 mm
Schneidplattendurchbruch $d = d_1 + 2 \cdot u$ = 8 mm + 2 · 0,08 mm = **8,16 mm**

Lösung: **Ausschneiden**

Der Schneidplattendurchbruch erhält die Sollmaße des Schnittteiles.
Länge a = 30 mm; Breite b = 25 mm; Radius r = 4 mm.

Ausschneidstempelmaße: $a_1 = a - 2 \cdot u$ = 30 mm − 2 · 0,08 mm = **29,84 mm**
$b_1 = b - 2 \cdot u$ = 25 mm − 2 · 0,08 mm = **24,84 mm**
$r_1 = r - u$ = 4 mm − 0,08 mm = **3,92 mm**

Berücksichtigung der Schnittteiltoleranzen

Durch Abnutzung der Schneidstempel und der Schneidplattendurchbrüche verändern sich auch die Maße des Schnittteils. Damit die Toleranz T trotzdem über einen längeren Zeitraum eingehalten werden kann, empfiehlt VDI 3368 folgende Regeln:

Lochen
Bezugsgröße sind die Höchstmaße G_0 der Lochung

Ausschneiden
Bezugsgrößen sind die Mindestmaße G_u des Schnittteils.

Lochstempel	$d_1 = G_0 - 0{,}2 \cdot T$
Schneidplattendurchbruch	$d = d_1 + 2 \cdot u$
Schneidplattendurchbruch	$a = G_u + 0{,}2 \cdot T$
Ausschneidstempelmaße	$a_1 = a - 2 \cdot u$

Bei genaueren Lochungen in dicken Blechen federt der Werkstoff nach dem Schneidvorgang zurück, d. h., das geschnittene Loch wird kleiner als der Lochstempel. Um den geforderten Lochdurchmesser trotzdem zu erhalten, wird der den Lochstempel zusätzlich um das halbe Spiel, das sog. **Quellmaß,** größer gefertigt.

1

1.6.2 Schnittgrat

Bei Schneidwerkzeugen mit normalem Schneidspalt entsteht am Schnittteil immer ein Schnittgrat **(Bild 1)**. Die Schnittgrathöhe nimmt mit der Werkstoffdicke zu und mit der Zugfestigkeit des zu schneidenden Werkstoffes ab. Außerdem wird sie von der Fertigungsgenauigkeit (Schneidspalt, Genauigkeit der Werkzeugmaschine und des Werkzeugs) beeinflusst. Werden gratfreie Werkstücke gefordert, so müssen die Schnittteile im Anschluss an den Schneidvorgang z. B. durch Gleitschleifen im Trommelverfahren nachbearbeitet werden.

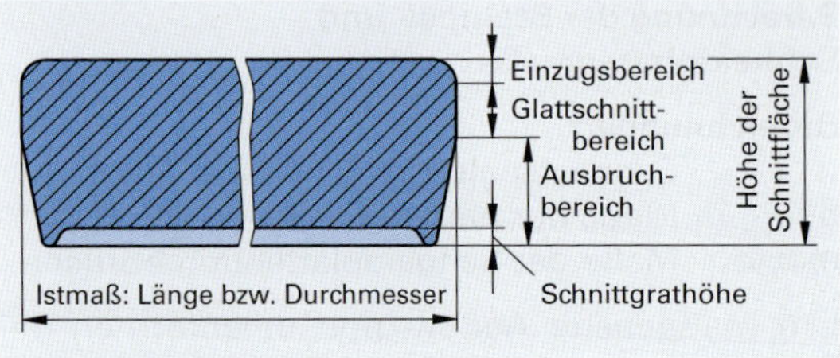

Bild 1: Schnittgrat nach DIN 9830

1.6.2.1 Arten und Ursachen der Gratbildung

Ein **Abreißgrat** entsteht, wenn der Schneidspalt zu groß wird. Die unten und oben entstehenden Risse treffen nicht mehr aufeinander, so dass ein Teil des Werkstoffes nach unten gezogen wird und abreißt. Der Grat ist kräftig und stark gezackt **(Bild 2 a)**.

Ein **Ziehgrat** entsteht, wenn der Schneidspalt zu klein ist. Der Werkstoff wird nicht getrennt, da die Risse aneinander vorbeilaufen. Der niedergehende Stempel zieht einen Teil des Werkstoffes durch den zu engen Spalt. Der Grat ist dünn und hoch **(Bild 2 b)**.

Ein **Biegegrat** entsteht, wenn der Werkstoff um die abgestumpften Schneidkanten von Stempel und Schneidplatten gebogen wird **(Bild 2 c)**.

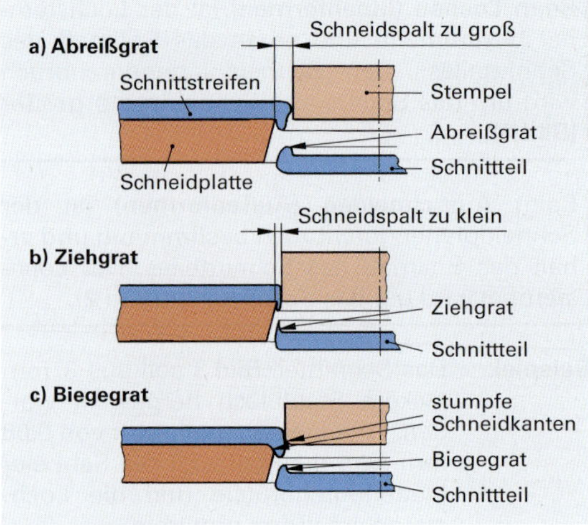

Bild 2: Gratarten

1.6.2.2 Lage des Grates

> Die Lage des Grates ist abhängig vom vorgesehenen Schneidverfahren.

Beim **Abschneiden ohne Steg** liegt ein Grat unten und der andere oben **(Bild 3 a)**.

Beim **Abschneiden mit Steg** bilden sich beide Grate auf einer Seite **(Bild 3 b)**.

Beim **Lochen** liegt der Grat am Schnittteil auf der Seite, die beim Schneidvorgang der Schneidplatte zugewandt ist **(Bild 3 c)**.

Beim **Ausschneiden** liegt die Gratseite auf der dem Stempel zugewandten Seite **(Bild 3 d)**.

Bei **Folgeschneidwerkzeugen** mit Lochstempeln und Ausschneidstempel liegt der Grat für die Innenform (Lochen) auf der einen, der Grat für die Außenform auf der anderen Seite **(Bild 3 e)**.

Bei **Gesamtschneidwerkzeugen** ist der Ausschneidstempel gleichzeitig Schneidplatte für die von der anderen Seite schneidenden Lochstempel der Innenform. Die Gratseiten der Innen- und Außenform liegen daher auf einer Seite **(Bild 3 f)**.

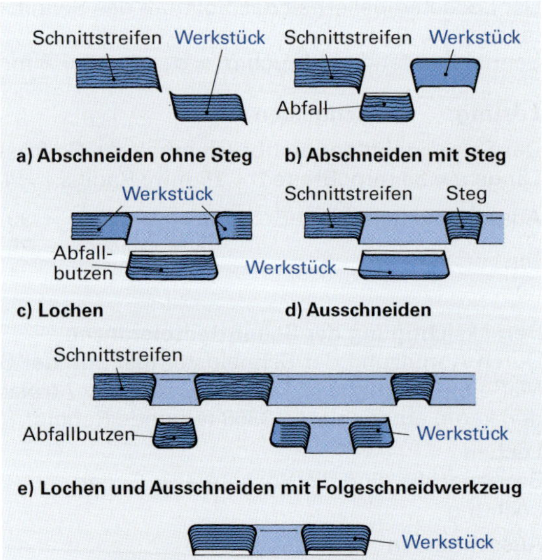

Bild 3: Lage des Grates

1.6.3 Schneidkraft

Die Berechnung der Schneidkraft ist notwendig, um für ein Schnittteil die Mindestgröße der Presse festzulegen.

Beim Ausschneiden eines Schnittteiles aus dem Schnittstreifen muss die Scherfestigkeit des Werkstoffes überwunden werden. Die Größe der Schneidkraft ist abhängig von der Größe der Schnittfläche **(Bild 1)** und von der maximalen Scherfestigkeit des zu schneidenden Werkstoffes.

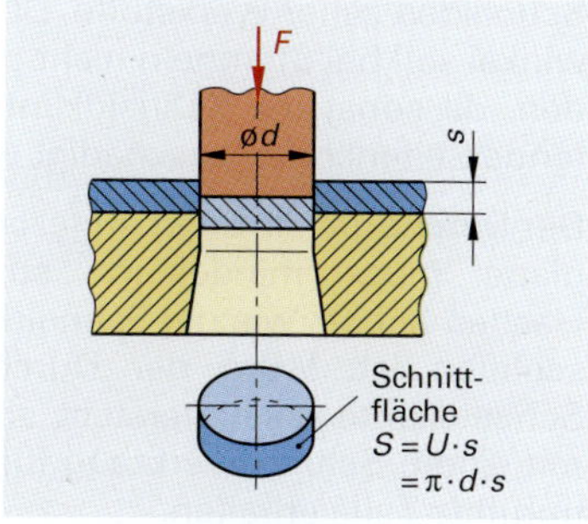

Bild 1: Schnittfläche

Bezeichnungen:

F	Schneidkraft
S	Schnittfläche
$\tau_{aB\,max}$	Maximale Scherfestigkeit
l_s	Länge der Schnittlinie
s	Blechdicke
d	Lochdurchmesser
$R_{m\,max}$	Maximale Zugfestigkeit

$$F = S \cdot \tau_{aB\,max}$$

$$S = l_s \cdot s$$

$$\tau_{aB\,max} \approx 0{,}8 \cdot R_{m\,max}$$

Beispiel: Für das aus S 235J R gefertigte Schnittteil von **Bild 2** soll die Schneidkraft berechnet werden.

Lösung:

$$S = l_s \cdot s = (l_1 + l_2 + l_3) \cdot s = (103{,}1 + 25{,}1 + 25{,}1)\,\text{mm} \cdot 3\,\text{mm} = 459{,}9\,\text{mm}^2$$

$$l_1 = 2 \cdot (30 - 8)\,\text{mm} + 4 \cdot \frac{8}{4} \cdot \pi\,\text{mm} + 2 \cdot (25 - 8)\,\text{mm} = 103{,}1\,\text{mm}$$

$$R_{m\,max} = 470\,\text{N/mm}^2 \text{ (aus Tabellen)}$$

$$\tau_{aB\,max} \approx 0{,}8 \cdot R_{m\,max} = 0{,}8 \cdot 470\,\text{N/mm}^2 = 376\,\text{N/mm}^2$$

$$l_2 = l_3 = \pi \cdot 8\,\text{mm} = 25{,}1\,\text{mm}$$

$$F = S \cdot \tau_{aB\,max} = 459{,}9\,\text{mm}^2 \cdot 376\,\frac{\text{N}}{\text{mm}^2} = 172\,922\,\text{N}$$

$$F \approx \mathbf{173\,kN}$$

Die verwendete Presse muss eine Mindestkraft von 173 kN erzeugen.

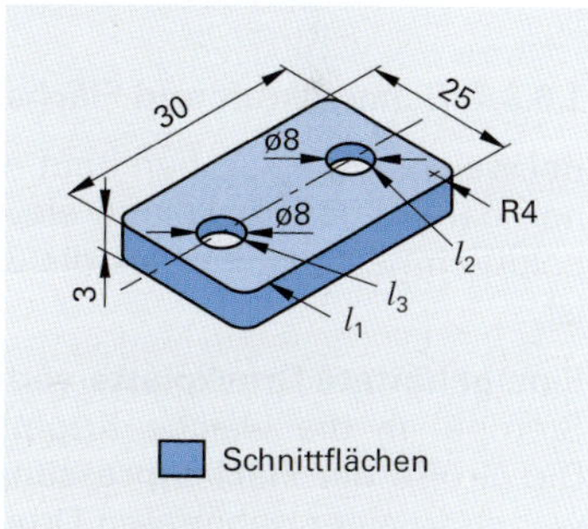

Bild 2: Maße zur Berechnung der Schnittlinie und Schnittfläche

Um die Reibung zwischen Stempel und Führungsplatte, Stempel und Schnittstreifen oder um die Abstumpfung der Schneidkanten sowie die Blechdickentoleranzen zu berücksichtigen, rechnet man auch oft mit einer um 20 % erhöhten Schneidkraft. Im obigen Beispiel ergäbe sich hiermit eine Kraft von rund 208 kN.

1.6.3.1 Verminderung der Schneidkraft

Bei hoch belasteten Schneidwerkzeugen, z. B. beim Schneiden dicker Bleche, kann der harte Pressenschlag durch dachförmiges oder welliges Schleifen des Stempels oder der Schneidplatte gemildert werden **(Bild 1, Seite 46)**. Die Werkzeuge sind so anzuschrägen, dass das Schnittteil gerade bleibt. Beim Ausschneiden von Außenformen erhält deshalb die Schneidplatte die Anschrägung, während beim Lochen der Stempel angeschrägt wird. Auf diese Weise wird nur der Abfall verbogen. Die Überhöhung h der Arbeitsfläche am Stempel oder an der Schneidplatte soll etwa das 0,6- bis 0,9fache der Blechdicke betragen. Dabei gelten die kleinen Werte für spröde, die größeren für das

1

Schneiden zäher Werkstoffe. Der Anschrägungswinkel soll bei Stempeln nicht größer als 5° werden, da sonst die Schneidkanten durch auftretende Seitenkräfte beschädigt werden können.

Der Durchbruch in einer angeschrägten Schneidplatte muss mindestens so weit parallele Flächen haben, wie die Schneidplatte schräg geschliffen ist. Wäre der Durchbruch von der Schneidkante aus hinterstellt, so würde man z. B. mit einem Schneidwerkzeug für runde Scheiben unrunde Teile erhalten.

Durch das dachförmige oder wellige Anschleifen der Arbeitsflächen von Schneidwerkzeugen erreicht man eine wesentliche Minderung der notwendigen Schneidkraft **(Bild 2)**. Das Nachschleifen wird allerdings erheblich erschwert.

Die von der Presse aufgewendete Arbeit ist die gleiche wie bei ebener Arbeitsfläche, jedoch verteilt sie sich auf einen längeren Weg des Stempels. Durch den dabei entstehenden „ziehenden" Schnitt werden Werkzeug und Presse geschont.

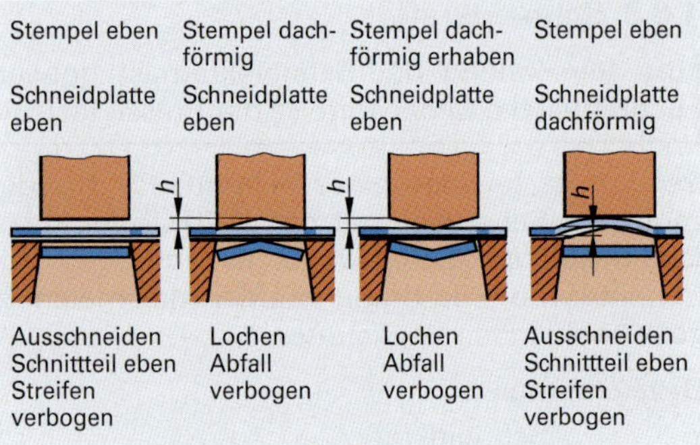

Bild 1: Dachförmiger Anschliff am Stempel oder an der Schneidplatte

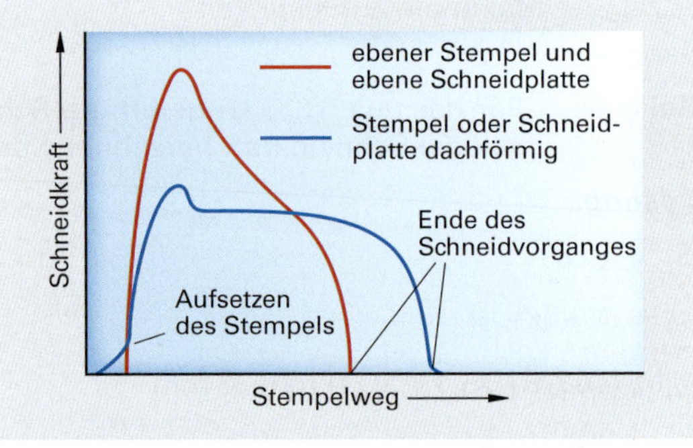

Bild 2: Schneidkraft bei verschiedenen Anschliffen

1.6.3.2 Schneidkraft und Flächenpressung

Bei weichen Werkstoffen baut man im Allgemeinen dann eine Druckplatte ein, wenn der Stempeldurchmeser kleiner als die 3fache Blechdicke ist.

Eine **gehärtete Druckplatte** verhindert, dass sich Stempel in die weiche Kopfplatte eindrücken. Die Größe der **Flächenpressung** ist für die Verwendung einer gehärteten Druckplatte entscheidend. Bei einer Fächenpressung $p > 250\,\text{N/mm}^2$ wird eine gehärtete Druckplatte empfohlen.

p Flächenpressung
F Schneidkraft
A Berührungsfläche

$$p = \frac{F}{A}$$

Beispiel: Die Schneidkraft für den Lochstempel **Bild 3** beträgt $F = 30747\,\text{N}$. Es ist zu überprüfen, ob die Flächenpressung für eine Druckplatte aus S275JR den kritischen Wert $250\,\text{N/mm}^2$ übersteigt.

Lösung:

$$p = \frac{F}{A} = \frac{4 \cdot F}{\pi \cdot d^2} = \frac{4 \cdot 30747\,\text{N}}{\pi \cdot (10\,\text{mm})^2} = \mathbf{391\ N/mm^2}$$

Da die berechnete Flächenpressung größer als $250\,\text{N/mm}^2$ ist, muss eine gehärtete Druckplatte eingebaut werden.

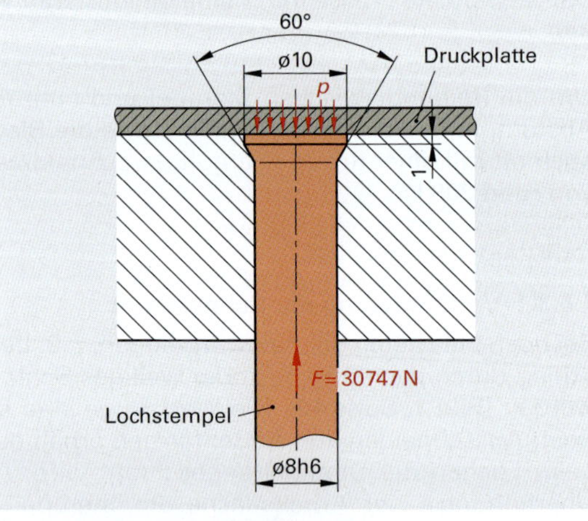

Bild 3: Lochstempel mit Druckplatte

1

1.6.4 Kräfte am Werkzeug

Bei der Herstellung von Werkstücken mit Schneid- und Umformwerkzeugen sind oft große Kräfte von der Presse auf das Werkzeug zu übertragen. Die Berechnung dieser Kräfte und deren Lage sowie die Lage des Kräfteschwerpunkts erfolgt heute bereits bei der Werkzeugkonstruktion mit Hilfe von CAD-Software automatisch. Mit den geometrischen Daten der Werkzeugkonstruktion und den Werkstoffkennwerten der Blechstreifen werden die Kräfte an den einzelnen Stempeln berechnet und direkt an den Stempeln angezeigt **(Bild 1)**. Außerdem wird im dargestellten Beispiel auch die Lage des Kräfteschwerpunkts als roter Punkt im Streifenbild dargestellt. Zudem werden die berechneten Einzelkräfte aufsummiert und mit den X/Y-Koordinaten des Kräfteschwerpunkts angezeigt.

Um zu verhindern, dass die Werkzeuge einem erhöhten Verschleiß ausgesetzt sind, sich einseitig abnutzen und sich der Schneidspalt verändert, sollte das Werkzeug so in die Presse eingebaut werden, dass keine Kippmomente auftreten. Damit die Werkzeuge gleichmäßig belastet werden, sollte die Resultierende aus allen Schneidkräften theoretisch durch die Pressenmitte verlaufen. Die Werkzeuge werden häufig direkt mit der Kopfplatte an der Aufspannplatte der Presse befestigt. Da sich aber die Positionierung der Werkzeuge an den T-Nuten der Aufspannplatte ausrichtet, können die Kippmomente nicht immer über die Positionierung der Werkzeuge verhindert werden.

Pressen mit **Parallelregelung** kompensieren diese Kippmomente. Dazu sind links und rechts am Stößel Parallelregelzylinder angebracht, deren Kolben fest mit dem Stößel verbunden sind **(Bild 2)**. Tritt durch eine außermittige Werkzeugkraft ein Kippmoment auf, wird dieses von der Parallelitätskontrolle der Presse erfasst und der Druck in den Parallelregelzylindern erhöht. Diese Zusatzkräfte erzeugen auf beiden Seiten des Stößels gegenläufige Stützmomente, die dem Kippmoment entgegen wirken. Bei elektrisch-mechanisch angetriebenen Pressen mit **Presskraftüberwachung** wird beim Zufahren der Presse die Säulendehnung von Kraftsensoren erfasst. Über die an den Säulen der Presse gemessenen Dehnungen ermittelt eine Software die Belastungen in den einzelnen Säulen der Presse sowie die Werkzeugkraft-Verteilung. Auf dem Bildschirm **(Bild 3)** kann dann der Werker die Werkzeugkraft-Verteilung in der Presse erkennen und das Werkzeug ggf. günstiger positionieren, so dass das Kippmoment minimiert wird.

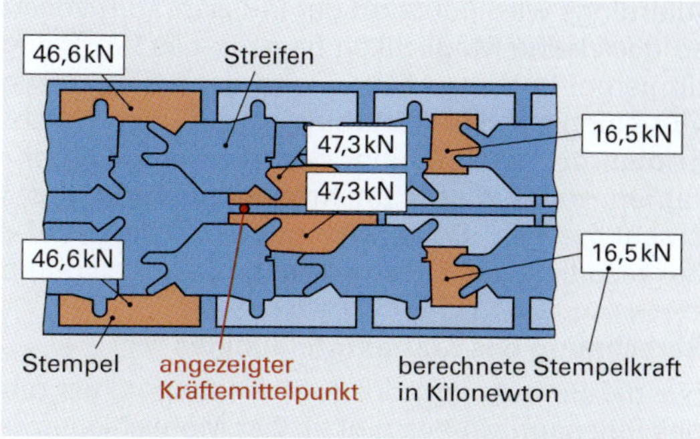

Bild 1: Ausschnitt einer schematischen Computerdarstellung

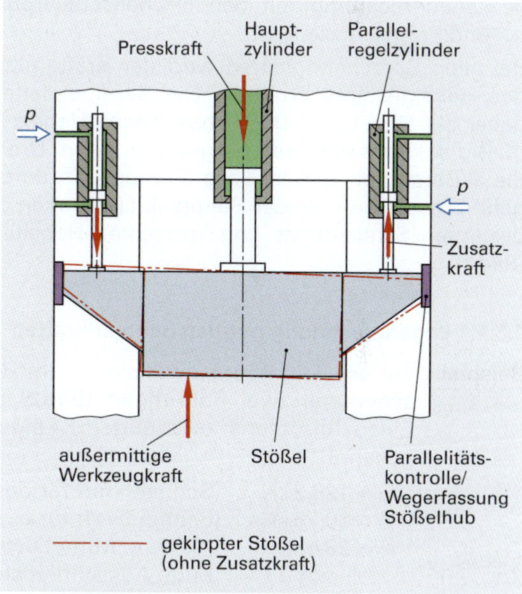

Bild 2: Parallelregelung des Stößels

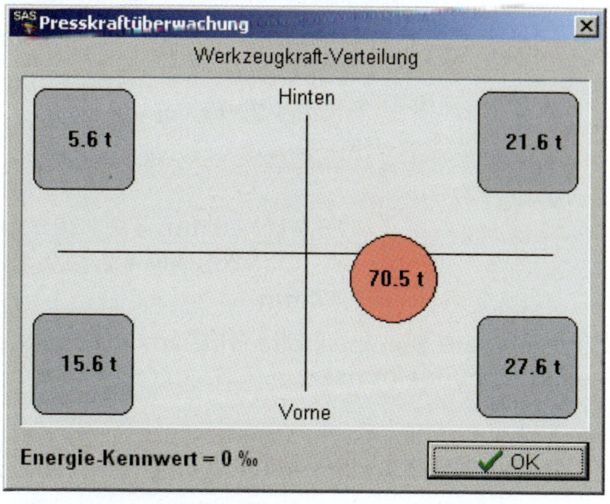

Bild 3: Presskraftüberwachung. Werkzeugkraft-Verteilung in Tonnen

Allerdings wird heute oft der Pressenraum vollständig ausgenutzt, so dass keine Möglichkeit besteht, das Werkzeug optimal zu positionieren. In diesen Fällen wird dann eine unsymmetrische Kraftverteilung auf das Werkzeug in Kauf genommen.
Erfolgt die Befestigung der Werkzeuge über einen Einspannzapfen, muss dieser im Kräftemittelpunkt des Werkzeugs angebracht werden. Der Kräftemittelpunkt liegt auf der Wirkungslinie der resultierenden Kraft aus allen Stempelkräften.

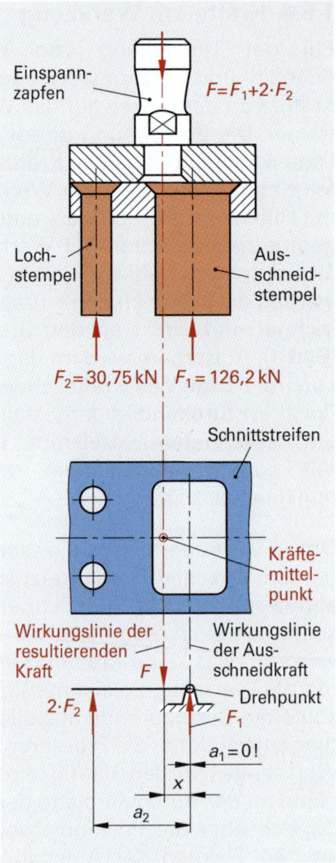

Bild 1: Lage des Einspannzapfens

Berechnung des Kräftemittelpunktes

Für die Berechnung des Kräftemittelpunktes und damit der Lage des Einspannzapfens gibt es vier Möglichkeiten:

- Lageberechnung mit den Schneidkräften der Stempel,
- Lageberechnung mit den Schwerpunkten der Stempelumfänge,
- Lageberechnung mit den Linienschwerpunkten,
- Lageberechnung mit den Flächenschwerpunkten bei Biege- und Prägewerkzeugen.

Bei allen Berechnungsarten wird der Kräftemittelpunkt mit Hilfe des Hebelgesetzes ermittelt. Die Stempelplatte betrachtet man dabei als Hebel. Die Drehachse dieses Hebels legt man zweckmäßig so, dass alle Stempelkräfte in *einem* Drehsinn wirken und die äußerste rechte oder linke Stempelkraft durch den Drehpunkt geht. Diese Momente der Stempelkräfte wirken dem Moment aus gesamter Schneidkraft und gesuchter Hebellänge x entgegen **(Bild 1)**.

1.6.4.1 Lageberechnung mit den Schneidkräften

Beispiel: Für ein Folgeschneidwerkzeug zum Herstellen von Laschen mit zwei Bohrungen **(Bild 2)** ist die Lage des Einspannzapfens zu ermitteln. Folgende Werte sind bekannt:

$F_1 = 126{,}2\,\text{kN}$ (Schneidkraft für das Ausschneiden)
$F_2 = 30{,}75\,\text{kN}$ (Schneidkraft für eine Lochung)
$a_2 = 28\,\text{mm}$ (Abstand Mitte Lochstempel bis Mitte Ausschneidstempel; entspricht dem Vorschub V)

Lösung: Für die Lösung wird der Drehpunkt des Hebels auf der Wirkungslinie der Schneidkraft für das Ausschneiden angenommen **(Bild 1)**.

$$\Sigma \overset{\curvearrowleft}{M}_{\text{links}} = \Sigma \overset{\curvearrowright}{M}_{\text{rechts}}$$

$$F \cdot x = F_1 \cdot a_1 + 2 \cdot F_2 \cdot a_2$$

$$x = \frac{F_1 \cdot a_1 + 2 \cdot F_2 \cdot a_2}{F} = \frac{F_1 \cdot a_1 + 2 \cdot F_2 \cdot a_2}{F_1 + 2 \cdot F_2}$$

$$= \frac{126{,}2\,\text{kN} \cdot 0\,\text{mm} + 2 \cdot 30{,}75\,\text{kN} \cdot 28\,\text{mm}}{126{,}2\,\text{kN} + 2 \cdot 30{,}75\,\text{kN}}$$

$$= \mathbf{9{,}17\,mm}$$

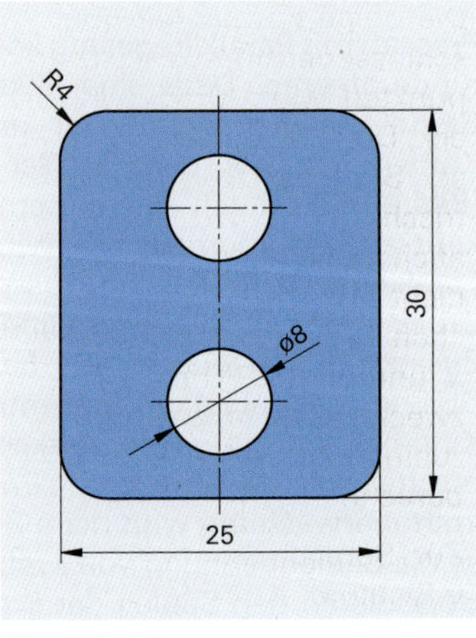

Bild 2: Lasche

Sind mehrere Stempelkräfte wirksam, so ergibt sich als allgemeine Berechnungsformel:

$$x = \frac{F_1 \cdot a_1 + F_2 \cdot a_2 + F_3 \cdot a_3 + \ldots}{F_1 + F_2 + F_3 + \ldots}$$

Bezeichnungen:

x Abstand des Einspannzapfens vom gewählten Drehpunkt
F_1, F_2 Schneidkräfte der einzelnen Stempel
a_1, a_2 Abstand der Stempelschwerpunkte vom gewählten Drehpunkt

1.6.4.2 Lageberechnung mit den Schwerpunkten der Stempelumfänge

Für die Berechnung der Lage des Einspannzapfens ist die Berechnung der Schneidkräfte meist nicht erforderlich. Man kann seine Lage auch nach den Schwerpunkten der Stempelumfänge berechnen. Nimmt man an, dass die Dicke des Streifens gerade so groß ist, dass man für das Trennen von 1 mm Schnittkantenlänge 1 N Schneidkraft benötigt, so werden die Schneidkräfte so groß wie die Schnittkantenlänge (Stempelumfänge). Man kann dann anstelle der Schneidkräfte der einzelnen Stempel deren Umfänge (U_1, U_2, ...) und für die gesamte Pressenkraft die Summe der Stempelumfänge ($U_1 + U_2 + \ldots$) setzen.

Bezeichnungen:

U Summe aller Stempelumfänge
U_1, U_2 ... Umfänge der einzelnen Stempel
a_1, a_2 ... Abstände der Schwerpunkte der Stempelumfänge vom gewählten Drehpunkt
x Abstand des Einspannzapfens vom gewählten Drehpunkt

$$x = \frac{U_1 \cdot a_1 + U_2 \cdot a_2 + U_3 \cdot a_3 + \ldots}{U_1 + U_2 + U_3 + \ldots}$$

Beispiel: Für die Lasche des vorhergehenden Beispiels (**Bild 2, Seite 48**) soll mit Hilfe der Schwerpunkte der Stempelumfänge die Lage des Einspannzapfens berechnet werden.

Lösung: Als Drehpunkt wählt man die Mitte des Ausschneidstempels (**Bild 1**).

$$U_1 = 2 \cdot 22 \text{ mm} + 4 \cdot \frac{\pi \cdot 8 \text{ mm}}{4} + 2 \cdot 17 \text{ mm} = 103{,}1 \text{ mm}$$

$$2 \cdot U_2 = 2 \cdot \pi \cdot 8 \text{ mm} = 50{,}2 \text{ mm}$$

$$x = \frac{U_1 \cdot a_1 + 2 \cdot U_2 \cdot a_2}{U_1 + 2 \cdot U_2}$$

$$= \frac{(103{,}1 \cdot 0) \text{ mm}^2 + (50{,}2 \cdot 28) \text{ mm}^2}{(103{,}1 + 50{,}2) \text{ mm}} = \mathbf{9{,}17\,mm}$$

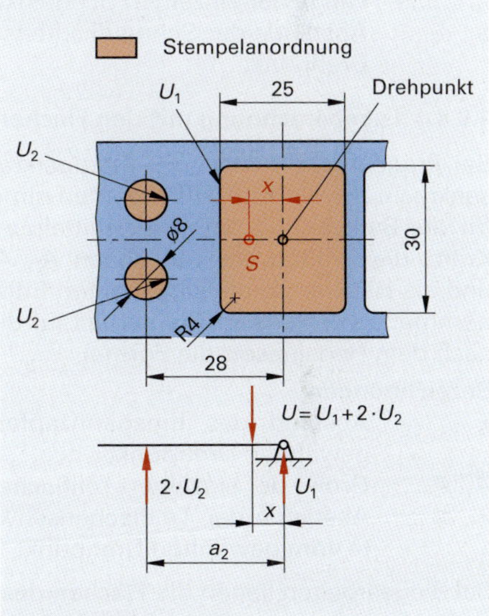

Bild 1: Schnittlinienbild für Lasche

Die obige Formel gilt nur für geometrisch einfache, geschlossene Stempelquerschnitte mit bekannten Schwerpunkten wie z. B. Quadrat, Rechteck, Dreieck, Raute, Vollkreis, Ellipse. Sind die Stempel unsymmetrisch angeordnet **(Bild 2)**, so fällt auch der Kräftemittelpunkt meist nicht auf eine Mittelachse. In solchen Fällen werden die Abstände x und y des Kräftemittelpunktes zweckmäßig in zwei rechtwinklig zueinander stehenden Richtungen berechnet.

Zur Berechnung des Abstands in y-Richtung vom gewählten Drehpunkt geht man wie im obigen Beispiel für die x-Richtung beschrieben vor.

$$y = \frac{U_1 \cdot b_1 + U_2 \cdot b_2 + U_3 \cdot b_3 + \ldots}{U_1 + U_2 + U_3 + \ldots}$$

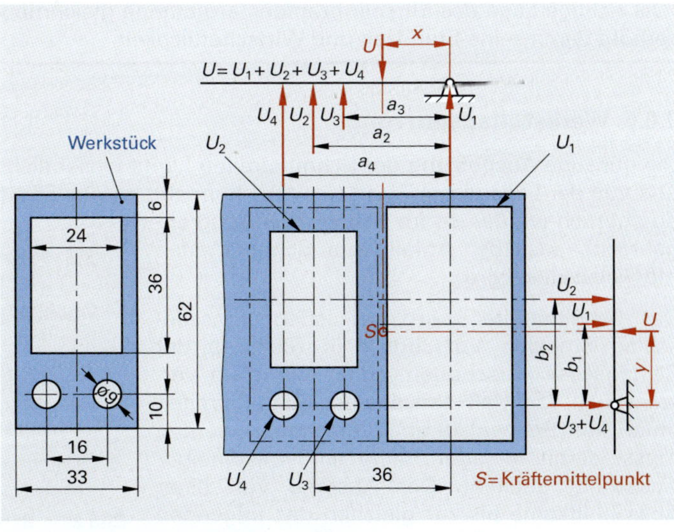

Bild 2: Werkstück mit Schnittstreifen

1

1.6.4.3 Lageberechnung mit den Linienschwerpunkten

Bilden die Schneidkanten der Stempel zusammengesetzte Linienzüge, so fällt der Kräftemittelpunkt mit dem Linienschwerpunkt aller Schneidkanten zusammen **(Bild 1)**. Auch hier nimmt man für die Berechnung an, dass zum Trennen von 1 mm Werkstofflänge 1 N Schneidkraft benötigt wird. Die Schneidkanten werden in Linienabschnitte zerlegt, deren Linienschwerpunkte bekannt sind (gerade Linien, Kreisbögen). Die Längen der Schneidkanten (l_1, l_2, l_3, ...) setzt man dann als Teilkräfte, den senkrechten Abstand ihrer Schwerpunkte von einer angenommenen Drehachse als Hebelarme (a_1, a_2, a_3, ...) in die Rechnung ein und berechnet nach dem Hebelgesetz den Abstand x für die Gesamtkraft.

Bezeichnungen:

x Abstand des Einspannzapfens vom gewählten Drehpunkt

$l_1, l_2, \ldots$ Länge der einzelnen Schneidkanten

$a_1, a_2 \ldots$ Abstände der Schneidkantenschwerpunkte vom gewählten Drehpunkt

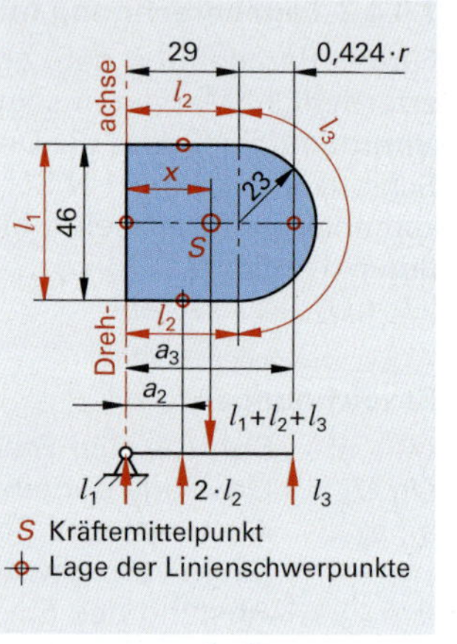

Bild 1: Linienschwerpunkte

$$x = \frac{l_1 \cdot a_1 + l_2 \cdot a_2 + l_3 \cdot a_3 + \ldots}{l_1 + l_2 + l_3 + \ldots}$$

1.6.4.4 Lageberechnung mit den Flächenschwerpunkten

Bei Prägearbeiten wirkt die Stempelkraft meist senkrecht zur Werkstückfläche. Man nimmt dann für die Berechnung des Kräftemittelpunktes als Kräfte die Größen der Teilflächen A_1, A_2, A_3, ... und als Hebelarme die senkrechten Entfernungen a_1, a_2, a_3 , ... ihrer Schwerpunkte zu einer angenommenen Drehachse. Man erhält für die Entfernung des Kräftemittelpunktes von dieser Drehachse nach dem Hebelgesetz die Formel

Bezeichnungen:

x Abstand des Einspannzapfens vom gewählten Drehpunkt

$A_1, A_2 \ldots$ Größe der einzelnen Teilflächen

$a_1, a_2 \ldots$ Abstände der Teilflächenschwerpunkte vom gewählten Drehpunkt

$$x = \frac{A_1 \cdot a_1 + A_2 \cdot a_2 + A_3 \cdot a_3 + \ldots}{A_1 + A_2 + A_3 + \ldots}$$

Bei Biegearbeiten liegen die Flächen des Werkstückes oft schräg zur Wirkungsrichtung der Stempelkraft. Man setzt dann die senkrechten Projektionen der Flächen und ihrer Hebelarme auf die Ebene des Pressentisches in diese Gleichung ein.

Die richtige Lage des Einspannzapfens ergibt eine gleichmäßige Kraftverteilung im Werkzeug und erhöht damit seine Standzeit und Wirtschaftlichkeit.

1.6.5 Werkstoffausnutzung

Die günstige Ausnutzung der Schnittstreifen hängt wesentlich von der Außenform des Schnittteiles und von der Lage dieser Form zur Vorschubrichtung des Streifens ab. Stempel und Schneidplattendurchbruch werden so im Schneidwerkzeug angebracht, dass der Abfall vom Schnittstreifen möglichst klein wird.

Der Schnittstreifen wird bei jedem Pressenschlag um den **Vorschub *V*** in Richtung der Reihenachse verschoben. Unter Vorschub versteht man das Maß, um das der Schnittstreifen unter dem Schneidstempel verschoben werden muss, damit in jeder Reihe ein vollständiger Ausschnitt entsteht. Der Abstand von einer Ausschnittkante bis zur gleichen des folgenden Ausschnitts heißt **Teilung *t* (Bild 2)**.

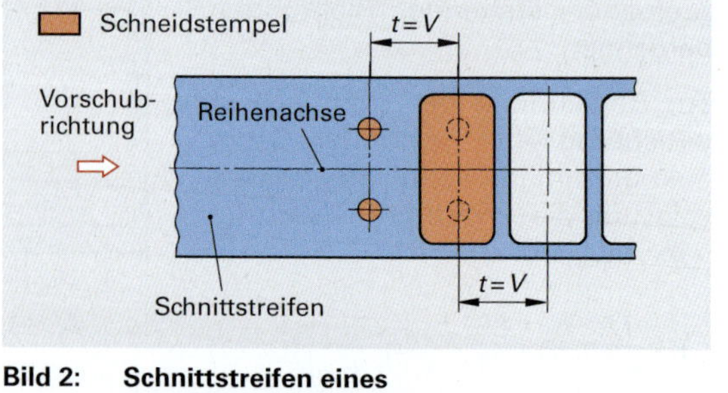

Bild 2: Schnittstreifen eines Folgeschneidwerkzeuges

1.6.5.1 Werkstoffausnutzung beim Abschneiden

Quadratische, rechteckige, rauten- und parallelogrammförmige Teile kann man, wenn keine besonderen Anforderungen an die Genauigkeit und Lage des Grates gestellt werden, mit Abschneidwerkzeugen vom Streifen oder Band abschneiden. Die Bandbreite wird dabei gleich der Werkstücklänge oder -breite gewählt **(Bild 1).** Als Abfall bleibt nur am Ende des Streifens ein Reststück. Die Ausnutzung des Streifens ist also nahezu 100-prozentig.

Sind am Anfang oder am Ende eines vom Streifen abgetrennten Schnittteils Rundungen oder andere beliebige Formen erforderlich **(Bild 2),** so gilt als Abfall nur das Stück, um das der Streifenvorschub größer ist als die Länge des Schnittteils.

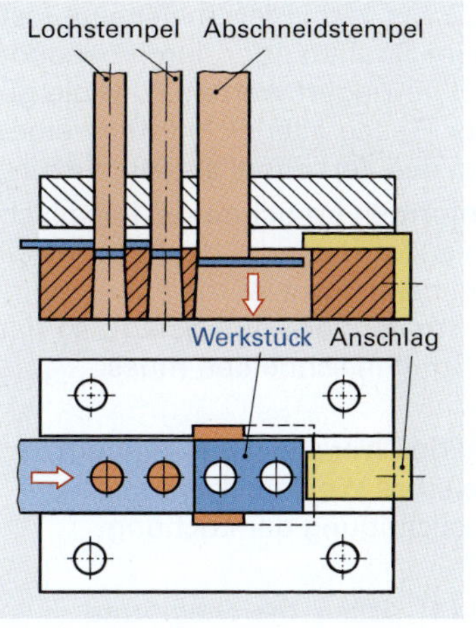

Bild 1: Abschneiden ohne Abfall

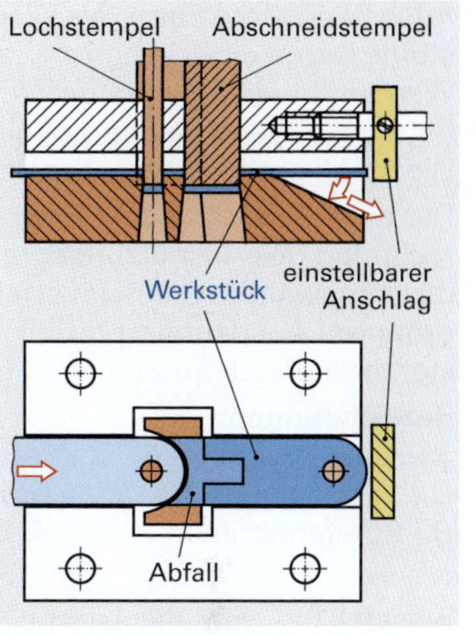

Bild 2: Abschneiden mit Abfall

1.6.5.2 Werkstoffausnutzung beim Ausschneiden

Bestehen die Teile dagegen aus komplizierten Formen und werden besondere Anforderungen an die Genauigkeit gestellt, so müssen die Teile aus Bändern oder Streifen ausgeschnitten werden. Dabei müssen Stege und Randbreiten vorgesehen werden.

Es entsteht ein Abfallgitter **(Bild 3),** das aus dem Werkzeug geschoben wird. Die Steg- und Randbreiten sind Erfahrungswerte **(Tabelle 1).** Diese Werte sollen möglichst eingehalten werden, da ein zu kleiner Steg verkantet. Bei zu großen Steg- und Randbreiten wird Werkstoff verschwendet.

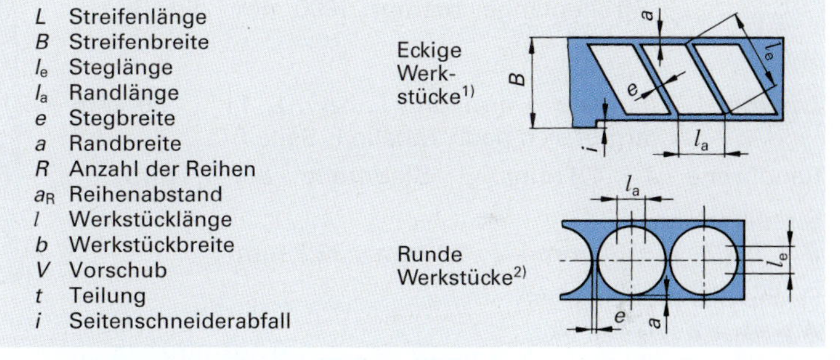

Bild 3: Begriffe am Schnittstreifen und Abfallgitter

Tabelle 1: Steg- und Randbreiten nach VDI 3367 (zurückgezogen)

Streifenbreite *B*	Steglänge l_e[1)] Randlänge l_a[1)] in mm	Stegbreite *e* Randbreite *a*	Werkstoffdicke *s* in mm 0,1	0,5	1,0	1,5	2,0	2,5	3,0
bis 100 mm	bis 10 oder runde Werkstücke[2)]	*e* *a*	0,8 1	0,8 0,9	1,0	1,3	1,6	1,9	2,1
	11...50	*e* *a*	1,6 1,9	0,9 1,0	1,1	1,4	1,7	2,0	2,3
	51...100	*e* *a*	1,8 2,2	1,0 1,2	1,3	1,6	1,9	2,2	2,5
	über 100	*e* *a*	2,0 2,4	1,2 1,5	1,5	1,8	2,1	2,4	2,7
	Seitenschneiderabfall *i*		1,5			2,2	3,0	3,5	4,5
über 100 mm bis 200 mm	bis 10 oder runde Werkstücke[2)]	*e* *a*	0,9 1,2	1,0 1,1	1,1	1,4	1,7	2,0	2,3
	11...50	*e* *a*	1,8 2,2	1,0 1,2	1,3	1,6	1,9	2,2	2,5
	51...100	*e* *a*	2,0 2,4	1,2 1,5	1,5	1,8	2,1	2,4	2,7
	über 100	*e* *a*	2,2 2,7	1,4 1,7	1,7	2,0	2,3	2,6	2,9
	Seitenschneiderabfall *i*		1,5			2,5	3,5	4,0	5,0

[1)] Es wird jeweils das größere Maß der Steg- oder Randlänge verwendet.

[2)] Für die Steg- und Randbreite runder Teile gelten dieselben Werte, die für $l_e = l_a = 10$ mm angegeben sind.

Auch die äußere Form des Werkstückes verhindert meist eine restlose Ausnutzung des Streifenwerkstoffs. Durch eine geeignete Lage im Streifen oder durch besondere Verfahren (Mehrfachschneiden, Wendeschneiden) kann der Verlust verringert werden. Um die günstigste Lage zu ermitteln, berechnet man jeweils das Verhältnis der Fläche aller Schnittteile eines Werkstoffstreifens zur Fläche des Werkstoffstreifens. Man bezeichnet das Verhältnis als Ausnutzungsgrad.

Der beim Ausschneiden von Innenformen im Schnittteil ausgeschnittene Werkstoff bleibt bei der Berechnung des Ausnutzungsgrades außer Betracht, da dieser Abfall weder durch die Lage noch durch das angewandte Schneidverfahren beeinflusst werden kann. In der Regel werden die Teile mit ihrer größeren Ausdehnung quer zum Streifenvorschub gelegt, so dass man bei Tafel- und Plattenwerkstoff breitere, dafür aber weniger Streifen schneiden muss.

Bezeichnungen:

η Ausnutzungsgrad
L Streifenlänge
B Streifenbreite
z Anzahl der Werkstücke aus einem Streifen
A Fläche eines Werkstückes ohne Berücksichtigung der Lochung

$$\eta = \frac{z \cdot A}{L \cdot B}$$

Beispiel 1: Für die Lasche **(Bild 1)** sollen die Steg- und Randbreiten, die Streifenbreite B sowie der Ausnutzungsgrad η bestimmt werden. Die Streifenlänge beträgt 1000 mm, die Blechdicke 1 mm.

Lösung: Für s = 1 mm und l_e bzw. l_a 11 ... 50 mm ergibt sich nach Tabelle 1, Seite 51:

Randbreite a = **1,1 mm;** Stegbreite e = **1,1 mm**

Streifenbreite

$B = b + 2 \cdot a = 30\ \text{mm} + 2 \cdot 1{,}1\ \text{mm} = \mathbf{32{,}2\ mm}$

Fläche des Werkstückes

$$\begin{aligned} A &= A_1 + 2 \cdot A_2 + 4 \cdot A_3 \\ &= 25\ \text{mm} \cdot 22\ \text{mm} + 2 \cdot 17\ \text{mm} \cdot 4\ \text{mm} + \frac{4 \cdot (8\ \text{mm})^2 \cdot \pi}{4 \cdot 4} \\ &= 736{,}2\ \text{mm}^2 \end{aligned}$$

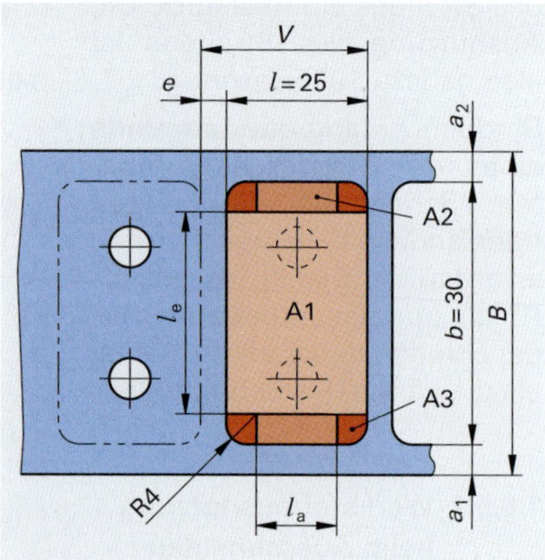

Bild 1: Lasche

Streifenvorschub $V = l + e = 25\ \text{mm} + 1{,}1\ \text{mm} = 26{,}1\ \text{mm}$

Anzahl der Werkstücke $z = \frac{L}{V} = \frac{1000\ \text{mm}}{26{,}1\ \text{mm}} = 38\ \text{Werkstücke}$

Ausnutzungsgrad $\eta = \frac{z \cdot A}{L \cdot B} = \frac{38 \cdot 736{,}2\ \text{mm}^2}{1000\ \text{mm} \cdot 32{,}2\ \text{mm}} = \mathbf{0{,}868 = 86{,}8\ \%}$

Lässt man die unvermeidbaren Abfälle am Anfang und am Ende des Streifens oder des Bandes unberücksichtigt, so erhält man folgende nur auf den Vorschub als Länge bezogene, vereinfachte Formel:

Bezeichnungen:

η Ausnutzungsgrad
B Streifenbreite
V Vorschub
R Anzahl der Reihen
A Fläche eines Werkstückes ohne Berücksichtigung der Lochung

$$\eta = \frac{R \cdot A}{V \cdot B}$$

Beispiel 2: Wie groß ist der Ausnutzungsgrad der Lasche **(Bild 1)?**

Lösung: $\eta = \frac{R \cdot A}{V \cdot B} = \frac{1 \cdot 736{,}2\ \text{mm}^2}{26{,}1\ \text{mm} \cdot 32{,}2\ \text{mm}} = \mathbf{0{,}8768 = 87{,}6\ \%}$

Kreisrunde Teile (Ronden) und Werkstücke mit kreisähnlicher Form kann man einreihig oder mehrreihig aus dem Streifen schneiden. Bei mehrreihigem Ausschneiden lässt man den Schnittstreifen, wenn nur ein Ausschneidstempel vorhanden ist **(Einfachschneidwerkzeug)**, mehrmals durch das Werkzeug laufen oder man verwendet ein Mehrfachschneidwerkzeug **(Bild 2 und 3, Seite 53)**, in dem so viele Stempel eingebaut sind, wie Reihen aus dem Streifen geschnitten werden sollen. Bei Mehrfachschneidwerkzeugen müssen die Stempel so angeordnet werden, dass zwischen den Durchbrüchen in der Schneidplatte genügend Werkstoff stehen bleibt.

Für die Bestimmung der Rand- und Stegbreiten aus der Tabelle liest man für runde Teile die Werte aus den Zeilen für die Rand- bzw. Steglänge bis 10 mm ab.

Beispiel 3: Aus einem 2 mm dicken Streifen (Ni-Blech) werden runde Teile **(Bild 1)** mit einem Durchmesser von 20 mm einreihig ausgeschnitten. Wie groß sind die Streifenbreite B und der Ausnutzungsgrad η, wenn die Rand- und Stegbreite nach Tabelle 1,6 mm beträgt?

Lösung:

Streifenbreite $B = d + 2 \cdot a = 20\,\text{mm} + 2 \cdot 1{,}6\,\text{mm} = \mathbf{23{,}2\,mm}$

$V = d + e = 20\,\text{mm} + 1{,}6\,\text{mm} = 21{,}6\,\text{mm}$

$$A = \frac{\pi \cdot d^2}{4} = \frac{\pi \cdot (20\,\text{mm})^2}{4} = 314\,\text{mm}^2$$

Ausnutzungsgrad $$\eta = \frac{R \cdot A}{V \cdot B} = \frac{1 \cdot 314\,\text{mm}^2}{21{,}6\,\text{mm} \cdot 23{,}2\,\text{mm}} = \mathbf{0{,}627} = \mathbf{62{,}7\,\%}$$

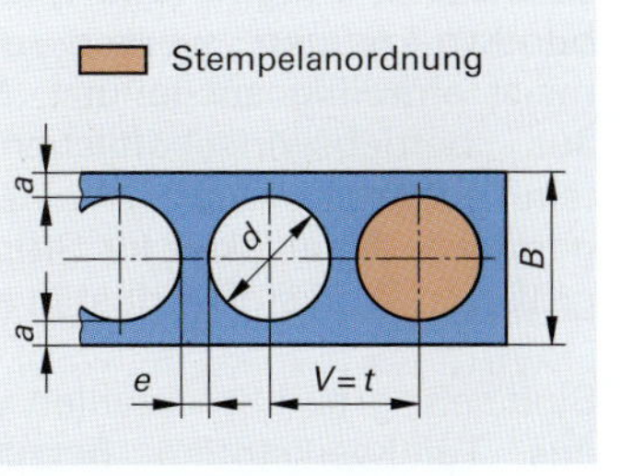

Bild 1: Streifen bei einreihiger Anordnung

Bei der **mehrreihigen** Anordnung kreisrunder Ausschnitte mit gleichem Durchmesser sind die benachbarten Reihen um einen halben Streifenvorschub in der Längsrichtung gegeneinander versetzt **(Bild 2 und Bild 3)**. Der Reihenabstand ist bei Einhaltung gleicher Stegbreiten gleich der Höhe in dem rot eingezeichneten gleichseitigen Dreieck, also gleich 0,866 mal dem Streifenvorschub. Der Ausnutzungsgrad wird dadurch günstiger.

Beispiel 4: Für den runden Zuschnitt von Beispiel 3 sind der Reihenabstand a_R, die Streifenbreite B und der Ausnutzungsgrad η bei zweireihiger Anordnung **(Bild 2)** zu berechnen.

Lösung:

Reihenabstand $a_R = 0{,}866 \cdot V = 0{,}866 \cdot 21{,}6\,\text{mm} = \mathbf{18{,}7\,mm}$

Streifenbreite $B = 2 \cdot a + 2 \cdot \frac{d}{2} + a_R$

$= 2 \cdot 1{,}6\,\text{mm} + 20\,\text{mm} + 18{,}7\,\text{mm} = \mathbf{41{,}9\,mm}$

Ausnutzungsgrad $$\eta = \frac{R \cdot A}{V \cdot B} = \frac{2 \cdot 314\,\text{mm}^2}{21{,}6\,\text{mm} \cdot 41{,}9\,\text{mm}} = \mathbf{0{,}694} = \mathbf{69{,}4\,\%}$$

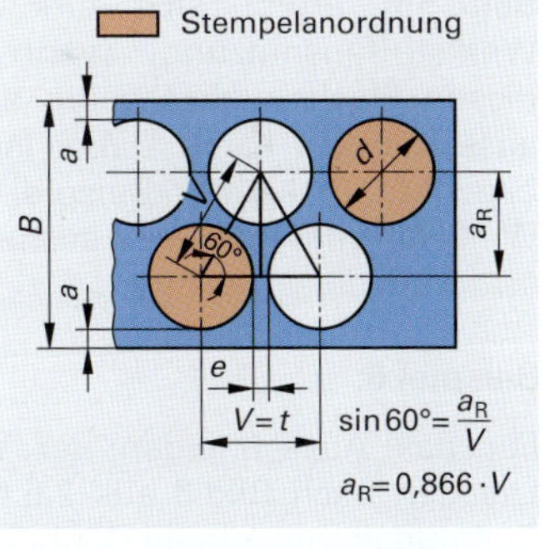

Bild 2: Streifen bei zweireihiger Anordnung

Beispiel 5: Für die Ronden von Beispiel 3 sind die Streifenbreite B und der Ausnutzungsgrad η bei dreireihiger Anordnung **(Bild 3)** zu berechnen.

Lösung:

Streifenbreite $B = 2 \cdot a + 2 \cdot \frac{d}{2} + 2 \cdot a_R$

$= 2 \cdot 1{,}6\,\text{mm} + 20\,\text{mm} + 2 \cdot 18{,}7\,\text{mm} = \mathbf{60{,}6\,mm}$

Ausnutzungsgrad $$\eta = \frac{R \cdot A}{V \cdot B} = \frac{3 \cdot 314\,\text{mm}^2}{21{,}6\,\text{mm} \cdot 60{,}6\,\text{mm}} = \mathbf{0{,}719} = \mathbf{72\,\%}$$

Vergleicht man die Ausnutzungsgrade der Beispiele 3, 4 und 5, so ergibt sich für d = 20 mm eine Werkstoffersparnis bei der zweireihigen Anordnung gegenüber der einreihigen von 6,7 %, bei dreireihiger Anordnung gegenüber der zweireihigen aber nur noch 2,6 % Werkstoffersparnis. Der zusätzliche Vorteil wird bei jeder weiteren Reihe geringer. Es lohnt sich deshalb meist nicht über eine dreireihige Anordnung hinauszugehen, zumal auch die Werkzeuge aufwendiger werden.

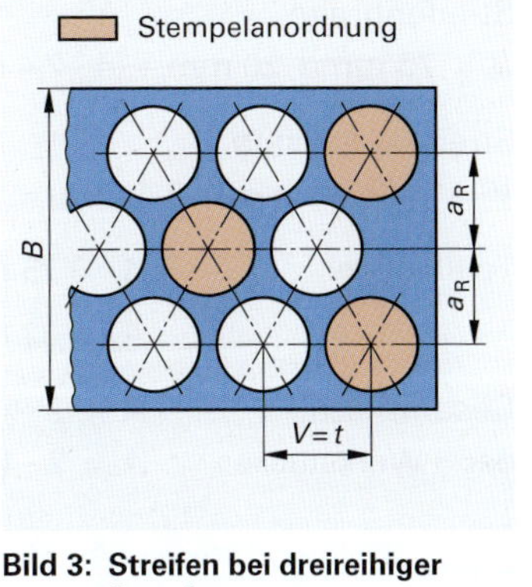

Bild 3: Streifen bei dreireihiger Anordnung

1

Bei kleinen Stückzahlen, großen Durchmessern der Teile, bei schwierigen Folgeschneidwerkzeugen **(Bild 1)** und bei Verbundwerkzeugen werden die Streifen meist **einreihig** ausgenutzt. Man nimmt aus betriebswirtschaftlichen Gründen (einfachere Werkzeuge, kleinere Pressen, geringere Anfälligkeit für Störungen) den größeren Werkstoffverlust in Kauf.

Sind sehr große Stückzahlen von Ronden aus Tafelwerkstoffen herzustellen, so kann man die Streifen mit einer Zick-Zack-Schere ausschneiden **(Bild 2)**. Für das Ausschneiden der Ronden wählt man dann meist die zweireihige Anordnung. Dadurch erhält man mit einem verhältnismäßig einfachen Werkzeug denselben Vorteil, wie bei vielreihiger Anordnung. Jede Teilung erfordert bei der Zick-Zack-Schere ein besonderes Schneidmesser.

Bei großen Winkelstücken **(Bild 3)** oder Teilen mit großen Abfallflächen **(Bild 1, Seite 55)** ergibt sich eine günstigere Werkstoffausnutzung, wenn man aus diesen Flächen gleichzeitig andere Teile ausschneiden kann. Dabei ist jedoch zu beachten, dass bei Beispiel 6 auf zwei Winkel immer nur eine Lasche entfällt.

Bild 1: Streifen und Werkzeug für Stator- und Rotorbleche

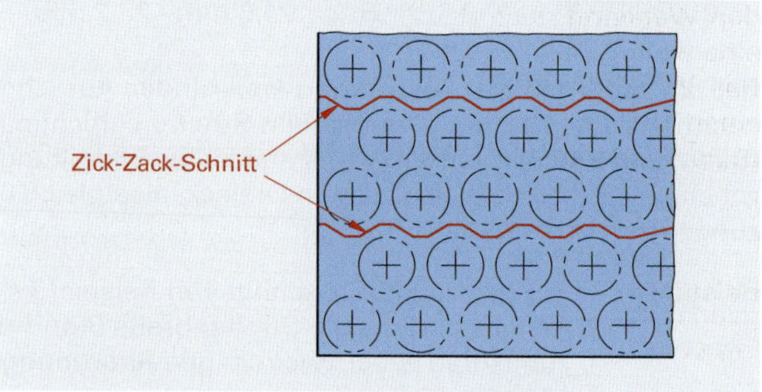

Bild 2: Streifenschneiden mit Zick-Zack-Schere

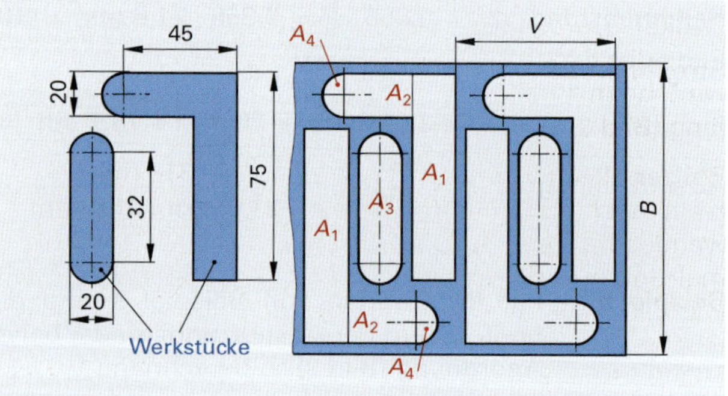

Bild 3: Winkelstück und Lasche mit Abfallausnutzung

Beispiel 6:

Für das Ausschneiden der Winkel und Laschen nach **Bild 3** aus 2,5 mm dickem Stahlblech mit einem Mehrfachschneidwerkzeug sind die Streifenbreite *B* und der Ausnutzungsgrad η zu berechnen. Die Steg- und Randbreiten betragen nach **Tabelle 1, Seite 51,** jeweils 2,4 mm.

Lösung:

Streifenbreite

$B = 75\text{ mm} + 20\text{ mm} + (4 \cdot 2{,}4\text{ mm}) = 95\text{ mm} + 9{,}6\text{ mm} = \mathbf{104{,}6\,mm}$

Streifenvorschub

$V = 3 \cdot 20\text{ mm} + 3 \cdot 2{,}4\text{ mm} = \mathbf{67{,}2\text{ mm}}$

Teilflächen: $A_1 = 75\text{ mm} \cdot 20\text{ mm} = 1500\text{ mm}^2$; $A_2 = 25\text{ mm} \cdot 20\text{ mm} = 500\text{ mm}^2$

$A_3 = 32\text{ mm} \cdot 20\text{ mm} = 640\text{ mm}^2$; $A_4 = \dfrac{\pi \cdot (20\text{ mm})^2}{4 \cdot 2} = 157{,}1\text{ mm}^2$

Gesamtfläche der 3 Werkstücke

$A = 2 \cdot A_1 + 2\,A_2 + A_3 + 4 \cdot A_4$

$A = 2 \cdot 1500\text{ mm}^2 + 2 \cdot 500\text{ mm}^2 + 640\text{ mm}^2 + 4 \cdot 157\text{ mm}^2 = \mathbf{5268\text{ mm}^2}$

Ausnutzungsgrad $\eta = \dfrac{A \cdot R}{B \cdot V} = \dfrac{5268{,}4\text{ mm}^2 \cdot 1}{104{,}6\text{ mm} \cdot 67{,}2\text{ mm}} = \mathbf{0{,}749} = \mathbf{74{,}9\ \%}$

Bei dem Rahmen **(Bild 1)** wird aus dem Abfall der Innenform noch ein Bügel ausgeschnitten. Will man in solchen Fällen vergleichbare Ausnutzungsgrade errechnen, so wird die Gesamtfläche wie folgt berechnet:

Gesamtfläche = Fläche der Außenform minus Fläche der Innenform.

1.6.5.3 Wendeschneiden

Beim Wendeschneiden **(Bild 2 und Bild 3)** wird zunächst eine Reihe mit so großem Streifenvorschub ausgeschnitten, dass aus dem verbleibenden Werkstoff nach dem Wenden des Streifens eine weitere Reihe ausgeschnitten werden kann. Das Werkzeug erhält dann zwei Voranschläge, einen für den 1. Durchgang und einen für den 2. Durchgang **(siehe Seite 35 ff)**.

Beim Wenden des Streifens ist zu beachten, dass bei symmetrischen Werkstücken der Streifen um seine Längsachse gedreht wird. Die unten liegende Seite kommt nach oben; der Streifenanfang bleibt derselbe **(Bild 2)**.

Bei asymmetrischen Werkstücken hingegen bleibt die obere Fläche oben, aber der Anfang des Streifens vom ersten Durchgang wird beim zweiten Durchgang zum Streifenende und das Ende des Schnittstreifens vom ersten Durchgang wird beim zweiten Durchgang zum Streifenanfang **(Bild 3)**.

Bei der gleichen Anordnung der Teile im Streifen kann auch ein Mehrfachschneidwerkzeug verwendet werden; der Streifen läuft dann nur einmal durch das Werkzeug und braucht nicht gewendet zu werden.

1.6.5.4 Schräganordnung

Langschenklige, schmale Winkelstücke würden auch beim Wendeschneiden erhebliche Abfälle ergeben. Man erreicht dann eine günstigere Ausnutzung des Streifens, wenn man die Teile schräg zur Richtung des Streifenvorschubes anordnet **(Bild 4)**. Die günstigste Schräglage des Winkels erhält man, wenn man die Scheitelpunkte des Innen- und Außenwinkels miteinander verbindet und diese Verbindungslinien in die Richtung des Streifenvorschubes legt.

Die Gestaltung des Streifenlayouts erfolgt z.B. mit CAD-Software. Die Software ordnet die Werkstücke auf dem Streifen so an, dass der höchste

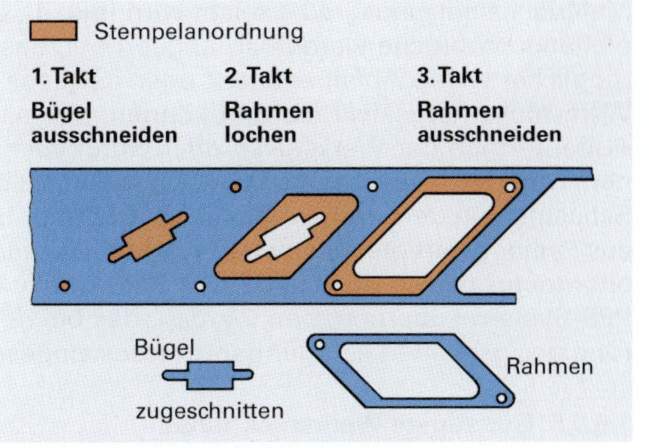

Bild 1: Rahmen mit Abfallausnutzung

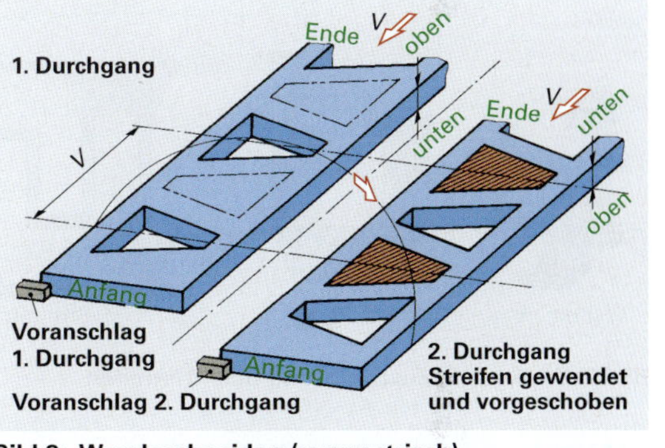

Bild 2: Wendeschneiden (symmetrisch)

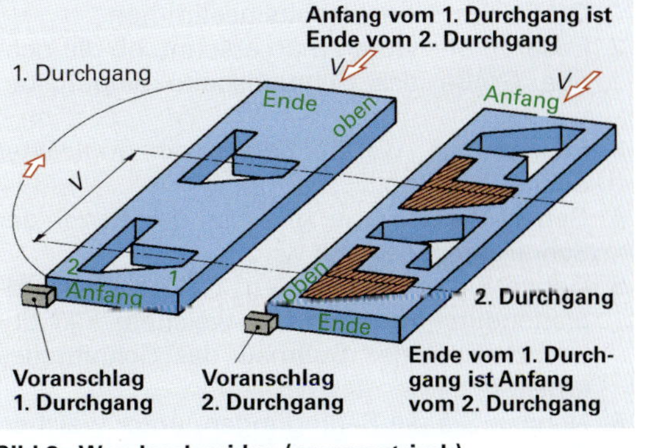

Bild 3: Wendeschneiden (asymmetrisch)

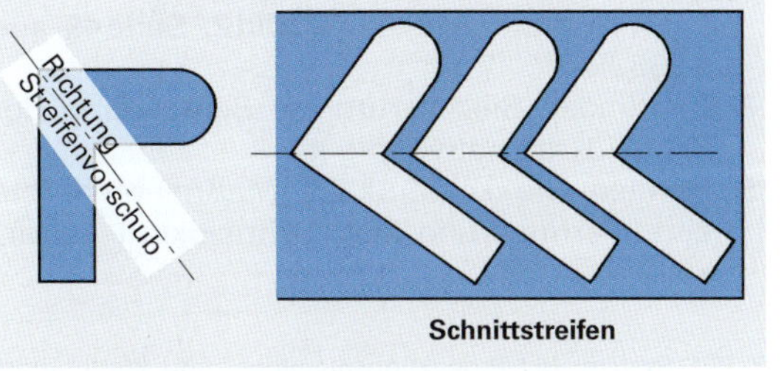

Bild 4: Winkelstück (Schräganordnung)

Materialausnutzungsgrad erreicht wird **(Bild 1)**. Stempel und Schneidplattendurchbrüche werden so angeordnet, dass vom Schnittstreifen möglichst wenig Abfall entsteht oder dass aus den Abfällen weitere Werkstücke hergestellt werden können. Vor allem bei komplizierten Außenformen der Werkstücke oder wenn verschiedene Teile aus einem Streifen ausgeschnitten werden sollen, ist die computergestützte Schachtelung dem früher üblichen Verfahren, bei dem man mehrere aus Papier gefertigte Muster des Werkstücks manuell auf dem Streifen anordnete, zeitlich überlegen. Das Schachteln kann auch von einem PPS-System[1)] übernommen werden, das bei der Planung und Steuerung des gesamten Fertigungsprozesses eingesetzt wird.

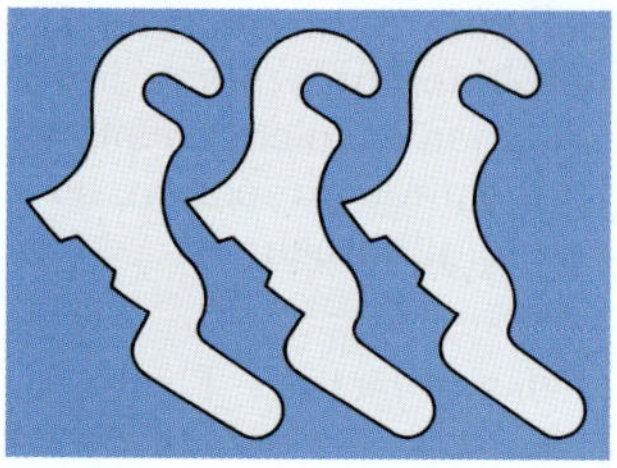

Bild 1: Schalthebel

1.6.5.5 Günstigste Werkstückmaße

Form und Größe der Werkstücke sollen so festgelegt werden, dass man eine günstige Werkstoffausnutzung erhält. Das wird z.B. durch die Wahl geeigneter Werkstückmaße wie im **Bild 2** erreicht.

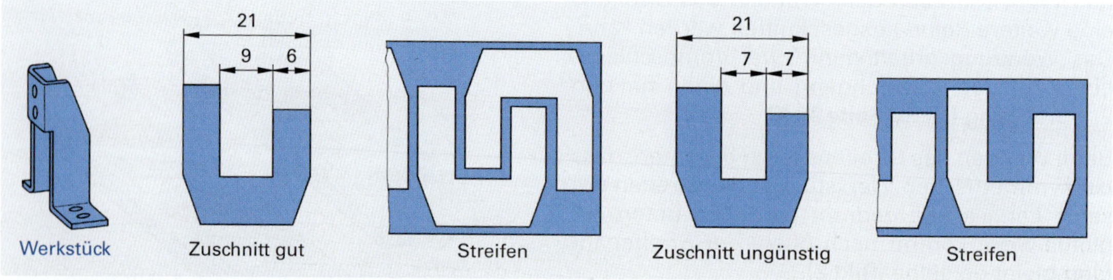

Bild 2: Werkstück, Zuschnitt und Schnittstreifen

Wiederholung und Vertiefung

1 Nennen Sie vier Einflussfaktoren, welche die Größe des Schneidspalts bestimmen.
2 Erklären Sie, woran man erkennt, ob die richtige Größe des Schneidspalts eingehalten wurde.
3 Erklären Sie, welche Folgen ein ungleicher Schneidspalt hat.
4 Geben Sie an, wie groß in der Regel der Schneidspalt gewählt wird.
5 Geben Sie an, in welchem Fall der Schneidplattendurchbruch und in welchem Fall der Lochstempel das Sollmaß des Schnittteiles erhält.
6 Nennen Sie die Bedingungen, unter welchen die unterschiedlichen Schnittgratarten entstehen.
7 Berechnen Sie die Schneidkraft für das 1,5 mm dicke Werkstück **Bild 2, Seite 49** aus S235JR.
8 Begründen Sie, warum die Berechnung der Schneidkraft notwendig ist.
9 Nennen Sie konstruktive Maßnahmen, die eine Verringerung der Schneidkraft bewirken.
10 Erklären Sie, warum für Schneidwerkzeuge die Lage des Einspannzapfens ermittelt werden sollte.
11 Für das Abgraten eines durch Fließpressen hergestellten Kompassgehäuses **(Bild 1, S. 50)** ist ein Abgratschneidwerkzeug herzustellen. Die Lage des Einspannzapfens ist zu berechnen. Als Drehachse nimmt man die 46 mm lange gerade Kante an.
12 Das Werkstück **(Bild 2, S. 49)** wird mit einem Folgeschneidwerkzeug aus dem Streifen geschnitten. Für den Kräftemittelpunkt sind bei dieser Anordnung der Stempel und die Abstände x und y zu berechnen.
13 Aus 2 mm dickem Streifenmaterial aus S235JR sind Scheiben mit 36 mm Außendurchmesser einreihig auszuschneiden. Bestimmen Sie die Steg- und Randbreiten und berechnen Sie Streifenbreite, Streifenvorschub und Ausnutzungsgrad.
14 Beschreiben Sie die konstruktiven Möglichkeiten, die zu einer günstigeren Werkstoffausnutzung führen.
15 Beschreiben Sie das Wendeschneiden.

[1)] PPS-System: Mit **P**roduktions**p**lanungs- und **S**teuerungssystemen werden computerunterstützte Produktionsabläufe geplant und gesteuert.

1.7 Keilschneiden

Keilschneiden ist das Zerteilen von Werkstücken mit einer oder zwei keilförmigen Schneiden. Dabei wird der Werkstoff entlang einer offenen oder geschlossenen Schnittlinie auseinander gedrängt.

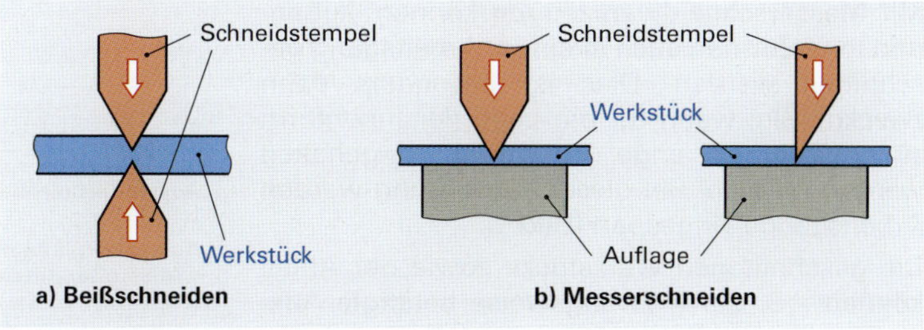

Bild 1: Keilschneiden

Bewegen sich zwei keilförmige Schneiden aufeinander zu, so spricht man von **Beißschneiden (Bild 1 a)**. Wird nur mit einer Schneide gearbeitet, so spricht man von **Messerschneiden (Bild 1 b)**.

1.7.1 Messerschneiden

Messerschneiden ist nach DIN 9870 das Zerteilen von Werkstoff mit einer Keilschneide, die gegen eine Auflage wirkt und den Werkstoff längs einer offenen oder in sich geschlossenen Schnittlinie auseinander drängt. Nach dem Zerteilen des Werkstoffes dringt das Messer noch ein wenig in die Unterlage ein **(Bild 2)**.

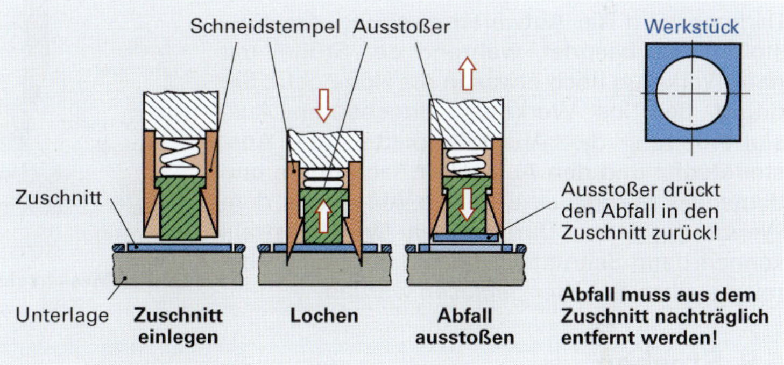

Bild 2: Messerschneiden

Messerschneidwerkzeuge werden überwiegend zum Schneiden von Leder, Papier, Textilien, Dichtungswerkstoffen, Kunststoffen oder Gummi eingesetzt, manchmal aber auch für metallische Werkstoffe.

Als Unterlage dient eine ebene Platte aus Hartholz, Pressspan, Vulkanfiber, Kunstharz oder Hartwachs. Stehen Pressen mit genauen Führungen zur Verfügung, so kann anstelle der weichen Unterlagen auch eine geschliffene Stahlplatte verwendet werden. Die Messer werden an den Schneiden leicht abgezogen und die Presse wird so eingestellt, dass die Schneiden im unteren Umkehrpunkt dicht über der Stahlplatte stehen bleiben. Dadurch wird die Standzeit der Werkzeuge wesentlich verlängert.

Um an den Schnittteilen rechtwinklige Schnittflächen zu erhalten, müssen die Messer für Außenformen innen senkrecht, außen jedoch um den Keilwinkel angeschrägt sein. Die Messer für Innenformen sind umgekehrt zu gestalten. Zum Schneiden von Hartgummi erhalten die Messer außen und innen eine gleichmäßige Anschrägung **(Bild 3)**.

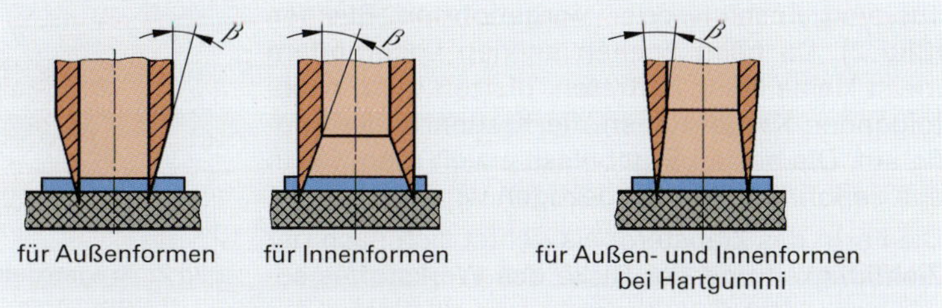

Bild 3: Schneiden an Messerschneidwerkzeugen

Die Keilwinkel der Schneiden können **Tabelle 1** entnommen werden. Hartgummi kann nur im angewärmten Zustand geschnitten werden.

Tabelle 1: Größe der Keilwinkel

Werkstoffe	Textilien, Gummi, Kunstleder,	Leder, Pappe, Filz, Kork	Weichkupfer, Hartpapier, Kunstharz, Metallfolien
Keilwinkel β	8° ... 12°	16° ... 18°	20°

Mit **Messerschneidwerkzeugen** können Außen- und Innenformen auch in einem Arbeitsgang geschnitten werden. Dies ist besonders dann zweckmäßig, wenn für die Lage der Innenform zur Außenform enge Toleranzen eingehalten werden müssen. Bei dieser Ausführung werden Arbeitsgänge eingespart **(Bild 1)**.

Die geschnittenen Werkstücke sowie der Abfall können z. B. durch zwangsweise betätigte Ausstoßer ausgestoßen werden **(Bild 1)**. Dabei verbleiben Werkstück und Abfall beim Hochgehen des Pressenstößels anfangs im Werkzeug. Kurz vor dem oberen Umkehrpunkt stößt eine im Stößel beweglich angeordnete Ausstoßerleiste gegen zwei verstellbare Anschläge, die auf der Stößelführung verschraubt sind **(Bild 2, S. 38)**. Dadurch wird die Aufwärtsbewegung der Ausstoßerleiste beendet, während der Stößel mit dem Werkzeug noch etwas in die Höhe geht. Sie drückt den ins Werkzeug eingebauten Ausstoßerbolzen, die Ausstoßerplatte, die Ausstoßerstifte und den Ausstoßer nach unten und damit das Werkstück und den Abfall aus dem Werkzeug heraus. Durch einen Druckluftstrahl können dann Schnittteil und Abfall in einen bereitgestellten Behälter geblasen werden.

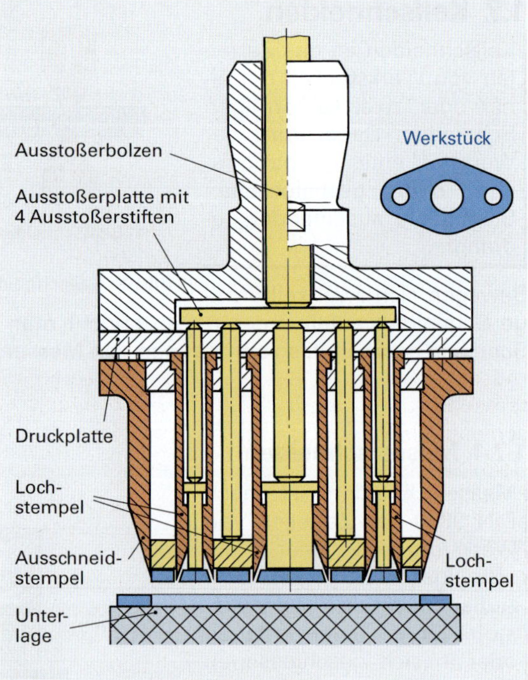

Bild 1: Messerschneidwerkzeug

1.8 Stechen

Beim Stechen wird der Werkstoff durch „Reißen" und nicht durch Schneiden getrennt. Ein kleiner Stempel mit kegeliger oder pyramidenförmiger Spitze wird durch das Blech gedrückt. Dabei entstehen auf der Rückseite des Bleches kleine, spitze Zacken.

Beim **Kragenziehen**[1] werden Löcher mit aufgestellten, glatten Rändern versehen, die man als Hohlniete, Führungsbuchsen oder Gewindekernlöcher verwendet. Meist zieht man die Kragen aus vorgelochten oder vorgebohrten Blechen **(Bild 2)**. Da beim Lochen an den Lochrändern meist kleine Risse auftreten, platzen beim nachfolgenden Kragenziehen die Kragenränder häufig auf. Die besten Ergebnisse erzielt man, wenn aus gebohrten Blechen gezogen wird.

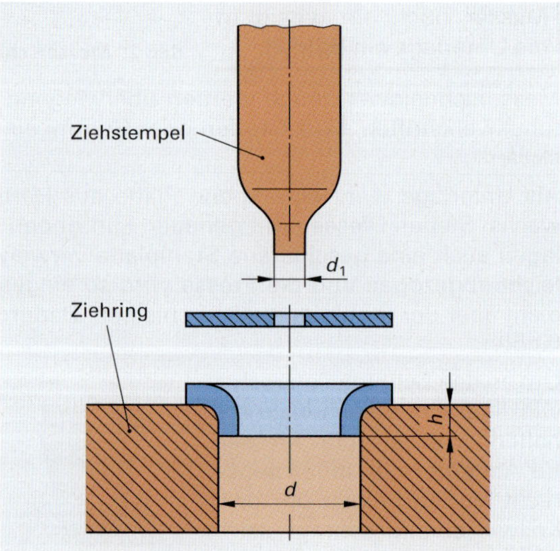

Bild 2: Kragenziehen

Die Form des Ziehstempels richtet sich nach der Ziehfähigkeit und der Dicke des Werkstoffes sowie nach dem Durchmesser und der Höhe des gewünschten Kragens. Ziehring und Ziehstempel müssen hochglanzpoliert sein. Der Ziehring erhält nur eine kleine Rundung.

Die Höhe h des Kragens kann nach folgender Formel berechnet werden:

Bezeichnungen:

h Höhe des Kragens
d Außendurchmesser des Kragens
d_1 Durchmesser des vorgeschnittenen oder vorgebohrten Loches

$$h = \frac{d^2 - d_1^2}{4d}$$

[1] Dieses Verfahren wird normalerweise dem Umformen zugeordnet. Da jedoch das Werkzeug in diesem Falle dem Stechwerkzeug gleicht, wird das Verfahren in diesem Kapitel behandelt.

1

1.9 Unfallverhütung an Schneidwerkzeugen

Damit beim Einrichten, Beschicken und Warten von Schneidwerkzeugen keine Unfälle auftreten, müssen Unfallverhütungsmaßnahmen getroffen werden.

Beim Einrichten des Werkzeuges in die Presse muss darauf geachtet werden, dass das Werkzeugoberteil so fest im Pressenstößel befestigt wird, dass es sich bei betriebsmäßiger Beanspruchung nicht lösen kann. Das Werkzeugunterteil wird überwiegend mit Spanneisen und Spannschrauben auf den Pressentisch gespannt. Dabei kann es von Vorteil sein, wenn am Werkzeug besondere Spannflächen vorgesehen werden.

Die Spanneisen müssen zu den Spannflächen und Distanzstücken waagerecht liegen, während die Spannschrauben senkrecht dazu stehen müssen **(Bild 1)**. Ist dies nicht der Fall, so könnten seitlich auftretende Kräfte das Unterteil verschieben und zum Werkzeugbruch führen.

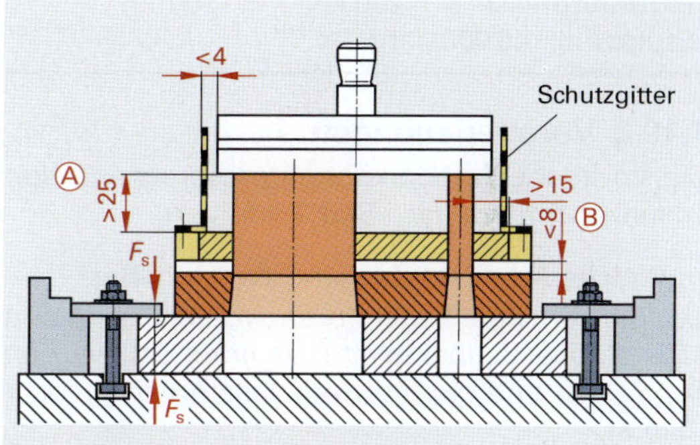

Bild 1: Sicherheitsgerechte Abstände an Schneidwerkzeugen

Beim Beschicken eines Werkzeuges muss sichergestellt sein, dass Finger und Hände außerhalb des Gefahrenbereichs des Werkzeuges bleiben. Gefahrenbereiche sind dabei alle Scher- und Quetschstellen. Bei Schneidwerkzeugen sind dies z. B. die Stellen zwischen Schneid- und Stempelplatte, Führungs- und Stempelplatte oder Aufschlagstück und Stempelplatte.

Folgende **Grenzwerte** gelten nach ISO 13857, wenn **kein Schutzgitter** vorhanden ist:

Abstand A zwischen Unterkante Stempelplatte und Oberkante Führungsplatte **mind. 25 mm (Bild 1)**.

Abstand B zwischen Unterkante Führungsplatte und Oberkante Schneidplatte **kleiner als 8 mm,** wenn die Schnittstelle von der nächsten Öffnung **mindestens 15 mm** weit entfernt ist **(Bild 1)**.

Abstand C zwischen Unterkante Schneidstempel und Oberkante Schneidplatte **kleiner als 4 mm,** wenn z. B. ohne Abstreifer gearbeitet wird wie (z. B. bei Frei- oder Messerschneidwerkzeugen, **Bild 2**).

Sind diese Werte nicht einzuhalten, so muss eine möglichst allseitig und dauerhafte Abschirmung der Gefahrenstelle durch Schutzgitter oder Acrylglasscheiben vorgesehen werden. Dabei sind auch hier die Abstände A bzw. C bei jeder Stellung des Werkzeugoberteiles einzuhalten. Zusätzlich zu diesen Maßnahmen können noch Pinzetten, Zangen und Magnet- oder Saughalter als Einlegehilfen eingesetzt werden, um die Hand des Bedienenden außerhalb des Gefahrenbereiches zu belassen.

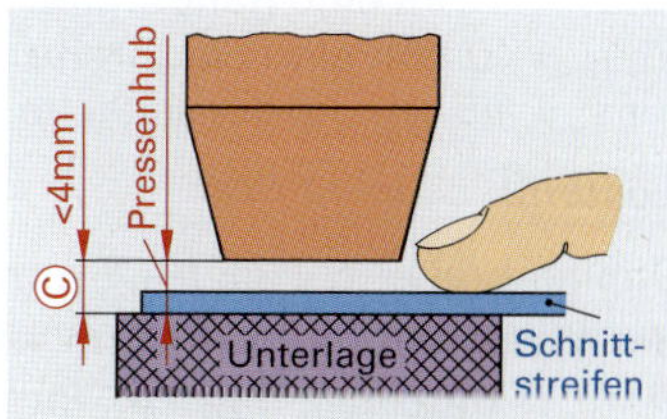

Bild 2: Unfallverhütung bei Messerschneidwerkzeugen

Bei der Wartung der Werkzeuge ist besonders darauf zu achten, dass beim Scharfschleifen der Stempel z. B. das Maß zwischen Stempel- und Führungsplatte kleiner wird und damit zusätzliche Schutzmaßnahmen notwendig werden können.

Wiederholung und Vertiefung

1 Vergleichen Sie das Beißschneiden mit dem Messerschneiden.
2 Beschreiben Sie die Anschliff-Form der Messer beim Messerschneiden für Innen- und Außenformen.
3 Wonach richtet sich die Größe des Keilwinkels beim Messerschneiden?.
4 Unterscheiden Sie die Fertigungsverfahren Stechen und Scherschneiden.
5 Nennen Sie Anwendungsbeispiele für das Kragenziehen.
6 Beschreiben Sie ein fachgerechtes Einrichten eines Schneidwerkzeuges in der Presse.
7 Berechnen Sie die Höhe des Kragens beim Stechen, wenn der Kragendurchmesser d = 15 mm und der Vorlochdurchmesser d_1 = 3 mm betragen.

1.10 Fallbeispiel – Folgeschneidwerkzeug

1.10.1 Aufgabenstellung

Für die Anschlagleiste **(Bild 1)** ist unter folgenden Vorgaben ein Folgeschneidwerkzeug mit Handvorschub zu planen.

Halbzeug: Band EN 10 131-1,5 × 52
Werkstoff: DC 01; R_m = 270 bis 410 N/mm²
Exzenterpresse; F = 250 kN; n = 130/min
Stückzahl: 40 000/Jahr

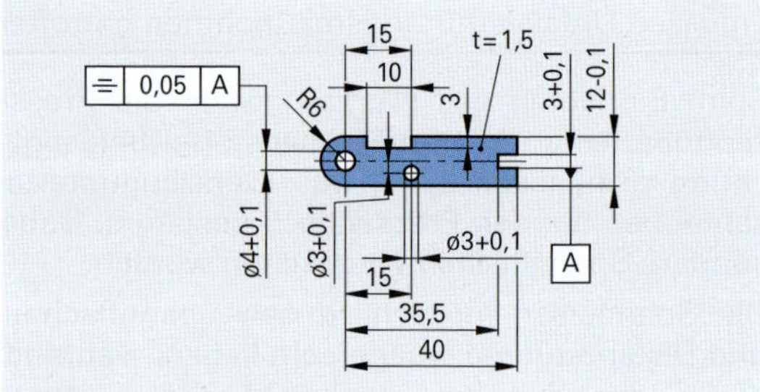

Bild 1: Anschlagleiste

1.10.2 Vorüberlegungen

Die Vorüberlegungen können entsprechend den Lösungsschritten nach **Bild 2** erfolgen.

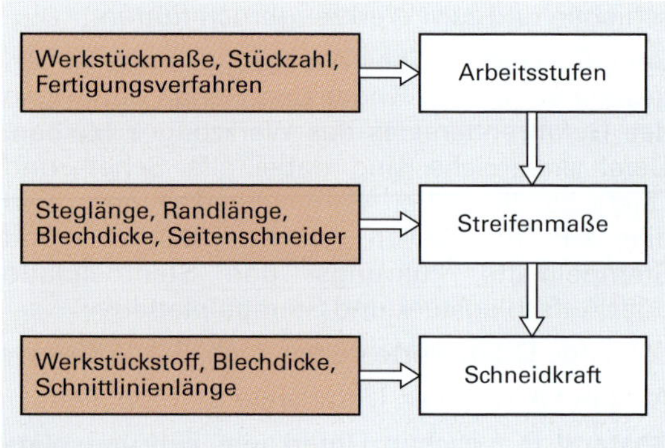

Bild 2: Lösungsschritte

→ Welche Arbeitsstufen sind zweckmäßig?

Um die verlangte Lagetoleranz von 0,05 mm und eine stabile Schneidplatte zu erhalten, werden der Schlitz und die Bohrung zusammen gelocht **(Bild 3)**.

Die **Leerstufe** schafft mehr Platz zwischen dem Loch- und dem Ausschneidstempel in der Stempelplatte und verringert die Rissgefahr beim Härten der Schneidplatte.

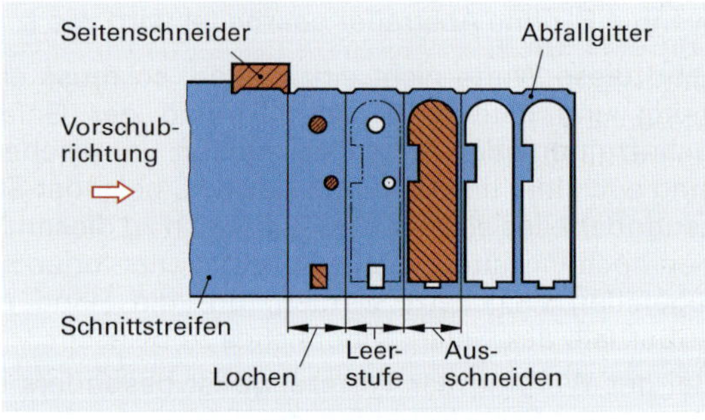

Bild 3: Arbeitsstufen (Streifenbild)

→ Welche Streifenmaße ergeben sich?

Die Streifenmaße sind von der Blechdicke und von den Außenmaßen des Teils abhängig **(Bild 4)**. Nach Tabelle 1 Seite 51 ergibt sich:

für l_a = 12 mm eine Randbreite a_1 = 1,4 mm
für R = 6 mm eine Randbreite a_2 = 1,3 mm
für l_e = 40 mm eine Stegbreite e = 1,4 mm
für s = 1,5 mm ist der seitliche Abfall i = 2,2 mm

Lösung:

Streifenbreite $B = b + 1\text{ mm} + a_1 + a_2 + i$

B = 46 mm + 1 mm + 1,4 mm + 1,3 + 2,2 mm

B = 51,9 mm, B_{ger} = **52 mm**

Streifenvorschub $V = l_a + e$
= (12 + 1,4) mm = **13,4 mm**

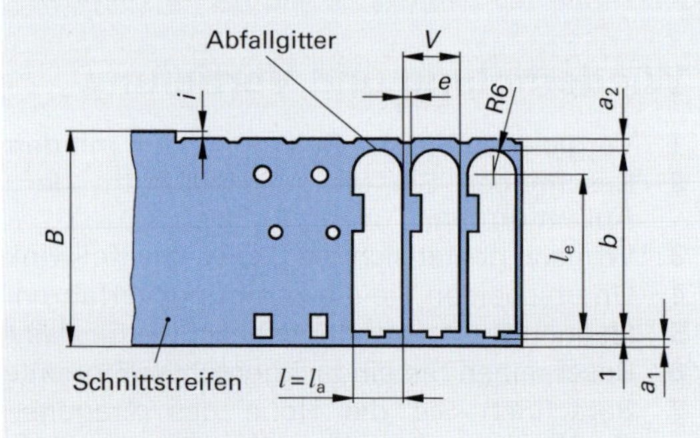

Bild 4: Streifenmaße

→ Welche Schneidkraft ist erforderlich?

Lösung:

Schnittlänge mit Seitenschneider
$l_s = \Sigma l$ = 165,4 mm

Schnittfläche $S = l_s \cdot s$ = (165,4 · 1,5) mm²
= 248,1 mm²

Scherfestigkeit $\tau_{aBmax} = 0{,}8 \cdot R_{mmax}$
= 0,8 · 410 N/mm² = 328 N/mm²

Schneidkraft $F = S \cdot \tau_{aBmax}$
= 248,1 mm² · 328 N/mm² = 81 376 N

Mindestpressenkraft bei 20% Verfahrenszuschlag
$F_p = 1{,}2 \cdot F = 1{,}2 \cdot 82\text{ kN} \approx$ **100 kN**

1.10.3 Werkzeugaufbau

Um geringe Werkzeugkosten und kurze Herstellzeiten zu erreichen, sollte der Werkzeugaufbau so weit wie möglich mit **Normalien** erfolgen **(Bild 1)**.

→ **Welcher Werkzeugaufbau ist zu wählen?**

Da es sich um ein einfaches Teil ohne erhöhte Genauigkeitsanforderungen handelt, ist ein Werkzeug mit **Plattenführung** zweckmäßig. Bei seiner Herstellung können überwiegend Normalien verwendet werden.

→ **Aus welchen Gründen ist die Verwendung eines Seitenschneiders bei diesem Werkzeug sinnvoll?**

Da der Vorschub von Hand erfolgt, kann er schneller erfolgen, da das Band nicht angehoben werden muss. Ferner ergibt sich eine genauere Bandführung. Um die Vorschubgenauigkeit zu erhöhen, könnte noch ein **Suchstift** vorgesehen werden.

→ **Warum wird ein Schutzgitter vorgesehen?**

Dadurch erhöht sich die **Arbeitssicherheit.** Ferner können kürzere Stempel verwendet werden.

→ **Wie kann die Befestigung des Ausschneidstempels (Pos. 10) erfolgen?**

Sie kann durch Anstauchen des Stempelkopfes oder durch Verschrauben mit der Kopfplatte (Pos. 6) erfolgen.

Um eine **spielfreie Anlage** der Stempel mit der Druckplatte zu erreichen, müssen sie nach der Montage gemeinsam mit der Stempelplatte überschliffen werden.

→ **Welche Werkstoffe eignen sich für die Bauteile Pos. 1, 2, 3, 4, 5, 6, 10?**

Pos. 1: E295(St 50-2)
Pos. 2: X210CrW12
Pos. 3 + 4: C45U
Pos. 5: C105U
Pos. 6: E295 (St 50-2)
Pos. 10: X210CrW12

→ **Wie hoch ist die Streifenausnutzung?**

Die Streifenausnutzung ist von der Außenform des Werkstückes und seiner Lage im Schnittstreifen in Vorschubrichtung abhängig.

Lösung:

$$A_1 = l \cdot b = 40 \text{ mm} \cdot 12 \text{ mm} = 480{,}0 \text{ mm}^2$$

$$A_2 = \frac{d^2 \cdot \pi}{4 \cdot 2} = \frac{12^2 \text{ mm}^2 \cdot \pi}{4 \cdot 2} = 56{,}5 \text{ mm}^2$$

$$A_3 = l \cdot b = 10 \text{ mm} \cdot 3 \text{ mm} = 30 \text{ mm}^2$$

$$A_{ges} = (480 + 56{,}5 - 30) \text{ mm}^2 = 506{,}5 \text{ mm}^2$$

$$\eta = \frac{R \cdot A}{V \cdot B} = \frac{1 \cdot 506{,}5 \text{ mm}^2}{13{,}4 \text{ mm} \cdot 52 \text{ mm}} = 0{,}72 \mathrel{\hat{=}} \mathbf{72\%}$$

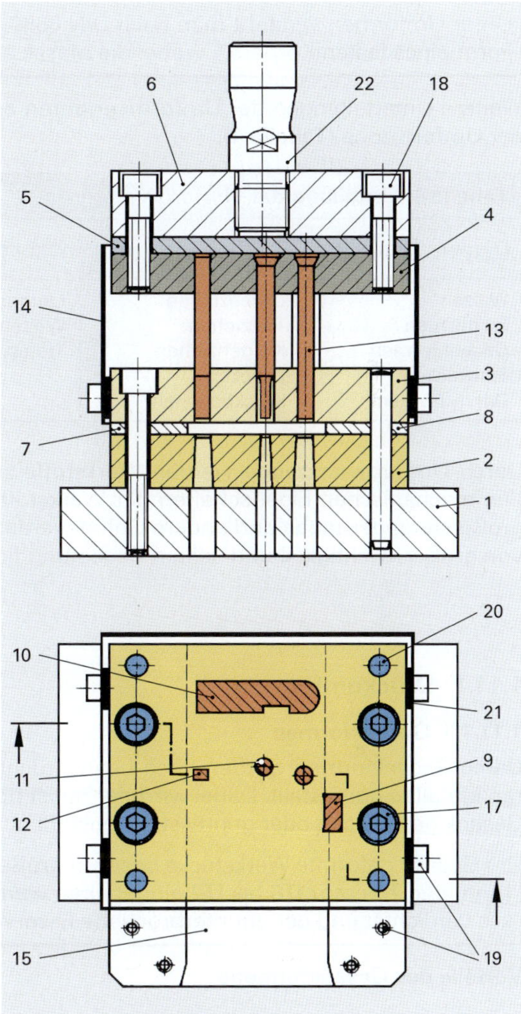

Bild 1: Folgeschneidwerkzeug

Pos.	Menge	Benennung	Werkstoff
11	1	Lochstempel	X210CrW12
10	1	Ausschneidstempel	
9	1	Seitenschneider	X210CrW12
8	1	Zwischenlage	C80U
7	1	Zwischenlage	C80U
6	1	Kopfplatte	
5	1	Druckplatte	
4	1	Stempelplatte	
3	1	Führungsplatte	
2	1	Schneidplatte	
1	1	Grundplatte	

Bild 2: Stückliste – Folgeschneidwerkzeug (Auszug)

1

1.11 Verfahren der Umformtechnik

Unter Umformen versteht man nach DIN 8580 „Fertigen durch bildsames (plastisches) Ändern der Form eines festen Körpers", wobei die Masse als auch der Zusammenhalt beibehalten werden.

Weitere Unterteilungen der Umformverfahren erfolgen nach der überwiegenden Beanspruchung in der Umformzone **(Tabelle 1).**

Tabelle 1: Einteilung der Umformverfahren

Druckumformen	Zug-, Druckumformen	Zugumformen	Biegeumformen	Schubumformen
Walzen Freiformen Gesenkformen Eindrücken Durchdrücken	Durchziehen Tiefziehen Kragenziehen Drücken Knickbauchen	Längen Weiten Tiefen	Biegen mit geradliniger Werkzeugbewegung Biegen mit drehender Werkzeugbewegung	Verschieben Verdrehen

Durch Umformwerkzeuge werden Werkstoffe zu Halbzeugen oder Fertigteilen umgeformt. Neben den mechanischen Eigenschaften der Werkstoffe sind der Gitteraufbau, die Korngrößen, die Korngrößenveränderungen und andere Gefügeveränderungen sowie die Temperatur in der Umformzone von großer Wichtigkeit und sollten Beachtung finden.

1.11.1 Druckumformen

1.11.1.1 Gesenkformen

Durch Gesenkformen werden hoch beanspruchte Werkstücke in großer Anzahl aus gut verformbaren Metallen hergestellt. Dabei wird der meist durch Erwärmung bildsam gemachte Werkstoff in ein Gesenk geschlagen oder gepresst. Es besteht aus Ober- und Untergesenk **(Bild 1).**

Im Gesenk geformte Werkstücke besitzen größere Maßhaltigkeit als freigeformte. Bei kleinen Teilen kann eine Toleranz IT6 bis IT7 eingehalten werden. Der Werkstoff wird durch die Form des Gesenkes verdichtet und der ununterbrochene Faserverlauf erhöht die Festigkeit des Werkstückes.

Vorteile des Gesenkformens

- kurze Fertigungszeiten
- geringer Werkstoffverlust
- bessere Festigkeitseigenschaften
- beanspruchungsgerechte Gestaltung der Werkstücke

Formpressen mit Grat

Als Anhaltswert dafür, ob sich ein Werkstoff durch Formpressen leichter oder schwerer bearbeiten lässt, kann die so genannte „Formbarkeit" dienen. Sie macht eine Aussage über ertragbare Formänderungen ohne Bruch, ferner über Fließspannungen und Umformungstemperatur.

Beim Gesenkformen mit Grat wird mit Werkstoffüberschuss gearbeitet, d.h., das Volumen des fertigen Werkstückes ist kleiner als das Volumen des Ausgangs-Werkstoffes. Der überschüssige Werkstoff muss aus der sich schließenden Hohlform austreten können. Zu diesem Zweck ist um die Hohlform eine Gratbahn und eine Gratfurche eingearbeitet **(Bild 1).**

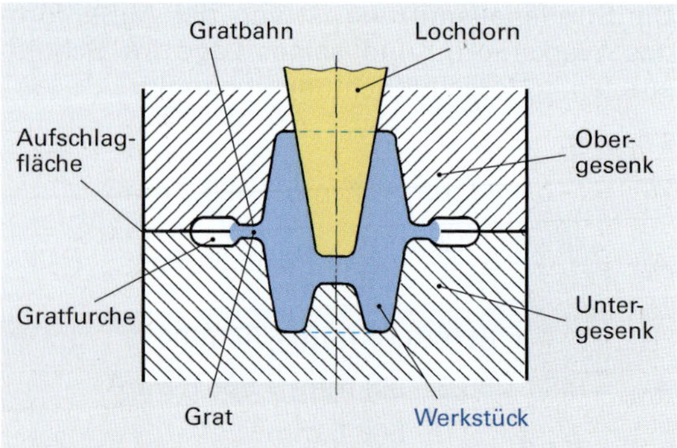

Bild 1: Gratbahn und Gratfurche

Gratbahn und Gratfurche sind mit großer Sorgfalt zu gestalten. Wichtig ist dabei das Gratbahnverhältnis d.h. Gratbahnbreite zu Gratbahndicke, da es Einfluss auf die Steighöhe des Werkstoffes im Gesenk und den bei der Umformung entstehenden Spannungen besitzt **(Bild 1)**. Bei zu großer Belastung besteht die Gefahr des Werkzeugbruches.

Bild 2 zeigt die Abhängigkeit der **Spannung** σ_D (Druckspannung), **Steighöhe** und der **Umformkraft** vom **Gratbahnverhältnis** für den **Werkstoff C15** bei einer **Umformtemperatur** von **1100 °C**. Dabei zeigt sich, dass bei zunehmendem Gratbahnverhältnis die Umformkraft und die Spannung erheblich steigen, während die Steighöhe des Werkstoffes im Gesenk nur wenig zunimmt.

Grundvorgänge beim Formpressen mit Grat

Man unterscheidet Stauchen, Breiten und Steigen des Werkstoffes **(Bild 3)**.

Stauchen. Die Ausgangshöhe des Rohlinges wird ohne große Verbreiterung und ohne große Gleitwege entlang der Werkzeugwand vermindert. Der Werkstoff fließt hauptsächlich parallel zur Werkzeugbewegung.

Breiten. Der Werkstoff wird von innen nach außen verdrängt, wobei lange Gleitwege auftreten. Der Stofffluss erfolgt im Wesentlichen senkrecht zur Werkzeugbewegung.

Steigen. Die tiefe Form wird bei örtlicher Vergrößerung der Ausgangshöhe ausgefüllt. Dabei entstehen lange Gleitwege, auch noch nach Eintritt eines Teiles des Werkstoffes in den Gratspalt.

> Jedes Formpressen mit Grat beginnt mit Stauchen und endet mit Steigen.

Der rings um das Formpressstück entstehende Grat wird mit einem Schneidwerkzeug entfernt, **siehe Abgratschneiden Seite 20**. Durchgangslöcher können beim Formpressen nicht vollständig durchgedrückt werden, weil sonst der Werkstoff in den Hohlraum im Gesenk, der für den Stempel vorzusehen ist, fließen würde. Der verbleibende Zwischenboden wird daher mit einem Lochstempel später durchgeschnitten.

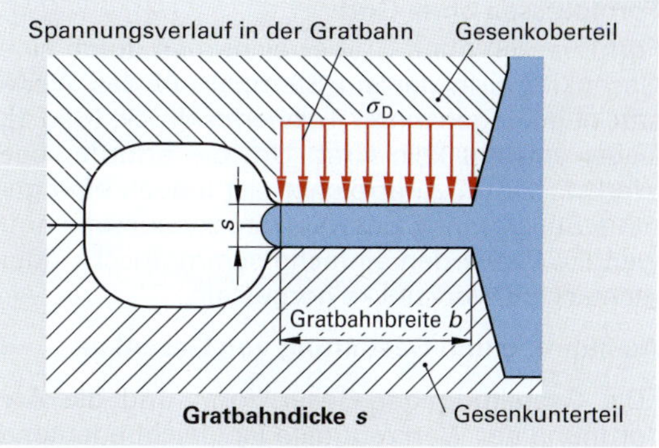

Bild 1: Gratbahnverhältnis

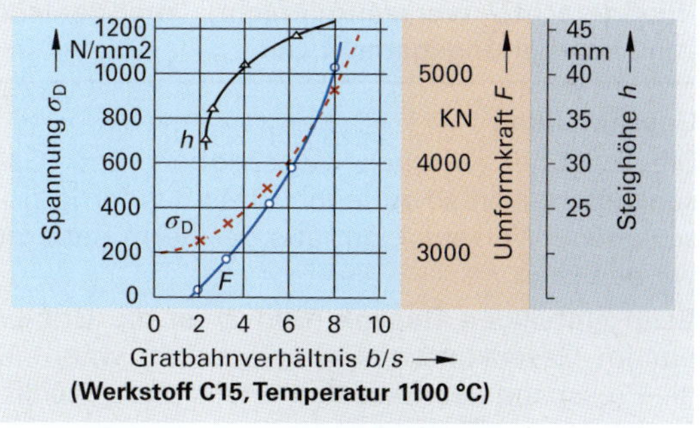

Bild 2: Zusammenhänge beim Umformen

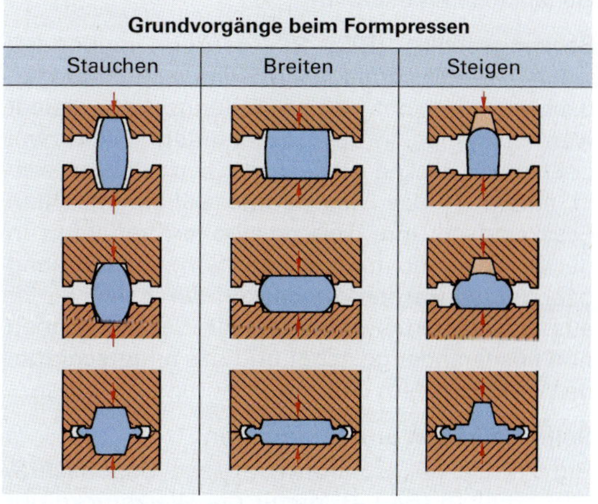

Bild 3: Grundvorgänge beim Formpressen

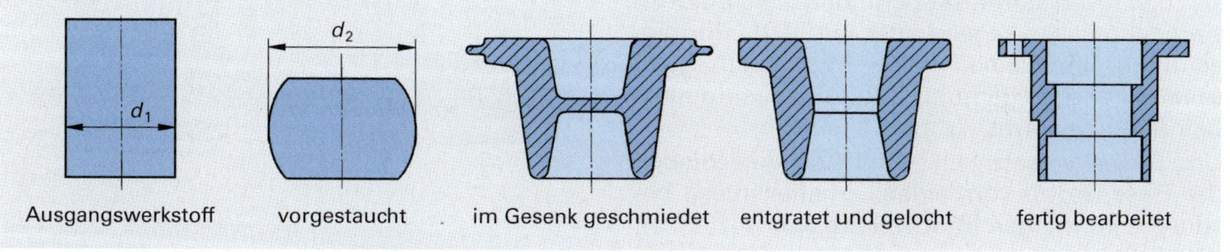

Bild 4: Werdegang eines Formpressstückes

1

Formpressen ohne Grat

Formpressen ohne Grat erreicht man durch eine Gesenkform, in der ein Stempel auf das Werkstück und gegen einen Auswerfer drückt **(Bild 1)**. Dabei entsteht kein Grat. Um die erforderliche Werkstückform zu erreichen, ist jedoch eine genaue Bestimmung des Werkstückvolumens notwendig. Es werden einfache symmetrische oder rechteckige Werkstücke hergestellt.

Ausführung und Gestaltung von Gesenken

Die Gestaltung der Gesenkform und die Anordnung der Werkzeugteile ist gleichbedeutend mit der Gestaltung der im Gesenk geformten Werkstücke selbst. Diese **Werkstücke** sollen **fließgerecht, werkzeuggerecht, maßgerecht** und **bearbeitungsgerecht** sein.

Gesenkteilung

Die Teilfuge zwischen Gesenkober- und Gesenkunterteil ist so zu legen, dass das fertig geschlagene Werkstück gut aus der Form entfernt werden kann.

Beim **einteiligen Gesenk (Bild 2)** ist die Gravur nur im Gesenkunterteil eingearbeitet, während die Pressbahn des Gesenkoberteils plangeschliffen ist.

Beim **zweiteiligen Gesenk (Bild 2)** erhalten beide Gesenkteile eine Gravur.

Backengesenke (Bild 3) werden verwendet, wenn Gesenkschmiedeteile Hinterschneidungen besitzen, die nicht in eine Teilungsebene gelegt werden können. In das Gesenkunterteil sind zwei oder mehr Backen eingesetzt. Diese stützen sich in einem in das Gesenkunterteil eingedrehten Passkegel ab; ihre Teilungsebenen verlaufen in der Schmiederichtung. Ist der Schmiedevorgang beendet, so werden die Backen durch Auswerfer aus dem Unterteil gehoben. Die Backen können nun auseinander geklappt und das hinterschnittene Werkstück dem Gesenk entnommen werden.

Seitenschrägen und Rundungen

Die Wände der Hohlform müssen Seitenschrägen erhalten **(Bild 4)**, damit die Werkstücke gut aus dem Gesenk entfernt werden können. Scharfe Übergänge und Ecken sind zu vermeiden, da sie den Werkstofffluss behindern. Innenformstempel müssen kegelig oder pyramidenförmig, an ihren Stirnflächen ballig oder flachkegelig sein. Seitenschrägen und Rundungen sind nach DIN 7523[1] genormt.

Um Gesenkversatz, d.h. seitliches Verschieben der Gesenke, zu vermeiden, erhalten diese besondere Führungen **(Bild 1, Seite 65)**.

[1] Norm zurückgezogen

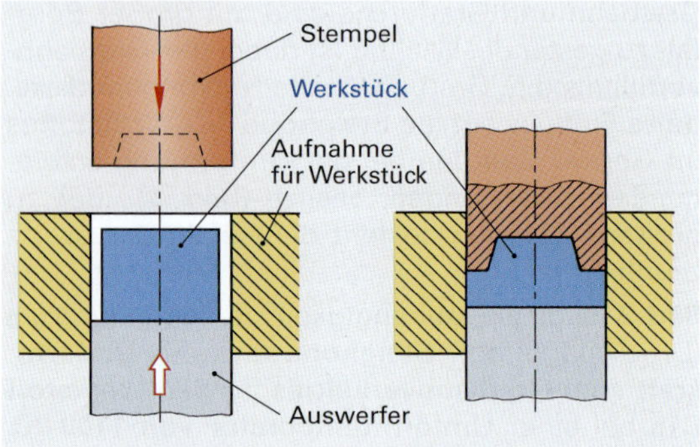

Bild 1: Formpressen ohne Grat

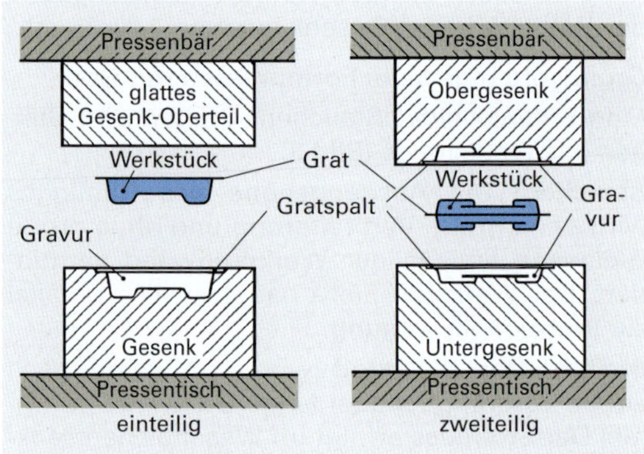

Bild 2: Gesenkteilung

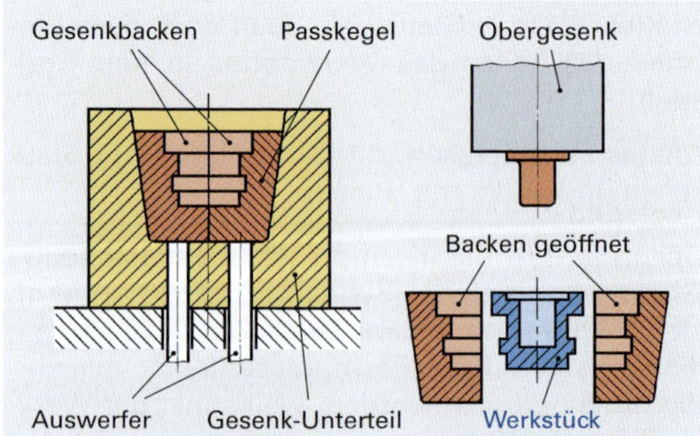

Bild 3: Gesenkteilung beim Backengesenk

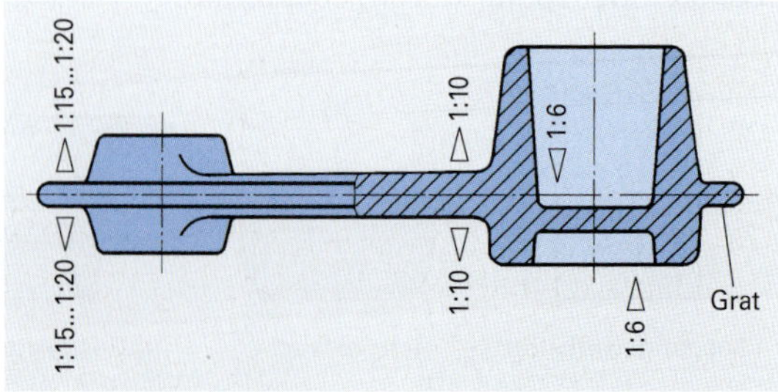

Bild 4: Seitenschrägen

Die aus dem Gesenk entnommenen Werkstücke haben noch annähernd Schmiedetemperatur und ziehen sich beim Abkühlen zusammen. Damit das Werkstück in kaltem Zustand maßhaltig ist, muss die Gesenkform um das Schwindmaß größer gehalten werden.

Die Schwindung beträgt für Stahl 0,8% bis 1,0%, für Al-Legierungen etwa 1,2% und für Mg-Legierungen etwa 1,1%.

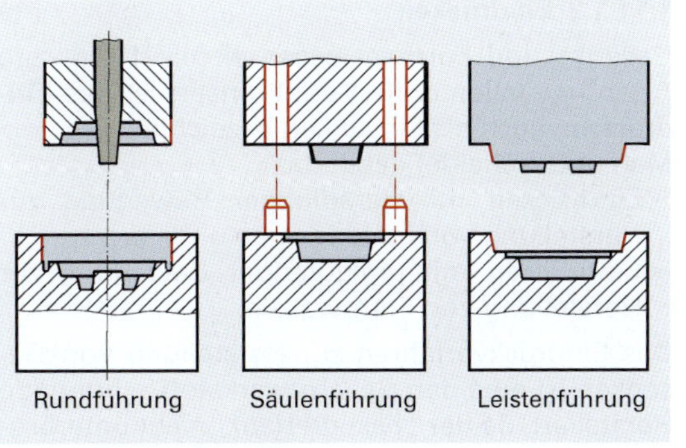

Bild 1: Gesenkführungen

Beanspruchungen

Gesenke sind während des Verformungsvorganges großen thermischen und mechanischen Beanspruchungen ausgesetzt. Nach **Bild 2** ergeben sich an einem Gesenk folgende Beanspruchungen:

Tabelle 1: Beanspruchungen

Beanspruchte Stelle (Bild 2)	Art der Beanspruchung
1	Die Beanspruchung steigt, teils schwellend, bis auf 1000 N/mm² an.
2	Hoher Verschleiß durch Abrieb infolge Werkstoffgleiten.
3	Große Erwärmung der Gesenkoberfläche während der Umformung.
4	Örtliches Ausglühen, wenn Werkstücke hängen bleiben.

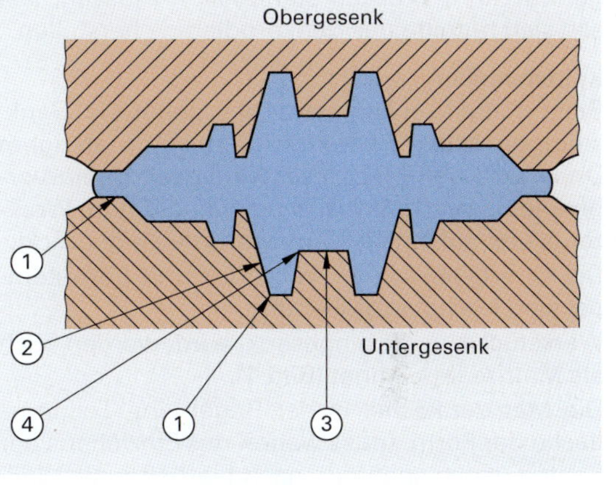

Bild 2: Beanspruchungen

Die aufgeführten Beanspruchungen können durch die besonderen Eigenschaften niedrig bzw. hochlegierter Warmarbeitsstähle aufgenommen werden. In **Tabelle 2** sind Werkstoffbeispiele aufgeführt.

Dort wo besondere Beanspruchungen auftreten **(vgl. Bild 2),** werden Gesenkeinsätze aus Hartmetall verwendet.

Tabelle 2: Gesenk-Werkstoffe

	Werkstoff
Gesenke	56NiCrMoV7
Gesenkeinsätze	X38CrMoV5-7 X40CrMoV5-3

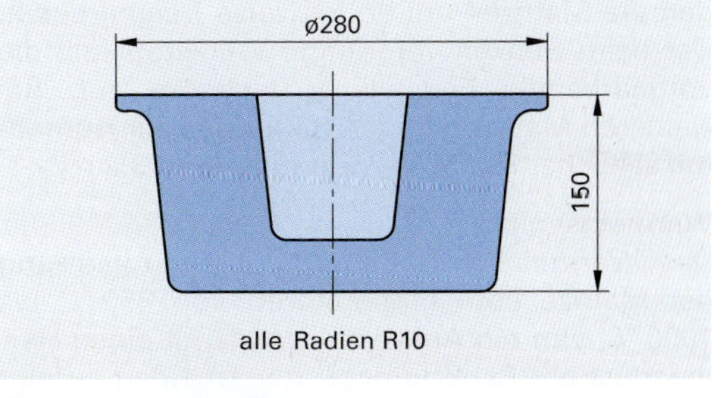

Bild 3: Formpressteil

Wiederholung und Vertiefung

1. Zählen Sie die Vorteile des Gesenkformens gegenüber den spanenden Verfahren auf.
2. Erläutern Sie den Zusammenhang zwischen Umformkraft und Gratbahnverhältnis.
3. Beschreiben Sie den Grundvorgang beim Formpressen.
4. Beschreiben Sie die Auswirkungen der Werkstückform auf die Gestaltung von Gesenken.
5. Berechnen Sie für ein Gesenk den Durchmesser und die Gesamttiefe um das Werkstück **(Bild 3)** aus einer Al-Legierung pressen zu können.

1

1.11.1.2 Eindrücken

Gesenke und Formen lassen sich auf mehrere Arten herstellen. Eine Verfahrensart ist das **Eindrücken,** auch als Einsenken bezeichnet.
Man unterscheidet dabei das
- Eindrücken mit geradliniger Bewegung zur Herstellung von Innenformen und das
- Eindrücken mit umlaufender Bewegung zur Herstellung von Formwalzen.

Das Eindrückverfahren zur Herstellung von Gesenken ist eine den Gesamtwerkstoff schonende Herstellart, da der „Faserverlauf" nicht unterbrochen wird. Nachfolgende Glühverfahren mildern vor dem Härtevorgang die Spannungen im Gesenkwerkstoff. Gesenke, die in der Verwendung geringereren Drücken standhalten müssen, lassen sich mithilfe des Senkerodierens herstellen.

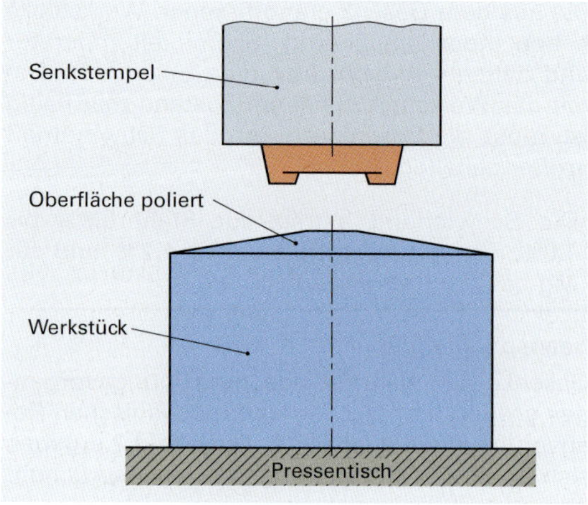

Bild 1: Eindrück- oder Einsenkvorgang

Kalteinsenken

Beim Kalteinsenken wird der gehärtete Senkstempel, auch Pfaffe genannt, mit stetigem Druck und geringer Geschwindigkeit in ein vorbereitetes Werkstück aus weichgeglühtem Werkzeugstahl auf eine bestimmte Tiefe eingedrückt.

Die Oberflächen von Werkstück und Senkstempel sind hochglanzpoliert.

Werkstücke, in die eingesenkt wird, werden auch als Matrize bezeichnet **(Bild 1).**

Die Matrizenfläche, in der Regel eine Teilungsfläche der Form, muss wegen des Einziehens der Kanten stets spanend nachgearbeitet werden. Zweckmäßigerweise wählt man daher eine gewölbte Ausgangsfläche **(Bild 2).**

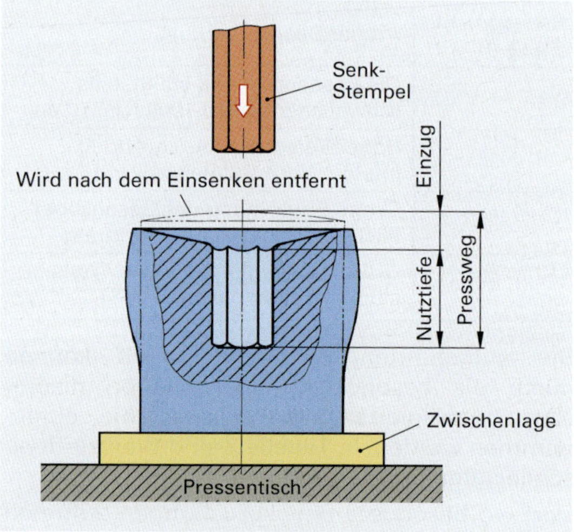

Bild 2: Werkstoffeinzug beim Einsenken

Um tiefere Einsenkungen zu ermöglichen, werden die Matrizen außen teilweise freigearbeitet. Der beim Senken verdrängte Werkstoff füllt die vorgearbeitete Freistellung teilweise auf. Bei kleineren Matrizen finden Halteringe zur Aufnahme seitlicher Kräfte Verwendung **(Bild 3).**

Warmeinsenken

Das Warmeinsenken erfolgt nach Erwärmung der Matrize auf Temperaturen von 850 °C bis 1000 °C. Um ein Anlassen und damit einen Härteverlust am Senkstempel zu vermeiden, erfolgt das Warmeinsenken mit höheren Senkgeschwindigkeiten.

Als Stempelwerkstoffe eignen sich hochlegierte Stähle mit hohem Chromgehalt. Sie vereinigen nach der Wärmebehandlung großen Druckwiderstand mit relativ guter Zähigkeit, sind hochglanzpolierbar und können eine Gebrauchshärte von 61 HRC bis 63 HRC erreichen.

Zum Einsenken eignen sich hydraulische Pressen, die für Presskräfte bis 50 MN ausgelegt sind. Die Einsenkgeschwindigkeit lässt sich bei diesen Pressen genau einstellen.

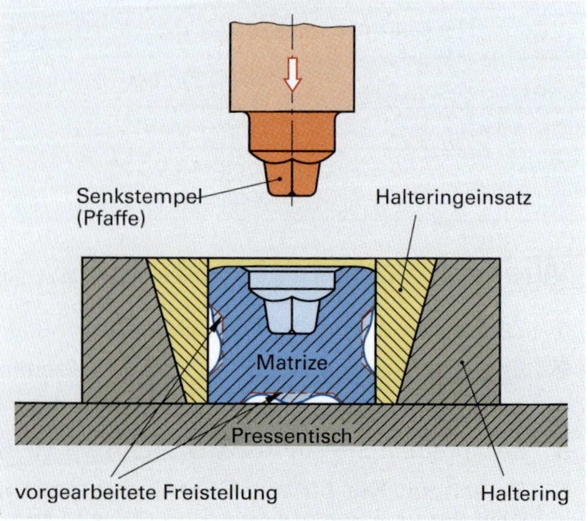

Bild 3: Einsenken mit Haltering

Zum Eindrücken gehört auch das Prägen. Man unterscheidet das **Hohlprägen,** das **Vollprägen** und das **Prägerichten.**

In **Hohlprägewerkzeugen** erhalten vorgeformte Teile zwischen Ober- und Untergesenk ihre endgültige Form. Dabei erfährt die Blechdicke keine beabsichtigte wesentliche Veränderung. Ober- und Untergesenk müssen in ihrer positiven und negativen Form unter Berücksichtigung der Blechdicke genau aufeinander passen **(Bild 1).**

Hohlprägewerkzeuge werden auch zum Fertigformen von meist vorgezogenen oder gedrückten Teilen verwendet. Dadurch kann man mit größeren Rundungen vorgefertigte Werkstücke in solche mit kleineren Rundungen oder scharfkantig fertig formen.

Obergesenk und Untergesenk werden aus Werkzeugstahl (Wasser- oder Ölhärter) hergestellt und gehärtet. Schwierige Gesenkformen fertigt man aus verzugsarmen, niedriglegierten Werkzeugstählen. Für besonders hohe Anforderungen eignen sich hochlegierte Stähle wie z. B. X210CrW12.

Mit **Vollprägewerkzeugen (Bild 2)** werden in vorgearbeitete Teile geringe Erhöhungen oder Vertiefungen gedrückt, z. B. in Münzen, Bestecke oder Schmuckstücke.

Die Dicke des Werkstoffes wird dabei verändert. Die Formen von Obergesenk und Untergesenk können unabhängig voneinander verschiedene Gravuren aufweisen.

Diese werden meist mit Graviermaschinen oder von Hand eingearbeitet. Die Gesenke können auch kalt eingesenkt werden. In der modernen Fertigung werden die Gesenke und Formen durch das Funkenerosionsverfahren hergestellt **(siehe Seite 288).** Die Formen müssen mit großer Sorgfalt gefertigt werden **(Bild 2),** da jede Unsauberkeit, auch der kleinste Kratzer, auf das fertige Werkstück übertragen wird. Sie werden daher sorgfältig auf Hochglanz poliert.

Mit **Prägerichtwerkzeugen (Bild 3)** werden vorgeschnittene Teile, die genau eben sein müssen, wie z. B. Lamellen für Drehkondensatoren, zwischen zwei Platten eines Werkzeuges gerade gerichtet. Bei den Prägerichtwerkzeugen sind die Arbeitsflächen der beiden Stempel durch kreuzweises Schleifen geriffelt. Die Spitzen der Kreuzmuster dringen beim Prägerichten etwas in den Werkstoff ein und verformen das Blech so, dass es eben wird.

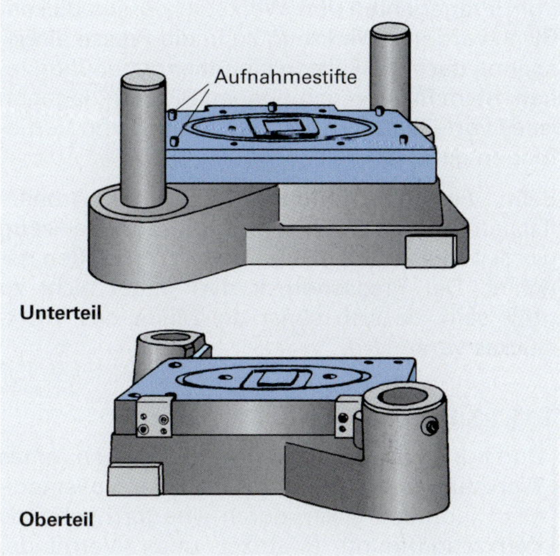

Bild 1: Hohlprägewerkzeug

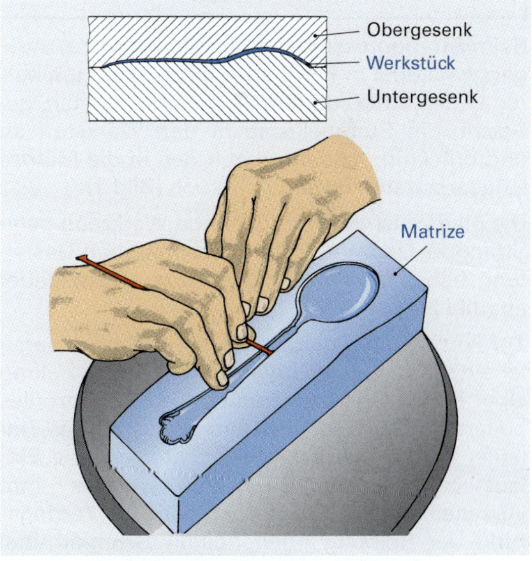

Bild 2: Vollprägewerkzeug

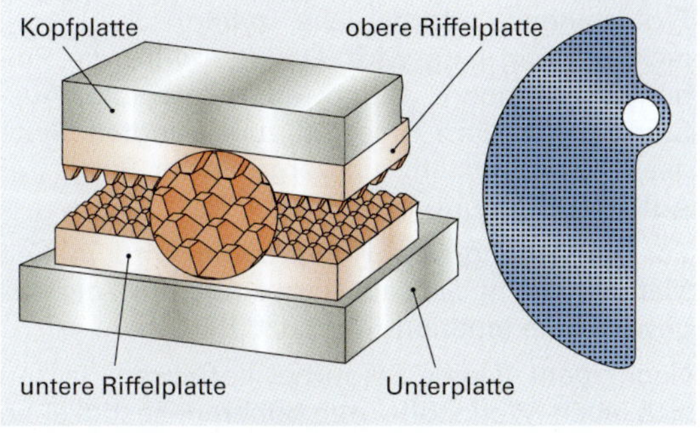

Bild 3: Prägerichtwerkzeug

1

Zum Prägerichten von Werkstücken aus dickem Blech wird das Werkzeug so in die Presse eingespannt, dass die Spitzen einander gegenüberstehen. Beim Richten von dünnen Blechen dagegen ist es vorteilhafter, wenn sich Spitzen und Vertiefungen gegenüberstehen.

Beim **Flachrichtwerkzeug** sind die Arbeitsflächen plan geschliffen. Mit diesem Werkzeug werden meist Teile aus weichen Werkstoffen gerichtet. Der Pressendruck darf dabei nicht zu groß sein, da sich sonst die Maße des Werkstückes verändern.

1.11.1.3 Durchdrücken

Durchdrücken ist das Druckumformen eines Werkstückes durch teilweises oder vollständiges Hindurchdrücken durch eine formgebende Werkzeugöffnung (Matrize) unter Verminderung des Querschnittes oder des Durchmessers. Zu den Verfahren zählen: das **Strangpressen** und das **Fließpressen.**

Beim **Strangpressen** von Metallen wird das Ausgangsmaterial in Form von Rund- bzw. Hohlbarren in den Blockaufnehmer, den Rezipienten, gebracht. Ein Stempel staucht den Werkstoff an und drückt ihn sodann durch den in die Matrize eingearbeiteten Profildurchbruch **(Bild 1).**

Die Matrize ist das formgebende Werkzeug beim Strangpressen. Von ihrer zweckmäßigen Gestaltung hängt im Wesentlichen ihre Lebensdauer ab **(Bild 2).**

Zur Formgebung dienen die in die Matrize parallel eingearbeiteten Profile, welche zur Erzielung einer hohen Oberflächengüte des Strangprofiles poliert sind **(Bild 3).** Um dem Werkstoff das Einlaufen in die Matrize zu erleichtern, ist die Einlaufseite mit einem Radius von 1 mm bis 5 mm versehen. Dadurch wird auch dem zur Verringerung der Reibung notwendigen Schmiermittel das Eindringen in den Matrizendurchbruch ermöglicht. Die Auslaufseite der Matrize ist kegelförmig erweitert, damit das zur Kalibrierung der Profilstangen erforderliche zylindrische Profil nicht unnötig lang wird. Dadurch wird die Reibung vermindert. Durch eine gewölbte Ausführung der dem Pressgut zugewandten Seite der Matrize entsteht ein vergrößerter Raum zur Aufnahme der unreinen Pressrückstände.

Zur Herstellung von Hohlprofilen wird in den Matrizendurchbruch ein Dorn eingeführt, der das gewünschte Innenprofil besitzt **(Bild 4).**

Nach dem Ugine-Sejournet-Verfahren lassen sich auch Werkstoffe mit höheren Festigkeiten

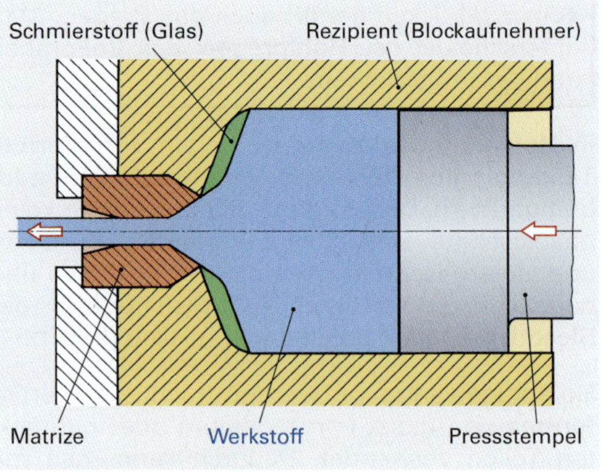

Bild 1: Vollprofilstrangpressen

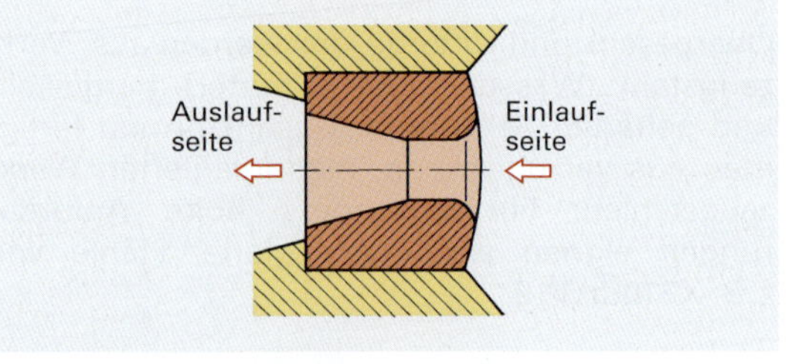

Bild 2: Strangpressmatrize

Bild 3: Strangpressprofile

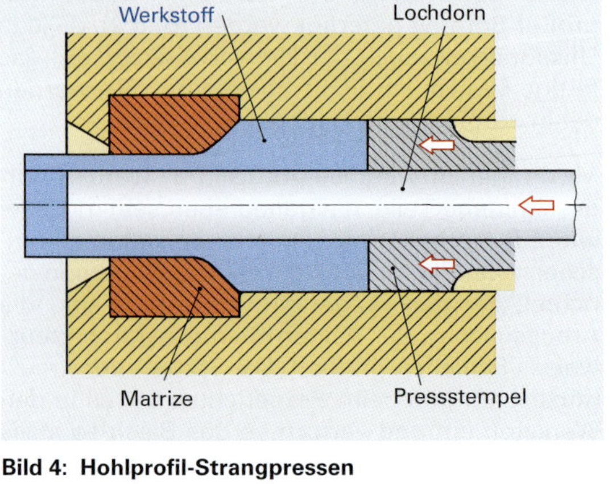

Bild 4: Hohlprofil-Strangpressen

verarbeiten. Sie müssen dann auf Knettemperatur erwärmt werden. Um größere Verschleißerscheinungen an Druckstempel und Matrize zu vermeiden, wird Glas als Schmier- und Isoliermittel verwendet **(siehe Bild 1, Seite 68).**

Rascher Temperaturwechsel, hohe Druckkräfte und große Reibungskräfte stellen hohe Anforderungen an den Werkstoff, aus dem Matrizen hergestellt werden. Man verwendet deshalb Warmarbeitsstähle, die mit Wolfram, Kobalt, Chrom, Nickel, Vanadium und Molybdän legiert sein können, z. B. X30WCrV5-3. Seit der Entwicklung des Erodierverfahrens sind auch immer mehr Hartmetalle in Gebrauch.

Fließpressen

Beim Fließpressen werden aus dicken Platinen, das sind Blechausschnitte oder Stangenabschnitte, Werkstücke mit verschiedenen Querschnitten (rund, quadratisch, rechteckig u.a.) geformt. Die für diese Kaltumformung notwendigen Werkzeuge sind Pressstempel und Pressbuchse.

Da der Werkstoff dem Stempeldruck nach keiner Seite ausweichen kann, wird er gezwungen in den Spalt zwischen Stempel und Pressbuchse zu fließen. Dieses Fließen geschieht im kalten Zustand.

Während beim Tiefziehen, besonders bei der Herstellung langer Hülsen, mehrere Arbeitsgänge erforderlich sind, erfolgt die Fertigung beim Fließpressen meist in einem Arbeitsgang.

Vollkörper werden durch das **Vorwärts- oder Rückwärts-Vollfließpressen (Bild 1),** Hohlkörper durch das **Vorwärts- oder Rückwärts-Hohlfließpressen** hergestellt, Kombinationen sind möglich **(Bild 2).**

Beim Vorwärts-Hohlfließpressen fließt der Werkstoff in Richtung der Stempelbewegung. Der Fließspalt wird entweder von einem Ansatz am Pressstempel und der Pressbuchse oder vom Gegenstempel und der Pressbuchse **(Bild 3)** gebildet. Beim Fließpressen ohne Gegenstempel besitzen die Rohlinge ein Grundloch oder eine durchgehende Bohrung. Dieses Verfahren eignet sich nicht für die Herstellung dünnwandiger Hohlteile, weil diese beim Ausstoßen deformiert würden **(Bild 4).**

Beim Fließpressen mit Gegenstempel können die Zuschnitte voll oder gelocht sein. Ihre Form entspricht der Außenform des fertigen Werkstückes. Da der Gegenstempel gleichzeitig als Ausstoßer dient, der die Werkstücke mit dem Boden voraus aus der Pressbuchse schiebt, können auch dünnwandige Hohlteile gefertigt werden.

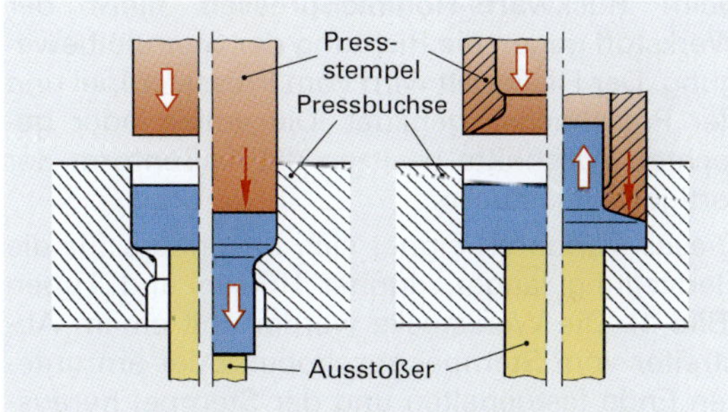

Bild 1: Vorwärts- und Rückwärts-Vollfließpressen

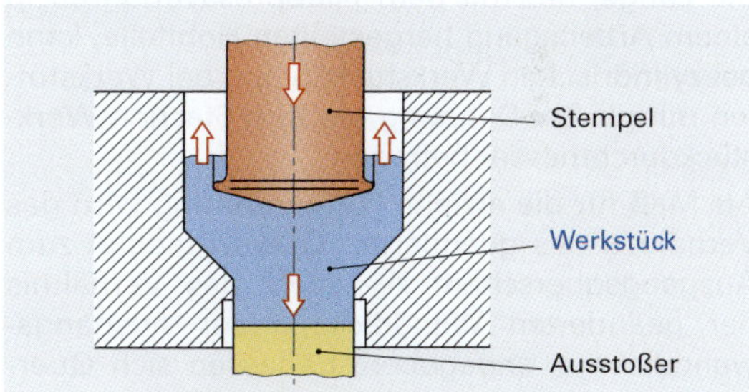

Bild 2: Kombination Vorwärts-Rückwärts-Fließpressen

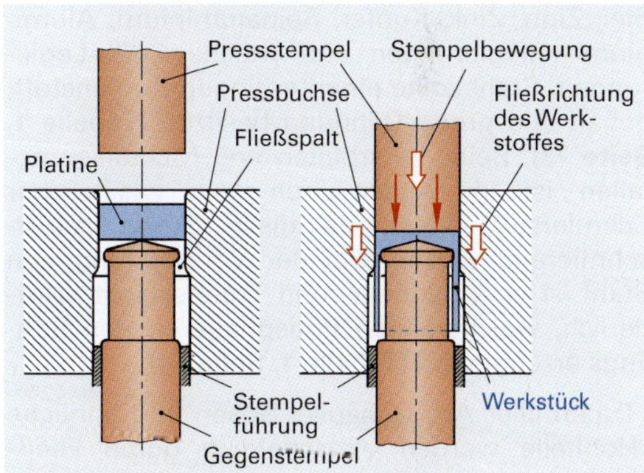

Bild 3: Vorwärts-Hohlfließpressen mit Gegenstempel

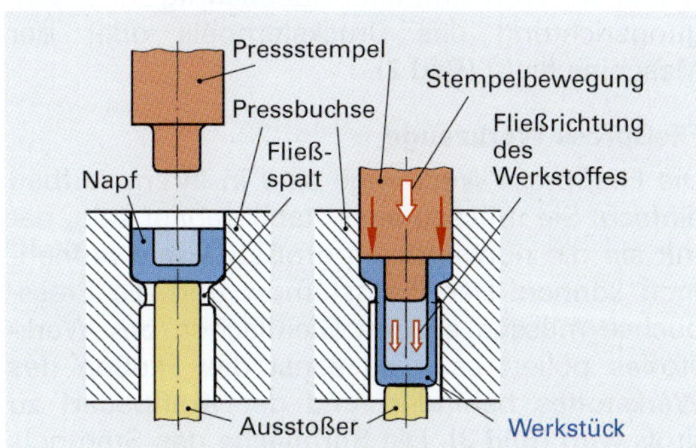

Bild 4: Vorwärts-Hohlfließpressen ohne Gegenstempel

Beim **Rückwärts-Hohlfließpressen** fließt der Werkstoff gegen die Richtung der Stempelbewegung. Der Fließspalt wird vom Pressstempel und der Pressbuchse gebildet. Die vollen oder gelochten Zuschnitte besitzen die Außenform der fertigen Werkstücke.

Dieses Verfahren eignet sich besonders für die Herstellung langer, dünner Hülsen und Tuben **(Bild 1)**. Die Werkstücke werden mit einem Abstreifer vom Stempel geschoben oder am unteren Ende festgehalten und der Stempel herausgezogen.

Die Länge, der mit dem Fließpressverfahren in einem Arbeitsgang hergestellten Hohlteile, kann bei zylindrischen Werkstücken und bei Werkstoffen mit großer Dehnung bis zum 6fachen Werkstückdurchmesser betragen.

Als Maß für die erzielte Formänderung wird das Verhältnis des geänderten Querschnitts A zum Ausgangsquerschnitt A_0 sowie das Verhältnis der geänderten Wanddicke s zur Ausgangswanddicke s_0 angegeben. Es lassen sich Querschnittsänderungen bei Reinaluminium bis zu 99% erreichen.

Geeignete **Werkstoffe** für das Fließpressen sind: Blei, Zinn, Zink, Kupfer, Reinaluminium, Aluminiumknetlegierungen und weiche CuZn-Legierungen. Stahl sollte einen geringen Kohlenstoffgehalt und große Dehnung besitzen **(Tabelle 1, Seite 73)**. Beim Verarbeiten von Nichteisenmetallen ist im Allgemeinen kein zusätzlicher Schmierstoff nötig, da diese Stoffe selbstschmierend wirken. Bei der Verarbeitung von Stahl ist eine Schmier- und Trennschicht erforderlich, welche durch Phosphatieren des Rohlings erzeugt wird **(Tabelle 1, Seite 74)**.

Tuben aller Art, Gehäuse, Dosen und ähnliche Hohlteile werden wirtschaftlich durch Fließpressen hergestellt.

Ein Sonderverfahren ist das **Querfließpressen,** wobei der Werkstoff quer oder schräg zur Bewegungsrichtung des Druckstempels oder der Maschine fließt **(Bild 2)**.

Fließpress-Werkzeuge

Die Fließpress-Werkzeuge sind in ihrem Aufbau einfach. Sie müssen aber stabil gebaut sein, damit sie die notwendigen großen Kräfte aufnehmen können. Der Pressstempel und die Pressbuchse müssen an den Gleitflächen des Werkstoffes poliert sein, da sonst das Fließen des Werkstoffes behindert und der Kraftbedarf zu groß wird **(Bild 3)**. Die Stirnfläche des Stempels soll möglichst nicht plan, sondern ballig, stumpfkegelig oder dachförmig sein. Dadurch wird das

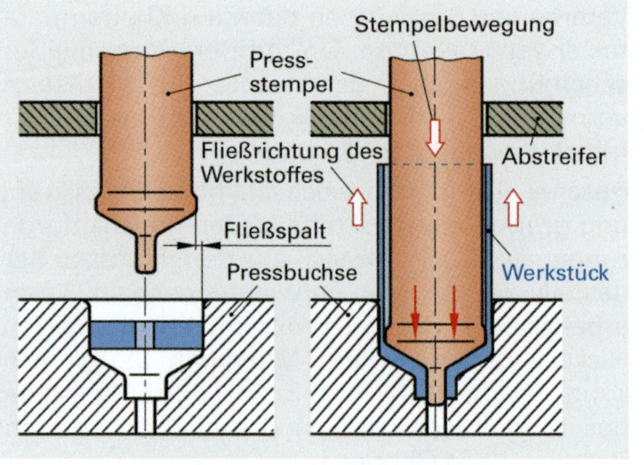

Bild 1: Rückwärts-Hohlfließpressen

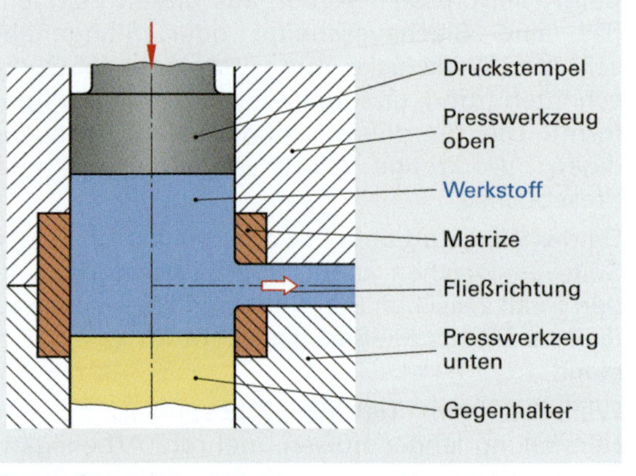

Bild 2: Querfließpressen

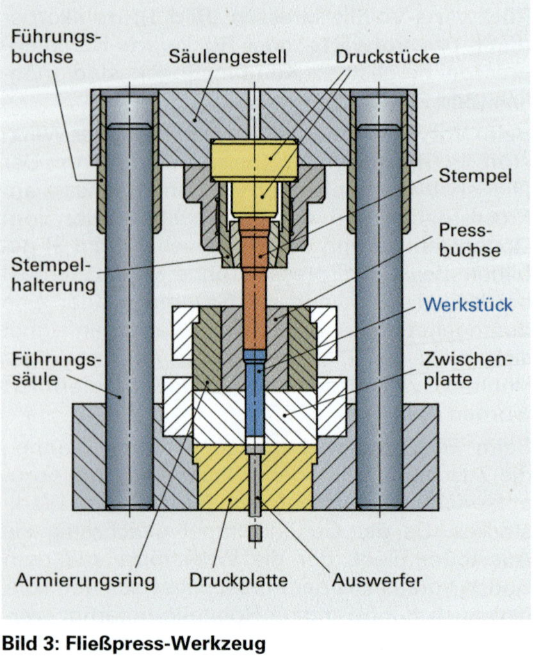

Bild 3: Fließpress-Werkzeug

Fließen des Werkstoffes erleichtert. Der Schaft des Stempels und der Pressbuchse werden um etwa 0,1 mm freigearbeitet und nur an der „Spritzkante" bleibt ein 1 mm bis 2 mm langes Stück mit zylindrischen Flächen stehen **(Bild 1).**

Der Umformdruck wirkt in axialer und radialer Richtung. Größte Bedeutung haben die axialen Kräfte, die große Zugspannungen im Werkstoff hervorrufen. Um diese Kräfte aufnehmen zu können, ist die Pressbuchse mit einem Armierungsring umgeben, wodurch sie eine Vorspannung erhält **(Bild 3 Seite 70).**

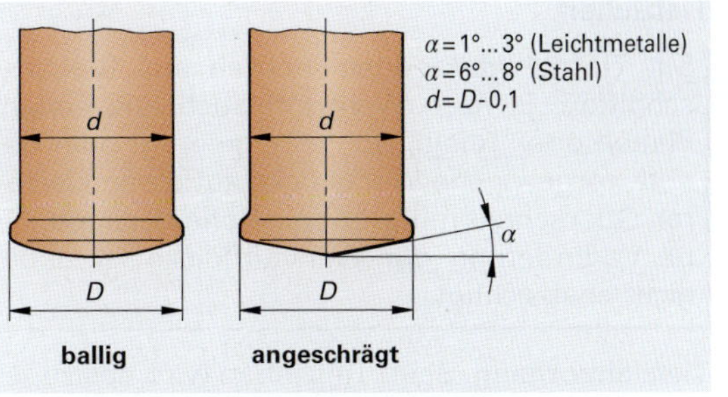

Bild 1: Stempelformen beim Kaltfließpressen mit einem Armierungsring

1.11.2 Zug-Druckumformung

Die Unterteilung nach DIN 8584 unterscheidet folgende Verfahren: **Durchziehen, Tiefziehen, Drücken, Kragenziehen, Knickbauchen.**

Durchziehen ist danach eine Zug-Druckumformung durch ein sich verengendes Werkzeug, welches ein Abstrecken des Werkstoffes zur Folge hat. Es wird unterschieden in das Gleitziehen von Vollkörpern **(Bild 2),** z. B. Drahtziehen, Stabziehen, Flachziehen, und das Gleitziehen von Hohlkörpern, z. B. Rohrziehen **(Bild 3).**

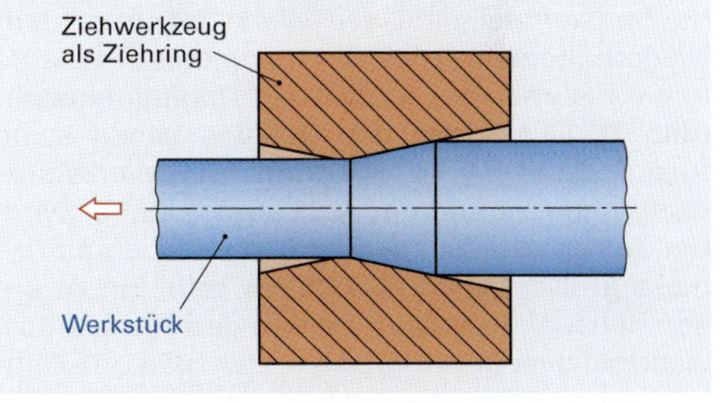

Bild 2: Gleitziehen von Vollkörpern

Das Profilziehen ist ein spanloses Verfahren zum Nach- bzw. Fertigarbeiten von stranggepressten oder gewalzten Metallprofilen. Man erreicht dabei eine Steigerung der Oberflächengüte und der Maßgenauigkeit. Sind relativ große Querschnittsveränderungen erforderlich, so ist es notwendig das Ziehen in mehrere Arbeitsgänge aufzuteilen. Zum Erzielen der nötigen Verformbarkeit muss der Werkstoff zwischen den einzelnen Ziehgängen geglüht werden.

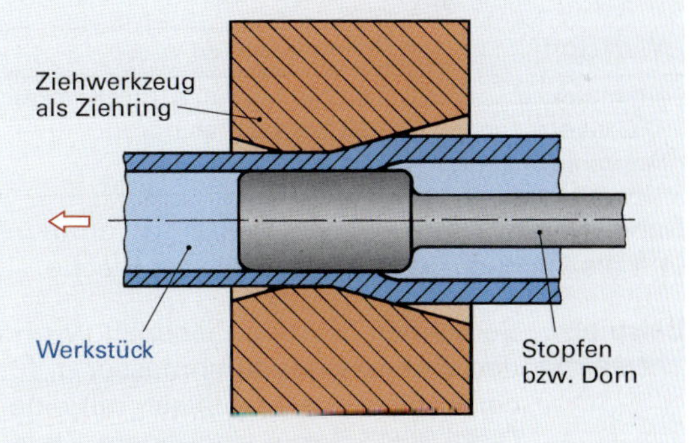

Bild 3: Gleitziehen von Hohlkörpern

Das **Ziehwerkzeug,** auch Ziehmatrize oder Ziehstein genannt, lässt sich entsprechend seiner Konstruktion in mehrere Zonen einteilen **(Bild 4).** Die Eingangsschussel dient zur gleichmäßigen Verteilung des Schmiermittels am Ziehgut. Sie geht über in den Ziehkegel. Hier wird der Querschnitt des Profiles verringert. Die Größe des Ziehkegels hängt im Wesentlichen von der Art des umzuformenden Werkstoffes sowie vom verwendeten Schmiermittel ab. Die Führung dient zum Kalibrieren des gezogenen Werkstoffes. Sie ist leicht kegelig, etwa 0,5°, wobei die engere Seite am Auslauf liegt. Die Ausgangsschüssel soll das Ausbrechen der hinteren Kante der Matrize verhindern.

Der Ziehstein ist aus Hartmetall hergestellt und hat die früher verwendeten Werkstoffsorten gänzlich verdrängt. Dies nicht zuletzt durch die Verwendung von Senkerodiermaschinen bei der Herstellung der Ziehsteine.

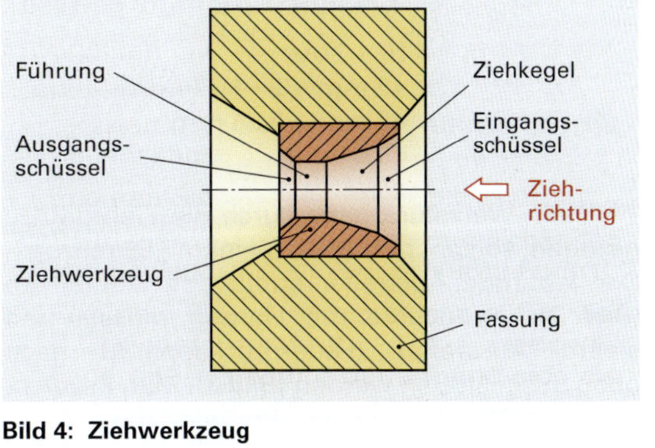

Bild 4: Ziehwerkzeug

1

Tiefziehen

Mit Tiefziehwerkzeugen werden aus Blechzuschnitten, je nach Werkstoff auch aus Folien, Platten oder Tafeln, Hohlteile gefertigt oder bereits vorgezogene Werkstücke auf einen kleineren Querschnitt mit größerer Höhe gezogen. Eine Veränderung der Werkstoffdicke ist dabei nicht beabsichtigt.

Tiefziehvorgang. Beim Tiefziehen wird das zugeschnittene ebene Teil in eine Aufnahme gelegt. Ein Niederhalter drückt den Zuschnitt auf die Ziehmatrize oder den Ziehring und hält ihn am äußeren Rand fest. Der gleichzeitig niedergehende Ziehstempel zieht den Werkstoff unter dem Niederhalter weg, über die verrundete Ziehkante in die Ziehmatrize, so dass ein Hohlteil entsteht **(Bild 1).** Der Boden des Gefäßes behält seine Ausgangsblechdicke, während die Werkstückwand gedehnt und dadurch etwas dünner wird. Der Ziehspalt zwischen Stempel und Ziehmatrize muss größer als die Blechdicke sein. Ein zu enger Ziehspalt führt zum Reißen des Werkstoffes, während sich bei zu großem Ziehspalt am Ziehteil Falten bilden.

Für den Ziehspalt haben sich folgende Werte bewährt:

Werkstoffe	Ziehspaltweiten w
Stahlbleche	1,12 bis 1,3 mal *s* (Blechdicke)
CuZn-Legierungen	1,08 bis 1,2 mal *s*
Aluminiumbleche	1,04 bis 1,1 mal *s*

Dabei gelten die größeren Werte für dünnere und die kleineren Werte für die dicken Bleche.

Beispiel: Berechnen Sie den Ziehspalt w und den Ziehmatrizendurchmesser d_r für ein Hohlteil aus Stahlblech mit einer Dicke s = 1,5 mm und einem Stempeldurchmesser d_1 von 42 mm.

Lösung:

$w = 1{,}18 \cdot s = 1{,}18 \cdot 1{,}5\ \text{mm}$
$= \mathbf{1{,}77\ mm}$ (Faktor 1,18 gewählt)

$d_r = d_1 + 2 \cdot w$
$= 42\ \text{mm} + 2 \cdot 1{,}77\ \text{mm}$
$= 42\ \text{mm} + 3{,}54\ \text{mm}$
$d_r = \mathbf{45{,}54\ mm}$

Wird ein Werkstück ganz durch die Ziehmatrize gezogen, so spricht man von einem „Durchzug". Der federnde Abstreifer streift das Ziehteil ab **(Bild 2).** Werkstücke mit Flansch müssen mit einem Ausstoßer (Federdruckapparat) nach oben ausgestoßen werden **(Bild 3).** Man bezeichnet diese Arbeitsweise als „Rückstoßzug".

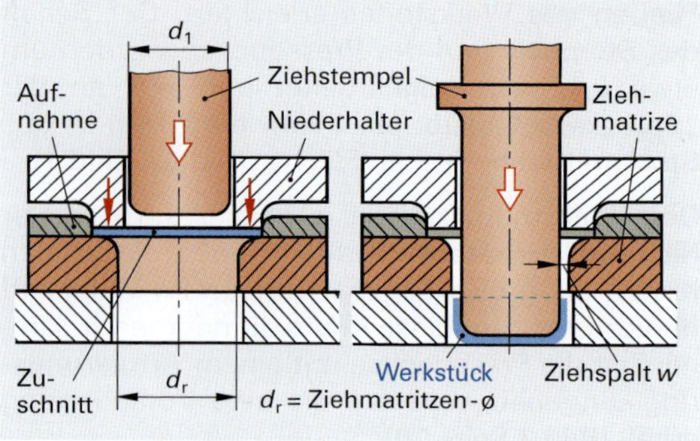

Bild 1: Tiefziehvorgang

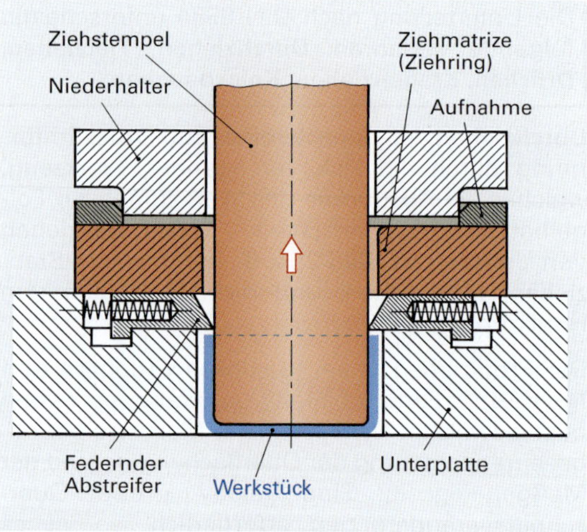

Bild 2: Federnde Abstreifer

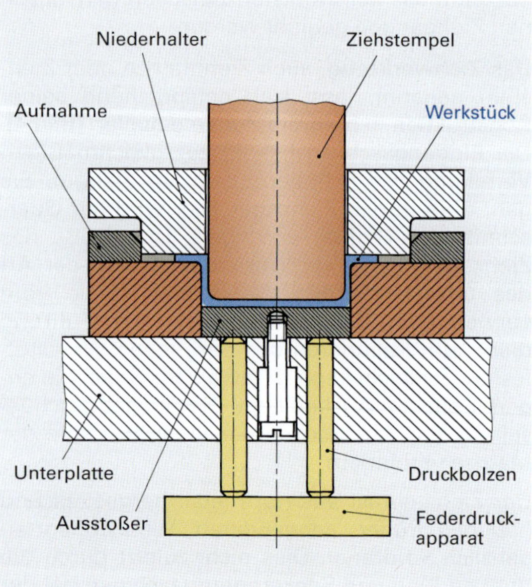

Bild 3: Tiefziehen eines Werkstückes mit Flansch

1

Werkstoffbeanspruchung

Die Beanspruchung des Werkstoffes beim Tiefziehen kann man am besten an einem zylindrischen Hohlteil erkennen. Man denkt sich den Mantel aus vielen Rechtecken zusammengesetzt, die im rechten Winkel zum Boden hochgeklappt sind. Dabei bleiben im Zuschnitt ebenso viele Dreiecke übrig **(Bild 1)**. Der Werkstoff dieser Dreiecke würde sich beim Ziehen in Falten legen. Da er aber durch den Niederhalter daran gehindert wird und nach keiner Seite ausweichen kann, wird das Blech zwischen Niederhalter und Ziehmatrize gestaucht.

Im weiteren Verlauf des Ziehvorganges kommt es zu einer Streckung des Werkstoffes zwischen Stempel und Ziehmatrize. Dadurch vergrößert sich die Mantelfläche um den Flächeninhalt der Dreiecke, d.h., das Ziehteil wird höher als die hochgeklappten Rechtecke.

$$\Sigma A_1 = \Sigma A_2$$

Der scheinbar zu viel vorhandene Werkstoff muss in die entstehende Seitenwand (Zarge) hineingeknetet werden. Es sind daher im Werkstoff am Flansch während des Tiefziehens Zugkräfte F_R in radialer Richtung und tangential gerichtete Druckkräfte F_T wirksam. In der Zarge wirken überwiegend Zugkräfte. Daher ordnet man das Tiefziehen zu den Zug-Druckumformverfahren ein **(Bild 2)**.

Tiefziehfähige Werkstoffe müssen diese Umformung zulassen, ohne zu reißen. Sie müssen trotz großer Dehnung genügende Zugfestigkeit besitzen.

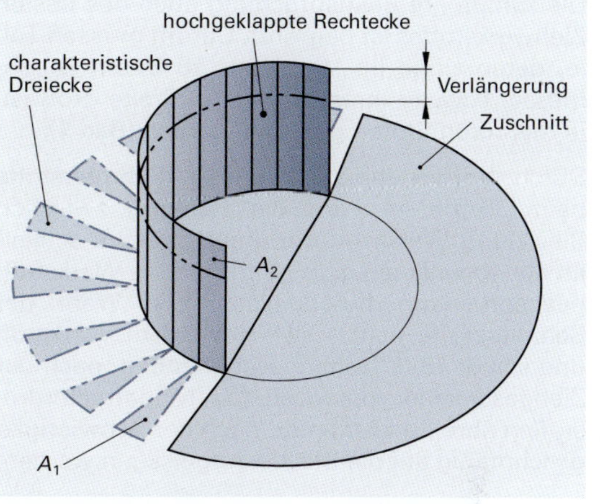

Bild 1: Veranschaulichung des Tiefziehvorganges

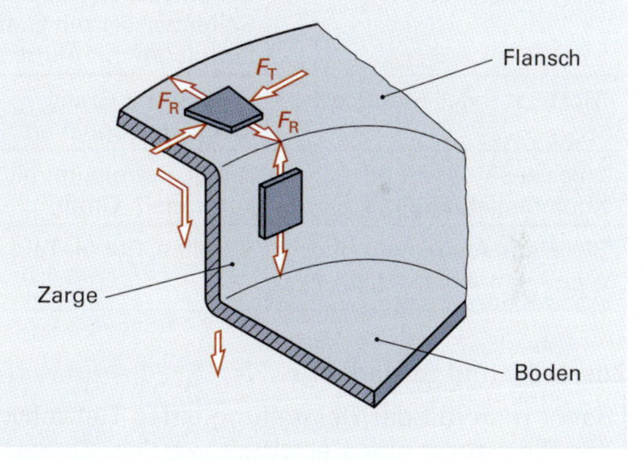

Bild 2: Kräfte beim Tiefziehen

Tabelle 1: Werkstoffe zum Tiefziehen

Ziehwerkstoff	Zugfestigkeit in N/mm²	erreichbares Ziehverhältnis Erstzug β_1	1. Weiterzug β_2 ohne Zwischenglühen	1. Weiterzug β_2 mit Zwischenglühen	Glühtemperatur in °C
Unlegierte Stähle					
DC01 (St 12)	270...410	1,8	1,2	1,6	700
DC03 (RRSt 13)	270...370	2,0	1,3	1,7	
Legierter Stahl					
X2CrNi18-9	590...740	2,0	1,2	1,8	
Kupferlegierungen					
CuZn28	260...300	2,1	1,3	1,8	580
CuZn37	280...340	2,0	1,3	1,7	
Kupferbleche					
Cu95,5	200	1,9	1,4	1,8	
Leichtmetallblech					
ENAW-Al99,8	70	1,95	1,4	1,8	350
ENAW-AlMg1	140	2,05	1,4	1,9	
Ti99,7	395...540	1,9	–	1,7	(Umformung geschieht häufig bei 350 °C)

1

Die zumutbare Beanspruchung auch des besten Ziehwerkstoffes ist begrenzt. Darum müssen Teile, deren Höhe im Verhältnis zu ihrem Durchmesser bzw. zu ihrer Länge und Breite groß ist, in mehreren Stufen gezogen werden **(Bild 1).**

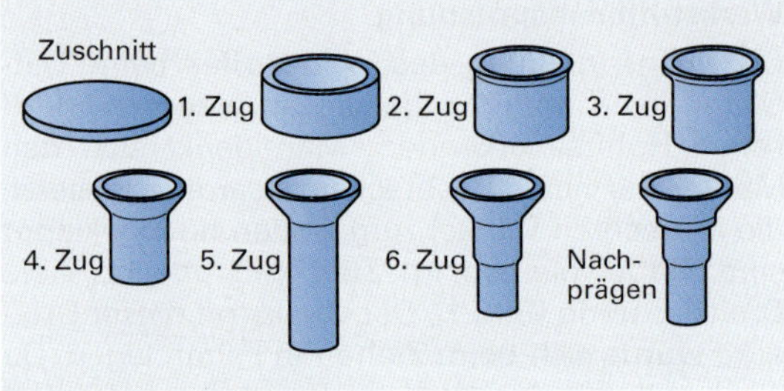

Bild 1: Tiefziehstufen

Durch Verwendung geeigneter Schmierstoffe beim Tiefziehen wird die Reibung zwischen Blech und Werkzeug verringert, der Verschleiß an den Ziehkanten gemindert und die Werkstoffbeanspruchung herabgesetzt. Die Wahl der Schmierstoffe richtet sich nach dem Werkstoff und seiner Oberflächenbeschaffenheit, nach der Ziehgeschwindigkeit, nach dem Niederhalterdruck, durch den der Schmierfilm bei falschen Schmierstoffen abreißen kann und nach der Schwierigkeit der Zieharbeit. Die Schmierstoffe sollen dünn und gleichmäßig auf die Bleche aufgetragen werden.

Tabelle 1: Schmierstoffe beim Tiefziehen

Werkstoff	Einfache Zieharbeiten	Schwierige Zieharbeiten
Stahl-Tiefziehblech	Seifenwasser, Kalkmilch, Seifenwasser mit Grafit, Petroleum mit Aluminiumpulver	Gemisch aus Rüböl, Rizinusöl und Talkum, Öl mit Molybdänsulfid, Bleche phosphatiert
Nichtrostendes Stahlblech	Wasser mit Grafit, Bleche phosphatiert	Leinöl mit Bleiweiß und Schwefel, Bleche phosphatiert
Blech aus Kupfer und Kupferlegierungen	Rüböl, Petroleum mit kornfreiem Grafit	Rüböl mit in Wasser gelöster Seife
Blech aus Aluminium und Aluminiumlegierungen	Vaseline, Rüböl, Talg	Mineralöle; Petroleum mit kornfreiem Grafit

Zuschnitt und Stufenfolge

Bevor man mit der Herstellung eines Tiefziehwerkzeuges beginnen kann, müssen Form und Größe des Blechzuschnittes ermittelt werden. Danach ist die Zahl der Ziehstufen und die Abmessungen der Werkzeuge für jede Ziehstufe festzulegen.

Da beim Tiefziehen kein Werkstoff verloren geht, ist das Werkstoffausgangsvolumen des Zuschnittes mit dem Werkstoffendvolumen des Ziehteiles gleichzusetzen. Für die Bestimmung des Zuschnittsdurchmessers D für runde, zylindrische Ziehteile gilt deshalb unter Vernachlässigung der Bodenrundung r_{st}:

Volumen der Blechronde $V = \pi \dfrac{D^2}{4} \cdot s$

Volumen des fertigen Hohlteiles aus Boden und zylindrischem Mantel **(Bild 2)**

$$V_1 = \pi \frac{d^2}{4} \cdot s + \pi\,(d + s_1)\,s_1 \cdot h$$

Da $V = V_1$ sein muss, erhält man den Durchmesser D der Blechscheibe mit $s_1 = s$

$$D = \sqrt{d_1^2 + 4\,h \cdot (d_1 + s)}$$

Da s gegenüber d_1 sehr klein ist, wird $d_1 \approx d$ und

$$D \approx \sqrt{d^2 + 4\,d\,h}$$

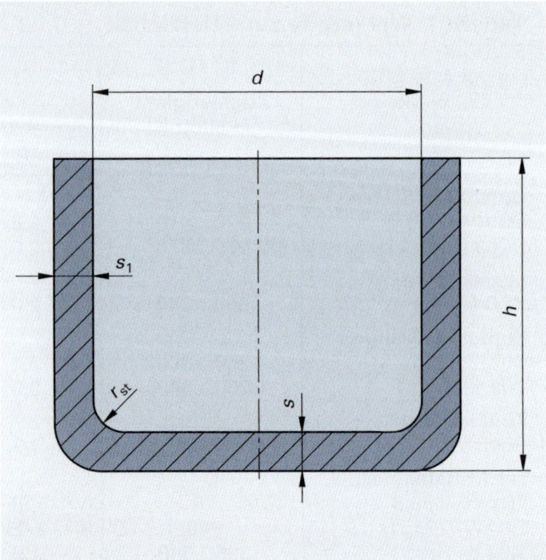

Bild 2: Ziehteilabmessungen

In gleicher Weise kann man die Zuschnittsdurchmesser für Ziehteile, die einen Flansch, einen zylindrischen Einsatz oder eine halbkugelförmige Bodenform erhalten sollen, berechnen (Formeln siehe Tabellenbuch Metall).

Die so berechneten Zuschnittsdurchmesser ergeben etwas zu hohe Ziehteile mit Zipfel, da die Walzrichtung des Werkstoffs nicht berücksichtigt wird. Dadurch ist zumeist ein Beschneiden der Ziehteile notwendig.

Für eckige und unregelmäßig geformte Ziehteile ist die Bestimmung von Form und Größe der Zuschnitte schwierig. Fehlen dazu die nötigen Erfahrungen, so fertigt man zuerst die Ziehwerkzeuge und ermittelt die richtige Form des Zuschnittes durch Ausprobieren. Dazu zeichnet man die mutmaßliche Form des Zuschnittes auf das vorgesehene Blech und schneidet diese aus. Stellen sich beim Ziehen mit den so hergestellten Zuschnitten an bestimmten Stellen Werkstoffhäufungen ein, dann ist der Zuschnitt abzuändern, bis die günstigste Form erreicht ist **(Bild 1).**

Sollen die oberen Kanten eine gerade Linie bilden, so ist das Ziehteil mit einem Beschneidewerkzeug zu beschneiden **(Bild 3, Seite 19).**

Ein besonderes Verfahren zur Bestimmung des günstigsten Zuschnittes (Platine) ist die **Messrastertechnik.** Dabei wird die ungefähre Form der Platine mit einem Raster versehen, das eingeritzt oder auch elektrolytisch aufgetragen sein kann. Durch den Ziehvorgang wird das Raster je nach Beanspruchung des Werkstoffes verzerrt. Diese Verzerrungen sind durch Änderung der Zuschnittsform zu minimieren. **Bild 2** zeigt am eingeritzten ehemals quadratischen Raster die Werkstoffwanderung an einem zylindrischen Hohlteil.

Die Zuschnittermittlung kann auch durch eine **Computer-Simulation** erfolgen **(Bild 3).** Ziel ist es, vor dem Bau eines realen Ziehwerkzeuges, möglichst genaue Voraussagen über das Verhalten des Werkstoffes zu erhalten. Es wird dabei vor allem auf Falten, Rissbildung und Einfallstellen geachtet.

Die exakte Simulation des Tiefziehprozesses ist jedoch erst möglich, wenn die Konstruktion von Ziehstempel und Ziehring mit dem CAD-System erfolgt ist, d.h. die Wirkgeometrie ermittelt wurde. Mit dieser Methode lässt sich der Tiefziehprozess optimieren und Werkzeugkosten einsparen.

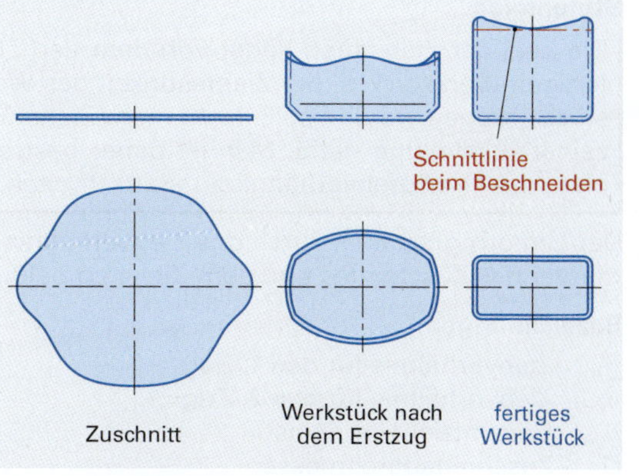

Bild 1: Zuschnitt und Ziehstufen für ein rechteckiges Ziehteil

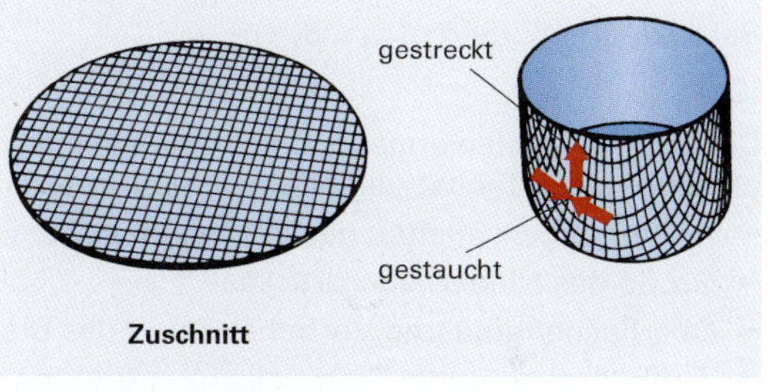

Bild 2: Messrastertechnik

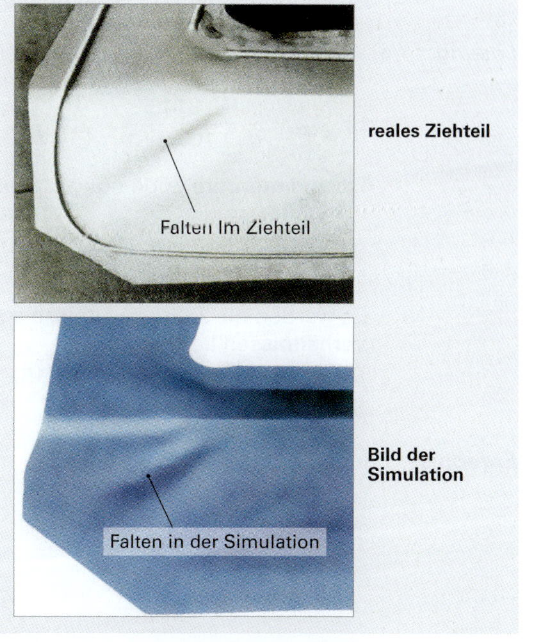

Bild 3: Simulation beim Tiefziehen

1

1

Stufenfolge

Die Zahl der Ziehstufen hängt von dem Verhältnis der Zuschnittsgröße zu den Abmessungen des fertigen Werkstückes, der Ziehfestigkeit des Werkstoffes und der Blechdicke ab. Je tiefer ein Werkstück gezogen werden soll, desto mehr Ziehstufen und damit Werkzeuge und Arbeitsgänge sind zu seiner Herstellung nötig. Man ist daher bestrebt, mit möglichst wenig Ziehstufen auszukommen, ohne das Grenzziehverhältnis zu überschreiten.

Der Umformgrad wird durch das Ziehverhältnis β festgelegt. Es wird ein Verhältnis aus dem Durchmesser des Zuschnittes und dem Ziehstempeldurchmesser gebildet. Es gilt beim **Erstzug:**

Bezeichnungen:

β_1 Ziehverhältnis für den 1. Zug
β_2 Ziehverhältnis für den 2. Zug
β_{ges} Gesamtziehverhältnis
D Zuschnittsdurchmesser
d_1 Ziehstempeldurchmesser

$$\beta_1 = \frac{D}{d_1}$$

Für den **Weiterzug** bildet der Ziehstempeldurchmesser d_1 des Erstzuges und der weiterfolgende Ziehstempeldurchmesser d_2 das Ziehverhältnis β_2.

Bei mehreren Zügen: $\beta_{ges} = \beta_1 \cdot \beta_2 \cdot \ldots \beta_n$

$$\beta_2 = \frac{d_1}{d_2}$$

Die in den Tabellen angegebenen Grenzziehverhältnisse sollen von den einzelnen Ziehverhältnissen nicht überschritten werden. Das Grenzziehverhältnis ist von vielen Einflussgrößen abhängig:

- Art und Eigenschaften des Werkstoffes, wie Festigkeit und Dehnbarkeit
- Größe des Niederhalterdruckes
- Oberflächengüte und Vorbehandlung des Bleches und des Ziehringes
- Ziehkantenrundung, Stempelkantenrundung und Ziehspaltenweite
- Art und Auftragung des Schmierstoffes

Beispiel: Ein zylindrisches Hohlteil aus 1 mm dickem Tiefziehblech DC03 (RRSt13) soll einen Durchmesser d von 100 mm und eine Höhe von h = 90 mm erhalten. Wie groß muss der Zuschnittdurchmesser D sein und wie viele Ziehstufen sind erforderlich?

Lösung: a) $D = \sqrt{d^2 + 4 \cdot d \cdot h} = \sqrt{(100\text{ mm})^2 + 4 \cdot 100\text{ mm} \cdot 90\text{ mm}} = \mathbf{214{,}5\text{ mm}}$

b) $\beta_{ges} = \frac{D}{d} = \frac{214{,}5}{100\text{ mm}} \approx 2{,}15$

Es sind mehrere Züge nötig, da laut Tabelle 1, Seite 73 $\beta_{1max} = 2{,}0$
$\beta_{2max} = 1{,}3$ gilt.

$$\beta_{ges} = \beta_1 \cdot \beta_2;\ \beta_2 = \frac{\beta_{ges}}{\beta_1} = \frac{2{,}15}{2{,}0_{max}} \approx 1{,}1$$

Es werden die Ziehverhältnisse so gewählt, dass sie gleichmäßig unter den Grenzziehverhältnissen liegen:

$\beta_1 = 1{,}85$ $d_1 = \beta_2 \cdot d_2 = 1{,}15 \cdot 100\text{ mm} = \mathbf{115\text{ mm}}$

$\beta_2 = 1{,}15$

Ergebnis: Zur Fertigung werden vorgesehen

a) für den Rondendurchmesser D = 214,5 mm

b) für den Erstzug
β_1 = 1,85; Stempeldurchmesser d_1 = 115 mm

für den Weiterzug
β_2 = 1,15; Stempeldurchmesser d_2 = 100 mm.

Berechnungen für die **Tiefziehkraft** und **Niederhaltekraft** siehe Tabellenbuch.

1

Aufbau der Tiefziehwerkzeuge

Der Aufbau der Tiefziehwerkzeuge richtet sich nach den zur Verfügung stehenden Pressen. Bei einer Ziehpresse wird der Niederhalter am Niederhaltestößel befestigt. Den Stempel spannt man in einem Ziehstößel, der im Niederhalterstößel geführt wird. Beide bewegen sich zuerst gemeinsam nach unten, bis der Niederhalter auf dem Blech aufsetzt. Der Ziehstempel wird durch den Ziehstößel weiter nach unten gedrückt und zieht dabei den Werkstoff durch den Ziehring **(Bild 1)**.

Der Niederhalterdruck soll während des ganzen Ziehvorganges gleich groß bleiben. Da sich das Blech streckt und damit dünner wird, muss die Niederhalterkraft gesteuert werden. Bei mechanischen Pressen geschieht dies mit Hilfe von Kurvenscheiben, bei hydraulischen Pressen über den Öldruck.

Sind Tiefziehwerkzeuge in Exzenter- und Kurbelpressen ohne Niederhalterdrucksteuerung eingespannt, wird über Federn im Werkzeug die Niederhalterkraft erzeugt **(Bild 2)**. Weil die Federkraft mit zunehmender Ziehtiefe ansteigt, wird die Niederhalterkraft aber am Ende des Ziehvorgangs oft so groß, dass der Werkstoff reißen kann. Deshalb sollten bei diesen Verhältnissen Werkstoffe nicht bis an die Grenze ihrer Verformbarkeit beansprucht werden um gute Ergebnisse zu erzielen.

An vielen Pressen ist ein Federdruckapparat mit einstellbarer Zentralfeder einsetzbar, der für alle Werkzeuge benutzt werden kann. Für diesen Zweck haben sich Tellerfedern sehr gut bewährt, da sich aufgrund ihres Federverhaltens die Niederhaltekraft sehr genau abstimmen lässt.

Nur wenn die Höhe des Ziehteiles im Verhältnis zu seinen anderen Abmessungen sehr klein ist, kann ohne Niederhalter gezogen werden.

Herstellen der Tiefziehwerkzeuge

Die Herstellung der Ziehstempel und der Ziehmatrize erfolgt durch Drehen, Fräsen, Schleifen, Feilen und bei Verwendung von HM-Werkstoffen auch durch Erodieren.

Die Durchbrüche, die Gleitflächen der Ziehmatrize und des Niederhalters, die Rundungen der Ziehkanten sind zu polieren, besser noch zu läppen. Bearbeitungsspuren müssen in Gleitrichtung verlaufen, Querriefen müssen beseitigt werden.

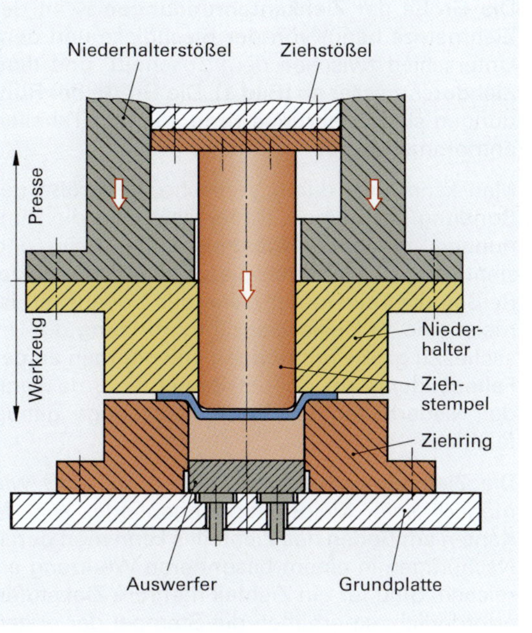

Bild 1: Aufbau eines Tiefziehwerkzeuges für doppelt wirkende Pressen

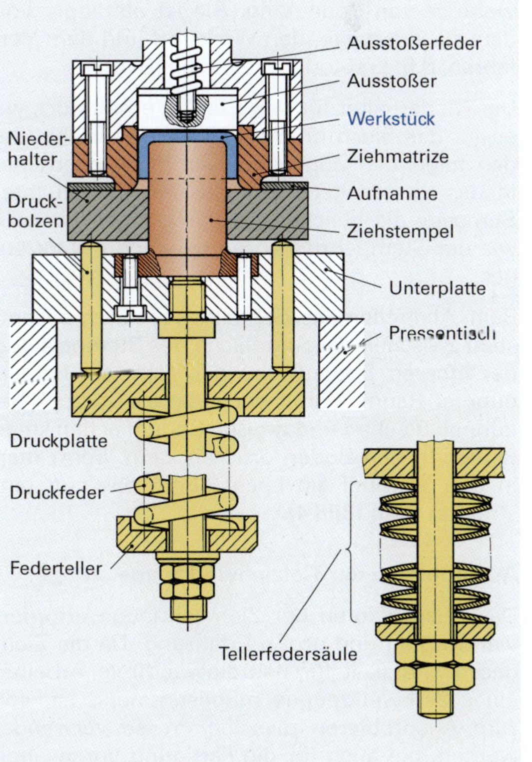

Bild 2: Tiefziehwerkzeug mit Zentralfeder

Die Größe der **Ziehkantenrundungen** r_r an der Ziehmatrize hängt von der Blechdicke und dem Unterschied zwischen dem Zuschnitt- und dem Ziehdurchmesser ab **(Bild 1)**. Die Größe der Rundungen sind Erfahrungswerte, die aus Tabellen entnommen werden können.

Man kann auch durch Versuche die Größe der Rundung bestimmen. Dabei lässt man die Rundungen zunächst verhältnismäßig klein und zieht einige Teile durch die weiche Ziehmatrize. Reißen die Teile in der Nähe des Bodens, so ist meist eine zu kleine Ziehkantenrundung die Ursache. Zu große Rundungen erkennt man an der Faltenbildung am oberen Zargenrand, da dann der Niederhalter das Blech nicht lange genug festhält.

Die **Ziehstempelrundung** r_{St} soll so groß wie möglich sein. Kleine Rundungen oder scharfe Kanten am Boden des Ziehteiles kann man durch Nachprägen in einem besonderen Werkzeug erreichen. Sind für ein Ziehteil mehrere Ziehstufen erforderlich, so erhalten die Stempel der ersten Züge an den Ziehkanten eine **Abschrägung** von 38° **(Bild 2)**. Die Kanten dieser Abschrägungen müssen ebenfalls abgerundet sein.

Neben den Rundungen am Ziehstempel und der Ziehkante ist die richtige Wahl der **Mindestspaltweite** w von Bedeutung. Sie ist abhängig von dem zu verarbeitenden Werkstoff und dem Verfahren, d.h. Erst- oder Weiterzug **(Bild 3)**.

Der Niederhalter für den Erstzug erhält dort, wo er auf das Blech drückt, eine ebene Fläche. Bei den folgenden Zügen müssen die Niederhalter in das vorgezogene Teil passen und an ihrer Stirnseite die gleichen Anschrägungen besitzen wie der Stempel des vorhergehenden Werkzeuges.

Beim Abstreifen des Ziehteiles vom Stempel entsteht zwischen der Stirnfläche des Stempels und der inneren Bodenfläche der Teile ein luftverdünnter Raum. Damit der äußere Luftdruck bei dünnen Blechen und großen Bodenflächen keine Beulen in den Boden drücken kann, bohrt man in den Stempel ein Loch, durch das Luft einströmen kann **(Bild 4)**.

Ausprobieren der Tiefziehwerkzeuge

Das Ausprobieren der Ziehwerkzeuge erfordert viel Sorgfalt und große Erfahrung. Da die Ziehgeschwindigkeit für das einwandfreie Arbeiten eines Ziehwerkzeuges mitbestimmend ist, soll zum Ausprobieren dieselbe Presse verwendet werden, die auch für die Fertigung vorgesehen ist.

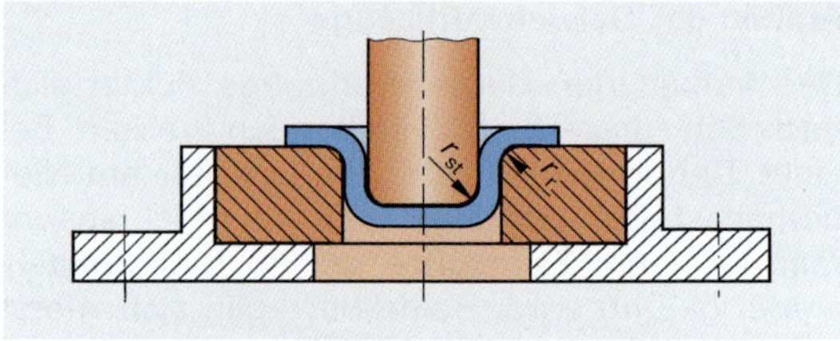

Bild 1: Ziehkanten- und Ziehstempelradien

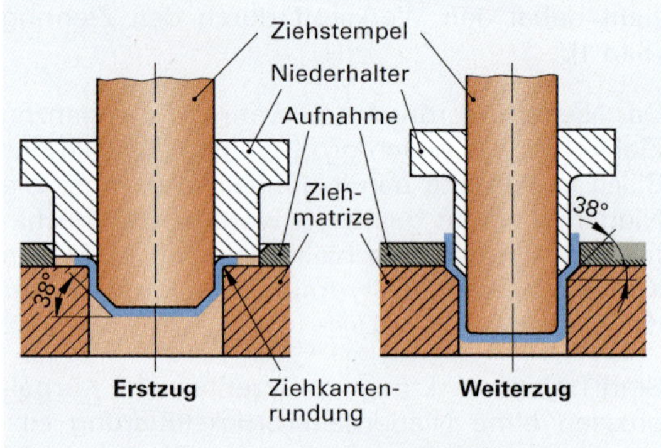

Bild 2: Stempel und Blechhalter für Erstzug und Weiterzug

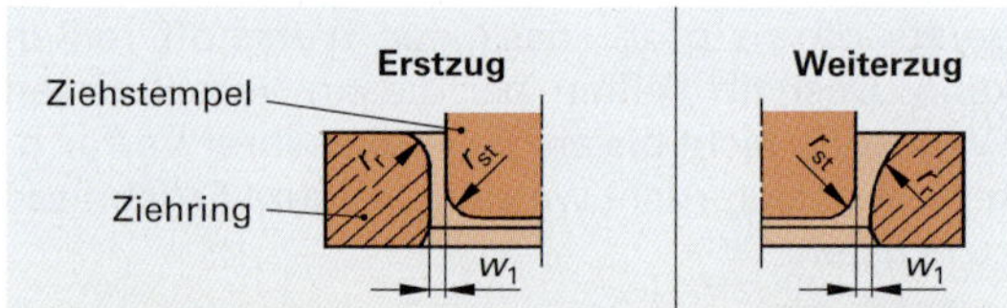

Ziehspaltweiten	Erstzug		Weiterzug
Werkstoff	Zuschnitt-Blechdicke s bis 2 mm	2,5...4 mm	Zuschnitt-Blechdicke s bis 4 mm
Stahl	$w_1 = 1{,}16 \cdot s$	$w_1 = 1{,}12 \cdot s$	$w_2 = 1{,}08 \cdot s$
Schwermetall	$w_1 = 1{,}08 \cdot s$	$w_1 = 1{,}06 \cdot s$	$w_2 = 1{,}04 \cdot s$
Leichtmetall	$w_1 = 1{,}04 \cdot s$	$w_1 = 1{,}03 \cdot s$	$w_2 = s$

Bild 3: Ziehspaltenweite beim Erst- und Weiterzug

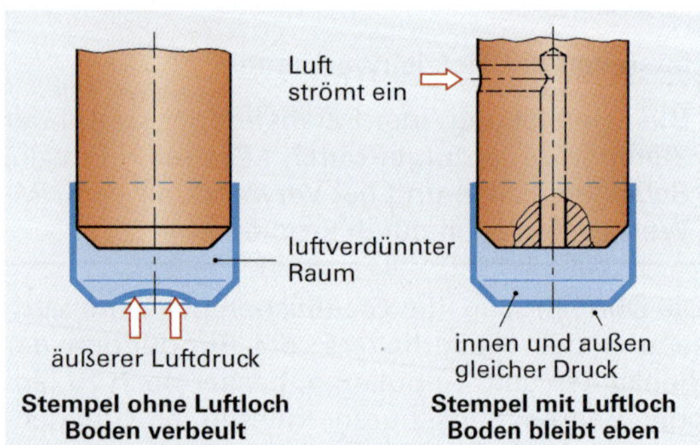

Bild 4: Luftloch im Ziehstempel

Beim Einrichten des Werkzeuges ohne Führung in der Presse muss der Ziehspalt zwischen Stempel und Ziehmatrize gleichmäßig verteilt sein. Dazu legt man in die noch nicht fest eingespannte Ziehmatrize mehrere rechtwinklig gebogene Blechstreifen, deren Dicke dem Ziehspalt entspricht; dann führt man den im Pressenstößel befestigten Stempel in die Ziehmatrize und spannt nun das Unterteil des Werkzeuges auf dem Pressentisch fest. Bei Werkzeugen mit Säulenführung verfährt man in gleicher Weise beim Einbau in das Säulengestell.

Tabelle 1: Fehler beim Tiefziehen

Fehler	mögliche Ursachen
Werkstücke reißen am Boden	Ziehspalt zu eng Rundungen an der Ziehmatrize und am Stempel zu klein Ziehgeschwindigkeit zu hoch Niederhalterkraft zu groß Ziehabstufung zu groß
senkrechte Falten am oberen Ende der Zarge	Ziehspalt zu weit Rundungen an der Ziehmatrize zu groß Niederhalterkraft zu klein
eckige und unregelmäßig geformte Ziehteile	falsche Zuschnittform
Ecken sind höher als die Seiten	am Zuschnitt sind an diesen Stellen Aussparungen vorzusehen
senkrechte Risse am oberen Rand	zu wenig Werkstoff an dieser Stelle
wellige Zargenränder	in Walzrichtung bessere Ziehfähigkeit der Bleche
fehlerhafte Ziehteile	unsymmetrische Blechaufnahme, falscher Schmierstoff, ungeeignete Bleche

Sonderverfahren beim Tiefziehen

Das **Stülpziehen (Bild 1)** bietet die Möglichkeit eine oder zwei Ziehstufen zu sparen. Dabei wird das vorgezogene Teil mit der Öffnung nach unten auf einen Stülpstempel gesteckt. Der von oben kommende Ziehstempel stülpt das Teil um, so dass die bisherige Innenfläche des Teiles zu seiner Außenfläche wird. Man erreicht auf diese Weise mit einem Werkzeug größere Tiefen als beim üblichen Tiefziehen, wobei besonders auf die richtige Auslegung der Ziehkanten hingewiesen werden muss. Ein Niederhalter ist meist nicht notwendig. Besonders gut haben sich Werkzeuge bewährt, mit denen bei einem Stößelniedergang zuerst aus dem Zuschnitt ein Hohlteil vorgezogen und bei tiefer gehendem Stempel im Rückstoß fertig gezogen wird.

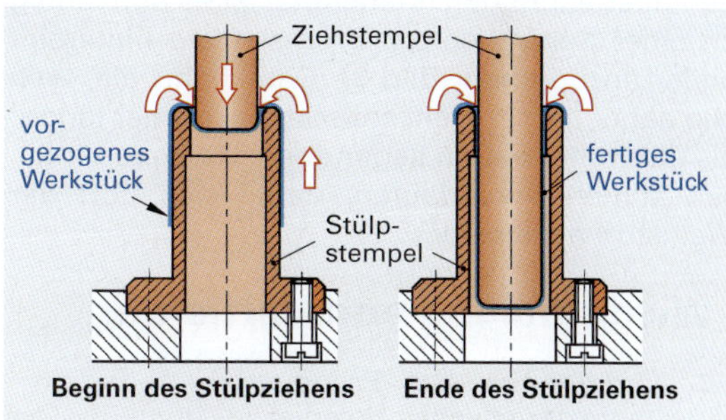

Bild 1: Stülpziehen

Das Stülpziehen wird fast ausschließlich für zylindrische oder runde nichtzylindrische Werkstücke (z.B. Scheinwerfergehäuse) angewandt. Scharfe Kanten ergeben sich nur durch nachfolgendes Kalibrieren.

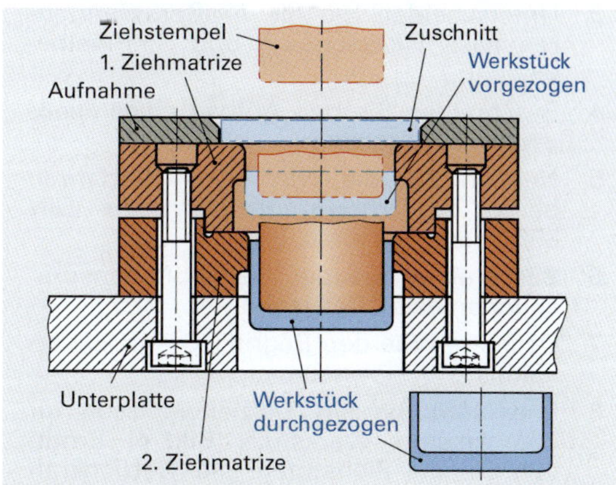

Bild 2: Abstreckziehen

Durch **Abstreckziehen (Bild 2)** werden Hohlteile hergestellt, bei denen der Mantel (Zarge) abgestreckt, d.h. dünner als die Blechdicke gezogen wird. Am Boden bleibt die Blechdicke dagegen erhalten. Beim ersten Ziehvorgang wird aus dem Zuschnitt, meist ohne Niederhalter, ein Hohlteil gezogen, dessen Zarge um etwa 25% dünner als

1

die Blechdicke ist. Mit den folgenden Zügen kann die Wanddicke der Zarge um jeweils 30% dünner gezogen werden. In einem Werkzeug können so zwei bis drei Ziehvorgänge stattfinden.

Das **Ziehen über Wulstkanten** wird vorwiegend im Großwerkzeugbau angewandt. Es wird in Einziehwülste und Bremswülste unterschieden.

Einziehwülste (Bild 1) sind wulstartige Erhöhungen an der Ziehkante der Ziehmatrize, die in die Ziehkantenrundung übergehen. Verwendung finden sie besonders beim Ziehen von halbkugel- oder muldenförmigen Hohlteilen. Der Niederhalter drückt das Blech vor dem Einziehwulst auf die Ziehmatrize. Dadurch wird es gespannt und legt sich ohne Faltenbildung an den balligen Stempel.

Bremswülste (Bild 2) sollen bei eckigen oder unregelmäßig geformten Ziehteilen das „Fließen" des Werkstoffes an den Stellen der Werkstücke bremsen, an denen keine Zieh-, sondern nur eine Biegebeanspruchung auftritt. So dürfen z. B. bei eckigen Ziehteilen Bremswülste nur an den Seiten angebracht werden, in der Nähe der Ecken dagegen muss der Werkstoff ohne Behinderung in die Ziehmatrize fließen können. Bremswülste kann man in der Ziehmatrize oder auch am Niederhalter anbringen. Manchmal ist es notwendig an einer Seite mehrere Bremswülste hintereinander anzuordnen **(Bild 3)**. Dabei sind die, welche näher an der Ziehkante liegen, immer länger als die weiter außen liegenden. Ihre Enden müssen allmählich verlaufen, damit sich dort der Werkstoff nicht staut.

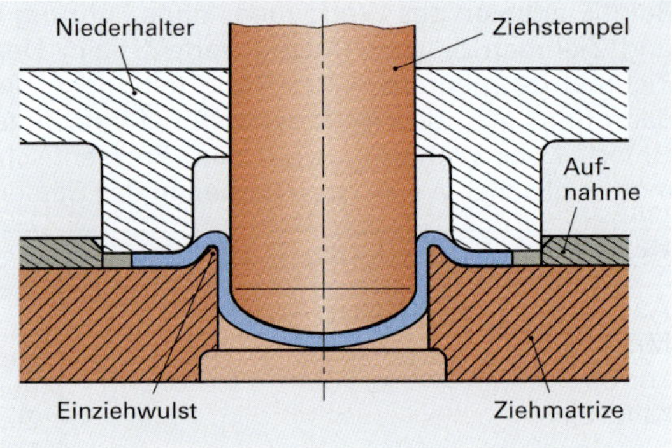

Bild 1: Einziehwulst

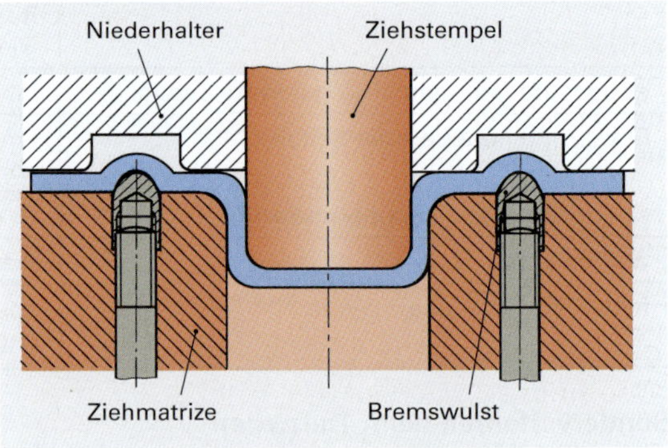

Bild 2: Bremswulst an der Ziehmatrize

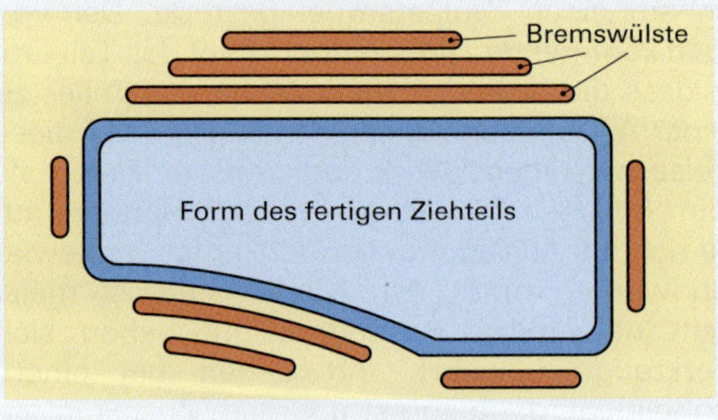

Bild 3: Anordnung der Bremswülste

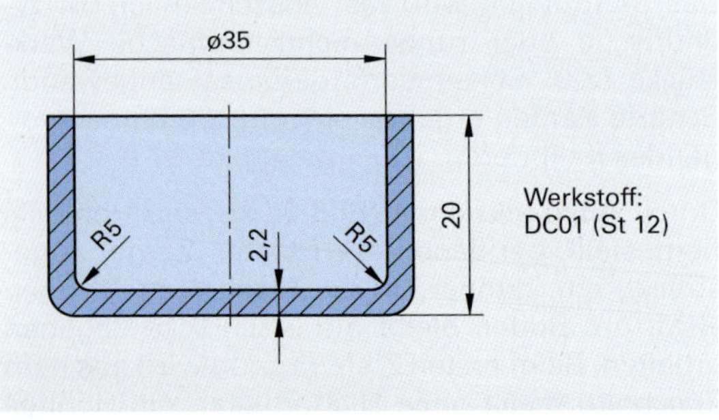

Bild 4: Ziehteil

Wiederholung und Vertiefung

1. Ordnen Sie den Prägeverfahren je ein charakteristisches Beispiel zu.
2. Unterscheiden Sie die Durchdrückverfahren Strangpressen und Fließpressen.
3. Unterscheiden Sie die Fließpressverfahren nach Fließrichtung und Stempelbewegung.
4. Beschreiben Sie den Aufbau eines Fließpresswerkzeuges.
5. Nennen Sie die wichtigsten Verfahren beim Zug-Druckumformen nach DIN 8584.
6. Beschreiben Sie die Werkstoffbeanspruchungen beim Tiefziehen.
7. Definieren Sie den Begriff „Grenzziehverhältnis".
8. Entwerfen Sie ein Tiefziehwerkzeug für das skizzierte Werkstück **(Bild 4)**. Ermitteln Sie die Ziehstufen, die Tiefziehkraft und die Niederhaltekraft.

1.11.3 Zugumformen

Werkzeuge zum Weiten und Einziehen

Bei vorgezogenen Hohlteilen, die Ausbuchtungen und Einziehungen erhalten sollen, kann dies bei Kleinserien durch Drücken mit **Formrollen** und Gegenrollen durchgeführt werden **(Bild 1)**.

Ausbuchtungen, wie sie bei Metallflaschen, Metallbechern, Kupfer- und Zinnkrügen vorkommen, können auch mit **Spreizwerkzeugen (Bild 2)** hergestellt werden. Dabei wird ein aus einzelnen Segmenten zusammengesetztes Werkzeug, das der Innenform des fertigen Werkstückes entspricht, in das Hohlteil eingesetzt und durch das kegelige Ende eines Spreizdorns auseinander geschoben. Das Hohlteil wird dadurch geweitet und in ein Gesenk gepresst, das in seiner Hohlform der fertigen Außenform des Werkstückes entspricht.

Nach dem Weiten geht der Pressenstößel mit dem Spreizdorn nach oben, die Segmente werden durch Zugfedern zusammengezogen und aus dem Werkstück entfernt. Das zweiteilige Gesenk wird auseinander gefahren und das Werkstück entnommen.

Beim **Einziehen** von Hohlteilen, auch Verjüngen oder Einhalsen genannt, werden Tiefziehteile, Hülsen oder Rohre am Ende auf einen kleineren Durchmesser eingezogen. Das Einziehwerkzeug **(Bild 3)** besteht außer den Einrichtungen zum Spannen aus dem Gesenk und meist aus einer Aufnahme für das Werkstück. Durch die Form und die Bewegung der Matrize ergibt sich die geforderte Werkstückform.

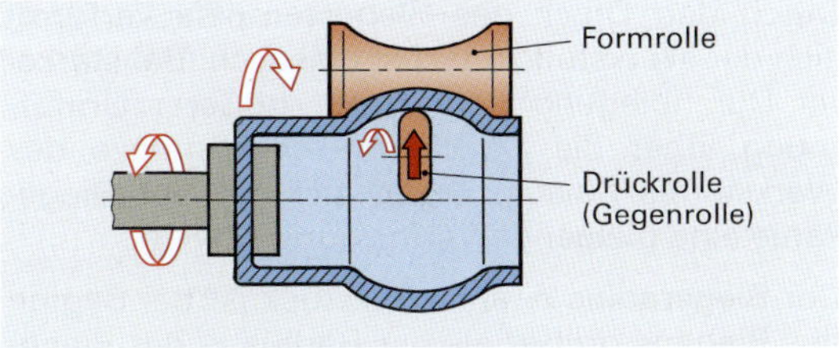

Bild 1: Drücken mit Formrollen

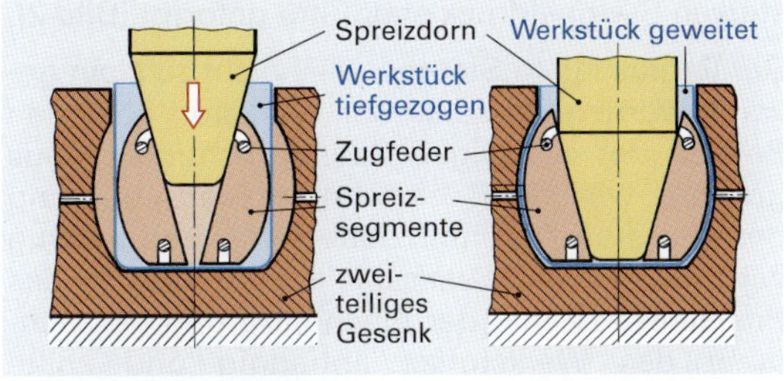

Bild 2: Spreizwerkzeug

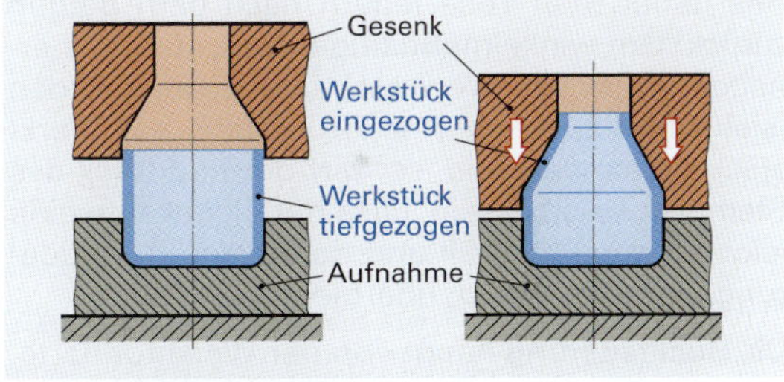

Bild 3: Einziehwerkzeug

1.11.4 Biegeumformen

Mit Biegewerkzeugen können Bleche, Rohre und andere Halbzeuge spanlos umgeformt werden. Sie sind unterteilt in Werkzeuge mit geradliniger Werkzeugbewegung **(Bild 4)** und in Werkzeuge mit drehender Werkzeugbewegung **(Bild 5)**.

1.11.4.1 Werkstoffverhalten

Beim Biegen wird der Werkstoff über eine Biegekante umgeformt. Eine wesentliche Veränderung der Werkstoffdicke tritt dabei nicht ein. Die Werkstücke sind meist aus Blechen oder aus Bandwerkstoff vorgeschnitten.

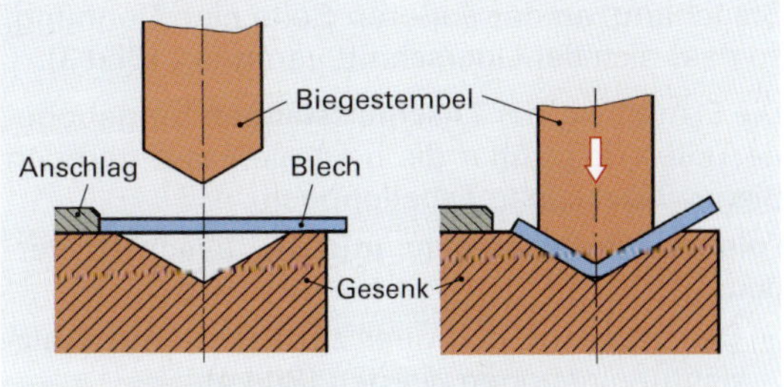

Bild 4: Biegen mit geradliniger Werkzeugbewegung

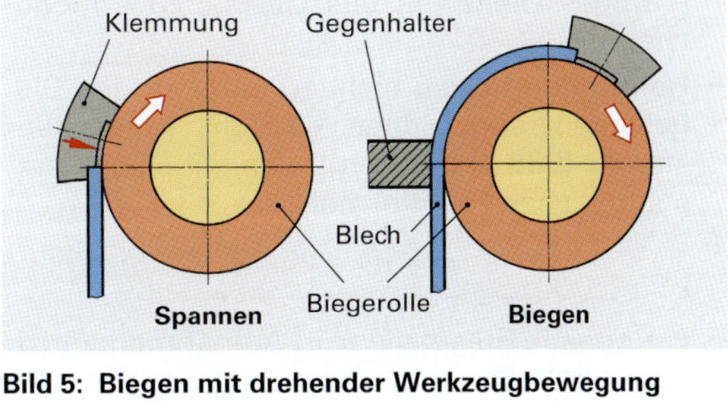

Bild 5: Biegen mit drehender Werkzeugbewegung

Durch den Druck des Biegestempels verformt sich der Werkstoff zunächst elastisch. Bei stärkerer Durchbiegung und damit größerer Umformung, über die Streck- und Fließgrenze des Werkstoffes hinaus, ergibt sich an der Biegekante eine bleibende Verformung **(Bild 1)**.

Der **Biegeradius** r_2 am Werkstück ist bei Beginn des Biegens größer als der Radius r_1 der Biegekante. Erst in der tiefsten Stellung des Stempels wird die Biegekante am Werkstück unter dem starken Stempeldruck endgültig geformt **(Bild 2)**.

Der **Radius** r_1 am Stempel darf nicht zu klein gewählt werden, da sonst der Werkstoff über den Bereich der zulässigen Beanspruchung hinaus gedehnt wird, sich einschnürt (Verminderung der Werkstoffdicke) und dabei rissig und brüchig wird. Der kleinste zulässige Biegeradius r_2 des Biegeteiles ist von der Blechdicke und der Dehnung des Werkstoffes abhängig und sollte zweckmäßig aus Tabellen entnommen werden (siehe Tabellenbuch und DIN 6935).

Alle gebogenen Teile federn nach dem Biegen zurück. Um winkelmaßhaltige Werkstücke zu erhalten, muss das Werkstück überbogen werden **(siehe Bild 2)**. Kann eine Druckstelle am Werkstück vorhanden sein, so darf der Enddruck des Stempels so groß sein, dass die Biegekante eine leichte Prägung erhält und damit eine Rückfederung vermieden wird, überbiegen entfällt.

Die **Rückfederung** hängt von der Werkstoffhärte, -festigkeit und von dem Verhältnis von Biegeradius zu Blechdicke ab. Der Werkstoff erfährt während des Biegens an der inneren Seite eine Stauchung, an der äußeren Seite eine Dehnung, so dass sich der Querschnitt verändert **(Bild 3)**.

Die Ermittlung der **Zuschnittslängen** für gebogene Teile erfolgt über die neutrale Faser und den Biegewinkel (siehe Tabellenbuch).

Folgende Arbeitsregeln müssen beachtet werden:

- Der Werkstoff soll quer zur Faser- und Walzrichtung gebogen werden **(Bild 4)**.
- Ausgeschnittene Teile sollen mit der Gratseite nach oben eingelegt werden, um ein gleichmäßiges Gleiten in das Gesenk zu ermöglichen.
- Bohrungen dürfen nicht zu nahe an den Biegekanten angeordnet werden. Mindestabstand *a* **(Bild 5)** bestimmt man mit einer werkstattüblichen Faustformel:

$$a \geq r + 2 \cdot s$$

- Für genaue Biegeteile sind Aufnahmen vorzusehen **(Bild 6)**.

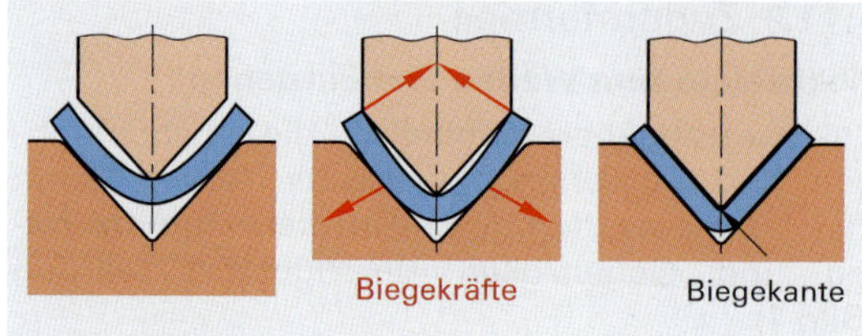

Bild 1: Biegevorgang

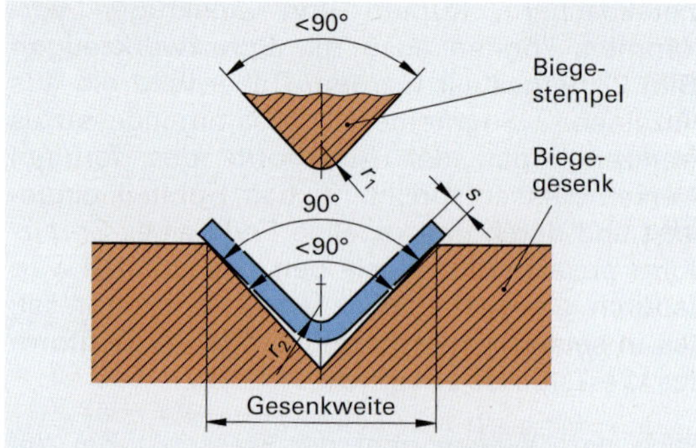

Bild 2: Gesenkweite und Rückfederung

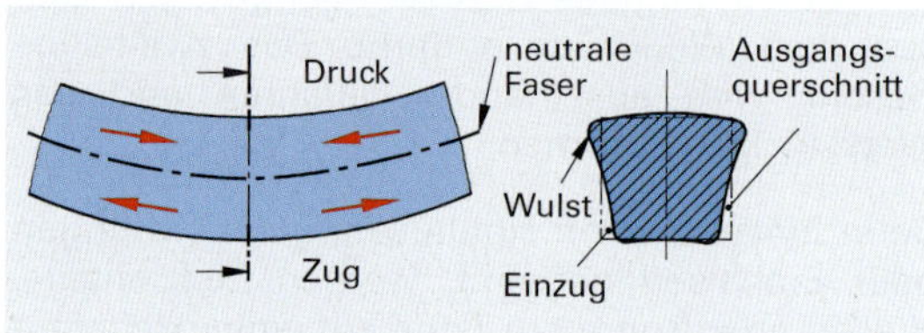

Bild 3: Querschnittsveränderung beim Biegen

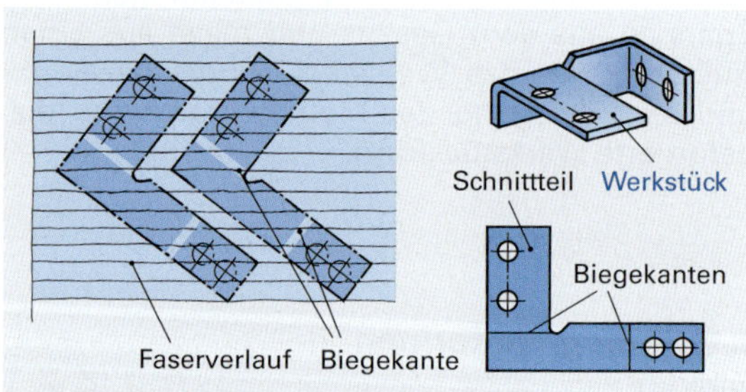

Bild 4: Faserverlauf und Biegekanten

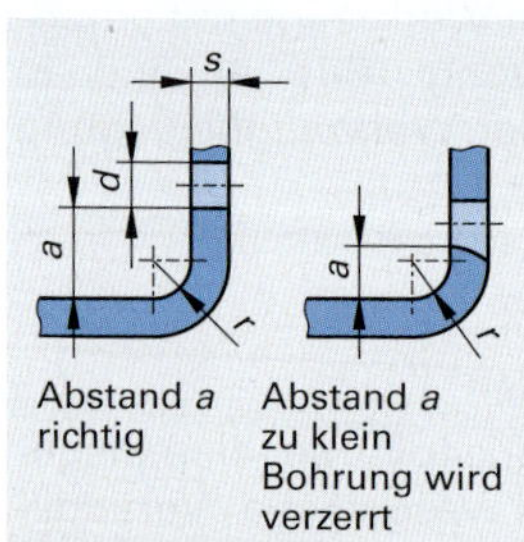

Bild 5: Bohrungen an Biegekanten

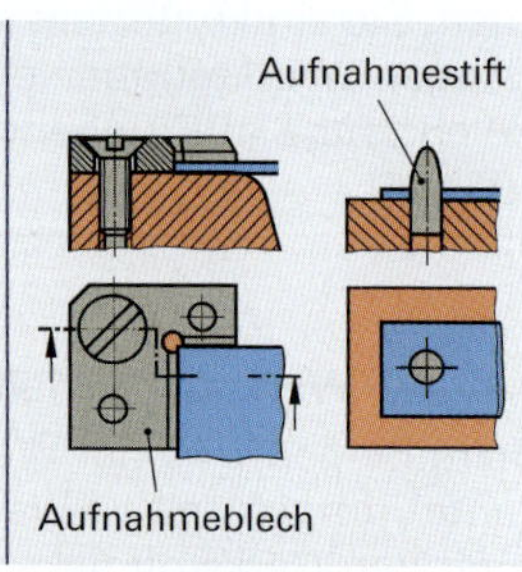

Bild 6: Aufnahme für genaue Biegeteile

1.11.4.2 Biegewerkzeuge

Biegen L-förmiger Teile. Winkel können mit einfachen Werkzeugen gebogen werden. Nachdem die Zuschnittslänge des Werkstückes berechnet wurde (siehe Tabellenbuch), können alle Maße für den Zuschnitt und für die Aufnahme des Biegewerkzeuges festgelegt werden. Die Aufnahme muss im Biegewerkzeug so angebracht und fixiert sein, dass die Biegelinie des Zuschnittes genau in der Mitte der Gesenkweite liegt. Beim Einrichten des Biegewerkzeuges ist darauf zu achten, dass die Form des Gesenkes und die Form des Stempels genau übereinander liegen, da sonst die Biegekante nicht vollständig ausgeformt oder das Biegeteil verwunden wird **(Bild 1)**.

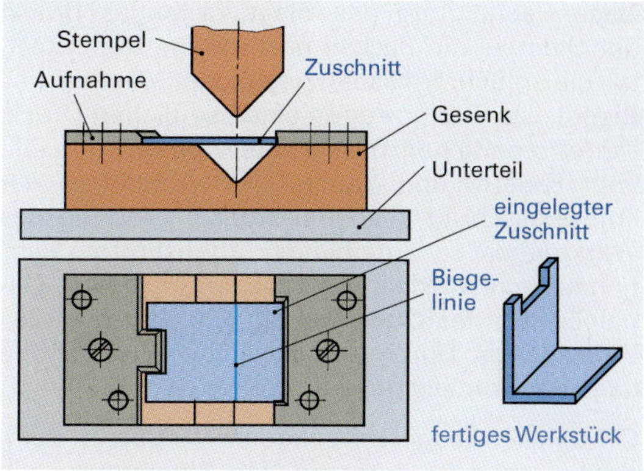

Bild 1: Biegewerkzeug für L-förmige Teile

Biegen Z-förmiger Teile. Z-förmig gebogene Teile können in einfachen Werkzeugen in zwei Arbeitsgängen oder bei größerer Stückzahl in einem Arbeitsgang gebogen werden. Der Stempel muss bei der Herstellung von Doppelwinkeln allerdings gleichzeitig an zwei Stellen auf dem Teil aufsetzen und es in das Gesenk hineindrücken. Ist dies nicht möglich, so ist eine feste Aufnahme vorzusehen, damit das Teil nicht vom niedergehenden Stempel verschoben wird **(Bild 2)**.

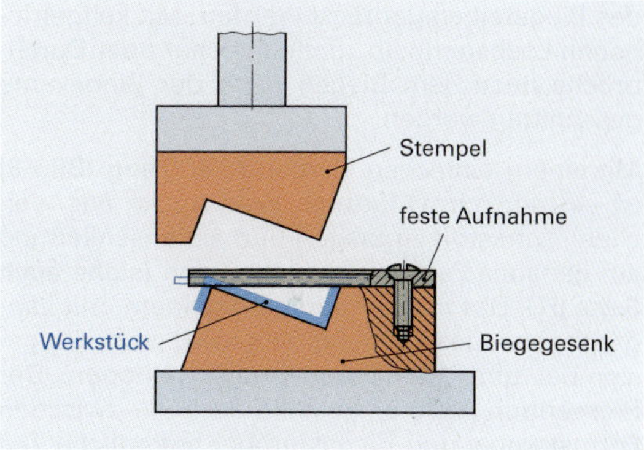

Bild 2: Biegewerkzeug für Z-förmige Teile

Biegen U-förmiger Teile. U-förmig gebogene Teile können in einem Biegewerkzeug **(Bild 3)** mit einem Stempel in das Gesenk gedrückt werden, so dass gleichzeitig alle Biegekanten gebogen werden. Durch die Rückfederung klemmt das Teil im Gesenk. Es muss daher durch einen federnden Ausstoßer, den Federboden, ausgeworfen werden. Nach dem Auswerfen federn die Teile etwas zurück, so dass die Schenkelflächen nicht genau parallel sind.

Für das Herstellen genau rechtwinkliger Biegungen an U-förmig gebogenen Teilen verwendet man Biegewerkzeuge mit beweglichen Backen **(Bild 1, Seite 84)**. Sollen die äußeren Abmessungen des Biegeteiles maßhaltig sein, so erhält das Gesenk das Sollmaß des Biegeteiles.

Am Stempel befinden sich bewegliche Backen, die nach Beendigung des Biegevorganges, wenn der Stempel aufsitzt, durch gehärtete schräge Gleitflächen nach außen gedrückt werden. Beim Hochgehen des Stempels werden die Backen wieder zurückgezogen. Oberstempel und Unterstempel können also etwas hinterschnitten sein, um das Werkstück zu überbiegen.

Müssen die Innenmaße der Teile genau werden, so sind bewegliche Backen und Gleitflächen im Unterstempel zu verwenden **(Bild 2, Seite 84)**.

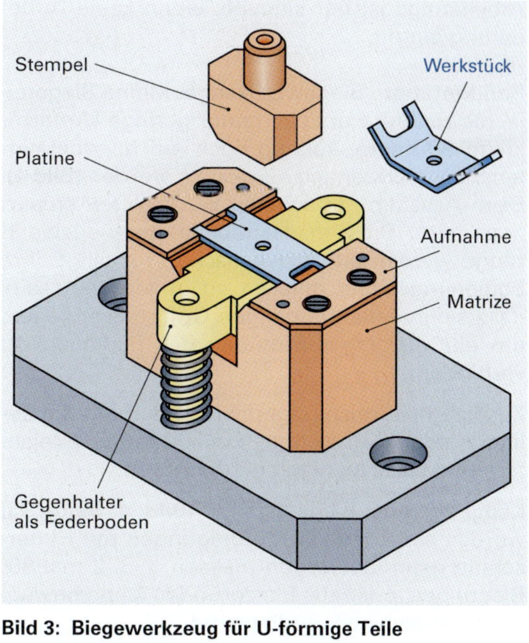

Bild 3: Biegewerkzeug für U-förmige Teile

1

Nach Beendigung des Biegevorganges drückt der Stempel die Backen nach unten. Dabei gleiten sie an Schrägflächen gegen die Schenkel des Biegeteiles und erzeugen einen seitlichen Druck. Die erforderlichen Druckkräfte werden mit Hilfe von Federn und durch das Abrichten der Führungsschrägen während der Erprobung des Werkzeuges so aufeinander abgestimmt, dass genau rechtwinklige Werkstücke entstehen. Dabei besitzt der Oberstempel das Sollmaß des Werkstückes. Durch Aufnahmen ist eine genaue Lage der Rohteile gewährleistet.

Oft müssen Biegewerkzeuge so aufgebaut sein, dass nach oder während des Biegevorganges noch ein weiterer Arbeitsgang ausgeführt wird. So können z. B. mit zusätzlichen Druckstempeln Buckel oder Ringwulste für Buckelschweißung in das Biegeteil eingedrückt werden. Mit keilgetriebenen Lochstempeln können Löcher oder Durchbrüche nach dem Biegen nahe der Biegekante geschnitten werden.

Mit einem einfachen **Verbundwerkzeug (Bild 3)** ist es möglich, U-förmige Werkstücke aus weichem Werkstoff zu biegen und sie anschließend auf genaues Passmaß zu schneiden **(siehe auch Seite 91)**. Das in die Aufnahme gelegte, mit Längenzugabe geschnittene Teil wird vom Biegestempel über den Formstempel gebogen. Der Pressenhub ist so eingestellt, dass das zwischen Formstempel und Biegestempel befindliche Teil gegen ein Druckkissen noch tiefer gedrückt wird. Dabei schneiden die Schneidkanten am Biegestempel das Werkstück genau ab. Eine solche Arbeitsfolge ist nur sinnvoll, wenn keine Auffederung eintritt.

Handbetätigte Biegewerkzeuge. Kleine Biegeteile, die zu ihrer Herstellung nur geringe Umformkräfte erfordern, können auch auf handbetätigten Biegewerkzeugen hergestellt werden **(Bild 4)**. Beim Arbeiten mit solchen Werkzeugen erspart man teure Pressen. Handbetätigte Biegewerkzeuge werden auf Arbeitstischen befestigt. Ihre Bedienungshebel müssen so angeordnet sein, dass sie in einem günstigen Griffbereich liegen, um ein vorzeitiges Ermüden des Bedieners zu verhindern.

Zusätzliche Einrichtungen wie pneumatische Zylinder oder fußbetätigte Einrichtungen erleichtern und beschleunigen oft die Arbeit.

Keilgetriebene Biegestempel **(Bild 4 Seite 93)** werden eingesetzt, wenn Biegungen mit Hinterschnitt gefertigt werden müssen, z. B. 2 mal 90° Biegungen, oder aus Platzgründen keine beweglichen Backen verwendbar sind.

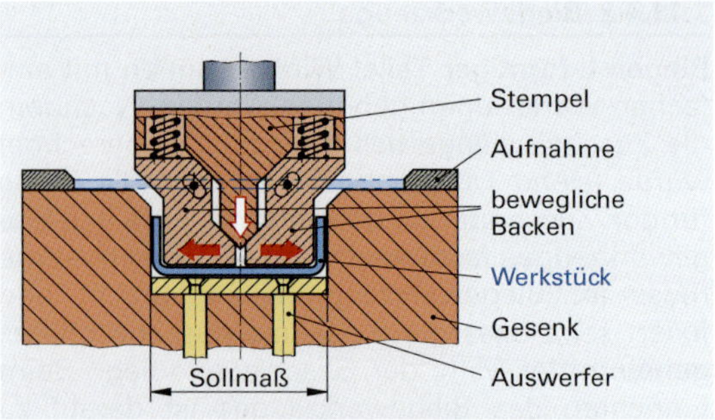

Bild 1: Biegewerkzeug für genaue Teile

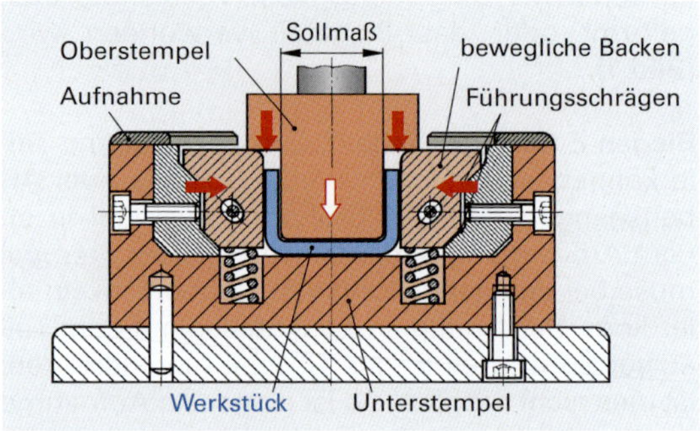

Bild 2: Biegewerkzeug mit beweglichen Backen

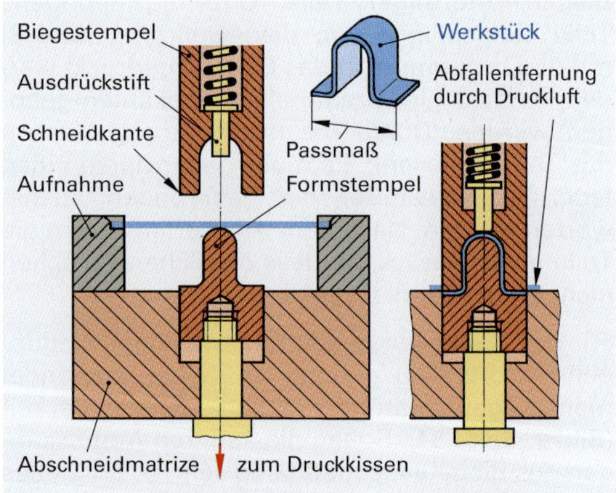

Bild 3: Biegeverbundwerkzeug

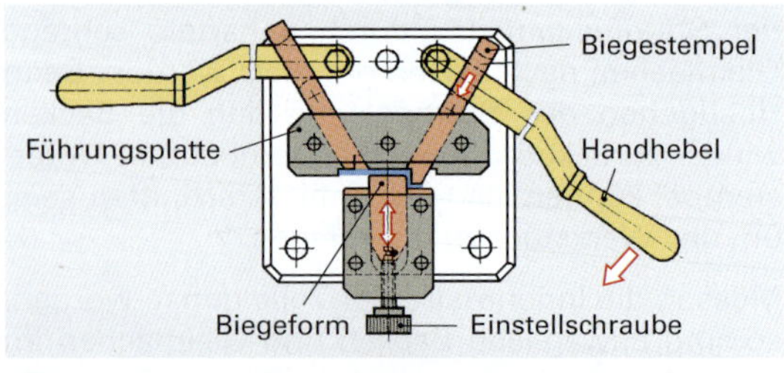

Bild 4: Handbetätigtes Biegewerkzeug

Rollbiegewerkzeuge verwendet man zur Herstellung von hohlen Wülsten an geraden Teilen, an Scharnieren, Gelenkbändern und an runden Ziehteilen als Randverstärkung.

Bei Werkstücken mit geradlinigen Kanten müssen vor dem Rollen die Rollenanfänge vorgebogen werden **(Bild 1)**. Dieses **Ankippen** oder Vorbiegen ist notwendig, weil sich die Rollenanfänge im Rollbiegewerkzeug nicht runden, sondern gerade bleiben.

Bei Schnittteilen wird das Ankippen meist mit dem Schneidstempel **(Bild 2)** vorgenommen. Zu diesem Zweck ist der Schneidstempel entlang der Schneidkante, die ankippen soll, gerundet. Der Rundungshalbmesser ist gleich dem halben Innendurchmesser der Rolle. Werden Gelenkbänder und Scharniere aus Bändern gefertigt, so kann das Ankippen meist nicht mit dem Schneidstempel vorgenommen werden. In solchen Fällen verwendet man für das Vorbiegen besondere Ankippwerkzeuge **(Bild 3)**.

Das angekippte Werkstück wird in dem Rollbiegewerkzeug **(Bild 4)** fertig geformt. Es wird so in das Unterteil des Werkzeuges geschoben, dass die angekippte Kante oben ist. Bei der Abwärtsbewegung des Rollenstempels wird die Rolle in der zylindrischen Aussparung des Stempels gebogen. Da das Werkstück etwas mehr als halbkreisförmig umschlossen ist, zieht es der hochgehende Stempel aus dem Unterteil des Rollbiegewerkzeuges heraus. Das hochgezogene Teil kann außerhalb der Führung leicht abgenommen oder mit einem Ausstoßer entfernt werden.

Damit die Reibung zwischen Stempel und Werkstück möglichst gering ist, muss der gehärtete Stempel an der Rollfläche geglättet sein.

Der Stempel wird mit so viel Zugabe vorgerichtet, dass für die Rollenform zunächst die volle Bohrung eingearbeitet werden kann. Nach dem Abarbeiten der Zugabe und nach dem Härten werden die Führungsflächen auf Maß geschliffen und die Form nachpoliert. Hartmetalleinsätze sind bei geeigneter Fertigungseinrichtung vorzuziehen.

In Folgeverbundwerkzeugen werden die Werkstücke in der 1. Stufe gekippt und in der 2. Stufe gerollt **(Bild 5)**. Hierfür sind meist Keilschieber eingebaut, die durch Keilstempel betätigt werden. Die Rollform des Keilschiebers muss dabei so gestaltet sein, dass beim Hochgehen des Stempels und damit beim Zurückziehen des Keilschiebers das Werkstück nicht mitgenommen wird, da dieses im Folgeverbundwerkzeug nur in Richtung des Streifenvorschubs bewegt werden kann **(Bild 6)**.

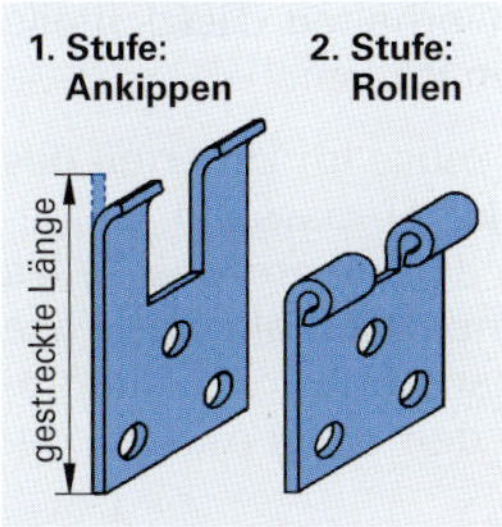

Bild 1: Ankippen

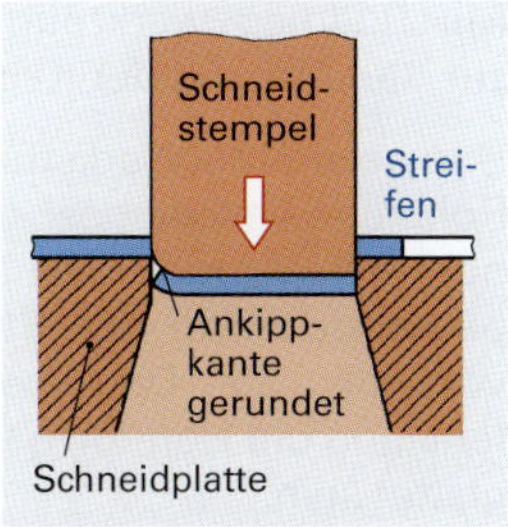

Bild 2: Rollbiegeteil

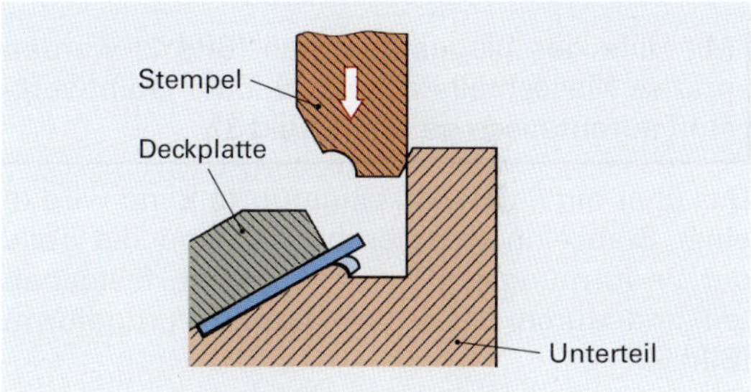

Bild 3: Ankippwerkzeug

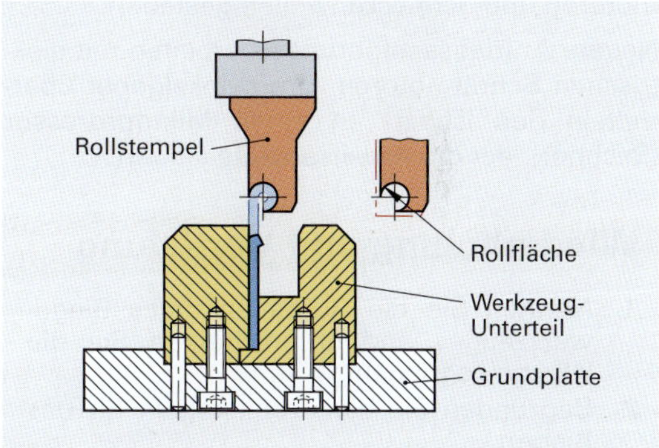

Bild 4: Rollbiegewerkzeug

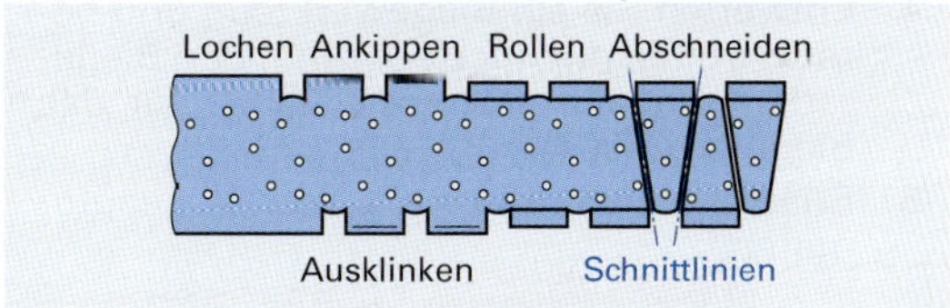

Bild 5: Rollbiegen im Folgeverbundwerkzeug

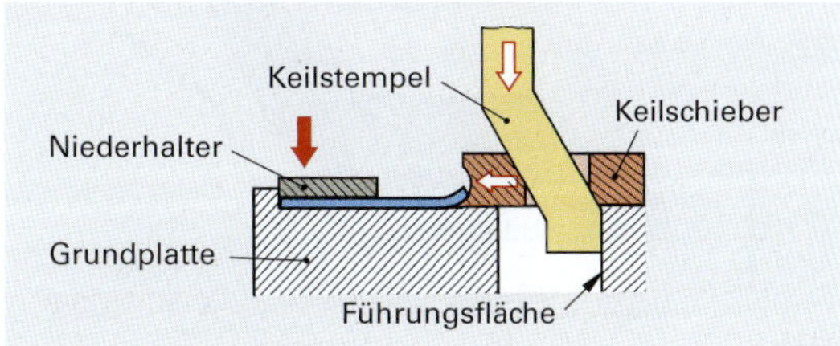

Bild 6: Keilschieber

1

Mit Rollbiegewerkzeugen erhalten Tiefziehteile zur Verstärkung der Kanten Wülste.

Das gezogene Werkstück muss im Unterteil des Rollbiegewerkzeuges **(Bild 1)** passend aufgenommen werden. Die in das Innere des Teiles passende Form des Stempels erhält eine Fase von etwa 30°. Die Oberfläche des Stempelzapfens und die Hohlform für den Wulst müssen geglättet sein.

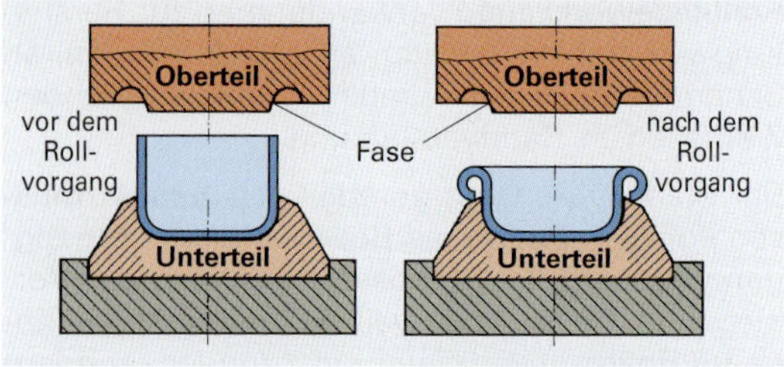

Bild 1: Rollbiegewerkzeug für Hohlteile

1.11.4.3 Biegen mit Biegeautomaten

Mit Hilfe des Biegeautomaten **(Bild 2)** werden präzise Massenteile aus Band- oder Drahtwerkstoff automatisch gefertigt **(Bild 3)**.

Das über ein Richtwerk eingeführte Band wird in einer Stanzeinheit zugeschnitten und die Teile der Verformungsstationen zugeführt, festgehalten und durch Biegevorrichtungen umgeformt **(Bild 5)**.

Der Biegeautomat wird über eine zwangsgeführte Kurve oder über hydraulische Radialkolbenmotoren und Schneckenwellen gesteuert.

Neuere Antriebsausführungen arbeiten mit elektrischen Schrittmotoren. Drehwinkelgeber übermitteln den Istwert an einen Mikroprozessor (Rechner), der die Arbeitsabläufe steuert.

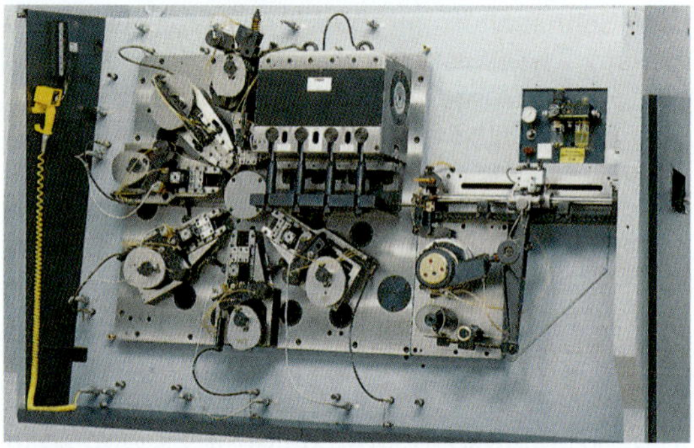

Bild 2: Biegeautomat

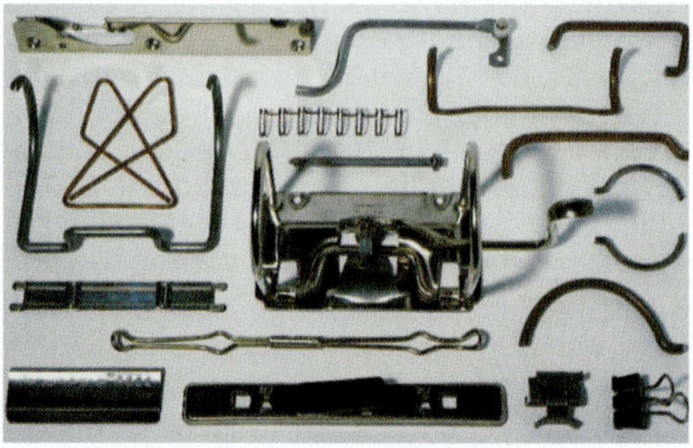

Bild 3: Biegeteile

Wiederholung und Vertiefung

1. Nennen Sie die Aufgaben eines Biegewerkzeuges und unterscheiden Sie die Wirkbewegungen.
2. Begründen Sie die Arbeitsregeln für das Biegen.
3. Beschreiben Sie die Vorüberlegungen bei der Gestaltung eines Biegewerkzeuges.
4. Entwerfen Sie ein Biegewerkzeug und berechnen Sie die Rückfederung, den Biegeradius und die gestreckte Länge für das Biegeteil **(Bild 4)**.
5. Erläutern Sie die Vorteile von Biegeautomaten.

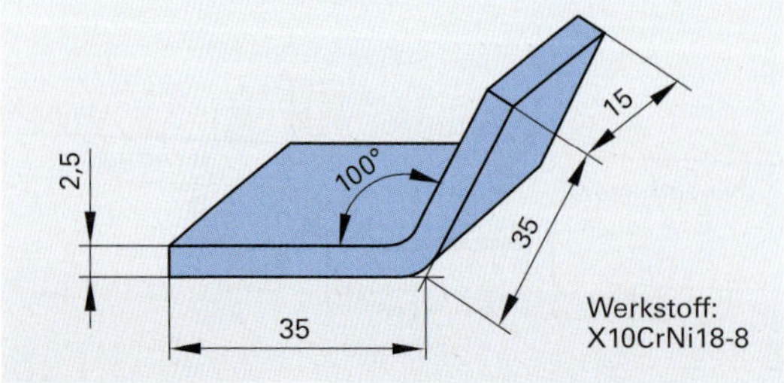

Bild 4: Biegeteil

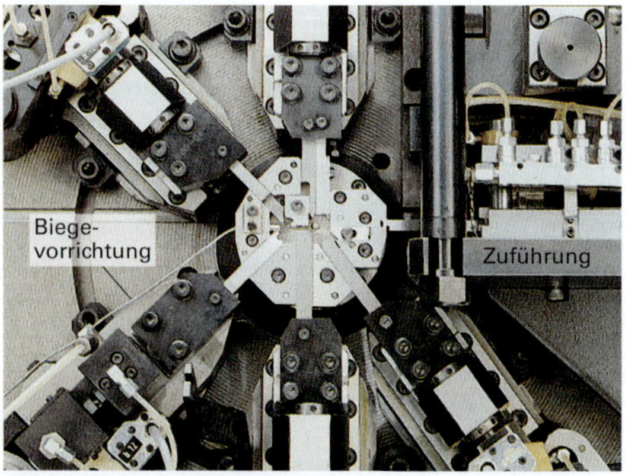

Bild 5: Umformungsstation

1.11.4.4 Berechnungen zum Biegen

Um ein Werkzeug für die Herstellung von Biegeteilen konstruieren zu können, sind Kenntnisse über das Werkstoffverhalten des für die Biegeteile verwendeten Werkstoffes sowie grundsätzliche Berechnungen zu dieser Technologie notwendig.

In den Biegeteilen entstehen durch die Umformung des Werkstoffes in der Biegestelle Zug- und Druckspannungen, während der Werkstoff in der Werkstückmitte keine Belastung erfährt **(Bild 3, Seite 82).** Um Biegeteile gebrauchsfertig herstellen zu können, muss der Werkstoff über den elastischen Bereich hinaus im **plastischen Bereich** verfomt werden. Diese Bereiche lassen sich aus einem Festigkeitsdiagramm oder Spannungs-Dehnungs-Diagramm (ε-σ-Diagramm) entnehmen.

Beim Umformen im plastischen Bereich ist immer noch ein elastischer Anteil vorhanden, so dass der Werkstoff und damit das Werkstück, nach Wegnahme der äußeren Kraft einer Rückfederung unterliegt. Der Betrag der Rückfederung hängt hauptsächlich von dem Verformungsverhalten des Werkstoffs, vom Biegeradius *r* und der Werkstoffdicke *s* ab.

Berechnungen zum Biegeteil Bild 3, Seite 83

Um die Konstruktion von wichtigen Werkzeugteilen durchführen zu können, sind einige Berechnungen notwenig. Die Werkstückmaße zeigt **Bild 1.**

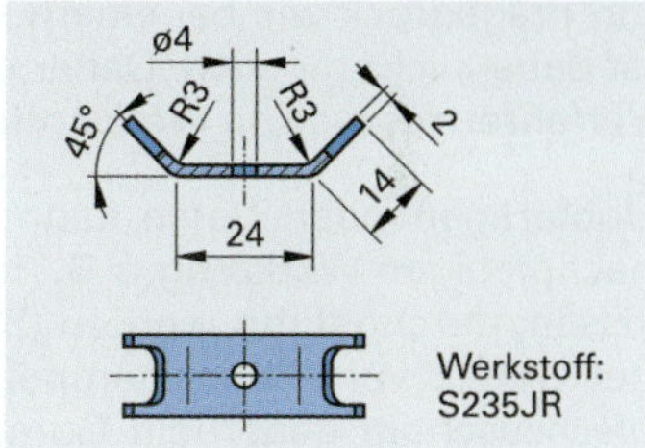

Bild 1: Werkstück

Gesucht werden:

1. Ist der kleinste zulässige Biegeradius eingehalten?
2. Ist der zulässige Abstand einer Bohrung zur Biegekante vorhanden?
3. Wie groß ist die Ausgangslänge L des Biegeteils?
4. Ergibt sich eine Rückfederung im Werkstoff und welche Auswirkungen hat dies auf Biegestempel und Biegegesenk?

Lösungsvorschlag:

1. Aus der Tabelle im Tabellenbuch ergibt sich, dass für die Stahlsorte 235JR der Wert für den kleinsten zulässigen Biegeradius beim Biegen längs oder quer zur Walzrichtung bei einer Dicke $s = 2$ mm gleich ist, nämlich 2,5 mm. **Bei dem vorgegebenen Biegeradius $r = 3$ mm besteht deshalb keine Gefahr von Rissen im Werkstoff.**

2. Die Faustformel auf Seite 82 lautet $a \geq r + 2\,s$.
   $\boldsymbol{a = 3\text{ mm} + 2 \cdot 2\text{ mm} = 7\text{ mm} < 10\text{ mm}}$**, somit ist der notwendige Abstand vorhanden.**

3. Zuschnittsermittlung um die Ausgangslänge *L* zu bestimmen. Aufgrund der unterschiedlichen Beanspruchungen im Werkstoff ändert sich bei unterschiedlichen Biegeradien und Biegewinkeln der Ausgleichswert *v* zur Zuschnittsermittlung.

   $$L = a + b - v$$

   Bei 90°-Biegewinkel können die Werte aus der Tabelle entnommen werden (siehe Tabellenbuch). Bei beliebigen Biegewinkeln sind die Werte zu berechnen. Ausgleichswert *v* für β über 90° bis 180°:

   $$v = 2 \cdot (r + s) \cdot \tan \frac{180° - \beta}{2} - \pi \left(\frac{180° - \beta}{180°}\right) \cdot \left(r + \frac{s}{2} \cdot k\right)$$

   $$\boldsymbol{v} = 2 \cdot (3\text{ mm} + 2\text{ mm}) \cdot \tan \frac{180° - 135°}{2} - \pi \left(\frac{180° - 135°}{180°}\right) \cdot \left(3\text{ mm} + \frac{2\text{ mm}}{2} \cdot 0{,}769\right) = \mathbf{1{,}18\text{ mm}}$$

   $$\boldsymbol{L = a + 2 \cdot b - 2 \cdot v = 24\text{ mm} + 2 \cdot 14\text{ mm} - 2 \cdot 1{,}18\text{ mm} = 49{,}64\text{ mm}}$$

   Der Korrekturfaktor *k* wird aus einer zeichnerischen Darstellung entnommen oder wird berechnet:

   $$k = 0{,}65 + 0{,}5 \cdot \lg \frac{r}{s}$$

   lg = log10 = dekadischer (Zehner-)Logarithmus

   $$k = 0{,}65 + 0{,}5 \cdot \lg \frac{3}{2} = 0{,}769$$

4. Auswirkungen auf Biegestempel und Biegegesenk.

   Verhältnis $\frac{r_2}{s} = \frac{3\text{ mm}}{2\text{ mm}} = 1{,}5$ damit aus Tabelle Rückfederungsfaktor

   Biegewinkel vor Rückfederung $\alpha_1 = \frac{\alpha_2}{k_R} = \frac{45°}{0{,}99} = 45{,}45°$

   Das Werkstück muss um 0,45° überbogen werden (Bild 2).

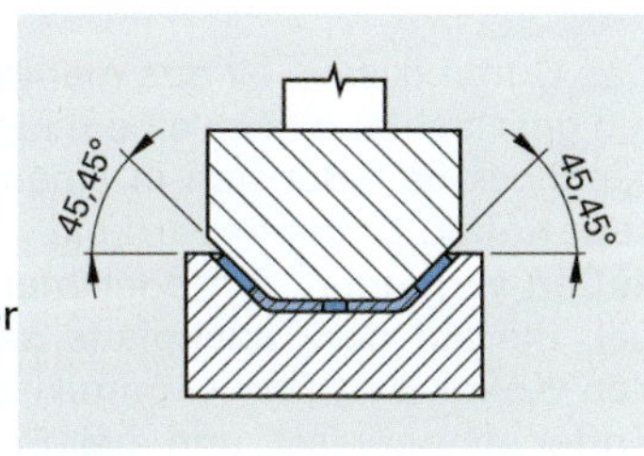

Bild 2: Biegestempel und -gesenk

1

1.11.5 Umformwerkzeuge mit Wirkmedien

Neben starren Werkzeugen werden häufig zum Umformen von Werkstoffen Wirkmedien verwendet. Wirkmedien sind Gummikissen, Gummistempel, Flüssigkeiten und Gase.

Bei **Biegewerkzeugen mit Gummikissen (Bild 1)** hat der Stempel die dem Werkstück entsprechende Form. Er drückt den Zuschnitt in ein nachgiebiges Kissen aus Gummi, das im Gegendruck den Werkstoff an den Formstempel presst. Ein Prägedruck wie bei einem starren Werkzeug ist dabei nicht möglich. Daher eignet sich dieses Verfahren für weiche Werkstoffe.

Hohlprägen oder **Tiefen** kann auch mit einem nachgiebigen Werkzeug, z. B. mit einem Gummikissen, durchgeführt werden **(Bild 2).** Der mit einer Gravur versehene Stempel drückt den Feinblechzuschnitt gegen ein Gummikissen, das im Gegendruck den Zuschnitt in die Vertiefung der Gravur drückt und diese genügend genau und bleibend abformt. Dieses Verfahren eignet sich besonders für oberflächenempfindliche, z. B. kunststoffbeschichtete Feinbleche.

Auch das **Weiten** kann mit Hilfe von Wirkmedien, z. B. mit einem Gummistempel **(Bild 3)** oder mit Flüssigkeiten **(Bild 4),** durchgeführt werden. Außerdem werden zum Weiten Stahlkugeln, in die ein Verdrängungsstempel eindringt, Druckgase, Magnetfelder und für schwer zu formende Werkstoffe auch Explosivstoffe verwendet.

Dabei können die Innenwände der Gesenke erhabene oder vertiefte Gravuren besitzen, die beim Anpressen auf das Werkzeug übertragen werden.

Bei den **Gesamtverbundwerkzeugen (Bild 5)** für Ziehen und Abschneiden wird ein Zuschnitt durch ein Gummikissen so stark gegen einen Formstempel gepresst, dass er dessen Form annimmt und an dessen scharfen Kanten abgeschert wird.

Das Gummikissen ist aus mehreren Gummiplatten geschichtet und zu einem Block verklebt. Dieser Block befindet sich in einem Gehäuse, dem sog. Koffer. Dadurch wird ein Ausweichen nach außen verhindert. Ein oder mehrere Formstempel, die auf der Tauchplatte sitzen, tauchen in den Koffer ein. Das Gummikissen wird in den Koffer eingepresst und bei Erneuerung durch Druckluft ausgedrückt.

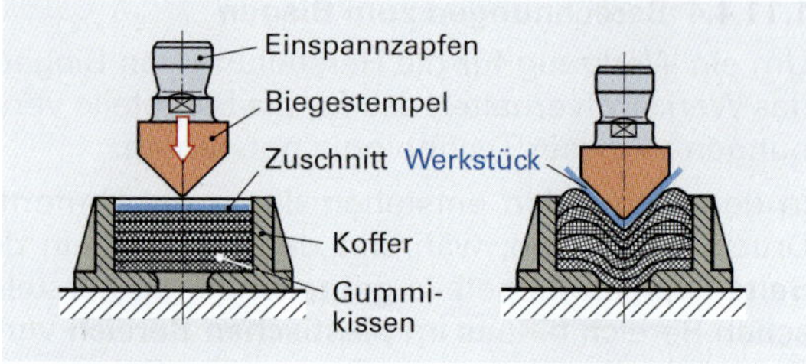

Bild 1: Biegewerkzeug mit Gummikissen

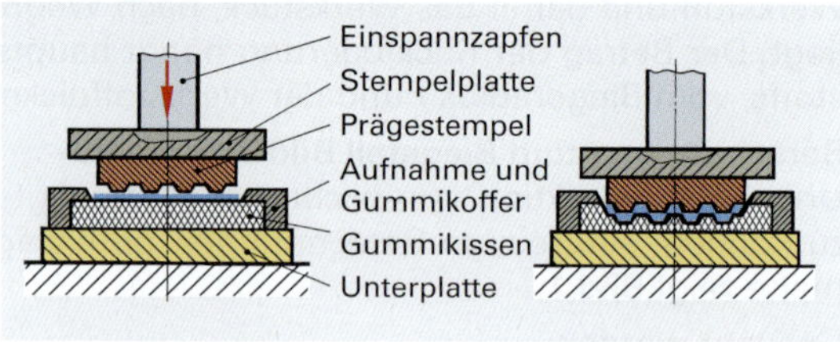

Bild 2: Hohlprägen mit Gummikissen

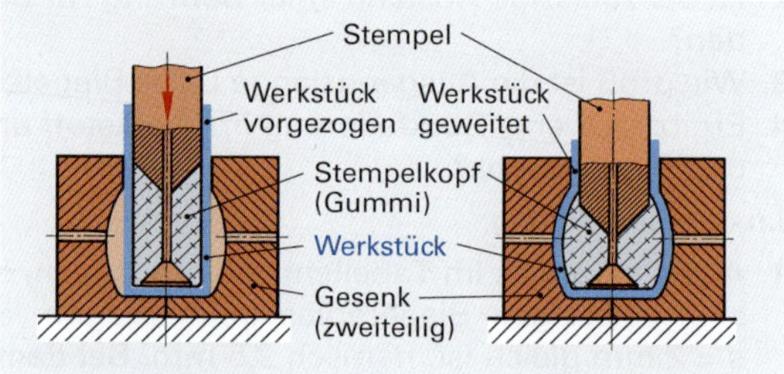

Bild 3: Weiten mit Gummistempel

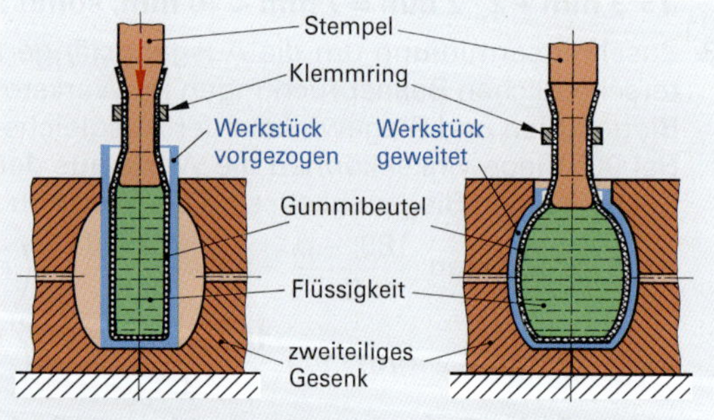

Bild 4: Weiten mit Flüssigkeiten

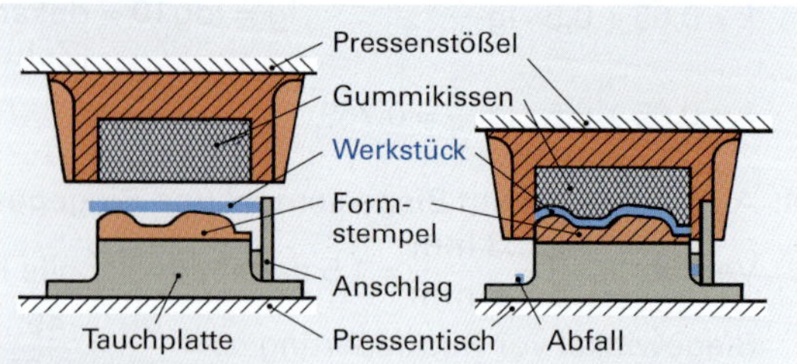

Bild 5: Werkzeug zum Umformen und Abschneiden

1.11.6 Innenhochdruckumformen

Beim Innenhochdruckumformen (IHU) auch Hydroforming genannt, werden ausgehend von Rohren, Hohlprofilen oder geschweißten Hohlformen in Werkzeugen durch Flüssigkeitsdruck Hohlkörper mit komplexer Geometrie **(Bild 1)** oder wie in **Bild 2, Seite 90** dargestellt gefertigt.

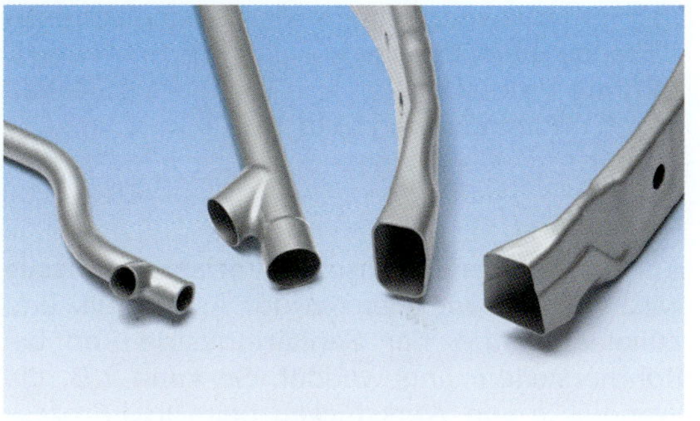

Bild 1: Durch Innenhochdruckumformen hergestellte Bauteile

Verfahrensprinzip

Das IHU ist ein Kaltumformverfahren. Beim Aufweiten des Rohteils wird dieses in axialer oder auch in radialer Richtung gestaucht und abschließend durch den Kalibrierdruck gegen die Werkzeugwand expandiert. Man spricht deshalb auch von der ASE-Technik (**A**ufweiten-**S**tauchen-**E**xpandieren). Der dadurch herrschende dreidimensionale Spannungszustand ermöglicht hohe Umformungsgrade.

Bei Bauteilen, bei denen nicht axial nachgeschoben werden kann, erfolgt die Umformung nur aus der Wanddicke heraus. Man nennt dieses Verfahren, das eigentlich nur ein Kalibriervorgang ist, AE-Technik (**A**ufweit-**E**xpandier-Technik.

Das Umformwerkzeug besteht aus einem Werkzeugober- und -unterteil **(Bild 2 und Bild 3).** Der Fertigungsprozess wird im Einzelnen am Beispiel von T-Stücken, die als Kupferfittings oder als Knotenelemente von tragenden Strukturen Verwendung finden, dargestellt **(Bild 3).** Der Rohling wird in eine geteilte Werkzeugform eingelegt. Zwei axiale Dichtstempel (Axialkolben) verschließen die beiden Rohrenden des Rohteils. Einer der Dichtstempel ist als Hohlstempel ausgeführt. Nach dem Schließen der Werkzeughälften wird das Rohteil entlüftet. Regelbare Pumpen füllen durch die Bohrung des Hohlstempels das Rohteil bis zu einem definierten Vordruck mit einer Wasser-Öl-Emulsion. Die Umformung des Rohteils bewirken die Axialkolben, die den Werkstoff stauchen. Gleichzeitig weitet das Wirkmedium das Rohteil mit bis zu 4000 bar auf.
Dieser hohe Druck wird durch Druckübersetzer erzeugt. Der Gegenhalter regelt während des Umformungsvorgangs den Werkstofffluss. Durch das seitliche Nachschieben und den Innendruck kann die Wanddicke des Bauteils beeinflusst werden. Der Kalibrierdruck sorgt dafür, dass das Werkstück überall an der Werkzeugwand anliegt. Ist der Vorgang abgeschlossen, öffnet sich das Werkzeug, und das Bauteil wird ausgeworfen.

Bild 2: Umformwerkzeug zum Innenhochdruckumformen mit Werkstück

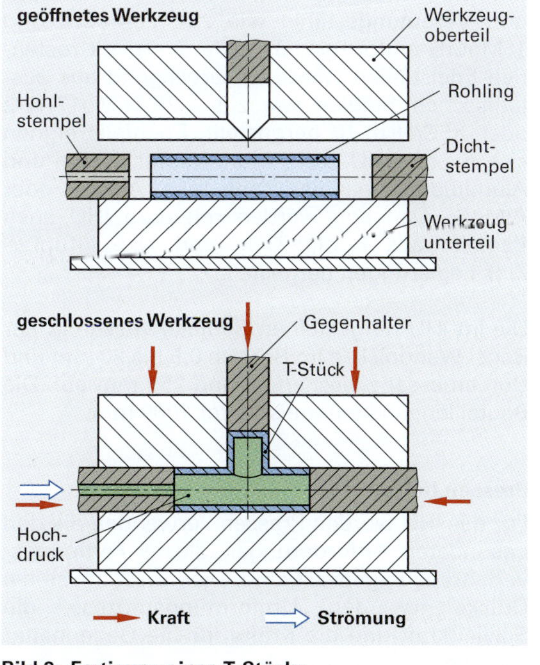

Bild 3: Fertigung eines T-Stücks

1

Der Fertigungsprozess erfordert für jedes herzustellende Bauteil genau auf den Werkstoff abgestimmte Prozessgrößen wie Innendruck, Zuhaltekraft und Stauchweg **(Bild 1)**.

Anwendung

Aufgrund seiner spezifischen **Verfahrensvorteile** wird das IHU vor allem in der Automobil- und Zulieferindustrie, der Sanitärindustrie und bei Rohrherstellern angewendet. So kann z. B. die Wanddicke von Werkstücken beim IHU-Prozess gezielt gesteuert werden. Dadurch werden große Gewichtseinsparungen erreicht. Bei der Herstellung der Motorträger **(Bild 2)** konnte die Anzahl der Einzelteile deutlich reduziert werden. Daher sind im Vergleich zur konventionellen Fertigung statt acht nur noch zwei Schweißnähte notwendig. Die dadurch vermiedenen Verbindungsstellen erhöhen die Steifigkeit bzw. Festigkeit des Bauteils, wodurch sich die Lebensdauer der Bauteile wesentlich erhöht. Außerdem wird durch die Kaltverfestigung das Bauteil außerordentlich verwindungssteif. Daher kann die Wanddicke im Vergleich zu konventionell gefertigten Werkstücken geringer ausfallen. Werkzeugkosten, Stückkosten und Bauteilgewicht werden so deutlich reduziert **(Bild 3)**.

Grundsätzlich eignen sich die meisten Stahlwerkstoffe zum IHU, die auch durch Tiefziehen verarbeitet werden. Darüber hinaus lassen sich mit diesem Umformverfahren auch Einsatz- und Vergütungsstähle wie z.B. 20MoCr4 und 16MnCr5 umformen. Bauteile aus nicht rostenden Edelstählen werden überwiegend aus austenitischen Stählen wie z.B. X2CrNiMo17-12-2 oder X5CrNi18-10 hergestellt. Ebenfalls eignen sich für das IHU auch Titan, Kupfer, Nickel und Aluminium-Knetlegierungen wie AlMg1 oder AlMgSi. Daneben werden mit dem IHU auch Bauteile aus Kupfer-Zink- und Nickel-Kupfer-Zink-Legierungen hergestellt.

Die im IHU hergestellten Bauteile weisen in der Regel Wanddicken im Bereich 0,5 bis 20 mm und Durchmesser zwischen 10 und 250 mm auf. Die Bauteillängen liegt meist unter 1000 mm.

Pressen für das IHU

Für das IHU werden Pressen verwendet, die den besonderen Anforderungen dieses Fertigungsverfahrens angepasst sind. Die Presse muss die Drücke für den Umformungsprozess, die Schließkraft und die Kräfte für die Gegenhalter erzeugen.

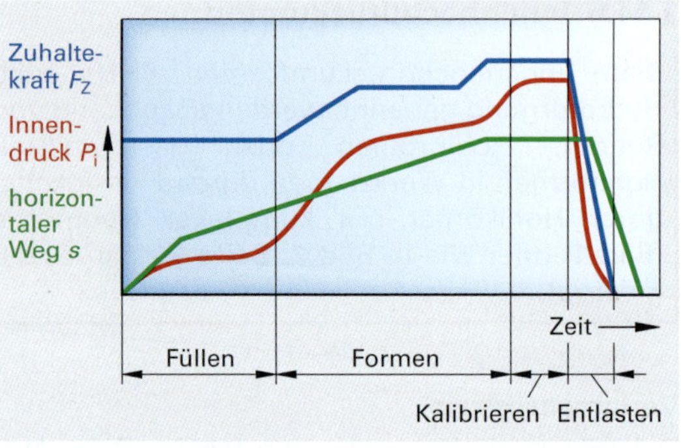

Bild 1: Prozessgrößen

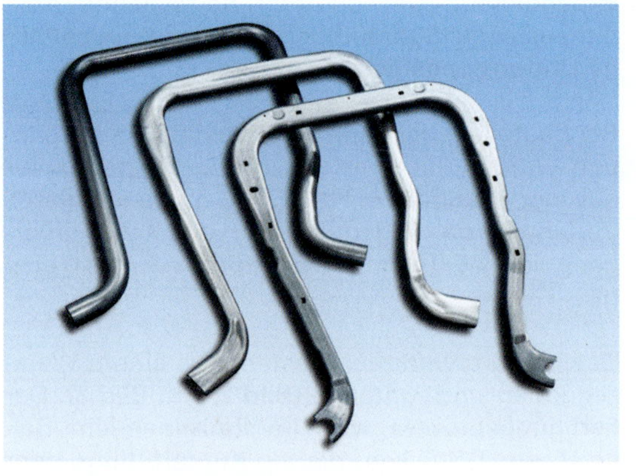

Bild 2: Motorträger für Pkw

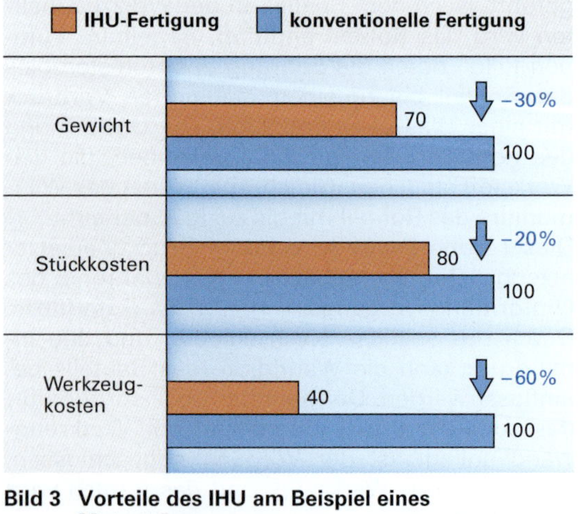

Bild 3 Vorteile des IHU am Beispiel eines Motorträgers

1.12 Verbundwerkzeuge

Verbundwerkzeuge vereinigen in sich Zerteil- und Umformwerkzeuge. Man unterscheidet Folgeverbund- und Gesamtverbundwerkzeuge.

1.12.1 Folgeverbundwerkzeuge

Mit Folgeverbundwerkzeugen werden Schneid- und Umformvorgänge nacheinander in einem Werkzeug durchgeführt. Sie eignen sich für die Fertigung kleiner und komplizierter Werkstücke.

Folgeverbundwerkzeuge sind meist umfangreich. Sie besitzen häufig mechanische Kraftumlenkungssysteme, z. B. Keilschieber, um innerhalb der Bearbeitungsstufen Umformungen vornehmen zu können **(Bild 1)**. Der Schnittstreifen wird in diesem Werkzeug mit Formseitenschneidern beschnitten, was eine exakte Vorschubbegrenzung und genaue Führung zur Folge hat. In den folgenden Stationen wird gelocht, ein- und freigeschnitten, vorgerollt, gerollt und zum Schluss so abgeschnitten, dass zwei verschiedene Werkstücke entstehen. Am Werkzeugende sorgt ein Stempel für die Abfalltrennung.

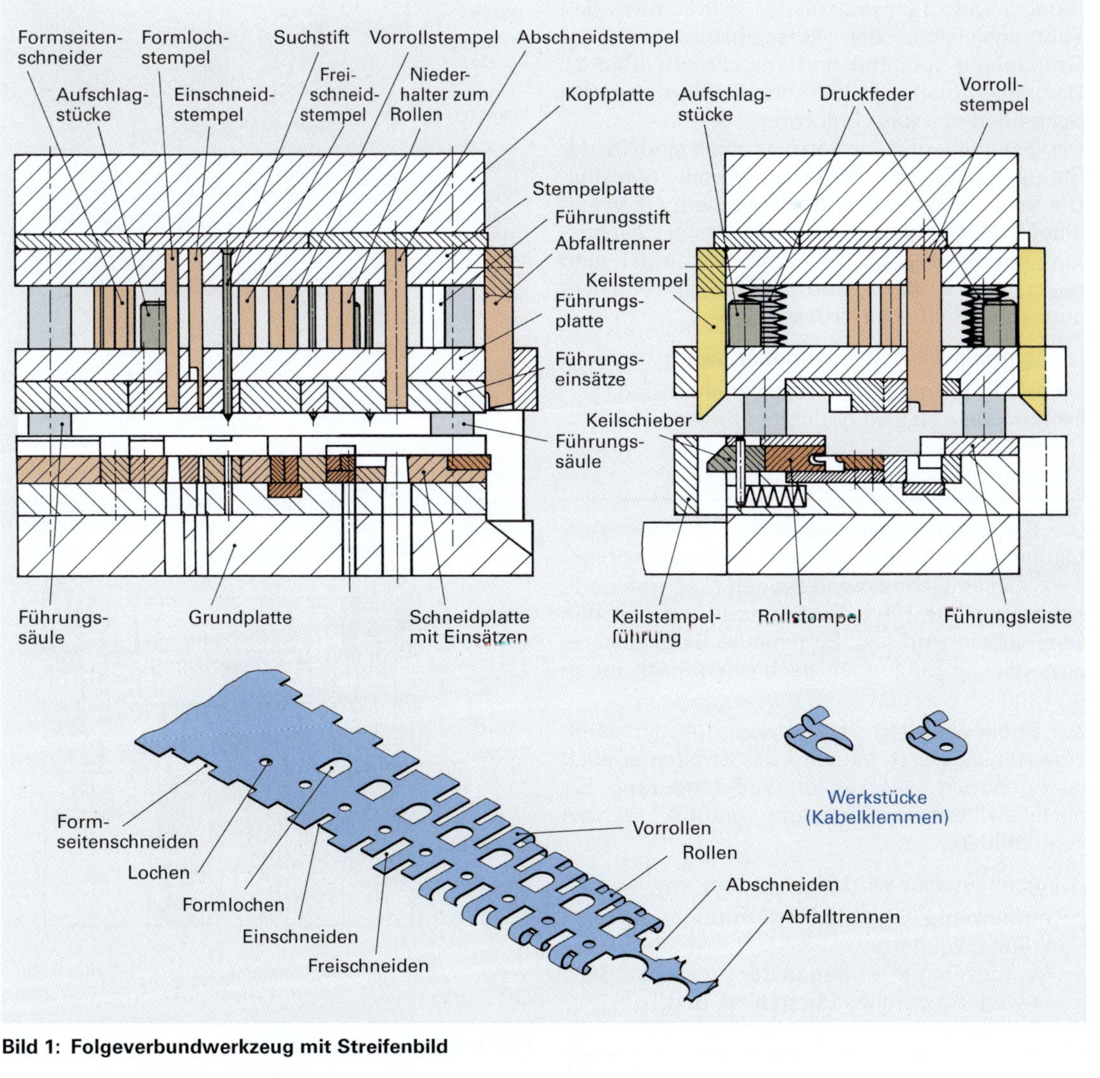

Bild 1: Folgeverbundwerkzeug mit Streifenbild

1

1.12.2 Aufbau der Folgeverbundwerkzeuge

Folgeverbundwerkzeuge enthalten grundsätzlich drei Arbeitsstufen:

- **Schneidstufe.** In der Schneidstufe wirken die Schneidstempel für das Freischneiden, das Einschneiden und das Lochen.
- **Umformstufe.** In der Umformstufe kommen Umformstempel wie Biegestempel, Ziehstempel und Prägestempel zum Einsatz.
- **Trennstufe.** In der Trennstufe am Ende des Verbundwerkzeuges wird noch aus- oder abgeschnitten **(Bild 1)**.

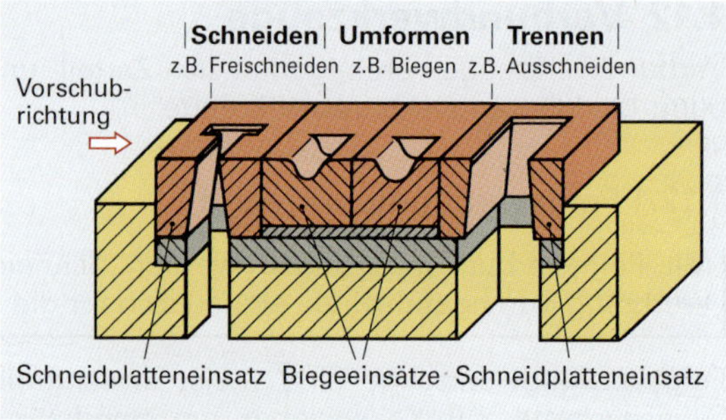

Bild 1: Arbeitsstufen

Nach der Art der Stempelführung unterscheidet man Werkzeuge mit **Plattenführung** und **Säulenführung.**

Kennzeichnend für die **Plattenbauweise** ist die Anordnung der Führungsplatte im Werkzeugunterteil. Die Führungsplatte wird mit den Führungsleisten, der Einsatzplatte und der Grundplatte verstiftet und verschraubt **(Bild 2)**. Die Einsatzplatte enthält die Einsätze für das Schneiden und das Umformen.

Die Schneid- und Umformstempel sind in der Stempelplatte im Werkzeugoberteil befestigt. Die Schneidstempel sind mit kleinem Übermaß eingebaut. Sie bleiben während des Nachschleifens im Werkzeug. Die Umformstempel sind meist angeschraubt und können somit leicht aus- und eingebaut werden.

Plattenbauweise ist anwendbar, wenn

- die Umformkräfte abwärtsgerichtet sind,
- nur kleine seitlich gerichtete Kräfte auftreten,
- die Blechdicke > 0,5 mm beträgt.

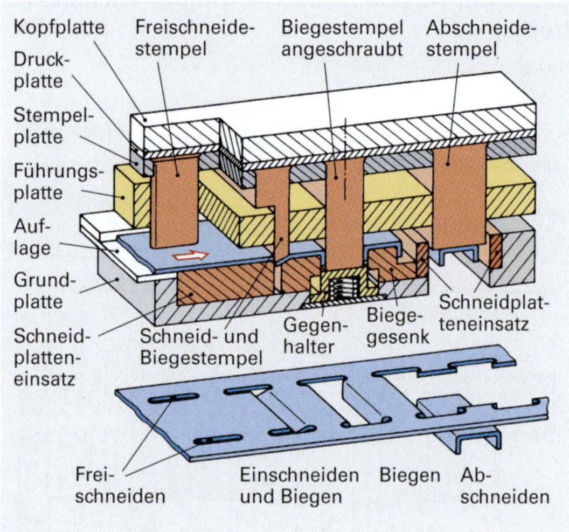

Bild 2: Plattenbauweise

Die **Säulenführungsbauweise** ist in ihrem Aufbau genauso wie bei den entsprechenden Folge- bzw. Gesamtschneidwerkzeugen. Die gefederte Führungsplatte führt die Stempel und hält den Streifenwerkstoff fest. Eingebaute Biegeeinsätze ermöglichen Biegungen nach oben, nach unten und seitlich.

Zur Streifenhebung sind gefederte Abhebestifte vorzusehen. Durch sie wird der Streifen so weit hochgehoben, dass er ohne Behinderung zur nächsten Bearbeitungsstufe geführt werden kann **(Bild 3)**.

Säulenbauweise wird angewendet, wenn

- außermittig liegende Umformungen Seitenkräfte erzeugen,
- Umformungen entgegen der Pressenstößelbewegung durchzuführen sind, und
- die Blechdicke < 0,5 mm beträgt.

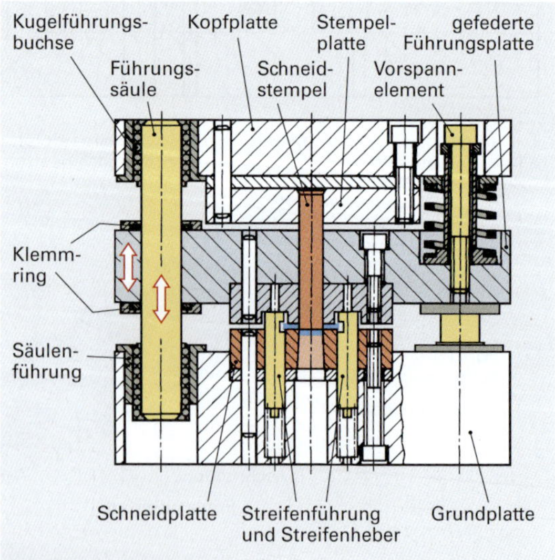

Bild 3: Säulenbauweise

Werkzeugaufbau bei nicht nachstellbaren Stempeln

Wird mit einem Pressenhub sowohl geschnitten, gelocht und gebogen, müssen die nicht nachstellbaren Schneid- und Biegestempel beim Einbau gleich auf die richtige Länge abgestimmt werden **(Bild 1)**. Diese Maße lassen sich berechnen oder aus Versuchen ermitteln.

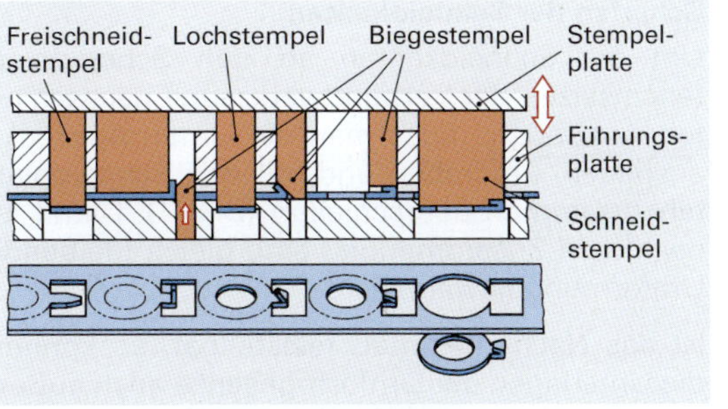

Bild 1: Nicht nachstellbare Stempel

Werkzeugaufbau beim Biegen von oben

Sind Biegestempel im Werkzeugoberteil befestigt, so können diese auch über Keile in ihrer wirksamen Länge eingestellt werden. Über eine Gewindespindel und einen Keilschieber wird der Biegestempel bewegt. Durch eine Feder ist ein Rückzug des Keilschiebers möglich **(Bild 2)**.

An modernen Folgeverbundwerkzeugen für hohe Stückzahlen ist so während des Stanzvorganges mit Hilfe von Stellmotoren ein NC-gesteuertes Nachstellen der Biegestempel durchführbar.

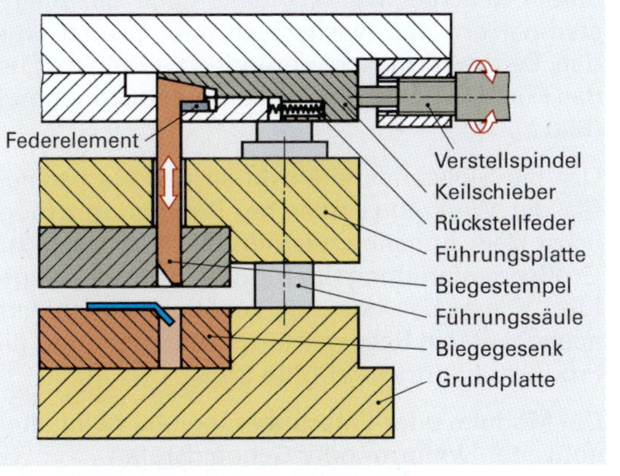

Bild 2: Nachstellbarer Biegestempel

Werkzeugaufbau beim Biegen von unten

Durch eine vom niedergehenden Werkzeugoberteil ausgehende Bewegung, die über einen Stößel auf eine Wippe übertragen wird, kann eine gegenläufige Biegeumformung durchgeführt werden. Durch die Verstellung des Stößels kann der Umformweg der Biegestempel eingestellt und gegebenenfalls nachgestellt werden **(Bild 3)**.

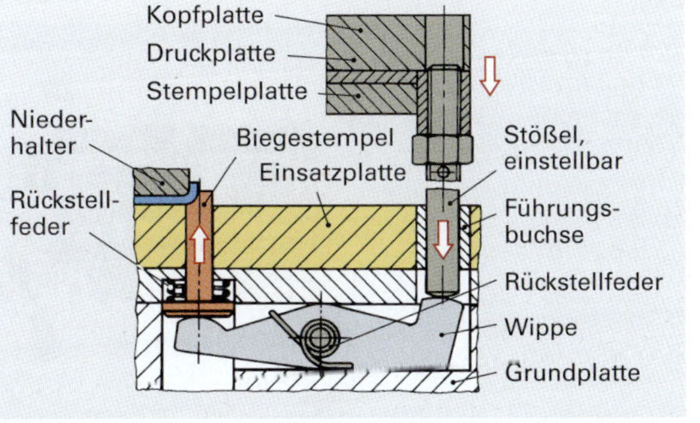

Bild 3: Biegewippe

Werkzeugaufbau beim Biegen von der Seite

Sind quer zur Vorschubrichtung Biegeoperationen vorzunehmen, so werden Keilstangen oder -stempel und Keilschieber in die Werkzeuge eingebaut **(Bild 4)**. Sie bewirken eine horizontale Umformbewegung und können mehrfach hintereinander angeordnet sein, um ein Werkstück vor und fertig zu biegen.

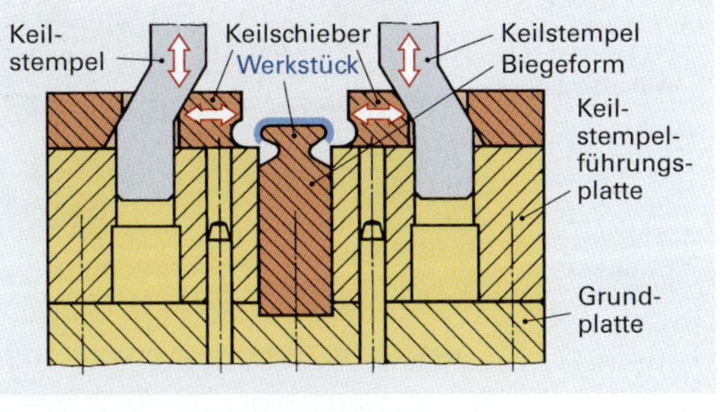

Bild 4: Biegen mit Keilschieber

Gestaltungsrichtlinien

- Baugruppen sind so anzuordnen, dass die Bauteile der Umformstufe vor dem Nachschärfen der Schneidkanten ausgebaut werden können.
- Die Arbeitsfolgen sind so auszulegen, dass zwischen den Schneidplattendurchbrüchen und Bohrungen genügend Platz ist, um die Rissgefahr gering zu halten. Leerstufen sind vorzusehen.
- Die Schneidplatte wird in einzelne Schneid- und Umformsegmente aufgeteilt, damit diese unterschiedlich gehärtet werden können. Bei großen Stückzahlen wird für die Schneid- und Umformstempel bzw. -gesenke Hartmetall verwendet.

1

Schärfen der Schneidkanten

Um die Schneidkanten an den Schneidplatteneinsätzen der Verbundwerkzeuge nachschleifen zu können, muss man die Umformgesenke ausbauen, umdrehen und mit den Schneidplatten zusammen überschleifen **(Bild 1)**. Damit ist nach dem Zusammenbau eine gleich bleibende Umformung gewährleistet.

Ist das Nachschleifmaß feststellbar, so können die Unterlagen der Umformgesenke auch außerhalb des Werkzeuges nachgeschliffen werden.

Beim Nachschleifen der Schneidstempel muss darauf geachtet werden, dass auch die Biegestempel um das Nachschleifmaß gekürzt werden. Da die Form nicht verändert werden darf, ist das Kürzen an den Stempelköpfen vorzunehmen **(Bild 2)**.

Um die Stillstandszeiten durch das Nachschleifen der Werkzeuge oder bei Reparaturen möglichst klein zu halten, werden die Werkzeuge zur Großserienfertigung in Modulbauweise ausgeführt. Die zu bearbeitende Funktionseinheit wird ausgebaut, ein Reservemodul eingebaut und die Produktion fortgesetzt **(Bild 3)**.

Die Module, oder Einschubeinheiten, beinhalten entweder Umform- oder Schneidstufen.

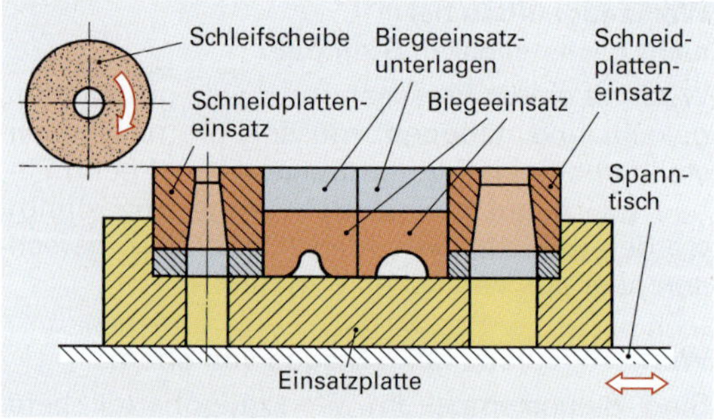

Bild 1: Nachschleifen der Schneidplatten

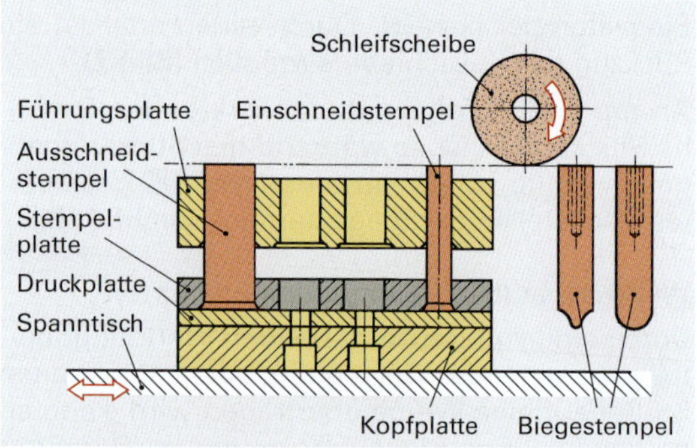

Bild 2: Nachschleifen der Schneid- und Biegestempel

Bild 3: Modulbauweise bei Folgeverbundwerkzeugen

1.12.3 Gesamtverbundwerkzeuge

Mit Gesamtverbundwerkzeugen wird der Werkstoff während ***eines*** Pressenhubes zerteilt und umgeformt.

Mit dem Gesamtverbundwerkzeug zum Ausschneiden, Tiefziehen, Stülpziehen und Hohlprägen nach **Bild 1** können vier Arbeitsgänge ausgeführt werden. Dem Ausschneiden des Zuschnittes folgt das Tiefziehen der Außenform, dann das Stülpziehen der Innenform und als letzter Arbeitsgang das Hohlprägen der Versteifungsrippen im Boden des Teiles. Abstreifer und Ausstoßer gewährleisten auch bei diesem Werkzeug ein störungsfreies Arbeiten.

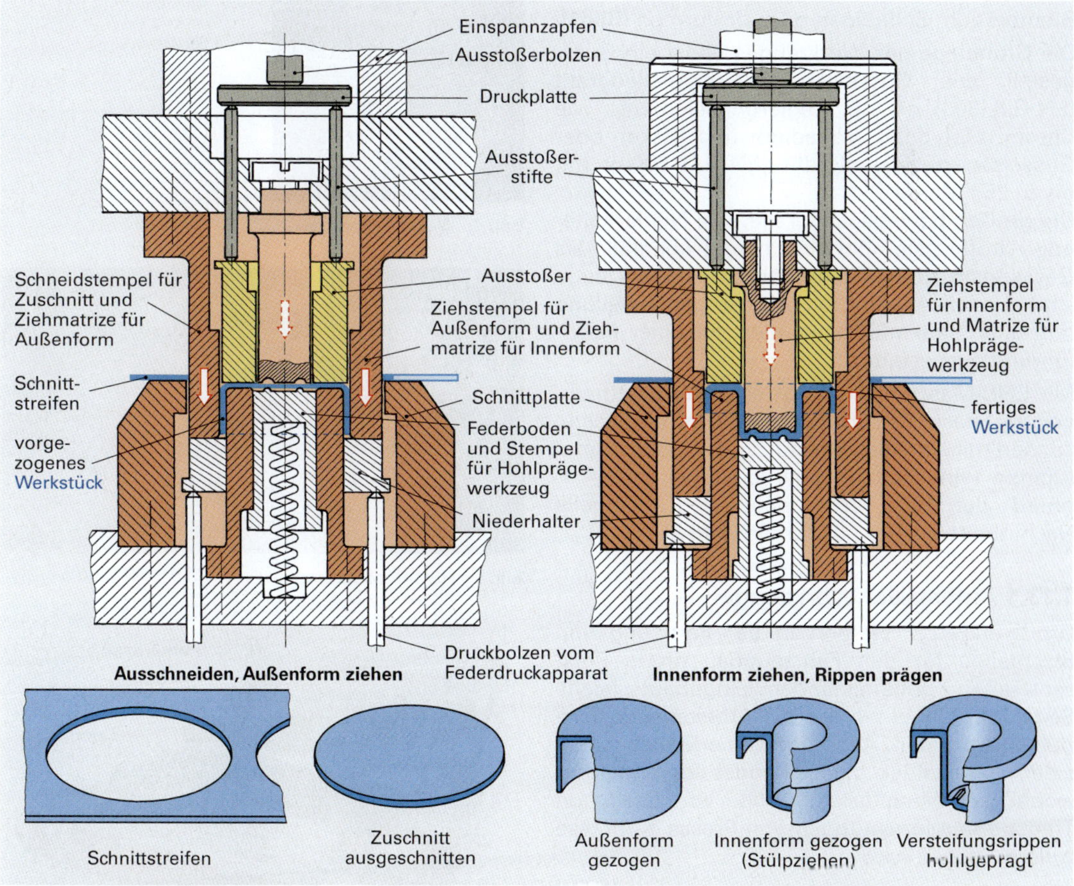

Bild 1: Gesamtverbundwerkzeug zum Ausschneiden, Tiefziehen, Stülpziehen und Hohlprägen

Vorteile beim Arbeiten mit Verbundwerkzeugen:
- Einsparung von Arbeitsgängen
- Fortfall des zeitraubenden Einlegens
- Vermeidung von Einlege- und Vorschiebefehlern

Nachteile beim Arbeiten mit Verbundwerkzeugen:
- Herstellung der Werkzeuge ist teuer
- Anwendung nur bei großen Serien
- Großer Pressenhub erforderlich

Wiederholung und Vertiefung

1 Beschreiben Sie die Arbeitsweise eines Verbundwerkzeuges.
2 Begründen Sie die unterschiedliche Bauweise von Folgeverbundwerkzeugen.
3 Unterscheiden Sie die Arbeitsweise der Biegestufen bei Folgeverbundwerkzeugen.
4 Beschreiben Sie die Einzelverfahren, die in einem Gesamtverbundwerkzeug ausgeführt werden können.

1.13 Großwerkzeuge in der Stanztechnik

Großwerkzeuge in der Stanztechnik, mit denen Karosserieteile für die Autoindustrie gefertigt werden, unterscheiden sich in ihrem Aufbau nicht von Werkzeugen für Kleinteile.

Das Werkzeug besteht aus einem Oberteil, einem Unterteil, der Zieh- oder Schneidmatrize, einem Blechhalter oder Niederhalter und dem Stempel zum Schneiden oder Umformen **(Bild1)**.

Die Grundlage des Werkzeuges bildet ein Gussgestell aus Gusseisen mit Lamellengrafit (EN-GJL-300) oft mit Legierungselemente wie Chrom, Molybdän, Vanadium und Nickel, oder Gusseisen mit Kugelgrafit (EN-GJS-500-7) mit bis zu 25 t Masse.

Die großen beweglichen Teile, wie Niederhalter oder Umformstempel sind häufig ebenfalls als Gusskonstruktion ausgeführt. Die Werkzeuge sind je nach Ausführung und Aufgabenstellung mit einer Säulenführung oder mit einer Flachführung ausgestattet.

Mit CNC-Maschinen erfolgt eine Komplettbearbeitung nach CAD-Daten. Die Umformflächen können mit Hochgeschwindigkeits-Portalfräsmaschinen wirtschaftlich bearbeitet werden. Aufgrund der HSC-Technologie sind manuelle Nacharbeiten kaum notwendig **(Bild 2)**.

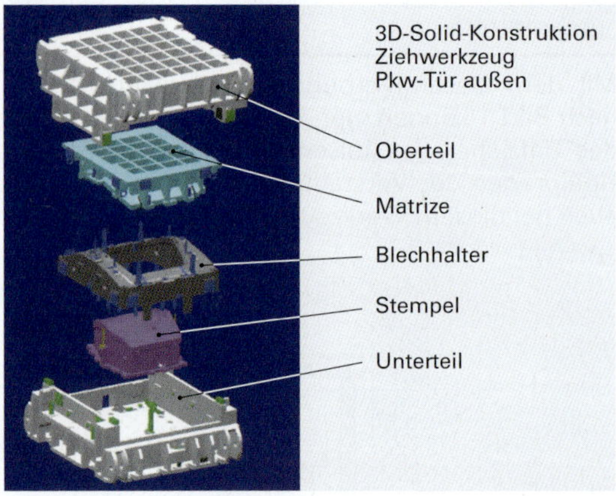

Bild 1: Werkzeugaufbau

Bild 2: HSC-Bearbeitung

1.13.1 Aufbau der Werkzeuge

Großwerkzeuge werden in der Fertigung von Blechteilen für den Fahrzeugbau oft in Pressenstraßen nebeneinander eingebaut **(siehe Seite 111)**. Dabei werden die Arbeitsgänge Tiefziehen, Abkanten, Ausschneiden oder Lochen an einem Werkstück nacheinander durchgeführt wobei das Werkstück mit Hilfe von Greif und Transportiereinrichtungen von Presse zu Presse weitergegeben wird.

Aufbau Ziehwerkzeug

Einfache Zieharbeiten erfordern stabile Werkzeuge mit Säulenführung **(Bild 3)**. Um komplexe Zieharbeiten durchführen zu können sind die Ziehwerkzeuge mehrfach wirkend **(Bild 4)**. Die dazu notwendigen Bewegungen im Werkzeug müssen von der Presse aufgebracht werden.

Über einen beweglichen Niederhalter wird das Blech auf den Ziehstempel gedrückt. Der Tiefziehvorgang erfolgt über die Ziehmatrize die mit seitlichen Führungselementen am Ausweichen gehindert wird.

Die Tiefzieh- bzw. Umformvorgänge entsprechen den Darstellungen wie im **Kapitel 1.11.2 Seite 72 ff.**

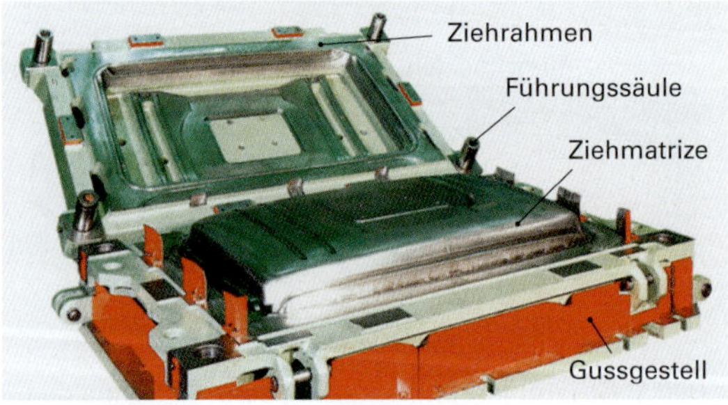

Bild 3: Einfachwirkendes Ziehwerkzeug

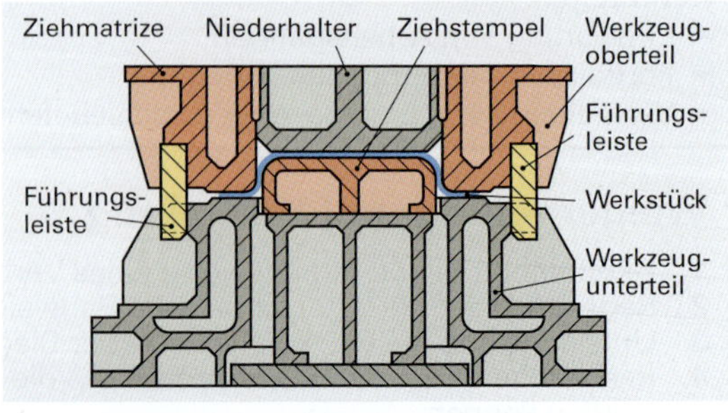

Bild 4: Mehrfachwirkendes Ziehwerkzeug

Aufbau Schneidwerkzeuge

Die Grundkörper für die Großwerkzeuge und die beweglichen Werkzeugteile sind aus relativ weichen Gusswerkstoffen. Deshalb müssen die Werkzeugteile zum Schneiden, Lochen oder Ausschneiden mit Segmenten versehen und in das Werkzeug eingesetzt werden **(Bild 1)**.

Da Trennoperationen an Blechen durchzuführen sind, die eine Dicke von 2 bis 4 mm und eine Zugfestigkeit bis zu 500 N/mm^2 besitzen, bestehen die Schneidsegmente aus hochlegiertem Stahl oder aus Hartmetall **(Bild 2)**.

Sie werden durch mechanische Zerspanung oder durch elektroerosive Verfahren hergestellt und oftmals einer Wärmebehandlung zur Steigerung der Gebrauchseigenschaften unterzogen.

Bei Aluminium als Blechwerkstoff zeigen sich hohe adhäsive[1)] Verschleißerscheinungen an den schneidenden Teilen, deshalb werden die Segmente mit auf den jeweilig zu bearbeitenden Blechwerkstoff abgestimmten Hartstoffen beschichtet **(siehe Seite 307)**.

Komplexe räumlich verlaufende Schnittkonturen werden sinnvoll aufgeteilt und mit Schneidelementen versehen. Schneidelemente, auch als Schneidmesser bezeichnet, werden in Bearbeitungsrichtung im Werkzeug aufgebaut. Sie sind mit Schrauben und mit Stiften am Schneid- oder Stützrahmen befestigt, gesichert und positioniert **(Bild 3)**.

Seitlich oder schräge Schnitte werden mit Schieberelementen, an denen die Schneidmesser befestigt sind, ausgeführt. Die notwendige Schneidbewegungen erfolgen über Keilantriebe im niedergehenden Werkzeug **(Bild 4)**.

Der erforderliche Schneidspalt wird in Abhängigkeit von der Blechdicke s und der Zugfestigkeit R_m des Blechwerkstoffes bestimmt. Die falsche Auslegung des Schneidspaltes hat wie beim Schneiden mit kleinen Werkzeugen die selben Auswirkungen, wie erhöhter Werkzeugverschleiß, höhere Schneidkraft und Gratbildung am Schnittteil.

Bei Blechen mit R_m kleiner 450 N/mm^2 wird ein Schneidspalt $u = 0{,}06 \cdot s$ bis $u = 0{,}08 \cdot s$ gewählt. Bei Blechen mit R_m größer 450 N/mm^2 wählt man $u = 0{,}09 \cdot s$ bis $u = 0{,}12 \cdot s$.

Abfallableitung

Da bei der Herstellung von großen Blechteilen fallen große, schwere Abfallstücke an. Diese sind prozesssicher abzuleiten und aus dem Werkzeug zu entfernen. Es dürfen deshalb keine störenden Kanten im Werkzeug vorhanden sein, der Abfall muss störungsfrei abfallen oder abrutschen können. Leitbleche, Förderbänder und Vibrationsförderer unterstützen den Vorgang.

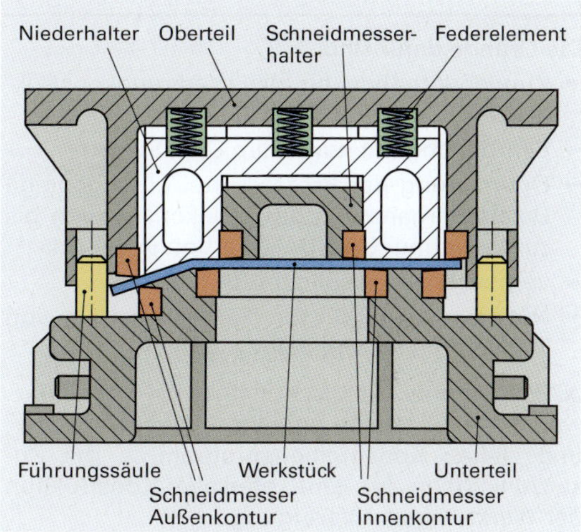

Bild 1: Schneidwerkzeug

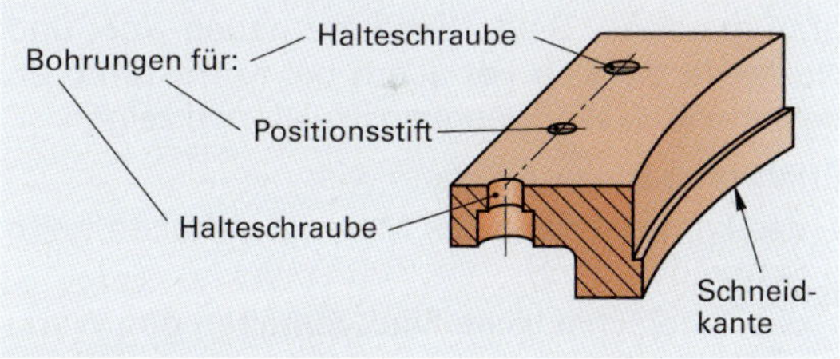

Bild 2: Schneidsegmant

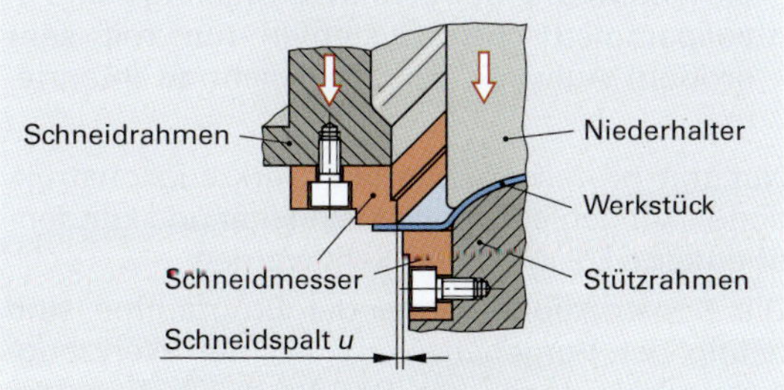

Bild 3: Befestigung der Schneidsegmente

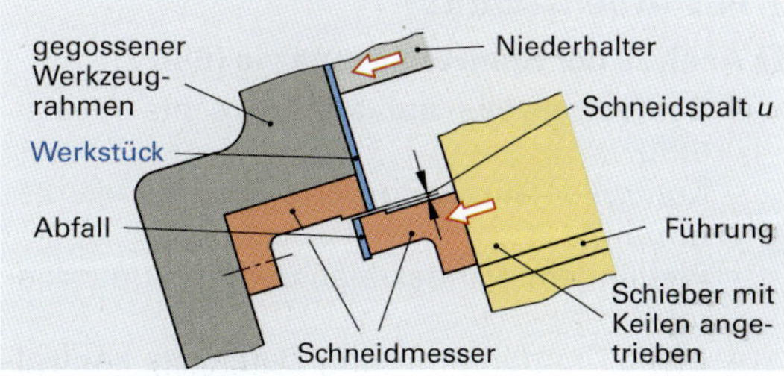

Bild 4: Schräger Schnitt

[1)] adhäsiv (lat.) = anhaftend

1.14 Rechnergestützte Konstruktion von Stanzwerkzeugen

Die Konstruktion von Stanzwerkzeugen wird immer häufiger mit Hilfe von Computern und 3D-Konstruktionsprogrammen ausgeführt.

Die Gründe dafür sind:
- Kundenvorgaben für die Werkzeugkonstruktion
- Bearbeitung mit nur einem CAD System
- Optimierung der Prozesskette, durchgängige Datenübergabe von der Teilekonstruktion bis zur Fertigung (CAD-CAM Fertigung)
- verbesserte Kollisionsprüfung
- Nutzung der **FEM**[1] für die Optimierung von Tiefzieh-Präge- und Biegestationen

3D-Programme für die Konstruktion von Stanzwerkzeugen basieren auf einem **Parasolid-Kern**[2] und stellen Konstruktionsprogramme mit Zusatzfunktionen für eine effektive Konstruktion der Werkzeuge zur Verfügung.

In Anwendung sind 2 Grundvarianten mit vollparametrischen und teilparametrischen Programmaufbau. Beide Systeme haben Vor- und Nachteile die sich vor allem bei Korrekturen an bestehenden Werkzeugkonstruktionen zeigen.

Erfahrungsbasierte Regeln wie:
- das konturabhängiges Materialverhalten beim Schneidvorgang
- das unterschiedliche Fließverhalten des Werkstoffs in Abhängigkeit von der Position und der Anbindung im Streifen
- die Anordnung der Schnitt-/Prägefolge sind in vollparametrischen Systemen nur mit sehr großem Aufwand bzw. gar nicht zu integrieren.

Nur mit prozessorientierten Werkzeugkonstruktionen können eine hohe Flexibilität und kundenorientierte Lösungen erreicht werden.

Die Konstruktionsschritte der Programme sind häufig der Vorgehensweise bei der Werkzeugkonstruktion angepasst **(Bild 1)**.

1.14.1 Arbeitsschritte

1 Analyse der Stanzteilgeometrie (Bild 2)
- Bauteilkontrolle auf stanzgerechte Gestaltung
- Kontrolle auf geforderte Fertigungstoleranzen
- Biegungen, Mindestbiegeradien kontrollieren
- Modell importieren und Datensatz kontrollieren

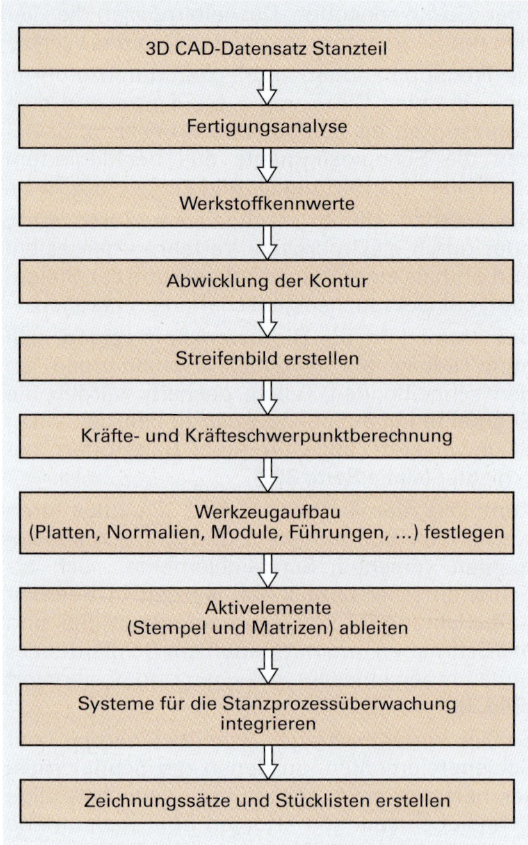

Bild 1: Arbeitsschritte für die Werkzeugkonstuktion

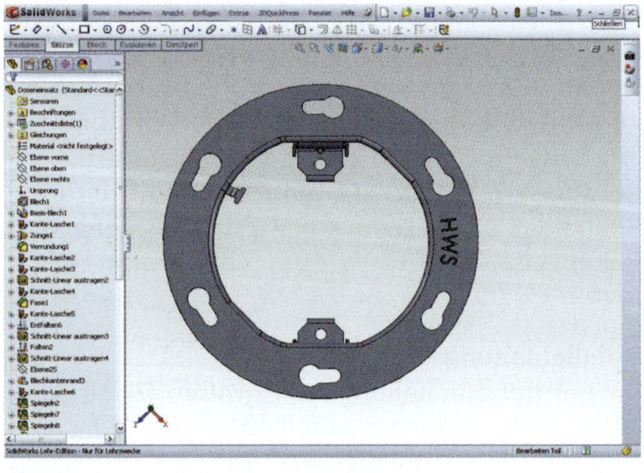

Bild 2: Stanzteil Steckdoseneinsatz

[1] FEM: Finite-Elemente-Methode, rechnergetütztes Verfahren zur Berechnung von Werkstückbeanspruchungen

[2] Programm zur Beschreibung von 3D-Flächenmodellen und Volumenmodellen

2 Eingabe der Werkstoffkennwerte

Für die Berechnung der Abwicklung des Stanzteils sowie der Schneid- und Umformkräfte müssen die Werkstoffkennwerte eingegeben werden **(Bild 1).**

Dazu gehören:
- die Zugfestigkeit und Scherfestigkeit
- die Blechdicke und die Streifenbreite
- die Biegeparameter

Für die Berechnung der gestreckten Länge und damit der Stanzteilzuschnittmaße sowie der Biegerückfederung sind verschiedene Berechnungsmethoden integriert. Es können auch erfahrungsorientierte Modelle in das Konstruktionsprogramm hinterlegt werden.

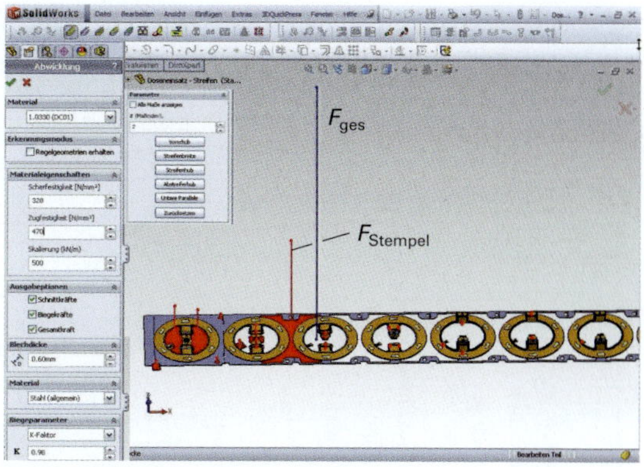

Bild 1: Eingabe der Werkstoffkennwerte

3 Stanzteil abwickeln und im Streifen positionieren

Als Basisseite wird die Unterseite des Streifenbildes bezeichnet. Mit der Bestimmung der Basisseite wird die Gratlage am Stanzteil definiert. Außerdem wird durch die Auswahl die Biegerichtung, nach oben oder unten, festgelegt.

Aus der Kontur des abgewickelten Stanzteils werden später die Stempelgeometrien und die Schneidplattendurchbrüche abgeleitet **(Bild 2).**

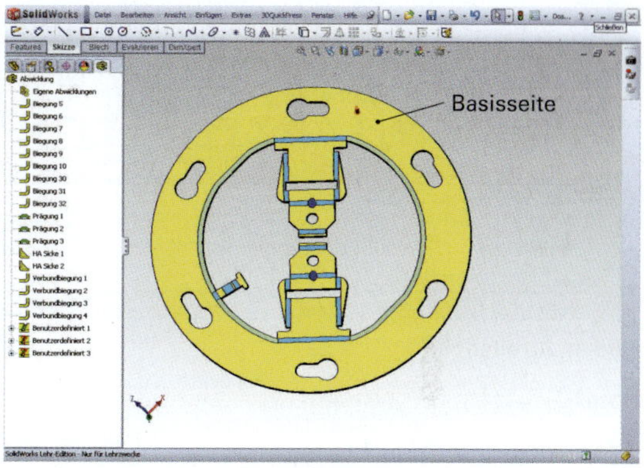

Bild 2: Abgewickeltes Stanzteil

4 Streifenbild festlegen

Die Programme bieten umfangreiche Möglichkeiten zur Optimierung der Stanzteillage im Streifen mit dem Ziel eine hohe Streifenausnutzung zu erreichen **(Bild 3).**

Die Lage des Stanzteils im Stanzstreifen ist abhängig von:
- der Lage der Biegeachsen zur Walzrichtung
- den Stanzteilmaßen
- der Stanzteilanbindung im Streifen
- der Reihenzahl (optimale Verschachtelung)
- der höchstmöglichen Streifenausnutzung

Die Festlegung der Stationen und deren Reihenfolge erfolgt nach Erfahrungswerten des Konstrukteurs. Sie ist eine Kernkompetenz des Werkzeugkonstrukteurs **(Bild 1, Seite 100).**

Dabei müssen Kundenvorgaben, Werkstück, Werkstoff, Genauigkeit und Wirtschaftlichkeit berücksichtigt werden. Korrekturen am Streifenbild sind jederzeit möglich. Stationen können einfach hinzugefügt, gelöscht oder verschoben werden. Nach Festlegung der Hubhöhe und der Hubzahl ist eine Simulation des Stanzprozesses möglich (siehe Bilder-Paket).

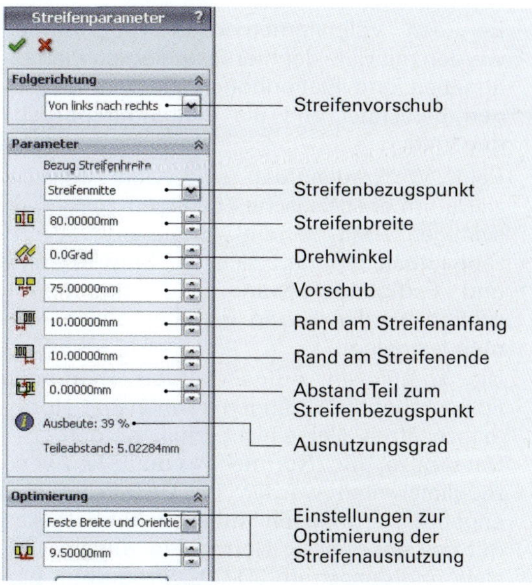

Bild 3: Lage des Stanzteils im Stanzstreifen

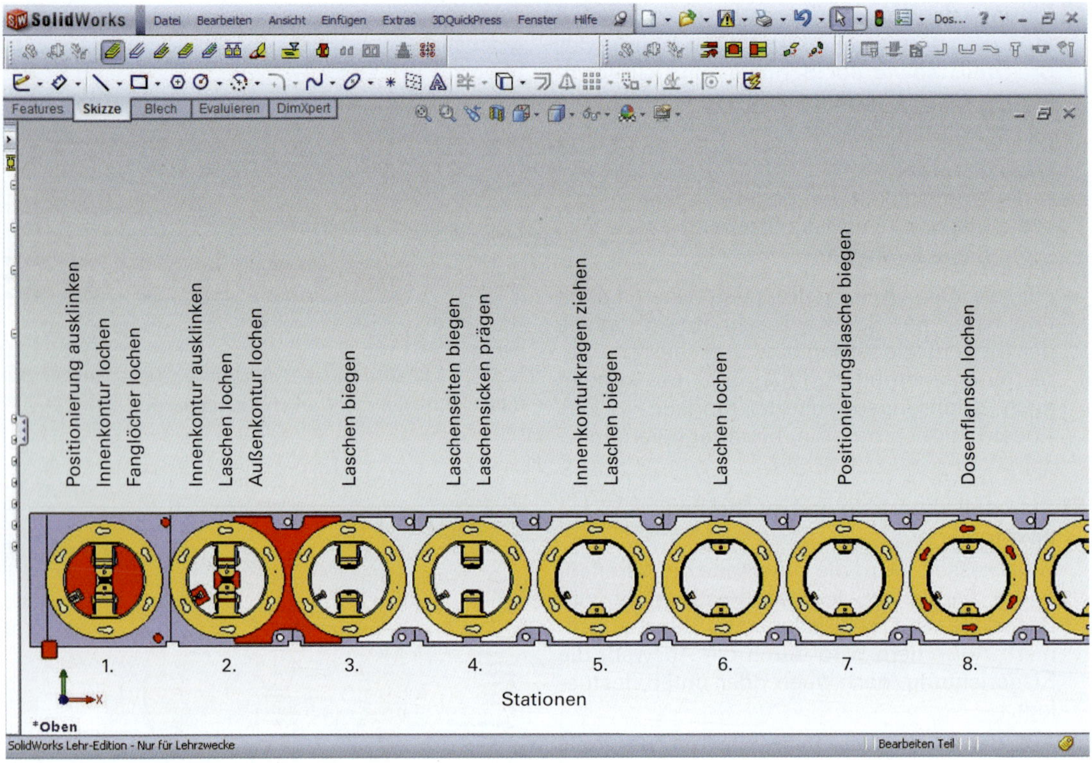

Bild 1: Streifenbild

5 Werkzeugaufbau festlegen

Im Werkzeugaufbau können aus einer Bibliothek im CAD-Programm Gestellvorlagen ausgewählt bzw. eigene Gestellvorlagen festgelegt werden.

Bei den vollparametrischen Programmen werden mit Hilfe der hier festgelegten Plattenangaben und Plattenhöhen die Stempellängen berechnet und die Plattendurchbrüche generiert.

Beim Werkzeugaufbau sind viele differenzierte firmenspezifische Lösungen zu berücksichtigen. Mit einem modularen Werkzeugaufbau reduziert sich der Entwicklungs- und Fertigungsaufwand. Für die Modulgrößen werden häufig innerbetrieblich Normen festgelegt.

Die komplexen Aufgaben von modernen Folgeverbundwerkzeugen können mit Normteilbausätzen alleine nicht erfüllt werden.

Datensätze für Normteile von Stanzwerkzeuglieferanten werden im CAD-Programm angeboten. Dagegen müssen Bibliotheken mit betriebseigenen Normteilen zunächst erstellt und danach im 3D-CAD Programm eingebunden werden **(Bild 2)**.

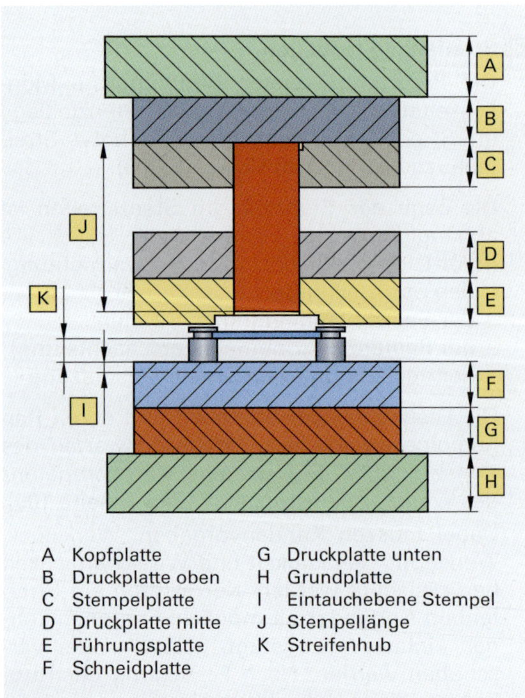

Bild 2: Werkzeugaufbau

6 Stempelgeometrien festlegen

Aus den Flächen des abgewickelten Stanzteils in der jeweiligen Arbeitsstation können die Schneidstempel abgeleitet werden **(Bild 1).**

Für Biege-, Präge- oder Tiefziehstempel wird die Stempelform aus dem Fertigteil gewonnen. Dabei können die Verformungen nach Bedarf in mehrere Stufen aufgeteilt werden.

Die Stempelanordnung ist auch von der Stempelgröße und vom Platz in der Stempelhalteplatte abhängig. Hier können firmenspezifische Lösungen in Datenbanken als Stempelvorlagen erzeugt werden.

7 Erzeugung der Plattendurchbrüche

Die Plattendurchbrüche **(Bild 2)** an der Schneidplatte oder den Schneideinsätzen bzw. der Führungsplatte und Halteplatte werden aus den Stempelformen unter Berücksichtigung vorher festgelegter Spielmaße erzeugt.

8 Erstellung der Werkzeugdokumentation

Die Werkzeugdokumentation besteht aus:
- Zeichnungen und Stücklisten
- Beschreibung von Werkzeug-Merkmalen
- Datenaustausch zwischen Hersteller und Anwender
- Übergabe der CAD-Datensätze an CAM-Systeme
- Wartungs- und Inspektionsanweisungen

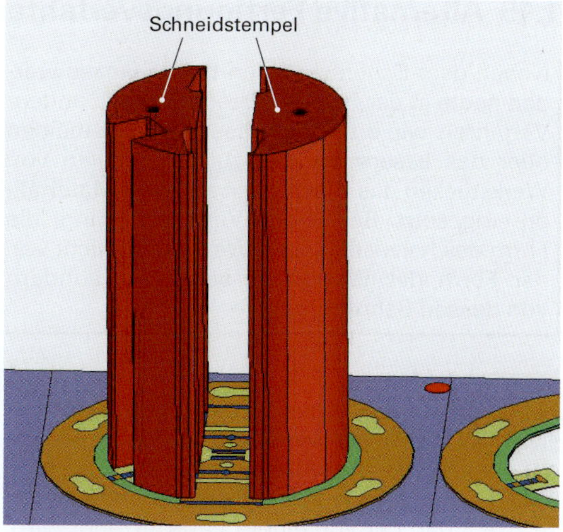

Bild 1: Stempelableitung, Ausschnitt

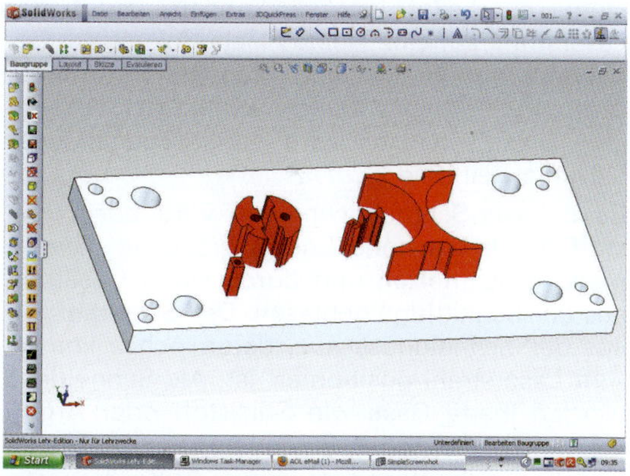

Bild 2: Plattendurchbrüche, Ausschnitt

CAD-Programme bieten viele Vorteile bei der Konstruktion von Werkzeugen und sind ein effektives Arbeitsmittel zur Unterstützung der Konstruktion. Die Werkzeugkonstruktion ist sehr komplex und muss nach vielen weiteren Kriterien differenziert werden: Art des Stanzmaterials, verarbeiteter Werkstoff, Stärke und Größe des Materials, geforderte Genauigkeit, Stückzahl, max. Werkstückpreis, Fertigungskosten, Kombination verschiedener Fertigungsverfahren oder Werkstoffe in einem Werkzeug, Lieferung als Schüttgut, endlos aufgespult oder vereinzelt.

Aus diesem Grund resultieren ein Vielzahl an möglichen Werkzeugkonstruktionen die vom Konstrukteur zu einer kundenspezifischen, effektiven Lösung entwickelt werden.

Wiederholung und Vertiefung

1 Informieren Sie sich in ihrem Betrieb über die für die Konstruktion von Werkzeugen eingesetzten CAD-Programme.

2 Ermitteln Sie für den Doseneinsatz mit Außendurchmesser d = 70,0 mm den minimalen Randabstand a und die kleinstmögliche Stegbreite e. Das Stanzteil wird vom Band aus 1 mm dicken Blech DX51D+Z gefertigt. Welche Bandbreite B und welcher Vorschub V sind zu wählen?

3 Wie groß ist die Streifenausnutzung?

4 Ermitteln Sie für die 90° Biegungen am Doseneinsatz den kleinstmöglichen Biegeradius.

5 Analysieren Sie die Anordnung der Stationen im Streifenbild bzw. der Stanzstreifenanimation. Erklären Sie warum die Lochungen zur Befestigung des Doseneinsatzes erst in der 6. bzw. 8. Station gestanzt werden.

1

1.15 Alternative Fertigungsverfahren zur Stanztechnik

Neben dem Scherschneiden bzw. Stanzen werden heute in der Fertigungstechnik noch andere Verfahren wie z. B. das Wasserstrahlschneiden oder das Laserschneiden zum Herstellen von Werkstücken aus Blech oder anderen Materialien eingesetzt. Bei beiden Verfahren hängt die Form des herzustellenden Werkstücks nicht von der Form des Werkzeugs selbst ab, sondern von dessen Bahnführung.

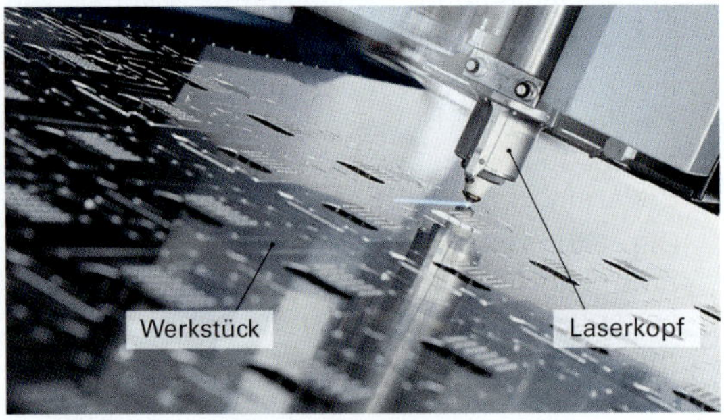

Bild 1: Laserschneiden von Blechen

Laserschneiden

Mit dem Laserschneiden können Werkstücke bestimmter Dicken aus Metallen und Nichtmetallen mit beliebigen Konturen hergestellt werden **(Bild 1).** Das Werkzeug stellt ein gebündelter Laserstrahl dar, der von einem Laser erzeugt wird. Übliche Laser in der Fertigungstechnik sind z. B. CO_2- und YAG[1)]-Laser. Damit metallische Werkstoffe bearbeitet werden können, muss der Laserstrahl auf eine kleine Fläche fokussiert (gebündelt) werden und eine Intensität von mindestens 10^6 Watt pro Quadratzentimeter aufbringen. Diese Intensität wird durch Spiegel oder Linsen erzielt **(Bild 2).**

Beim Laser-Schmelzschneiden wird der Werkstoff durch die hohe Energiedichte im Brennpunkt geschmolzen und durch einen Gasstrahl aus der Schnittfuge geblasen. Der Gasstrahl tritt aus der Schneiddüse aus, deren Achse koaxial zum Laserstrahl positioniert ist. Als Schneidgas werden inerte Gase wie Stickstoff oder Argon verwendet, die nicht mit dem aufgeschmolzenen Metall im Schnittspalt reagieren. Außerdem verhindert das Gas, dass an der heißen Schnittkante Oxide entstehen. Da beim Schneiden Werkstückwerkstoff aufspritzt, hat das Gas außerdem die Aufgabe, die Fokussieroptik zu schützen.

Beim Laser-Brennschneiden wird als Schneidgas Sauerstoff verwendet. Der Sauerstoff reagiert chemisch mit dem vom Laser erhitzten Werkstoff und erzeugt zusätzliche Energie, die den Laserstrahl unterstützt. Durch die zusätzliche Verbrennungswärme kann mit diesem Verfahren eine höhere Schneidgeschwindigkeit erreicht werden. Daher eignet sich dieses Verfahren auch für dickere Bleche. Allerdings ist die Schnittqualität geringer als beim Laserschmelz-Schneiden. Ein weiterer Nachteil ist die an der Schnittfläche haftende Oxidschicht.

Das Laserschneiden kann z.B. bei Baustahl bis zu Werkstückdicken von 30 mm eingesetzt **(Bild 3)**

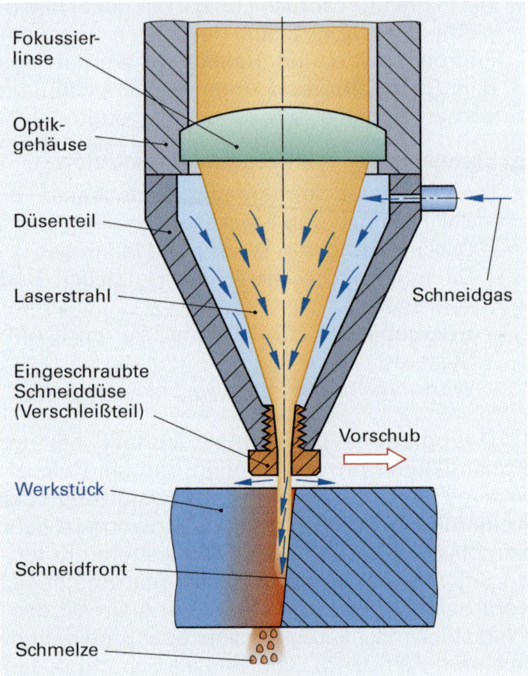

Bild 2: Prinzip des Laserschneidens

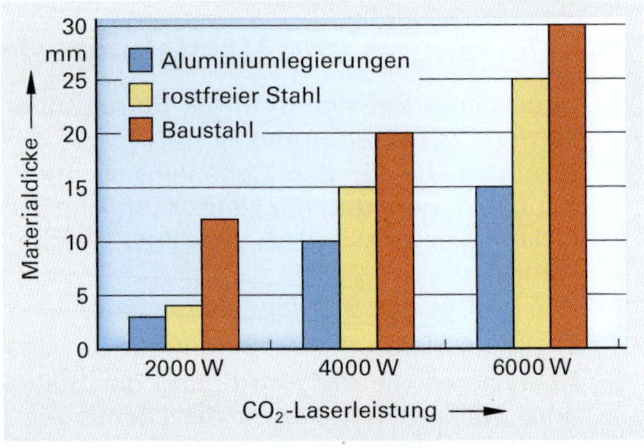

Bild 3: Schneiddicken mit CO_2-Lasern

1) Zur Laserstrahlerzeugung wird ein Kristall (**Y**ttrium-**A**luminium-**G**ranat) verwendet.

werden. Die Entscheidung, ob Blechwerkstücke durch Stanzen oder durch Laserschneiden hergestellt werden, hängt von der Stückzahl oder von der Geometrie der Werkstücke ab. So kommt bei kleinen Serien, Einzelteilen und Prototypen das Laserschneiden zum Einsatz, wenn sich der Bau eines Stanzwerkzeuges nicht lohnt oder keine Zeit für dessen Bau zur Verfügung steht. Auch bei fertigen Bauteilen und Rohren wird das Laserschneiden eingesetzt **(Bild 1)**.

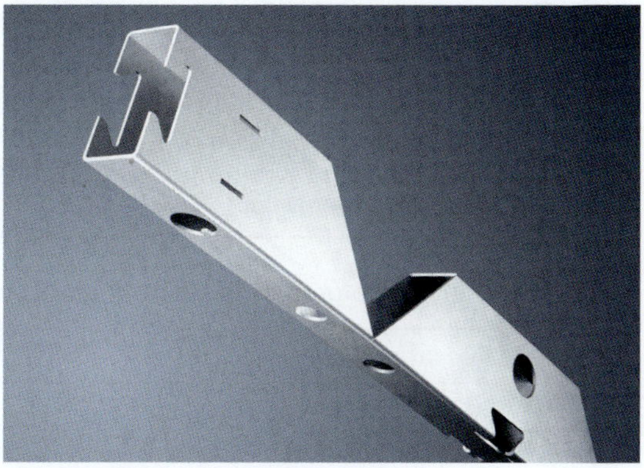

Bild 1: Lasergeschnittenes Profil

Müssen Blechwerkstücke mit aufwändigen Innenkonturen hergestellt werden, können Maschinen wirtschaftlich eingesetzt werden, die das Laserschneiden und das Stanzen kombinieren. Mit diesen Maschinen wird die Innenkontur gestanzt und anschließend für die Außenkontur das Laserschneiden eingesetzt **(Bild 2)**.

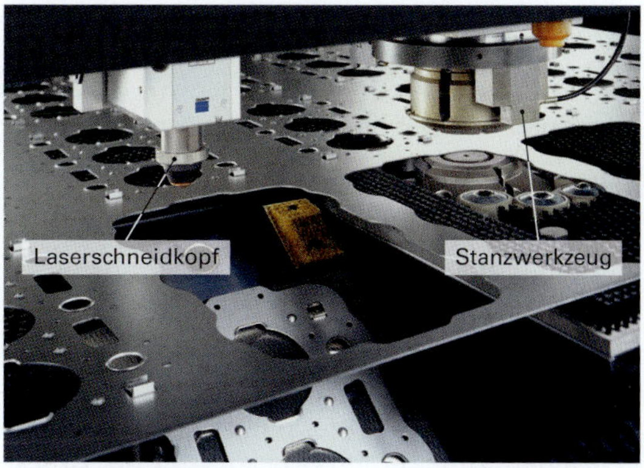

Bild 2: Kombinationsmaschine für Lasereschneiden und Stanzen

Wasserstrahlschneiden

Sollen Materialdicken über 30 mm getrennt werden, ist Wasserstrahlschneiden oft das einzig wirtschaftliche Verfahren. Außerdem können Materialien ohne thermische Belastung bearbeitet werden. Daher gibt es beispielsweise keine Gefügeänderungen durch Anlasseffekte infolge Wärmeeinwirkung an der Schnittfläche wie beim Laserschneiden. Zudem können unterschiedlichste Werkstoffe mit Materialstärken bis 300 mm geschnitten werden.

Beim Wasserstrahlschneiden erzeugt eine Hochdruckpumpe einen Wasserdruck von bis zu 6000 bar. Das Hochdruckwasser tritt aus der Wasserdüse im Schneidkopf mit ca. 800 m/s (2,5-fache Schallgeschwindigkeit) aus. Die im Schneidstrahl enthaltene Energie führt zu einer örtlich begrenzten Zerstörung des Werkstoffs. Der Strahl reißt mikroskopisch kleine Materialteilchen aus dem Werkstoff und arbeitet sich immer tiefer in das Werkstück hinein. Aufgrund großer Reibungsverluste an der Schnittfläche verliert der Strahl Energie wodurch die Schnittgüte mit zunehmender Schnittdicke abnimmt. Für das Wasserstrahlschneiden von weichen Materialien wird allein gefiltertes Wasser in Trinkwasserqualität verwendet. Für das Schneiden harter und dickwandiger Werkstoffe wird dem Wasser ein sog. Abrasivzusatz – beispielsweise feinkörniger Granatsand – zugesetzt.

Man spricht dann vom **Wasserstrahl-Abrasiv[1]-Schneiden (Bild 3)**. Durch die hohe Strömungsgeschwindigkeit des Druckwassers wird der Abrasivzusatz angesaugt und vom Wasserstrahl an die Trennstelle befördert, wo die Abtragleistung durch den Abrasivzusatz erhöht wird.

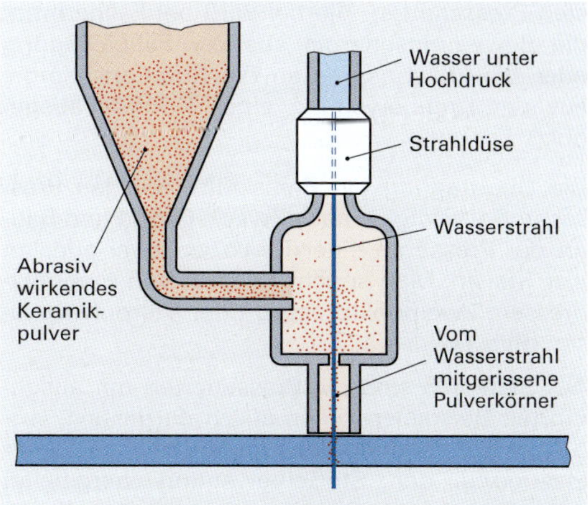

Bild 3: Schneidkopf zum Wasserstrahl-Abrasiv-Schneiden

[1] Der Begriff „abrasiv" leitet sich vom lateinischen abradere her und bedeutet soviel wie abkratzen.

1.16 Pressen und Hilfseinrichtungen der Stanztechnik

1.16.1 Pressenarten

Bei den Pressen handelt es sich um Werkzeugmaschinen, die bei Trenn-, Umform- und Fügearbeiten große Energien und Kräfte aufbringen. Bestimmend für die Einsatzmöglichkeiten sind Presskraft und Führungsgenauigkeit.

Pressen werden bei folgenden Verfahren eingesetzt:

Tabelle 1: Einsatzgebiete von Pressen

UMFORMEN					TRENNEN	FÜGEN
Druckumformen	Zug-, Druckumformen	Zugumformen	Biegeumformen	Schubumformen	Zerteilen	durch Umformen
Gesenkformen Eindrücken Durchdrücken	Tiefziehen	Weiten Tiefen	Biegen mit geradliniger Werkzeugbewegung	Verschieben Verdrehen	Keilschneiden Scherschneiden	Bördeln Falzen Überlappen

Die Kräfte für die auszuführenden Arbeiten werden auf mechanischem bzw. hydraulischem Wege oder durch Umwandlung von Bewegungs- in Verformungsenergie erzeugt **(Bild 1)**.

Weggebundene Pressen sind Exzenter-, Kurbel-, Keiltrieb- und Kniehebelpressen.

Ihre Kraftaufbringung ist an die Wegverhältnisse ihres konstruktiven Aufbaues gebunden, wobei Hebelkräfte und Hebellängenverhältnisse ausschlaggebend sind.

Die **kraftgebundenen Pressen** erhalten ihre Kräfte aus dem zugeführten Drucköl oder der Druckluft. Ihr Arbeitsvermögen hängt von der Pumpenleistung und der zur Verfügung stehenden Kolbenfläche ab.

Energiegebundene Pressen gehören zu den ältesten Pressenarten. Hierbei wird bei Fallhämmer die Bewegungsenergie aus der Fallbewegung oder bei Friktionspressen die Rotationsenergie aus der Drehbewegung eines Körpers ausgenutzt.

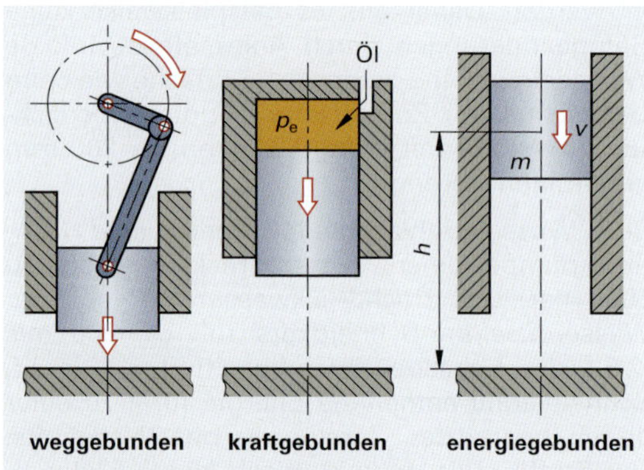

Bild 1: Einteilung der Pressen

Die Übertragung der Presskräfte auf den Pressenstößel erfolgt je nach Zweck, Größe und Bauart der Presse an einer Stelle, an zwei oder an vier Stellen. Man spricht deshalb von Einpunktpressen, Zweipunktpressen oder Vierpunktpressen **(Bild 2)**.

Auf **Seite 105** sind die Pressenarten mit ausgeführten Beispielen schematisch dargestellt, wobei die Bezeichnung der Pressen häufig von der Erzeugung der Stößelbewegung hergeleitet wird. Die meisten Pressen erzeugen ihre Kräfte auf mechanischem bzw. hydraulischem Wege. Pneumatische Pressen werden wegen ihrer geringen Pressenkraft seltener verwendet.

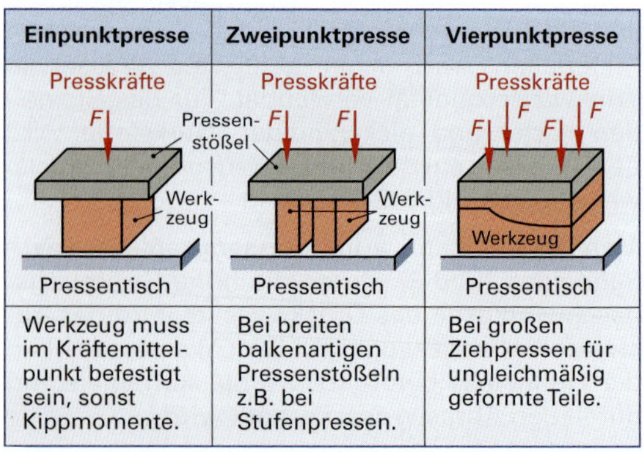

Bild 2: Kraftübertragung

Pressenarten

Weggebundene Pressen

Exzenterpresse

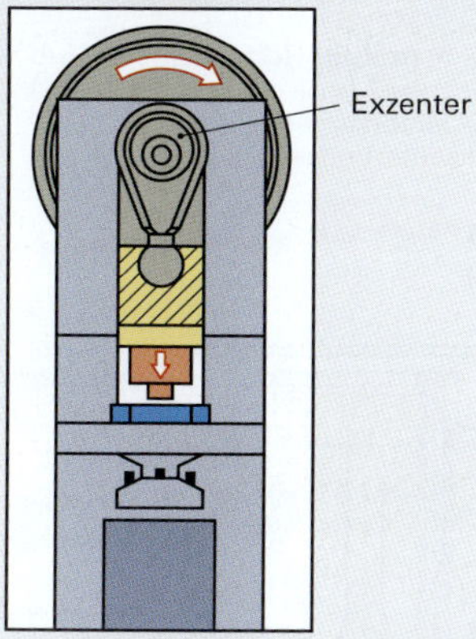

Für leichte und mittelschwere Pressen
Zum Schneiden, Lochen, Biegeumformen, Abgraten, Prägen und für leichte Zieharbeiten

Presskraft
25 … 5000 kN

Kniehebelpresse

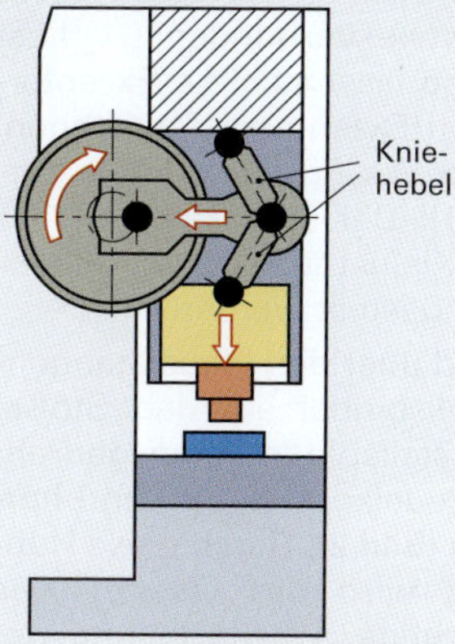

Für Kalt- und Warmprägearbeiten mit großer Genauigkeit

Presskraft
250 … 36 000 kN

Kurbelpresse

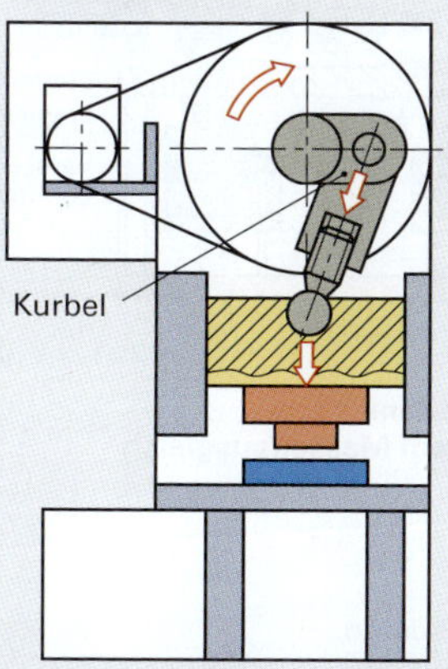

Für mittelschwere und schwere Pressen mit einer und zwei Kurbeln
Zum Prägen, Schneiden, Ziehen, mit großen Ziehtiefen, sowie zum Fließpressen und Spritzpressen

Presskraft
1250 … 40 000 kN

Keiltriebpresse

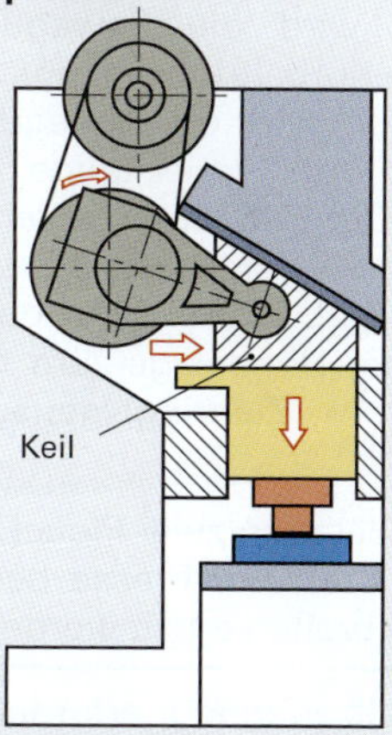

Für schwere großflächige Gesenkschmiedearbeiten

Kraftgebundene Pressen

Hydraulikpresse

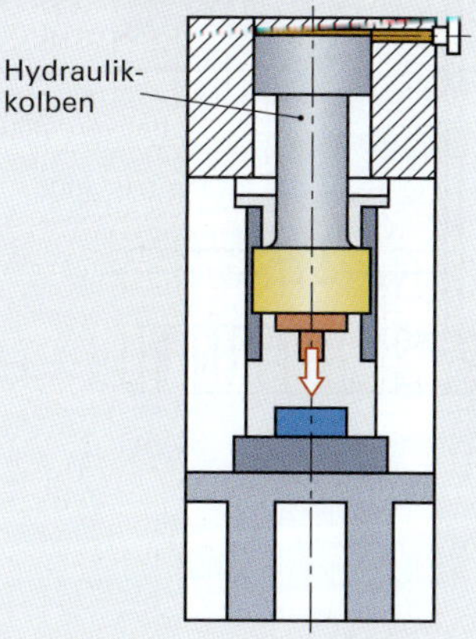

Für Zieh- und Schneidearbeiten großflächiger Teile (Karosserieteile), zum Einsenken

Presskraft
bis 200 000 kN

Energiegebundene Pressen

Spindelschlagpresse

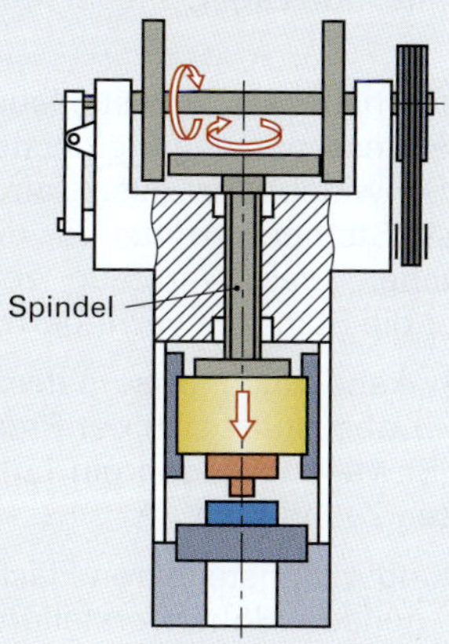

a) Mit Friktionsantrieb,
b) mit Direktantrieb

Für Kalt- u. Warmpressarbeiten, zum Prägen, Biegeumformen, Abgraten

Presskraft
1300 … 10 000 kN

1

Exzenterpressen. Bei der einfach wirkenden Exzenterpresse wird eine Antriebswelle vom Motor aus über eine Schwungscheibe mit Kupplung und Bremsvorrichtung angetrieben. Auf dem Exzenterzapfen dieser Welle befindet sich eine drehbare Exzenterbuchse, die durch einen Klauenring mit der Welle verbunden ist. Löst man den Klauenring, so lässt sich die Exzenterbuchse gegenüber dem Exzenterzapfen drehen. Dadurch kann der Hub des Pressenstößels verändert werden **(Bild 1).** Der Hub kann an der Exzenterpresse vom Kleinsthub bis zu einem Größthub stufenlos eingestellt werden.

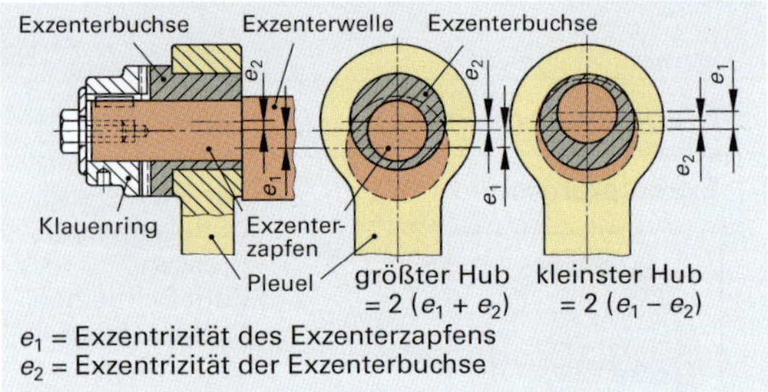

Bild 1: Hubeinstellung

Die Hubbewegung wird über den Pleuelstangenkopf mit einer Verstellspindel auf den Stößel übertragen. Diese Verstellspindel kann gedreht und dadurch in den Pleuelkopf hinein- und herausgeschraubt werden **(Bild 2).** Durch diese Hub- und Höheneinstellung wird das Oberteil des Werkzeuges in die richtige Arbeitsstellung gegenüber dem Werkzeugunterteil gebracht.

Bei **Kurbelpressen** wird die Bewegung des Stößels durch einen Kurbeltrieb erzeugt. Von der sich drehenden Kurbel wird die Bewegung über eine kräftig ausgeführte Pleuelstange auf den Stößel übertragen. Der Hub ist nicht verstellbar, dagegen ist der Stößel durch eine Verstellspindel zustellbar **(Bild 2).** Dadurch kann das Werkzeugoberteil in seiner Höhenlage zum Unterteil (Schneidplatte, Gesenk, Ziehring) genau eingestellt werden.

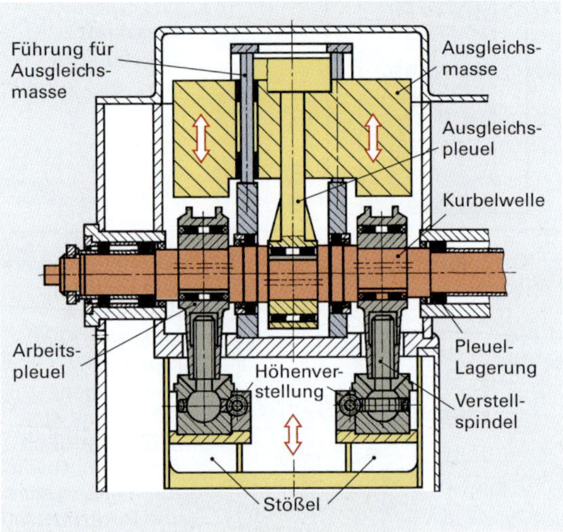

Bild 2: Zwei-Pleuel-System mit dynamischem Massenausgleich

Moderne Pressen besitzen zwei Pleuel **(Bild 2)**, dadurch kann die Kraft der Presse besser auf die gesamte Stößelbreite verteilt werden.

Die schnelle Stößelbewegung erfordert einen **Massenausgleich.** Dieser ist notwendig, weil bei schnell laufenden Pressen und Stanzautomaten Werkzeugoberteil und Pressenstößel entsprechend beschleunigt und abgebremst werden, und somit große Kräfte auf Lager, Pleuel und Kurbelwelle wirken.

Ausgleichsmassen oberhalb der Arbeitspleuel gleichen die durch die Pressenbewegung entstehenden Kräfte und Schwingungen aus. Damit wird verhindert, dass Stempel zu tief in die Schneidplatte eintauchen, das Werkzeug zerstören oder zumindest die Standzeit verringern.

Der Massenausgleich kann auch pneumatisch durchgeführt werden. Dabei stützt sich der Pressenstößel bei seiner Bewegung gegen ein Luftpolster in einem großen Zylinder ab.

Achtfache Stößelführung mit anstellbaren Flachführungen und eine genaue Höhenverstellung ermöglichen gute Stanzergebnisse **(Bild 3).**

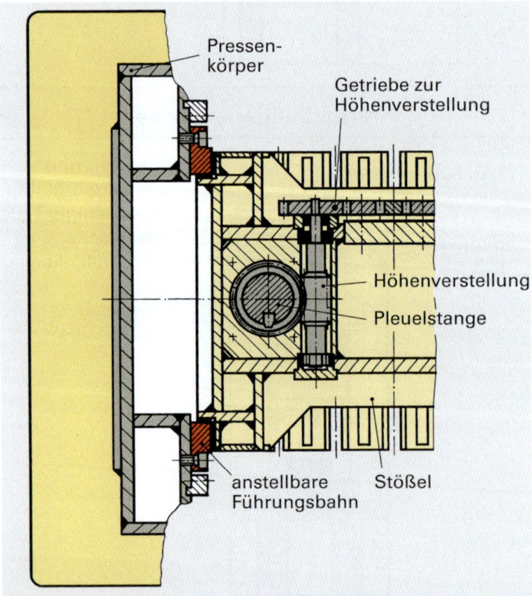

Bild 3: Stößelführung

Bei **Kniehebelpressen** wird die Drehbewegung der Kurbel durch eine Zug- bzw. Druckstange auf die Kniehebel übertragen **(Bild 1)**.

Kniehebeltriebe unterscheidet man in gezogene und gedrückte Systeme. Beim Bewegen der Kniehebel geht der Pressenstößel nach unten und es treten am unteren Totpunkt sehr große Kräfte auf.

Durch Verstellen des oberen Kniehebeldrehpunktes mit einer Verstellschraube lässt sich der Stößel und damit das Oberteil des Werkzeuges in seiner Höhe zum Unterteil genau einstellen. Größere Unterschiede zwischen Pressentisch und Tiefstpunkt des Stößels werden mit Unterlagen ausgeglichen.

Kniehebelpressen eignen sich für Präge- und Feinschneidarbeiten, da die Pressenkraft langsam bis zu ihrer maximalen Größe zunimmt.

Bei Pressen mit Doppelkniehebelantrieb ergeben sich bei wirtschaftlicher Hubzahl während des Schneidvorganges geringe Schnittgeschwindigkeiten **(Bild 2)**. Dies ergibt saubere Schnittflächen und die Geräuschentwicklung beim Durchschneiden wird vermindert.

Spindelpressen (Bild 3) verwendet man bei der Herstellung von Kalt- und Warmpressteilen und für Prägearbeiten.

Nach dem Auslösen der Presse wird eine meist mehrgängige Gewindespindel durch eine Reibscheibe in Drehung versetzt. Dabei schraubt sich die Spindel in das Muttergewinde des Pressenständers und bewegt den Stößel samt Werkzeugoberteil rasch nach unten. Das Gesenk im Werkzeugoberteil trifft mit kräftigem Schlag und hoher Geschwindigkeit auf den Werkstoff und formt so das Werkstück in der sich schließenden Form. Über eine zweite Scheibe wird die Umkehrung der Stößelbewegung eingeleitet. Dieser Antrieb wird als Friktionsantrieb[1] bezeichnet.

Die Kräfte für den Umformvorgang ergeben sich aus der Bewegungsenergie der Spindel und des Schwungrades.

Bei **Spindelpressen mit Umkehrmotor** dreht dieser die in axialer Richtung feststehende Spindel und es schraubt sich eine Mutter mit dem angeflanschten Pressenstößel in der Presse nach unten. Das Drehmoment des Elektromotors wird auf Schwungrad und Pressenspindel übertragen. Vor dem Erreichen des unteren Auftreffpunktes kuppelt der Antriebsmotor ab. Der Rücklauf des Pressenstößels erfolgt durch Drehrichtungsumkehr des Motors.

[1] von frikativ (lat.) = durch Reibung hervorgebracht

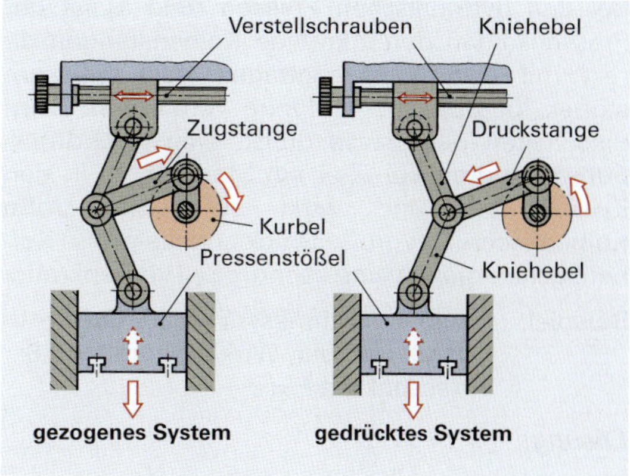

Bild 1: Kniehebelantrieb

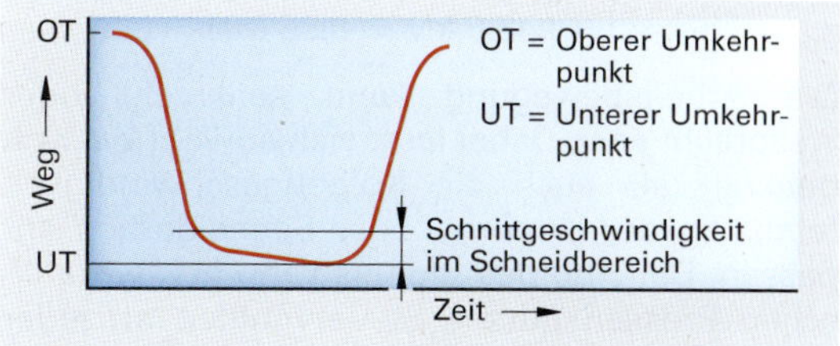

Bild 2: Diagramm für Doppelkniehebelantriebe

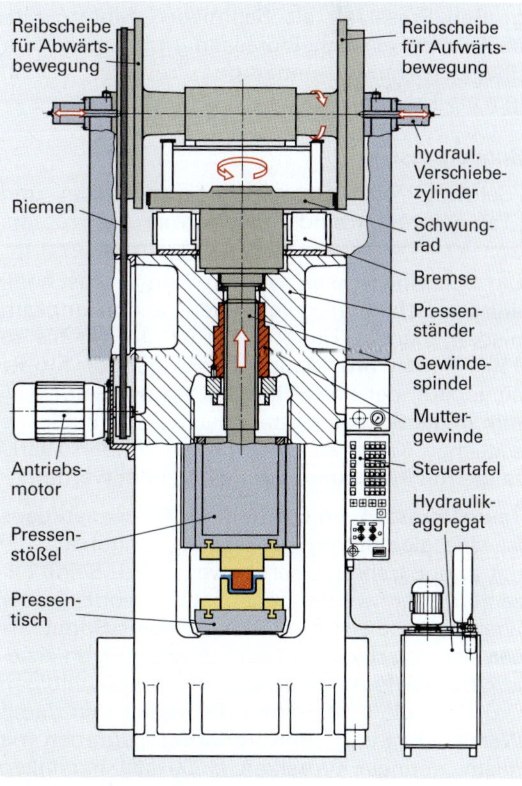

Bild 3: Spindelpresse

1

Bei den **hydraulischen Pressen (Bild 1)** ist der Pressenkolben durch kräftige Kolbenstangen direkt mit dem Werkzeugträger, dem Pressenstößel, für das Oberwerkzeug verbunden. Beim Einschalten der Presse drückt eine Hochdruckpumpe Hydrauliköl über ein Steuerventil in den Zylinderraum und wirkt auf eine große Kolbenfläche. Der große Druck und die große Kolbenfläche ergeben eine sehr große Pressenkraft.

Beispiel: Kolbendurchmesser = 500 mm, Druck = 60 bar, Wirkungsgrad = 0,8; Pressenkraft F = ?

Lösung:

$$F = A \cdot p \cdot \eta$$
$$= \frac{\pi}{4} \cdot (50\ \text{cm})^2 \cdot 600\ \frac{\text{N}}{\text{cm}^2} \cdot 0{,}8$$
$$F = 942\,477{,}8\ \text{N}$$
$$= \mathbf{942{,}5\ kN = 0{,}95\ MN}$$

Die Arbeitsbewegung kann senkrecht oder waagrecht sein. Dabei lässt sich sowohl die Kolbenkraft als auch die Kolbengeschwindigkeit feinfühlig der Umform- oder Schneidarbeit anpassen. Der Hub des Stößels kann bei hydraulischen Pressen mittels Steuerventilen an jeder beliebigen Stelle innerhalb des Gesamthubes begrenzt werden.

Hydraulikpressen verwendet man wegen ihrer großen Presskraft als Schmiede-, Sinter-, Einsenk- und Feinschneidpressen und wegen ihrer über den Hub gleichmäßigen Presskraft vor allem als Tiefziehpressen.

Bild 1: Hydraulische Presse

Sonderpressen

Schwing- oder Repassierschneidpressen und Taumelpressen sind Sonderformen bei Pressen.

Die **Schwingpressen** werden zum Nachschneiden von Schnittteilen verwendet. In den langsam niedergehenden Hauptstößel ist ein mit bis zu 1500 Hüben pro Minute schwingender Stößel eingebaut, der das Schnittteil pro Hub um 0,05 mm in die Schneidplatte hineintreibt. Sind keine seitlichen Kräfte zu erwarten, so können Werkzeuge mit Kugelführungen verwendet werden.

Taumelpressen. Im Oberteil des Pressenaufbaus ist eine glockenförmige Fassung eingebaut, die mit zwei Exzenterhülsen bewegt wird. Beide Exzenterhülsen werden unabhängig voneinander über Getriebe und Motor angetrieben. Somit lassen sich verschiedene Taumelbewegungen erzielen **(Bild 2)**. Pumpen erzeugen den notwendigen Druck für die Umformung. Es lassen sich damit Werkstücke mit großen Verformungsgraden mit relativ geringer Presskraft (1600 kN) herstellen **(Bild 3)**.

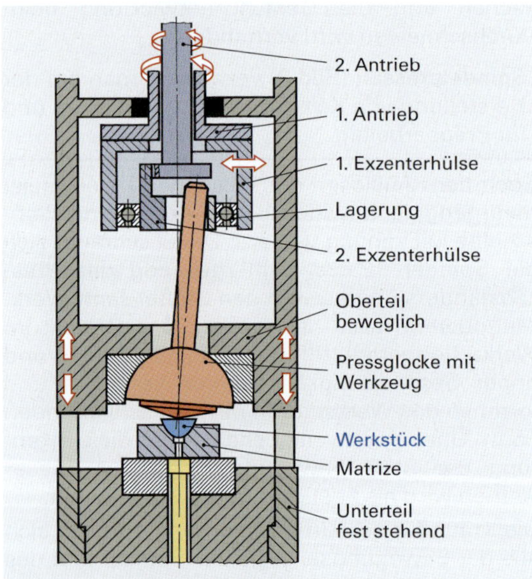

Bild 2: Taumelpresse

Bild 3: Pressteile hergestellt durch Taumelpressen

1.16.2 Wirkungsweise der Pressen

Oft müssen beim Schneiden und Umformen verschiedene, aufeinander abgestimmte Bewegungen ausgeführt werden. Darum baut man Pressen einfach, zweifach und mehrfach wirkend **(Bild 1)**.

Einfach wirkende Pressen haben einen Pressenstößel, in dem der Stempel oder das Oberteil des Werkzeuges befestigt wird. Beide führen eine auf- und abgehende Bewegung aus.

Zweifach wirkende Pressen führen **zwei** unabhängige Stößelbewegungen aus **(Bild 2)**. Werden sie für Zieharbeiten verwendet, so befindet sich am äußeren Rahmenstößel der Niederhalter und der innen liegende Hauptstößel trägt den Ziehstempel **vgl. Bild 1**.

Die zweite Stößelbewegung kann auch ein im Pressentisch untergebrachter Stößel ausführen. Man benutzt diese Bewegung zum Lochen vorgeformter Ziehteile oder für einen benötigten Gegenzug.

Die Hubbewegung des Tischstößels, meist mit Druckluft- oder Hydraulikzylindern erzeugt, wird durch Druckbolzen auf das Werkzeug übertragen. Durchbrüche im Pressentisch ermöglichen dies.

Mehrfach wirkende Pressen können, wie in **Tabelle 1** aufgeführt, je nach Antriebsart verschiedene Stößelbewegungen gleichzeitig oder nacheinander ausführen.

Tabelle 1: Stößel- und Antriebsarten

Stößelart	Antriebsart
Rahmenstößel z. B. mit Niederhalter	Exzenterantrieb
Innenstößel z. B. mit Ziehstempel	Kurbelantrieb
Tischstößel z. B. mit Auswerfer	hydraulischer Antrieb

Die verschiedenen Bewegungen der Presse können unabhängig voneinander gesteuert werden:

- **mechanisch,** mit Hilfe von auswechselbaren Steuerkurven;
- **elektronisch,** durch Lageauswertung über Wegmesssysteme.

Beim elektronischen System sind Hub-, Kraft- und Geschwindigkeitswerte über Dekadenschalter oder eine speicherprogrammierbare Steuerung (SPS) einstellbar, speicherbar und reproduzierbar. Damit ergeben sich für jeden Arbeitstakt immer die gleichen Weg-, Kraft- und Geschwindigkeitsgrößen.

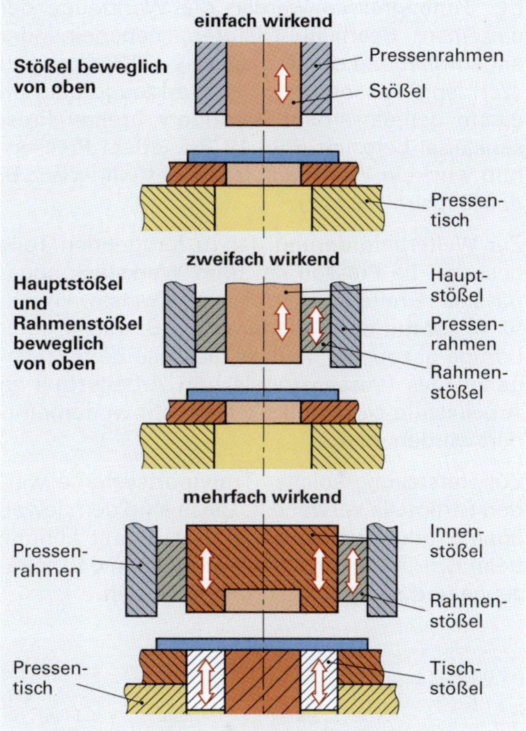

Bild 1: Wirkungsweise von Pressen

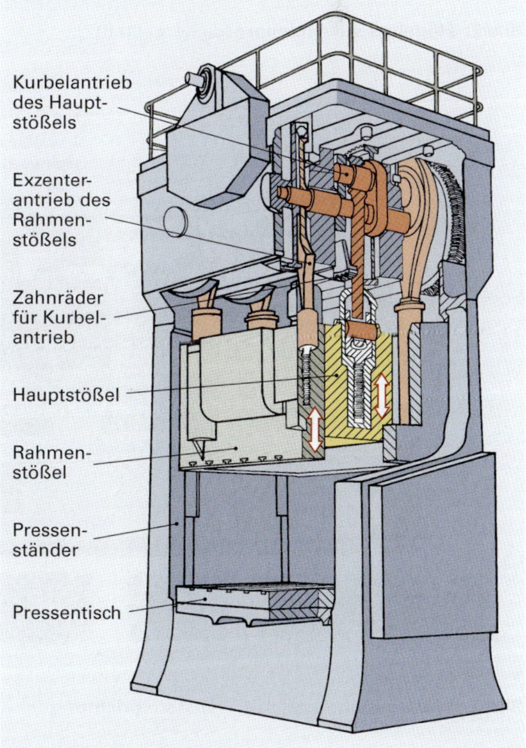

Bild 2: Zweifach wirkende Presse

Bei **Stufenpressen** werden die Werkzeuge der einzelnen Bearbeitungsstufen nebeneinander angeordnet und das Werkstück von Werkzeug zu Werkzeug transportiert. Die Werkzeuge sind an einem gemeinsamen, besonders breiten Pressenstößel befestigt **(Bild 1)**. Bei jedem Pressenhub wird ein Werkstück fertig gestellt, wie z. B. das Flügelrad **(Bild 2)**.

Zur Weiterbeförderung der zu fertigenden Teile besitzen die Pressen ein dem Werkstück angepasstes Greifersystem. Diese Transfereinrichtung[1] ist mit der Stufenpresse z. B. über Getriebezüge gekoppelt, so dass die Teile beim Hochgehen des Pressenstößels von Arbeitsstufe zu Arbeitsstufe selbständig waagrecht weiterbefördert werden **(Bild 3)**.

Zur Herstellung solcher Transportsysteme werden Fertigteile verwendet. Diese sind dem jeweiligen Produkt genau angepasst. Somit können beim Umrüsten kurze Stillstandszeiten der Werkzeuge und der Pressen erreicht werden.

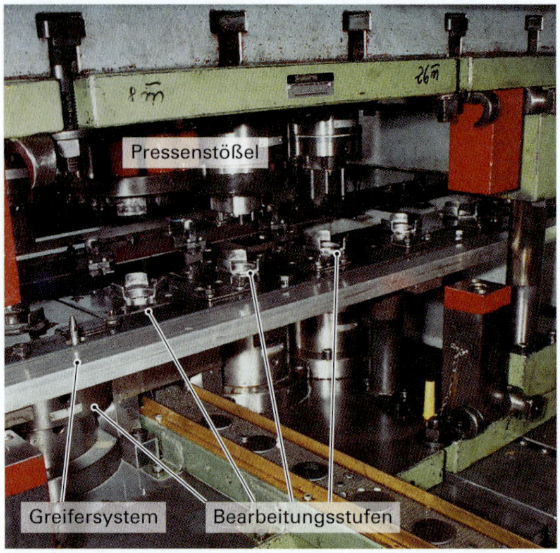

Bild 1: Stufenpresse mit Greifersystem

Bild 2: Flügelrad auf Stufenpresse hergestellt

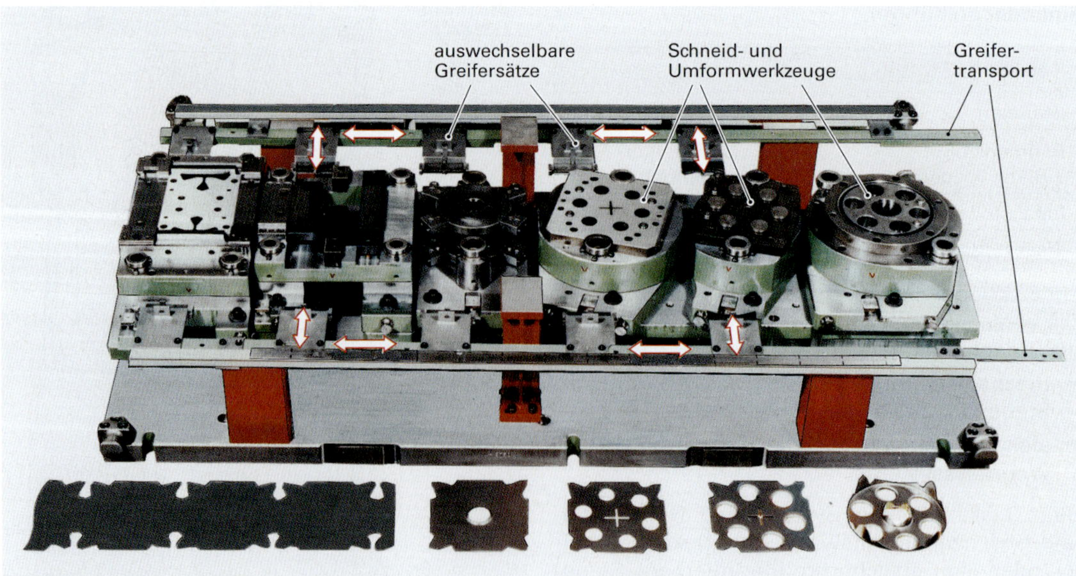

Bild 3: Werkzeugunterteil mit Transfereinrichtung

[1] transfer (engl.) = verschieben, verlegen

Pressenzentrum. Bei den Trenn- und Umformverfahren werden vermehrt Fertigungszentren eingesetzt. Sie bieten die Möglichkeit der vollautomatischen Bearbeitung vom aufgewickelten Band, dem so genannten Coil[1]. Bandeinführung, Werkzeugwechsel, Werkzeugverstellung und Sortierung der Werkstücke können programmiert und durch besondere Steuerungsanlagen überwacht werden. Durch voreingerichtete Werkzeuge lassen sich die Umrüstzeiten erheblich senken. **Bild 1** zeigt eine solche Anlage mit 2 Pressen.

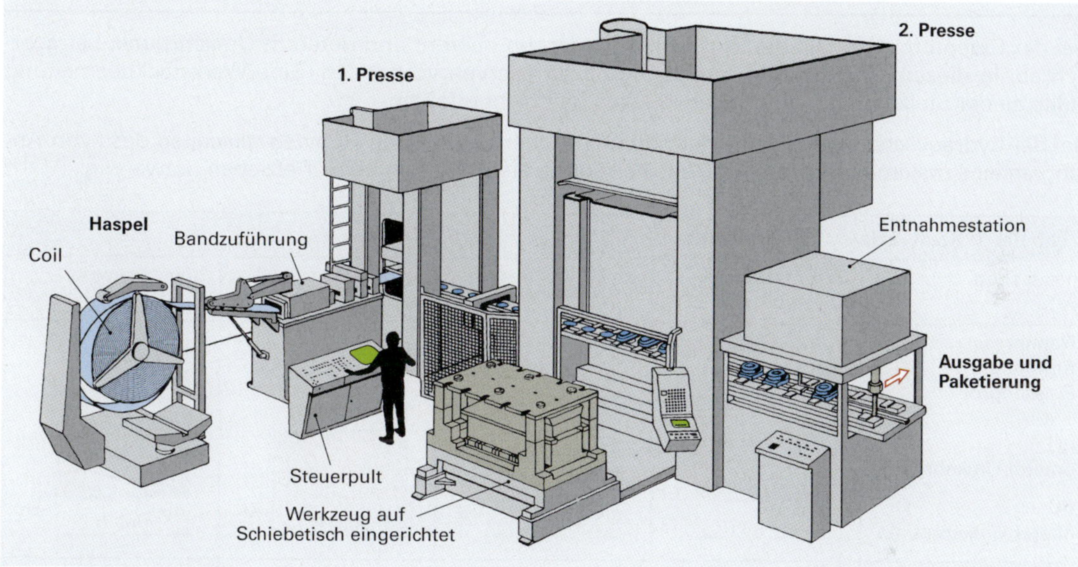

Bild 1: Pressenzentrum

Pressenstraßen oder Pressenlinien. In vielen Fertigungsbereichen fallen gleichartige Schnitt- und Umformteile in großer Stückzahl und in großen Abmessungen an. Die dazu erforderlichen Großpressen werden in einer Pressenstraße hintereinander angeordnet und so verkettet, dass das Werkstück entsprechend der Bearbeitungsfolge von Presse zu Presse weitergegeben wird. Der Werkstoff wird als Blechtafel oder vom Coil zugeführt. Zwischen den Pressen übernehmen Greifer, Roboter oder Rollbahnen die Weiterführung des Werkstückes **(Bild 2)**.

Bild 2: Pressenstraße oder Pressenlinie

[1] coil (engl.) = Rolle, Wicklung

1.16.3 Auswahl von Pressen

In **Tabelle 1** ist der unterschiedliche Kraftverlauf für verschiedene Pressen schematisch aufgeführt. Aus dem Kraftverlauf ergeben sich mögliche Einsatzgebiete der Pressen. Um einer Überlastung der Presse und der Werkzeuge vorzubeugen, ist die Kenntnis des Kraftverlaufes während der Stößelbewegung notwendig. Auch kann durch die Kraft-Weg-Diagramme die Auswahl und die Zuordnung von Stanzverfahren und Pressen erleichtert werden.

Bei der Exzenterpresse fällt die Pressenkraft zwischen oberem und unterem Umkehrpunkt beträchtlich ab. In diesem Bereich sind nur geringe Kraftreserven vorhanden. Eine Werkstückbearbeitung sollte an der Stelle mit der geringsten Pressenkraft nicht erfolgen.

Bei der hydraulischen Presse ist der Kraftverlauf über den ganzen Hubweg gleich, so dass von Anfang an eine maximale Umformkraft zur Verfügung steht. Dies ist beim Tiefziehen notwendig.

Tabelle 1: Kraftverlauf (schematisch)

Pressenart	Exzenterpresse, Kurbelpresse	Kniehebelpresse	Hydraulikpresse	Spindelpresse
Nennpresskraft F_{max} für mittlere Pressengrößen uU unterer Umkehrpunkt oU oberer Umkehrpunkt	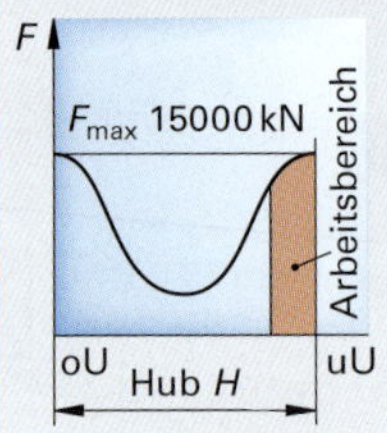	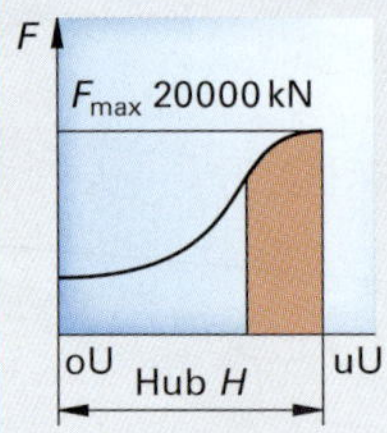	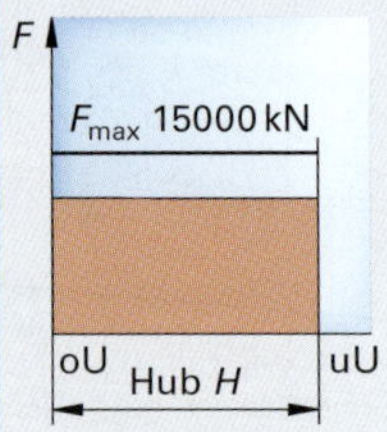	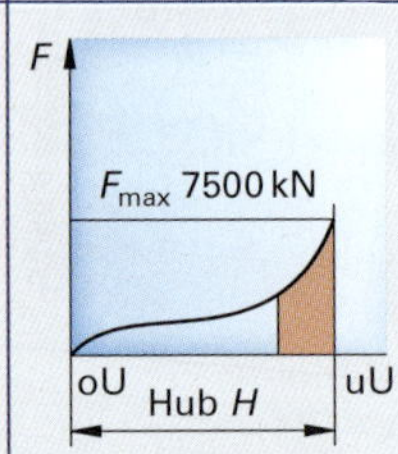
Anwendungs-beispiele	Schneiden, Biegen	Schneiden, Biegen, Prägen	Tiefziehen, Durchdrücken	Gesenkformen

Neben den Pressen haben auch die Schneid- und Umformverfahren einen charakteristischen Kraftverlauf. Dadurch ist es möglich die erforderliche Schneidarbeit oder Umformarbeit zu ermitteln.

Die in **Tabelle 2** dargestellten Kraft-Weg-Diagramme zeigen, dass die Stanzmaschinen bei den jeweiligen Verfahren nicht über den gesamten Stößelweg gleichmäßig belastet werden. Die Fläche unter der Kurve stellt die notwendige Schneid- und Umformarbeit dar.

Vereinfachte Berechnung:

Bezeichnungen:

F Schneidkraft, Ziehkraft
h Ziehtiefe
s Blechdicke
W Schneidarbeit, Zieharbeit

Schneidarbeit $W = {}^{2}/_{3} \cdot F \cdot s$

Zieharbeit $W = {}^{2}/_{3} \cdot F \cdot h$

Tabelle 2: Kraft-Weg-Diagramme

Verfahren	Darstellung
Schneiden	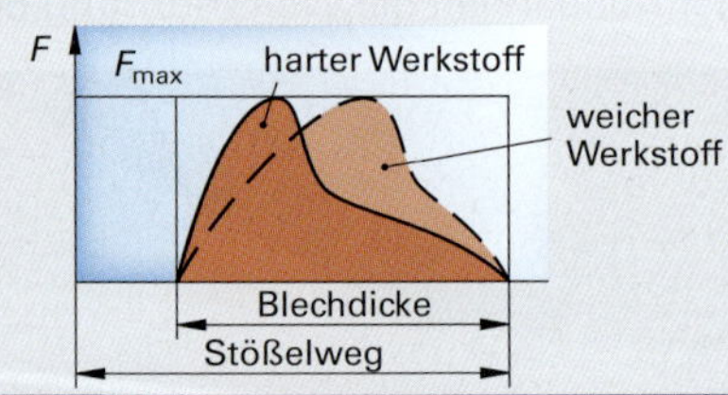
Ziehen	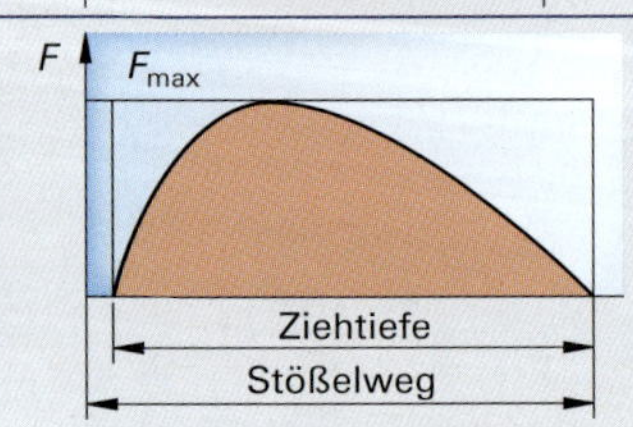
Gesenk-formen	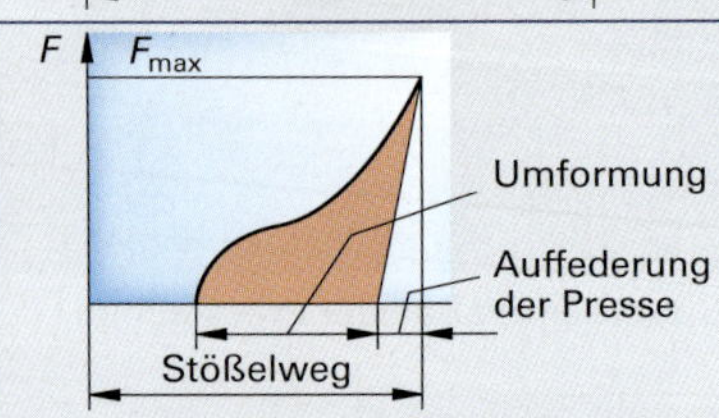

1.16.4 Zusatzgeräte an Pressen

Um die Wirtschaftlichkeit von Pressen bei der Verarbeitung von Bandmaterial zu verbessern, versieht man die kleinen und mittelgroßen Pressen mit Zusatzgeräten wie Richtapparaten, Vorschubapparaten, Ölern und Abfallscheren **(Bild 1)**. Diese Geräte werden an den Pressen angeschraubt und können daher auch nachträglich angebracht werden.

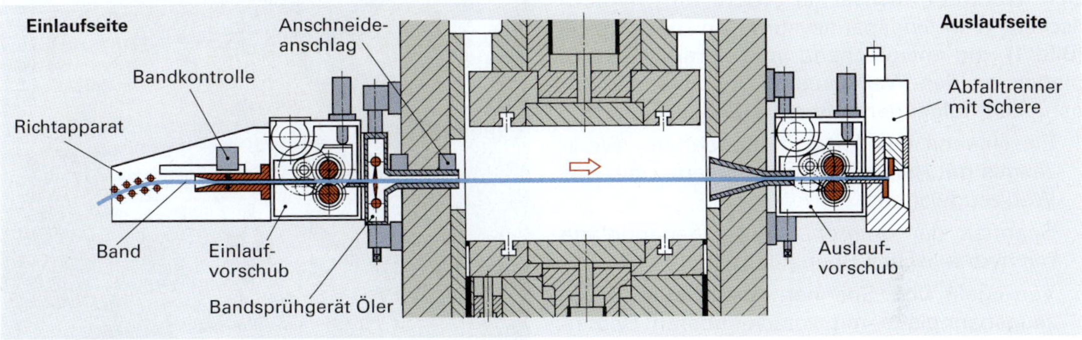

Bild 1: Zusatzgeräte zur Bandführung

Mit Hilfe von **Vorschubapparaten** wird das Werkstoffband dem Werkzeug zugeführt. Sobald das Werkzeug beim Hochgehen des Pressenstößels das Band freigibt, wird durch die Transportwalzen des **Walzenvorschubapparates (Bild 2)**, oder den Zangen des **Zangenvorschubapparates (Bild 3)**, das Band um einen festgelegten und genau einstellbaren Vorschub weitergeschoben. Der Antrieb der Vorschubapparate kann durch eine Welle von der Presse her geschehen. Sie können aber auch selbständige Antriebe besitzen.

Sind im Werkzeug Suchstifte eingebaut, so müssen die Vorschubapparate im Augenblick des „Suchens“ das Band freigeben, damit es im Werkzeug von den Suchstiften zurechtgerückt werden kann, ohne es zu beschädigen. Zur Überwachung der Positionierung können Lichtschranken eingebaut werden. Sind zur Vorschubüberwachung elektronische Steuerungen eingesetzt, so sind die Vorschubapparate getrennt zu programmieren. Damit kann ihre Positionsgenauigkeit geregelt und optimiert werden.

An der Auslaufseite ist oft ein zweiter Vorschubapparat angeordnet, der das Band aus dem Werkzeug zieht. Der Vorschub muss den Vorgängen beim Schneiden und Umformen angepasst und eine Kleinigkeit größer sein als auf der Einlaufseite, weil sich das Band beim Fertigen etwas verlängert.

Richtapparate, die sich an der Einlaufseite der Presse befinden, richten das vom Coil kommende Band zwischen Richtwalzen. Um das Trennen zu erleichtern sind **Ölsprühgeräte** oder **Ölwalzen** installiert. Will man das Restband nicht aufrollen, kann es am Pressenausgang mit **Abfallscheren** in handliche Stücke geschnitten werden (Bild 1).

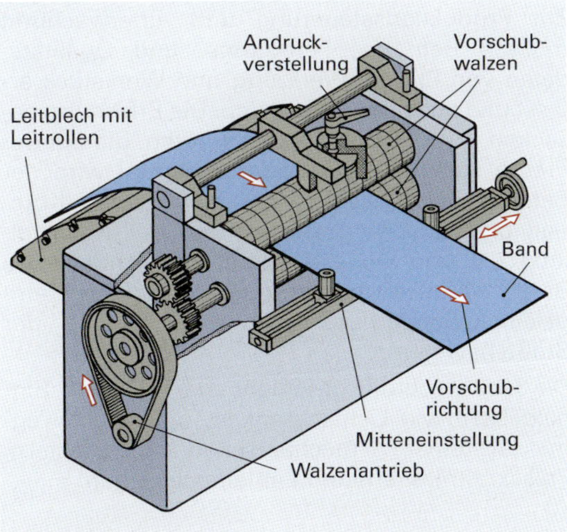

Bild 2: Walzenvorschub

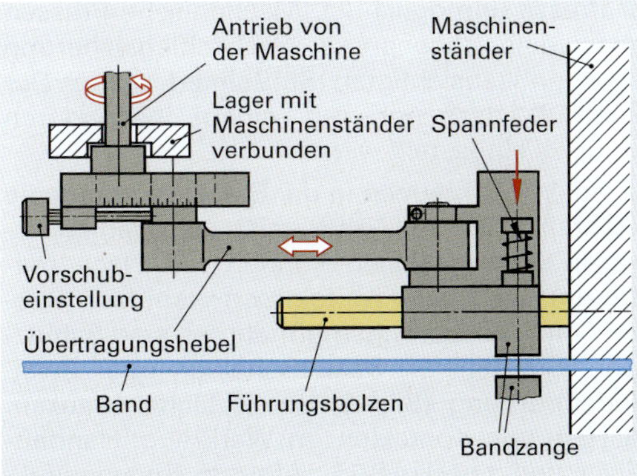

Bild 3: Zangenvorschub

1

1.16.5 Werkzeugeinbau und Werkzeugüberwachung

In modernen Pressen, vor allem in Pressenzentren, werden die Werkzeuge automatisch nach dem eingegebenen Fertigungsprogramm in die jeweilige Presse eingesetzt. Dadurch können Wechselzeiten für Werkzeuge deutlich reduziert werden, da das Werkzeug an anderer Stelle voreingerichtet und palettiert wird.

Der Werkzeugwechsel erfordert ein hydraulisches Werkzeugspannsystem an der Presse **(Bild 1)** und entsprechend vorgefertigte Spannplatten an den Werkzeugen. Der Einspannvorgang läuft folgendermaßen ab **(Bild 2):**

1 Einschieben des fertig eingerichteten Werkzeuges mit Hilfe der Wechselpalette oder des Werkzeugwagens.

2 Spannen der unteren Werkzeugspannplatte mit hydraulischen Spannelementen.

3 Verriegeln und Spannen der oberen Werkzeugspannplatte mit verschiebbaren Spannleisten.

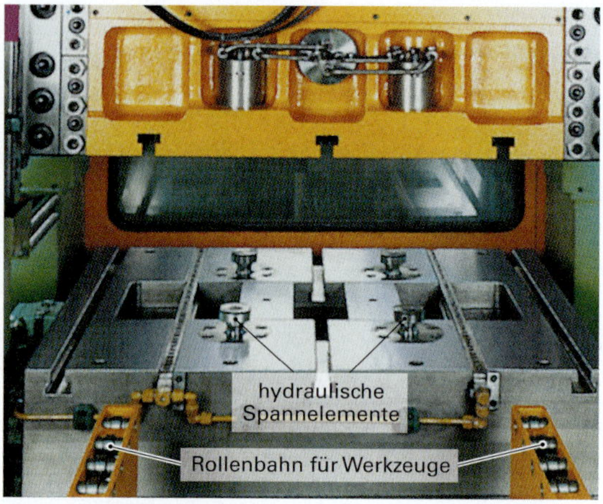

Bild 1: Hydraulische Werkzeugspannung

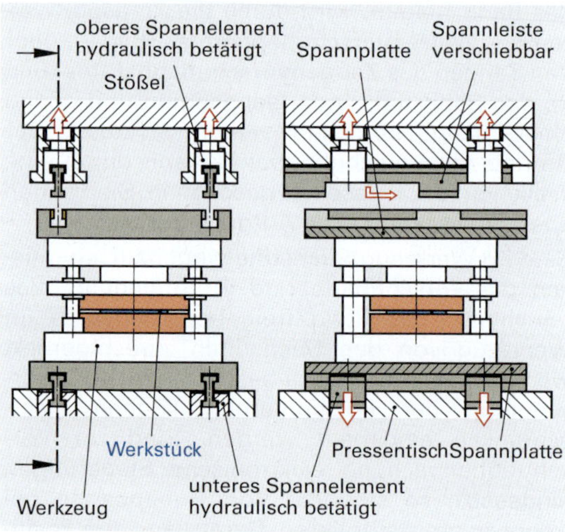

Bild 2: Spannelemente

Maschinen- und Werkzeugüberwachung

Zur Produktionssteuerung und -überwachung müssen Betriebs-, Fertigungs- und Qualitätsdaten von Presse, Werkzeug und Werkstück erfasst und ausgewertet werden. Die Erfassung geschieht mit Datenerfassungsgeräten, die bei der Presse stehen. Zentral oder dezentral wird der Betriebsablauf nach vorher festgelegten Kriterien und Größen gesteuert: von der Nachstellung z. B. von Biegestempeln, dem Ändern des Bandvorschubes, bis zur Veränderung der Stempeleintauchtiefe und damit der Größe der Stößelbewegung.

Die Überwachung geschieht mit Hilfe von Signalgebern wie Lichtschranken, optischen Wegmesssystemen, mechanischen Messtastern, Presskraftmessern und Zähleinrichtungen.

1.16.6 Sicherheitseinrichtungen an Pressen

Pressen mit mechanischem Antrieb müssen so gebaut sein, dass ungewolltes Selbstauslösen der Presse unmöglich ist. Mechanische Pressen haben eine sogenannte Nachschlagsicherung gegen unbeabsichtigten Stößelniedergang. Der Dauerhub darf nur mit einem besonderen Schlüssel eingestellt werden.

Bei vielen Werkzeugen in der Stanzerei liegen die Gefahrenstellen im Griffbereich der Bedienperson. In solchen Fällen können mit Nachgreifsicherungen Unfälle weitgehend verhindert werden. Solche Sicherungsmaßnahmen sind Schutzkörbe, Schutzgitter, Schutzscheiben oder Zweihandeinrückung **(Bild 3)** sowie Lichtschranken. Mit Hilfe von Kontakten im Werkzeug, Handabweiser und zweckmäßig geformte Einlegewerkzeuge können Unfälle verhindert werden.

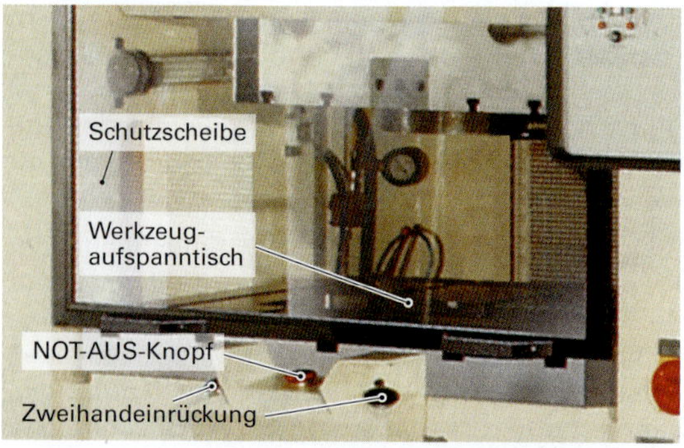

Bild 3: Schutzscheibe und Zweihandeinrückung

Lichtschranken (Bild 1) können zusätzlich oder anstelle eines Schutzgitters die Bedienungsöffnung der Presse abschirmen. Eine Lichtschranke wird von Lichtstrahlen gebildet, die von einer Lichtquelle an einem Pressenständer ausgesandt und durch Spiegel am anderen Pressenständer reflektiert werden. Sie legen ein Lichtgitter vor die Bedienungsöffnung der Presse. Wird der Lichtstrahl an irgendeiner Stelle unterbrochen, so wird der sich bewegende Stößel sofort stillgesetzt.

Andere günstige Unfallschutz- und Sicherungsmaßnahmen sind die Verwendung von elektrischen und pneumatischen Mikrokontakten **(Bild 2)**. Mikrokontakte basieren auf dem Prinzip des Näherungsschalters und sind meistens in Werkzeugen eingebaut. Sie gestatten nur dann das Einschalten der Stößelbewegung, wenn das Werkstück richtig eingelegt ist, der Streifen genau vorgeschoben oder die Handhabungsgeräte aus dem Arbeitsbereich entfernt sind.

Bild 1: Lichtschranke

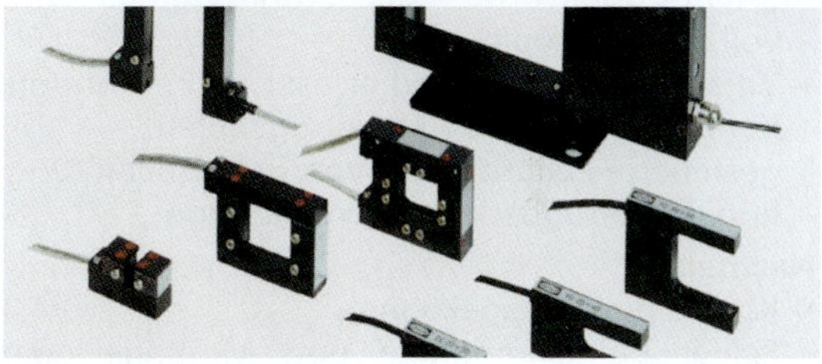

Bild 2: Mikrokontakte

1.17 Instandhaltung im Werkzeugbau

Da die Herstellkosten für Werkzeuge die im Werkzeugbau hergestellt werden sehr hoch sind, ist eine störungsfreie bzw. ausfallfreie Betriebsbereitschaft durch Instandhaltung über den ganzen Lebenszyklus des Werkzeuges sicherzustellen. Die wichtigsten Instandhaltungsmaßnahmen sind in der **Tabelle 1** aufgeführt.

Tabelle 1: Maßnahmen der Instandhaltung

Wartung	Inspektion	Instandsetzung	Verbesserung
– Schmieren – Hilfsstoffe ergänzen – Ersetzen von Kleinteilen – Schneidstempel nachschleifen – Biegestempel nachstellen – Reinigen von Kavitäten	– rechtzeitige Feststellung von Abnutzungserscheinungen **(Bild 3)** – Maßnahmen zur Instandhaltung veranlassen	– Grundlage ist das Inspektionsergebnis – Reparatur oder Austausch von Werkzeugteilen	– Erfassung von gleichartigen Fehlern – Erstellen einer Schwachstellenanalyse

1.17.1 Instandhaltungsstrategien

Ereignisorientierte Instandhaltung
Diese Strategie wird auch Feuerwehrstrategie genannt. Sie wird durchgeführt, wenn das Werkzeug durch eine Störung stillgesetzt werden muss und Teile ausgewechselt werden müssen.

Vorteile:
- Bauteile werden voll ausgenutzt
- geringer Planungsaufwand

Nachteile:
- Instandsetzung unter hohem Zeitdruck
- durch nichtvorrätige Ersatzteile können hohe Ausfallkosten entstehen.

Bild 3: Inspektion an Werkzeugen

1

Zustandsorientierte Instandhaltung

Dies ist eine vorbeugende Strategie. Sie kommt zum Einsatz, wenn die Abnutzung direkt oder indirekt messbar ist. Ein Austausch von Teilen erfolgt rechtzeitig vor dem Erkennen einer unzulässigen Veränderung oder dem Bruch von Werkzeugteilen. Dadurch wird der **„Abnutzungsvorrat"** im Werkzeug wieder aufgefüllt und eine Störung rechtzeitige vermieden **(Bild 1)**.

Vorteile:

- Austausch von abgenutzten Werkzeugteilen in planbaren Stillstandszeiten
- „Abnutzungsvorrat" der Werkzeugteile wird voll ausgeschöpft
- Verschleißzustand wird erfasst und erhöht die Kenntnisse über den Fertigungsablauf
- gesteuerte Lagerhaltung von Ersatzteilen
- höhere Verfügbarkeit der Werkzeuge

Nachteile:

- Kosten durch Inspektionen
- Fehler bei Demontage und Montage oder beim Einrichten

Intervallabhängige Instandhaltung

Diese Strategie ist auch eine vorbeugende Instandhaltungsstrategie. Sie wird angewendet, wenn Werkzeugbauteile auf keinen Fall versagen dürfen. Dies kann bei Folgeverbundwerkzeugen der Fall sein, wenn nachfolgende Werkzeugstationen die beim Versagensfall auftretenden Schneid- oder Umformkräfte nicht bewältigen können und dadurch zerstört werden.

Vorteile:

- Unvorhergesehene Ausfälle werden reduziert
- Neuwerkzeugherstellung und Instandhaltung sind aufeinander abstimmbar
- Auslastung von Pressen sind planbar
- Personaleinsatz ist vorhersehbar

Nachteile:

- Lebensdauer von Werkzeugteilen wird nicht voll ausgenutzt
- Hohe Lagerkosten durch hohen Ersatzteilbedarf

Andere Maßnahmemöglichkeiten zeigt **Bild 2.**

1.17.2 Vorgehensweise im Werkzeugbau

Je nach Organisation oder Betriebsaufbau können die unterschiedlichen Strategien einzeln oder auch gemeinsam zum Einsatz kommen.

Vorzuziehen ist eine vorausschauende oder vorbeugende Instandhaltungsstrategie. Die Grundlage ist eine Kundenorientierung oder gute Kundenbeziehung. Denn nur dann ist es möglich, die aus der zustandsabhängigen Instandhaltung erhaltenen Erkenntnisse z.B. über den Verschleißzustand eines Schneidstempels oder

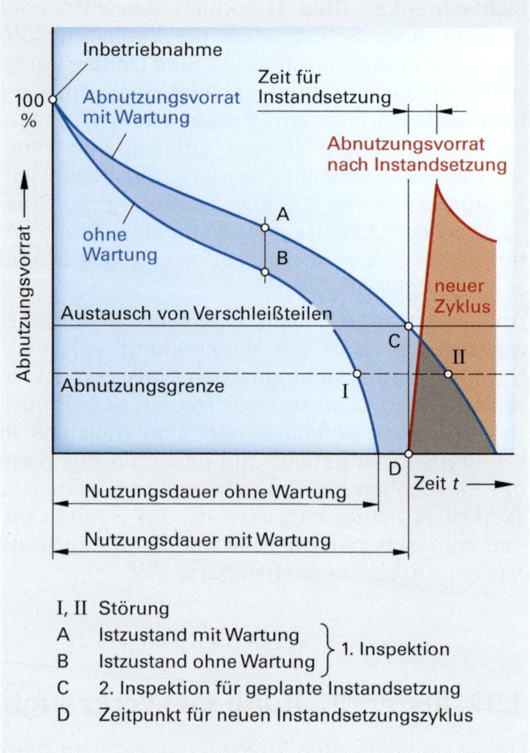

Bild 1: Abnutzungsvorrat

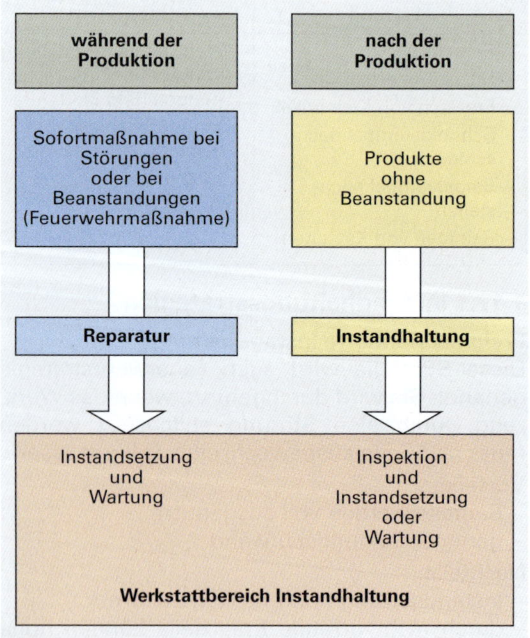

Bild 2: Instandhaltungsmaßnahmen

einer Spritzgießkavität so umzusetzen, dass es keine Lieferschwierigkeiten oder Herstellungsengpässe für Werkzeugteile gibt, da die Instandhaltung zwischen zwei Lieferterminen für die Stanz- bzw. Spritzgießteile erfolgen kann.

Grundlage für die Instandhaltung ist ein **„Begleitbuch"** für das jeweilige Werkzeug. Es beinhaltet neben dem Zeichnungssatz auch eine **Werkzeugbegleitkarte** für die Instandhaltungsmaßnahmen **(Bild 1)**. In der Karte sind die Maßnahmen und der Zeitpunkt der Durchführung aufgeführt. Gleichzeitig wird dokumentiert welcher Mitarbeiter tätig war. Zertifizierte Betriebe müssen sich an die Qualitätsstandards nach z. B. DGQ[1]) halten.

1.17.3 Standort der Instandhaltung

Bei großen Betrieben, die eine eigene Stanz- oder Spritzgießteileproduktion besitzen und auch mit großen Folgeverbundwerkzeugen bzw. Spritzgießwerkzeugen arbeiten, wird die Instandhaltungswerkstatt nahe der Produktionsstätte, also der Stanz- oder Spritzgießabteilung, eingerichtet. Die Gründe sind:

- kurze Wege mit oft schweren Werkzeugen
- eigener, geeigneter Maschinenpark
- eigene Lagerhaltung mit schnell verschleißenden Teilen wie Schneid- und Biegestempel, Federn und Stoßdämpfer
- Komplexität der Werkzeuge erfordern speziell ausgebildete Werkzeugmechaniker
- Gewährleistung der Werkstoffreinheit im Werkzeug und in der Umgebung
- Aufteilung der Instandhaltungsabteilung nach Art der Werkzeuge z.B. Verbundwerkzeuge oder Spritzgießwerkzeuge

Instandhaltungsbericht		Wkz.Nr./Anlagen Nr.
Benennung:	Kunde:	Artikel Nr.:
Typ:	Hersteller:	Artikel Bez.:
Modul-Nr. (Einschub-Nr.):	Herstelldatum:	
Wartungspunkte: nach QM 291-05		
Werkzeugspezifische Wartung bei: 1 500 000(1-5+9) 2 500 000(1-9)	1. Abfall aus Schneideinsätze entfernen, Schneideinsätze auf Beschädigung prüfen	
	2. Federn auf Bruch durchsehen, ggf. austauschen	
Stück	3. Wkz-Oberteil bei Montage nicht einfetten, es wird mit IP60 gestanzt	
	4. Federn unter den Federböden müssen gewechselt werden	
	5. Biegestation säubern und Lauf prüfen	
gefertigte Stückzahl seit letzter Wartung:	6. Schneidstempelschrägen beim Nachschleifen einhalten	
	7. Alle Teile auf Beschädigung oder Abnutzung prüfen	
	8. Schrauben der beweglichen Teile prüfen, ggf. austauschen	
	9. Trennschnitt schärfen	
Berichtergebnis		
Fertigung + QS	Maßnahmen: Werkzeugbau/Instandhaltung Optimierung/Variantenumbau	
Werker Datum: Name:	Datum: Name: Zeit in Std.:	
QS Teile i.O. ☐ Teile n.i.O. ☐		
Die Wartung bzw. Instandhaltung des oben genannten Betriebsmittel wurde ordnungsgemäß durchgeführt		
Entscheidung Instandhaltung Freigabe ☐	**Freigabe QS (Prozess)** Freigabe ☐	
Name: Datum: Ablehnung ☐	Name: Datum: Ablehnung ☐	
Begründung der Ablehnung:	Begründung der Ablehnung:	

Bild 1: Werkzeugbegleitkarte

[1]) DGQ = **D**eutsche **G**esellschaft für **Q**ualität e.V.

Wiederholung und Vertiefung

1 Erläutern Sie allgemein das Aufbringen der Pressenkraft.

2 Begründen Sie die Einsatzmöglichkeiten der Kniehebelpresse, der Spindelpresse und der hydraulischen Presse.

3 Es sind 3 Weg-Zeit-Kurven von Stößelbewegungen an Pressen gegeben **(Bild 2)**.

3.1 Ordnen Sie die jeweilige Kurve einer Pressenart zu.

3.2 Begründen Sie die jeweilige Zuordnung.

4 Beschreiben Sie die Funktion der Zusatzgeräte an der Ein- und Auslaufseite einer Presse.

5 Unterscheiden Sie die Maßnahmen der Instandhaltung.

6 Erläutern Sie den Begriff „Abnutzungsvorrat"

7 Beschreiben Sie die Vor- und Nachteile der Instandhaltungsstrategien.

8 Erläutern Sie die Vorgehensweise bei der Instandhaltung und deren Standort.

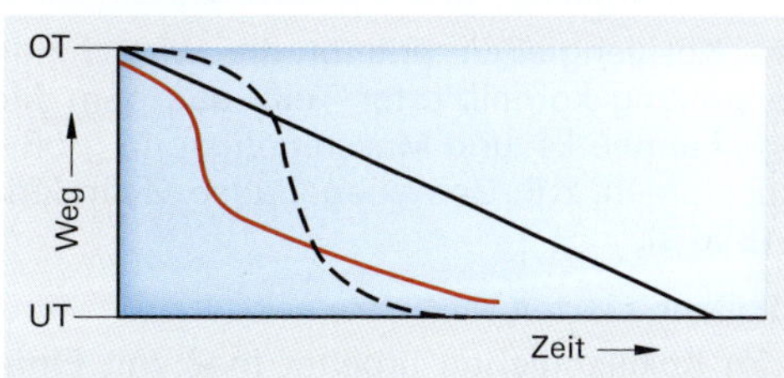

Bild 2: Wege-Zeit-Kurven

2 Formenbau

2.1 Fertigungsverfahren

In der Massenfertigung ist man bestrebt durch rationelle Fertigungsverfahren kostengünstige Werkstücke herzustellen. Zu diesen Fertigungsverfahren zählen in erster Linie das Urformen und das Umformen **(Bild 1)**. Durch diese Fertigungsverfahren können selbst komplizierte Werkstücke spanlos in einem Arbeitsgang form- und maßgerecht hergestellt werden. Eine weitere Bearbeitung ist dabei nur in verhältnismäßig geringem Umfang notwendig. Zur Durchführung dieser Fertigungsverfahren werden Formen, Pressmatrizen und Gesenke, also Dauerformen, benötigt.

Urformen	Kokillengießen Druckgießen Pressen Spritzgießen Sintern
Umformen	Gesenkformen Eindrücken Durchdrücken

Bild 1: Fertigungsverfahren mit Dauerformen

Urformen

Urformen ist nach DIN 8580 das Fertigen eines festen Körpers aus formlosem Stoff durch Schaffen eines Zusammenhaltes.

Befindet sich der formlose Stoff dabei im flüssigen, breiigen oder pastenförmigen Zustand, so spricht man vom Gießen. Liegt jedoch ein körniger oder pulverförmiger, also ein fester Zustand vor, so bezeichnet man das als Sintern **(Bild 2)**.

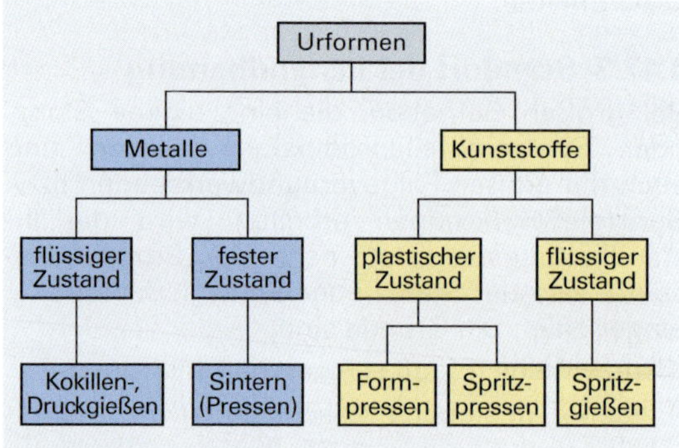

Bild 2: Urformen mit Dauerformen

2.2 Kokillengießen

Beim Kokillengießen werden flüssige NE-Metalle durch Einwirkung der Schwerkraft oder mittels Niederdruck in mehrteilige Dauerformen (Kokillen) gegossen.

Die Kokille besteht aus Stahl oder Spezialgusseisen. Je nach Größe des Gießteils können mit einer Kokille 30 000 bis 60 000 Teile abgegossen werden.

Die Kokille kann vollständig aus Metall bestehen (Vollkokille) oder es sind nur die Formhälften aus Metall und die Kerne aus Sand (Gemischtkokille).

Kokillengießteile weisen gute Maßgenauigkeit, glatte Oberflächen und feinkörniges Gefüge auf.

Das Kokillengießen erlaubt die wirtschaftliche Herstellung komplizierter Teile aus dem Motoren-, Fahrwerks- und Maschinenbau in größeren Stückzahlen, z. B. Getriebegehäuse, Zylinderköpfe **(Bild 3)**.

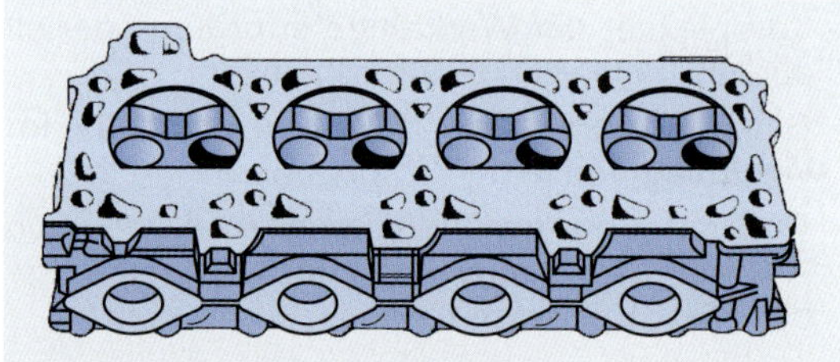

Bild 3: Kokillengießteil (bearbeitet)

Kokillenbauarten

Beim Kokillengießen arbeitet man mit Einfachkokillen (Bügelkokillen), Schiebekokillen oder Scharnierkokillen **(Bild 4)**.

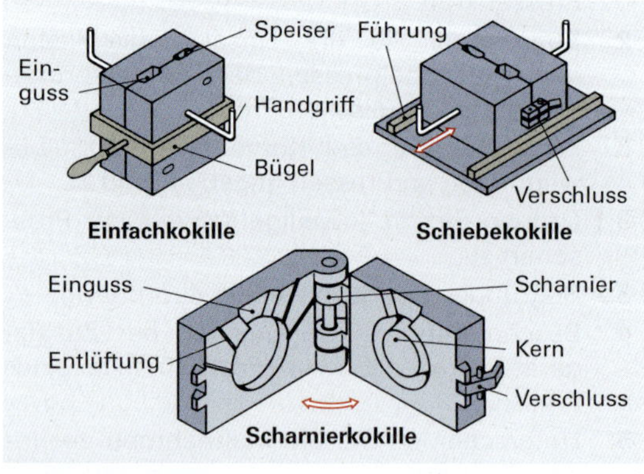

Bild 4: Kokillenbauarten

Bei **Einfachkokillen** werden die beiden Formhälften während des Gießvorganges durch einen Bügel zusammengehalten. Der Bügel wird nach dem Erstarren des Gießwerkstoffs entfernt, wodurch die Kokille getrennt und das Werkstück herausgenommen werden kann.

Bei der **Schiebekokille** werden die Formhälften auf einer Platte mit Parallelführungsleisten angeordnet. Dies erleichtert die Handhabung großer Kokillen.

Scharnierkokillen lassen sich einfach bedienen. Sie eignen sich aber nur für flache Werkstücke.

Bei größeren Kokillen werden mechanische Bewegungselemente verwendet. Eine Kokillenhälfte kann dann feststehend angeordnet werden und die andere z.B. mittels einer Gewindespindel bewegt werden **(Bild 1).** Seitlich angebrachte Knebelverschlüsse halten die Formhälften während des Gießvorganges zusammen. Die Kerne werden meist mit einem winkelförmigen Hebel (Knippeisen) gelöst und von Hand gezogen.

In der Großserienfertigung werden Kokillen mit **hydraulischen** Bewegungselementen verwendet **(Bild 2).** Hierbei können sowohl die Kokillenhälften als auch die Kerne durch Hydraulikzylinder bewegt werden. Die Steuerung der Zylinder erfolgt meist über Proportionalventile.

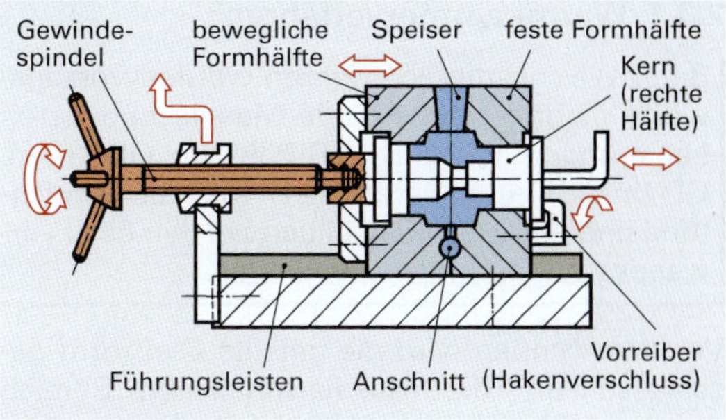

Bild 1: Kokille mit mechanischen Bewegungselementen

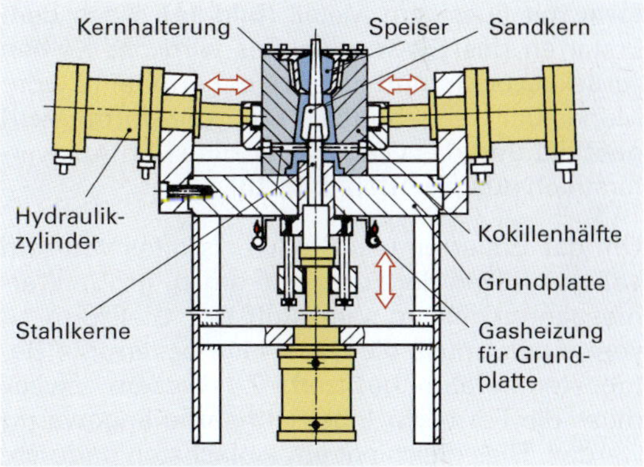

Bild 2: Kokille mit hydraulischen Bewegungselementen

2.3 Druckgießen

Beim Druckgießen **(Bild 3)** wird die flüssige oder zähflüssige Metallschmelze unter hohem Druck (vgl. **Tabelle 1**) und hoher Geschwindigkeit in den Hohlraum einer Dauerform gepresst. Dabei entstehen Werkstücke mit einer Maßgenauigkeit bis zu ± 0,02 mm.

Überwiegend werden Nichteisenlegierungen (Schwer- oder Leichtmetall-Legierungen) vergossen. Die hergestellten Druckgießteile benötigen nur einen Mindestaufwand an Werkstoff, da meist abfallfrei gearbeitet wird. Die Festigkeit des Werkstoffes wird durch den hohen Druck gesteigert.

Ferner ist es möglich, an Stellen, die z.B. einer hohen Abnutzung unterliegen und deshalb große Verschleißfestigkeit aufweisen müssen, geeignete Fremdmetallteile (Gewindebuchsen, Bolzen und dergleichen) maßgerecht einzugießen.

Je nachdem, ob niedrig schmelzende oder höher schmelzende Metalle verarbeitet werden sollen, wird das Warm- oder das Kaltkammerverfahren mit den entsprechenden Druckgießmaschinen verwendet **(Bild 3).**

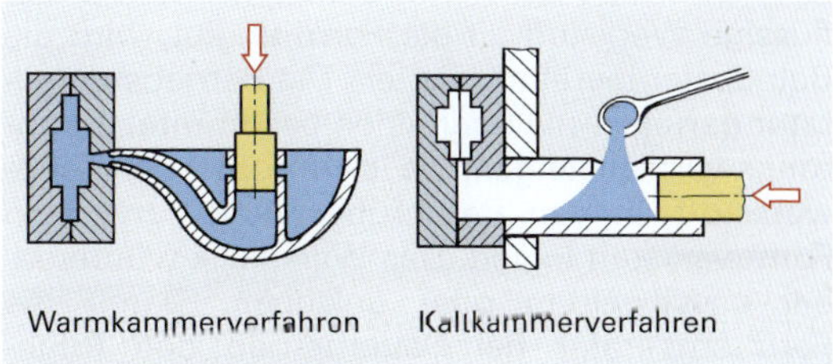

Bild 3: Druckgießverfahren

Tabelle 1: Gießdrücke für NE-Legierungen

Druckgieß-legierung	Gießdruck in bar Qualitätsanforderungen an Gussstücke nieder	mittel	hoch
Zn	100...200	200...300	250...400
Al, Mg	...400	400...600	800...1000
CuZn	300...400	400...500	800...1000

2

2

2.3.1 Warmkammerverfahren

Beim Warmkammerverfahren werden vorzugsweise niedrig schmelzende Metalle und deren Legierungen wie z.B. GD-Pb87Sb, GD-ZnAl4, GD-Sn78Sb u.a. verarbeitet. Die Gießeinrichtung und das Metallbad bilden bei den dazu verwendeten Maschinen eine Einheit.

Vor dem Gießen wird die geteilte Gießform geschlossen und die feste Formhälfte im Bereich des Angießkanales an das Mundstück der Einspritzvorrichtung angepresst. Der anschließend eingeleitete Druck auf die Metallschmelze (30 bis 250 bar) durch einen Kolben oder durch Druckluft bewirkt das Füllen des Hohlraumes der Gießform mit flüssigem Metall **(Bild 1a)**. Nach dem Erstarren des Gießwerkstoffes wird der Kolben zurückgezogen und die feste Formhälfte vom Mundstück abgehoben. Die Gießform wird geöffnet und das Gießteil mit Hilfe von Auswerferstiften ausgeworfen **(Bild 1b)**.

Um das Erstarren des Gießwerkstoffes vor dem völligen Füllen der Form und um zu große Wärmespannungen im Werkstoff der Gießform zu vermeiden, muss die Form eine bestimmte Betriebstemperatur besitzen. Zu diesem Zweck muss die Form vor Inbetriebnahme angewärmt werden. Dies geschieht am einfachsten dadurch, dass das Kühlmittel, das in den Kühlkanälen zirkuliert, in einem speziellen Heiz-Kühlgerät erwärmt wird. Ist die Betriebstemperatur erreicht, so wird die Heizung abgestellt und das Temperiermedium gekühlt. Durch die Wärme, die der flüssige Werkstoff an die Form abgibt, wird die Betriebstemperatur erhalten. Die Betriebstemperatur darf aber nie über einen bestimmten Erfahrungswert ansteigen, da sich sonst der Gießwerkstoff an den Berührungsflächen mit dem Formwerkstoff legiert. Das Werkstück würde dabei anschweißen oder ankleben. Damit die Formtemperatur bei Dauerbetrieb den Erfahrungswert nicht übersteigt, ist in den Kühlmittelkreislauf eine Wasserkühlung eingebaut.

Nach Erstarren des Gießwerkstoffes in der Form wird die Gießkammer drucklos gemacht, sodass überschüssiger Werkstoff, der sich im Mundstück und Gießkanal befindet, wieder zurückfließen kann. Um das „Einfrieren" des Gießmetalls im Mundstück zu verhindern, wird dieses oft gesondert beheizt oder die feste Formhälfte wird vom Mundstück etwas abgehoben. Während das fertige Gießteil aus der geöffneten Form ausgeworfen wird, strömt wieder flüssiger Gießwerkstoff für den nächsten „Schuss" aus dem Schmelzofen in die beheizte Gießkammer **(Bild 1b)**.

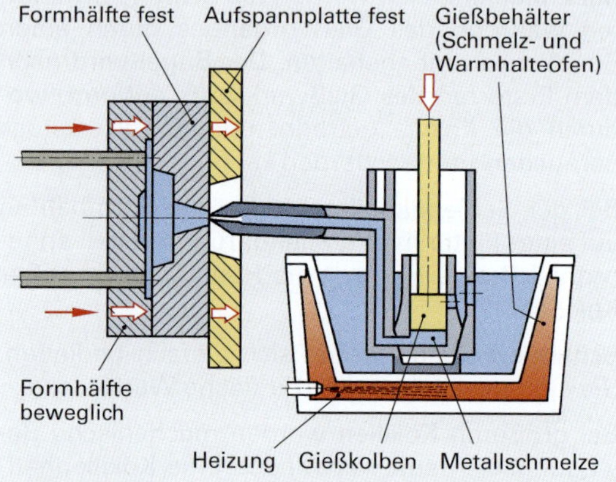

a) Einpressen

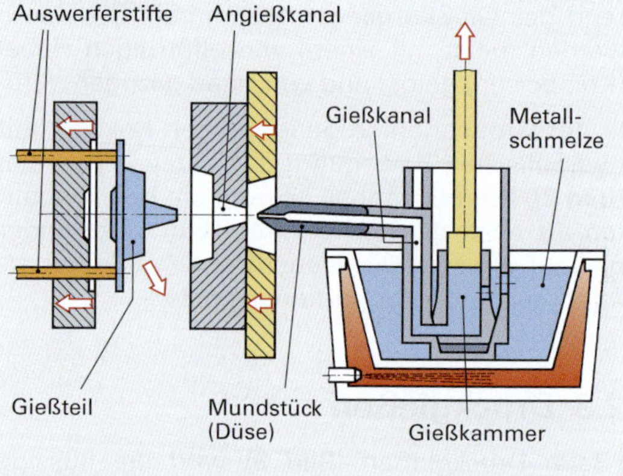

b) Auswerfen und Bereitstellen

Bild 1: Warmkammerverfahren

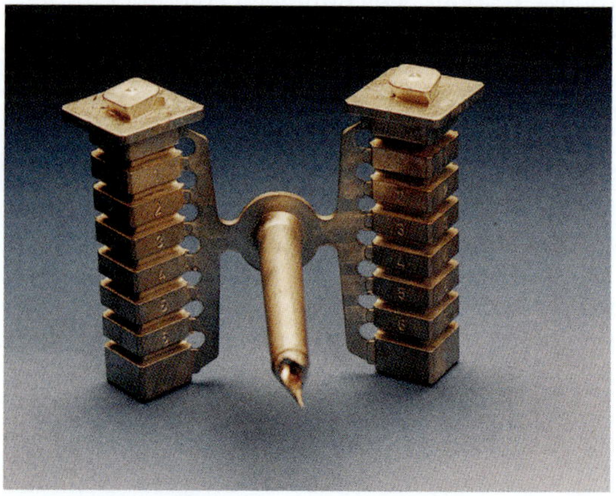

Bild 2: Druckgießteil

2.3.2 Kaltkammerverfahren

Mit Kaltkammer-Druckgießmaschinen können alle gießbaren Metalle verarbeitet werden. Sie eignen sich aber besonders für Werkstoffe mit höheren Schmelzpunkten, wie z. B. Aluminium, Kupfer, sowie deren Legierungen, wie z.B. GD-AlSi6Cu3, GD-CuZn15Si4 u. a. Das Metallbad ist dabei nicht mit der Gießmaschine verbunden.

Beim Kaltkammerverfahren wird nach dem Schließen der Gießform automatisch oder mit einem Gießlöffel eine entsprechende Menge teigigen oder flüssigen Werkstoffes aus dem Metallbad in die Gießkammer gebracht. Das Metallbad kann auch zur Beschickung mehrerer Maschinen dienen. Die Gießkammer hat eine geringere Temperatur als das Schmelzgut, deshalb nennt man diese Maschinen Kaltkammer-Druckgießmaschinen.

Ein hydraulisch betätigter Gießkolben presst den Gießwerkstoff mit einem Druck von 300 bis 1000 bar aus der Gießkammer in die Gießform. Nach dem Erstarren des Werkstoffes wird die Form geöffnet, das Werkstück aus der Form ausgeworfen und der Anguss entfernt **(Bild 1).**

Nach der Anordnung der Gießkammer und der Bewegungsrichtung des Gießkolbens unterscheidet man waagerechte und senkrechte Kaltkammer-Druckgießmaschinen **(Bild 2).**

Die waagerechte Anordnung erleichtert das Kühlen und ermöglicht sehr hohe Drücke. Außerdem erleichtert sie das Füllen und Pressen bei steigender Kolbengeschwindigkeit und stufenweise zunehmendem Druck sowie das Nachdrücken am Ende der Formfüllung.

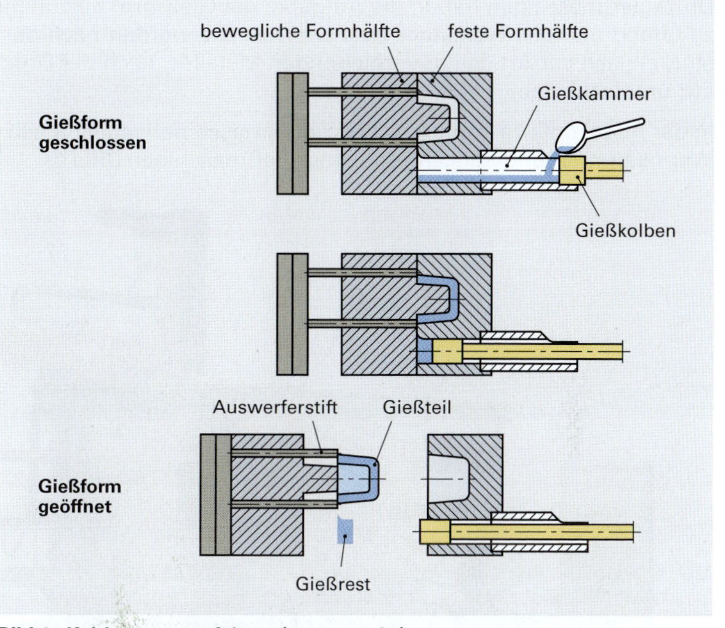

Bild 1: Kaltkammerverfahren (waagerecht)

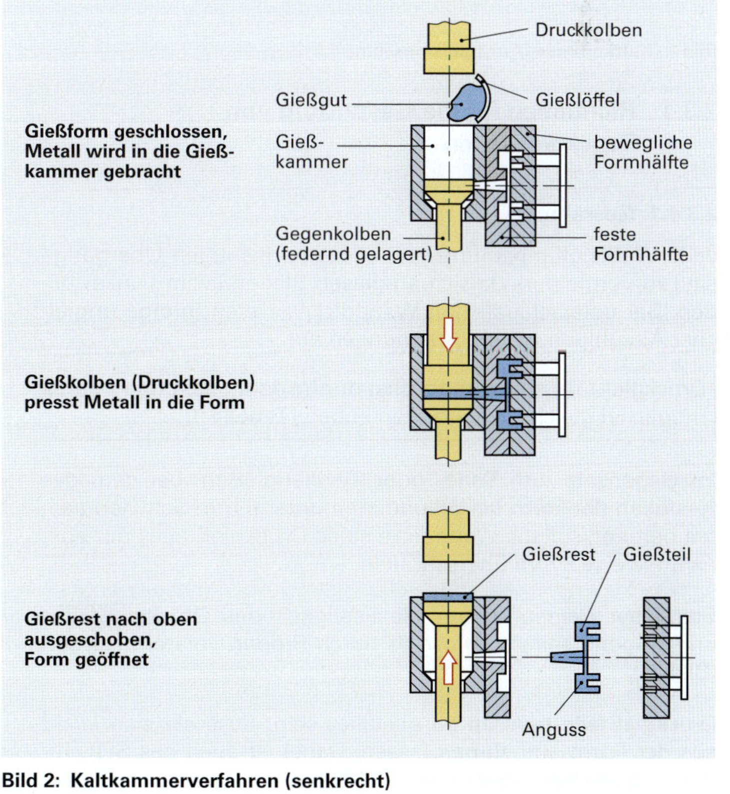

Bild 2: Kaltkammerverfahren (senkrecht)

2

2.3.3 Druckgießmaschinen

Druckgießmaschinen haben die Aufgabe, die Gießform aufzunehmen, diese zu schließen, zu füllen, zu öffnen und das Werkstück auszuwerfen. Sie werden nach der Größe der herzustellenden Werkstücke, nach der Art des zu vergießenden Metalles, nach der Druckrichtung, nach dem Arbeitsablauf etc. unterschieden.

In der Regel unterteilt man die Druckgießmaschinen jedoch nach den zu verarbeitenden Metallen in Warmkammer- und Kaltkammer-Druckgießmaschinen **(Bild 1)**.

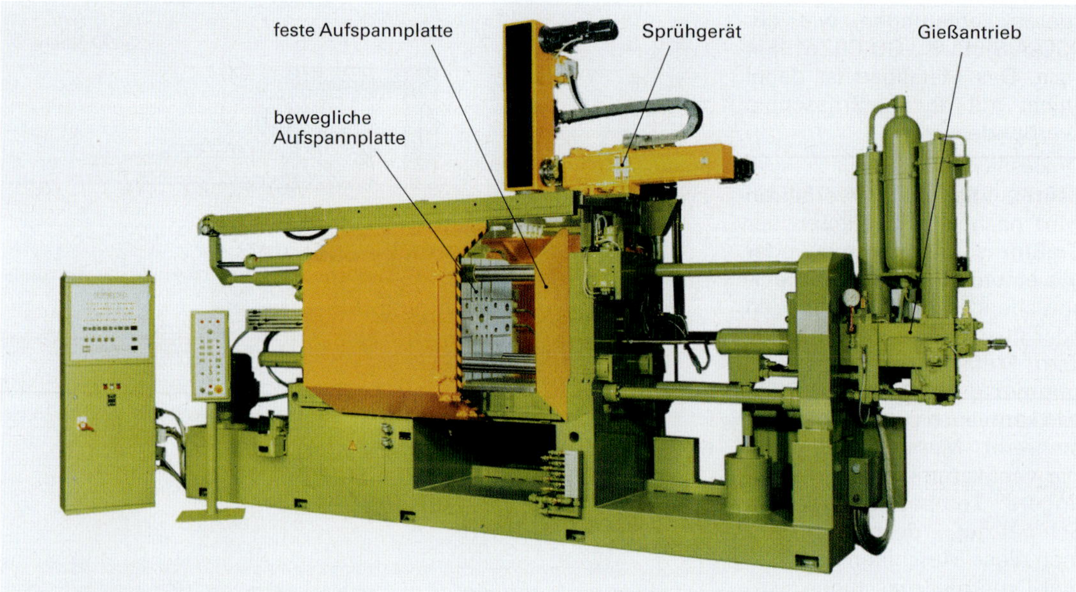

Bild 1: Kaltkammer-Druckgießmaschine

2.3.4 Richtlinien für die Gestaltung von Druckgießteilen

2.3.4.1 Gestaltung

Jede Werkstoffanhäufung und alle scharfkantigen Übergänge sind zu vermeiden, da sich an diesen Stellen leicht Lunker bilden. Bei unterschiedlichen Wanddicken treten infolge ungleicher Abkühlung innere Spannungen auf.

Druckgießteile sollen möglichst dünnwandig sein und überall möglichst gleiche Wanddicken haben **(Tabelle 1)**.

Im Gegensatz zum Sand- oder Kokillengießen, bei dem das Ausfüllen der Form bei Wanddicken unter 5 mm Schwierigkeiten bereitet, soll die Wanddicke eines Druckgießteiles nur ausnahmsweise 5 mm überschreiten.

Sollte bei kleinen Dicken die Festigkeit des Druckgießteiles ungenügend sein, so muss es durch Rippen versteift werden **(Bild 2)**.

Druckgießteile müssen so gestaltet sein, dass sie sich leicht aus der Form entnehmen lassen. Dabei ist auch das Schwinden zu berücksichtigen.

Tabelle 1: Mittlere Wanddicken bei Druckgießteilen

Werkstoff	Wanddicke
Pb-, Sn- und Zn-Legierung	ca. 1 mm
Al-, Mg-Legierung	ca. 2 mm
Cu-Legierung	ca. 3 mm

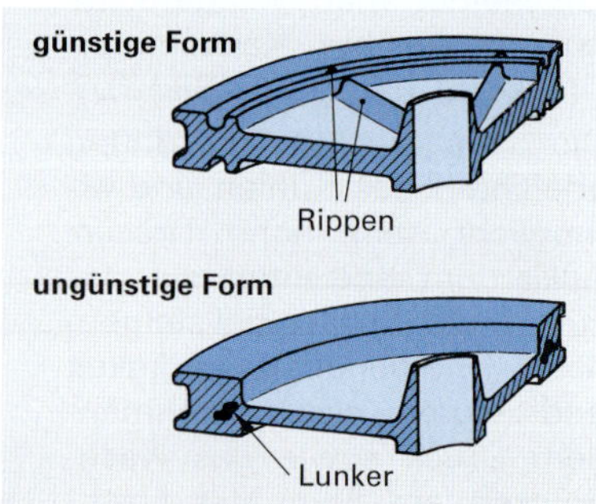

Bild 2: Druckgießteil

Die Übergänge winkelig aufeinander treffender Innenkanten sind möglichst zu runden. Alle Flächen des Werkstückes, die in der Zugrichtung der Form sowie der Kerne und Schieber **(Bild 2, Seite 126)** liegen, müssen eine Neigung erhalten. Dabei muss sichergestellt sein, dass das Werkstück beim Öffnen der Form von der beweglichen Formhälfte mitgenommen und dann durch die Auswerfervorrichtung ausgeworfen werden kann. Je nach Legierung kann die Neigung 1 : 500 bis 1 : 50 betragen.

2.3.4.2 Schwindung

Metalle ziehen sich beim Abkühlen zusammen. Diese Maßänderung von Werkstücken nennt man Schwindung. Die Größe dieser Schwindung wird durch das Schwindmaß S festgelegt. Das Schwindmaß S gibt hierbei an, um wie viel Prozent der Gießwerkstoff in seiner Länge schwindet. Dabei sind die Werkzeugmaße immer 100 %. Die Schwindmaße der einzelnen Legierungen sind Erfahrungswerte, die nicht nur von der Zusammensetzung der Gießlegierung, sondern auch von der Gestalt des Gießteiles abhängen. Das Schwinden des Werkstückes muss bei der Konstruktion und beim Bau von Druckgießwerkzeugen berücksichtigt werden, damit man maßgerechte Werkstücke erhält.

S Schwindmaß in %

l Werkstücklänge

l_1 Werkzeugmaß

$$l_1 = \frac{l \cdot 100\,\%}{100\,\% - S}$$

Beispiel:

Die Länge eines Druckgießteiles aus einer Feinzink-Legierung GD-ZnAl4 mit einem Schwindmaß von 0,4 % soll $l = 420$ mm betragen. Wie groß muss das Maß l_1 an der Druckgießform sein?

Lösung:

$$l_1 = \frac{l \cdot 100\,\%}{(100\,\% - S)} = \frac{420 \cdot 100\,\%}{(100\,\% - 0{,}4\,\%)} = \mathbf{421{,}69\ mm}$$

Während des Erstarrens des Gießmetalls wird ständig weiteres flüssiges Metall in die Form nachgedrückt. Dadurch wird verhindert, dass sich im Druckgießteil Lunker (Hohlräume) bilden.

Nach dem Erstarren des Werkstoffes schwindet das Werkstück bis zum Erreichen der Ausstoßtemperatur. Da dies in der starren Dauerform meist nur bis zu einem gewissen Grad möglich ist, treten in dem Gießteil starke Spannungen auf. Wird dabei das Dehnungsvermögen der Gießlegierung überschritten, so bekommt das Werkstück Risse. Es darf deshalb nach dem Erstarren nicht zu lange in der Form bleiben. Auch muss jede Gießlegierung eine genügend große Dehnung besitzen.

2.3.5 Aufbau der Druckgießwerkzeuge

Große Werkzeuge und solche für komplizierte Werkstücke werden meist als Einfachwerkzeuge **(Bild 1, Seite 124)** gebaut, d. h., es wird bei jedem Kolbenhub jeweils nur ein Werkstück gefertigt. Sind in einem Werkzeug mehrere gleiche oder verschiedene Formen eingearbeitet, so spricht man von Mehrfachwerkzeugen. Sie dienen zur wirtschaftlichen Herstellung großer Stückzahlen einfacher Werkstücke.

2.3.5.1 Formteilung (Trennebene)

Beim Druckgießen werden im Gegensatz zum Sandgießen in einer Form viele Abgüsse nacheinander angefertigt. Die Druckgießwerkzeuge müssen daher so gestaltet sein, dass die Abgüsse ohne besondere Schwierigkeiten aus der Form entfernt werden können.

2

Deshalb besteht jedes Druckgießwerkzeug aus einer feststehenden Formhälfte (Werkzeughälfte) und einer beweglichen Formhälfte **(Bild 1).** In diese Formhälften sind entsprechend dem herzustellenden Formteil Hohlräume eingearbeitet.

Beim Aufteilen der Formhälften muss die Trennebene **(Bild 1)** so gelegt werden, dass beim Öffnen das Druckgießteil möglichst in der beweglichen Formhälfte bleibt und in Öffnungsrichtung auch aus der Form entfernt werden kann.

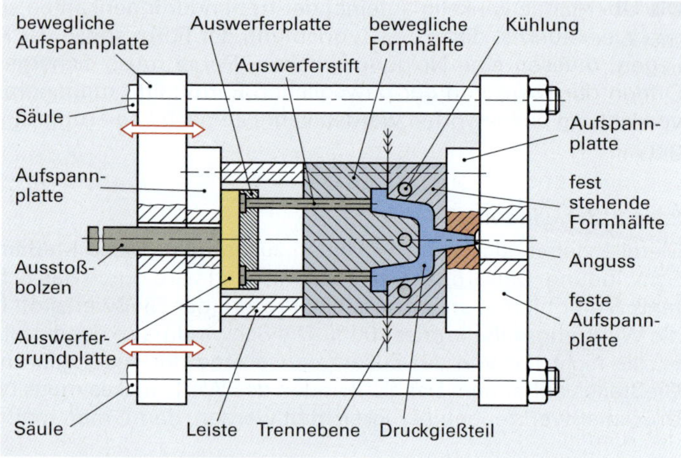

Bild 1: Einfach-Druckgießwerkzeug

2.3.5.2 Angießkanal

Den Kanal, durch den der Werkstoff in die Form gelangt, nennt man Angießkanal. Je nach Art des Werkstückes und der zur Verfügung stehenden Gießeinrichtung wird meist der ungeteilte, seltener der geteilte Angießkanal **(Bild 2),** angewandt.

Beim ungeteilten Angießkanal erfolgt die Zuführung des Metalls senkrecht zur Haupttrennfläche. Ist der Angießkanal an einer zentralen Stelle des Abgusses angebracht, so spricht man vom „direkten" Angießkanal. Es ist aber auch der außenliegende, der „indirekte" Angießkanal möglich.

Bei Warmkammer-Druckgießmaschinen wird der direkte Angießkanal bevorzugt. Damit das Metall die richtige Einströmrichtung erhält, wird meist ein **Angießverteiler** eingebaut, der in der Regel die Form eines Kegels hat **(Bild 3).** Um den im Anguss erstarrten Werkstoff aus der feststehenden Formhälfte ziehen zu können, muss der Angießkanal nach der Formseite hin weiter sein.

Bei Warmkammer-Druckgießmaschinen wird der Anguss für Mehrfachformen immer zentral gelegt, während er bei Kaltkammer-Druckgießmaschinen ohne Einfließsperre immer tiefer als die Anschnitte der einzelnen Formen liegen muss. Dadurch wird verhindert, dass der Werkstoff ohne Druck einfließt und die Kanäle verstopft. Der Zuführungskanal leitet den Werkstoff vom Angießkanal zum Anschnitt.

Der zentrale Anguss, vor allem mit einem Angießverteiler, ist anzustreben, um die Schmelze auf dem kürzesten Weg und ohne nachteilige Umlenkung in den Formhohlraum zu pressen.

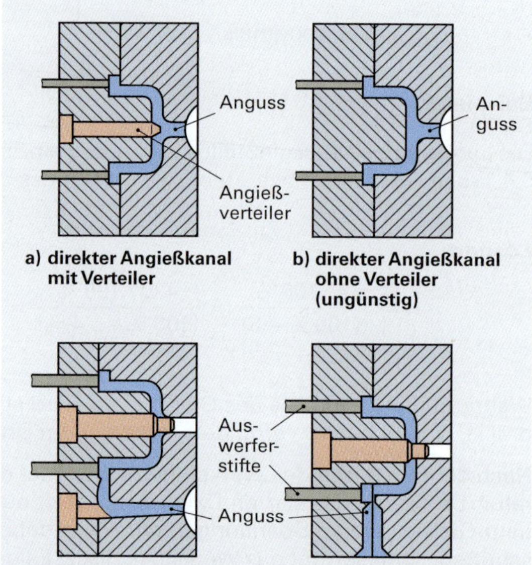

a) **direkter Angießkanal mit Verteiler**
b) **direkter Angießkanal ohne Verteiler (ungünstig)**
c) **indirekter Angießkanal**
d) **geteilter Angießkanal**

Bild 2: Angießarten

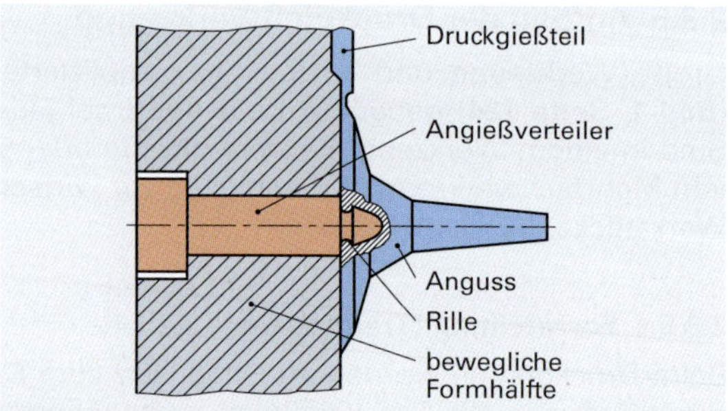

Bild 3: Verteiler mit Rille

2

2.3.5.3 Anschnitt

Der Anschnitt **(Bild 1)** verbindet den Zuführungskanal mit dem Hohlraum der Form. Durch Veränderung des Anschnittes ist man in der Lage, die Geschwindigkeit und die Richtung des in die Form einströmenden Metalles zu beeinflussen. Der Querschnitt des Anschnittes richtet sich nach dem Werkstückvolumen und nach dem Gießwerkstoff. Seine Tiefe schwankt zwischen 0,4 mm und 2,5 mm, seine Breite zwischen 4 mm und 24 mm. Die Richtung des einströmenden Metalles soll so gewählt werden, dass bis zur völligen Füllung der Formen die darin eingeschlossene Luft entweichen kann. Andernfalls kommt es zu Lufteinschlüssen.

Wird beim Erproben des Werkzeuges festgestellt, dass die Luft nicht restlos entweicht, so müssen in die Trennflächen flache Luftkanäle eingearbeitet werden. Sie sind 0,1 mm ... 0,15 mm tief und bis zu 24 mm breit. Die Anschnitte sind so anzubringen, dass das senkrechte Auftreffen des Metalles auf Wandungen der Form und der Kerne vermieden wird. Andernfalls wird der Metallfluss plötzlich abgebremst und seine Richtung umgelenkt. Die Form wird an diesen Stellen schnell „ausgewaschen“ und bekommt eine rauhe Oberfläche. Diese führt zum Anschweißen des Werkstückes an die Form. Beim Ausdrücken des Werkstückes bleiben dann diese Anschweißstellen in der Form haften, wodurch die Werkstückoberfläche verletzt wird.

Außerdem besitzt der durch senkrechte Flächen abgelenkte Werkstoffstrahl meist keine einheitliche Richtung mehr. Dadurch treten Wirbel auf, die Lufteinschlüsse und somit poröse Werkstücke zur Folge haben.

Der Angießkanal, der Zuführungskanal und der Anschnitt sind so zu gestalten und zu legen, dass beim Eingießen möglichst wenig Wirbel entstehen und damit die Lufteinschlüsse im flüssigen Metall gering gehalten werden.

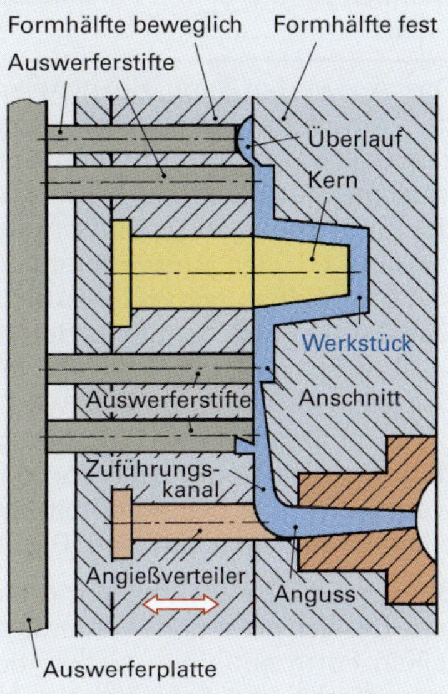

Bild 1: Anschnitt, Zuführungskanal und Überlauf

2.3.5.4 Überlauf

Überläufe sind kleine Ausfräsungen in der Formplatte nahe am Rand des Formhohlraumes **(Bild 1)**. Sie sind jeweils durch einen dünnen Anschnitt mit dem Hohlraum verbunden. Überläufe werden verstärkt dort angeordnet, wo die Anfangsströmung auftrifft. Diese Metallschmelze, die meist mit Luft, Oxiden und Trennmittelresten verwirbelt ist, wird von den Überläufen aufgenommen.

2.3.5.5 Einrichtungen zum Auswerfen der Werkstücke

Die Lage des Gießteiles im Werkzeug muss stets so gewählt werden, dass das Werkstück beim Öffnen der Form in der mit der Auswerfervorrichtung versehenen beweglichen Formhälfte bleibt. Dies erreicht man durch das Aufschrumpfen des Werkstückes auf einen Kern **(Bild 1)**.

Im Bereich des Angusses und der Zuführungskanäle wird dies dadurch erreicht, dass die dafür vorgesehenen Auswerferstifte mit einer oder zwei schwalbenschwanzförmigen Hinterschneidungen versehen sind **(Bild 2)**, in denen sich Gießwerkstoff festsetzen kann.

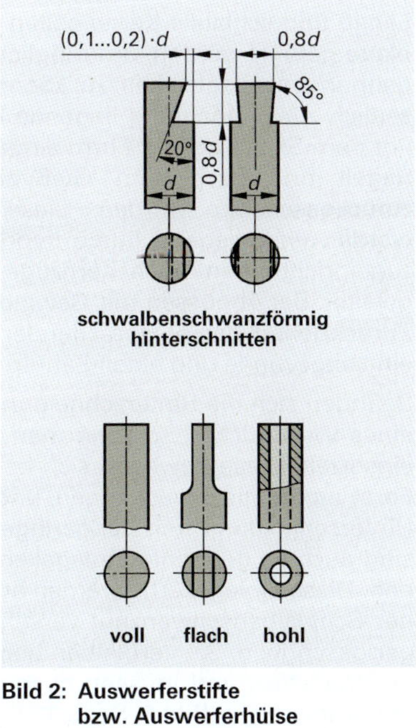

Bild 2: Auswerferstifte bzw. Auswerferhülse

Die Auswerferstifte sind überwiegend rund, selten abgeflacht. Sind sie hohl, dann spricht man von Auswerferhülsen **(Bild 2, Seite 125)**.

Beim Arbeiten mit Auswerferstiften oder Auswerferhülsen muss berücksichtigt werden, dass Druckstellen am Gießteil zurückbleiben. Diese können an Sicht- und Funktionsflächen störend sein.

Das Auswerfen kann zwangsweise mit den an der Maschine befindlichen Anschlägen oder, was überwiegend zutrifft, durch eine hydraulisch betätigte Auswerferplatte erfolgen. Beim Öffnen der Form bewegen sich gleichzeitig die Auswerferplatte mit den Auswerferstiften, die bewegliche Formhälfte und das Druckgießteil nach links. Das Gießteil wird somit aus der festen Formhälfte herausgezogen. Beim weiteren Zurückfahren der beweglichen Formhälfte wird die Auswerferplatte hydraulisch nach vorne geschoben, sodass die gleichzeitig nach vorne bewegten Auswerferstifte das Druckgießteil aus der beweglichen Formhälfte auswerfen **(Bild 1)**.

Bei schwierigen Gießteilen mit Hinterschneidungen, die sich nicht ohne weiteres aus der zweigeteilten Form entfernen lassen, baut man in die Form **Kerne** und **Schieber** ein. Man bezeichnet Formstücke, die zur Herstellung von Durchbrüchen aller Art und tiefen Innenräumen dienen, als Kerne. Müssen hingegen Hinterschneidungen an der Außenform des Werkstückes hergestellt werden, so bezeichnet man die Formteile als Schieber **(Bild 2)**.

Lange und schlanke Kerne sollen in der Gegenplatte geführt werden, um mögliche Längenausdehnungen ausgleichen zu können. Quer oder seitlich zur Zugrichtung liegende Kerne müssen vor dem Schließen der Form eingeschoben, verriegelt und nach dem Gießvorgang wieder zurückgeschoben werden. Diese Bewegungen werden überwiegend durch hydraulische Kernzugeinrichtungen, auch Kernzüge genannt, eingeleitet. Bei Abgüssen mit Gewinden erfolgt das Zurückziehen der entsprechenden Kerne durch ein Leitgewinde und einen Zahntrieb **(Bild 3)**.

Befinden sich die Hinterschneidungen im Innern eines Werkstückes, so kann man Innenschieber einsetzen. Diese bewegen sich beim Öffnen der Form automatisch nach innen, und geben so die Hinterschneidung frei. Bei geringen Stückzahlen sind auch so genannte Einlegekerne zu verwenden. Diese Einlegekerne werden auf einen mit einer Schwalbenschwanznut versehenen Kernträger geschoben. Sie verbleiben beim Ausdrücken im Werkstück und müssen nachträglich daraus entfernt werden **(Bild 1, Seite 127)**.

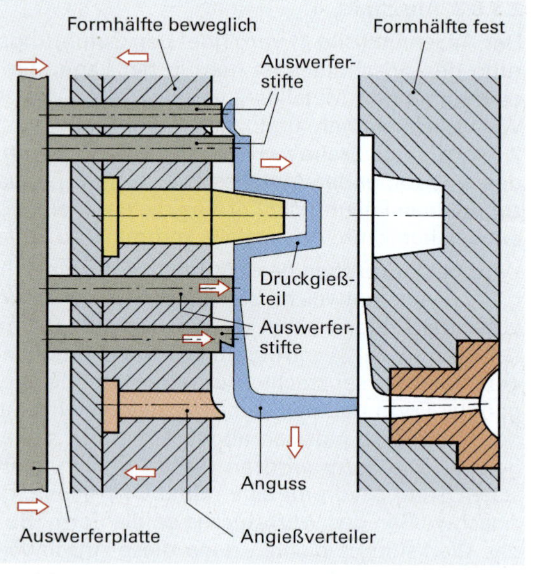

Bild 1: Auswerfen mit Auswerferstiften

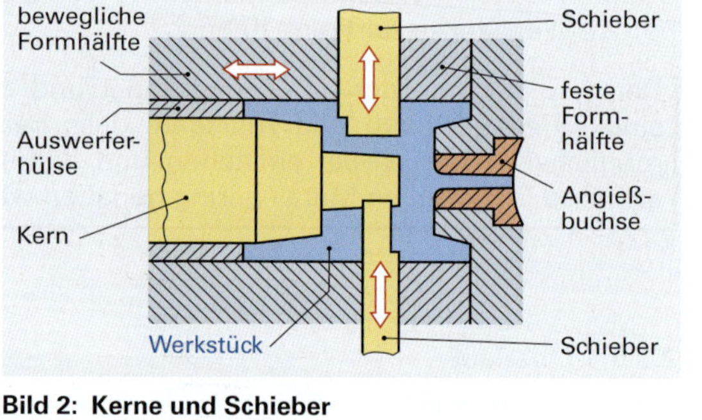

Bild 2: Kerne und Schieber

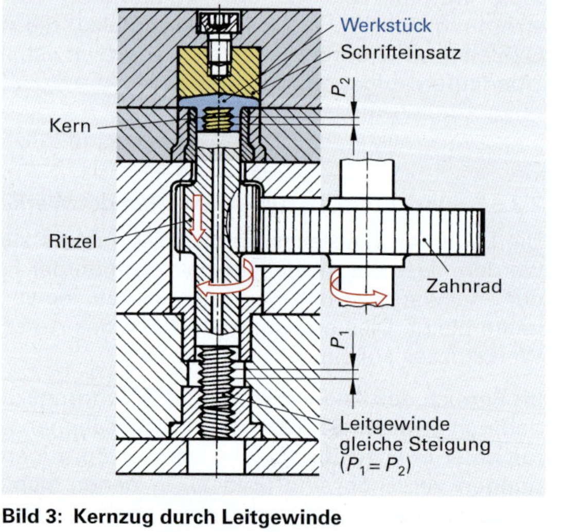

Bild 3: Kernzug durch Leitgewinde

2.3.6 Eingießen von Fremdmetallteilen

Man kann in Druckgießteile an Stellen, die hohen Beanspruchungen unterliegen, Teile aus geeigneten Werkstoffen mit eingießen. Die Teile, wie z.B. Gewindebuchsen, Stiftschrauben, Lagerbuchsen, müssen so geformt sein, dass ein sicheres Einschrumpfen gewährleistet ist **(Bild 2)**.

Die einzugießenden Teile müssen in der Form fixiert und festgehalten werden **(Bild 3)**. Gewindebuchsen müssen an ihrer innen liegenden Seite geschlossen sein, um ein Eindringen des Gießwerkstoffes in das Gewinde zu verhindern. Dies wird durch das Einbördeln einer Scheibe auf einer Seite des Gewindes oder durch Verwendung von Grundlochmuttern erreicht. Bei gleicher nutzbarer Gewindetiefe ist die Baulänge der Grundlochmutter wegen des bei deren Herstellung erforderlichen Gewindebohrerauslaufes größer als bei Muttern mit eingebördelter Scheibe.

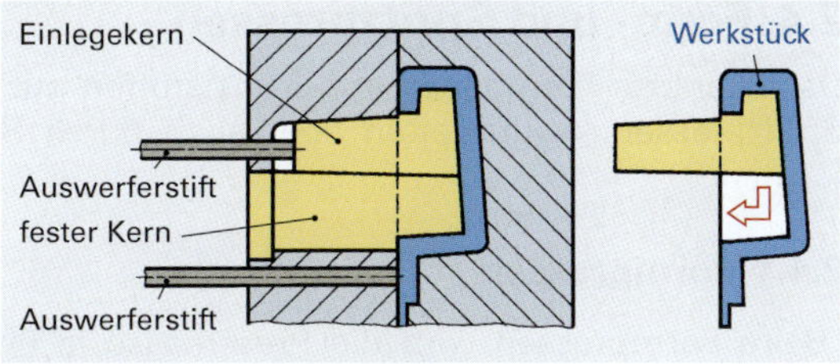

Bild 1: Werkzeug mit Einlegekern

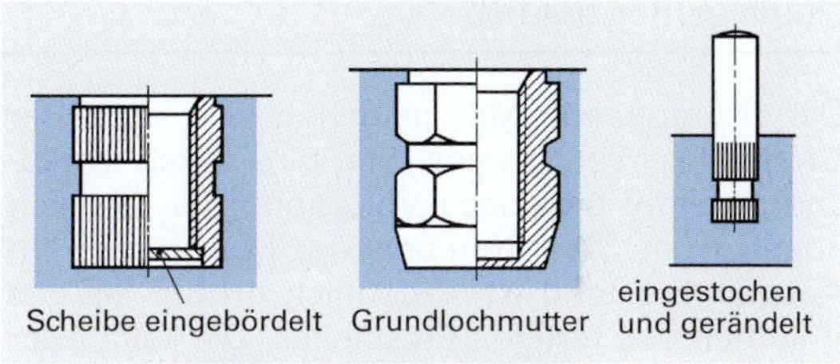

Bild 2: Verankerung von Einlegeteilen

2.3.7 Kühlen der Form

Bei Dauerbetrieb würden sich die Druckgießwerkzeuge zu stark erwärmen und dadurch das Erstarren der Druckgießteile in der Form verzögern. Die Formen müssen deshalb durch Wasser, Öl oder Druckluft auf eine Betriebstemperatur von etwa 50 °C bis 350 °C (je nach Gießwerkstoff) gekühlt werden.

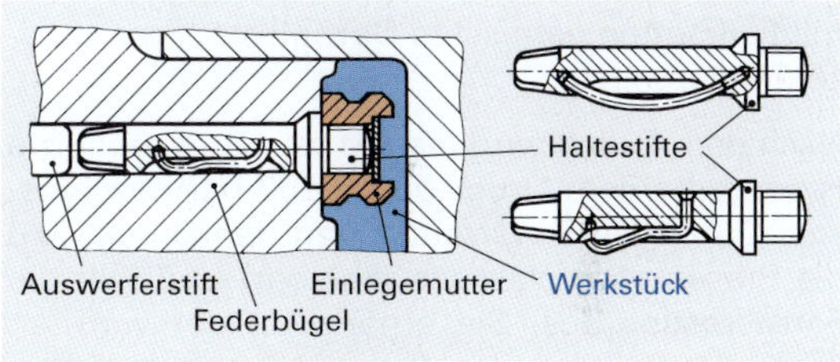

Bild 3: Gefederte Haltestifte für Einlegemuttern

Wiederholung und Vertiefung

1. Nennen Sie verschiedene Ur- und Umform-Verfahren.
2. Beschreiben Sie das Gießverfahren zur wirtschaftlichen Herstellung komplizierter Teile aus NE-Metallen.
3. Nennen Sie Maßnahmen, durch die die Festigkeit von Druckgießteilen erhöht wird.
4. Begründen Sie, warum Druckgießformen eine bestimmte Betriebstemperatur aufweisen müssen. Wie wird diese Betriebstemperatur gehalten?
5. Unterscheiden Sie Warmkammer- und Kaltkammer-Druckgießverfahren.
6. Begründen Sie, warum Druckgießteile möglichst überall gleiche Wanddicken haben sollen.
7. Erklären Sie, warum an Druckgießteilen Maßabweichungen auftreten können.
8. Begründen Sie die kurze Verweilzeit der Druckgießteile nach dem Erstarren im Werkzeug.
9. Erklären Sie, wodurch die Lage eines Gießteiles in einem Druckgießwerkzeug bestimmt wird.
10. Erläutern Sie den Einsatz des direkten Angießkanals mit Verteiler.
11. Skizzieren Sie Querschnittsformen des Anschnittes in Druckgießwerkzeugen.
12. Erläutern Sie die Aufgabe des Überlaufes in einer Druckgießform.
13. Beschreiben Sie die konstruktive Maßnahme, die gewährleistet, dass beim Öffnen der Form das Gießteil in der beweglichen Formhälfte bleibt.
14. Skizzieren und beschreiben Sie die verschiedenen geometrischen Formen der Auswerferstifte.
15. Begründen Sie den Einsatz von Kernen und Schiebern.

2.4 Form- und Spritzpressen

Das spanlose Formgeben von Kunststoffen mit Dauerformen erfolgt überwiegend durch Pressen, Spritzpressen, Spritzgießen aber auch durch Strangpressen (Extrudieren), Blasformen und Umformen.

2.4.1 Formpressen

2

Beim Formpressen wird die Pressmasse in ein geöffnetes und vorgewärmtes Werkzeug eingebracht, durch das Schließen der beiden Werkzeughälften plastifiziert und geformt und durch Druck und Temperatur ausgehärtet. Am Werkstück entsteht immer ein Grat, da die Form erst während des Fließens der Formmassen geschlossen wird. Dieser Grat muss durch eine Nachbehandlung entfernt werden **(Bild 1)**.

Die einzufüllende Menge richtet sich nach der Größe des Werkstückes. Sie wird durch Versuche ermittelt und nach Volumen oder Gewicht abgestimmt. Das Volumen der Pressmasse im Ausgangszustand ist wesentlich größer als das Volumen des fertigen Pressteiles. Die kalte oder auch vorgewärmte Pressmasse kann dabei im pulverförmigen Zustand sein oder in Form von vorgepressten Tabletten in das Werkzeug eingegeben werden. Meist werden Duroplaste oder mit Füllstoffen gemischte Duroplaste (Pressmassen) verarbeitet.

Nach dem Füllen wird die auf ca. 170 °C beheizte Form mit einem Druck bis zu 200 bar geschlossen. Durch die Erwärmung und den Druck wird die Pressmasse plastisch (knetbar) und füllt die Form restlos aus. Sie erhärtet in der warmen Form. Dann wird das Presswerkzeug geöffnet und das Werkstück daraus entfernt.

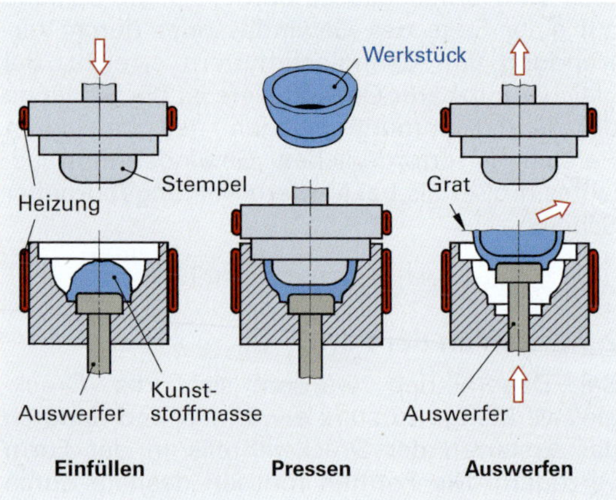

Bild 1: Formpressen

2.4.1.1 Presswerkzeuge

Presswerkzeuge werden überwiegend aus standardisierten Formenbauelementen zu sogenannten Stammwerkzeugen zusammengesetzt, in die der Stempel und der Gesenkeinsatz eingepasst werden **(Bild 2)**.

Die Presswerkzeugeinsätze bestehen jeweils aus Stempel- und Gesenkeinsatz. Auch Backengesenke können eingebaut werden, da die Anschlussmaße zur Buchsenplatte die gleichen sind.

Für die formgebenden Werkzeugteile wählt man zweckmäßigerweise Einsatzstähle wie z. B. 21MnCr5 oder X19NiCrMo4, um eine sehr harte Oberfläche bei zähem Kern zu erhalten. Dies ist notwendig, um einen Schutz gegen die stark verschleißende Wirkung der Formmassen beim Fließen unter Druck zu haben.

Die exakte Wärmeführung kann durch eine regelbare Flüssigkeitsheizung oder durch elektrische Heizpatronen gewährleistet werden.

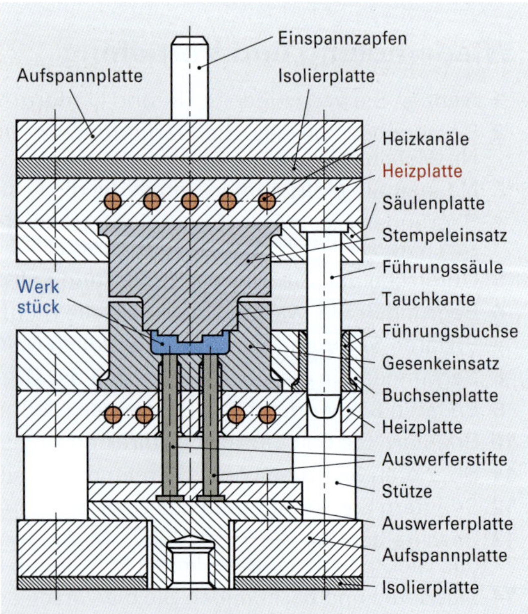

Bild 2: Presswerkzeug für Pressmassen

Füllraumform

Die Füllraumform **(Bild 1)** ist die am häufigsten verwendete Art der Pressformen. Bei ihr ist die Außenform des Werkstückes in den Unterstempel, dem Gesenk, eingearbeitet. Bei geöffneter Pressform ist der Raum im Gesenk, der Füllraum, groß genug, um auch pulverförmigen Ausgangswerkstoff aufzunehmen. Am Stempel und Gesenk sind Flächen angearbeitet, die zur Führung des Stempels dienen. Diese Führungsflächen sind so versetzt, dass sie beim Ausdrücken des Werkstückes von diesem nicht zerkratzt werden. Da eine genaue Bemessung der Werkstoffmenge in der Serienfertigung schwierig ist und zu wenig Pressmasse ein Ausschussstück zur Folge hätte, arbeitet man stets mit Werkstoffüberschuss. Der Überschuss an Pressmasse muss beim Pressvorgang aus der Form entweichen können. Dies erreicht man, indem man an den Führungsflächen des Stempels flache Aussparungen, die **„Austriebskanäle"**, anbringt. Die Austriebskanäle werden beim Erproben des Werkzeuges angebracht. Ihre Querschnitte müssen so klein gehalten sein, dass ein zu großer Druckabfall in der Form vermieden wird. Will man Nacharbeit und Werkstoff sparen, so wird zwischen Stempel und Gesenk eine gut dichtende Trennebene (Tauchkante) hergestellt. Beim Füllen ist nun eine genaue Dosierung erforderlich, da überschüssige Masse nicht entweichen kann. Eine Unterdosierung hätte Lunker und Poren zur Folge.

Umgekehrte Füllraumform

Die umgekehrte Füllraumform **(Bild 2)** wird auch „Füllraumform mit überfahrendem Mantel" genannt. Vielfach müssen Metallteile, wie Muttern, Bolzen und dergl. in die Pressmassen eingebettet werden. Diese Einlegeteile werden vor dem Pressvorgang in die geöffnete Form gebracht und dort festgehalten. Man konstruiert die Form am besten so, dass die Einlegeteile im Unterteil der Pressform sitzen. Dadurch vermeidet man eine Beschädigung der Pressform durch herabfallende, lose Haltestifte oder Metalleinlagen. Aus dieser Erwägung heraus entstand die umgekehrte Füllraumform. Diese Form kann nicht mit pulverförmigem Werkstoff, sondern nur mit vorgepressten Tabletten beschickt werden.

Die Pressform muss schon ringsum geschlossen sein, ehe die Tablette Druck erhält, weil sonst Pressmasse aus der Form herausfallen würde. Aus diesem Grunde sind die Mantelführungsflächen verhältnismäßig hoch. Die Pressteilform sitzt sehr tief im Oberstempel und lässt sich daher nur schwer einarbeiten.

2.4.2 Spritzpressen

Beim Spritzpressen **(Bild 3)** wird die Formmasse, meist duroplastische Pressmassen, die aus Harz- und Füllstoffen bestehen, in einer vorgewärmten Druckkammer vorverdichtet und durch ein System von Kanälen in die Formhöhlung des bereits geschlossenen Werkzeuges gespritzt. Den Harzen, meist Kondensationsharze auf der Basis von Phenol oder Melamin, sind 35 % bis 65 % organische oder anorganische Füllstoffe sowie 1 % bis 2 % Gleitmittel und Regulatoren zugesetzt.

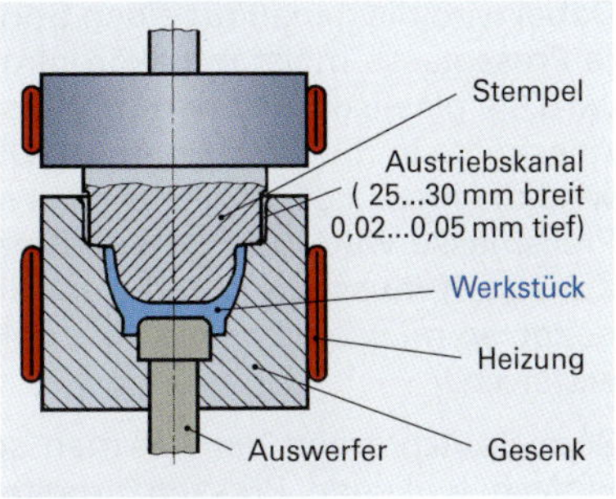

Bild 1: Füllraumform

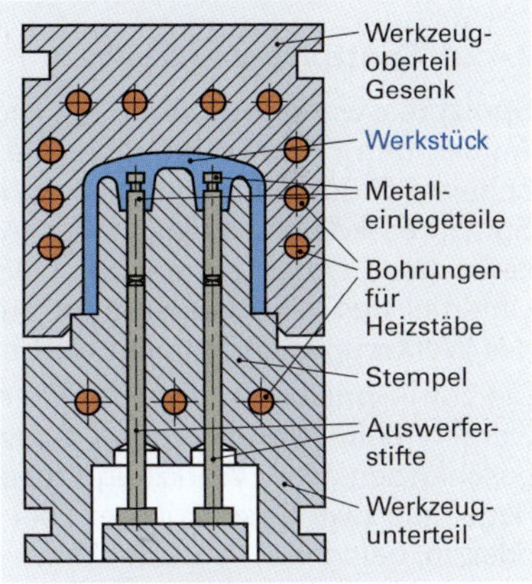

Bild 2: Umgekehrte Füllraumform

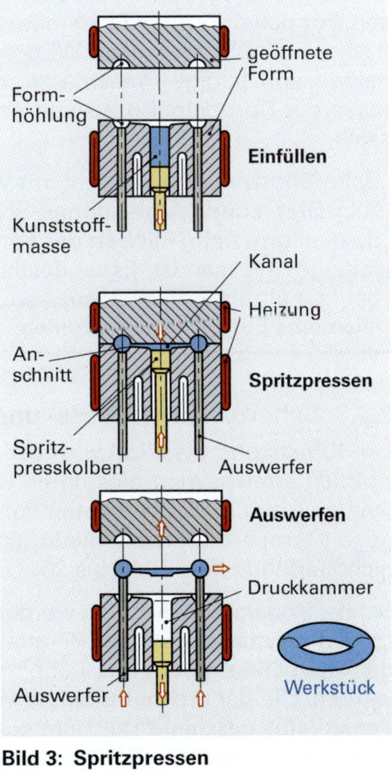

Bild 3: Spritzpressen

2

Dabei wird die genau für einen Spritzpressvorgang abgewogene bzw. abgefüllte und oft vorgewärmte Pressmasse meist in gekörntem Zustand (Granulat) in die beheizte Druckkammer gebracht. Hier wird sie plastisch. Mit dem Spritzpresskolben wird die Pressmasse dann durch einen oder mehrere Anschnitte in die Form gepresst. Durch die dabei auftretende Reibung und Scherung in den Kanälen wird die Pressmasse zusätzlich erwärmt, was die Aushärtung beschleunigt. Nach dem Erhärten der Pressmasse wird die Form geöffnet und das Werkstück entfernt. Der in den Kanälen ausgehärtete Kunststoff muss vom Werkstück abgetrennt werden. Werden ausnahmsweise Thermoplaste verarbeitet, so müssen diese in eine gekühlte Form eingepresst werden, da diese Stoffe durch Abkühlen erstarren.

2

Zum Spritzpressen benutzt man sowohl einfach als auch doppelt wirkende hydraulische Pressen. Einfach wirkende Pressen arbeiten beim Spritzpressen stets von oben. Bei doppelt wirkenden Pressen schließt der obere Stößel zuerst die Form, der Arbeitshub erfolgt dann durch den unteren Stößel **(Bild 3, Seite 129)**.

2.4.2.1 Spritzpresswerkzeuge

Spritzpresswerkzeuge **(Bild 1)** gleichen in ihrem Aufbau den Presswerkzeugen. Sie besitzen eine beheizte Druckkammer und den dazugehörigen Spritzpresskolben. Je nach der Art der Presse kann diese Druckkammer im Oberteil oder im Unterteil des Werkzeuges oder auch außerhalb des Werkzeuges angebracht werden **(Bild 2)**.

Die zum Spritzpressen verwendeten Werkzeuge werden beim Spritzvorgang meist hydraulisch geschlossen. Die Werkzeuge bestehen in der Regel aus zwei Gesenkplatten, bei denen in eine oder in beide die Werkstückform eingearbeitet ist. Der Füllraum befindet sich dabei in der unteren Gesenkplatte. Die Form der Spritzkanäle richtet sich nach den zu verarbeitenden Pressmassen. Für pulverförmige Pressmassen eignen sich flache, breite Spritzkanäle. Wird dagegen faserhaltige und teigige Pressmasse verarbeitet, so muss der Spritzkanal rund und genügend groß sein.

Beim Spritzpressen entsteht am Werkstück fast kein Grat, sondern nur dünne Schwimmhäute, da die Form beim Fließen der Formmassen bereits geschlossen ist. Es ist deshalb, besonders bei komplizierteren Werkstücken, nur noch ein leichteres Entgraten erforderlich.

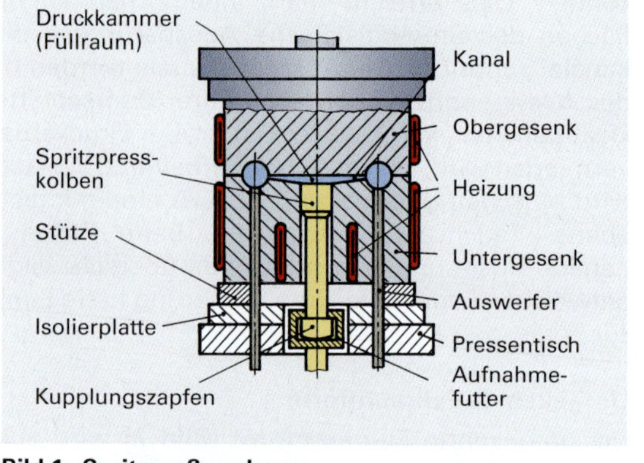

Bild 1: Spritzpreßwerkzeug

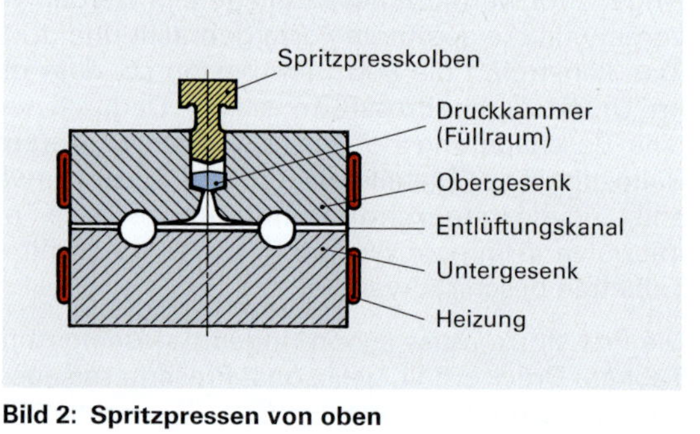

Bild 2: Spritzpressen von oben

2.4.3 Beheizung von Press- und Spritzpresswerkzeugen

Um Kunststoffe plastisch zu machen, müssen sie erwärmt werden. Beim Formpressen und Spritzpressen erreicht man dies durch Beheizen der Werkzeuge. Dabei muss besonders darauf geachtet werden, dass in der gesamten Form die richtige Temperatur herrscht, da vor allem Harnstoffharze gegen Temperaturunterschiede sehr empfindlich sind. Härtende Kunststoffe werden bei etwa 160 °C, nicht härtende bei 120 °C bis 250 °C gepresst. Presswerkzeuge werden elektrisch beheizt.

Bei der **Widerstandsheizung** werden um kleinere Werkzeuge Heizbänder gespannt. Größere Werkzeuge beheizt man besser mit Heizstäben, die in Bohrungen des Werkzeuges eingeschoben werden. In den Heizbändern bzw. Heizstäben sind Widerstandsdrähte eingelagert, die vom Strom durchflossen werden. Die dadurch auftretende Wärme wird an die Presswerkzeuge abgegeben. Die Regelung der Temperatur geschieht mit Hilfe eines Thermoelementes. Es sitzt in einer Bohrung des Werkzeuges und bewirkt, dass der Heizstrom abgeschaltet wird, sobald die eingestellte Temperatur erreicht ist.

2.5 Spritzgießen

Beim Spritzgießen werden überwiegend Thermoplaste im plastifizierten, fließfähigen Zustand in geteilte und temperierte Stahlformen eingespritzt. Nach einer bestimmten Abkühlzeit werden die meist gebrauchsfertigen Spritzgießteile aus dem Werkzeug entfernt.

Vor allem bei der Herstellung von Massenartikeln hat sich das Spritzgießen als äußerst werkstoffsparend erwiesen. In einem Arbeitsgang lassen sich vollautomatisch Fertigteile herstellen, die oft ohne Nacharbeit verwendet werden können. Werden an Spritzgießteile aus Kunststoffen erhöhte Verschleiß- und Festigkeitsanforderungen gestellt, so können an den bestimmten Stellen geeignete Metallteile mit eingebettet werden **(Seite 127)** oder der Werkstoff wird mit Zusätzen wie Glasfasern verstärkt.

2.5.1 Vorgänge beim Spritzgießen

Vor dem Spritzvorgang wird die geteilte Spritzgießform geschlossen und die Düse der Spritzgießmaschine an den Anguss der Spritzform gepresst **(Bild 1a)**.

Die in verarbeitungsfähigen, plastifizierten Zustand gebrachte Formmasse wird unter hohem Druck, bis zu 1600 bar, in die Formhöhlung eingepresst **(Bild 1b)**.

Im Werkzeug kühlt der Werkstoff so weit ab, dass nach dem Öffnen der beiden Formhälften das fertige Spritzgießteil ausgeworfen wird **(Bild 1c** und **Bild 1d)**.

Danach wird die Form erneut geschlossen und ein weiterer Fertigungsablauf beginnt.

Werkstoffverhalten

Die plastifizierte Formmasse sollte so schnell wie möglich in den Formhohlraum eingespritzt werden, damit Druck und Temperatur im Hohlraum überall gleich sind. Tritt dieser Idealfall ein, ist eine gleichmäßige Struktur des Werkstoffes und ein gleichmäßiges Schwindungsverhalten im ganzen Spritzgießteil gewährleistet, sodass keine Spannungen und kein Verzug auftreten.

Dieser ideale Vorgang lässt sich leider nicht realisieren. Fließwiderstände im Werkzeug und in der Düse bewirken einen Druckabfall während des Einspritzens. Ungleichmäßiges Abkühlen der Formmasse im Werkzeughohlraum, der auch Kavität[1] genannt wird, ergibt eine ungleichmäßige Werkstoffstruktur.

Durch eine günstige Auslegung der Einflussgrößen beim Formfüllen kann ein optimales Spritzgießteil hergestellt werden.

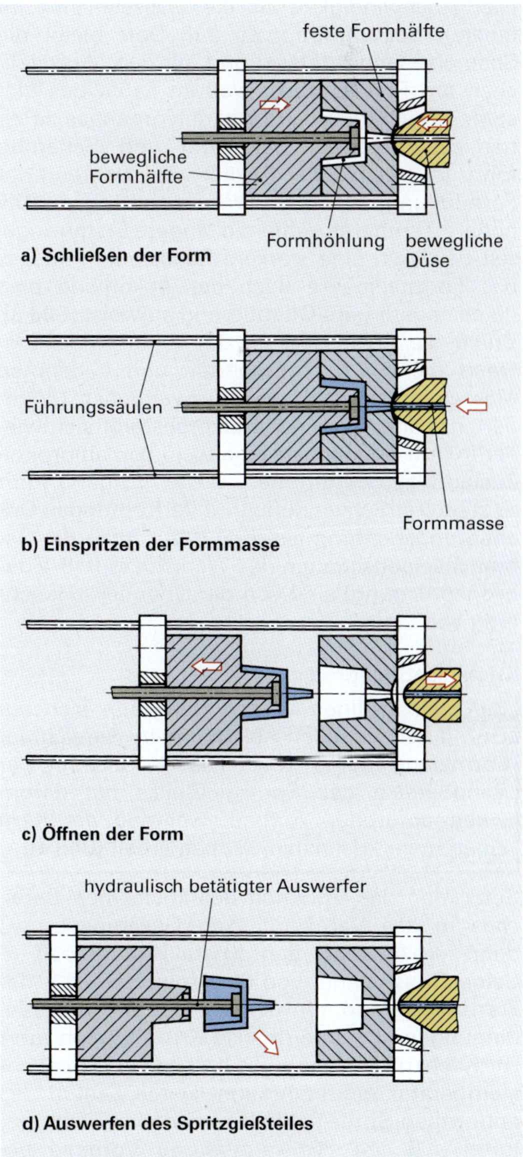

Bild 1: Vorgänge beim Spritzgießen

[1] Kavität (lat.) = Hohlraum

2

Molekülorientierung

Vor dem Einspritzen der Schmelze ist die Anordnung der Makromolekülketten amorph[1], also ohne Orientierung **(Bild 1)**. Das bedeutet, dass an allen Stellen nach allen Richtungen gleichmäßige Eigenschaften vorherrschen. Beim Strömen der Schmelze durch die Düse über das Angießsystem in die Kavität werden die Fadenmoleküle und Masseteilchen in Längsrichtung geschert und gedehnt **(Bild 2)**. Kommt beim Einspritzen ein Teil der Schmelze mit der relativ kalten Wand des Hohlraumes in Berührung, kühlt die Schmelze ab und wird zäher. Die Masseteilchen im Randbereich weisen eine geringere Fließgeschwindigkeit als die Masseteilchen im Inneren des Hohlraumes auf. Dort bleibt die Schmelze länger flüssig und eilt den Masseteilchen am Rand voraus, was im Laufe des Einspritz-, Nachdruck- und Abkühlvorganges zu einer zunehmenden Streckung und Scherung führt. Im Inneren der Kavität wird während der Formfüllung weniger Wärme entzogen. Die höhere Temperatur und die längere Erstarrungszeit bewirken eine stärkere Relaxation[2], sodass das Formteilinnere nach der Abkühlung eine deutlich geringere Orientierung aufweist **(Bild 3)**. Durch die Abkühlung an der kalten Werkzeugwand bleiben die gescherten und gedehnten Masseteilchen in ihrer aufgezwungenen (orientierten) Lage. Sie sind jedoch bestrebt sich wieder in ihre Ausgangslage, also in den amorphen Zustand, zurückzuformen. Dieser Vorgang führt zu stärkerer Schwindung und Verformung in Orientierungsrichtung als quer dazu. Auch die Gebrauchseigenschaften des Werkstücks (z. B. Zugbeanspruchung) sind von der Orientierungsrichtung abhängig.

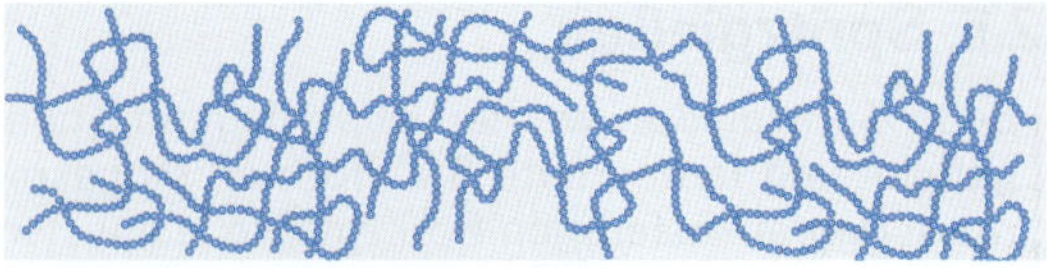

Bild 1: Amorpher Thermoplast

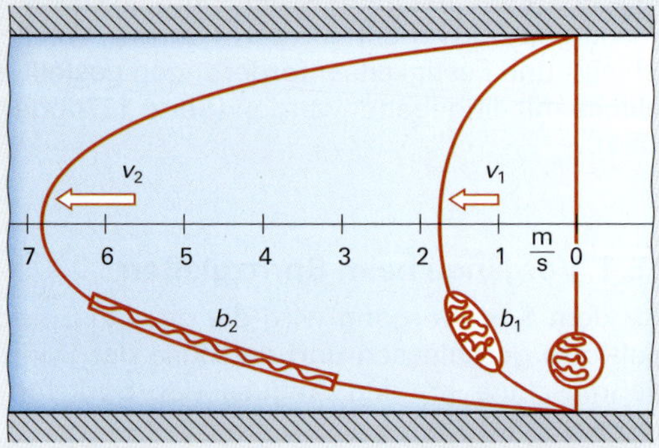

$v = 0$, amorpher Zustand, keine Orientierung
v_1 niedrige Fließgeschwindigkeit
v_2 hohe Fließgeschwindigkeit
b_1 geringe Orientierung
b_2 hohe Orientierung

Bild 2: Molekülorientierung in der Strömung

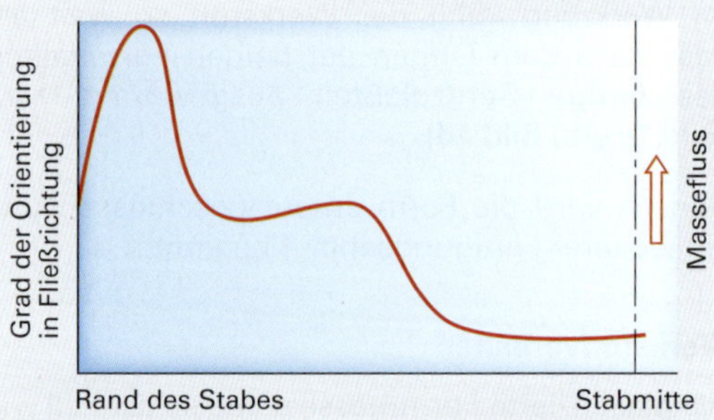

Bild 3: Verlauf der Orientierungen in einem Spritzgießstab

Kristallisationsgrad

Bei teilkristallinen Werkstoffen kann sich auf Grund der schnellen Abkühlung im Bereich der Formwand keine Kristallisation bilden. Der Randbereich des Spritzgießteiles hat darum einen amorphen Aufbau, während der Kern einen mehr kristallinen Aufbau erhält **(Bild 4)**.

Setzt man das Volumen des kristallinen Bereiches in das Verhältnis zum Gesamtvolumen, dann erhält man den **Kristallisationsgrad α**. Seine Größe hängt von der Molekülstruktur der Formmasse und von den erwähnten Arbeitsbedingungen ab. Unterdrückte Kristallisation führt zur Nachkristallisation, die bereits bei Gebrauchstemperatur eintreten kann. Durch Lagern des entformten Spritzgießteiles bei hohen Temperaturen (z. B. 140 °C) kann dieser Vorgang beschleunigt werden **(Tempern)**.

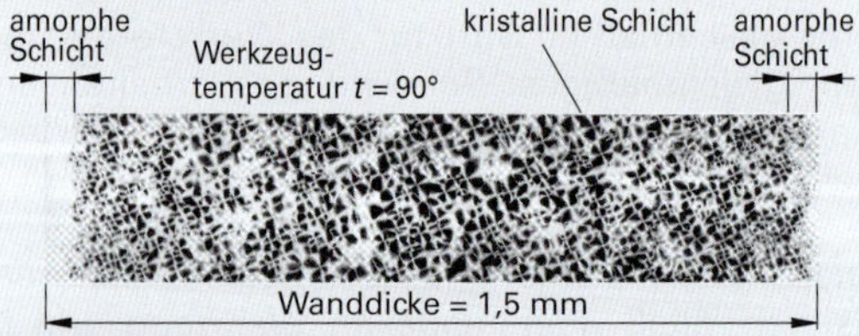

a) höherer Kristallisationsgrad α

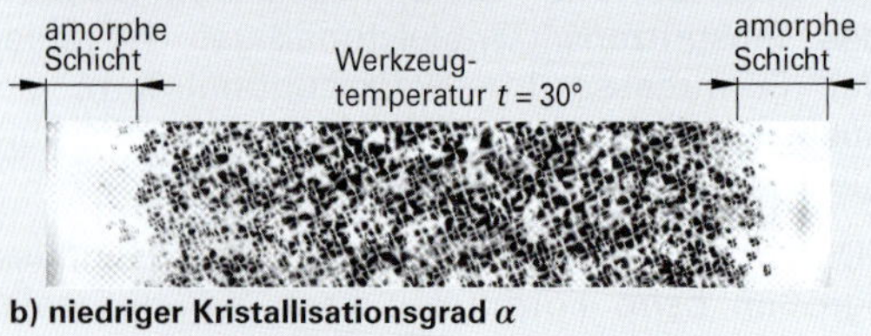

b) niedriger Kristallisationsgrad α

Bild 4: Kristallisationsgrad

[1] amorph (griech.) = gestaltlos, ungeformt;
[2] relax (engl.) = entspannen

Fließverhalten

Beim Eintreten der Schmelze in den Formhohlraum sollte sich die Formmasse im Idealfall mit einer gleichmäßigen **Fließfront** vorwärts bewegen **(Bild 1a)**. Durch diesen so genannten Quellfluss erreicht man, dass die Schmelze zuerst außen an der Wandung erstarrt. Durch die Isolierwirkung der erkalteten Masse bleibt dann die Schmelze im Inneren länger flüssig und bildet eine **plastische Seele,** sodass ein Nachfließen der Schmelze für längere Zeit möglich ist und das Verschweißen der einzelnen Fließschichten im gleichen Zustand erfolgen kann **(Bild 1b)**.

Reißt die Fließfront auf, so ergibt sich ein voreilender Strang, der sich im Formhohlraum querlegt, abkühlt und mit der folgenden Schmelze nicht mehr so gut verschweißt. Dies führt zu Schwachstellen im Spritzgießteil **(Bild 2)**.

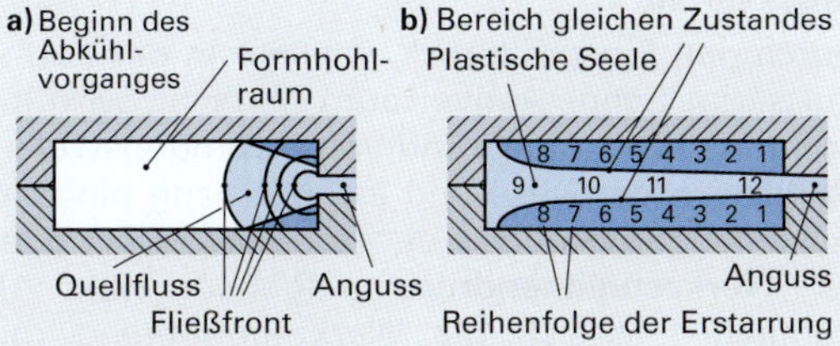

Bild 1: Fließfront und Erstarrungsvorgang

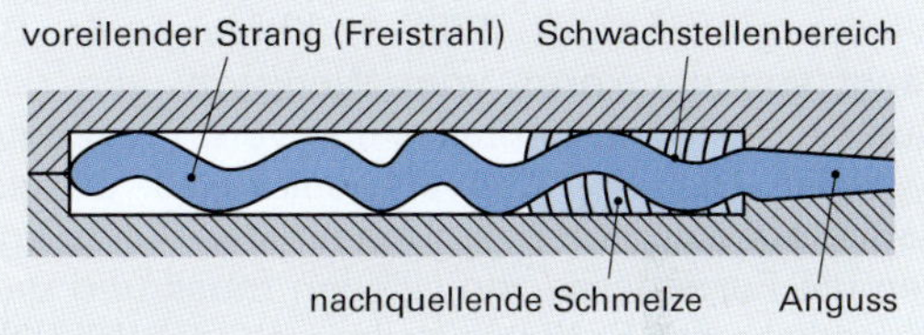

Bild 2: Ungünstiges Fließverhalten

Einflussgrößen auf den Spritzvorgang

Wie einzelne Einflussgrößen sich auf den Spritzvorgang und damit auch auf die Eigenschaften des Spritzgießteiles auswirken, zeigt **Tabelle 1.**

Der Füllvorgang des Formhohlraumes wird von der Einspritz- und Füllgeschwindigkeit beeinflusst. Die **Einspritzgeschwindigkeit** ist die Geschwindigkeit der Formmasse-Teilchen beim Einspritzvorgang. Sie hängt vom Einspritzdruck ab.

Füllgeschwindigkeit hingegen ist der Einspritzstrom, mit der der Formhohlraum mit Masse gefüllt wird. Sie ist abhängig von Fließwiderständen, die im Inneren des Werkzeuges vorhanden sind. Je höher dieser Widerstand ist, desto höher muss auch der Einspritzdruck gewählt werden.

Zu niedrig gewählte Füllgeschwindigkeit führt zu hohen Temperaturunterschieden zwischen angussnahen und angussfernen Formpartien. Die kühlere Masse wiederum führt zu höherer Viskosität, die größere Spritzdrücke erfordert. Das Losreißen von bereits abgekühlter Masse führt beim weiteren Einspritzen zu Materialverschiebungen, die zu Querrillen senkrecht zur Fließrichtung führen **(Bild 3)**.

Zu hohe Füllgeschwindigkeit führt an scharfen Umlenkungen und schroffen Querschnittsveränderungen zu erhöhter Scherbeanspruchung. Diese erhöht die Temperatur der Schmelze und kann u. U. zu einer thermischen Schädigung der Formmasse führen. Kann die Luft nicht schnell genug aus dem Formhohlraum entweichen, so wird sie komprimiert und erwärmt sich stark. Dieser Vorgang kann im Werkstoff zu Verbrennungen führen **(Dieseleffekt)**. Freistrahlbildung und Teilung des Massestromes erzeugen Fließmarkierungen an der Oberfläche **(Bild 3)**.

Tabelle 1: Einflussgrößen auf den Spritzvorgang

Einflussgröße		Auswirkungen
Einspritzdruck	zu hoch	Werkzeuginnendruck groß, Grat am Spritzgießteil
	zu niedrig	geringe Formhohlraumfüllung, Schwachstellen im und am Spritzgießteil
	wirkt zu kurz	geringe Formhohlraumfüllung, leichte Spritzgießteile
	wirkt zu lang	schwere Spritzgießteile, Spannungen im Spritzgießteil
Einspritz- bzw. Füllgeschwindigkeit	zu hoch	geringere Molekülorientierungen, Freistrahlbildung, Verbrennungen am Spritzgießteil
	zu niedrig	schlechtes Verschweißen der Schmelzströme, Lunker, hohe Temperaturunterschiede in der Formmasse

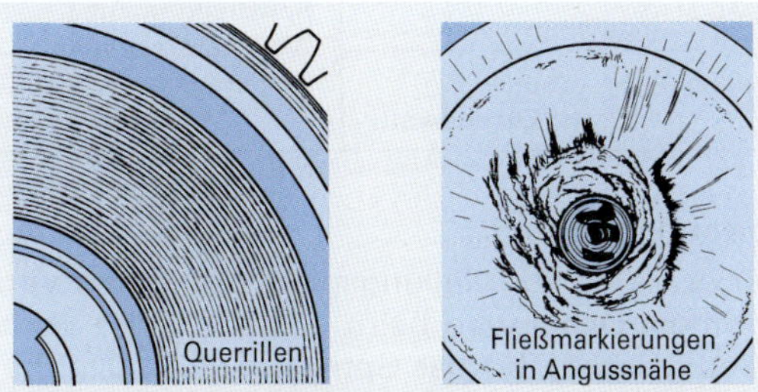

Füllgeschwindigkeit zu niedrig **Füllgeschwindigkeit zu hoch**

Bild 3: Ungünstige Füllgeschwindigkeiten

Druckverlauf

Durch den **Einspritzdruck,** welcher in der Formmasse im Schneckenvorraum herrscht, wird im Formhohlraum auf Grund von Strömungswiderständen in der Düse und im Werkzeug ein zeitlich verzögerter und in der Höhe etwas geringerer **Werkzeuginnendruck** aufgebaut **(Bild 1).** Dadurch füllt sich die Werkzeughöhlung mit Formmasse **(Bild 1, Kurvenpunkt A)** und erzeugt die Ausformung der Konturen durch das Komprimieren[1)] der Formmasse. Der maximale Werkzeuginnendruck **(Bild 1, Kurvenpunkt B)** hängt von der Form, vom Werkstoff, von der Qualität des Spritzgießteiles und vom Verhältnis zwischen Fließweg und Wanddicke ab. Dieses Verhältnis wird durch den maximalen Fließweg, den die Formmasse zurücklegen muss und der Wanddicke des Spritzgießteiles gebildet **(Bild 2).** Ist der gewünschte Werkzeuginnendruck erreicht, so wird der Einspritzdruck vermindert und als **Nachdruck** bezeichnet (Umschaltpunkt). Dieser füllt in der anschließenden Phase nur noch das Restvolumen auf und gleicht die Volumenminderung aus, die durch das Abkühlen der Schmelze eintritt. Der Innendruck fällt dabei leicht ab. Auswirkungen des Nachdruckes auf den Spritzvorgang zeigt die **Tabelle 1.**

Ist der Anschnitt erstarrt (versiegelt) **(Bild 1, Kurvenpunkt C),** so baut sich der Druck durch weitere Abkühlung bis auf einen Restdruck ab (Bild 1, **Kurvenpunkt D).** Die Formstabilität des Spritzgießteiles erhöht sich dabei so weit, dass beim anschließenden Entformen keine Verformung eintreten kann.

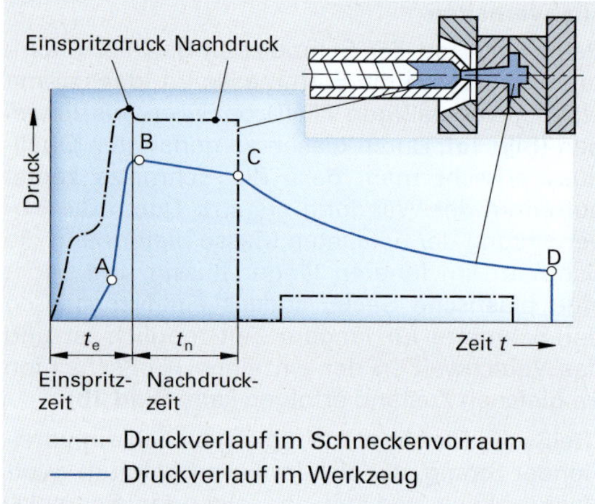

Bild 1: Druckverlauf

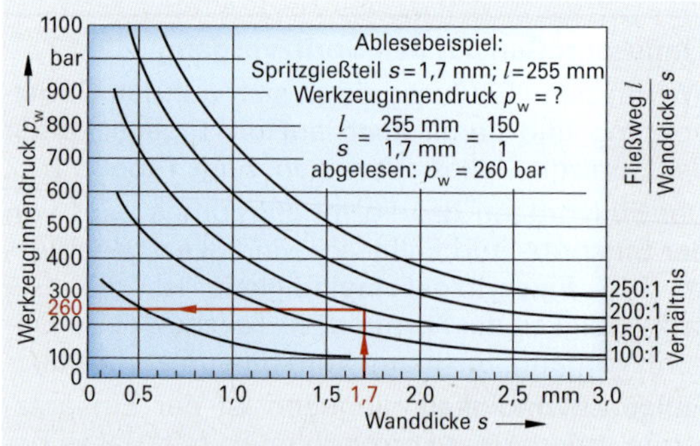

Bild 2: Werkzeuginnendruck für einfache Teile

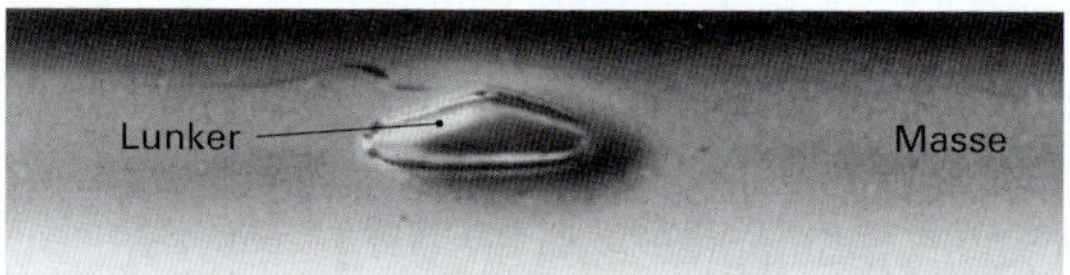

Bild 3: Spritzgießteil mit Lunker

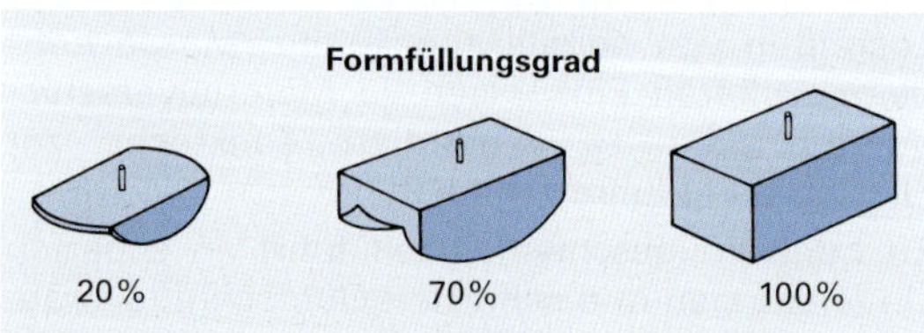

Bild 4: Formfüllstudie

Tabelle 1: Auswirkungen des Nachdruckes

Nachdruck	Auswirkungen	
zu niedrig	Lunker (**Bild 3**) Einfallstellen	große Toleranzschwankungen und Schwindungen, geringes Spritzteilgewicht, Werkstück zu klein
zu kurz wirksam	niedriger Formfüllungsgrad	
zu lang wirksam	wirkungslos	unwirtschaftlich, hohes Spritzteilgewicht, Werkstück zu groß, größere Spannungen
zu hoch	Überladung (s. Zuhaltekraft)	

Formfüllungsgrad

Der optimale Formfüllungsgrad wird durch Versuche, so genannte Formfüllstudien oder Füllreihen, ermittelt. Dabei wird beim Einrichten der Spritzgießmaschine die eingespritzte Masse pro Schuss ständig erhöht, bis das Spritzgießteil entsteht, das die geforderten Bedingungen erfüllt **(Bild 4).** Das Spritzgießteilgewicht kann als Vergleichsgewicht bei Gewichtskontrollen herangezogen werden.

1) komprimieren (lat.) = verdichten, zusammenpressen

Abkühlung

Wie schnell die Formstabilität der Formmasse beim Abkühlen eintritt, hängt von der **Werkzeugtemperatur** ab. Diese wiederum wird von der Art der Formmasse und von den Anforderungen an das Spritzgießteil sowie von der Wanddicke bestimmt **(Bild 1)**.

Bei billigen Massenteilen wird eine schnelle Abkühlung und damit eine niedrige Werkzeugtemperatur gewählt, um kurze Herstellzeiten zu erzielen. Diese Spritzgießteile haben noch eine hohe Entformungstemperatur. Deshalb sind Nachschwindung und Verzug größer. Dagegen ist bei technisch anspruchsvollen Spritzgießteilen ein langsames Abkühlen, also eine höhere Werkzeugtemperatur, unbedingt erforderlich. Die Schwindung, die Oberflächengüte usw. lassen sich günstig beeinflussen.

> Je größer die Wanddicke und je mehr Masseanhäufungen im Spritzgießteil vorhanden sind, desto länger ist die Abkühlzeit.

Den zeitlichen Vorgang vom Einspritzen der Schmelze in den Formhohlraum bis zum nächsten Einspritzvorgang bezeichnet man auch als **Takt, Schuss** oder **Zyklus.**

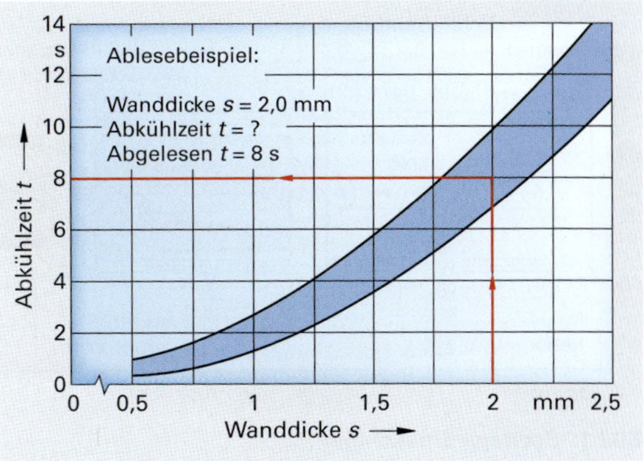

Bild 1: Abkühlzeit für Polystyrol

2.5.2 Spritzgießmaschine

Aufgaben der Spritzgießmaschine **(Bild 2)**:

- Bereitstellung einer verarbeitungsfähigen Formmasse sowie der nötigen Spritzdrücke
- Füllen der Kavität mit Formmasse
- Einleiten der Bewegungen zum Öffnen der Form, zum Auswerfen des Spritzgießteiles sowie zum Schließen und Zuhalten der Form.

Die ersten beiden Aufgaben übernimmt die Spritzeinheit der Spritzgießmaschine, während die dritte Aufgabe die Schließeinheit durchführt **(Bild 3)**.

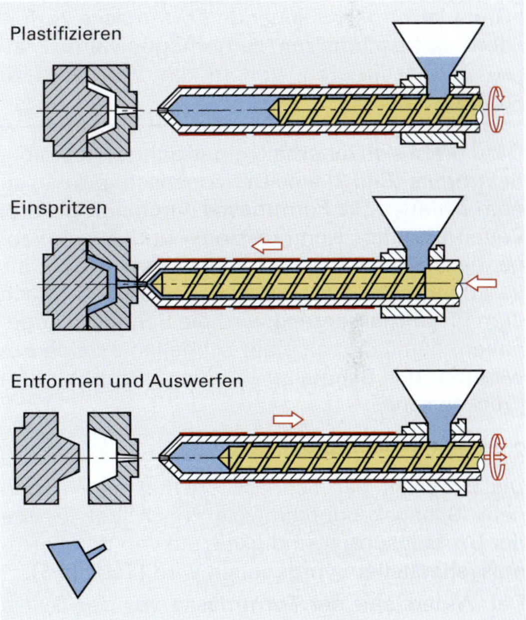

Bild 2: Aufgaben der Spritzgießmaschine

Technische Daten

z. B.:	• Schließkraft	2000 kN
	• Öffnungsweg	510 mm
	• Schnecken-ø	60 mm
	• Hub der Spritzeinheit	200 mm
	• Hubvolumen max.	565 cm³
	• Einspritzdruck	1534 bar
	• Plastifizierstrom	60 g/s
	• Antriebsleistung	75 kW
	• Heizleistung des Zylinders	15 kW
	• Betriebsdruck	210 bar

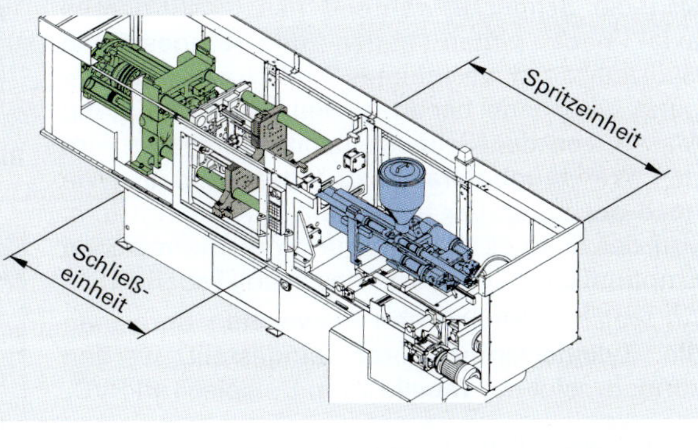

Bild 3: Spritzgießmaschine

2

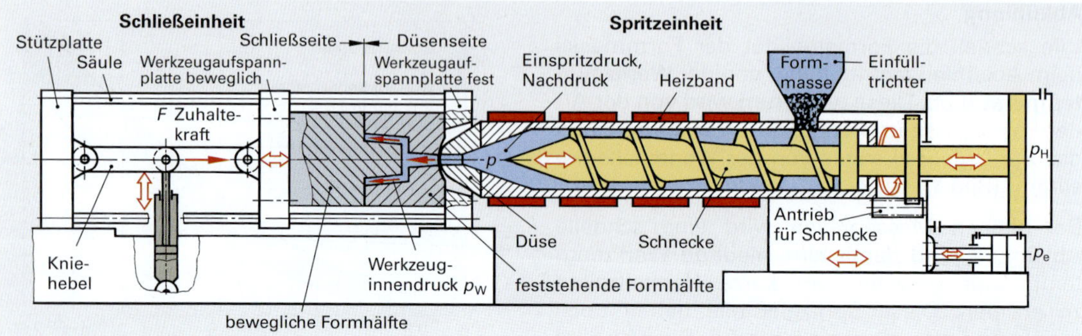

Bild 1: Spritzgießmaschine

2.5.2.1 Spritzeinheit

Die Spritzeinheit hat die Aufgabe, die meist in Granulatform[1] vorliegende Formmasse zu fördern, aufzuschmelzen, zu homogenisieren[2], also zu plastifizieren, und in das Werkzeug zu drücken **(Bild 1)**.

Dazu dreht sich innerhalb eines Schneckenkolbenextruders **(Bild 2)** eine Dreizonenschnecke in einem Zylinder. Die Formmasse durchläuft die drei Zonen Einzugs-, Kompressions- und Ausstoßzone, bis sie schließlich im Schneckenvorraum als verarbeitungsfähige Schmelze vorliegt. Nach dem Plastifiziervorgang wird die Schnecke angehalten, damit sie mit einer schnellen axialen Bewegung die Schmelze in den Formhohlraum drücken kann.

2.5.2.2 Einstellgrößen

Die **Drehzahl** der Schnecke richtet sich neben dem Schneckendurchmesser nach der Größe der Umfangsgeschwindigkeit, die von den Formmasseherstellern vorgegeben wird **(Tabelle 1)**.

Der Widerstand der Formmasse vor der Spitze der Schnecke wird beim Spritzgießen durch den so genannten **Staudruck** ausgedrückt. Dies ist der Druck, der sich in der angesammelten Masse im Schneckenvorraum aufbaut. Er bewirkt, dass sich die Schnecke während des Plastifizierens axial nach hinten gegen den eingestellten Hydraulikdruck verschiebt. Die Schneckenbewegung wird dann beendet, wenn sich genügend Masse vor der Schneckenspitze befindet, um den Werkzeughohlraum zu füllen **(Bild 3)**. Wie hoch der Staudruck eingestellt wird, hängt u. a. von der Schmelzviskosität und der thermischen Empfindlichkeit der Formmasse ab **(Tabelle 1)**.

An welchen Stellen und in welchen Bereichen die **Zylindertemperaturen** eingestellt werden können, zeigt die **Tabelle 2** am Beispiel von PVC.

[1] Formmasse in Körnchenform; [2] gleichartig machen

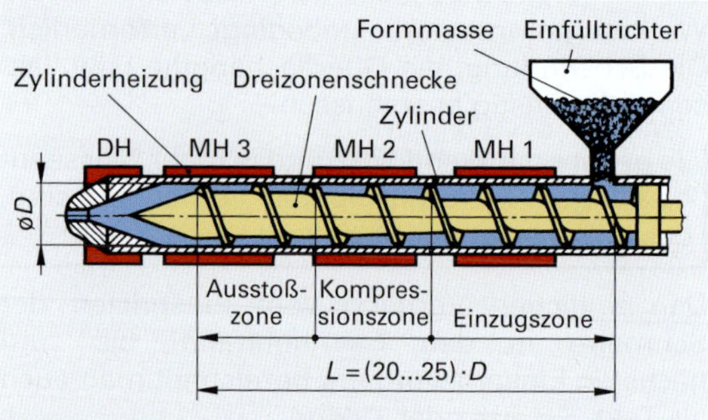

Bild 2: Schneckenkolbenextruder

Tabelle 1: Einstellgrößen für das Plastifizieren

	Formmasse	
	PMMA	PVC
Formmassetemperatur T in °C	200…250	150…180
Umfangsgeschwindigkeit v_{max} in m/s	0,3	0,08…0,1
Staudruck p in bar	80…120	40…80

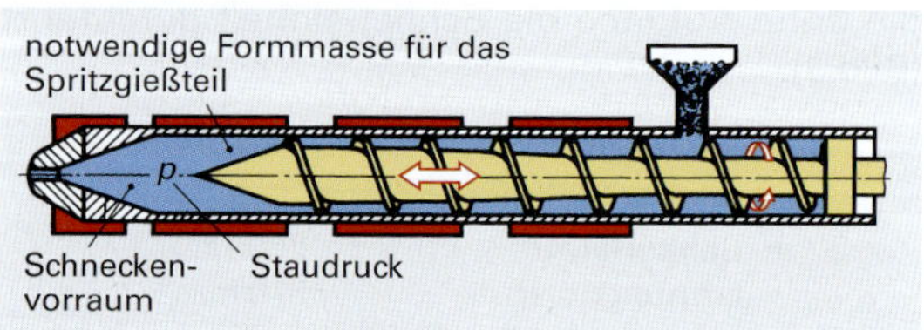

Bild 3: Wirkung des Staudruckes

Tabelle 2: Zylindertemperaturen für PVC in °C

DH	MH 3	MH 2	MH 1	Trichterbereich
170…210	160…190	160…170	140…160	30…40
DH Düsenheizung, MH Mantelheizung				

2.5.2.3 Maschinendüsen

Die Düse hat die Aufgabe, eine dichte Verbindung, möglichst ohne Druck- und Temperaturverlust, zwischen dem Spritzzylinder und dem Werkzeug herzustellen. Durch die Berührung mit dem kälteren Werkzeug kann der Düse und der verbleibenden Schmelze Wärme entzogen werden. Durch eine Düsenheizung sowie durch das Abheben der Düse vom Werkzeug nach der Nachdruckzeit kann Abhilfe geschaffen werden.

Offene Düsen und Verschlussdüsen

Wenn es die Zähflüssigkeit der Schmelze zulässt, wählt man meist die **offene Düse (Bild 1)**. Die Druck- und Temperaturverluste sind wegen des glatten Kanals sehr gering. Außerdem ist die offene Düse leicht zu reinigen und zu spülen. Die Gefahr, dass Schmelze aus der Düse austreten kann, nimmt mit kleiner werdender Düsenbohrung (ca. 3 mm bis 8 mm) ständig ab. Ist die Schmelze zu dünnflüssig, so müssen **Verschlussdüsen,** z. B. Schieberverschlussdüsen **(Bild 2)**, oder Nadelverschlussdüsen **(Bild 3)**, vorgesehen werden. Sie sind so konstruiert, dass die Düsenöffnung nach jedem Einspritzvorgang verschlossen und dadurch das Ausströmen der Masse verhindert wird.

Verschlussdüsen werden mit Federn, oder hydraulisch betätigt. Dabei kann die Ventilnadel jeweils längs oder quer **(Bild 4)** zum Strömungskanal liegen. Längsnadelverschlussdüsen verschließen näher an der Angießbuchse. Damit wird das sogenannte „Fadenziehen" verhindert.

In der Regel werden Düsen mit einer Wölbung (Konvexdüsen) verwendet. Sie sind durch gute Zentrierung und Abdichtung gekennzeichnet. Dabei ist es wichtig, dass der Düsenradius (R_D) bei Konvexdüsen etwas kleiner ist, als der Radius der Angießbuchse (R_A), da sich sonst eine störende Hinterschneidung bildet **(siehe Bild 1)**.

Bei der Flachdüse **(siehe Bild 3)** tritt keine aufweitende Kraft auf. Bei einem längs des Angusskanals geteilten Werkzeuges (z. B. Einspritzung in der Trennebene) ist es wichtig eine auftreibende Kraft durch die Keilwirkung der Konvexdüsen zu vermeiden.

Wiederholung und Vertiefung

1 Nennen Sie die Faktoren, von denen die Einstellung der Schneckendrehzahl abhängt.

2 Beschreiben Sie den Temperaturverlauf beim Einstellen der Heizzonen am Zylinder.

3 Nennen Sie einen Grund für die Verwendung von Verschlussdüsen.

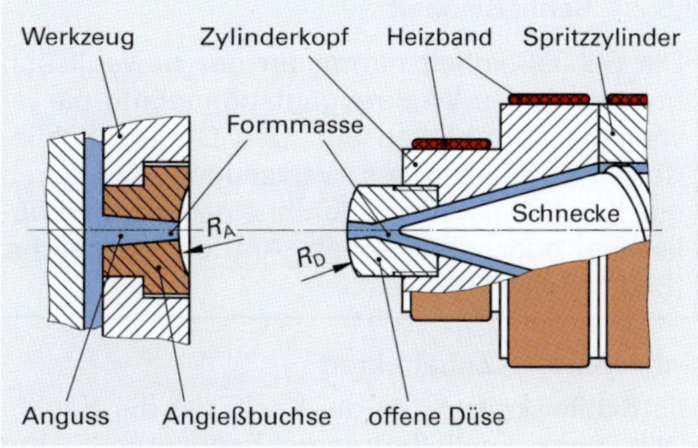

Bild 1: Offene Düse

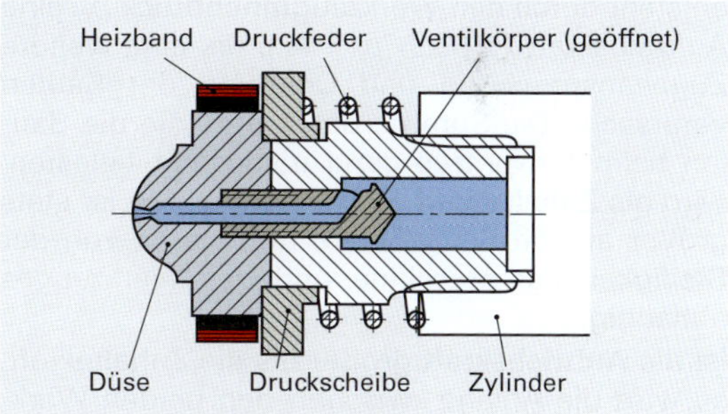

Bild 2: Schieberverschlussdüse

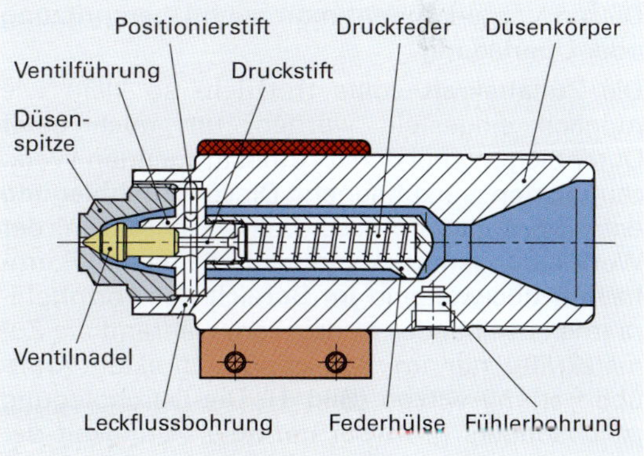

Bild 3: Nadelverschlussdüse

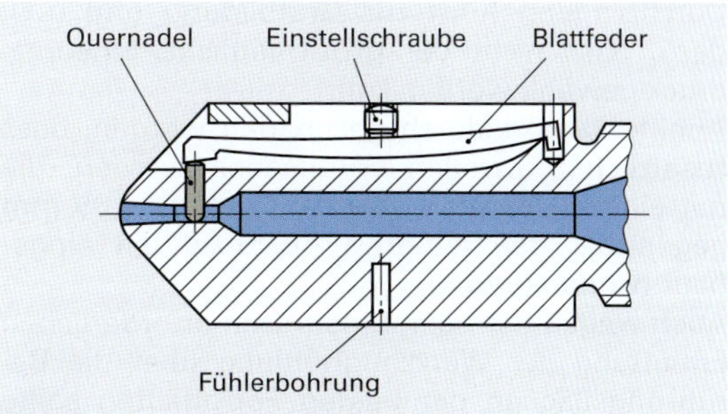

Bild 4: Quernadelverschlussdüse

2

2.5.2.4 Schließeinheit

Die Schließeinheit nimmt an der beweglichen und der festen Werkzeugaufspannplatte die jeweiligen Formhälften auf. Das Öffnen, Schließen und Zuhalten des Werkzeuges wird durch ein Kniehebelsystem, durch einen vollhydraulischen oder elektrischen Antrieb ausgeführt **(Bild 1, Seite 136).**

Schließkraft – Zuhaltekraft

Die **Schließkraft** F_S ist die Kraft, die die Säulen nach dem Schließvorgang beansprucht und dehnt sowie die beiden Formhälften zusammendrückt **(Bild 1)**. Beim Einspritzen der Formmasse entsteht durch den Werkzeuginnendruck p_W eine Auftriebskraft F_A ($F_A = p_W \cdot A_p$), die eine weitere Zugbeanspruchung und Dehnung der Säulen verursacht. Die Summe der Kräfte, die die Säulen beim Einspritzvorgang insgesamt belasten, wird als **Zuhaltekraft** F_Z bezeichnet. Sie ist stets größer als die Schließkraft, und sie ist von der Steifigkeit der Maschine und des Werkzeuges abhängig.

Ist die **Auftriebskraft** größer als die Zuhaltekraft, so wird die Anlage zwischen den beiden Werkzeughälften aufgehoben und es tritt Schmelze zwischen den beiden Formhälften aus, die zur **Grat-** oder **Schwimmhautbildung** führt **(Bild 2)**. Diesen Vorgang nennt man auch **Überspritzung** oder **Überladung.**

Die **Zuhaltekraft** sollte trotzdem so klein wie möglich eingestellt werden, um auch einer Durchbiegung bei den formnesttragenden Werkzeugplatten vorzubeugen. Diese **Durchbiegung** entsteht dadurch, dass beim Einspritzen der Werkzeuginnendruck versucht, die beiden Formhälften überwiegend im Bereich der Formhohlräume auseinander zu drücken, während die Zuhaltekräfte nur im Bereich der direkten Kraftübertragung wirken **(Bild 1)**. Die Durchbiegung ist besonders groß bei geringer Steifigkeit der Platten und um die Bereiche gegenüber der düsenseitigen Zentrierbohrung und vor allem gegenüber dem Auswerfersystem **(Bild 3)**. Die Durchbiegung führt zur Gratbildung und u. U. dazu, dass nicht der größtmögliche Einspritzdruck gewählt werden kann.

Abhilfe kann dadurch geschaffen werden, dass zusätzlich Stützrollen vorgesehen werden, die mit einem Übermaß von 0,03 mm ... 0,05 mm gegenüber den äußeren Abstützungen eingebaut werden **(Bild 4)**.

Auch wegen der beim Einspritzen erforderlichen Entlüftung der Werkzeughöhlung über die Berührungsflächen der beiden Formhälften sollte die Schließkraft so niedrig wie möglich sein.

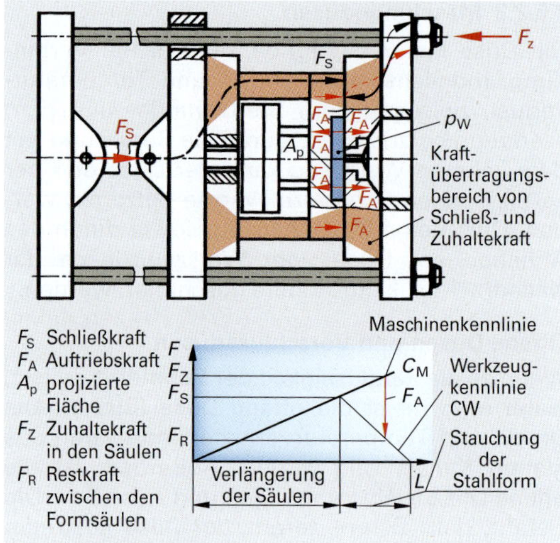

Bild 1: Schließ- und Zuhaltekraft und deren Wirkungsbereiche

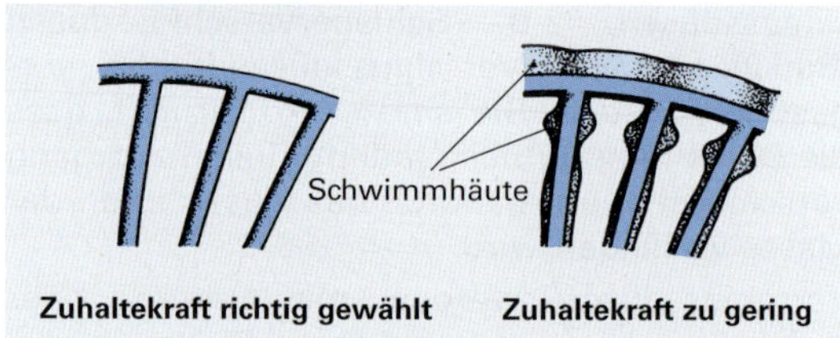

Bild 2: Spritzgießteil mit und ohne Schwimmhäute

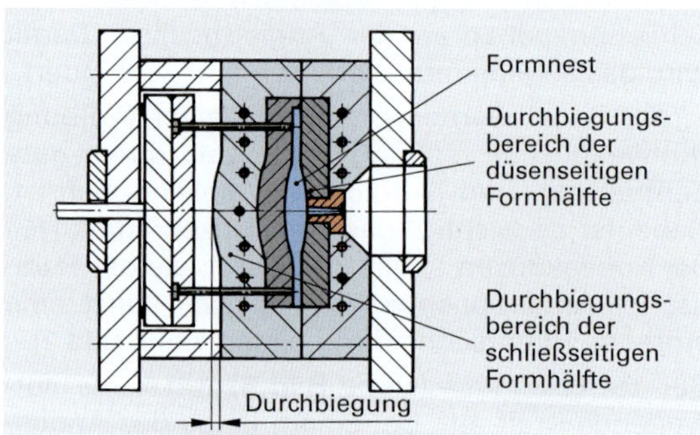

Bild 3: Durchbiegung von Formplatten

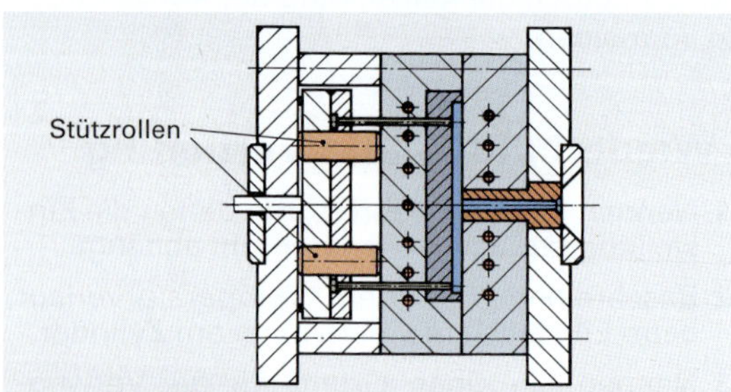

Bild 4: Stützrollen

2.5.3 Gestalten von Spritzgießteilen

2.5.3.1 Maßtoleranzen bei Spritzgießteilen

Die erzielbaren Toleranzen sind größtenteils abhängig von der Schwindung, den Formmassen und der Art der Maße, wobei natürlich auch die Qualität der Spritzgießmaschine und des Werkzeuges eine Rolle spielen.

So lassen sich mit amorphen Formmassen kleinere Toleranzen leichter einhalten als mit teilkristallinen. **Werkzeuggebundene** Maße lassen sich genauer herstellen als **nicht werkzeuggebundene** Maße **(Bild 1)**.

DIN 16 901 bildet bei der Festlegung der Toleranzen zuerst Toleranzgruppen in Abhängigkeit der Formmassen und Schwindungskennwerte (siehe Tabellenbuch). Bezogen auf diese Toleranzgruppen und die festgelegte Maßart werden dann den verschiedenen Nennmaßbereichen die zulässigen Abweichungen zugeordnet.

Die Ermittlung der Allgemeintoleranz für das werkzeuggebundene Maß *a* im **Bild 1,** das 35 mm betragen soll, zeigt die **Tabelle 1.**

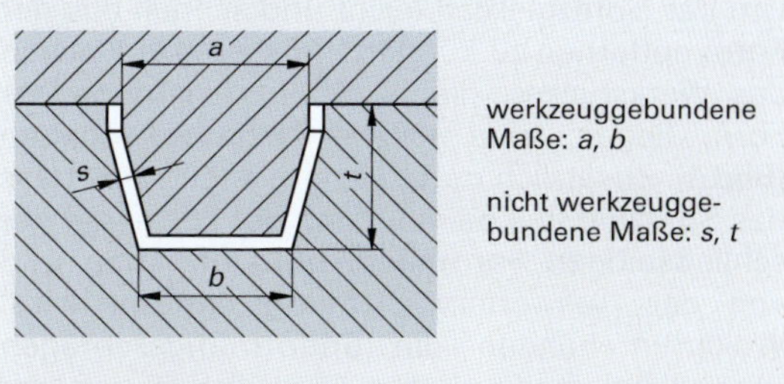

Bild 1: Maßarten

Tabelle 1: Ermittlung der Allgemeintoleranzen nach DIN 16 901

Polyethylen	Toleranzgruppe 150
Werkzeuggebundenes Maß	Kennbuchstabe B
Nennmaßbereich	30 mm ...40 mm
Allgemeintoleranzen	± 0,39 mm

2.5.3.2 Richtlinien zur Gestaltung von Spritzgießteilen (VDI 2006)

Die Wanddicken müssen groß genug sein, damit die Formmasse das Werkzeug sicher füllen kann, ehe sie zu stark abkühlt oder ausgehärtet ist. Deshalb ist die **Mindestwanddicke *s*** in Abhängigkeit vom **Fließweg *l*** im Werkzeug und der Fließfähigkeit der Formmasse zu wählen **(Bild 2)** und **Seite 134, Bild 2)**.

Spritzgießteile sollen möglichst überall **gleiche Wanddicke** haben. Im Normalfall betragen sie 1 mm bis 3 mm, bei Großteilen zwischen 3 mm und 6 mm. Wanddicken unter 0,4 mm und über 8 mm sind nur unter besonderen Verarbeitungsbedingungen herstellbar **(Bild 3a und Bild 3b)**.

Jede **Materialanhäufung** und plötzliche Querschnittsübergänge sind zu vermeiden, da sich an diesen Stellen leicht an der Oberfläche Einfallstellen und im Inneren des Spritzgießteils Lunker bilden können **(Bild 3d)**. Zudem treten bei unterschiedlichen Wanddicken infolge ungleicher Abkühlung innere Spannungen auf, die dann bei scharfen Ecken und Kanten zu Rissen führen können. **Scharfkantigkeit** ist zu vermeiden (Kerbwirkung).

Muss ein Spritzgießteil eine höhere Stabilität besitzen, so wird dies durch Versteifungsrippen erreicht **(Bild 3c)**.

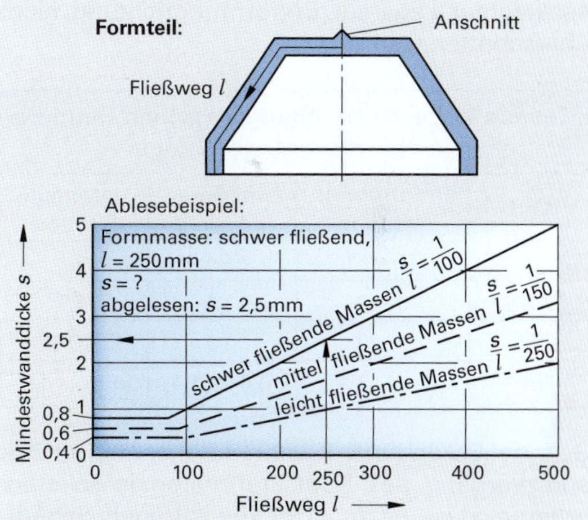

Bild 2: Mindestwanddicke

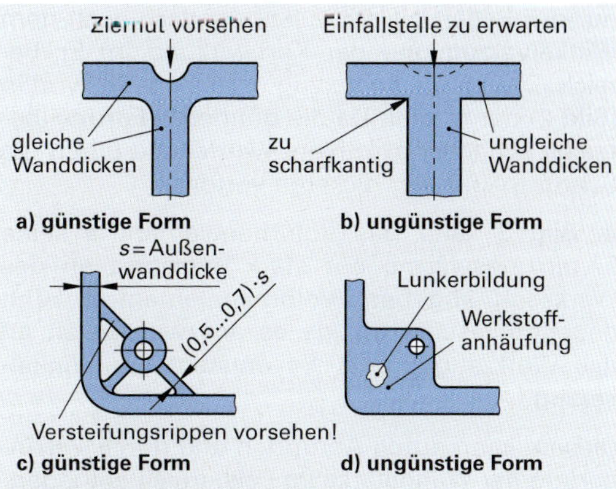

Bild 3: Gestaltungsbeispiele

2

Um das Spritzgießteil leicht und schnell aus der Form entfernen zu können, müssen alle Flächen des Werkstückes, die in Öffnungsrichtung der Form liegen, eine leichte **Neigung** erhalten **(Bild 1)**. Zusätzlich muss sichergestellt sein, dass das Spritzgießteil beim Öffnen der Form von der schließseitigen Formhälfte mitgenommen und von der Auswerfervorrichtung entfernt wird. Weiterhin hängen die Entformungsschrägen speziell bei strukturierten Oberflächen von der Oberflächenrauigkeit der abzubildenden Kavitäten ab. Die Struktur kann aufgrund ihrer Tiefe wie eine Verzahnung zwischen Formteil und Werkzeugoberfläche wirken und somit die Entformung erschweren. Die Lage der Strukturierung parallel oder senkrecht zur Entformungsrichtung und die Materialpaarung Stahl- Kunststoffmasse ist von entscheidender Bedeutung **(Tabelle 1)**.

Als einfache Näherung sollte für eine Strukturtiefe von 0,02 mm pro 1° Entformungsschrägen bei senkrechter Lage zur Entformungrichtung nicht überschritten werden.

Tabelle 1: Zusammenhang zwischen Rautiefe und Entformungsschräge

Werkstoff	Entformungsschräge	mittlere Rautiefe	gemittelte Rautiefe
	Grad °	Ra	Rz
ABS	1 – 3	1,6	4,7
PA	1 – 3	2,2	10,5
PC	1 – 3	0,4 … 1,1	1,5 … 4,5

Scharfe Ecken und Kanten können beim Einspritzvorgang des Kunststoffmaterials so stark scheren, dass es zu einer thermischen Schädigung des Kunststoffes kommen kann.

Eine Abrundung bei Umlenkungen wirkt nicht nur der Scherung entgegen, sondern auch dem **Winkelverzug** und der Kerbwirkung im Eckbereich. Der mögliche Verzug des Formteils wird in **(Bild 2)** dargestellt. Da die dünneren Formteilbereiche schneller abkühlen, werden sie durch die Schrumpfkraft der dickeren verformt.

In **Bild 3** kann das Volumenelement ***a*** seine Erstarrungswärme nur stark verzögert an das Werkzeug abgeben. Volumenelement ***b*** kühlt dagegen rascher ab, da es an zwei Seiten an das Werkzeug grenzt. Es entsteht ein **Winkelverzug.**

Diesem kann durch Abrunden und durch Verringerung der Wandstärke im Eckbereich entgegengewirkt werden.

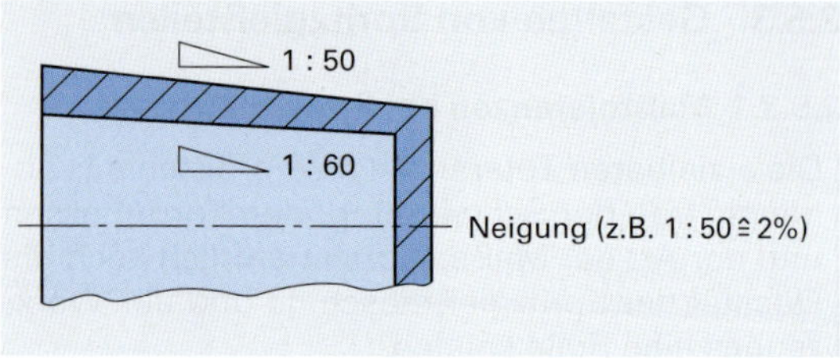

Bild 1: Neigung

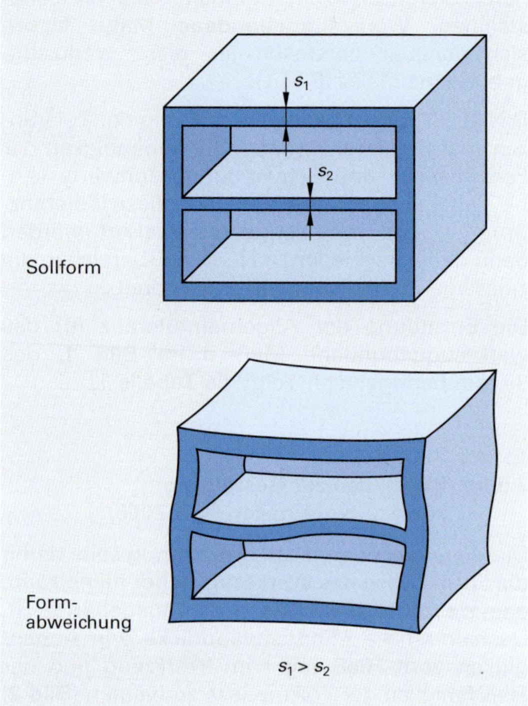

Bild 2: Verzug

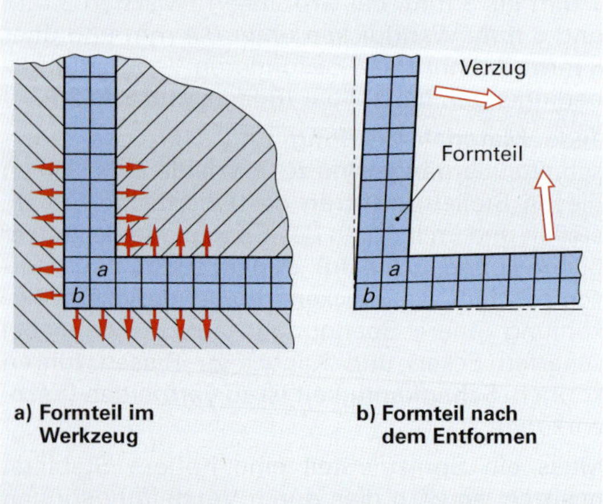

Bild 3: Winkelverzug

2.5.3.3 Schwindung

Bei der Festlegung des Formhohlraumes müssen die Schwindung **(vgl. Seite 123)** und eventuell die Nachschwindung berücksichtigt werden.

Unter Schwindung versteht man die Maßänderung von Werkstücken durch das Zusammenziehen des Werkstoffes beim Abkühlen als Maßunterschied zwischen Werkzeugkavität und Formteil. Bei der Erfassung dieser Schwindung **(Tabelle 1)** kommt erschwerend hinzu, dass die Schwindungsdifferenz sowie die Nachschwindung berücksichtigt werden müssen.

Eine **Schwindungsdifferenz** tritt dann auf, wenn die Schwindungen in Fließrichtung und quer dazu unterschiedlich groß sind. Der Unterschied zwischen Längs- und Querschwindung ist die Schwindungsdifferenz. Bei einer größeren Schwindungsdifferenz kann dies zu Verwindungen oder zum Verzug des spritzgegossenen Formteils führen.

Die Formteilgegeometrie und die Angusslage können Molekülorientierungen hervorrufen, wodurch die Schwindungsdifferenz beeinflusst werden kann. Durch die Verwendung von Füllstoffen kann die Schwindung vermindert werden. Bei fasrigen Verstärkungsstoffen kann durch die Faserorientierung im Bauteil eine sehr große Schwindungsdifferenz entstehen. Die Temperaturdifferenz während der Verarbeitung und der Gebrauchstemperatur des Formteils ergibt eine vernachlässigbare Längenänderung der Glasfasern. Sind nun Glasfasern in einem Formteil durch den Matrialfluss während des Füllvorganges stark orientiert, schwindet das Formteil quer zur Faser wesentlich stärker als längs dazu. Werden zum Beispiel Glaskugeln zugemischt, wird insgesamt eine geringere Schwindung beobachtet.

Die **Nachschwindung** ist der Unterschied zwischen dem Maß eines auf Raumtemperatur abgekühlten Spritzgießteiles und dem Maß desselben Spritzgießteiles nach der Einwirkung einer bestimmten Temperatur. Sie verursacht eine Nachkristallisation und kann während des Gebrauchs oder auch gezielt durch Tempern eingebracht werden. Durch die Nachschwindung werden die Fertigteilabmessungen nochmals kleiner.

Eine zahlenmäßige Erfassung der Schwindung ist sehr schwierig, da auf sie mehrere Einflüsse gleichzeitig einwirken. So haben z. B. amorphe Thermoplaste (z. B. Polystyrol) nahezu unabhängig von äußeren Bedingungen eine geringe Schwindung. Teilkristalline Kunststoffe (z. B. Polyethylen) dagegen haben einen größeren Schwindungsbereich **(Tabelle 1)**. Spritz- und Nachdruck üben den größten Einfluss auf das Schwindungsverhalten aus. Je größer diese Drücke sind, desto geringer fällt die Schwindung aus. Auch Formteilgestalt und Angießverhältnisse wirken sich auf die Schwindung aus.

Ein weiterer Einfluss auf die Schwindung stellt die Werkzeugtemperatur dar. Je höher diese ist, desto günstiger ist die Kristallbildung, aber umso größer ist die dabei entstehende Schwindung.

Die Gesamtschwindung ist der Maßunterschied zwischen Kavität und Formteil nach sehr langer Lager- bzw. Gebrauchszeit oder nach langer Warmlagerung.

Tabelle 1: Anhaltswerte für Verarbeitungsbedingungen beim Spritzgießen

Formmasse	Spritzdruck p_S in bar	Nachdruck p_N in bar	Massetemperatur °C	Werkzeugtemperatur °C	Schwindung %	Neigung %
Polystyrol	1200 ... 1500	(0,3 ... 0,6) · p_S	150 ... 280	10 ... 50	ca. 0,45	1,5
ABS	1000 ... 1500	(0,3 ... 0,6) · p_S	180 ... 240	50 ... 85	0,4 ... 0,7	–
Polyethylen	1200 ... 1500	(0,3 ... 0,6) · p_S	140 ... 350	20 ... 60	1,5 ... 2	0,2 ... 2
Polypropylen	1200 ... 1800	(0,4 ... 0,8) · p_S	150 ... 260	20 ... 60	1,2 ... 2,2	1,5
Polycarbonat	1300 ... 1800	(0,4 ... 0,6) · p_S	230 ... 320	85 ... 120	0,7 ... 0,8	1
Polyvinylchlorid	800 ... 1600	(0,3 ... 0,5) · p_S	140 ... 210	20 ... 60	0,5 ... 0,7	1,5

2.5.4 Aufbau von Spritzgießwerkzeugen

Spritzgießwerkzeuge **(Bild 1)** gleichen im Aufbau den Druckgießwerkzeugen (vgl. **Bild 1, Seite 124**).

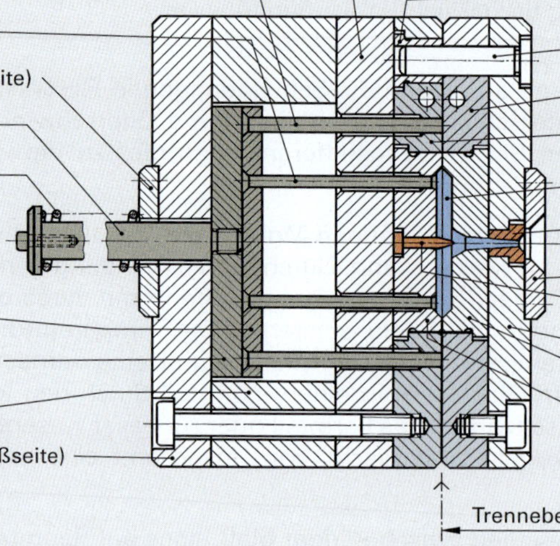

Bild 1: Spritzgießwerkzeug

2.5.4.1 Einteilung der Spritzgießwerkzeuge

Die Vielzahl der unterschiedlichen Spritzgießanwendungen erfordert verschiedene Werkzeugarten.

Sie werden nach Anzahl der Formhohlräume, nach Art des Angusssystems, nach Anzahl der Trennebenen und nach Art der Entformung unterschieden.

Die unterschiedlichen Verarbeitungsmöglichkeiten im Spritzgießbereich führen zu einer Vielzahl von Sonderverfahren, welche nicht alle in der Übersicht **(Tabelle 1)** aufgeführt werden können.

Tabelle 1: Einteilung der Spritzgießwerkzeuge

Unterscheidungsmerkmal	Werkzeugart				
Anzahl der Formhohlräume	Einfachwerkzeuge		Mehrfachwerkzeuge		
Art des Angusssystems	Werkzeuge mit erstarrendem Anguss		Werkzeuge mit **nicht** erstarrendem Anguss		
Anzahl der Trennebenen	2-Platten-Werkzeug	3-Platten-Werkzeug		Etagenwerkzeug	
Art der Entformung	Standard-Werkzeug	Abstreifer-Werkzeug	Schieber-Werkzeug	Backen-Werkzeug	Ausschraub-Werkzeug

2.5.4.2 Angusssysteme

Der Anguss ist ein System von Strömungswegen, in denen die fließfähige Formmasse von der Düse der Spritzeinheit zur Formhöhlung (Kavität) fließt.

Dieses System kann aus dem Angusskegel, den Verteilerkanälen, der sogenannten Angussspinne und dem Anschnitt bestehen **(Bild 1).** Bei Einfachwerkzeugen können sich die Strömungswege auf eine kegelige Bohrung beschränken, die direkt in die Formhöhlung mündet. Die Stelle, an der der Anguss in die Formhöhlung eintritt, nennt man den **Anschnitt.**

Den Zeitpunkt, nach dem der Anschnitt „eingefroren" (d.h. erstarrt) ist und somit der Nachdruck nicht mehr wirken kann, nennt man **Siegelpunkt.** Ein längeres Nachdrücken über diesen Zeitpunkt hinaus ist unnötig.

Der Zeitpunkt des Erstarrens kann durch eine Innendruckmessung oder durch das Bestimmen der Formteilmasse ermittelt werden. Das maximale Formteilgewicht ist erreicht, wenn der Anschnitt eingefroren ist.

Der Anguss ist so zu gestalten, dass die flüssige Masse möglichst auf kürzestem Wege, mit geringstem Wärme- und Druckverlust die Kavitäten gleichzeitig füllt. Die Querschnitte der Strömungswege müssen so bemessen sein, dass eine gleichmäßige Füllung des Angusssystems sowie der Formhöhlungen erreicht wird.

Angussformen

Die Angussform ist so zu wählen, dass für den speziellen Fall die bereits erwähnten Forderungen erfüllt werden können. Außerdem müssen noch folgende Einflussgrößen berücksichtigt werden:

- Formteilgeometrie und Formteilvolumen
- Viskosität der Formmasse
- Art des Spritzgießwerkzeuges
- Fließweglänge

Stangen- oder Kegelanguss

Stangen- oder Kegelangüsse werden vorwiegend bei rotationssymmetrischen und bei dickwandigen Spritzgießteilen verwendet. Dieser Anguss sollte, da er nachträglich abgeschnitten oder abgefräst wird, nicht an Sichtflächen angeordnet werden **(Bild 2a und Bild 3).** Der Durchmesser D soll so gewählt werden, dass der An-

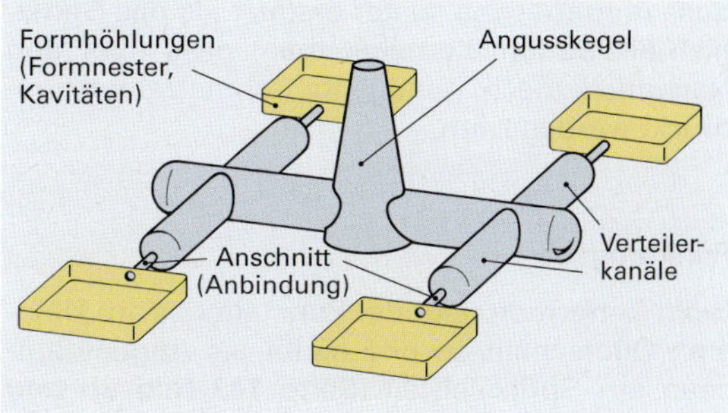

Bild 1: Angusssystem

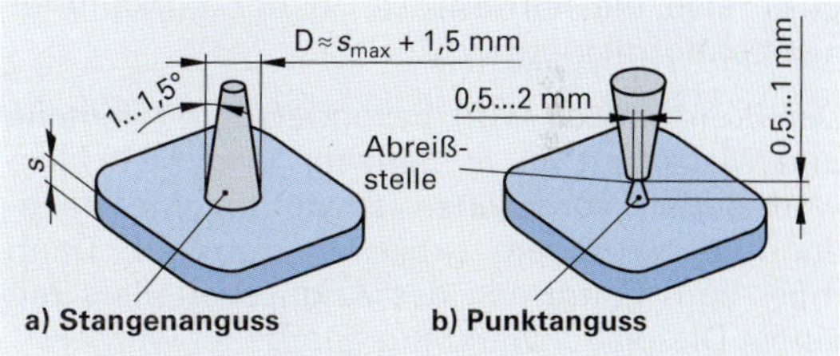

Bild 2: Stangen und Punktanguss

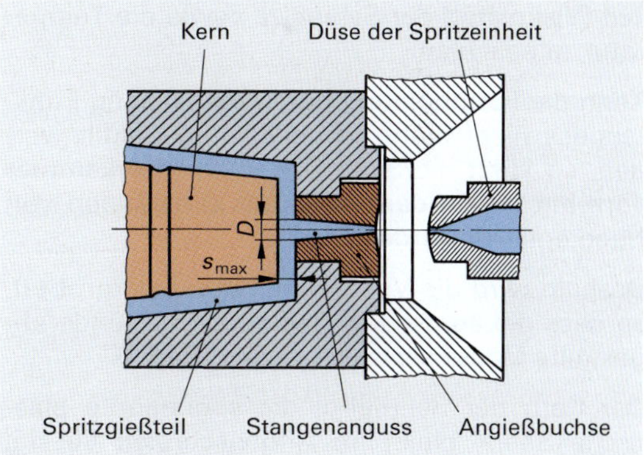

Bild 3: Stangenanguss

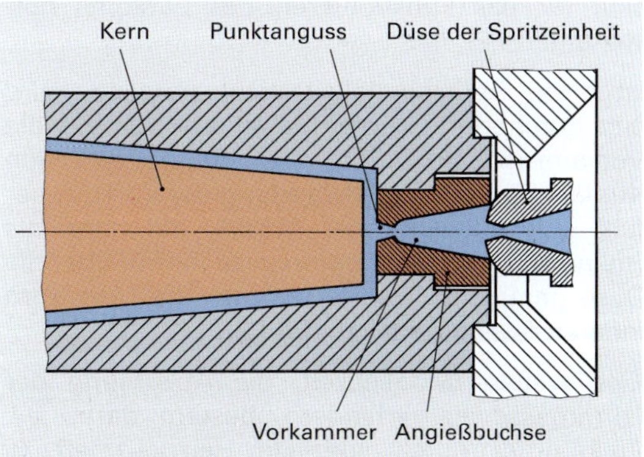

Bild 4: Punktanguss mit Vorkammer

2

guss immer etwas später erstarrt als das Spritzgießteil. Dadurch erreicht man, dass über den Nachdruck noch genügend Schmelze nachgedrückt werden kann.

Punktanguss

2

Beim Entformen reißt der Punktanguss am kleinsten Querschnitt ab und bleibt als Angusszäpfchen am Spritzgießteil **(Seite 143 Bild 2b** und **Bild 4)**. Es ensteht dadurch keine Nacharbeit und keine optisch störende Bearbeitungsfläche wie beim Stangenanguss. Außerdem muss der Anguss, also die Formmasse, in der Vorkammer nicht entformt werden.

Der Punktanguss wird besonders für Kleinteile und Massenartikel in Einfach- und Mehrfachwerkzeugen vorgesehen sowie für Mehrfachangüsse bei einem größeren Formteil. Dann muss zum Entformen des Angussverteilers mit einem Dreiplattenwerkzeug gearbeitet werden.

Je kleiner die Bohrung des Punktangusses ist, desto leichter geht das Abreißen vor sich. Dabei ist jedoch neben der Wanddicke die Zähflüssigkeit **(Viskosität)** der Schmelze sowie die **Temperatur** zu beachten.

Kann die Formhöhlung durch den kleinen Punktanguss nicht mehr schnell genug gefüllt werden, so kühlt die Schmelze in der **Vorkammer** vorzeitig ab, so dass sie unter Umständen von Hand entfernt werden muss.

Deshalb wird die Vorkammer etwas vergrößert, so dass die an der Innenwandung haftende abgekühlte Masse als Isolator wirkt **(Bild 1)**.

Der Kern der Schmelze, die sogenannte plastische Seele, bleibt im Angussbereich flüssig. Die Verweildauer der Schmelze in der Vorkammer sollte aber nicht zu lang sein. Kurze Zyklen, das heißt mehrmaliges Einspritzen pro Minute, sind für das Funktionieren des Systems notwendig.

Ist diese Spritzhäufigkeit nicht möglich, wird eine durchbohrte Kupfer- Beryllium- Spitze in die Vorkammer eingeführt. Der Raum zwischen Kupferspitze und Innenwandung der Vorkammer füllt sich mit erkalteter Masse, die dann als Isolierung wirkt. Die Kupferspitze nimmt über die Düse genügend Wärme auf, um die Masse im Inneren flüssig zu halten **(Bild 2)**.

Eine weitere Möglichkeit, die Abkühlung der Formmasse zu verhindern, besteht darin, die Vorkammer durch spezielle Heizpatronen zu erwärmen **(Bild 3)**.

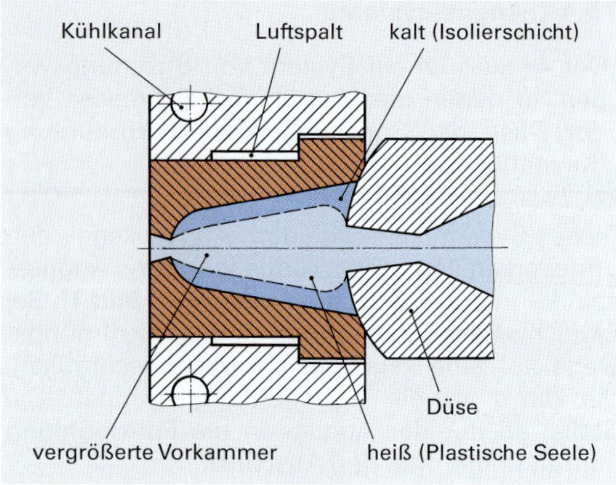

Bild 1: Vergrößerte Vorkammer

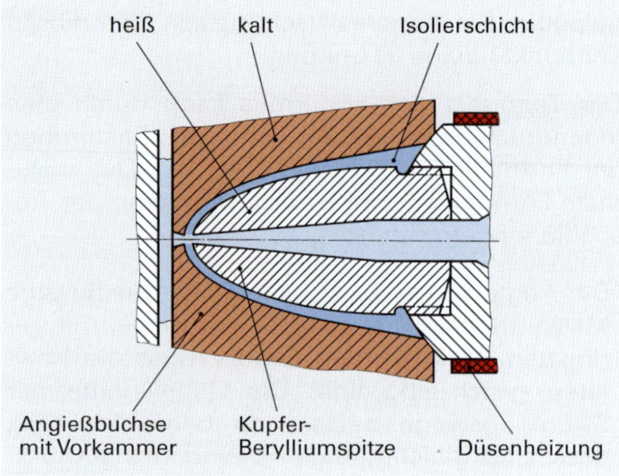

Bild 2: Vorkammer mit verlängerter Düsenspitze

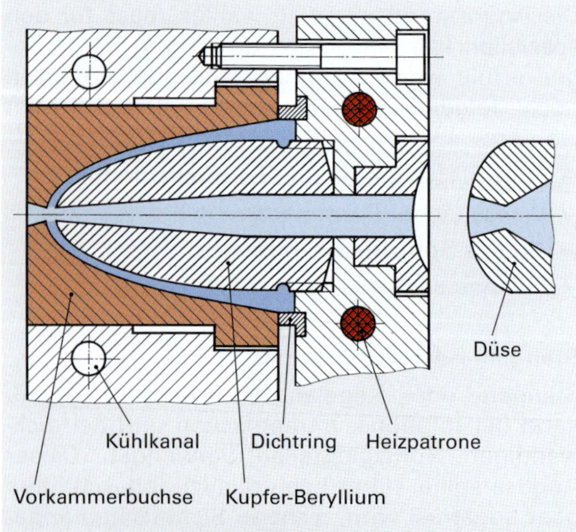

Bild 3: Vorkammer mit beheizter Kupfer-Beryllium-Spitze

2

Teller- und Scheibenanguss

Teller- und Scheibenangüsse werden für ringförmige Spritzgießteile vorgesehen **(Bild 1a)**. Würde man hier mit einem Punktanguss oder mit zwei Anbindungen arbeiten, so entstünde eine **Binde-** oder **Fließnaht (Bild 1b)**. Sie entsteht, wenn zwei Masseströme sich aufgrund vorzeitiger Abkühlung nicht mehr so gut miteinander verbinden. Je kälter die zusammentreffenden Masseströme sind, desto sichtbarer sind die Bindenähte und umso geringer ist die Festigkeit. Bindenähte entstehen auch, wenn sich Masseströme an einem Kern teilen und sich wieder miteinander verbinden müssen.

Diese Qualitätsminderung kann z. B. durch die Erhöhung der Werkzeugtemperatur teilweise reduziert werden. Mit einer Zykluszeiterhöhung ist zu rechnen.

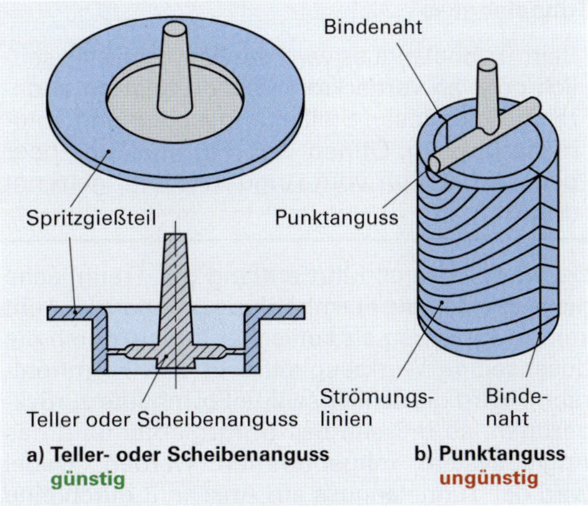

Bild 1: Teller- oder Scheibenanguss

Schirmanguss

Der Schirmanguss wird für rotationssymetrische Teile vorgesehen **(Bild 2a)**. Es können qualitativ hochwertige Formteile hergestellt werden. Nachteilig sind die teure Nacharbeit und die einseitige Kernlagerung. Nimmt man Druchbrüche am Schirmanguss in Kauf, so kann der Kern auch zweiseitig gelagert werden **(Bild 3)**.

Ringanguss

Muss bei rohrförmigen Spritzgießteilen der Kern im Werkzeug auf zwei Seiten gelagert werden, so ist ein Ringanguss zu verwenden **(Bild 2b)**.

Es lassen sich dadurch verhältnismäßig lange hülsenförmige Spritzgießteile mit gleichmäßiger Wanddicke herstellen.

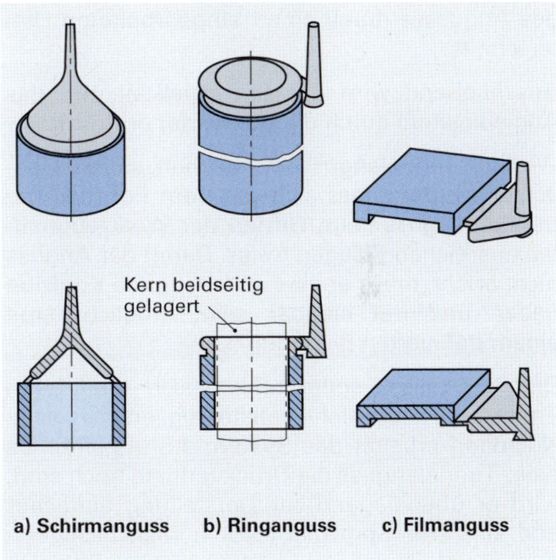

Bild 2: Weitere Angussarten

Film- oder Bandanguss

Flache Teile schneidet man zweckmäßigerweise über ein seitliches oder zentrales Band, dem Filmanguss, an. Dadurch lassen sich, wie bei einem Einzelpunktanguss, ungünstige Fließverhältnisse oder, wie bei Mehrfachpunktangüssen, störende Bindenähte vermeiden **(Bild 2c)**.

Ebenso lässt sich die Verzugsneigung durch gleichmäßigere Druckverhältnisse positiv beeinflussen. Eine weitere Anwendung ist deshalb die Herstellung optischer Formteile, wie durchsichtige Abdeckungen und optische Linsen.

Filmanschnitte erfordern eine Nacharbeit durch Abtrennen des Angusses.

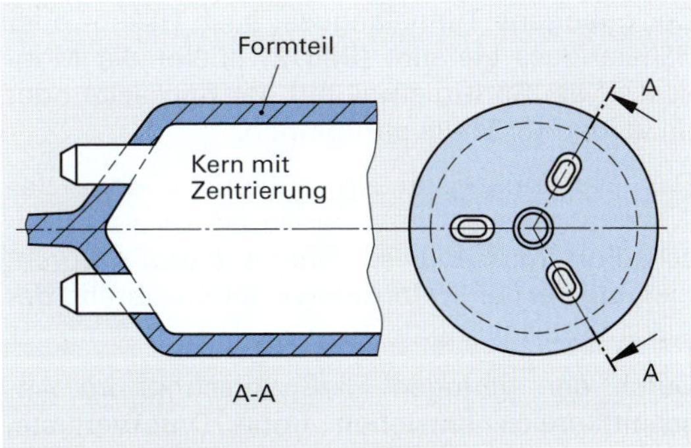

Bild 3: Schirmanguss mit zweiseitiger Kernlagerung

2

Tunnelanguss

Beim Tunnelanguss wird das Spritzgießteil seitlich oder an verdeckten Flächen oder an anderen problemlosen Stellen angespritzt und automatisch beim Öffnen der Formhälften, oder beim Ausstoßen vom Angusssystem, getrennt **(Bild 1)**.

Der Verteilerkanal führt entlang der Trennfläche nicht direkt in die Formhöhlung, sondern er geht kurz zuvor schräg als konischer Tunnel durch die düsenseitige Werkzeughälfte in den Formhohlraum. Wird die schließseitige Formhälfte zurückgezogen, so müssen das Spritzgießteil und das Angießsystem mitgenommen werden. Dabei wird der Tunnelanguss am Anschnitt durch eine Schneidkante abgeschert **(Bild 1)**.

Das Mitnehmen des Formteils muss durch Aufschrumpfen auf den Kern geschehen, und die des Angusses durch einen eingearbeiteten Hinterschnitt.

Anschließend wird das Spritzgießteil und das Angießsystem durch die Auswerfer entformt.

Wird ein Tunnelanguss vorgesehen, so muss beachtet werden, dass sich der vom Formteil getrennte Anguss beim Öffnen der Werkzeughälften ausreichend biegen muss. Damit der Anguss nicht bricht, muss er eine ausreichende Konizität haben und frei biegbar sein, möglichst mit einem definierten Biegepunkt.

Die Formmasse sollte zähelastisch oder beim Entformen noch nicht vollständig erstarrt sein. Nur dann arbeitet das System störungsfrei. Da beim Tunnelanguss die Druckverluste hoch sind, wird er überwiegend zur Herstellung einfacher und kleinerer Spritzgießteile in Mehrfachwerkzeugen verwendet.

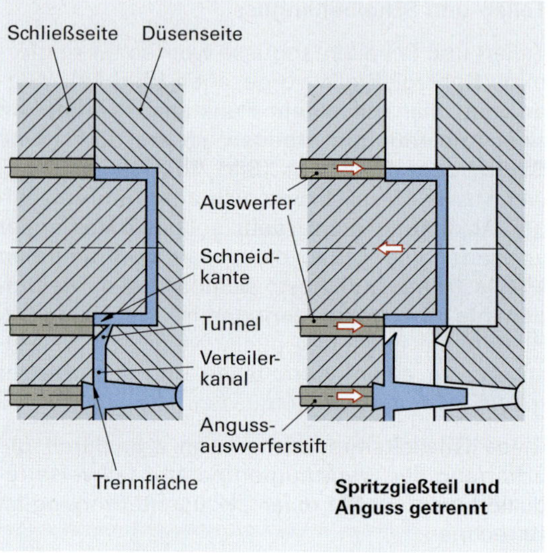

Bild 1: Tunnelanguss

Gebogener Tunnelanguss

Der gebogene Tunnelanguss, auch Haken- oder Säbelanguss genannt **(Bild 2)**, bietet die Möglichkeit ein Spritzgießteil auf der Rückseite oder an verdeckter Stelle anzubinden.

Das Entformungsprinzip entspricht dem des Tunnelangusses. Die Verwendung ist auf elastische Formmassen beschränkt. Die große Durchbiegung bei der Entformung erfolgt während der Ausstoßbewegung.

Durch den geringen Fließquerschnitt im Anschnittbereich entstehen hohe Druckverluste. Dadurch ist dieses Angusssystem nur für einfache Artikel verwendbar.

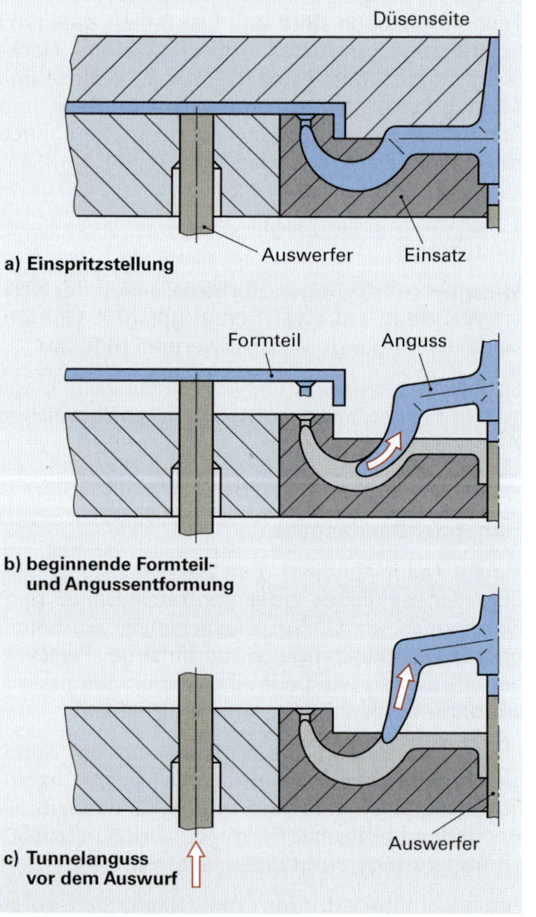

Bild 2: Gebogener Tunnelanguss

Angießmöglichkeiten für Mehrfachwerkzeuge

In einem Mehfachwerkzeug werden in einem Spritzvorgang mehrere Spritzgießteile gleichzeitig hergestellt. Liegen die Formhöhlungen, auch Formnester genannt, in der Trennfläche, so werden diese über Verteilerkanäle mit Schmelze versorgt **(Bild 1)**.

Liegen die Formhöhlungen zentrisch um den Mittelpunkt des Angusskegels, so nennt man das System der Verteilerkanäle **Verteilersterne**. Bei den Verteilersternen in **Bild 1a** sind die Fließwege der Formmassen gleich lang. Der Vorteil des Verteilersterns mit Ringkanal in **Bild 1b** liegt darin, dass die Gesamtlänge der Verteilerkanäle kürzer ist. Beim **Reihenanguss (Bild 2)** sind die Fließwege unterschiedlich lang, was zu einer geringeren Qualität des Spritzgießteiles führen kann. **Bild 2** zeigt ein Beispiel für eine ungleichmäßige Füllung der Formhohlräume. Diesen Nachteil kann man durch unterschiedliche Anschnittquerschnitte ausgleichen. Der Vorteil dieser Anordnung liegt in der größeren Anzahl der gleichzeitig herstellbaren Spritzgießteile.

Erstarrt das Spritzgießteil gleichzeitig mit dem Angusssystem und bleibt es nach dem Entformen mit diesem verbunden, so muss das Angusssystem nachträglich vom Spritzgießteil abgetrennt werden.

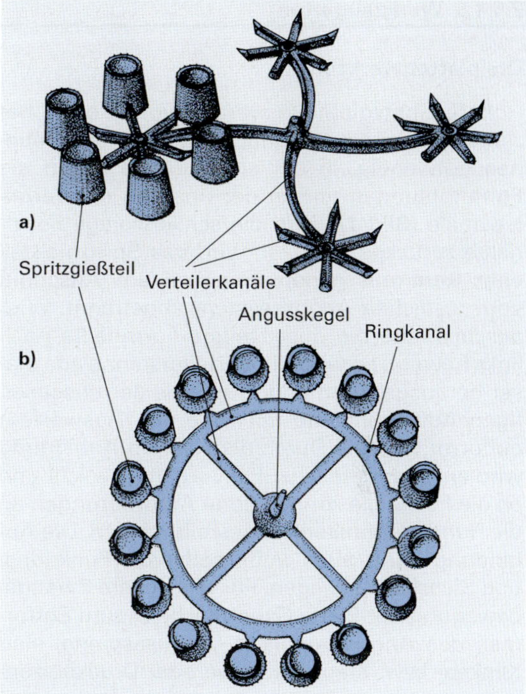

Bild 1: Verteilersterne

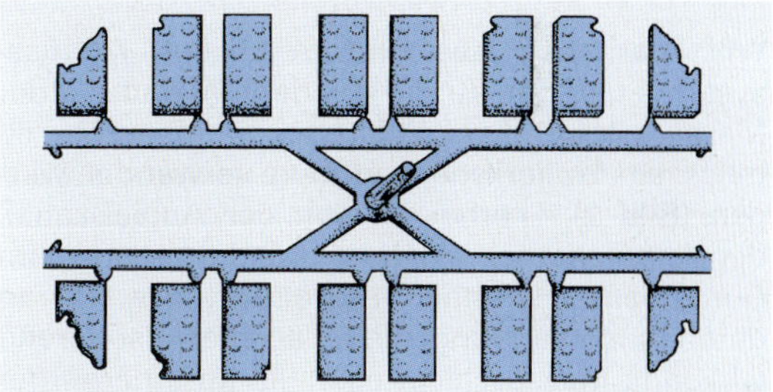

Bild 2: Reihenanguss

Verteilerkanal- und Anschnittform

Der Verteilerkanalquerschnitt sollte kreisrund sein, um bei größtem Querschnitt die kleinste Oberfläche und damit die geringste Abkühlungsmöglichkeit zu haben. Die Herstellung dieses Querschnittes ist teuer, weil er in beide Werkzeughälften eingearbeitet werden muss (**Bild 3**). Ein trapezförmiger Querschnitt ist dagegen nur in eine Formplatte einzuarbeiten.

Beim runden Anschnitt ist die Einarbeitung ebenfalls in beide Formhälften notwendig. Wird der rechteckige Querschnitt gewählt, so muss darauf geachtet werden, dass die Breite des Anschnittes ungefähr zwei Millimeter kleiner als der Verteilerkanaldurchmesser ist **(Bild 3)**.

Grundsätzlich ist der Anschnitt so zu legen und zu gestalten, dass nur heiße Formmasse vom Bereich der plastischen Seele in den Formhohlraum gelangen kann. Erkaltete Masseteilchen von der Verteilerkanalwandung müssen zurückgehalten werden. Mit der Lage des Anschnittes wird auch die Einspritzrichtung in den Formhohlraum gesteuert.

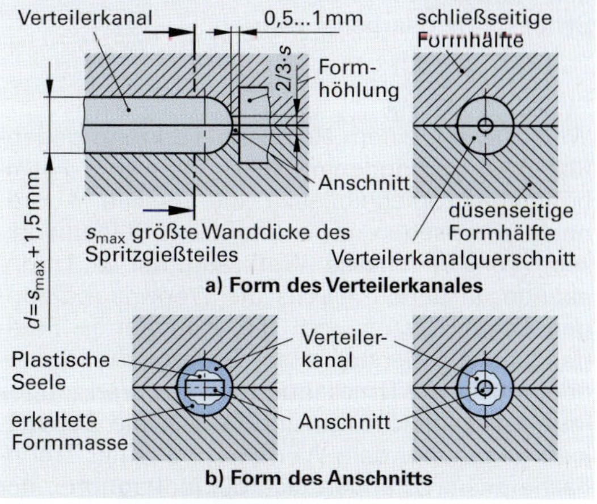

Bild 3: Verteilerkanal- und Anschnittform

2

2.5.4.3 Werkzeugarten

Dreiplattenwerkzeug

Höhere Spritzgießteile werden vom Boden her zentral angespritzt. Damit sind zwei **Trennebenen** notwendig. In der einen Ebene liegen die Formhöhlungen und in der anderen die Verteilerkanäle **(Bild 1)**. Wird die schließseitige Formhälfte zurückgezogen, so wird das Spritzgießteil vom Kern mit genommen und am Anschnitt vom restlichen Angusssystem abgetrennt. Wird anschließend die düsenseitige Formhälfte nach links bewegt, so wird die Verteilerspinne aus dieser herausgezogen und muss aus der düsenseitigen Aufspannplatte mit Hilfe von Auswerfern entformt werden. Durch die zentrale Anbindung wird ein symmetrischer Füllvorgang erreicht und an die Formteile können hohe Anforderungen an die Rundlaufgenauigkeit gestellt werden. Die Anbindung kann auch außerhalb von Funktions- und Sichtflächen liegen. Für die sichere Zwangsbewegung der Platte (Trennfläche 2) zum Entformen des Angussverteilers (Angussspinne) sind Klinken- bzw. Klauensysteme oder Druckbolzenarretierungen im Einsatz.

Isolierkanalwerkzeug

Will man sich das Entformen des Angusssystems und das für die Wiederverwendung der Masse notwendige Aufarbeiten einsparen, so muss ein Isolierkanalwerkzeug verwendet werden **(Bild 2)**. Hierbei werden der Angießkanal, der Verteilerkanal und die Verbindungskanäle im Durchmesser so stark vergrößert, dass sich an deren Innenwandungen eine erkaltete, isolierend wirkende Masseschicht einstellt. Im Inneren der Kanäle ist dann ständig ein plastischer Bereich vorhanden. Um das Erstarren des Materials in den Kanälen zu verhindern, muss mit rascher Schussfolge gearbeitet werden.

Etagenwerkzeug

Wird z.B. bei einem Heißkanalwerkzeug gegenüber den vorhandenen Anschnitten und Formhöhlungen spiegelbildlich die gleiche Anordnung vorgesehen, so entsteht ein Etagenwerkzeug **(Bild 3)**. Dieses Werkzeug hat 2 Trennebenen, in denen jeweils die Werkzeughöhlungen liegen. Dabei wird die Zahl der je Fertigungsablauf herstellbaren Spritzgießteile verdoppelt. Da der Druck innerhalb des Werkzeuges immer der gleiche ist, ändert sich die Zuhaltekraft gegenüber dem Werkzeug mit einer Trennfläche nicht. Es ändert sich die Einbauhöhe, der Öffnungsweg und das Spritzvolumen.

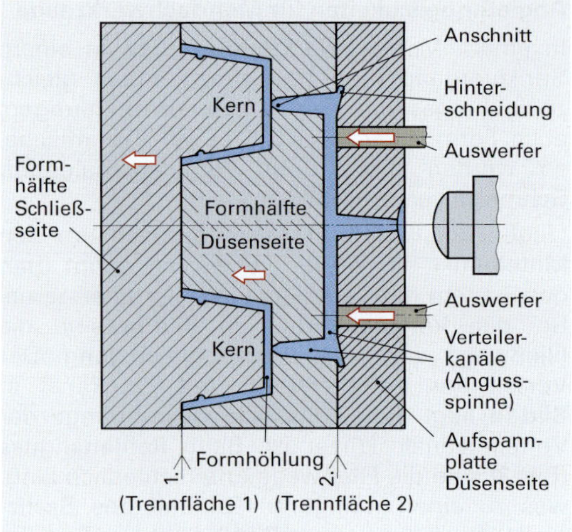

Bild 1: Dreiplattenwerkzeug

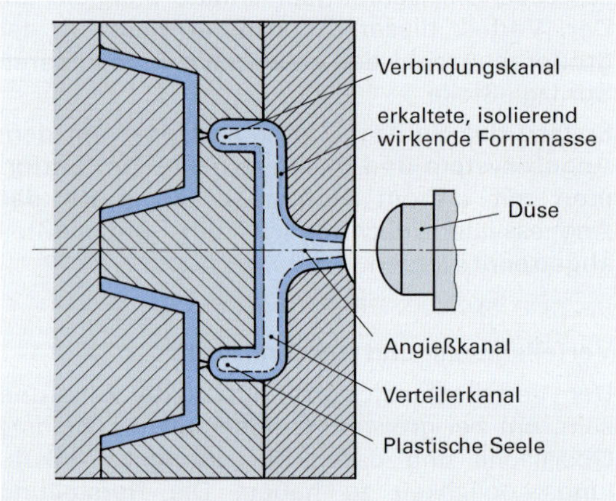

Bild 2: Isolierkanalwerkzeug

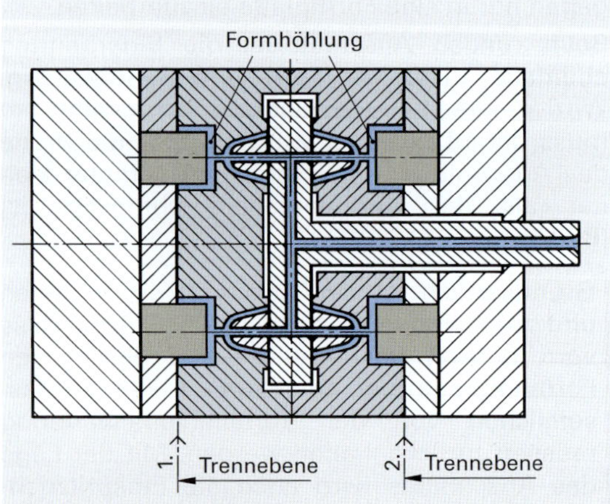

Bild 3: Etagenwerkzeug

Heißkanalsysteme

Im Heißkanalsystem **(Bild 1)** wird die in den Verteilerkanälen enthaltene Masse durch Heizpatronen oder/und Rohrheizkörper **(Bild 2)** ständig auf Schmelztemperatur gehalten **(vgl. Seite 332)**. Um einen Wärmeübergang vom Heißkanalbereich auf das wesentlich kühlere Werkzeug zu vermeiden, müssen die Kontaktflächen minimiert, ein isolierend wirkender Luftspalt sowie Reflektorbleche vorgesehen werden. Thermofühler in Verbindung mit einem Regelkreis sorgen für eine möglichst gleichmäßige Temperatur im Angießsystem.

Es werden außenbeheizte und innenbeheizte Heißkanalsysteme unterschieden.

Außenbeheizte Heißkanalsysteme transportieren Wärmeenergie von außen in den Verteilerkanal **(Bild 2a)**.

Innenbeheizte Heisskanalsysteme **(Bild 2b)** benutzen eine Heizpatrone, die im Verteilerkanal steckt und von schmelzflüssigem Material umgeben wird. Der Schmelzekanal besitzt in der äußeren Schicht, ähnlich dem Isolierkanalwerkzeug **(vgl. S.148 Bild 2)**, Kunststoffmaterial, das eine eigenisolierende Wirkung besitzt und benötigt somit weniger elektrische Energie.

Die **Vorteile** von Heißkanalwerkzeugen sind:

- Einsparung von Kunststoffmaterial
- keine Angussentsorgung, keine Aufbereitung
- Anspritzpunkte in großer Entfernung von der Plastifiziereinheit realisierbar (z. B. für Pkw-Stoßfänger)
- keine Nacharbeit zum Entfernen des Angusses
- Etagenwerkzeuge nur mit Heißkanalsystemen möglich

Damit keine Bindenahtmarkierungen durch Zusammenfließen der Teilströme sichtbar werden, kann mit Hilfe von Verschlussdüsen in einer sogenannten Kaskadenschaltung zeitlich versetzt eingespritzt werden.

Die **Nachteile** von Heißkanalwerkzeugen sind:

- höhere Energiekosten
- größere Werkzeugeinbauhöhe
- höhere Werkzeugkosten
- Farb- und Materialwechsel schwierig

Anwendung:

- Großserienwerkzeuge, große Losgrößen
- große Formteile mit mehreren Anspritzpunkten

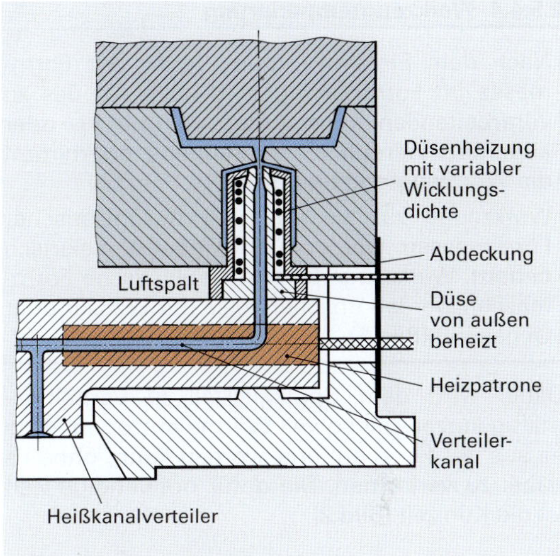

Bild 1: Heißkanalwerkzeug

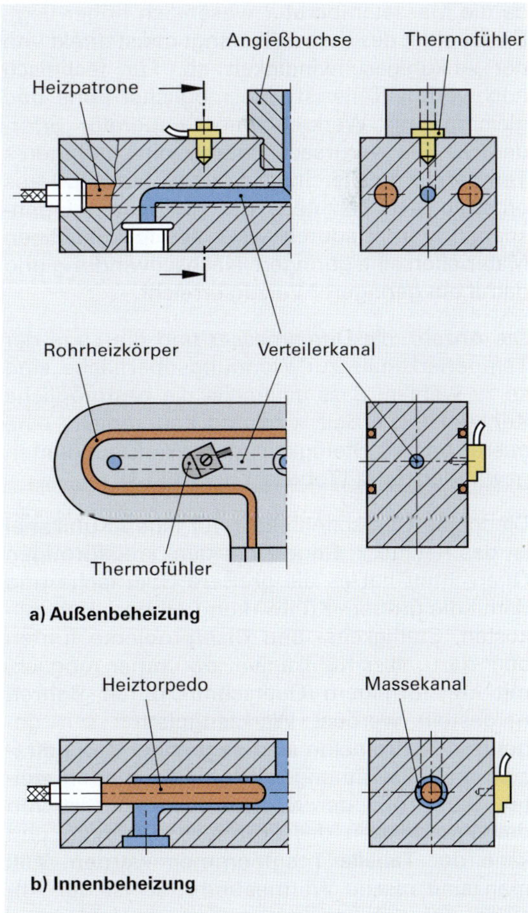

Bild 2: Heizelemente

2

2

2.5.4.4 Werkzeugtemperierung

Nach dem Einspritzvorgang muss der Formmasse im Formhohlraum, je nach Art des zu verarbeitenden Kunststoffes, Wärme zu- oder abgeführt werden. Diese Aufgabe übernimmt die Werkzeugtemperierung.

Werkzeuge zur Verarbeitung duroplastischer Formmassen werden überwiegend elektrisch beheizt. Werkzeuge für thermoplastische Formmassen werden üblicherweise mit Wasser oder Öl gekühlt **(Bild 1)**.

Dabei wird dem Spritzgießteil in verhältnismäßig kurzer Zeit so viel Wärme entzogen, dass es aus der Form entfernt werden kann, ohne es dabei zu verformen. Die dafür notwendige Zeit ist die Kühlzeit **(Bild 2)**.

Prinzipiell kann bei der Verarbeitung thermoplastischer Formmassen vom Kühlen des Formteils gesprochen werden, auch wenn das Temperiermedium eine Temperatur von z. B. 130 °C besitzt, da die Massetemperatur wesentlich höher liegt. Die Qualität des Formteils hängt meist direkt von der Abkühlgeschwindigkeit ab. Für technisch hochwertige Teile ist eine möglichst hohe und gleichmäßige Werkzeugwandtemperatur erforderlich. Sie verursacht durch ein geringeres Temperaturgefälle eine längere Kühlzeit. Daraus ergeben sich Formteile mit geringeren Eigenspannungen. Dadurch wird bei teilkristallinen Materialien eine geringere Nachschwindung und damit ein geringerer Verzug erreicht.

Die Anzahl, die Durchmesser und die Lage der Temperierkanäle zur Wandungsoberfläche sind so zu wählen, dass einerseits die bestmögliche Kühlwirkung erzielt wird und andererseits eine ausreichende Steifigkeit der Werkzeugplatten gewährleistet ist **(Tabelle 1** und **Bild 3)**.

Die ideale Querschnittsform für einen Kühlkanal ist das Rechteck. Gegenüber dem kreisförmigen Querschnitt hat es die größere Oberfläche und damit die größere Kühlwirkung. Höhere Herstellkosten, Steifigkeits- und Dichtprobleme führen aber dazu, dass Kühlkanäle, wo immer möglich, mit kreisförmigem Querschnitt durch Bohren hergestellt werden. Werkzeugplatten mit gebohrten Kühlkanälen sind gegenüber den gefrästen und zusammengesetzten Formplatten steifer. Die Größe der Kanaldurchmesser ist von den Wanddicken des Formteils abhängig und kann der **Tabelle 1** entnommen werden. Will man eine rasche Wärmeabfuhr, so ist der Abstand der Kühlkanäle zum Formnest klein zu wählen.

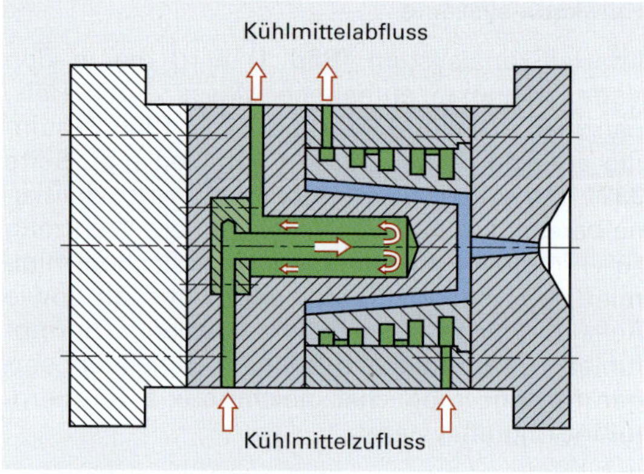

Bild 1: Werkzeugtemperierung

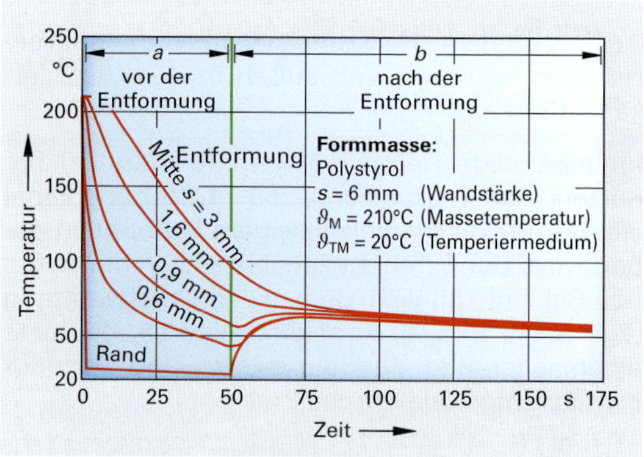

Bild 2: Temperaturverlauf im Formteil

Tabelle 1: Kühlkanaldurchmesser *d*

Wanddicke des Spritzgießteiles in mm	Durchmesser *d* in mm
2	8 ... 10
4	10 ... 12
6	12 ... 15

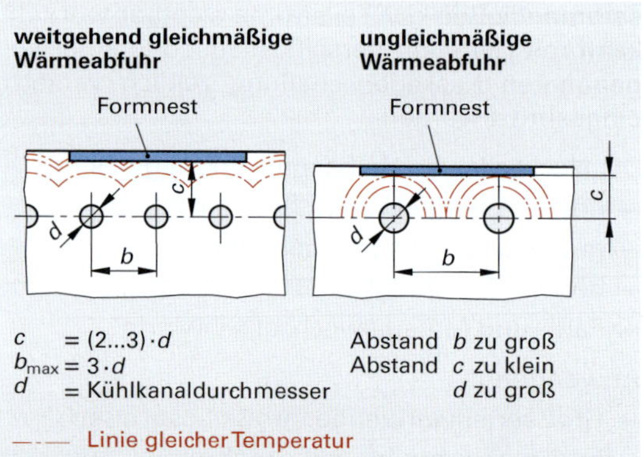

Bild 3: Abstand der Kühlkanäle

Wird ein größerer Abstand gewählt und haben die Kanäle gleichzeitig kleinere Abstände zueinander, so erreicht man eine gleichmäßige Kühlung der Formnestoberfläche **(Bild 3, Seite 150)**.

Der Temperaturunterschied des Kühlmediums zwischen Vor- und Rücklauf sollte 3° bis 5 °C nicht überschreiten. Kühlkanäle können in serieller oder paralleler Anordnung ausgeführt werden.

Serielle Anordnung

Bei der Reihenschaltung der Kühlkanäle fließt das Kühlmedium mehrfach am heißen Formteil vorbei und nimmt jedesmal einen Teil der Wärme auf **(Bild 1a)**. Durch die große Fließlänge wird oben genannter Grundsatz nicht erfüllt. Hier kann durch Aufteilung in mehrere Einzelkreisläufe Abhilfe geschaffen werden. Der gesamte Durchflusswiderstand steigt proportional zur Kühlkanallänge. Es ist zu prüfen, ob der zur Verfügung stehende Druck eine ausreichende Wärmeabfuhr durch die entsprechende Durchflussmenge gewährleistet.

Parallele Anordnung

Bei der Parallelschaltung von Kühlkreisläufen wird in der Regel eine gleichmäßige Temperierung erreicht **(Bild 1b)**. Dabei sollten alle Kühlkanäle den selben Durchflusswiderstand aufweisen. Durch einen höheren Durchflusswiderstand in nur einem der Kanäle kann sich dieser durch Korrosion und sonstigen Ablagerungen sehr schnell ganz zusetzen, ohne dass dies während der Produktion bemerkt wird.

Das Kühlmedium sollte mit seiner niedrigsten Temperatur in die Nähe der höchsten Massetemperatur gebracht werden **(Bild 2)**.

In der Regel kann Wasser bis ca. 120 °C als Temperiermedium eingesetzt werden. Bei höheren Temperaturen muss Öl auf Grund der höheren Siedetemperatur verwendet werden.

Konturnahe Kühlung

Bei konturnahen Kühlkreisläufen **(Bild 3)** werden die Kühlkanäle dem Temperaturbedarf optimal angepasst. Die Kühlkanäle können in geringem Abstand zur Formkontur geführt werden und der Kontur in gleichmäßigem Abstand folgen. Dadurch kann das Formnest gleichmäßiger gekühlt werden und eine höhere Bauteilqualität, kürzere Zykluszeiten und ein besseres Fließverhalten erreicht werden.

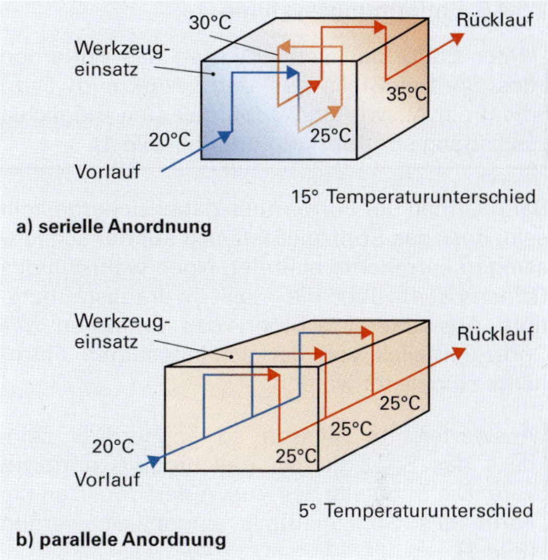

Bild 1: Kühlkreisläufe

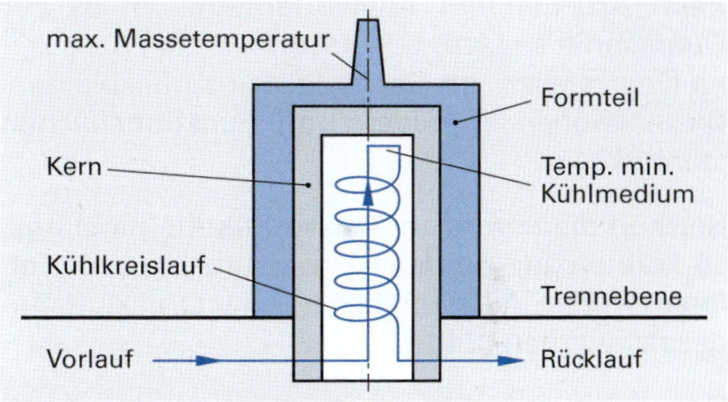

Bild 2: Kern-Kühlkreislauf

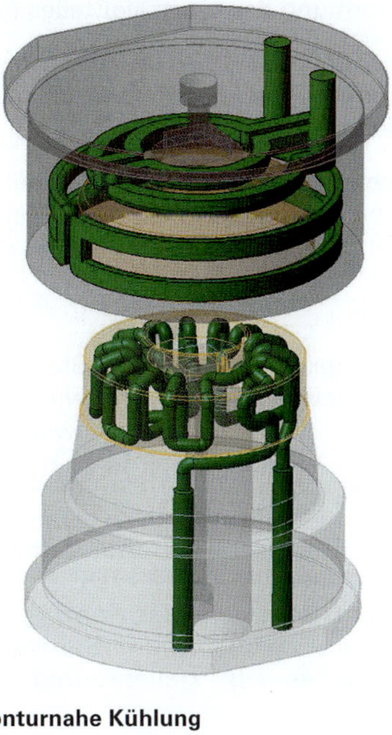

Bild 3: Konturnahe Kühlung

2

2

2.5.4.5 Entformungssysteme

Unter Entformen versteht man das Entfernen des Spritzgießteils aus dem Werkzeug. Dazu dient ein Auswerfersystem, das eine möglichst selbsttätige Entformung erlaubt **(Bild 1)**.

Beim Öffnen der Form muss dabei sichergestellt sein, dass das Spritzgießteil sich auf der schließseitigen Formhälfte befindet. Noch während des Öffnens kann über die meist hydraulisch betätigte Auswerfereinrichtung das Entfernen des Spritzgießteiles von der schließseitigen Formhälfte eingeleitet werden.

Auswerferstifte müssen so angeordnet sein, dass das Spritzgießteil gleichmäßig entformt wird. Die Stirnseite des Auswerfers muss an die Form des Spritzgießteils angepasst werden **(Bild 1)**.

Beim Arbeiten mit Auswerferstiften muss der Querschnitt so groß bemessen werden, dass keine Druckstellen am Spritzgießteil zurückbleiben. Diese können an Sicht- und Funktionsflächen störend sein.

Reichen die normalen Auswerferstifte nicht aus, so können zur weiteren Unterstützung z. B. Tellerauswerfer, Auswerferringe oder Druckluft eingesetzt werden **(Bild 2)**.

Druckluft wird überwiegend dann eingesetzt, wenn die Gefahr einer Vakuumbildung zwischen Kern und Spritzgießteil besteht. Diese könnte zu einer Verformung des Spritzgießteiles führen.

Außerdem vollendet die Druckluft das Entformen, da ja der Auswerfer nur einen begrenzten Hub ausführt.

Soll gleichzeitig mit dem Spritzgießteil die Verteilerspinne entformt werden, so können z. B. Angießziehbuchse und Angussauswerferstift **(Bild 1)** oder ein Angussziehstift **(Bild 3)** vorgesehen werden.

Damit sichergestellt ist, dass der Stangenanguss aus der Angießbuchse entformt wird, bekommt die Bohrung für den Angussauswerferstift gegenüber der Angießbuchse eine Hinterschneidung **(Bild 1)**.

Sollen die Spritzgießteile und Verteilerspinne nach dem Ausstoßvorgang nicht frei abfallen, sondern von Hand aus der Form genommen werden, so wird die Stirnseite des Angießziehstiftes z. B. krallenförmig abgesetzt **(Bild 3)**.

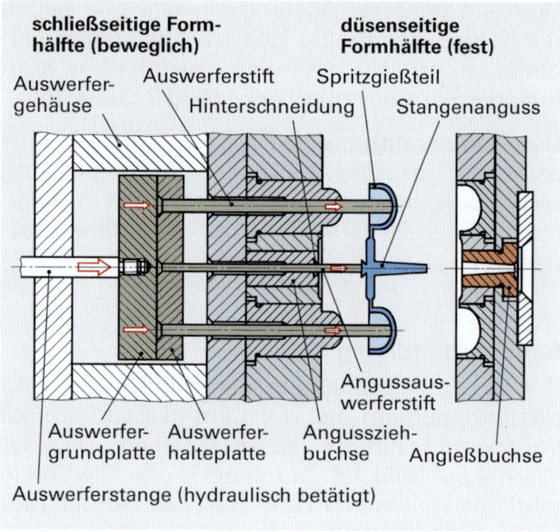

Bild 1: Auswerfersystem

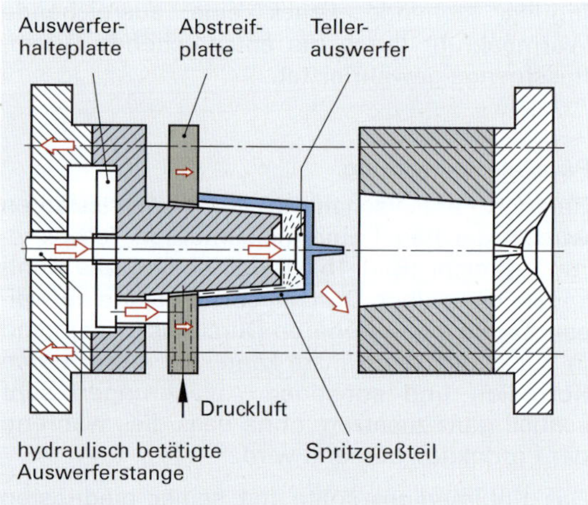

Bild 2: Weitere Auswerferelemente

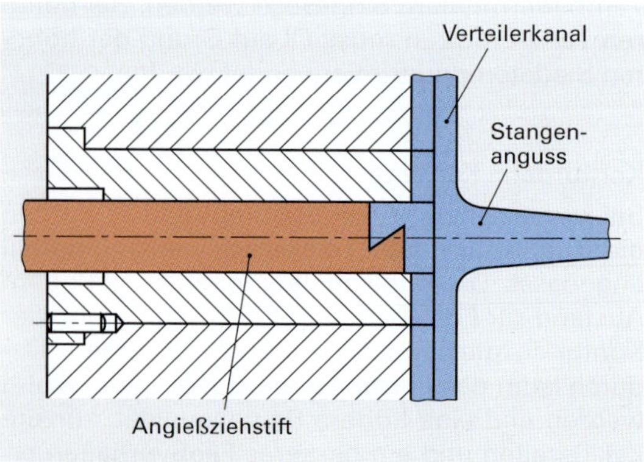

Bild 3: Angießziehstift

Entformen bei Hinterschneidungen

Befinden sich Hinterschneidungen an der Innen- bzw. an der Außenfläche des Werkstückes, so müssen Schieber, Kerne oder Backen verwendet werden, um eine Entformung zu ermöglichen.

Entformungselemente für äußere Hinterschneidungen

Bei äußeren Hinterschneidungen handelt es sich um Rippen, Stege, Durchbrüche, Grundlöcher oder Gewinde, die sich mit Hilfe von Schiebern und Backen entformen lassen.

Schieber finden Verwendung, wenn nur an einer oder an wenigen Stellen am Umfang des Spritzgießteiles eine Hinterschneidung vorgesehen ist. Durch die Schrägstellung des Bolzens wird beim Öffnen der Formplatte an der Schließseite der Schieber nach oben bewegt. Der Schieber ist frei und das Werkstück kann entformt werden **(Bild 1)**.

Backen werden verwendet, wenn sich am **ganzen Umfang** des Spritzgießteiles Hinterschneidungen befinden. Liegt die Außenkontur des Spritzgießteils **ganz** im Schieber, so nennt man dies ein Backenwerkzeug **(Bild 2)**, siehe auch **Seite 334**.

Geführt werden die Schieber und Backen in Schwalbenschwanz- oder Flachführungen.

Beim Entformen sehr tiefer Hinterschnitte werden hydraulisch betätigte Kernzüge eingesetzt.

Beispiel: Der Neigungswinkel der Schrägbolzen (α_B) beträgt in der Regel zwischen 15° bis 30°, wobei die Berührungsfläche (Druckleiste mit dem Schieber, sog. Schließfläche) eine um 1° bis 3° größere Neigung aufweist.

Die Höhe der Hinterschneidung (Bild 1) beträgt $h = 20$ mm.

Der Schrägbolzenwinkel des Schiebers beträgt $\alpha_B = 18°$.

Wie groß muss der Öffnungsweg $l_ö$ des Werkzeugs, Bild 1, mindestens sein ?

Lösung: $\tan \alpha = \frac{h}{l_ö}$

$$l_ö = \frac{h}{\tan \alpha} = \frac{20\ \text{mm}}{\tan 18°} = \mathbf{61{,}6\ mm}$$

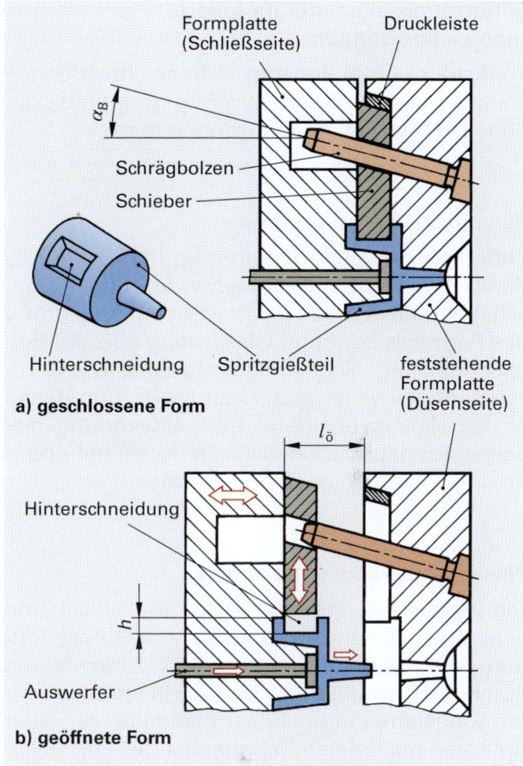

Bild 1: Schieberwerkzeug mit Schrägbolzen

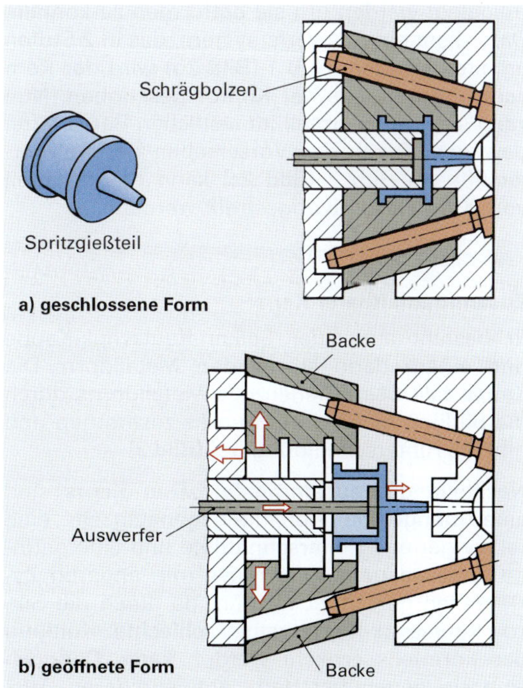

Bild 2: Entformen mit Backenwerkzeug

2

Entformungselemente für innere Hinterschneidungen

Werkstücke mit **inneren** Hinterschneidungen können mit einer Drehbewegung (Rotation) oder ohne Drehbewegung entformt werden.

Bewegliche Kernsegmente

Entformt man ohne Drehbewegung, kann dies durch **bewegliche Kernsegmente (Bild 1)** geschehen. Dabei wird eine gewisse Mindestgröße des Formteils benötigt. Gleichzeitig darf die Hinterschneidung nicht umlaufend sein. Die Kernsegmente bewegen sich nach Innen, und geben so die Hinterschneidung frei. Anwendungsbeispiele: Schnappdeckel, Schraubdeckel mit unterbrochenem Innengewinde für Dosen.

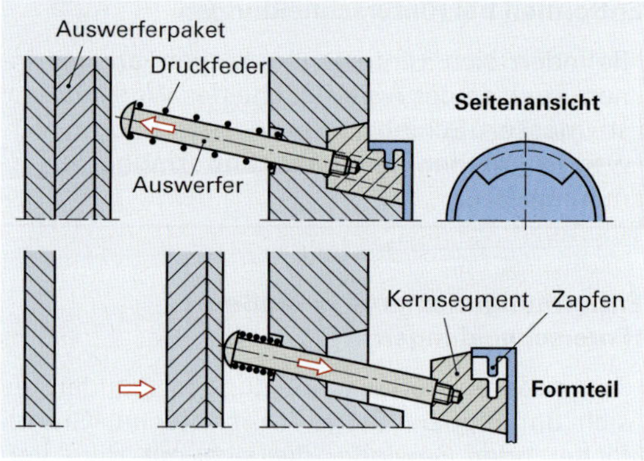

Bild 1: Entformen mit beweglichen Kernsegmenten

Elastische Zwangsentformung

Die Voraussetzungen für diese Möglichkeit sind eine entsprechende Elastizität des Kunststoffmaterials, sowie eine geringe Kerbwirkung durch die Formgebung **(Bild 2).** Eine höhere Entformungstemperatur führt ebenfalls zu einer größeren maximalen Dehnbarkeit des Formteils.

Das Formteil kann nach dem Öffnen des Werkzeuges **(Bild 2a)** noch nicht entformt werden. Die Hinterschneidung im Formteil muss zuerst noch freigelegt werden um sie entformen zu können. Dazu dient ein Auswerfersystem, das in 2 Stufen arbeitet. Mit dem Hub 1 **(Bild 2b)** wird der Kern samt Formteil aus der Kontur geschoben. Nun kann sich das Formteil im seitlichen Bereich frei bewegen. Durch das Vorschieben der Auswerferstifte im Hub 2 **(Bild 2c)** kann das Formteil vom Kern elastisch abgestreift werden.

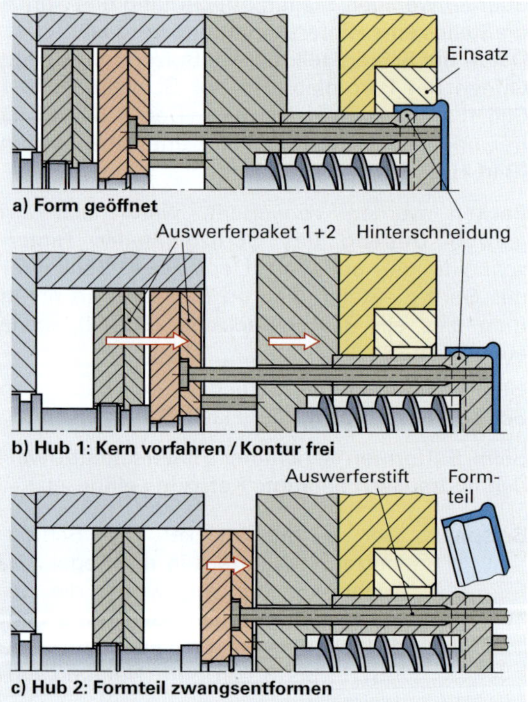

Bild 2: Entformen durch Zwangsentformung

Zusammenfaltbarer Kern

Er besteht aus einer Silikon-Kautschuk-Kappe und einem darin steckenden Metalldorn. Die Kappe fällt beim Ziehen des Metalldorns durch die Bildung eines Unterdruckes zusammen und gibt die Hinterschneidung frei **(Bild 3).**

Nachteile des **zusammenfaltbaren Kerns** sind eine mangelnde Abbildungsgenauigkeit, eine relativ geringe Hinterschnitttiefe und eine geringe Lebensdauer. Auch muss mit längeren Zykluszeiten gerechnet werden, da durch die Silikon-Kautschuk-Kappe eine schlechte Kühlung des Formteils erreicht werden kann. Dennoch sind sie gegenüber den aufwendigeren Ausschraubvorrichtungen kostengünstiger.

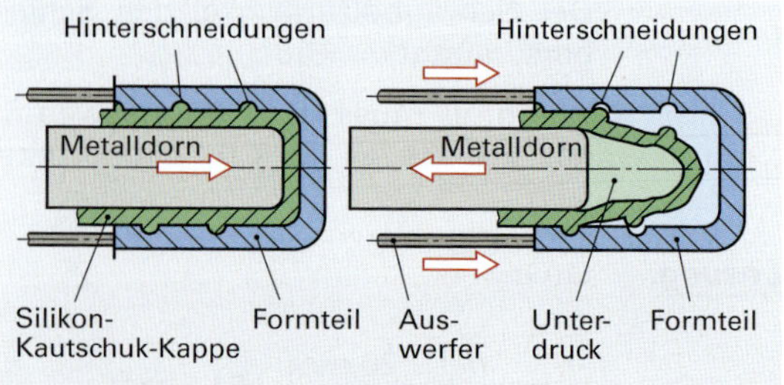

Bild 3: Entformen durch Faltkern

Entformung durch Rotation des Formteils

Innere Hinterschneidungen in Form von Gewinden können durch eine Rotation des Formteils **(Bild 1)**, oder durch Drehen des Kerns **(Bild 2)** entformt werden **(Bild Seite 332)**. In **Bild 1a** wird ein Antrieb eingeschwenkt, welcher mit einem Reibrad das Formteil vom Kern dreht. Hierbei wird meist mit einem kontinuierlich laufenden Reibrad gearbeitet. Beim Auftreffen des Reibrades kann es allerdings zu Abrieb kommen, welcher Spuren auf dem Formteil hinterlassen kann.

In **Bild 1b** wird ein Ausschraubkopf über das Formteil gestülpt. Die Längsrillen dienen hier als formschlüssige Mitnehmer.

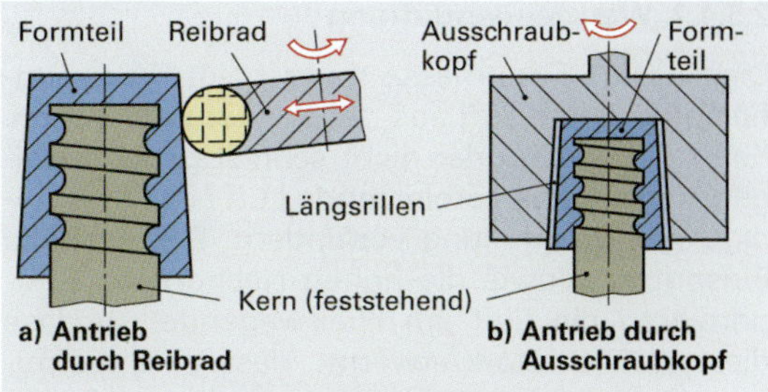

Bild 1: Entformung durch Rotation des Formteils

Entformung durch Rotation des Kerns

Die Entformung durch eine Drehbewegung des Kerns setzt eine Mitdrehsicherung im Formteil voraus. Diese kann in Gestalt eines kleinen Stiftes, welcher in das Formteil hinein ragt erfolgen **(Bild 2)**. Bei der Ausführung in Bild 2 muss sich der Kern in nur einer Richtung drehen können, da die gefederte Platte das Formteil nach vorne schiebt.

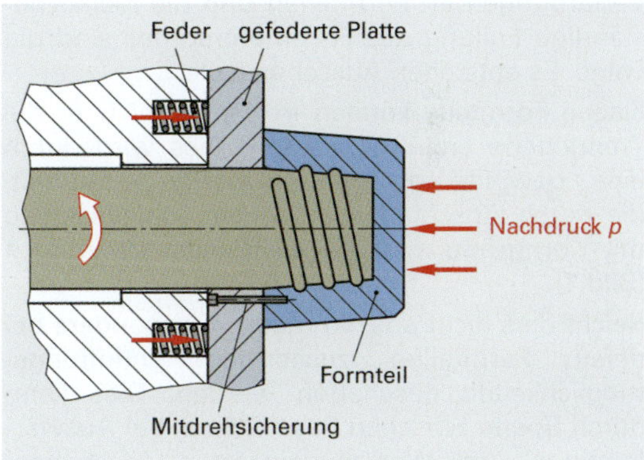

Bild 2: Entformung durch Rotation des Kerns

2.5.4.6 Kernversatz

Grundlochbohrungen und Nuten in Werkstücken erfordern einseitig gelagerte Kerne im Werkzeug.

Durch die hohen Einspritzdrücke können selbst größere Kerne, wie sie bei becher- und hülsenartigen Formteilen vorzusehen sind, verformt werden. Speziell beim Anspritzen kommt es durch die Strömung beim Füllvorgang zu seitlichen Belastungen des Kerns. Unterschiedliche Wandstärken und Entformungsprobleme sind die Folge.

Bei **einseitiger Kernlagerung** sollte der Lochdurchmesser möglichst größer als 1 mm sein. Erfahrungswerte ergeben, dass eine Grundloch-, bzw. Nuttiefe von $l \approx 5 \cdot d$ nicht überschritten werden darf **(Bild 3)**.

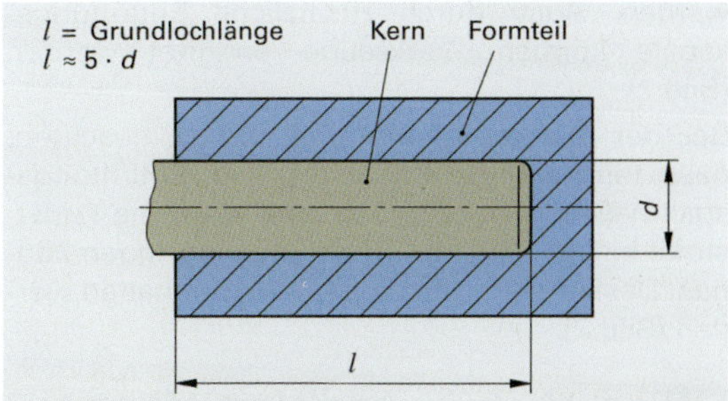

Bild 3: einseitige Kernlagerung

Lässt sich eine einseitige Kernlagerung nicht verwirklichen, sollte eine **zweiseitige Kernlagerung** verwendet werden. Hierbei lassen sich Durchgangslöcher-, bzw. Nuttiefen im Verhältnis $l \approx 10 \cdot d$ bis $15 \cdot d$ verwirklichen **(Bild 4)**.

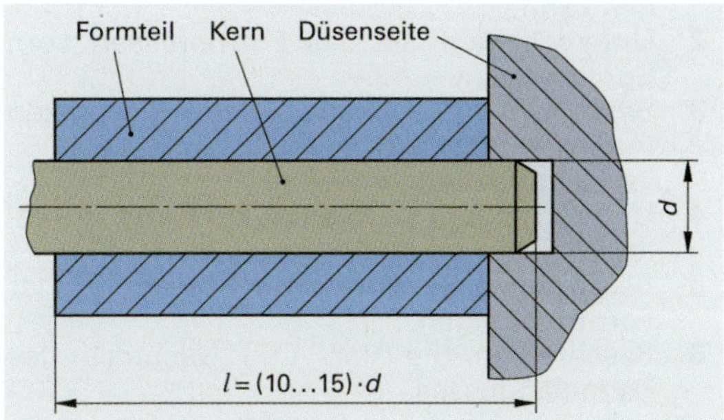

Bild 4: zweiseitige Kernlagerung

Beispiel 1: Ein freistehender Stift mit einem Durchmesser von d = 10 mm sollte nicht länger als 50 mm sein.

Beispiel 2: Ein Durchgangsloch mit einem Durchmesser von 4 mm sollte bei zweiseitiger Kernlagerung nicht länger als $l = 15 \cdot 4 = 60$ mm sein.

2

2

2.5.4.7 Werkzeugentlüftung

Die flüssige Formmasse muss beim Werkzeugfüllvorgang die Luft aus der Kavität verdrängen. Kann dies nicht oder nicht schnell genug erfolgen, so kann die verbleibende Luft eine vollständige Werkzeugfüllung verhindern. Das schnelle Einspritzen, sowie die hohen Nachdrücke komprimieren die Luft am Fließwegende, so dass diese sich so stark erwärmt, dass eine thermische Schädigung der thermoplastischen Formmasse auftritt. Diese „Brenner" am Formteil entstehen durch den sogenannten **Dieseleffekt**[1]. Verfärbungen an Formteilen und die nicht vollständige Füllung des Formhohlraumes sind die Folge. Es entstehen Ausschussteile.

Flache Formteile können in der Regel über die Trennebene entlüftet werden. Dies wird durch eine gewollte gerichtete Oberflächenrauheit, die durch Anschleifen mit einer Schleifscheibe mit Korngröße < F24 erreicht wird, unterstützt **(Bild 1)**.

Reicht dies nicht aus, so müssen, besonders bei tiefen Formteilen zusätzliche Entlüftungsmöglichkeiten geschaffen werden. Dies kann durch Spalte zwischen Passflächen, bei Auswerferstiften und Werkzeugeinsätzen geschehen. Wenn an diesen Stellen keine Passflächen vorhanden sind, können auch spezielle Sintermetallplättchen, oder Lamellenpakete eingesetzt werden. Auch durch zusätzliche Entlüftungskanäle können Werkzeuge entlüftet werden **(Bild 2)**.

Bei der Werkzeugentlüftung ist zu beachten, dass teilkristalline Kunststoffe in Entlüftungsspaltmaße bis zu ca. 0,015 mm, amorphe Kunststoffe bis ca. 0,03 mm Spalttiefe eindringen können. Deshalb müssen diese kleiner gehalten werden **(Bild 2)**.

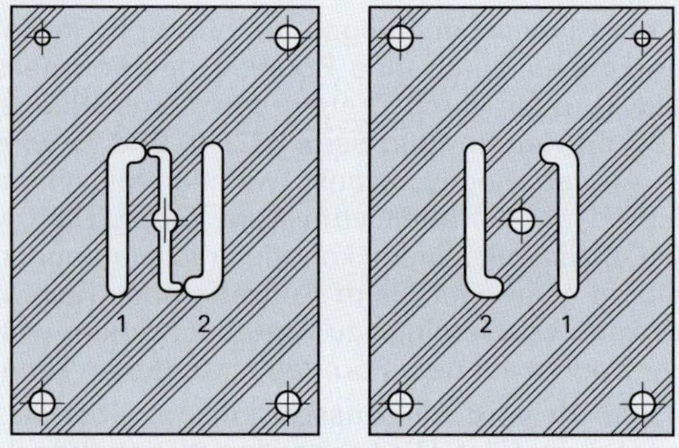

Bild 1: Werkzeugentlüftung durch Schliffstruktur in der Trennebene

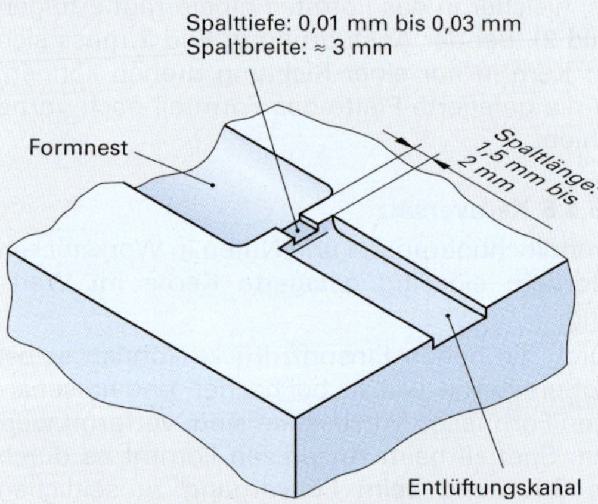

Bild 2: Werkzeugentlüftung über einen zusätzlichen Kanal

Wiederholung und Vertiefung

1 Erläutern Sie warum die umgekehrte Füllraumform bei Presswerkzeugen nicht mit pulverförmigen Werkstoffen beschickt werden kann.

2 Unterscheiden Sie das Formpressen vom Spritzpressen.

3 Beschreiben Sie weshalb beim Einspritzen in die Trennebene keine Düsen mit Radius verwendet werden dürfen.

4 Unterscheiden Sie Schließkraft und Zuhaltekraft.

5 Beschreiben Sie ein Angusssystem für vier Formhöhlungen.

6 Beschreiben Sie Vor- und Nachteile des Tunnelangusses.

7 Unterscheiden Sie den außenbeheizten und den innenbeheizten Heißkanal.

8 Begründen Sie die Notwendigkeit der parallelen Anordnung bei Kühlkreisläufen.

9 Unterscheiden Sie das Entformen äußerer Hinterschneidungen mit Schieber und mit Backen.

10 Beschreiben Sie verschiedene Entformungssysteme für innere Hinterschneidungen (Innengewinde).

11 Erläutern Sie, warum bei mangelnder Entlüftung eine thermische Schädigung der thermoplastischen Formmasse entstehen kann.

[1] Wie beim Dieselmotor: Hohe Verdichtung der Luft, Temperaturen bis 900 °C

2.5.5 Gießformen aus Normalien

Normalien sind Bauelemente oder Baugruppen, die in ihren Abmessungen vereinheitlicht sind und in Serie gefertigt werden **(Bild 1)**.

Da fast alle Gießformen aus den gleichen Grundelementen bestehen, hat sich eine Vereinheitlichung dieser Elemente angeboten.

Es handelt sich hierbei um Normteile, die nach DIN oder anderen Normen (z. B. Werksnormen) festgelegt sind **(Bild 2)**. Durch die Verwendung von Normalien ergeben sich folgende **Vorteile:**

- Bauelemente sind aufeinander abgestimmt
- Einsparung von Konstruktionsarbeit
- Senkung der Herstellkosten der Form
- Verringerung des Kalkulationsaufwands

Der Werkzeugbaubetrieb greift bei der Auswahl der Normalien entweder auf fertig montierte Formen, sogenannte Stammformen, zurück, oder er stellt sich für seinen speziellen Bedarf aus den verschiedenen Bauelementen einen Formaufbau zusammen.

Für die Konstruktion und Kalkulation stellen die Normalienhersteller entsprechende Software zur Verfügung. Mit dieser kann die Auswahl der Elemente und deren Bestellung rechnergestützt am Bildschirm erfolgen **(Bild 1)**. Die wichtigsten als Normalien verwendeten Bauelemente bzw. Baugruppen werden im folgenden beschrieben.

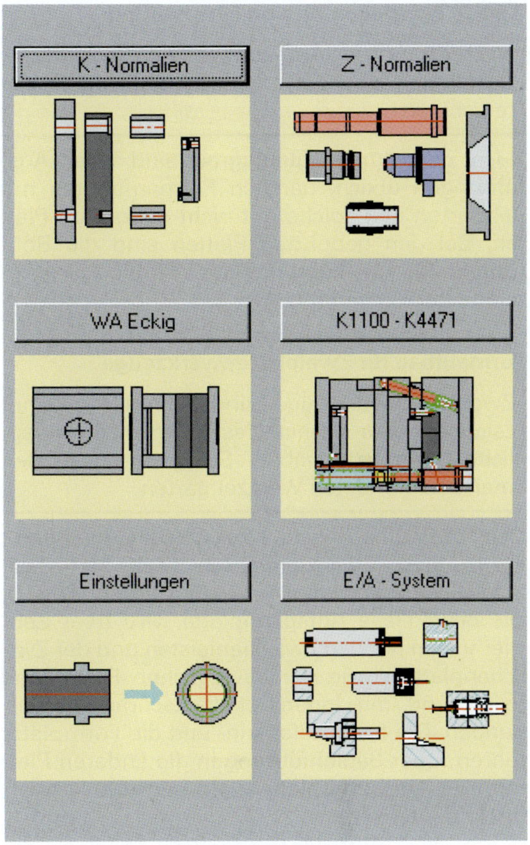

Bild 1: CAD-Normalienkatalog für Gießformen

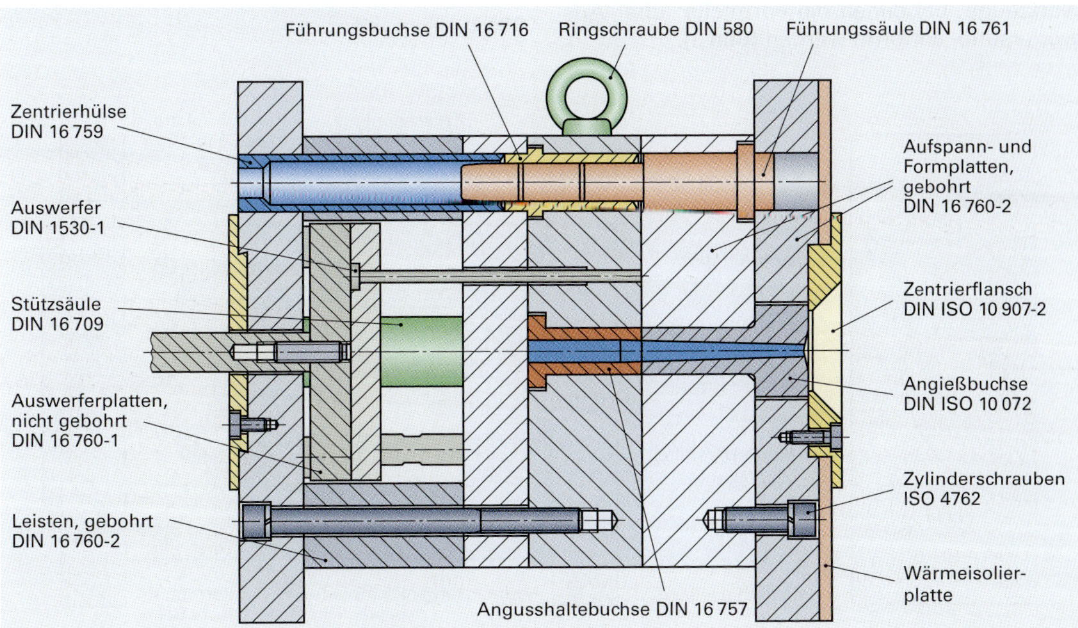

Bild 2: DIN/ISO-Normen für Formbauelemente

2

2

2.5.5.1 Normalien für den Formaufbau

Nach der Art des Aufbaus werden Zweiplatten-, Dreiplatten- und Backenwerkzeugnormalien unterschieden.

Nach dem Vorfertigungsgrad sind zwei Ausführungen üblich, nämlich Formaufbauten mit gebohrten und solche mit nicht gebohrten Platten. Bei den gebohrten Platten sind die Bohrungen für die Führungs-und Verbindungselemente bereits gebohrt.

Formaufbau für Zweiplattenwerkzeuge

Zweiplattenwerkzeuge sind dadurch gekennzeichnet, dass sie eine feste und eine bewegliche Formplatte haben. Sie gehören zu den meist verwendeten Werkzeugarten.

Der Formaufbau besteht neben den Aufspann-, Form- und Zwischenplatten aus den Zwischenleisten und den Auswerferplatten **(Bild 1)**. Die bewegliche Aufspannplatte wird über Zentrierhülsen mit den Zwischenleisten und der Zwischenplatte sowie der beweglichen Formplatte fixiert und mit Innensechskantschrauben verbunden. Die feste Aufspann- und die Formplatte führen über Säulenführungen die anderen Platten. Die Auswerferplatten nehmen die Auswerferelemente auf.

Dieser Formaufbau kommt zur **Anwendung** bei Formteilen, die einfach zu entformen sind **(Bild 2)**. Er eignet sich für Einfach- und Mehrfachwerkzeuge, bei denen die Formteile über Auswerferstifte entformt werden **(Bild 3)**.

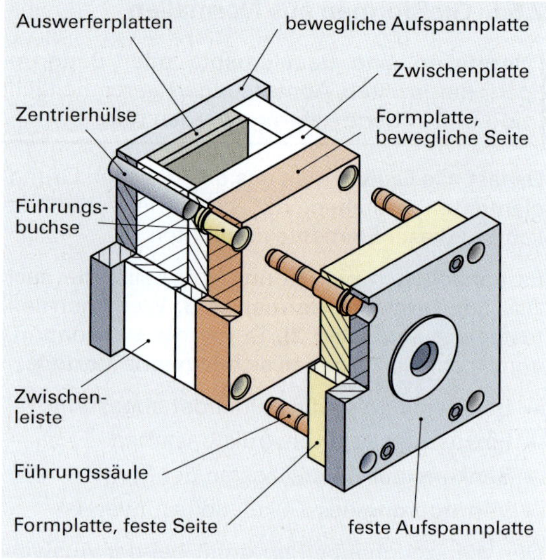

Bild 1: Aufbau Zweiplattenwerkzeug

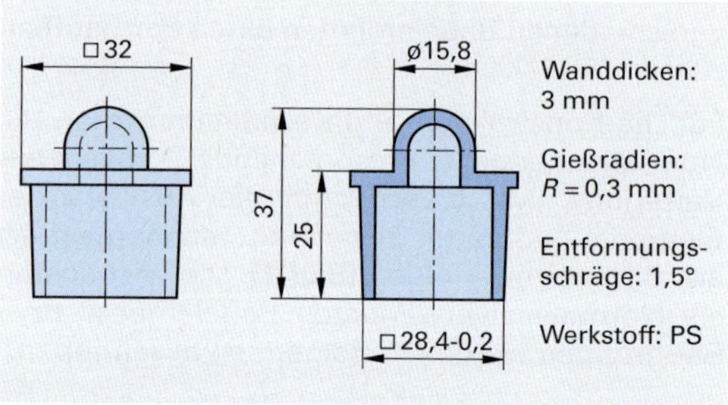

Bild 2: Lagerzapfen

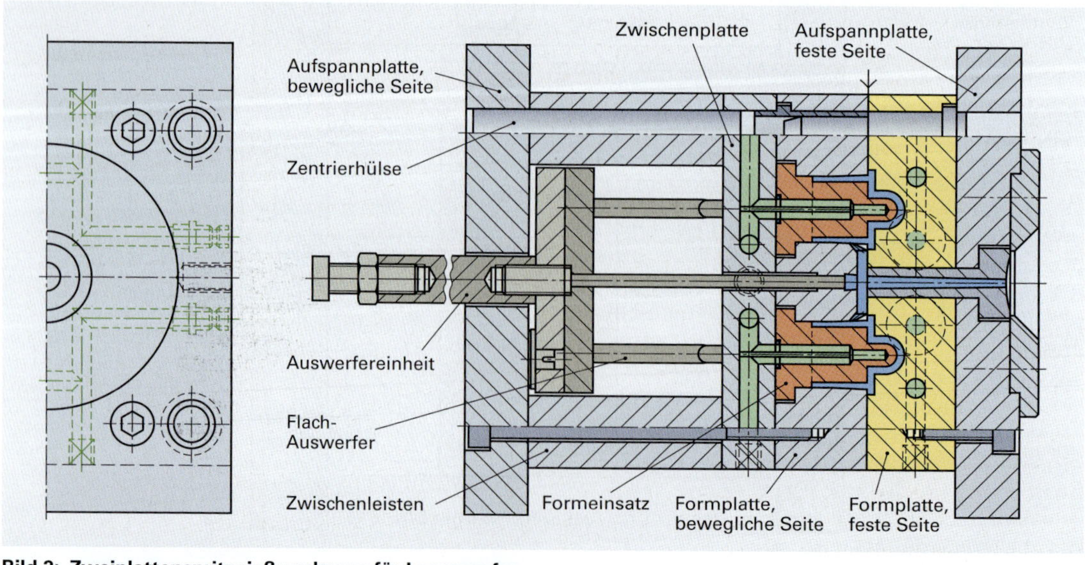

Bild 3: Zweiplattenspritzgießwerkzeug für Lagerzapfen

Beim Werkzeug **Bild 3 Seite 158** wird die Kavität durch die feste Formplatte, die bewegliche Formplatte und durch die Formeinsätze gebildet. Da das Formteil keine Hinterschneidungen aufweist, wurde aus Kostengründen ein Aufbau als Zweiplattenwerkzeug gewählt.

Die Formteile werden seitlich über einen Tunnelanguss angegossen. Zwei Ausführungsformen des Anschnitts zeigt **Bild 1.** Die stumpfkegelige Ausführung ergibt einen elliptischen Übergang zum Formhohlraum, die spitzkegelige einen etwas kleineren, punktförmigen. Da das Formteil recht klein ist, wurde bei diesem Werkzeug der spitzkegelige Anschnitt gewählt. Die Entformung des Formteils erfolgt durch je zwei Flachauswerfer. Das Angusssystem wird durch einen zentral angeordneten Auswerferstift entformt.
Das Werkzeug arbeitet mit zwei Temperierkreisläufen, was bei diesem Formteil sicher ausreichend ist.

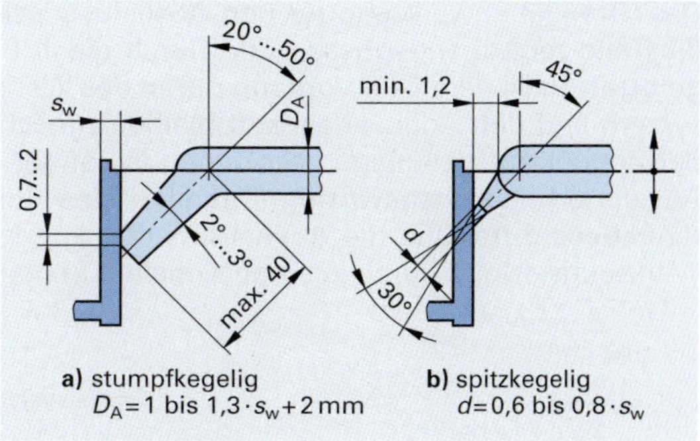

Bild 1: Tunnelanguss

Formaufbau für Dreiplattenwerkzeuge

Der Aufbau für Dreiplattenwerkzeuge ist dadurch gekennzeichnet, dass er drei Formplatten aufweist.

Die in der feststehenden Werkzeughälfte angeordnete erste Formplatte wird meist als Angussplatte bezeichnet **(Bild 2).** Da alle drei Formplatten zueinander beweglich sein können, ergeben sich bis zu drei Trennebenen. Die Steuerung der Öffnungsbewegungen erfolgt über Klinkensysteme oder mittels Zugbolzen **(vergleiche Bild 1, Seite 160).** Durch diese Bauweise ist es möglich das Formteil und den Anguss in der Form automatisch zu trennen und über einen eigene Trennebene auszuwerfen. Hierdurch lässt sich das Angussrecycling direkt an der Maschine durchführen. Ferner können die Formteile durch eine Handlingseinrichtung leichter entnommen werden. Der Aufbau ist je nach Entformung mit oder ohne Auswerferplatten gestaltet.

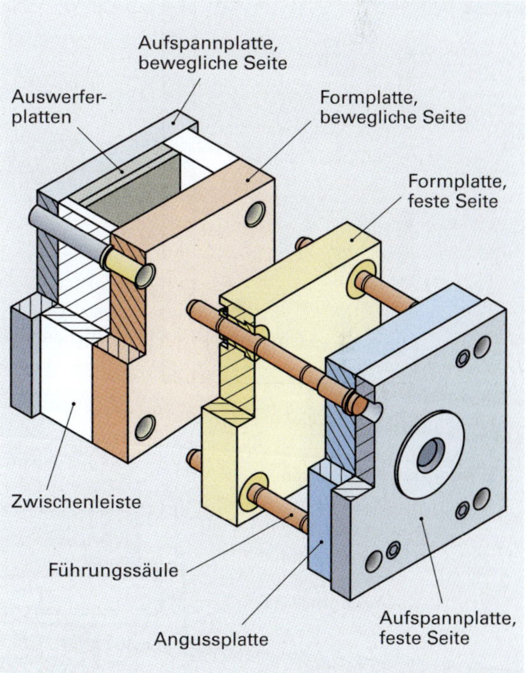

Bild 2: Aufbau Dreiplattenwerkzeug

Der Formaufbau für Dreiplattenwerkzeuge kommt zur **Anwendung,** wenn Formteile in einer Form mittig angegossen werden sollen und aus Kostengründen ohne Heißkanalsystem gearbeitet wird. Mittiges Angießen ist bei scheibenförmigen Formteilen wichtig um einen symmetrischen Füllvorgang zu erreichen.

Der Abschlussdeckel **Bild 3** weist z.T. sehr kleine Toleranzen auf und soll in größeren Stückzahlen ohne Heißkanalsystem gegossen werden. Ferner muss beim Auswerfvorgang eine Trennung zwischen Formteil und Angusssystem erfolgen. Aus diesen Gründen wird ein Aufbau für Dreiplattenwerkzeuge gewählt.

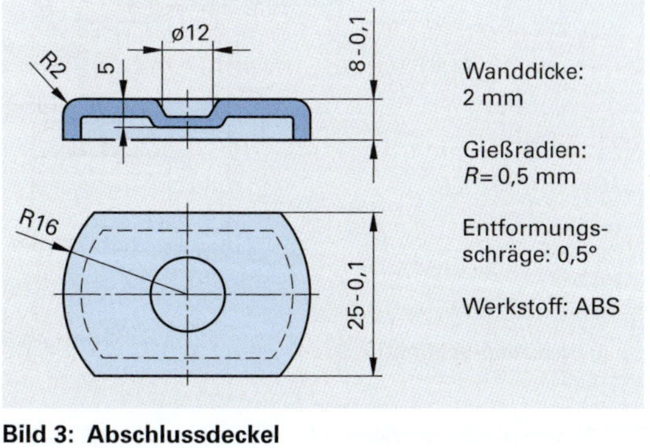

Bild 3: Abschlussdeckel

Das Dreiplattenwerkzeug für den Abschlussdeckel zeigt **Bild 1.** Bei dem Zweifachwerkzeug werden die Teile zentral angegossen und durch die 1. Formplatte und dem Formeinsatz der 2. Formplatte geformt. Nach dem Gießvorgang öffnet das Werkzeug in der Nebentrennebene 1. Durch das Klinkensystem und den Angusshaltestift bleiben zunächst die Trennebene 3 und 2 geschlossen. Nachdem der Zugbolzen zur Anlage gekommen ist, öffnet die Ebene 2 und das Angusssystem wird durch die Auswerferhülse ausgeworfen. Das über eine Kurve gesteuerte Klinkensystem gibt jetzt die Haupttrennebene 3 frei und die Auswerferstifte können die Formteile auswerfen. Die Temperierung des Werkzeugs erfolgt durch je einen Kreislauf in den Formplatten.

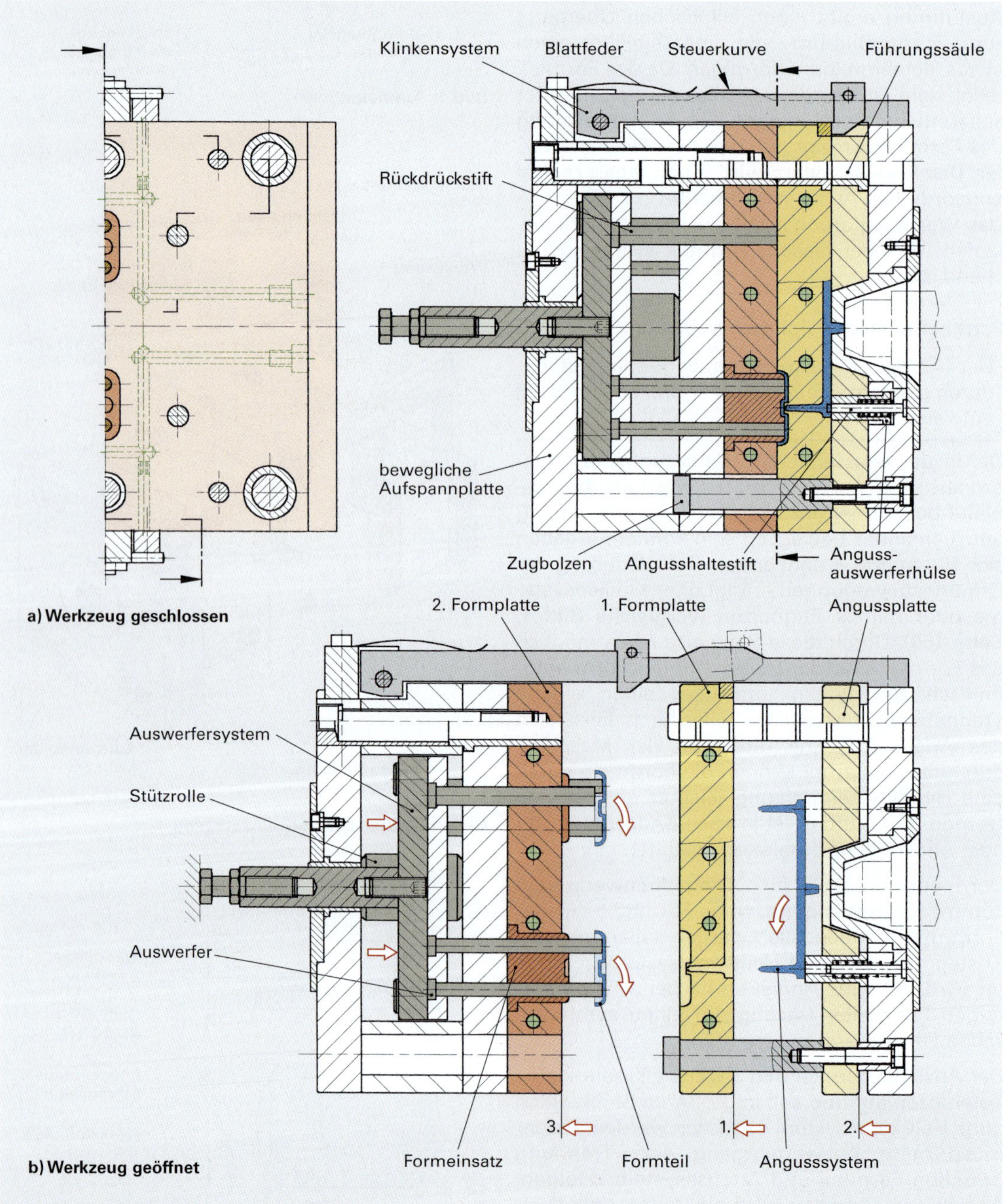

Bild 1: Dreiplattenwerkzeug für Abschlussdeckel

Formaufbau für Backenwerkzeuge

Backenwerkzeuge werden dann eingesetzt, wenn umlaufende Außenhinterschneidungen entformt werden müssen.

Aufbauten für Backenwerkzeuge **(Bild 1)** bestehen aus einer prismatisch ausgesparten Backenschließplatte, die mit der festen Aufspannplatte verschraubt ist. Wichtige Bauteile sind ferner die senkrecht zur Werkzeugachse beweglich angeordneten Backen, die über Flachführungen in der Backengrundplatte genau geführt werden. Die Bewegung der Backen kann über in der Backenschließplatte gelagerte Schrägbolzen oder über seitlich an dieser angebrachte Entriegelungsleisten geschehen. Die Zuhaltung der Backen erfolgt über die Backenschließplatte. Die übrigen Platten und Führungselemente entsprechen denen bei den anderen Aufbauten. Die **Vorteile** von Backenwerkzeugen sind:

- große Backenöffnungswege
- große Backenzuhaltekräfte
- freier Fall der entformten Teile

Ein typisches Anwendungsbeispiel für Backenwerkzeuge ist der Spulenkörper **Bild 2.** Die Ränder an der Unter- und Oberseite des Formteils ergeben große Hinterschneidungen, die nur über entsprechende Backenbewegungen entformt werden können. Das entsprechende Werkzeug zeigt **Bild 3.** Bei diesem Werkzeug handelt es sich um ein Backenwerkzeug, bei dem die Backenbewegung über Entriegelungsleisten erfolgt.

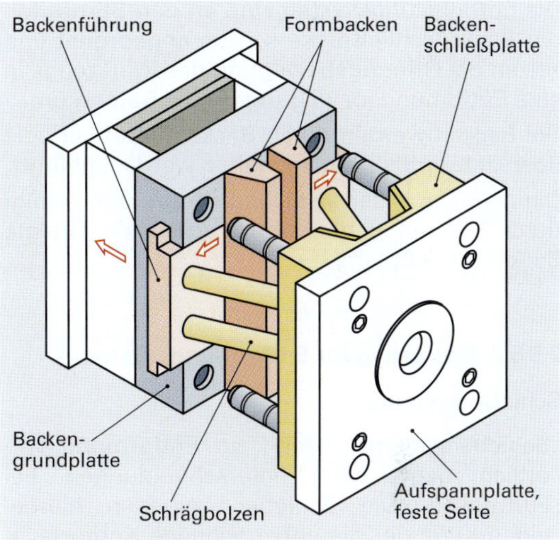

Bild 1: Aufbau Backenwerkzeug

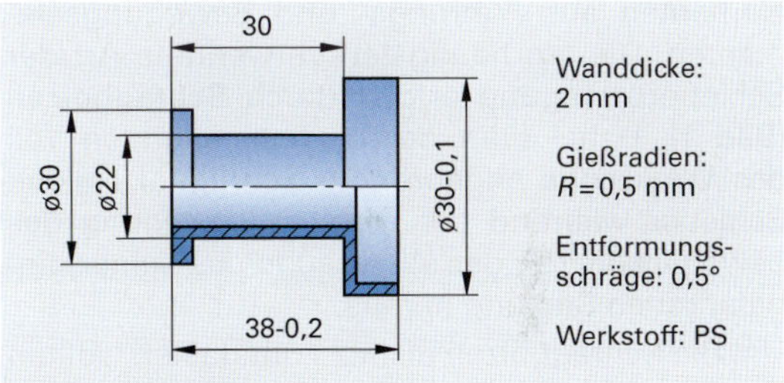

Bild 2: Spulenkörper

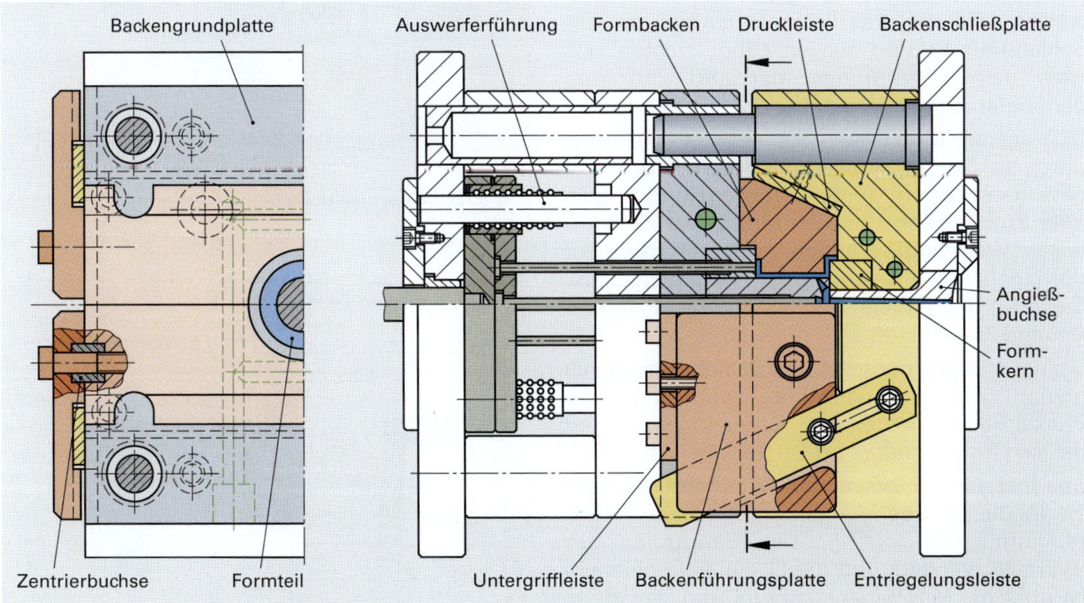

Bild 3: Backenwerkzeug für Spulenkörper

2

Die Entriegelungsleisten sind an den Stirnseiten der Backenschließplatte schräg angeordnet und setzen die Öffnungsbewegung des Werkzeugs in eine Entfomungsbewegung für die Backen um.

Die Backen werden durch Backenführungen, die über Untergriffsleisten gehalten werden, geführt.

Die Aufnahme der seitlichen Spritzkräfte erfolgt durch die mit gehärteten Druckleisten belegte Backenschließplatte.

2

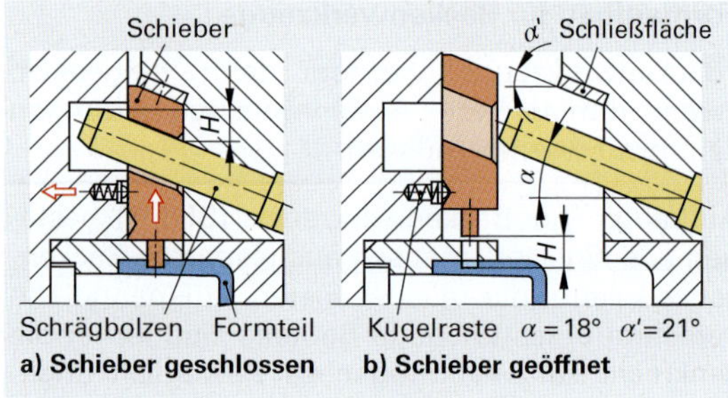

Bild 1: Schieber mit Schrägbolzen

2.5.5.2 Normalien für Entformungssysteme

Schiebersysteme

Schiebersysteme dienen zur Entformung von örtlich begrenzten Hinterschneidungen bei Formteilen. Die Schieber bewegen hierbei einen Kern, der die entsprechende Kontur ausformt.

Schiebersysteme bestehen neben Schieberelementen aus Führungs- und Bewegungselementen. Die am häufigsten verwendete Art der Schieberbewegung erfolgt durch **Schrägbolzen (Bild 1)**. Dabei führt der im feststehenden Teil des Werkzeugs angeordnete Schrägbolzen den Schieber während der Öffnungsbewegung des beweglichen Teil des Werkzeugs aus seiner eingefahrenen Stellung heraus.

Um die Schrägbolzen nicht zu überlasten, sollten sie nur unter einem Winkel α bis 18° eingebaut werden. Damit der Schließdruck sicher durch die Schließfläche des Schiebers aufgenommen wird, soll diese einen 3° größeren Winkel aufweisen. Der erforderliche Durchmesser des Schließbolzens und dessen Länge richten sich nach dem Entformungswiderstand und dem benötigten Schieberweg H.

Eine weitere Möglichkeit Schieber zwangsweise durch die Öffnungsbewegung des Werkzeugs zu betätigen, besteht mittels **Verriegelungsbolzen (Bild 2)**. Hierbei dienen Schrägflächen eines im festen Werkzeugteil angeordneten Bolzens zur Verriegelung und Bewegung des Schiebers. Diese Art der Schieberbetätigung eignet sich für kleinere Zuhaltekräfte.

Bei der in **Bild 3** dargestellten **Schiebermechanik** greifen zwei schrägverzahnte Zahnstangen im Winkel von 90° ineinander. Diese Mechanik eignet sich für besonders große Schieberwege.

Bei hydraulisch bewegten Schiebern **(Bild 4)** erfolgt die Bewegung unabhängig von der Werkzeugöffnungsbewegung. Die Bewegung des **Hydraulikzylinders** und damit die des Schiebers ist über die Maschinensteuerung auf die Werkzeugbewegung abgestimmt.

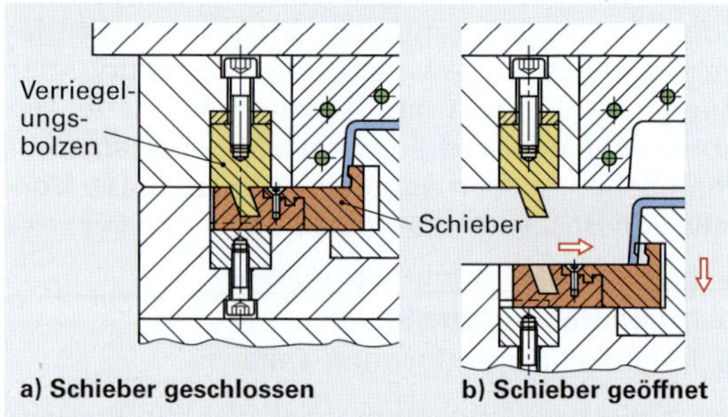

Bild 2: Schieber mit Verriegelungsbolzen

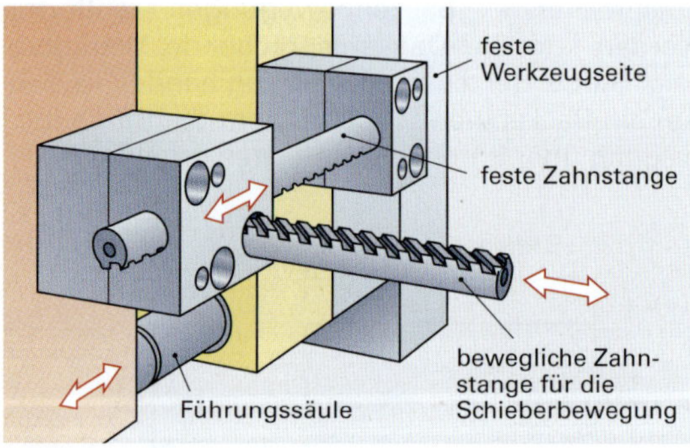

Bild 3: Schiebermechanik

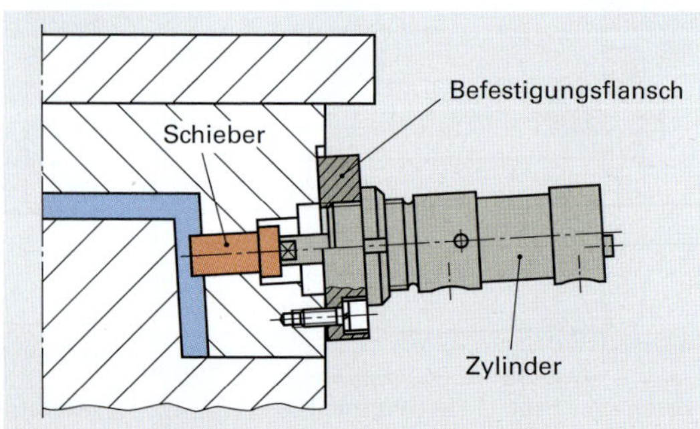

Bild 4: Hydraulische Schieberbetätigung

2

Schraubkerne

Schraubkerne dienen zur Formgebung von Innen- und Außengewinden, wenn diese ohne Kernmarkierungen entformt werden müssen.

Aufgrund der Hinterschneidungen, die die Gewindegänge bilden, müssen diese Kerne durch Ausdrehen aus dem Formteil entformt werden.

Das Ausdrehen kann durch elektrisch betriebene Ausdreheinheiten oder durch einen **Steilgewindespindelantrieb (Bild 1)** erfolgen. Die Bewegung der Spindel ist mittels der Öffnungsbewegung des Werkzeuges oder eines Hydraulikzylinders möglich. Beim Antrieb durch die Werkzeugbewegung wird die Steilgewindespindel im feststehenden Teil des Werkzeugs angeordnet **(Bild 3).** In die Spindel ist eine Hülse mit entsprechendem Muttergewinde geschraubt, die beim Öffnen des Werkzeuges in eine Drehbewegung versetzt wird. Da diese Drehbewegung zum Ausschrauben des Kerns meist nicht ausreicht, wird sie mit Hilfe einer Zahnradübersetzung vergrößert und dann auf den Schraubkern übertragen.

Neben der Festlegung der Zähnezahlen ist die Bestimmung der Zahnradabmessungen und des Achsabstandes vorzunehmen **(Bild 2).** Bei Mehrfachformen hat der Zahnradtrieb auch die Aufgabe, die Drehbewegung auf mehrere Kerne zu übertragen **(Bild 3).**

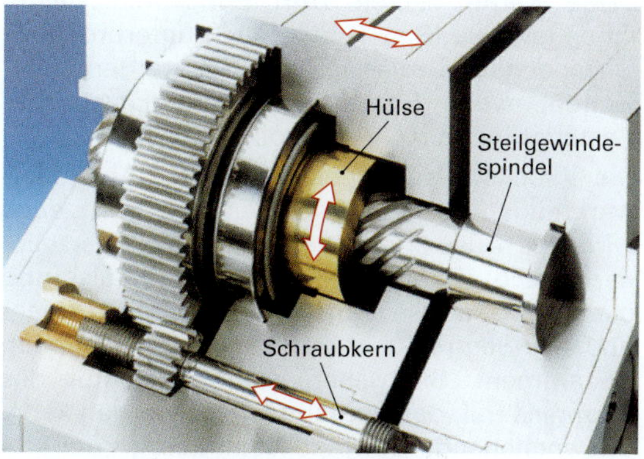

Bild 1: Steilgewindespindelantrieb

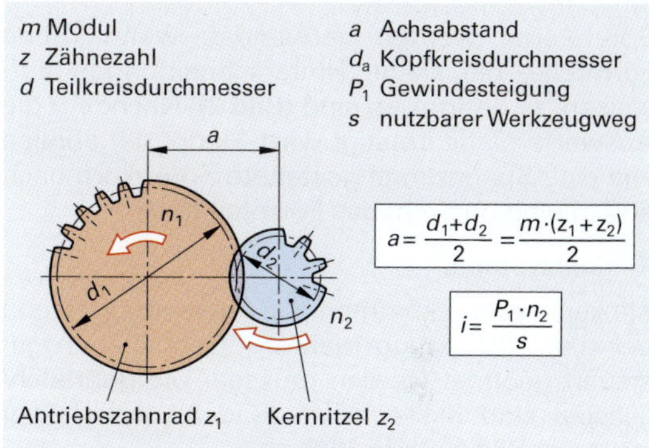

Bild 2: Festlegung der Zahnräder

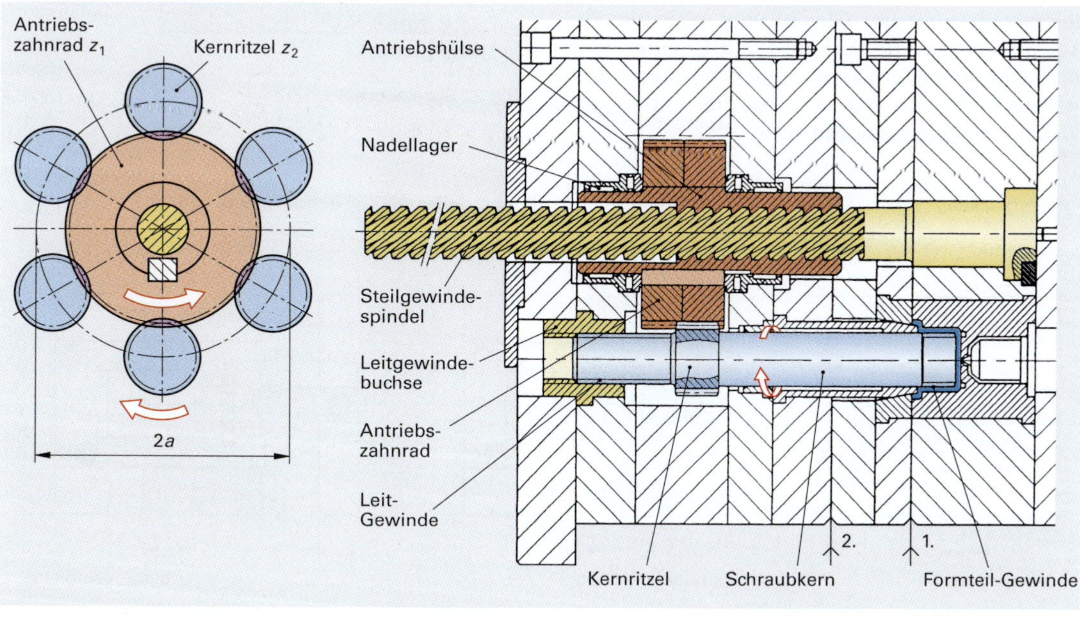

Bild 3: Ausschraubsystem mit Steilgewinde-Spindelantrieb

2

Zusammenfallbare Kerne

Diese Kerne dienen zum Entformen kleiner Innengewinde **(Bild 1)** bei denen unterbrochene Gewindegänge zulässig sind. Sie werden angewendet, wenn Schraubkerne aus Platz- oder Kostengründen nicht sinnvoll sind.

Die Arbeitsweise ähnelt der eines Abstreiferwerkzeugs. Nach dem Öffnen des Werkzeugs wird das Auswerfersystem mittels Steuerzylinder betätigt. Dadurch wird die Außenhülse und die Segmenthülse vom Mittelkern wegbewegt und die Segmente fallen dadurch nach innen (zusammen). Sie geben die Innenkontur des Formteils frei, das nun abgestreift werden kann. Das entstehende Gewinde ist im Bereich der Mittelkernstege unterbrochen.

Spreizkerne

Spreizkerne werden verwendet, wenn runde Formteile, die kleine Hinterschneidungen aufweisen, zu entformen sind **(Bild 2)**. Nachdem die Auswerferplatte betätigt wird, klappt der ähnlich wie eine Spannzange gestaltete Spreizkern nach außen weg und gibt das Formteil frei.

Klinkensysteme

Klinkensysteme kommen zur Anwendung, wenn bei einem Werkzeug mehrere Trennebenen gesteuert geöffnet werden müssen. Die gebräuchlichsten sind Rastsysteme **(Bild 3)** und Hakensysteme **(Bild 1, Seite 160)**.

Sobald die Länge des Öffnungsweges „H1" erreicht ist, fahren die Rasten in die Aussparung „X" der Steuerplatte zurück, wodurch die Zugleiste entriegelt ist. Gleichzeitig wird die Zwischenplatte positioniert und die zweite Trennebene geöffnet. Um eine sichere Arbeitsweise zu garantieren sollen Klinkensysteme immer paarweise verwendet werden.

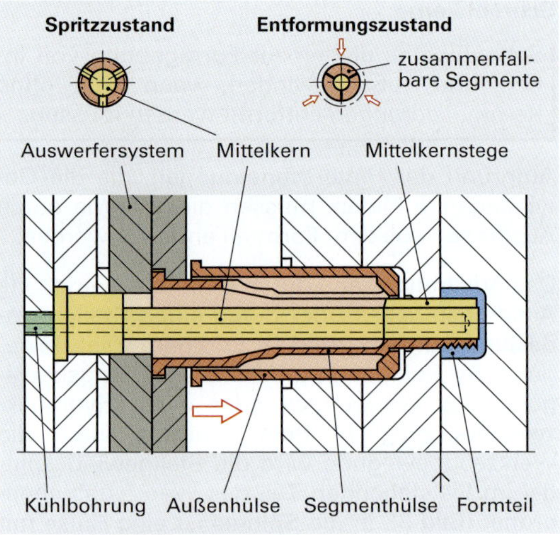

Bild 1: Zusammenfallbarer Kern

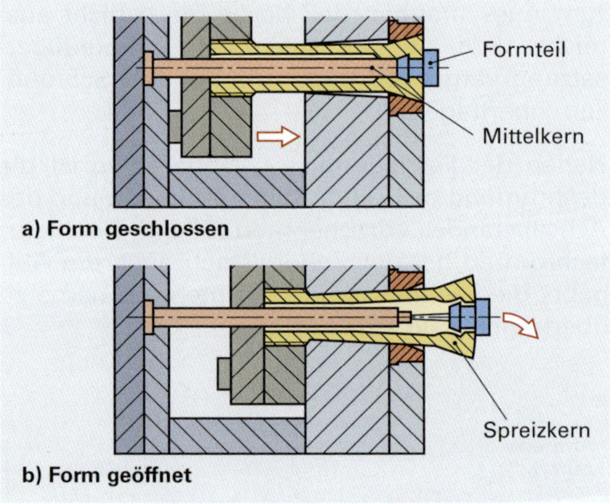

Bild 2: Spreizkern

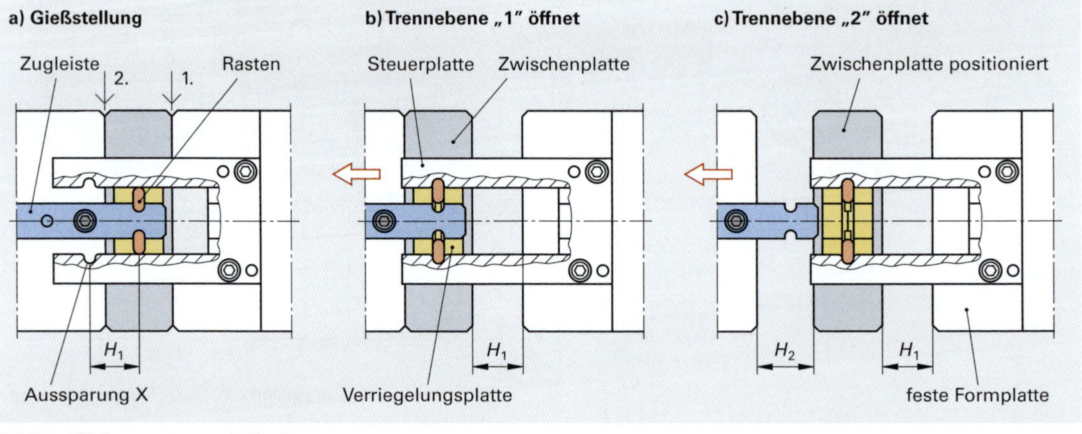

Bild 3: Klinkensystem mit Rasten

Recycling- und Schriftstempel

Formteile müssen zur Qualitätssicherung zunehmend mit eingegossenem Fertigungsdatum und aus Recyclinggründen mit Bildzeichen (Drei-Pfeil-Symbol) und Kunststoffkurzzeichen versehen werden. Angaben, die sich nicht ändern, wie die über das Ursprungsland, können durch Erodieren mit Standardelektroden eingebracht werden. Für sich ändernde Angaben wie das Datum, sind einstellbare Schriftstempel **(Bild 1)** zu verwenden. Die Einstellung, z.B. des Monats, ist bei den Stempeln mit Hilfe eines Schraubendrehers von der Kavität aus möglich.

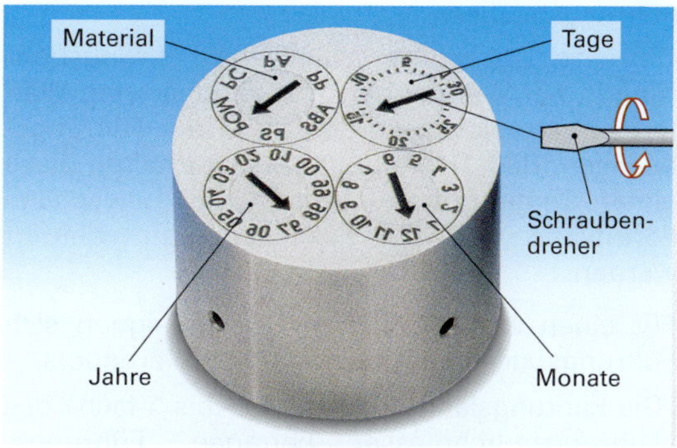

Bild 1: Mehrfachschriftstempel

2.5.5.3 Normalien für die Werkzeugführung und Zentrierung

Führungs- und Zentriersysteme bei Spritzgießwerkzeugen haben die Aufgabe einen Versatz der Werkzeughälften zu verhindern und die einzelnen Werkzeugplatten zu zentrieren.

Nach jedem Öffnen müssen die Werkzeughälften beim Schließvorgang wieder in ihre exakte Position gebracht werden. Dabei müssen die Werkzeughälften so geführt werden, dass die Werkzeugeinsätze genau fluchten und planparallel aufliegen, damit das Werkzeug dicht schließt.

Bei Werkzeugen für kleine und flache Formteile, bei denen nur geringe Seitenkräfte auftreten, verwendet man Führungseinheiten **(Bild 2)**. Sie bestehen aus Führungssäule, Führungsbuchse und Zentrierhülse.

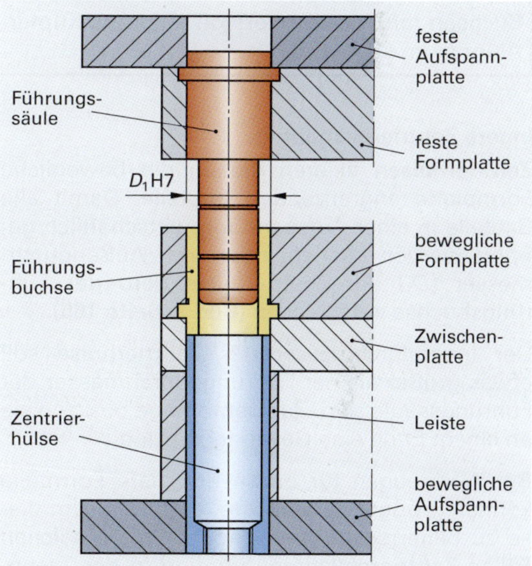

Bild 2: Führungseinheit

Führungssäulen

Erfolgt der Werkzeugaufbau mit vorgebohrten Platten, so ist die Verwendung abgesetzter Führungssäulen **(Bild 3)** zweckmäßig. Dadurch lassen sich die Bauelemente der Führungseinheit so aufeinander abstimmen, dass alle Platten den gleichen Bohrungsdurchmesser (D_1H7) erhalten. Bei nicht vorgebohrten Platten können auch nicht abgesetzte Führungssäulen verwendet werden, was Platz sparender ist. Erhalten die Säulen am Kopfende einen zusätzlichen Ansatz, so dienen sie auch zur Zentrierung von fester Aufspann- und Formplatte.

Ein Zusammenführen der Werkzeughälften außerhalb der Maschine ist leichter möglich, wenn bei der Verwendung von 4 Säulen deren Länge unterschiedlich ist. Dabei sind zwei sich diagonal gegenüberliegende Säulen gleich lang. Damit die Werkzeughälften nicht seitenverkehrt montiert werden können, wird der Durchmesser einer Säule kleiner gewählt.

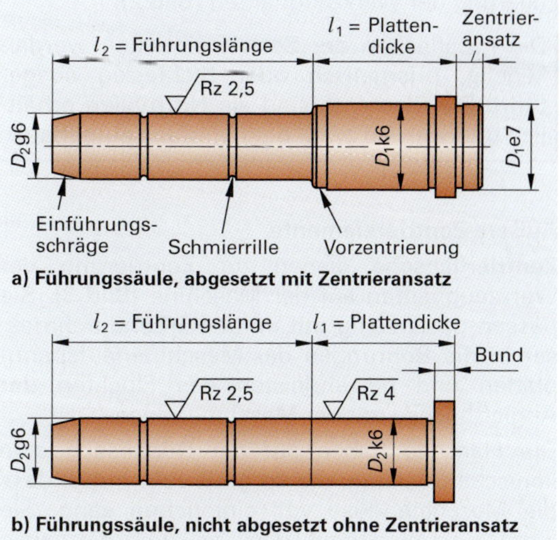

a) Führungssäule, abgesetzt mit Zentrieransatz

b) Führungssäule, nicht abgesetzt ohne Zentrieransatz

Bild 3: Führungssäulen

2

Führungsbuchsen

Um einen starken Verschleiß der Führungsbohrungen bei Werkzeugen mit ungehärteten Platten zu vermeiden, werden diese mit Führungsbuchsen **(Bild 1)** versehen. Meist erhalten diese einen Zentrieransatz, womit die bewegliche Formplatte und die Zwischenplatte zentriert werden.

Für einen wartungsarmen Betrieb eignen sich Führungsbuchsen mit Feststoffschmierdepots.

Die Führungslänge soll das 1,5- bis 3-fache des Führungsdurchmesser betragen. Führungsbuchsen und Säulen werden aus Einsatzstählen mit einer Härte von ca. 60 HRC hergestellt. Buchsen mit Festschmierstoff sind aus Kupfer-Aluminium-Legierung.

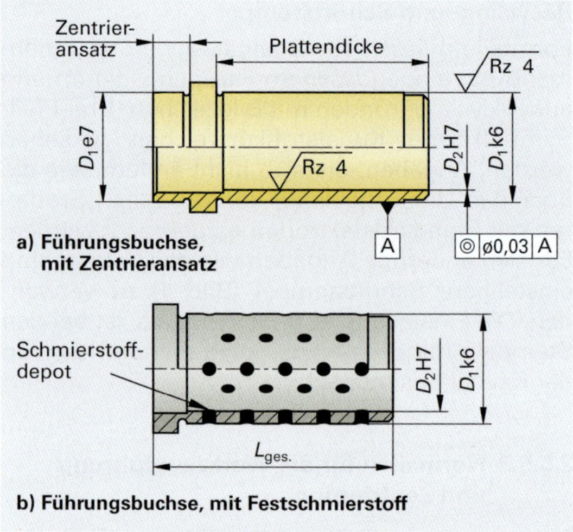

Bild 1: Führungsbuchsen

Innere Zentrierelemente

Zentrierhülsen fixieren die an die bewegliche Formplatte angrenzenden Bauteile. Damit alle Bauteile in einer Aufspannung wirtschaftlich gebohrt werden können, muss der Außendurchmesser (D_1) der Zentrierhülse dem der Führungsbuchse entsprechen **(Bild 2, Seite 165)**.

Der Innendurchmesser der Zentrierhülse soll etwas größer als der Führungsdurchmesser der Führungssäule sein. Zur Demontage besitzen sie an einem Ende eine Gewindebohrung.

Bei Werkzeugen für große und tiefe Formteile können größere Seitenkräfte auftreten. Um diese zu beherrschen, verwendet man in solchen Fällen **Zentriereinheiten.** Sie sind in der Trennebene angeordnet und übernehmen kurz vor dem Schließen des Werkzeugs eine zusätzliche Fixierung der Werkzeughälften **(Bild 2)**.

Die Passflächen der Zentriereinheiten werden kegelig, prismatisch oder rechteckig ausgeführt. Die Elemente sind als Normalien erhältlich und werden zwei- oder vierfach eingebaut.

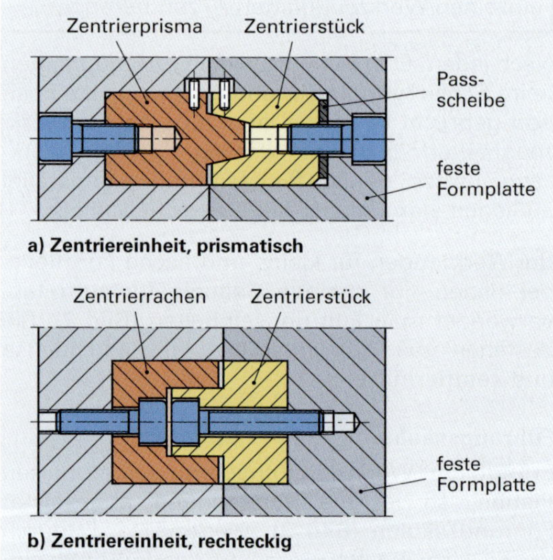

Bild 2: Zentriereinheiten

Äußere Zentrierelemente

Zentrierflansche dienen zur Zentrierung der Werkzeughälften auf der Maschine **(Bild 3)**. Sie passen düsenseitig mit ihrem Außendurchmesser in die Bohrungen der Maschinenaufspannplatten und gewährleisten das Fluchten der Angießbuchse mit der Maschinendüse.

Die Flansche haben auf der Düsenseite eine konische Senkung, die so groß sein muss, dass die Maschinendüse voll eintauchen kann. Sie werden so eingebaut, dass sie auch die axiale Sicherung der Angießbuchse übernehmen.

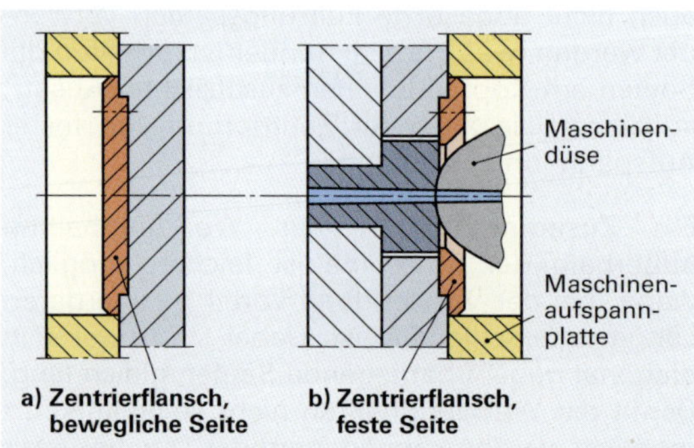

Bild 3: Zentrierflansche

2.5.5.4 Normalien für Angießsysteme

Angießsysteme bilden den Übergang zwischen der Maschinendüse und dem Formhohlraum.

Es werden Systeme unterschieden, bei denen der Anguss nach jedem Gießvorgang erstarrt und solche, bei denen der Anguss teilweise schmelzflüssig bleibt. Systeme mit flüssigem Anguss werden als Heißkanalsysteme bezeichnet.

Angießbuchse für Thermoplaste

Diese Angießbuchse bildet bei Einfachwerkzeugen die direkte Verbindung zwischen Maschinendüse und Formhohlraum. Bei Mehrfachwerkzeugen verbindet sie die Düse mit dem Angusskanal **(Bild 1)**. Die Verbindungsbohrung ist 1° bis 1,5° kegelig, so dass der erstarrte Angusskegel leicht mit dem Formteil bzw. dem Angussverteiler entformt werden kann.

Die Anlagefläche der Düse ist gerundet ausgebildet, damit eine hohe Flächenpressung entsteht, die die Dichtwirkung verbessert.

Der Durchmesser des Angusskegels hängt insbesondere von der Wanddicke des Formteils ab. Er soll so dimensioniert sein, dass die Formmasse im Angusskegel am längsten flüssig bleibt.

Angusshaltebuchse

Sie dient zum Festhalten des Angusssystems, bis dieses vom Formteil getrennt ist und ausgestoßen werden kann. Die Buchse besitzt dazu eine kegelige Bohrung oder eine prismatische Öffnung, die als Hinterschneidung wirkt und das Angusssystem festhält **(Bild 1)**.

Angießbuchse für Duroplaste

Angießbuchsen für Duroplaste sind ähnlich aufgebaut wie die für Thermoplaste. Da Duroplaste aber mit höheren Temperaturen verarbeitet werden und aushärten, muss die Angießbuchse temperiert werden. Dies erfolgt mit einem Kanal der den Angusskegel umschließt und durch den das Temperiermedium fließt **(Bild 2)**. Durch das Temperieren härtet die Formmasse im Angusskegel nicht aus und bleibt schmelzflüssig. Sie erstarrt nur im Mundstückbereich.

Pneumatikdüse

Die Pneumatikdüse ist bei Einfachwerkzeugen anstelle eines Heißkanals einsetzbar. Bei ihrer Anwendung fährt die Maschinendüse so weit nach rechts, dass der Angusskegel nach rechts ausgeworfen werden kann. Der Angusskegel wird nach dem Einspritzen mit Hilfe von Pneumatikkolben vom Formteil abgerissen und ausgeworfen **(Bild 3)**.

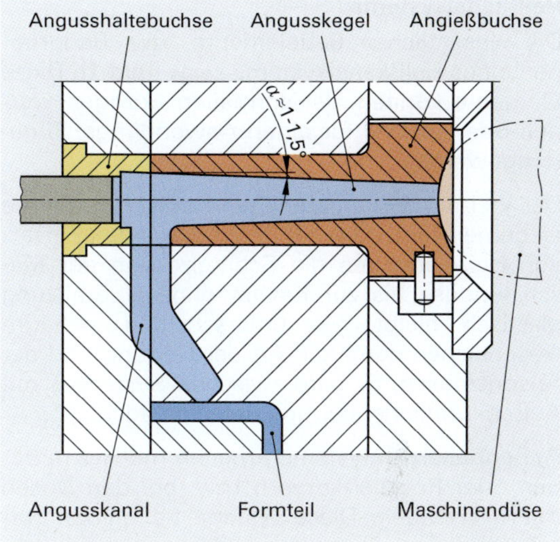

Bild 1: Angießbuchse für Thermoplaste

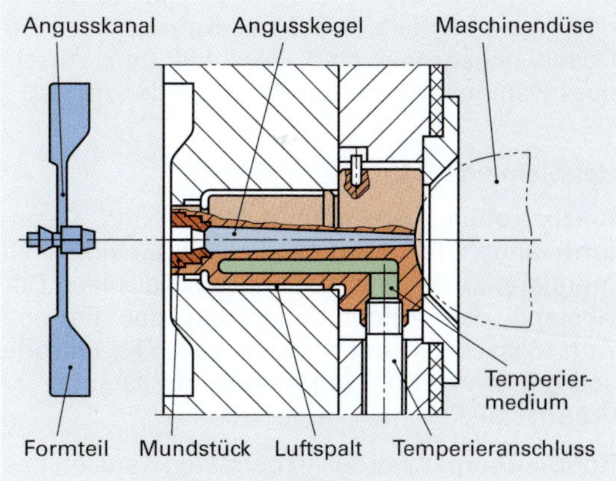

Bild 2: Angießbuchse für Duroplaste

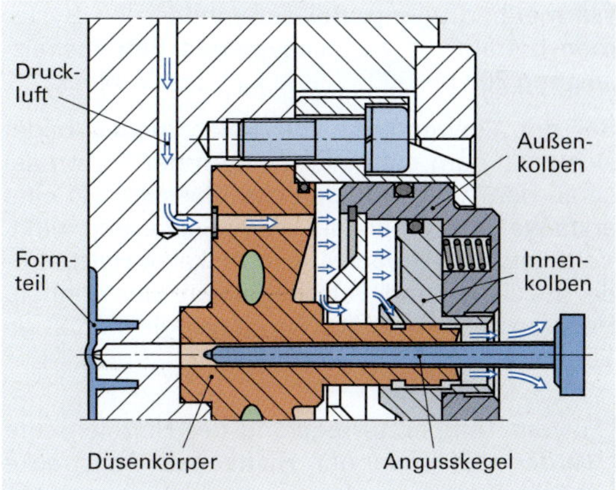

Bild 3: Pneumatikdüse

2

Heißkanalsysteme

Die wesentlichen Bauelemente bzw. Baugruppen eines Heißkanalsystems zeigt **(Bild 1)**. Diese Elemente können als Normalien bezogen werden oder speziell für einen Anwendungsfall gefertigt werden.

Der Vielzahl der angebotenen Heißkanalsysteme ist gemeinsam, dass bei ihnen durch den Einsatz von Heizelementen die Schmelze von der Maschinendüse bis zur Kavität ohne Überhitzung plastisch bleibt. Sie unterscheiden sich im wesentlichen durch die Art der Heizung und der Anspritzdüsen. Es wird zwischen Systemen mit Außen- und Innenheizung unterschieden.

Außenbeheizte Systeme arbeiten mit Heizpatronen oder Rohrheizkörpern bzw. bei den Düsen mit Heizwendeln. Diese Systeme haben den Vorteil, dass die Elemente einfach ausgetauscht werden können. Den Aufbau eines Heißkanalsystems mit Rohrheizkörpern zeigt **(Bild 2)**.

Innenbeheizte Systeme arbeiten mit Heiztorpedos, die innerhalb des Massekanals bzw. der Düsen angeordnet sind. Dies hat den Vorteil, dass weniger Wärme zugeführt werden muss.

Heizelemente

Heizpatronen werden in Zylinder- und Kegelform angeboten **(Bild 3)**. Sie sind einfach zu montieren, erfordern aber relativ viel Platz. Der Abstand der Aufnahmebohrung der Patrone zum Massekanal soll > 10mm sein. Die Patrone soll gut in der Bohrung passen, da es sonst zu Wärmestau kommen kann.

Rohrheizkörper werden in gefrästen Kanälen des Verteilerblocks durch Klemmen oder mittels Wärmeleitzement befestigt. Sie können der Form des Heißkanalssystems besser angepasst werden und ergeben eine sehr gleichmäßige Wärmeübertragung. Bei außenbeheizten Systemen beträgt die zu installierende Betriebsheizleistung 200 bis 300 Watt je kg Verteilerblock.

Bei der Verwendung von **Heiztorpedos** bildet sich nach dem ersten Einspritzen der Formmasse an den Außenwänden des Massekanals eine erstarrte Schicht, die als Wärmeisolierung wirkt. Verteiler und Torpedos besitzen keine Heizpatrone. Heizleiter und Patrone bilden eine Einheit. Heiztorpedos ermöglichen eine gleichmäßige Temperaturführung.

Für die Temperaturregelung der Heizelemente werden auf etwa der Hälfte der Heizstrecke Thermofühler eingebaut.

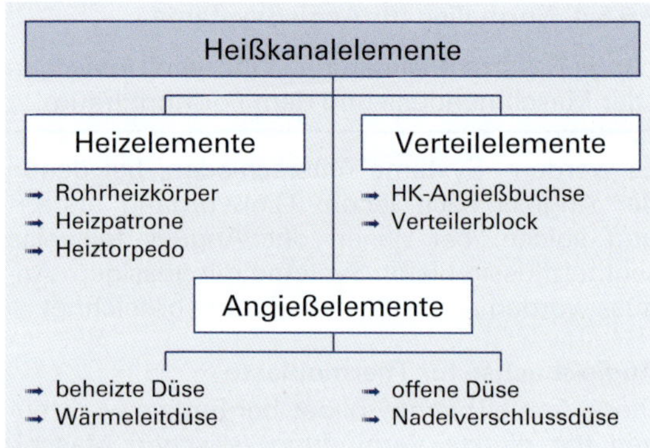

Bild 1: Heißkanalelemente

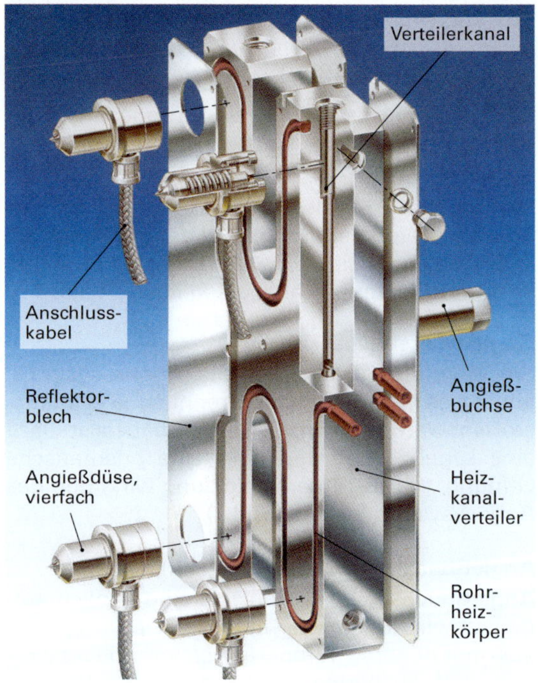

Bild 2: Heißkanalsystem

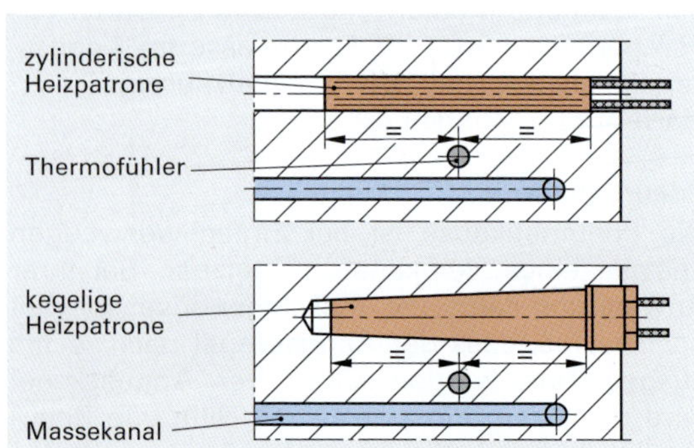

Bild 3: Heizpatronen

Angießbuchse

Die Angießbuchse **(Bild 1)** für Heißkanalwerkzeuge stellt die Verbindung zwischen Maschinendüse und Verteilerblock dar. Bei der Verarbeitung von aufgearbeitetem Material sollte eine Ausführung mit Filter verwendet werden. Sie kann ohne oder mit Heizmanschette eingesetzt werden, je nach dem zu verarbeitenden Material.

Heißkanalverteilerblöcke

Verteilerblöcke dienen zur Verteilung der Formmasse von der Angießbuchse bis in den Anschnittbereich. Die Verteilerform **(Bild 2)** richtet sich nach dem Werkzeugaufbau bzw. nach dem Verlauf des Massekanals. Dieser sollte einen Durchmesser > 6 mm und eine möglichst gute Oberfläche aufweisen. Scharfe Ecken in denen sich erkaltete Masse festsetzen kann, sind durch den Einsatz von Umlenkstücken **(Bild 3)** zu vermeiden. Die Befestigung der Verteilerblöcke erfolgt durch Verschrauben, wobei die Auflageflächen wegen des Wärmeüberganges mit Hilfe von Distanzscheiben möglichst klein gehalten sein sollten. Bei außenbeheizten Systemen ist die durch die großen Temperaturunterschiede (bis 200°C) entstehende Wärmedehnung zu berücksichtigen. Die Verteilerblöcke sind zur Vermeidung von Wärmeabstrahlung mit Reflektorblechen zu versehen. Die Verbindungsbohrungen zu den Angießdüsen sind unter Berücksichtigung der Wärmedehnung einzubringen. Um Verformungen der Verteilerblöcke zu vermeiden werden gegenüber den Angießdüsen genau eingepasste Distanzstücke angebracht.

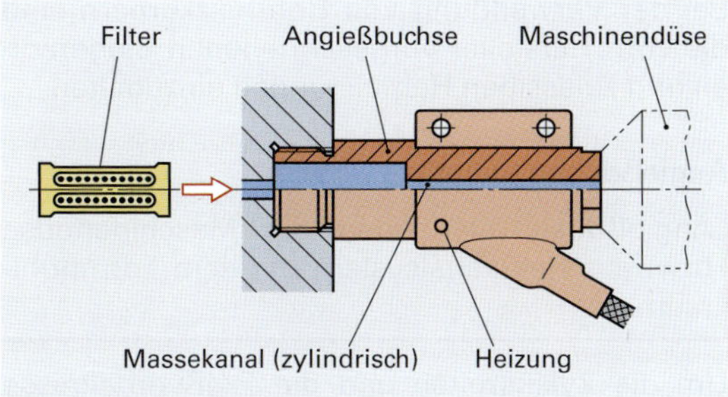

Bild 1: Heißkanalangießbuchse

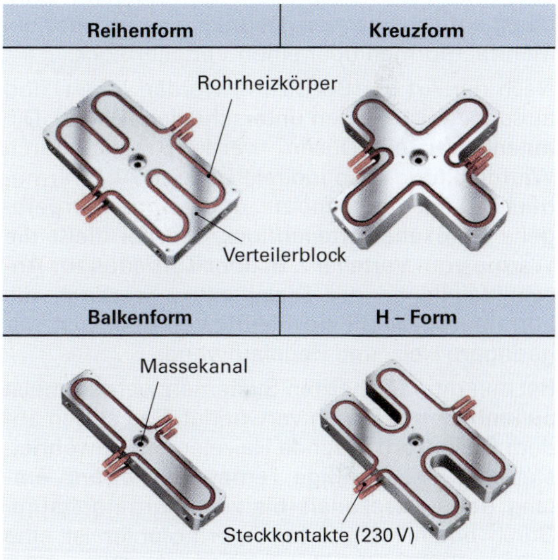

Bild 2: Heißkanalverteilerblöcke

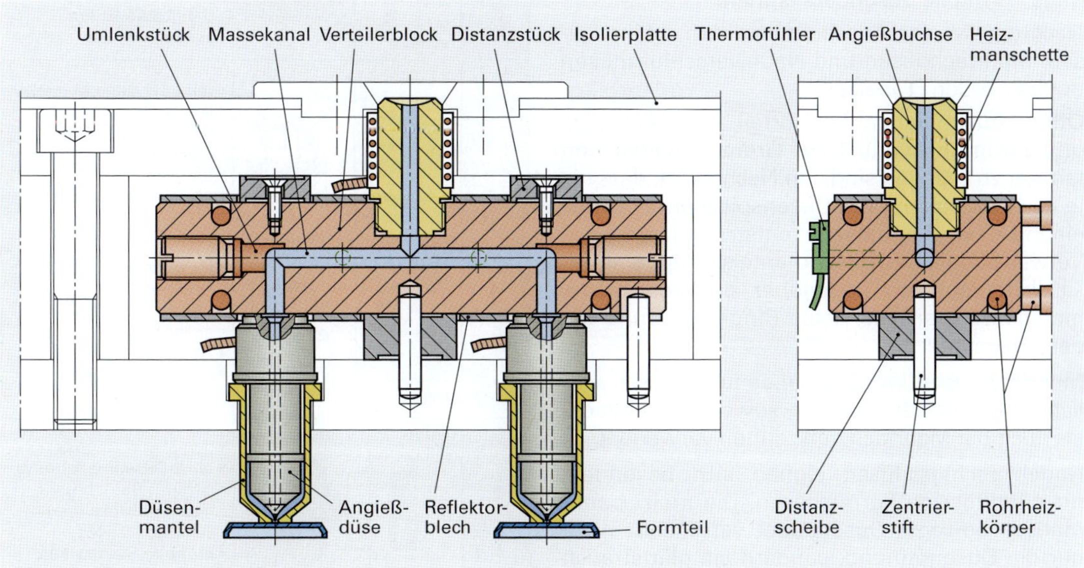

Bild 3: Heißkanalsystem mit Rohrheizkörpern

2

Bei der Verwendung von Rohrheizkörpern sind die vom Hersteller vorgeschriebenen Biegeradien und zulässigen Heizleistungen einzuhalten.

Angießdüsen (beheizte Düsen)

Angießdüsen verbinden die Maschinendüse bzw. das Heißkanalsystem mit dem Formhohlraum.

2

Um die Zykluszeiten und die Fließverhältnisse günstig zu beeinflussen, ist der Einsatz beheizter Düsen nicht nur bei Heißkanalsystemen vorteilhaft. Mit diesen Düsen kann bei Einfachformen direkt auf das Formteil gespritzt werden oder bei Mehrfachformen über einen Verteilerblock.

Nach der Art der Beheizung werden innen- und außenbeheizte Düsen unterschieden **(Bild 1)**. Die **innenbeheizten** Düsen werden meist durch Wärmeleitung, also indirekt beheizt. Als Wärmequelle dient der beheizte und temperaturgeregelte Heißkanalverteilerblock. Hierbei fließt die Wärme vom Verteiler z. B. über Torpedos zur Anschnittstelle an der Düsenspitze, wodurch die Formmasse fließfähig bleibt. Vorteilhaft ist der geringere Heiz- und Regelaufwand.

Bei den direkt beheizten Systemen werden meist **außenbeheizte** Düsen verwendet. Das außen auf dem Düsenkern sitzende Heizelement gewährleistet eine gleichmäßige Temperaturführung entlang des Massekanals bis zum Formhohlraum. Durch einen integrierten Thermofühler ist eine genaue Temperaturüberwachung der Düse möglich. Außenbeheizte Düsen verursachen geringe Druckverluste, weshalb sie sich für großvolumige Formteile besonders eignen.

Nach der Art des Anschnitts werden offene Düsen, Mehrfachdüsen und Nadelverschlussdüsen unterschieden **(Tabelle 1)**.

Offene Düsen haben den Vorteil, dass sie Druck- und Strömungsverluste in Grenzen halten und leichter zu reinigen sind. Ein Nachteil ist, dass sie je nach Gestaltung der Düsenspitze am Formteil einen kleinen Angusskegel entstehen lassen. Die Verwendung eines Düsenmantels bringt eine zusätzliche Isolation gegenüber der Formplatte, hinterlässt aber eine kleine Ringmarkierung auf dem Formteil.

Mehrfachdüsen werden bei zentraler oder seitlicher Mehrfachanspritzung sowohl bei Einfach- als auch bei Mehrfachwerkzeugen verwendet.

Nadelverschlussdüsen eignen sich besonders für dünnflüssige Formmassen. Die meist pneumatisch bewegte Düsennadel verschließt nicht nur die Düsenöffnung, sondern sie glättet auch die Angussmarkierung.

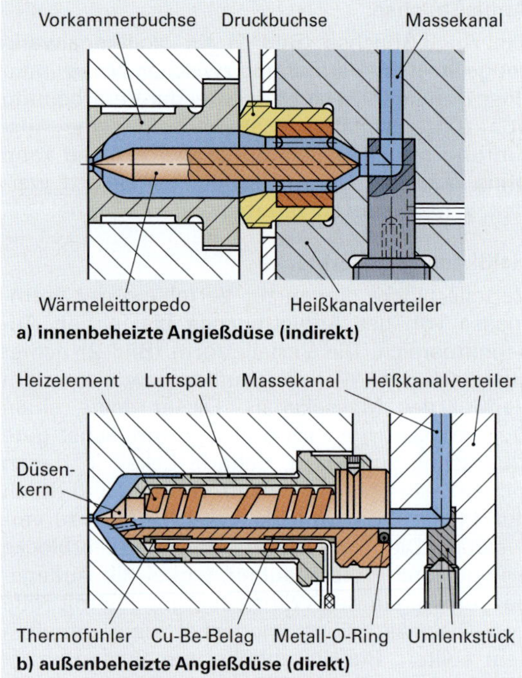

Bild 1: Beheizte Angießdüsen

Tabelle 1: Düsenarten

Art	Düsenspitze	Anguss/Formmassen
offene Düse mit Düsenmantel	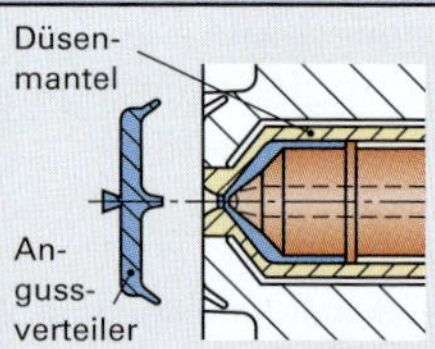	• kurzer Angusskegel • mit Düsenmarkierung • mit oder ohne Angussverteiler ▪ für fast alle Massen (neigt zum Faden ziehen)
Punktangussdüse mit oder ohne Düsenmantel	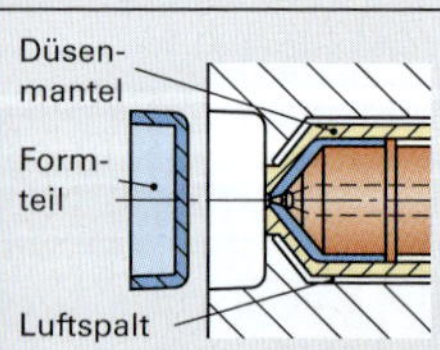	• mit oder ohne Mantel • kleiner Angusspunkt • mit oder ohne Düsenmarkierung ▪ für fast alle Massen, z.T. auch verstärkte
Mehrfachdüse mit Punktanguss	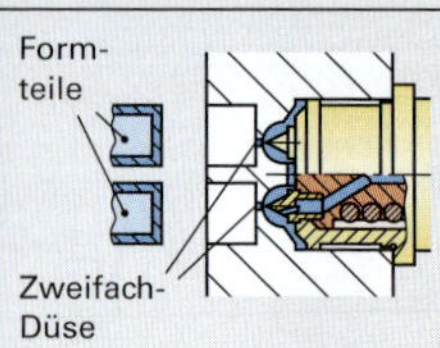	• kleiner Angusspunkt je Formteil • Einfach- oder Mehrfachanspritzung ▪ ABS, PMMA, PE, PP ▪ kleine Formteile
Nadelverschlussdüse	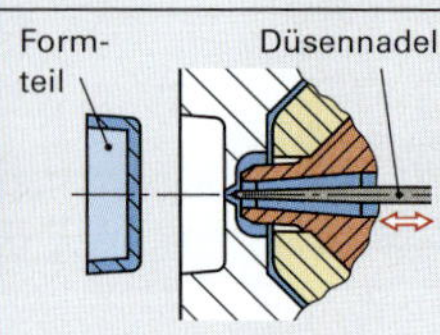	• geglätteter Anguss • ohne Düsenmarkierung ▪ sicherer Betrieb bei fast allen, auch verstärkten Massen ▪ für hohe Stückzahlen

2.5.5.5 Normalien für Auswerfersysteme

Von den Auswerferelementen stehen nur die Auswerferplatten, die Auswerferstifte **(Bild 1)** und die Auswerferhülsen als DIN- Normalien zur Verfügung.

Die **Auswerferplatten** sind meist Bestandteil des Formaufbaus und auf dessen Abmessungen abgestimmt. Die Auswerferhalteplatte nimmt u.a. die Auswerferstifte auf und wird durch den Auswerfbolzen bewegt. Die Auswerfergrundplatte ist mit der Auswerferhalteplatte verschraubt und stützt die Auswerferstifte ab, weshalb sie meist gehärtet wird.

Auswerferstifte sind in verschiedenen Formen genormt **(Tabelle 1).** Es werden meist Stifte mit Zylinderkopf verwendet, die mit seitlichem Kopfspiel einzubauen sind. Dadurch kann ein durch unterschiedliche Wärmedehnung zwischen Form- und Auswerferplatten entstehender Mittenversatz ausgeglichen werden.

Das Verhältnis Auswerferstiftdurchmesser d zu Führungslänge L soll 1:4 bis 1:8 betragen. Sind sehr kleine Auswerferstiftdurchmesser in der Kavität erforderlich, kommen abgesetzte Auswerferstifte zum Einsatz.

Die **Normbezeichnung** eines Auswerferstiftes Form A mit d = 12 mm und l = 200 mm aus legiertem Kaltarbeitsstahl lautet:

Auswerferstift DIN 1530 – A 12 × 200 WS

Auswerferstifte für Druckgießwerkzeuge werden aus Warmarbeitsstahl gefertigt. Damit am Formteil nur geringe Auswerfermarkierungen entstehen, dürfen die Auswerferstifte während des Formfüllens nicht in den Formhohlraum ragen. Die Auswerfer erhalten deshalb ihre endgültige Länge erst bei der Montage.

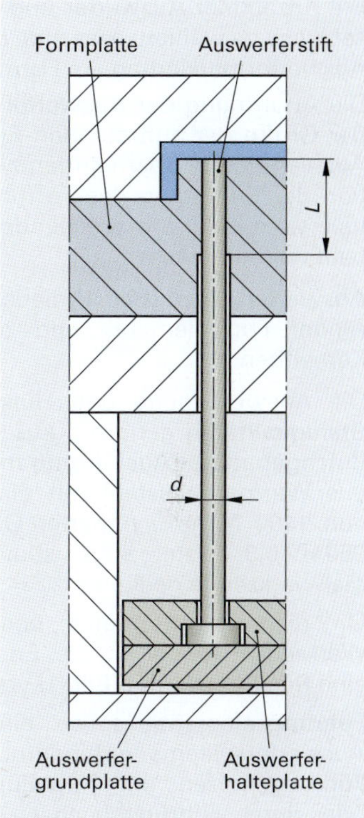

Bild 1: Auswerferelemente

Tabelle 1: Auswerferstifte und Auswerferhülsen

Skizze	Symbol	Bezeichnung	Anwendung
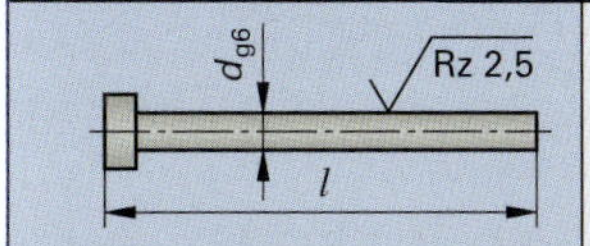		Auswerferstift mit zylindrischem Kopf DIN 1530 Form A	bei großen Ausdrückkräften, größeren Auswerferflächen am Formteil d = 1,5 bis 16 mm; l = bis 315 mm
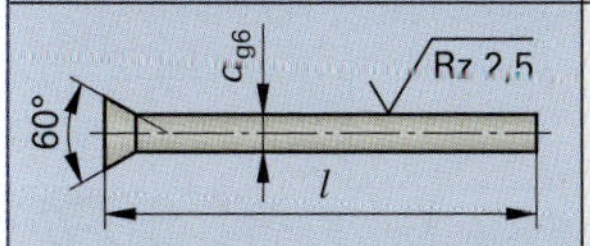		Auswerferstift mit kegeligem Kopf DIN 1530 Form D	bei kleinen bis mittleren Ausdrückkräften und Auswerferflächen d = 1,0 bis 12 mm; l = bis 200 mm
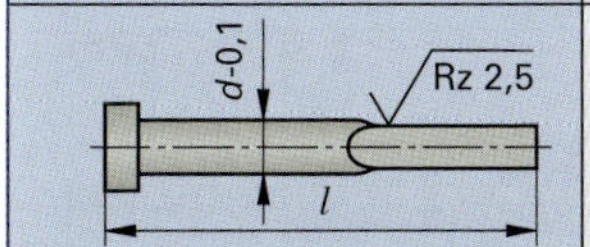	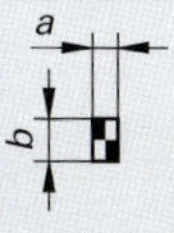	Auswerferstift mit zylindrischem Kopf, rechteckig abgesetzt DIN 1530 Form F	bei kleinen Auswerferflächen am Formteil und kleinen Ausdrückkräften $a : b$ = 1 : 3,8 bis 2,5 : 15,5 mm; l = bis 400 mm
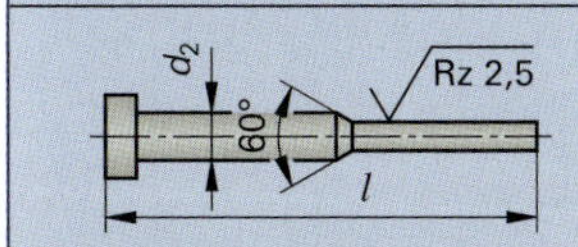	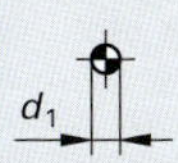	Auswerferstift mit zylindrischem Kopf, Schaft abgesetzt DIN 1530 Form C	bei kleinen Auswerferflächen am Formteil und kleinen Ausdrückkräften d_1 = 1 bis 2,5 mm; d_2 = 4 bis 6 mm; l = bis 200 mm
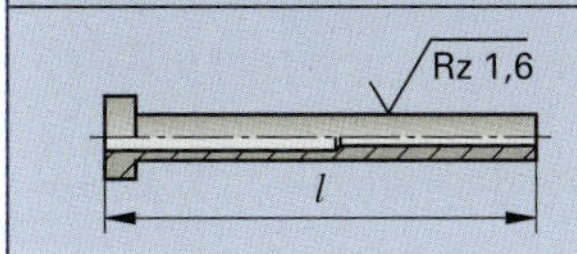	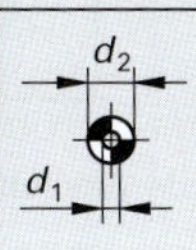	Auswerferhülse mit zylindrischem Kopf DIN ISO 8405	wenn durch Kernstifte Bohrungen im Formteil entstehen d_1 = 2 bis 12 mm; d_2 = 4 bis 16 mm; l = bis 250 mm

Die Anzahl der Auswerfer und deren Durchmesser ist so zu wählen, dass eine möglichst geringe Auswerfermarkierung am Formteil entsteht.

Die Anordnung der Auswerfer richtet sich nach der Größe der auftretenden Entformungskräfte. Auswerferstifte übernehmen z.T. auch die Funktion der Entlüftung des Formhohlraumes, weshalb sie mit der entsprechenden Passung eingebaut werden müssen.

Auswerferhülsen (Bild 1) dienen zum Entformen runder Formelemente und zum Stützen von Kernstiften.

Die Auswerferstifte und Hülsen sind in zwei **Stahlqualitäten** genormt: aus Werkzeugstahl in durchgehärteter Ausführung mit ca. 60 HRC und aus Warmarbeitsstahl mit einer Kernfestigkeit von 1400 N/mm^2, nitrierter Oberfläche mit ca. 950 HV 0,3. Letztere sind insbesondere für Druckgießwerkzeuge geeignet.

Um die Auswerferplatten beim Schließen des Werkzeugs wieder in die Endlage zu bringen sind **Rückdrückstifte (Bild 1)** vorzusehen.

Führungselemente sollen ein Verkanten des Auswerfersystems verhindern. Dies kann durch Führungsbolzen mit Kugelführungen **(Bild 2)** oder durch Führungsbuchsen erfolgen. Bei geringen Kippkräften reicht auch die Führung des mit den Auswerferplatten verbundenen Ausstoßbolzens durch eine Führungsbuchse aus.

Bei **Zweistufenauswerfersystemen (Bild 3)** wird die Ausstoßbewegung automatisch in zwei getrennte Hübe unterteilt. Sie kommen zur Anwendung, wenn Formteil und Angusssystem getrennt entformt werden müssen, oder bei Zwangsentformung des Teils.

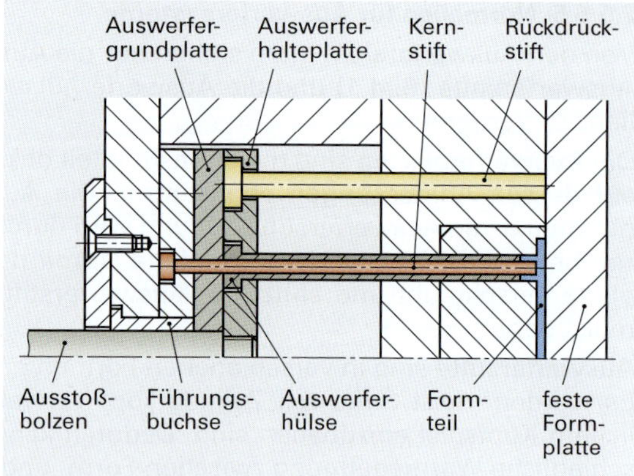

Bild 1: Werkzeug mit Auswerferhülse

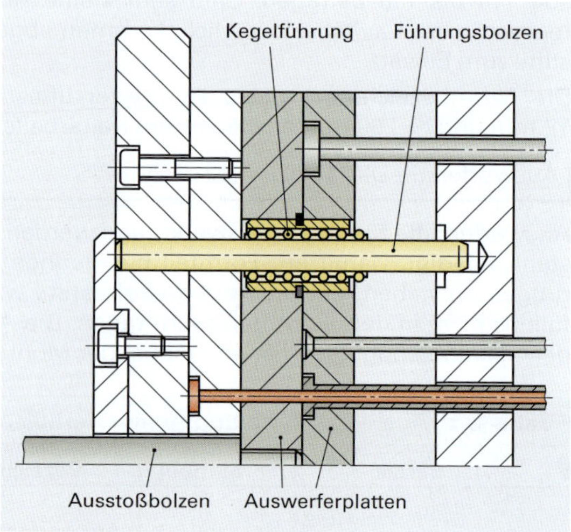

Bild 2: Kugelführung

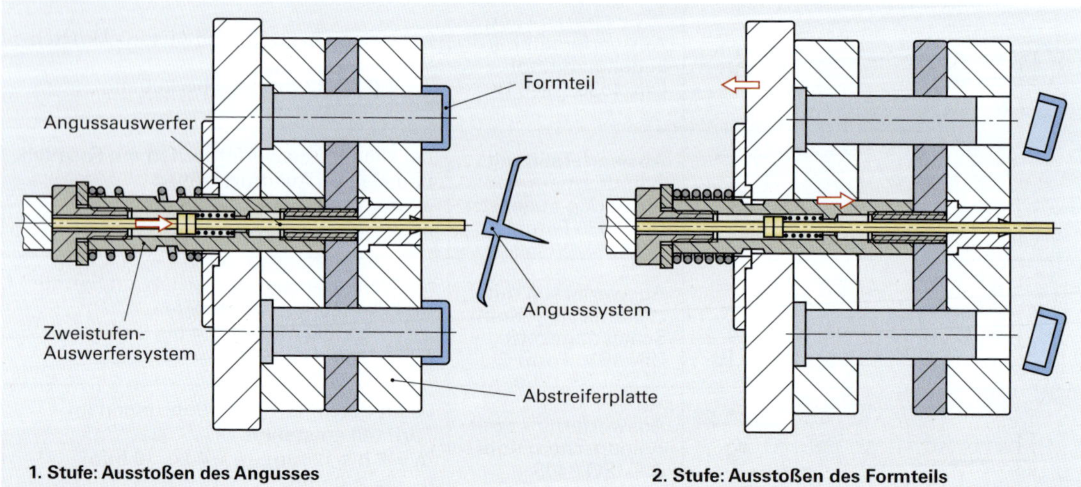

Bild 3: Zweistufenauswerfer

2.5.5.6 Normalien für die Werkzeugtemperierung

Die Werkzeugtemperatur ist ein wichtiger Prozessparameter, der für die Qualität der Formteile von entscheidender Bedeutung ist. Sie beeinflusst:

- das Fließverhalten der Formmasse im Werkzeug
- die Zykluszeit über die Kühlzeit
- die Oberflächengüte des Formteils
- die Schwindung und damit die Genauigkeit

Kerntemperierelemente

Die Formmasse schwindet nach dem Einspritzen auf den Formkern auf, wodurch sich ein geringer Spalt zur Gravurseite hin bildet, der die Wärme weniger gut ableitet. Aus diesem Grund und wegen seines meist kleineren Volumens nimmt der Kern mehr Wärme auf und muss deshalb besonders gut gekühlt werden. Für die verschiedenen Kerngrößen stehen entsprechende Temperierelemente zur Verfügung **(Tabelle1)**. Bei der Ausbildung der Temperiersysteme ist darauf zu achten, dass die Kerne genügend abgestützt sind und die Spritzkräfte sicher aufnehmen können. Welche Art der Schaltung für die Temperierkreisläufe gewählt wird, ist von der Werkzeuggröße, von der Formmasse und den Qualitätsanforderungen an das Formteil abhängig.

Tabelle 1: Temperierelemente

	Skizze	Beschreibung	Anwendung
Wärmeleitstab	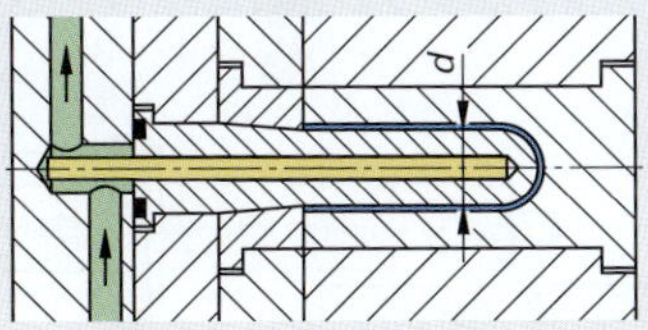	Der Wärmeleitstab leitet die Wärme vom Kern zum Temperaturmedium. Durch seine gute Wärmeleitfähigkeit ist die Wärmetransportgeschwindigkeit recht groß. Die Wärmeleitstäbe werden meist aus Kupfer gefertigt.	- sehr schlanke Kerne, $d > 5$mm - gute Kühlwirkung - günstig bei beengten Platzverhältnissen
Verteilerrohr	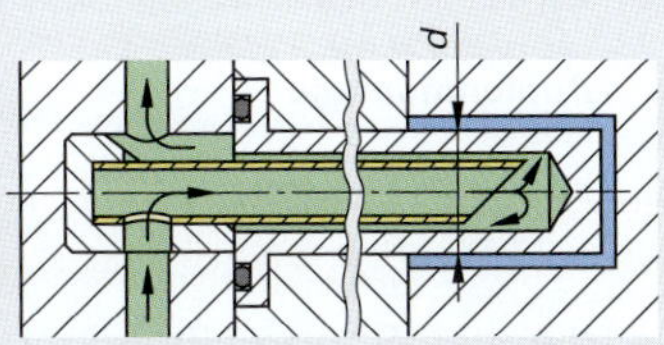	Das Temperiermedium wird durch das Verteilerrohr dem Kern zugeführt und fließt zwischen Kernbohrung und Rohr wieder zurück. Durch die Anschrägung des Rohres ergeben sich günstige Strömungsverhältnise.	- schlanke Kerne, $d > 10$ mm - sehr gute Kühlwirkung - gute Temperierung der Kernkuppe
Umlenksteg	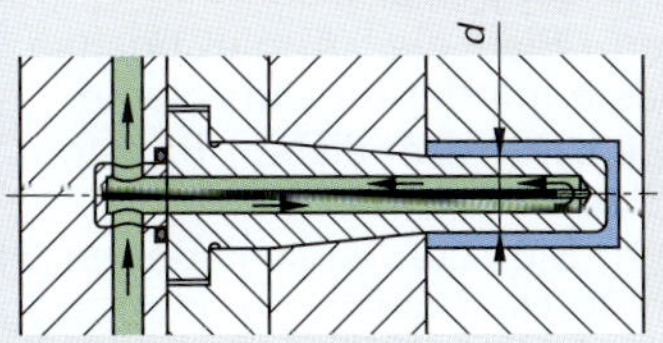	Die Umlenkstege trennen die Kernbohrung in einen Vor- und Rücklaufkanal. Sie bestehen aus PA oder GFK und können den Gegebenheiten einfach angepasst werden. Sie arbeiten meist in Reihenschaltung.	- mittlere Kerngrößen, $d > 20$ mm - kostengünstig - Länge und Breite einfach anpassbar
Verteilerwendel	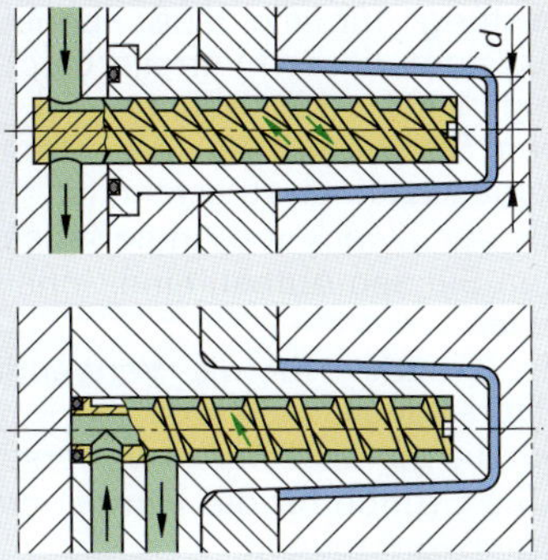	Wendelförmige Verteiler trennen ebenfalls die Kernbohrung in Vor- und Rücklaufkannal. Durch den wendelförmigen Kanal ergeben sich günstige Strömungsverhältnisse. Eingängige Wendeln kühlen die Kernkuppe mehr, zweigängige Wendeln ergeben eine gleichmäßige Temperierung. **Parallelschaltung:** geringer Druckabfall in den Temperierkanälen **Reihenschaltung:** unempfindlich gegen Kanalverstopfung	- mittlere bis große Kerne, $d \approx 30$ mm - geeignet für Parallel- und Reihenschaltung - kostengünstig - Länge anpassbar - geeignet für größere Rechteckkerne

2

Temperierung flächiger Formteile

Flächige Formteile wie Platten oder Boxen werden durch **Temperierkanäle** oder durch mehrere Kerntemperierelemente gekühlt. Die Temperierkanäle können spiralförmig oder ringförmig ausgebildet sein.

Für scheibenförmige Formteile sind eingefräste Spiralkanäle günstig. Für rechteckige Formteile eignen sich gebohrte Ringkanäle **(Bild 1)**. Sie bestehen meist aus mehreren Querbohrungen um die Kanäle den konstruktiven Gegebenheiten wie Formteilgeometrie, Auswerfer usw. anzupassen. Zum Umlenken und Verschließen innerhalb des Systems werden **Verschlussstopfen** verwendet. Nach außen werden die Bohrungen mit Verschlussschrauben bzw. Anschlussnippel versehen.

Für die Positionierung der Stopfen in den Bohrungen haben sich spezielle Montagewerkzeuge bewährt **(Bild 2)**.

Verläuft die Temperierbohrung über mehrere Platten hinweg, so können die Trennstellen mit **O-Ringen** abgedichtet werden. Sie bestehen aus wärmebeständigem Kunststoff, z. B. Viton.

Anschlussarmaturen

Für die Anschlüsse der Temperiergeräte können normalisierte Schnellkupplungen eingesetzt werden. Die Anschlusssysteme sind auf die Schlauchdurchmesser $^3/_8$", $^1/_2$", und $^3/_4$" abgestimmt.

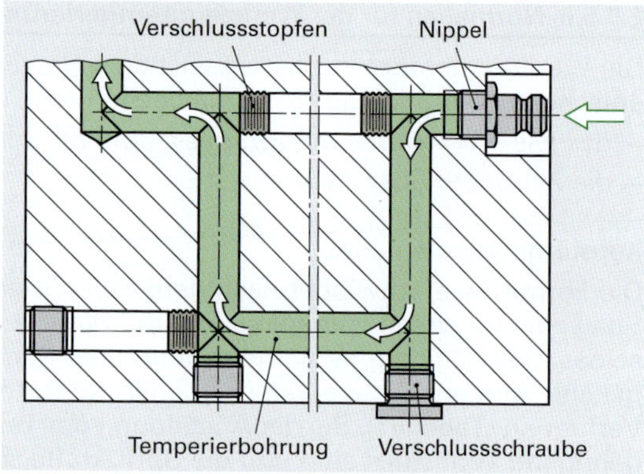

Bild 1: Gebohrter Temperierkanal

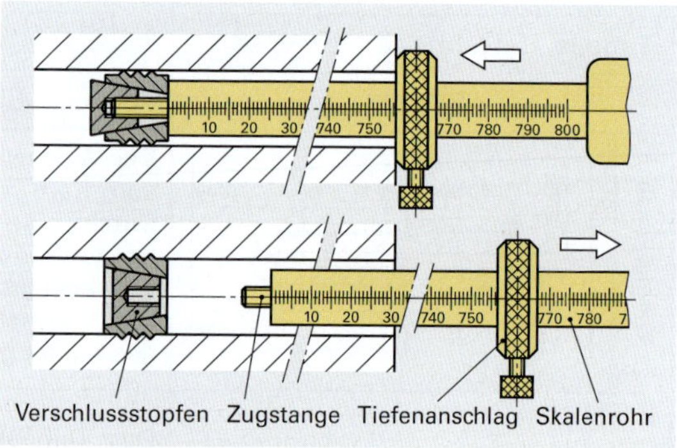

Bild 2: Verschlussstopfenmontage

Wiederholung und Vertiefung

1. Nennen Sie die verschiedenen Platten eines Zweiplattenwerkzeuges.
2. Geben Sie die Vorteile an, die sich durch die Verwendung von Normalien ergeben.
3. Beschreiben Sie die Merkmale eines Zweiplattenwerkzeuges und seine Anwendung.
4. Nennen Sie die Vor- und Nachteile eines Dreiplattenwerkzeuges.
5. Beschreiben Sie den Aufbau von Backenwerkzeugen.
6. Geben Sie die Vorteile von Backenwerkzeugen an.
7. Nennen Sie die verschiedenen Schiebersysteme für Spritzgießwerkzeuge.
8. Geben Sie Gründe an, warum der Einbauwinkel für Schrägbolzen zwischen 15 und 30° betragen soll.
9. Geben Sie den Zweck von Schraubkernen bei Spritzgießwerkzeugen an.
10. Beschreiben Sie eine Betätigungsmöglichkeit für Schraubkerne.
11. Nennen Sie Gründe für die Anwendung von Klinkenzugsystemen.
12. Geben Sie die bei Spritzgießwerkzeugen verwendeten Bauelemente zur Werkzeugführung und Zentrierung an.
13. Vergleichen Sie die Angießbuchse für Thermoplaste mit der für Duroplaste.
14. Nennen Sie die wesentlichen Bauelemente eines Heißkanalsystems.
15. Vergleichen Sie die verschiedenen Heizelemente für Heißkanalsysteme bezüglich ihrer Anwendung.
16. Bestimmen Sie die ungefähr zu installierende Heizleistung für ein außenbeheiztes Heißkanalsystem, dessen Verteilerblock die Abmessungen 200 × 100 × 50 mm hat.
17. Beschreiben Sie worauf bei der Montage von Heißkanalsystemen zu achten ist.
18. Nennen Sie den Zweck von Angießdüsen.
19. Beschreiben Sie den Aufbau einer innenbeheizten Düse.
20. Geben Sie Gründe für die Verwendung von Nadelverschlussdüsen an.
21. Nennen Sie die genormten Auswerferstifte.
22. Erläutern Sie Gründe für die Temperierung von Spritzgießwerkzeugen.

2.5.6 Sonderbauarten von Werkzeugen

2.5.6.1 Werkzeugeinsätze und Werkzeuge aus Leichtmetallen und Kunststoffen

Bei Werkzeugen für die Massenproduktion im Spritzgießbereich werden die Formteilkonturen (Kavitäten) direkt in die Formplatte aus Stahl oder in die Einsätze eingebracht.

Für die Herstellung von Kleinserien oder Prototypen können leichter zu bearbeitende metallische Werkstoffe, wie Aluminium oder Zink verwendet werden. Auch eine Verwendung von Kunststoffen im Bereich formgebenden Konturen ist möglich. Dies geschieht zumeist durch Gießharze.

Eine ausreichende Wärmeableitung und die erforderliche Druckstabilität wird durch Beimengungen von Metallpulver oder Metallgranulat in das Harz erreicht.

Die Aufnahme der Kräfte beim Einspritzen und Nachdrücken im Spritzgießprozess in radialer Richtung zur Werkzeugachse, wird durch ein genaues Einpassen des Kunststoff-Formeinsatzes in eine Rahmenplatte gewährleistet **(Bild 1)**.

Nuten, Grund- oder Durchgangslöcher im Formteil werden durch das Einbetten von metallischen Stegen und Kernen erzeugt.

In die Werkzeuge sind Zentrierelemente und Führungsflächen aus Metall sowie Rohre für die Temperierung eingegossen. Zur besseren Druckverteilung sind die Werkzeughälften zylindrisch aufgebaut. Für eine höhere Druckstabilität wird eine Metallmanschette um die Werkzeughälften gelegt **(Bild 2)**.

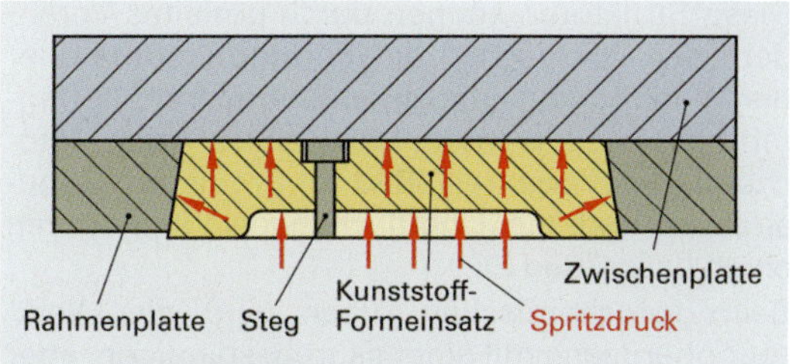

Bild 1: Werkzeugeinsatz mit Druckaufnahme durch die Rahmenplatte

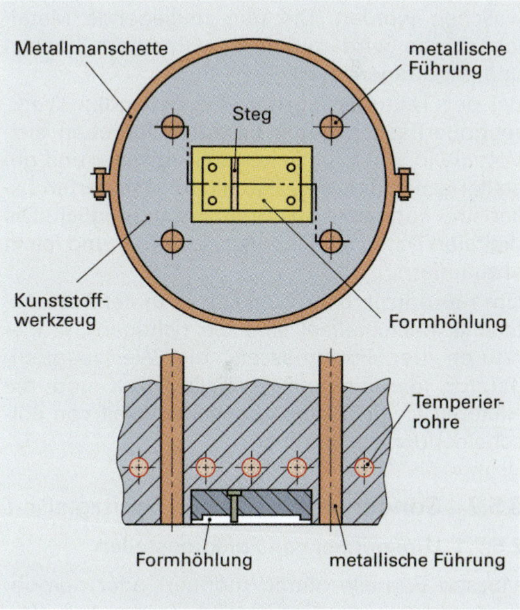

Bild 2: Werkzeug aus Kunststoff

2.5.6.2 Erzeugung und Behandlung von Oberflächen in Werkzeugen

Verschiedene Anforderungen verlangen unterschiedliche Oberflächen innerhalb des Werkzeuges und der Werkstücke.

Bei Spritzgieß- und Extrusionswerkzeugen werden glatte Oberflächen zur Reduzierung der Reibung durch Polieren oder Verchromen hergestellt.

Glatte Oberflächen ergeben günstige Fließeigenschaften und beeinflussen positiv das abrasive Verhalten des Kunststoffmaterials beim Verarbeiten.

Oftmals werden Werkstücke mit strukturierten Oberflächen am Formteil konzipiert, welche schon im Urformprozess entstehen können.

Bild 3: Griffige Oberflächenstruktur

An Werkstücken können Markierungen, Gravuren, Mikrostrukturen, Beschriftungen, Texturierungen wie z. B. Ledernarbungen oder griffige Oberflächenstrukturen angebracht werden **(Bild 3)**.

2

2

Diese Strukturen können durch gezieltes Verändern der Oberflächen des Formhohlraums oder der Werkzeugeinsätze durch abtragende Verfahren hergestellt werden. Dazu zählen Ätzen, fotochemische Verfahren **(Bild 1)**, Erodieren, Sandstrahlen und die Oberflächengestaltung durch einen Laser **(Bild 2)**.

Beim **fotochemischen Ätzen** wird die Werkzeugoberfläche mit einer säurebeständigen, aber lichtempfindlichen Schicht beschichtet. Dann wird durch eine Filmvorlage hindurch diese Schicht belichtet und härtet aus. An den nicht belichteten Stellen kann das Fotopolymer abgewaschen werden. Die nun freiliegende Metalloberfläche wird mit dem Ätzmedium benetzt und abgetragen.

Bei der Texturierung der formgebenden Werkzeugoberfläche durch **Laserlicht** ergeben sich Vorteile in wirtschaftlicher, ökologischer und gestalterischer Hinsicht: Durch den gesteuerten Laser sind komplexe 3-D-Geometrien möglich. Die digitalen Daten sind jederzeit abrufbar und leicht abzuändern.

Um reproduzierbare Werkstücke in der Formentechnik herzustellen, sind die richtigen Temperaturen der Formmassen, die Werkzeugtemperatur, die Einspritzgeschwindigkeit und die Haltezeit für die Abbildungsgenauigkeit von entscheidender Bedeutung.

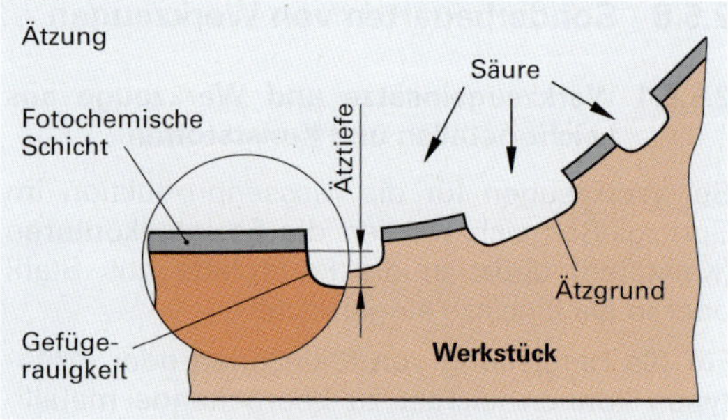

Bild 1: Fotochemisches Ätzverfahren

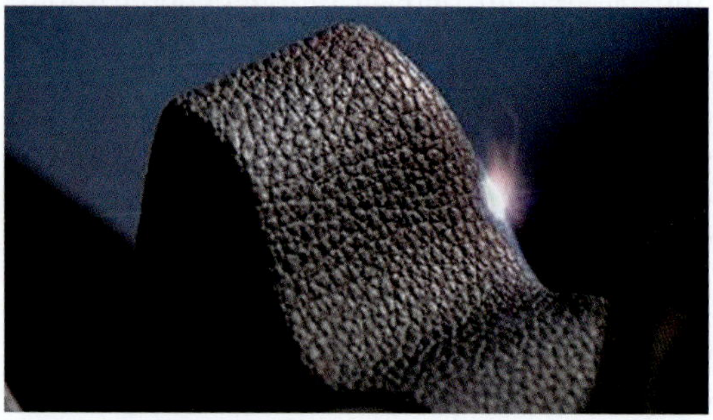

Bild 2: Laser-Texturieren

2.5.7 Sonderverfahren beim Spritzgießen

2.5.7.1 Umspritzen von Funktionsteilen

Müssen Bauteile häufig montiert oder demontiert werden, so sind große Kräfte und Verschleißbeanspruchungen zu erwarten. Um Kunststoffbauteile zu schützen, werden meist metallische Funktionsteile wie Gewindebuchsen, Stifte, Lagerbuchsen und Zentrierbolzen im durch Spritzgießen hergestellten Formteil eingebettet. Die Einbettung der Metallteile kann im Spritzgießwerkzeug durch Umspritzen der eingelegten Teile erfolgen **(Bild 3)**. Das Vorgehen wird als **Insert[1]-Technik** bezeichnet.

Ist das Kunststoffbauteil mechanischen Belastungen, z.B. Biegebelastungen, unterworfen und diesen aufgrund seiner Konstruktion nicht gewachsen, so wird ein metallischer Grundkörper, eine Platine, als Stützkonstruktion verwendet und umspritzt **(Bild 4)**. Diese Vorgehensweise wird als **Outsert[2]-Technik** bezeichnet.

Das Einlegen von Einlegeteile kann manuell oder mit Einlegehilfen wie Bestückungsroboter erfolgen.

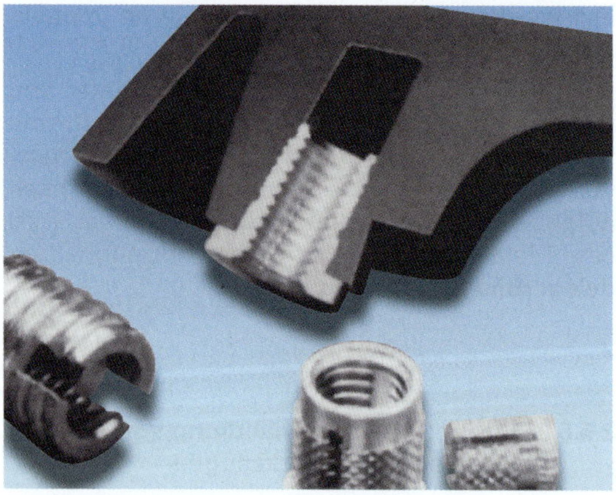

Bild 3: Gewindeeinsätze als Einlageteile

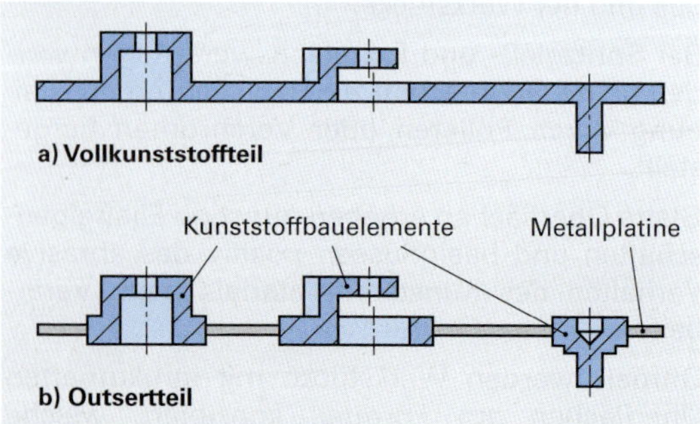

Bild 4: Umspritztes Bauteil

[1] insert (engl.) = einsetzen, einfügen
[2] outsert (engl.) = außen anfügen

2

2.5.7.2 Umspritzen von Stanzteilen zu Hybridteilen

Für die im automotiven Bereich notwendigen komplexen Steckerverbindungen zur elektrischen Stromzufuhr und die Führung von Steuersignalen sind aufwendige Fertigungsschritte notwendig.

Die Bauteile müssen neben den mechanischen Eigenschaften auch den elektro-dynamischen und -statischen Anforderungen genügen **(Bild 1)**.

Durch das unterschiedliche Ausdehnungs- und Schwindungsverhalten von Metallen und Kunststoffen kann es z. B. zu Spannungen und damit Verzug und Undichtigkeiten kommen.

Beim Umspritzen von Stanzteilen werden folgende Verfahren angewendet:

- Lose Stanzteile werden innerhalb einer eigens konzipierten Fertigungsanlage manuell oder mit Hilfe einer Einlegevorrichtung z. B. eines Roboters in ein Einfach- oder Mehrfach- Spritzwerkzeug eingelegt und danach in einer Spritzgießstation umspritzt **(Bild 2)**.
- Im Folgeverbund-Stanzwerkzeug gefertigte Stanzteile sind innerhalb eines Stanzstreifens auf einem Coil aufgewickelt. Der Stanzstreifen wird danach an eine Spritzeinheit gebracht, um zum Umspritzen wieder abgewickelt, in die Spritzeinheit eingeführt, umspritzt und wieder aufgewickelt zu werden. Vor dem Aufwickeln kann das Hybridteil vom Stanzstreifen getrennt werden. Das Fertigungsverfahren wird **Reel-to-Reel[1]-Verfahren** genannt **(Bild 3)**.
- Beim **Inline[2]-Verfahren** arbeiten die Stanzautomaten zum Vorstanzen und jene zum Fertigstanzen in Linie mit der Spritzgießmaschine.
  Spritzgießwerkzeuge mit vielen Kavitäten (Mehrfach-Werkzeuge) und Bandschlaufen kompensieren den langsamen Spritzgießprozess zwischen den Stationen **(Bild 4)**.
- Bei der dritten Verfahrensvariante ist das Spritzgießwerkzeug als zusätzliches Modulteil in ein Folgeverbundwerkzeug eingebaut. Man kann diese Verfahren als Folgeverbundspritzen bezeichnen. Es werden prozesssicher, qualitativ hochwertige Teile in kleinen, mittleren und großen Stückzahlen hergestellt **(Bild 5)**.

Neben der wesentlichen Kosteneinsparung durch weniger Ausschuss gegenüber der Einzelfertigung bzw. nachträglichem Einlegen oder Bestücken im Umspritzwerkzeug, sind durch den Bandeinlauf höhere Stückzahlen möglich.

[1] Ree-to-Reel (engl.) = von Spule zu Spule
[2] Inline (engl.) = in Reihe

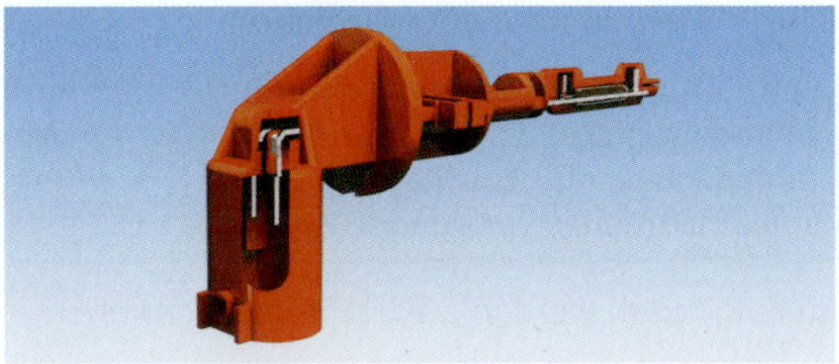

Bild 1: Hybridteil

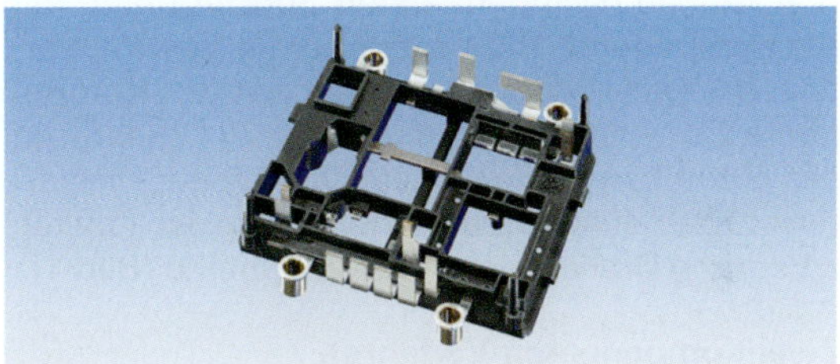

Bild 2: Umspritztes Stanzteil

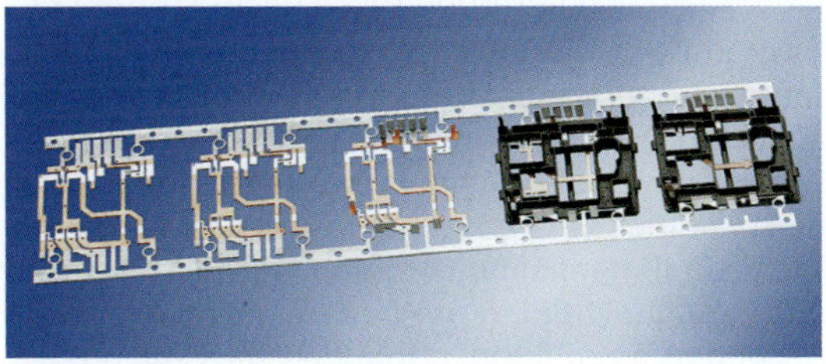

Bild 3: Umspritzter Stanzstreifen

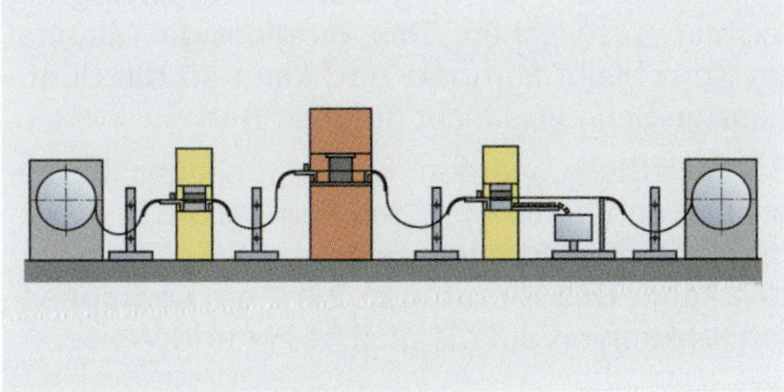

Bild 4: Anordnung Inline-Verfahren

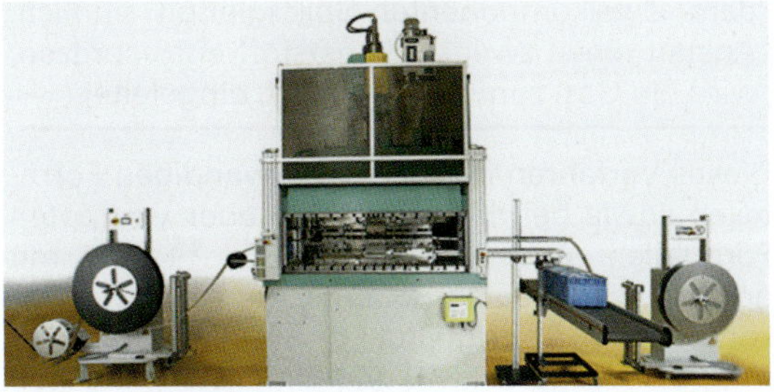

Bild 5: Folgeverbundumspritzen

2

2.5.7.3 Mehrkomponentenverfahren

Beim Mehrkomponentenverfahren werden verschiedene Kunststoffmaterialien mit unterschiedlichen Eigenschaften zur Herstellung eines Formteiles verwendet.

Im Folgenden werden 2 Varianten beschrieben.

Zwei-Komponenten-Verfahren
durch **Umspritzen**

Hier können nach dem ersten Spritzvorgang mit der **Komponente 1,** Grundkörper hergestellt werden. Im zweiten Spritzvorgang, mit der **Komponente 2,** können die Formteile durch Umspritzen des Grundkörpers fertiggestellt werden. Dies erreicht man durch eine Veränderung der Kavität, z. B. durch Drehen einer Werkzeughälfte **(Bild 1).**

Zwei-Komponenten-Verfahren
durch **Materialverdrängung**

Im ersten Schritt wird die erste Kunststoff-Komponente in den Formhohlraum gespritzt **(Bild 2).**

Es ergibt sich nur eine Teilfüllung des Formhohlraumes, die sogenannte Schmelzevorlage. Im nächsten Schritt treibt die zweite Kunststoff-Komponente die Schmelzevorlage voran und diese kleidet im Verlauf des Spritzvorgangs die Werkzeuginnenfläche mit einer dünnen Schicht aus. Dies funktioniert am besten, wenn eine ausreichende Teilfüllung erfolgt ist und die Viskosität des Kernmaterials größer ist als die des Materials der Außenhaut. Dünnflüssige Schmelzen können einer nachfolgenden Fließbewegung leichter ausweichen. Das dickflüssige Material im Kern bleibt kompakt und kann so die dünnflüssige Schmelze nicht durchstoßen.

Spritzgießteile werden kostengünstiger hergestellt, wenn im Inneren des Formteils z. B. spritzgießfähiges Recyclingmaterial verwendet werden kann. Das Hinzufügen weiterer Komponenten funktioniert auf die gleiche Art und Weise.

Gasinnendruck-Verfahren (GID)

Das GID-Verfahren ist in seinen Grundzügen dem Zweikomponenten-Spritzgießen ähnlich. Anstatt einen zweiten Kunststoff einzuspritzen, wird ein Gas, zumeist Stickstoff, eingeleitet.

Dieses Verfahren findet bei dickwandigen Formteilen sowie bei dünnwandigen aber verrippten Formteilen Anwendung. Bei Formteilen mit großer Fließweglänge entstehen beim herkömmlichen Spritzgießen durch die Verminderung der Nachdruckwirkung Einfallstellen. Durch das GID-Verfahren kann dies verhindert werden.

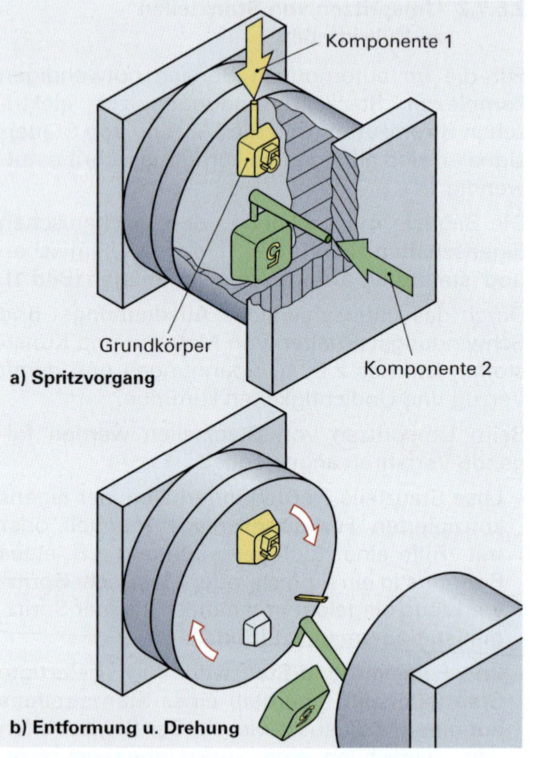

Bild 1: Zwei-Komponenten-Verfahren durch Umspritzen

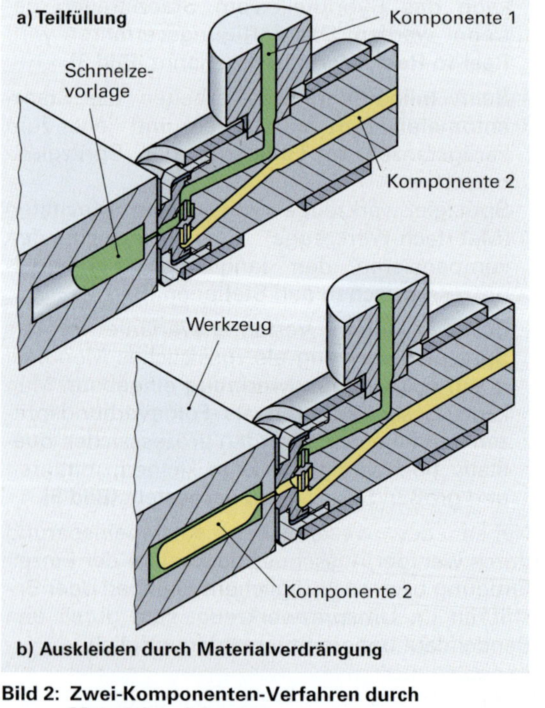

Bild 2: Zwei-Komponenten-Verfahren durch Materialverdrängung

Die **Vorteile** dieses Verfahrens sind:

- Herstellen von dickwandigen Teilen ohne Einfallstellen
- bis zu 50% Materialeinsparung
- Reduzierung des Formteilgewichtes bei gleichen oder besseren mechanischen Eigenschaften
- Verbesserung der optischen Eigenschaften durch eine geschlossene Form anstatt störender Rippen.

Beim GID-Verfahren sind mehrere Verfahrensvarianten zu unterscheiden.

Gaszuführung durch die Düse

Hier wird das Gas, ebenso wie beim Mehrkomponenten-Verfahren durch die Düse zugeführt. Die Kavität wird nur zum Teil gefüllt. Die anschließende Zuleitung von Gas schiebt die Schmelzefront voran und drückt den Kunststoff an die Werkzeuginnenwand **(Bild 1)**.

In Vorversuchen wird die Vorlagemenge ermittelt. Zu wenig Schmelzevorlage führt zu einem „Durchschuss" des Gases, d.h. das Gas durchstößt die Kunststoffhaut. Das Gas übernimmt auch die Aufgabe des Nachdrucks und dieser kann somit zeitunabhängig aufrechterhalten werden. Die Nachdruckhöhe ist nicht von der Entfernung des Anschnitts abhängig, da der Druck im Gaskanal überall gleich ist. Es kann mit niedrigeren Nachdrücken gearbeitet werden. Es entstehen Formteile mit geringen Eigenspannungen. Das Formteil muss nach dem Erstarren entlüftet werden, um ein Platzen des Formteils beim Öffnen des Werkzeuges zu verhindern. Bei Bedarf kann eine Versiegelung der Gaseinführungsöffnung durch Nachschieben von Kunststoffmasse erfolgen.

Um den Gasverbrauch zu reduzieren, wird das Gas in den Druckbehälter zurückgeführt.

Dieses Verfahren ist in Mehrfachwerkzeugen nicht einsetzbar. Die Kunststoffmasse hat in jeder Kavität, wegen vieler Gründe eine unterschiedliche Viskosität. Da das Gas den Weg des geringsten Widerstandes geht, erzeugt es unterschiedliche Gasblasen in den einzelnen Formteilen.

Gaszuführung direkt in das Formteil

Das Gas wird hierbei **nicht** durch die Düse, sondern durch spezielle Einspritzbausteine mittels Hohlnadeln direkt in die Kunststoffschmelze **(Bild 2)** zugeführt. Hier können durch die zeitlich unabhängige Ansteuerung einzelner Einspritzelemente reproduzierbare Formteile hergestellt werden. Eine Anwendungsbeispiel sind z. B. Türgriffe.

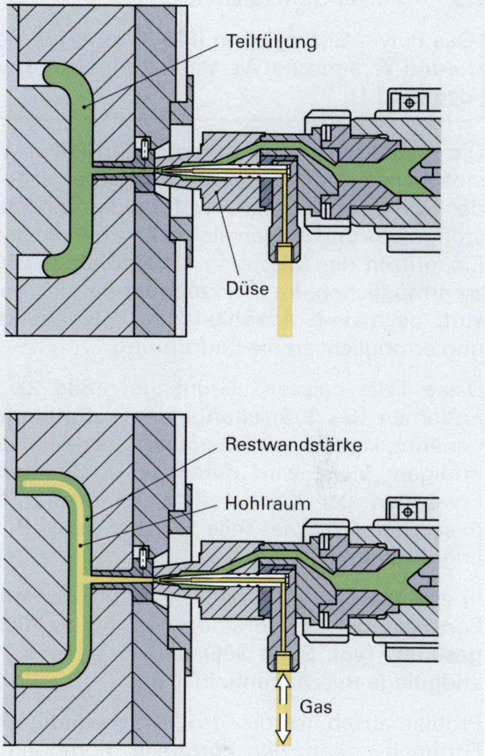

Bild 1: Gaszuführung durch die Düse

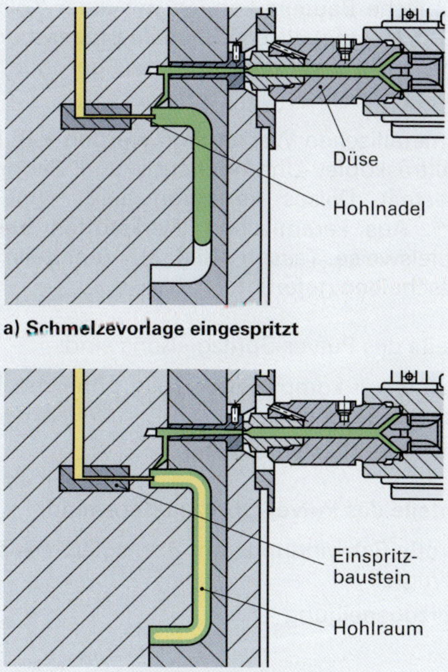

a) Schmelzevorlage eingespritzt

b) Gaseinspritzung

Bild 2: Gaszuführung in das Formteil

2

2

2.5.7.4 Pulver-Spritzgießen

Das Pulver-Spritzgießen **(PIM[1])** kann für Metalle und keramische Werkstoffe angewandt werden **(Bild 1)**.

Die metallischen oder keramischen Pulverwerkstoffe werden mit Kunststoffpulver vermengt. In der Spritzgießmaschine verflüssigen die Kunststoffanteile und dienen als Gleitmittel, um so das Einspritzen der Mischung als fließfähige Masse zu ermöglichen. Im Werkzeug bindet der Kunststoff nach dem Abkühlen den Pulverwerkstoff und ermöglicht so die Entformung.

Diese Teile heissen „Grünlinge" **(Bild 2)**. Das Entfernen des Kunststoffbinders, **„Entbindern"** genannt, kann durch Lösemittel oder katalytisch erfolgen. Meist wird durch ein nachfolgendes Erwärmen der Kunststoff rückstandsfrei thermisch zersetzt. Die Teile werden nun „Braunlinge" genannt.

In einem weiteren Verfahrensschritt werden die Formteile bei Temperaturen von bis zu 2000 °C **gesintert (vgl. Seite 306)** und erhalten so ihre endgültige Beschaffenheit.

Problematisch ist die große Schwindung der Formteile. Sind die Formteile homogen, so schwinden sie in alle Richtungen gleich. Je nach Material und Formteil sind Binderanteile von 10 bis 50 Volumenprozent üblich.

Keramische Bauteile können mit einer Toleranz von ± 0,2 %, metallische Bauteile prozessbedingt mit ca. ± 0,4 % auf das Fertigmaß bezogen, hergestellt werden.

Aus metallischen Werkstoffen werden z. B. Hartmetallfräsköpfe, Uhrengehäuse und Zahnräder hergestellt. Dieses Verfahren heißt abgekürzt **MIM[2]**. Aus keramischen Werkstoffen werden beispielsweise Tassen **(Bild 3)**, Ventilteile und Dichtscheiben gefertigt.

Vorteile des Pulver-Spritzgießens sind:

- Herstellen komplizierter Teile ohne mechanische Bearbeitung
- Gute Oberflächenqualität

Nachteile des Pulver-Spritzgießens sind:

- Große Schwindung vom Spritzgieß- bis zum Fertigteil
- Verzugsneigung

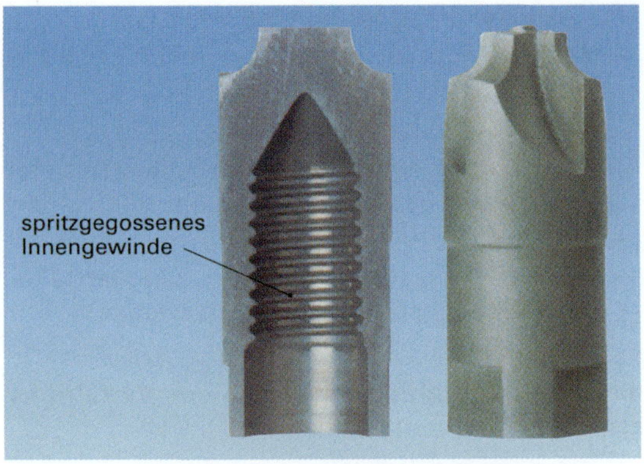

Bild 1: Spritzgegossener Hartmetallfräskopf

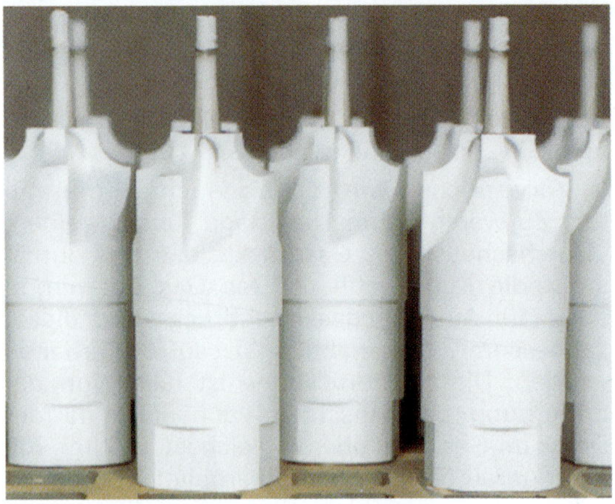

Bild 2: Spritzgegossene Hartmetallteile, sogenannte „Grünlinge"

Bild 3: Spritzgegossene Keramiktasse

[1] engl. Powder Injection Moulding = Pulverspritzgießen

[2] engl. Metal Injection Moulding = Metall-Spritzgießen

2.5.8 Prototypen

Prototypen dienen zur Veranschaulichung und zur Überprüfung der Proportionen, der Funktion und des Designs. Sie können auch als Kommunikationsmodelle für Marktstudien und Kundenpräsentationen verwendet werden.

An **Geometrieprototypen** werden Handhabung, Bedienung und Benutzung überprüft.

An **Funktionsprototypen** können z.B. strömungsmechanische Untersuchungen stattfinden.

Prozessprototypen dienen zu Montage- und Kollisionsuntersuchungen, zur Betriebsmittelvorbereitung und für Abformungen.

Technische Prototypen stimmen mit den später in Serie gefertigten Teilen weitgehend überein und dienen der Vorbereitung für Abläufe in der Fertigung.

Prototypen können mit den herkömmlichen spanenden oder abtragenden Fertigungsverfahren hergestellt werden. Anschließendes Verfeinern der Oberfläche dient dem Schutz und der besseren Handhabung.

2.6 Additive Fertigung

Additive Fertigung oder **„generative Fertigung"** sind Sammelbegriffe für die Technologien zur Herstellung von Prototypen, Musterteilen oder Werkzeugelementen **(Bild 1)**.

Da nicht alle Verfahren unter diesen Sammelbegriffen kurze Fertigungszeiten aufweisen, ist der alte technologische Begriff „Rapid Prototyping" für alle Verfahren irreführend.

Grundsätzlich gilt für diese Verfahren, dass ein schichtweiser Aufbau der Werkstücke aus flüssigen, festen oder pulverförmigen Stoffen erfolgt. Es werden lasergestützte und nichtlasergestützte Verfahren unterschieden.

Ausgehend von einer Idee **(Bild 2a)**, wird ein dreidimensionales Modell am Computer mit Hilfe eines CAD-Systemes erstellt **(Bild 2b)**. Die als Volumenmodele vorliegenden Daten lassen sich mit entsprechenden Formatschnittstellen in zweidimensionalen Schichtdaten, sogenannte Slice[1] – Daten umwandeln **(Bild 2c)**.

[1] engl. slice = Schicht, in dünne Scheiben schneiden

Im Herstellprozess entstehen die Geometrien der physikalischen Modelle durch ein stufenweises Aufschichten der verwendeten Materialien **(Bild 2d)**.

Die Genauigkeit der herzustellenden Prototypen, Modelle, Muster oder Werkstücke hängt von den Schichtdicken *s*, also von der Schrittweite in Z-Richtung, ab. Diese beträgt ca. 0,005 mm bis 0,5 mm.

Die **additiven** bzw. **generativen Verfahren** werden auf den nachfolgenden Seiten beschrieben.

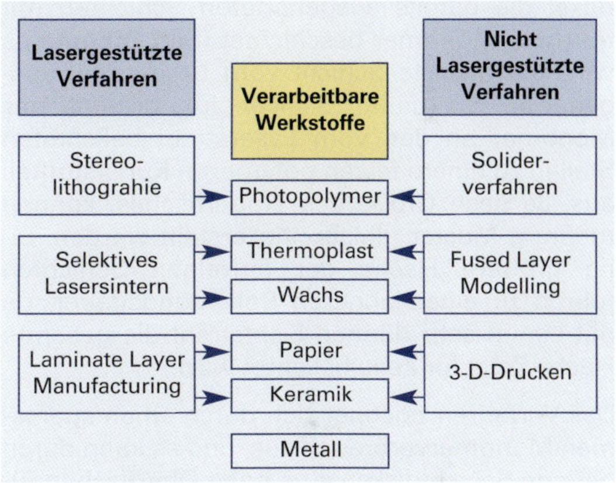

Bild 1: Additive bzw. generative Verfahren

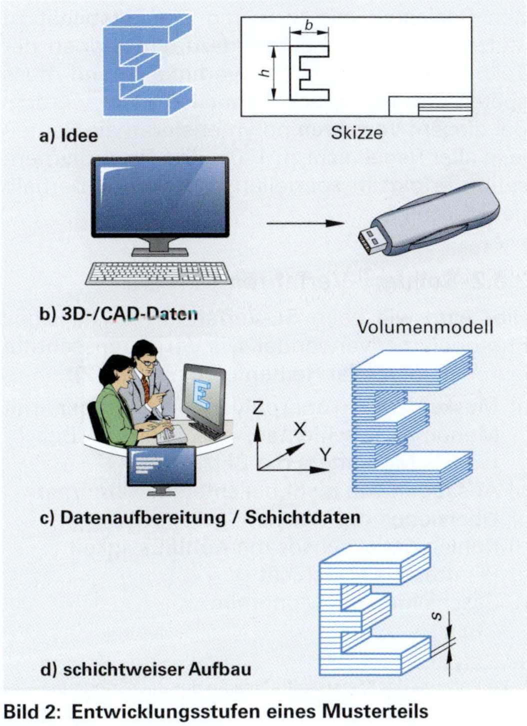

Bild 2: Entwicklungsstufen eines Musterteils

2

2.6.1 Stereolithographie (SL)

Das Stereolithographie-Verfahren[1] **(Bild 1)** basiert auf dem Prinzip der **Photopolymerisation.** In einem Harzbad aus un- oder niedrigvernetzten Monomeren wird durch einen gesteuerten Laserstrahl die Kontur des jeweiligen Querschnittes auf der Oberfläche der Flüssigkeit aufgezeichnet. Die hohe Energiedichte des Laserstrahls führt zu einem örtlichen Aushärten der Monomere **(Bild 1a).**

Nachdem eine Schicht belichtet und ausgehärtet ist, wird der Trägertisch um die Schichtdicke abgesenkt **(Bild 1b).** Dann werden mit einem Rakel die bereits ausgehärteten Schichten mit frischem Monomer beschichtet **(Bild 1c),** und es wird die nächste Schicht vom Laserstrahl ausgehärtet. So härtet Schicht für Schicht das Monomer an den vom Laserstrahl belichteten Stellen zu einem festen polymeren Kunststoffteil aus. Je nach Größe des Trägertisches, können mehrere Muster gleichzeitig erstellt werden. Eine größere Fläche der einzelnen Schichten führen zu einer längeren Belichtungsdauer, da mit einem sehr dünnen Lichtstrahl die gesamte Fläche Zeile für Zeile belichtet wird.

Das Verfahren zeichnet sich durch einen sparsamen Monomerverbrauch aus, und es kann durch geringe Schichtdicken eine hohe Oberflächengüte erreicht werden. Es wird meist eine Stützkonstruktion benötigt, um die anfänglich sehr dünnen Schichten mit zu wenig Eigenstabilität zu stützen. Sie dient ebenso dazu, ein Kippen der Teile in der Flüssigkeit zu verhindern und muss später vom Werkstück manuell entfernt werden. Bei diesem Verfahren polymerisieren die Bauteile in aller Regel nicht zu 100%. Die Restpolymerisation erfolgt in speziellen UV-Öfen, außerhalb der Maschine.

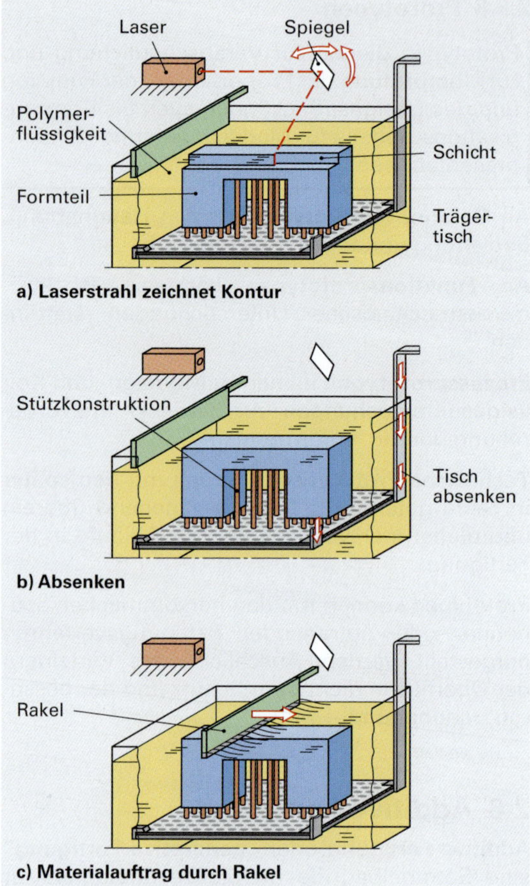

a) Laserstrahl zeichnet Kontur

b) Absenken

c) Materialauftrag durch Rakel

Bild 1: Stereolithographie

2.6.2 Solider[2]-Verfahren

Hier wird wie beim SL-Verfahren ein flüssiges Photopolymer verwendet. Die Verfahrensschritte laufen in folgender Reihenfolge ab **(Bild 2):**

a) Masken mit Tonerpulver und Träger mit Monomer beschichten, anschließend Belichten des Monomers mit Blitzlampe
b) Absaugen von nicht belichtetem Monomer
c) Überziehen mit Wachs
d) Kühlen des Wachses mit Kühlflüssigkeit
e) Planfräsen der Schicht
f) Beschichten mit Monomer

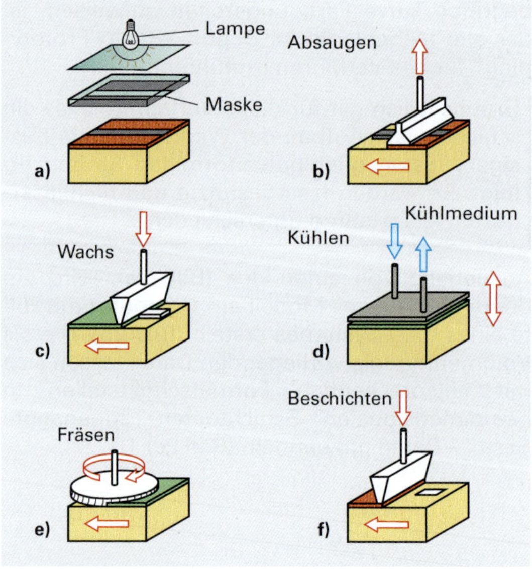

Bild 2: Soliderverfahren

[1] Vernetzung der Kunststoffmoleküle durch Lichtenergie

[2] Solid (engl.) = fester Körper

Die **Vorteile** des Verfahren liegen darin, dass im Gegensatz zum SL-Verfahren die Dauer der Schichtbildung weitgehend unabhängig von der Größe der belichteten Schicht ist. Die Modelle sind komplett in Wachs eingebettet und so in ihrer Position fixiert. Auf Stützkonstruktionen wie beim SL-Verfahren kann verzichtet werden. Auch mehrteilige Modelle mit zueinander beweglichen Einzelteilen sind herstellbar. Es werden verzugsfreie Werkstücke hergestellt, da die vollständig polymerisierten Teile nicht nachgehärtet werden müssen.

Nachteilig dabei ist, dass das Wachs unter Zuhilfenahme einer Säure ausgewaschen und wegen der monomeren Verunreinigungen entsorgt werden muss.

Der Prozess ist sehr aufwändig. Für die Anlage ist aufgrund ihrer Abmessungen ein großer Platzbedarf erforderlich.

2.6.3 Selektives[1] Laser-Sintern (SLS)

In einer vorgeheizten Prozesskammer wird eine Schicht pulverförmiges Material durch einen Laserstrahl lokal leicht angeschmolzen **(Bild 1a)**. Nach der Erstarrung verbinden sich die Körner zu einer festen Schicht.

Analog zu den vorher genannten Verfahren, wird durch Absenken der Schicht und erneutes Beschichten mit neuem Material, ein **schichtweiser** Aufbau erreicht.

Grundsätzlich können alle Materialien, welche sich an- oder aufschmelzen lassen und nach Temperaturabsenkung wieder erstarren, eingesetzt werden, z. B. Kunststoff, Metall und Wachs.

Die Korngröße und die Materialeigenschaften entscheiden über die Oberflächenqualität des Modells.

2.6.4 Laminated Layer Manufacturing (LLM)

Durch Aufeinanderkleben des Schichtmaterials, welches von einer Rolle abrollt, und ausschneiden der Kontur mit einem Laserstrahl, wird das Modell aufgebaut **(Bild 2)**.

Die nicht zum Modell gehörenden Bereiche können vor jeder neuen Beschichtung entnommen werden oder verbleiben beim Modell. Der Verschnitt wird aber in kleine Quadrate geschnitten, um so ein späteres einfaches Entfernen zu gewährleisten.

[1] selektiv = auswählen

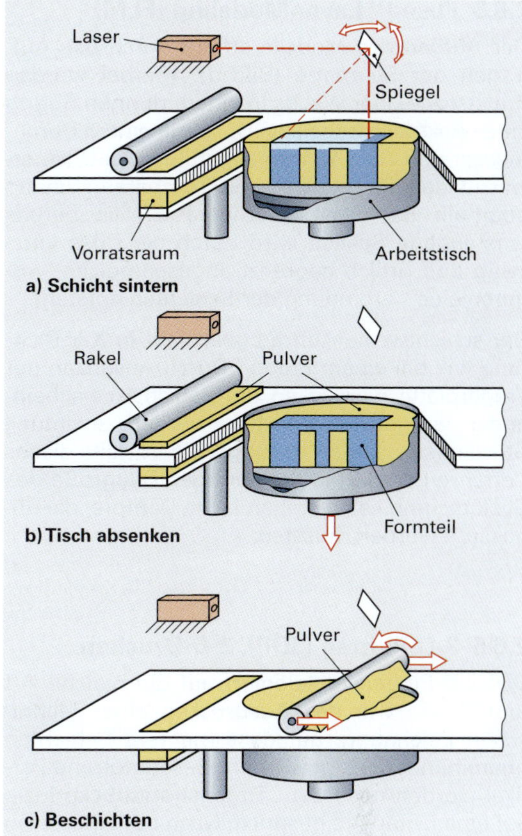

Bild 1: Selektives Laser-Sintern

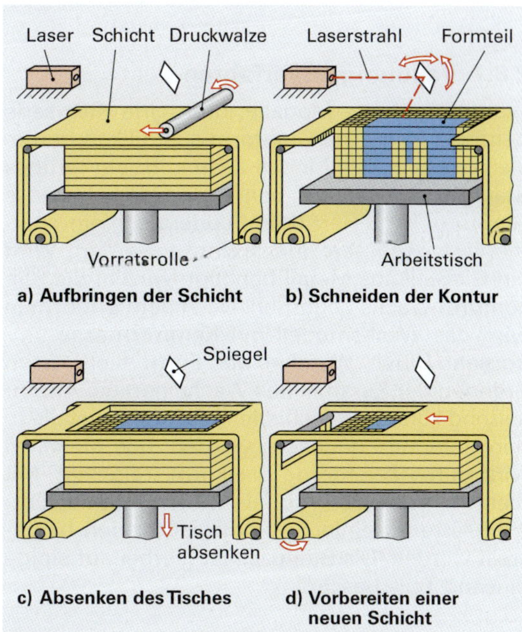

Bild 2: Laminated Layer Manufacturing

2

2

2.6.5 Fused[1] Layer Modeling (FLM)

Der Aufbau des Modells erfolgt durch das Auftragen der Schmelze **(Bild 1)**. Hierbei werden Kunststoffe oder Wachs in einem dünnen Strang einer elektrisch beheizten Düse mit einem Durchmesser von ca. 0,18 mm zugeführt. Die Düse erwärmt den Strang auf eine Temperatur knapp oberhalb der Schmelztemperatur. Die bereits entstandene Schicht wird durch die Düse kurzzeitig und örtlich begrenzt angeschmolzen, wodurch eine Verbindung der Schichten entsteht.

Der schichtweise Auftrag geschieht in X-Y-Richtung wie bei einem Plotter. Durch Absenken der Trägerplatte werden so die Schichten nacheinander aufgebaut. Hierbei werden eventuell Stützkonstruktionen benötigt. Die Vorteile dieses Verfahrens liegen in der geringen Baugröße des Systems und es entstehen keine Dämpfe, die abgesaugt werden müssten.

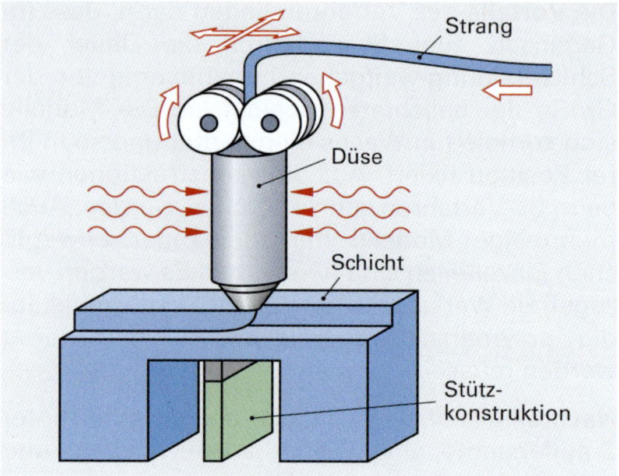

Bild 1: Fused Layer Modelling

2.6.6 3-D-Plotten (3DP), 3-D-Drucken

Das 3-D-Plotten funktioniert auf die gleiche Art und Weise wie das Ausdrucken einer technischen Zeichnung, nur dass mehrere Schichten übereinander gelegt werden. Geschmolzene Partikel werden nach dem Tintenstrahldruckprinzip auf eine Unterlage gespritzt. Nach dem Erstarren der Schmelze entsteht Schicht für Schicht das Modell **(Bild 2)**.

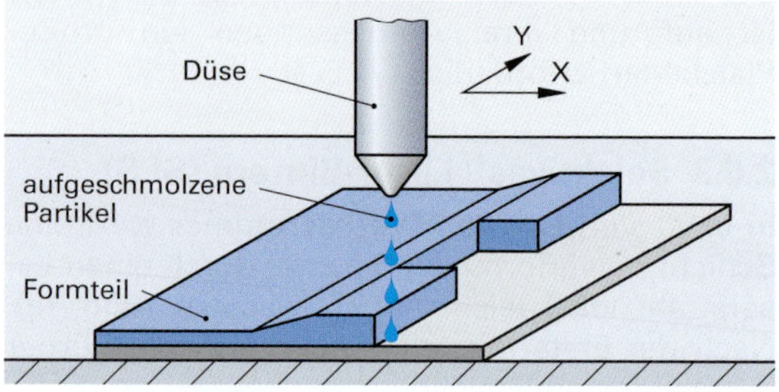

Bild 2: 3-D-Plotten

2.6.7 Vakuumgießverfahren

Werden mehrere Modelle, oder eine Kleinserie benötigt, kann eine Gießform aus Silikon hergestellt werden. Als Modell kann z. B. ein fertiges Stereolithographieteil benützt werden. In diese Gießform kann Harz **(Bild 3)** oder auch ein Thermoplast gegossen und entformt werden. Wird ein Gießteil aus Metall benötigt, wird in die Silikonform Wachs gegossen. Nach dem Entformen wird das Wachsmodell mit Keramikmasse umgossen. Durch Wenden der Form fließt beim Brennen der Keramik das Wachs heraus. Anschließend können verschiedene Feingießmetalle in den Hohlraum gegossen werden. Das Metallteil wird durch Zerstörung der Form freigelegt. Mit diesem Verfahren können auch kleine Formeinsätze für einfache Spritzgießformen hergestellt werden. Die Standzeit ist hierbei auf einige tausend Teile beschränkt.

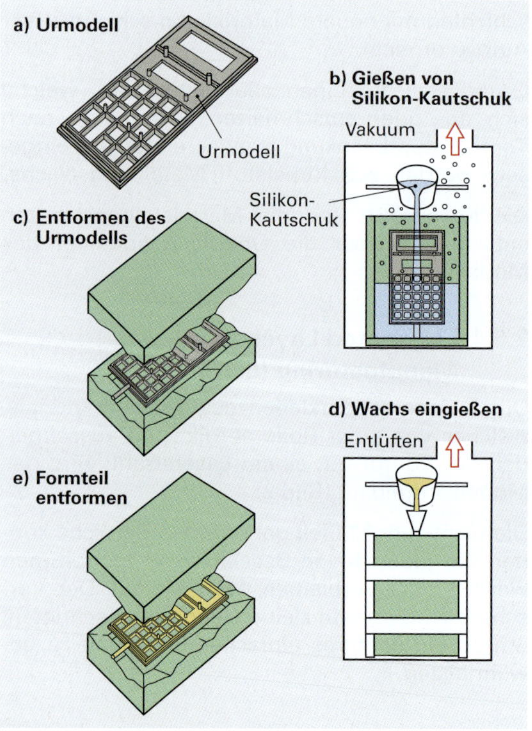

Bild 3: Vakuum-Gießverfahren

[1] fuse (engl.) = schmelzen

Wiederholung und Vertiefung

1 Nennen Sie verschiedene spanlose Verfahren, mit denen Duro- bzw. Thermoplaste überwiegend verarbeitet werden.
2 Begründen Sie, weshalb beim Formpressen mit Werkstoffüberschuss gearbeitet wird.
3 Erklären Sie die Funktion der Austriebskanäle an Presswerkzeugen.
4 Begründen Sie die Beheizung der Press- und Spritzpresswerkzeuge.
5 Unterscheiden Sie das Formpressen vom Spritzgießen.
6 Erklären Sie den Begriff Einspritzdruck und wovon dieser abhängt.
7 Beschreiben und begründen Sie den Druckverlauf im Werkzeug.
8 Nennen Sie die Aufgaben der Spritzgießmaschine.
9 Erläutern Sie den Begriff Staudruck und begründen Sie, wovon die Höhe des Staudruckes abhängig ist.
10 Beschreiben Sie, wie es zur so genannten Schwimmhautbildung kommen kann.
11 Begründen Sie, warum bestimmte Flächen von Spritzgießteilen eine Neigung aufweisen.
12 Beschreiben Sie den Aufbau einer Spritzgießform (Spritzgießwerkzeug) und benennen Sie die Einzelteile.
13 Erläutern Sie den Begriff Anguss und Anschnitt.
14 Nennen Sie den Vorteil, den die Vergrößerung der Vorkammer mit sich bringt.
15 Erläutern Sie, wodurch eine Bindenaht an Spritzgießteilen entstehen kann.
16 Begründen Sie verschiedene Angießmöglichkeiten.
17 Erläutern Sie den Begriff Kernversatz.
18 Unterscheiden Sie ein Isolierkanalwerkzeug von einem Heißkanalwerkzeug.

2

2.7 Extrudieren

Beim Extrudieren (DIN 24 450) werden überwiegend thermoplastische Kunststoffe mit einer bestimmten Schmelzviskosität in einem kontinuierlichen Arbeitsprozess zu Schläuchen, Bändern, Stangen, Fäden oder Profilen aller Art verarbeitet. Mit besonderen Einrichtungen können auch Kabel und Drähte ummantelt sowie Bahnen und Platten hergestellt werden **(Bild 1)**.

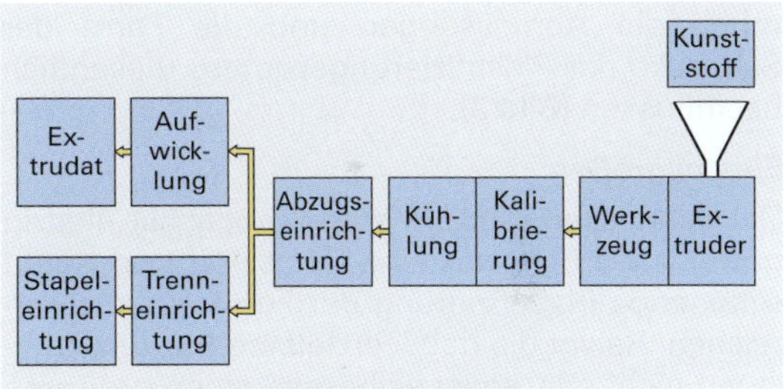

Bild 1: Aufbau einer Extrusionsanlage

Zum Extrudieren verwendet man Schneckenextruder **(Bild 2)**. Sie haben die Aufgabe, granulierte oder pulverförmig eingebrachte Formmasse fortlaufend zu plastifizieren, zu homogenisieren und durch die Öffnung einer Düse zu drücken. Die Düsenöffnung hat dabei annähernd die gewünschte Profilform.

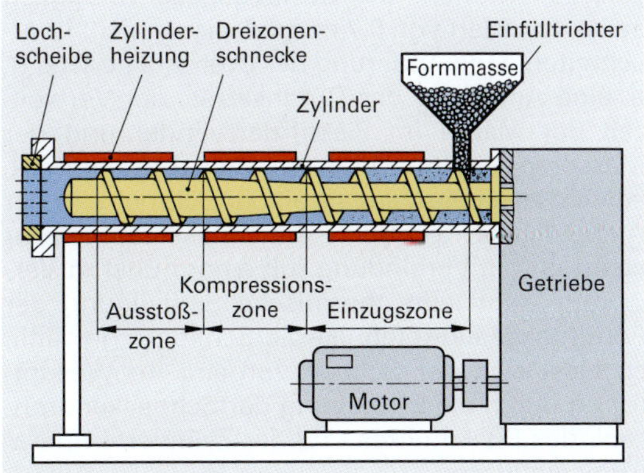

Bild 2: Schneckenextruder

Über einen Einfülltrichter wird das trockene Granulat in die **Einzugszone** der Schnecke gebracht **(Bild 2)**. Die sich drehende Schnecke fördert die Formmasse in axialer Richtung weiter. Erst gegen Ende der Einzugszone und in der **Kompressionszone,** in der die Formmasse auch verdichtet wird, beginnt das eigentliche Aufschmelzen der Formmasse. Dieser Vorgang wird durch die konvektive Wärmezuführung von außen **(Zylinderheizung)** eingeleitet und durch die entstehende **Scherwärme** von innen her unterstützt. Scherwärme entsteht sowohl durch Reibung der Formmasse in den Schneckengängen, an der Zylinderwand und in der Schmelze selbst als auch durch das gleichzeitig stattfindende Zerkleinern und Quetschen des Granulates. Inhomogenitäten in der Formmasse werden in der anschließenden **Ausstoßzone** größtenteils beseitigt. Die sich im thermoplastischen Zustand befindliche Formmasse wird dabei in einem verengten Schneckengang noch einmal intensiv durchgeknetet, evtl. entgast und homogenisiert.

2

Durch den Strömungswiderstand des Werkzeuges wirkt in der Formmasse ein Druck, der so genannte **Rückdruck.** Ist dieser zu gering, so fließt die Formmasse zu schnell in den anschließenden Formhohlraum. Um diesen Rückdruck zu erhöhen, montiert man zwischen Extruderausgang und Werkzeug eine **Staubüchse (Bild 1),** eine **Lochscheibe (Bild 2)** oder vor die Lochscheibe ein Sieb oder mehrere Siebeinsätze, ein sog. Siebpaket. Damit erreicht man, dass die Verweilzeit der Masse in der Ausstoßzone und damit auch im Zylinder verlängert und die Wirkung der Homogenisierungsphase verbessert wird. Die richtige Temperatur und Zähflüssigkeit können somit wirkungsvoll beeinflusst werden.

Zusätzlich kann der Fließverlauf der Schmelze beeinflusst werden. Da die Schmelze in einer Breite ankommen soll, die der Eintrittsöffnung des Werkzeuges entspricht, wird man überwiegend die Lochscheibe verwenden, da sie eine günstigere Fließfront ergibt **(Bild 1 und Bild 2).**

Die Auswahl der Schnecke hängt von der zu verarbeitenden Formmasse ab. So lässt sich z.B. durch die Abmessungen und die Form der Schnecke der Plastifizierungsprozess wesentlich beeinflussen **(Bild 3).**

Einstellgrößen

Die **Schneckendrehzahl** sollte möglichst niedrig gewählt werden, um eine langsame und damit schonende Plastifizierung der Formmasse zu erreichen. Reicht die dabei erzielbare Plastifizierleistung nicht aus, so ist es besser, einen größeren Schneckendurchmesser zu wählen, als die Drehzahl zu erhöhen. Die Umfangsgeschwindigkeit sollte den Wert von 0,7 m/s möglichst nicht überschreiten. Eine Änderung der Drehzahl bewirkt u. a. eine Änderung des Durchsatzes, der Verweilzeit der Masse im Plastifizierzylinder und der Massetemperatur. Wird der **Rückdruck** erhöht, so wird auch die Verweilzeit der Schmelze in der Ausstoßzone größer, die Massetemperatur steigt und in Verbindung mit einer höheren Verweilzeit kann eine thermische Schädigung der Formmasse eintreten. Ist die Schnecke gewählt, so lässt sich der Schmelzvorgang im Wesentlichen durch die Einstellung der Schneckendrehzahl, des Rückdruckes und der Zylindertemperatur beeinflussen.

2.7.1 Vollstabwerkzeug

Beim Extrudieren von Rundstäben **(Bild 4)** übernimmt das je nach gewähltem Material beheizte Vollstabwerkzeug die Formgebung und die anschließende Wasserkühlung sorgt für Formstabilität.

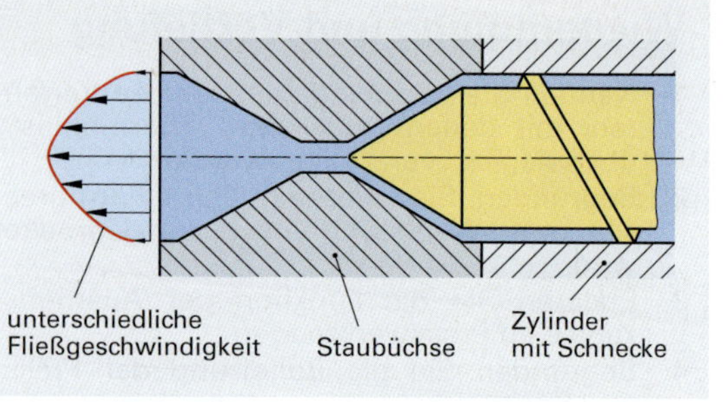

Bild 1: Staubüchse

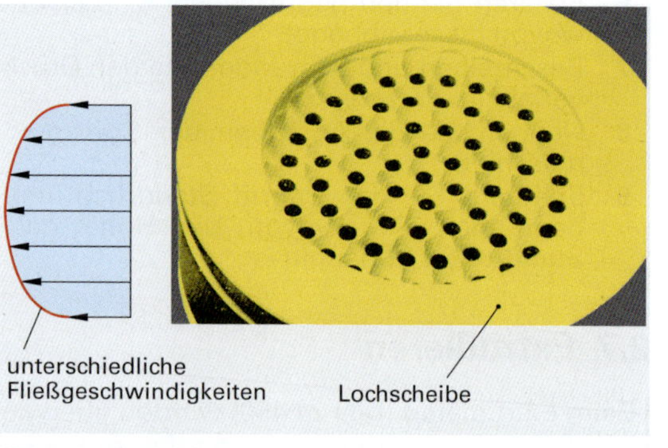

Bild 2: Lochscheibe

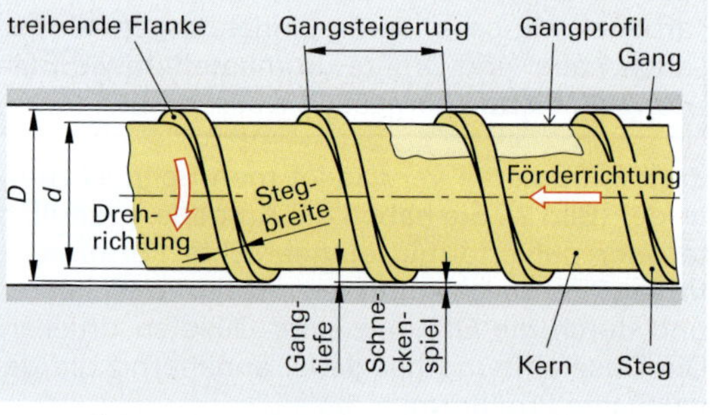

Bild 3: Schneckengeometrie

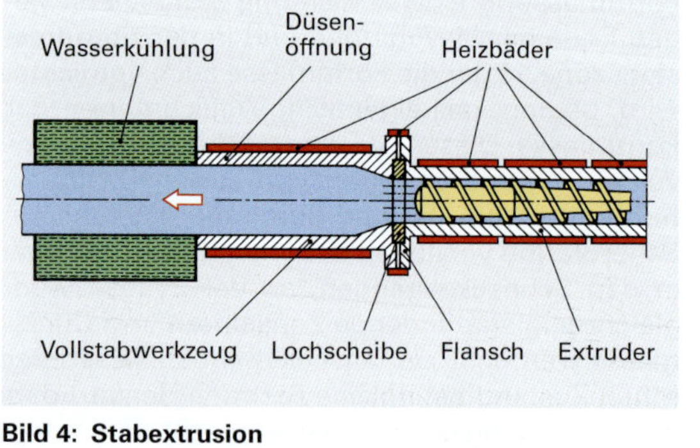

Bild 4: Stabextrusion

Eine weitere Aufgabe des Vollstabwerkzeuges besteht darin, die durch die Lochscheibe gebildeten einzelnen Stränge in der Anströmzone wieder zusammenzuschweißen. Dazu muss das Werkzeug so lang sein, dass es der Masse genügend Widerstand bietet, um einen bestimmten Druck aufzubauen. Dieser muss so groß sein, dass sich die einzelnen Stränge zu einem homogenen Strang zusammenschweißen.

Bei der notwendigen Kühlung muss dann darauf geachtet werden, dass in der ersten Phase die abgekühlte Außenschicht nicht zu dick wird. Damit wird sichergestellt, dass im Inneren des Stabes noch genügend plastisches Material vorhanden ist. Dies ist notwendig, um die durch die Abkühlung entstehende Volumenminderung ausgleichen zu können.

2.7.2 Rohrwerkzeug

Sollen Rohre bzw. Hohlprofile hergestellt werden, so besitzen die Werkzeuge in ihrem Inneren einen Dorn mit entsprechendem Profil **(Bild 1)**. Der **Dorn** formt dabei die Innenkontur des Hohlprofiles, während das **Mundstück** die äußere Umrisslinie bestimmt. Beide zusammen werden als **Düse** bezeichnet und bilden die gewünschte Austrittsöffnung.

Der Dorn ist über die Stege und den Dornhalter mit dem Gehäuse und dem Mundstück verbunden. Je nach Material verwendet man Stegdornhalter oder Lochscheibendornhalter **(Bild 2** und **Bild 3)**. Bei beiden Dornhaltern teilt sich die vom Extruder kommende Masse in mehr oder weniger viele Einzelstränge auf, die sich danach wieder zu einem homogenen Massestrang zusammenschweißen müssen.

Dies ist Aufgabe des anschließenden Teiles des Werkzeuges. Durch die Wahl eines bestimmten Querschnittsverlaufes wird in der Masse ein Druckverlauf aufgebaut, der das Verschweißen der einzelnen Stränge erst ermöglicht (konvergente Zone). In der anschließenden Bügelzone wird ein Teil der vorhandenen Scherspannungen abgebaut.

Wird der Dorn als Pinole an der Stirnseite des Gehäuses befestigt, so muss die Schmelze seitlich über einen Ringspalt zugeführt werden.

Die Druckluft, die durch die Stegbohrung und den Dorn ins Innere des Profils geblasen wird, presst das noch weiche Kunststoffrohr an die Innenwandung eines wassergekühlten **Kalibrierrohres** und bringt es dabei auf sein genaues Maß und seine genaue Form **(Bild 1)**.

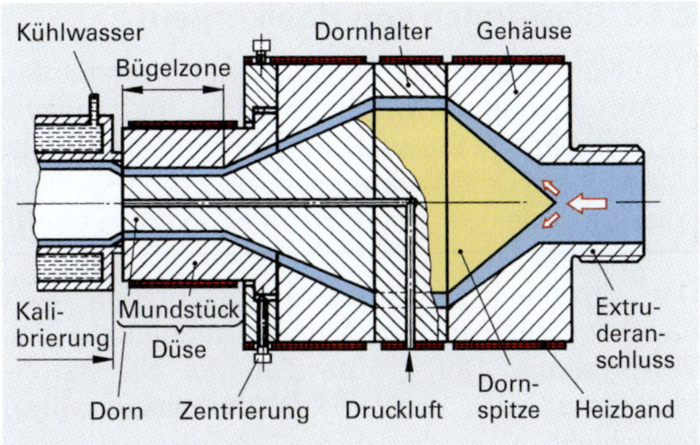

Bild 1: Rohrwerkzeug

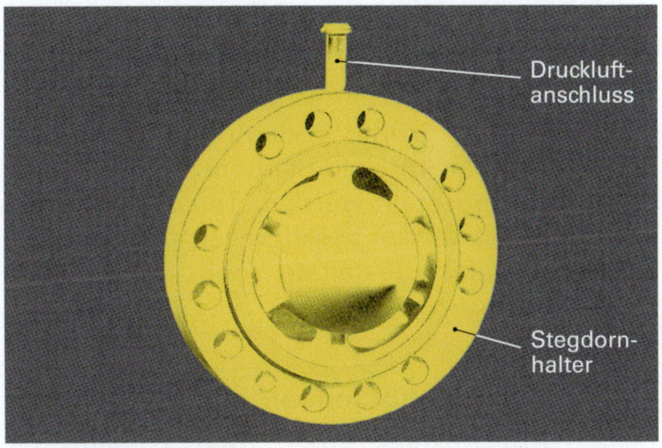

Bild 2: Stegdornhalter

Bild 3: Lochscheibendornhalter

Wiederholung und Vertiefung

1 Nennen Sie die Abschnitte einer Drei-Zonenschnecke und beschreiben Sie deren jeweilige Aufgaben.

2 Erläutern Sie den Einsatz von Staubüchse und Lochscheibe.

3 Beschreiben Sie den Aufbau der Düse bei einem Rohrwerkzeug und nennen Sie die Funktion der Einzelteile.

2

2.7.3 Blasformen von Hohlkörpern

Hohlkörper aus thermoplastischen Kunststoffen werden durch Blasformen hergestellt. Die hierzu erforderlichen Vorformlinge bringt man meist unmittelbar nach ihrer Herstellung in noch warmem Zustand in das Blaswerkzeug und bläst sie mittels Blasluft auf. Dabei legt sich der Kunststoff an die Innenwand des Werkzeuges und erhält so die gewünschte Form. Nach dem Erstarren des Thermoplastes in der gekühlten Form kann diese geöffnet und das Werkstück daraus entnommen werden.

2

Die einzelnen Verfahren unterscheiden sich dabei lediglich in der Art der Herstellung des Vorformlings. Der größte Teil der Kunststoffhohlkörper wird durch folgende Blasverfahren hergestellt:

- Extrusionsblasformen
- Tauchblasformen
- Spritzblasformen

Von diesen drei Verfahren hat das Extrusionsblasformen die größte Bedeutung. Damit können Hohlkörper im Volumenbereich von 1 cm³ bis 10 m³ hergestellt werden. Tauchblasformen und Spritzblasformen beschränken sich dagegen auf relativ einfach gestaltete Hohlkörper, z. B. für kleine Verpackungsmittel.

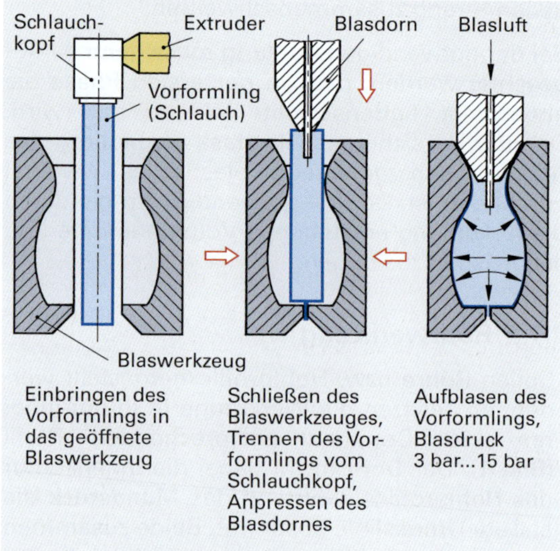

Bild 1: Extrusionsblasformen

2.7.3.1 Extrusionsblasformen

Beim Extrusionsblasformen **(Bild 1)** wird mit einem Extruder der Vorformling in Form eines Schlauchstückes hergestellt. Dieses Schlauchstück wird in das Blaswerkzeug gebracht.

Beim Schließen des Werkzeuges wird der Schlauch an den Stellen, die nicht zur Formteilgestaltung benötigt werden, durch das Werkzeug abgequetscht und dabei verschweißt. Über einen Blasdorn wird der Schlauch dann aufgeblasen, der dadurch die Hohlraumform des Werkzeuges annimmt.

Nach dem Erstarren des Thermoplastes in der gekühlten Form kann diese geöffnet und das Werkstück aus ihr ausgedrückt oder entnommen werden. Je nach Werkzeugaufbau müssen dann anschließend die Hals- und Bodenbutzen entfernt werden.

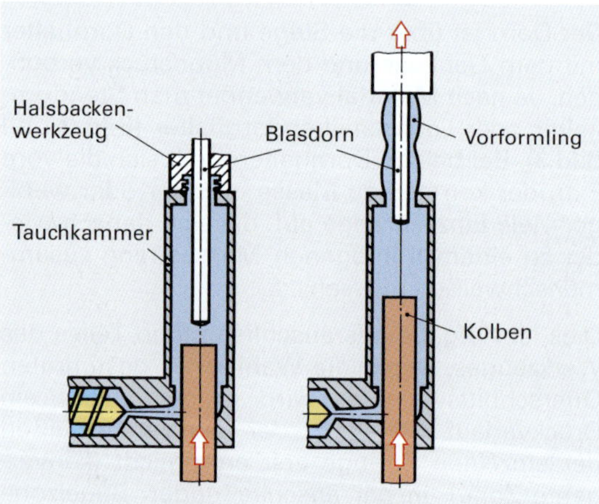

Bild 2: Tauchblasformen

Aus wirtschaftlichen Gründen werden die Maschinen zur Herstellung der Schläuche meist mit den Blasmaschinen kombiniert und der Arbeitsablauf automatisch gesteuert. Da das Erkalten des Werkstückes im Blaswerkzeug eine gewisse Zeit dauert, kann durch Verwendung von zwei wechselseitig eingesetzten Blaswerkzeugen die Maschinenleistung erhöht werden.

2.7.3.2 Tauchblasformen

Beim Tauchblasformen wird der Vorformling in einer Tauchkammer durch das Beschichten des Blasdornes hergestellt **(Bild 2)**. Dazu taucht der Blasdorn, an dessen oberem Ende sich ein Halsbackenwerkzeug befindet, in eine mit plastifiziertem Kunststoff gefüllte Tauchkammer ein. Mittels eines in der Tauchkammer angeordneten Kolbens wird das Halsbackenwerkzeug mit Schmelze gefüllt. Beim Ausfahren des Blasdornes aus der Tauchkammer wird durch Steuerung der Vorschubgeschwindigkeit des Kolbens der Dorn mit der gewünschten Dicke beschichtet, das heißt, geringe Kolbengeschwindigkeit ergibt dünne, hohe Kolbengeschwindigkeit dicke Beschichtung des Blasdornes.

Anschließend wird der beschichtete Blasdorn am unteren Ende von zu viel Formmasse abgetrennt und in eine Blasstation gebracht. Dort wird die Dornbeschichtung zum gewünschten Hohlkörper aufgeblasen. Dieses Verfahren liefert abfallfreie Hohlkörper ohne Schweißnähte.

2.7.3.3 Spritzblasformen

Beim Spritzblasformen **(Bild 1)** wird der Vorformling mittels eines Schneckenkolbenextruders in einem entsprechenden Spritzgießwerkzeug um den Blasdorn, der als Kern dient, gespritzt. Dieser Vorformling wird mit dem Blasdorn dem Spritzgießwerkzeug entnommen und in das Blaswerkzeug eingebracht. Dort wird der Hohlkörper zu seiner endgültigen Form aufgeblasen. Der Vorteil dieses Verfahrens liegt darin, dass der Behälter ohne Abfall, ohne Bodennaht, mit einer exakt ausgeformten Halspartie und vorgegebener Wanddickenverteilung gefertigt werden kann.

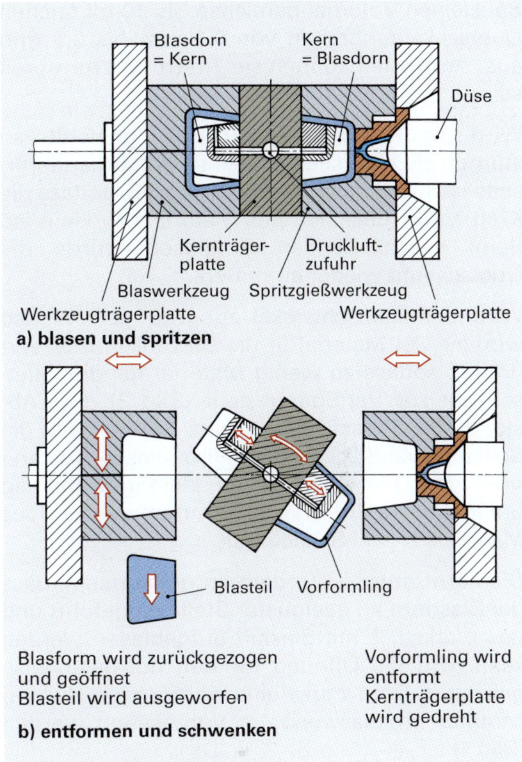

Bild 1: Spritzblasformen

2.7.3.4 Aufbau eines Blaswerkzeuges für das Extrusionsblasformen

Zur Herstellung von Hohlkörpern aus Kunststoff dienen zweiteilige Blaswerkzeuge **(Bild 2)**. Bis zu einem Volumenbereich von ca. 10 l wird für den Werkzeugaufbau Stahl verwendet. Bei größeren Volumen wählt man zweckmäßigerweise Aluminium-, Beryllium- und Zinklegierungen. Bei Großhohlkörpern ab einem Volumen von 1 m^3 werden auch Schweißkonstruktionen eingesetzt.

Die Werkzeuge haben die Aufgabe, den zunächst offenen Schlauch an einer Seite zu verschließen, d.h. zu verschweißen. Dies geschieht beim Schließen des Werkzeuges durch die angearbeiteten **Quetschkanten (Bild 2 S. 190)**.

Der Bereich um die Quetschkante ist dabei so zu gestalten, dass ein Teil der gequetschten Kunststoffmasse in Richtung **Butzenkammer** und ein Teil zum Flaschenboden hin gedrückt wird. Damit dies erreicht wird, müssen die Breite der Quetschkante, die Größe des **Quetschwinkels** und der Abstand der Pressflächen genau aufeinander abgestimmt sein **(Bild 3, S. 190)**, was vom Material, der Schlauchdicke und der Schließgeschwindigkeit abhängt.

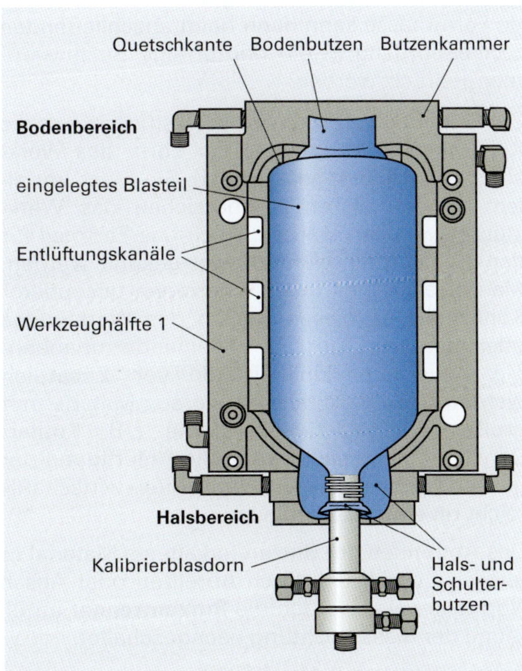

Bild 2: Blaswerkzeug mit Blasteil

2

Bei kleinen Volumenbereichen bis 10 ml reichen Quetschkantenbreiten von 0,1 mm bis 0,3 mm aus. Ansonsten können sie 1 mm ... 3 mm breit sein.

Wird die Kantenbreite zu klein gewählt, so stumpft sie einerseits zu schnell ab und andererseits ist ihre Schneidwirkung zu groß, sodass die Kraft zum Quetschen des Materials zu klein ist. Beim anschließenden Aufblasen würde die Quetschnaht wieder aufreißen.

Wird der Quetschwinkel zu groß gewählt, so wird zu viel Material in die Butzenkammer verdrängt, sodass zu wenig Material für die Quetschnaht zur Verfügung steht **(Bild 3)**. Der Abstand der Pressflächen sollte kleiner als die Schlauchwanddicke sein. Wird dieser Abstand oder der Quetschwinkel zu klein gewählt, so braucht man für das Zusammenpressen des Materials zu viel Schließkraft.

Die Form muss außerdem so gebaut sein, dass der **Blasdorn** an geeigneter Stelle eingeführt und das Werkstück mit Blasluft aufgeblasen werden kann. Um die Öffnung für den normalerweise gekühlten Dorn muss eine ringförmige Butzenkammer im Blaswerkzeug vorgesehen werden **(Bild 1)**.

Übernimmt der Blasdorn zusätzlich das Formen des Halses, so spricht man von einem **Kalibrierblasdorn.** Dieser wird vor dem Schließen der Form in den Hohlraum eingeführt. Überschüssige Formmasse kann dann beim anschließenden Schließvorgang in die ringförmige Butzenkammer gedrückt werden.

Zur Erzielung verzugsfreier Werkstücke muss die Kühlung des Werkzeuges der Form des Werkstückes angepasst sein **(Bild 1)**. Sie muss vor allem an den dicken Halsbereichen des Werkstückes wirksam werden. Auch das Formteil für den Hohlkörperboden soll gut gekühlt werden. Man erreicht dies durch Anbringen besonderer Kühlkanäle an diesen Stellen des Werkzeuges oder man sieht mehrere voneinander unabhängig steuerbare Kühlkreisläufe vor. Zusätzlich werden diese Formteile häufig aus Material mit großer Wärmeleitfähigkeit, wie z. B. Kupfer-Beryllium, hergestellt, wenn die Anfertigung der ganzen Form aus diesen Werkstoffen wirtschaftlich nicht vertretbar ist. Für die Abkühlung der Butzen reicht oft ein Luftstrom aus.

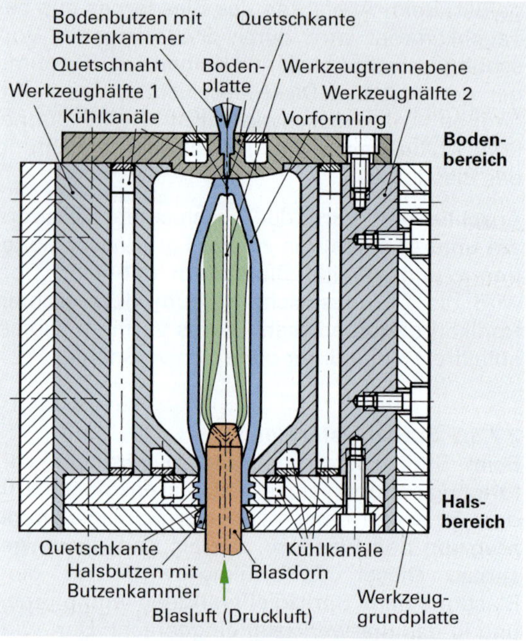

Bild 1: Blaswerkzeug für das Extrusionsblasformen

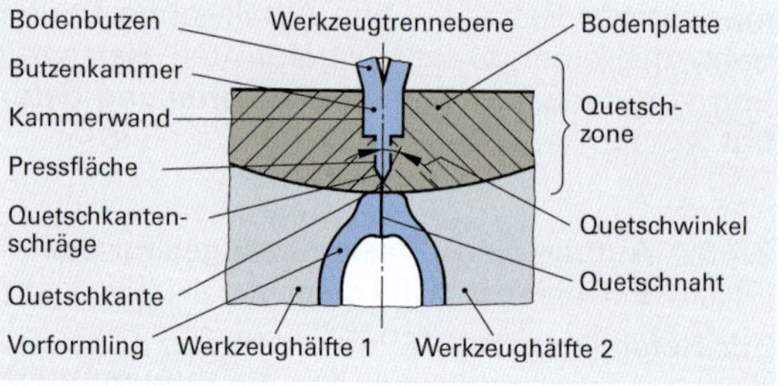

Bild 2: Quetschzone

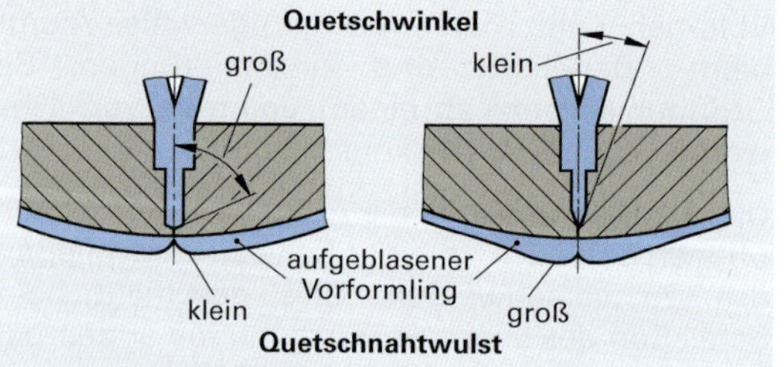

Bild 3: Quetschwinkel

Das Abtrennen der Butzen (erkaltetes Material in den Butzenkammern) geschieht bei Großbehältern teilweise von Hand durch Abreißen oder Abschneiden oder durch Abschlagen mit dem Hammer. Normalerweise werden die **Butzentrenner** im Blaswerkzeug integriert oder als eigenständige Werkzeuge der Blaseinrichtung nachgeschaltet.

Beim Arbeiten mit Abreißbacken werden diese paarweise und drehbar so montiert, dass zwischen ihren freien etwas aufgerauhten Enden der Butzen eingeklemmt wird. Werden die Abreißbacken durch einen Antrieb gedreht, wird der Butzen mitgenommen und reißt somit an der Quetschnaht ab **(Bild 1)**.

Muss dagegen nur noch der Hohlkörper alleine entformt werden, so ist oft während des Öffnens ein kurzer Luftstrom aus dem bis fast zum Flaschenboden geschobenen Blasdorn ausreichend, um den Formling vom Blasdorn abzuziehen und eventuell aus dem Werkzeug zu befördern.

Beim Aufblasen des Schlauches muss die Luft aus dem Hohlraum überwiegend durch die Teilungsfugen entweichen. Da aber beim Blasformen mit geringeren Drücken gearbeitet wird als beim Spritzgießen, entweicht die Luft viel langsamer, sodass oft weitere Entlüftungsmöglichkeiten vorgesehen werden müssen.

Man arbeitet in die Trennebenen kleine Entlüftungskanäle ein, die bis dicht an die Hohlkontur heranreichen **(Bild 2)**. Für Kanten- und Eckenbereiche bieten sich Entlüftungsbohrungen von 0,1 mm bis 0,3 mm Durchmesser und ca. 1 mm Länge an, die in eine größere Grundbohrung münden. Entlüftungsfugen entstehen auch durch die Passfugen von Formeinsätzen (z. B. Bodeneinsatz in Bild 2).

Damit die Luft zwischen Hohlkörper und Formwand leichter durch die Trennebenen entweichen kann, werden die inneren Werkzeugoberflächen geätzt oder sandgestrahlt. Dafür verwendet man Körner aus Korund, Quarz oder Stahlkies mit einer Korngröße von 0,1 mm bis 0,3 mm. Zu glatte Werkzeugoberflächen können bei örtlichen Lufteinschlüssen zu narbiger Oberfläche (Apfelsinenschalen-Struktur) an den Außenflächen des Formblasteiles führen.

2.7.4 Warmumformen

Beim Warmumformen werden Kunststoff-Halbzeuge durch Erwärmen auf Temperaturen zwischen 110 °C und 180 °C in einen thermoelastischen Zustand gebracht. Anschließend werden sie ohne Unterbrechung umgeformt und danach gleichmäßig abgekühlt.

Typische Verwendungsbereiche sind großflächige und auch schwierig gestaltete Teile, wie z. B. Kühlschrankgehäuse, Sanitärzellen, Boote, Surfbretter oder Massenartikel, wie Verpackungen und Verpackungsbehälter **(Bild 3)**.

Der Vorteil des Warmumformens liegt in der geringen Beanspruchung des Werkzeuges im Vergleich zu Spritzgieß- und Presswerkzeugen. Das führt zu relativ günstigen Herstellungskosten.

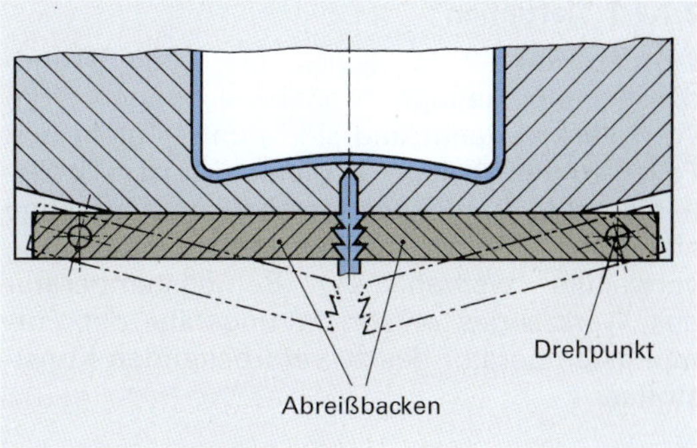

Bild 1: Abreißbacken

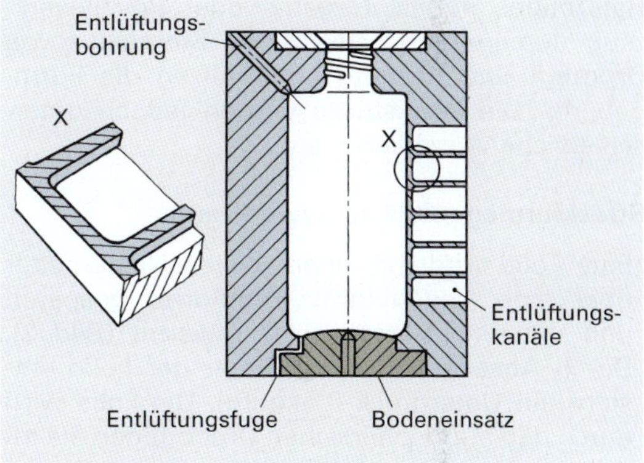

Bild 2: Möglichkeiten der Werkzeugentlüftung

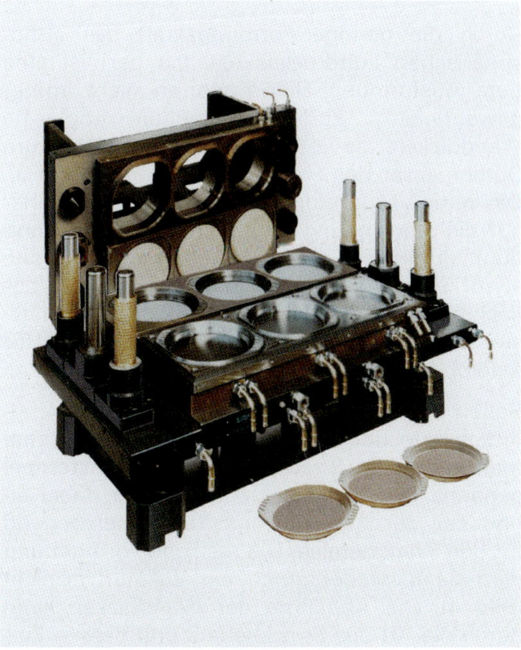

Bild 3: Kunststoffteller mit Werkzeug

2

2.7.4.1 Tiefziehen

Werden annähernd gleich bleibende Wanddicken und geringe Maßabweichungen vom Werkstück verlangt und sind dünne Tafeln und Folien zu verarbeiten, so bietet sich das Tiefziehen an **(Bild 1)**. Hier werden ähnliche Werkzeuge eingesetzt, wie sie in der Metallverarbeitung verwendet werden. Die Betriebstemperatur des Werkzeuges entspricht ungefähr der Formungstemperatur des zu verarbeitenden Kunststoffes.

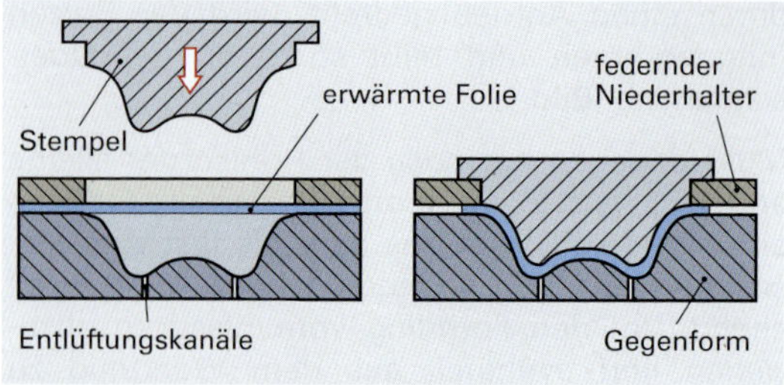

Bild 1: Tiefziehen mit Gegenform

2.7.4.2 Streckformen

Bei diesem Verfahren wird die Umformung des Halbzeuges mittels Negativ- oder Positivwerkzeug durchgeführt. Zusätzliche Stempel sowie Druckluft und Vakuum unterstützen die Formgebung. Die Werkstücke weisen jedoch unterschiedliche Wanddicken auf.

Streckformen mit Negativwerkzeug

Eine Folie wird mit einem festen Niederhalter über eine Negativform (Hohlform) gespannt und mittels Infrarotstrahler erwärmt **(Bild 2)**. Durch Absaugen der Luft unter der Folie entsteht ein Unterdruck (Vakuum). Die Folie wird durch den atmosphärischen Druck gegen die Innenwandung der Hohlform gepresst. Dieses Verfahren ist auch unter der Bezeichnung **Vakuumformen** bekannt.

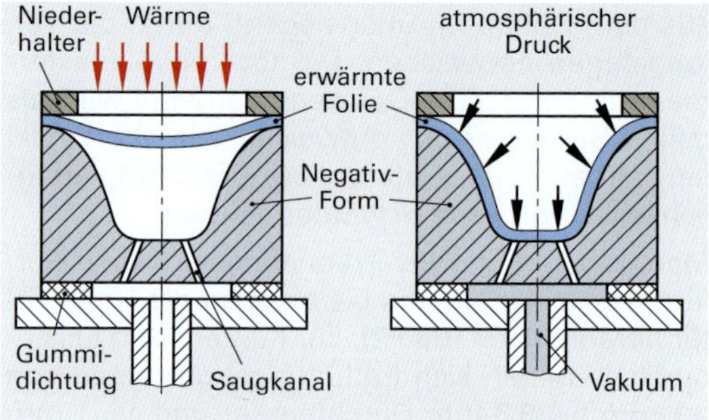

Bild 2: Streckformen mit Negativwerkzeug (Vakuumformen)

Durch die geringe Formungskraft des atmosphärischen Luftdruckes (ca. 0,9 bar) ist eine gute Ausformung aller Konturen nicht immer gewährleistet. Zudem entstehen ungleiche Wanddicken, die vom Verhältnis der Höhe zum Durchmesser des Formlings abhängen **(Bild 3)**. Das reine Vakuumformen beschränkt sich daher auf die Anwendung von leicht formbaren und dünnwandigen Thermoplasten wie z. B. Polystyrol und von besonders flachen und großflächigen Formteilen wie z. B. Verpackungseinsätze für Pralinen oder Nestpackungen für Tafelobst.

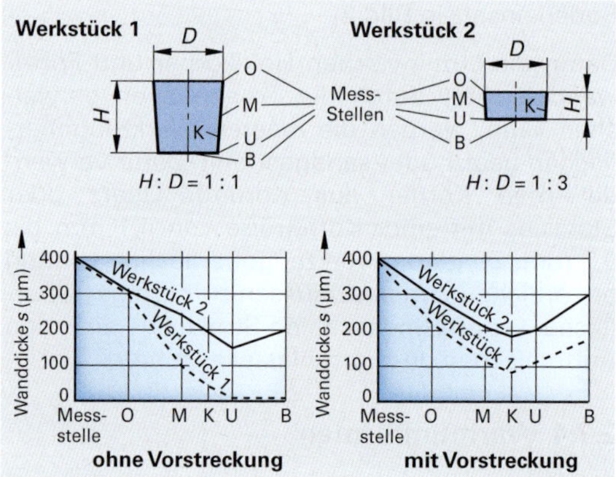

Bild 3: Wanddickenverteilung

Sollen tiefere Formteile mit brauchbarer Wanddickenverteilung hergestellt werden, so arbeitet man mit einem **Streckhelfer**, auch **Hilfsstempel** genannt. Der Streckhelfer übernimmt dabei einen Teil der Ausformungsarbeit, überwiegend für den Wandbereich. Die restliche Formgebung wird dann wieder durch ein Vakuum erreicht **(Bild 4)**. Die Abnahme der Wanddicken kann durch die Art des Streckhelfers und dessen Einfahrgeschwindigkeit beeinflusst werden.

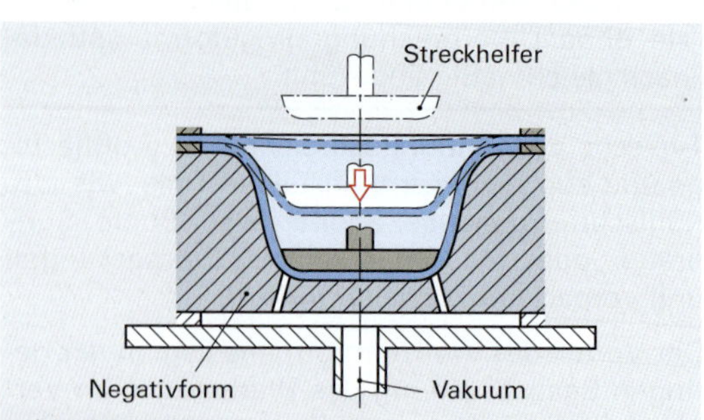

Bild 4: Vakuumformen mit Streckhelfer

Streckformen mittels Positivwerkzeug

Hierbei wird das Positivwerkzeug, dessen Außenkontur der Innenform des Formlings entspricht, von der aufgeheizten Folie umspannt. Die restliche Ausbildung der nicht anliegenden Folienteile wird dann durch ein Vakuum erreicht **(Bild 1)**.

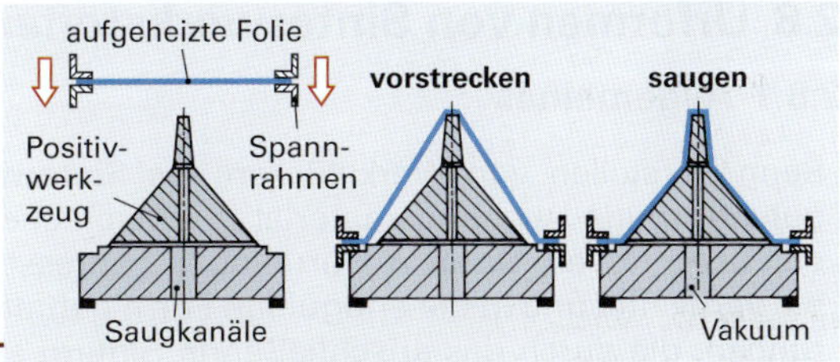

Bild 1: Streckformen mit Positivwerkzeug

An den Stellen, wo das Werkzeug die Folie zuerst berührt, wird sie rasch abgekühlt, sodass ihre Formbarkeit stark abnimmt. Die Wanddicke des Werkstückes hängt dabei von der Foliendicke im Augenblick der Berührungen ab. Dieses Verfahren führt zu ungleichen Wanddicken.

Gleichmäßigere Wanddicken erreicht man, indem man mittels Druckluft die erwärmte Folie zuerst vorstreckt und dann erst das Positivwerkzeug in den entstandenen Hohlraum einfahren lässt. Die endgültige Ausformung wird dann wieder durch ein Vakuum erreicht **(Bild 2)**. Diese Vorgehensweise setzt jedoch voraus, dass der Formvorgang in einem abgeschlossenen Formkasten abläuft.

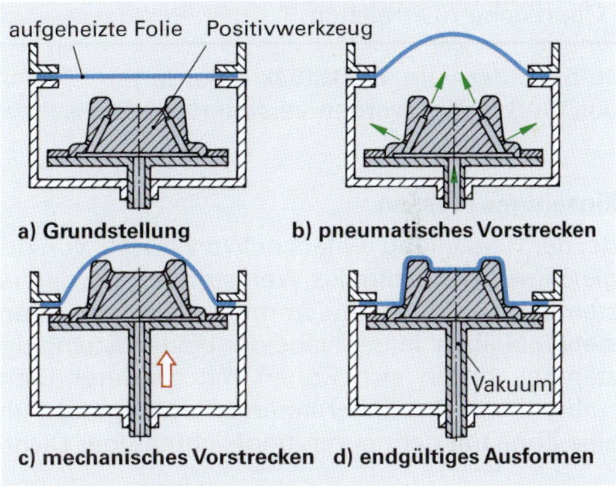

Bild 2: Streckformen mit Kombinierter Vorstreckung

2.7.4.3 Aufbau der Werkzeuge

Die Innenkontur des Negativwerkzeuges bzw. die Außenkontur des Positivwerkzeuges hängt allein von der Form des Werkstückes ab. Neben den spanabhebenden Bearbeitungsverfahren bietet sich bei komplizierteren Formen, auch bei geringen Stückzahlen, das Gießen an.

Die formgebenden Oberflächen der Werkzeuge sollen poren- und riefenfrei sein, denn alle Unebenheiten werden auf der Außen- bzw. Innenseite des Formlings abgebildet. Die Form des Hohlraumes sollte konisch gestaltet werden, um der Wanddickenverringerung entgegenzuwirken.

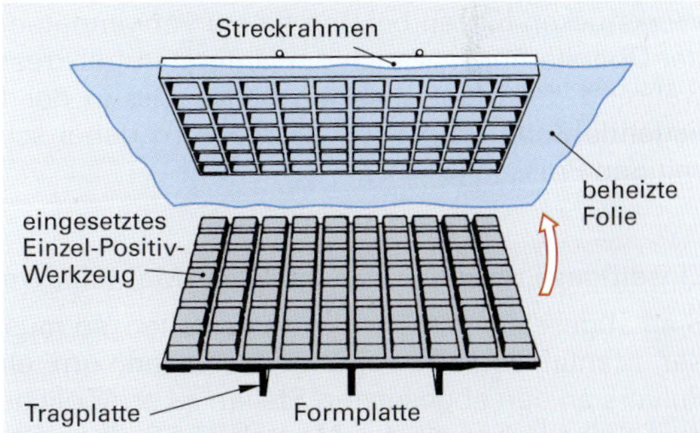

Bild 3: Streckrahmen

Die Durchmesser der Absaugbohrungen sollten das (0,5...0,7)-fache der Foliendicke nicht überschreiten, damit keine bleibenden Markierungen beim Absaugen entstehen. Die Absaugbohrungen münden in etwas größere Bohrungen, um die Reibungsverluste gering zu halten. An Stellen, die schwieriger auszuformen sind, werden zusätzlich Saugkanäle angebracht **(Bild 2)**.

Die Kühlung des Werkzeuges hängt im Wesentlichen von der zu verarbeitenden Formmasse ab. In einfachen Fällen reicht es aus mit kalter Druckluft oder mit Wassernebel zu kühlen. In schwierigen Fällen müssen mehrere Kühlkreisläufe vorgesehen werden.

Feste oder beweglich gestaltete und elektrisch beheizbare **Spannrahmen** sind eine Möglichkeit, die zu verformende Folie aufzunehmen.

Bei Positivwerkzeugen, die sowohl als Einfachwerkzeug als auch als Mehrfachwerkzeug ausgelegt sind, müssen **Streckrahmen** über der eingespannten Folie vorgesehen werden. Diese dienen als Ziehring und verhindern eine mögliche Faltenbildung **(Bild 3)**.

Zum Entformen der Formlinge aus dem Werkzeug reicht oft Druckluft aus. Eine matte, leicht angerauhte Oberfläche der Werkzeuge sowie das Aufsprühen eines Trennmittels erleichtert den Entformungsvorgang.

2.8 Urformen von Sinterwerkstoffen

2.8.1 Allgemeines

Beim Herstellen von Werkstücken aus Sinterwerkstoffen wird das pulverförmige Ausgangsmaterial in entsprechenden Presswerkzeugen unter hohem Druck zu Formlingen gepresst. Das Pulver wird dabei verdichtet und in die endgültige Form gebracht, wobei Maßänderungen, die durch das anschließende Sintern auftreten, berücksichtigt werden müssen. Häufig werden nach dem Sintern die Werkstücke kalibriert, um eine Maßberichtigung und ein Glätten der Oberfläche zu erreichen.

2

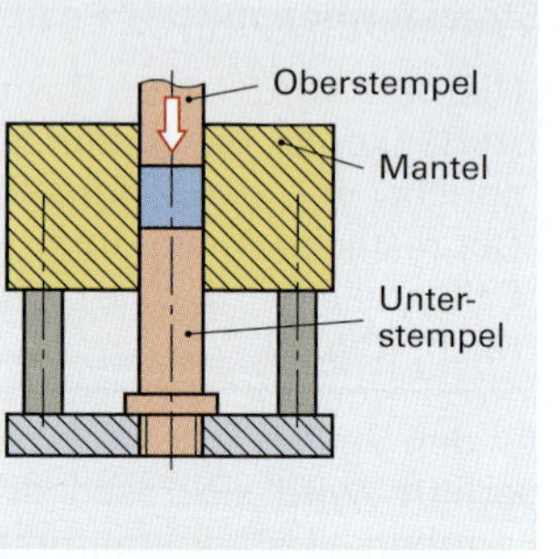

Bild 1: Einseitiges Pressen

Je nach der vom Werkstück geforderten Gleichmäßigkeit der Dichte des Werkstoffes werden verschiedene Pressverfahren verwendet.

Einseitiges Pressen

Bei der Herstellung einfacher Werkstücke, von denen keine besonders gleichmäßige Dichte des Werkstoffes gefordert wird, drückt der Oberstempel das Pulver zusammen, während Unterstempel und Mantel stehen bleiben. In der Nähe der beiden Stempel, besonders am Oberstempel, bilden sich Zonen mit größerer Dichte des Werkstoffes, während auf Grund der inneren Reibung des Pulvers in der Mitte sich eine Zone mit geringerer, ungleichmäßiger Dichte bildet **(Bild 1).**

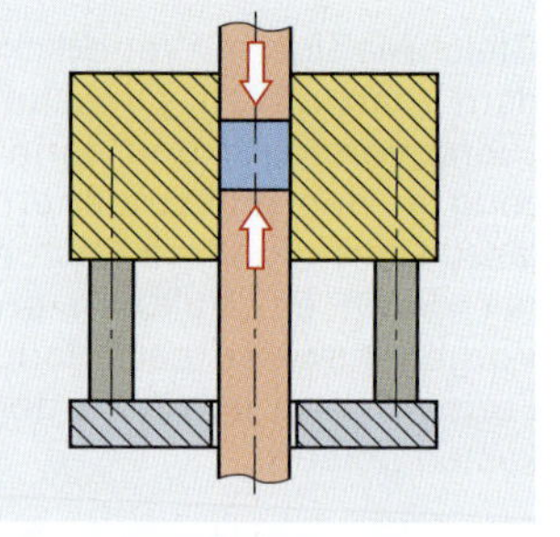
Bild 2: Zweiseitiges Pressen

Zweiseitiges Pressen

Zur Erzielung gleichmäßigerer Werkstoffverdichtung bei einfachen Werkstücken führen bei den hierzu verwendeten Werkzeugen sowohl der Oberstempel als auch der Unterstempel Pressbewegungen durch, während der Mantel stehen bleibt. Die in der Mitte des Presslings liegende Zone ungleicher Dichte wird dabei schmaler als beim einseitigen Pressen **(Bild 2).**

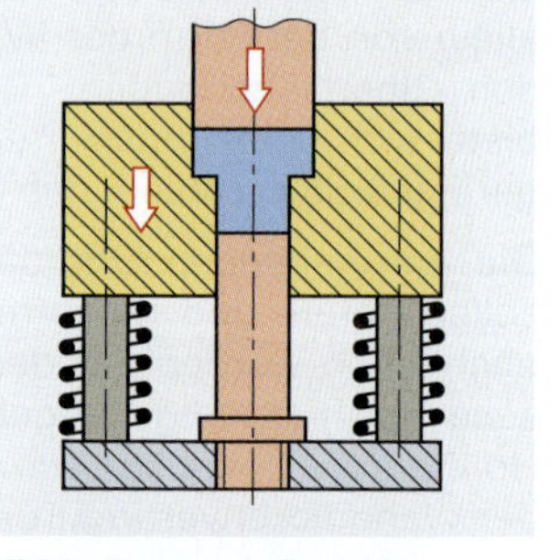
Bild 3: Pressen mit zusätz licher Mantelbewegung

Einseitiges Pressen mit zusätzlicher Mantelbewegung

Sind abgesetzte Werkstücke herzustellen, so muss beim Pressen auch der Mantel eine Bewegung ausführen, um eine Verdichtung des Pulvers an den abgesetzten Stellen zu ermöglichen. Dies wird erreicht durch eine Lagerung des Mantels auf Federn. Der Unterstempel steht hier fest und der Oberstempel presst das Pulver zusammen. Die zwischen dem Pulver und dem Mantel auftretende Reibungskraft drückt dan Mantel gegen die Kraft der Federn nach unten. Bei richtiger Anpassung der Federkraft wird eine genügend gleichmäßige Verdichtung erreicht **(Bild 3).**

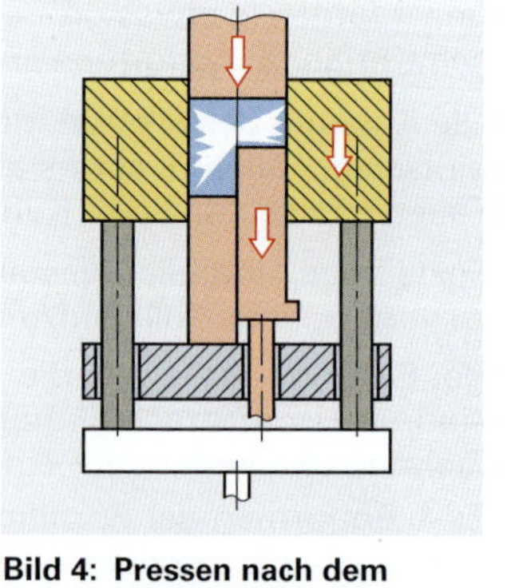
Bild 4: Pressen nach dem Abziehverfahren

Pressen nach dem Abziehverfahren

Mit diesen Werkzeugen erreicht man auch bei komplizierten Werkstücken überall eine gleiche Dichte. Bei ihnen steht der Unterstempel fest, der Oberstempel presst das Pulver zusammen, während die Bewegung des Mantels der Form des Presslings entsprechend gesteuert wird. Mit diesen Werkzeugen kann nicht nur die Zone geringerer Dichte auf ein Mindestmaß gebracht, sondern bei Werkstücken mit unterschiedlicher Dicke auch eine gleichmäßige Verdichtung erreicht werden **(Bild 4).**

2.8.2 Aufbau und Wirkungsweise eines Presswerkzeuges

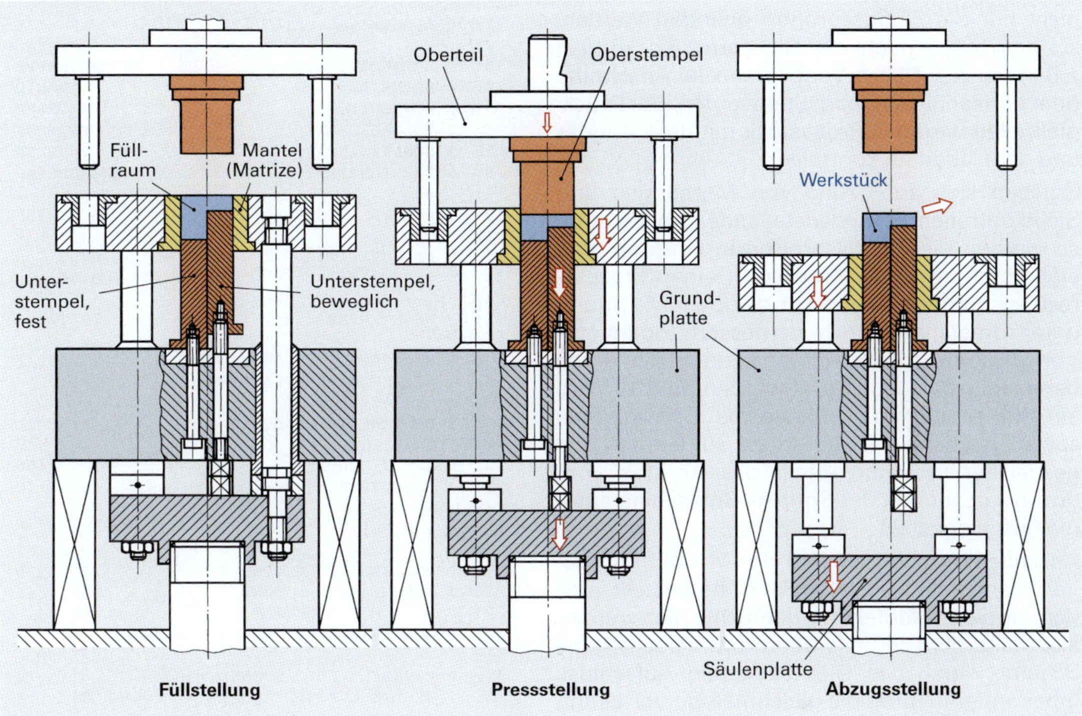

Bild 1: Presswerkzeug mit vorgehobenem Unterstempel

Die Presswerkzeuge **(Bild 1)** müssen in geöffneter Stellung die zur Herstellung des Werkstückes erforderliche Menge des Sinterwerkstoffes aufnehmen können. Dieser so genannte „Füllraum" wird vom Unterstempel und dem Mantel gebildet. Je nach Füllfaktor des Pulvers und dem geforderten Porenvolumen des Werkstückes besitzt die Füllhöhe die 2,5- bis 3,5-fache Höhe des fertigen Werkstückes. Beim Pressen drückt der Oberstempel das Pulver zur endgültigen Form zusammen.

2.9 Kontrolle und Erprobung von Werkzeugen im Formenbau

2.9.1 Kontrolle

Vor der Erprobung (Bemusterung) ist es empfehlenswert folgende Funktionskontrollen durchzuführen:

- Ausstoßerbewegung und Ausstoßerplattenführung kontrollieren
- Bewegungsspiel der mechanischen und hydraulischen Formteile überprüfen
- Dichtheit von Kühl- oder Heizbohrungen feststellen
- Lage der Zentrierringe und Angießbuchse bezüglich der Eingießposition ermitteln
- Länge der Ausstoßerstange nachprüfen

2.9.2 Erprobung

Während bei Spritzgießformen der erste Versuch direkt mit dem gewünschten Material durchgeführt werden kann, arbeitet man beim Druckgießen meist mit niedrig schmelzenden Kunststoffmaterialien.

Dazu stellt man die verschiedenen Einflussgrößen (Parameter) sowie Maschineneinstellungen, wie z. B. Spritzzeit, Drücke, Temperaturen, Geschwindigkeiten, mit durchschnittlichen Werten an der Gießmaschine ein und verändert sie je nach Bedarf. Zeigt es sich dabei, dass das Probestück Maßabweichungen aufweist oder dass Bindenähte entstanden sind, so müssen unter Umständen nicht nur die Einflussgrößen geändert werden, sondern auch noch die Gießform. So können z. B. noch zusätzliche Verteilerkanäle, Anschnitte oder Luftkanäle eingearbeitet werden. Bei Druckgießteilen wird das Probestück mit dem Anguss und dem Überlauf kontrolliert.

Ergeben sich auf Grund von Messungen und Sichtkontrollen zufriedenstellende Probestücke, so werden die Einflussgrößen in ein Formblatt eingetragen oder sie werden in einen Prozessrechner eingegeben und in der Serienfertigung unter Umständen noch verbessert (optimiert). Von diesem Prozessrechner können die Daten dann jederzeit ausgedruckt werden **(Bild 1)**. Wird ein früher einmal hergestelltes Spritzgießteil später noch einmal gefertigt, so werden die gespeicherten Daten durch das Abrufen vom Prozessrechner an der Spritzgießmaschine automatisch eingestellt.

Anschließend wird ein Teil der Muster, von denen manchmal bis zu 100 Stück hergestellt werden, in die Prüfabteilung gebracht. Hier werden alle Maße der Gießteile überprüft. Verschiedene Schnitte durch das Gießteil geben Aufschluss unter anderem über die gleichmäßige Verteilung des Werkstoffes im Werkstück. Die ermittelten Werte werden in einem Prüfbericht festgehalten und an den Kunden weitergegeben **(Bild 2)**.

```
 1: 00 ALLGEMEINE DATEN
 2:
 3:  0 ARTIKEL:                               RADKAPPE
 4:  1 MATERIAL:                              POLYAMID
 5:  2 GEWICHT:                      1 TEIL 106 GRAMM
 6:  3 VOLLAUTOMAT:                   116 SCHUSS/STD.
 7:  5 SCHLIESSKRAFT:                         2 200 kN
 8:  6 FORMTEMPERATUR:                       WASSER 40
 9:
10: 01 ZEITEN IN SEK.                        0.00-999
11:
12:  0 PAUSENZEIT:                           0.50
13:  1 SPRITZZEIT:                           3.50
14:
15: 02 WEGE IN MM      MAX: 550.0            IST:2.00
16:
17:  0 WERKZEUG AUF: STOP                    250.00
18:  1 WERKZEUG AUF: LANGSAM                 200.0
19:
20: 03 DRUECKE IN SKALENTEILEN               MAX SOLL
21:
22:  0 SPRITZDRUCK                           127  100
23:  1 NACHDRUCK STUFE 1                     127   38
24:
25: 04 TEMPERATUR IN °C                      0…400
26:                                          SOLL IST
27:  0 MANTELHEIZUNG ZONE 1                  225  225
28:  3 WERKZEUG      ZONE 1                   50   49
29:
30: 05 GESCHWINDIGKEITEN IN SKALENTEILEN
31:                                          MAX SOLL
32:  0 WERKZEUG ZU:  SCHNELL                  31   14
33:  1 WERKZEUG AUF: SCHNELL                  31    6
```

Bild 1: Liste der Einstellwerte

2.10 Instandhaltung und Wartung von Werkzeugen im Formenbau

2.10.1 Instandhaltung

Formen für Druckgieß- und Kunststoffteile sind teure und hochwertige Werkzeuge, sodass sich eine vorbeugende und planmäßige Instandhaltung lohnt. Dadurch werden nicht nur die Lebensdauer der Formen erhöht, sondern auch die Stillstandszeiten verringert, der Ausschuss reduziert und die Lieferfristen besser eingehalten.

Alle Teile, die mit dem heißen Werkstoff in Berührung kommen, müssen gleichmäßig und genügend hoch vorgewärmt werden. So liegt die Betriebstemperatur bei Druckgießformen zwischen 60 °C und 350 °C (siehe **Tabelle 1, Seite 197**). Beim Spritzgießen bewegen sich die Werkzeugtemperaturen für einen großen Teil der Formmassen zwischen 20 °C und 80 °C **(Tabelle 1, Seite 141)**. Temperaturmessfühler, die direkt in die Form oder im Kühlgerät eingebaut sind, sorgen für die zuverlässige Überwachung der Temperaturen.

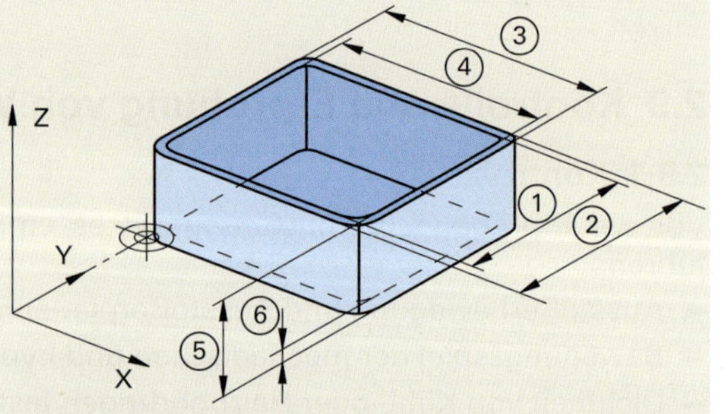


```
 1: ARTIKEL
 2: ZEICHNUNGSNUMMER: 85 456 86
 3: MASSE IN MM
 4:
 5: MESS- SOLL   TU     TO     IST    DIFF AUSTOL.
 6: STELLE
 7:
 8: 1    Y 10.00  0.00 +0.15 10.10  0.10
 9: 2    Y 13.00 -0.15 +0.15 12.90  0.10
10: 3    X 30.00  0.00 +0.20 3o.30  0.30 +0.10
11: 4    X 33.00 -0.20 +0.20 32.80  0.20
12: 5    Z  9.50 -0.15 +0.15  9.75  0.25 +0.10
13: 6    Z  1.50  0.10 +0.10  1.60  0.10
```

Bild 2: Prüfbericht

Die plötzliche Zufuhr von Wärme, vor allem beim Druckgießen, führt oft zu Wärmespannungen und letztlich zu Temperaturwechselrissen. Ein rechtzeitiges **Spannungsarmglühen** 30 °C ... 50 °C unter der letzten Anlasstemperatur des Formwerkstoffes verhindert ein vorzeitiges Entstehen dieser Risse. Dieses Vorgehen empfiehlt sich bei neuen Werkzeugen bereits nach 5000 Spritzvorgängen. Anschließend sollte in regelmäßigen Abständen von 10 000 ... 15 000 Spritzvorgängen spannungsarm geglüht werden.

Tabelle 1: Betriebstemperaturen für Druckgießformen

Werkstoff	Temperaturen
Blei- und Zinnlegierungen	60 °C...120 °C
Zinklegierungen	150 °C...200 °C
Aluminiumlegierungen	180 °C...300 °C
Magnesiumlegierungen	200 °C...250 °C
Kupferlegierungen	300 °C...350 °C

Druckgießwerkzeuge müssen nach jedem Spritzvorgang gereinigt und eingesprüht werden, damit ein übermäßiges Haften (Kleben) der Werkstücke in den Formen vermieden wird. Zusätzlich soll das eingesprühte Trennmittel beim Auswerfen die Reibung zwischen der Formoberfläche und dem Druckgießteil herabsetzen und Auswerfer und Schieberführungen schmieren. Als Trennmittel eignen sich vor allem Öle und Wachse und deren Emulsionen. Wasserlösliche Trennmittel sollten nur bei höheren Formtemperaturen (ab 180 °C) verwendet werden, damit ein vollständiges Verdampfen des Wassers während der Öffnungszeit der Maschine erfolgen kann.

Wurde trotz aller Vorsicht die Form beschädigt oder zeigen sich die ersten Wärmerisse im Formwerkstoff, so ist die Form sofort nachzuarbeiten. Das Nacharbeiten kann mit Hilfe des Funkenerosionsverfahrens durchgeführt werden. Beschränken sich die Beschädigungen auf kleinere Flächen als 1 cm^2 und auf Tiefen zwischen 1 μm und 1 mm, so kann ein Metallauftragsverfahren verwendet werden.

Wird die Oxidschicht von Druckgießformen, die während der Wärmebehandlung entstanden ist, beim Nacharbeiten zerstört, so muss die Form mit einer neuen Oxidschicht versehen werden. Hierzu werden die Formhälften in einem Luftumwälzofen auf rund 50 °C unter der zuletzt angewendeten Anlasstemperatur erwärmt und 1 Stunde lang bei dieser Temperatur gehalten. Dabei bildet sich auf der Oberfläche der Formhälften eine Oxidschicht, die das Kleben des Gießwerkstoffes in den Formhohlräumen vermindert.

2.10.2 Wartung

Alle Formen sind nach Gebrauch sorgfältig zu reinigen (z. B. alkalischer Reiniger, Reinigungsspray) und zu trocknen. Anschließend sind die Kühlkanäle, die sich im Laufe der Zeit durch Kalkstein-, Schlamm- und Rostbildung mehr oder weniger zugesetzt haben, zu reinigen.

Die Heizpatronen, Heizbänder und Temperaturfühler des Heiz- und Regelsystems sind auf ihre volle Funktion hin zu überprüfen.

Nach diesen Wartungsarbeiten ist das Werkzeug mit einem harz- und säurefreien Fett leicht einzufetten oder mit einem Konservierungsspray zu besprühen. Die Lagerung ist so vorzunehmen, dass die Werkzeuge nicht beschädigt werden und die losen Einzelteile beim Werkzeug bleiben.

Wiederholung und Vertiefung

1. Beschreiben Sie das Extrusionsblasformen.
2. Unterscheiden Sie das Extrusionsblasformen vom Spritzblasformen.
3. Nennen Sie die Vorteile des Spritzblasformens.
4. Ordnen Sie den jeweiligen Werkstückvolumen (V_1 < 10 l; V_2 > 10 l; V_3 > 1000 l) den entsprechenden Werkstoff des Werkzeuges zu.
5. Beschreiben Sie die Aufgabe der Quetschkante an der Blasform.
6. Benennen Sie Maßnahmen zur Erzielung verzugsfreier Werkstücke beim Blasformen.
7. Nennen Sie typische Anwendungsbeispiele für warmgeformte Teile.
8. Unterscheiden Sie das Tiefziehen vom Streckformen.
9. Beschreiben Sie die Funktion des Streckhelfers.
10. Unterscheiden Sie das Positiv- vom Negativwerkzeug bezüglich Verfahren und Werkzeugaufbau.
11. Beschreiben Sie die Verfahrensschritte des Sinterns.

2.11 Fallbeispiel – Spritzgießwerkzeug

2.11.1 Aufgabenstellung

Für die Netztaste **(Bild 1)** ist ein Spritzgießwerkzeug unter folgenden **Vorgaben** zu planen:

Werkstoff:	ABS schlagfest
Schwindmaß:	0,6 %
Maschine:	200 kN Schließkraft Spritzgewicht 40 g
Stückzahl:	20 000/Jahr

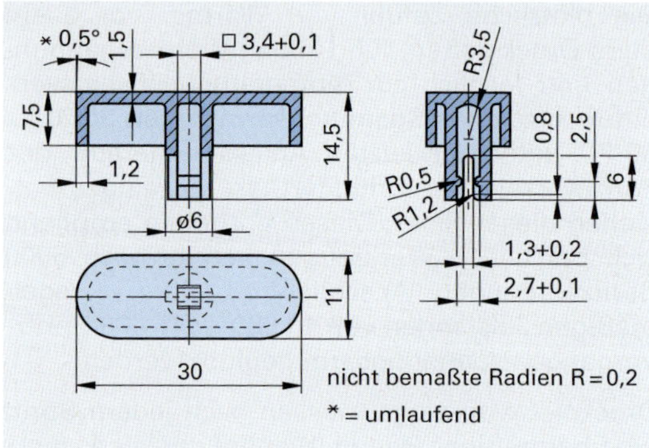

Bild 1: Netztaste

2.11.2 Vorüberlegungen

Für die Vorüberlegungen müssen die **Verarbeitungsbedingungen** für den Werkstoff des Spritzgießteils bekannt sein. Sie können der **Tabelle 1, Seite 141** und **Bild 2** entnommen werden.

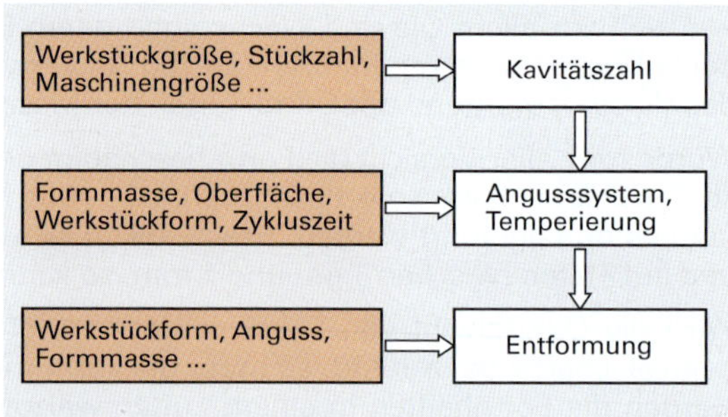

Bild 2: Lösungsschritte

➞ **Wie viele Teile sollten je Schuss gespritzt werden?**

Da das Teil nicht in sehr großen Stückzahlen gefertigt wird, erscheint eine **Kavitätszahl** von 2 als wirtschaftlich.

➞ **Welches Angusssystem ist zu wählen?**

Damit die Deckflächen des Spritzgießteils frei bleiben von Angussmarkierungen, wird die Spritzmasse seitlich über einen **Tunnelanguss** zugeführt. Mit diesem Anguss wird durch die Öffnungsbewegung des Werkzeuges eine automatische Angussabtrennung möglich **(Bild 3).**

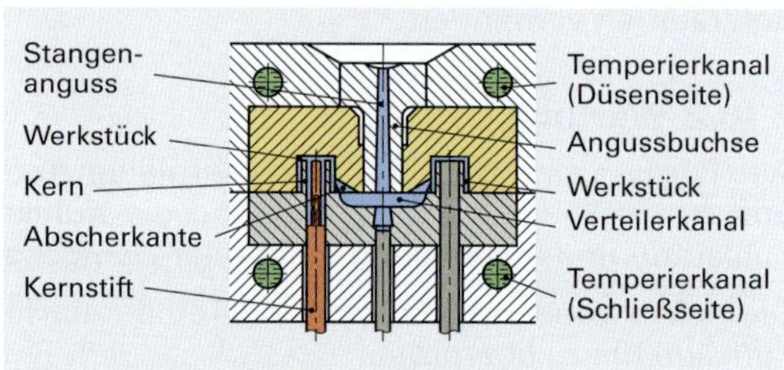

Bild 3: Anguss- und Temperiersystem

➞ **Ist eine Werkzeugtemperierung vorzusehen?**

Um die verlangte **Maßgenauigkeit** zu erreichen und die Fertigungszeit klein zu halten, wird mit Temperierung gearbeitet. Für die Düsen- und Schließseite wird je ein Kreislauf vorgesehen.

➞ **Welches Entformungssystem ist anwendbar?**

Um die Hinterschneidung (R0,5) am Mittelzapfen des Spritzgießteils ausformen zu können, wird ein **Mehrstufenauswerfer** verwendet **(Bild 4).**

In der ersten Stufe des Entformungsvorganges wird das Spritzgießteil durch den Hub 1 des Auswerfersystems aus dem Kern ausgeformt. Gleichzeitig wird durch diese Bewegung der Anguss ausgeworfen. In der zweiten Stufe (Hub 2) kann das Teil dann durch die Weiterbewegung der Auswerferstifte von dem jetzt feststehenden Kernstift abgestreift werden, da ein Aufweiten im Bereich der Hinterschneidung jetzt möglich ist.

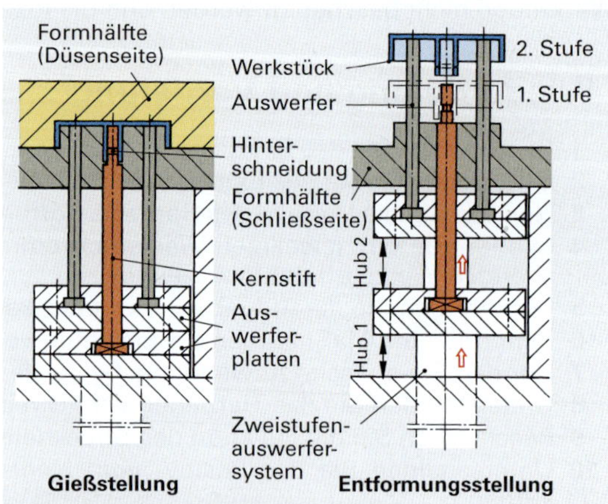

Bild 4: Entformumgssystem

2.11.3 Werkzeugaufbau

Das Werkzeug soll weitgehend mit handelsüblichen **Normalien** aufgebaut werden.

Welcher Werkzeugaufbau ist geeignet?

Auf Grund des einfachen Spritzgießteils und der wenigen Kavitäten wird ein **plattenförmiger Aufbau** mit einer Trennebene gewählt **(Bild 2).**

Die einzelnen Platten des Werkzeugs werden durch **Führungsbolzen** (Pos. 5) und Buchsen (Pos. 7) geführt. Damit die Bohrungen für die Führungselemente in den Platten zusammen gefertigt werden können, haben sie gleiche Außendurchmesser. Die Führungselemente fixieren gleichzeitig die Platten zueinander, z.B. Pos. 3 mit Pos. 4.

Wie arbeitet das Auswerfersystem?

Das Auswerfersystem ist in der beweglichen Werkzeughälfte untergebracht und arbeitet mit einem handelsüblichen **Zweistufenauswerfersystem.**

Nach dem Öffnen des Werkzeugs läuft der Ausstoßbolzen (Pos. 15) gegen den feststehenden Maschinenanschlag. Da der Ausstoßbolzen über Segmentstücke (Pos. 18) formschlüssig mit der Schieberhülse (Pos. 19) verbunden ist, führen alle Auswerferelemente den Hub 1 gemeinsam aus.

Beim Anschlagen der Schieberhülse (Pos. 19) an der Spannbuchse (Pos. 16) wird der Hub 1 begrenzt. In dieser Stellung treten die Segmentstücke in die Vertiefung „A" und geben den Ausstoßbolzen für den Hub 2 frei und fixieren gleichzeitig die Schieberhülse und damit die **Auswerferplatte** (Pos. 14) und den Kernstift (Pos. 21).

Der sich weiter bewegende Ausstoßbolzen drückt über die Auswerfergrundplatte (Pos. 12) die obere Auswerferplatte (Pos. 13) mit den Auswerfern (Pos. 10 + 11) weiter, wodurch das Spritzgießteil ausgeworfen wird. Die Auswerferplatte wird mittels **Rückdrückstiften** (Pos. 20) in ihre Ausgangslage gebracht.

Pos.	Menge	Benennung	Werkstoff
12	1	Auswerfergrundplatte	C45
11	4	Auswerfer (Werkstück)	X38 CrMoV5-1
10	1	Auswerfer (Anguss)	X38 CrMoV5-1
9	1	Formeinsatz (Düsenseite)	40CrMnMo7
8	1	Formeinsatz (Schließseite)	40CrMnMo7
7	3+1	Führungsbuchse	C15
6	4	Zentrierhülse	C15
5	3+1	Führungsbolzen	C15
4	1	Formplatte (Schließseite)	21MnCr5
3	2	Leiste	C45
2	1	Aufspannplatte	C45
1	1	Formplatte (Düsenseite)	21MnCr5

Bild 1: Stückliste (Auszug)

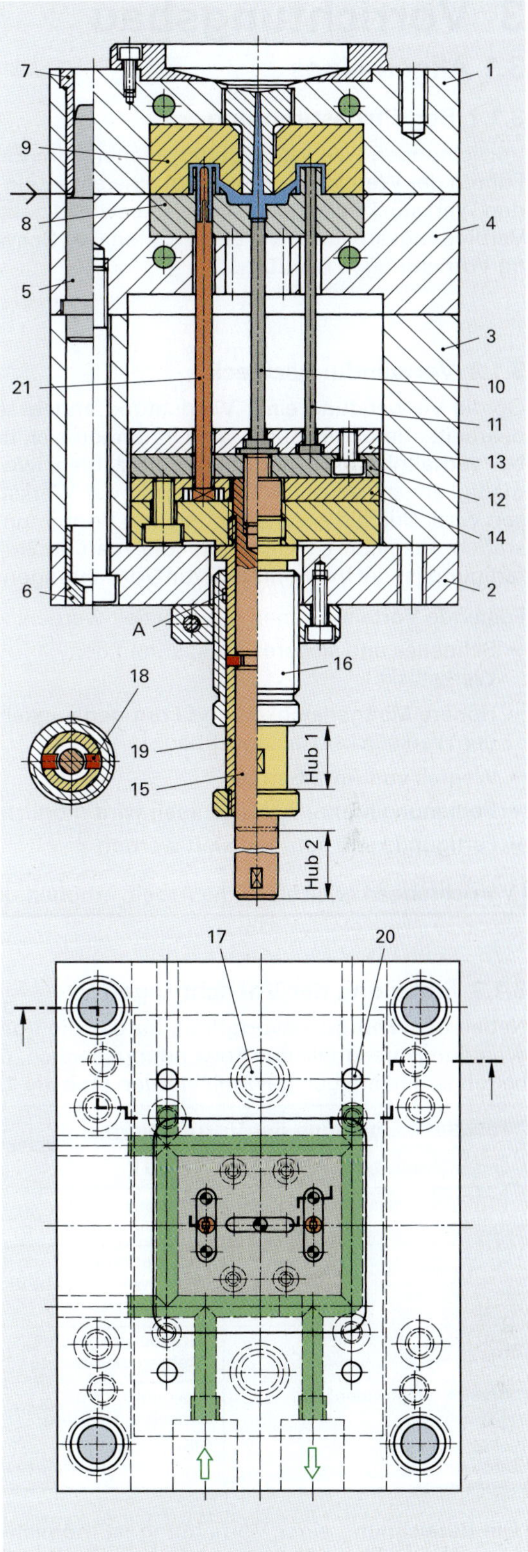

Bild 2: Spritzgießwerkzeug

3 Vorrichtungsbau

3.1 Allgemeines

3.1.1 Begriffsbestimmung

Vorrichtungen (Werkstückträger) dienen zum Einspannen und Festhalten der Werkstücke bzw. zum Führen der Werkzeuge. Sie sollen eine eindeutig wiederholbare Lagebestimmung der zu bearbeitenden Werkstücke ermöglichen. Man setzt sie hauptsächlich in der spanenden Fertigung ein; auch bei Verbindungsarbeiten, wie beim Nieten und Schweißen und bei Zusammenbauarbeiten, werden häufig Vorrichtungen benutzt.

3.1.2 Verwendungszweck

Ob die Verwendung einer Vorrichtung angebracht ist, hängt weitgehend von der Stückzahl der zu bearbeitenden Werkstücke ab. Oft lohnen sich der Bau und die Anwendung einer Vorrichtung auch bei verhältnismäßig geringen Stückzahlen, wenn dadurch Fertigungszeit eingespart und Gleichmäßigkeit sowie höhere Genauigkeit der Werkstücke erreicht werden oder der Unfallschutz verbessert wird. Durch die Verwendung von Vorrichtungen können viele Arbeiten von angelernten Arbeitskräften ausgeführt werden, für die man sonst Facharbeiter benötigen würde. In der Großserienfertigung ist die Verwendung von Vorrichtungen unbedingt notwendig.

Folgende **Vorteile** können dabei erzielt werden:

- Schnelles und sicheres Einspannen der Werkstücke
- Höhere Maßgenauigkeit und Formgenauigkeit der Werkstücke (Austauschbau).
- Wegfall von Anreißarbeit
- Bedienung mehrerer Maschinen wird möglich
- Fertigung kann automatisiert werden
- Mitarbeiter werden von schwerer körperlicher Arbeit entlastet
- Verringerung der Unfallgefahr
- Kleinere Stillstandszeiten
- Bessere Ausnutzung der Maschine
- Einsatz von angelernten Mitarbeitern
- Herabsetzung des Ausschussanteils

Vorrichtungen erleichtern die Arbeit, erhöhen die Genauigkeit und verkürzen die Fertigungszeit.

3.1.3 Einteilung der Vorrichtungen

Neben dem Fertigungsverfahren, für das die Vorrichtung verwendet wird, können als weitere Unterscheidungsmerkmale der Anwendungsbereich, die Anzahl der gespannten Werkstücke und die Bearbeitungsreihenfolgen gewählt werden **(Tabelle 1).**

Tabelle 1: Einteilung der Vorrichtungen

Unterscheidungsmerkmal	Beispiel	Kennzeichen
Fertigungsverfahren	Fräsvorrichtung Schweißvorrichtung	Trennverfahren Fügeverfahren
Anwendungsbereich	Einzweckvorrichtung Mehrzweckvorrichtung	Vorrichtung für ein bestimmtes Werkstück Vorrichtung für verschiedene Werkstücke z. B. Planscheibe, Spanntürme
Anzahl der gespannten Werkstücke	Einstückvorrichtung Mehrstückvorrichtung	Vorrichtung spannt nur ein Werkstück Vorrichtung spannt zwei oder mehr Werkstücke
Bearbeitungsreihenfolge	Vorrichtung für Einzelbearbeitung Vorrichtung für wechselweise Bearbeitung	Vorrichtung für nacheinander ablaufende Arbeitsgänge Vorrichtung für gleichzeitig ablaufende Arbeitsgänge, z. B. Taktvorrichtung

Die Bezeichnung einer Vorrichtung ist möglichst von dem Fertigungsverfahren abzuleiten, für das sie verwendet wird.

3.1.4 Aufbau einer Vorrichtung

Fast alle Vorrichtungen sind durch einen bestimmten Konstruktionsaufbau gekennzeichnet **(Bild 1)**. Dieser ergibt sich aus den Aufgaben, die eine Vorrichtung erfüllen muss.

Die einzelnen Bauelemente übernehmen dabei bestimmte Funktionen. So dienen **Lagebestimmelemente** dazu, die Werkstücke aufzunehmen und sie in ihrer Lage zu bestimmen, sodass kein Ausrichten der Werkstücke nötig ist. Über **Bedienelemente** wird die Betätigungskraft F_B eingeleitet. **Spannelemente** verstärken die Kraft und geben sie an **Hilfsspannelemente** weiter, die sie auf das Werkstück übertragen. Die Spannkraft F_{Sp} hält das Werkstück fest, sodass es auch unter dem Einfluss der Bearbeitungskräfte bestimmt bleibt. Der **Vorrichtungskörper** ist Träger der Spann- und Bestimmelemente einer Vorrichtung und bildet die Verbindung zum Maschinentisch. Neben diesen Bauelementen sind bei manchen Vorrichtungen noch spezielle Elemente zu finden, z. B. Ausrichtelemente, Stützelemente oder Werkzeugführungselemente.

3.1.5 Vorgänge bei der Bedienung einer Vorrichtung

Beim Bedienen einer Vorrichtung können folgende Vorgänge unterschieden werden: Einlegen des Werkstückes, Schließen der Vorrichtung, Spannen des Werkstückes, Bearbeitung, Entspannen und Öffnen der Vorrichtung, Entnehmen des Werkstückes, Säubern der Vorrichtung. Da die Bedienzeit einer Vorrichtung fast immer eine Nebennutzungszeit darstellt, muss sie aus Kostengründen möglichst klein gehalten werden. Dies kann besonders durch zweckmäßige Gestaltung der Vorrichtung erreicht werden. Folgende Forderungen sollten dabei beachtet werden:

- Das Einlegen des Werkstückes soll ohne Ausrichten schnell und sicher möglich sein
- Das Spannen soll schnell, einfach, zuverlässig und ohne Verformung des Werkstückes erfolgen
- Die Spänebeseitigung und Reinigung der Vorrichtung soll einfach möglich sein
- Die Bedienteile sollen so angeordnet sein, dass keine Verletzungsgefahr besteht.

Für die Handhabung des **Werkstückes** in der Vorrichtung spielen dessen Form, Größe und Gewicht eine Rolle. Der Werkstoff beeinflusst die Schnittkräfte und die Spanbildung. Die Art des **Werkzeuges** beeinflusst die Spanform und die Schnittkräfte. Die Leistung der **Werkzeugmaschine** beeinflusst vor allem die Größe der Schnittwerte.

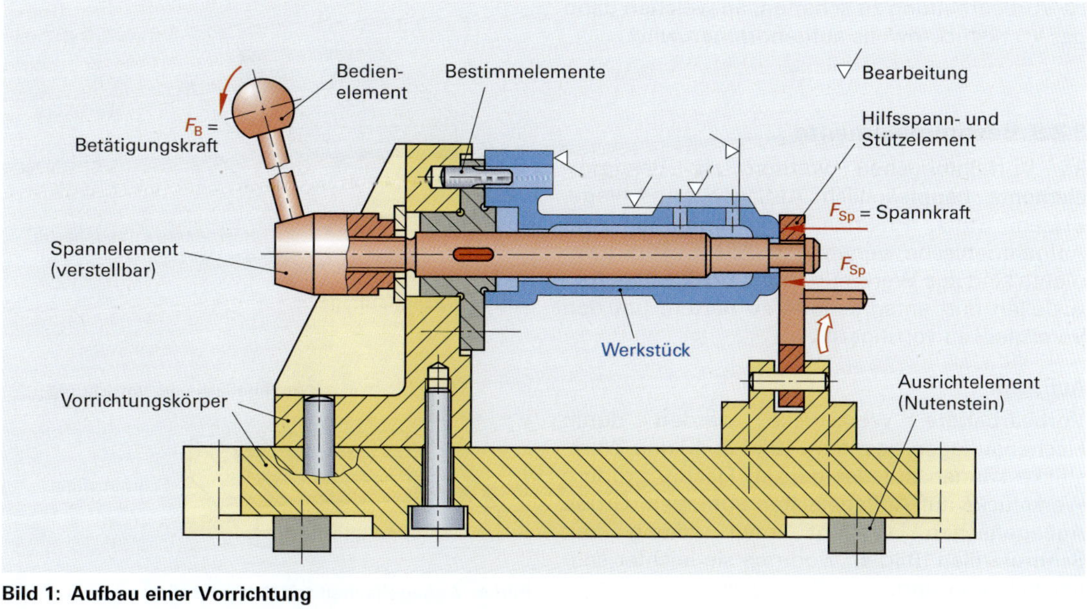

Bild 1: Aufbau einer Vorrichtung

3.2 Grundlagen des Vorrichtungsbaues

3.2.1 Lagebestimmung (Positionieren)

Eine Vorrichtung hat die Aufgabe, ein oder mehrere Werkstücke in einer genau bestimmten Lage (Position) festzuhalten. Dabei soll die Lage des Werkstückes vollbestimmt, aber nicht überbestimmt sein **(Bild 1)**.

Jeder Körper ist durch die Lage seiner drei Achsen (x-, y-, z-Achse) bestimmt. Ein Werkstück muss daher, je nach Bearbeitungsaufgabe, in einer, zwei oder drei Ebenen bestimmt werden. Überbestimmt ist ein Werkstück, wenn in einer Bestimmebene mehr als eine Fläche zum Bestimmen verwendet wird. Ein überbestimmtes Werkstück liegt ungleich auf, wodurch es zu Maßänderungen und Formfehlern kommen kann.

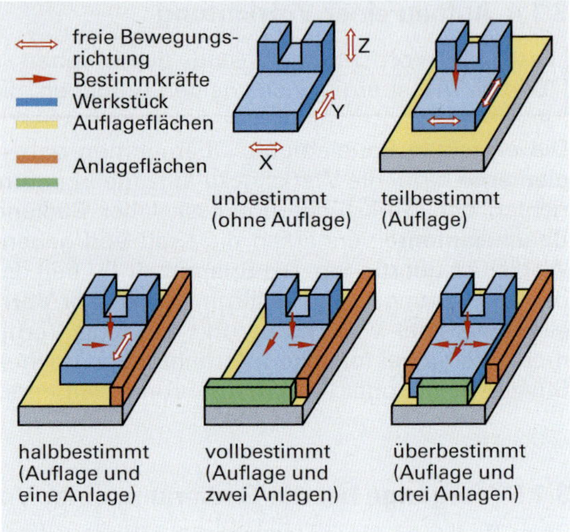

Bild 1: Lagebestimmung des Werkstückes

3.2.2 Wahl der Bestimmflächen

Das Werkstück kann in der Vorrichtung, je nach seinem Bearbeitungszustand und seiner Form, an rohen oder bearbeiteten ebenen Flächen, Bohrungen oder anderen Formelementen bestimmt werden. Als Bestimmfläche ist grundsätzlich die Werkstückfläche oder Form zu wählen, von der die Bemaßung für die zu bearbeitende Fläche ausgeht **(Bild 2)**.

Bei unbearbeiteten Gussteilen ist es oft zweckmäßig, eine oder zwei Bestimmflächen durch eine Vorbearbeitung zu schaffen, an welchen dann das Werkstück jeweils aufgenommen wird.

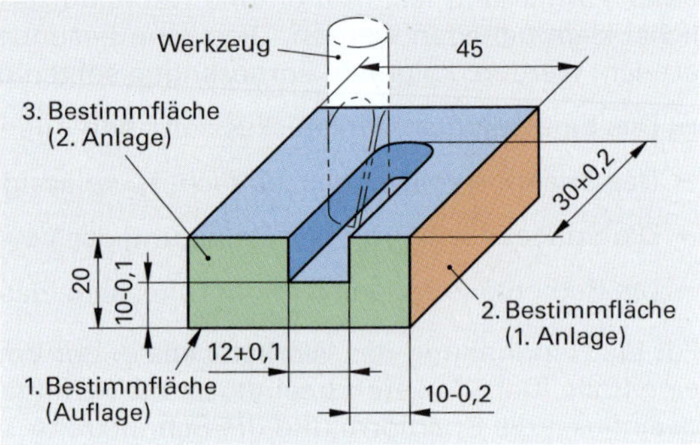

Bild 2: Wahl der Bestimmflächen

3.2.3 Bestimmelemente

Im Vorrichtungsbau werden als Bestimmelemente hauptsächlich Auflagen, Anschläge, Bolzen, Stifte, Prismen, Ringaufnahmen und Aufnahmebleche verwendet. Alle Bestimmelemente sind aus Werkzeug- oder Einsatzstahl herzustellen und entsprechend zu härten, um den Verschleiß zu verringern.

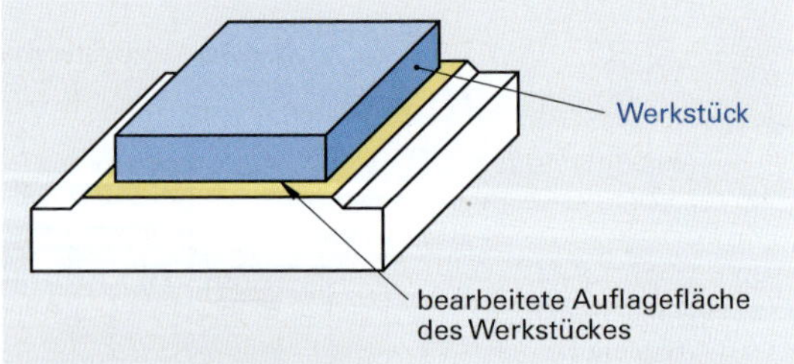

Bild 3: Flächenauflage

Auflagen

Vorbearbeitete Werkstücke werden durch Flächenauflagen bestimmt **(Bild 3)**. Kleine Werkstücke können auf der ganzen Fläche, größere Werkstücke auf Auflageleisten aufliegen. Große Auflageflächen versieht man häufig mit **Schmutzrillen (Bild 4),** wodurch sie leichter sauber zu halten sind.

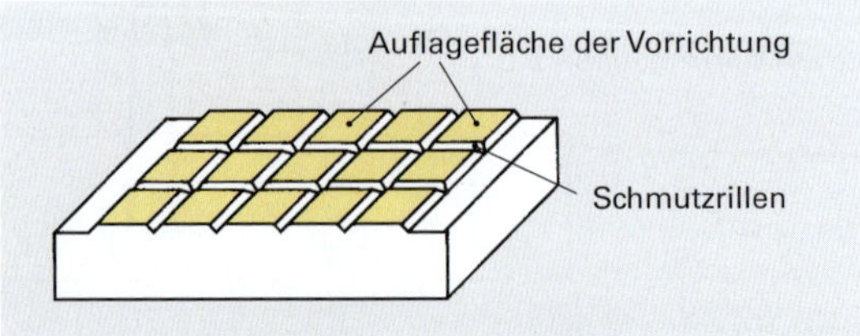

Bild 4: Auflageflächen mit Schmutzrillen

3

Nicht vorbearbeitete Werkstücke mit rohen Oberflächen werden durch Punktauflagen bestimmt.

Man verwendet dazu **Auflagebolzen (Bild 1).** Damit ein Überbestimmen vermieden wird, sollten drei Auflagepunkte vorgesehen werden. Bei mehr als drei Auflagepunkten muss ein beweglicher Ausgleich, z. B. eine Wippe, verwendet werden.

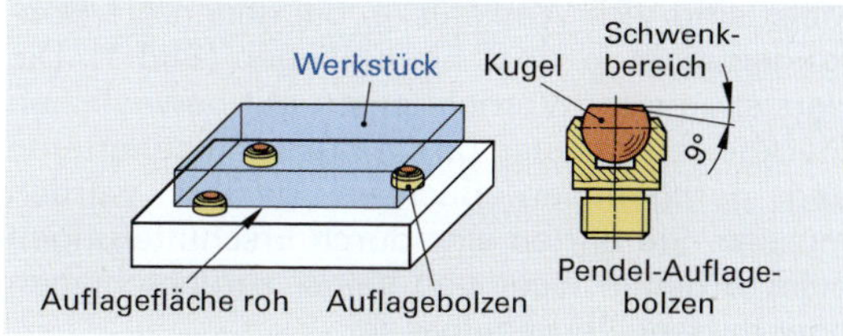

Bild 1: Punktauflage, Auflagebolzen

Die Auflagen müssen so angeordnet sein, dass das Werkstück sicher aufliegt und beim Spannen weder verbogen wird noch kippen kann.

Anschläge

Anschläge dienen dazu das Werkstück senkrecht zur Auflageebene zu bestimmen. Große **Anschläge** werden als Leisten ausgebildet, die mit Aussparungen und Freibohrungen versehen werden, damit Grate, Späne und Schmutz nicht stören **(Bild 2).** Bei kleinen Bearbeitungskräften und bei rohen Werkstücken können Anschlagstifte oder Anschlagbolzen verwendet werden **(Bild 3).**

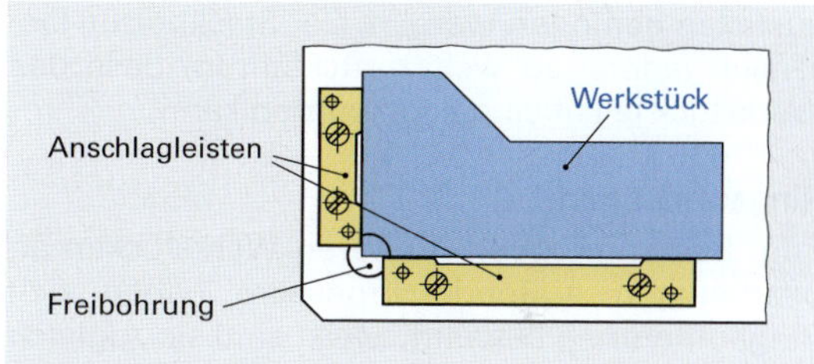

Bild 2: Anschlagleisten

Anschläge sind möglichst lösbar mit dem Vorrichtungsgrundkörper zu verbinden, z. B. durch Verschrauben und Verstiften, um beim Zusammenbau der Vorrichtung das Ausrichten und Justieren zu erleichtern.

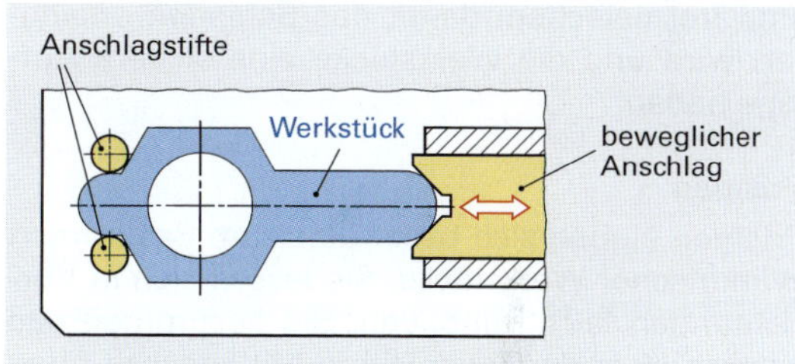

Bild 3: Bestimmen mit Anschlagstiften und beweglichem Anschlag

Bolzen

Das Bestimmen der Werkstücke in schon vorhandenen Bohrungen kann durch feste oder durch bewegliche **Aufnahmebolzen (Bild 4)** erfolgen. Aufnahmebolzen können mit einem Bund ausgeführt werden, der als Auflage dient.

Der Übergang vom Bolzen zum Bund muss mit einem Freistich versehen sein, der sowohl in den Mantel des Bolzens als auch in die Auflagefläche des Bundes eingestochen ist, damit das Werkstück einwandfrei aufliegt.

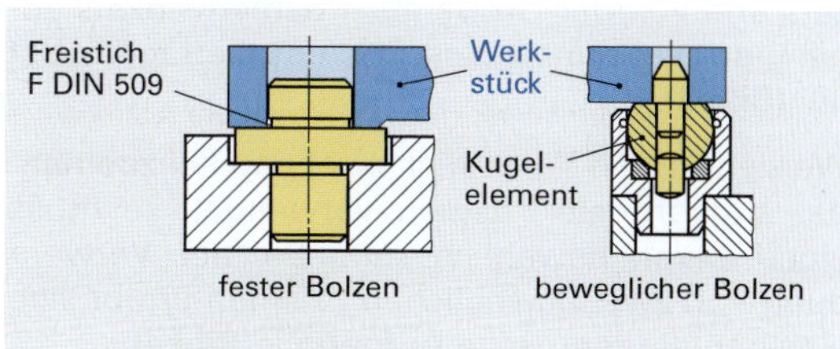

Bild 4: Aufnahmebolzen

Werden Werkstücke durch zwei Aufnahmebolzen bestimmt, so werden sie verschieden hoch ausgeführt und der größere Bolzen seitlich abgeflacht **(Bild 5).** Dadurch lassen sich die Werkstücke leichter in die Vorrichtung einlegen und aus ihr entfernen. Außerdem wirkt sich die Abstandstoleranz der Bohrungen dadurch nicht auf die Lagebestimmung aus.

Bewegliche **Steckbolzen** werden zum Bestimmen von Werkstücken benötigt, die sich durch ihre Form und die Lage der Bohrungen nicht mit festen Aufnahmebolzen bestimmen lassen.

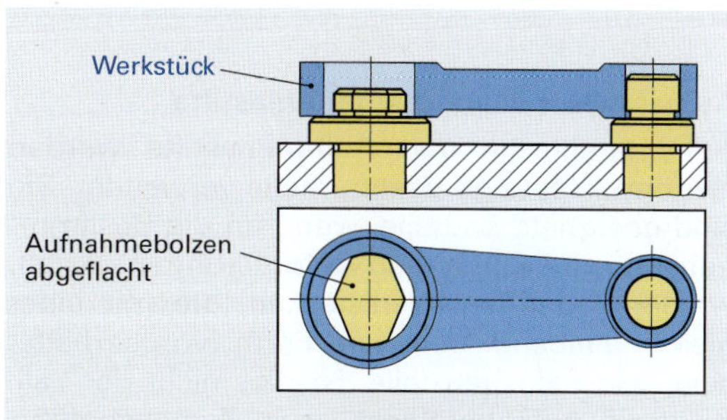

Bild 5: Bestimmen mit zwei Aufnahmebolzen

Meist sind dies Werkstücke, bei denen die Bohrungen nicht in einer Ebene liegen **(Bild 1)**. Die Herstellung von Vorrichtungen mit beweglichen Steckbolzen ist teuer, da die Bolzen in gehärteten und geschliffenen Buchsen geführt werden müssen. Sie dürfen sich durch Erschütterungen beim Arbeiten nicht von selbst zurückschieben oder müssen verriegelbar sein.

Durch einen Gewindestift mit Ansatz, der in eine Nut des Steckbolzens greift, kann dieser am Herausfallen gehindert werden. Der Steckbolzen lässt sich jedoch so weit zurückführen, dass das Werkstück leicht eingelegt werden kann.

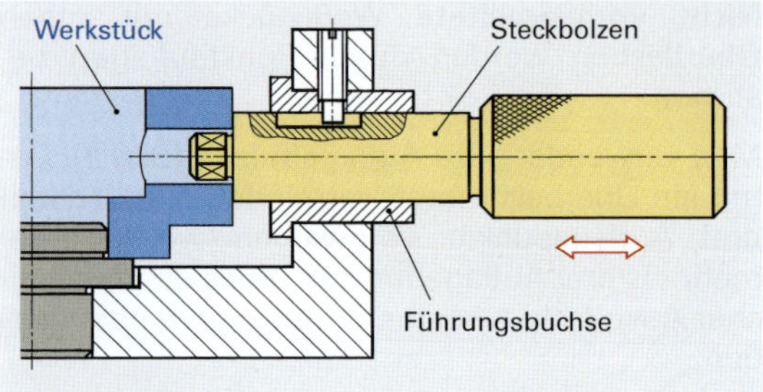

Bild 1: Steckbolzen

Ringaufnahmen

Zum Bestimmen von größeren Werkstücken an bearbeiteten Außendurchmessern haben sich Ringaufnahmen bewährt. Meist sind sie zugleich Aufnahme und Auflage **(Bild 2)**. Sie müssen große Aussparungen besitzen, damit man Späne und Schmutz leicht entfernen kann. Die Ecken sind freizustechen, damit das Schleifen erleichtert wird und die Werkstücke eine sichere Auflage haben.

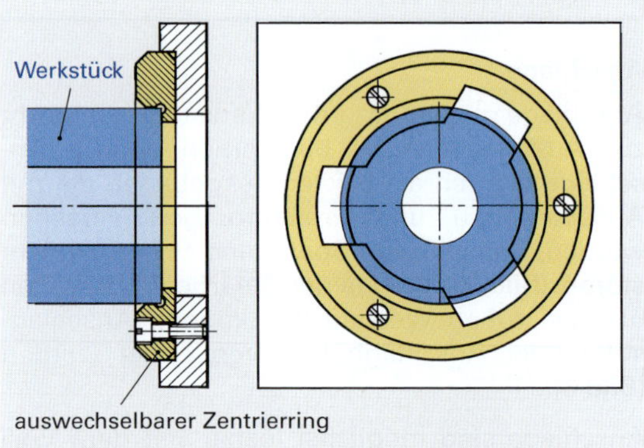

Bild 2: Ringaufnahme

Prismen

Prismen eignen sich besonders zum Bestimmen zylindrischer Werkstücke. Sie lassen sich in Vorrichtungen leicht einbauen. Sie bestimmen das Werkstück in der senkrechten Mittenachse ohne Mittenversatz, die Bestimmgenauigkeit der waagerechten Mittenachse hingegen ist von der Durchmessertoleranz des Werkstückdurchmessers und von der Größe des Prismenwinkels abhängig. Der Winkel des Prismas beträgt meist 90° **(Bild 3)**.

Werden für ein Werkstück zwei parallel zueinander angeordnete Prismen verwendet, so muss eines davon beweglich sein. Bei der Verwendung von zwei beweglichen Prismen ergibt sich eine genaue zentrische Aufnahme **(Bild 4)**.

> Um das Schleifen zu erleichtern, ist das Prisma mit einer Nut auszuführen.

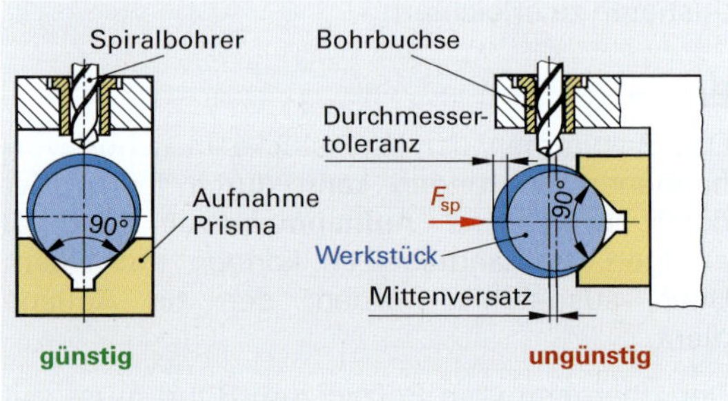

Bild 3: Aufnahmeprisma

Aufnahmebleche und Aufnahmestifte

Aufnahmebleche und Aufnahmestifte werden als formschlüssige Bestimmteile verwendet. Sie sind geeignete Bauteile, wenn an die Bestimmgenauigkeit keine hohen Anforderungen gestellt werden, oder bei Werkstücken, die mit einer gleich bleibend genauen Form vorgearbeitet sind, wie z. B. Stanzteile. Ist dies nicht der Fall, muss ein Aufnahmeblech beweglich ausgeführt werden.

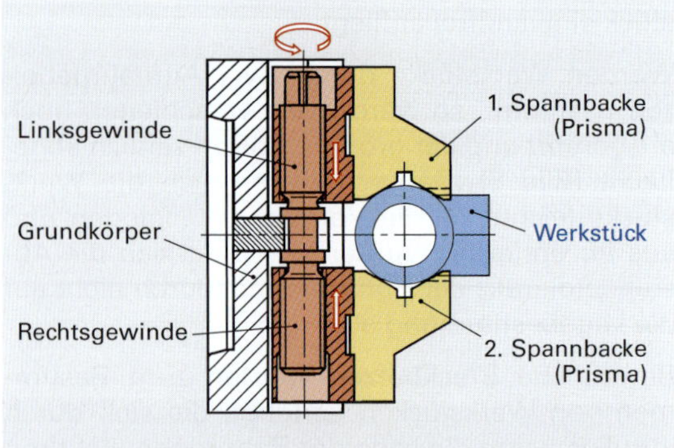

Bild 4: Aufnahme durch zwei bewegliche Prismen

Aufnahmebleche und Aufnahmestifte werden möglichst weit voneinander entfernt an die Außen- oder Innenform des Werkstückes gesetzt, da hierdurch die Bestimmgenauigkeit erhöht wird.

Aufnahmebleche (Bild 1), die am Vorrichtungskörper verschraubt und verstiftet werden, bieten bei flachen Werkstücken eine hinreichende Bestimmgenauigkeit.

Aufnahmestifte (Bild 2) sind einfach und billig herzustellen. Sie werden so gesetzt, dass sie nach dem Abflachen das Werkstück entsprechend dessen Genauigkeit in seiner Lage bestimmen. Man schrägt sie am oberen Ende ab, damit das Einlegen erleichtert wird.

Je weiter Bestimmteile auseinander angeordnet sind, desto größer ist die Bestimmgenauigkeit. Alle Bestimmteile müssen gehärtet und möglichst auch geschliffen werden.

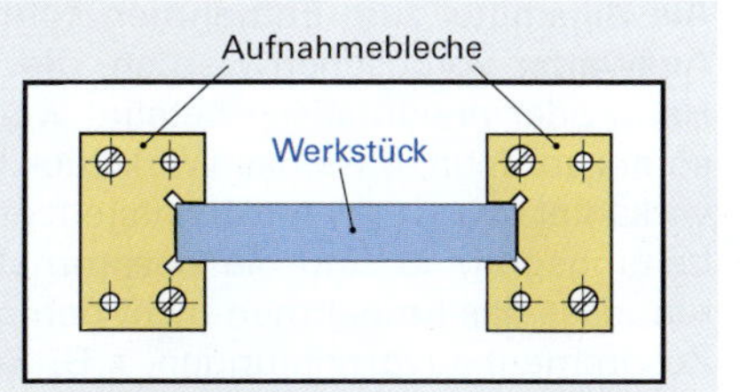

Bild 1: Aufnahmeblech

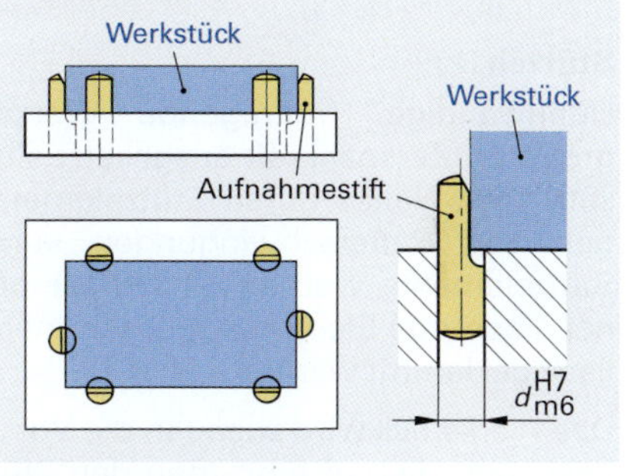

Bild 2: Aufnahmestifte

3.2.4 Einlegen und Entnehmen des Werkstückes

Einlegen

Besonders bei formschlüssigen Bestimmelementen, wie Bolzen, Stiften und Aufnahmerachen, ist darauf zu achten, dass das Werkstück schnell und sicher eingelegt werden kann.

Je größer die Werkstücke und je genauer das Passmaß ist, umso leichter kann es beim Einlegen zu einem Verklemmen des Werkstückes kommen **(Bild 3).** Dies kann durch entsprechende Gestaltung der Bestimmelemente, z. B. mittels Vorführungsflächen, vermieden werden. Eine weitere Erleichterung erreicht man bei Bolzen durch Einführschrägen und Rillen.

Sichern gegen falsches Einlegen

Falsches Einlegen der Werkstücke in die Bestimmelemente kann durch **Sicherungsstifte** verhindert werden, wenn es durch die Formgebung der Bestimmelemente nicht ausgeschlossen werden kann. Man bringt den Sicherungsstift an einer Stelle an, an der das Werkstück unsymmetrisch liegende Schlitze, Durchbrüche oder Vorsprünge besitzt, sodass es nur nach einer Seite hin, also richtig in die Bestimmelemente der Vorrichtung passt **(Bild 4).**

Hinweise, wie „Nase nach links einlegen", bieten keinen ausreichenden Schutz gegen falsches Einlegen.

Geeignete Formgebung der Bestimmelemente oder Sicherungsstifte verhindern das falsche Einlegen der Werkstücke in die Vorrichtung.

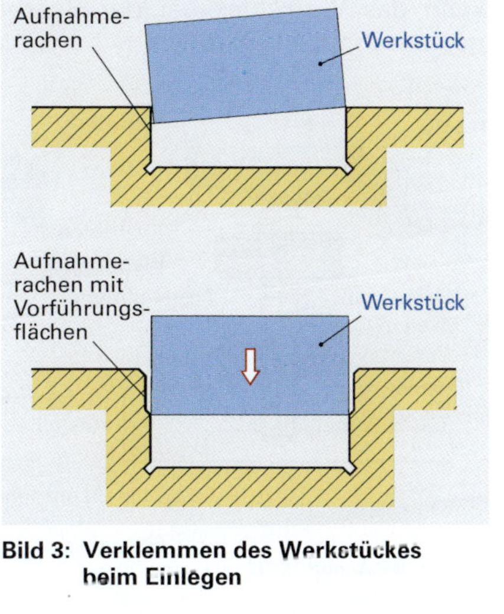

Bild 3: Verklemmen des Werkstückes beim Einlegen

Entnehmen

Bei kleinen Werkstücken und bei schwerer Zugänglichkeit in der Vorrichtung kann das Entnehmen der Werkstücke schwierig sein und damit höhere Nebennutzungszeiten verursachen. Außerdem kann das Entnehmen durch Verzug oder Gratbildung am Werkstück erschwert werden.

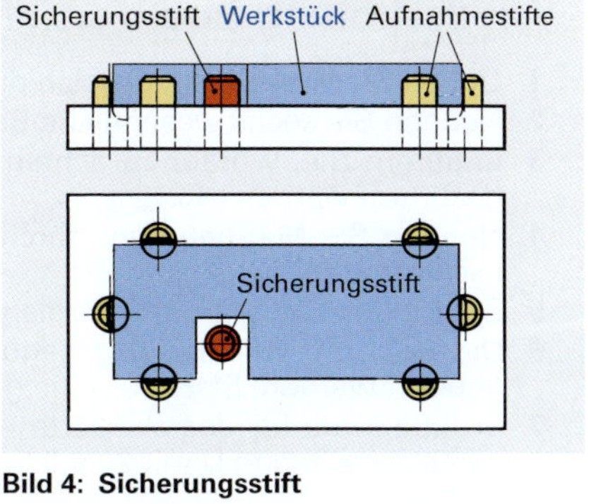

Bild 4: Sicherungsstift

Als Hilfsmittel zum Entnehmen können an Vorrichtungen **Auswerfer** vorgesehen werden, die durch Federkraft, von Hand oder pneumatisch betätigt werden **(Bild 1).** Sie sind so anzuordnen, dass das Werkstück beim Auswerfen nicht verkantet bzw. verklemmt. Entsteht am Werkstück ein Bearbeitungsgrat, so sind die Bestimmelemente so zu gestalten, dass das Entnehmen nicht behindert wird **(Bild 2).** Bei Zusammenbauvorrichtungen, z. B. Schweißvorrichtungen, ist zu beachten, dass nicht nur die einzelnen Teile gut eingelegt werden können, sondern dass auch das gefügte Werkstück leicht entnommen werden kann.

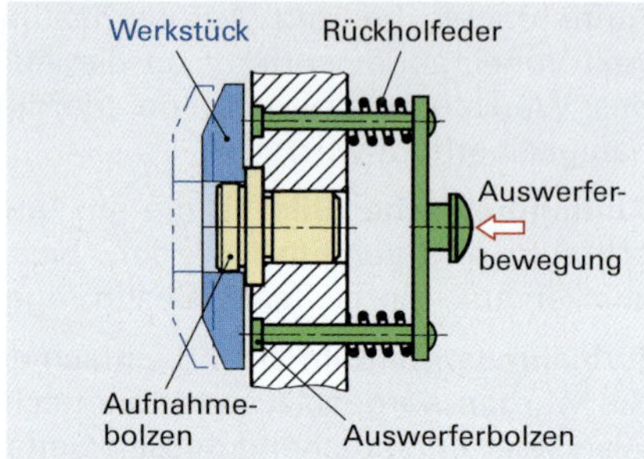

Bild 1: Federnder Auswerfer

Stützen

Dünnwandige, freitragende Werkstückteile, die einer größeren Zerspankraft ausgesetzt sind, bedürfen eines zusätzlichen Haltes durch Stützelemente, damit Verformungen und Ratterschwingungen vermieden werden. Die Stützelemente werden einstellbar oder federnd angeordnet. Federnde Elemente müssen mechanisch oder hydraulisch geklemmt werden.

Das Werkstück wird zuerst in die Vorrichtung eingelegt und gespannt. Hierauf führt man den Stützbolzen durch Federdruck oder Gewinde leicht an das Werkstück heran und stellt ihn in dieser Lage fest. Durch diese Unterstützung kann das Werkstück bei der Bearbeitung weder federn noch nachgeben **(Bild 3).**

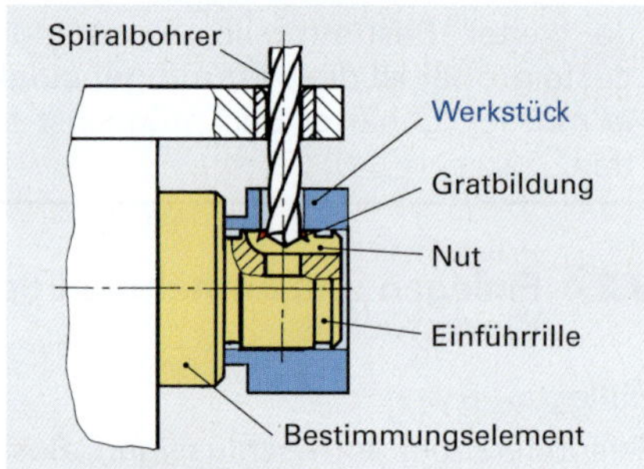

Bild 2: Bestimmelement mit Nut gegen Gratbildung

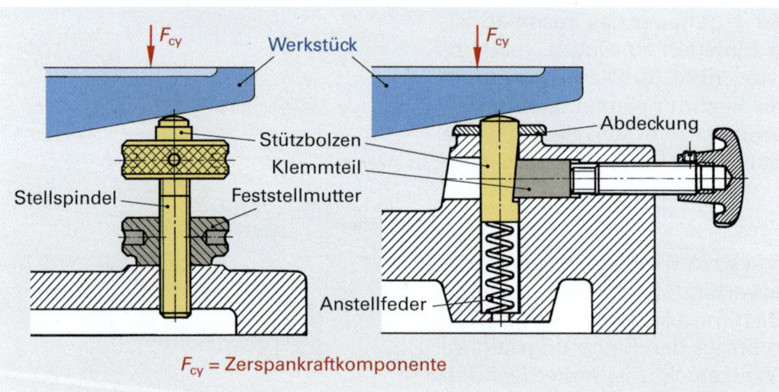

Bild 3: Stützelemente

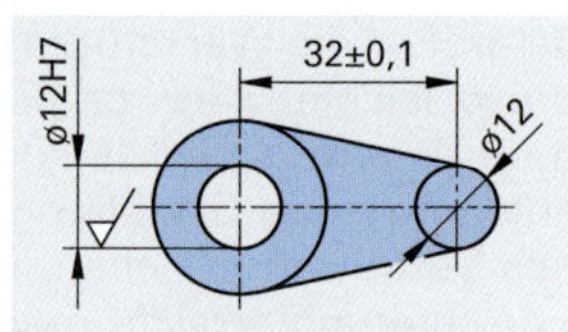

Bild 4: Hebel

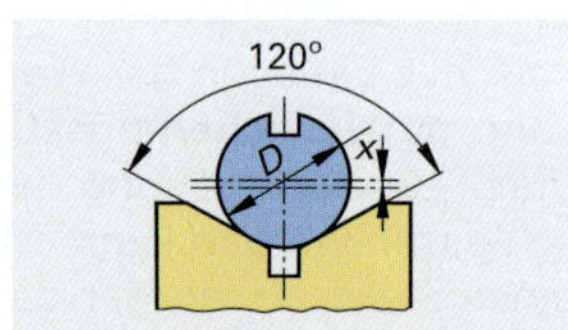

Bild 5: Prisma

Wiederholung und Vertiefung

1. Geben Sie Vorteile an, die sich durch die Verwendung von Vorrichtungen ergeben.
2. Nennen Sie sechs wesentliche Baugruppen von Vorrichtungen.
3. Erläutern Sie, worauf zu achten ist, wenn unbearbeitete Werkstücke nach der Außenform bestimmt werden.
4. Nennen Sie Maßnahmen, durch die das Einlegen von Werkstücken in die Vorrichtung erleichtert wird.
5. Begründen Sie, warum Stützelemente möglichst selbsthemmend ausgeführt werden sollen.
6. Die Bohrung ⌀ 12H7 des gegossenen Hebels, **Bild 4,** soll mittels einer Bohrvorrichtung gebohrt werden. Skizzieren Sie geeignete Lagebestimmelemente für die Vorrichtung.
7. Ermitteln Sie für das skizzierte Aufnahmeprisma, **Bild 5,** die Größe des maximalen Mittenversatzes x, wenn D mit 20-0,2 bemaßt ist.

3.2.5 Spannen des Werkstückes

Durch die Spanneinrichtung einer Vorrichtung soll das bereits in seiner Lage bestimmte Werkstück während dessen Bearbeitung sicher festgehalten werden.

Die Spanneinrichtung einer Vorrichtung besteht meist aus Spannelement, Hilfsspannelement und Bedienelement **(Bild 1, Seite 201)**.

3.2.6 Spannkräfte

Die Richtung und der Angriffspunkt der Spannkraft müssen so gewählt werden, dass Verformung, Kippen oder Verspannen des Werkstückes ausgeschlossen sind. Die Spannkraft soll möglichst in Bearbeitungsrichtung und gegen eine feste Bestimmfläche gerichtet sein. Das Werkstück darf beim Spannen nicht von der Bestimmfläche abgehoben werden. Die Spannkraft soll möglichst in der Nähe der Bearbeitungskraft angeordnet sein, um eine Verformung des Werkstücks und damit Ratterschwingungen zu vermeiden.

Je weniger das Werkstück unter den Bearbeitungskräften nachgeben und damit in Schwingungen geraten kann, desto größere Zerspannungsleistungen sind möglich.

Die Anzahl der Spannstellen, an denen Spannkräfte angreifen, richtet sich nach der Größe und der Richtung der Bearbeitungskraft, nach der Steifigkeit des Werkstückes und der Anzahl der Bestimmflächen.

Spannkrafterzeugung

Die Spannkraft bei Vorrichtungen kann mit oder ohne der Muskelkraft erzeugt werden. Welche der beiden Möglichkeiten gewählt wird, hängt von der Größe der Spannkraft, dem Automatisierungsgrad der Bearbeitung, der Anzahl der Spannstellen und von der Art der Betriebseinrichtung ab, ferner ob elastisch oder starr gespannt wird. Die verschiedenen Möglichkeiten der Spannkrafterzeugung zeigt **(Bild 1)**.

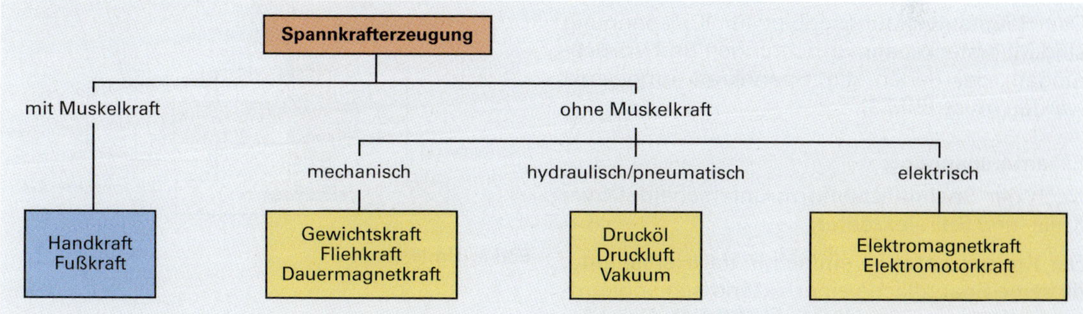

Bild 1: Spannkrafterzeugung

Vorrichtungen, die durch Muskelkraft betrieben werden, besitzen einfache Spannelemente, wobei die Spannkraft überall verfügbar ist. Wird ohne Muskelkraft gespannt, ergeben sich größere Spannkräfte und höhere Spanngeschwindigkeiten, aber ein höherer Aufwand muss für die Einrichtung, z. B. für die Druckerzeugung, aufgebracht werden.

3.2.7 Spannelemente

Durch die Spannelemente wird die eingeleitete Spannkraft verstärkt und gespeichert. Spannelemente müssen kräftig sein, damit sie sich nicht verformen, und sie dürfen sich unter der Einwirkung der Bearbeitungskräfte nicht von selbst lösen (Selbsthemmung). Sie sollen handlich und gut zugänglich sein. Um eine schnelle Abnützung zu verhindern, werden Spannelemente meist oberflächengehärtet.

Die wichtigsten Spannelementarten sind: Schraub-, Keil-, Exzenter-, Bajonett-, Kniehebel-, Federkraft- und Magnetspannung sowie pneumatische und hydraulische Spannung.

3

Schraubspannung

Bei der Schraubspannung verwendet man Spannschrauben und Spannmuttern. Sie sind leicht herstellbar und in Verbindung mit Spanneisen gut zu bedienen und sicher wirksam.

Spannschrauben bis 16 mm Durchmesser erhalten in der Regel Spitzgewinde, größere dagegen Trapez- oder Sägengewinde. Bei der Verwendung von **Spannschrauben (Bild 1)** sollte nicht direkt, sondern über ein Druckstück auf das Werkstück gespannt werden. Der Gewindedurchmesser soll möglichst groß, die Schraubenlänge möglichst klein gewählt werden, damit die Steifigkeit der Spanneinrichtung möglichst groß ist.

Werden Spannschrauben auch gleichzeitig zur Lagebestimmung eines Werkstückes verwendet, so erhält die Schraube an ihrem vorderen Teil eine zylindrische Führung. Das Bestimmelement und die Schraube können auch als getrennte Bauteile ausgeführt werden **(Bild 2)**.

Spannmuttern werden meist in Verbindung mit Spanneisen verwendet.

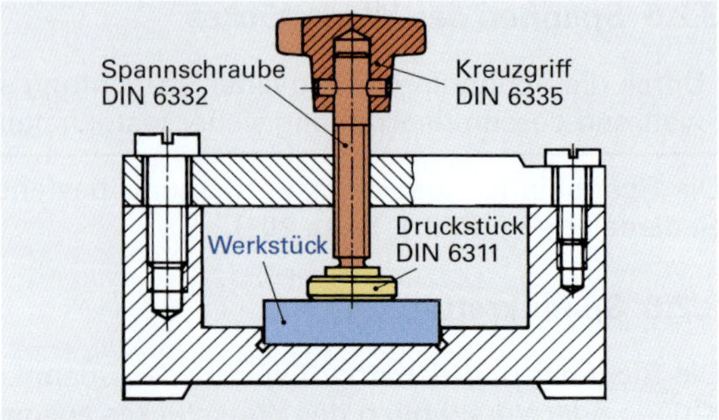

Bild 1: Anwendung der Spannschraube

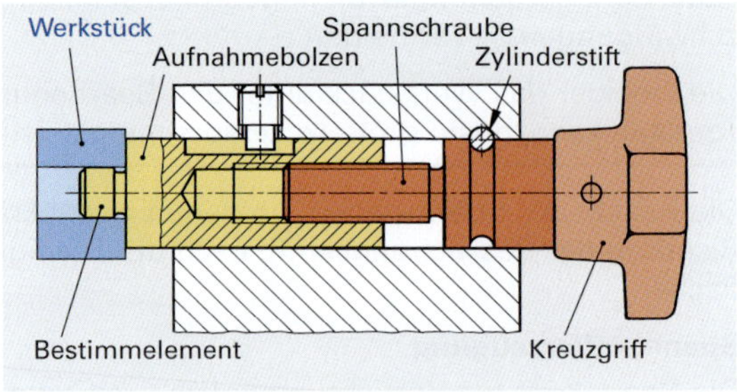

Bild 2: Spannschraube mit Bestimmelement

Keilspannung

Gerade **Spannkeile** verwendet man nur bei kleinen Vorrichtungen zum direkten Spannen der Werkstücke. Der Keil hat dabei eine Neigung von 1 : 10; er ist gehärtet und geschliffen.

Das Hauptanwendungsgebiet für Keilspannung sind Mehrstückspannvorrichtungen und Vorrichtungen, bei denen die Spannkraft umgelenkt werden muss **(Bild 3)**.

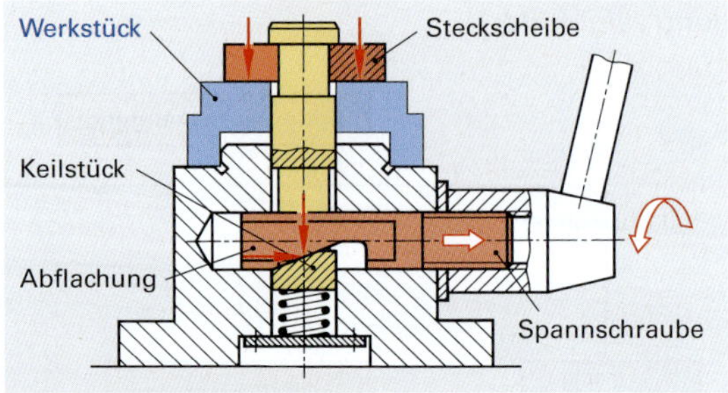

Bild 3: Umlenkkeil

Exzenterspannung

Nach der Spannflächenform unterscheidet man Kreis- und Spiralexzenter.

Der **Kreisexzenter** ist einfach in der Herstellung, da seine Spannfläche einer exzentrisch angeordneten Kreisscheibe entspricht **(Bild 4)**. Er ist im Wesentlichen durch den Scheibendurchmesser *D* und die Exzentrizität *e* bestimmt.

> Die **Exzentrizit**ät ist der Abstand zwischen dem Drehpunkt des Exzenters und dem Mittelpunkt der Kreisscheibe.

Bei einem **Exzenterverhältnis** $D : e = 20 : 1$ ist der Exzenter über den Gesamtschwenkbereich von 180° selbsthemmend. Der bevorzugte Spannbereich soll im Schwenkbereich zwischen 60° und 120° liegen. Dadurch ergibt sich eine fast gleich bleibende Spannkraft und ein günstiger Spannhub. Durch ein teilweises Abschneiden der Spannfläche des Exzenters kann der Gesamtweg erheblich vergrößert werden.

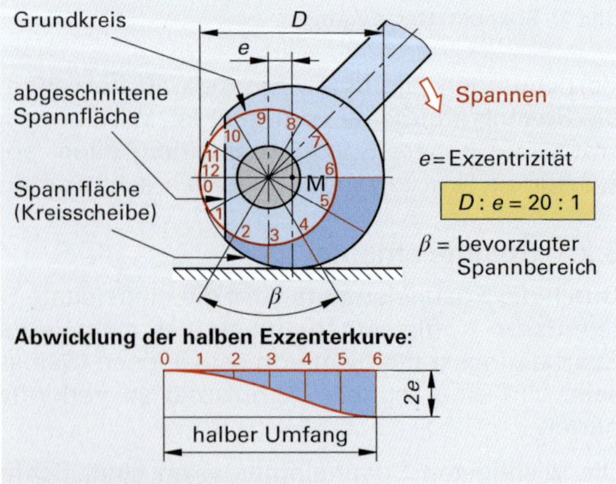

Bild 4: Kreisexzenter

Spiralexzenter

Bei Werkstücken mit großen Spannmaßtoleranzen reicht der Spannhub von Kreisexzentern vielfach nicht aus, um sicher zu spannen. In diesen Fällen verwendet man Exzenter mit einer spiralförmigen Spannfläche. Bei einem Steigungswinkel bis 6° der Spirale ergibt sich in jeder Stellung Selbsthemmung und eine immer gleich große Spannkraft. Das Anreißen der Spannflächenkurve eines Spiralexzenters **(Bild 1)** kann auf folgende Art erfolgen:

Man zeichnet einen Grundkreis auf, dessen Radius gleich dem Abstand des Kurvenanfanges vom Drehpunkt des Spiralexzenters ist. Dann teilt man den halben Kreis in sechs gleiche Teile und zieht vom Mittelpunkt aus Strahlen durch die Teilungspunkte.

Auf diesen Strahlen trägt man von der Kreislinie nach außen das **Hilfsmaß** *a* auf. Auf dem Strahl 1 wird 1 mal *a,* auf dem Strahl 2 dann 2 mal *a* usw. aufgetragen.

Das Hilfsmaß *a* beträgt für den Steigungswinkel von etwa 5,5° und einer Teilung des Halbkreises in 6 Teile 1/20 des Grundkreisradius. Durch Verbinden der Endpunkte auf den einzelnen Strahlen erhält man die gesuchte Kurve.

Spannexzenter ermöglichen ein sehr schnelles Spannen und Lösen der Werkstücke. Durch eine entsprechende Formgebung können sie sehr verschiedenen Spannaufgaben angepasst werden **(Bild 2).**

Um Druckstellen auf den Werkstücken zu vermeiden, sollten Spannexzenter möglichst nicht direkt, sondern über **Spanneisen (Bild 3)** oder **Winkelhebel (Bild 4)** auf das Werkstück wirken.

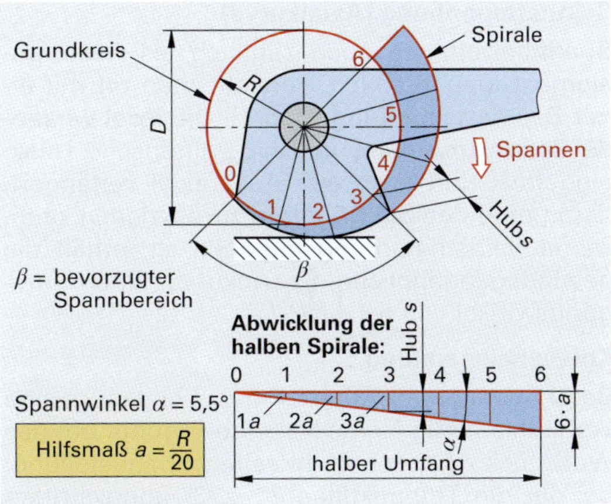

Bild 1: Spiralexzenter

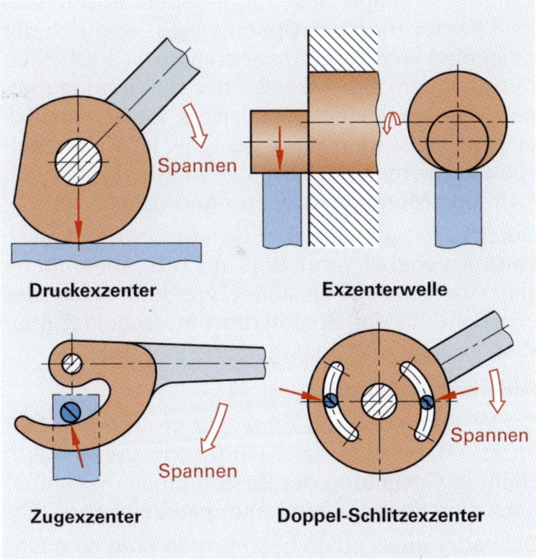

Bild 2: Ausführungsformen für Spannexzenter

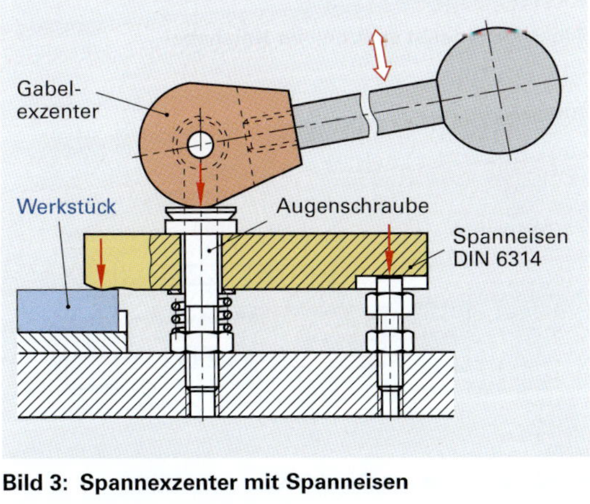

Bild 3: Spannexzenter mit Spanneisen

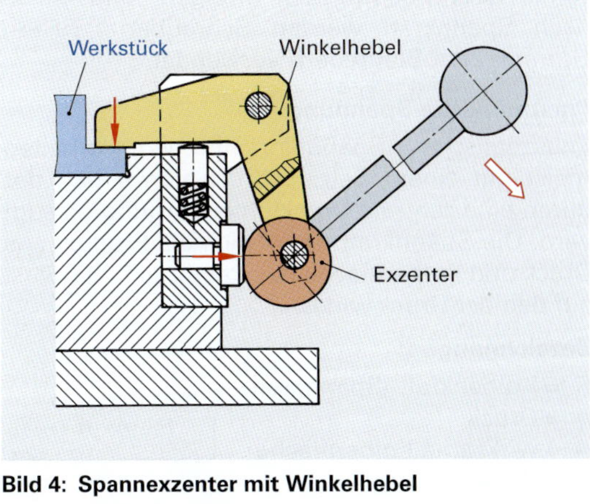

Bild 4: Spannexzenter mit Winkelhebel

3

Bajonettspannung (Axialkurve)

Spannbolzen, die auch zugleich als Bestimmelement dienen sollen, versieht man oft mit einer **Bajonettspannung (Bild 1)**. Die axial wirkende Spannkurve wird in eine zylindrische Hülse eingefräst und noch ein Stück axial verlängert, damit man den Spannbolzen zurückziehen kann. Damit Selbsthemmung gegeben ist, erhält die gewindegangähnliche Spannkurve einen Steigungswinkel von 6°.

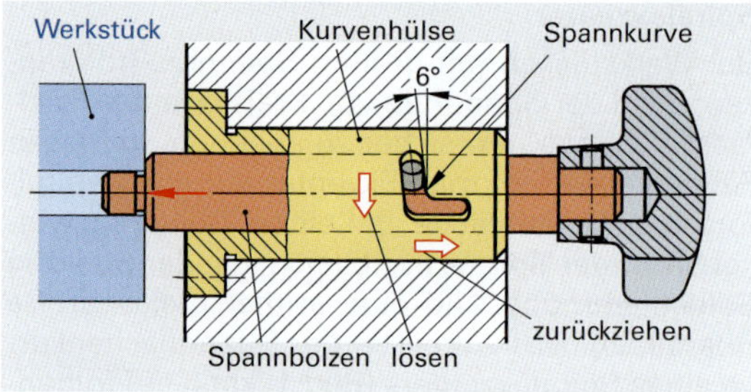

Bild 1: Bajonettspannung

Kniehebelspannung

Beim Spannen mit einem Kniehebel genügt eine verhältnismäßig kleine Hebelbewegung, um das Werkstück zu spannen. In seiner Spannstellung, bei der die Totpunktlage 2° ... 3° überschritten ist, verriegelt der Kniehebel, sodass Selbsthemmung gegeben ist **(Bild 2)**. Durch die genau bestimmte Endlage des Spannhebels ergibt sich eine Begrenzung des Spannweges, wodurch der Kniehebel nur zum Spannen von Werkstücken mit genauem Spannmaß oder für Spannaufgaben, bei denen ein elastisches Zwischenstück verwendet werden kann, geeignet ist. Kniehebelspanner werden deshalb überwiegend für Füge-, Prüf- und Montagevorrichtungen verwendet.

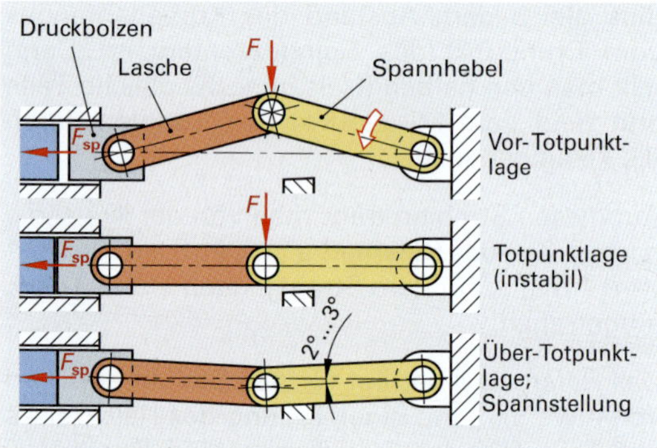

Bild 2: Wirkungsweise des Kniehebelspanners

Durch die günstigen Bewegungsverhältnisse beim Kniehebel kann er je nach Spannaufgabe sehr verschieden gestaltet werden. Nach der Wirkrichtung der Spannkraft unterscheidet man Waagerecht- und Senkrechtspanner **(Bild 3)**.

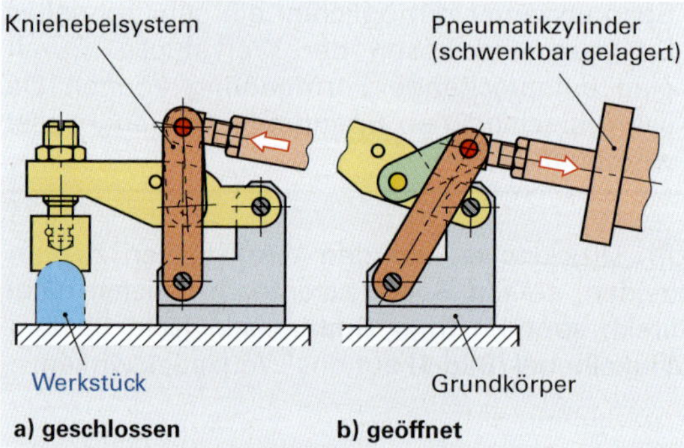

Bild 3: Senkrecht spannender Kniehebel

Federkraftspannung

Bei Werkstücken, die keinen zu großen Bearbeitungskräften ausgesetzt sind, kann bei entsprechender Gestaltung der Bestimmteile manchmal auch eine Federkraftspannung ausreichend sein.

Die Feder muss einen bestimmten Weg zum Einlegen der Werkstücke zulassen, soll aber trotzdem die notwendige Spannkraft abgeben. Das Vorspannen der Feder kann mittels Hebel, Exzenter oder pneumatisch erfolgen **(Bild 4)**. Je nach Spannkraft werden Schrauben-, Teller-, Gummi- oder Blattfedern verwendet.

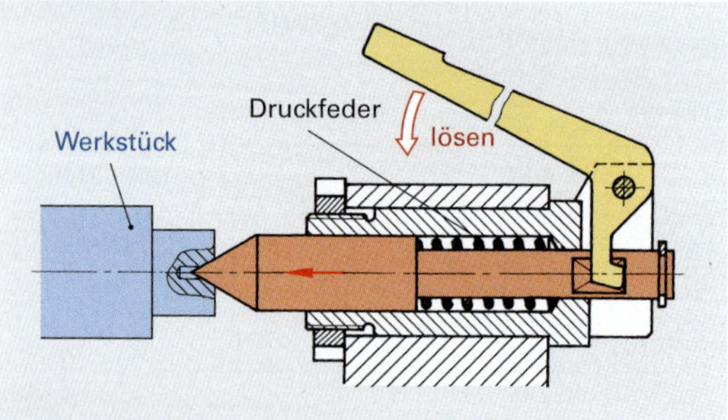

Bild 4: Spannen mit Druckfeder

Pneumatische Spannung

Pneumatische Spanneinrichtungen arbeiten meist mit einem Betriebsdruck von 6 bar, der durch eine zentrale Druckluftversorgung erzeugt wird. Die Spannkraft ergibt sich als Produkt aus Druck und Kolbenfläche des Pneumatikzylinders, auf den der Druck wirkt.

Bezeichnungen:

F = Kolbenkraft (Spannkraft)
p = Druck
A = wirksame Kolbenfläche
η = Wirkungsgrad

$$F = p \cdot A \cdot \eta$$

Durch einen kleinen Betriebsdruck müssen bei größeren Spannkräften relativ große Zylinder verwendet werden oder die Spannkraft muss durch ein anderes Spannelement, z. B. Exzenter, übersetzt werden.

Durch das Zwischenschalten eines Spannelements mit Selbsthemmung (z. B. Kniehebel) **(Bild 1)** ergibt sich eine unelastische Spannkraft, die auch bei Druckabfall erhalten bleibt.

Drucklufteinrichtungen lassen sich neben dem Spannen der Werkstücke auch zur Spänebeseitigung und zum Auswerfen der Werkstücke verwenden.

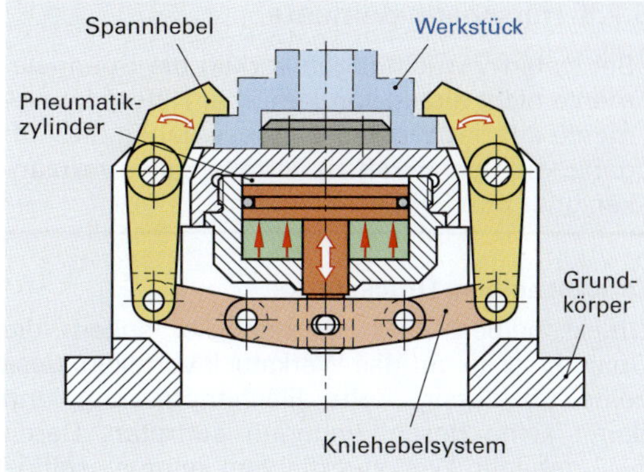

Bild 1: Pneumatisch betätigte Spannvorrichtung

Hydraulische Spannung

Der Betriebsdruck für hydraulische Spanneinrichtungen beträgt bis zu 300 bar. Er wird meist nicht zentral erzeugt, sondern durch Einzelpumpen, die von Hand, elektrisch oder pneumatisch angetrieben werden. Handpumpen werden dort eingesetzt, wo zwischen dem Spannen und Entspannen ein größerer Zeitraum liegt, z. B. bei Palettenvorrichtungen. Den Aufbau eines elektrisch betriebenen **Hydraulikaggregates** zeigt **Bild 2.**

Durch den hohen Betriebsdruck sind hydraulische Spannelemente wesentlich kleiner und damit Platz sparender als pneumatische. Da das Drucköl unelastisch ist, kann bei Vorrichtungen mit größeren Bearbeitungskräften ohne selbsthemmende Spannelemente gespannt werden.

Da sich der Ölstrom gut steuern lässt, kann die Hydraulik bei Vorrichtungen mit mehreren Spannstellen, die zeit- und wegabhängig arbeiten, besonders vorteilhaft eingesetzt werden **(Bild 3).**

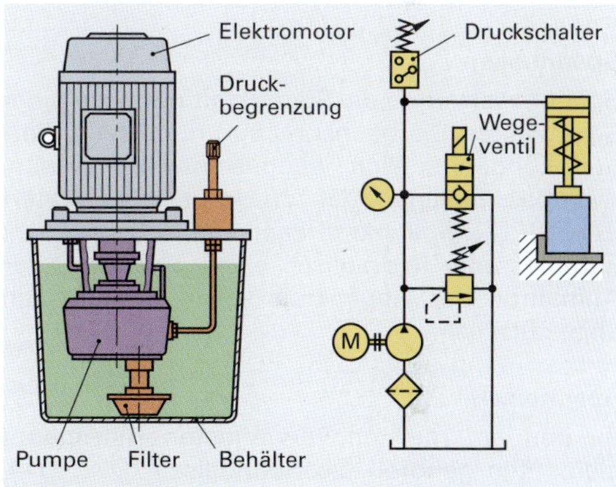

Bild 2: Elektrohydraulisches Pumpenaggregat

Magnetische Spannung

Die magnetische Spannung eignet sich nur bei ferromagnetischen Werkstoffen (z. B. Stahl, Gusseisen). Die Spannkraft ist abhängig von der Größe der Auflagefläche, der Oberflächengüte des Werkstückes und vom magnetischen Kraftfluss. Bei Vorrichtungen werden meist Permanentmagnete (Dauermagnete), seltener Elektromagnete verwendet. Permanentmagnetische Spannblöcke sind mit Lamellen oder Quadratpolen aufgebaut. Werden zwei Blöcke gegeneinander verschoben, verstärkt sich der magnetische Fluss oder er wird abgeschwächt, wodurch die Spannkraft geändert wird. Die Magnetpole sind durch unmagnetisches Material, z. B. Messing oder Kunststoff, voneinander getrennt, wodurch sich eine ziemlich gleichmäßige Kraftwirkung über die ganze Spannfläche ergibt.

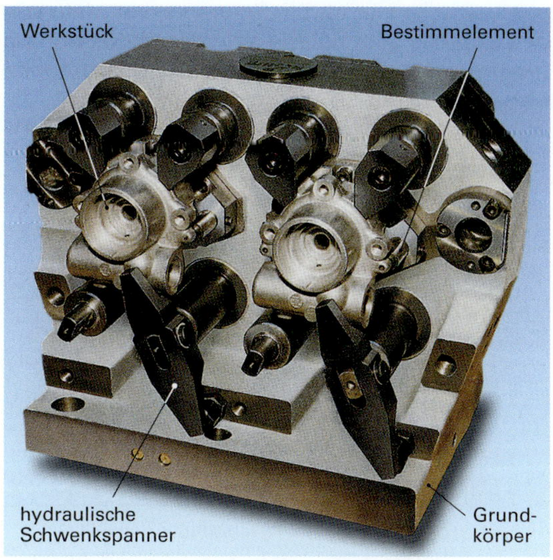

Bild 3: Hydraulisch betätigte Spannvorrichtung

3.2.8 Hilfsspannelemente

Bei vielen Vorrichtungen wirken die Spannelemente nicht direkt, sondern über Hilfsspannelemente auf das Werkstück. Diese haben die Aufgabe, die Spannkraft zu verteilen, sie umzulenken oder ihre Größe zu ändern.

Druckscheiben, Druckstücke

Druckscheiben und Druckstücke sollen die Spannkraft so auf das Werkstück verteilen, dass keine unzulässig hohe Flächenpressung und damit keine Beschädigungen auftreten. Damit bei unebenen Werkstückflächen keine einseitige Belastung erfolgt, sollen die Elemente pendeln können **(Bild 1)**. Bolzengelagerte Druckstücke werden bei größeren Werkstücken und bei mehreren Spannstellen verwendet **(Bild 2)**.

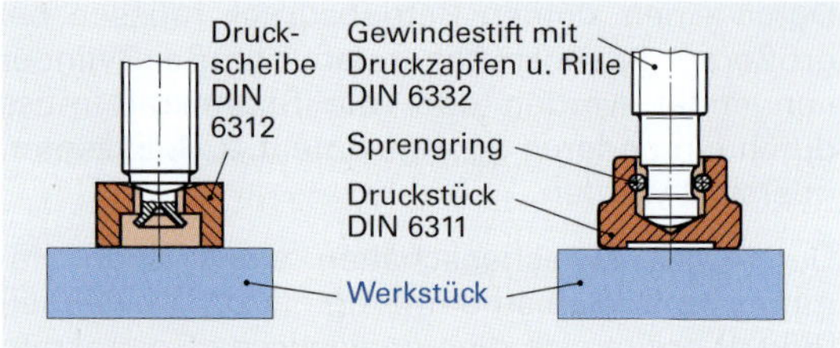

Bild 1: Druckscheibe und Druckstück

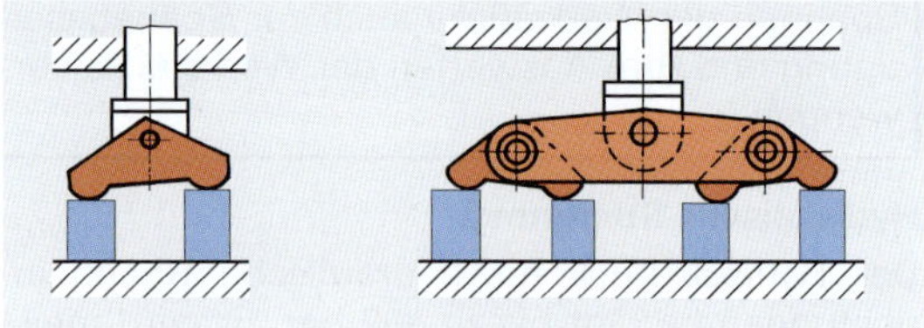

Bild 2: Bolzen gelagerte Druckstücke

3

Spannhaken

Spannhaken leiten die Spannkraft nur nach einer Seite weiter. Sie beanspruchen nur wenig Platz und können seitlich weggeschwenkt werden, was das Einlegen der Werkstücke erleichtert **(Bild 3)**. Die Spannkraft kann durch Schrauben, Exzenter oder hydraulisch erzeugt werden. Zur Aufnahme der Gegenkraft sollen Spannhaken abgestützt sein.

Spanneisen

Zu den am meisten verwendeten Hilfsspannelementen gehören die Spanneisen (DIN 6314, 6315, 6396). Mit ihnen erreicht man eine Umlenkung und Übersetzung der Spannkraft. Um eine möglichst große Spannkraft zu erhalten, sollten Spanneisen so gestaltet sein, dass die Abstützseite nicht kleiner als die Spannseite ist. Je nachdem, ob das Spannelement in der Mitte oder am Ende des Spanneisens angeordnet ist, ergeben sich andere Übersetzungsverhältnisse für die Spannkraft F_{Sp} und andere Bedienzeiten **(Bild 4)**.

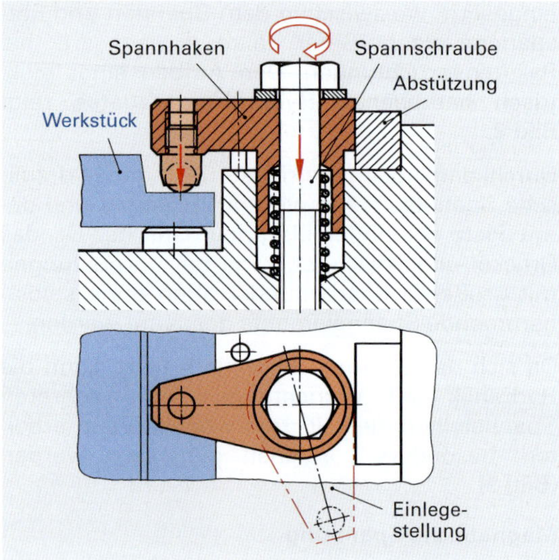

Bild 3: Spannhaken

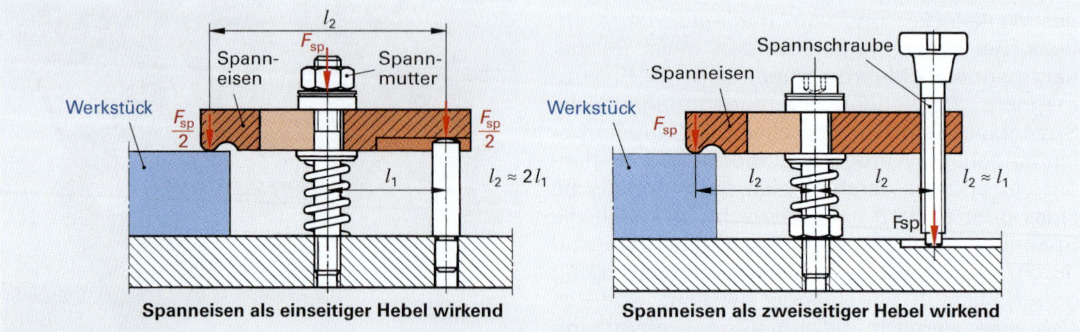

Bild 4: Spanneisen

Um das Spanneisen schnell bedienen zu können, sollte das gelöste Spanneisen durch Federkraft vom Werkstück abgehoben werden. Spanneisen, die zurückgezogen werden können, sind seitlich zu führen. Für Werkstücke mit unbearbeiteten Spannstellen eignen sich Spanneisen mit einer balligen Druckfläche.

Zwischen Spanneisen und Mutter bzw. Schraubenkopf legt man vorteilhaft **Kugelscheiben** und **Kegelpfannen (Bild 1)**. Durch sie wird auch bei einer geringen Schräglage des Spanneisens eine gute Anlage erreicht.

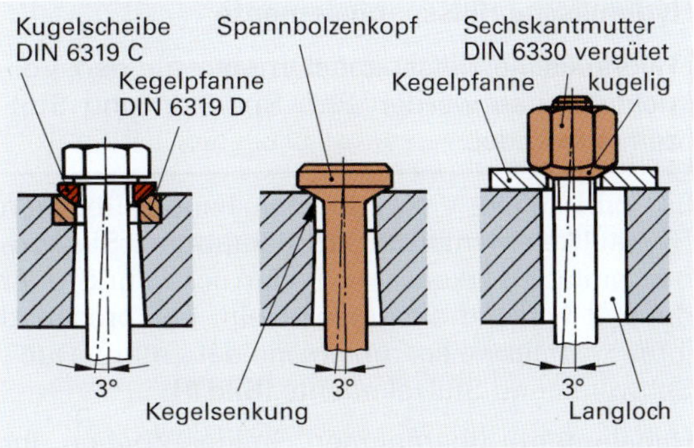

Bild 1: Kugelscheiben und Kegelpfannen

Spannhebel

Spannhebel haben gegenüber Spanneisen einen festen Drehpunkt **(Bild 2)**. Sie werden als einseitiger-, zweiseitiger- oder als Winkelhebel ausgeführt. Sie dienen nicht nur zur Übersetzung, sondern auch zur Umlenkung der Spannkraft. Werden sie genau gelagert, können sie als Bestimm- und Spannelement verwendet werden. Durch geeignete Wahl des Drehpunktes kann erreicht werden, dass die Spannkraft nicht nur gegen die Anlagefläche, sondern auch gegen die Auflagefläche wirkt.

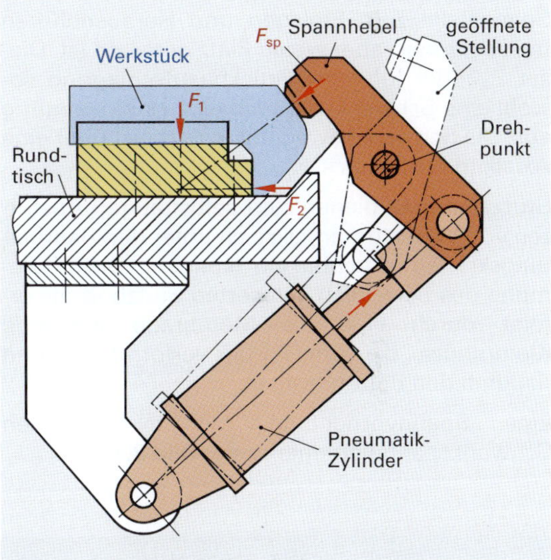

Bild 2: Spannhebel, pneumatisch betätigt

Pneumatische Hilfsspannelemente

Bei pneumatisch spannenden Vorrichtungen werden zur Übertragung der Spannkraft einfach und doppelt wirkende Zylinder verwendet. Da bei Bearbeitungsvorrichtungen meist große Spannkräfte erforderlich sind, aber nur kleine Spannwege notwendig sind, können nur bei größeren Vorrichtungen handelsübliche Zylinder **(Bild 2)** verwendet werden. Bei kleineren Vorrichtungen wird der Vorrichtungsgrundkörper als Zylindergehäuse gestaltet **(Bild 1, Seite 211)**.

Wirkt der Pneumatikzylinder auf eine Spannkurve oder einen Kniehebel **(Bild 3)**, wird die Spannkraft wesentlich erhöht und das Nachgeben durch die Rückfederung der Luft vermieden.

Pneumatisch arbeitende Spanner werden insbesondere wenn es auf schnelle Schließ- und Öffnungsbewegungen ankommt z.B. bei Schweiß-, Montage und Prüfvorrichtungen, verwendet.

Bei einem automatischen Arbeitsablauf können die Pneumatikspanner mit magnetisch arbeitenden Abfrageelementen bestückt werden, die die Spannstellung des Pneumatkkolbens übermitteln.

Werden Pneumatikzylinder bei Drehvorrichtungen verwendet, die nicht selbsthemmend arbeiten, ist eine Verriegelungseinheit vorzusehen.

Der Bewegungsbereich bei Schwenkspannern ist so einzustellen, dass keine Quetschstellen gegeben sind. Wenn doch, sind diese Stellen abzudecken.

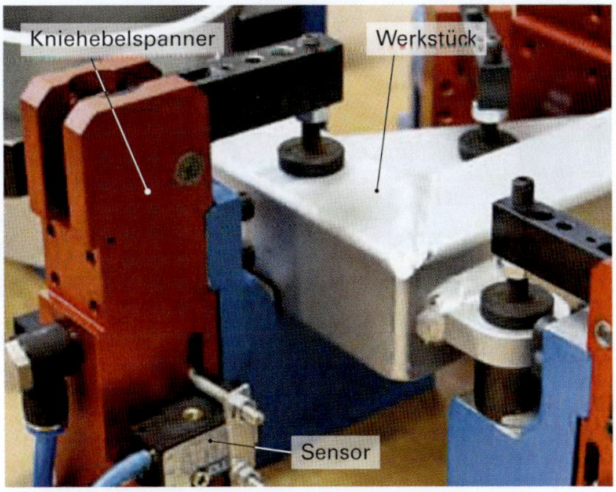

Bild 3: Vorrichtung mit pneumatisch arbeitenden Kniehebelspannern

3

Hydraulische Hilfsspannelemente

Hydraulische Hilfsspannelemente für den Vorrichtungsbau werden zum Spannen und Stützen verwendet.

Es gibt eine Vielzahl von handelsüblichen Hydraulikelementen für Vorrichtungen. Sie können einfach wirkend mit Federrückholung oder doppelt wirkend ausgeführt sein. Entsprechend ihrer Arbeitsweise unterscheidet man Hub-, Schwenk- und Stützelemente **(Bild 1).**

Hubelemente übernehmen Spannaufgaben. Ihr Spannhub ist relativ klein. Die Spannkraft kann bis 60 kN betragen. Sie werden mit massiver oder rohrförmiger Kolbenstange ausgeführt.

Schwenkelemente werden verwendet, wenn die Spannstelle zum Einlegen und Herausnehmen frei sein muss, aber wenig Platz gegeben ist. Dieser Zylinder führt bei Druckbeaufschlagung sowohl eine Schwenk- als auch eine Hubbewegung aus. Die Schwenkbewegung wird meist über eine Axialkurve erzeugt.

Stützelemente dienen zum selbsttätigen Abstützen von Werkstücken, die sich unter den Bearbeitungskräften durchbiegen können. Die Klemmung des beweglich gelagerten Stützbolzens erfolgt durch eine als Membrane wirkende Klemmhülse, die vom Öldruck verformt wird und dadurch den Bolzen festhält.

Eine Spannvorrichtung mit hydraulischen Schwenkspannelementen zeigt **Bild 2.**

3

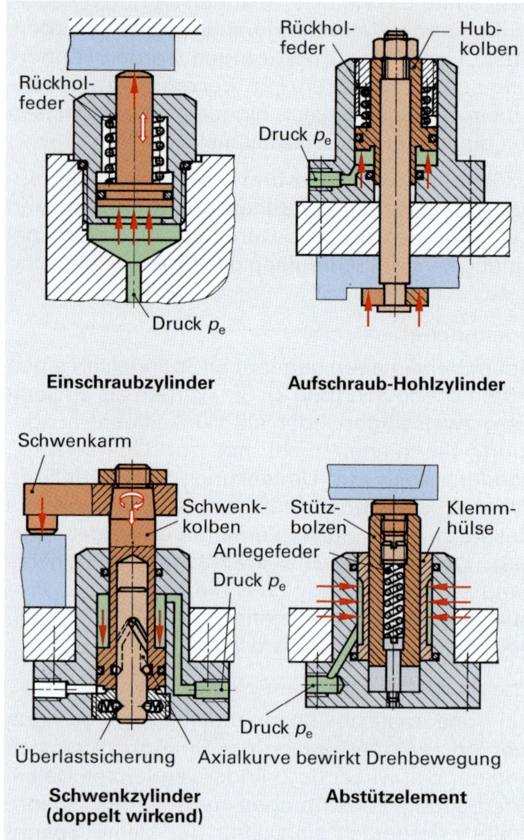

Bild 1: Hydraulische Hilfsspannelemente

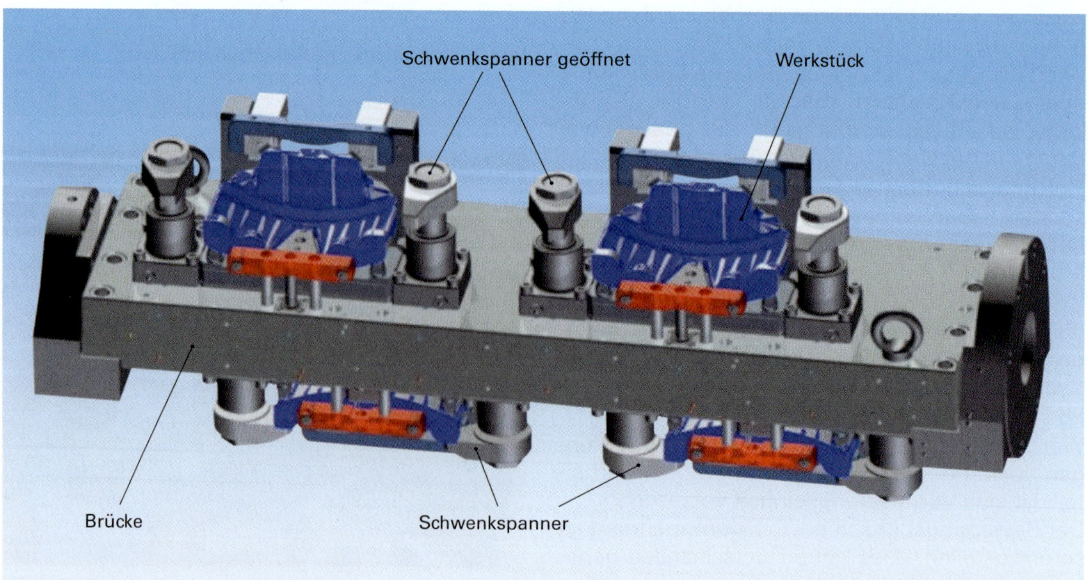

Bild 2: Hydraulische Spanneinrichtung

Hydraulische Hebelspanner

Hydraulische Hebelspanner sind doppelt wirkende Hydraulikzylinder mit integriertem Spannhebel. Sie dienen zum Spannen von Werkstücken bei denen die Spannstelle beim Einlegen des Werkstücks frei sein muss. Die besondere Kinematik ermöglicht ein querkraftfreies Spannen. Dabei ist ein Einlegen der Werkstücke von oben ungehindert möglich, da der Spannhebel komplett hinter die Werkstückkante zurückschwenkt **(Bild 1)**.

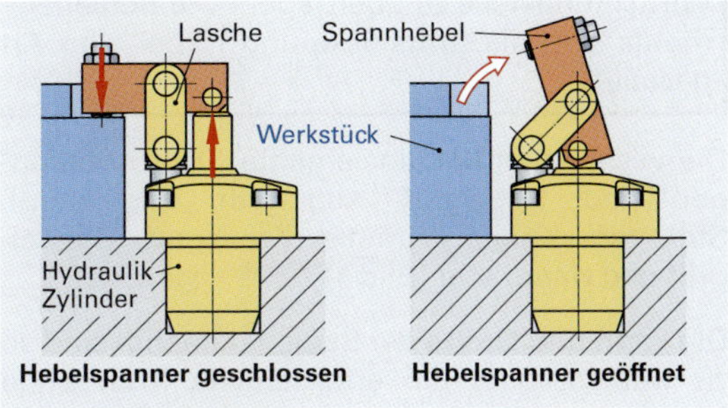

Bild 1: Hebelspanner

Blockzylinder

Doppelt wirkende Blockzylinder **(Bild 2)** können universell zur Krafterzeugung in beide Achsrichtungen (Druck- und Zugkraft) eingesetzt werden. Diese Funktionsweise ergibt eine hohe Funktionssicherheit und wiederholgenaue Verfahrbewegungen. Sie können je nach Kraftrichtung waagerecht oder senkrecht eingebaut werden.

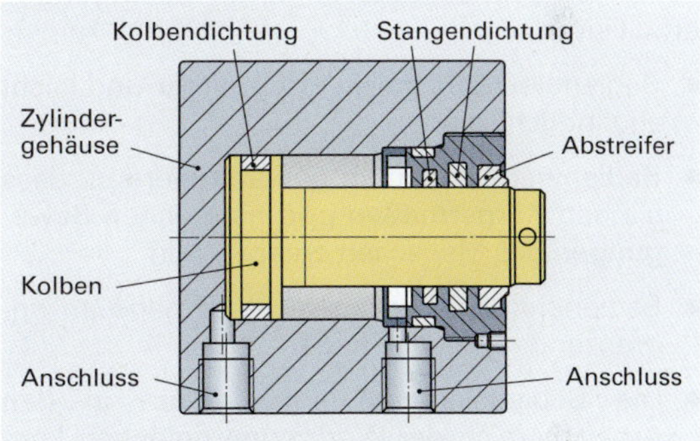

Bild 2: Blockzylinder doppelt wirksam

Bohrungsspanner

Sie dienen zum Zentrieren und Spannen von Werkstücken mit größeren bereits bearbeiteten Bohrungen und einer dazu rechtwinkligen Oberfläche **(Bild 3)**. Eine axial bewegliche Segmentspannzange wird von einem Hydraulikzylinder gespannt, zentriert das Werkstück und drückt es gegen die Auflagefläche. Eine Spannvorrichtung mit verschiedenen hydraulischen Spannelementen zeigt **Bild 4.**

Bei Hydrauliksystemen, insbesondere solche mit Stützelementen, sind Entlüftungsbohrungen vorzusehen. Die hydraulischen Spanner können mit elektrischen Positionskontrollen für die Spann- und die Entspannstellung ausgerüstet werden.

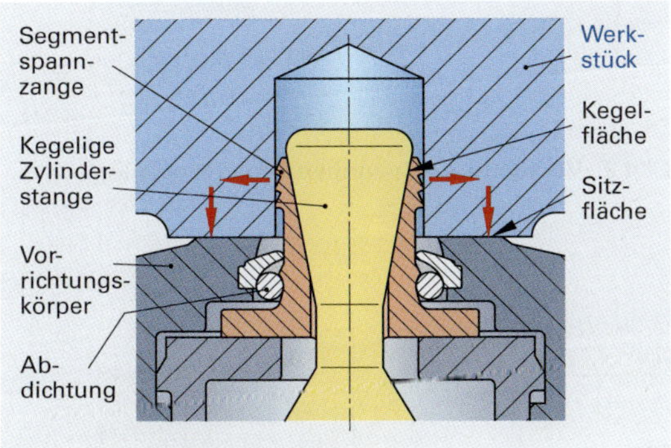

Bild 3: Bohrungsspanner

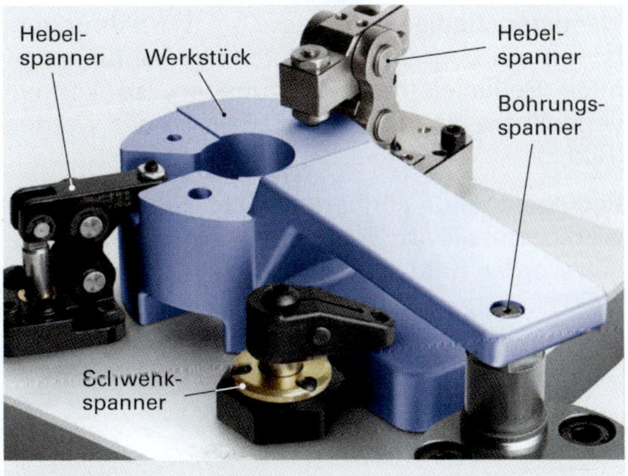

Bild 4: Spannvorrichtung

Wiederholung und Vertiefung

1. Vergleichen Sie Kreis- und Spiralexzenter hinsichtlich Spannkraft, Verschleiß, Spannhub und Herstellkosten.
2. Nennen Sie vier Ausführungsformen für Spannexzenter.
3. Beschreiben Sie, wie hydraulische Stützelemente aufgebaut sind.
4. Nennen Sie vier Vorteile pneumatisch arbeitender Spanneinrichtungen.
5. Geben Sie an, wodurch die Anzahl der Spannstellen bei Vorrichtungen beeinflusst wird.
6. Erklären Sie den Begriff „Hilfsspannelemente".

3.2.9 Bedienelemente

Die Bedienelemente haben die Aufgabe, Kräfte und Bewegungen der Bedienperson auf die Vorrichtungsteile zu übertragen. Die Bedienelemente sind als Griffstücke und Hebel aller Art gestaltet.

Die wichtigsten Bedienelemente für Vorrichtungen sind: Kegelgriff, Kugelgriff, Kugelknopf, Sterngriff, Knebelschraube, Kreuzgriff, Rändelgriff und Handräder **(Bild 1)**.

Die Form und Größe der Bedienelemente sind so zu wählen, dass die erforderliche Kraft ohne Überlastung der Bedienperson und ohne Hilfsmittel aufgebracht werden kann. Besonders ist darauf zu achten, dass folgende Bedingungen erfüllt sind:

- Bedienelemente sollen gut greifbar und leicht zugänglich sein
- Bedienwege sollen so gewählt werden, dass sie den Körpermaßen und natürlichen Bewegungen des Menschen entsprechen
- Bedienelemente sollen nicht zu nahe an angrenzenden Flächen liegen
- Die Bedienelemente sollen nicht in den Arbeitsbereich der Werkzeuge gelangen können.

Der Kugelknopf zählt zu den am häufigsten verwendeten Bedienelementen bei Vorrichtungen. Ist nur ein begrenzter Schwenkwinkel für einarmige Bedienelemente einzuhalten, so können verstellbare Spannelemente verwendet werden **(Bild 2)**.

Bedienelemente können als DIN-Normteile oder Werknormteile in vielfältiger Ausführung bezogen werden **(Bild 3)**.

Bild 1: Bedienelemente

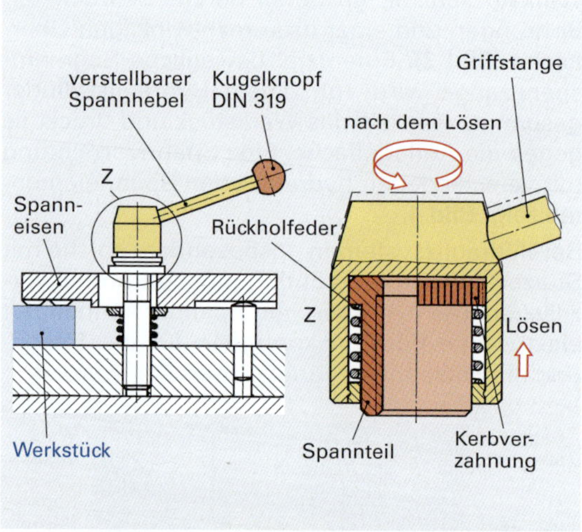

Bild 2: Verstellbarer Spannhebel mit Kugelknopf

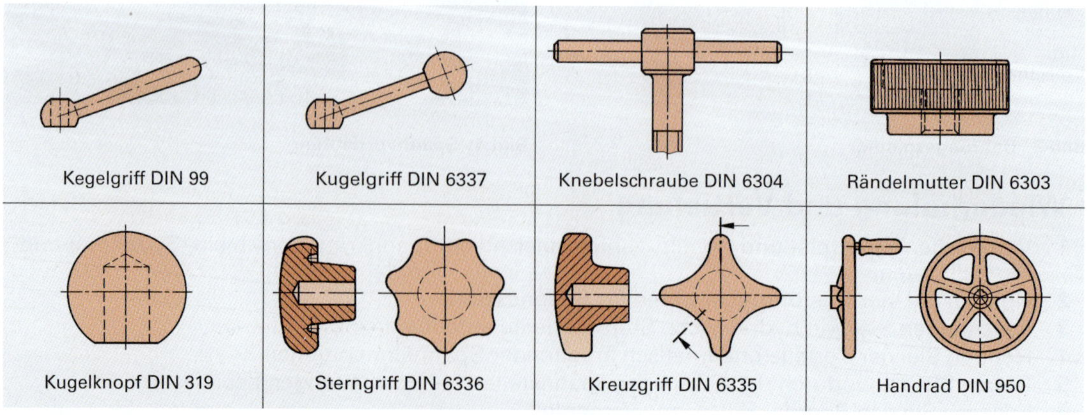

Bild 3: Genormte Bedienelemente

3

3.2.10 Vorrichtungsverschlüsse

Vorrichtungsverschlüsse sind Einrichtungen, die Vorrichtungsteile oder Werkstücke in der Arbeitsstellung festhalten.

Sie dienen dazu Brücken, Klappen und andere Spannteile oder Werkzeugführungen zu verriegeln; das eigentliche Spannen erfolgt durch Spannelemente. Verschlüsse werden bei Spannteilen auch verwendet, um das Aus- und Einspannen der Werkstücke zu erleichtern und die Spannzeiten zu verkürzen.

Vorrichtungsverschlüsse können mit der Vorrichtung beweglich verbunden oder als getrennte Bedienteile ausgebildet sein. Die am meisten verwendeten Verschlüsse sind Schnappverschlüsse, Steckscheiben, Schwenkscheiben und Schwenkschrauben.

Schnappverschlüsse

Schnappverschlüsse **(Bild 1)** besitzen eine Griffnase, die so geformt ist, dass der Schnapper beim Schließen der Klappe zurückgedrückt wird. Nach dem vollständigen Schließen schiebt eine Feder den Schnapper über die Klappe, wodurch die Verriegelung erfolgt. Um eine starke Abnutzung zu vermeiden, ist an der Klappe eine gehärtete Druckplatte vorzusehen.

Schwenkschrauben

Die Verriegelung erfolgt hierbei durch eine Augenschraube **(Bild 2)**, die schwenkbar im Vorrichtungskörper gelagert ist. Nach dem Schließen der Klappe wird die Schraube eingeschwenkt und die Vorrichtung mit einem Kreuzgriff oder einer Rändelmutter geschlossen. Um ein schnelles Lösen des Verschlusses zu ermöglichen, wird das Ende der Klappe meist mit einer Abschrägung ausgeführt.

Steckscheiben und Schwenkscheiben

Steckscheiben und Schwenkscheiben beschleunigen und erleichtern das Spannen der Werkstücke. Bei **Steckscheiben (Bild 3)** muss die Spannmutter nur soweit gelöst werden, dass sich die Steckscheibe leicht entfernen lässt; worauf die Werkstücke herausgenommen und neue eingelegt werden können. Dann wird die Verriegelung wieder über die Werkstücke gebracht und die Mutter angezogen.

Damit das Greifen der Steckscheiben erleichtert wird, sollten sie mindestens 5 mm dick und am Umfang mit einer Rändelung versehen sein.

Zum Spannen eignen sich Sechskantmuttern mit Bund nach DIN 6331. **Schwenkscheiben** (Bild 3) arbeiten ähnlich wie Steckscheiben.

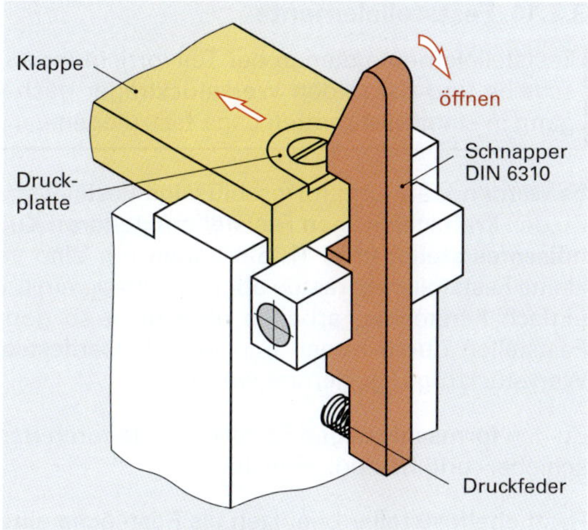

Bild 1: Schnappverschluss

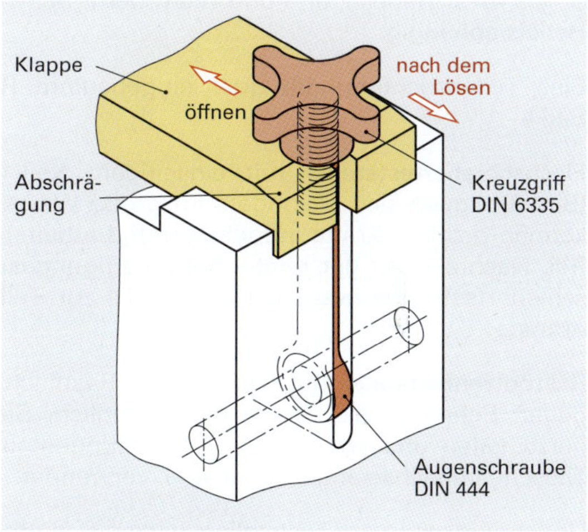

Bild 2: Schwenkschraube

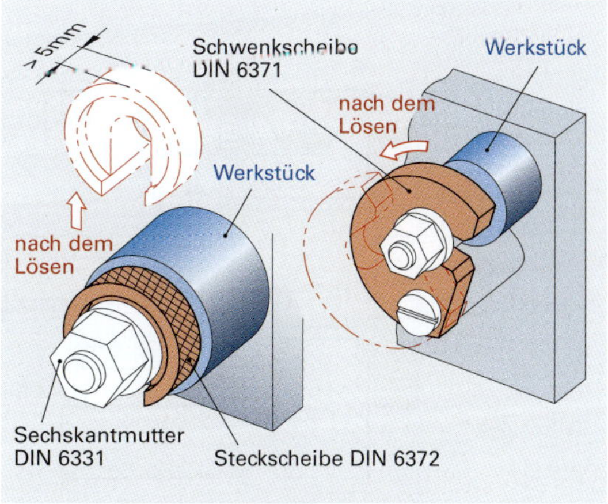

Bild 3: Steckscheibe, Schwenkscheibe

3

3.2.11 Feststellelemente

Feststellelemente dienen bei Teilvorrichtungen dazu, die Teilscheibe und damit den Werkstückträger nach jedem Teilvorgang in einer bestimmten Lage festzulegen.

Es werden kraft- und formschlüssige Feststeller unterschieden. Zu den **kraftschlüssigen** Feststellern gehören **Kugel-** und **Kegelhülsenfeststeller (Bild 1).** Sie haben nur eine verhältnismäßig kleine Feststellkraft, rasten aber selbsttätig ein und aus. Sie sind einfach herstellbar, arbeiten aber nicht so genau. Nach dem Feststellen durch Kugel- und Kegelhülsenfeststeller muss der Werkstückträger geklemmt werden.

Zu den **formschlüssigen** Feststellern gehören Rasthebel-, Flachschieber- und Restbolzenfeststeller.

Rasthebelfeststeller benutzen als Rastfläche einen zweiseitigen Keil **(Bild 2).** Sie sind ebenfalls nur für weniger genaue Teilaufgaben verwendbar. Die Genauigkeit ist von der Größe des Spiels des Hebellagers und von dem Schwenkradius des Hebels abhängig.

Eine Teilvorrichtung mit quer eingebautem Rasthebel zeigt **Bild 4.**

Flachschieberfeststeller mit einseitigem Keil als Rastfläche **(Bild 3)** eignen sich besonders für große Werkstückträger. Sie können größere Kräfte aufnehmen und arbeiten nahezu spielfrei. Nachteilig ist der relativ hohe Fertigungsaufwand. Flachschieberfeststeller werden meist radial zur Teilscheibe angeordnet.

Rastbolzenfeststeller mit zylindrischen Rastflächen **(Bild 5)** sind gegen Schmutz und Späne unempfindlich. Sie sind einfach herzustellen und werden für Kreisteilungen, die parallel zur Teilscheibenachse angeordnet sind, verwendet.

Ungenauigkeiten des Feststellers wirken sich umso weniger auf die Teilgenauigkeit am Werkstück aus, je größer das Verhältnis Teilscheibendurchmesser d_2 zu Teilkreisdurchmesser d_1 des Werkstückes ist **(Bild 5).**

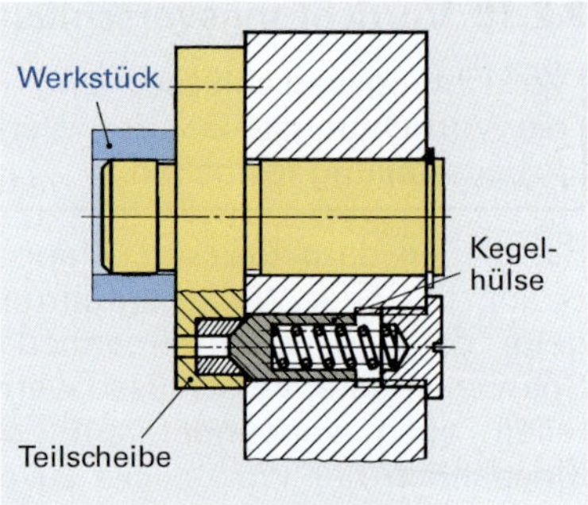

Bild 1: Kegelhülsenfeststeller

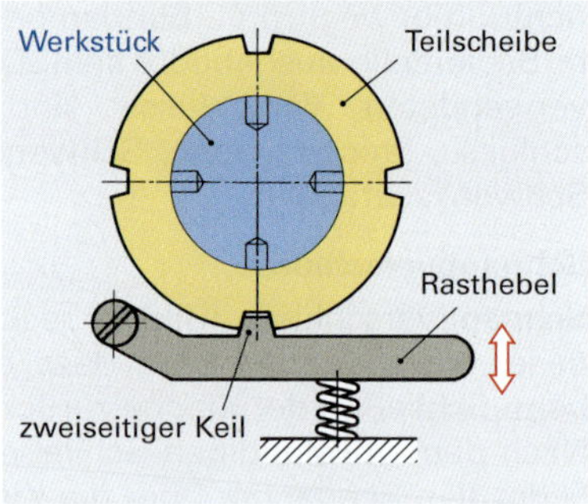

Bild 2: Rasthebelfeststeller

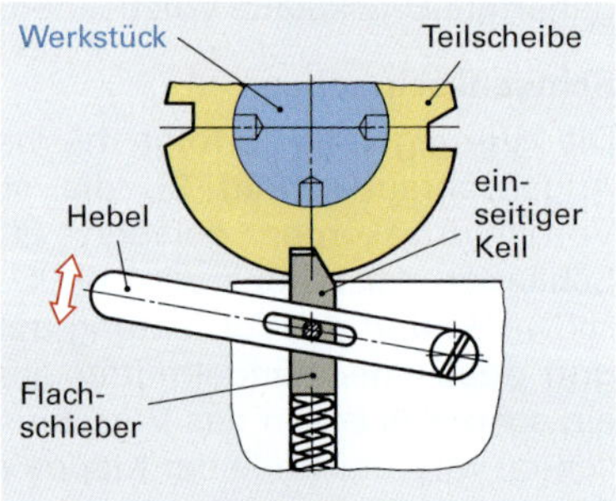

Bild 3: Flachschieberfeststeller

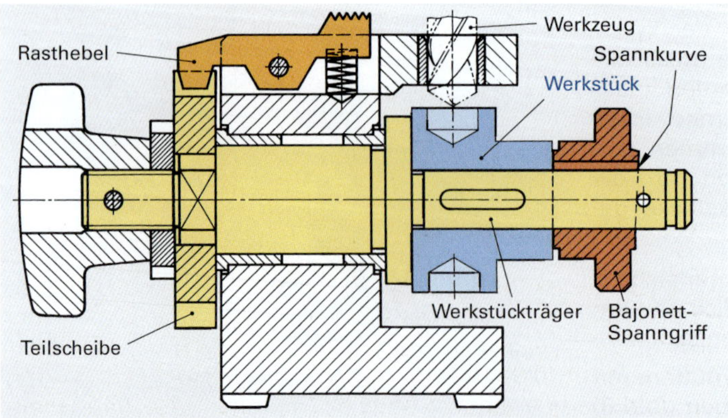

Bild 4: Teilvorrichtung

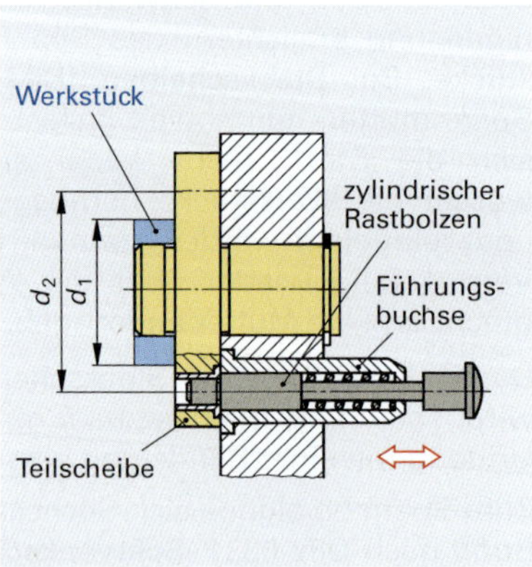

Bild 5: Rasterbolzenfeststeller

3.2.12 Vorrichtungskörper

Allgemeines

Die einzelnen Teile einer Vorrichtung werden am Vorrichtungskörper fest oder beweglich angebracht. Er ist so zu gestalten, dass er sich beim Spannen der Werkstücke weder verbiegen noch verwinden kann. Er muss stabil sein, damit beim Arbeiten keine Schwingungen auftreten. Am Vorrichtungskörper müssen sich alle Bedienelemente so anbringen lassen, dass eine bequeme und Zeit sparende Handhabung möglich ist.

Besonders ist darauf zu achten, dass die zu bearbeitenden Werkstücke rasch und störungsfrei in die Vorrichtung eingelegt und ihr ebenso wieder entnommen werden können.

Arten

Vorrichtungskörper können auf verschiedene Arten hergestellt sein.

- Sie können aus einzelnen Teilen bestehen, die miteinander verschraubt und verstiftet sind;
- sie können gegossen oder aus dem Vollen gearbeitet sein;
- sie können aus einzelnen Teilen bestehen, die miteinander verschweißt sind.

3

Verschraubte Vorrichtungskörper

Verschraubte Vorrichtungskörper werden häufig benutzt. Sie bestehen aus Einzelteilen, die von Schrauben und Stiften zusammengehalten werden **(Bild 1, Seite 224; Bild 1, Seite 230 usw.)**. Sie lassen sich auch mit den Einrichtungen kleinerer Betriebe leicht selbst herstellen. Von einschlägigen Firmen können dazu nach DIN- oder Werksnormen vorgefertigte Grundelemente wie L-, T- und H-Profile mit Versteifungsrippen, Grundplatten mit Befestigungsschlitzen und genormten Anfnahmenuten, kräftige Aufspannwinkel, Prismen und anderes bezogen werden.

Die Verschraubung muss so erfolgen, dass auftretende Spann- und Arbeitskräfte einwandfrei und sicher aufgenommen werden.

Die verschraubte Bauweise eignet sich besonders für Vorrichtungen, die sehr genau sein müssen und aus vielen Einzelelementen bestehen.

Vorrichtungskörper aus einem Stück

Gegossene Vorrichtungskörper **(Bild 1, Seite 226; Bild 1, Seite 231 usw.)** erfordern bei Einzelanfertigung eine längere Vorbereitungszeit (Modell, Abguss), was aus Termingründen meist nicht tragbar ist. Dagegen haben sie sich bei der Fertigung serienmäßig, z. T. nach DIN-Normen hergestellter Vorrichtungskörper sehr gut bewährt.

Gegossene Vorrichtungskörper müssen gießtechnisch richtig gestaltet sein. So sind Werkstoffanhäufungen zu vermeiden, Kanten und Ecken sind abzurunden, die Wanddicken sollten nicht kleiner als 5 mm sein, Versteifungsrippen erhöhen die Stabilität, schroffe Querschnittsübergänge sind zu vermelden.

Kleine Vorrichtungskörper können, soweit dies nicht eine zu umfangreiche Zerspanungsarbeit erfordert, aus dem Vollen gearbeitet werden.

Geschweißte Vorrichtungskörper

Geschweißte Vorrichtungskörper sind verhältnismäßig leicht und handlich. Sie werden aus Profilstählen (U, L, T, I) und entsprechend dicken Blechen (Kesselblech) zusammengesetzt und verschweißt. Unter Umständen ist vor der Fertigstellung des Vorrichtungskörpers dieser ganz oder nur an spannungsgefährdeten Stellen spannungsarm zu glühen. Große Vorrichtungskörper werden fast ausschließlich als Schweißkonstruktion ausgeführt, da alle anderen Bauarten zu teuer und zu schwer würden. Geschweißte Vorrichtungskörper sollten schweißtechnisch richtig gestaltet sein. So sind Nahtanhäufungen und Nahtkreuzungen zu vermeiden, die richtige Schweißfolge ist einzuhalten, Schweißnähte sollten nicht in Flächen, die nachgearbeitet werden, verlaufen.

3.2.13 Aufnahme der Vorrichtung in der Werkzeugmaschine

Alle Teile einer Vorrichtung, wie Bestimm-, Spann- und Bedienelemente müssen zur Grund- oder Auflagefläche der Vorrichtung eine bestimmte Lage haben. Oft ist diese Fläche die Bezugsebene der gesamten Vorrichtung. Deshalb wird beim Bau einer Vorrichtung meist mit der Bearbeitung der Auflagefläche, die auf dem Maschinentisch aufliegt, begonnen. Von der Auflagefläche aus erfolgt dann die weitere Bearbeitung der Vorrichtung.

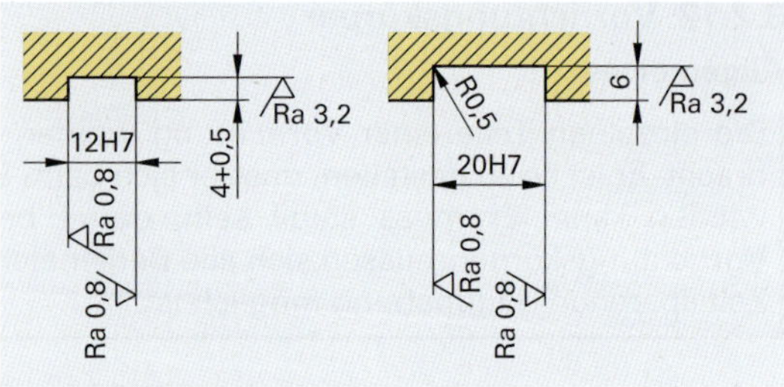

Bild 1: Aufnahmenuten an der Vorrichtung

Aufnahmenuten und Nutensteine

Grundsätzlich sollte die Aufnahme der Vorrichtungen auf dem Maschinentisch durch eine genormte durchgehende Aufnahmenut **(Bild 1)** und Nutensteine nach DIN 6322 oder DIN 6323 **(Bild 2)** erfolgen.

Für T-Nutenbreiten des Tisches bis 18 mm Breite werden die Nutensteine abgesetzt, sie liegen auf der Tischfläche auf. Bei Tischnuten ab 20 mm Breite gehen die Nutensteine durch die T-Nut hindurch und liegen im Grunde der Nut auf **(Bild 2)**, ebenso dann, wenn die Nut in der Vorrichtung und die T-Nut gleich breit sind.

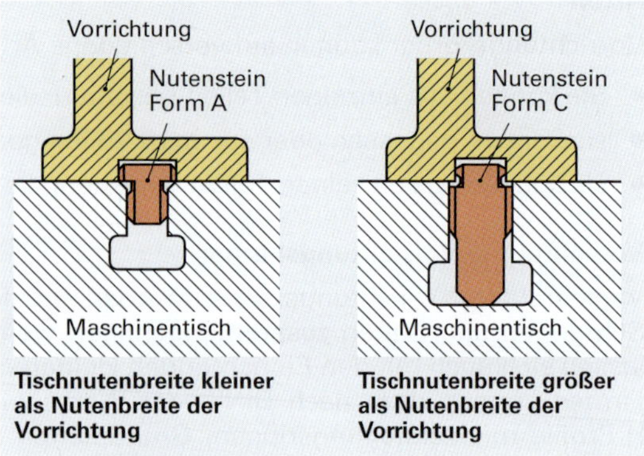

Bild 2: Nutensteine DIN 6323

Die einheitlichen Aufnahmenuten haben den Vorteil, dass die Vorrichtungen auf allen Werkzeugmaschinen, auch auf solchen mit anderen T-Nutenbreiten, ohne Umbau aufgespannt werden können. Zu jeder Maschine gehören zwei Paar Nutensteine, die bei der Maschine bleiben.

> Nutensteine und Aufnahmenuten sind vor Beschädigung zu schützen.

Vorrichtungen werden mit Spannschrauben auf dem Maschinentisch befestigt. Für diese sind bei kleinen leichten Vorrichtungen Bohrungen vorgesehen, bei größeren sind offene Spannschlitze geeigneter **(Bild 3)**.

Können aus Platzgründen weder Bohrungen noch Schlitze angebracht werden, so spannt man die Vorrichtung mit Spanneisen fest **(Bild 4)**.

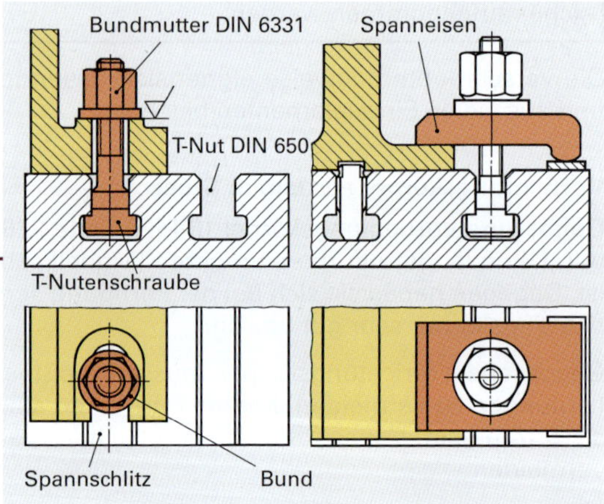

Bild 3: Spannschlitz
Bild 4: Spanneisen

Füße an Vorrichtungskörpern

Bohr-, Senk-, Reib- und Messvorrichtungen, die man, z. B. beim Bohren mehrerer Löcher, auf ihrer Auflage bewegt oder die man kippen und umlegen muss, erhalten in jeder Auflageebene vier Füße. Die Füße geben der Vorrichtung einen besseren Stand. Eine Vorrichtung mit drei Füßen liegt zwar immer sicher auf, auch wenn Späne darunter liegen oder ein Fuß in einer Vertiefung des Tisches steht. Diese zwar sichere, aber falsche Auflage wird nicht erkannt und man erhält dadurch fehlerhafte Teile. Bei Vorrichtungen mit vier Füßen hat man dagegen, wenn die Vorrichtung nicht wackelt, fast immer die Gewähr, dass sie einwandfrei aufliegt. Mehr als vier Füße in einer Auflageebene sollen in der Regel nicht vorgesehen werden.

Fußhöhe:

Bei der Bemessung der Höhe sind folgende Gesichtspunkte zu beachten:

- Werkzeuge, die beim Arbeiten aus der Vorrichtung austreten, müssen genügend Platz haben
- Sperrige Werkstückteile dürfen nicht auf dem Maschinentisch aufliegen
- Bedienelemente müssen vom Maschinentisch ausreichend weit entfernt sein.

Form

Die Größe der Auflagefläche der einzelnen Füße richtet sich nach den Abmessungen und dem Gewicht der Vorrichtung sowie nach den Zerspankräften.

Zu große Flächen ergeben eine unsichere Auflage, bei zu kleinen Flächen ist die Abnutzung an den Füßen und am Maschinentisch unter Umständen zu groß. Linsenkuppen als Auflageflächen sind aus diesem Grunde ungeeignet **(Bild 1)**, da sie sich schneller abnützen und leichter verschmutzen.

Für kleine Vorrichtungen können die Füße aus dem Vorrichtungskörper herausgearbeitet werden **(Bild 2)**. Durch kreuzweises Aussparen der Grundfläche entstehen vier Füße, die etwa 3 mm bis 5 mm hoch sein sollen.

Bei gegossenen Vorrichtungskörpern gießt man die Füße in Winkelform mit an. Sie sind u. U. mit Rippen zu versteifen **(Bild 3)**.

Für verschraubte Vorrichtungskörper werden oft **Auflagebolzen** nach DIN 6321 als Füße verwendet, die in den Vorrichtungskörper eingepresst werden **(Bild 4)**.

Sie werden entweder aus unlegiertem Werkzeugstahl oder aus Einsatzstahl gefertigt und entsprechend gehärtet. Sie besitzen daher einen wesentlich höheren Abnutzungswiderstand als der Vorrichtungskörper selbst.

Gut haben sich Füße aus Stahl, die in den Vorrichtungskörper eingeschraubt werden, bewährt (Bild 4). Sie werden dann verwendet, wenn längere Füße erforderlich sind.

Sie sind von 10 mm bis 50 mm Höhe nach DIN 6320 genormt. Zu ihrer Herstellung verwendet man vorteilhaft Sechskantstahl ($R_m \leq 370$ N/mm^2). Die Füße müssen sich ohne Spiel einschrauben lassen.

Abrollfüße erleichtern das Umlegen der Vorrichtung, wenn mit ihr in verschiedenen Lagen gearbeitet wird **(Bild 5)**.

Abrollfüße werden angeschraubt oder aus dem Vollen gearbeitet. Sie müssen, wie alle anderen Füße, nach der Montage gemeinsam überschliffen werden.

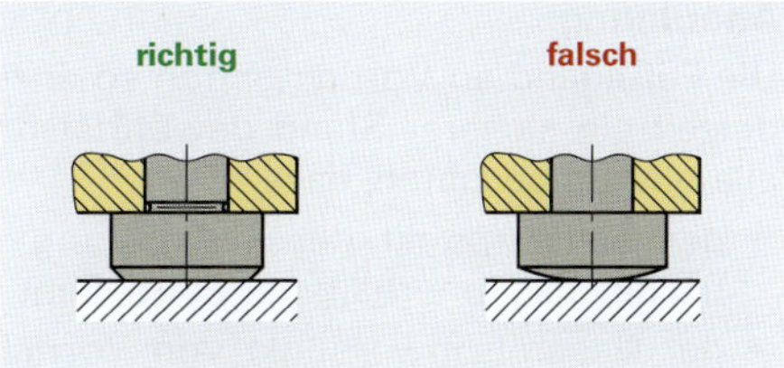

Bild 1: Fußflächen

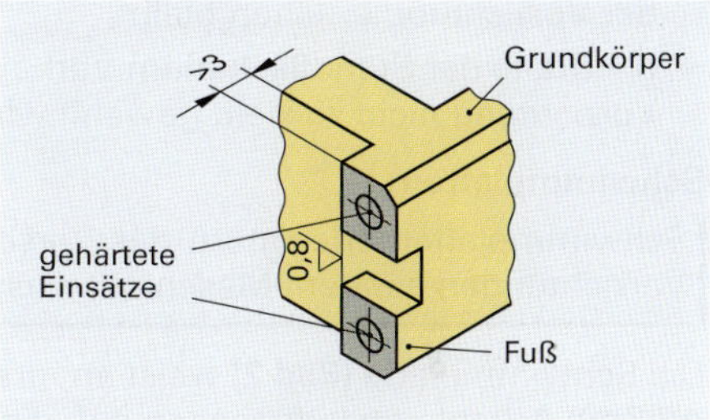

Bild 2: Angefräßte Füße

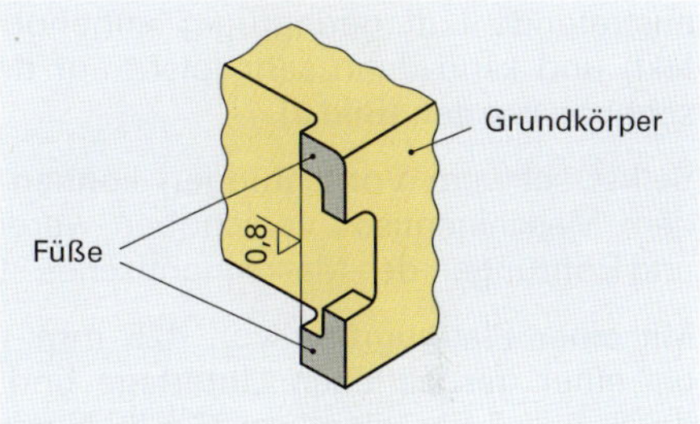

Bild 3: Angegossene Füße

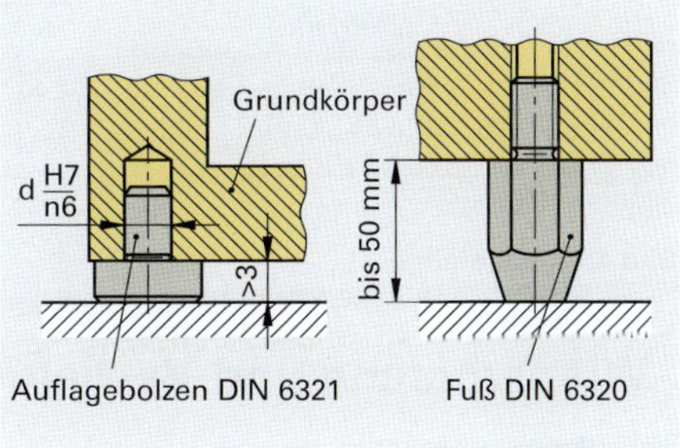

Bild 4: Auflagebolzen und Einschraubfuß

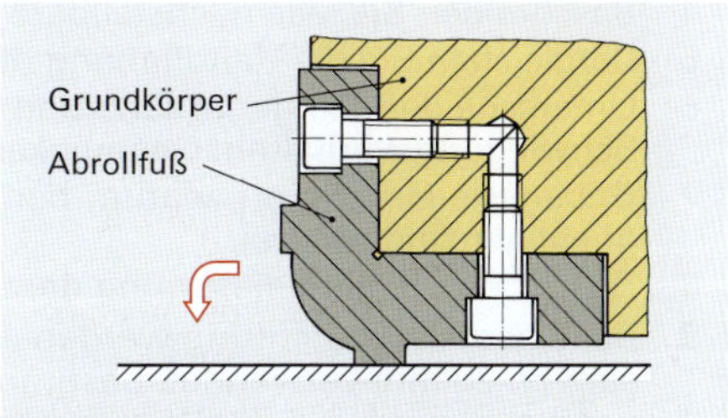

Bild 5: Abrollfuß

3

Anordnung:

Die Füße sind an Vorrichtungen so anzuordnen, dass jederzeit ein sicherer Stand gewährleistet ist **(Bild 1)**. Vor allem ist zu beachten, dass

- der Schwerpunkt der Vorrichtung über der Standfläche, also innerhalb der Füße, liegt,
- der Gesamtschwerpunkt von Vorrichtung und Werkstück so liegt, dass ein Kippen unmöglich ist,
- durch die auftretenden Schnittkräfte der sichere Stand der Vorrichtung erhalten bleibt,
- die Breite der Standflächen im Verhältnis zur Höhe der Vorrichtung nicht zu klein gewählt wird.

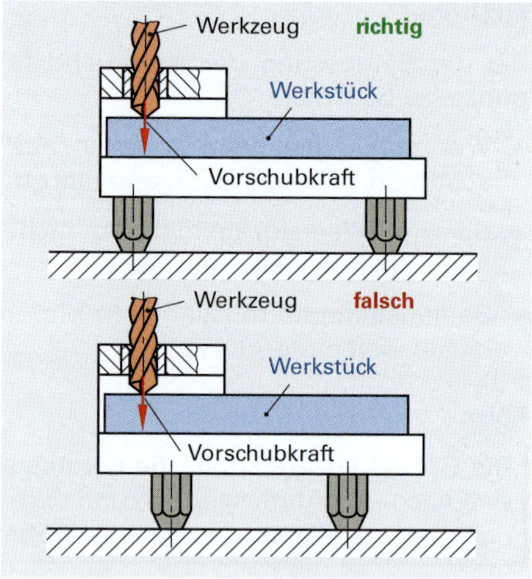

Bild 1: Anordnung der Füße

Schwimmplatten

Schwimmplatten erleichtern das Verschieben schwerer Vorrichtungen auf dem Maschinentisch.

Die Schwimmplatte **(Bild 2)** weist an ihrer Unterseite eine größere Anzahl von Lufttaschen auf, die über Bohrungen mit Druckluft versorgt werden. Bei einer Beaufschlagung mit Druckluft wird die Platte durch die an der Unterseite austretende Luft geringfügig angehoben (Luftkisseneffekt) und kann dann sehr leicht auf der Unterlage verschoben werden **(Bild 3)**.

Selbst schwere Vorrichtungen können so mühelos auf dem Maschinentisch verschoben werden. Spann-Nuten und Bohrungen des Maschinentisches stören dabei nicht.

Mit einer Plattengröße von 425 mm × 255 mm kann bei einer geschliffenen Unterlage und einem Betriebsdruck p_e = 3 bar, eine Last G = 5 kN von einer Handkraft F_H = 20 N bewegt werden.

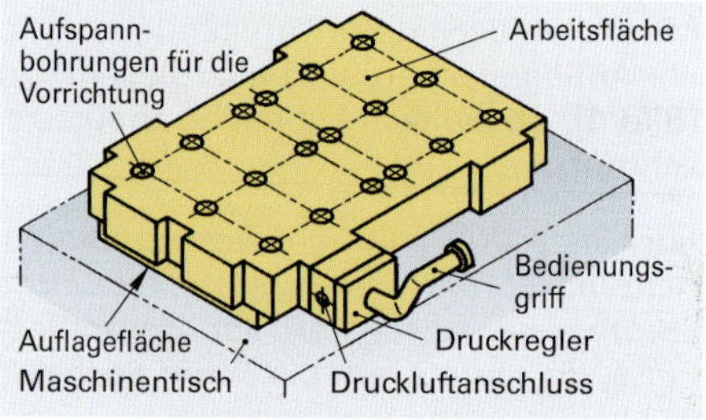

Bild 2: Schwimmplatte

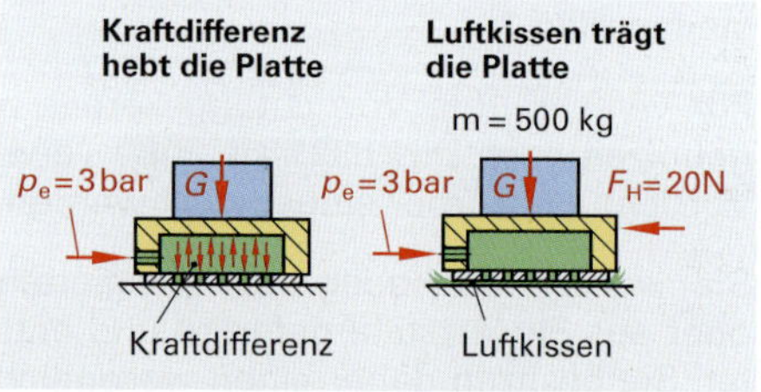

Bild 3: Wirkungsweise der Schwimmplatte

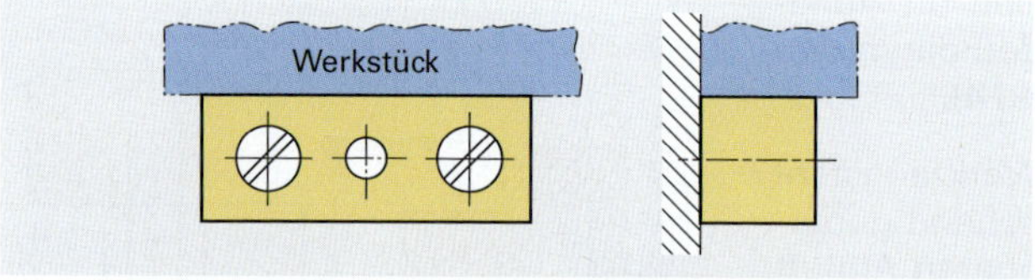

Bild 4: Anlageleiste

Wiederholung und Vertiefung

1. Begründen Sie, warum Kreuzgriffe bei Vorrichtungen geeigneter sind als Rändelgriffe.
2. Geben Sie kraftschlüssige Feststeller für Vorrichtungen an.
3. Nennen Sie Gesichtspunkte für die Auswahl von Bedienelementen.
4. Beschreiben Sie, wie nachstellbare Spannhebel arbeiten.
5. Vergleichen Sie die Handhabung der Steck- und Schwenkscheibe.
6. Unterscheiden Sie gegossene und geschweißte Vorrichtungsgrundkörper bezüglich Gewicht, Schwingungsverhalten, Genauigkeit und Verformung.
7. Geben Sie Gründe an, warum bei beweglichen Bohrvorrichtungen vier Füße je Auflageseite günstiger sind als drei.
8. Beurteilen Sie die Befestigung der skizzierten Anlageleiste, **Bild 4,** einer Vorrichtung.
9. Bei einer Fräsvorrichtung werden einfach wirkende Zylinder mit einem wirksamen Durchmesser von 20 mm verwendet. Bestimmen Sie die Spannkraft, wenn mit einem Druck von 240 bar gearbeitet wird und der Wirkungsgrad 60 % beträgt.

3.3 Vorrichtungsarten

3.3.1 Bohrvorrichtungen

Aufgabe einer Bohrvorrichtung ist es, die Werkstücke fest und sicher zu spannen und das Werkzeug (Bohrer, Senker, Bohrstange) so zu führen, dass die Bohrung ihre genaue Lage erhält. Das Festspannen der Werkstücke kann auf verschiedene Arten erfolgen. Wie am besten gespannt wird, richtet sich nach Form und Größe der Werkstücke (siehe Abschnitt „Spannen", Seite 207).

Zur Werkzeugführung dienen gehärtete Bohrbuchsen, die in den Vorrichtungskörper oder einen Bohrbuchsenträger eingepresst sind. Bei Vorrichtungen für kleine Stückzahlen genügt häufig eine Bohrung im Vorrichtungskörper, die den Bohrer führt.

Die Bohrvorrichtungen unterteilt man in Bohrschablonen, Aufsteckbohrvorrichtungen, Handbohrvorrichtungen, feststehende Bohrvorrichtungen, Schwenkbohrvorrichtungen und Mehrspindelbohrvorrichtungen.

Bohrschablonen

Die Anfertigung einfacher Bohrschablonen lohnt sich oft schon für kleine Werkstückserien. Bohrschablonen sind Hilfsmittel, die nur geringen Aufwand an Werkstoff und Arbeitszeit erfordern. Sie bestehen meist nur aus einer Platte, welche die Aufnahmestifte für das Werkstück sowie die Bohrbuchsen trägt.

Auf ein besonderes Spannen der Werkstücke wird dabei verzichtet. Sie werden meist mit der Hand festgehalten **(Bild 1)**.

Wenn Größe und Form das Härten der gesamten Schablone zulassen, können die Bohrbuchsen auch entfallen. Genaue Bohrungen im Bohrschablonenkörper dienen dann zur Führung des Bohrers.

Durch die Verwendung von Bohrschablonen wird schon bei kleinen Stückzahlen teure Anreißarbeit gespart. Die Werkstücke sind innerhalb bestimmter Toleranzen untereinander gleich; vor allem erhält man meist hinreichend genaue Abstände zwischen den einzelnen Bohrungen.

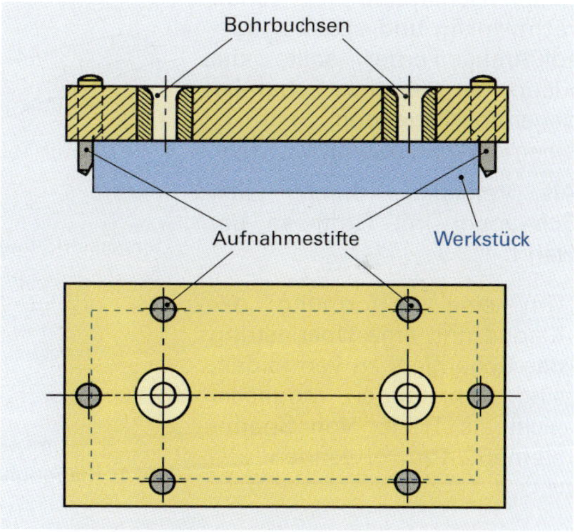

Bild 1: Einfache Bohrschablone

Aufsteckbohrvorrichtungen

Aufsteckbohrvorrichtungen **(Bild 2)** werden meist für größere Werkstücke benutzt, für welche sich die Anfertigung einer Vorrichtung, die das ganze Werkstück aufnehmen kann, nicht lohnt.

Die Aufsteckbohrvorrichtungen werden auf das Werkstück aufgelegt, aufgesteckt oder aufgeklemmt und durch Aufnahmestifte oder Aufnahmebolzen in der richtigen Lage festgehalten oder mit Steckstiften nach einer bereits vorhandenen Bohrung fixiert.

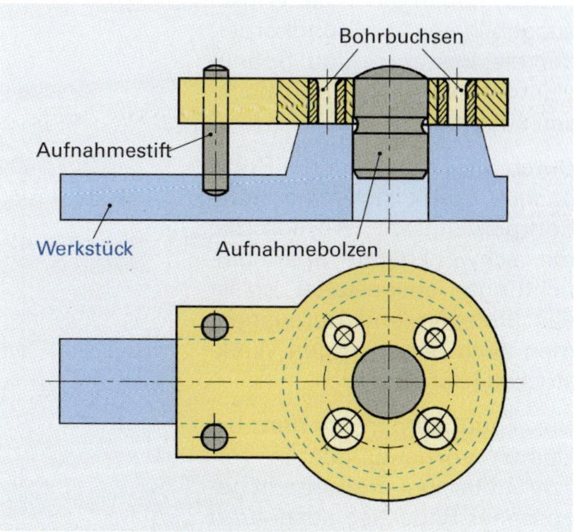

Bild 2: Aufsteckbohrvorrichtung

Aufsteckbohrvorrichtungen können nur für Werkstücke verwendet werden, bei denen die Lage der mit ihnen gebohrten Löcher Abweichungen zur Gesamtform des Werkstückes zulässt. Die Genauigkeit beschränkt sich auf den Teil des Werkstückes, für den das Bohrbild der Bohrvorrichtung gilt. In der Hauptsache werden diese Vorrichtungen beim Bohren großer Gusskörper, Platten, Träger usw. benutzt, z. B. im Flugzeugbau.

Handbohrvorrichtungen

Handbohrvorrichtungen dienen zum Bohren kleiner Löcher, bei denen ein Mitreißen der Vorrichtung durch den Bohrer nicht zu befürchten ist. Zum leichteren Festhalten besitzen sie oft Handgriffe. Häufig sind sie als Klapp-, Ständer- oder Kippbohrvorrichtung ausgebildet.

Klappbohrvorrichtungen

Klappbohrvorrichtungen besitzen eine Bohrklappe als Bohrbuchsenträger, durch die das Einlegen und Herausnehmen der Werkstücke und das Reinigen der Vorrichtung erleichtert wird **(Bild 1)**.

3

Um eine ausreichende Bohrgenauigkeit zu gewährleisten, sind die Bohrungen für die Klappenscharniere genau rechtwinklig und spielfrei auszuführen. Ferner sollte die Klappe an der dem Scharnier gegenüberliegenden Seite in einem Rachen geführt werden.

Als Verschluss haben sich Schnapper mit Griffnase bewährt.

Um eine Verformung der Klappe und eine Überlastung des Scharniers zu vermeiden, sind Bohrklappen möglichst nicht als Träger von Spannelementen zu verwenden.

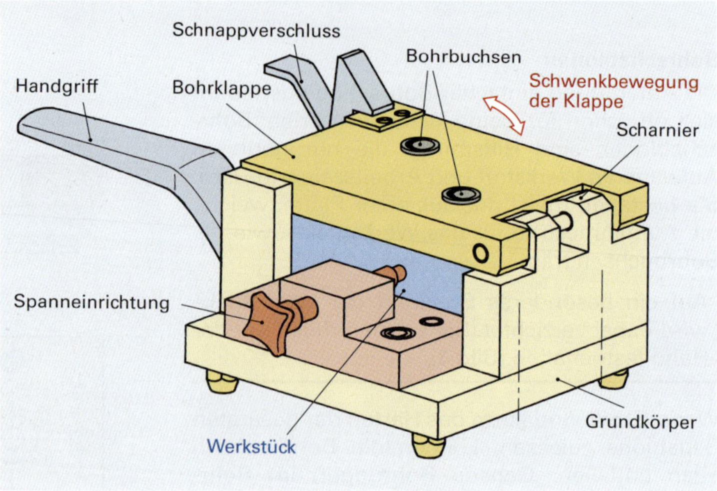

Bild 1: Klappbohrvorrichtung

Ständerbohrvorrichtungen

Ständerförmige Bohrvorrichtungen haben einen als Winkel ausgebildeten Grundkörper, der die Bestimm- und Spannelemente sowie die Bohrbuchsen aufnimmt **(Bild 2)**.

Durch die feststehende Bohrbuchse ergibt sich eine hohe Bohrgenauigkeit. Werden sie mit schwenkbaren Spanneinrichtungen ausgestattet, so ist das Einlegen und Herausnehmen auch bei sperrigen Werkstücken leicht möglich.

Die Grundkörper können bei kleinen Vorrichtungen in verschraubter, bei größeren in gegossener Bauweise ausgeführt werden.

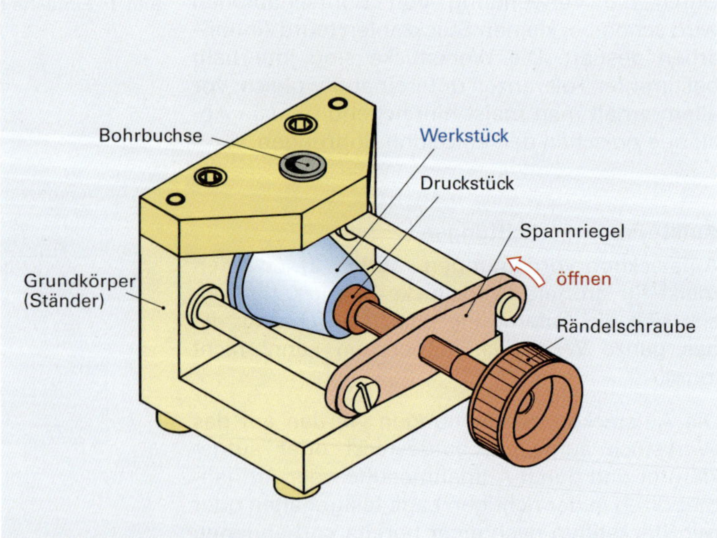

Bild 2: Ständerbohrvorrichtung

Wechselbohrvorrichtung

Bohrvorrichtungen können auch als Wechselvorrichtungen (Zwillingsvorrichtungen) gebaut werden **(Bild 1)**. Während in der einen Hälfte der Vorrichtung das eingespannte Werkstück mit selbsttätigem Bohrervorschub gebohrt wird, kann aus der anderen Hälfte das fertige Werkstück entnommen und ein neues eingelegt werden. Nach Beendigung des Bohrvorganges wird die Vorrichtung geschwenkt und ein neuer Arbeitstakt beginnt. Hierdurch ergeben sich kleinere Nebennutzungszeiten.

Wird auf Rundtischen mit mehr als zwei Vorrichtungen und Bohrspindeln gearbeitet, können auch Werkstücke mit Bohrungen, die mehrere Arbeitsgänge erfordern, bearbeitet werden. Hierbei werden die Anbohrwerkzeuge durch bewegliche Führungsplatten mit Bohrbuchsen geführt **(Bild 2)**. Die einzelnen Arbeitstakte müssen mit ihren Bearbeitungszeiten aufeinander abgestimmt werden und der Taktzeit des Rundtisches entsprechen.

Soll in verschiedenen Richtungen gebohrt werden, so müssen die Bohrspindeln in verschiedenen Richtungen angeordnet sein oder das Werkstück in der Vorrichtung umgespannt werden können.

Genormte Bohrvorrichtungen

Durch die Anwendung genormter Bohrvorrichtungen ergeben sich folgende Vorteile für den Betrieb:

- Einsparung an Zeichen- und Konstruktionsarbeit
- Werkstoffeinsparung
- Einsparung an Fertigungskosten für die Vorrichtung
- Grundvorrichtungen können universell verwendet werden
- Großer Anwendungsbereich.

Durch die Normen sind nur die Grundform und die Anschlussmaße festgelegt.

Bohrvorrichtungen mit Bohrklappe

Bei den Bohrvorrichtungen mit Bohrklappe sind das Gehäuse, die im Gelenk gelagerten Bohrklappen und die Verriegelungen der Bohrvorrichtungen als Werknormteile erhältlich **(Bild 3)**. Die Gehäuse und die Klappen bestehen aus S235JR oder Aluminium-Legierungen. Füße, Schnapper und Führungsplatte sind aus Stahl und gehärtet. Die Form der Aufnahmen, Spannteile, Bohrbuchsen, Auswerfer usw. richtet sich nach dem Werkstück.

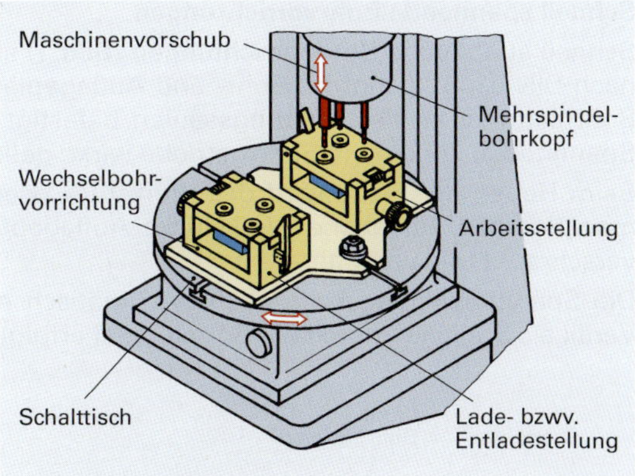

Bild 1: Wechselbohrvorrichtung

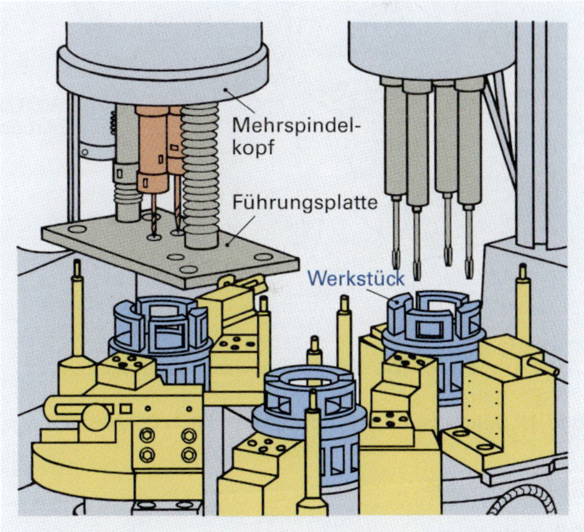

Bild 2: Rundtischbohrvorrichtungen

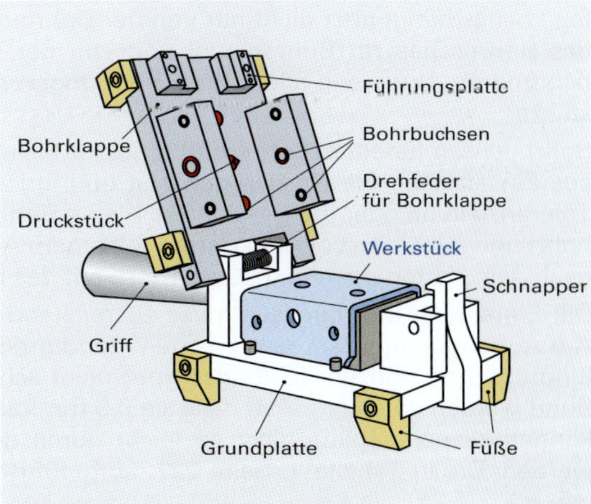

Bild 3: Bohrvorrichtung mit Klappe (Anwendungsbeispiel)

Schnell spannende Bohrvorrichtungen

Schnell spannende Bohrvorrichtungen **(Bild 1)** sind bis zu einer Baugröße von 400 mm × 215 mm nach DIN 6348[1] genormt. Bohr- und Auflageplatte müssen dem Werkstück angepasst werden. Die Bohrplatte ist an den Führungssäulen befestigt und trägt die Bohrbuchsen. Sie wird durch einen Spannhebel, der auf ein Sperrgetriebe wirkt, gesenkt und spannt dabei das Werkstück.

Beim Heben der Platte wird das Werkstück wieder gelöst. Für zylindrische Werkstücke verwendet man Prismen, für ebene Werkstücke Auflageplatten als Auflage. Sie sind mit dem Grundkörper verschraubt und verstiftet.

Die Spannbewegung kann auch pneumatisch erfolgen, wobei die Steuerung über ein 4/3-Wege-Ventil als Stellglied durch die Bohrspindel erfolgt.

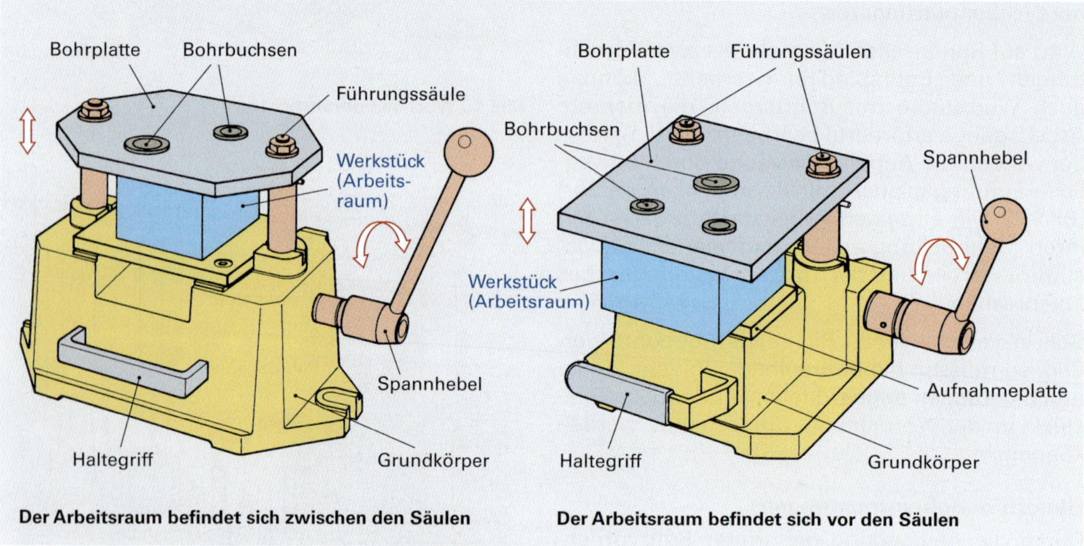

Bild 1: Schnellspannvorrichtungen nach DIN 6348[1]

Bohrbuchsen

Allgemeines

Bohrbuchsen dienen zur Führung des Bohrwerkzeuges in der Vorrichtung. Die Genauigkeit, mit der das verlangte Bohrbild auf die Bohrvorrichtung übertragen wird, und die Führung des Werkzeuges in der Bohrbuchse bestimmen die genaue Lage der Bohrung im Werkstück. Die Richtung des gebohrten Loches hängt aber nicht nur von der Bohrbuchse, sondern auch von der winkelrechten Stellung des Bohrtisches zur Bohrspindel und von der Lage des Werkstückes zur Auflageebene der Vorrichtung ab. Nur wenn alle diese Bedingungen erfüllt sind, erhält man einwandfrei gebohrte Werkstücke.

Bohrbuchsen für einen Bohrerdurchmesser bis etwa 18 mm fertigt man aus Werkzeugstahl, größere aus Einsatzstahl. Sie werden gehärtet und innen nach dem Toleranzfeld F7 und außen nach dem Toleranzfeld n6 oder m6 geschliffen. Kleine Bohrbuchsen, die man innen nicht mehr schleifen kann, bohrt und reibt man vor dem Härten mit einem Aufmaß von etwa 0,03 mm bis 0,05 mm und läppt sie nach dem Härten mit einem Kupferdorn auf das genaue Maß.

Der Einlauf der Bohrbuchsen muss ausreichend gerundet sein, um die Bohrwerkzeuge zu schonen. Am Außendurchmesser soll eine genügend große Fase angebracht werden, damit die Buchse beim Einpressen in den Vorrichtungskörper nicht schabt und nicht verkanten kann. Bohrbuchsen ohne Bund werden so eingepasst, dass sie 0,5 mm bis 1 mm über die Bohrplatte herausstehen. Dadurch können kleinere Späne nicht so leicht durch die Bohremulsion in die Bohrbuchse geschwemmt werden. Die in **Tabelle 1, Seite 227,** aufgeführten Abmessungen haben sich bei Bohrbuchsen bewährt.

[1] Norm zurückgezogen

Der Abstand zwischen Bohrbuchse und Werkstück **(Bild 1)** beträgt meist 0,5 mal Bohrerdurchmesser. Beim Bohren von lang spanenden Metalllegierungen und bei Stufenbohrern muss er etwa gleich dem Bohrerdurchmesser sein, damit die Späne ungehindert abfließen können.

Trifft der Bohrer beim Anbohren auf eine schräge oder runde Fläche **(Bild 2a)**, so muss die Bohrbuchse der Form des Werkstückes angepasst werden. Dadurch erhält der Bohrer eine längere Führung und kann nicht ausweichen. Vor dem Bohren senkt man in diesem Fall oft mit einem Stirnsenker eine Fläche an; dadurch wird das Anbohren wesentlich erleichtert.

Bohrbuchsen, die besonders lang sind, spart man im oberen Teil aus **(Bild 2b)**, da überlange Bohrerführungen die Spanabfuhr erschweren und zu einer starken Erwärmung und Abnutzung des Bohrwerkzeuges führen.

Neben Spiralbohrern werden auch Spiralsenker (Aufbohrer), Stufenbohrer und Formbohrer durch Bohrbuchsen geführt. Selbstzentrierende Werkzeuge müssen nicht geführt werden.

Reibahlen und Gewindebohrer werden nicht durch Bohrbuchsen geführt.

Feste Bohrbuchsen

Bei den festen Bohrbuchsen unterscheidet man Buchsen mit und ohne Bund **(Bild 3)**.

Feste Bohrbuchsen **ohne Bund** werden für die Bearbeitung von Bohrungen verwendet, die nur mit einem Werkzeug erfolgt **(Bild 1, Seite 228)**.

Tabelle 1: Abmessungen der Bohrbuchsen

Innendurchmesser *d*F7 (mm)	Außendurchmesser *D*n6	Führungslänge
2 bis 5	2,5 bis 2,0 · *d*	3,0 bis 2,5 · *d*
5 bis 25	2,0 bis 1,5 · *d*	2,5 bis 1,5 · *d*
5 bis 50	1,5 bis 1,4 · *d*	1,0 bis 0,5 · *d*

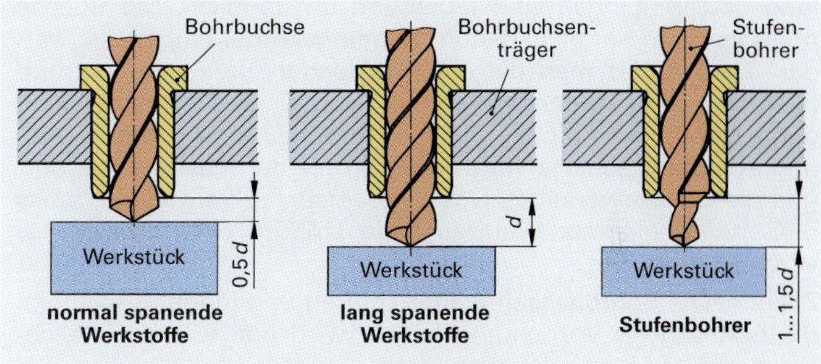

Bild 1: Abstand zwischen Bohrbuchse und Werkstück

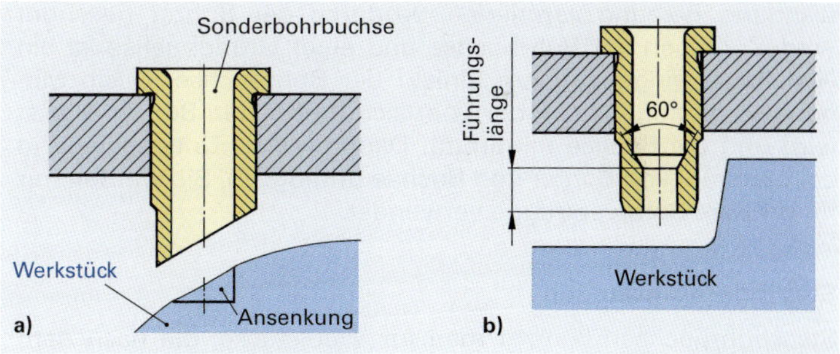

Bild 2: Sonderbohrbuchsen

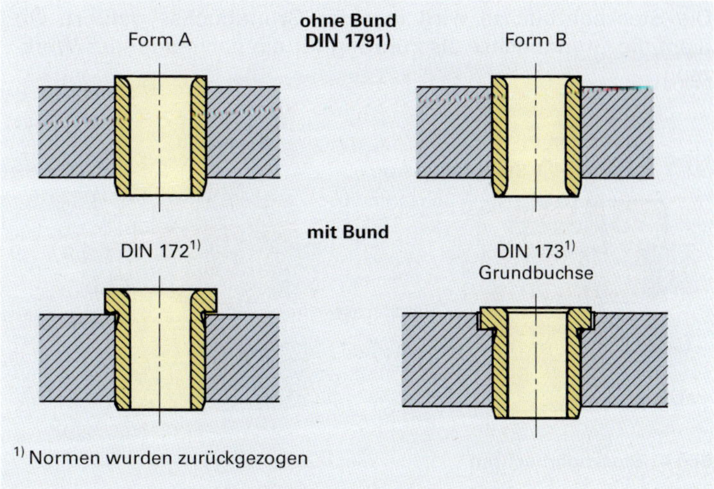

Bild 3: Feste Normbohrbuchsen

Bohrbuchsen mit Bund werden bei geringer Wanddicke der Buchse und kurzem Buchsensitz sowie für Steckbohrbuchsen verwendet. Der Bund verbessert die Achslage der Buchse und lässt einen größeren Einlaufradius zu.

Bundbohrbuchen können auch als Anschlag zur Begrenzung von Bohr- und Senktiefen dienen **(Bild 2)**.

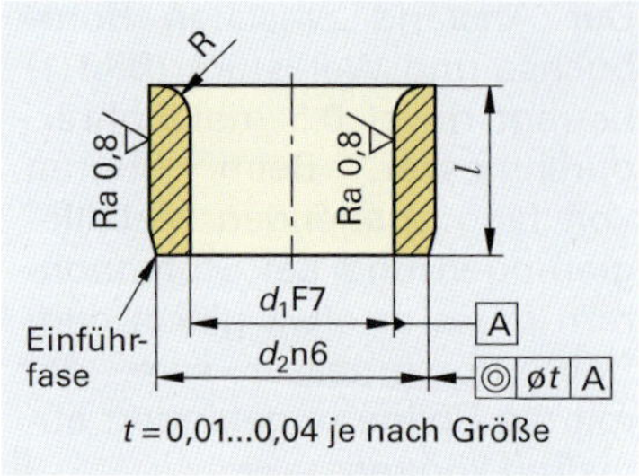

Bild 1: Bohrbuchse nach DIN 179[1]

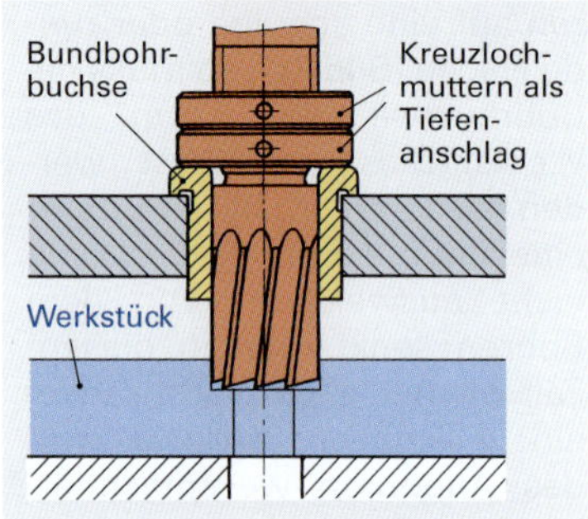

Bild 2: Bundbohrbuchse als Werkzeuganschlag

Zum Bohren sehr eng nebeneinander liegender Löcher kann man eine **Mehrlochbohrbuchse** verwenden **(Bild 3)**. Ihre Herstellung und ihr Einbau sind teuer und umständlich. Die Buchse muss vor dem Härten in den Vorrichtungskörper eingepasst werden. Dann bohrt man die Führungslöcher für die Bohrer und nach dem Ausbau der Buchse das Loch für den Passstift. Nach dem Härten setzt man die Buchse wieder ein und richtet sie genau aus. Zum Schluss wird das Loch für den Passstift gebohrt und die Buchse verstiftet. Um Härteverzug zu vermeiden, muss maßänderungsarmer Werkzeugstahl (145Cr6 oder X165CrV12) verwendet werden.

3

Zylindrische Bohrbuchsen werden außen und innen geschliffen, die Bohrung im Vorrichtungskörper wird auf Toleranz H7 gebohrt und gerieben oder ausgedreht.

Bei **mitlaufenden Bohrbuchsen** wird zwischen der Nebenschneide des Bohrers (Führungsfase) und der Bohrbuchsenwandung Reibung vermieden, wodurch der Bohrer geschont wird. Zwischen der Bohrbuchse und einer Grundbuchse ist ein Nadellager eingebaut. Am Einlauf der Bohrbuchse ist ein Mitnehmerstift angebracht, der vom sich drehenden Bohrer erfasst wird und die Buchse mitnimmt. Dadurch sind Unterschiede in der Drehzahl von Bohrer und Buchse unmöglich. Sie werden nur für größere Bohrwerkzeuge verwendet.

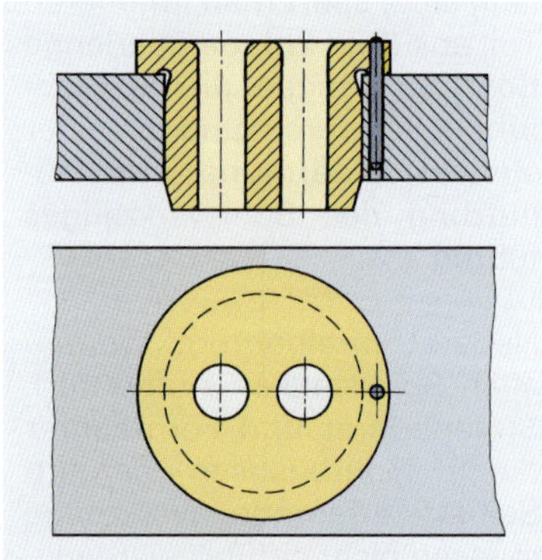

Bild 3: Mehrlochbohrbuchse

Steckbohrbuchsen

Steckbohrbuchsen benutzt man für Werkstücke, die nach dem Bohren noch aufgebohrt oder gesenkt werden sollen **(Bild 4)**.

Durch einen Querstift und eine Bundschraube wird die Steckbohrbuchse gegen Verdrehung und Herausziehen gesichert.

Die Steckbohrbuchse wird in einer Grundbuchse geführt. Oft dient die Grundbuchse als Führung für ein nachfolgendes Werkzeug.

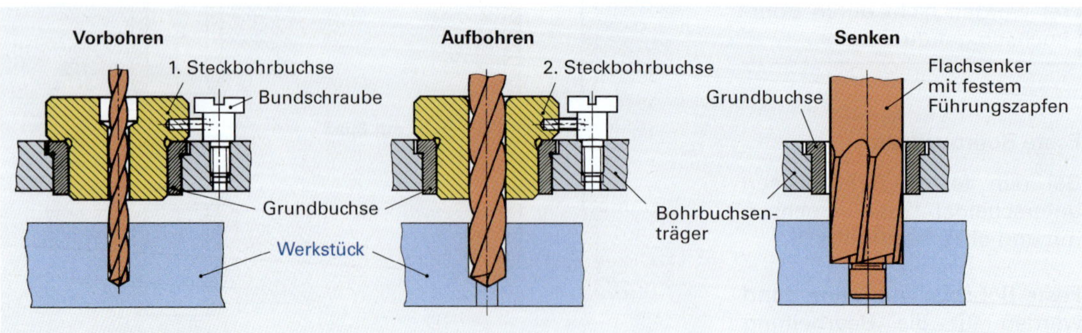

Bild 4: Steckbohrbuchsen

[1] Norm zurückgezogen

3.3.2 Fräsvorrichtungen

Fräsvorrichtungen sind vorwiegend Spannvorrichtungen, da die Werkzeugführung von der Arbeitsspindel übernommen wird.

Das Spannen und Halten der Werkstücke muss fest und sicher erfolgen, da beim Fräsen oft große Zerspankräfte auftreten. Dabei ist zu beachten, dass die Vorrichtung so gebaut und aufgespannt wird, dass die Schnittkraft möglichst gegen eine feste Anlage wirkt **(Bild 1).**

Wegen der beim Fräsen besonders stark schwankenden Schnittkräfte sollen bei der Gestaltung von Fräsvorrichtungen folgende Grundsätze beachtet werden:

- Der Vorrichtungskörper und die Spannelemente sollten möglichst kräftig ausgebildet werden, damit sie nicht federn
- Die Spannkraft soll groß genug sein, damit das Werkstück nicht aus der Vorrichtung herausgerissen wird
- Werkstücke, die sich unter den Schnittkräften durchbiegen können, müssen gestützt werden
- Die Vorrichtung muss fest mit dem Maschinentisch verbunden sein.

Das **Einstellen** des Fräsers zur Vorrichtung bzw. zum Werkstück erfolgt am einfachsten nach einem schon gefrästen Musterstück oder nach einer zur Vorrichtung gehörenden **Einstelllehre (Bild 2).** Dabei muss der Fräser von Hand gedreht werden, damit ein etwa vorhandener Fräserschlag berücksichtigt werden kann. Nach dem Fräsen des ersten Werkstückes wird dieses gemessen und geprüft und die Einstellungen gegebenenfalls berichtigt.

Das **Aufspannen** der Fräsvorrichtung erfolgt mit Spannschrauben, für die im Fuß der Vorrichtung Aufspannschlitze vorgesehen sind.

Ein besonderes **Ausrichten** auf dem Maschinentisch ist meist nicht nötig, da alle Fräsvorrichtungen mit Nuten versehen sind, in die Nutensteine eingreifen **(Bild 2).**

Bei der **Pendelbearbeitung** benötigt man zwei Vorrichtungen, die versetzt zueinander auf dem Frästisch aufgespannt werden **(Bild 3).** Die Bearbeitung erfolgt wechselseitig auf entsprechend gesteuerten Maschinen. Da während der Bearbeitung mit der ersten Vorrichtung die zweite beladen wird, ergeben sich sehr kleine Nebennutzungszeiten.

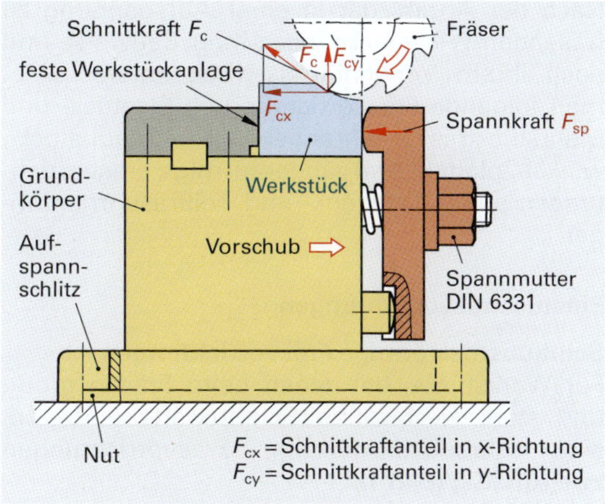

Bild 1: Einfache Fräsvorrichtung

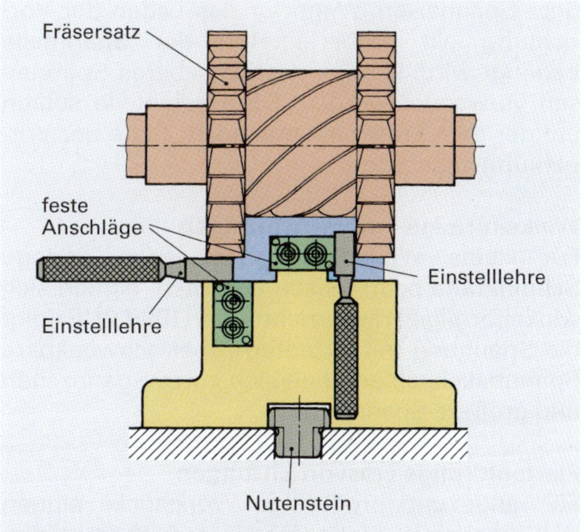

Bild 2: Einstellen des Fräsers

Bild 3: Pendelbearbeitung

3

Nach der Anzahl der in einer Aufspannung zu fräsenden Werkstücke, nach ihrer Bauweise und nach ihrem Verwendungszweck unterscheidet man folgende Fräsvorrichtungen: Einstück- und Mehrstückfräsvorrichtungen, schraubstock-, winkel-, platten- und zangenförmige Fräsvorrichtungen sowie Schwenk- und Teilfräsvorrichtungen.

Einstückfräsvorrichtungen

Schraubstockförmige Fräsvorrichtungen

Für Werkstücke, bei denen beim Fräsen große und stark wechselnde Schnittkräfte auftreten, sind schraubstockförmige Fräsvorrichtungen zweckmäßig **(Bild 1)**.

Sie können besonders starr gebaut werden. Die Spannung erfolgt meist mit einem Zugbolzen über Spanneisen. Wenn für das Laden der Vorrichtung ein größerer Hub der Spannteile benötigt wird, kann ein schwenkbares Spanneisen verwendet werden. Die Bedienteile sollten auf der dem Fräser abgewandten Seite der Vorrichtung angeordnet sein.

Winkelförmige Fräsvorrichtungen

Für kleine Werkstücke, bei denen geringe Schnittkräfte beim Fräsen auftreten, eignen sich winkelförmige Fräsvorrichtungen **(Bild 2)**. Erfolgt die Spannung mit Exzentern über schwenkbare Spannhaken, so ergeben sich kurze Spannzeiten und größere Spannhübe.

Plattenförmige Fräsvorrichtungen

Für lange und profilartige Werkstücke eignen sich am besten plattenförmig aufgebaute Fräsvorrichtungen, bei denen die Spannkraft über Spanneisen oder Spanhaken übertragen wird **(Bild 3)**.

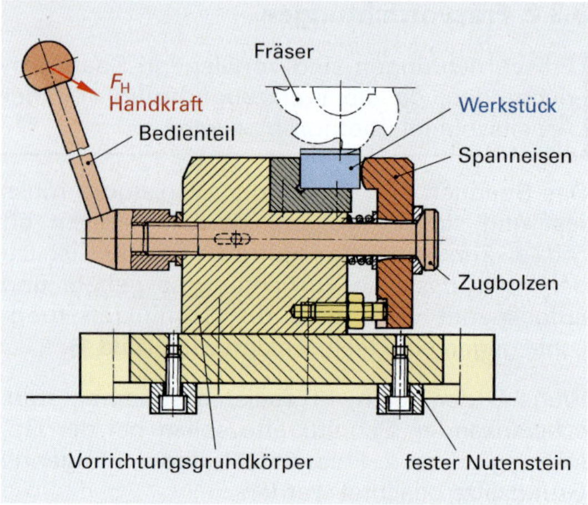

Bild 1: Schraubstockförmige Fräsvorrichtung

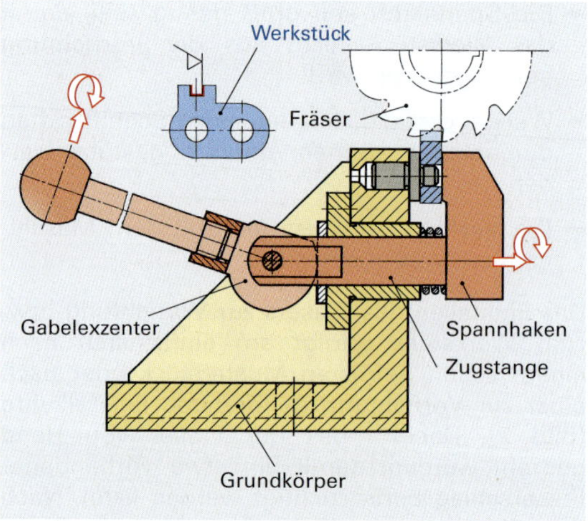

Bild 2: Winkelförmige Fräsvorrichtung

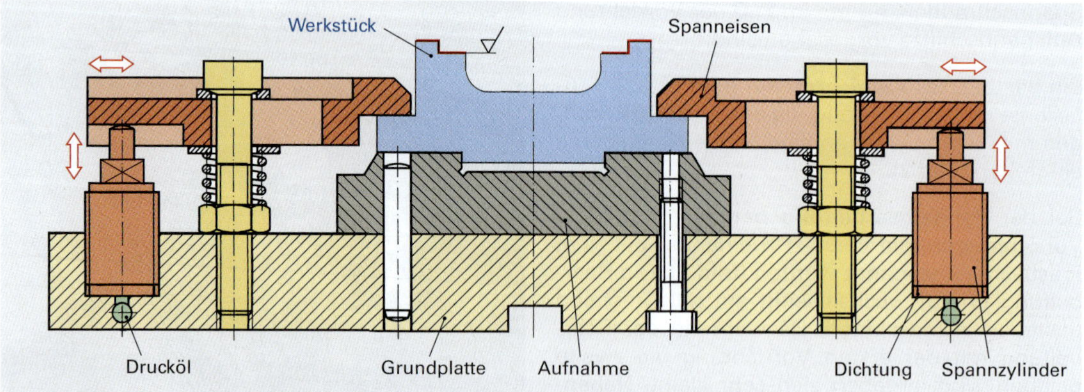

Bild 3: Plattenförmige Fräsvorrichtung

Bei längeren Vorrichtungen ist darauf zu achten, dass der Fräsweg durchgehend frei ist.

Spannzangen-Fräsvorrichtung

Zylindrische Werkstücke, bei denen eine genaue zentrische Spannung beim Fräsen erforderlich ist oder die verspannt werden können, weil sie sehr dünnwandig sind, können durch Klemmspannung mittels Spannzange festgehalten werden **(Bild 1)**.

Mehrstückfräsvorrichtungen

Bei Mehrstückfräsvorrichtungen können die Werkstücke je nach ihrer Form entweder hintereinander **(Bild 2)** oder nebeneinander **(Bild 3)** eingespannt sein. Dünne Werkstücke die mit verhältnismäßig großer Spantiefe gefräst werden, spannt man vorteilhaft in Reihe hintereinander, da hierbei der Fräser ruhiger läuft. Werkstücke, an denen Flächen mit geringer Spanabnahme bearbeitet werden, können auch nebeneinander eingespannt werden. Der zu bearbeitende Werkstoff, die Art der Fräsarbeit (ebene oder gekrümmte Flächen), die Größe und Leistungsfähigkeit der Fräsmaschine, die Länge des Fräsweges und andere Umstände geben für die Konstruktion der Vorrichtung den Ausschlag.

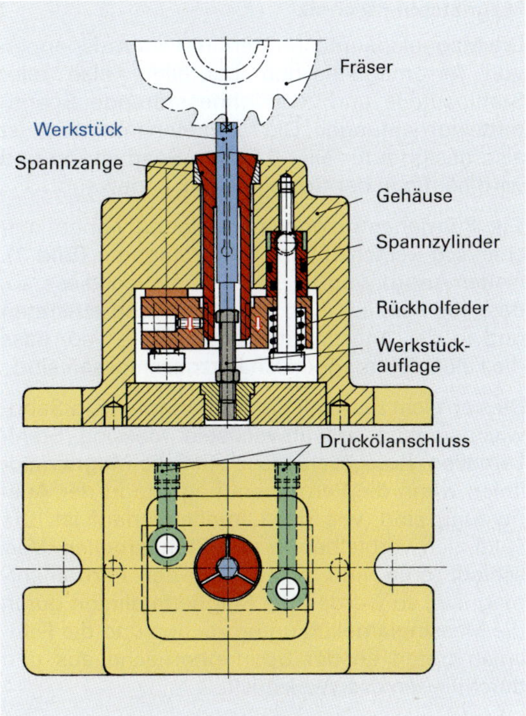

Bild 1: Spannzangen-Fräsvorrichtung

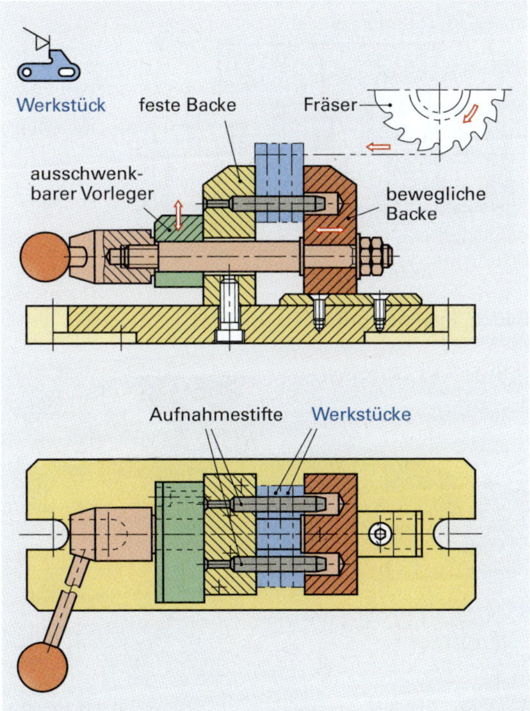

Bild 2: Mehrstückfräsvorrichtung hintereinander spanend

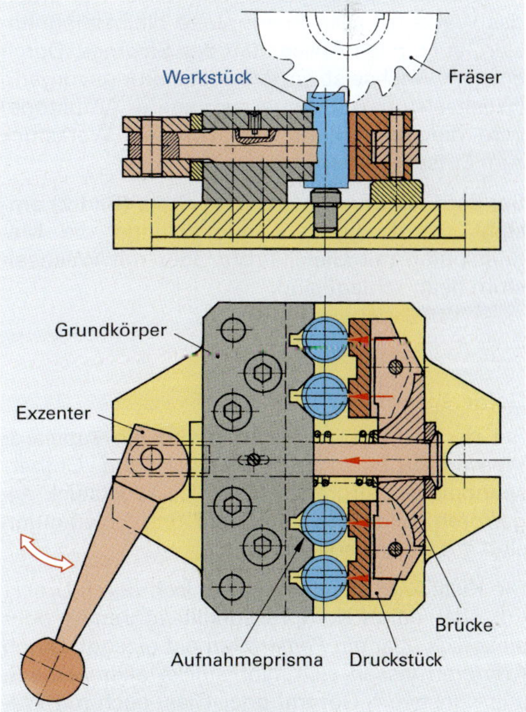

Bild 3: Mehrstückfräsvorrichtung nebeneinander spanend

3

3

Magnetspanntechnik

Die Magnetspanntechnik erlaubt ein Aufspannen von ferromagnetischen Bauteilen, also aller Stahlbauteile und zwar ohne störende Spannmittelvorrichtungen. Die Magnetspanntechnik ist also geeignet für eine 5-Seiten-Bearbeitung und wird häufig in der Schleiftechnik angewandt.

Die Permanentmagnetspannplatten haben mechanisch verschiebbare Dauermagnete **(Bild 1)**. In der Anordnung „Spannen" stehen diese so, dass die Feldlinien an der Oberfläche austreten und in der Anordnung „Entspannen" so, dass die Feldlinien magnetisch kurzgeschlossen sind.

Dies erreicht man mit einer Spannplatte in Sandwichbauweise mit abwechseld Messing-/Stahl-Lamellen. Kurzgeschlossen sind die Magnetfeldlinien wenn die Permanentmagnete in der Ausrichtung sind, wie der Lamellenverlauf ist. Die Feldlinien verbleiben in den Stahllamellen. Verschiebt man nun einen Teil der Permanentmagnete, so werden die Magnetfeldlinien durch die Messinglamellen unterbrochen und die Feldlinien treten an der Spannoberfläche aus und durchfließen das Werkstück.

Neben diesen Permanentmagnetspannplatten gibt es auch Elektro-Permanentmagnetspannplatten. Mit einem Elektromagnet wird die ferromagnetische Spannplatte magnetisiert und hält das Werkstück. Die Spannplatte bleibt magnetisiert, auch nach Abschalten des Stromes. Durch einen Wechselstrom-Magnetisierungsvorgang (Wechselstom mit kleiner werdender Amplitude) wird die Spannplatte als auch das Werkstück zum Entspannen magnetisiert.

Bei der Elektromagnetspanntechnik **(Bild 2)** entsteht das Magnetfeld nur solange die Magnetspulen mit Gleichstrom oder mit Wechselstom beaufschlagt sind.

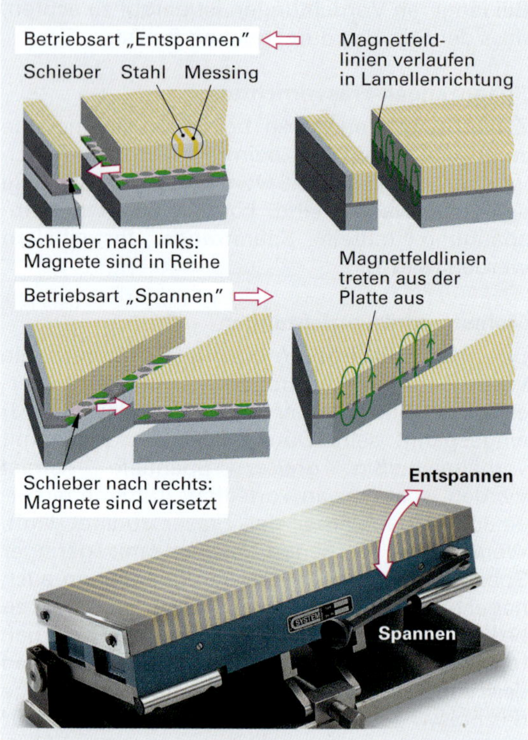

Bild 1: Magnet-Spannplatten

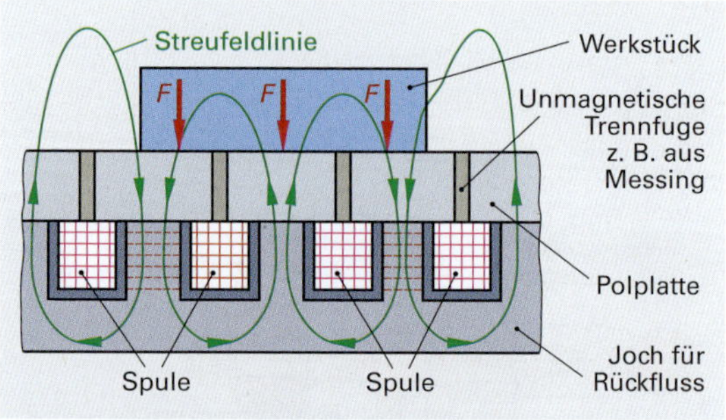

Bild 2: Spannen mit Elektromagent

Gefrierspanntechnik

Bei der Gefrierspanntechnik wird ein kapillarer Wasserfilm zwischen Werkstück und Gefrierspannplatte gefroren und so das Werkstück *angefroren* **(Bild 3)**. Spannplatte und Zuleitungen sind gut wärmeisoliert.

Die Kälte wird strömungstechnisch durch Druckluft oder durch Kompressorkälteaggregate oder elektrisch über ein *Peltier*-Element erzeugt. Durch Anfrieren lassen sich Werkstücke aller Art, z.B. aus Kunststoff, Gummi oder Glas, auch mit Wabenstruktur und Unebenheiten gut spannen. Die Haltekräfte liegen bei 140 N/cm^2.

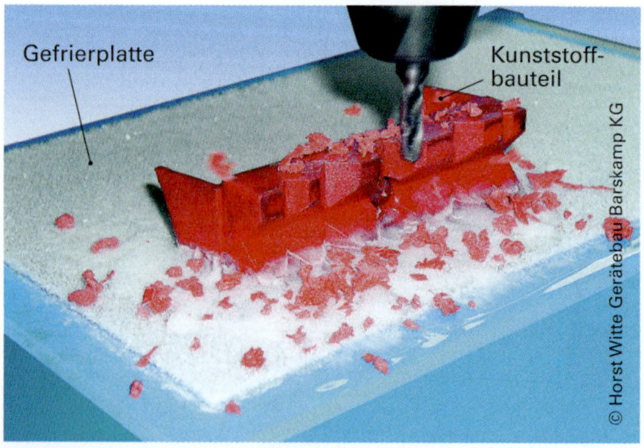

Bild 3: Gefrierspanntechnik

3.3.3 Drehvorrichtungen

Zu den Drehvorrichtungen gehören außer den an Drehmaschinen üblichen Spannzeugen, wie Zwei-, Drei- und Vierbackenfutter, Spannzangen, Planscheiben, noch Drehvorrichtungen für Sonderzwecke.

Werkstücke, die in den Spanneinrichtungen der Drehmaschine nicht oder nur sehr umständlich und unsicher aufgenommen werden können, wie z. B. Guss- und Schmiedeteile, müssen in besonderen Vorrichtungen gespannt werden.

Bei der Verwendung von Vorrichtungen auf Drehmaschinen müssen im Gegensatz zu Fräs- und Bohrmaschinen meist große Massen in Bewegung gesetzt werden, das leichtere Werkzeug dagegen führt nur die Vorschub- und Zustellbewegung aus.

Hieraus ergeben sich folgende **Gestaltungsgrundsätze** für Drehvorrichtungen:

- Der Vorrichtungskörper soll möglichst leicht, aber trotzdem starr ausgeführt werden
- Die Vorrichtung soll möglichst wenig Unwucht besitzen und genau rundlaufen
- Herausstehende Teile sind zu vermeiden bzw. abzudecken
- Die Drehwerkzeuge müssen kurz und fest eingespannt werden können
- Die Spannkraft muss auch unter den bei großen Drehzahlen auftretenden Fliehkräften noch ausreichend sein.

Die Werkstückform und die Vorbearbeitung sind maßgebend bei der Lagebestimmung von Werkstücken in Drehvorrichtungen.

Kurze, flanschförmige Werkstücke werden an der Stirnfläche, lange Werkstücke an der Mantelfläche bestimmt **(Bild 1)**. Das Maß l_1 soll hierbei möglichst groß, l_2 möglichst klein sein. Dadurch ergibt sich ein kleines Kippmoment.

Die Spannkräfte F_{Sp} müssen so groß sein, dass sie die Bearbeitungskräfte sicher aufnehmen, aber die Werkstücke nicht verformen. Dies ist besonders bei dünnwandigen Werkstücken wichtig.

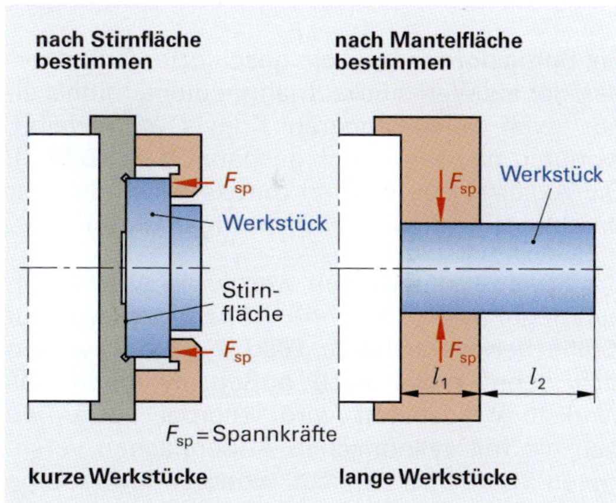

Bild 1: Lagebestimmung beim Drehen

Drehvorrichtungen können auf dem Spindelkopf, in der kegeligen Spindelbohrung oder auf der Planscheibe befestigt werden.

Bei der Befestigung auf dem Spindelkopf sollte ein Zwischenflansch verwendet werden **(Bild 2)**. Hierdurch lässt sich die Vorrichtung auf der Maschine leichter ausrichten und ist bei der Verwendung auf einer anderen Maschine leichter anzupassen, da nur der Flansch ausgetauscht werden muss.

Ein besonders schneller Vorrichtungswechsel ergibt sich, wenn die bei Drehfuttern üblichen Bajonettscheiben zur Befestigung verwendet werden.

Die Befestigung in der Spindelbohrung sollte nur für kleine, die auf der Planscheibe nur für besonders große Vorrichtungen dienen.

Drehvorrichtungen werden nach der Art der Lagebestimmung und der Art des Spannens in Spanndorne, Spannfutter und Exzenterdrehvorrichtungen eingeteilt.

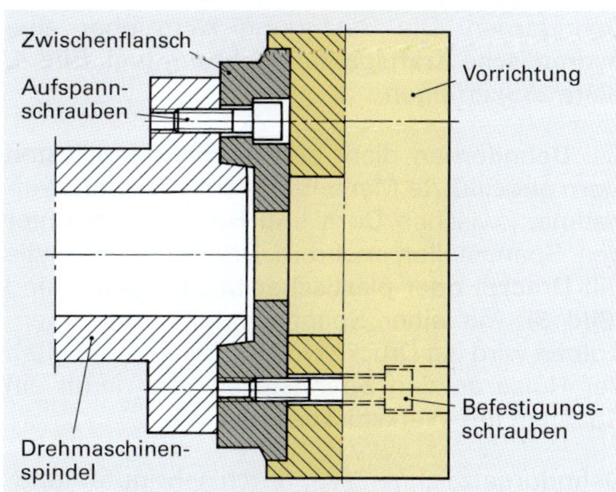

Bild 2: Befestigen der Vorrichtung mit Zwischenflansch

Spanndorne

Spanndorne dienen zum Spannen von Werkstücken, bei denen die Innenform zur Außenform genau rundlaufen muss, die aber nicht in einer Aufspannung bearbeitet werden können.

Spezielle Spanndorne werden dann verwendet, wenn universelle Dorne auf Grund der Werkstückform oder großer Spannzeiten nicht geeignet sind.

Bei der Gestaltung der Spanndorne ist darauf zu achten, dass insbesondere bei dünnwandigen Werkstücken die Spannkräfte großflächig übertragen werden, um Verformungen zu vermeiden.

3

Spanndorne werden als Spreiz-, Dehn- und Spannbackendorne ausgeführt. Bei der Festlegung der Art des Spanndorns ist die Zentrier- und Spanngenauigkeit des Werkstücks maßgebend.

Bei **Spreizdornen** wird ein geschlitzter Grundkörper, der als Werkstückaufnahme dient, mittels eines axial verschiebbaren Kegels aufgeweitet, wodurch das Werkstück gespannt wird **(Bild 1)**. Die Axialbewegung kann mittels Gewinde oder durch eine Kraftspanneinrichtung erfolgen.

Bei **Spannbackendornen** werden in einem Aufnahmegehäuse mehrere Spannbacken auf Keilflächen verschoben **(Bild 2)**. Sie bewegen sich dabei radial nach außen, wodurch das Werkstück gespannt wird. Hierbei verformen sich die mit zylindrischen Außenflächen versehenen Spannbacken nicht, wodurch immer eine genaue Form der Spannflächen gegeben ist.

Der Spannbereich dieser Dorne ist erheblich größer als der von gleich großen Spreiz- oder Dehndornen. Die Betätigung kann über eine **hydraulische Kraftspanneinrichtung (vgl. Bild 4, Seite 235)** erfolgen.

Bei **Dehndornen** dient eine durch einen festen Dorn abgestützte Mantelhülse zur Werkstückaufnahme. Zwischen Dorn und Hülse liegen unter den Spannstellen mehrere Druckkammern, die mit Drucköl oder plastischer Masse gefüllt sind **(Bild 3)**. Mit einer Spannschraube und einem Kolben wird ein Druck erzeugt, der ein Aufweiten der Hülse an den Spannstellen und damit ein Spannen des Werkstückes bewirkt.

Dehndorne zeichnen sich durch sehr gute Rundlaufgenauigkeit aus, haben aber einen kleinen Spannbereich.

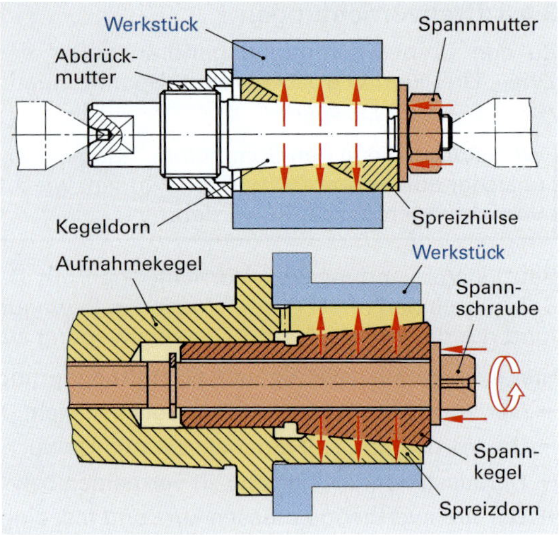

Bild 1: Spreizdorne

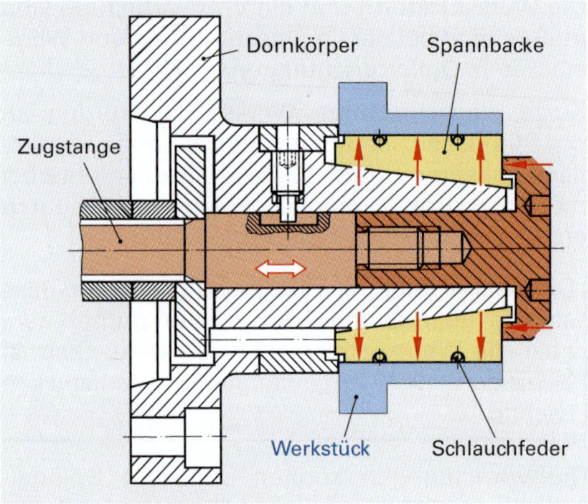

Bild 2: Spannbackendorn

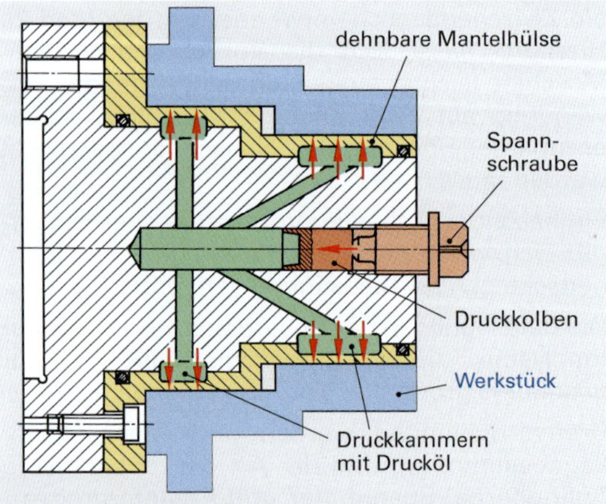

Bild 3: Dehndorn

Spannfutter

Spezielle Spannfutter sollten nur dann eingesetzt werden, wenn die Spannaufgabe nicht mit universellen Futtern erfüllt werden kann. So ist es oft bei unregelmäßig geformten Guss- und Schmiedeteilen möglich, handelsübliche Futter mit speziellen Backen zu verwenden.

Nach der Art, wie die Spannkräfte wirken, kann man zentrisch spannende und nichtzentrisch spannende Futter unterscheiden **(Bild 1)**. Eine zentrische Spannung ist z.B. bei Gussteilen mit groben Toleranzen erforderlich, wenn die bearbeitete Innenform zur gegossenen Außenform genau mittig liegen soll. Eine zentrische Spannung kann durch Links-Rechtsgewinde-, Keil- oder Hebelantrieb erfolgen.

Bei nicht zentrischer Spannung wirkt die Spannkraft gegen eine feste Anlagefläche. Je nach deren Lage spricht man von axial oder radial spannenden Vorrichtungen.

Mit **radial** spannenden Vorrichtungen werden meist gehäuseartige Werkstücke gespannt, deren Bestimmfläche parallel zur Drehachse liegt **(Bild 2)**. Mit **axial** spannenden Vorrichtungen werden flanschartige Werkstücke gespannt, deren Bestimmfläche senkrecht zur Drehachse liegt **(Bild 3)**.

Werkstücke mit unregelmäßigen Formen lassen sich in Drehvorrichtungen nur selten so einspannen, dass der Schwerpunkt von Werkstück und Vorrichtung genau in der Drehmaschinenachse liegt. Die dadurch entstehende **Unwucht** muss durch Gegengewichte sorgfältig ausgeglichen werden.

Drehvorrichtungen werden meist mit pneumatischen oder hydraulischen **Kraftspanneinrichtungen** ausgestattet **(Bild 4)**.

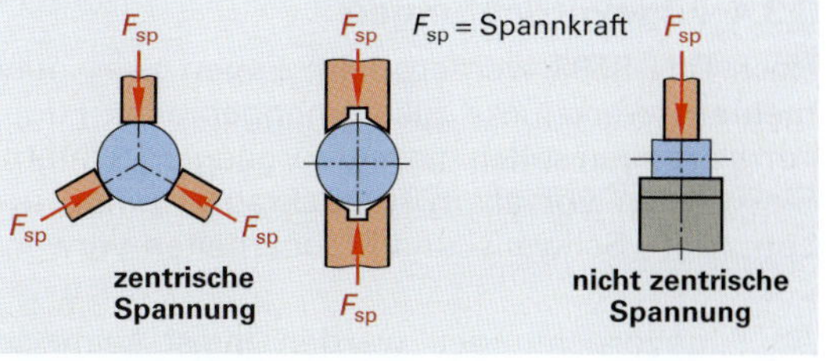

Bild 1: Futterspannarten

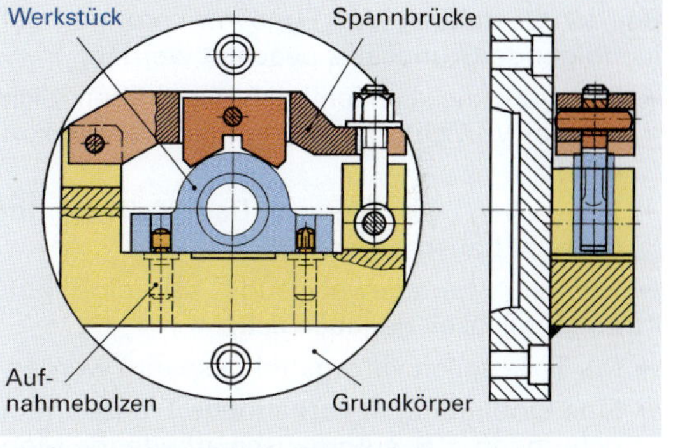

Bild 2: Drehvorrichtung, radial spannend

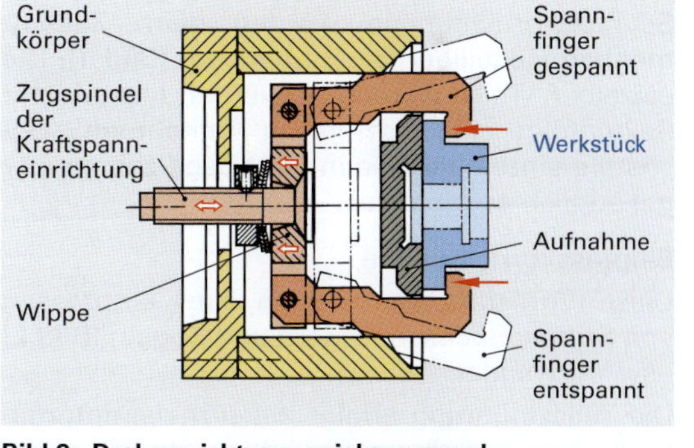

Bild 3: Drehvorrichtung, axial spannend

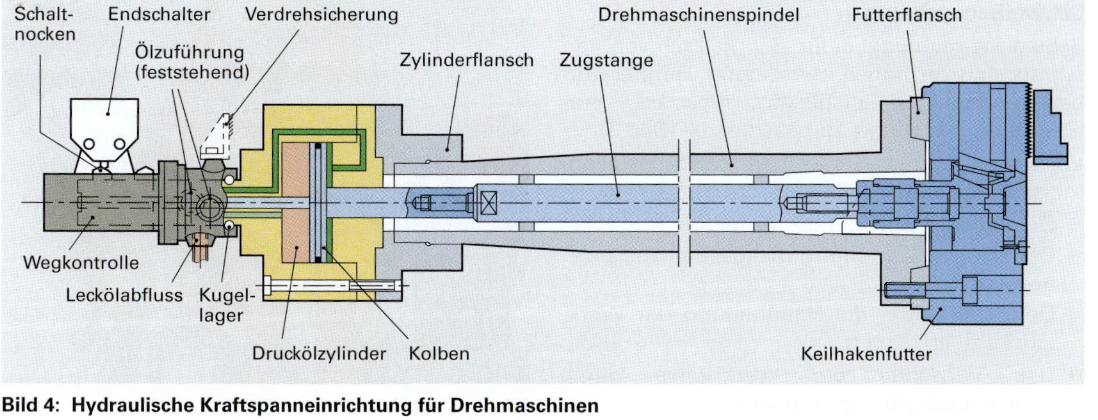

Bild 4: Hydraulische Kraftspanneinrichtung für Drehmaschinen

3.3.4 Fügevorrichtungen

Nach DIN 8593 werden beim Fügen zwei oder mehrere Werkstücke zusammengebracht. Fügevorrichtungen sollen diesen Vorgang erleichtern. Sie werden vor allem für Schraub-, Einpress-, Löt-, Niet-, Schweiß- und Klebearbeiten verwendet.

An Fügevorrichtungen werden meist keine so hohen Anforderungen bezüglich Lagegenauigkeit und Kraftaufnahme gestellt wie bei Vorrichtungen für Trennverfahren.

Bei der **Gestaltung** von Fügevorrichtungen sollen folgende Grundsätze beachtet werden:

- Die Werkstücke sollen nach dem Fügen leicht aus der Vorrichtung entnommen werden können
- Sie sollen ein kleines Bauvolumen und Gewicht haben
- Für die Montagewerkzeuge soll eine gute Zugänglichkeit gegeben sein
- Die Teile sollen verzugsfrei gespannt werden
- Eine Einbindung in vorhandene Transporteinrichtungen, z. B. automatisch arbeitende Montagestraßen, soll möglich sein.

3

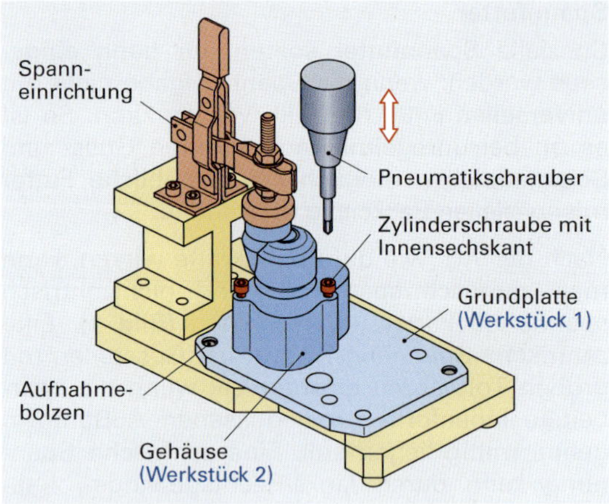

Bild 1: Schraubvorrichtung

Schraubvorrichtungen

Schraubvorrichtungen werden beim Zusammenbau vielteiliger Geräte benötigt **(Bild 1)**. Die einzelnen Teile werden in vorher festgelegter Reihenfolge eingelegt und in Aufnahmen, welche die einzelnen Teile in ihrer Lage zueinander genau fixieren, gehalten.

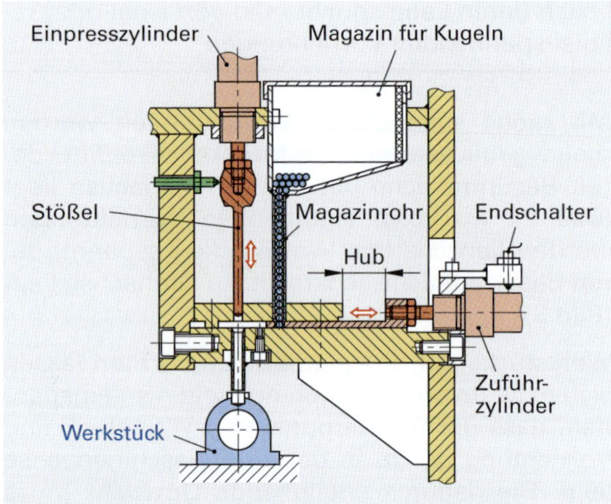

Bild 2: Einpressvorrichtung

Einpressvorrichtungen

Diese Vorrichtungen werden zum Einpressen von Stiften, Buchsen, Lagern und Kugeln **(Bild 2)** usw. verwendet.

Die Teilezuführung erfolgt dabei meist automatisch, mittels Schwingförderern oder Greifeinrichtungen.

Schweißvorrichtungen

Schweißvorrichtungen für Schmelzschweißverfahren sind oft hohen, einseitigen Temperaturbeanspruchungen ausgesetzt, was bei ihrer Gestaltung besonders zu beachten ist **(Bild 3)**.

Vorrichtungen zum Schweißen sollen vor allem folgende **Aufgaben** erfüllen:

- Die Bauteile lagerichtig zuordnen
- Dem Schweißer eine günstige Schweißposition ermöglichen
- Dem Schweißer die Handhabung der Werkstücke zu erleichtern
- Das Verziehen der Werkstücke durch Schrumpfspannungen zu verringern.

Bild 3: Roboterschweißvorrichtung

Vorrichtungen zum Schweißen werden oft nur benützt, um die Werkstücke darin zu heften **(Bild 1)**. Das Fertigschweißen erfolgt dann außerhalb der Vorrichtung.

Schweißvorrichtungen werden meist fachwerkartig aus **Profilstäben** aufgebaut **(Bild 2)**, damit man von allen Seiten gut an die Schweißteile herankommt. Sie sollen nicht zu schwer gebaut sein, um das Wenden und Umlegen der Vorrichtung zu erleichtern.

Da bei Punktschweißvorrichtungen oft nur geringe Spannkräfte erforderlich sind, eignen sich Kniehebelspanner und Magnetspannelemente besonders gut für diese Vorrichtungen.

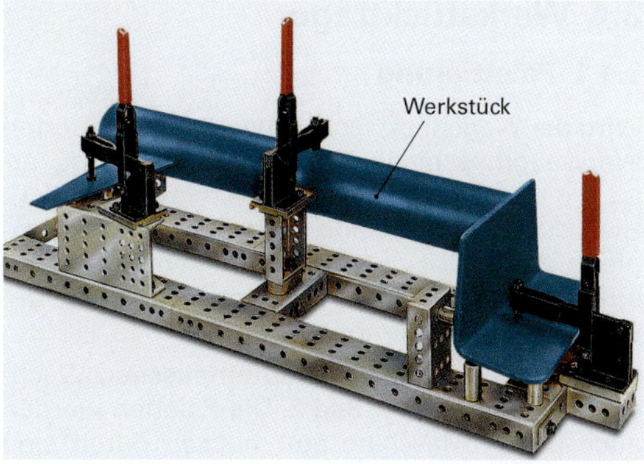

Bild 1: Heftvorrichtung

Baukastenspannsysteme zum Schweißen

Bei diesen Systemen sind die Arbeits- und Schweißtische mit einem quadratischen Bohrbild versehen. Dadurch können die entsprechenden Positionier- und Spannbolzen gespannt werden **(Bild 3)**.

Die Bohrungen sind zugleich auch Spannlöcher für Positionierspannzwingen. Mit ihnen und den verschiedenen Positions- und Lagewinkeln kann das Schweißteil in jede Position gebracht und gespannt werden.

Bei der Vorrichtung **Bild 4** konnte eine große Tischfläche durch Ankoppeln eines zweiten Tisches erreicht werden.

Mittels CAD können solche Spannvorrichtungen – schon in der Arbeitsvorbereitung – schnell und reproduzierbar geplant werden.

Durch eine eindeutige Dokumentation mittels CAD ist ein Wiederaufbau der Vorrichtung leicht möglich.

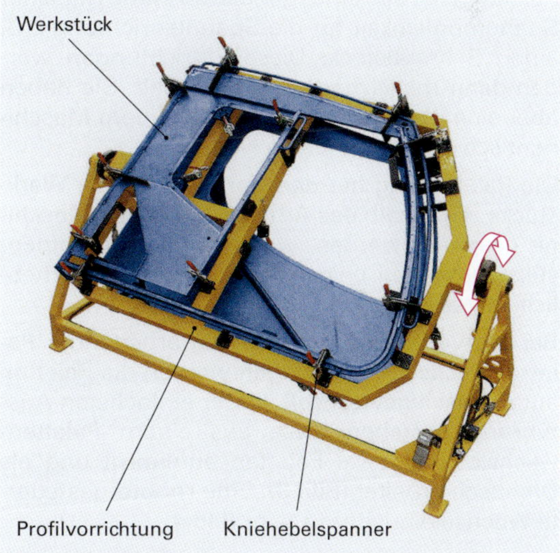

Bild 2: Profilvorrichtung

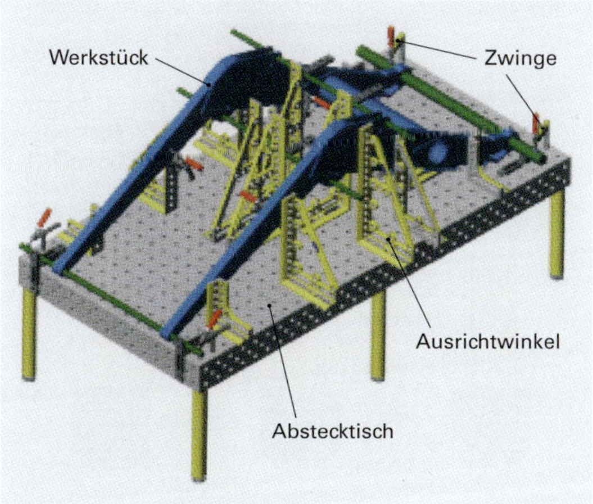

Bild 3: Baukastenvorrichtung

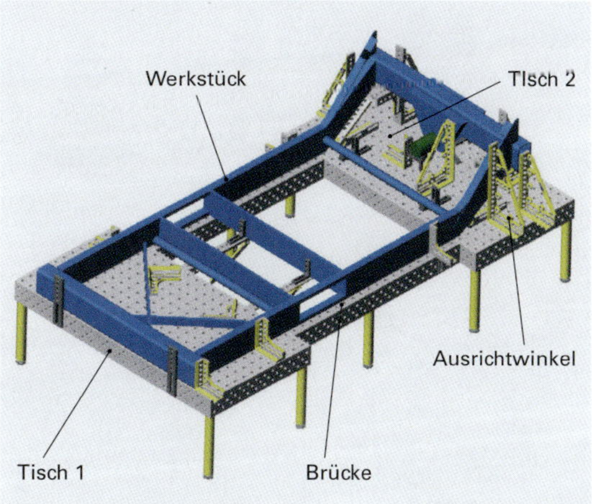

Bild 4: CAD-Aufbauzeichnung

3

3.4 Werkstückträger

3.4.1 Palettierung

Wird der Werkstückwechsel bei CNC gesteuerten Werkzeugmaschinen selbsttätig ausgeführt, erfolgt dies meist durch eine Palettierung **(Bild 1)**. Hierbei werden einzelne Werkstücke oder komplette Werkstückspannsysteme (Vorrichtungen), auf **Paletten** befestigt, die dann selbsttätig gewechselt werden können.

Eine Palette die für einen automatischen Wechsel geeignet ist zeigt **Bild 2.** Die Paletten werden auch in der Maschine automatisch durch eine hydraulische Klemmeinrichtung fixiert.

Werden der Wechsel und die Befestigung der Palette nicht automatisch ausgeführt besteht die Palette meist aus einer genuteten Platte mit einer Spannmöglichkeit für die Spanneinrichtung z. B. einen Schraubstock. Diese Einrichtungen werden dann meist manuell gewechselt. Sie haben aber eine gleichbleibende Lage auf dem Maschinentisch und einen festen Nullpunkt.

Die Palettierung hat den Vorteil, dass die Werkstücke außerhalb des Arbeitsraumes der Maschine gespannt werden, wodurch die Maschinenstillstandszeiten beim Werkstückwechsel erheblich kürzer sind.

Bei der Verwendung selbsttätig arbeitender **Palettenwechseleinrichtungen** werden die Paletten automatisch gewechselt. In der einfachsten Ausführung bestehen diese aus einem Palettenwechsler, der zwei Paletten aufnimmt und als Drehtisch arbeitet **(Bild 3).** Eine robotergesteuerte Wechseleinrichtung zeigt **Bild 4.**

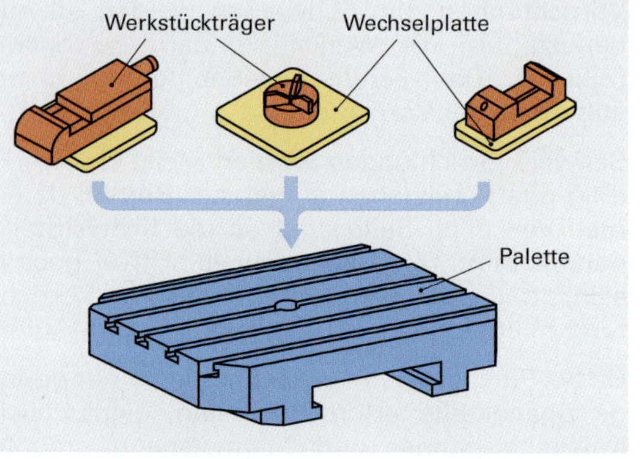

Bild 1: Palettierung

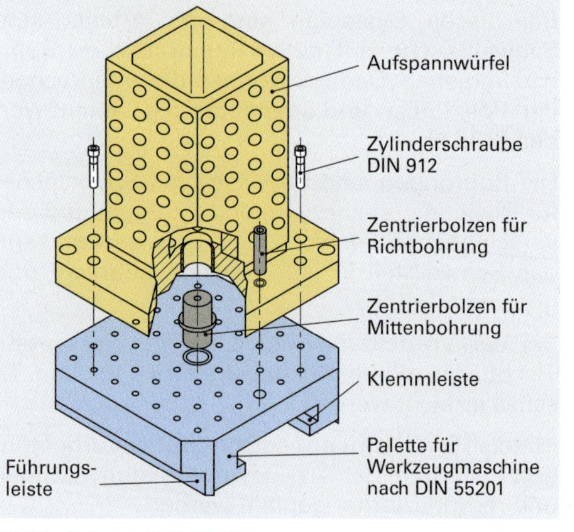

Bild 2: Palette DIN 55 201

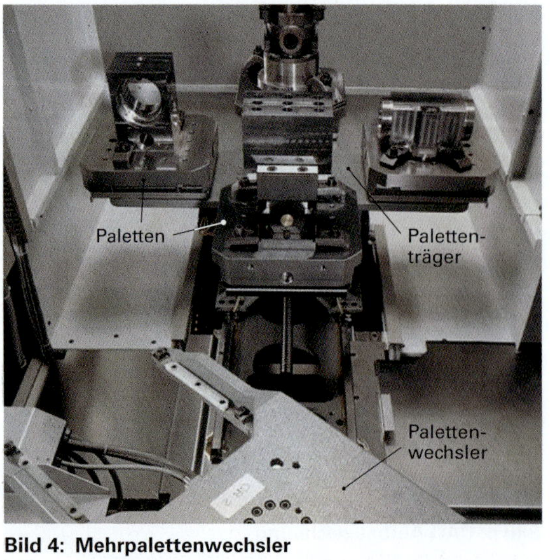

Bild 4: Mehrpalettenwechsler

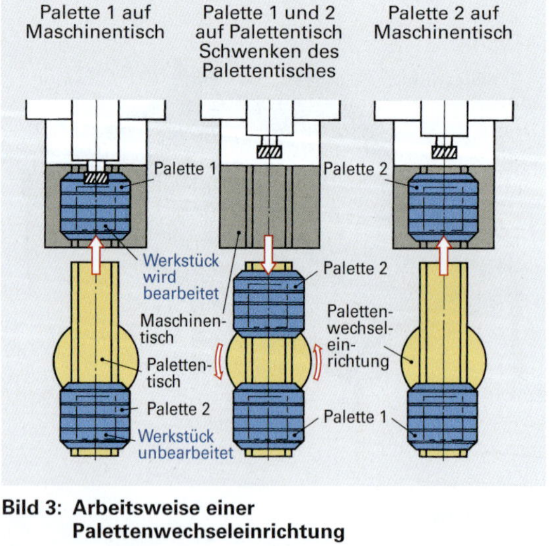

Bild 3: Arbeitsweise einer Palettenwechseleinrichtung

3.4.2 Anwendung von Mehrfachspannsystemen

Mit Werkstückspannsystemen, auf denen mehrere gleiche oder verschiedene Werkstücke gespannt sind, kann besonders wirtschaftlich gearbeitet werden. Dies ist besonders dann der Fall, wenn die Weckstücke so gespannt werden, dass eine Komplettbearbeitung möglich ist.
Wird mit Bearbeitungszentren gearbeitet, die eine **horizontale** Arbeitsspindel haben, eignen sich bei kleineren Werkstücken besonders **Spanntürme (Bild 1),** die mit Mehrfachschraubstöcken bestückt sind. Sollen die Türme automatisch bestückt werden z.B. mittels eines Roboters, so muss das Bearbeitungszentrum über Hydraulikleitungen zur Betätigung der Spanneinheiten verfügen.
Da im Werkzeugbau vielfach mit Maschinen gearbeitet wird, die eine **vertikale** Spindel besitzen, werden die Mehrfachspanner direkt auf den Maschinentisch gespannt **(Bild 2).**
Sollen mehrere kleine Werkstücke gemeinsam gespannt und von mehreren Seiten bearbeitet werden, können die Vorrichtungen auch auf **Spannbrücken** platziert werden **(Bild 3).** Die Brücken haben einen eigenen Antrieb für die Drehbewegung und sind über das Bearbeitungszentrum ansteuerbar. Vorteilhaft ist die bessere Zugänglichkeit für die Werkzeuge und die größere Anzahl von Spannplätzen. Außerdem kann mit einer einfacheren 3-Achsen-Maschine gearbeitet werden.
Beachtet werden müssen dabei mehrere Details wie Kollisionsschutz, Anzahl der Nullpunkte, oder die Werkzeugsortierung.
Grundsätzlich können die Werkstücke bei einer Mehrfachaufspannung einem gemeinsamen Nullpunkt zugeordnet werden.
Sobald die einzelnen Werkstücke hohe Genauigkeitsanforderungen haben, benötigt jedes Werkstück einen Nullpunkt. Dies gilt auch, wenn mit Spanntürmen gearbeitet wird.
Typische **Einsatzgebiete** der Mehrfachaufspannung und der Verwendung mehrerer Nullpunkte sind:

- gemeinsame Fertigung mehrerer Elektroden
- Bearbeitung von Bauteilen auf verschiedenen Seiten von Spanntürmen
- Serienfertigung gleicher Bauteile
- Präzisionsbauteile mit engen Toleranzen

Bei der Fertigung mehrerer unterschiedlicher Werkstücke in einer Aufspannung ist die CNC-Programmierung von einander unabhängig auszuführen. Um die Bearbeitung von Werkstücken zusammenfassen zu können, sollten ähnliche Geometrien, gleicher Werkstoff und gleiche Werkzeuge gegeben sein.

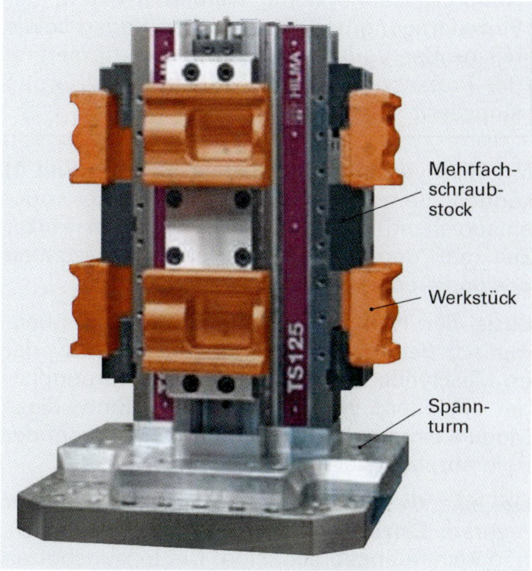

Bild 1: Spannturm mit Mehrfachspannern

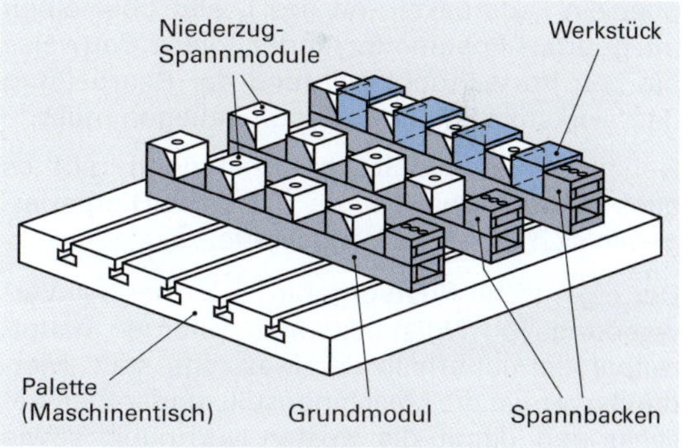

Bild 2: Palette mit Mehrfachspannern

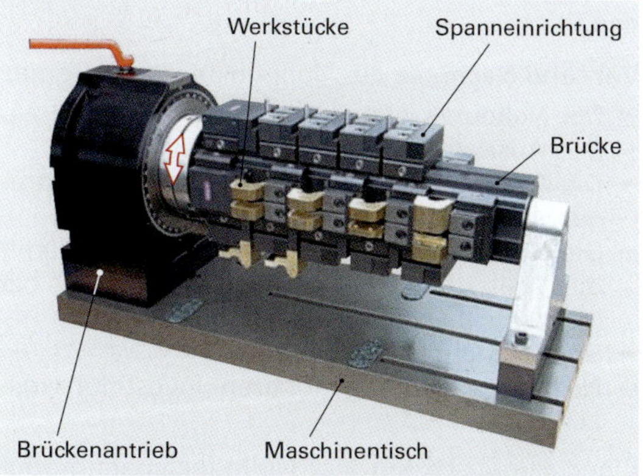

Bild 3: Spannbrücke für Mehrseitenbearbeitung

3.4.3 Nullpunktspannsysteme

Nullpunktspannsysteme werden meist in der Einzelfertigung und bei kleineren Serien sowie bei großer Variantenvielfalt zur Verbesserung der Prozesssicherheit und Rüstzeitreduzierung eingesetzt.

Mit Hilfe von Nullpunktspannsystemen **(Bild 1)** können Vorrichtungen, Werkstückträger oder entsprechend gestaltete Werkstücke in kurzer Zeit auf dem Maschinentisch referenzgenau positioniert und gespannt werden.

Basis der Nullpunktspannsysteme sind pneumatisch betätigte **Spannmodule,** die entweder im Maschinentisch integriert oder in Grundplatten (Paletten) montiert werden. Sind diese Module einmal ausgerichtet und fixiert, liegt der Referenzpunkt der Maschine fest.

3

Das eigentliche Spannen erfolgt über einen oder mehrere **Einzugsbolzen,** die in der Werkstückträgerplatte angebracht sind. Die Einzugsbolzen werden durch klauenartige Spannschieber oder **Kugeln** in die Spannmodule eingezogen und verriegelt **(Bild 2)**. Die Verriegelung erfolgt meist über ein Federpaket und das Lösen über einen integrierten Pneumatikzylinder. Diese Bauweise hat den Vorteil, dass während der Bearbeitung des Werkstücks keine Druckluft anliegen muss.

Neben den pneumatisch arbeitenden gibt es auch hydraulisch betätigte Systeme. Hierbei ergeben sich größere Einzugskräfte.

Der eigentliche **Rüstvorgang** findet bei der Verwendung von Nullpunktspannsystemen hauptzeitparallel außerhalb der Maschine statt. Hierdurch werden die Maschinenstillstandszeiten gesenkt und damit die Kosten verringert sowie Bedienfehler beim Spannen vermieden.

Die Druckluft kann gleichzeitig zum **Ausblasen,** also Reinigen der Spannstelle verwendet werden.

Vor- und Nachteile der Nullpunktspannsysteme:

- Der Nullpunkt ist definiert
- Das Ausrichten der Spanneinheit entfällt
- Die Kombination verschiedener Werkstückträger ist einfacher möglich
- Die Rüstzeiten an der Maschinen und damit die Nebenzeiten werden insbesondere bei Mehrstückbearbeitung stark reduziert
- Steigerung der Flexibilität
- Nachteilig sind die höheren Investitionskosten.

Einen Rundtisch mit vier Nullpunktspannmodulen zeigt **Bild 3.**

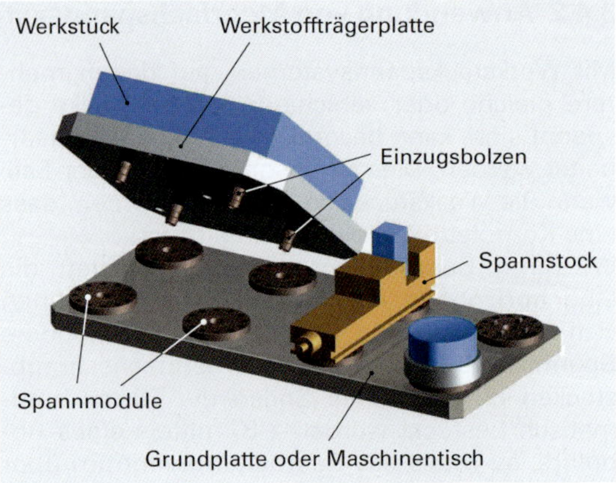

Bild 1: Grundplatte mit Nullpunktspannsystem

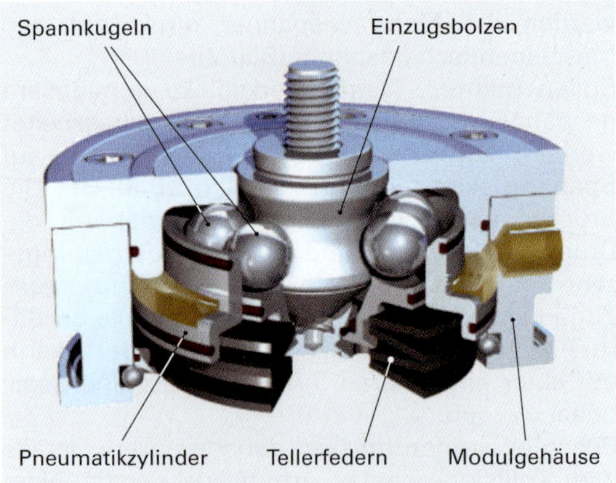

Bild 2: Pneumatisch arbeitendes Spannmodul

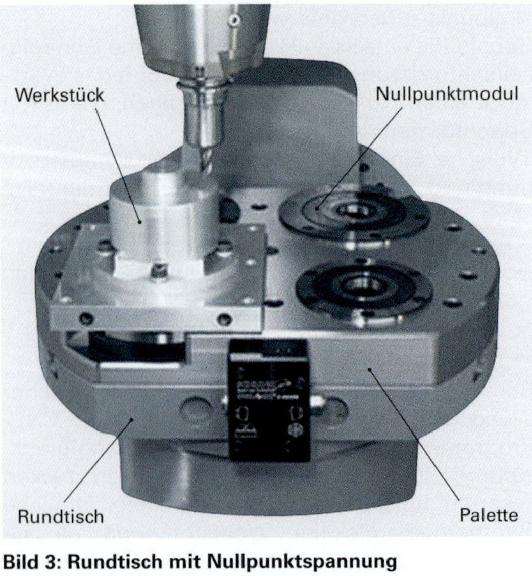

Bild 3: Rundtisch mit Nullpunktspannung

Anordnung der Einzugselemente bei Nullpunktspannsystemen

Um die in der Praxis auftretenden Maßunterschiede z. B. durch Temperaturunterschiede von der Basiseinheit zur Werkstückträgerplatte zu kompensieren, muss ein Ausgleich gegeben sein. Zum Positionieren und gleichzeitigen Spannen von Vorrichtungen und Werkstücken sind die Einzugselemente **(Bild 1)** in folgende Ausführungsformen unterteilt:

Das **Zentrierelement** dient zum Ausrichten und Spannen im Nullpunkt.

Das schwertförmige **Ausgleichselement** mit seiner Zweipunktanlage dient zum Ausrichten in eine Richtung.

Die **Spannelemente** sind „schwimmend" ohne Zentrierfunktion gelagert und dienen nur zum Spannen.

Wechselplatten (Bild 2) für Vorrichtungen in Verbindung mit einem Nullpunktspannsystem erlauben eine enorme Einsparung von Nebenzeit und eine einfachere Handhabung der Vorrichtung.

Bei **Spanntürmen (Bild 3)** und Spannwinkeln ist es vorteilhaft, diese mit Nullpunktspannmodulen zu versehen, damit die komplette Einheit außerhalb der Maschine gerüstet werden kann. Alternativ dazu können die Vorrichtungen auf Trägerplatten vorgerüstet und dann am Spannwinkel fixiert werden.

Bei sehr großen Werkstücken können die Einzugs-Elemente auch direkt am Werkstück befestigt werden, wenn entsprechende Befestigungsbohrungen zulässig sind **(Bild 4)**.

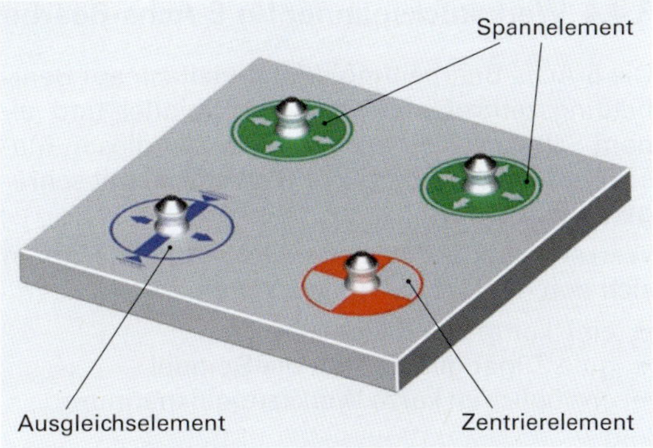

Bild 1: Anordnung der Einzugselemente

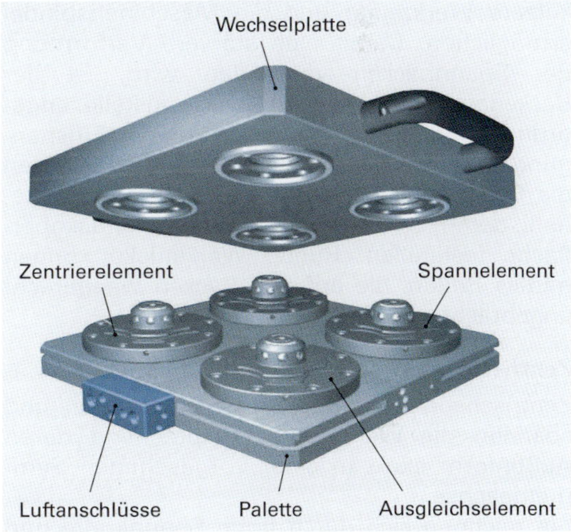

Bild 2: Wechselplatte mit vier Einzugselementen

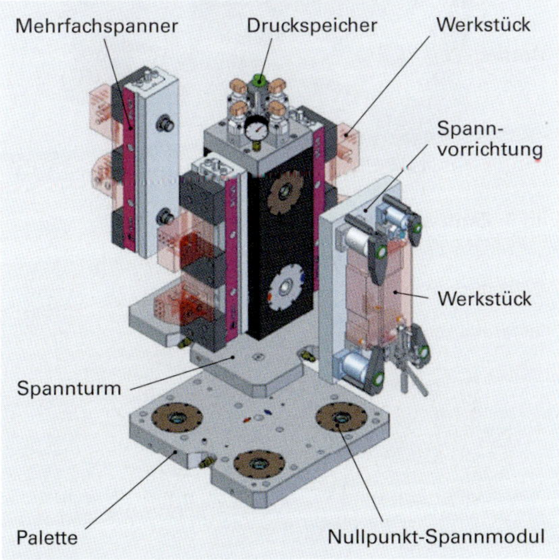

Bild 3: Aufspannturm mit Nullpunktspannung

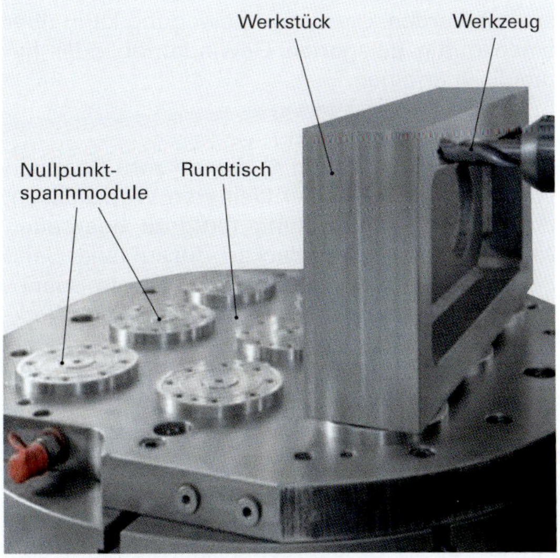

Bild 4: Direkte Werkstückspannung

3.4.4 Werkstückspanner für 5-Achs-Bearbeitung

Die 5-Achs-Bearbeitung erfolgt vielfach auf Bearbeitungszentren mit vertikaler Spindel und einem Schwenk-Drehtisch **(Bild 1)**. Auf diesen Maschinen werden komplexe Werkstücke mit schrägen oder Freiformflächen bearbeitet.

Werkstückträger für diese Bearbeitung zeichnen sich durch folgende Eigenschaften aus:

- eine kompakte Bauweise
- gute Zugänglichkeit für die Spindel
- ermöglichen kurze Werkzeugeinspannung.

Schraubstockbauweise

Bei dieser Bauweise werden sehr hohe Spannbacken verwendet, die einen guten Zugang für kürzere Werkzeuge und die Maschinenspindel ermöglichen. Damit eine stärkere Verformung der Spannbacken vermieden wird, ist der Backenantrieb nahe bei der Spannstelle angeordnet **(Bild 2)**. Um bei einer kurzen Einspannung rohe Werkstücke sicher zu halten, werden die Backen mit sogenannten Griffleisten versehen, deren Zähne sich in der Werkstückoberfläche festkrallen. Runde Werkstücke können mittels Rollen, die auf den Backen waagerecht angebracht werden, gespannt werden.

Zentrischspanner

Zentrischspanner **(Bild 3)** positionieren und spannen die Werkstücke entsprechend deren Außenform exakt in einer vorgesehenen Symmetrieachse.

Sie zeichnen sich durch hohe Spannkräfte und eine besonders stabile Konstruktion aus. Durch entsprechend geformte Aufsatzbacken können auch Werkstücke mit gekrümmten Flächen gespannt werden. Die Backenbewegung kann über einen mittig gelagerten Gewindetrieb oder hydraulisch erfolgen.

Keilspannsysteme

Keilspannsysteme **(Bild 4)** dienen zum Spannen von meist gleichen aber kleineren Werkstücken, die in einer Aufspannung fertig zu bearbeiten sind. Linear montierte Backen, die auf einer Seite als Anlage und auf der Gegenseite als Spannelement ausgebildet sind, nehmen die Werkstücke auf. Durch die Keilform der Backen werden die Werkstücke gegen die Auflage gedrückt und so präzise gespannt. Die Spannkrafterzeugung erfolgt über keilförmig ausgebildete Schieber, die mittels Schrauben bewegt werden.

Die festen Backen sind auf der gezahnten Oberseite des Grundkörpers in 1 mm Schritten positioniert. Seitlich angebrachte Anschlagarme sorgen für eine genaue Seitenlage der Werkstücke.

Bild 1: Schwenk-Drehtisch

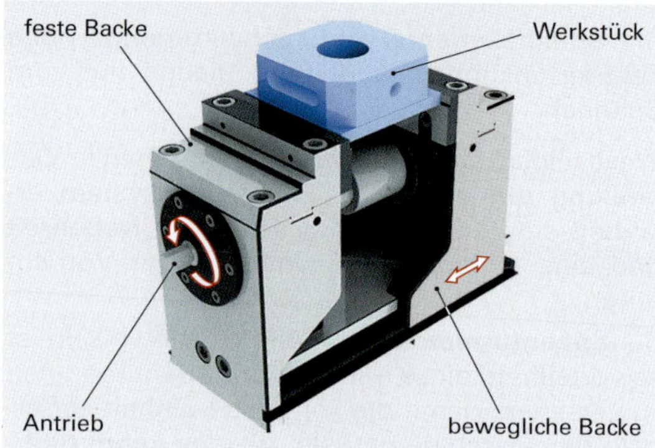

Bild 2: Spanner für 5-Achs-Bearbeitung

Bild 3: Zentrischspanner

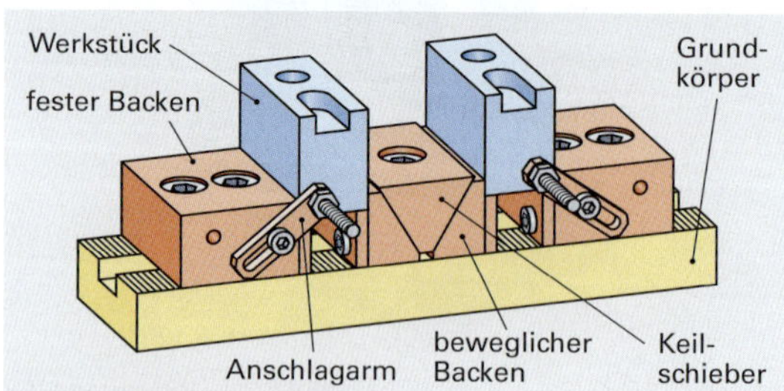

Bild 4: Keilspannsystem

3.4.5 Werkstückspanner für komplex geformte Werkstücke

Stößelspanner

Werkstücke mit stark gewölbten und komplexen Oberflächen, z. B. bei Armaturen, können mittels gefederter Stößel fixiert oder gespannt werden. Das Werkstück wird dabei zwischen den Backen positioniert und anschließend mithilfe der beweglichen Backen in Richtung Werkstück geschoben. Dadurch drückt sich das Werkstück in die Stößelfelder beider Backen und formt sich so von dem Werkstück ab **(Bild 1)**.

Anschließend werden mittels Klemmschrauben der Vorschub und die Stößel festgesetzt.

Eine Anordnung, bei der die Stößelblöcke als Auflage dienen, zeigt **Bild 2**.

Anwendungsmöglichkeiten:

- Kleinserienfertigung (Bohren, Fräsen)
- Mess- und Labortechnik (Auflagen)
- Medizintechnik
- Laserbeschriftung

Formspanner

Das Spannsystem besteht aus einem Basiselement und einer dazugehörigen **Spannnzange** aus Aluminium. Für das Spannen unterschiedlicher Werkstücke wird lediglich die Spannzange ausgetauscht. In die Spannzange wird die Werkstückkontur vom Anwender eingearbeitet **(Bild 3)**.

Der Formspanner ermöglicht das Spannen unterschiedlicher Werkstücke, wie z.B. runder oder unregelmäßig geformter Werkstücke. Es können sowohl Außenkonturen als auch Innenkonturen gespannt werden.

Die Spannkraft wird durch ein integriertes Federpaket erzeugt. Das Lösen der Spannzange erfolgt durch Einleiten von Druckluft. Vorteilhaft ist die geringe Spanntiefe von nur einigenMillimetern und die relativ niedrigen Umrüstzeiten.

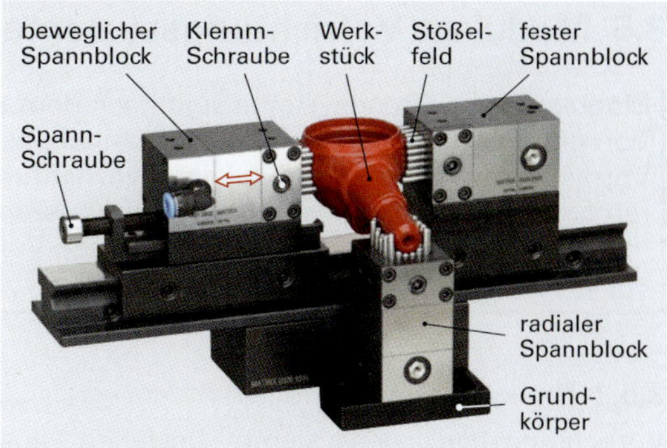

Bild 1: Formstößelvorrichtung

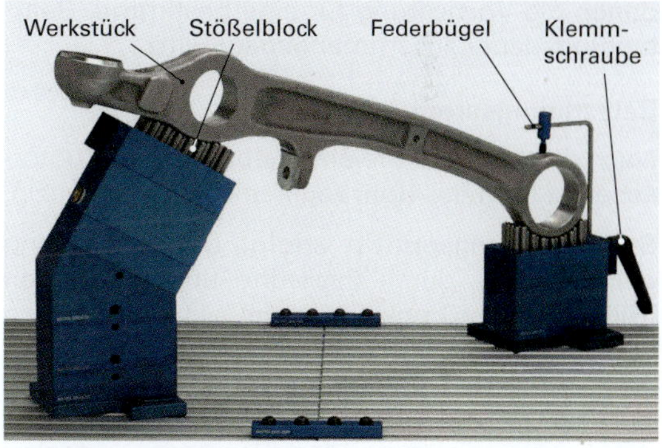

Bild 2: Formstößelauflage

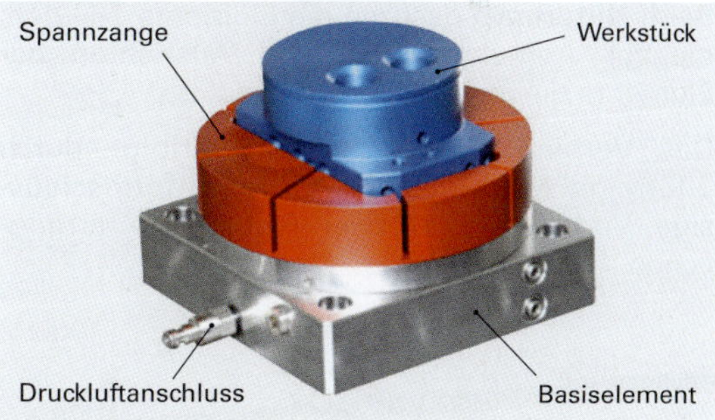

Bild 3: Formspanner

Wiederholung und Vertiefung

1. Nennen Sie Einsatzbeispiele für Bohrschablonen.
2. Nennen Sie Gründe, warum Spannelemente möglichst nicht in Bohrklappen anzuordnen sind.
3. Nennen Sie Vorteile, die sich durch die Anwendung genormter Bohrvorrichtungen ergeben.
4. Eine Bohrung 14H7 mit Ra = 0,8 soll mittels einer Bohrvorrichtung gefertigt werden. Geben Sie die Arbeitsfolge und die einzusetzenden Werkzeuge an.
5. Nennen Sie Grundsätze, die bei der Gestaltung von Fräsvorrichtungen zu beachten sind.
6. Auf welche Gefahren ist beim Aufspannen und Arbeiten mit Drehvorrichtungen zu achten?
7. Geben Sie Bearbeitungsfälle an, bei denen der Einsatz von Spanndornen erforderlich ist.
8. Erläutern Sie die Funktionsweise des Dehndorns nach **Bild 3, Seite 234**.
9. Geben Sie Gestaltungsgrundsätze für Fügevorrichtungen an.

3

3.5 Modulare Vorrichtungssysteme

Modulare Vorrichtungsysteme sind nach dem Baukastenprinzip aufgebaut. Das bedeutet, dass die Vorrichtungselemente (Module) zueinander passen und zusammen verbaut werden können. Solche Vorrichtungen werden als **Baukastenvorrichtungen** bezeichnet. Sie werden bei kleinen und mittleren Fertigungsstückzahlen auf Bearbeitungszentren eingesetzt um die Vorrichtungskosten klein zu halten. Ein weiterer Vorteil ist, dass solche Vorrichtungen schnell an geänderte Werkstückformen anpassbar sind.

3.5.1 Baukastensysteme

Vorrichtungsbaukastensysteme bestehen aus einer Vielzahl aufeinander abgestimmter Vorrichtungselemente und Baugruppen **(Bild 1)**, aus denen die Vorrichtung für eine bestimmte Bearbeitungsdauer zusammengebaut wird.

3

Befestigungsarten

Nach der Art der Bauelementebefestigung unterscheidet man das Bohrungs- und das Nutprinzip.

Beim **Bohrungsprinzip** erfolgt die Verbindung der Elemente durch Passstifte und Schrauben **(Bild 2)**. Dieses Prinzip zeichnet sich durch einen einfachen Aufbau aus. Er ist aber bezüglich der Anordnung der Elemente nicht so variabel. Die Buchsen zur Aufnahme der Zylinderstifte dienen der Lagebestimmung der Elemente und sind meist mit Kunstharz eingegossen.

Beim **Nutprinzip** besitzen die Elemente T-Nuten, die zur Aufnahme und zum Ausrichten der Elemente dienen **(Bild 3)**.

Das Verbinden der Elemente erfolgt durch T-förmige Nutenspanner, die eine formschlüssige Verbindung in zwei Richtungen ermöglichen.

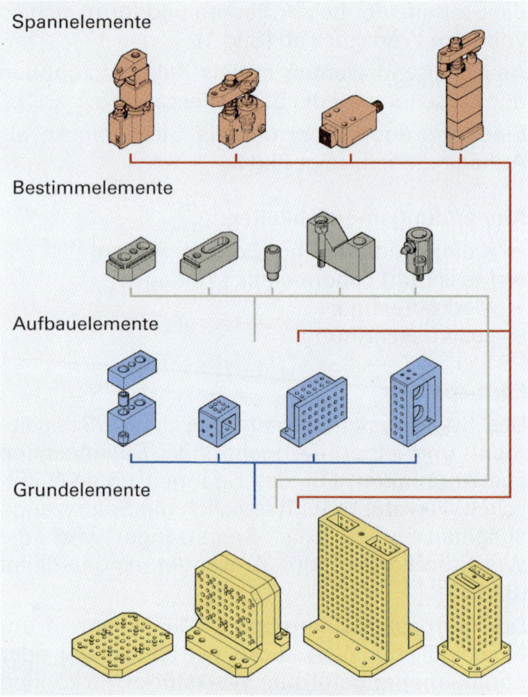

Bild 1: Vorrichtungsbaukastenelemente

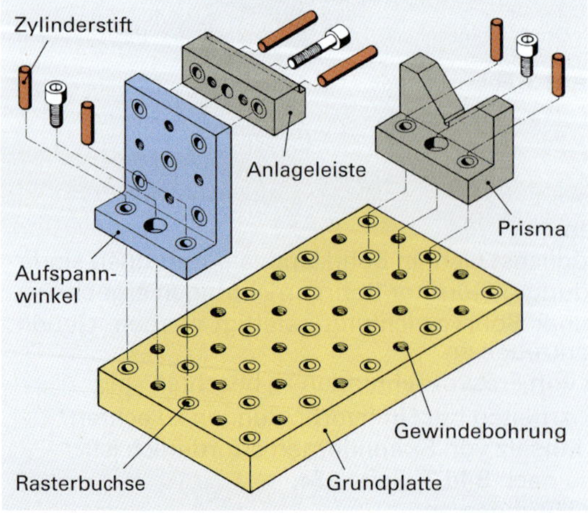

Bild 2: Bohrungsprinzip

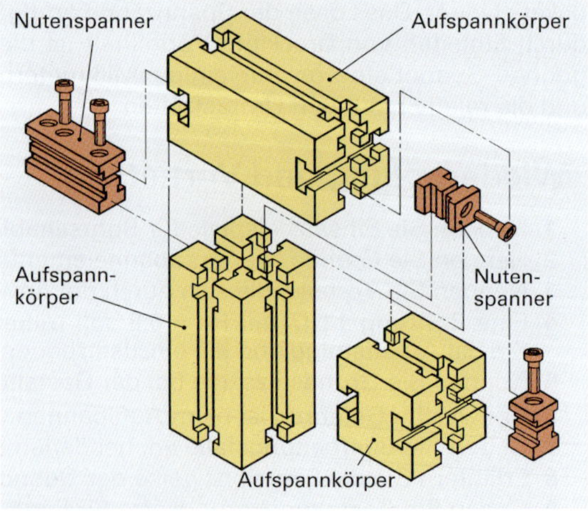

Bild 3: Nutprinzip

Die Herstellung dieser Elemente ist aufwendiger, mit ihnen ist aber eine stufenlose Einstellung möglich. Mit dieser Fixierung wird selbst bei größeren Spann- und Bearbeitungskräften eine Lageänderung der Bauelemente ausgeschlossen **(Bild 1)**.

3.5.2 Bauelemente

Ein Vorrichtungsbaukastensatz besteht aus folgenden Bauelementen **(Bild 1, Seite 244)**.

Grundelemente, die die Verbindung zum Maschinentisch herstellen und auf denen die anderen Elemente angeordnet und befestigt werden. Hierzu gehören: Grundplatten, Winkelstücke und Würfel.

Aufbauelemente sind die Träger für die Lagebestimmelemente und Spannelemente. Hierzu gehören: Stützkörper, Zwischenplatten, Keilstücke und Ausgleichsleisten.

Lagebestimmelemente entsprechen den bei speziellen Vorrichtungen verwendeten Elementen. Hierzu gehören: Prismen, Anschläge, Bolzen usw.

Spann- und Stützelemente dienen zum Spannen oder Stützen der Werkstücke. Hierzu gehören: Spannschrauben Exzenter, Pratzen, Steckscheiben, Stellschrauben usw.

Verbindungselemente dienen zur Verbindung der Vorrichtungselemente untereinander. Hierzu gehören: Nutenspanner, Passstifte, Passschrauben usw.

3.5.3 Vorgehensweise bei der Erstellung einer Vorrichtung

Um eine technisch und wirtschaftlich optimale Lösung bei der Erstellung einer Baukastenvorrichtung zu erhalten, ist ein schrittweises Vorgehen sinnvoll:

- Anforderungen an die Vorrichtung festlegen
- Lage der Bestimm-, Stütz- und Spannstellen festlegen
- Vorrichtungselemente auswählen
- Anordnung der Elemente festlegen
- Vorrichtung zusammenbauen
- Funktion und Genauigkeit prüfen
- Musterwerkstück fertigen
- Vorrichtungsskizze oder Sofortbild anfertigen
- Vorrichtungskarte ausfüllen **(Bild 2)**
- Einsatz der Vorrichtung

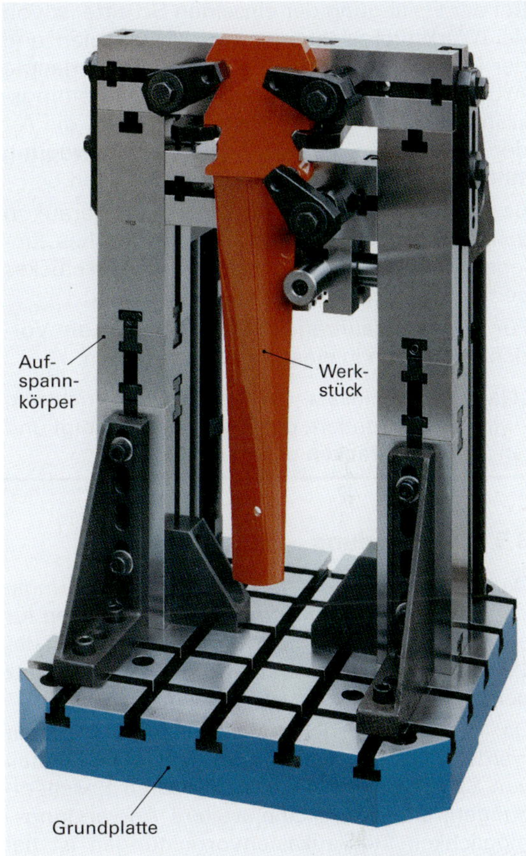

Bild 1: Fräsvorrichtung nach dem Nutprinzip

Vorrichtungs-Karte		Vorrichtungs Nr.: 20.750.03-2
Arbeitsgang: Auflageflächen fräsen	Maschine: SFM-1000	Werkstück: Platte
Arbeitsplan Nr.: 1012-503.10	Ident.Nr.: 1700-04	Werkstück Nr.: 20.750.03
Bild/Skizze: 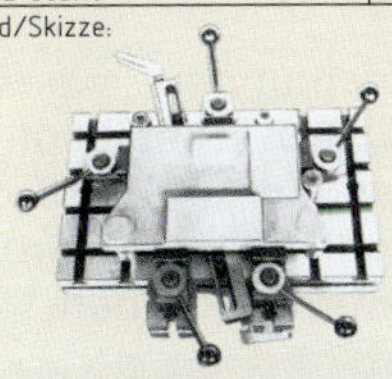	Nullpunktverschiebungen G54 X 0, Y 190, Z 195 G55 X ___, Y ___, Z ___ G57 X ___, Y ___, Z ___	Aufspannskizze Nr.: 20.770-201 Montage: Tag 27.09.01, Zeit 2,5, Name Ke Bemerkungen:

System-Teile			Normteile DIN/Werknorm WN		
1	Grundplatte	70-1023	4	DIN 508 M 8×14	
	Aufspannwinkel	70-1024		M10×14	
2	Aufspannkörper	70-1025		M12×14	
	Zwischenstück	70-1026		DIN 6314 9×60	
2	Ausgleichsspanner	70-1027		14×100	
4	Nutenspanner	70-1028		18×125	
	Schwenkkörper	70-2010		DIN 6331 M10	
	Bohrplattenhalter	70-3001		M12	
	Höhenzylinder	70-4010		M16	
	Höhenspanner	70-4020		WN 402 E25×M10	70-8001
5	Niederzugspanner	70-4025		E25×M12	70-8002
	Anschlagstück	70-6010		WN 205 AM10	70-9010
1	Positionierleiste	70-6020		AM12	70-9015
	Prisma	70-6030		AM16	70-9020
Stck.	Benennung	Syst.Nr.	Stck.	Benennung	Syst.Nr.

Bild 2: Vorrichtungskarte

Bei der Festlegung der einzelnen Schritte ist von der Werkstückzeichnung, vom Arbeitsplan und der Maschinengröße auszugehen. Die verlangte Arbeitsgenauigkeit, die Größe der Bearbeitungskräfte, die Zahl der Bearbeitungsflächen, die Art der Werkzeuge und die Werkzeugbewegung sind zu bestimmen und zu berücksichtigen.

Bei der Auswahl der Bauelemente ist darauf zu achten, dass ein Überbestimmen, falsches Einlegen und ein Verspannen des Werkstückes vermieden wird.

Für Wiederholaufträge ist es vorteilhaft die Vorrichtungsdaten in einer Kartei zu erfassen.

Nach dem Einsatz der Baukastenvorrichtung wird sie demontiert, die Elemente gereinigt und in Spezialschränken gelagert.

Bild 1: Mehrstückvorrichtung

3

3.5.4 Anwendung

Da Anschaffungskosten für einen Vorrichtungsbaukasten sehr hoch sind, steigen die Kosten für eine Baukastenvorrichtung mit der Einsatzzeit der Vorrichtung. Aus diesem Grunde ist ein Einsatz bei kleinen Losgrößen am günstigsten.

Da Baukastenvorrichtungen kurzfristig erstellt werden können, werden sie auch beim Ausfall von Spezialvorrichtungen, z.B. durch Beschädigungen, eingesetzt. Eine weitere Anwendungsmöglichkeit für Baukastenvorrichtungen ist bei der Fertigung von Null-Serien gegeben, wenn Spezialvorrichtungen noch nicht zur Verfügung stehen oder wenn noch mit Werkstückänderungen gerechnet werden muss.

Vorrichtungsbaukästen werden vor allem zum Erstellen von Mehrstückvorrichtungen **(Bild 1)** und Spannvorrichtungen **(Bild 2 und 3)** eingesetzt.

Komplizierte Baukastenvorrichtungen werden rechnergestützt mithilfe von CAD-Teilebibliotheken konstruiert. Dies hat den Vorteil, dass die CAD-Modelle der Vorrichtungen bei der Bearbeitungssimulation verwendet werden können.

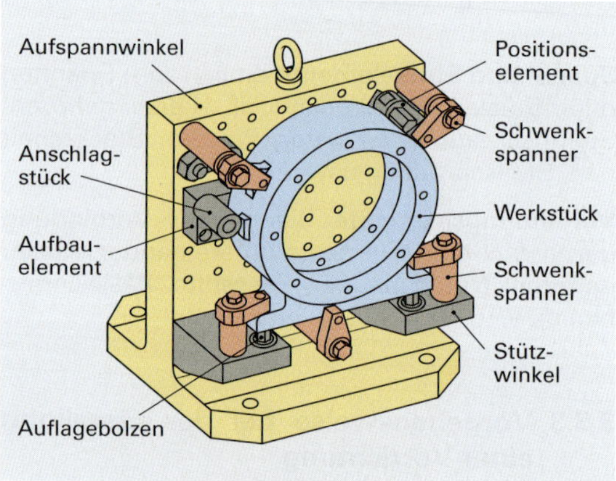

Bild 2: Spannvorrichtung für Stehlager

Wiederholung und Vertiefung

1 Nennen Sie Spannmöglichkeiten für komplex geformte Werkstücke.
2 Beschreiben Sie die Vorgehensweise beim Erstellen einer Vorrichtung mit Baukastenelementen.
3 Welche Systeme unterscheidet man bei Vorrichtungsbaukästen?
4 Nennen Sie die wichtigsten Bauelementgruppen bei Baukastensystemen.

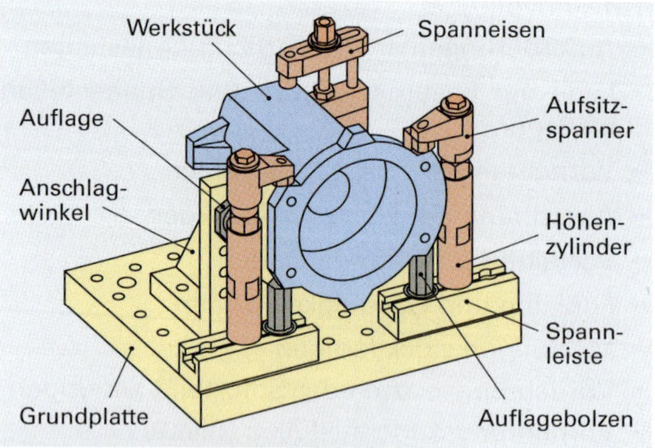

Bild 3: Spannvorrichtung für Gehäuse

3.5.5 Sondervorrichtungen

Viele Werkstücke lassen sich mittels Norm-, Baukasten- oder Standartvorrichtungen spannen. Doch eine Vielzahl insbesondere große und unterschiedliche Werkstücke erfordern für eine rationelle Fertigung in der Praxis Sondervorrichtungen **(Bild 1)**. Sie werden überwiegend in der Großserienfertigung eingesetzt.

Bei kleineren Werkstücken ist es meist wirtschaftlich mehrere Teile gleichzeitig zu spannen **(Bild 2)**. Hierdurch werden die Werkzeugwechselzeiten und damit die Nebenzeiten verringert. Das Werkstück sollte so gespannt werden, dass eine Komplettbearbeitung möglich ist.

Bei der Verwendung von Sondervorrichtungen ergeben sich folgende Vor- und Nachteile:

Vorteile:
- ➞ hohe Genauigkeit
- ➞ größere Steifigkeit und
- ➞ lange Verfügbarkeit (Ersatzteilfertigung)
- ➞ Einhaltung von Werksnormen

Nachteile:
- ➞ höhere Herstellkosten
- ➞ geringere Flexibilität

Die Vorgehensweise bei der Planung einer Sondervorrichtung zeigt das Ablaufdiagramm **Bild 3**. Die Ziffern verdeutlichen Rücksprünge im Ablauf des Erstellvorgangs einer Sondervorrichtung.

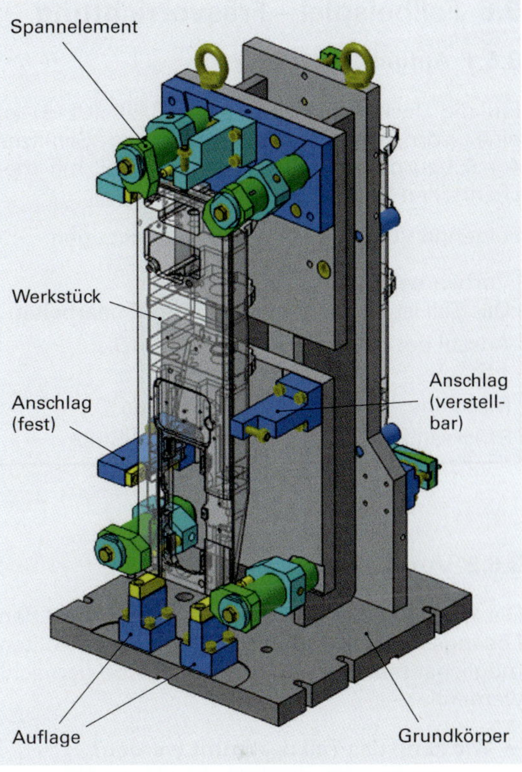

Bild 1: Doppelspannvorrichtung für Grundplatte

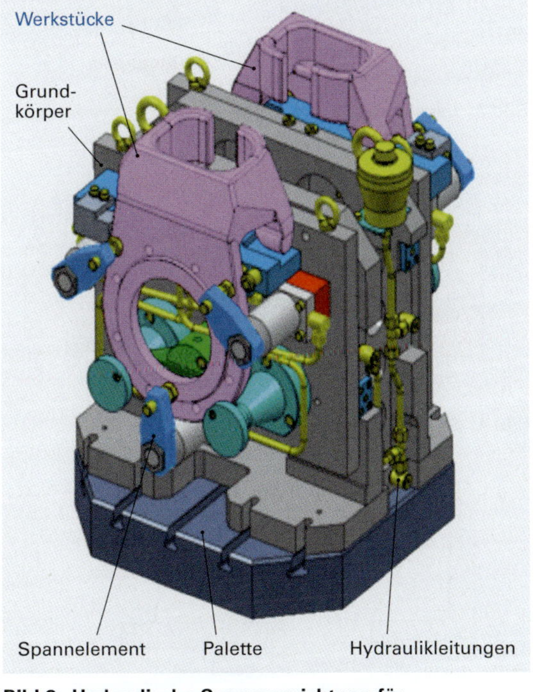

Bild 2: Hydraulische Spannvorrichtung für Kupplungsgehäuse

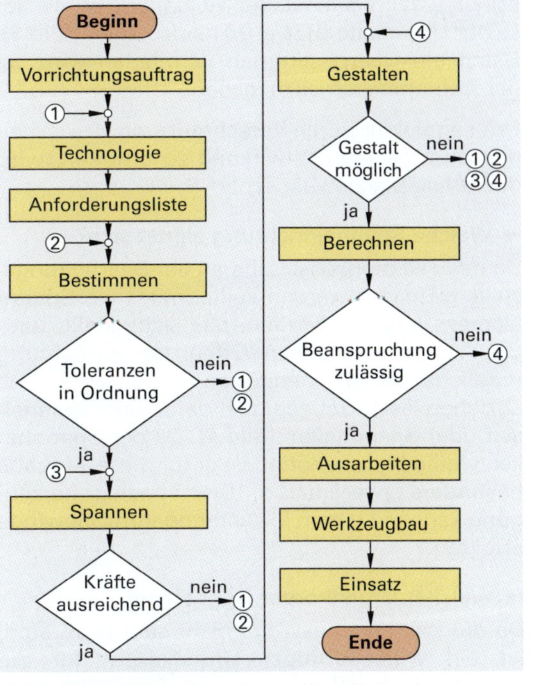

Bild 3: Ablaufdiagramm für das Erstellen von Sondervorrichtungen

3

3.6 Fallbeispiel – Fräsvorrichtung

3.6.1 Aufgabenstellung

Für die Deckplatte **(Bild 1)** aus C45E (Ck45) ist eine Vorrichtung zum Fräsen des Schlitzes 4 + 0,1 zu planen. Die Vorrichtung soll mit mechanischen Spannelementen arbeiten.

Folgende **Vorgaben** sind zu berücksichtigen:

Vorbearbeitung:
Das Teil ist bis auf den Schlitz fertig bearbeitet.

Anzahl der zu spannenden Werkstücke:
1 Stück

Maschine: Waagerechtfräsmaschine

Stückzahl: 4000/Jahr, Losgröße 800 Stück

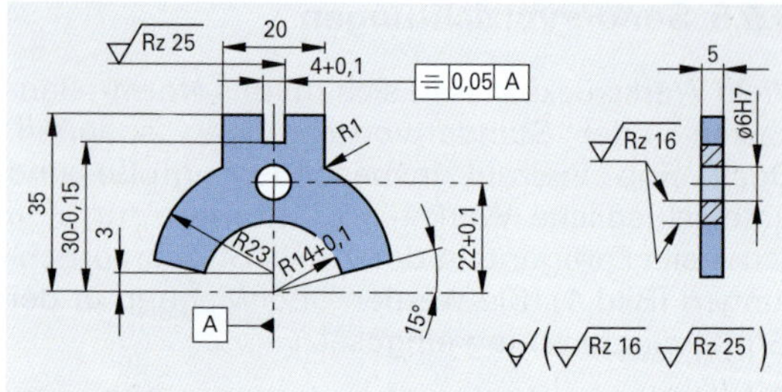

Bild 1: Deckplatte

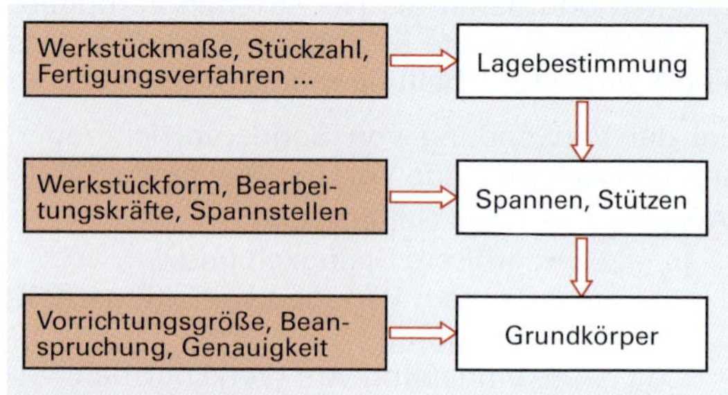

Bild 2: Lösungsschritte

3.6.2 Vorüberlegungen

Die Vorüberlegungen können entsprechend den Lösungsschritten nach **Bild 2** erfolgen. Es sollten möglichst **mehrere** Lösungsvorschläge gemacht werden.

➞ Wie kann das Teil bestimmt werden?

Um eine genaue Lagetoleranz des Schlitzes zur Bohrung ∅ 6H7 zu erreichen, sollte es in der Bohrung aufgenommen werden. Um das Teil in seiner waagrechten Lage zu halten, ist es auf seiner Unterseite (R14 + 0,1) aufzulegen **(Bild 3).** Damit ein Überbestimmen vermieden wird, ist der Aufnahmestift abzuflachen.

Um Lagefehler durch Verschmutzung zu vermeiden und die Ausrichtwirkung zu erhöhen, wird die Auflagefläche ausgespart.

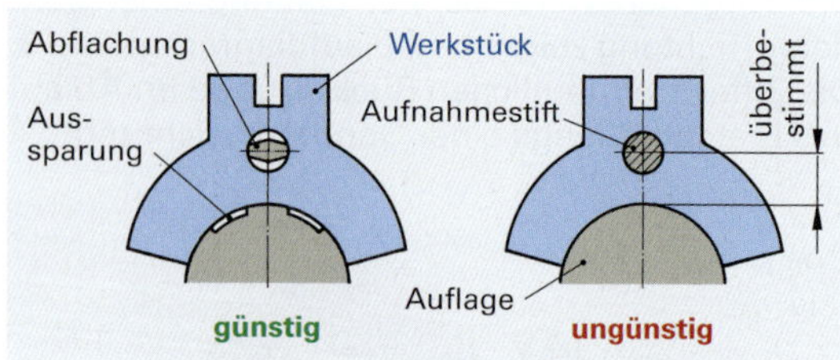

Bild 3: Lagebestimmung

➞ Welche Spanneinrichtung eignet sich?

Da das Teil möglichst nahe an der Bearbeitungsstelle gespannt werden sollte, muss ein Spannelement gewählt werden, das sicherstellt, dass das Werkstück sich beim Öffnen der Vorrichtung möglichst schnell wieder von der Stiftaufnahme abziehen lässt. Gut geeignet dafür sind **Spanneisen** oder **Spannhaken (Bild 4).** Da der Spannhaken wenig Platz benötigt, ist er für diese Aufgabe besonders zweckmäßig. Die Spannkrafterzeugung kann mit einem Exzenter oder mit Gewinde erfolgen.

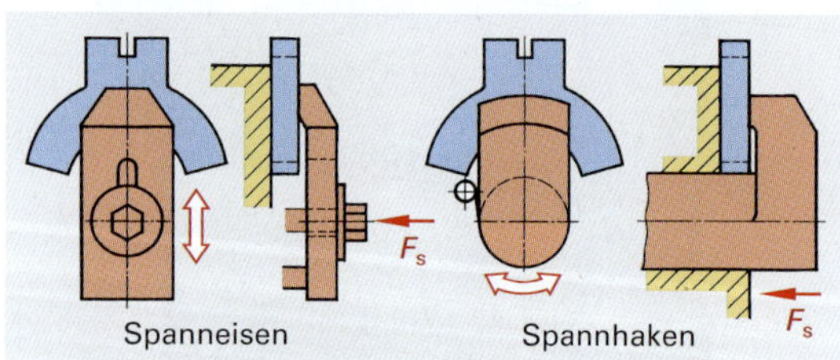

Bild 4: Spanneinrichtung

➞ Welcher Grundkörper ist geeignet?

Da die Bearbeitungskräfte nicht sehr groß sind, ist ein **winkelförmiger** Grundkörper für die Aufnahme der Bestimm- und Spannelemente ausreichend **(Bild 5).**

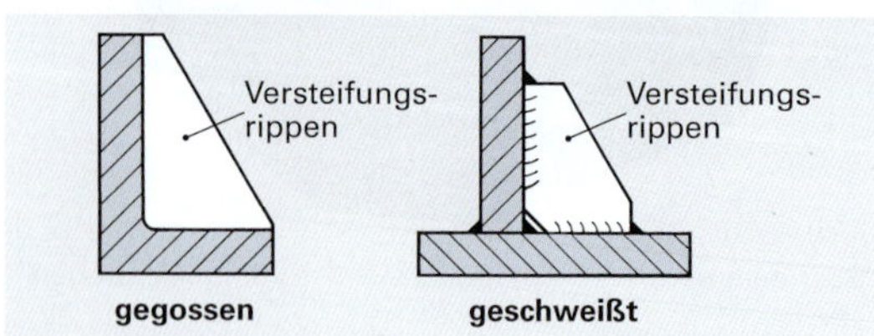

Bild 5: Grundkörper

3.6.3 Vorrichtungsaufbau

➞ Wie erfolgt das Einlegen und Spannen des Werkstücks?

Das Werkstück wird auf den **Aufnahmestift** (Pos. 4) gesteckt und gegen die Anlage gedrückt. Danach erfolgt das Einschwenken des Spannhakens (Pos. 3) **(Bild 1)**.

Durch Rechtsdrehung des Spannhebels (Pos. 7) wird der Haken axial nach rechts gezogen und drückt mit seiner Nase auf das Werkstück.

➞ Warum wird ein nachstellbarer Spannhebel verwendet?

Durch Dickenunterschiede des Werkstücks könnte u. U. der Spannweg des Hebels nicht ausreichen. In diesen Fällen kann mit dem Hebel auf Grund seiner Rastkupplung **nachgefasst** werden. Ferner können Abnutzungserscheinungen ausgeglichen werden.

➞ Welche Fräsrichtung muss bei dieser Vorrichtung gewählt werden?

Es muss von links nach rechts gefräst werden, damit die Bearbeitungskraft gegen die feste **Bestimmfläche** gerichtet ist.

➞ Wie wird die Vorrichtung mit dem Maschinentisch verbunden?

Die Befestigung kann mit T-Nutenschrauben erfolgen, da entsprechende Nuten vorgesehen sind.

Das Ausrichten der Vorrichtung kann mittels loser **Nutensteine** oder mit der Messuhr erfolgen.

➞ Welche Werkstoffe eignen sich für den geschweißten Grundkörper?

Es sind die Stähle S235JO (St37-3) und S355JO (St52-3) geeignet, da sie auf Grund ihrer Reinheit besonders gute **Schweißeigenschaften** besitzen. Die Festigkeit des S235JO (St37-3) würde hier genügen.

➞ Welche Spannkraft ergibt sich?

Die Vorrichtung wird mit einer Handkraft F_H = 150 N gespannt. Die Gewindesteigung beträgt P = 1,5 mm. Der wirksame Hebelarm für die Handkraft ist l = 110 mm. Die Reibungsverluste betragen 60 %.

Lösung:

$$\text{Spannkraft } F_S = \frac{F_H \cdot \pi \cdot 2 \cdot l \cdot \eta}{P}$$

$$= \frac{150\ \text{N} \cdot \pi \cdot 2 \cdot 110\ \text{mm} \cdot 0{,}4}{1{,}5\ \text{mm}} = \mathbf{27\,632\ N}$$

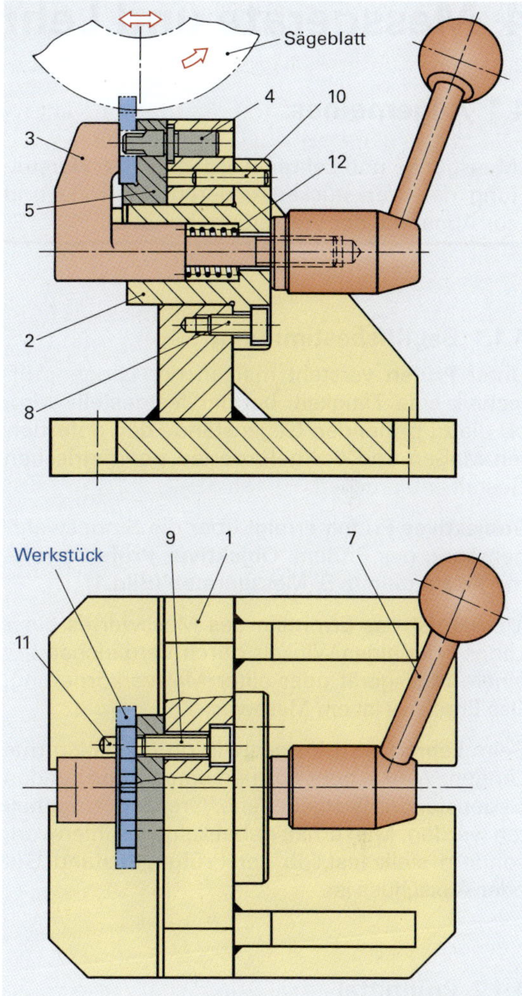

Bild 1: Fräsvorrichtung

Pos.	Menge	Benennung	Werkstoff
12	1	Druckfeder	Federstahl
11	1	Anschlagstift	C45E (Ck45)
10	2	Zylinderstift ISO 2238 - A - 5 x 20	
9	2	Zylinderschraube ISO 4762 - M5 x 20	8.8
8	3	Zylinderschraube ISO 4762 - M5 x 16	8.8
7	1	Spannhebel M10	
5	1	Auflagestück	C105U
4	1	Aufnahmestift	C105U
3	1	Spannhaken	15Cr5
2	1	Buchse	C45E (Ck45)
1	1	Grundkörper	

Bild 2: Stückliste – Fräsvorrichtung

4 Messgeräte und Lehren

4.1 Allgemeines

Messgeräte und Lehren werden bei der Herstellung der Werkstücke, zu deren Kontrolle und zur Abnahme der Werkstücke benötigt.

4.1.1 Begriffsbestimmung

Unter **Prüfen** versteht man in der Längenprüftechnik eine Tätigkeit, bei der festgestellt wird, ob die zu prüfenden Gegenstände den geforderten Maßen und der geforderten geometrischen Gestalt entsprechen.

Subjektives Prüfen erfolgt über die Sinneswahrnehmung des Prüfers. **Objektives Prüfen** erfolgt mit Prüfmitteln, z. B. Messgeräten **(Bild 1).**

Messen ist das Ermitteln des Messwertes einer Länge oder eines Winkels durch Vergleichen mit einem Messgerät oder einer Maßverkörperung. Das Ergebnis ist ein Messwert.

Beim **Lehren** wird festgestellt, ob für bestimmte Längen, Winkel oder Formen eines zu prüfenden Gegenstandes vorgegebene Grenzen eingehalten werden. Man erhält dabei keinen Zahlenwert, sondern stellt fest, ob der Prüfgegenstand Gut oder Ausschuss ist.

4

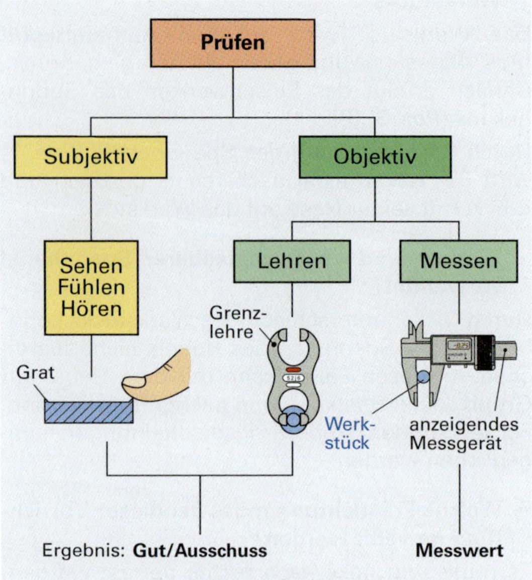

Bild 1: Prüfarten

4.1.2 Prüfmittel

Prüfmittel werden in vier Gruppen unterteilt: Messgeräte, Maßverkörperungen, Lehren und Hilfsmittel **(Tabelle 1).**

Ein **anzeigendes Messgerät** ist ein Messgerät mit einer Anzeigeeinrichtung, das zum Messen dient. Einfache anzeigende Messgeräte, wie z. B. Messschrauben, werden auch Messzeuge genannt.

Eine **Maßverkörperung** stellt Längen oder Winkel durch feste Abstände zwischen Flächen oder Strichen dar, z. B. Endmaße.

Eine **Lehre** verkörpert Maße und Formen, die meist auf Grenzmaße bezogen sind. Zu den Lehren gehören z. B. Lehrdorne.

Hilfsmittel in der Prüftechnik sind Geräte, die zum Einspannen und Halten von Prüfgegenständen, Messgeräten und Lehren dienen. Zu den Hilfsmitteln gehören z. B. Messständer.

Tabelle 1: Prüfmittel

Längen	**Winkel**
Anzeigende Messgeräte	
Messschieber Messschraube Messuhr Feinzeiger	Winkelmesser Richtwaage
Maßverkörperungen	
Strichmaß Parallelendmaß Lichtwellen	Winkelendmaß Sinuslineal
Lehren	
Rachenlehre Lehrdorn Radiuslehre Gewindelehre	Kegellehrdorn Kegelhülse
Hilfsmittel	
Messtisch Messständer	Winkelstück Prismen

4.2 Maßverkörperungen

4.2.1 Strichmaße

Strichmaße verkörpern das Längenmaß durch den Abstand zwischen zwei Strichen.

Im Lehrenbau werden als Strichmaße **Prüfmaßstäbe** zum Prüfen anderer Maßverkörperungen und **Arbeitsmaßstäbe** für einfache Werkstattmessungen verwendet. Maßstäbe für Wegmesssysteme werden als **Inkrementalmaßstäbe** (Impulsmaßstäbe) ausgebildet, die einen Strichabstand (Gitterkonstante) von 10 bis 40 µm haben können **(Bild 1)**.

Bild 1: Inkrementalmaßstab

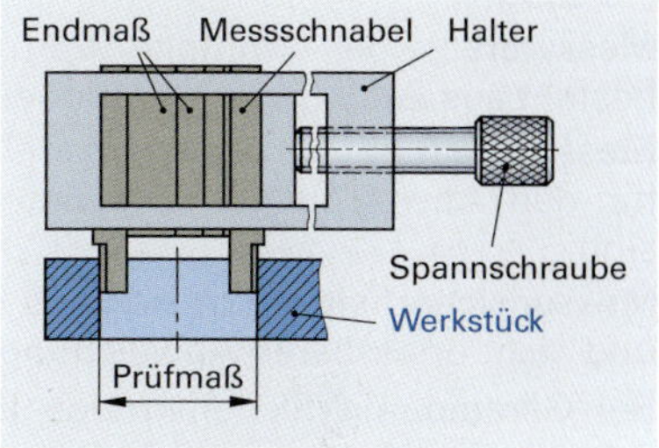

Bild 2: Endmaßhalter mit Messschnäbeln als Bohrungslehre

4.2.2 Parallelendmaße

Parallelendmaße verkörpern das Längenmaß durch den Abstand zweier Messflächen.

Endmaße bestehen aus Spezialstahl oder Hartmetall. Die Messflächen besitzen eine sehr hohe Oberflächengüte, sodass sie sich gegeneinander „anschieben" bzw. „ansprengen" lassen und durch Adhäsionskräfte aneinander haften.

Parallelendmaße werden nach ISO 3650 in den 3 Toleranzklassen 0, 1, 2 und der Kalibrierklasse K hergestellt **(Tabelle 1)**.

Endmaßsätze sind nach bestimmten Maßbildungsreihen gestuft. Der Normalsatz (N-Satz) besteht aus 45 Blöcken **(Tabelle 2)**. Mit ihm ist eine Stufung von 0,001 mm ab 3 mm möglich.

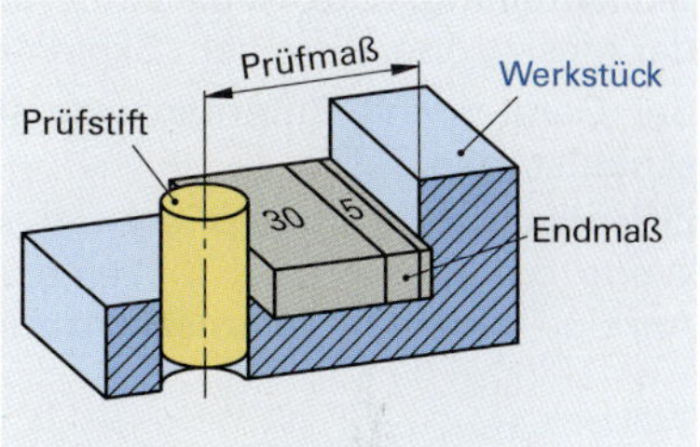

Bild 3: Prüfen mit Endmaßen

Endmaße können für folgende Bereiche eingesetzt werden:

- Prüfen von Messgeräten und Lehren.
- Einstellen von Messgeräten z. B. Messuhren bei Vergleichsmessungen **(Bild 3, Seite 253)**.
- Mit Messschnäbeln und dem Endmaßhalter können Lehren für Innen- und Außenmessung erstellt werden **(Bild 2)**.
- Prüfen von Werkstücken **(Bild 3)**.
- Überprüfen von Werkzeugmaschinen und Koordinatenmessgeräten mit Stufenendmaßen **(Bild 4)**.

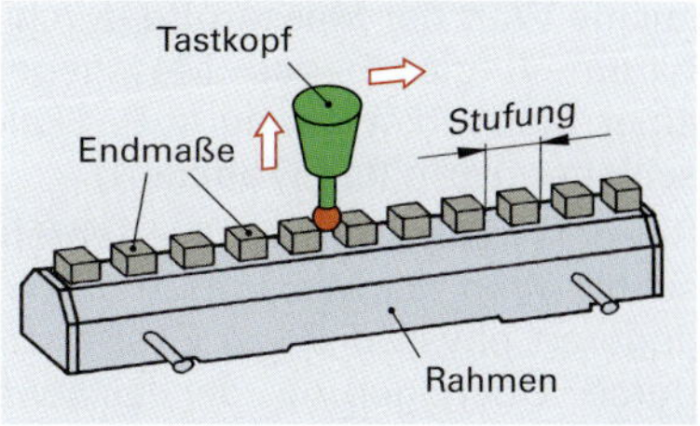

Bild 4: Stufenendmaß

4

Tabelle 1: Parallelendmaße (ISO 3650)

Toleranzklasse	Kennzeichen	Abmaße in µm für Nennmaß 10	Toleranz in µm Parallelität	für Anwendung
0	0	± 0,12	0,10	Kalibrieren von Messgeräten
1	–	± 0,20	0,16	Einstellnormal in der Kontrolle
2	=	± 0,45	0,30	Einstellnormal an Werkzeugmaschinen
Kalibrierklasse	K	± 0,20	0,05	Hauptnormal zum Kalibrieren anderer Endmaße

Tabelle 2: Normalsatz

Maß-Bildungsreihe	Endmaße in mm	Stufung der Blöcke
1	1,001 ... 1,009	0,001
2	1,01 ... 1,09	0,01
3	1,1 ... 1,9	0,1
4	1,0 ... 9,0	1,0
5	10,0 ... 90,0	10,0

4.3 Anzeigende Messgeräte

4.3.1 Grundbegriffe

Beim Arbeiten mit anzeigenden Messgeräten sind folgende Größen zu beachten:

Messgröße ist diejenige physikalische Größe, die durch die Messung erfasst werden soll, z. B. die Länge.

Messwert ist der ermittelte Wert der Größe. Er besteht aus Zahlenwert und Einheit.

Messbereich ist der Teil des Anzeigenbereiches, für den Abweichungen bekannt und begrenzt sind.

Messunsicherheit ergibt sich aus den zufälligen und nicht erfassbaren Abweichungen.

Bei Geräten mit Skalenanzeige **(Bild 1)** unterscheidet man:

Skalenteil ist die Zähleinheit für die Anzeige auf einer Skale ohne Angabe der Einheit.

Skalenteilungswert ist die Änderung des Wertes der Messgröße, die einem Skalenteil entspricht.

Bei Geräten mit Ziffernanzeige **(Bild 2)** unterscheidet man:

Ziffernschrittwert entspricht der Änderung des Werts der Messgröße, die eine Änderung der Anzeige um einen **Ziffernschritt** zur Folge hat.

4

4.3.2 Messverfahren

Bei den **direkten** Messverfahren wird der gesuchte Wert der Messgröße durch einen umittelbaren Vergleich des Messgegenstandes mit einer Maßverkörperung (z. B. Skale eines Messschiebers) ermittelt **(Tabelle 1)**.

Bei den **indirekten** Messverfahren wird der gesuchte Wert der Messgröße durch Messen einer anderen physikalischen Größe (z. B. Zählen der durch Überlagerung der Lichtwellen entstandenen Interferenzstreifen einer Planglasplatte) ermittelt.

Bei **analogen** Messverfahren ergibt eine fortlaufende Messwertänderung Δl eine stetige Änderung der Anzeige (z. B. Messuhr).

Bei **digitalen** Messverfahren ergibt eine fortlaufende Messwertänderung Δl eine sprunghafte Anzeigeänderung (z. B. foto-elektrischer Taster).

Bei analogen Messverfahren erfolgt die Anzeige meist durch Skalenanzeige, bei digitalen durch Ziffernanzeige.

Messeinrichtungen für die Serienfertigung bestehen aus einem oder mehreren anzeigenden Messgeräten, z. B. Messuhren, sowie Hilfselementen, die den Meßgegenstand lagerichtig aufnehmen und festhalten.

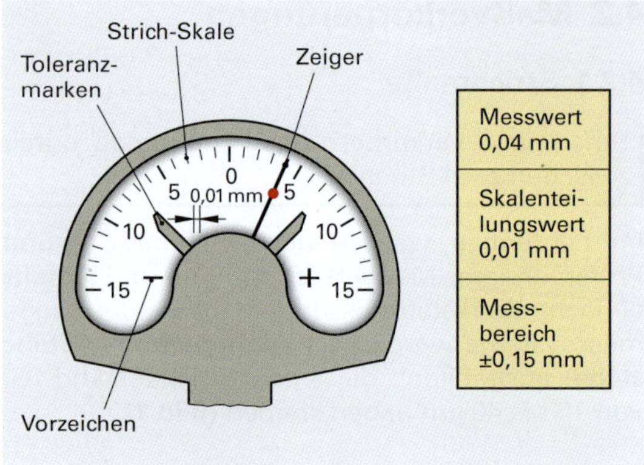

Bild 1: Skalenanzeige

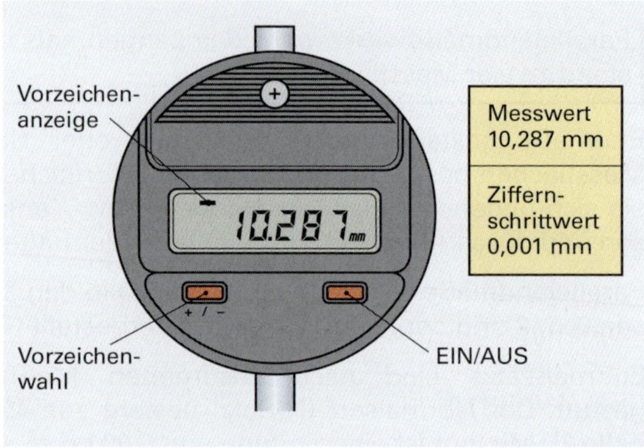

Bild 2: Ziffernanzeige

Tabelle 1: Messverfahren

direkt	indirekt
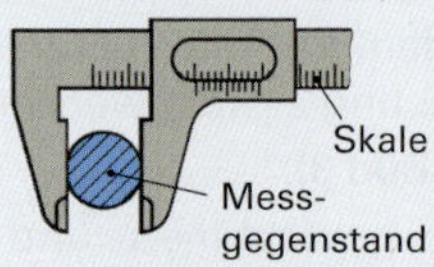 **Messschieber**	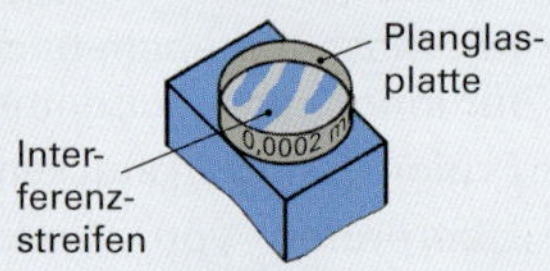 **Planglasplatte**
analog	digital
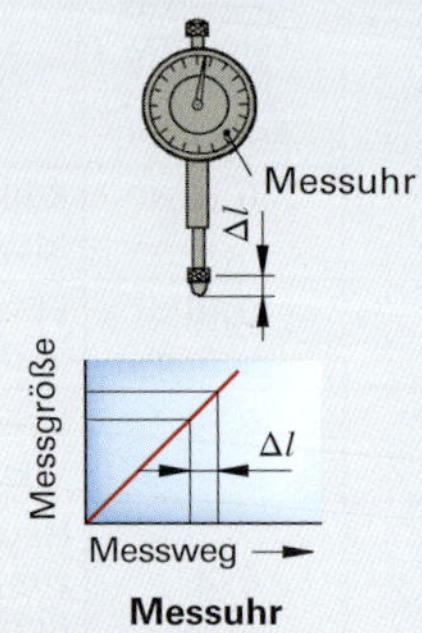 **Messuhr**	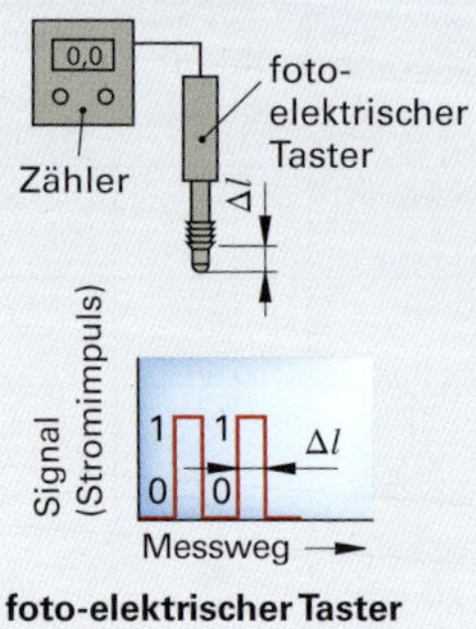 **foto-elektrischer Taster**

4.3.3 Messschrauben

Bei Messschrauben wird der Messwert über die Steigung der Gewindespindel auf den Umfang der Skalentrommel übertragen. Die Längsverschiebung der Spindel wird in ganzen und halben Millimetern an der Längsteilung der Skalenhülse abgelesen. Die Anzeige der Zehntel- und Hundertstel-Millimeter dagegen wird auf der Skalentrommel abgelesen.

Für Messeinrichtungen werden meist **Einbaumessschrauben** verwendet **(Bild 1)**. Durch entsprechend angepasste Messeinsätze ist eine universelle Verwendung möglich. Die Befestigung der Einbaumessschrauben kann durch Klemmung oder Feststellschrauben erfolgen.

Einbaumessschrauben werden nicht nur für Messaufgaben, sondern auch als Verstellelemente verwendet. Vorteilhaft ist hierbei ihr großer Verstellbereich und ihr einfacher Aufbau.

4.3.4 Messuhren und Feinzeiger

Bei **Messuhren** wird der Messweg des Tastbolzens durch Zahnstangen und Zahnräder auf einen Zeiger übertragen und dabei vergrößert angezeigt. Sie werden für Prüfeinrichtungen dann verwendet, wenn ein relativ großer Messbereich notwendig ist.

Feinzeiger sind sehr genaue mechanische Längenmessgeräte mit Skalenteilungswert von 10 µm oder 1 µm. Im Gegensatz zu Messuhren arbeiten sie nicht mit Zahnstangen, sondern über Zahnradsegmente **(Bild 2)**. Dadurch ergibt sich eine höhere Genauigkeit, aber ein kleinerer Messbereich, der jedoch bei Messeinrichtungen für Prüfzwecke in der Serienfertigung ausreichend ist.

Bei Feinzeigern ist der Zeigerausschlag kleiner als 360°.

Feinzeiger und Messuhren haben keine eingebaute Maßverkörperung wie z. B. Messschrauben mit ihrer Gewindespindel. Man kann mit ihnen deshalb nur **Unterschiedsmessungen** vornehmen **(Bild 3)**. Hierbei soll die Abtastrichtung beim Einstellen und Messen gleich sein.

Messeinrichtungen mit Feinzeigern oder Messuhren müssen aus diesem Grunde Einstellanlageflächen besitzen, von denen aus das Messgerät mit Endmaßen eingestellt werden kann **(Bild 4)**.

Feinzeiger eignen sich für Messeinrichtungen der Serienfertigung gut, da sie hohe Genauigkeit aufweisen, leicht ablesbar sind und nur eine kleine Messkraft ausüben.

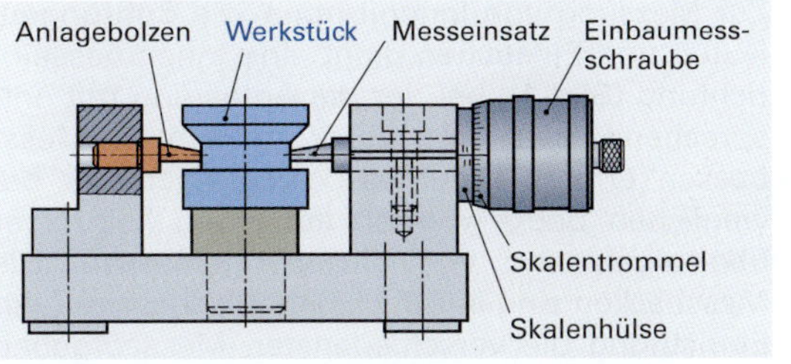

Bild 1: Messeinrichtung mit Einbaumessschraube

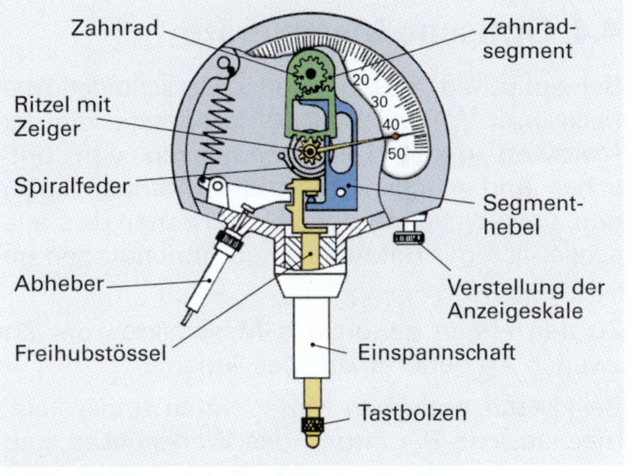

Bild 2: Feinzeiger im Schnitt

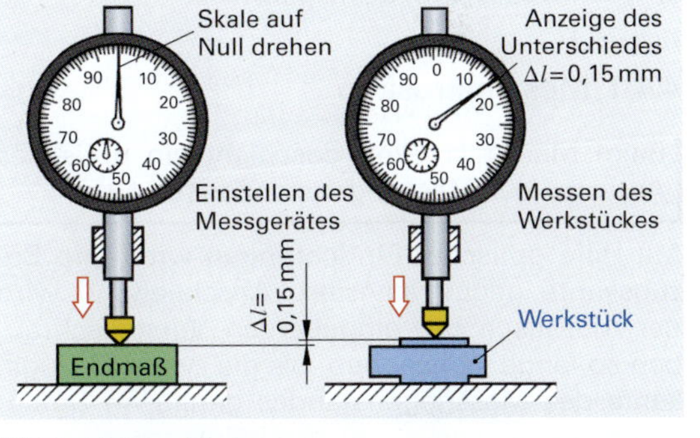

Bild 3: Unterschiedsmessung

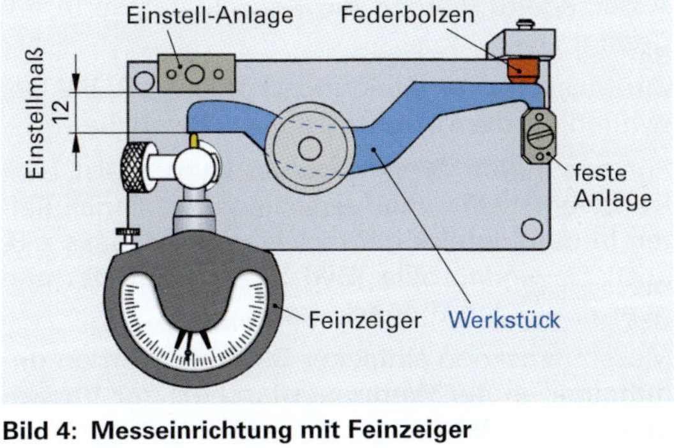

Bild 4: Messeinrichtung mit Feinzeiger

Zur Messung von Innenformen wie Bohrungen, Nuten und Einstichen dient eine Innenmesseinrichtung **(Bild 1),** bei der die Abtastung mit entsprechend dem Werkstück geformten Messbacken erfolgt. Die Messbewegungen der beweglichen Backe werden auf einen Feinzeiger übertragen und von diesem gemessen. Die Messbacken sind auswechselbar, sodass mit der Einrichtung die verschiedensten Messaufgaben gelöst werden können.

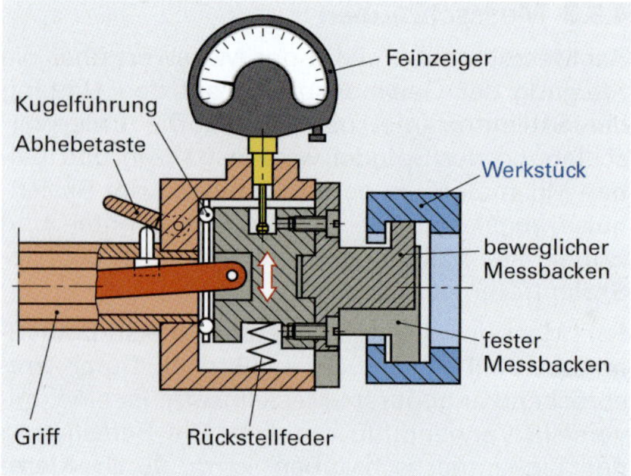

Bild 1: Innenmesseinrichtung mit Feinzeiger

4.4 Optische Messgeräte

Bei optischen Messgeräten unterscheidet man nach ihrer Wirkungsweise Messgeräte, die den Messwert durch Zusammenwirken von optischen und mechanischen Einrichtungen anzeigen, und solche Messgeräte, bei denen dies ausschließlich mit Hilfe optischer Einrichtungen geschieht.

Zu den ersten gehört das Messmikroskop. Zur zweiten Art gehören die Messlupen.

Bei diesen optischen Messgeräten findet keine mechanische Berührung des Werkstückes statt. Es tritt keine Messkraft auf, da Tastbolzen durch Lichtstrahlen ersetzt sind. Sie eignen sich deshalb besonders gut für das Messen kleiner, labiler Werkstücke, z. B. Spritzgießteile.

4

4.4.1 Messmikroskop

Beim Messmikroskop geschieht ein optisches Antasten des Messgegenstandes **(Bild 2).**

Mit Hilfe optischer Einrichtungen wird eine Bezugskante genau anvisiert. Anschließend wird der Messtisch mit eingebauten Verstellschrauben so lange verschoben, bis die zweite Bezugskante des Messgegenstandes genau im Strichkreuz des Linsensystems erscheint.

Die Verfahrbewegungen werden über Wegmesseinrichtungen gemessen. Mit einem digitalen Anzeigegerät werden die Koordinatenwerte angezeigt.

Zur Messung von Steigungsprofilen, z. B. bei Gewinden, ist die Mikroskopsäule schwenkbar.

Für besondere Messaufgaben kann meist eine Revolverscheibe mit verschiedenen Strichplatten in den Einblick gedreht werden, sodass z. B. auch Gewindeprofile **(Bild 3)** oder Zahnformen geprüft werden können.

Messmikroskope einfacher Bauform werden unmittelbar an der Werkzeugmaschine zur Voreinstellung der Werkzeuge benutzt.

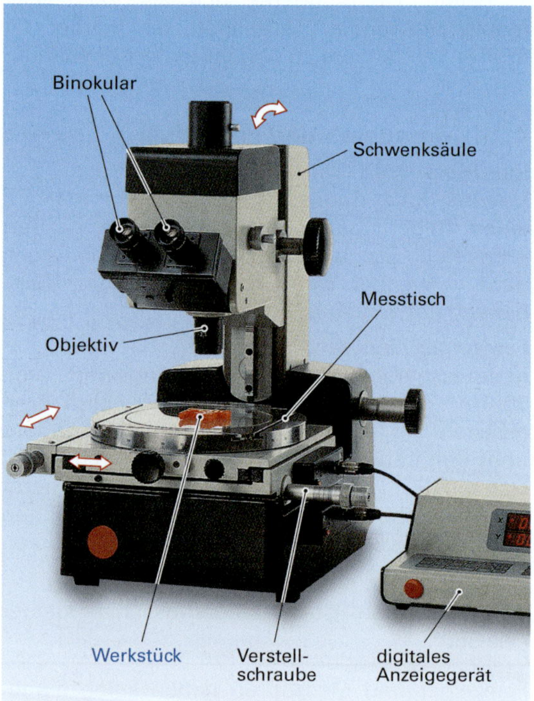

Bild 2: Messmikroskop

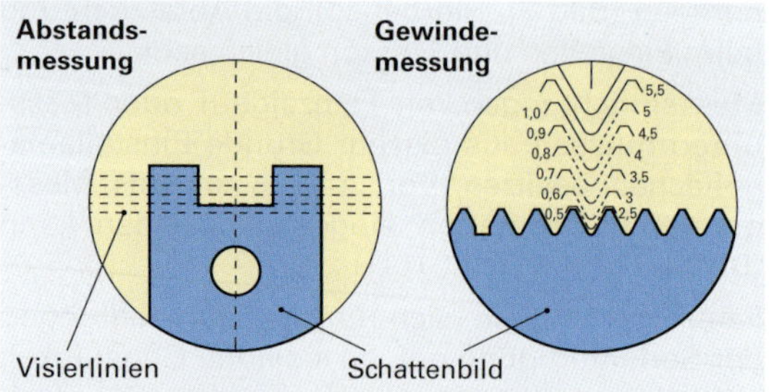

Bild 3: Sehfelder eines Messmikroskopes

4.4.2 Profilprojektor

Profilprojektoren projizieren den Prüfgegenstand vergrößert auf eine Projektionsfläche **(Bild 1)**. Mit ihm können Umrissformen von Formlehren, Schnittteile, Zahnräder usw. geprüft werden.

Je nach Werkstückform arbeitet man im Durchlicht, Auflicht- oder Durchlicht-Auflichtverfahren **(Bild 2)**. Der Prüfling kann ausgemessen oder mit einer in entsprechendem Maßstab angefertigten Zeichnung verglichen werden.

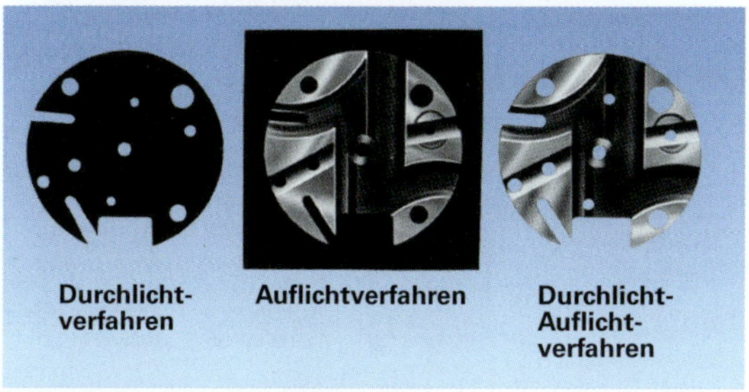

Bild 2: Belichtungsverfahren

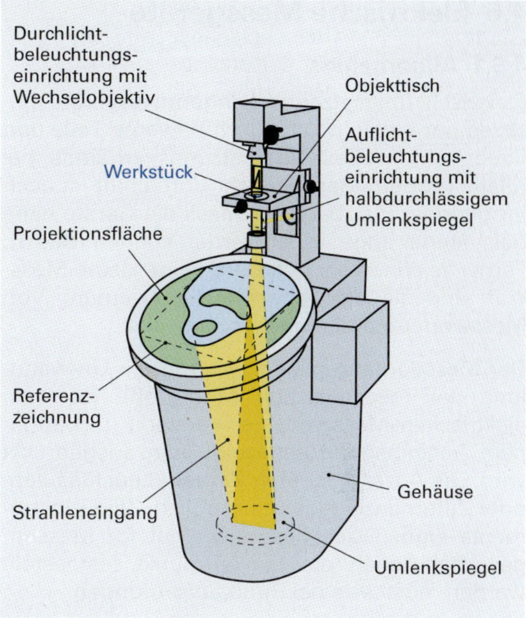

Bild 1: Profilprojektor

4.5 Optisch-elektrische Messgeräte

4.5.1 Inkrementale Messtaster

Inkremental[1] arbeitende Messtaster **(Bild 3)** werden für Längenmessungen an Werkstücken verwendet, wenn größere Messwege nötig sind.

Bei inkrementalen Messtastern ist der Messbolzen direkt mit einem **Glasmaßstab (Bild 4)** verbunden, der ein genaues Strichgitter als Maßverkörperung trägt. Bei einer Bewegung des Messbolzens werden über ein zugeordnetes **Abtastgitter,** in Verbindung mit einer Lichtquelle, Helligkeitsunterschiede fotoelektrisch erfasst.

Die Signale werden in geeignete Impulsfolgen umgewandelt, die über elektronische Zähler ausgewertet und als Messwert angezeigt werden.

Inkrementale Messtaster haben folgende Vorteile:

- großer Messweg
- hohe Genauigkeit
- unempfindlich gegen Magnetfelder
- verschleißunempfindlich

Nachteilig ist der relativ große Platzbedarf dieser Taster.

Die Abhebung des Messbolzens kann mechanisch durch Drahtabheber oder elektrisch erfolgen.

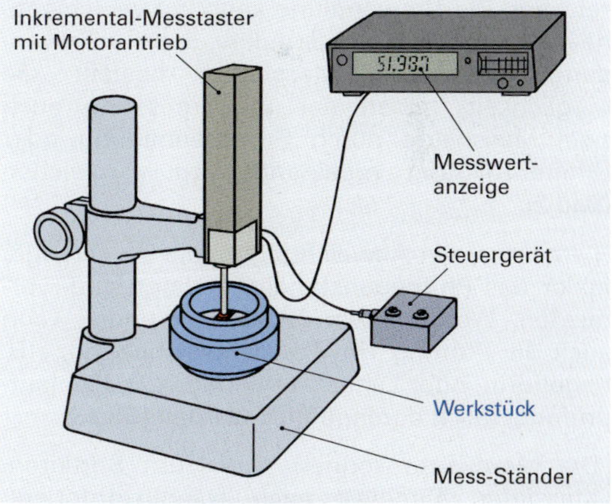

Bild 3: Inkrementaler Messtaster

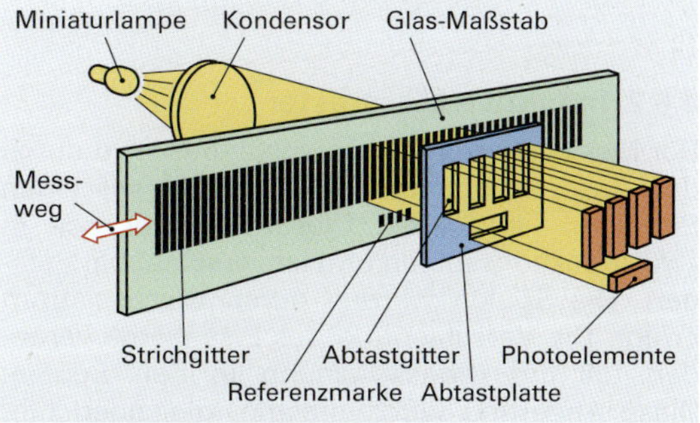

Bild 4: Inkrementales Wegmesssystem

4

[1] inkrement (lat.) = Betrag, um den eine Größe zunimmt

4.6 Elektrische Messgeräte

4.6.1 Allgemeines

Elektrisch übersetzende Längenmessgeräte besitzen nur wenig mechanisch bewegte Teile und haben ein großes Übersetzungsverhältnis bei relativ großem Messbereich. Vorteilhaft ist auch ihr geringer Platzbedarf, sodass die Geräte nahe beieinander angeordnet werden können **(Bild 1)**. Ferner zeichnen sie sich durch eine kleine Messkraft und die mögliche örtliche Trennung von Messwertaufnahme und Anzeige aus.

Der **Messvorgang** gliedert sich in die Umwandlung der mechanischen Messgröße in einen elektrischen Messwert, der verstärkt und an einem Ausgabegerät angezeigt oder ausgedruckt wird. Die Anzeige ist über Zeiger-, Leuchtsäulen- oder Ziffernanzeigegeräte möglich. Zeigerinstrumente eignen sich besonders gut für Messungen, bei denen ein Umkehrpunkt festgestellt werden muss, wie bei Rundlaufprüfungen.

Die Umwandlung der mechanischen in eine elektrische Messgröße erfolgt im Längenaufnehmer. Der Gesamtaufbau wird mit Messtaster bezeichnet. Die Umwandlung kann auf verschiedene Arten erfolgen, z. B. induktiv. Bei der Anwendung elektrischer Messtaster besteht die Möglichkeit, neben der Einzelmessung auch zwei Messwerte durch Summenbildung oder Differenzbildung miteinander zu vergleichen **(Bild 2)**.

Hierbei werden Abweichungen, die durch Lagefehler des Prüfgegenstandes bedingt sind, vermieden. Werden zwei Taster verwendet, kann auch die Prüfung von Formabweichungen, z. B. Kegelform, oder Lageabweichung, z. B. Planlaufprüfung, rasch durchgeführt werden **(Bild 3)**.

Die Messwerte können auch zum Sortieren, Klassieren (Einteilen nach Toleranzgruppen), Registrieren oder zur Beeinflussung von Maschinensteuerungen verwendet werden.

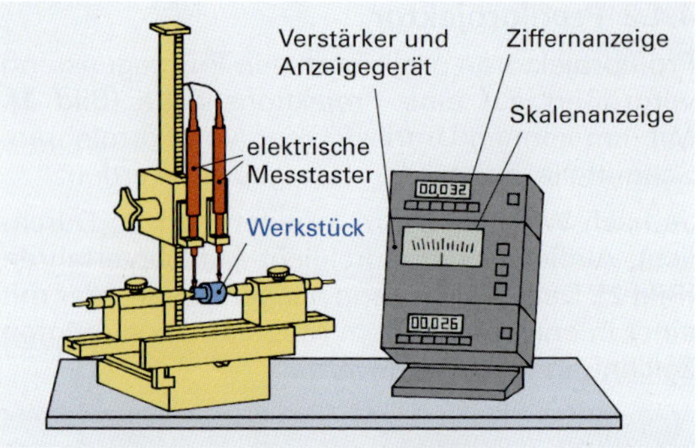

Bild 1: Messeinrichtung mit elektrischen Messtastern

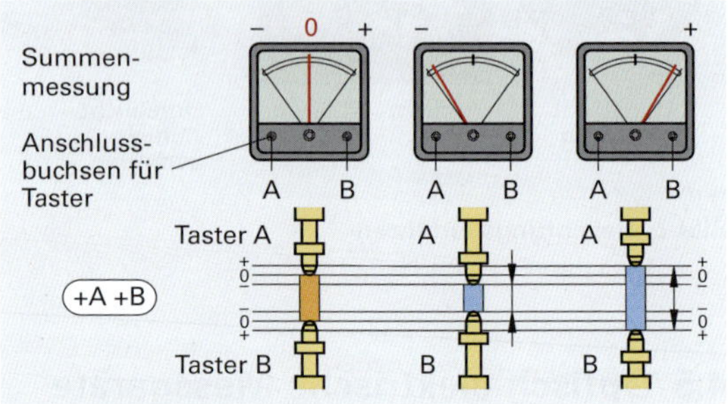

Bild 2: Summenmessung

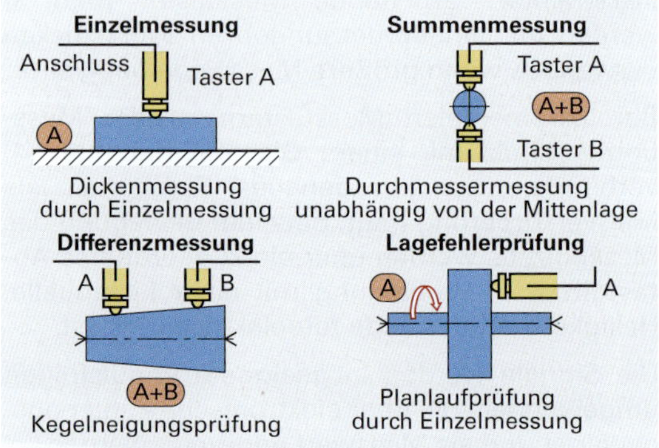

Bild 3: Anwendungsbeispiele für Messtaster

4.6.2 Induktive Messtaster

Der Messwert des Prüfgegenstandes wird durch den Tastbolzen aufgenommen und auf einen Eisenkern übertragen. Dieser befindet sich in zwei Induktionsspulen und ist verschiebbar gelagert. Die Spulen werden durch Wechselstrom erregt. Die Verschiebung des Eisenkerns verändert die Induktionsspannung in den Spulen. Diese Änderung wird verstärkt, gleichgerichtet und dem Anzeigegerät zugeführt **(Bild 4)**.

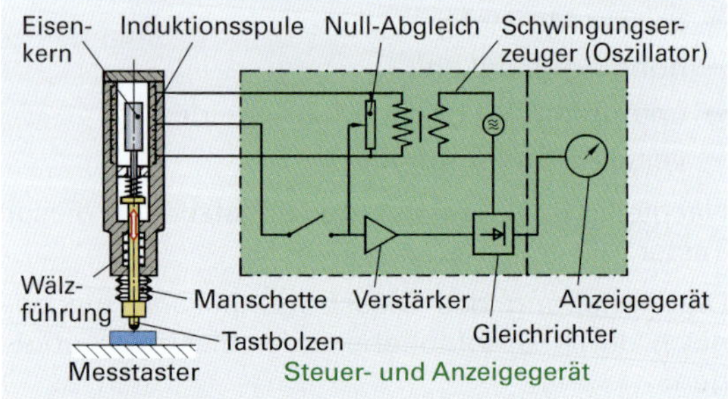

Bild 4: Aufbau und Schaltschema eines induktiven Längenprüfgerätes

4.6.3 Induktive Messdorne

Induktive Messdorne (Bild 1) werden in der Serienfertigung zur Prüfung von Durchmessern und Abweichungen von der zylindrischen Form eingesetzt.

Induktive Messdorne besitzen zwei hartmetallbewehrte Tastbolzen, mit denen der Durchmesser der zu prüfenden Bohrung abgetastet wird. Die Bewegung der Tastbolzen wird ähnlich wie bei induktiven Messtastern in eine elektrische Messgröße umgewandelt, verstärkt und angezeigt.

Durch das Auswechseln der Messdornhülse ist der Messdorn auf andere Durchmesserbereiche einfach umzurüsten. Die Nulleinstellung der Dorne erfolgt mit Einstellringen.

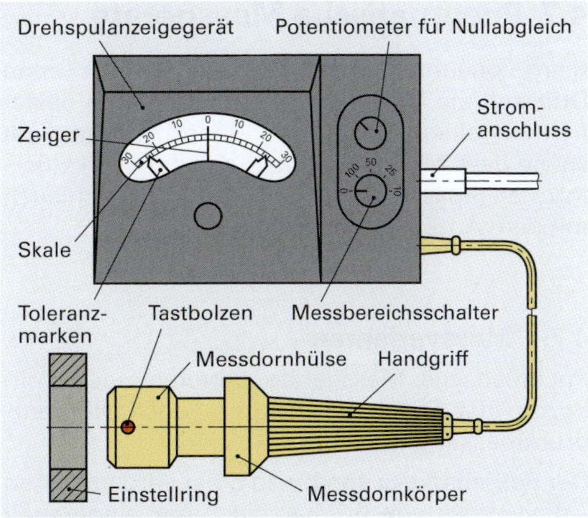

Bild 1: Induktiver Handmessdorn

4.6.4 Mehrstellenmessgeräte

Mehrstellenmessgeräte (Bild 2) eignen sich zum Prüfen von Werkstücken in der Serienfertigung. Die Geräte erfassen mehrere Maße gleichzeitig, vergleichen sie mit vorgegebenen Größen und ermitteln die Endergebnisse.

Mehrstellenmessgeräte werden aus einheitlichen Bauelementen aufgebaut, sodass sie für andere Werkstücke und Prüfaufgaben umgerüstet werden können **(Bild 3)**.

Ein Mehrstellenmessgerät besteht aus induktiv arbeitenden Messwertaufnehmern, z. B. Messtastern, einer Vorrichtung zur lagerichtigen Aufnahme der Werkstücke und Messelemente, einer elektronischen Ausrüstung zur Messwertverarbeitung sowie einer Anzeigeeinrichtung **(Bild 4)**.

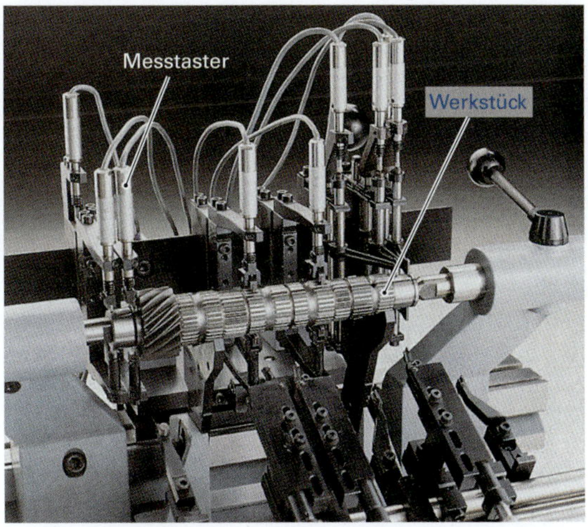

Bild 2: Mehrstellenmessgerät

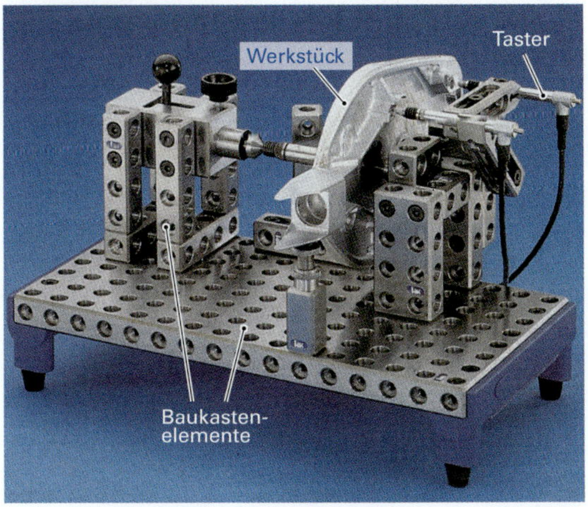

Bild 3: Baukasten Messvorrichtung

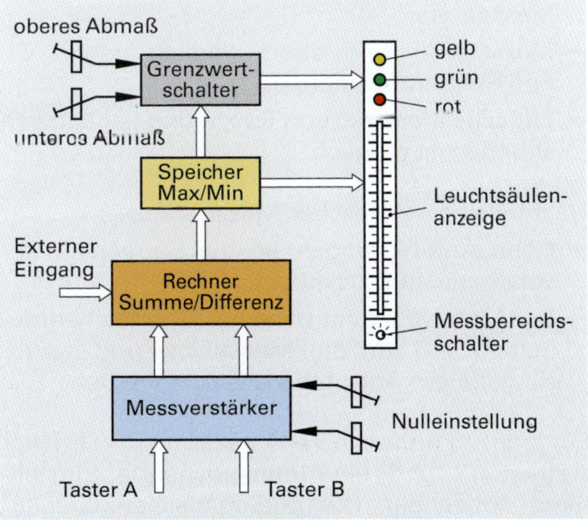

Bild 4: Funktionsschema eines Mehrstellenmessgerätes

4

4.7 Pneumatische Messgeräte

Beim pneumatischen Messen benutzt man Druckluft als Messmittel. Die Messgeräte bestehen aus einem Regel- und einem Anzeigegerät sowie dem Messaufnehmer, der der Werkstückform angepasst ist und über einen Luftschlauch mit dem Anzeigegerät verbunden ist.

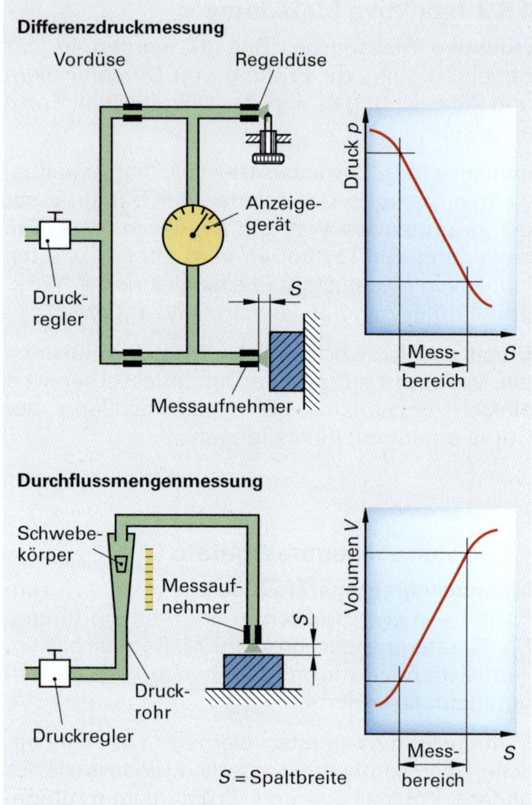

Bild 1: Messverfahren

4.7.1 Messverfahren

Pneumatische Messgeräte arbeiten nach dem Prinzip der Durchflussmengen- oder Differenzdruckmessung **(Bild 1)**.

Der Betriebsdruck von bis zu 5 bar wird auf einen Arbeitsdruck von 0,7 bar bis 3 bar eingeregelt und über das Anzeigegerät zum Messaufnehmer (z. B. Düsenmessdorn) geleitet. Dieser hat Messdüsen (Austrittsdüsen), die zur Vordüse des Anzeigegerätes in einem festen Größenverhältnis (Übersetzung) stehen. Je nach Abstand der Düsenöffnung der Messdüsen von der Werkstückoberfläche fällt oder steigt durch den austretenden Luftstrom der Messdruck. Um überhaupt Messergebnisse zu erhalten, muss immer ein Mindestabstand der Spaltbreite S zwischen der Messdüse und der Werkstückoberfläche vorhanden sein. Er beträgt z. B. beim Mindestmaß einer ∅ 80 H7-Bohrung 60 μm. Jede Änderung des Luftstaues bewirkt eine Veränderung der Anzeige. Eine geeichte Skale ermöglicht es die Messwerte sehr genau abzulesen.

4

Vorteile pneumatischer Messgeräte:

- Der Messwertaufnehmer misst fast ohne Messkraft und meist berührungsfrei.
- Einfache Gestaltung und Handhabung der Messgeräte.
- Messstellen sind unempfindlich gegen Öl- und Schmutzteilchen.
- Einfache Messung von Form- und Lageabweichungen ist möglich.

Nachteile pneumatischer Messgeräte:

- Hohe Anforderungen an die Sauberkeit der verwendeten Druckluft.
- Der Messwert kann bei einer Oberflächenrauheit Rz > 5 μm der Messfläche und berührungsfreiem Antasten verfälscht werden.

Für jedes zu prüfende Werkstück ist ein spezieller Aufnehmer und eine entsprechende Einstelllehre notwendig. Die pneumatischen Längenprüfgeräte werden deshalb nur in der Serienfertigung eingesetzt.

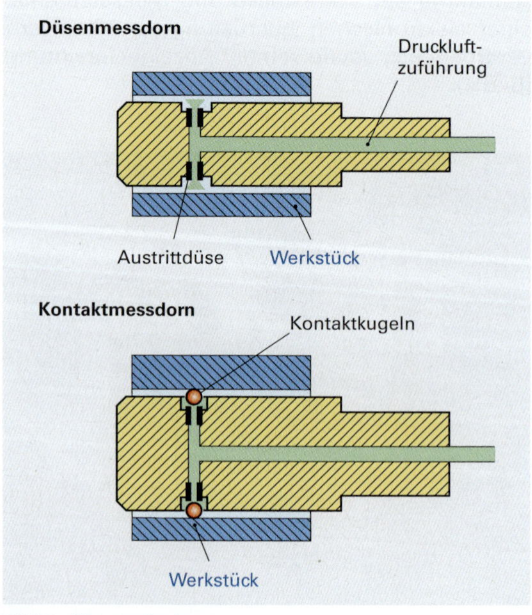

Bild 2: Messaufnehmer

4.7.2 Messaufnehmer

Pneumatische Messaufnehmer **(Bild 2, Seite 258)** können für sehr große und für sehr kleine Abmessungen gebaut werden. Je nach Messaufgabe enthalten sie eine oder mehrere Messdüsen. Bei einer berührungslosen Messung steht der Messdüse im Messaufnehmer die zu messende Werkstückfläche direkt gegenüber.

Ist die Oberfläche der zu messenden Fläche zu rau, so ist eine Kontaktmessung notwendig. Dazu wird der Messdüse ein Tastbolzen oder eine Kugel vorgeschaltet, die das Werkstück abtastet, wodurch die Messung von der Oberflächenrauheit des Werkstückes nicht verfälscht wird.

> Pneumatische Messaufnehmer können zur Messung von Durchmessern, Kegeln, Formabweichungen und Paarungsmessung verwendet werden **(Bild 1)**.

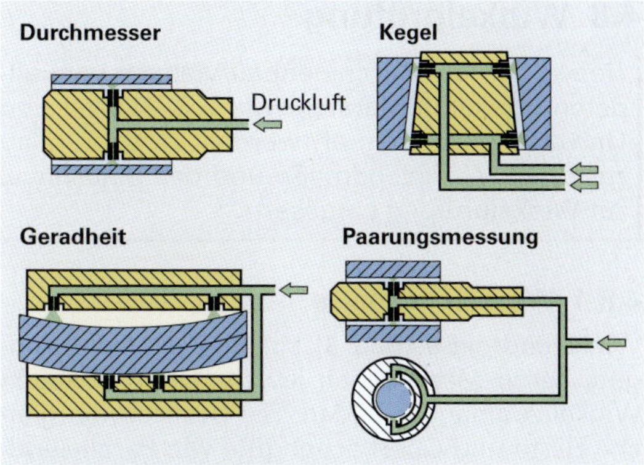

Bild 1: Anwendungsbeispiele

4.7.3 Messanordnung

Mit pneumatischen Messgeräten sind Vergrößerungen der Messwertanzeige bis 20000 : 1 möglich. Als Anzeigegeräte werden Säulen- und Zeigergeräte verwendet **(Bild 2)**. Säulengeräte sind sehr übersichtlich und können wegen ihrer geringen Breite bei Messeinrichtungen mit mehreren Messstellen Platz sparend zusammengefasst werden.

Durch Auswechseln des Messrohres und der Skale können Säulengeräte auf verschiedene Messbereiche und Übersetzungen umgerüstet werden. Bei Zeigergeräten geschieht dies durch Änderung der Vordüse und Auswechseln der Skale.

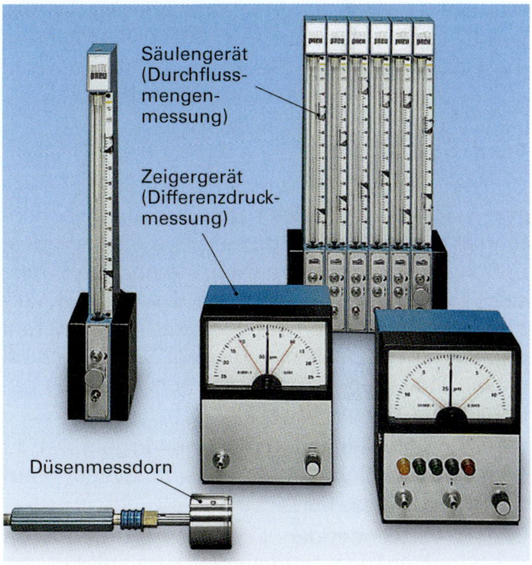

Bild 2: Pneumatische Messgeräte

4

Wiederholung und Vertiefung

1 Beschreiben Sie den Unterschied zwischen Messen und Prüfen.

2 Nennen Sie die Hauptgruppen von Prüfmitteln.

3 Geben Sie Bereiche an, in denen Endmaße im Lehrenbau verwendet werden.

4 Bestimmen Sie die Längenänderung eines Stahlendmaßes von 50 mm Länge bei einer Temperaturänderung von 22 K.

5 Erklären Sie den Begriff Messunsicherheit.

6 Geben Sie Anwendungsbeispiele für anzeigende Messgeräte an.

7 Vergleichen Sie das indirekte mit dem direkten Messen.

8 Nennen Sie drei anzeigende Messgeräte.

9 Begründen Sie, warum die Abtastrichtung für eine Messuhr beim Einstellen und beim Messen gleich sein soll.

10 Nennen Sie Vorteile inkremental arbeitender Messtaster.

11 Beschreiben Sie die Funktion inkremental arbeitender Längenmessgeräte.

12 Geben Sie Gründe an, warum Messeinrichtungen für die Serienfertigung vermehrt mit elektrisch arbeitenden Messtastern ausgerüstet werden.

13 Nennen Sie Vorteile von Mehrstellenmesseinrichtungen.

14 Geben Sie Vor- und Nachteile pneumatischer Längenmessgeräte an.

4.8 Winkelprüfung

Neben den im Maschinenbau vielfach verwendeten Winkelprüfgeräten, wie z. B. Winkel und Universalwinkelmesser, werden im Lehrenbau zusätzlich Winkelendmaße und das Sinuslineal zur Winkelprüfung eingesetzt.

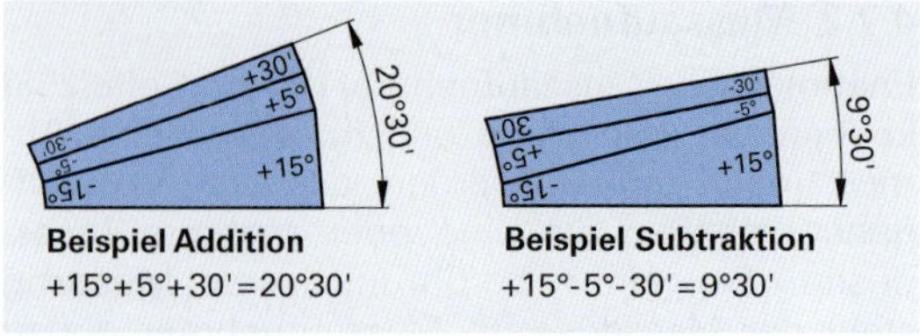

Bild 1: Winkelendmaßkombinationen

4.8.1 Winkelendmaße

Winkelendmaße **(Bild 1)** sind Maßverkörperungen, deren Messflächen jeweils einen genauen Winkel zueinander bilden. Sie besitzen die gleiche Härte und Oberflächengüte wie Parallelendmaße und können wie diese zusammengeschoben und angesprengt werden.

Mit einem Winkelendmaßsatz können Winkel von 0° ... 90°, abgestuft von 10'' zu 10'' zusammengestellt werden. Sie können dabei sowohl additiv als auch subtraktiv angeschoben werden.

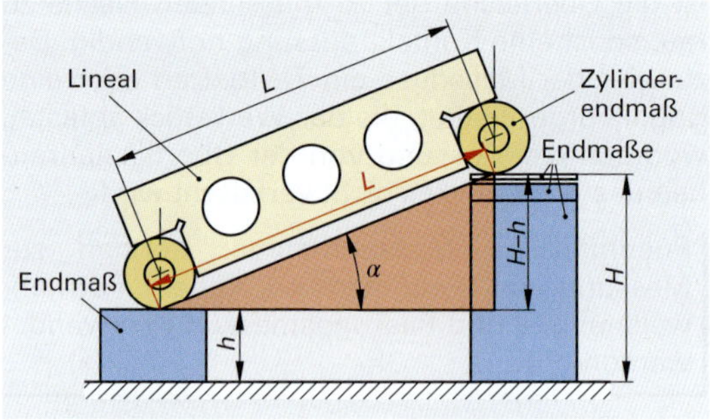

Bild 2: Sinuslineal

4.8.2 Sinuslineal

Das Sinuslineal wird zur genaueren Einstellung von Winkeln bei Lehren und Aufspannvorrichtungen verwendet. Es besteht aus einem Lineal und zwei Zylinderendmaßen, deren Durchmesser genau gleich sein müssen **(Bild 2)**. Die Verbindungslinie ihrer Mittelpunkte muss genau parallel zur Linealkante liegen. Der Abstand dieser Mittelpunkte muss bekannt sein, er beträgt meist 100 mm oder 200 mm.

Um eine gute Auflage und genaue Ergebnisse zu erhalten, empfiehlt es sich beide Zylinder auf Endmaße zu legen.

Die zu verwendenden Endmaße werden nach der Sinusfunktion berechnet. Dabei bilden der Mittenabstand der Zylinderendmaße die Hypotenuse und der senkrechte Abstand zwischen den Zylinderendmaßen die Gegenkathete des Berechnungsdreieckes.

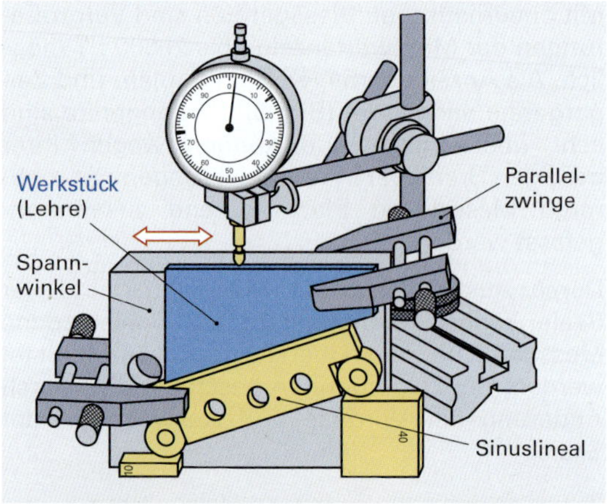

Bild 3: Messen mit Sinuslineal

Beispiel:

Gegeben: $L = 100$ mm, $h = 20$ mm, $\alpha = 24° \, 30'$
Gesucht: $H = ?$ mm

Lösung: $\sin \alpha = \frac{H - h}{L}$

$H = L \cdot \sin \alpha + h$

$= (100 \cdot 0{,}4147 + 20)$ mm

$\boldsymbol{H = 61{,}41}$ **mm**

Mit dem Sinuslineal können noch Winkelunterschiede von 10'' eingestellt werden.

Winkel an Lehren können mit Hilfe einer Messuhr und dem Sinuslineal **(Bild 3)** oder mit Kegelmessgeräten **(Bild 4)** genau geprüft werden.

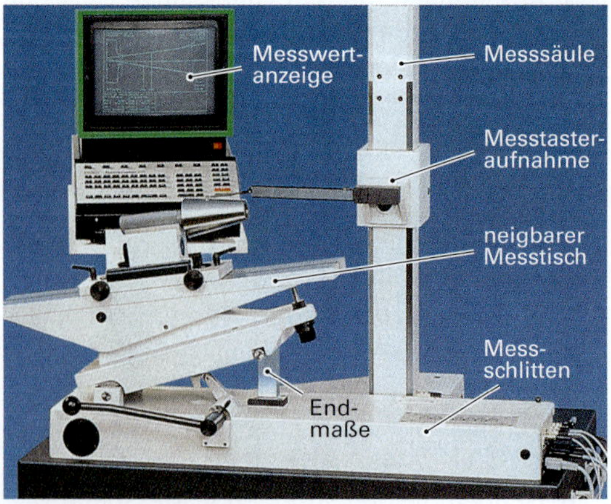

Bild 4: Kegelmessgerät

4.9 Koordinaten-Messgeräte

Koordinaten-Messgeräte eignen sich im Werkzeug- und Lehrenbau besonders zum schnellen und universellen Messen komplizierter Werkstücke. Je nach Messaufgabe kommen Ein- oder Mehrkoordinaten-Messgeräte zum Einsatz.

4.9.1 Einkoordinaten-Messgeräte

Einkoordinaten-Messgeräte arbeiten meist als Höhenmessgeräte **(Bild 1)**. Sie eignen sich für Messaufgaben, bei denen eine Messachse ausreicht, z. B. Messen von Außen-, Innen-, Höhen- und Abstandsmaßen sowie zur Prüfung der Geradheit, Parallelität und Rechtwinkligkeit.

Im **Grundaufbau** bestehen diese Geräte aus einer prismatischen **Säule** mit einem senkrecht verschiebbaren **Messkopf.** Als Maßverkörperung dient meist ein inkrementaler **Gittermaßstab,** der in die Säule eingebaut ist und mit fotoelektrischen Elementen des Messkopfes abgetastet wird. Am Messkopf befinden sich Befestigungsmittel für die **Antastelemente** und die Anzeige für das Messwertergebnis. Die Bewegung des Messkopfes erfolgt mit einem **Kurbeltrieb,** der eine Klemmeinrichtung zum Festsetzen des Messkopfes besitzt. In den Gerätefuß sind Druckluftdüsen eingearbeitet, die bei Druckbeaufschlagung ein **Luftkissen** zwischen der Auflagefläche des Fußes und der Messplatte erzeugen, wodurch das Gerät leicht und ohne Abnutzung verschoben werden kann.

Die Messwertverarbeitung erfolgt durch einen im Gerät eingebauten **Mikrorechner,** der die Messwerte aufnimmt und nach vorwählbaren Programmen auswertet. Die Ergebnisse werden an einer Ziffernanzeige des Gerätes angezeigt, sie können aber auch über Messwertdrucker ausgegeben werden.

Der **Messablauf** beginnt stets mit dem Aufsuchen einer Bezugsmarke am Maßstab und mit dem Einmessen des Antastelementes gegenüber einem Vergleichstück. Dadurch wird die **Tasterkonstante** ermittelt, die bei allen folgenden Maßverknüpfungen vom Rechner berücksichtigt wird.

Folgende Messprogramme können vom Prüfer aufgerufen werden:

- **Abstandsmessung von einem Bezugsmaß aus:** Das Antasten der Messflächen löst die Anzeige des Abstandes aus **(Bild 2).**
- **Bestimmen eines Zuwachsmaßes:** Nach jedem Antasten wird der Unterschied zwischen den zwei letzten Messwerten angezeigt.

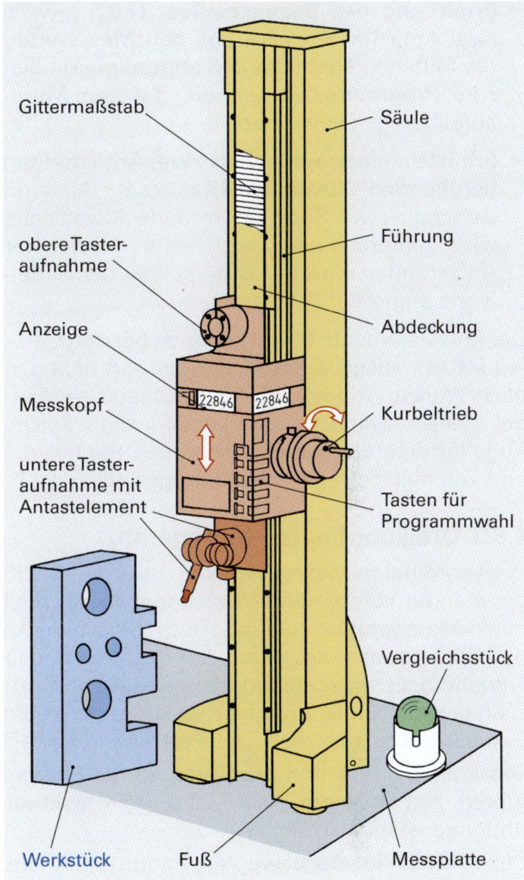

Bild 1: Einkoordinaten-Höhenmessgerät

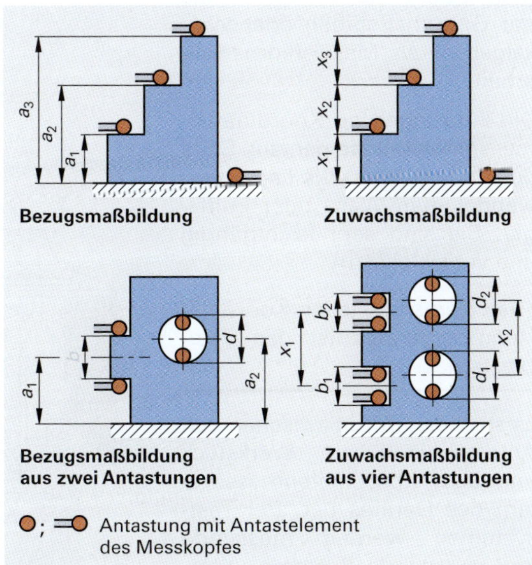

Bild 2: Messbeispiele

4

- **Ermittlung des Bezugsmaßes:** Nach jeweils zwei Antastungen wird aus den Messwerten der Mittelwert gebildet und angezeigt. Mit diesem Programm können die meisten Messaufgaben gelöst werden.
- **Ermitteln eines auf jeweils zwei Antastungen beruhenden Zuwachsmaßes,** z.B. Abstand zwischen zwei Bohrungen: Jede Messfläche wird hintereinander angetastet. Nach vier Antastungen wird der Unterschied der Mittelwerte angezeigt.

Die Antastelemente **(Bild 1)** können bei den Geräten schnell ausgewechselt werden und haben je nach Werkstückform und Messaufgabe eine kugel-, teller-, zylinder- oder kegelförmige Spitze. Kugelförmige Elemente werden aus Saphir, die anderen meist aus Hartmetall hergestellt.

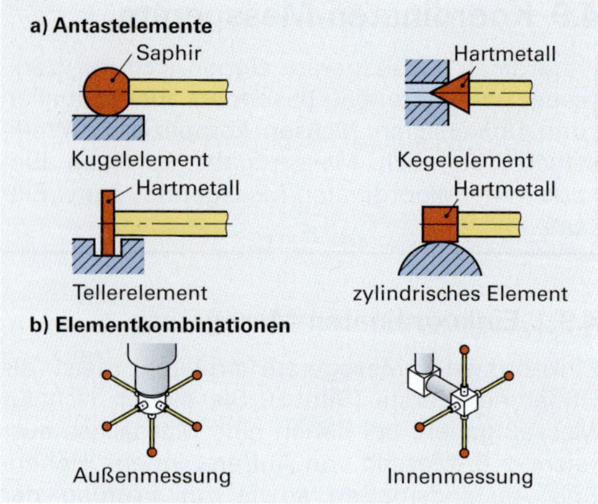

Bild 1: Antastelemente

4.9.2 Dreikoordinaten-Messgeräte

Dreikoordinaten-Messgeräte, die meist nur als Koordinaten-Messgeräte bezeichnet werden, verwendet man für komplizierte Messaufgaben, für die Höhenmessgeräte nicht ausreichen. Das Dreikoordinaten-Messgerät besteht aus Tisch, Maschinenkörper, Portal, Pinole, Tastsystem, Antrieb, Wegmess- und Steuersystem sowie aus der Rechner- und Druckereinheit **(Bild 2).** Der **Tisch** dient zur Werkstückaufnahme. Er muss genügend steif und abnutzungsbeständig sein, weshalb er vielfach aus Hartgestein besteht. Dreikoordinaten-Messgeräte werden meist in Portalbauweise ausgeführt, um eine gute Genauigkeit zu erreichen. Das **Portal** kann beweglich sein und der Tisch feststehen oder umgekehrt.

4

Das Portal nimmt den **Support** und die **Pinole** auf, die die übrigen Koordinatenbewegungen ausführen. Am Ende der Pinole ist das **Tastsystem** befestigt, dessen Antastelemente jeden Punkt des Prüfgegenstands erreichen.

Der **Antrieb** für die bewegten Baugruppen kann manuell durch die Führung des Tastkopfes von Hand oder motorisch mit regelbaren Gleichstrommotoren erfolgen.

Zur Achsenmessung werden inkrementale **Wegmesssysteme (Bild 4, Seite 255)** verwendet, die mit Gittermaßstäben oder Winkelgebern als Maßverkörperung arbeiten.

Die Führungen an Koordinatenmessgeräten bestehen aus Stahl oder Hartgestein. Als **Lager** verwendet man Wälz- oder Luftlager. Sie sind sehr leichtgängig und verschleißarm.

Das Kernstück jedes Koordinatenmessgerätes ist das Tastsystem.

Es stellt den Bezug zwischen den Antastpunkten am Werkstück und dem Koordinatenmesssystem des Gerätes her. Bei Tastsystemen werden messende und schaltende Systeme unterschieden.

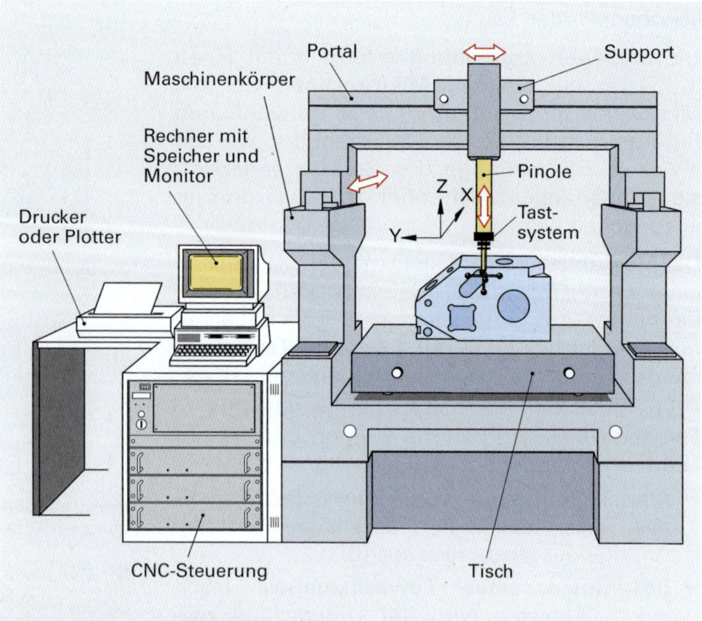

Bild 2: Dreikoordinaten-Messgerät mit Rechner und Druckereinheit

Beim **schaltenden** Tastsystem **(Bild 1)**, das meist elektromechanisch arbeitet, tritt beim Tastvorgang eine Tasterauslenkung zwischen dem in der Pinole feststehenden Teil des Tastsystems und dem Tastelement auf. Beim Erreichen einer bestimmten Auslenkung wird ein Schaltsignal ausgelöst, das zum Ablesen des Koordinatenwertes des Wegmesssystems führt.

Beim **messenden** Tastsystem wird die Auslenkbewegung durch kleine induktive Wegmesssysteme im Tastkopf erfasst und zur Ermittlung der Koordinaten des Antastpunktes mit denen des Wegmesssystemes des Koordinatenmessgerätes verrechnet.

Messende Tastsysteme haben den Vorteil, dass mit ihnen die Werkstückform auch kontinuierlich abgetastet werden kann.

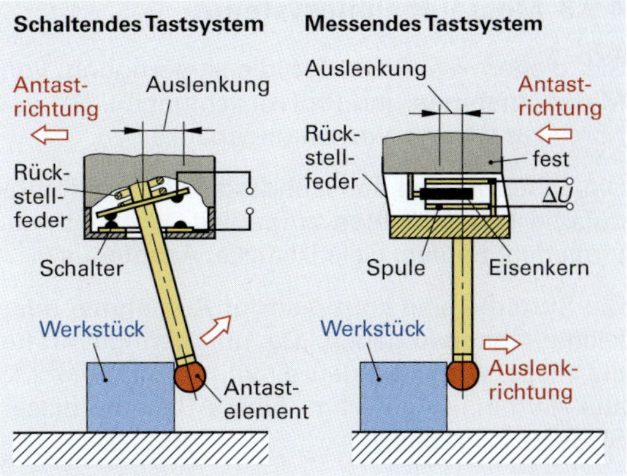

Bild 1: Antastsysteme

Die **Steuerung** einfacher Koordinatenmessmaschinen mit motorisch bewegtem Tastkopf erfolgt manuell mittels Steuerknüppel von einem Bedienpult aus **(Bild 2)**. Sobald das Tastelement das Werkstück berührt, wird der Bewegungsablauf auf Grund des Signals des Tastkopfes elektronisch geregelt und der Messwert vom Rechner selbsttätig übernommen.

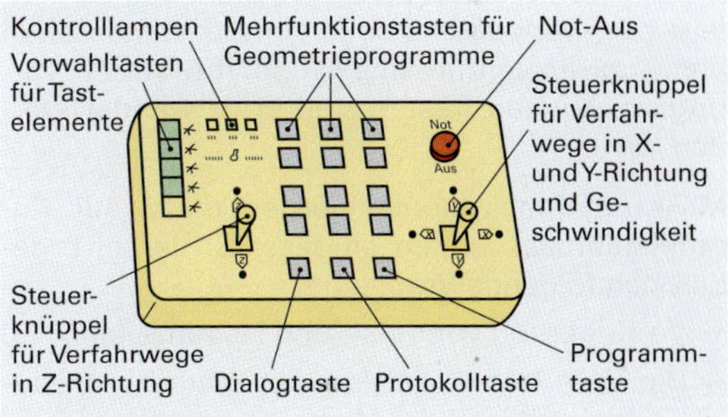

Bild 2: Bedienpult

Der Rechner verarbeitet die Messwerte und hat dabei folgende Einzelaufgaben:

- Erkennen der Messebene
- Unterscheidung ob Außen- oder Innenkontur
- Speichern der Messdaten
- Berechnen von Bestimmungsgrößen eines Formelementes, z. B. Kreisdurchmesser
- Aufbereitung der Messdaten.

Bei Maschinen mit höherem Automatisierungsgrad, z. B. CNC-gesteuerte Koordinatenmessmaschinen, übernimmt der Rechner auch die Steuerung der Verfahrwege.

In einem **Messprotokoll**, das der Rechner über einen **Drucker** ausgibt, werden die wichtigsten Daten, wie Istmaß, Abweichung und Toleranzüberschreitung, ausgegeben. Die Daten können auch mit einem Plotter grafisch dargestellt werden.

Tabelle 1: Arbeitsablauf beim Messen mit Koordinatenmessmaschinen

	Tätigkeit	Beispiele
1	Messgrößen auswählen	Abstände, Durchmesser, Winkel ...
2	Messverfahren festlegen	Geraden, Ebenen, Winkel, Schnittpunktmessung ...
3	Messtaster auswählen	Kugel-, Kegel, Tellertaster ..., Tasteraufnahme
4	Messablauf festlegen	Bohrung B_1, B_2 ..., Fläche F_1, F_2
5	Werkstück aufspannen	Ausrichten, Nullpunkte setzen
6	Messung durchführen	Antastpunkte anfahren
7	Messdaten auswerten	Ist-Sollwert-Vergleich, Gut-Ausschuss

Arbeitsablauf beim Messen

Die wichtigsten Tätigkeiten beim Messen mit Koordinatenmessmaschinen sind in **Tabelle 1** aufgeführt. Bei CNC-gesteuerten Dreikoordinaten-Messmaschinen kann der Messvorgang beim Messen des ersten Werkstückes als Programm von der Steuerung gespeichert und bei Bedarf wiederholt werden. Mit CNC-gesteuerten Maschinen können auch gekrümmte Flächen z. B. an Karosserieteilen, Turbinenschaufeln, Zahnflanken durch zeilenmäßiges Abfahren gemessen werden.

4.9.3 Messaufnahmesysteme

Sie dienen als Basis für die Anfertigung von Messaufnahmen und Prüfvorrichtungen. Sie gehören zur Gruppe Vorrichtungsbaukästen.

Die Systeme sind aus standardisierten und modularen Bauelementen aufgebaut. Wie Lochrasterplatten, Säulen, Gelenkstücke, Adapter usw.

Die Systeme sind konzipiert für Aufnahme- oder leichte Spannaufgaben. Da nur geringe Kräfte auf diese Vorrichtungen einwirken sind sie z.T. aus Aluminium gefertigt. Einige Bauteile dieser Systeme zeigt **Bild 1**.

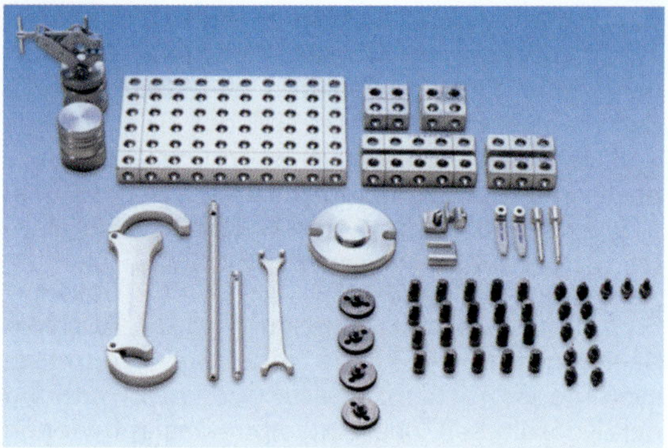

Bild 1: Baukastenelemente

Die aus Baukastenelementen erstellten Messaufnahmen ermöglichen ein reproduzierbares Messen von Werkstücken, wobei die Bauelemente wieder verwendbar sind. Um Stillstandszeiten der Koordinatenmessmaschine (KMM) zu verringern, können Rasterpaletten verwendet werden.

Messaufnahmesysteme werden meist auf Koordinatenmessgeräten eingesetzt. Hierbei ergeben sich folgende Vorteile:

- Verringerung von Rüst- und Nebenzeiten.
- Die Werkstücke werden sicher und reproduzierbar während der Messung gespannt
- auch angelernte Mitarbeiter können mit diesen Vorrichtungen den Prüfgegenstand positionieren aufspannen und messen
- Messaufnahmen können relativ schnell erstellt werden

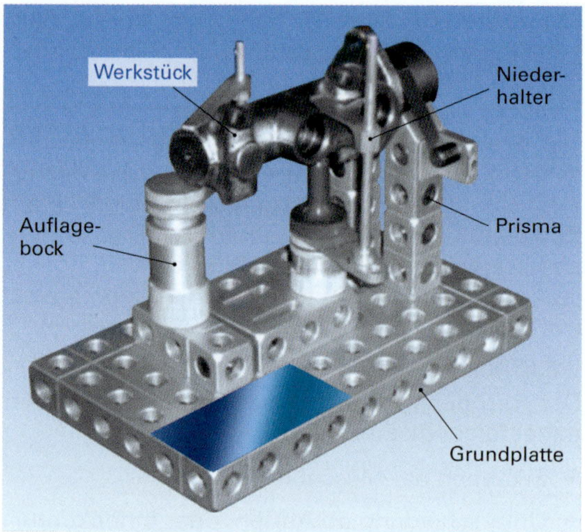

Bild 2: Baukastenmessaufnahme

4

Baukastenmessaufnahmen **(Bild 2)** werden meist bei Einzelmessungen, bei Messungen von Prototypen oder zur Erstbemusterung mit dem Koordinatenmessgerät oder Höhenmesser verwendet.

Bei einfachen und kleineren Werkstücken können beim Messen auf Koordinatenmessmaschinen auch folgende Möglichkeiten angewendet werden, um das Werkstück zu fixieren:

- in Knetmasse einbetten
- Verkleben mit der Heißklebepistole. (vor der Messung testen)
- konventionelle Spannmittel wie Anschlagleisten, Schraubstöcke, Winkel usw.
- magnetische Spannmittel, z.B. Magnetprismen

Für die Vermessung von größeren Werkstücken z.B. Karosserieteilen werden entsprechend größer dimensionierte Baukastenelemente eingesetzt **(Bild 3)**.

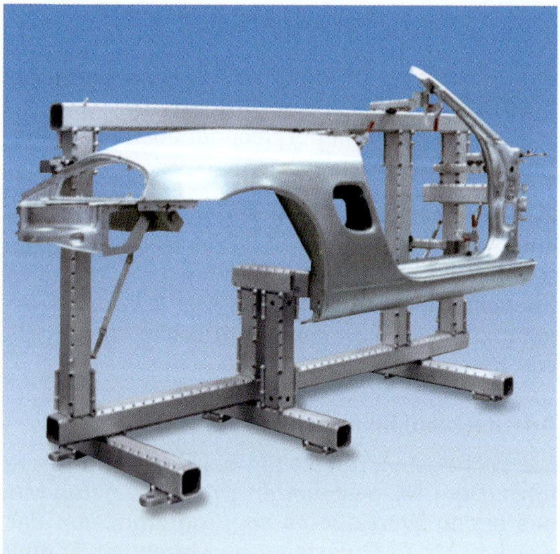

Bild 3: Messaufnahme für große Teile

4.10 Lehren

Lehren verkörpern das Maß und die Form eines Werkstücks. Die Prüfung von Maß oder Form mittels einer Lehre orientiert sich an der Funktion des Messobjektes. Es wird geprüft, ob Teile passen oder ob zuviel Spiel vorhanden ist.

Eine Prüfung mit Lehren ist sinnvoll, wenn eine Gut-Schlecht-Aussage ausreichend ist und die Werkstücktoleranzen nicht zu klein sind.

Taylor'sche Grundsätze zur Gestaltung von Lehren

William Taylor[1] definierte 1905 die Grundsätze der Lehrenprüfung:

Gutlehre:
Die Gutlehre dient zur Entscheidung, ob ein Werkstück montierbar ist. Sie soll die Gestalt des Gegenstücks des Messobjekts haben. Sie muss fügbar sein.

Ausschusslehre:
Die Ausschusslehre dient zur Entscheidung, ob zwischen dem Messobjekt und seinem Gegenstück an irgend einer Stelle zu viel Spiel vorhanden ist. Sie darf an keiner Stelle des Messobjekts fügbar sein.

Bauformen

Ideale Lehren erfüllen den *Taylor*'schen Grundsatz vollständig **(Bild 1)**. Beispiele: Für eine Bohrung ist eine ideale Gutlehre ein ausreichend langer Lehrdorn, die ideale Ausschusslehre ist ein Stichmaß **(Bild 2)**.

Es ist nicht immer möglich, mit idealen Lehren zu prüfen. Ideale (also punktförmig berührende) Ausschusslehren können empfindliche Werkstücke beschädigen, ideale Gutlehren können nicht immer an den zu prüfenden Bereich herangebracht werden, ideale Ausschusslehren können nicht ausreichend klein gefertig werden.

Bild 3 zeigt Beispiele für Messobjekte, die nicht mit einer idealen Gutlehre prüfbar sind.

Bei Werkstücken, bei denen hinreichend sicher ist, dass die Formabweichungen gering sind (z.B. durch Drehen hergestellte Teile), kann die Gutlehre nicht ideal ausgeführt sein. Rachenlehren sind einfacher handzuhaben als Lehrringe. Ausschusslehren werden oft mit roter Farbe gekennzeichnet.

[1] Frederick Winslow Taylor, geb. 20 März 1856 in Germantown; gest. 13. März 1915 in Philadelphia, US-amerikanischer Ingenieur. Er ist Begründer der Lehre der wissenschaftlichen Betriebsführung, dem nach ihm benannten Taylorismus. Er leistete wichtige Beiträge zur Rationalisierung von Arbeitsabläufen.

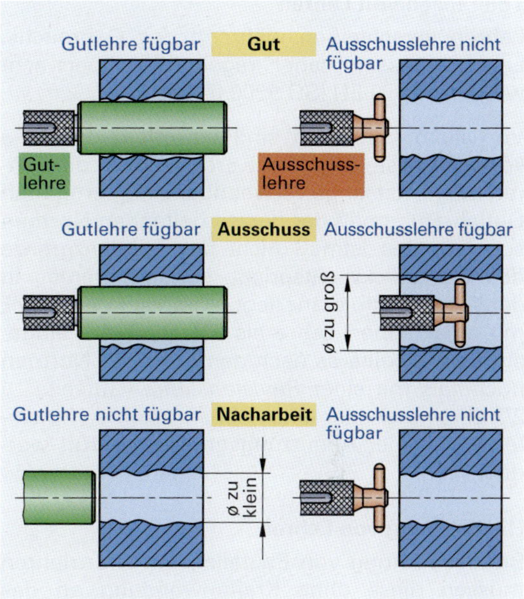

Bild 1: Prinzip der Lehrenprüfung

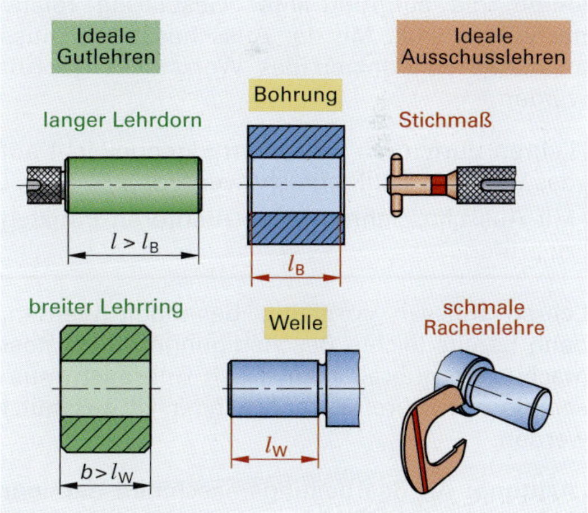

Bild 2: Lehren für Wellen und Bohrungen

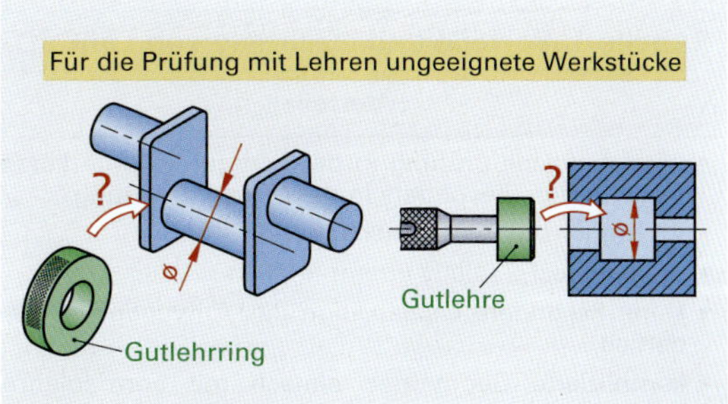

Bild 3: Für Prüfung mit Lehre ungeeignete Werkstücke

4

Toleranzen von Lehren

Lehren verschleißen während des Gebrauchs. Lehren müssen daher regelmäßig überwacht werden → DIN EN ISO 9000 ff **(Bild 1)**.

Vor allem Gutlehren sind betroffen, denn sie können meistens gefügt werden. Damit die Lehren möglichst lange verwendbar sind, fertig man Gutlehren gemäß der derzeit geltenden Normen so, dass das Istmaß nicht der Toleranzgrenze des Werkstücks entspricht, sondern bereits in der Werkstücktoleranz liegt. Wenn ein Werkstück mit einer neuen Lehre als „Nacharbeit" eingestuft wird, sollte es nach den aktuellen Normen nochmals mit einer *Revisionslehre* (Gutseite zu 2/3 abgenutz) oder einer Abnahmelehre (Gutseite liegt an der Abnutzungsgrenze) geprüft werden.

Handhabung von Lehren

Bei der Prüfung von Bauteilen mit Grenzlehren müssen diese ohne Kraftanwendung an das Messobjekt angesetzt werden. Die Gutlehre soll mit ihrem Eigengewicht auf den zu prüfenden Bereich gleiten. Dies gilt vor allem für Rachenlehren, die aufgrund ihrer Gestaltung relativ nachgiebig sind. Mit der Ausschusslehre muss an mehreren Punkten des Werkstücks geprüft werden.

4

Lehren dürfen nur mit ihrem Eigengewicht auf das Werkstück aufgebracht werden.

Mit Ausschusslehren ist an mehreren Punkten zu prüfen.

Lehren müssen sorgfältig behandelt werden, denn bereits leichte Beschädigungen oder Rost machen sie unbrauchbar. Nach Gebrauch müssen sie mit säurefreiem Fett oder Öl geschützt werden.

Achtung: An Bearbeitungsmaschinen darf nur bei stehemdem Werkstück oder Werkzeug geprüft werden!

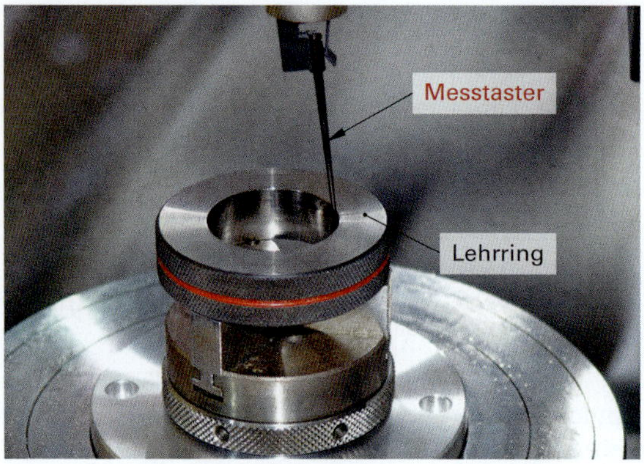

Bild 1: Rundheitsprüfung eines Lehrrings bei der Prüfmittelüberwachung

Beispiel: Lehrenmaße für eine Welle ∅ 12g6 nach DIN 7162

Welle ∅ 12g6 = $12^{-0{,}006}_{-0{,}017}$

(Größtmaß: 11,994 mm, Kleinstmaß 11,983 mm)

Dafür verwendet man folgende Lehren:

Gutseite (Lehrring): Größtmaß + 2,5 µm ± Herstelltoleranz = (11,9915 ± 0,0015) mm. Die neue Gutlehre schränkt die Toleranz um 2,5 µm ein.

Gutseite „abgenutzt": Größtmaß + 2 µm = 11,996 mm. Die Toleranz ist um 2 µm erweitert. Ausschussseite (Rachenlehre): Kleinstmaß ± Herstelltoleranz = (11,983 ± 0,0015) mm.

Die Ausschussseite hat das Kleinstmaß der zu prüfenden Seite.

Bohrung ∅ 12H7 = $12^{+0{,}018}_{0}$

(Größtmaß: 12,018 mm, Kleinstmaß 12,000 mm)

Dafür verwendet man folgende Lehren:

Gutseite „neu": Kleinstmaß + 0,0025 µm ± Herstelltoleranz = (12,00255 ± 0,0015) mm. Die neue Gutlehre (Lehrdorn) schränkt die Toleranz um 2,5 µm ein.

Gutseite „abgenutzt": Kleinstmaß − 2 µm = 11,998 mm. Die Toleranz ist um 2 µm erweitert. Ausschusslehre (Stichmaß): Größtmaß ± Herstelltoleranz = (12,018 ± 0,0015) mm.

Tabelle 1: Vorteile und Nachteile von Lehren

Vorteile	Nachteile
• wirtschaftliche Prüfung in der Fertigung durch kurze Nebenzeiten (besonders in der Massenfertigung • kostengünstig in der Anschaffung • praxisgerecht, relativ unempfindlich • keine besondere Qualifikation des Anwenders erforderlich • komplizierte Geometrien einfach mit Formenlehre prüfbar.	• Lehren liefern keine Messwert, nur die Entscheidung i.O. bzw. n.i.O. (**i**n **O**rdnung bzw. **n**icht **i**n **O**rdnung) • Lehren unterliegen einem Verschleiß und müssen deshalb regelmäßig überprüft werden • relativ große Prüfunsicherheit • nicht universell einsetzbar, da eine Lehre nur für ein Maß mit einer Toleranz geeignet ist. Es muss deshalb ein großes Lehrensortiment vorhanden sein.

4.10.1 Überprüfen und Instandsetzen von Prüfmitteln

Prüfmittel werden durch längeren Gebrauch oft stark abgenutzt, verändert oder beschädigt. Sie müssen deshalb in bestimmten Zeitabständen überprüft und gegebenenfalls instand gesetzt werden.

Der Zeitraum zwischen den einzelnen Überprüfungen richtet sich nach der Größe der zu prüfenden Toleranz und nach den maß- und formändernden Einflüssen, denen die Prüfmittel während der Benutzung unterliegen.

Das Überprüfen der Prüfmittel erfolgt bei Lehren durch Kalibrieren und durch Überprüfen der Messflächen; bei anzeigenden Messgeräten durch Kalibrieren, Justieren und Prüfen der Funktion.

Kalibrieren heißt, die Messabweichung an einem Messmittel feststellen. Beim Kalibrieren erfolgt keine Veränderung des Messmittels, so wird z. B. bei Endmaßen nur die Abweichung zwischen der Aufschrift und dem richtigen Wert festgestellt.

Justieren heißt, ein Messmittel so einstellen oder abgleichen, dass die Messabweichung möglichst klein ist. Das Justieren erfordert also einen Eingriff, der das Messmittel verändert.

Die Kalibrierung kann mit Messgeräten höherer Genauigkeit, z. B. Endmaßen, Prüflehren oder Messmaschinen erfolgen **(Bild 1).** Die Ebenheit der Messflächen überprüft man mit Planglasplatten. Die Bezugstemperatur von +20 °C muss auch bei der Prüfung von Lehren und Messgeräten genau eingehalten werden. Für die genaue Temperaturbestimmung benötigt man Auflegethermometer mit einem Kontaktfuß.

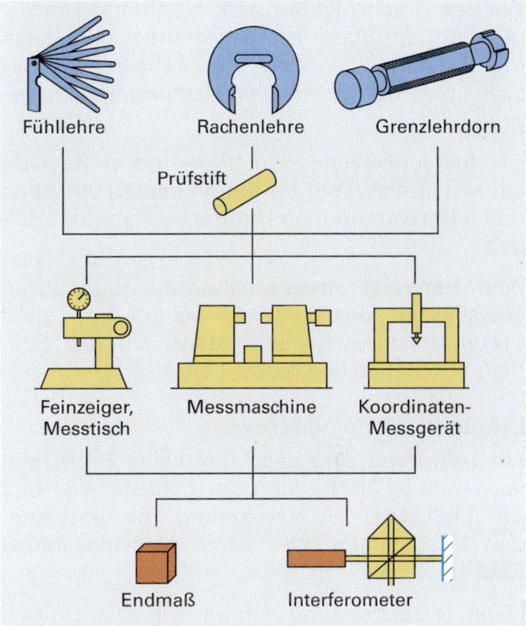

Bild 1: Kalibrierkette für Lehren

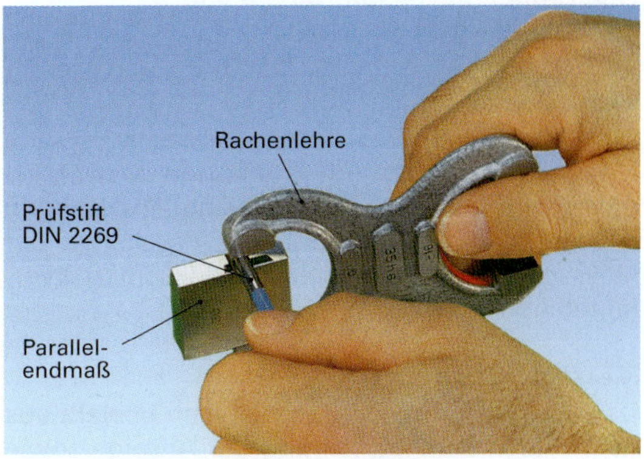

Bild 2: Überprüfen einer Rachenlehre mit Prüfstift

Überprüfen und Instandsetzen von Lehren

Rachenlehren (Wellenlehren)

Das Überprüfen erfolgt bei Rachenlehren mit **Prüfstiften** oder **Prüflehren** in Verbindung mit Parallelendmaßen **(Bild 2).** Beide Prüfungen haben den Vorteil, dass nicht nur die Ist-Rachenweite festgestellt wird, sondern auch Formabweichungen wie z. B. eine Vorweite des Messrachens schnell ermittelt werden können.

Genormte Rachenlehren werden meist mit Prüflehren geprüft. Wenn die Anschaffung von drei Prüflehren für jedes Prüfmaß zu teuer ist, kann mit Prüflehren **(Bild 3),** die ein rundes Maß (z. B. 40,00) haben, und Endmaßen geprüft werden.

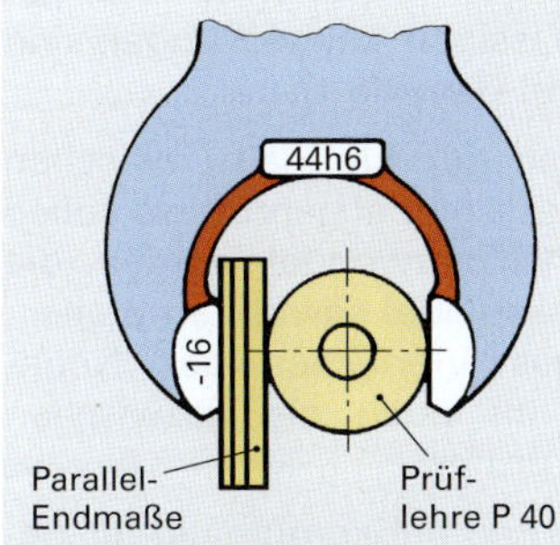

Nennmaß	44,000
Sollabmaß	−0,016
Sollmaß	43,984
Endmaße	1,080
	1,004
	1,900
Prüflehre	40,000
Prüfmaß	43,984

Bild 3: Überprüfen einer Rachenlehre mit Prüflehren

4

Werden Rachenlehren mit Koordinatenmessgeräten geprüft, so ist zu beachten, dass nicht das Eigenmaß, sondern das Arbeitsmaß, das sich unter der Gebrauchsbelastung ergibt, geprüft wird.

Die **Instandsetzung** von abgenutzten Rachenlehren lohnt sich nur bei teuren Lehren und kann durch **Hartverchromen** (Aufmaßverfahren) erfolgen.

Beim Hartverchromen erhalten die abgenutzten Messflächen eine 0,08 mm bis 0,1 mm dicke Chromschicht, die anschließend auf das Sollmaß geschliffen und geläppt wird.

Lehrdorne (Bohrungslehren)

Für Lehrdorne sind nach DIN keine Prüflehren vorgesehen. Die Prüfung der Lehrdorne erfolgt mit Endmaßen in Verbindung mit anzeigenden Messgeräten oder durch Messmaschinen **(Bild 1)**.

Eine Instandsetzung erfolgt nur bei großen Flachlehrdornen durch Hartverchromen.

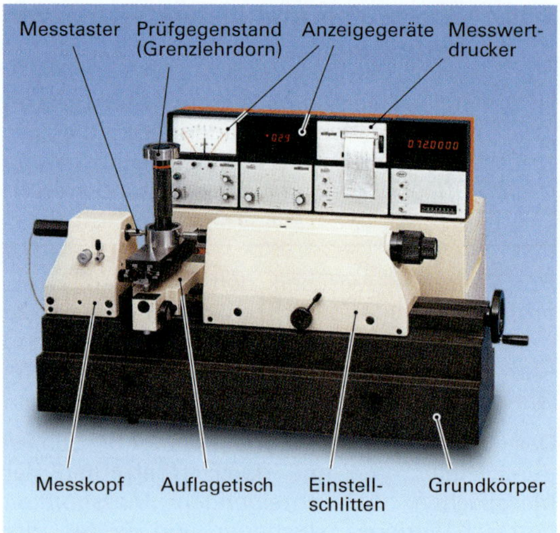

Bild 1: Messmaschine

Überprüfen und Instandsetzen von anzeigenden Messgeräten

Messschieber

Die Überprüfung der Anzeigeabweichung von Messschiebern kann mit Endmaßen oder Messmaschinen erfolgen. Die zulässige Abweichung ist nach DIN 862 genormt. Die Parallelität der Messschenkel wird nach dem Lichtspaltverfahren überprüft.

Messschrauben

Das Überprüfen der Messschrauben besteht aus dem Prüfen der Abweichung der Anzeige sowie der Ebenheit und Parallelität der Messflächen.

Die Abweichung der Anzeige kann mit Parallelendmaßen des Genauigkeitsgrades 1 nach DIN ISO 3650 oder mit Messmaschinen **(Bild 2)** geprüft werden. Die zulässigen Abweichungen sind nach DIN 863 genormt **(Tabelle 1)**.

Wird durch Einsetzen der Endmaße zwischen Messamboss und Messspindel geprüft, so sollen Endmaßkombinationen verwendet werden, die es erlauben, die Messspindel sowohl an Stellen, die ein ganzzahliges Vierfaches der Nennsteigung betragen, als auch die dazwischen liegenden Stellen zu prüfen.

Es sind z. B. folgende Endmaßkombinationen geeignet: 2,5; 5,1; 7,7; 10,3; 12,9; 15,0; 17,6; 20,2; 22,8; 25 mm.

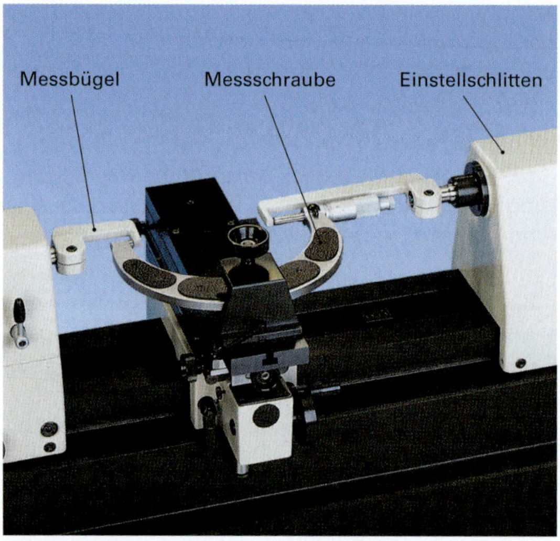

Bild 2: Kalibrieren einer Messschraube

Tabelle 1: Zulässige Abweichungen von Messschrauben nach DIN 863

Messbereich (mm)	Zulässige Gesamtabweichung f_{max} (µm)	Parallelitätstoleranz der Messfläche (µm)
von 0... 50	4	2
50... 100	5	3
100... 150	6	3
150... 200	7	4

4.11 Digitalisieren

Mittels 3D-Digitalisierung (Scannen) kann die Oberfläche von Bauteilen oder Gegenständen form- und maßgenau erfasst werden. Manchmal liegen für komplizierte Gieß- und Umformteile die Abmessungen nicht zeichnerisch, sondern nur als Modell vor. Um die Flächen dieser Modelle auf CNC-Maschinen, z. B. bei der Herstellung von Gießformen, erzeugen zu können, müssen ihre Abmessungen in digitaler Form ermittelt werden. Ferner wird das Digitalisieren auch beim Prüfen in der Teilefertigung angewendet.

4.11.1 Digitalisieren mittels Tastkopf

Abtastende (taktile) Verfahren arbeiten mit einem messenden Taster **(siehe Seite 263)**. Das Tastsystem **(Bild 1)** kann entweder mit einem Koordinatenmessgerät (KMG), einem gelenkigen Messarm, oder bei großen Objekten, durch einen Roboter geführt werden.

Beim Anfahren beliebiger Oberflächenpunkte eines Prüfobjektes wird beim Aufsetzen der Tastkopfkugel eine Messung der Koordinaten der Achsstellung ausgelöst. Bei Messungen mit der KMG kann der Bediener durch Scannfunktionen, oder durch Prüfpläne die automatisch die Abläufe steuern, unterstützt werden. Digitalisieren mit dem KMG ist sehr genau.

Messarme **(Bild 2)** eignen sich besonders zur Messung größerer Objekte, wie z. B. Karosserieteile. Durch die Beweglichkeit in sechs Achsen und einem internen Massenausgleich ist das Messsystem auch an ungünstig erreichbaren Stellen einsetzbar. Der Messgriff des Systems ist mit vier Tastern ausgestattet, über die der Arm gesteuert wird. Akustische Rückmeldungen geben dem Anwender Auskunft über den Messstatus. Die im Arm integrierte Logik errechnet mittels Drehmessgebern in den Gelenken die räumliche Position der Messarm.

4.11.2 Digitalisieren mittels optischer Verfahren

Bei diesen Verfahren wird die Oberfläche eines Objekts mittels Licht, meist Laserlicht abgetastet. Die Geräte arbeiten meist mit einem sogenannten Lichtschnittsensor **(Bild 3)**. Hierbei werden von einer Projektionsoptik Lichtmuster (Punkte, Linien oder Streifen) auf das Prüfobjekt projiziert. Das vom Objekt reflektierte Licht wird über eine Abbildungsoptik (Kamera) aufgezeichnet. Ein Detektor misst die Strahlungsdichte. Die Verteilung der Strahlung erlaubt eine Ableitung der Gestalt der Oberfläche des Objekts.

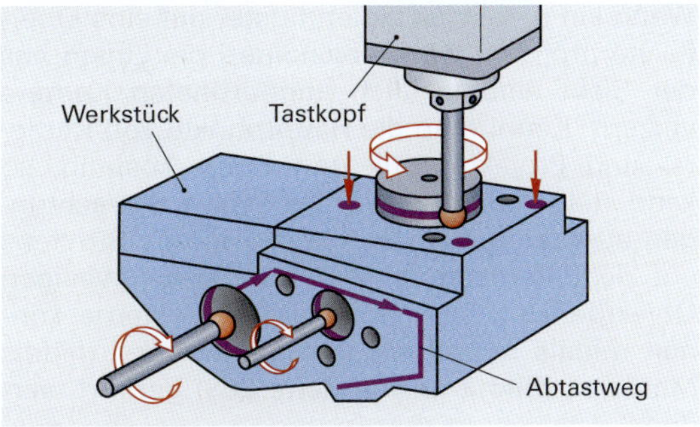

Bild 1: Abtasten mittels Tastkopf

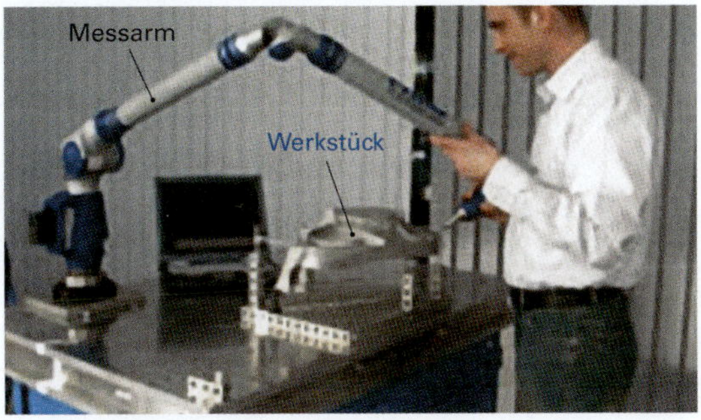

Bild 2: Abtasten mittels Messarm

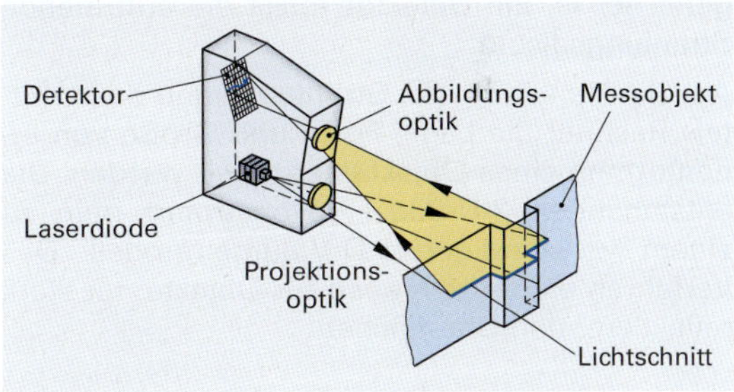

Bild 3: Aufbau eines Lichtschnittsensors

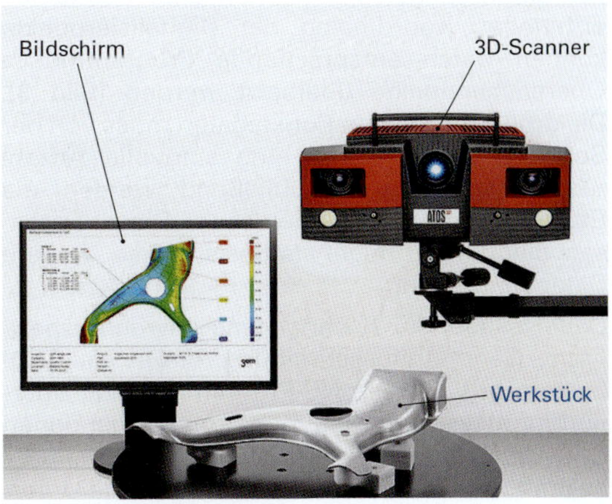

Bild 4: 3D-Koordinatenmesssystem

4

Wenn ein paralleles Linienmuster auf eine Oberfläche projiziert wird, erscheinen die Linien aus der Sicht einer seitlich angeordneten Kamera verzerrt. Kennt man die Hauptpunkte von Kamera- und Projektoroptik und ihren Abstand, so kann man mit rein geometrischen Betrachtungen aus der seitlichen Ablenkung des Streifens auf dem Kamerachip die Tiefe des jeweiligen Objektpunktes berechnen. Diese Systeme können mittels Koordinatenmessgerät oder mittels Messarm **(Bild 2 und 4, Seite 269)** geführt werden.

Laserabtastsysteme arbeiten relativ schnell und sind auch für elastische Oberflächen, sowie für Freiformflächen gut geeignet.

4.11.3 Digitalisieren mittels Röntgenstrahlung (Computertomographie)

Die Besonderheit dieses Verfahrens ist, dass mit ihm auch Innenformen von Objekten ohne deren Zerstörung erfasst werden können. Dabei sendet eine Strahlungsquelle **(Bild 1)** Röntgenstrahlen aus die das Objekt durchdringen.

Das Prüfobjekt wird aus sehr vielen Positionen aufgenommen. Das Bauteil dreht sich hierzu während der Bestrahlung **(Bild 2)** 360° um die eigene Achse. Ein Detektor misst die auftretende Strahlungsdichte.

4

Aus der Verteilung der Strahlung kann dann mittels Rechner die Lage, Form und Größe von Innenformen eines Objektes ermittelt werden. Die entstehenden 2-D-Bilder rekonstruiert man zu einem vollständigen 3-D-Volumenmodell. Das Verfahren eignet sich auch für Objekte mit stark reflektierenden Oberflächen.

4.11.4 Aufbereiten der Abtastdaten

Die durch Abtasten, Belichten oder Bestrahlen ermittelten Koordinaten der Digitalisierpunkte können durch entsprechende Programme in Oberflächenpunkte übersetzt werden **(Bild 3)**. Die große Anzahl von Punktedaten muss von der Software zunächst auf eine sinnvolle Anzahl reduziert werden. Anschließend werden die Standardformelemente berechnet. Dieser Datensatz dient in der Regel als Basis für die weitere Datenbearbeitung.

Dabei bildet der Rechner eine anwenderspezifische Geometriebeschreibung, die in ein CAD-System bzw. für die NC-Programmierung übernommen werden kann oder mit vorhandenen CAD-Daten verglichen werden können. Durch eine entsprechende Farbkodierung sind die Unterschiede leicht zu erkennen **(Bild 4)**.

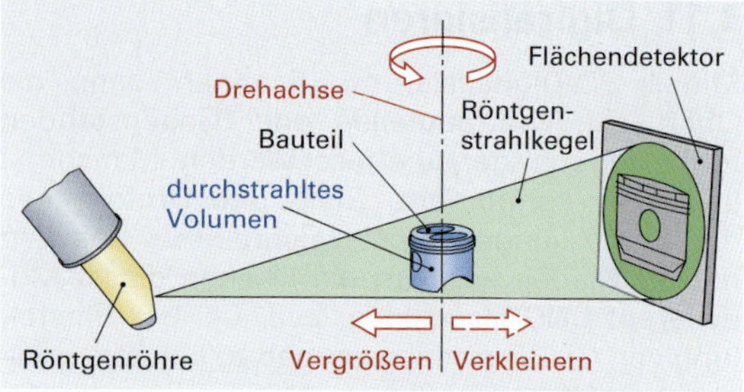

Bild 1: Prinzip der Kegelstrahl-Computertomographie

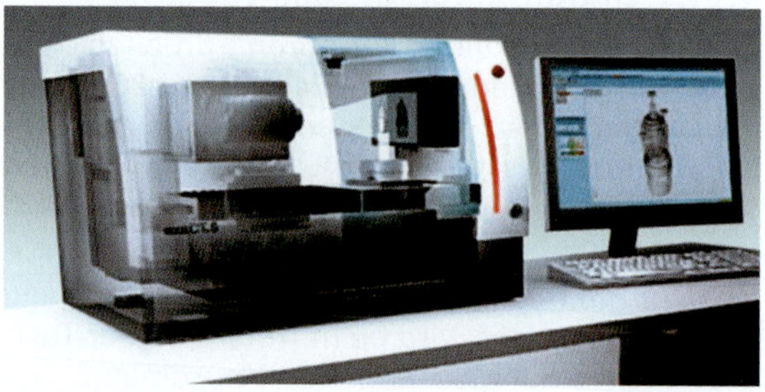

Bild 2: Röntgen-Computertomograph

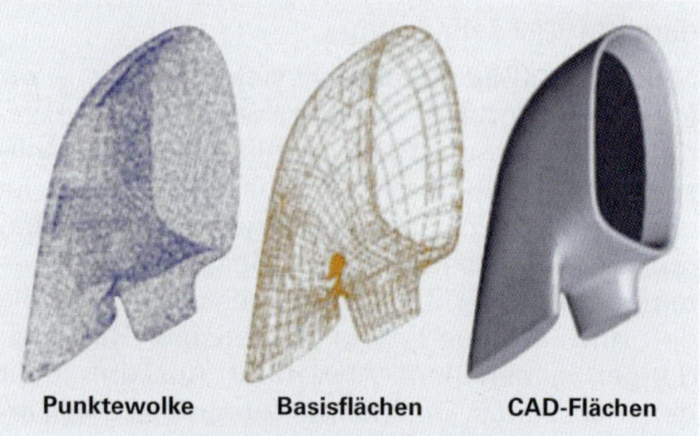

Bild 3: Aufbereitung der Abtastdaten

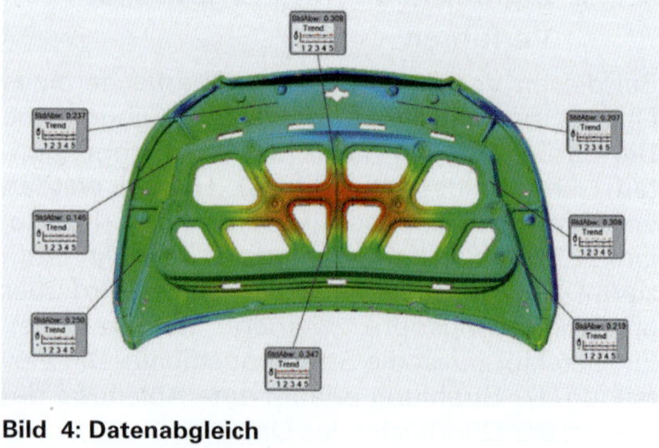

Bild 4: Datenabgleich

5 Bearbeitungsverfahren im Werkzeugbau

Im Werkzeugbau werden zur Herstellung der Werkstücke und Werkzeuge neben den herkömmlichen spanenden Fertigungsverfahren wie z. B. Fräsen, Drehen, Bohren und Stoßen immer häufiger Verfahren wie z. B. das Schleifen mit Koordinatenschleifmaschinen oder Abtragverfahren wie das Erodieren verwendet. Bei allen Bearbeitungsverfahren werden zunehmend numerische Steuerungen eingesetzt.

5.1 Allgemeine Verfahren

Das Herstellen von Einzelteilen für Schneidwerkzeuge, von Formen und Gesenken, für Lehren und Vorrichtungen mit runden, quadratischen, rechteckigen oder ähnlich einfachen Formen erfolgt auf herkömmlichen Dreh-, Stoß- oder Fräsmaschinen. Anreißen ist dann nicht nötig, wenn **numerisch gesteuerte Fräsmaschinen** verwendet werden.

Die Fertigungszeiten sind am geringsten, wenn die Teile im Teilkopf oder auf dem Rundtisch gespannt in einer Aufspannung bearbeitet werden. Aufspannfehler sind so auch leichter zu vermeiden. Die Maschinenschraubstöcke müssen ein einwandfreies Spannen ermöglichen. Genaue parallele Spanneisen erleichtern das richtige Einspannen.

Nach dem Bearbeiten müssen die Werkstücke auf ihre Genauigkeit und Parallelität geprüft werden. Eine nochmalige Kontrolle ist nach dem Härten notwendig, da sich Stempel, Schneidplatten, Lehren und andere Werkstücke beim Härten verziehen.

5.1.1 Vorrichten und Anreißen

Stempel mit unregelmäßigen Formen werden entweder angerissen oder man lötet ein dem Querschnitt des Stempels entsprechendes Muster aus CuZn-Blech auf den vorgearbeiteten Stempel **(siehe Bild 2, Seite 273)**.

Nach diesem Muster wird die Form gestoßen oder gefräst. Vor dem Auflöten werden die Auflagefläche des Musters und die Stirnfläche des Stempels dünn verzinnt. Dadurch verhindert man eine Anhäufung von Lötzinn an den Kanten des Musters. CuZn-Blech ist für diesen Zweck besser geeignet als Stahlblech, da man beim Fräsen sofort erkennen kann, wenn der Fräser das Muster berührt.

Zum **Anreißen** wird die Stirnfläche des Stempels feingeschlichtet und mit Kupfervitriol oder Anreißlack bestrichen, damit die feinen Risslinien gut sichtbar sind. Man reißt die Stempel entweder auf der Anreißplatte oder auf einer Senkrechtfräsmaschine an.

Zum Anreißen auf der Anreißplatte spannt man den Stempel am besten gegen einen Aufspannwinkel, dessen Aufspann- und Stirnflächen rechtwinklig zur Auflagefläche sind. Genaue Abstände erhält man mit einem Höhenreißer mit Messschieber (50stel Nonius) oder mit einem Endmaßhöhenreißer **(Bild 1)**.

Sehr genau können Stempel auf Senkrechtfräsmaschinen angerissen werden **(Bild 2)**.

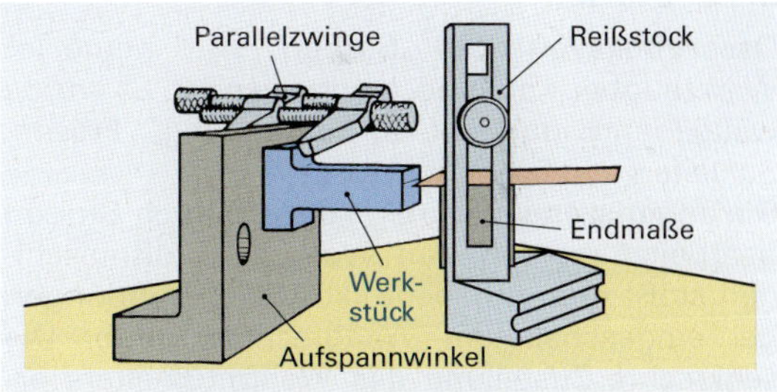

Bild 1: Anreißen auf der Anreißplatte

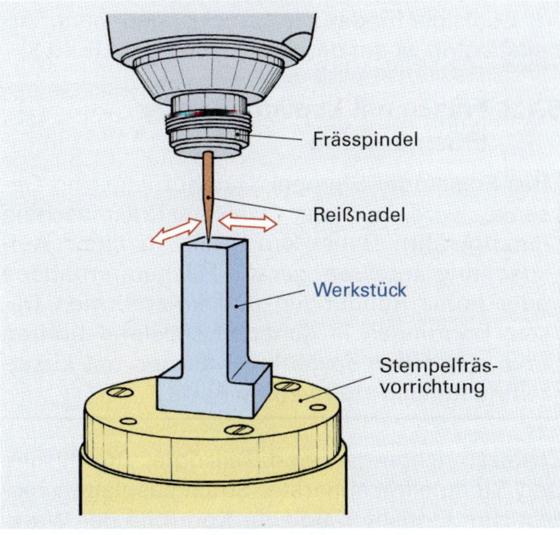

Bild 2: Anreißen mit Senkrechtfräsmaschine

5

Die Maße des Stempels zum Lochen sind aus der Konstruktionszeichnung zu entnehmen. Dabei ist es vorteilhaft, alle Maße der Zeichnung auf zwei senkrecht aufeinander stehenden Koordinaten zu beziehen, die X-Achse und die Y-Achse. Von ihnen gehen alle Maße aus **(Bild 1)**. Diese Bemaßung bezeichnet man als steigende Bemaßung.

Der Ursprung des Koordinatensystems kann innerhalb oder außerhalb des Werkstückes liegen. Sind die Maße nicht nach diesem System eingezeichnet, so sollte die Zeichnung umgezeichnet werden, damit keine Umrechnungsfehler entstehen.

Zum Anreißen mit der Fräsmaschine wird die Vertikalspindel über den Schnittpunkt der beiden Bezugslinien gestellt und die Skalenringe sowie die verwendete Messuhr auf null gestellt. Danach können die Maße angerissen werden. Kreisbögen reißt man mit einem Radiusmessschieber an. Das Anreißen entfällt bei CNC-Maschinen, wenn man die Form des Werkstückes über ein Programm der Maschine eingeben kann **(siehe Seite 276)**.

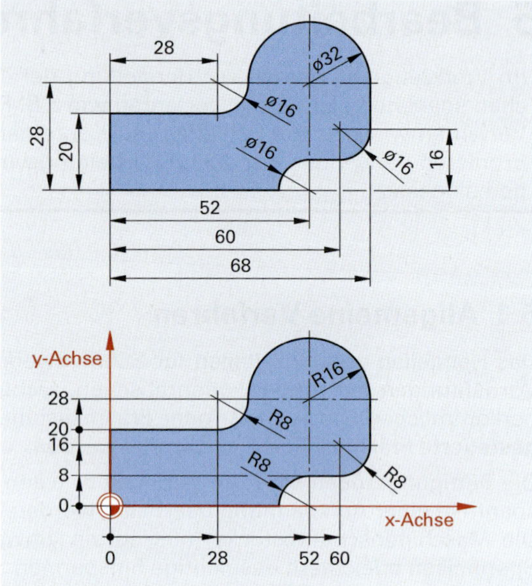

Bild 1: Umzeichnung zur steigenden Bemaßung

5.1.2 Stoßen

Das Arbeitsverfahren „Stoßen" wird heute im Werkzeugbau kaum noch angewendet. Es wurde weitgehend durch CNC-Bearbeitung, Fräsen, Schleifen und Erodieren, ersetzt.

Die angerissenen Formen können durch Stoßen bearbeitet werden. Auf Waagrechtstoßmaschinen stößt man erhabene (konvexe) Rundungen bei eingeschaltetem Waagrechtvorschub. Die senkrechte Zustellung des Werkzeughalters erfolgt nach jedem Hub von Hand **(Bild 2)**. Zum Stoßen hohler (konkaver) Rundungen verwendet man einen Rundstoßmeißel, dessen Radius kleiner ist als der für das Werkstück angegebene. Arbeitsbeginn ist auf dem höchsten Punkt **(Bild 3)**.

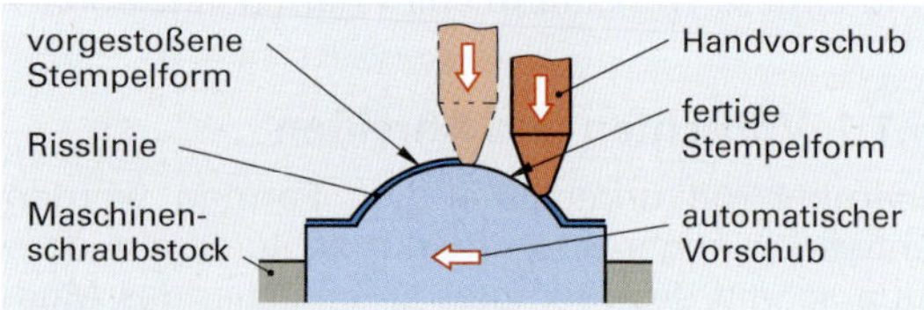

Bild 2: Stoßen erhabener Rundungen

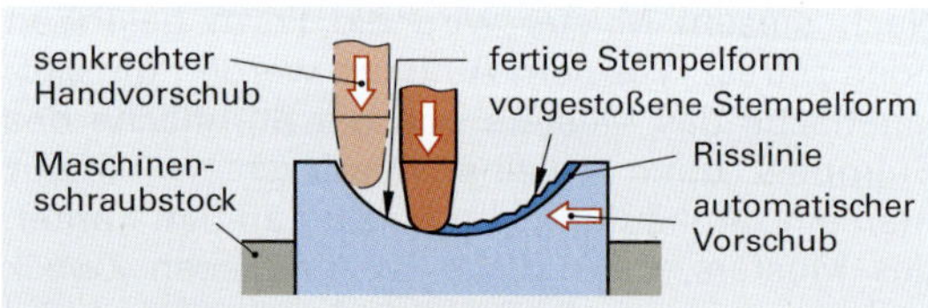

Bild 3: Stoßen hohler Rundungen

5.1.3 Fräsen mit konventioneller Fräsmaschine

Das Fräsen der Stempel, Durchbrüche und Gesenke wird auf der Universalfräsmaschine durchgeführt. Dabei kann man in einer Aufspannung anreißen, gerade Flächen, erhabene oder hohle Rundungen und Innenformen fräsen, Bohrungen in genauem Abstand bohren bzw. ausdrehen sowie Innenformen mit Zusatzeinrichtungen stoßen **(Bild 4)**.

Zusatzeinrichtungen sind Teilköpfe, Rundtische und Stempelfräsapparate. Strichglasplatten dienen zum Einrichten und zur Kontrolle der Werkstücke.

Bild 4: Fräsmaschine mit Frästeil

Angerissene Kreisbogen werden nach einer Glasstrich-Platte zentriert, in die konzentrische Kreise in Abständen von 0,2 mm und 0,5 mm eingeritzt sind. Die Glasplatte ist mit einem Halter auf Teilkopfmitte justiert **(Bild 1)**. Mit der Glasstrichplatte kann man fertig gefräste Rundungen auch mit hinreichender Genauigkeit messen. Damit die feinen Striche nicht vom Fräsgrat beschädigt werden, legt man zwischen Stempel und Glasplatte eine dünne Klarsichtfolie.

Ist eine Form besonders kompliziert, so wird ein flaches Musterstück auf den Stempelwerkstoff aufgelötet und mit einer Vielzahl von Formfräsern gefräst **(Bild 2)**.

Zum Fräsen von Außenrundungen verwendet man einen Schaftfräser, der in die Horizontalfrässpindel eingespannt wird **(Bild 3)**.

Die Teilkopfspindel dreht nach jedem Schnitt die Stempelfräsvorrichtung um einen kleinen Winkel weiter. Wie groß der Winkel sein darf, hängt von der Größe des Radius und von der verlangten Genauigkeit ab. Man fräst hierbei also ein Vieleck mit sehr vielen kleinen Flächen.

Bei richtiger Ausführung dieser Arbeit ist nur noch ein Abziehen mit dem Ölstein nötig, um eine genaue Rundung zu erhalten.

Innenrundungen fräst man mit einem entsprechenden Formfräser, der einen runden Kopf besitzt. Solche Fräser werden auch beim Kopierfräsen verwendet. Der Mittelpunkt der Rundung am Werkstück muss auf die Teilkopfmitte eingelehrt werden.

Schneller und sauberer lassen sich Rundungen mit Hilfe eines Ausdrehwerkzeuges herstellen **(Bild 4)**. Das **Ausdrehwerkzeug** hat einen Querschlitten, der durch eine Gewindespindel verschoben werden kann. In den verstellbaren Schieber wird ein Ausdrehmeißel gespannt und dessen Schneidkante auf den auszudrehenden Durchmesser eingestellt. Die Zustellung kann an einer Skale abgelesen werden.

Das Ausdrehwerkzeug findet vor allem Verwendung beim Ausdrehen von Bohrungen in Ausschneidstempeln für Gesamtschneidwerkzeuge und von Bohrungen für Führungssäulen. Die Lochabstände werden nach dem Wegmesssystem der Fräsmaschine oder nach Endmaßen eingestellt. Die Bohrungen können nicht verlaufen und werden genau zylindrisch.

Der Ausstoßer in einem Gesamtschneidwerkzeug hat die gleiche Querschnittsform wie der Ausschneidstempel. Er wird darum meist mit dem Ausschneidstempel aus einem Stück gefräst.

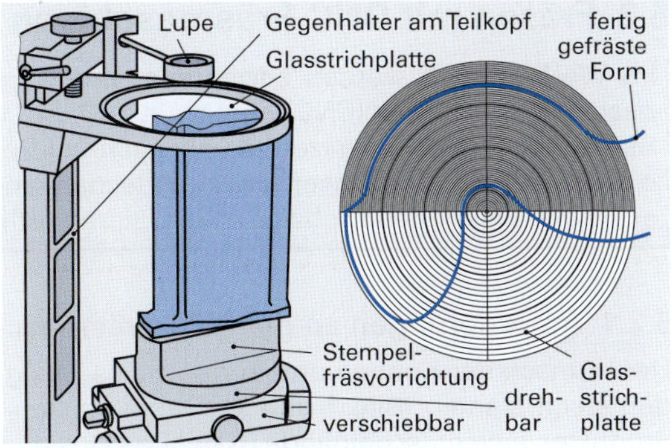

Bild 1: Ausrichten und Kontrolle mit Glasstrichplatte

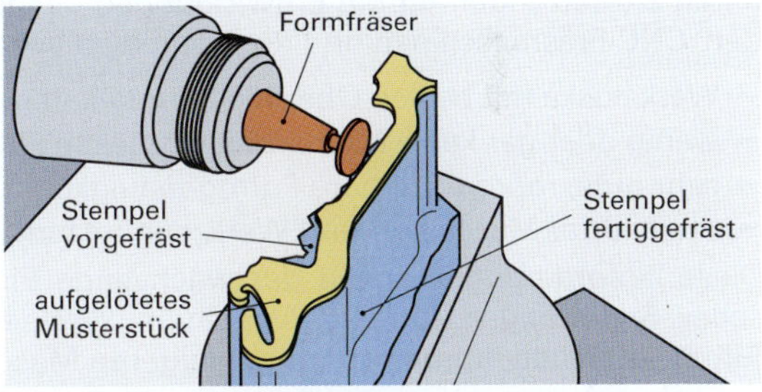

Bild 2: Aufgelötetes Musterstück

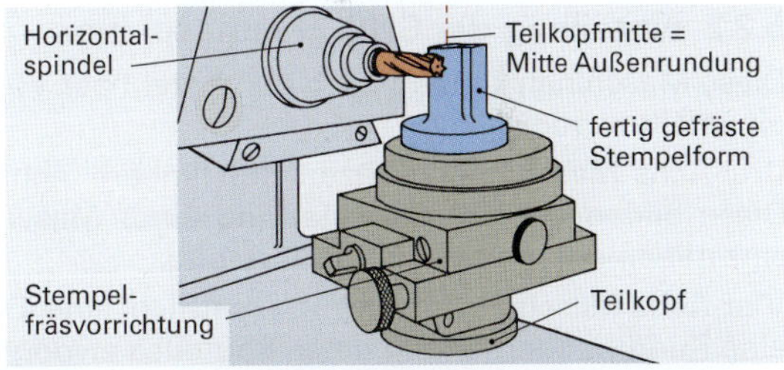

Bild 3: Fräsen mit horizontaler Fräsereinspannung

Bild 4: Ausdrehwerkzeuge

5

5.2 Fräsen mit CNC-Fräsmaschinen

Im Werkzeugbau werden zur zerspanenden Fertigung ausschließlich Fräsmaschinen mit numerischen Steuerungen (CNC)[1] eingesetzt. Damit werden Außenformen und Innenformen sowohl bei Stanz- und Umformwerkzeugen als auch bei Spritzgießformen gefertigt. Auch kleinere Stückzahlen oder Einzelfertigungen werden so wirtschaftlich produziert. Auf diesen Werkzeugmaschinen lassen sich auch Elektroden für das Senkerodieren fertigen.

5.2.1 Anforderungen an die CNC-Fräsmaschinen

Der Wunsch der Kunden an ein optimales Design der mittels Werkzeugen produzierten Gegenstände steigt ständig **(Bild 1 und 2)**. Dabei spielen die Ergonomie, die Ästhetik und die Haptik[2] eines Produktes eine entscheidende Rolle. Das Design wird mit CAD-Systemen entwickelt. Tendenziell geht dabei der Trend zu mehr gerundeten Formen. Aus diesen Kundenwünschen resultieren Zielsetzungen für die Entwicklungen der zu verwendenden CNC-Fräsmaschinen und der optimalen Werkzeuge:

- Werkstücke mit besten Oberflächenqualitäten
- wenig oder gar keine Nacharbeit an diesen Flächen
- sehr gute, reproduzierbare Formgenauigkeit
- optimierter Maschinen-und Werkzeugnutzungsgrad

Diese Anforderungen sowie der wachsende Einsatz numerischer Steuerungen für alle Arten von Werkzeugmaschinen führen zu neuen, immer leistungsfähigeren Maschinen mit zusätzlichen Automatisierungseinrichtungen.

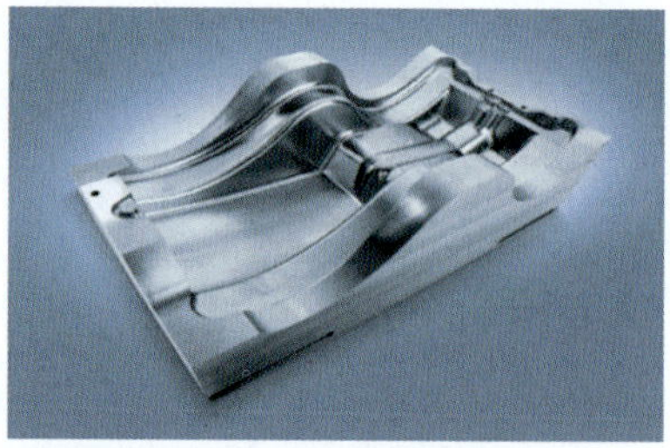

Bild 1: Formeinsatz für Bobbycar

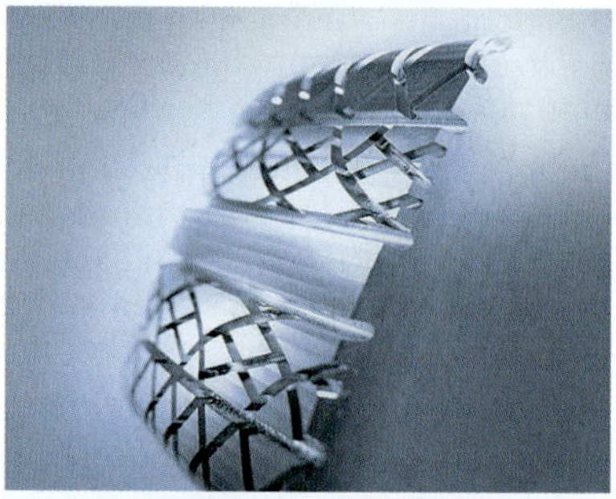

Bild 2: Formeinsatz für Reifen

5.2.2 Einteilung der CNC-Fräsmaschinen

Diese Maschinen können nach der Anzahl der Vorschubachsen eingeteilt werden:

Drei-Achs-Maschinen besitzen drei lineare Achsen (X, Y, Z). Diese bilden die Grundausstattung einer Maschine zum Einsatz mit einem umlaufenden Werkzeug.

Vier-Achs-Maschinen besitzen zusätzlich eine Drehachse, die eine Rundumbearbeitung eines Bauteiles ermöglicht. Bei Horizontalmaschinen **(siehe auch 5.2.3)** wird die zusätzliche Achse als Drehtisch realisiert.

Fünf-Achs-Maschinen besitzen zusätzlich zwei Drehachsen. Damit kann das jeweilige Werkzeug relativ zum gespannten Werkstück in jede beliebige Raumrichtung gebracht werden. Somit kann das Fräsen von beliebig angeordneten Flächen an einem Bauteil oder das Bearbeiten schräg liegender Bohrungen realisiert werden.

Diese Maschinen gibt es in vielen Bauformen. Die Einteilung erfolgt je nach Lage der beiden Drehachsen. **Bild 3** zeigt eine solche Maschine mit geschwenktem Kopf. Weitere wichtige Vergleichskriterien der CNC-Fräsmaschinen sind:

- Arbeitsraumgröße bzw. Achsenverfahrweg
- Leistung und Drehmoment
- Spindeldrehzahl
- Maximales zu bearbeitendes Bauteilgewicht
- Energieverbrauch

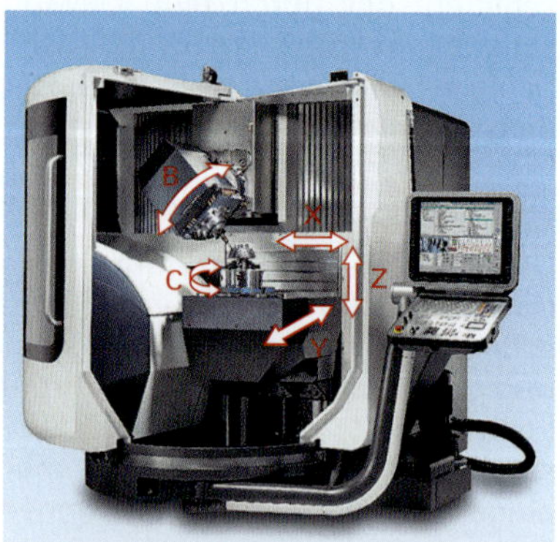

Bild 3: CNC-Universalfräsmaschine zur 5-Achs-Simultanbearbeitung

[1] CNC: engl. Computerized Numerical Control, computerisierte numerische Steuerung

[2] Haptik: griech. Lehre vom Tastsinn

5.2.3 Bearbeitungszentrum

Die Anforderungen komplexe Bauteile schnell und genau zu fertigen hat dazu geführt, dass CNC-Maschinen heute zum großen Teil als Bearbeitungszentren ausgeführt sind.

Bearbeitungszentren sind in vielen Varianten konzipiert. Es werden nach der Lage der Arbeitsspindel (Z-Achse) Horizontal- und Vertikalmaschinen unterschieden. Vertikalmaschinen eigenen sich besonders gut für die im Werkzeugbau häufigen Bearbeitungen flacher, plattenförmiger und somit schwerer Werkstücke. Um einen großen Arbeitsraum sowie eine hohe Stabilität zu ermöglichen, werde diese Maschinen in Portalbauweise angeboten. **Bild 1** zeigt eine Ausführung als Vertikalmaschine ohne Gehäuseverkleidung mit Schwenk-Drehtisch und beidseitiger linear geführter Y-Achse.

Bearbeitungen auf diesen Maschinen ermöglichen umfangreiche Fertigungsabläufe mit unterschiedlichen spanenden oder nicht spanenden Verfahren in einer Aufspannung.

Für diese Art der Fertigung sind automatisierte Abläufe wie Palettenwechselsysteme und automatische Werkzeugwechseleinrichtungen mit ausreichend Werkzeugspeicher **(Bild 2)** notwendig. Messeinrichtungen mechanischer oder optischer Art können auch integriert werden.

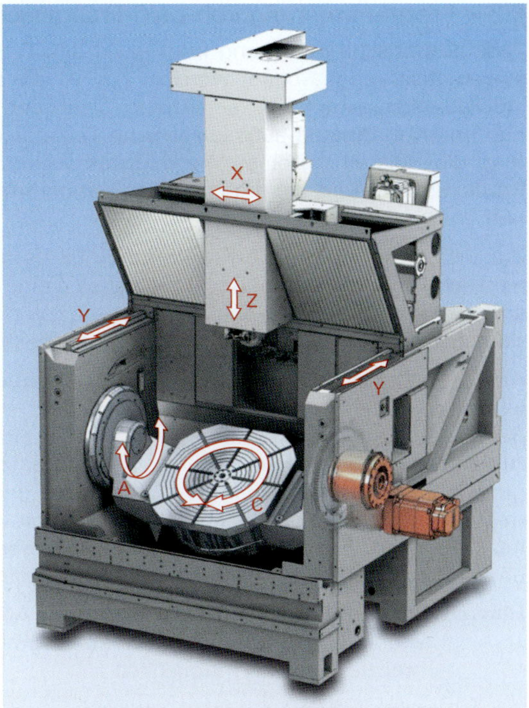

Bild 1: 5-Achs-Bearbeitungszentrum in Portalbauweise

Als Erweiterung sind die Dreh-Fräs-Zentren anzusehen. Diese Maschinen bieten auch die Möglichkeit durch umlaufende Werkstücke Drehbearbeitungen zu realisieren.

5

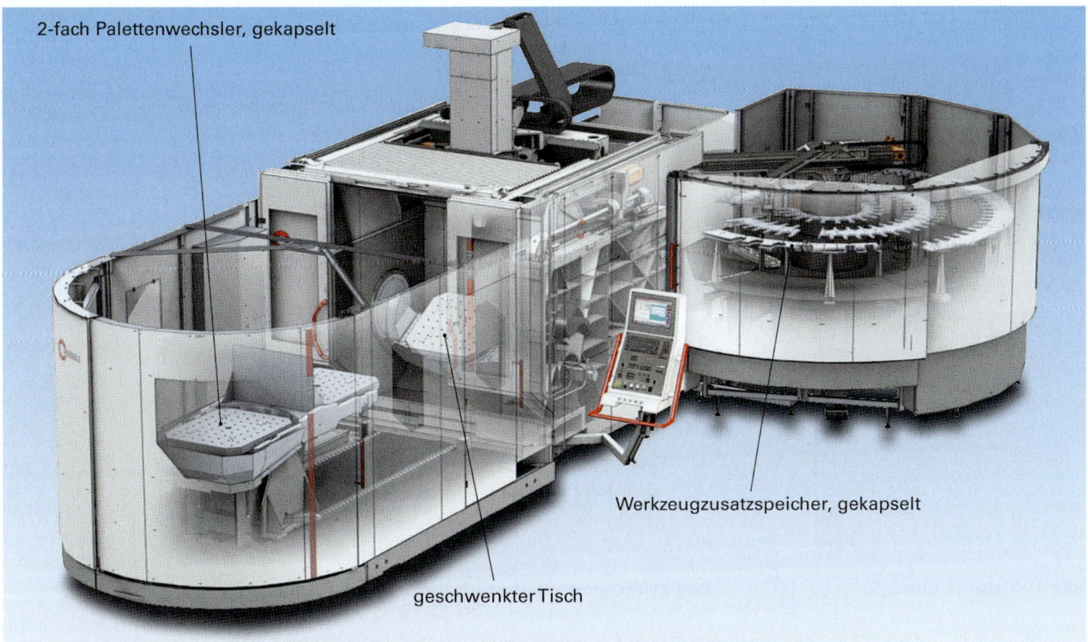

Bild 2: Bearbeitungszentrum mit Zusatzeinrichtungen, geschwenkter Tisch

5.2.4 Programmierung von CNC-Fräsmaschinen

Jede numerische Steuerung folgt exakt den Programmanweisungen, die aus dem CNC-Programm systematisch abgearbeitet werden. Ziel ist die fehlerfreie Fertigung des zu produzierenden Werkstückes entsprechend der Zeichnung. Dafür enthält ein CNC-Programm neben den Weginformationen und Koordinaten auch zusätzliche Technologiefunktionen und Maschinenfunktionen. Damit erfolgt die Herstellung eines Werkstückes automatisch. Zur Sicherheit erfolgt vor dem eigentlichen Produktionsprozess die grafische Simulation am Rechner oder an der Werkzeugmaschine als Probelauf.

Zur Erstellung eines CNC-Programmes ist es notwendig, den vollständigen Fertigungsablauf gedanklich vorauszuplanen. Bis heute hat sich eine technologieübergreifende, einheitliche Steuerungssoftware zur Umsetzung der CNC-Programme nicht durchgesetzt. Die am Markt befindlichen Steuerungshersteller realisieren ihre Lösungen jeweils individuell.

Aus der historischen Entwicklung heraus stammt der Ansatz der manuellen Programmierung angelehnt an die DIN 66025:
Bei dieser Art der Programmierung steht nur ein begrenzter Vorrat an Anweisungen zur Verfügung. Alle Koordinaten und Funktionen selbst sind Satz für Satz einzugeben. Hierbei werden die Wegbedingungen mittels des sogenannten G-Codes (G engl. = go) programmiert. Der Vorteil dieser Programmierung ist die Portabilität: ein CNC-Programm, welches nach DIN 66025 programmiert ist, ist auf nahezu jeder CNC-Fräsmaschine lauffähig. Dagegen ist die Art und Weise dieser Programmierung eher umständlich und uneffektiv. Sie bildet somit nur den Einstieg in die CNC-Programmierung.

Hinweis: Bei der Programmierung mittels CAM[1] erzeugt der sogenannte Postprozessor für die 2- und 3-D-Konturen auch einen Programmcode nach DIN 66025; dabei besteht eine nur begrenzte Korrekturmöglichkeit .

Am folgenden Arbeitsbeispiel werden die verschiedenen Programmierstrategien vorgestellt:
Arbeitsbeispiel Formeinsatz (Bild 1):

5.2.4.1 Manuelle Programmierung; angelehnt an DIN 66025

Für den in Bild 1 als Arbeitsbeispiel gezeichneten Formeinsatz ist die Schlichtbearbeitung der Absatzkontur als CNC-Programm mit Kommentaren im G-Code dargestellt **(Bild 2).** Der Werkstücknullpunkt befindet sich in der Mitte des Bauteiles. **Bild 1** der nächsten Seite zeigt den Formeinsatz mit Bemaßung.

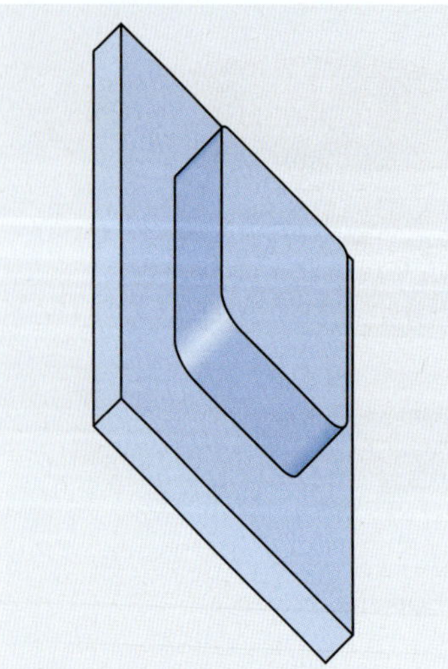

Bild 1: Volumenmodell

G17;	Bearbeitungsebene xy
G90 G54;	Absoluteingabe, gespeichert NPV
G64;	Bahnbetrieb
Trans Z0;	programmierte NPV
Rot Z0;	Rotation
T= FRAESER 20;	Werkzeugaufruf
M3 S1200;	Drehrichtung, Drehzahl
G0 X0 Y-90 Z10;	Vorpositionierung
G1 Z-35 F3000;	Eintauchen mit Vorschub
G1 G41 Y-32,5;	1. Konturpunkt anfahren mit Bahnkorrektur
G1 X-48 RND=4;	2. Konturpunkt, verrunden mit R4
G1 Y32,5 RND=4;	3. Konturpunkt, verrunden mit R4
G1 X48 RND=10;	4. Konturpunkt, verrunden mit R10
G1 Y-32,5 RND=10;	5. Konturpunkt, verrunden mit R10
G1 X0;	Endpunkt Kontur
G1 Y-60;	Kontur verlassen
G0 Z2;	Abheben in Z
G0 G40 Z100;	Bahnkorrektur löschen
M30;	Programmende und Rücksprung

Bild 2: Programmausdruck für den Formeinsatz

[1] CAM: engl. Computer Aided Manufactoring, Computer unterstützte Fertigung. Dabei werden die aus einem CAD-Datenmodell erzeugten Daten direkt für die CNC-Programmierung mittels der CAD-CAM-Kopplung genutzt.

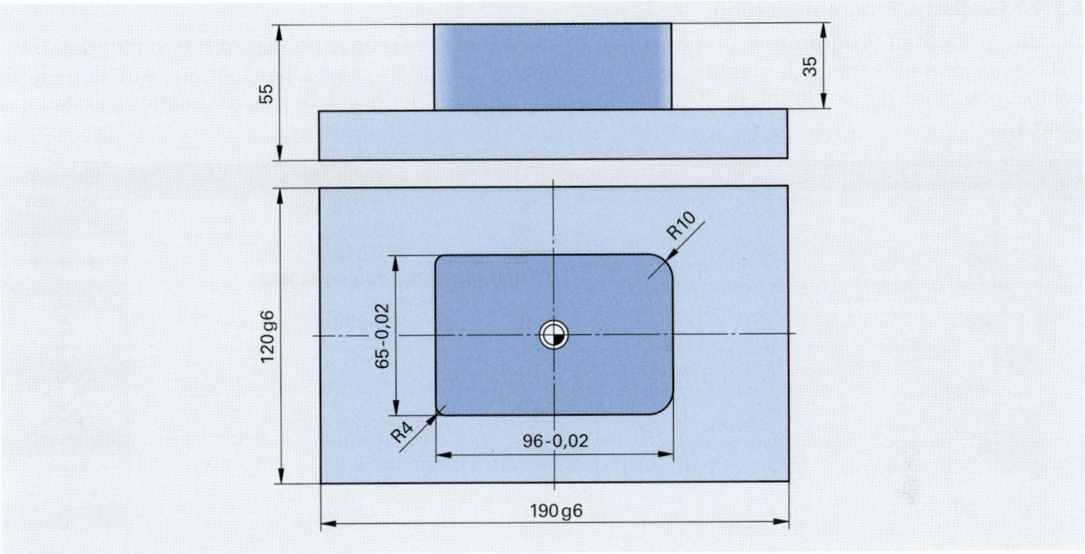

Bild 1: Formeinsatz mit Bemaßung

5.2.4.2 Programmierung mit Hilfe von Zyklen

Zyklen[1] sind in den meisten numerischen Steuerungen fest vorprogrammiert. **Bild 2** zeigt für den Standardzyklus *Rechteckzapfen* die Dialogeingabe. Die verlangten Parameterwerte müssen entsprechend gesetzt werden. Damit kann die Programmierung vereinfacht und die Programmlänge reduziert werden.

Die Verrundungen, wie in dem Beispiel am Formeinsatz (R4 und R10) gefordert, sind mit diesem Standardzyklus **nicht** möglich. Es ist ein zweiter Zyklusaufruf notwendig.

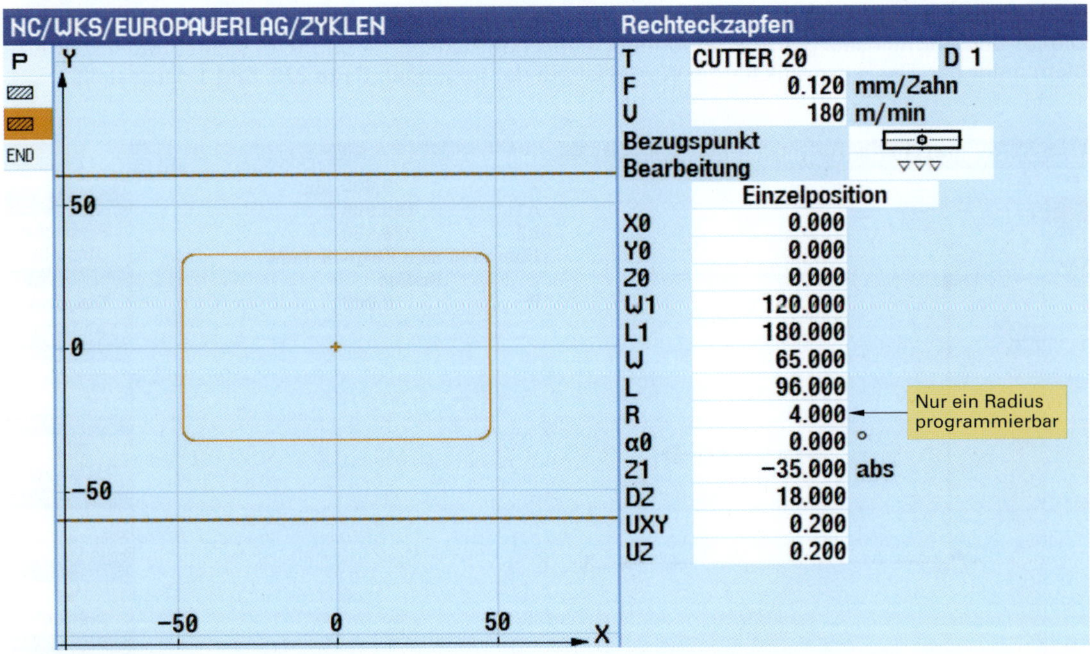

Bild 2: Dialogeingabegrafik für die Programmerstellung mit dem Zyklus Rechteckzapfen

---

[1] Zyklen: typische, sich wiederholende Fertigungsabläufe. Diese werden einmal aufgerufen und mit Parameterwerten ergänzt.

5

5.2.4.3 Grafische Programmierung

Bei der grafischen Programmierung erstellt man zunächst die Geometrie des zu bearbeitenden Bauteils aus geometrischen Elementen wie zum Beispiel Geraden oder Übergängen. Auf dem Bildschirm erscheint die so definierte Kontur als dynamische Strichgrafik in maßstäblicher Darstellung **(Bild 1)**.

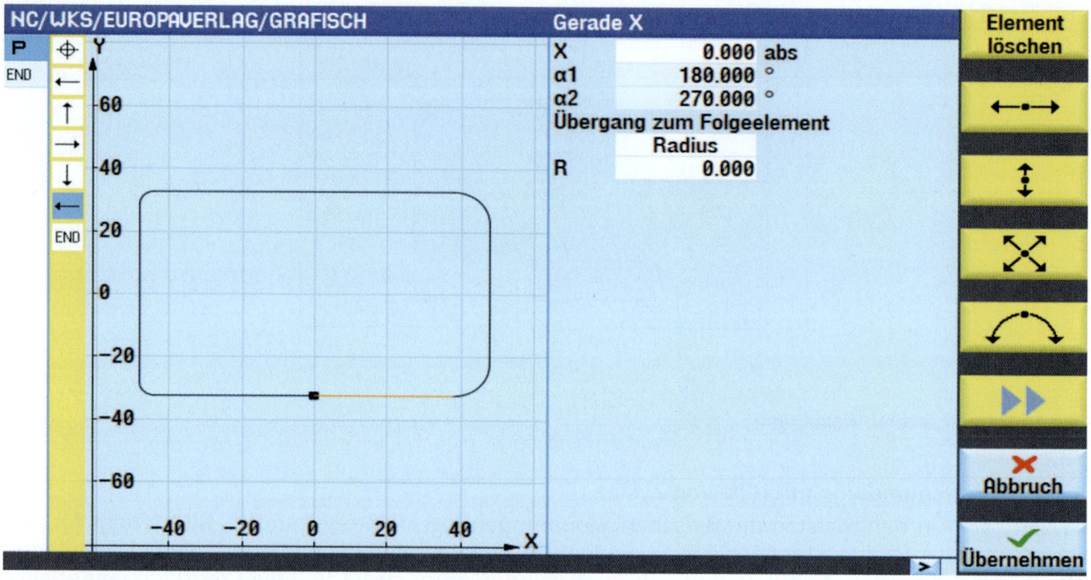

Bild 1: Definition des Elementes Gerade für die Werkstückkontur

Zur Eingabeunterstützung werden dynamische Hilfsgrafiken, wie im **Bild 2** zur Eingabe der Geraden abgebildet, angezeigt. Dafür wird die Koordinate X, die Winkel α_1 und α_2 sowie der Übergang zum Folgeelement abgefragt.

Die für den Formeinsatz geforderten unterschiedlichen Radien, R4 und R10, stellen dabei kein Problem mehr dar. Die Hilfsgrafik für die Winkel ist auf der folgenden **Seite 279, Bild 1** dargestellt.

5

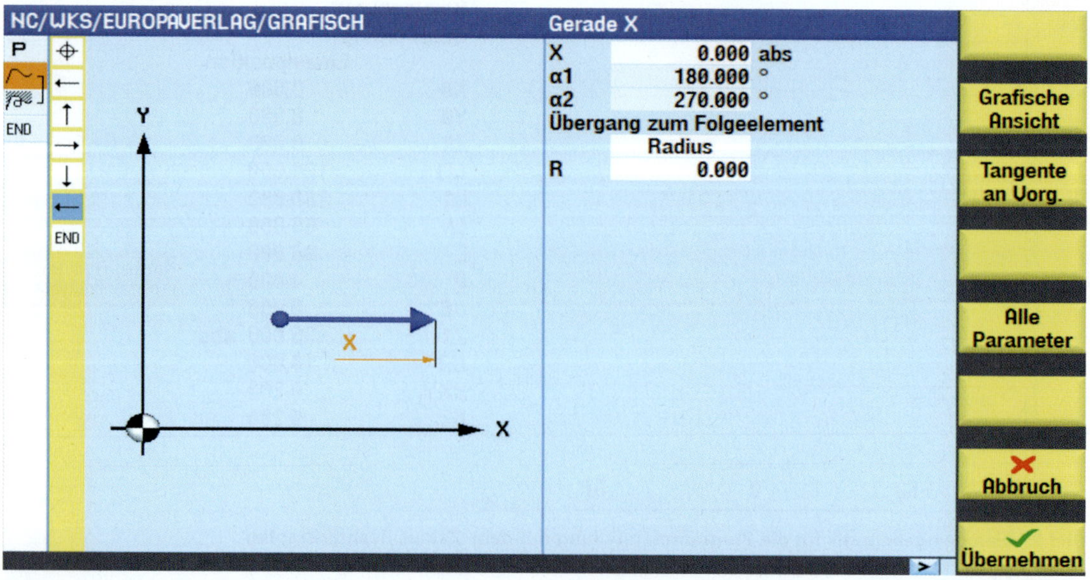

Bild 2: Beispiel der dynamischen Hilfsgrafik zur Eingabeunterstützung für die Gerade

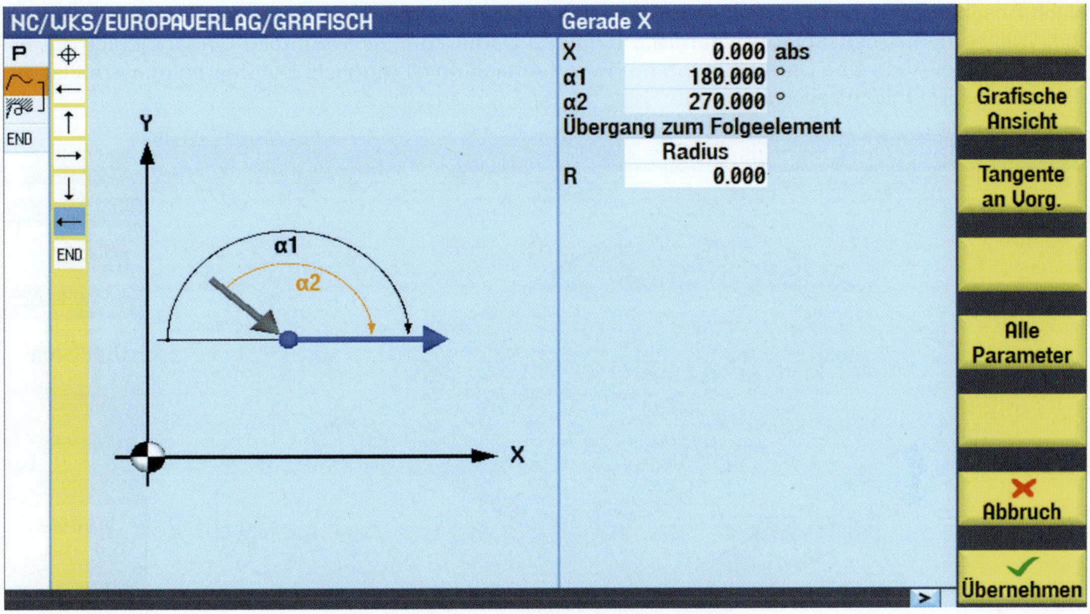

Bild 1: Dynamische Hilfsgrafik als Beispiel zur Eingabeunterstützung der Winkel

Im nächsten Schritt erfolgt die Festlegung der Technologiedaten **(Bild 2).** Damit werden Technologieparameter, wie beispielsweise die Art der Bearbeitung (Schruppen, Schlichten, Fasen), Radiuskorrekturen, Tiefezustellungen oder auch An- und Abfahrstrategien festgelegt. Zur Programmierung sind auch umfangreiche Eingabehilfen hinterlegt.

5

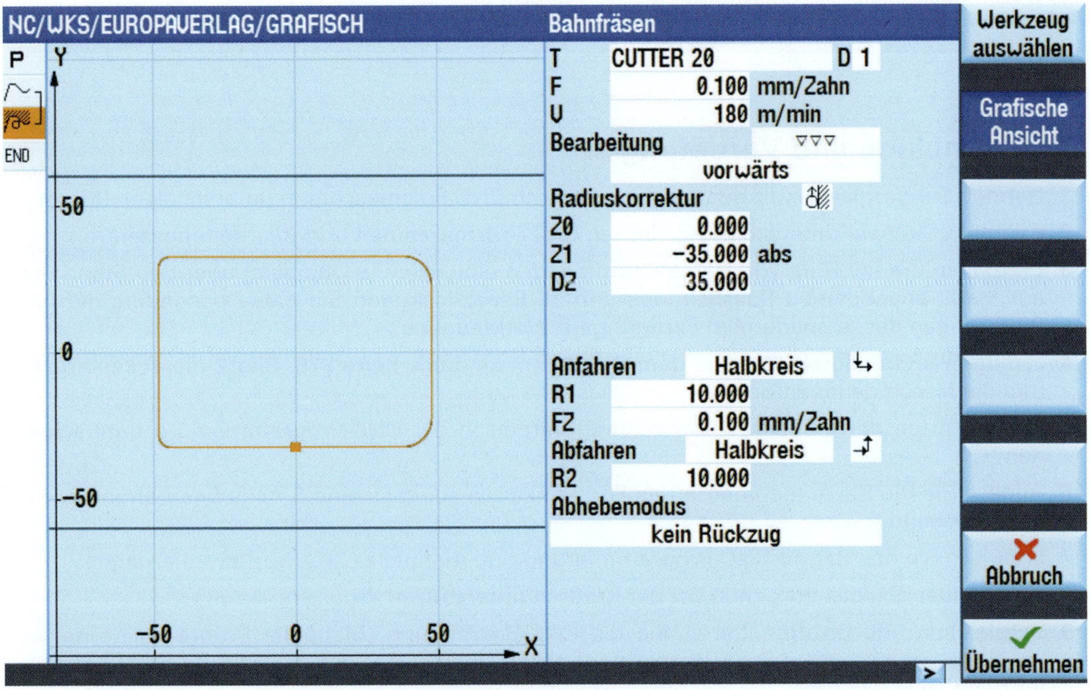

Bild 2: Abfrage bestimmter Technologiedaten über die Eingabemaske

Nach Abschluss der Eingabe der Technologiedaten ist es nun möglich, die Simulationsgrafik zu starten, welche den Arbeitsablauf dynamisch darstellt. Damit können eventuelle Eingabefehler gut erkannt werden. Auch eine Darstellung in mehreren Ansichten ist möglich. Die Bearbeitungszeit ist auf dem Bildschirm in Echtzeit angezeigt.

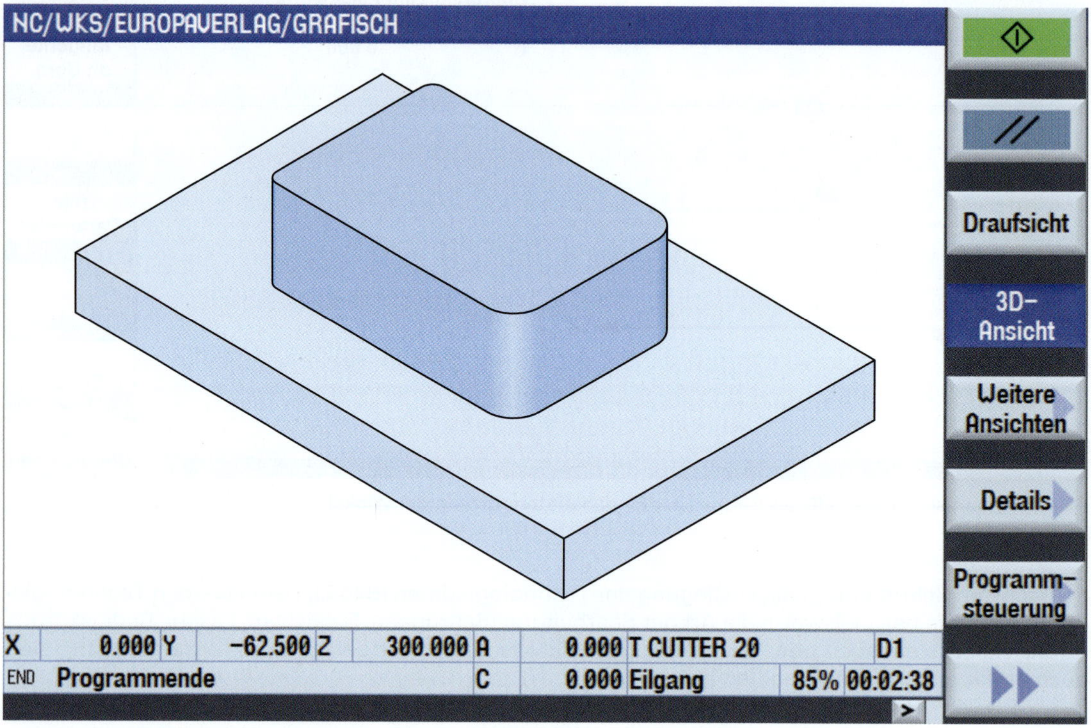

Bild 1: Simulationsgrafik des Formeinsatzes in der 3D-Ansicht

5

Wiederholung und Vertiefung

1 Nennen Sie Vergleichskriterien, nach denen sich CNC-Fräsmaschinen unterscheiden lassen.

2 Erläutern Sie zwei Unterschiede zwischen CNC-Fräsmaschinen und Bearbeitungszentren.

3 Erarbeiten Sie mit Hilfe von Herstellerunterlagen eine aktuelle Übersicht über den Stand der am Markt angebotenen Bearbeitungszentren. Berücksichtigen Sie dabei besonders die Anforderungen der zerspanenden Fertigung im Werkzeugbau.

4 Ermitteln und erläutern Sie aus dem Programmausdruck **Seite 276, Bild 2** die Technologie- und die Maschinenfunktionen.

5 Welche Arten der grafischen Darstellung werden in der CNC-Programmierung unterschieden?

6 Ändern Sie die Bauteilgeometrie des Formeinsatzes so, dass eine 5-Achs-Bearbeitung zwingend notwendig wird.

7 Erläutern Sie den Begriff CNC-Programmierung und manuelle CNC-Programmierung.

8 Beschreiben Sie das Vorgehen bei der grafisch unterstützen Programmierung.

9 Vergleichen und dokumentieren Sie die CNC-Bearbeitung (Manuelle Programmierung im Vergleich zur grafischen Programmierung) des Formeinsatzes mit der an Ihrer Schule eingeführten CNC-Steuerung.

5.3 Bearbeitung mit CAM

CAM ist die Abkürzung für Computer Aided Manufactoring und bedeutet computerunterstützte Fertigung. Dabei werden, die mit Hilfe der CAD hergestellten zweidimensionalen (2D) bzw. dreidimensionalen (3D) Zeichnungsdaten, durch deren Bearbeitung mit einer CAM-Software, fertige NC-Programmen erstellt.

Am Ende jeder Bereitstellung von Daten zur Fertigung durch die CAM-Software muss mit einem Postprozessor, einem „Nachrechner", die Datenmenge auf die jeweilige Steuerung an der ausgewählten Werkzeugmaschine angepasst werden. Dadurch können die speziellen Eigenheiten der NC-Steuerung an dieser Maschine Berücksichtigung finden **(Bild 1)**.

Das CAM-Programm hat im einfachsten Falle eine 2,5-D-Programmierung mit Kontur, Nuten oder Taschen in der die Z-Achse als Zustellachse fungiert.

Mithilfe von CAM-Programmen, die 3-D-Programmierung erlauben, können bei einer maschinellen Bearbeitung 3 und mehr Achsfunktionen betätigt werden und somit Freiformflächen im hundertstel Millimeterbereich berechnet und zeilenweise abgearbeitet werden **(Bild 2)**.

Sind bei komplexen Bauteilen große Datenmengen zu verarbeiten, scheidet eine manuelle NC-Programmierung aus Zeit- und Kompetenzgründen des Bedieners aus.

Beim Einsatz des HSC-Fräsens ist eine Weiterverarbeitung der CAD-Daten über ein CAM-Programm notwendig, weil nur hier die besonderen Frässtrategien wie zeilenweises Fräsen, Restmaterialentfernung oder Hohlkehlenbearbeitung zum Tragen kommen **(Bild 3)**.

Durchgängige, einheitliche Systeme finden häufig Anwendung. Dies sind CAD- und CAM-Systeme von einem Anbieter. So lassen sich Änderungen der Kostruktion und in der Fertigung leichter bewerkstellingen, weil die Entstehung der Datenstruktur bekannt ist.

Neben den Fertigungsdaten wird eine Datensystematik aufgebaut in der die vorhandenen Werkzeuge aus der Werkzeugverwaltung und die Abmessungen der vorhandenen Aufspannvorrichtungen aus der Fertigung im Betrieb gespeichert sind.

Eine Simulation des nach dem Einsatz des Postprozessors entstanden NC-Programmes mit Arbeitsabläufen und Darstellung der Verfahrwege von Fräser oder Werkzeugeinspannung ist unumgänglich, um Kollisionen der Werkzeuge mit Werkstück oder Werkzeughalter mit dem Werkstück zu vermeiden **(Bild 4)**.

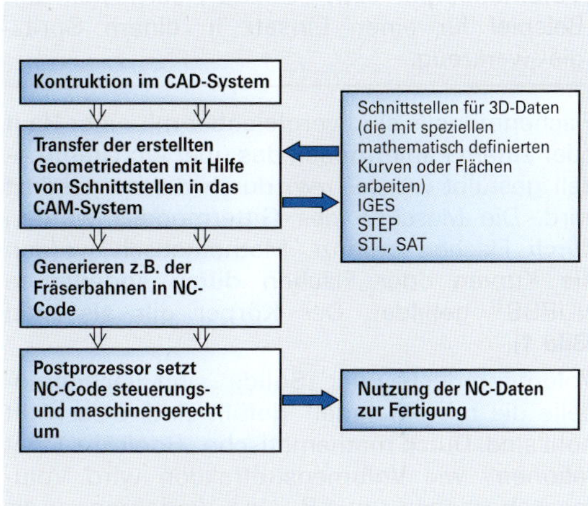

Bild 1: CAD-CAM-Datentransfer

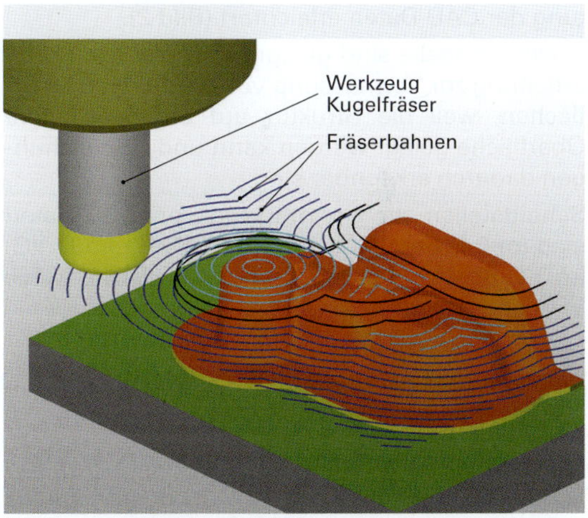

Bild 2: Zeilenweiser Abtrag des Werkstoffes

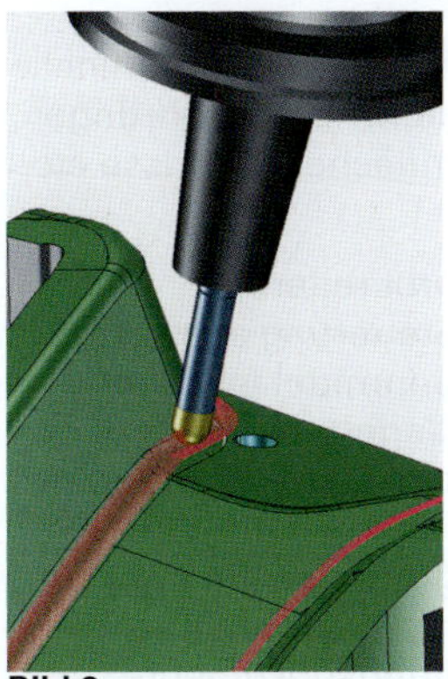

Bild 3: Hohlkehlenbearbeitung

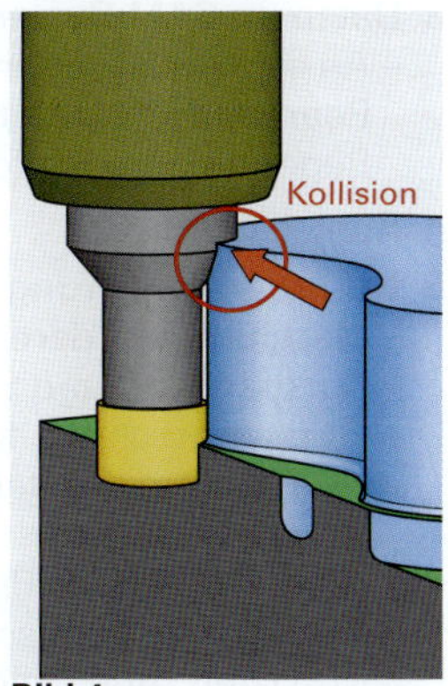

Bild 4: Kollisionsbetrachtung

5.3.1 Strukturen von CAD-Daten

Je nach CAD-Programm unterscheidet man **Flächen** oder „Surfaces" bzw. „Faces" oder **Volumenkörper** bzw. „Solids", dargestellt am Beispiel für einen Einsatz in einem Spritzgießwerkzeug.

Flächenmodelle sind vergleichbar mit einer Haut oder einem Papiermodell das über ein Drahtmodell gestülpt wurde bzw. durch dieses gestützt wird. Die Maschen des Gittermodells werden durch Flächen ergänzt. Mathematisch werden die Kurven oder Flächen durch sogenannte NURBS[1] gebildet. Der Körper gilt als hohl **(Bild 1).**

Volumenmodelle oder „Solids" sind Flächenmodelle die mit „Material" gefüllt sind, also nicht hohl sind. Durch mathematische „Boolsche Operationen" wie Volumensubtraktion wird Volumen abgezogen um z.B. eine Vertiefung zu erzeugen. Damit sind gleichzeitig Außen- und Innenseite definiert, was eine Weiterverarbeitung der CAD-Daten erleichtert **(Bild 2).**

Flächenmodelle sind geeignet für die Weiterverarbeitung zur Vermessung von komplexen Oberflächen, weil die Struktur auf die bearbeitete Oberfläche gelegt werden kann und Abweichungen dadurch erkennbar sind.

Schnittstellen zur Übertragung von CAD-Daten sind im 2-D-Bereich die Formate DXF und DWG. Im 3-D-Bereich werden die Formate STEP, IGES, VDA angewendet.

5

5.3.2 Ablauf im CAD-CAM-System

Vorgehensweise:

1 Werkstückkonstruktion mit dem CAD-System

2 Datenübernahme aus dem CAD-System in das verwendete CAM-System
- Daten auslesen über Schnittstelle

3 Daten im CAM-System aufbereiten
- Ansichten korrigieren und für maschinelle Bearbeitung aufarbeiten, z.B. Bohrungen, Regeltaschen, Freiformflächen, Umrisse etc.

4 Rohteil definieren

5 NC-Programmierung vorbereiten
- Maschine und deren Steuerung auswählen
- Aufspannung und Spannmittel festlegen
- Fertigungsschritte festlegen
- NC-Programmerstellung durch Postprozessor

6 Simulation des NC-Programmes **(Bild 3)**
- Bearbeitung anpassen, Ablauf optimieren
- NC-Daten und Fertigungsdokumente ausgeben

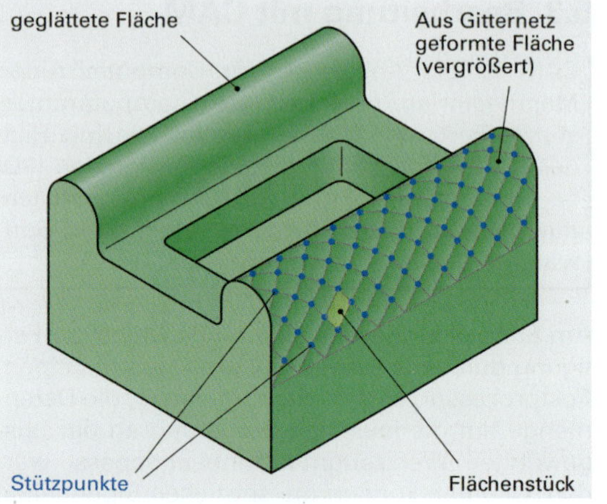

Bild 1: Flächenmodell „Surfaces"

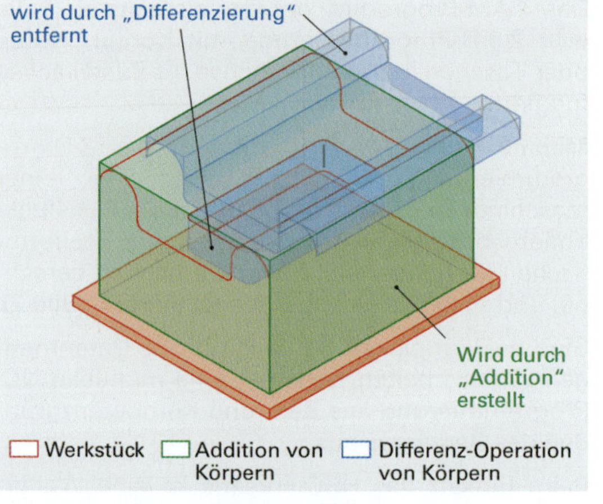

Bild 2: Volumenmodell oder „Solid"

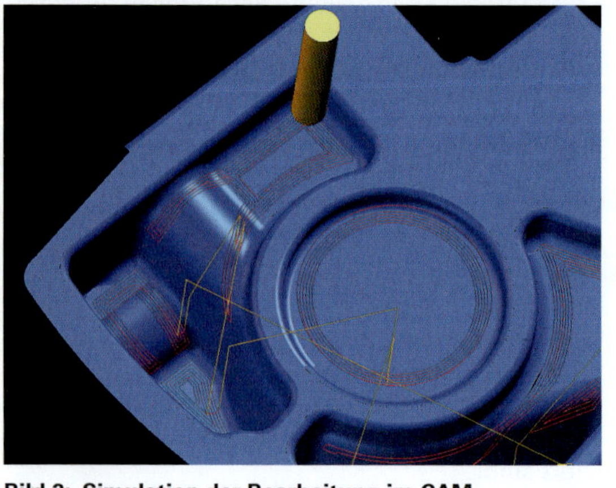

Bild 3: Simulation der Bearbeitung im CAM

[1] NURBS = non-uniform rationale B-Splines math. Bezierkurven

5.4 Hochgeschwindigkeitsfräsen (High-speed-cutting HSC)

Durch die Verbesserungen an Fräsern wie Schneidstoffzusammensetzung, Beschichtung und Geometrie sowie die Anpassung der Werkzeugmaschinen durch höhere Spindeldrehzahlen, schnellere Vorschübe und geeignete Steuerungen, wurde die HSC-Bearbeitung ermöglicht.

Mit dem HSC-Fräsen erhält man bei gleicher Fräszeit durch das Setzen enger Fräszeilenabstände formgenaue Werkstücke mit nahezu fertig bearbeiteten Oberflächen. Damit wird die manuelle Nacharbeit reduziert oder entfällt ganz **(Bild 1)**.

Das HSC-Fräsen wird bei der Bearbeitung von Umformwerkzeugen, bei Spritzgieß- bzw. Druckgießformen sowie bei der Herstellung von Elektroden zum Erodieren verwendet. Dabei lassen sich Oberflächengüten bis $R_a = 0{,}2\ \mu m$ erzeugen, dies auch bei Werkstücken deren Härte über HRC 50 liegen kann **(Bilder 2 und 3)**.

Weitere Vorteile der HSC-Bearbeitung sind:
- geringe Fertigungszeiten
- bessere Fertigungsqualität
- geringe Zerspankräfte
- geringere Erwärmung des Werkstücks

Um die geforderte Oberflächengüte zu erreichen, muss mit hohen Drehzahlen gearbeitet werden. Als Schneidstoffe sind HSS, Hartmetall, Cermet, Schneidkeramik, kubisches Bornitrid oder polykristaliner Diamant im Einsatz. Vorzugsweise werden Vollhartmetall-Schaftfräser oder Kugelschaftfräser mit einer TiC-, N- oder TiAlN-Beschichtung verwendet **(Bild 4)**.

Es sind auch Schaftfräser mit runden oder ovalen Wendeschneidplatten im Einsatz **(Bild 5)**.

Beispiel: Ein Gesenk aus Werkzeugstahl (1.2367) soll bearbeitet werden: Beschichteter Vollhartmetall-Fräser, ∅ 8 mm, 3 Schneiden, $v_c = 300$ m/min, $f_z = 0{,}03$ mm (Herstellerangaben).

Gesucht: Drehzahl n und Vorschubgeschwindigkeit v_f?

Lösung:

$$n = \frac{v_c}{d \cdot \pi} = \frac{300\ \frac{\text{m}}{\text{min}}}{0{,}008\ \text{m} \cdot \pi} = \mathbf{11\,936\ \frac{1}{min}}$$

$$v_f = n \cdot f_z \cdot z$$

$$= 11\,936\ \frac{1}{\text{min}} \cdot 0{,}03\ \text{mm} \cdot 3$$

$$\mathbf{v_f = 1074{,}3\ \frac{mm}{min}}$$

Bild 1: Vor- und Fertigbearbeitung

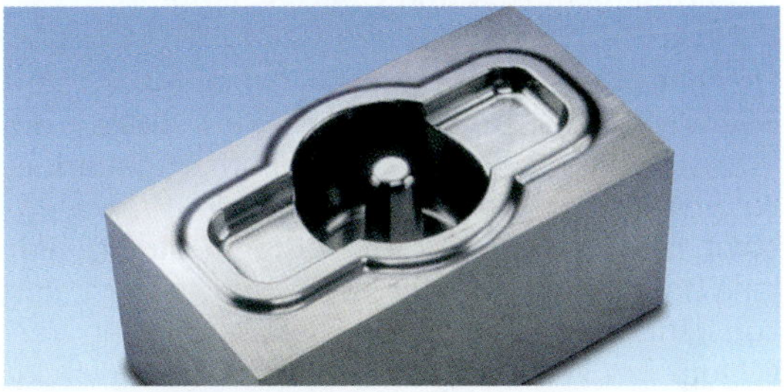

Bild 2: Umformgesenk

Bild 3: Senkerodierelektrode

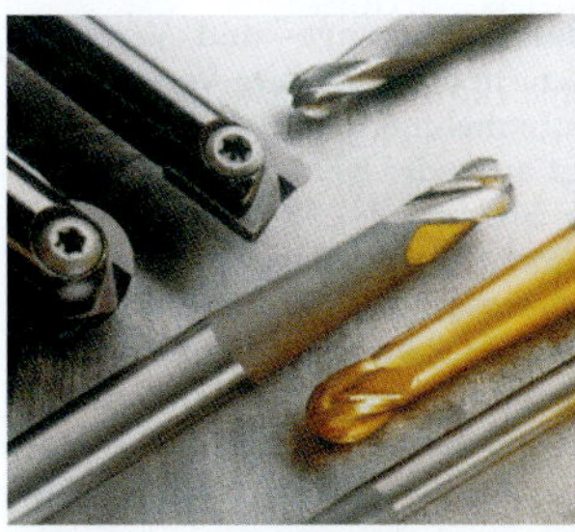

Bild 4: Fräserauswahl

Bild 5: HSC-Fräser

5

Zum Fräsen von Freiformflächen sind Fräser mit Stirnradien erforderlich, da eine zu lange Kontaktfläche mit der Werkstückschulter zu Vibrationen oder zu Werkzeugbruch führen können **(Bild 1)**. Die Stellung des Fräsers zur Werkstückoberfläche muss so gesteuert werden, dass die Schnittgeschwindigkeit konstant ist **(Bild 2)**.

Bei der Benutzung moderner CAD-CAM-Techniken wird das Werkzeug so gesteuert, dass hauptsächlich Werkstoff durch einen konstanten Zustellwert in der Z-Achse abgetragen wird **(Bild 3)**. Dieses Verfahren ist eine Kombination von konturabhängigen Werkzeugwegen und dem Tauchfräsen mit folgenden Vorteilen:

- eine erheblich kürzere Bearbeitungszeit
- besserer Maschinen- und Werkzeugnutzungsgrad
- eine Steigerung der Qualität bezüglich der Formgenauigkeit und Oberflächengüte.

Um eine hohe geometrische Genauigkeit von Formen und Gesenken zu erhalten, sollten die Werte für a_p/a_e = 0,2/0,2 mm beim Fertigbearbeiten von Werkstücken aus gehärtetem Werkzeugstahl nicht überschritten werden **(Bild 4)**. Für jede Bearbeitung und für jedes Werkzeug ist eine konstante Abtraghöhe vorzusehen, um den Verschleiß am Werkzeug so gering wie möglich zu halten **(Bild 5)**.

Auf eine Kühlschmierung ist weitgehend zu verzichten, da nicht gewährleistet werden kann, dass die Späne nochmals in die Schnittzone gelangen können. Dies würde zu einer Überlastung der Schneide führen. Um eine optimale Fräserstellung zu erreichen sind Fräsmaschinen mit 5 gleichzeitig gesteuerten CNC-Achsen notwendig. Dies kann z.B durch eine Kombination von schwenkbarem Aufspanntisch und schwenkbarem Fräskopf erreicht werden **(Bild 6)**.

Die HSC-geeignete Fräsmaschine benötigt eine Steuerung, die die Konturgenauigkeit bei schnellen Vorschüben ermöglicht, die Steuerung muss mit sogenannten „Splines" arbeiten.

Dabei werden die durch die CAD-Anlage erzeugten Stützpunkte auf den Freiflächen so ausgeglichen, dass sich eine „glatte" Fräserbahn ergibt **(Bild 7)**.

Bei engen Kurven ist eine optimale Vorschubgeschwindigkeit nötig, damit keine Schleppfehler und Schwingungen entstehen. Diese Fähigkeit der CNC-Steuerung wird mit „look-ahead", d.h. vorausschauend, bezeichnet.

Bild 1: Werkzeugkontakt

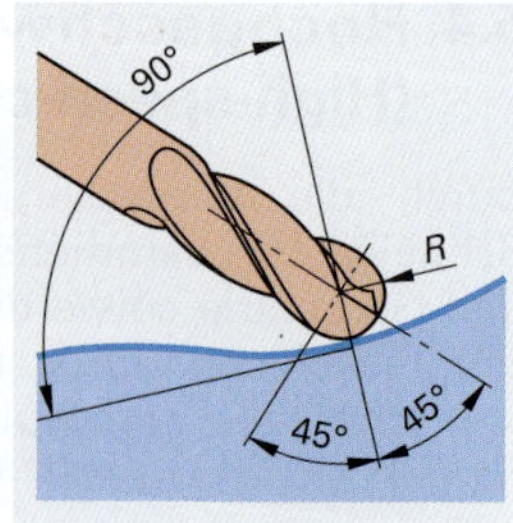

Bild 2: Fräserstellung

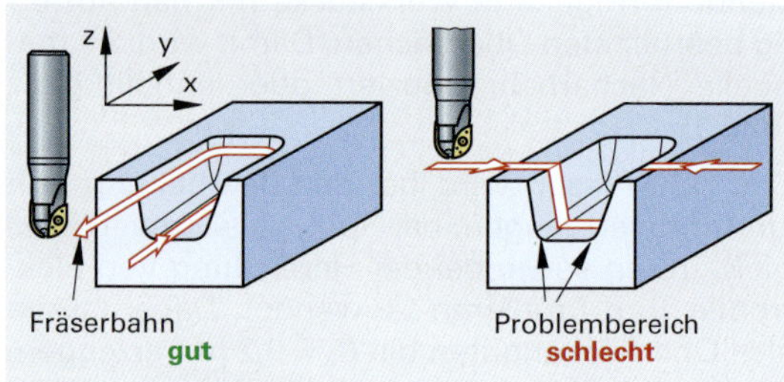

Bild 3: Frässtrategie

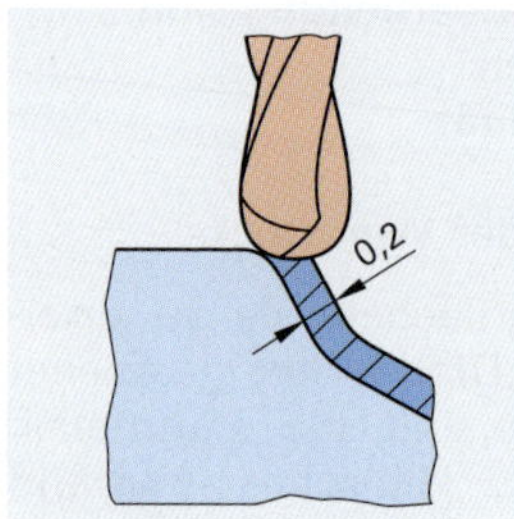

Bild 4: Zustellung

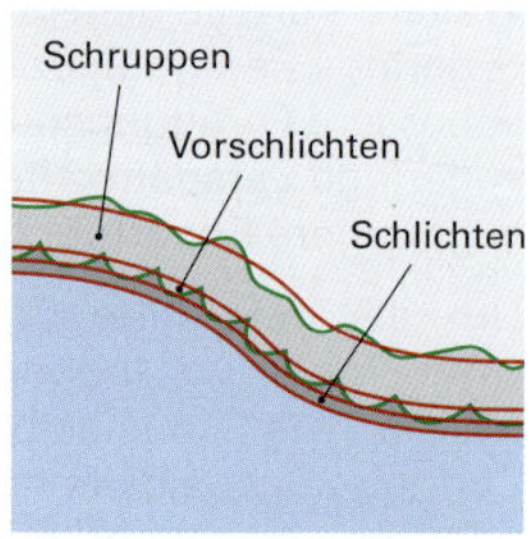

Bild 5: Abtrag

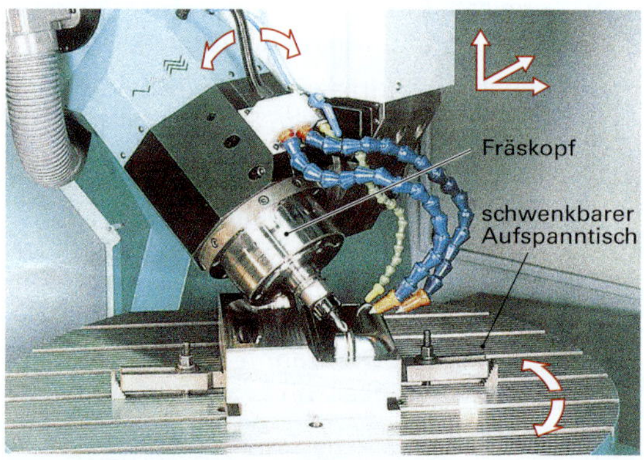

Bild 6: 5-Achsen-Fräsmaschine

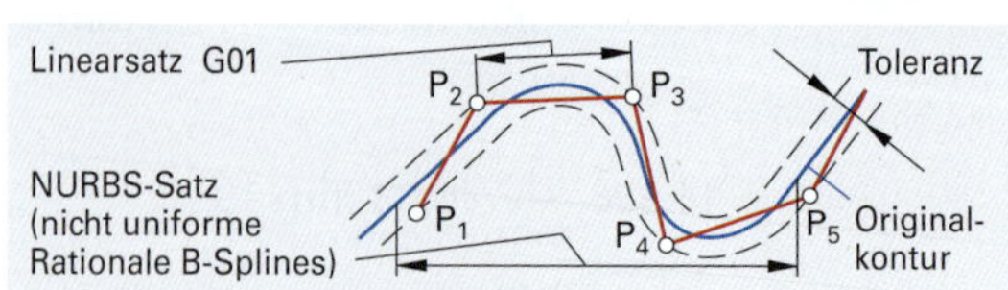

Bild 7: optimale Fräserbahn

5.4.1 HSC in der Elektrodenherstellung

Einen großen Einsatzbereich hat das HSC-Fräsen beim Herstellen von Elektroden für das Senkerodieren. Die Vorteile der HSC-Fertigung sind:

- deutliche Verringerung von Herstellzeit und Herstellkosten
- Fertigung komplexer Geometrien **(Bild 1)**
- Erzielung hoher Maßgenauigkeit und Oberflächengüte.

Da die Elektroden zunehmenden aus Grafit bestehen, sind besondere Kenntnisse in der Berarbeitung dieses Werkstoffes notwendig, um eine wirtschaftliche Fertigung zu gewährleisten. Deshalb ist eine ganzheitliche Betrachtung aller in **Bild 2** aufgeführter Prozesskommponenten notwendig.

Bild 1: Komplexe Senkelektrode

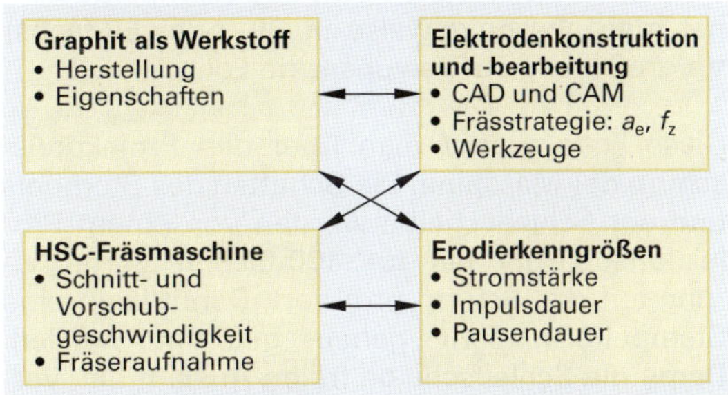

Bild 2: Prozesskenngrößen

Werkstoff Grafit

Grafit wird aus Naturgrafit, Koks und Ruß hergestellt. Das gemahlene Pulver wird mit Pech als Bindemittel isostatisch gepresst und in mehreren Schritten gesintert. Zum Abschluss erfolgt die Grafitierung bei 2500 °C. Es ergeben sich Grafite mit unterschiedlicher Korngröße, Härte und Bruchfestigkeit.

Bearbeitung von Grafit

Grafit lässt sich durch Fräsen gut bearbeiten. Es entstehen kurze Späne, weil sich keine plastische Verformung bei der Spanentstehung ergibt, es ist vielmehr ein Bruchvorgang. Risse führen zu einer Absprengung des Werkstoffes. Dieser Vorgang erzeugt keine Wärme. Somit entstehen keine Wärmespannungen und auch kein Verzug. Da Grafit hart und körnig ist ergibt sich ein abrasiver Verschleiß. Durch die richtige Wahl der Spanungsgrößen wie Vorschub pro Zahn f_z und radialer Zustellung a_e ergibt sich ein Spanungsquerschnitt, der eine Veringerung des abrasiven Verschleißes bewirkt **(Tabelle 1).** Eine Gleichlaufbewegung ist immer vorzuziehen, da es im Gegenlauf beim Fräseraustritt zu Spannungen und Abplatzungen am Werkstück kommt.

Bild 3: Fräser

Bild 4: Beschichtung

Fräser und Fräsmaschinen

Notwendig sind Fräswerkzeuge mit Diamantbeschichtung. Die Fräserdurchmesser betragen bei dünnen Stegen 0,2 mm und kleiner **(Bild 3 und Bild 4)**. Dies erfordert Fräsmaschinen für hohe Schnitt- und Vorschubgeschwindigkeiten, sowie steife Strukturen, Hochgeschwindigkeitsspindeln, geringe Masse für bewegte Teile, leistungsstarke Vorschubantriebe und schnelle Verarbeitung der umfangreichen Datensätze. Eine Absaugung für den Frässtaub ist vorzusehen.

Tabelle 1: Zerspanungsdaten für HSC-Frässfertigung

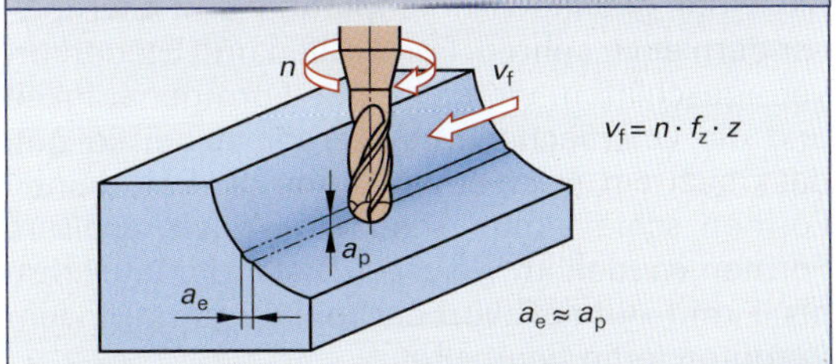

ø in mm	n in 1/min	v_f in m/min	f_z in mm/Zahn	a_{pmax} in mm
…0,20	…40000	400	0,005	0,006
…0,60	…40000	480	0,006	0,084

Frässtrategie

Zum Schruppen sind Schaftfräser mit Eckenradius im Einsatz, für das Schlichten werden Kugelfräser verwendet. Der empfohlene Vorschub pro Zahn f_z (= 0,005 mm) ist einzuhalten.

5.5 Schleifen

5.5.1 Profilschleifen

Zum Schleifen unregelmäßiger Stempelformen werden **Profilschleifmaschinen (Bild 1)** verwendet. Bei diesen führt die Schleifscheibe außer der Drehbewegung noch eine geradlinige Hubbewegung von etwa 80 mm aus. Die Schleifscheibe wird an dem meist vorgearbeiteten und bereits gehärteten Stempel entlanggeführt. Die Zustellbewegung führt ein Schlitten, dem der Schleifkopf mit der Schleifscheibe folgt, aus. Der Schlitten lässt sich durch Handräder oder im CNC-Betrieb verstellen. Die Form des Stempels zeichnet man abschnittsweise in 20- oder 50-facher Vergrößerung auf verzugsarme Folie.

Diese Folie spannt man über den Projektionsschirm der Maschine. Die Schatten des Stempels und der Schleifscheibe werden von einem Projektionsobjektiv bis zur 100-fachen Vergrößerung auf den Schirm projiziert. Damit kann eine Stempelform sehr genau gefertigt werden. Damit die Schleifscheibe freien Auslauf hat, versieht man den Stempel manchmal mit einem Hilfszapfen zum Einspannen **(Bild 2)**.

Sind Wiederholteile zu schleifen, so kann vorteilhaft eine Profilschleifmaschine mit CNC-Steuerung eingesetzt werden **(siehe Bild 1)**.

5

Stempel mit Hinterschneidungen und Durchbrüche in Ausschneidstempel für Gesamtschneidwerkzeuge können allseitig geschliffen werden, wenn man sie aus mehreren Teilen zusammensetzt **(Bild 3)**.
Man versucht dabei eine komplizierte Form in möglichst einfache, d. h. schleifgerechte Teile zu zerlegen.

Auf einer Profilschleifmaschine **(Bild 1)** können nicht nur geteilte Schneidplatten und Stempel, sondern auch Lehren, Formrollen und Steuerkurven geschliffen werden. Die Formgenauigkeit und die Oberflächengüte werden dabei so gut, dass sich ein Nachläppen erübrigt. Bei kleinen Formen schleift man aus dem Vollen, größere Formen werden im weichen Zustand mit 0,2 mm bis 1 mm Aufmaß vorbearbeitet und nach dem Vergüten fertig bearbeitet.

Die Herstellung von Lehren kann erleichtert werden, wenn man die Lehre zu einer einfachen Vollform erweitert **(Bild 4)**. Dadurch können Spannungen und der Verzug gering bleiben. Die fertig geschliffene Lehre wird z. B. durch Drahterodieren **(vgl. Seite 296)** zerlegt.

Bild 1: Profilschleifmaschine

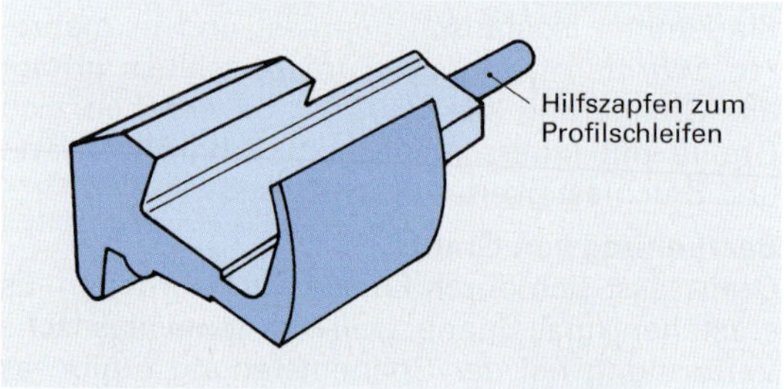

Bild 2: geschliffener Stempel mit Hilfszapfen

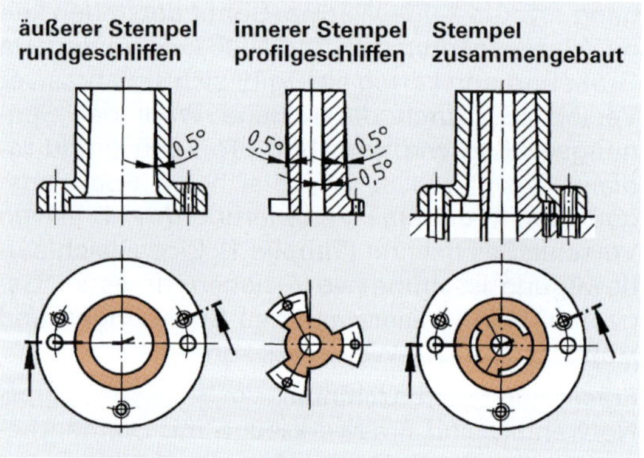

Bild 3: Zusammengesetzter Stempel

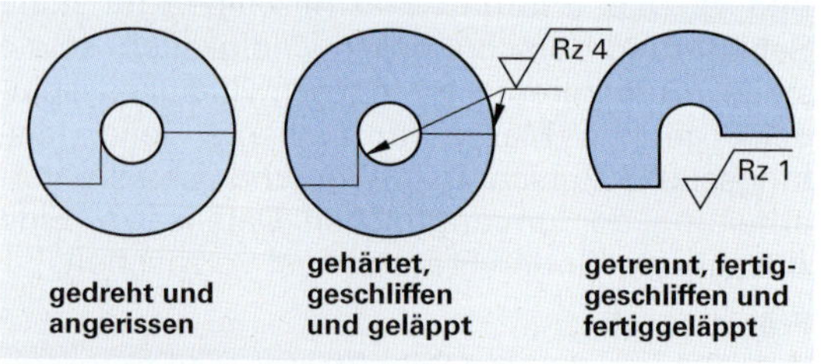

Bild 4: Vollform-Teilform

5.5.2 Tiefschleifen

Beim Tiefschleifen wird auf der ganzen Profiltiefe durch einmaliges Zustellen der Werkstoff abgetragen. Neben dem größeren Zerspanvolumen sind die Profilstabilität der Schleifscheibe, damit eine hohe geometrische Werkstückqualität sowie eine hohe Oberflächengüte vorteilhaft **(Bild 1)**.

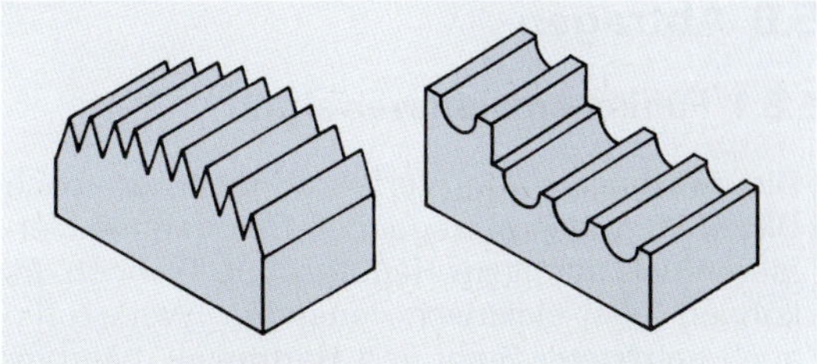

Bild 1: Durch Tiefschleifen erzeugte Profile

5.5.3 Koordinatenschleifen

Mit einer Koordinatenschleifmaschine **(Bild 2)**, die heute vielfach nummerisch gesteuert wird, ist es möglich, die Herstellzeiten von Umform- und Schneidwerkzeugen erheblich zu reduzieren.

Neben dem Schleifen der Bohrungen für Führungsbuchsen und Zylinderstifte werden Innen- und Außenkonturen geschliffen **(Bild 3)**.

Nach dem Vorschleifen der vorgearbeiteten und oftmals gehärteten Werkstücke erfolgt ein Fertigschleifen in zwei Umgängen mit einem Werkstoffabtrag von jeweils 0,005 mm. Zwei Umgänge ohne Zustellung zum Abbau des Restschleifdruckes, auch Ausfunken genannt, beschließen den Vorgang. Die Vorschubbewegung in X- und Y-Richtung wird vom Schleiftisch ausgeführt. Die Schleifspindel bewegt sich zusätzlich mit einer Hubzahl von 70 Hüben pro Minute auf und ab, damit der kurze Schleifstift auf der ganzen Höhe des Werkstückes zum Einsatz gelangt.

Für die Schleifarbeiten verwendet man Schleifstifte aus kubischem Bornitrid (CBN). Diese Schleifstifte haben eine geringe Abnutzung und müssen deshalb während der Bearbeitung nicht abgerichtet werden.

Das Bearbeitungsprogramm für eine nummerisch gesteuerte Koordinatenschleifmaschine hängt von der Werkstückform ab.

Während des Schleifvorganges wird mit Kühlschmiermittel gekühlt. Dadurch erhöht sich die Maßhaltigkeit und die Oberflächengüte der Werkstücke. Gleichzeitig wird der Schleifstaub weggespült.

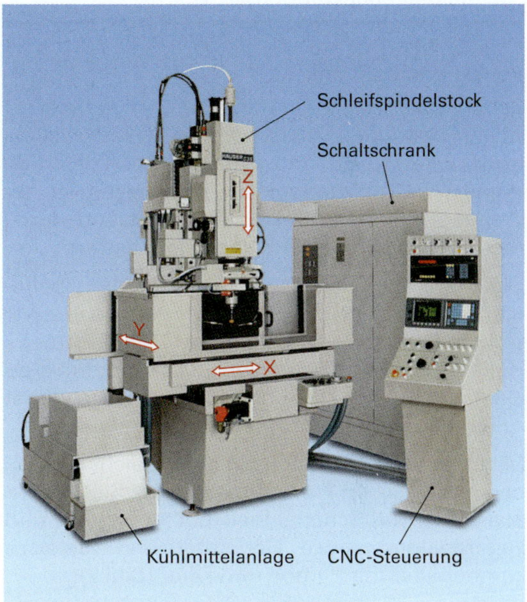

Bild 2: Koordinatenschleifmaschine

Bild 3: Schleifen der Außenkontur

Wiederholung und Vertiefung

1. Nennen Sie die notwendigen Maschineneigenschaften zum Hochgeschwindigkeitsfräsen.
2. Erläutern Sie die Vorteile des Hochgeschwindigkeitsfräsens.
3. Aus welchen Gründen eignet sich HSC-Fräsen zum Herstellen von Elektroden?
4. Vergleichen Sie die Arbeitsweisen beim Profilschleifen und beim Koordinatenschleifen bezüglich der Schleifkörper, der Verfahrwege und der zu schleifenden Werkstücke.

5

5.6 Abtragen

5.6.1 Funkenerosionsverfahren

Die funkenerosiven Verfahren gehören nach DIN 8580 zu den abtragenden Bearbeitungsverfahren und damit zur Hauptgruppe Trennen. Es können alle elektrisch leitenden Werkstoffe, auch gehärteter Stahl und Hartmetall, bearbeitet werden. Von den verschiedenen Funkenerosionsverfahren werden überwiegend das **funkenerosive Senken** und das **funkenerosive Schneiden** angewandt **(Bild 1)**.

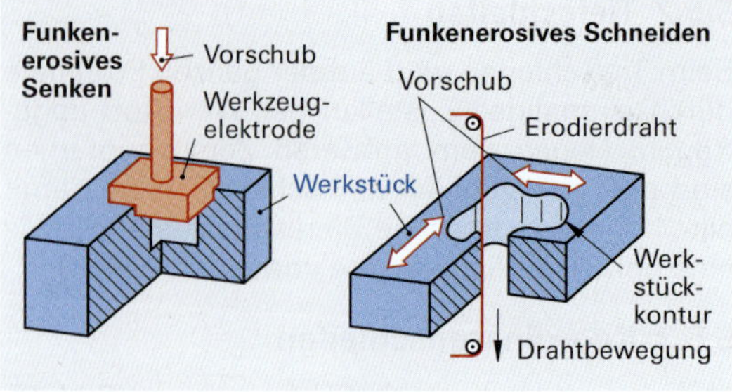

Bild 1: Funkenerosive Verfahren

Verfahrensmerkmale

Beim Funkenerodieren trägt die Wirkung elektrischer Entladungen zwischen der Werkstückelektrode (Werkstück) und der Werkzeugelektrode kleine Werkstoffmengen ab. Dabei schmilzt der Werkstoff, wird teilweise verdampft und durch mechanische und elektrische Kräfte entfernt.

Die Werkzeug- und Werkstückelektroden befinden sich während des Erodiervorganges in einer nicht leitenden Flüssigkeit, dem Dielektrikum. Es isoliert Elektrode und Werkstück und führt zu einer Verengung des Entladekanales und damit zu hoher Energiedichte an der Wirkstelle.

Mit einer **Funkenerosionsanlage** erreicht man einen periodischen Funkenüberschlag. Sie besteht aus einer Maschineneinheit mit Vorschub- und Lageregelung sowie Generator und Dielektrikumbehälter mit Pumpe und Filter **(Bild 2)**.

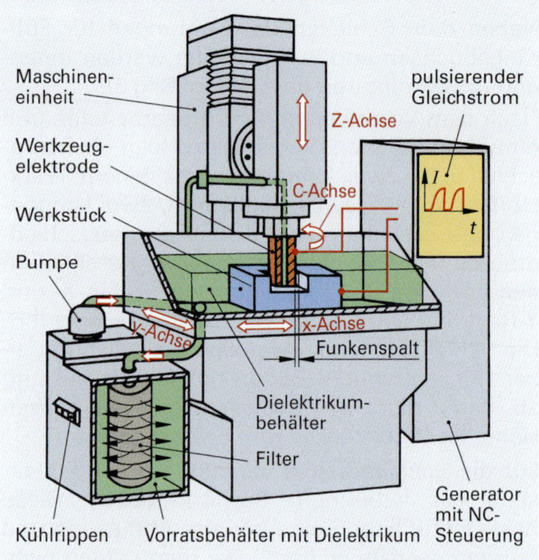

Bild 2: Funkenerosionsanlage zum Senken

Zünd-, Entlade- und Abtragvorgänge

Zur Erzeugung eines Funkens in der **Zündphase** wird durch den Generator eine pulsierende Spannung (20 V ... 150 V) zwischen den Elektroden angelegt. In dem mit Dielektrikum gefüllten Funkenspalt bildet sich an der Stelle mit dem geringsten Abstand ein starkes elektrisches Feld aus. Stoffteilchen im Dielektrikum bilden eine leitende Brücke und es entsteht ein Entladekanal. Ein Funke springt über **(Bild 3/**1 und 2).

In der **Entladephase** herrscht im Entladekanal hoher Druck und es fließt ein großer Strom bis 100 A. Dies bewirkt hohe Temperaturen von 8000 °C ... 12 000 °C und verursacht ein sofortiges Schmelzen und Verdampfen von Werkstoffteilchen. Diese Schmelze wird nach dem Abschalten des Stromes explosionsartig herausgeschleudert **(Bild 3/**3 und 4). Danach verliert der Entladekanal seine Leitfähigkeit. Die im Dielektrikum entstandene Dampfblase schrumpft und wird mit dem erstarrten Werkstoff weggespült **(Bild 3/**5 und 6).

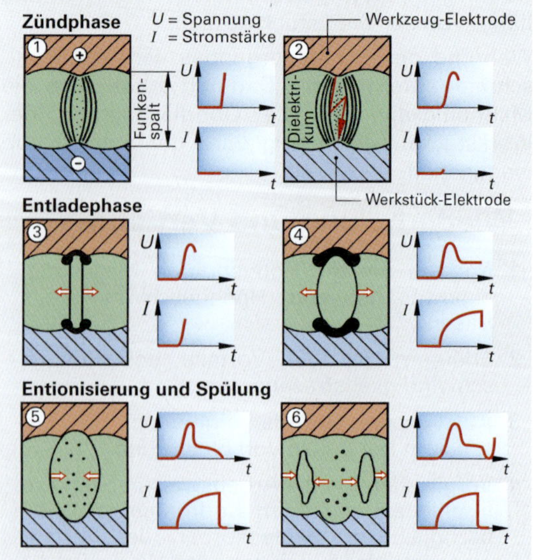

Bild 3: Zünd-, Entlade- und Abtragvorgänge

Elektrische Kenngrößen

Der Generator sorgt für die Gleichspannung, die Strombegrenzung und die Form der elektrischen Impulse. Regeleinrichtungen passen die elektrischen Größen an die technologischen Erfordernisse an. Den Verlauf von Spannung und Strom über die Zeit zeigt **Bild 1**. Es ist eine sinnbildliche Darstellung der sich wiederholenden Impulse mit

- **Impulsdauer t_i**
- **Periodendauer t_p**
- **Entladedauer t_e**
- **Pausendauer t_o** und
- **Zeitverzögerung t_d**

Am Generator können Impulsstrom I_i als Stromstufe, Impulsdauer, Periodendauer und Pausendauer unabhängig voneinander eingestellt werden. Den Ablauf des Erodierprozesses bestimmt die **Entladeenergie**.

$$W = u_e \cdot i_e \cdot t_e$$

W Entladungsenergie
u_e mittl. Entladespannung
i_e mittl. Entladestrom
t_e Entladedauer

Erodierkenngrößen

Bei steigender Entladeenergie ergibt sich eine schlechte Oberflächengüte mit großen Entladekratern, sowie eine Veränderung des Werkstoffgefüges an der Werkstückoberfläche **(Bild 2)**.

Die Einstellkenngrößen sollten deshalb so gewählt werden, dass die geforderte Oberflächengüte und Maßhaltigkeit durch einen Schlichtgang noch erreicht wird.

Der Funkenspalt oder Arbeitsspalt S ist der Zwischenraum zwischen Werkstück und Elektrode in dem der Funke überspringt **(Bild 3)**.

Um ein maßgenaues Werkstück erodieren zu können, muss der Funkenspalt bei der Herstellung der Elektrode berücksichtigt werden.

Der frontale Arbeitsspalt S_F wird durch die Regelung der Maschine bestimmt, der laterale[1] Arbeitsspalt S_L dagegen durch Elektrodenwerkstoff, Entladungsimpulse, Spülungsart und das Dielektrikum.

Die Wirtschaftlichkeit des Funkenerosionsverfahrens beschreiben folgende Kenngrößen:

Abtragrate[2] V_W in mm^3/min
Schneidrate[3] V_C in mm^2/min
Verschleißrate V_E in mm^3/min (an der Werkzeugelektrode)

relativer Verschleiß $\vartheta = \frac{V_E}{V_W} \cdot 100\ \%$ in Prozent **(Bild 4)**

Längenverschleiß ϑ_L in mm **(Bild 5)**.

[1] lateral (lat.) = seitlich
[2] beim Senken
[3] beim Schneiden

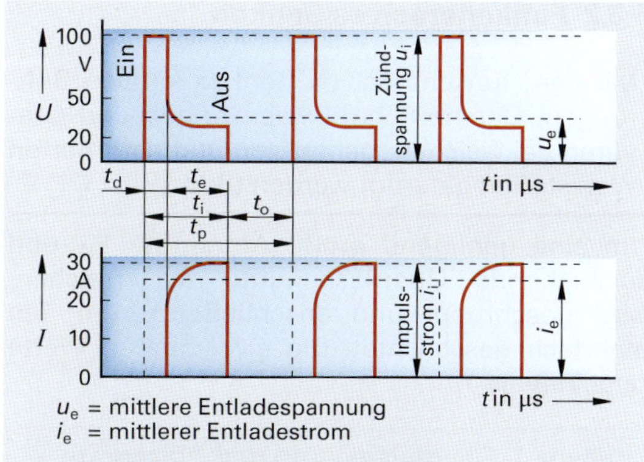

Bild 1: Spannungs- und Stromverlauf

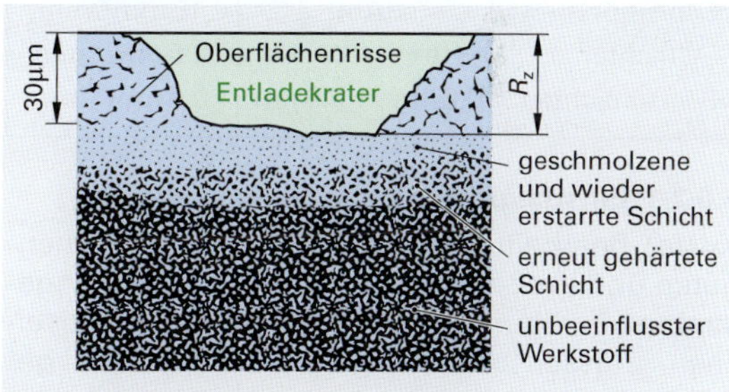

Bild 2: Oberfläche mit Gefügeänderungen

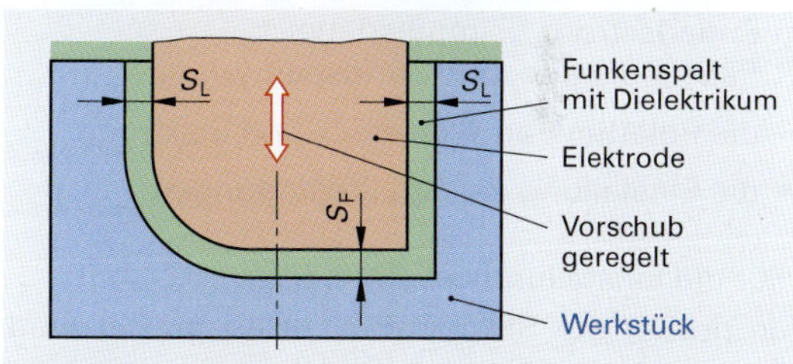

Bild 3: Funkenspalt

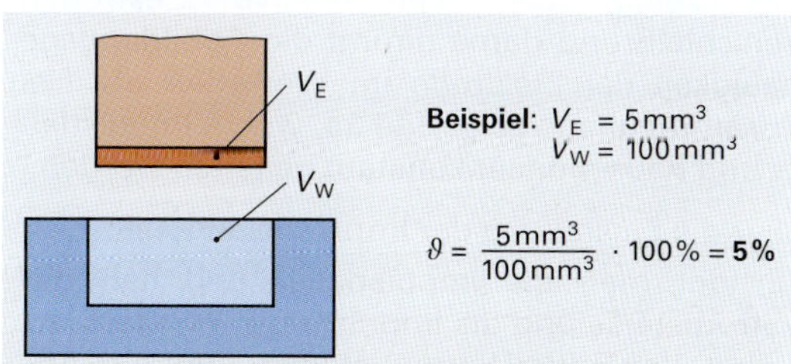

Bild 4: relativer Verschleiß

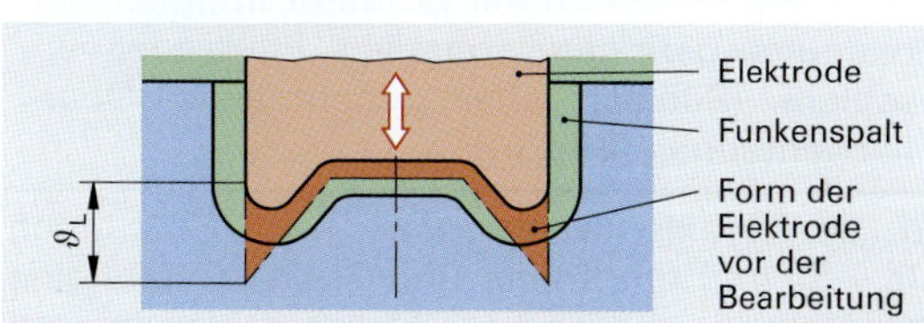

Bild 5: Längerverschleiß

5.6.2 Funkenerosives Senken

Mit dem funkenerosiven Senken können Bohrungen, Durchbrüche, Einsenkungen und Gravuren bei weichen, gehärteten und naturharten Werkstoffen gefertigt werden **(Bild 1).**

Um eine genügend große Abtragrate V_W und ausreichende Oberflächengüte zu erreichen, wird geschruppt und anschließend zum Teil mehrfach geschlichtet. Die erreichbaren Werte zeigt **Tabelle 1.**

Tabelle 1: Oberflächengüte und Abtragrate

	Ra	V_W
Schruppen	3 µm	15 mm³/min
Schlichten	3 µm ... 0,8 µm	2,5 mm³/min
Feinschlichten	0,8 µm ... 0,5 µm	0,5 mm³/min

5.6.2.1 Einstellgrößen beim Senkerodieren

Kurze Bearbeitungszeiten, hohe Oberflächengüten und große Maßgenauigkeit sind die angestrebten Fertigungsziele. Um diese Ziele zu erreichen, müssen die richtigen Prozessgrößen gewählt werden.

- Einstellwerte am Generator: Entladestrom i_e, Impulsdauer t_i, Pausendauer t_o und Zündspannung u_i
- die Polarität von Werkstück und Elektrode
- die Einstellung der Spülbedingungen

Für die Einstellung des Entladestroms i_e gilt:
Je größer die Stromstärke, desto größer sind Abtragrate und Rauheit **(Bild 2).**

Gleichzeitig steigt der relative Elektrodenverschleiß und damit nimmt die Abbildungsgenauigkeit der Elektrode im Werkstück ab. Den Zusammenhang zeigt **Bild 3a,** wobei Impulsdauer und Pausendauer konstant gehalten werden.

Für die Einstellung der Impulsdauer t_i gilt:
Erhöht man die Impulsdauer und hält die Stromstärke und die Impulspause konstant, so wirkt der Entladestrom stärker und die Abtragrate steigt bis zu einem Maximum an **(Bild 3b).** Erodieren mit größerer Impulsdauer bedeutet geringerer relativer Elektrodenverschleiß **(Bild 3c),** aber zunehmende Oberflächenrauheit **(Bild 3d).**

In der Praxis wählt man zum Schruppen (R_z = 50 µm) mit Kupfer und Grafit in Stahl eine Impulsdauer t_i zwischen Abtragmaximum und Verschleißminimum.

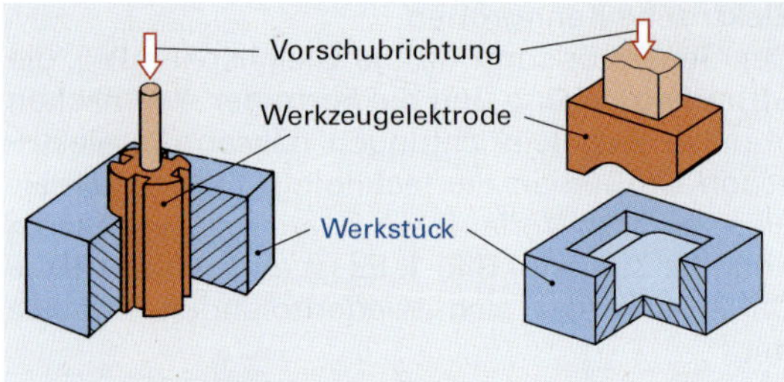

Bild 1: Funkenerosives Senken

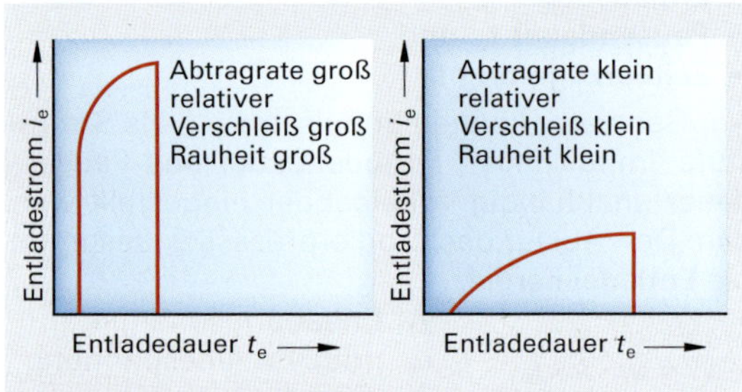

Bild 2: Wirkkombinationen

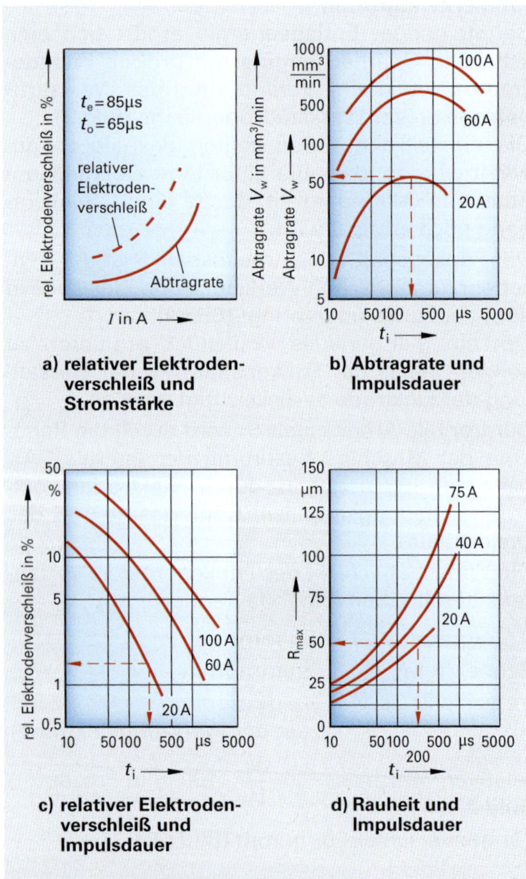

Bild 3: Wirkung der Einstellgrößen

Für die Einstellung der Pausendauer t_o gilt: Verkleinerung der Pausendauer ergibt viele Entladungen und damit eine hohe Abtragrate. Bei zu kurzer Pausendauer besteht die Gefahr der Prozessstörung durch örtliche Überhitzung und die Bildung von Lichtbogen mit Kurzschlusseffekten.

Praxiswerte für das Einstellverhältnis t_i/t_o:

Schruppen	t_i/t_o	$\geq 10:1$
Schlichten	t_i/t_o	$4:1$ bis $10:1$
Feinschlichten	t_i/t_o	$\approx 0{,}4$ **(Bild 1).**

Zusammenhänge und Einstellungen können dem Kurvenblatt des Elektrodenherstellers entnommen werden **(Bild 2)**.

Beispiel:

Es soll die Bearbeitung einer Durchgangsbohrung in Werkzeugstahl bei geringem relativem Elektrodenverschleiß durchgeführt werden. Der gewünschte Oberflächenwert beträgt $R_a = 3{,}4$ µm, die gewählte Polarität der Elektrode ist positiv. Die Elektrode ist aus Grafit. Welche Einstell- und Bearbeitungswerte ergeben sich?

Ergebnis:

Spitzenstromstärke 6,25 A. Der Frontalverschleiß beträgt ca. 6 %, der Eckenverschleiß ca. 24 %. Abtragrate $V_W = 25$ mm³/min.

Es wird die Kurve mit 6,25 A gewählt, weil da der relative Verschleiß und damit der Elektrodenverschleiß gering ist.

Solche Ergebnisse sind als Dateien in der Steuerung der Erodiermaschine hinterlegt. Der Bediener erhält nach Eingabe der Prozessvorgaben eine optimale Empfehlungseinstellung von der Steuerung, so dass Erodierfehler vermieden werden.

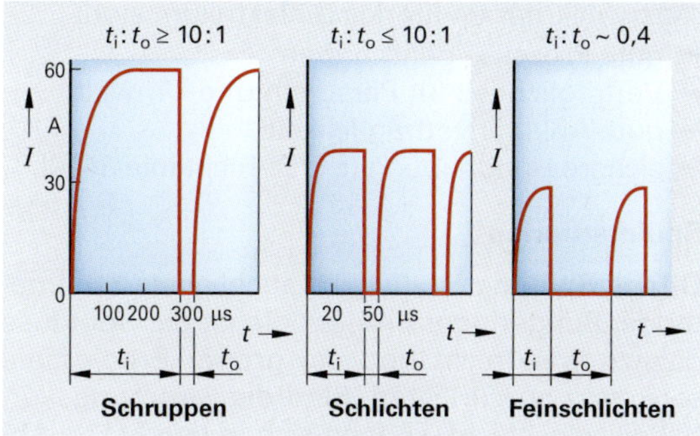

Bild 1: Verhältnis von Impuls- und Pausendauer

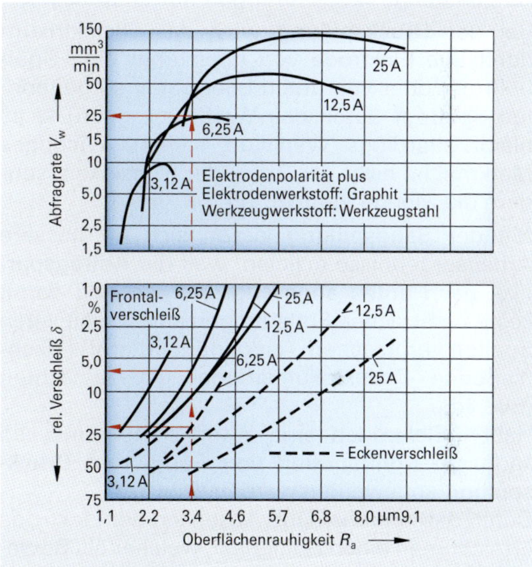

Bild 2: Einstellblatt

Polarität

Um den Verschleiß an der Elektrode möglichst klein zu halten, ist auf die vom Elektrodenhersteller empfohlene **Polarität** zu achten **(Tabelle 1)**.

Tabelle 1: Elektrodenpolarität

Elektrodenwerkstoff	Werkstückwerkstoff	Fertigungsvorgang	Elektrodenpolarität
Grafit	rostfreier Stahl	Schruppen Schlichten	positiv negativ
	Stahl	Schruppen Schlichten	positiv negativ
Kupfer	rostfreier Stahl	Schruppen Schlichten	positiv positiv
	Stahl	Schruppen Schlichten	positiv positiv
Wolfram-Kupfer	Stahl	Schruppen Schlichten	positiv positiv
	Hartmetall	Schruppen Schlichten	negativ negativ
Kupfer-Zink-Legierung	Stahl	Schruppen Schlichten	positiv positiv
	Hartmetall	Schruppen Schlichten	negativ negativ

Dielektrikum

Das Dielektrikum soll während der Funkenerosion die Elektrode vom Werkstück isolieren, möglichst optimale Bedingungen für den Aufbau eines elektrischen Feldes schaffen und eine Ionisation[1] für den Funkenüberschlag ermöglichen. Außerdem sollten die Elektrode und das Werkstück gekühlt und die erodierten Partikelchen aus dem Funkenspalt gespült und abtransportiert werden.

Als Dielektrikum sind Kohlenwasserstoffverbindungen und entionisiertes Wasser gebräuchlich.

[1] Ionisation: lat. Aufspaltung in leitende Teilchen

5

Auswahlkriterien für das Dielektrikum sind:
- gute Prozesseigenschaften
- Verträglichkeit für Personen und Umwelt
- gute Anlagenverträglichkeit
- sichere Handhabung (s. VDI-Richtlinie 3400).

Spülmethoden

Offene Spülung ist die gebräuchlichste Spülmethode. Bei geringer Erodiertiefe ist die Spüldüse nahezu waagrecht und bei großer Erodiertiefe senkrecht auszurichten. Sind die Strömungsverhältnisse schlecht, können sich in den Ecken Abtragungspartikel sammeln und zu Formverzerrungen und Prozessstörungen führen **(Bild 1a)**.

Bei der **Druckspülung** wird das Dielektrikum durch die Elektrode von oben über eine Spülbohrung oder von unten über einen so genannten Spültopf durch das Werkstück gedrückt es bleibt allerdings Werkstoff stehen. Wichtiges Merkmal ist nicht der Druck der Flüssigkeit, sondern die Menge **(Bild 1b, 1c)**.

Mit der **Saugspülung** lassen sich oft bessere Arbeitsergebnisse erzielen, weil die Abtragspartikel nach unten abgesaugt werden und damit keine zusätzlichen Entladungen an den seitlichen Spalten verursachen. Auf genügend große nachfließende Dielektrikumsmenge ist zu achten **(Bild 1d)**.

Haben Elektroden eine komplizierte Form, so kann die **Kombination von Saug- und Druckspülung** angewendet werden **(Bild 1e)**.

Durch das Anheben und Absenken der Elektrode erreicht man einen Spüleffekt, welcher als **Bewegungsspülen** bezeichnet wird. Diese Spülmethode kann durch eine Rotation der Elektrode unterstützt werden. Es entsteht ein gleichmäßiger Elektrodenverschleiß **(Bild 1f)**.

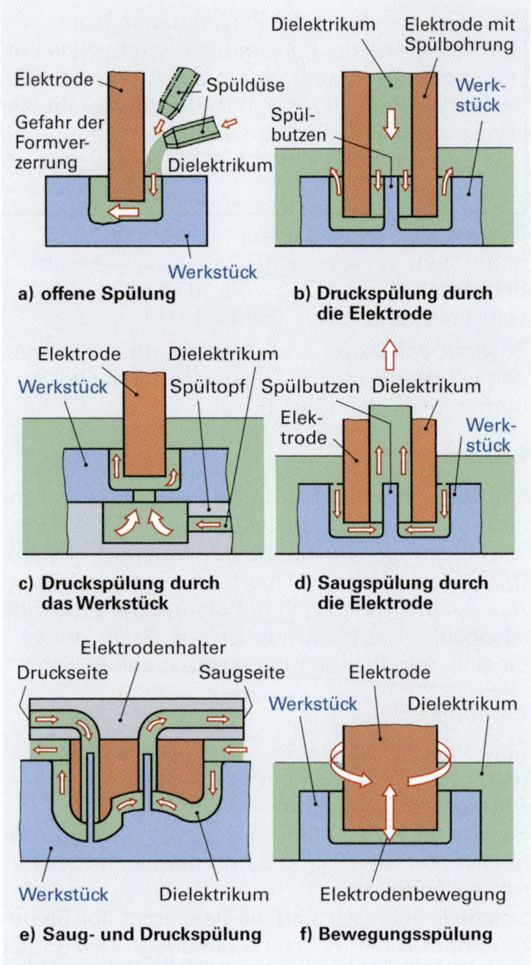

Bild 1: Spülmethoden

Einstellung der Spülbedingungen

Durch die sachgerechte Auswahl des Dielektrikums und seines prozessgerechten Einsatzes als Spülflüssigkeit lassen sich Abtragrate, Elektrodenverschleiß, Oberflächengüte und Abbildungsgenauigkeit beeinflussen.

Störungen beim Erodieren

Unter Störungen versteht man Entladungsvorgänge, die entweder keinen oder einen verminderten Werkstoffabtrag zur Folge haben. Bei Nichtbehebung oder Nichtbeachtung kann es zu erheblichen Beschädigungen an Werkstück und Elektrode kommen **(Tabelle 1)**.

Zur Erkennung und zur Vermeidung stehen an modernen Senkerodiermaschinen Detektoren zur Verfügung, die unerwünschte Störungen überwachen und entsprechende Maßnahmen einleiten.

Tabelle 1: Störungen und ihre Vermeidung

Störung	Auswirkung	Beseitigung
Leerlauf	Leerlaufimpulse bewirken keine Zündung und Entladung	Erodierspalt verkleinern, Dielektrikum tauschen
Kurzschluss	Spannungsabfall, Stromanstieg, Oberflächenschäden, verminderter Abtrag	Erodierspalt vergrößern, Spülung verbessern
Lichtbogen	Zerstörung von Werkstück und Elektrode	Impulsdauer t_i verlängern, Erodierspalt vergrößern, Spülung verbessern
Verschmutzungsimpulse	keine gleichmäßige Oberflächenstruktur	Erodierspalt vergrößern, Spülung verbessern

5.6.2.2 Elektroden

Für die Erfüllung der Erodieraufgabe muss eine oder mehrere Werkzeugelektroden angefertigt werden, die in ihrer Form dem späteren Durchbruch bzw. der Gravur entsprechen.

Einachsig gesteuerte Elektroden

Die Werkzeugelektrode bewegt sich während des Arbeitsvorganges nur in Vorschubrichtung, um den frontalen Funkenspalt S_F konstant zu halten. Es ist dabei zu beachten, dass die Schrupp- bzw. Schlichtelektrode um den Wert des frontalen und lateralen Funkenspaltes kleiner sein muss, als die Negativform im Werkstück gewünscht wird **(Bild 1).**

Berechnung der Elektrodenmaße

Die Abmessungen der Elektrode ergeben sich aus der notwendigen Differenz zwischen dem Nennmaß D des Werkstückes und dem Elektrodendurchmesser d_1 und d_2, bei einer mehrstufigen Bearbeitung.

$$d_1 = D - 2 \cdot S_{L1} - 2 \cdot Rz - 2 \cdot Z$$

$$d_2 = D - 2 \cdot S_{L2}$$

D_1 Schruppelektrodenmaß
d_2 Schlichtelektrodenmaß
D Elektroden-Nennmaß
S_L lateraler Funkenspalt
Z Seitenzugabe
Rz Rautiefe

Dabei ist Rz der entstehende Rauheitswert beim Schruppen und Z die Seitenzugabe, welche die thermischen Oberflächeneinflüsse berücksichtigt. Z sollte mindestens $^1/_2$ Rz betragen **(Bild 2).**

Mehrachsig gesteuerte Elektroden

Planetärerodieren

Die Einführung des Planetärerodierens ist eine Erweiterung der Senkerodiertechnik. Der senkrecht bewegten Hauptachse Z wird eine zusätzliche Auslenkbewegung in X- und Y- Richtung überlagert **(Bild 3).** Notwendig ist eine entsprechende CNC-Steuerung. Damit kann Schruppen und Schlichten mit einer Elektrode durchgeführt werden **(Bild 4).**

Die Größe des Funkenspaltes variiert mit der Entladeenergie und mit den Prozessparametern wie Arbeitsstrom, Spülbedingungen und Dielektrikum. Ein konstanter Funkenspalt ist für den Erodierprozess wichtig. Deshalb wird die Spaltspannung zwischen Elektrode und Werkstück ständig gemessen und mit den in der Steuerung abgelegten Werten verglichen. Eine Differenz führt zur Veränderung der Vorschubbewegung d.h. der Spaltabstand wird nachgeregelt.

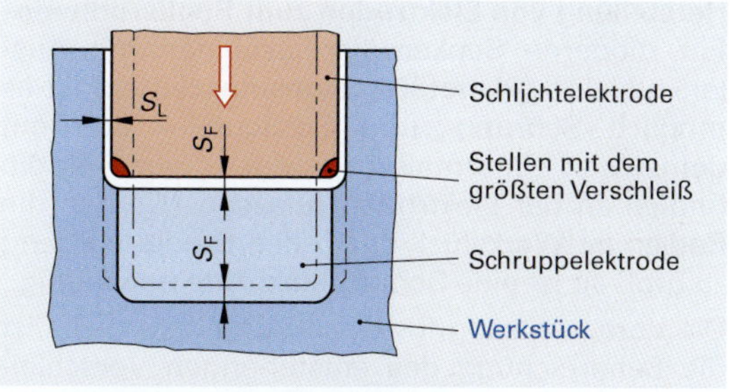

Bild 1: Schrupp- und Schlichtelektrode

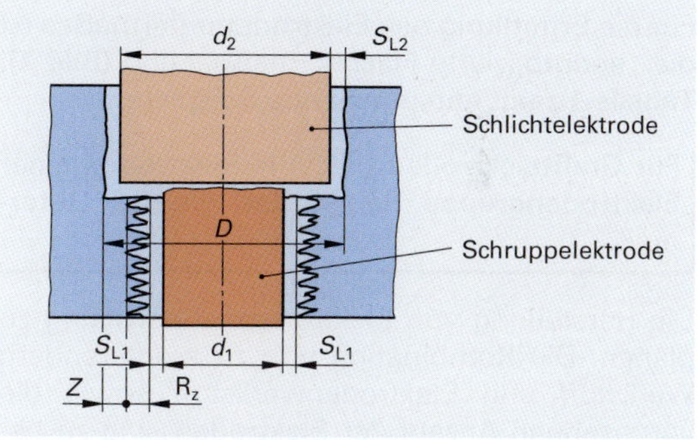

Bild 2: Elektrodenmaße

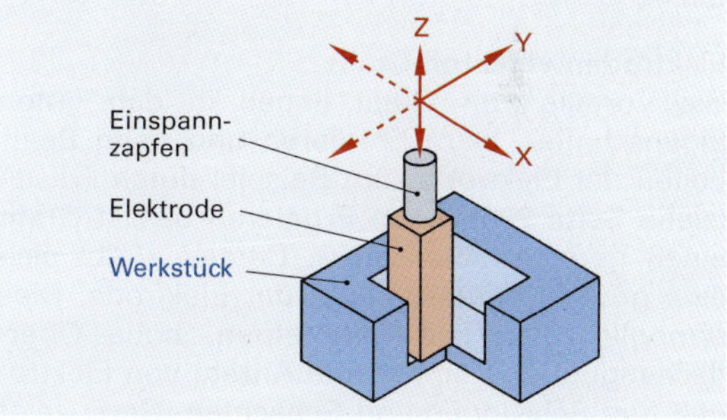

Bild 3: Planetärerodieren

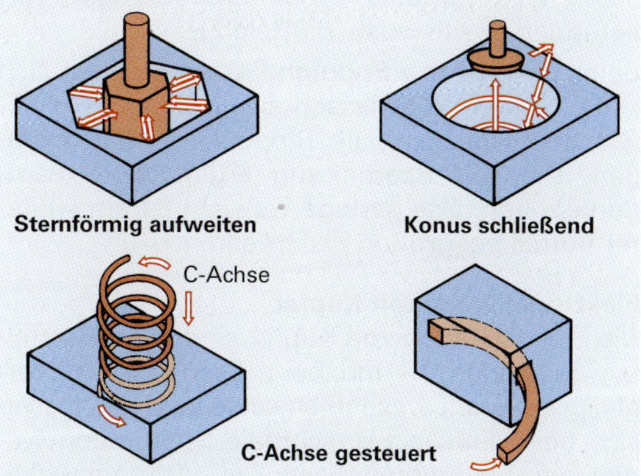

Bild 4: Mehrachsige Bewegungskombinationen

5

Herstellung von Elektroden zum Senkerodieren

Für moderne Senkerodiermaschinen mit Auslenkfunktion **(Planetärerosionsmaschinen)** ist es möglich Schrupp- und Schlichtelektrode mit demselben Untermaß zu fertigen, wenn es die Radien an der Elektroden zulassen. Werden die Radien im Werkstück durch den Erodiervorgang zu groß so ist eine Schlichtelektrode notwendig.

Die Voraussetzung für diese Vorgehensweise ist die Beherrschung des entstehenden Verschleißes an der Elektrode über die richtige Wahl der Stromdichte bzw. die richtige Bestimmung des notwendigen Untermaßes der Elektrode.

Für die Ermittlung des Elektrodenuntermaßes ist die „endprojizierte Fläche" maßgebend **(Bild 1)**. **Tabelle 1 zeigt entsprechende Beispiele.**

Für Grafitelektroden gilt: Alle Elektroden einer Elektrodengruppe haben das gleiche Untermaß.

Die Herstellung von Elektroden ist sorgfältig zu planen. Die Kombination von zu erodierendem Werkstoff und Elektrodenwerkstoff sowie die vorgesehene Anzahl der Elektroden sind zu bedenken. Die in **Tabelle 2** aufgeführten Elektrodenwerkstoffe sind die am meisten verwendeten.

Elektrodenwerkstoff Grafit

Die Vorteile von Grafit liegen in den guten Eigenschaften beim Erodieren und beim Bearbeiten der Elektrode zum Beispiel durch Fräsen **(siehe Seite 285)**. Beim Erodieren besitzt Grafit einen geringen Verschleiß. Daraus ergibt sich eine große Kantenstabilität der Elektrode. Dies ermöglicht filigrane Geometrien, hohe Oberflächengüte und eine kleine Anzahl von Elektroden fürs Schruppen und Schlichten. Grafit zeigt keine Verformung durch Temperatureinwirkung und besitzt einen geringen Ausdehnungskoeffizienten, was sich beim Erodieren von engen Vertiefungen positiv auswirkt **(Bild 2)**.

Beim Bearbeiten z.B. durch Fräsen ergeben sich keine Grate und es lassen sich dünne Stege sowie tiefe und schmale Rippenkammern erzeugen. Die HSC-Bearbeitung ergibt kurze Fertigungszeiten. Das geringe Gewicht ist ein weiterer Vorteil bei großen Elektroden.

Elektrodenwerkstoff Kupfer

Die Eigenschaften von Kupfer sind beim Herstellen der Elektrode und beim Erodieren im Vergleich zu Grafit wesentlich schlechter. So lassen sich beim Fräsen z.B. schmale Stegbreiten wegen der niedrigeren Festigkeit nicht verwirklichen **(Bild 3)**.

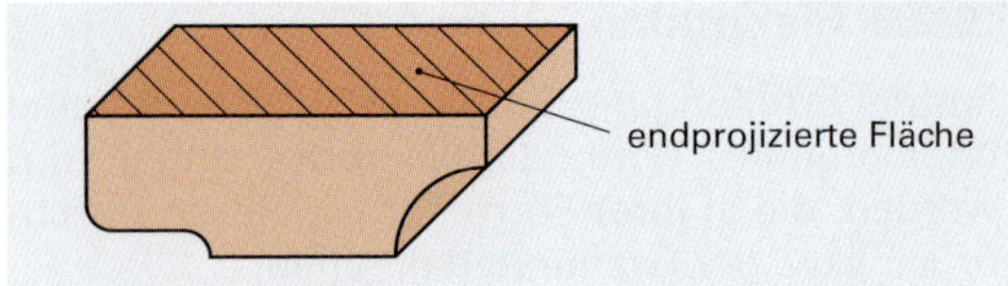

Bild 1: Elektrodenuntermaß

Tabelle 1: Beispiele für Elektrodenuntermaße

Endprojezierte Fläche	Abtrag in mm^3/min	Elektrodenuntermaß
3,0 bis 4,0 cm^2	50 mm^3	0,6 mm im Durchschnitt
0,5 bis 1,5 cm^2	7,5 mm^3	0,3 mm im Durchschnitt

Tabelle 2: Elektrodenwerkstoff

Werkstoff	Eigenschaften	Verwendung
Grafit	hohe Abtragsleistung, niedrige Verschleißwerte, Kontur- und Maßhaltigkeit bei filigranen Elektroden, hohe Oberflächengüte mit Feinkorngrafit leicht zu bearbeiten	für Formpressgesenke aller Größen für Schneid- und Abstreifplatten Druckgießformen geringe Elektrodenzahl
Kupfer	hohe Abtragsleistung, niedriger Verschleiß bei entsprechenden Einstellungen gute Bearbeitbarkeit	für kleine Werkzeuge mit Konturumfängen 1 mm bis 4 mm große Elektrodenzahl
Wolfram-Kupfer	teurer Elektrodenwerkstoff, gutes Verschleißverhalten schwer zu bearbeiten	für Schlichtelektroden zur Hartmetallbearbeitung
Kupfer-Zink	preiswertes Elektrodenmaterial	zum Drahterodieren

Bild 2: Elektrode aus Grafit

Bild 3: Elektrode aus Kupfer

Wegen der geringeren thermischen Stabilität von Kupfer und des damit verbundenen größeren Verschleißes beim Schruppen müssen geringere elektrische Stromdichten verwendet werden, was zu wesentlich längeren Erodierzeiten führt, auch weil zusätzliche Elektroden notwendig sind. In besonderen Fällen sind bessere Oberflächengüten zu erzielen.

Elektrodenaufspannung

Um wirtschaftlicher, genauer und flexibler fertigen zu können, werden in der Senkerodiertechnik, aber auch in der Drahterodiertechnik, spezielle Spannsysteme mit Nullpunktsystemen eingesetzt.

Der Elektrodenrohling wird auf dem Spannsystem befestigt und z. B. spanend bearbeitet. Ein erneutes Aus- oder Einrichten auf der Erodiermaschine entfällt. Die Position der Bezugspunkte im System Werkstück-Elektrode-Elektrodenhalter liegen fest, und können in der Steuerung verrechnet werden.

Somit lassen sich die Elektroden einer Elektrodenfamilie aus einem Magazin einwechseln und der Erodiervorgang automatisieren **(Bild 1)**.

5.6.2.3 Filter- und Spülanlage

Damit es zu keinen unkontrollierten Funkenüberschlägen kommen kann, muss das Dielektrikum von unerwünschten, leitenden Partikeln gereinigt werden. Dies geschieht mit Hilfe von unterschiedlich funktionierenden Filteranlagen.

Eine weitere Aufgaben der Anlagen ist die Kühlung des Dielektrikums. Es sollte eine Nachfüllmöglichkeit gegeben sein.

Der **Papier-Patronenfilter** besteht aus einem gefalteten Papierbalg, in dem abgetragene Werkstoff- und Elektrodenpartikel, die größer als 2 µm … 5 µm sind, herausgefiltert werden **(Bild 2)**.

Bei großen Anlagen werden **Anschwemmfilter** verwendet. Über eine Filterhilfsschicht aus Kieselgur oder Zellulose, welche die größeren Partikel aus dem Dielektrikum entfernt, wird das Dielektrikum in eine Nachfilteranlage gepumpt um Partikel mit einer Größe ≈ 1µm herauszufiltern **(Bild 3)**.

Spaltfilter bestehen aus feinem Spezialpapier. Das verschmutzte Dielektrikum wird von außen nach innen durch die Filterstäbe gepumpt und dabei filtriert. Mit einem Rückspülprozess wird der Schmutz in einen Schlammkasten gespült und entfernt **(Bild 4)**.

Der ausgefilterte Erodier-Schlamm und die Filter sind als Sondermüll zu behandeln und entsprechend zu entsorgen. Sie enthalten unter anderem giftige Schwermetalle die beim Erodierprozess aus den Stahllegierungen herausgelöst werden.

Bild 1: Elektrodenhalter mit Nullpunktsystem

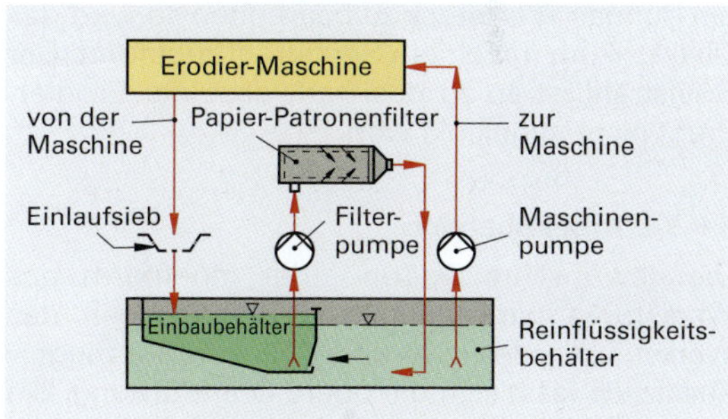

Bild 2: Papier-Patronenfilteranlage

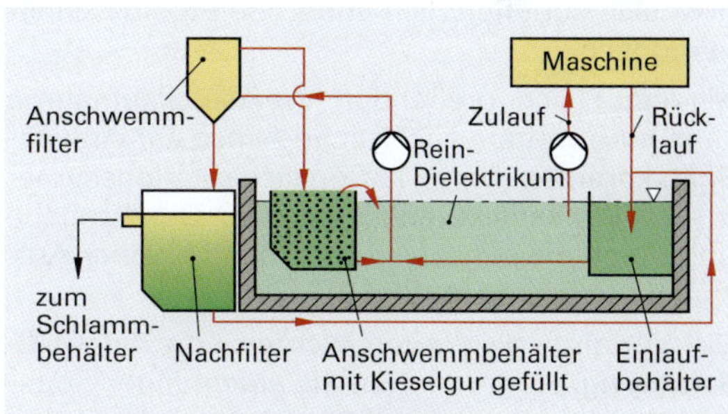

Bild 3: Anschwemmfilteranlage

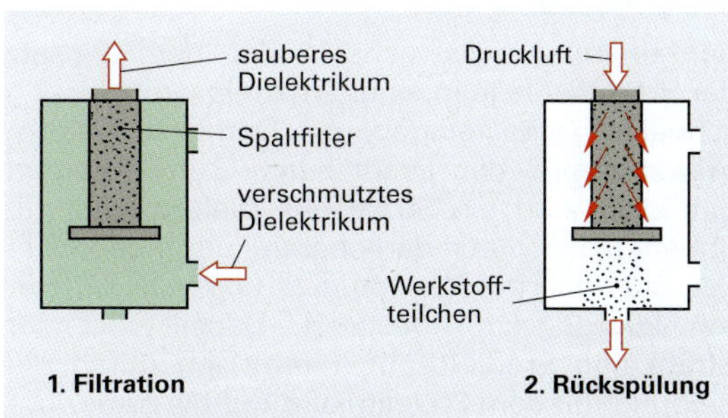

Bild 4: Spaltfilteranlage

5

5.6.3 Funkenerosives Schneiden

Beim funkenerosiven Schneiden, auch Drahterodieren genannt, dient als Werkzeugelektrode ein ablaufender Metalldraht mit einem Durchmesser von 0,03 mm bis 0,35 mm, beim Feinschneiden auch unter 0,01 mm **(Bild 1)**.

Die Entladungen und damit der Werkstoffabtrag beginnen, wenn ein Dielektrikum vorhanden ist, die elektrische Spannung genügend groß und ein bestimmter Abstand zwischen Werkstück und Drahtelektrode erreicht wird. Um keine Kurzschlüsse zu erzeugen pumpt man das Dielektrikum vor dem Anlegen der Spannung in den Arbeitsraum der Maschine. Damit ist das Werkstück und der Erosionsdraht überflutet. Ist nur ein dünnes Werkstück zu bearbeiten so wird das Dielektrikum mit einem Spülstrahl zugeführt. Der Spülstrahl ist so zu dosieren, dass der Erodierdraht nicht abgelenkt wird.

5.6.3.1 Arbeitsbereich

Die gewünschte Außen- oder Innenform des Werkstücks wird durch die Bewegungen des Werkstücktisches in X- und Y-Richtung erzeugt. Zusätzlich lässt sich die obere Drahtführung, die an einem Führungsarm befestigt ist, in eine U- und V-Richtung, sowie in einer vertikalen Z-Richtung bewegen **(Bild 2)**. Damit sind räumliche bzw. sich kontinuierlich ändernde Erosiosschnitte möglich.

Mit einer sich drehenden Werkstückaufnahme kann eine weitere zusätzliche Achse zur Anwendung kommen. Damit lassen sich rotationssymetrische Werkstücke erzeugen oder Durchbrüche und Stege die winkelversetzte sind, in einer Aufspannung erzeugen **(Bild 3)**.

Die Verfahrbewegungen werden von der CNC-Steuerung programmgemäß aufeinander abgestimmt. Saphier- oder Keramikelemente in den Drahtführungen stützen den Draht, verhindern Schwingungen und gewährleisten einen geraden Schnitt **(Bild 4)**.

Bei einem Arbeitswechsel oder dem Einsatz der Erodieranlage in einer „mannlosen Schicht", schneidet eine eingebaute Drahtschere programmgemäß den Draht durch. Zum erneuten Einfädeln wird ein Strahl aus Dielektrikum mit hohem Druck durch den oberen Führungskopf in das Startloch des Werkstückes und in den unteren Führungskopf gespritzt. Dabei führt der Strahl den Erodierdraht, nimmt ihn durch die Reibung mit dem Dielektrikum mit bis zu der unteren Führung und der Transportrolle. Dort wird er erfasst, gespannt und weitergeführt **(Bild 5)**.

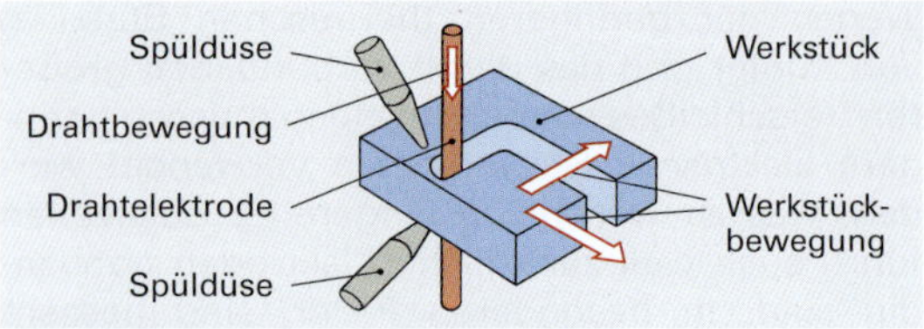

Bild 1: Funkenerosives Schneiden

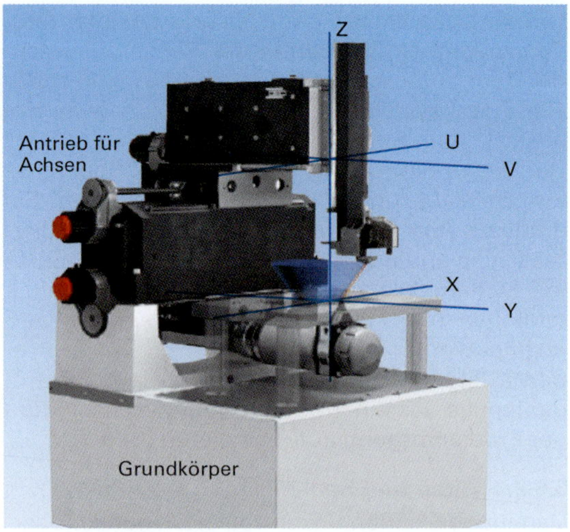

Bild 2: Bewegungen an einer Drahterodieranlage

Bild 3: Werktück mit Rotation erodiert

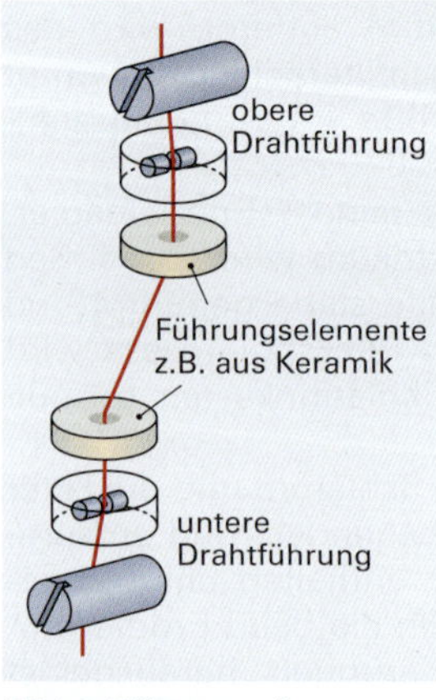

Bild 4: Führungselemente

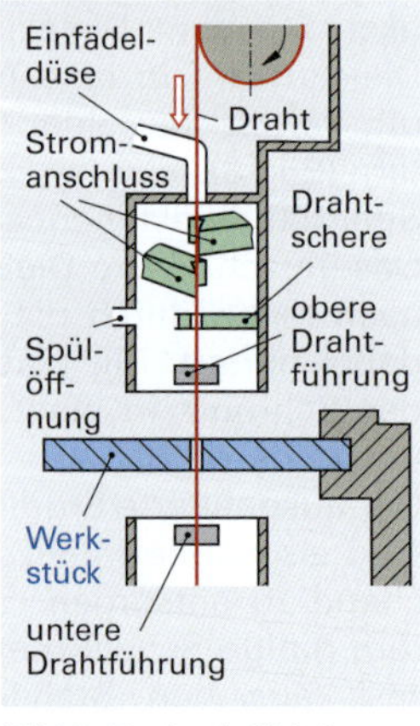

Bild 5: Drahteinfädelung

5.6.3.2 Prozessabweichungen

Während des Arbeitsprozesses entstehen elektrostatische Kräfte zwischen Draht und Werkstück und elektromagnetische Kräfte durch den Stromfluss **(Bild 1)**. Diese Kräfte bringen den Erodierdraht zum Schwingen. Deshalb muss der Draht zwischen oberer und unterer Drahtführung gespannt werden. Damit verhindert man ein Nachschleifen des Drahtes und vermeidet Bahnabweichungen sowie eine unnötige Spaltaufweitung **(Bild 2)**.

Prozessabhängige Vorschubparameter in der Steuerung und zusätzliche Regeleinrichtungen an der Maschine ermöglichen ein prozessabhängiges Vorschubverhalten um Abweichungen von der programmierten Erodierbahn zu verhindern.

Als Dielektrikum wird demineralisiertes Wasser verwendet. Dies hat eine größere Dünnflüssigkeit als Kohlenwasserstoffe und dringt auch in kleinste Spalten. Das zu bearbeitende Werkstück sollte immer vollständig mit Dielektrikum bedeckt sein. Das Einspritzen oder Absaugen des Dielektrikums entlang des Drahtes, von der oberen oder unteren Drahtführung aus, führt zu guten Arbeitsergebnissen **(Bild 3)**.

Zur Erreichung der geforderten Genauigkeit bedarf es neben der Maschinensteifigkeit auch thermischer Stabilität der Bearbeitungsanordnung. Das Maschinengestell, die Führungen an Tisch und Drahtführungsarm und die Werkstückaufnahmen dehnen sich bei Erwärmung aus. Die Maschinen werden daher in temperierten Räumen betrieben, in denen eine Temperaturschwankung von 0,5 °C zulässig ist.

5.6.3.3 Drahterodiertechnik

Eine Schrägstellung des Drahtes zur Erzielung eines Schrägungswinkels bei Durchbrüchen oder anderen sog. Raumschnitten lässt sich durch Relativbewegungen zwischen Drahtelektrode und Werkstück erzeugen. Dabei überlagern sich die X- und Y-Bewegungen des Werkstücks und die U- und V- Bewegungen des Drahtführungsarmes. Die dazu nötigen Auslenkbewegungen des Armes und die Bahnbewegungen des Werkstückes werden in Abhängigkeit des Schrägungswinkels von der NC-Steuerung berechnet und koordiniert **(Bild 4)**.

Dies ist notwendig, wenn zB. eine Schneidplatte mit einem Freiwinkel zu versehen ist.

Diese Technik wird auch angewendet, wenn bei Stempeln vor dem Trennen ein Nachschneidvorgang notwendig ist und deshalb ein kleiner Steg zum Halten stehen bleiben muss **(Bild 5)**.

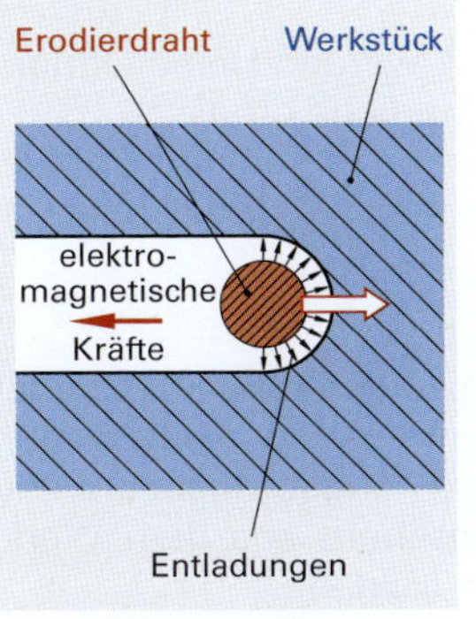

Bild 1: Krafteinwirkung

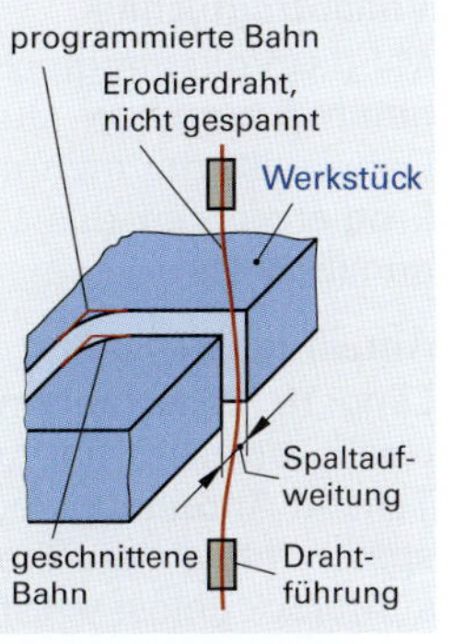

Bild 2: Bahnabweichung

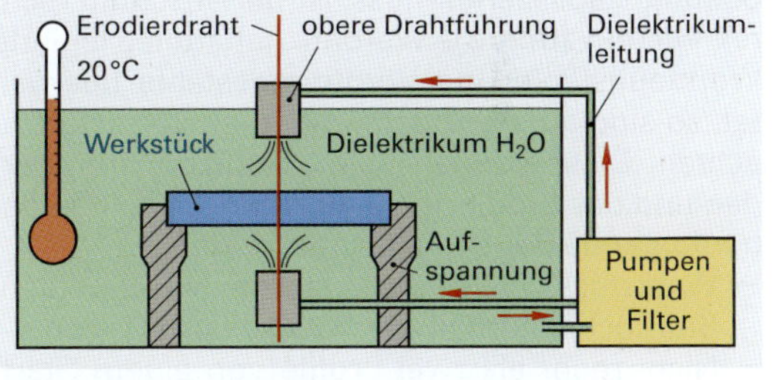

Bild 3: Spülanordnung

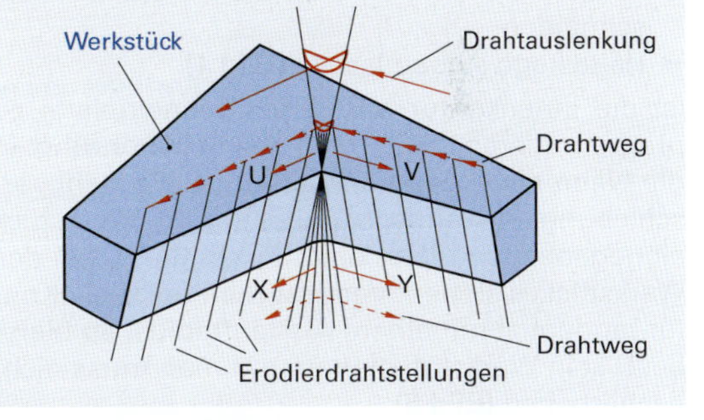

Bild 4: Raumschnitte

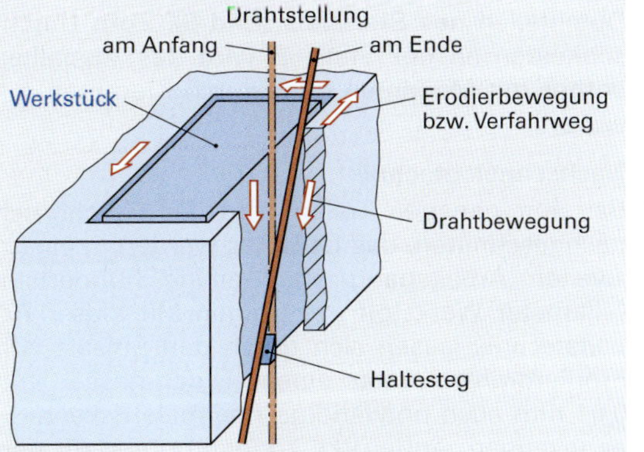

Bild 5: Herstellen von Haltestegen

Vollabtragtechnik

Mit der Vollabtragtechnik werden kleine Öffnungen (< 5 mm) bzw. Durchbrüche erodiert.
Dabei wird mit mehreren Schnitten und stabilen Erodierdrähten das Werkstoffvolumen abgetragen **(Bild 1)**.

Anreihungstechnik

Längere Maschinennutzungszeiten, z. B. über Nacht, erreicht man, wenn die zu erodierenden Teile in Anreihungstechnik angeordnet sind und später mit einem Trennschnitt aus dem Werkstoffblock gelöst werden **(Bild 2)**.

Anschnitt-Technik

Da sich der Erodierprozess zu Beginn der Bearbeitung stabilisieren muss, ist die AnschnittTechnik wichtig **(Bild 3)**. Werden gehärtete, legierte Werkzeugstähle und Vergütungsstähle bearbeitet, so sind auf Restspannungen im Werkstoff zu achten. Diese können beim Erodieren frei werden und das Erodierteil verformen. Es sollten daher folgende Regeln beachtet werden:

- Werkstück nicht von außen anschneiden, Startloch innerhalb des Werkstückes legen
- Nicht mehr als zwei Profile von einem Startloch aus erodieren. Besser: Für jedes Teil ein Startloch
- Zuerst den Bereich höchster Präzision ausschneiden
- Haltestege stehen lassen **(Bild 4)**.

Ist die Innenkontur z. B. einer Schneidplatte zu programmieren, legt man die Startbohrung in die Nähe einer geraden Kante. Ist die Bahnverschiebung nur einfach parallel zum Werkstück eingegeben, so bleibt beim Punkt B ein Teil des Werkstückes stehen. Verlässt man bei B die Kontur tangential mit einem Auslaufradius, so bleibt bei B kein Werkstoff stehen und man muss nicht nacharbeiten **(Bild 5)**.
Wird ein Stempel von außen angeschnitten, fährt man die Bahn nicht ganz durch. Der verbleibende Werkstoff an der Stelle B verhindert ein Durchfallen des Stempels **(Bild 6)**. Zum Durchschneiden an der Stelle B wird das Ausfallteil vorher mit Magneten oder durch Klemmen gesichert.

Nachschneidetechnik

Bei sehr genauen Teilen wird der Durchbruch nachgeschnitten, das heißt, es werden in einem zweiten Arbeitsgang noch einige hundertstel Millimeter Werkstoff abgetragen Mit dieser Arbeitstechnik lassen sich durch den Einsatz von Erodierdrähten unter einem Durchmesser von 0,01 mm auch notwendige minimale Eckenradien erzeugen. Außerdem können gute Maß- und Oberflächenqualitäten erreicht werden **(Bild 7)**.

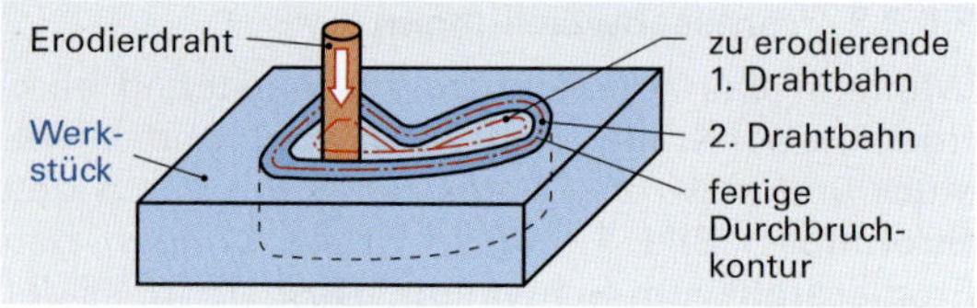

Bild 1: Vollabtragstechnik

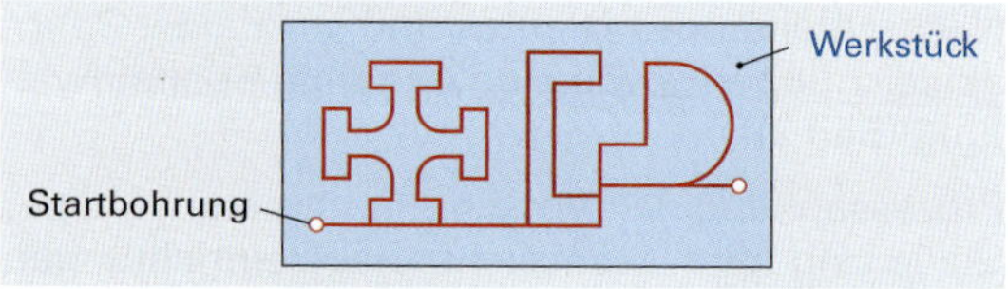

Bild 2: Anreihungstechnik

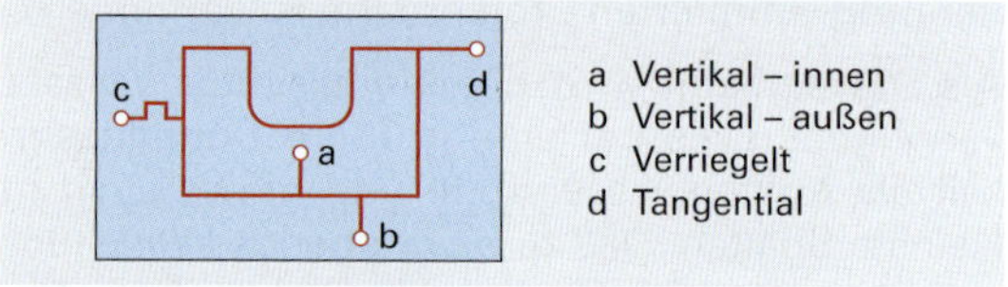

Bild 3: Anschnitt-Technik

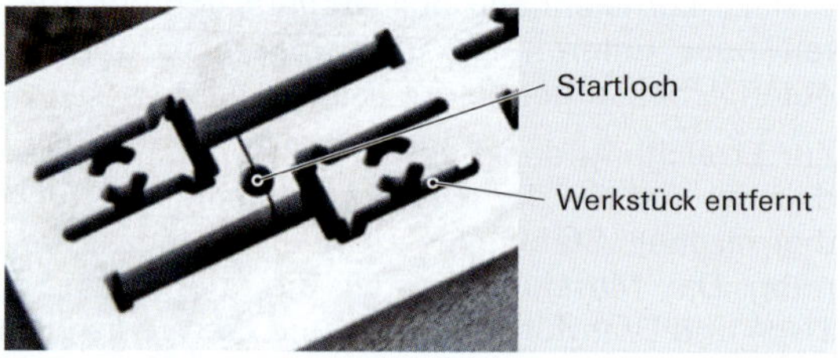

Bild 4: Startlochbohrung

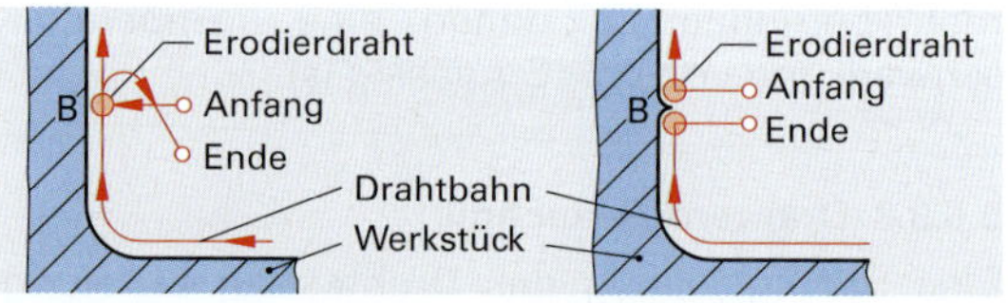

Bild 5: Drahtauslauf

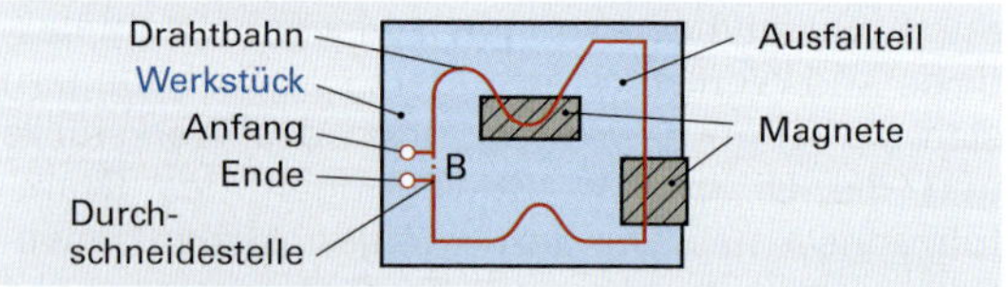

Bild 6: Durchschneiden

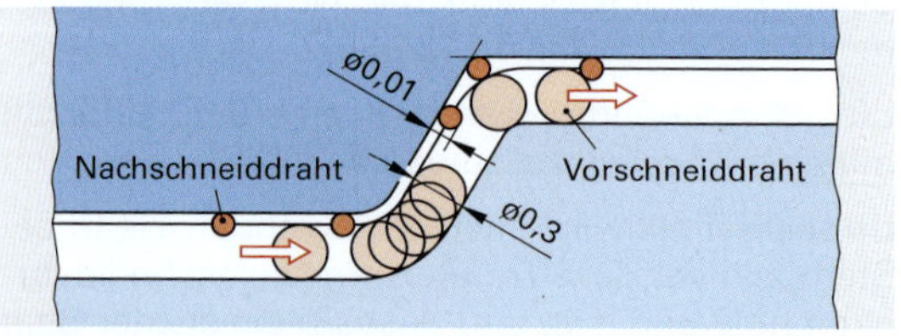

Bild 7: Nachschneiden

5.6.3.4 Aufspanntechnik

Damit der Erodierprozess im Arbeitsraum genau und kollisionsfrei ablaufen kann, braucht man besondere Spannvorrichtungen. Mit ihnen verkürzen sich die Durchlaufzeiten, es sind kleine Serien möglich und auch die Einzelfertigung gewinnt an Flexibilität, weil eine Voreinstellung außerhalb der Drahterodiermaschine möglich ist. Somit entfallen zeitraubende Einrichtarbeiten an der Maschine und die Produktivität wird gesteigert.

Um flache Werkstücke zu spannen, werden Winkelspanner und Zwingen mit der Tischhalterung verbunden **(Bild 1)**. Zur Feinjustierung sind am Rahmen der Halterung Schrauben mit Feingewinde angebracht.

Für schräge Schnitte sind Schwenkspanner im Einsatz. Diese können als Teil eines Rahmensystems **(Bild 2)** oder als Steckaufnahme **(Bild 3)** angewendet werden.

Sonderanfertigungen in der Erodiertechnik können mit einer gesteuerten Schwenkachse realisiert werden. Damit lassen sich kontinuierliche Raumschnitte erzeugen **(siehe Bild 3 Seite 296)**.

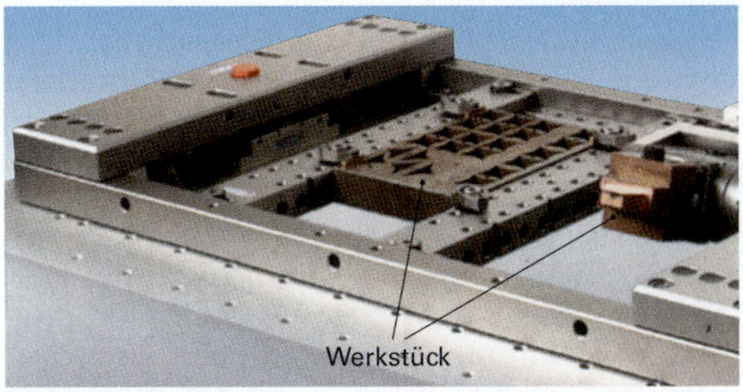

Bild 1: Spannrahmen

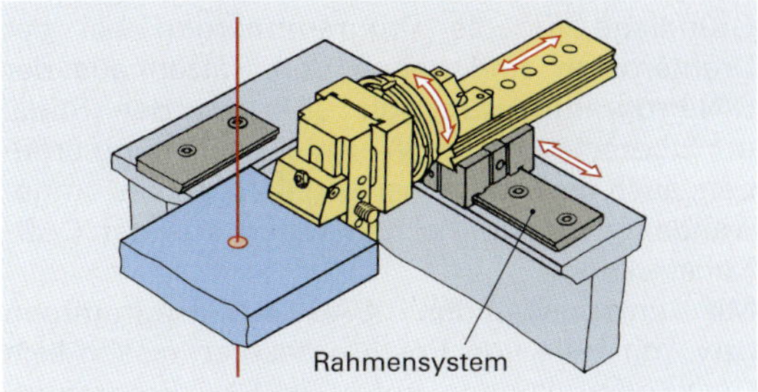

Bild 2: Schwenkspanner

Bild 3: Schwenkspanner mit Zentrierung

5.6.3.5 Drahtelektrode

Ein Draht zur Drahterosion sollte folgende Eigenschaften besitzen:

- gute elektrische Leitfähigkeit für eine hohe Schneidleistung,
- thermische und mechanische Stabilität wegen der Prozesssicherheit,
- genaue Toleranzen und Oberflächengüte um die notwendige Genauigkeit zu gewährleisten.

Geeignet sind Drähte aus Kupfer, Kupfer-Zink-Legierungen mit und ohne einen Mantel aus Zink oder Zink-Kupfer-Legierung. Die Drahtdurchmesser liegen zwischen 0,33 mm und 0,2 mm. Damit die wirkliche Drahtbahn und der programmierte Verfahrweg übereinstimmen muss der Erodierdraht gespannt werden. Damit ist eine Zugfestigkeit von 500 N/mm² bis 800 N/mm² notwendig Für dünne Drähte ist Molybdän wegen seiner hohen Zugfestigkeit geeignet. Die Dicke des Drahtes kann hier < 0,02 mm sein **(Bild 4)**.

Die Wahl des Erodierdrahtes mit dem geeigneten Elektrodenwerkstoffe hängt außerdem von dem zu bearbeitenden Werkstoff und der Schnitthöhe des Werkstückes ab. Die maximal erreichbare Schneidleistung bzw. die Vorschubgeschwindigkeit wird nur erreicht, wenn eine Abstimmung mit dem vorhandenen Generators erfolgt.

Weitere Kriterien für die Drahtauswahl sind die Spülbedingungen und die Fähigkeit der Maschine bei der automatischen Drahteinfädelung.

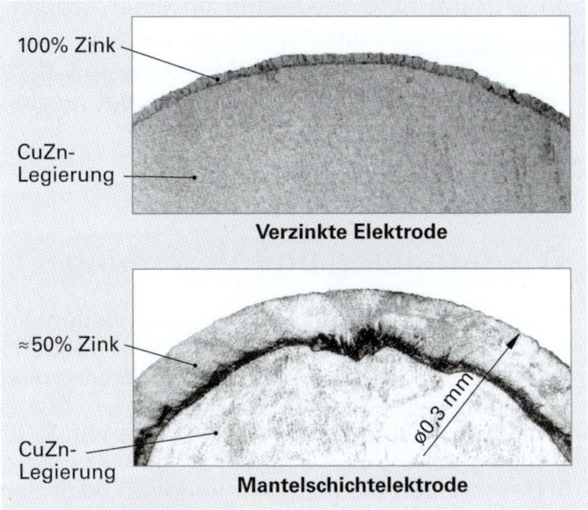

Bild 4: Erodierdrähte

5

5.6.3.6 Programmierung beim Erodieren

Senkerodieren

Mit Hilfe von dialoggeführten Programmen lassen sich korrekte Abbildungen der entworfenen Kavität über die mit Hilfe von CNC-Maschine gefräste Elektrode aus Grafit oder Kupfer auf das Werkstück erreichen. Dem Bediener stehen für fast jeden Senkerodiervorgang auf dem Bildschirm Dialogmasken zur Verfügung. **Bild 1** zeigt z. B. einen Ausschnitt der Eingabemaske für einen seitlichen Erodiervorgang.

Über eine in der Steuerung vorhandene Datenbank können somit die Parameter wie Werkstückwerkstoff, Elektrodenwerkstoff, Erodiergrößen wie Stromstärke oder Impulsdauer abgerufen und im die Dialog in die entsprechende Maske eingegeben werden **(Bild 2)**.

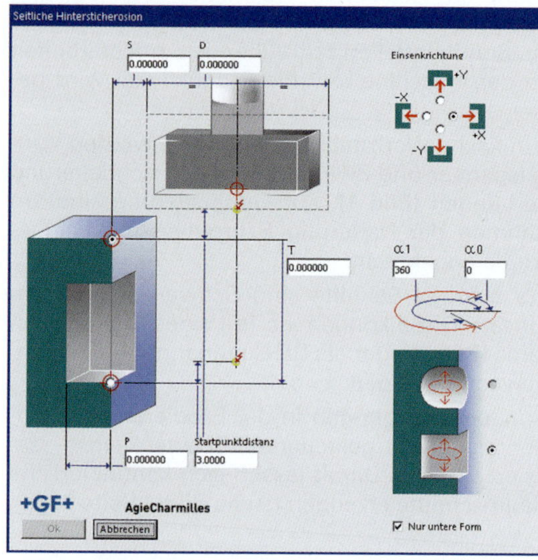

Bild 1: Dialogmaske „Eintauchen"

Drahterosion

Grundlage für die Programmierung bei der Drahterosion sind neben den Sätzen aus der DIN-Programmierung die sich aus den Stützpunktberechnung der Werkstückzeichnung ergeben, auch die in verarbeitungsfähige Files umgewandelten geometrischen Daten aus der CAD-Konstruktion.

Mit entsprechenden CAD-CAM-Programmen bzw. mit Hilfe von Postprozessoren lassen sich CAD-Konstruktionen sofort in CNC-Programmteile für einen Erodiervorgang umwandeln. Um einen vollständigen Programmablauf zu erstellen sind neben den geometrischen auch technologische und elektrische Daten im Erodierprogramm einzutragen. Nur dann entsteht ein technologisch und wirtschaftliches vollständiges Programm.

Damit die Programmerstellung für den Bediener an der Maschine erleichtert wird können über eine Bedieneroberfläche mit Hilfe von Eingabemasken im Dialog die technologischen Daten eingegeben werden **(ähnlich Bild 2)**.

Das fertig erstellte Erodierprogramm übernimmt die in die Maschine integrierte Steuerung. Dies gilt sowohl für die Drahterosion als auch für die Senkerosion. Eine Steuerung an einer Erodiermaschine besteht aus den 3 Bereiche:

- die Schnittstelle Mensch-Maschine mit dem Bildschirmdialog und dem Datenpool für den Erodiervorgang,
- die eigentliche CNC-Steuerung,
- die Generatorsteuerung.

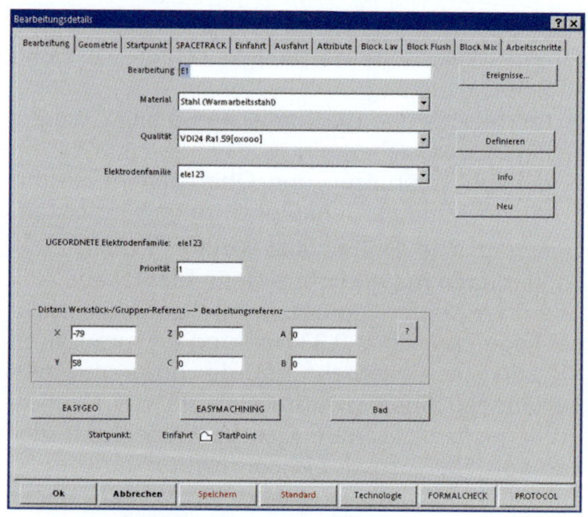

Bild 2: Dialogmaske „Technologie"

Wiederholung und Vertiefung

1. Nennen Sie die wichtigsten Baueinheiten einer Funkenerosionsanlage.
2. Beschreiben Sie die Zünd-, Entladungs- und Abtragungsvorgänge beim Erodieren.
3. Skizzieren Sie den Spannungs- und Stromverlauf bei einem Entladevorgang.
4. Erklären Sie die Begriffe Abtragrate, Schneidrate und relativer Verschleiß.
5. Erläutern Sie die Zusammenhänge von Entladestrom i_e, Impulsdauer t_i und Pausendauer t_o in Bezug auf die Oberflächenrauheit.
6. Beschreiben Sie die Spülmethoden beim Senkerodieren.
7. Erläutern Sie die Gründe für mögliche Formabweichungen beim Drahterodieren.

6 Werkstoffe und Wärmebehandlungsverfahren

6.1 Werkstoffe im Vorrichtungs- und Werkzeugbau

Im Vorrichtungs- und Werkzeugbau werden vorwiegend Stähle verwendet. In zunehmendem Maße kommen auch Aluminium-Legierungen, Hartmetalle und keramische Werkstoffe zur Anwendung.

6.1.1 Einteilung der Stähle

Stähle können nach ihrer Zusammensetzung in Hauptgüteklassen untergliedert werden **(Tabelle 1).**

Tabelle 1: Hauptgüteklassen der Stähle nach DIN EN 10 020

	Unlegierte Stähle			Legierte Stähle	
	Grundstähle	**Qualitätsstähle**	**Edelstähle**	**Qualitätsstähle**	**Edelstähle**
Merkmale	keine besonderen Gütemerkmale	erhöhte Anforderungen bezüglich Korngröße und Verformbarkeit	besonders hohe Anforderungen an Reinheitsgrad	Legierungsbestandteile ergeben bestimmte Eigenschaften	genaue chemische Zusammensetzung ergibt bestimmte Gebrauchseigenschaften
Wärmebehandlung	nicht vorgesehen	möglich	vorgesehen	nicht vorgesehen	zum Teil vorgesehen
Anwendung	Allg. Stahlbau; z. B. Stähle zum Kaltbiegen	Stähle zum Tiefziehen; Vergütungsstähle; schweißbare Feinkornbaustähle	Stähle zum Tiefziehen; Einsatz- und Vergütungsstähle	Stähle für schwierige Kaltumformarbeiten, Stahlbau	Einsatz- und Vergütungsstähle, nicht rostende Stähle, hitzebeständige Stähle, warmfeste Stähle, Werkzeugstähle

Stähle können auch nach ihrer Verwendung eingeteilt werden **(Bild 1). Baustähle** werden zur Herstellung von Vorrichtungen und Maschinen verwendet. Aus **Werkzeugstählen** werden neben einfachen Werkzeugen Schneid- und Umformwerkzeuge sowie Spritz- und Druckgießwerkzeuge hergestellt.

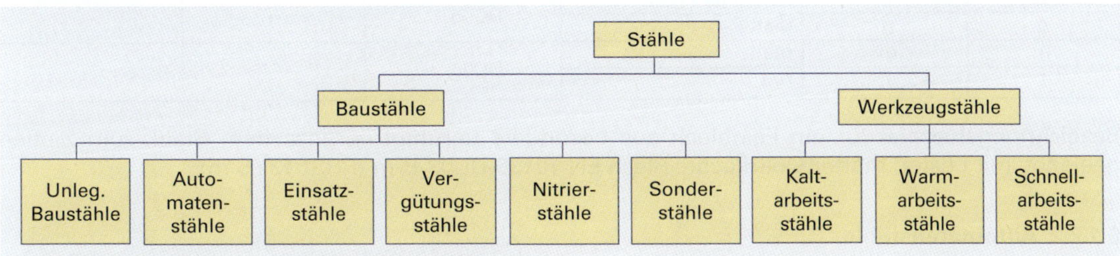

Bild 1: Einteilung der Stähle nach der Verwendung

6.1.2 Baustähle

6.1.2.1 Unlegierte Baustähle

Unlegierte Baustähle werden durch Buchstaben und Zahlen (Hauptsymbole) gekennzeichnet; z. B. S185 oder E360. Die Buchstaben erläutern den Verwendungszweck **(Tabelle 2),** die Zahlen geben i. d. R. die Mindeststreckgrenze R_e in N/mm^2 für die geringste Erzeugnisdicke an. Außerdem gibt es Zusatzsymbole, i.d.R. Buchstaben. Sie geben z. B. die Kerbschlagzähigkeit, die Kaltumformbarkeit usw. an. Die Bedeutung ist Tabellen zu entnehmen.

Tabelle 2: Hauptsymbol: Buchstaben (Auswahl)

Symbol	Verwendungszweck
S	Stähle für den Stahlbau
E	Stähle für den Maschinenbau
H	kaltgewalzte Flacherzeugnisse aus höherfesten Stählen
D	Flacherzeugnisse zum Kaltumformen

Bleche und Bänder aus weichen, unlegierten Stählen sind meistens kaltgewalzt. **Feinbleche,** das sind Bleche zwischen 0,3 mm und 0,5 mm Dicke, werden für Schnitt- und Umformteile verwendet **(vgl. Tabelle 1).** Es handelt sich dabei um unlegierte Stahlbleche nach DIN EN 10 130 (Ersatz für DIN 1623). Entsprechend der späteren Verwendung können Feinbleche in verschiedenen Gütegruppen bzw. in verschiedener Oberflächenart und -ausführung bezogen werden.

Feinstbleche (DIN EN 10 205) und **Weißbleche** (DIN EN 10 202) sind weniger als 0,5 mm dick. Sie werden in verschiedenen Blechdicken und Härtegraden geliefert. Weißbleche haben einen beidseitigen gleichen oder ungleichen, elektrolytisch aufgebrachten Zinnüberzug.

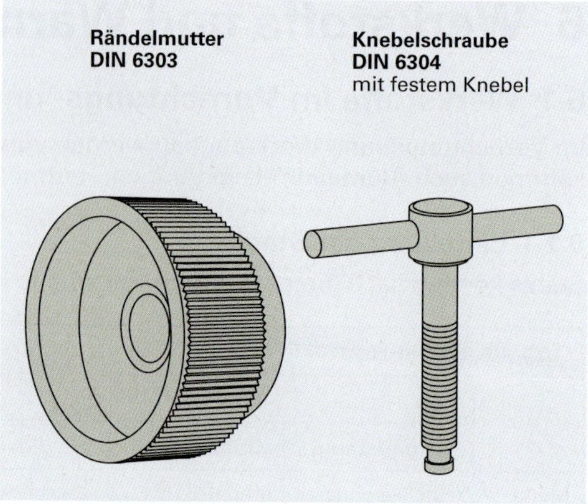

Bild 1: Normteile aus Automatenstahl

Tabelle 1: Feinbleche

Oberflächenart			**Gütegruppen**		
Kennzeichen		**Ausführung**	**Kennzeichen**		**Ausführung**
DIN EN 10 130	DIN 1623		DIN EN 10 130	DIN 1623	
A	03	übliche kaltgewalzte Oberfläche	DC01	St 12	Grundgüte
B	05	beste Oberfläche	DC03	RRSt 13	Ziehgüte
Oberflächenausführung			DC04	St 14	Tiefziehgüte
b	b	besonders glatt	DC05	–	–
g	g	glatt			
m	m	matt	DC06	–	–
r	r	rau			

Bezeichnungsbeispiel für ein Feinblech aus besonders beruhigt vergossenem Stahl, zum Ziehen geeignet, mit bester, matter Oberfläche: Blech EN 10130-DC03-B-m (RRSt 13 05 m).

6

6.1.2.2 Automatenstähle

Automatenstähle sind unlegierte oder niedrig legierte Qualitätsstähle mit erhöhtem Schwefel- und Phosphorgehalt oder mit Mangan- bzw. Bleizusatz. Die Legierungszusätze Schwefel bzw. Blei ergeben kurzbrechende Späne und erlauben eine hohe Schnittgeschwindigkeit.

Werkstoffbeispiele: 10S20; 11SMnPb30; 46S20.

Anwendung

Automatenstähle finden vor allem für Normteile im Vorrichtungsbau Verwendung **(Bild 1).** Sie sollten nicht auf hohen Verschleiß beansprucht werden. Anwendungsbeispiele sind z. B. Knebelschrauben, Kegelgriffe, Spannhebel, Ballengriffe, Rändelmuttern, Gewindestifte.

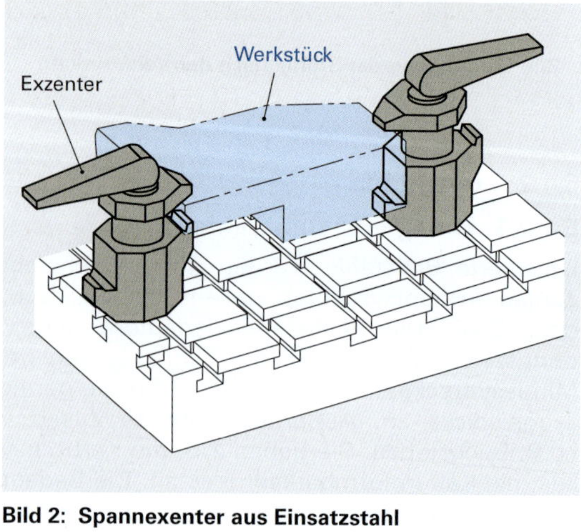

Bild 2: Spannexenter aus Einsatzstahl

6.1.2.3 Einsatzstähle

Einsatzstähle sind für Bauteile geeignet, die vor allem auf Verschleiß und Biegung beansprucht werden und deshalb eine harte, verschleißfeste Oberfläche und einen weichen, zähen Kern mit hoher Festigkeit benötigen **(Bild 2, Seite 302).** Dies wird durch eine entsprechende Wärmebehandlung erreicht **(vgl. Seite 324).**

Man unterscheidet unlegierte Einsatzstähle mit weniger als 0,24 % Kohlenstoff z. B. die Edelstähle C10E; C15E und Einsatzstähle, die mit Mangan, Chrom, Molybdän oder Nickel legiert sind (z. B. 16MnCr5; 17CrNi6-6; 20NiCrMo2-2), vgl. **Tabelle 1.** Legierte Einsatzstähle haben eine höhere Zugfestigkeit. Sie werden deshalb für höher beanspruchte Bauteile verwendet.

Anwendung

Einsatzstähle werden vor allem im Vorrichtungsbau für Kugelscheiben, Kegelpfannen, Nutensteine, Anschlagstücke, Niederzugspanner, Aufnahmen, Spannexzenter, Zwischenplatten, Aufspannkörper, Bohrbuchsen und dergleichen verwendet. Im Werkzeugbau werden z. B. Formeinsätze und sonstige Verschleißteile aus Einsatzstahl gefertigt.

Tabelle 1: Beispiele für Einsatzstähle (DIN EN 10084)

Werk-stoff-Nr.	Kurzname	Nach Einsatzhärtung im Kern: Streckgrenze R_e N/mm²	Zugfestigkeit R_m N/mm²	Bruchdehnung A %
1.1121	C10E	295	490...640	16
1.5918	17CrNi6-6	–	≥ 1100	–
1.7131	16MnCr5	590	780...1080	10
1.6523	20NiCrMo2-2	590	780...1080	10

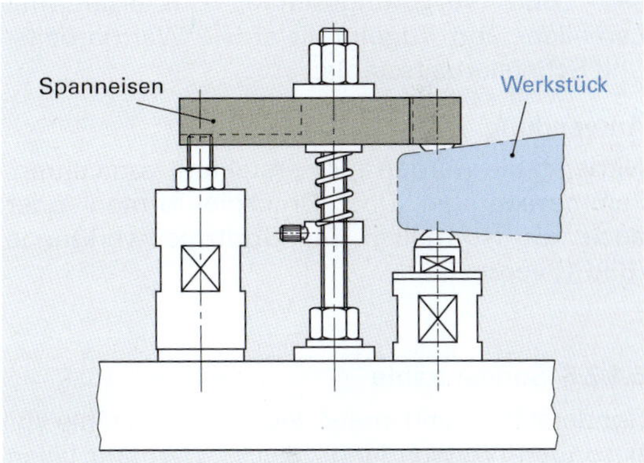

Bild 1: Spanneisen aus Vergütungsstahl

6.1.2.4 Vergütungsstähle

Vergütungsstähle werden für Bauteile benützt, die durch große Zug-, Biege- oder Torsionskräfte bzw. durch stoß- oder schlagartige Belastungen beansprucht werden. Sie erhalten durch eine besondere Wärmebehandlung eine sehr hohe Zugfestigkeit **(Tabelle 2)** und gleichzeitig eine hohe Kerbschlagzähigkeit.

Man unterscheidet **unlegierte Vergütungsstähle** für Bauteile geringer Festigkeit und kleinen Querschnitten, z. B. C35; C45E, und mit Chrom, Molybdän, Nickel oder Vanadium **legierte Vergütungsstähle** für höher beanspruchte Teile und größeren Querschnitten, z. B. 38Cr2, 42CrMo4, 34CrNiMo6. Die Zugfestigkeit kann bis ca. 1400 N/mm² gesteigert werden, allerdings bei einer verringerten Bruchdehnung von ungefähr 9 %. Vergütungsstähle können in verschiedenen Zuständen bezogen werden **(Tabelle 3).**

Anwendung

Vergütungsstähle werden beispielsweise für folgende Bauteile im Vorrichtungsbau verwendet: T-Nutensteine, Spannmuttern, Tiefspannbacken, Spanneisen **(Bild 1),** Spannunterlagen, Schraubböcke, Schnappverschlüsse, Füße usw.

Tabelle 2: Beispiele für Vergütungsstähle (DIN EN 10083)

Werk-stoff-Nr.	Kurzname	Eigenschaften im vergüteten Zustand 1): Streckgrenze R_e N/mm²	Zugfestigkeit R_m N/mm²	Bruchdehnung A %
1.1151	C22E	290	470...620	22
1.1191	C45E	430	650...800	16
1.7225	42CrMo4	750	1000...1200	11
1.6580	30CrNiMo8	1050	1250...1450	10

Tabelle 3: Lieferzustand von Vergütungsstählen

Kennbuchstabe	Bedeutung
+ QT	Vergütet
+ N	Normalgeglüht
+ A	Weichgeglüht
+ U	Unbehandelt

1) bei ∅ ≤ 16 mm

6.1.2.5 Nitrierstähle

Nitrierstähle werden für Bauteile benutzt, die besonders hohem Verschleiß und wechselnder Beanspruchung unterliegen und die sich bei der Wärmebehandlung maßlich fast nicht verändern und nicht verziehen dürfen. Sie erhalten durch Zuführung von Stickstoff in die Werkstückoberfläche eine besonders verschleißfeste Eisennitridschicht.

Nitrierstähle sind niedrig legierte Stähle, die als Nitridbildner vor allem die Elemente Aluminium, Chrom und Vanadium enthalten **(Tabelle 1)**. Nitrierfähig sind aber auch die unlegierten Einsatz- und Vergütungsstähle, Gusseisen mit Lamellen- und Kugelgrafit sowie Warmarbeits- und Schnellarbeitsstähle.

Anwendung

Nitrierstähle werden zur Herstellung von Lehren, Feinmessgeräten und Druckgießformen oder auch für Normalien für Spritzgießwerkzeuge **(Bild 1)** verwendet.

6.1.2.6 Sonderstähle

Sonderstähle sind meist legierte Edelstähle für besondere Verwendungszwecke. Darunter fallen Federstähle, warmfeste und hochwarmfeste Stähle, kaltzähe Stähle und rost- und säurebeständige Stähle **(Tabelle 2)**. Auch aus diesen Stählen werden Werkzeugteile wie Formplatten, Einsätze und andere Verschleißteile für Spritzgießwerkzeuge hergestellt **(Bild 1)**.

Für die feste und bewegliche Formplatte des aus Normalien aufgebauten Spritzgießwerkzeugs **(Bild 1)** wird vielfach der Werkstoff X42Cr13 verwendet. Dieser Stahl wird bei der Verarbeitung von z. B. chemisch angreifenden und säureabscheidenden Kunststoffen verwendet. Auch für die Verarbeitung von Kunststoffen mit halogenhaltigen Flammschutzadditiven ist dieser Stahl für Formplatten gut geeignet. Außerdem zeichnet er sich durch gute Polierbarkeit aus.

In der Praxis werden Stähle angeboten, die über die in der Norm festgelegten Anforderungen hinausgehen. So sind z. B. Stähle in der sog. „ESU-Qualität" erhältlich. Der Begriff leitet sich aus dem Herstellungsprozess der Stähle ab, dem sog. **E**lektro-**S**chlacke-**U**mschmelzverfahren. Bei diesem Verfahren erfolgt der Umschmelzvorgang unter einer Schutzgasatmosphäre aus Argon oder Stickstoff. Dadurch können besondere und reproduzierbare Qualitätsanforderungen beispielsweise hinsichtlich Reinheitsgrad, Homogenität und Feinkörnigkeit hergestellt werden.

Tabelle 1: Beispiele für Nitrierstähle

Werkstoff-Nr.	Kurzname	Eigenschaften im vergüteten Zustand [2)] Streckgrenze R_e N/mm²	Zugfestigkeit R_m N/mm²	Bruchdehnung A %
1.8504	34CrAl6	540	780	14
1.8509	41CrAlMo7	735	950...1150	12
1.8519	31CrMoV9	800	1000...1200	10
1.8550	34CrAlNi7-10	650	850...1050	12
1.6580	X38 CrMoV5-1[1)]	–	1910[2)]... 1230[3)]	–

[1)] für Spritzgießwerkzeuge
[2)] angelassen auf 550 °C
[3)] angelassen auf 650 °C

Tabelle 2: Nichtrostende Stähle

Werkstoff-Nummer	Kurzname	Verwendungsbeispiel
1.4034	X46Cr13	Scheren, Messzeuge
1.4108	X100CrMo13	Messer, Rasiermesser
1.4117	X38CrMoV13	Chirurgische Instrum.
1.4321	X2NiCr18-16	Fließpressteile
1.2083	X42Cr13	Spritzgießwerkzeuge, geringe Korrosionsbeanspruchung
1.2316	X36CrMo17	Spritzgießwerkzeuge, hohe Korrosionsbeanspruchung

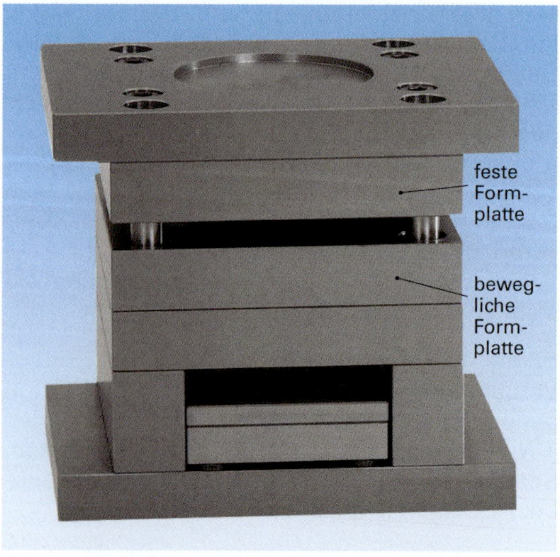

Bild 1: Werkzeug mit Formplatten aus X42Cr13

6.1.3 Werkzeugstähle

6.1.3.1 Unlegierte Werkzeugstähle

Unlegierte Werkzeugstähle werden zur Herstellung von Werkzeugen verwendet, die keiner hohen thermischen Belastung unterliegen. Sie härten nicht durch und verlieren ihre große Oberflächenhärte schon bei ca. 200 °C.

Es können jedoch hohe mechanische Belastungen vom zähen Kern aufgenommen werden. Der Kohlenstoffgehalt liegt zwischen 0,5 % und 1,5 %. Je höher der C-Gehalt ist, desto höher ist die erreichbare Härte. Unlegierte Werkzeugstähle werden in drei Gütegruppen hergestellt. Die **Gütegruppe W 1** hat die höchsten Reinheitsanforderungen. Dieser Stahl hat einen besonders niedrigen Phosphor- und Schwefelgehalt.

Anwendung

Unlegierte Werkzeugstähle werden zur Herstellung von Aufspannplatten und anderen Normalien für den Werkzeugbau **(Bild 1)**, einfachen Schneidplatten, Stanzmessern, Zieh- und Biegewerkzeugen verwendet **(Tabelle 1)**.

Tabelle 1: Unlegierte Werkzeugstähle

Werkstoff-Nummer	Kurzname	Verwendungsbeispiel
1.1730	C45U	Aufspannplatten, Rahmenplatten, Kopfplatten
1.1750	C75U	Warmgesenke, Druckplatten, Ziehdorne
1.1545	C105U	Prägewerkzeuge, einf. Schneidplatten, Fließpresswerkzeuge
1.1525	C80U	Gesenke mit flachen Gravuren
1.1673	C135U	Ziehwerkzeuge, Feilen

Bild 1: Standard-Werkzeugaufbau aus C45U

6.1.3.2 Legierte Werkzeugstähle

Für die Auswahl des Werkzeugstahls ist im Werkzeugbau von entscheidender Bedeutung, ob die Werkzeuge den Werkstoff im kalten oder im warmen Zustand bearbeiten. Werkzeuge, deren Oberflächen während des Einsatzes bis zu 200 °C warm werden, fertigt man aus Kaltarbeitsstählen. Warmarbeitsstähle setzt man bei Oberflächentemperaturen von über 200 °C ein. Die Legierungselemente Cr, W, Mn, Mo und Ni bewirken, dass diese Stähle meist auch bei größeren Querschnitten durchhärten und sich beim Härten nicht so stark verziehen.

Kaltarbeitsstähle

Kaltarbeitsstähle müssen vor allem einen hohen Verschleißwiderstand bei noch ausreichender Zähigkeit und Druckfestigkeit aufweisen. Im geglühten Zustand sind sie gut bearbeitbar und bei einer Wärmebehandlung weisen sie nur geringe Maßänderungen auf **(Tabelle 2)**. Für Kunststoffformen, mit denen glasfaserverstärkte Kunststoffe verarbeitet werden, ist beispielsweise der Kaltarbeitsstahl X42Cr13 gut geeignet, da er sehr verschleißfest ist. Auch wegen seiner hohen Korrosionsbeständigkeit wird er bei der Verarbeitung von chemisch-aggressiven Kunststoffen eingesetzt. Für Kunststoffformen, die poliert werden müssen, eignet sich besonders der Kaltarbeitsstahl X19NiCrMo4.

Tabelle 2: Beispiele für Kaltarbeitsstähle

Werkstoff-Nummer	Kurzname	Verwendungsbeispiel
1.2004	85Cr1	Messgeräte, Lehren
1.2083	X42Cr13	Formplatten
1.2436	X210CrW12	Schneid- und Stanzwerkzeuge
1.2710	45NiCr6V	Kunststoff-Formen für Thermoplaste
1.2721	50NiCr13	Kunststoff-Formen für Duroplaste
1.2764	X19NiCrMo4	Formplatten
1.2826	60MnSiCr4	Gesenke und Matrizen
1.2842	90MnCrV8	Schneid- und Stanzwerkzeuge
1.3247	HS2-10-1-8	Schneidstempel

Schnellarbeitsstahl zählt streng genommen nicht zu den Kaltarbeitsstählen, wird aber häufig so eingesetzt, weshalb er in **Tabelle 2** auf Seite 305 aufgeführt ist.

Warmarbeitsstähle

Auch bei höheren Arbeitstemperaturen darf sich Festigkeit, Härte- und Verschleißfestigkeit der Warmarbeitsstähle nur wenig verändern. Sie erhalten daher durch die Legierungselemente wie z. B. Chrom, Vanadium, Wolfram, Nickel und Molybdän eine erhöhte Warmfestigkeit, Warmzähigkeit, Verschleißfestigkeit, Anlassbeständigkeit und Temperaturwechselbeständigkeit **(Tabelle 1).**

Warmarbeitsstähle finden beispielsweise Verwendung bei der Herstellung kleiner Gesenke und Spritz- und Presswerkzeugen. Zur Herstellung von Druckgießformen für die Leichtmetallverarbeitung wird beispielsweise der Warmarbeitsstahl X38CrMoV5-1 verwendet **(Bild 1).**

Sollen Bauteile mit dünnen Querschnitten hergestellt werden, muss darauf geachtet werden, dass dafür ein anlassbeständiger Stahl verwendet wird. Diese Anforderung erfüllt beispielsweise der Warmarbeitsstahl X32CrMoV3-3, da dieser nicht durchhärtet.

6.1.4 Sinterwerkstoffe

Unter Sintern versteht man ein Glühen von vorgepressten Metallpulvern, bei dem durch Diffusion und Rekristallisation ein zusammenhängendes Gefüge entsteht. Beim heißisostatischen[1] Pressen wird das Metallpulver bei Sintertemperatur gepresst. Press- und Sintervorgang laufen also gleichzeitig ab. Dies ergibt eine höhere Dichte und ein feineres Gefüge.

Gesinterte Hartmetalle werden in der Großserienfertigung vor allem in Stanz- und Umformwerkzeugen als Schneid- und Biegeeinsätze bzw. als Schneid- und Biegestempel eingesetzt. Besonders bewährt haben sich neu entwickelte Feinkornlegierungen aus Wolframkarbid und Kobalt mit einer Korngröße von 0,4 µm, die durch heißisostatisches Pressen hergestellt werden. Durch Verringerung der Porosität konnte die Zähigkeit dieser Hartmetalle beträchtlich gesteigert werden. Sie haben nahezu dieselbe Zähigkeit wie HSS-Stähle, bei 5 ... 10-fach besserer Verschleißfestigkeit.

Einsatzgebiete sind z. B. Schneid- und Tiefziehwerkzeuge. **Bild 2** zeigt ein typisches Beispiel eines Schnittteiles, das erst durch den Einsatz von Hartmetall-Werkzeugen ermöglicht wurde.

[1] Isostatisch, gleich bleibend (hier Druck)

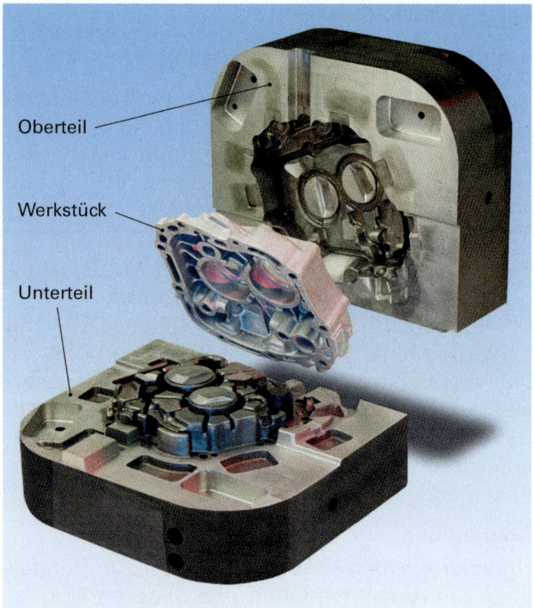

Bild 1: Druckgießform

Tabelle 1: Beispiele für Warmarbeitsstähle		
Werkstoff-Nummer	Kurzname	Verwendungsbeispiele
1.1730	C45U	Kleine Gesenke
1.2323	48CrMoV6-7	Presswerkzeuge
1.2343	X38CrMoV5-1	Strangpresswerkzeuge
1.2365	X32CrMoV3-3	Druckgießformen
1.2713	55NiCrMoV6	Gesenke

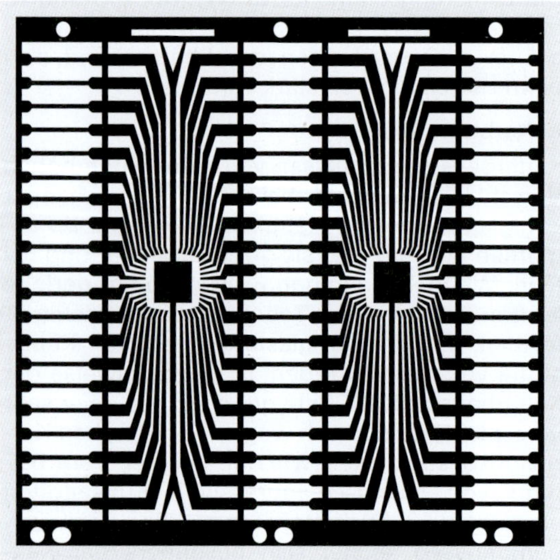
Bild 2: Chip-Fassung aus CuZn-Legierung

6.1.5 Beschichtete Werkstoffe

Zur Erhöhung der Standzeit von Werkzeugteilen, wie z. B. Spritzgießeinsätze, Loch- und Schneidstempel oder Ziehstempel und -matrizen, werden diese z. B. mit Metallen, Karbiden, Nitriden oder auch mit Keramik beschichtet. Die Leistungssteigerung dieser beschichteten Bauteile beruht auf einer harten und verschleißfesten Oberfläche. Beim Beschichten kommen verschiedene Verfahren zum Einsatz.

Beim **Hartverchromen (Bild 1)** wird beispielsweise bei Ziehstempeln und -matrizen durch Elektrolyse eine Hartstoffschicht aus Chrom aufgebracht. Dabei wird das Chrom aus dem Elektrolyt an der Kathode (dem Werkstück) abgeschieden. Diese relativ spröde silbermetallische Schicht ist zwischen 20 µm und 200 µm dick und weist eine Härte von 800 HV bis 1200 HV auf. Dadurch werden z. B. die Ziehkräfte und Gleiteigenschaften beim Tiefziehen verbessert, wodurch sich die benötigte Schmierstoffmenge stark verringert.

Neben dem Hartverchromen kommen als Beschichtungsverfahren auch die CVD[1]- und die PVD[2]-Technik zum Einsatz. Bei beiden Verfahren wird der gasförmige Schichtwerkstoff auf der Werkzeugoberfläche abgeschieden. Grundsätzlich unterscheiden sich diese beiden Verfahren hinsichtlich der Temperatur, bei der das Abscheiden des Beschichtungsmaterials erfolgt. Ein weiterer grundlegender Unterschied besteht beim Beschichtungsvorgang selbst.

Beim **C**VD-Verfahren reagieren die gasförmigen schichtwerkstoffbildenden Komponenten **che**misch in einem Reaktor miteinander **(Bild 2)**. Beim **P**VD-Verfahren dagegen beruht der Prozess auf einem **p**hysikalischen Vorgang, bei dem der Beschichtungswerkstoff verdampft wird **(Bild 3)**. Bei diesen Verfahren wird im Vakuum z. B. Titan-Nitrid (TiN) auf die Werkzeuge aufgedampft **(Bild 4)**. Die goldgelbe Schicht ist 2 µm bis 9 µm dick und hat eine sehr große Härte von ca. 2400 HV 0,1. Diese Schicht schützt die Mantel- und Stirnflächen von Schneidstempeln, Schneidplatten und Ziehmatrizen wirkungsvoll gegen Verschleiß. Dies führt zu einer bis zu 10-mal höheren Standzeit der Werkzeuge.

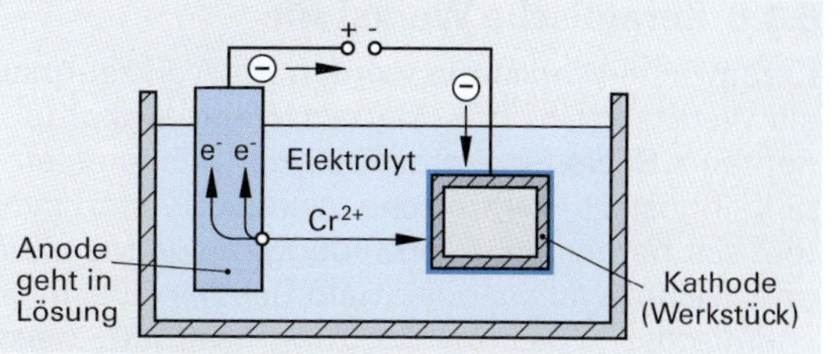

Bild 1: Funktionsprinzip elektrolytisches Hartverchromen

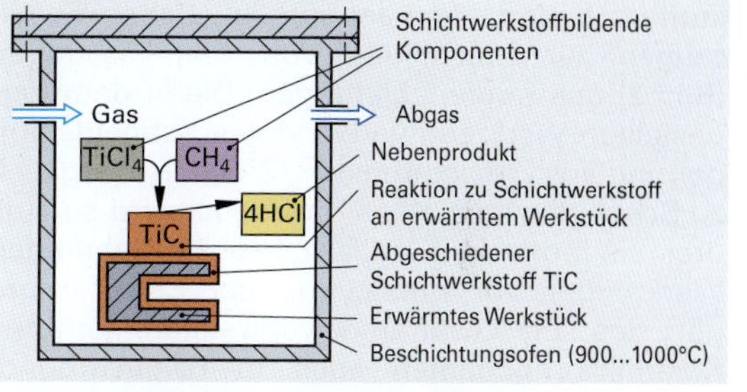

Bild 2: Funktionsprinzip CVD-Verfahren

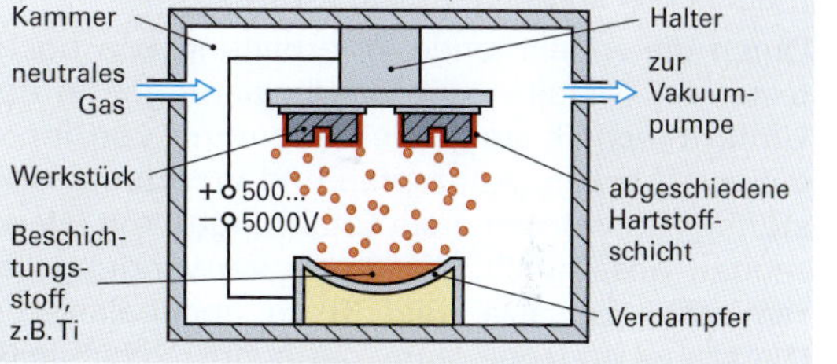

Bild 3: Funktionsprinzip PVD-Verfahren

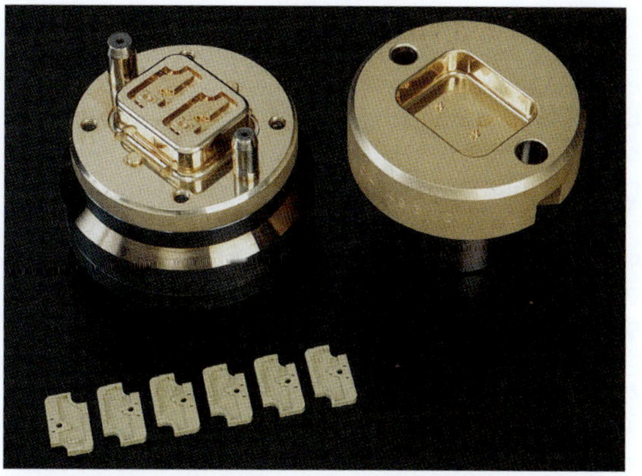

Bild 4: TiN-beschichtete Kunststoff-Pressform für Mikroschalterteile aus Duroplast

Mit dem PVD-Verfahren können auch Chrom- oder Chromnitrid (CrN)-Schichten auf Teilen von Umformwerkzeugen abgeschieden werden. Die silbermetallische Hartstoffschicht ist ca. 10 µm dick und weist eine Härte von ungefähr 2100 HV auf. Dieses Verfahren wird als Ersatz für das umweltproblematische Hartverchromen angewendet.

[1] **CVD C**hemical **V**apour **D**eposition (chemische Dampfabscheidung)

[2] **PVD P**hysical **V**apour **D**eposition (physikalische Dampfabscheidung)

6

6.1.6 Keramische Werkstoffe

Keramische Werkstoffe werden im Werkzeugbau als Werkzeugeinsätze oder als Werkzeugkomponenten z. B. als Biegeeinsätze oder Schneidstempel eingesetzt. Keramische Werkstoffe sind synthetisch hergestellte Verbindungen aus Metallen und Nichtmetallen oder Halbmetallen. Je nach chemischer Zusammensetzung werden diese Werkstoffe in die drei Hauptgruppen Silikat-, Oxid- und Nichtoxidkeramik eingeteilt.

Schneidstempel **(Bild 1)** aus keramischen Werkstoffen finden Verwendung in Schneidwerkzeugen zur Herstellung von Chip-Fassungen **(Bild 2)** aus Kupferlegierungen. Die in dem dargestellten Werkzeug verwendeten Schneidstempel sind aus Zirkoniumoxid[1] (ZrO_2). Im Vergleich zu Schneidstempeln aus Hartmetall wird so eine drei- bis fünffache Standzeit erreicht. Neben den Werkzeugen zur Herstellung der Chip-Fassungen, den sog. Leadframe-Werkzeugen, kommen Keramikkomponenten auch in Folgeverbundwerkzeugen zum Einsatz, mit denen Werkstücke aus Kupferlegierungen und anderen Nichteisenmetalllegierungen hergestellt werden.

Durch die zunehmende Verarbeitung von hochfesten NE-Metallen und Stahllegierungen in der Umformtechnik steigt die Bedeutung von innovativen Werkzeugkonzepten und Werkzeugwerkstoffen. So wurden erste Erfahrungen mit Werkzeugen gesammelt, die durch Verwendung keramischer Einsätze **(Bild 3)** an hochbelasteten Werkzeugbereichen eine geringere Verschleißneigung aufweisen. Darüber hinaus werden auch die Schmierstoffmenge und die Umformkräfte reduziert sowie die Fertigungsgeschwindigkeit erhöht. Die in den Versuchswerkzeugen verwendeten Einsätze waren z. B. aus Zirkoniumoxid (ZrO_2), Siliziumnitrid (Si_3N_4) und aus – mit Aluminiumoxid verstärktem - Zirkonoxid, (ZrO_2/Al_2O_3).

Die keramischen Einsätze in Umformwerkzeugen führen zu geringeren Reibkräften, einem niedrigeren adhäsiven Verschleiß und einer geringeren Neigung zum Kaltverschweißen. Dies ist auf den nichtmetallischen Bindungscharakter der Keramiken zurückzuführen, der dazu führt, dass zwischen den Reibpartnern eine geringere stoffliche Ähnlichkeit besteht. Bei der Konstruktion von Bauteilen aus Keramik muss allerdings auf eine beanspruchungs- und fertigungsgerechte Gestaltung geachtet werden. Ebenso wird der wirtschaftliche Einsatz dieser neuen Werkzeugkonzepte auch durch die aufwändigere Rohteilherstellung und Endbearbeitung der Keramikeinsätze beeinflusst.

[1] Umgangssprachlich auch als Zirkonoxid bezeichnet

Bild 1: Schneidstempel aus Zirkoniumoxid zur Herstellung von Chip-Fassungen

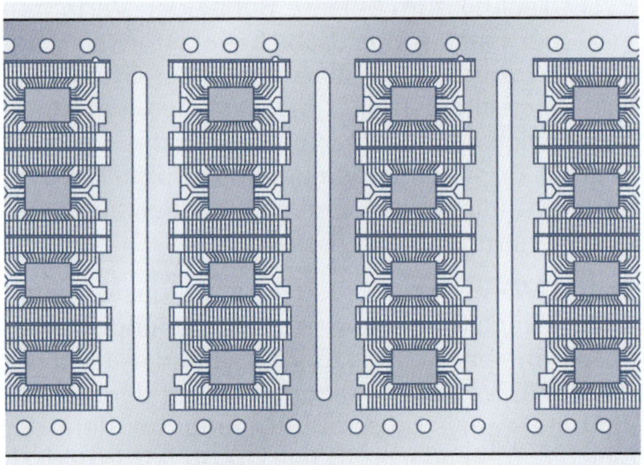

Bild 2: Schnittstreifen mit Chip-Fassungen

Bild 3: Ziehring eines Versuchswerkzeugs mit keramischem Formeinsatz

6

6.1.7 Nichteisenmetalle

Im Werkzeugbau werden zur Herstellung von Werkzeugen aus NE-Metallen vorwiegend Aluminium-, Kupfer-, Zink- und Zinnlegierungen verwendet.

6.1.7.1 Aluminiumlegierungen

Aluminiumlegierungen werden für die Herstellung von Spritzgieß- und Blasformwerkzeugen, für Vorrichtungen sowie für Stanzwerkzeuge zur Herstellung von Werkstücken mit kleinen Blechstärken immer häufiger verwendet. Prototypen müssen, um am Markt erfolgreich zu sein, schnell in marktverfügbare Produkte umgesetzt werden. Werkzeuge und Formen sollen deshalb in sehr kurzer Zeit bereitgestellt und kostengünstig gefertigt werden. Außerdem erreichen die Serien durch die schnelleren Produktzyklen[1] oft Stückzahlen, die den Einsatz von hochfesten Aluminiumlegierungen für Spritzgießformen anstelle von Stahl ermöglichen **(Tabelle 1)**.

Bei der Produktion von Blas- und Spritzgießteilen spielt die Wärmeleitfähigkeit der Werkzeuge eine wichtige Rolle. Die günstige Wärmeleitfähigkeit von Aluminium wirkt sich besonders positiv bei großen Werkzeugen aus. Durch eine gleichmäßige Temperaturverteilung im Werkzeug kann so starker Verzug verhindert werden. Die gute Wärmeleitfähigkeit beeinflusst zudem die Zykluszeiten. Beim Blasformen **(Bild 1)** nimmt der Wärmeentzug aus dem Werkstück drei Viertel bis vier Fünftel des gesamten Zyklus in Anspruch. Auch bei Spritzgießteilen beeinflusst in der Regel der Kühlvorgang die Zykluszeit sehr stark. Die Zykluszeit kann je nach verwendetem Kunststoff bei Aluminiumwerkzeugen um 30 bis 40 Prozent verkürzt werden **(Bild 2)**. Der Kühlung der Werkzeuge kommt somit eine wichtige Bedeutung zu. Je näher die Kühlkanäle an die formgebende Oberfläche angebracht werden und je enger sie zusammen liegen, desto besser kann die Werkzeugtemperatur beeinflusst werden. Die Fertigungszeit zur Herstellung der Kühlkanäle wird bei einem Werkzeug aus Aluminium im Gegensatz zu einem vergleichbaren Werkzeug aus Stahl bis auf ein Drittel reduziert.

Die Kosten für die spanende Bearbeitung einer Stahlform machen im Durchschnitt rund die Hälfte der gesamten Werkzeugkosten aus. Aluminium mit seinen guten Zerspanungseigenschaften bietet in Verbindung mit der Hochgeschwindigkeitsbearbeitung (HSC) ein großes Kosteneinsparungspotential. Durch die in Kapitel 5.4 genannten Vorteile lassen sich kürzere Bearbeitungszeiten realisieren und so Kosten sparen. Beim Fräsen werden bei der Aluminiumbearbeitung bis zu 60 Prozent und beim Drehen und Bohren bis zu 50 Prozent der Fertigungszeit gegenüber Stahl eingespart. Außerdem hat sich bei der spanenden Bearbeitung von Aluminium die Minimalmengenkühlschmierung bewährt, durch die sich zusätzlich Kosten senken lassen. Auch beim Erodieren sind im Vergleich zu Stahl höhere Abtragraten möglich. Aluminium ist aufgrund seiner Oxidierschicht sehr korrosionsbeständig. Allerdings weist Aluminium eine geringere Abrieb- und

[1] Das Aussehen z.B. von elektrischen Haushaltsgeräten verändert sich wegen der Kundenwünsche heute sehr schnell. Deshalb werden die „alten" Produktmodelle schon nach relativ kurzer Zeit durch neue oder veränderte Modelle ersetzt.

Tabelle 1: Einsatz von Aluminiumlegierungen beim Spritzgießen

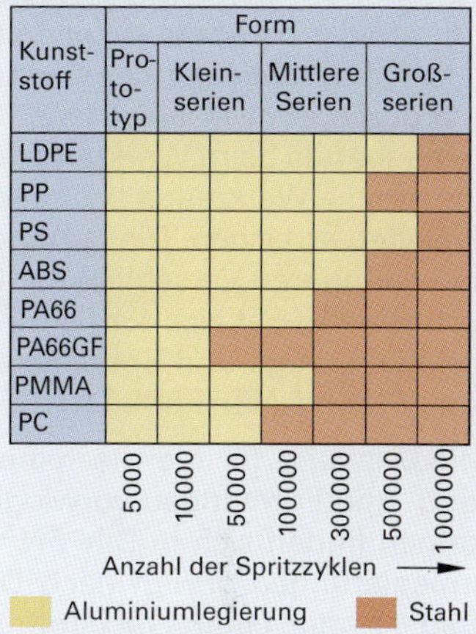

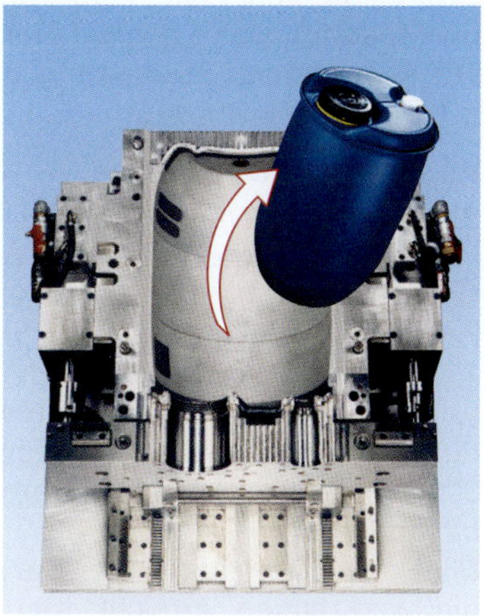

Bild 1: Blasformwerkzeug

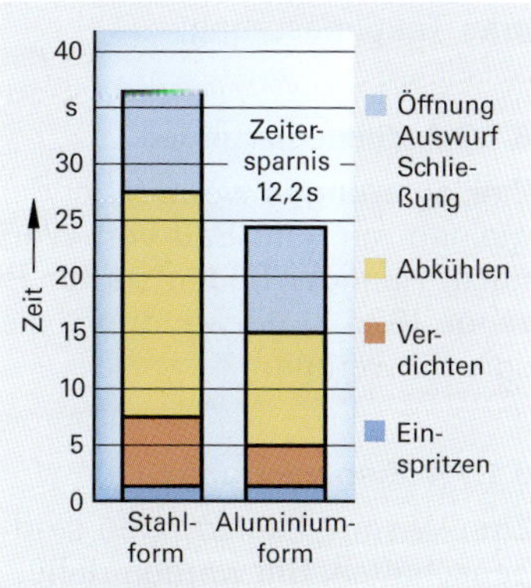

Bild 2: Zyklusunterschied bei der Herstellung eines Spritzgießteils aus PP

6

Verschleißbeständigkeit als Stahl auf. Durch geeignete Beschichtungen z.B. durch Verchromen lässt sich dieser Nachteil aber ausgleichen.

Bei großen Schneidwerkzeugen können auch Grund-, Kopf-, Führungs- und Abstreiferplatten durch Aluminiumlegierungen ersetzt werden. Die geringe Dichte von Aluminium wirkt sich zum einen durch ein besseres Handling der Werkzeuge und somit einer Zeitersparnis beim Werkzeugwechsel vorteilhaft aus. Zum zweiten können die Werkzeuge bei hohen Hubzahlen sehr hohe Geschwindigkeiten erreichen. Die geringe Masse des Werkzeugs bewirkt einen geringeren Verschleiß der Presse.

Gut bewährt hat sich für Schneidwerkzeuge, Säulengestelle, Blasformwerkzeuge und Spritzgießformen z.B. die aushärtbare Legierung EN AW-AlZn5,5MgCu-T651.

Mindestwerte für die mechanischen Eigenschaften der im Werkzeug- und Formenbau vorwiegend verwendeten Aluminiumlegierungen finden sich in DIN EN 485. Die Bezeichnung der Aluminiumlegierungen erfolgt nach DIN EN 573 mit einem Kurznamen **(Bild 1)** oder einer Werkstoffnummer. Im Kurznamen wird auch der Werkstoffzustand angegeben. So bedeutet z. B. die Angabe „T651", dass die Platten erst warmgewalzt, dann wärmebehandelt und spannungsarm gereckt werden. Dadurch wird die Formstabilität während der Bearbeitung gewährleistet.

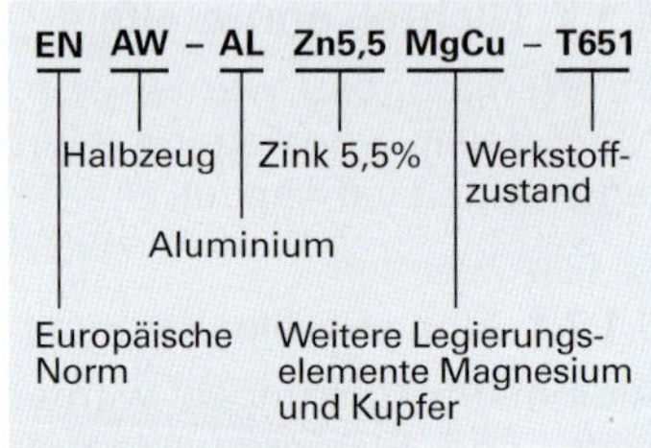

Bild 1: Kurznamen einer Al-Legierung

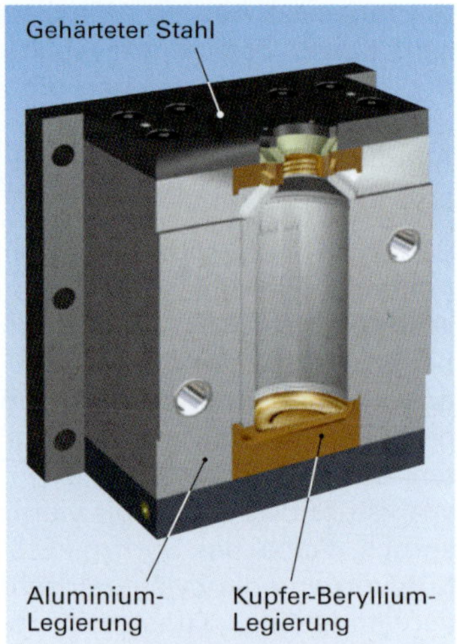

Bild 2: Formeinsätze aus Kupfer-Beryllium

6.1.7.2 Kupferlegierungen

Sie werden im Werkzeugbau vor allem wegen ihrer guten Wärmeleitfähigkeit eingesetzt. Gut bewährt haben sich Kupfer-Beryllium-Legierungen mit mehr als 1,7 % Beryllium. Durch eine Aushärtung kann die Härte auf 35 HRC bis 38 HRC und die Festigkeit bis 1200 N/mm^2 gesteigert werden. Werkzeuge oder Formeinsätze **(Bild 2)** aus Kupfer-Beryllium können vorteilhaft spanend oder durch Warmeinsenken bei Temperaturen zwischen 600 °C und 800 °C hergestellt werden. Dem Warmeinsenken folgt eine Glühbehandlung.

Mit Spritzdüsen aus Kupfer-Beryllium **(Bild 3 Seite 144)** bei Spritzgießwerkzeugen erreicht man im Allgemeinen eine größere Standzeit bei gleicher oder oft sogar besserer Qualität des Spritzgießteils. Von Vorteil ist dabei auch eine größere Abbildungsgenauigkeit von strukturierten Oberflächen wie z. B. Holz-, Leder- oder Textilmaserung.

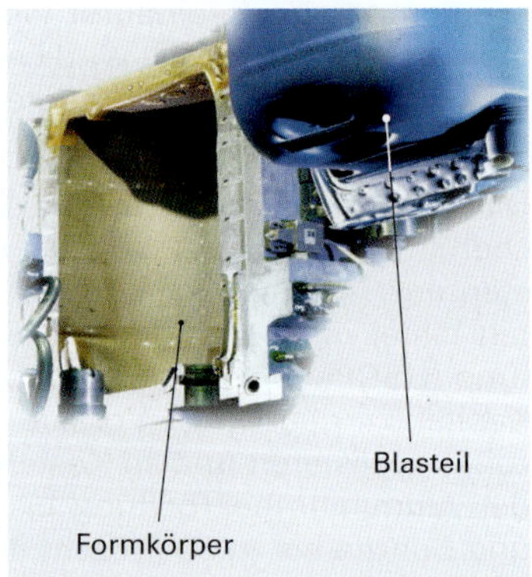

Bild 3: Zink-Guss-Blasform

6.1.7.3 Zinklegierungen

Zinklegierungen werden bei der Spritzgussverarbeitung im Allgemeinen nur zum Bau von Werkzeugen für Probespritzungen benutzt. Häufiger finden sie für Hohlkörperblas- und Tiefungswerkzeuge **(Bild 3)** Verwendung, die mechanisch nicht so hoch beansprucht werden.

6.1.7.4 Zinnlegierungen

Zinn-Wismut-Legierungen sind verhältnismäßig weiche Werkstoffe mit geringen mechanischen Eigenschaften. Sie werden daher vorwiegend für die Herstellung von Werkzeugen für Nullserien bzw. für Probespritzungen verwendet. Außerdem stellt man Blasform- und Urformwerkzeuge aus dieser Legierungsgruppe her. Vorteilhaft sind die hervorragenden Abformgenauigkeiten der Modelle und Formen.

6.1.8 Kunststoffe im Werkzeugbau

6.1.8.1 Blockmaterial aus Polyurethan

Für die Herstellung von Prototyp- und Kleinserienwerkzeugen im Werkzeugbau wird heute auch die sog. Mischbauweise eingesetzt. Für die Normbauteile in Werkzeugen der Umformtechnik wie Grundplatte und Führungssäule wird der herkömmliche Werkstoff Stahl eingesetzt. Die formgebenden Teile wie Stempel, Matrize und Niederhalter werden nicht mehr aus Stahl, Aluminium oder Grauguss hergestellt, sondern aus dem Duroplast Polyurethan **(Bild 1)**.

Für das Tiefziehwerkzeug zur Herstellung des Zentrierrings **(Bild 2)** wurde die Matrize aus einem Polyurethan-Halbzeug **(Bild 1)** gefertigt. Der Zentrierring aus X5CrNi18-10 mit einer Materialstärke von 1 mm wurde in zwei Tiefziehstufen gefertigt. Die kleinsten Werkstückradien betragen 2,5 mm.

Das Polyurethan-Blockmaterial weist eine Druckfestigkeit von bis zu 130 N/mm² auf. Durch die gute Zerspanbarkeit lassen sich die Herstellungskosten des Werkzeugs deutlich senken. Außerdem müssen Werkzeugteile, die bei der Umformung beteiligt sind aus diesem Material nicht poliert werden, da sie sich beim Ziehvorgang selbst polieren. Die tribologischen[1] Merkmale wie Reibungs- und Verschleißverhalten dieses Materials wirken sich besonders beim Tiefziehen von Edelstahl und Aluminium positiv aus. So können z.B. die Teile trocken gezogen werden. Dadurch entfällt der nachträgliche Reinigungsprozess der gefertigten Tiefziehteile.

6.1.8.2 Faserverbundwerkstoffe

Der Anteil der Bauteile aus Faserverbundwerkstoffen – umgangssprachlich auch faserverstärkte Kunststoffe genannt – ist seit den 80er-Jahren stark gestiegen. Im Automobil- und Fahrzeugbau oder dem Schiffsbau steigt die Bedeutung von Bauteilen aus glasfaserverstärkten Kunststoffen (GFK) und kohlenstofffaserverstärkten Kunststoffen (CFK). Auch im Flugzeugbau werden in zunehmenden Maße faserverstärkte Kunststoffe eingesetzt **(Bild 3)**. Durch die Kombination der Verstärkungsfasern mit duroplastischen Kunststoffen wie Epoxid- und Polyesterharzen oder thermoplastischen Kunststoffen können hochbelastbare Bauteile hergestellt werden.

Bild 1: Polyurethan-Blockmaterial für die Herstellung der Matrize

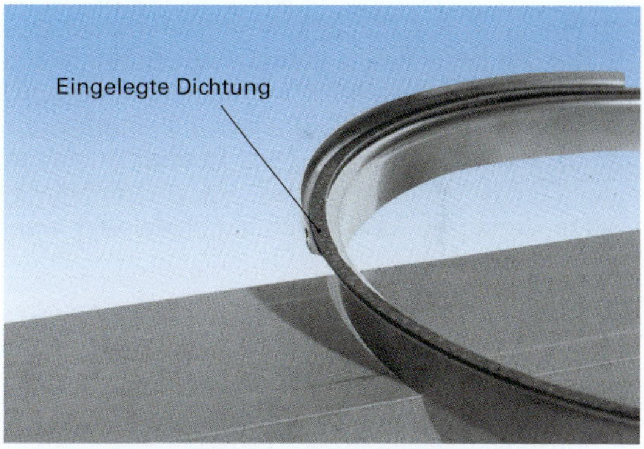

Bild 2: Zentrierring (Laser beschnitten) aus Edelstahl mit eingelegter Dichtung

Bild 3: Anteil faserverstärkter Kunststoffe (FVK) an der Flugzeugstruktur

[1] Die Tribologie ist ein Forschungsbereich, der z.B. die Reibung und die Schmierung zwischen sich bewegenden Flächen untersucht.

Zur Herstellung von großflächigen Bauteilen aus duroplastischen Kunststoffen im Bootsbau **(Bild 1)** oder z. B. bei der Herstellung der Rotoren von Windkraftanlagen benötigt man meist einseitige Negativformen aus Kunststoff. Zu deren Herstellung benötigt man Modelle **(Bild 2)**, die der Geometrie der Bauteile exakt entsprechen. Von diesen Modellen werden dann die Formen abgenommen.

Die Modelle werden aus Stahl, Aluminium, Holz, Polyurethan-Halbzeugen, GFK oder geschäumten Kunststoffen (z. B. Styropor) gefertigt. Daneben werden auch Pasten auf Epoxidharzbasis sog. „Close Contur Pasten" (konturnahe Pasten) verwendet. Aus diesem Material wurde das in **Bild 2** abgebildete Modell gefertigt. Mithilfe dieses Models wird eine Laminierform selbst aus GFK hergestellt. Mit dieser Form werden dann Schiffsdecks aus GFK geformt.

Die Auswahl des Werkstoffs für die Form bzw. für das Modell hängt u.a. von der Geometrie des zu fertigenden Werkstücks, vom Herstellungsverfahren, von der Genauigkeit des zu fertigenden Teils und von der Anzahl der Entformungen ab. Bei der Herstellung von Bauteilen aus faserverstärkten Kunststoffen kommen z.B. das Handlaminierverfahren **(Bild 3)** oder Faserspritzverfahren zur Anwendung. Das Faserspritzen ist eine Weiterentwicklung des Handlaminierens. Dieses Verfahren kann auch automatisiert werden.

Das Handlaminieren umfasst folgende Arbeitsvorgänge:

- Trennmittel auftragen
- Feinschicht (Gelcoat) auftragen
- Laminiervorgang
- Schlussanstrich
- Aushärtung und Nachbearbeitung

6

Bild 1: Boot mit Schiffsdeck aus glasfaserverstärktem Kunststoff

Bild 2: Modell für die Herstellung der Laminierform von Schiffsdecks

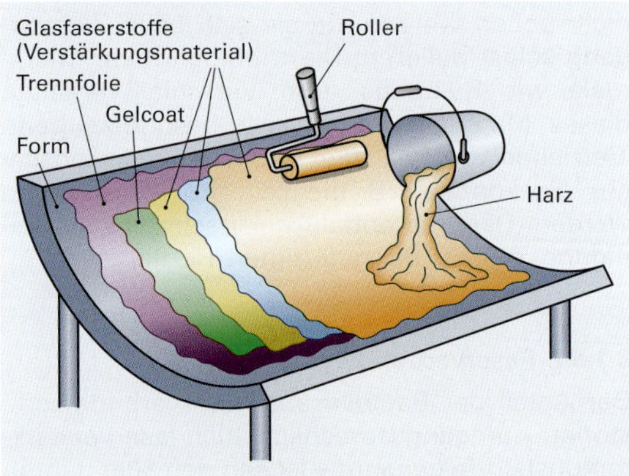

Bild 3: Handlaminierverfahren

Wiederholung und Vertiefung

1 Nennen Sie Bauelemente aus dem Vorrichtungsbau, die in der Regel aus Einsatzstahl hergestellt werden.

2 Nennen Sie mechanische Beanspruchungsarten, für die Vergütungsstähle besonders geeignet sind.

3 Zählen Sie die Eigenschaften der Nitrierstähle auf.

4 Vergleichen Sie die Eigenschaften und Anwendungsgebiete der Kaltarbeitsstähle mit den Warmarbeitsstählen.

5 Nennen Sie die Legierungselemente legierter Werkzeugstähle und beschreiben Sie deren Wirkung.

6 Zählen Sie Bauelemente von Werkzeugen auf, bei denen die Verwendung von Hartmetall wirtschaftlich ist.

7 Beschreiben Sie die Vorteile TiN-beschichteter Werkzeugelemente.

8 Begründen Sie, warum für bestimmte Werkzeugelemente vermehrt Aluminiumlegierungen verwendet werden.

6.2 Allgemeine Beschreibung der Wärmebehandlungsverfahren

Die im Werkzeugbau verwendeten Stähle sollen den daraus gefertigten Werkzeugen bestimmte Eigenschaften wie z. B. hohe Verschleißfestigkeit, Zähigkeit oder Maßbeständigkeit verleihen. Voraussetzung zur Erzielung dieser Eigenschaften ist jedoch eine zweckentsprechende, sorgfältige Wärmebehandlung. Erst durch sie erhalten die Werkzeuge das geeignete Gefüge, die notwendige Gebrauchshärte, die erforderliche Zähigkeit usw. Fehler bei der Wärmebehandlung können grobes Gefüge, Entkohlung oder starke Verzunderung der Werkstückoberfläche, Härterisse oder starken Verzug hervorrufen. Teurer Werkstoff kann dadurch unbrauchbar werden und viele Arbeitsstunden können nutzlos geleistet worden sein.

Da die Werkstoffe vom Werkzeugkonstrukteur so gewählt sind, dass bei der Wärmebehandlung ganz bestimmte, für das Werkzeug notwendige Eigenschaften entstehen, dürfen Werkstoffe bei Bearbeitungsausschuss oder bei Ersatz für verbrauchte Teile unter keinen Umständen durch beliebige andere Werkstoffe ersetzt werden, da sonst das gesamte Werkzeug unbrauchbar wird. Eine Übersicht über die verschiedenen Wärmebehandlungsverfahren vermittelt **Bild 1.**

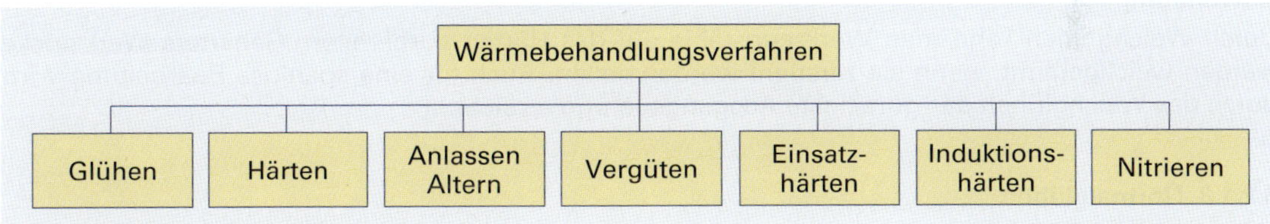

Bild 1: Wärmebehandlungsverfahren

6.2.1 Glühen

Als Glühen bezeichnet man das langsame Erwärmen der Werkstücke auf bestimmte Temperaturen mit oder ohne Halten auf Glühtemperatur und nachfolgendem langsamen Abkühlen.

Die wichtigsten Glüharten sind Spannungsarm-, Weich-, Normal- und Rekristallisationsglühen.

6.2.1.1 Spannungsarmglühen

Zweck

Eigenspannungen im Werkstoff, die durch ungleichmäßiges Abkühlen beim Gießen, Walzen, Schmieden, Schweißen oder Härten entstanden sind, sollen verringert werden.

Verfahren

Die Werkstücke werden langsam auf 550 °C bis 650 °C erwärmt **(Bild 2).** Nach mehrstündigem Glühen bei dieser Temperatur lässt man sie langsam abkühlen.

Erklärung

Bei höheren Temperaturen sinkt die Fließgrenze. Dadurch können sich Atome aus ihrer Zwangslage befreien und somit innere Spannungen vermindert werden. Es tritt dabei keine Gefügeänderung ein.

Anwendungsbeispiele

Werkzeuge vor dem Fertigbearbeiten, Schmiede- oder Gussteile, geschweißte Teile.

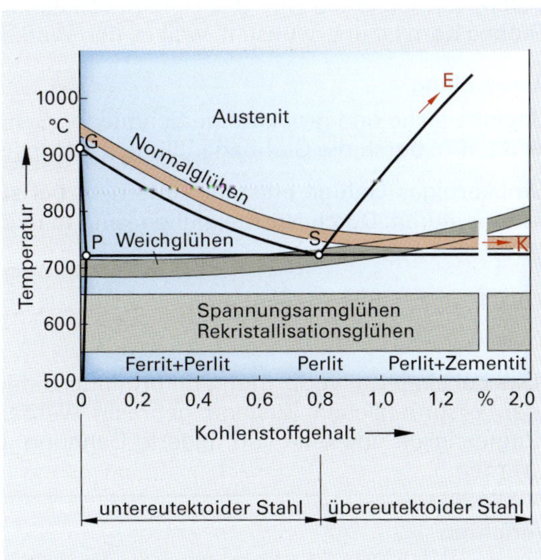

Bild 2: Glühtemperaturen

6.2.1.2 Weichglühen

Zweck

Gehärteter oder kaltverfestigter Stahl soll in einen möglichst weichen Gefügezustand verwandelt werden.

Verfahren

Werkstücke aus unlegierten, untereutektoiden Stählen werden auf 680 °C bis 720 °C, Werkstücke aus übereutektoiden Stählen auf ca. 730 °C bis 750 °C erwärmt **(Bild 2, Seite 313)**. Bei dieser Temperatur hält man sie je nach Größe mehrere Stunden lang und lässt sie dann langsam im Ofen abkühlen. Die gleiche Wirkung erzielt man durch das Pendelglühen, abwechselnd knapp oberhalb bzw. unterhalb der PSK-Linie.

Erklärung

Die länglichen Zementitlamellen werden in rundliche Körner umgeformt. Dadurch lässt sich der Werkstoff besser spanen.

Anwendung

Durch Weichglühen kann man Werkzeugstähle auf das Härten vorbereiten. Gehärtete Werkstücke werden weichgeglüht, wenn sie zerspant werden sollen. Auch für eine spanlose Bearbeitung wird durch das Weichglühen das günstigste Ausgangsgefüge erreicht.

6.2.1.3 Normalglühen

Zweck

Durch das Normalglühen soll ein gleichmäßiges, feinkörniges Gefüge mit rundlichen Körnern geschaffen werden.

Verfahren

Man erwärmt die Werkstücke erst langsam auf ca. 600 °C, danach schnell auf 50 °C über die Linie GSK **(Bild 2, Seite 313)**. Man hält das Werkstück nur so lange auf dieser Temperatur, bis der gesamte Querschnitt diese Temperatur angenommen hat (ca. 20 Minuten bei einem Durchmesser von 50 mm). Die Abkühlung erfolgt in ruhiger Luft.

Erklärung

Durch Normalglühen wird das Gefüge vollständig neu gebildet. Es entsteht ein feinkörniges Gefüge. Grobes Korn ist unerwünscht, weil es den Werkstoff spröde macht.

Anwendung

6

Uneinheitliche und grobkörnige Schmiede-, Schweiß-, Walz-, Zieh- und Gussgefüge werden normalisiert, d. h. durch die Glühbehandlung gleichmäßig und feinkörnig.

Grobkörniges Gefüge entsteht außerdem bei zu langem Glühen oder beim Glühen bei zu hohen Temperaturen. Durch Normalglühen kann man es wieder feinkörnig machen.

6.2.1.4 Rekristallisationsglühen

Zweck

Das bei einer Kaltverformung deformierte Gefüge soll durch das Rekristallisationsglühen wieder in den ursprünglichen Zustand gebracht werden. Kaltverformte Werkstücke haben eine erhöhte Zugfestigkeit und eine verminderte Dehnung. Erst nach dem Glühen können sie weiter verformt werden.

Verfahren

Je nach dem Verformungsgrad wird bei 550 °C bis 650 °C mehrere Stunden lang geglüht. Bei hohen Verformungsgraden genügen niedrigere Temperaturen **(Bild 2, Seite 313)**.

Erklärung

Die durch die Kaltverformung gestreckten Körner verursachen innere Spannungen. Beim Glühen ordnen sich die unter einem Zwangszustand stehenden Atome zu einem neuen, spannungsfreieren Kristallverband.

6.2.1.5 Glühfehler

Glühen bei zu niedriger Temperatur führt nicht zu der beabsichtigten Gefügeumwandlung.

Glühen bei zu hoher Temperatur führt zur Grobkornbildung. Bei extrem hoher Temperatur verzundert das Material an der Oberfläche. Außerdem tritt an der Oberfläche eine Entkohlung ein. Ein solcher Stahl ist nicht mehr härtbar.

Zu langes Glühen bei zu hoher Temperatur führt zur Verbrennung des Kohlenstoffes. Dieser so genannte „verbrannte Stahl" hat schlechte mechanische Eigenschaften, kann nicht mehr gehärtet werden und ist völlig unbrauchbar.

Wiederholung und Vertiefung

1 Nennen Sie die verschiedenen Glühverfahren.
2 Erklären Sie den Vorgang und Zweck des Spannungsarmglühens.
3 Erklären Sie den Vorgang und Zweck des Weichglühens.
4 Beschreiben Sie das Verfahren, wie gehärteter unlegierter Werkzeugstahl weichgeglüht wird.
5 Erklären Sie den Vorgang und Zweck des Normalglühens.
6 Beschreiben Sie den Vorgang und Zweck des Rekristallisationsglühens.
7 Nennen Sie die Folgen, wenn Stahl bei zu niedriger Temperatur geglüht wird.
8 Nennen Sie die Folgen, wenn Stahl bei zu hoher Temperatur geglüht wird.
9 Vergleichen Sie die Eigenschaften eines überhitzten mit einem verbrannten Stahl bezüglich seines Gefüges und seiner Wiederverwendbarkeit.

6.2.2 Härten

Zweck

Durch diese Wärmebehandlung sollen die Härte und die Verschleißfestigkeit des betreffenden Werkstoffes gesteigert werden. Dies muss mit einer Abnahme der Zähigkeit und der Dehnung erkauft werden.

Anwendung

Werkzeuge der spanenden und spanlosen Fertigung müssen hart und verschleißfest sein. Auch Baustähle, die auf Verschleiß beansprucht werden, müssen gehärtet werden.

Verfahren

Das Härten erfolgt in drei Stufen:

- Erwärmen auf Härtetemperatur
- Halten auf Härtetemperatur
- Abschrecken (rascher Wärmeentzug)

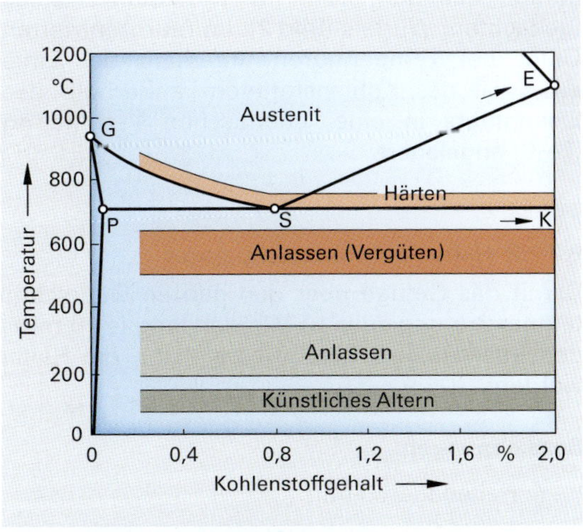

Bild 1: Temperaturen beim Härten, Vergüten. Anlassen und Altern

6

6.2.2.1 Erwärmen auf Härtetemperatur

Um Spannungen und große Temperaturunterschiede zu vermeiden, erwärmt man die Werkstücke zunächst langsam und gleichmäßig auf 600 °C bis 700 °C. Danach wird schnell auf die vorgeschriebene Härtetemperatur erhitzt, damit ein feinkörniges Gefüge erzielt wird. Bei zu langem Glühen würde die Oberfläche entkohlen und verzundern und es würde ein großkörniges Gefüge entstehen. Durch Verwendung von Schutzgas oder bei Erwärmung in Salzbädern wird eine Entkohlung oder Verzunderung vermieden.

Die **Härtetemperatur** hängt von der Stahlsorte, aber auch von der Form und Größe der Werkstücke ab. Für dünne und schwierig geformte Werkstücke wählt man die untere, für große und einfach geformte Werkstücke die obere Grenze des vom Stahlhersteller empfohlenen Temperaturbereiches.

Bei unlegierten Stählen wird empfohlen, die Werkstücke etwa 30 °C bis 60 °C über die Linie G-S-K des Eisen-Kohlenstoff-Diagramms zu erwärmen **(Bild 1, Seite 315** und **Bild 1).** Bei dieser Temperatur ist gewährleistet, dass sich der Gefügebestandteil Perlit in Austenit umgewandelt hat. Das austenitische Gefüge ist die Voraussetzung für ein erfolgreiches Härten. Wird die Temperatur unterschritten, so ergeben sich weiche Stellen. Beim Überschreiten der Temperatur ist mit einem groben Gefüge zu rechnen.

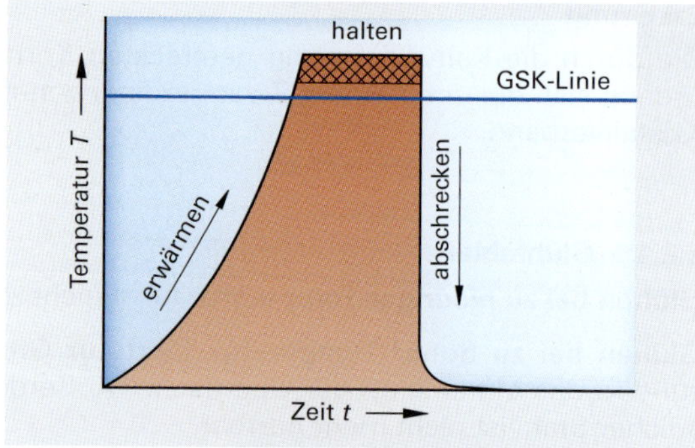

Bild 1: Temperaturverlauf beim Härten

Gefügeumwandlung beim Erwärmen

Beim austenitischen Gefüge sind die Eisenatome kubisch flächenzentriert angeordnet (sog. kubisch flächenzentriertes Gitter). Die Kohlenstoffatome befinden sich im Mittelpunkt eines (gedachten) Würfels **(Bild 2).** Im raumzentrierten Gitter bei Temperaturen unterhalb der Linie P-S-K ist das Kohlenstoffatom außerhalb des Eisengitters in einer chemischen Verbindung (Fe_3C) angelagert.

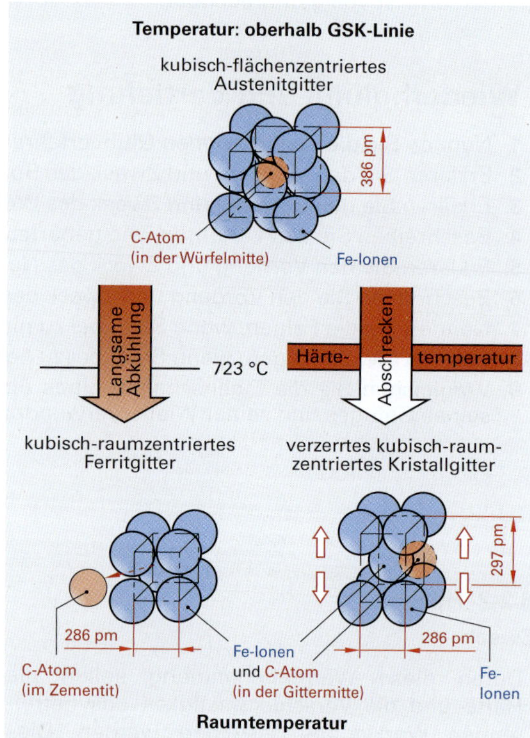

Bild 2: Atomanordnung im Eisenkristallgitter

6

6.2.2.2 Halten auf Härtetemperatur

Damit das Gefüge über den ganzen Querschnitt in Austenit umgewandelt wird, muss die Härtetemperatur ungefähr 10 Minuten lang je 10 mm Querschnittsdicke gehalten werden. Bei Abmessungen über 60 mm Durchmesser kann die Haltedauer T mit der folgenden Faustformel berechnet werden:

Bezeichnungen:

T Haltedauer in min

D Durchmesser bzw. Werkstückdicke in mm

$$T = 20 + \frac{D}{2}$$

6.2.2.3 Abschrecken

Damit eine wesentliche Härtesteigerung eintritt, muss der Stahl sehr rasch abgekühlt werden. Für jede Stahlsorte gibt es eine so genannte **kritische Abkühlgeschwindigkeit**. Die Wärme muss so schnell vom Werkstück abgeführt werden, dass die kritische Abkühlgeschwindigkeit sicher überschritten wird. Bei einer zu geringen Abkühlgeschwindigkeit ist nicht gewährleistet, dass das Werkstück an allen Stellen gleichmäßig hart wird. Je nach der beabsichtigten Wirkung benutzt man verschiedene Abschreckmittel **(Tabelle 1)**.

Tabelle 1: Wirkung der Abschreckmittel

Wirkung	Abschreckmittel	Bezeichnung der Stähle
sehr schroff	Wasser mit Salz- oder Säurezusatz Wasser Wasser mit Polymer- oder Ölzusatz	Wasserhärter (unlegierte Stähle)
	Ölbad warmes Ölbad Metall- oder Salzschmelzen	Ölhärter (meist niedrig legierte Stähle)
sehr mild	bewegte Luft ruhige Luft	Lufthärter (meist hoch legierte Stähle)

Eine zu hohe Abkühlgeschwindigkeit ist zu vermeiden, damit die Spannungen möglichst gering bleiben und damit keine Härterisse auftreten.

Beim Abschrecken in Flüssigkeiten ist darauf zu achten, dass das Werkstück schnell eingetaucht wird und in der Flüssigkeit ständig und heftig bewegt wird. Dadurch wird verhindert, dass sich an der Werkstückoberfläche Wärme isolierende Luftblasen festsetzen, die den Härtevorgang behindern würden. Werkstücke mit Hohlräumen müssen so eingetaucht werden, dass die Luft nach oben entweichen kann. Unsymmetrische Werkstücke taucht man meist senkrecht und mit der Masse voraus in das Abschreckmittel ein. Dadurch werden dicke und dünne Teile des Werkstücks etwa gleichzeitig auf die Badtemperatur abgekühlt.

Gefügeumwandlung beim Abschrecken

Beim **langsamen Abkühlen** vom austenitischen Gefüge wird das Kohlenstoffatom durch ein Eisenatom von der Würfelmitte verdrängt. Es verbindet sich mit Eisen zu dem sehr harten Eisenkarbid Fe_3C und lagert sich in Streifenform außerhalb des raumzentrierten Gitters an **(Bild 2, Seite 316)**.

Beim **schnellen Abkühlen** (z. B. Abschrecken in kaltem Wasser) haben die Kohlenstoffatome nicht genügend Zeit, um aus den Würfelmitten herauszukommen und Eisenkarbide zu bilden. Die Kohlenstoffatome werden eingeschlossen. Dadurch entsteht ein verzerrtes Gitter, das unter großer Spannung steht. Diese innere Spannung ist die Ursache für die große Härtesteigerung. Das feinnadelige Gefüge wird nach seinem Entdecker Martens als **Martensit** bezeichnet.

Aus **Zeit-Temperatur-Umwandlungs-Schaubildern** (ZTU-Schaubilder), die für die verschiedenen Stähle aufgestellt wurden, lassen sich Gefüge, Gefügeanteile und die Härte HRC in Abhängigkeit von der Temperatur und der Zeit ablesen.

Ablesebeispiel aus einem ZTU-Schaubild (Bild 1, Seite 318):

Bei einer gleich bleibenden Abschreckgeschwindigkeit von der Härte- auf Raumtemperatur entlang der Abkühlungslinie III werden folgende Gefügebestandteile ausgeschieden: 10 % Ferrit, 60 % Perlit, 20 % Zwischenstufengefüge, 10 % Martensit (fehlender Rest zu 100 %). Die hierbei erreichte Härte beträgt 28 HRC.

Die Abkühlungslinie I entspricht dem Abschrecken in Wasser, die Linien II und III entsprechen dem Abschrecken in Öl, die Linien IV und V stellen das Abkühlen in bewegter bzw. ruhiger Luft dar. Der Werkstoff 43MnCr6 wird also nur entlang der Linie I, d. h. beim Abschrecken in Wasser hart. Beim Abschrecken in Öl entsteht ein hoher Anteil eines Zwischenstufengefüges, das keine große Härtesteigerung bewirkt. Beim Abkühlen in Luft entsteht vorwiegend Perlit.

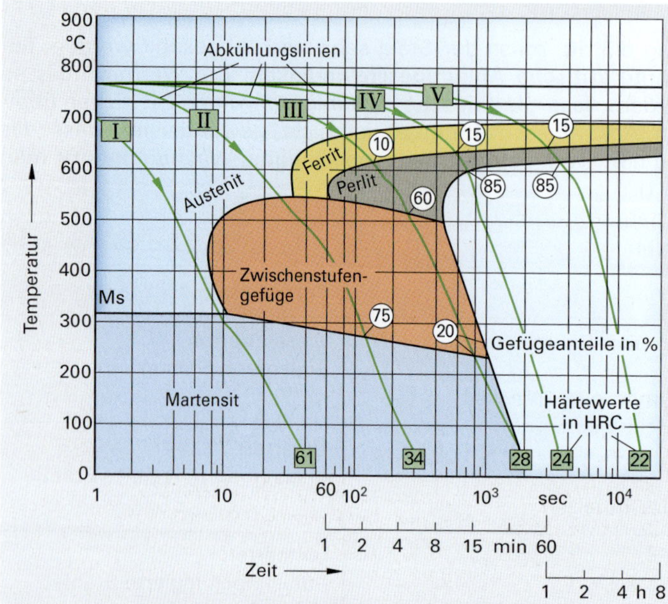

Abkühlungs-linie	Abschreck-mittel
I	**Wasser**
II	**Öl**
III	**warmes Öl**
IV	**bewegte Luft**
V	**ruhige Luft**

Bild 1: Kontinuierliches ZTU-Schaubild für Werkstoff 43MnCr6

6.2.2.4 Einhärtungstiefe

Das Abschreckmittel führt die Wärme zunächst an der Randzone des Stahles ab. Bei dickeren Querschnitten dauert es wegen der geringen Wärmeleitfähigkeit des Stahles verhältnismäßig lange, bis auch die Kernzone abgekühlt ist **(Bild 2)**.

Die Kernzone kann noch mehrere Hundert Grad warm sein, wenn die Randzone schon auf Raumtemperatur abgekühlt ist. Dies führt dazu, dass die kritische Abkühlgeschwindigkeit im Kern nicht erreicht wird, der Stahl also nicht durchhärtet. Im inneren Gefüge konnten sich die Kohlenstoffatome aus der Würfelmitte lösen und mit Eisen eine Eisenkarbidverbindung eingehen.

Unlegierte Stähle haben eine Einhärtungstiefe von ca. 6 mm, während der Kern weich und damit zäh bleibt. Ein zylindrisches Teil härtet bis zu einem Durchmesser von 12 mm durch.

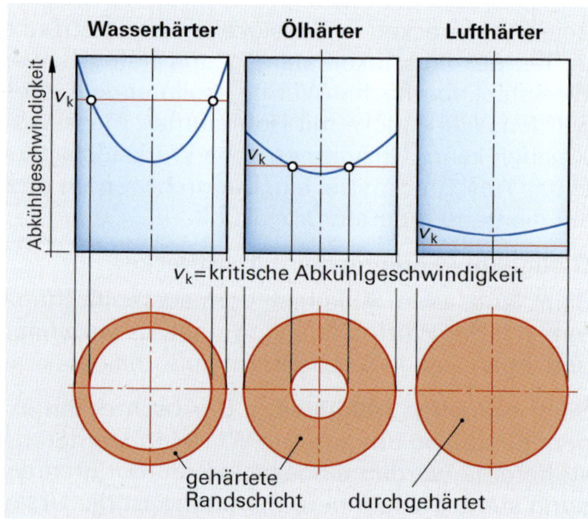

Bild 2: Einhärtungstiefen bei verschiedenen Werkstoffen

Legierte Stähle haben eine kleinere Abkühlgeschwindigkeit. Die Legierungsbestandteile Mn, Cr, W, Mo u. a. bewirken, dass diese Stähle auch bei einer milderen Abschreckung härten. Ölhärtende Stähle haben deshalb eine größere Einhärtungstiefe als wasserhärtende Stähle. Lufthärtende Stähle haben eine sehr geringe kritische Abkühlgeschwindigkeit. Sie härten vollständig durch, z. B. X45NiCrMo4.

6.2.3 Anlassen

Zweck

Die gehärteten Werkstücke sind glashart und äußerst spröde. Durch das Anlassen erhalten gehärtete Stähle Zähigkeit, die Härte wird vermindert und Spannungen werden abgebaut **(Bild 1, Seite 319)**.

6

Anwendung

Je nach Verwendungszweck werden Werkstücke höher angelassen, wenn beispielsweise mehr Zähigkeit und weniger Härte verlangt wird. Kommt es aber auf mehr Härte und Verschleißschutz an, so wird auf geringere Temperaturen angelassen.

Verfahren

Die Werkstücke werden sofort nach dem Abschrecken wieder erwärmt. Die Anlasstemperaturen hängen von der Stahlsorte ab. Jeder Stahl hat sein typisches Anlassschaubild **(Bild 1)**. Die Anlasswirkung kann sowohl durch ein längeres Halten auf einer tieferen Temperatur als auch durch ein kürzeres Halten auf einer höheren Temperatur erreicht werden.

Bei Werkzeugstählen **(Bild 2)** ist ein zweifaches Anlassen vorteilhaft. Dies ergibt vor allem eine bessere Zähigkeit. Werkzeugstähle sollen ca. 2 Stunden lang auf der Anlasstemperatur gehalten werden.

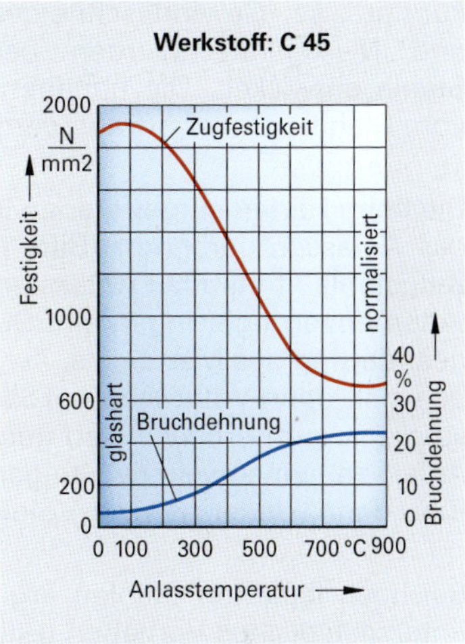

Bild 1: Anlassschaubild für Vergütungsstahl

Anlassfarben

Auf einer gehärteten und danach blank geschliffenen Stahloberfläche bilden sich je nach Höhe der Temperatur verschieden dicke Oxidschichten. Fällt auf die gehärtete Oberfläche weißes Licht, so wird dieses entsprechend der Dicke der Oxidschicht in farbiges Licht verwandelt. Die entstehende Farbe gibt daher Aufschluss auf die Höhe der Temperatur am Werkstück. Die Bestimmung der Temperatur mit Hilfe der Anlassfarben wird heute vielfach durch moderne Temperaturmessverfahren ersetzt. Bei legierten Stählen ist die Temperaturbestimmung mit Anlassfarben weniger geeignet, da diese Stähle nicht so leicht oxidieren.

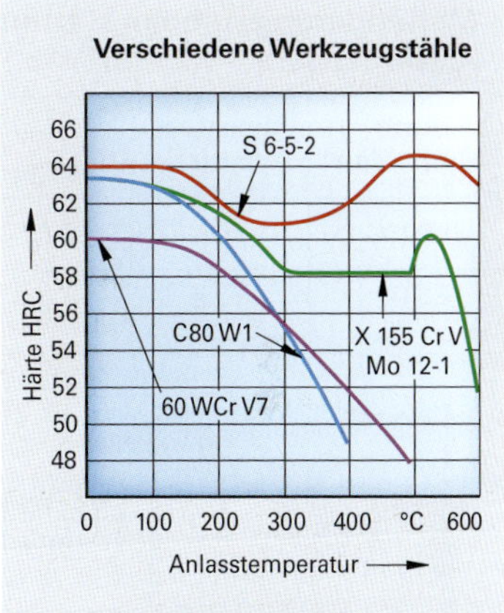

Bild 2: Anlassschaubilder für verschiedene Werkzeugstähle

6.2.4 Maßänderung beim Härten und Anlassen

Unter der Maßänderung versteht man eine unvermeidbare Veränderung der Abmessungen und der Form. Der Grund für diese Maßänderung liegt in der unterschiedlichen Dichte der Gefügebestandteile Ferrit-Zementit, Austenit und Martensit.

Das martensitische Gefüge des gehärteten Stahles hat im Allgemeinen ein größeres Volumen als das weiche Ausgangsgefüge. Die Maßänderung wird von den Legierungselementen, der Menge des entstandenen Restaustenits und von der Abkühlgeschwindigkeit beeinflusst. Wesentlich ist außerdem, ob ein Stahl durchhärtet oder nur an den Randzonen hart wird.

Die größte Volumenzunahme bei voller Durchhärtung haben unlegierte Stähle. Die Volumenzunahme beträgt hierbei ca. 0,7 % bis 1 %. Auch bei niedrig und hoch legierten Stählen kann die Volumenzunahme noch bis zu 0,5 % betragen.

Die Maßänderung ist in Längs- und in Querrichtung bzw. in der Dicke jeweils verschieden **(Bild 3)**. Dies hängt mit der Faserrichtung (Walzrichtung) zusammen. In der Regel sollte man Maße höchster Genauigkeit quer zur Hauptfaserrichtung legen, wenn nicht durch entsprechend große Schleifzugaben die eingetretene Maßänderung wieder ausgeglichen werden kann.

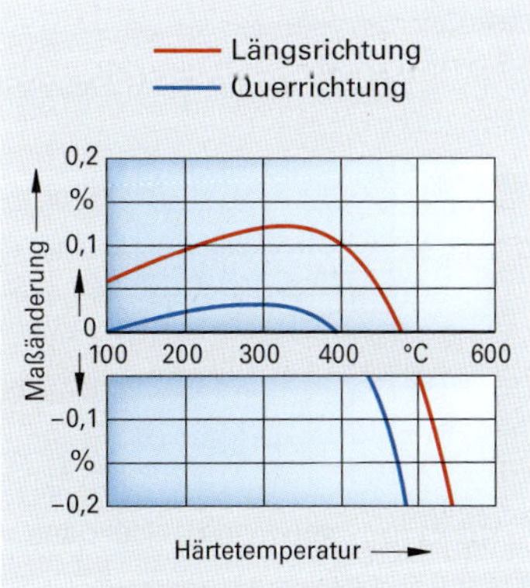

Bild 3: Maßänderung beim Härten

6

Für präzise Gewindeschneidwerkzeuge, Schneidwerkzeuge und Messgeräte wurden besonders maßänderungsarme Stähle entwickelt. Die genauen Maßänderungswerte können vom Stahlhersteller erfragt werden.

Die beim Härten eingetretenen Maßänderungen werden durch das Anlassen verändert **(Bild 1)**. Bei niedrig legierten Werkzeugstählen treten bei Anlasstemperaturen unter 200 °C kleine Volumenverringerungen ein. Die Ursache liegt an einer Gefügeänderung des Martensits. Zwischen 200 °C und 320 °C ergeben sich dann Volumenvergrößerungen. Die Maße des Werkstücks vergrößern sich also gegenüber dem Zustand vor dem Anlassen. Eine weitere Steigerung der Anlasstemperaturen führt dann wieder zu einer Volumenverkleinerung.

Bei hoch legierten Stählen ergibt sich je nach Stahlsorte ein unterschiedliches Verhalten **(Bilder 2 und 3)**. Die Maßänderungen beim Härten und Anlassen sind zu addieren.

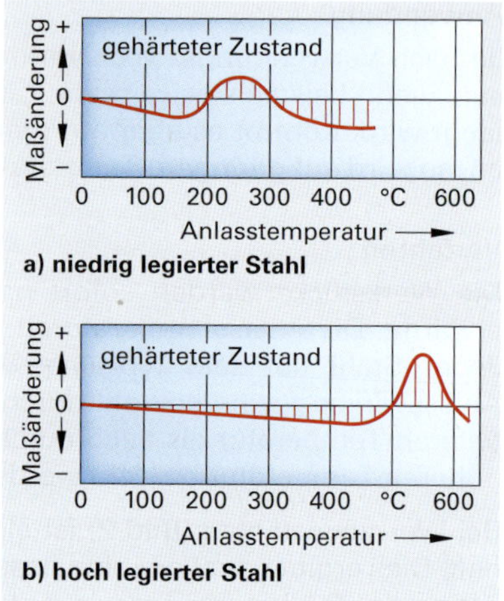

Bild 1: Maßänderung beim Anlassen

Maßänderungen beim Härten von Kaltarbeitsstahl X210CrW12

Härtetemperatur	Abschreckmittel	Maßänderung in %		
		Länge	Breite	Dicke
960 °C	Öl	–0,07	+0,08	–0,08
960 °C	Luft	–0,06	+0,11	+0,05

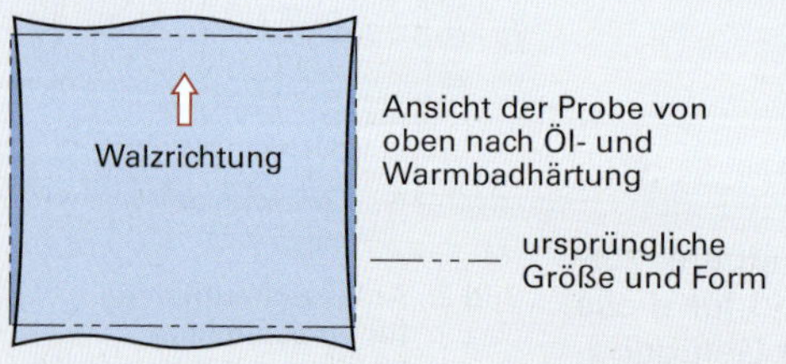

Maßänderungen beim Härten von Warmarbeitsstahl X40CrMoV5-1

Härtetemperatur	Abschreckmittel	Maßänderung in %		
		Länge	Breite	Dicke
960 °C	Öl	–0,07	+0,08	–0,08
960 °C	Luft	–0,06	+0,11	+0,05

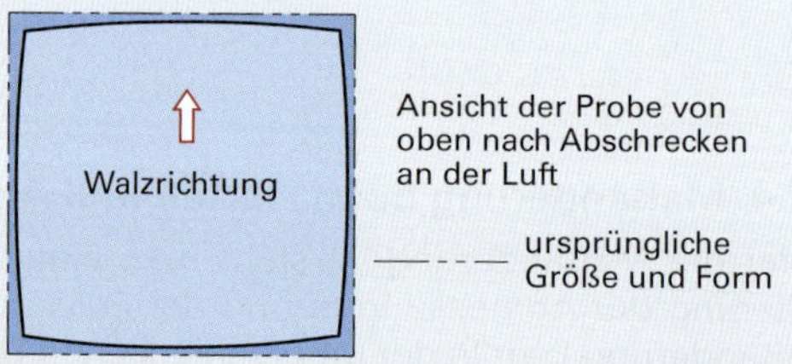

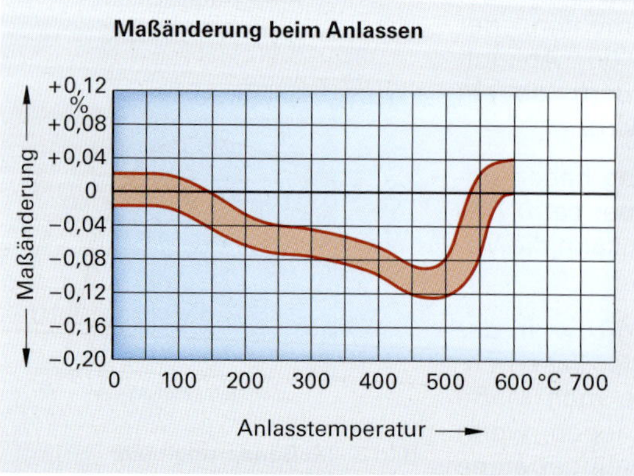

Bild 2: Maßänderung eines Kaltarbeitsstahles

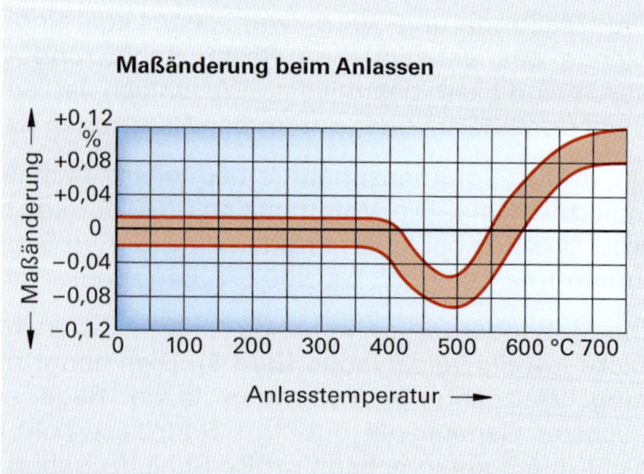

Bild 3: Maßänderung eines Warmarbeitsstahles

6

6.2.5 Altern

Zweck

Werkzeugstähle, die eine besonders hohe Maßbeständigkeit aufweisen müssen, werden nach dem Härten bzw. Anlassen gealtert. Dabei wird der größte Teil des Restaustenits in Martensit umgewandelt. Nach dem Altern ist dann der Stahl maßbeständig, d. h., seine Abmessungen ändern sich nicht mehr.

Verfahren

Natürlich wird der Stahl gealtert durch monatelanges Lagern bei Raumtemperatur. Da diese Methode unwirtschaftlich ist, sind verschiedene *künstliche* Alterungsverfahren entwickelt worden:

Wärmealterung bei 100 °C bis 120 °C im Ölbad oder im Luftumwälzofen, je nach den Abmessungen der Teile 20 bis 60 Stunden.

Pendelalterung bei 100 °C im Ölbad oder Luftumwälzofen 2 bis 4 Stunden. Abgekühlt wird in Salzwasser bei –5 °C. Dieser Vorgang wird mehrmals wiederholt.

Tiefkühlalterung bei –80 °C bis –100 °C. Die Tiefkühlbehandlung wird in speziellen Einrichtungen bzw. Behältern vorgenommen. Als Tiefkühlmedien werden Trockeneis (–55 °C bis –60 °C), Trockeneis-Alkohol-Mischung (ca. –80 °C), flüssige Luft (–191 °C), flüssiger Sauerstoff (–183 °C) und flüssiger Stickstoff (–196 °C) verwendet. Nachdem das ganze Teil die tiefe Temperatur angenommen hat, was nach ca. 10 bis 20 Minuten der Fall ist, sollte stets eine Anlassbehandlung folgen. Zweckmäßig ist es die Werkstücke kurz auf ca. 100 °C zu erwärmen.

Rüttelalterung. Dieses Verfahren wird bei Raumtemperatur mit Hilfe von Ultraschall-Schwingungen durchgeführt und dauert etwa 30 bis 60 Minuten.

Anwendung des Alterns

Das Altern führt bei Lehren, Messinstrumenten und Präzisionsbauteilen zu einer hohen Form- und Maßbeständigkeit. Bei Werkzeugen kommt außerdem noch der Vorteil einer hohen und gleichmäßigen Härte hinzu.

6.3 Wärmebehandlung der Werkzeugstähle

Im Werkzeugbau kommen vor allem unlegierte Werkzeugstähle, Kaltarbeitsstähle und Warmarbeitsstähle zur Anwendung. Schnellarbeitsstähle werden seltener eingesetzt.

6.3.1 Unlegierte Werkzeugstähle

6

Bei den unlegierten Werkzeugstählen bestimmt vor allem der Kohlenstoffgehalt die Eigenschaften. Er liegt zwischen 0,45 % und 1,5 %. Unlegierte Werkzeugstähle sind meist Wasserhärter. Die Einhärtungstiefe liegt bei ca. 2 ... 5 mm **(Tabelle 1)**. Die Weichglühtemperatur beträgt 680 °C bis 710 °C. Angelassen werden diese Stähle je nach Verwendungszweck zwischen 180 °C und 300 °C. Härte und Verschleißfestigkeit der unlegierten Werkzeugstähle bleiben nur bis ca. 250 °C erhalten.

Tabelle 1: Wärmebehandlung von unlegierten Werkzeugstählen

Werkstoff-nummer	Kurzname	Härte nach Weichglühen HB 30	Härte-temperatur °C	Abschreck-mittel	Härte HRC	Einhärte-tiefe mm	Anwendungsbeispiele im Werkzeugbau
1.1545	C105U	190	770...800	Wasser	65	2,0...3,0	Schneidwerkzeuge, Press- und Prägestempel
1.1730	C45U	190	800...830	Wasser	58	3,5...5,0	Schneidwerkzeuge
1.1750	C75U	217	790...820	Öl	62	3,5...5,0	Warmgesenke, Ziehdorne
1.1820	C55U	170	790...820	Wasser	60	2,0...3,5	Schmiedegesenke mit Tiefgravuren

6.3.2 Kaltarbeitsstähle

Es ist ratsam, bei den Kaltarbeitsstählen die Wärmebehandlungsvorschriften der Hersteller genau zu beachten **(Tabelle 1)**. Die Temperaturen für das Weichglühen, Härten und Anlassen hängen im Wesentlichen von den Legierungsbestandteilen ab und sind deshalb sehr unterschiedlich.

Der **Kaltarbeitsstahl Nr. 1.2436** beispielsweise behält bei einer Anlasstemperatur von 100 °C seine Härte von 64 HRC, wird er auf 200 °C angelassen, so geht die Härte auf 63 HRC und bei 300 °C Anlasstemperatur auf 60 HRC zurück.

Der **Schnellarbeitsstahl Nr. 1.3247** nimmt nach dem Anlassen eine größere Härte an als nach dem Abschrecken. Bei diesem Stahl ist außerdem zu beachten, dass er zunächst auf 400 °C bis 600 °C anzuwärmen ist, die nachfolgende 1. Vorwärmstufe beträgt 850 °C, die 2. Vorwärmstufe liegt bei 1050 °C, gehärtet wird zwischen 1180 °C und 1210 °C. Temperaturen und Haltezeiten genau einhalten.

Tabelle 1: Wärmebehandlung von Kaltarbeitsstählen[1)]

Werkstoff-nummer	Kurzname	Weichglüh-temperatur °C	Härte nach dem Weichglühen HB 30	Härte-temperatur °C	Abschreck-mittel	Härte HRC nach dem Abschrecken	Anlass-temperatur °C
1.2004	85Cr1	680...720	211	800... 830	Öl	65	150...300
1.2083	X42Cr13	750...800	225	1020...1050	Öl	58	150...300
1.2436	X210CrW12	800...830	239	930... 980	Öl, Luft	64	180...250
1.2710	45NiCr6V	660...700	238	830... 860	Öl	56	180...350
1.2721	50NiCr13	610...630	217	840... 870	Öl, Luft	59	160...300
1.2764	X19NiCrMo4	600...630	250	810... 830	Öl, Luft	61	150...180
1.2826	60MnSiCr4	680...720	225	820... 850	Öl	60	300...500
1.2842	90MnCrV8	690...720	211	760... 820	Öl	64	150...250
1.3247	HS2-10-1-8[2)]	770...820	–	1180...1210	Öl, Luft	67[3)]	510...540

6.3.3 Warmarbeitsstähle

Auch bei den Warmarbeitsstählen, insbesondere bei den hochlegierten Sorten, ist es ratsam, die Wärmebehandlungsvorschriften der Hersteller **(Tabelle 2)**, insbesondere die Aufwärm- und Haltezeiten, genau einzuhalten. Die Gebrauchshärte richtet sich nach der Anlasstemperatur. Der **Gesenkstahl Nr. 1.2713** beispielsweise nimmt bei entsprechenden Anlasstemperaturen folgende Festigkeitswerte an **(Tabelle 3)**:

Tabelle 2: Wärmebehandlung von Warmarbeitsstählen[4)]

Werkstoff-nummer	Kurzname	Weichglüh-temperatur °C	Härte nach dem Weichglühen HB 30	Härte-temperatur °C	Abschreck-mittel	Härte HRC nach dem Abschrecken	Anlass-temperatur °C
1.1730	C45U	680...710	190	790... 820	Wasser	58 HRC	400...500
1.2323	48CrM0V6-7	740...770	219	950...1000	Öl	2060 N/mm2	550...650
1.2343	X38CrMoV5-1	760...780	235	1020...1050	Öl, Luft	1960 N/mm2	550...650
1.2365	X32CrMoV3-3	760...780	230	1020...1050	Öl, Luft	1720 N/mm2	500...670
1.2713	55NiCrMoV6	680...710	240	840... 870	Öl	1860 N/mm^2	500...650

Tabelle 3: Abhängigkeit der Festigkeit von der Anlasstemperatur (für Stahl Nr. 1.2713)

Anlasstemperatur in °C	400	450	500	550	600	650	700
Festigkeit in N/mm^2	1620	1520	1420	1320	1230	1030	880

1) Anwendungsbeispiele für den Werkzeugbau, vgl. Tabelle 2, Seite 305.
2) Schnellarbeitsstahl, zählt streng genommen nicht zu den Kaltarbeitsstählen, wird aber häufig so eingesetzt.
3) Härte nach dem Anlassen.
4) Anwendungsbeispiele für den Werkzeugbau, vgl. Tabelle 1, Seite 306.

6.4 Wärmebehandlung der Baustähle

Bei den Baustählen kommt es nicht nur auf eine Erhöhung der Härte und der Festigkeit an, sondern auch auf eine möglichst große Zähigkeit. Daher unterscheiden sich die Wärmebehandlungsverfahren der Baustähle von denen der Werkzeugstähle.

6.4.1 Vergüten

Zweck

Das Ziel dieser Wärmebehandlung ist ein feinkörniges Gefüge, wobei Streckgrenze und Zähigkeit erhöht werden, die Härte ändert sich nur geringfügig.

Verfahren

Das Vergüten erfolgt in folgenden Stufen **(Bild 1)**:

- Erwärmen auf Härtetemperatur und Abschrecken. Es gelten die Grundsätze wie beim Härten.
- Anlassen auf hohe Temperaturen **(Tabelle 1)**.

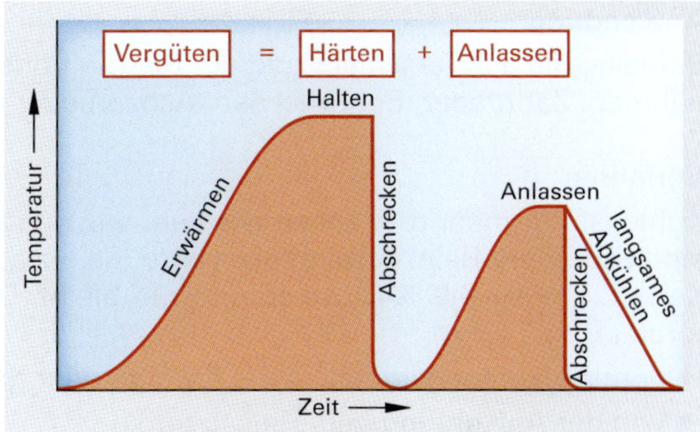

Bild 1: Temperaturverlauf beim Vergüten

Anwendung

Hoch beanspruchte Teile mit möglichst geringen Abmessungen werden aus unlegierten oder legierten Vergütungsstählen hergestellt (z. B. Spanneisen).

Auswahl der Vergütungsstähle

Die Auswahl **(Tabelle 2)** richtet sich nach dem Querschnitt und nach der geforderten Streckgrenze bzw. Zähigkeit. Unlegierte Vergütungsstähle vergüten bei einem großen Querschnitt nicht mehr durch, da die kritische Abkühlgeschwindigkeit im Innern nicht erreicht wird. Daher müssen bei größeren Querschnitten und bei höheren Beanspruchungen legierte Vergütungsstähle verwendet werden.

Tabelle 1: Wärmebehandlung von Vergütungsstählen

Werkstoffnummer	Kurzname	Weichglühtemperatur °C	Härte HB 30 weichgeglüht	Normalglühtemperatur °C	Härtetemperatur °C	Anlasstemperatur °C
1.0402	C22E	650...700	156	880...910	860...890	550...660
1.1191	C45E	650...700	207	840...870	820...850	550...660
1.6580	30CrNiMo8	650...700	248	850...880	830...860	540...680
1.7225	42CrMo4	680...720	217	840...880	820...850	540...680

Tabelle 2: Zugfestigkeit und Dehnung von Vergütungsstählen in Abhängigkeit vom Querschnitt

Werkstoffnummer	Kurzname	Mechanische Eigenschaften im vergüteten Zustand					
		Zugfestigkeit in N/mm² bei einer Dicke von			Dehnung in % bei einer Dicke von		
		...16 mm	17... 40 mm	41... 100 mm	...16 mm	17... 40 mm	41... 100 mm
1.0402	C22E	540...690	490...640	–[1]	20	22	–[1]
1.1191	C45E	700...840	660...800	620...760	14	16	17
1.6580	30CrNiMo8	1230...1420	1230...1420	1080...1270	9	9	10
1.7225	42CrMo4	1080...1270	980...1180	880...1080	10	11	12

[1] Bei diesem Querschnitt vergüten diese Stähle nicht mehr durch.

6.4.2 Einsatzhärten

Zweck

Die Bauteile sollen eine harte, verschleißfeste Randschicht bei einem weichen, zähen Kern erhalten.

Anwendung

Bauteile, die auf Verschleiß und auf Biegung oder Torsion beansprucht werden (Spannpratzen, Aufnahmen, Zahnräder, Bohrbuchsen, Achsen usw.).

Verfahren

Kohlenstoffarmen, d. h. zähen Stählen, wird an der Randzone durch eine Glühbehandlung Kohlenstoff zugeführt. Beim Abschrecken wird die bis auf ca. 0,8 % C aufgekohlte Schicht hart, während der Kern (0,1 % bis 0,2 % C) weich und zäh bleibt. Die erreichbare Härtetiefe hängt von folgenden Faktoren ab:

- ➜ vom Aufkohlungsmittel (feste, flüssige oder gasförmige Mittel)
- ➜ von der Aufkohlungszeit (Einsatzzeit)
- ➜ von der Glühtemperatur
- ➜ von der Stahlsorte (unlegierter oder legierter Einsatzstahl)

Wärmebehandlung

In der Regel lässt man die Werkstücke nach dem Aufkohlen langsam erkalten, bringt sie dann auf Härtetemperatur und schreckt sie darauf in Wasser oder in Öl ab. Ein unmittelbar folgendes Anlassen zwischen 150 °C und 200 °C erhöht die Zähigkeit und vermindert die Härte.

Bei der **Direkthärtung** wird unmittelbar nach dem Aufkohlen abgeschreckt. Dieses Verfahren ist wohl energiesparender, es eignet sich jedoch wegen des groben Kerngefüges nur für gering beanspruchte Teile. Feinkornstähle, die nicht zur Grobkornbildung neigen, werden direkt gehärtet.

Bessere Ergebnisse erzielt man durch **Zwischenglühen** nach dem Aufkohlen bzw. vor dem Abschrecken. Man nennt dieses aufwändige Verfahren **Doppelhärten**. In **Bild 1** können die Arbeitsgänge verfolgt werden:

Arbeits-gang	Vorgang	Zweck
1	Langsames Abkühlen	Entspannen des Gefüges
2	Normalisieren des Kerns	Feinkörniges Gefüge im Kern
3	Abschrecken in Öl oder im Warmbad	Das feinkörnige Kerngefüge bleibt erhalten, (die Randzone wurde allerdings überhitzt gehärtet).
4	Zwischenglühen und langsames Abkühlen	Spannungen werden weitgehend beseitigt. Eine evtl. Nacharbeit ist jetzt möglich.
5	Randhärten	Randzone wird hart
6	Anlassen	Entspannen des Gefüges, Glashärte der Randzone wird in Gebrauchshärte verwandelt.

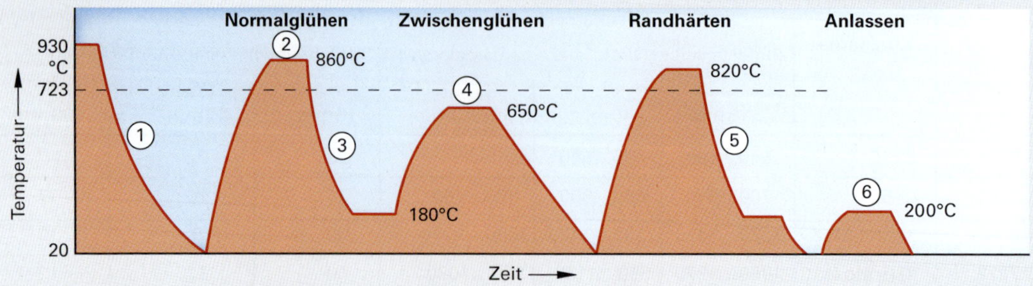

Bild 1: Temperatur-Zeit-Schaubild für die Doppelhärtung

6

6.4.3 Nitrieren

Zweck

Beim Nitrieren wird eine äußerst harte und verschleißfeste Randschicht erzeugt. Durch die geringe Glühtemperatur (bis ca. 500 °C) ergibt sich ein nur geringer Verzug. Da nicht abgeschreckt wird, entstehen keine Spannungen.

Anwendung

Im Werkzeugbau werden Nitrierstähle für Lehren (Grenzlehrdorne, Lehrringe, Urlehren usw.) sowie für Formen zum Pressen von Kunststoffen und Gummi und Spritzgießformen für thermoplastische Massen verwendet. Hier wirken sich die Alterungs- und Korrosionsbeständigkeit der Nitrierschicht sowie ihre Verschleißfestigkeit und ihre guten Gleiteigenschaften besonders günstig aus.

Verfahren

Beim Nitrieren werden mit Chrom, Aluminium und teilweise auch mit Nickel legierte Stähle bei 500 °C bis 520 °C in einem Ammoniakgasstrom geglüht. Bei diesen Glühbehandlungen tritt in die Oberfläche der Werkstücke Stickstoff ein, der durch seine Verbindung mit den Legierungsmetallen eine außerordentlich hohe Härtesteigerung in der Randschicht bewirkt. Man erreicht Vickershärten bis zu 1000 HV, das entspricht einer Rockwellhärte von über 68 HRC. Diese Härte bleibt bis zu Temperaturen von 500 °C unverändert. Sollen einzelne Teile der Werkstücke weich bleiben, so schützt man sie durch Verzinnen gegen eine Härteannahme.

Die Dicke der harten Schicht beträgt je nach Glühzeit, Nitrierverfahren und Nitrierstahl einige Zehntel Millimeter. Nachteilig sind die lange Glühzeit und die Umweltbelastung. Eine Nitrierhärtetiefe von ca. 0,1 mm wird beim Gasnitrieren nach ca. 8 Stunden erreicht. Es ist vorteilhaft Nitrierstähle zu vergüten, weil sie besonders im vergüteten Zustand vorzügliche mechanische Eigenschaften aufweisen und zur Bildung einer einwandfreien, festhaftenden Nitrierschicht Vergütungsgefüge notwendig ist.

Wiederholung und Vertiefung

1 Beschreiben Sie den Zweck des Härtens.
2 Nennen Sie die Stufen des Härtevorganges.
3 Geben Sie an, wovon die Höhe der Härtetemperatur abhängt.
4 Erklären Sie, welchen Zweck das Halten auf Härtetemperatur hat.
5 Erläutern Sie den Begriff der „kritischen Abkühlgeschwindigkeit".
6 Vergleichen Sie Wasser-, Öl- und Lufthärter bezüglich des Härtevorganges und der kritischen Abkühlgeschwindigkeit.
7 Nennen Sie Zusätze, die die Abschreckwirkung der Abschreckmittel verändern.
8 Begründen Sie, warum ein unlegierter Werkzeugstahl bei großen Dicken nicht durchhärtet.
9 Beschreiben Sie Vorgang und Zweck des Anlassens am Beispiel von C 45.
10 Nennen Sie Verfahren, die die Maßänderung beim Härten vermindern.
11 Nennen Sie typische Einsatzgebiete unlegierter Werkzeugstähle im Werkzeugbau.
12 Beschreiben Sie Einsatzbereiche von Kalt- und von Warmarbeitsstählen.
13 Unterscheiden Sie die Vor- und Nachteile legierter und unlegierter Werkzeugstähle.
14 Erklären Sie, wie sich die Härte bei Schnellarbeitsstählen durch das Anlassen verändert.
15 Zeigen Sie auf, wie sich die Festigkeitswerte von Warmarbeitsstählen nach dem Anlassen verändern.
16 Nennen Sie die verschiedenen Randschichthärteverfahren.
17 Beschreiben Sie den Vorgang und Zweck des Vergütens.
18 Nennen Sie die Kriterien, nach denen Vergütungsstähle ausgewählt werden.
19 Zählen Sie die Faktoren auf, von denen die erreichbare Härtetiefe bei Einsatzhärten abhängt.
20 Beschreiben Sie den Vorgang und Zweck einer Direkthärtung.
21 Beschreiben Sie den Vorgang und Zweck des Nitrierens.

7 Beispielsammlung (Projekte)

7.1 Folgeverbundwerkzeug (plattengeführt)

Mit dem Folgeverbundwerkzeug werden Werkstücke in mehreren Arbeitsfolgen hergestellt. Im Werkzeug sind die Fertigungsverfahren Trennen und Umformen in einer bestimmten Reihenfolge angeordnet bzw. miteinander verbunden.

Die Schneid- und Biegestempel sind in der Stempelplatte (Pos. 10) befestigt und werden durch die aufgeschraubte Führungplatte (Pos. 5) geführt, sodass seitliche Kräfte, die beim Biegen entstehen, aufgenommen werden. Das notwendige Vorschubmaß wird durch zwei Seitenschneider gewährleistet (Pos 9), die durch ihre Form den Schnittstreifen so beschneiden, dass eine gute Führung und keine Klemmung entsteht.

Der Stempel (Pos. 13) scheidet eine Lasche ein und biegt diese gleichzeitig um 15° nach unten.

Pos.	Menge	Benennung	Werkstoff
20	4	Distanzbolzen	X210Cr12
19	2	Anschlag	X210CrW12
18	1	Leiste (Messer)	X210CrW12
17	1	Matrize	X210CrW12
16	1	Ausschneidstempel	X210CrW12
15	2	Langlochstmpel	X210CrW12
14	1	Einschneidstempel	X210CrW12
13	2	Einschneid-Biegestempel	X210CrW12
12	1	Kopfplatte	C45U
11	1	Druckplatte	C60U
10	1	Stempelplatte	X210Cr 12
9	2	Seitenschneider	X210CrW12
8	2	Lochstempel	X210CrW12
7	2	Lochstempel	X210CrW12
6	2	Lochstempel	X210CrW12
5	1	Führungsplatte	X210CrW12
4	2	Zwischenlage	C60U
3	1	Schneidplatte	X210CrW12
2	1	Druckplatte	C60U
1	1	Grundplatte	C45U

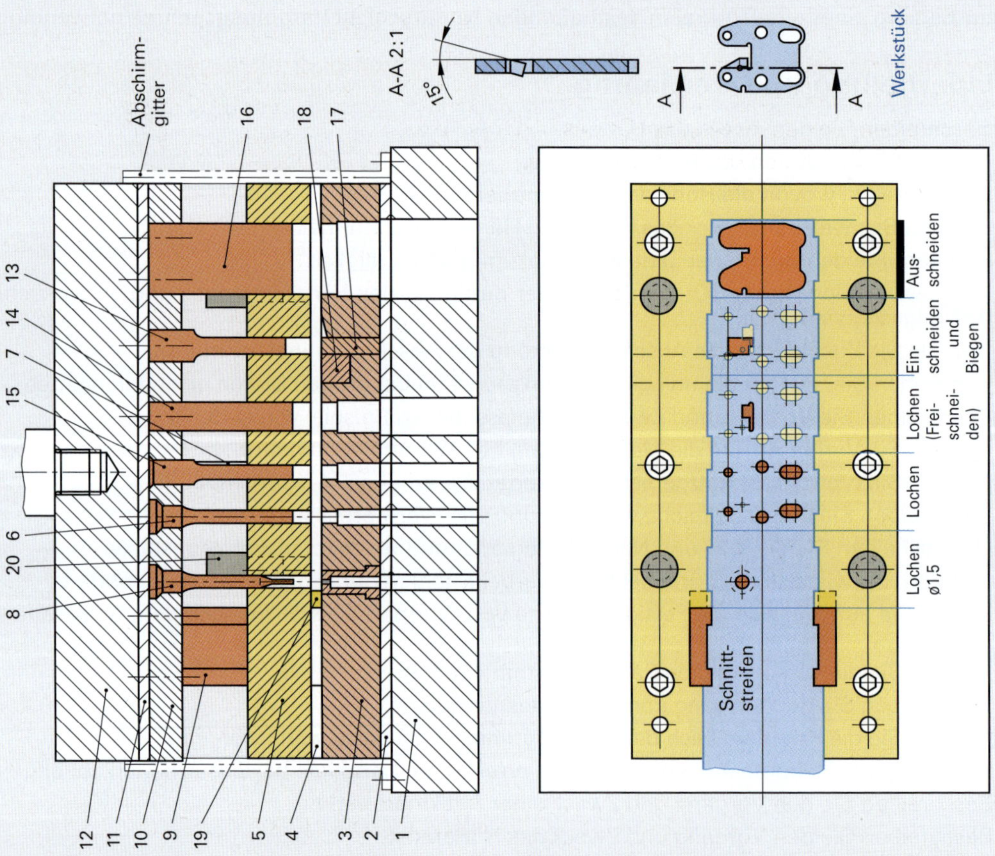

7.1.1 Analyse des Folgeverbundwerkzeugs (plattengeführt)

1 Bauteilgestaltung

Bauteile in einem Folgeverbundwerkzeug sind aufgrund ihrer Funktion, ihrer Beanspruchung und ihrer Fertigung zu entwerfen.

1.1 Geben Sie Vorteile und Nachteile an, die ein plattengeführtes Folgeverbundwerkzeug bietet.

1.2 Erläutern Sie die Befestigungsmöglichkeiten der Loch- und Ausschneidstempel.

1.3 Begründen Sie die Aufgaben der Seitenschneider.

1.4 Erläutern Sie weitere Möglichkeiten um den Vorschub zu begrenzen.

1.5 Der Lochstempel (Pos. 8) arbeitet mit einer Schneidbuchse zusammen.
Warum wurde diese Konstruktion gewählt?

1.6 Das Werkstück wird mit einem Schneid- und Biegestempel (Pos. 13) eingeschnitten und gebogen. Welchen Nachteil hat die skizzierte Konstruktion?
Geben Sie Änderungsvorschläge an.

2 Fertigungs- und Montagetechnik

Die Fertigung und die Instandsetzung von Werkzeugen setzen besondere Kenntnisse voraus.

2.1 Der Lochstempel (Pos. 6) muss ausgewechselt werden. Beschreiben Sie die Reihenfolge der Demontage.

2.2 Die Schneidplatte (Pos. 3) ist nicht geteilt ausgeführt. Welche Vorteile und welche Nachteile hat eine Schneidplatte aus einem Stück?

2.3 Das Schneidwerkzeug besitzt Formseitenschneider. Beschreiben Sie 2 Fertigungsverfahren zu ihrer Herstellung.

2.4 Welche Fertigungsverfahren können angewendet werden, um die Schneidplattendurchbrüche herzustellen.

2.5 Beim Testen des Werkzeuges zeigte sich, dass mit dem Biegestempel der notwendige Biegewinkel nicht zu erreichen ist.
Geben Sie mögliche Fehler und deren Beseitigung an.

3 Technische Kommunikation

Technische Zeichnungen bilden die Grundlage für die Fertigung der Bauteile. Sie ermöglichen eine genaue Zuordnung für die Montage und enthalten die Fertigungsangaben.

3.1 Die Stückliste auf Seite 326 enthält nur einige wenige Angaben. Welche Aufgaben und Inhalte besitzt eine Stückliste nach DIN?

3.2 Geben Sie die Normbezeichnungen für die Schrauben und Stifte an, die in der Draufsicht zu erkennen sind (Gewinde M8).

3.3 Nennen Sie Werkstoffe die anstelle der aufgeführten alternativ eingesetzt werden können.

3.4 Erläutern Sie mit welchen technischen Unterlagen Sie Normteile aus denen das Werkzeug aufgebaut ist, genau bestimmen können.

4 Prozessgrößen

Um einen störungsfreien Ablauf des Schneidvorgangs zu gewährleisten, müssen verschiedene Größen überprüft werden.

4.1 Bestimmen Sie die Flächenpressung am Langlochstempel Pos.15 **(Bild 1)** und geben Sie an, ob die Druckplatte Pos. 11 gehärtet werden muss. Der Schnittstreifen ist aus CuZn37 und 2 mm dick.

4.2 Bei welchen anderen Stempeln müßte die Berechnung auch durchgeführt werden? Begründen Sie Ihre Entscheidung.

4.3 Ermitteln Sie die Schneidkraft, wenn die gesamte Schneidkantenlänge des skizzierte Werkstückes 252 mm beträgt und die Schnittstreifenwerte die gleichen sind wie in Aufgabe 4.1.

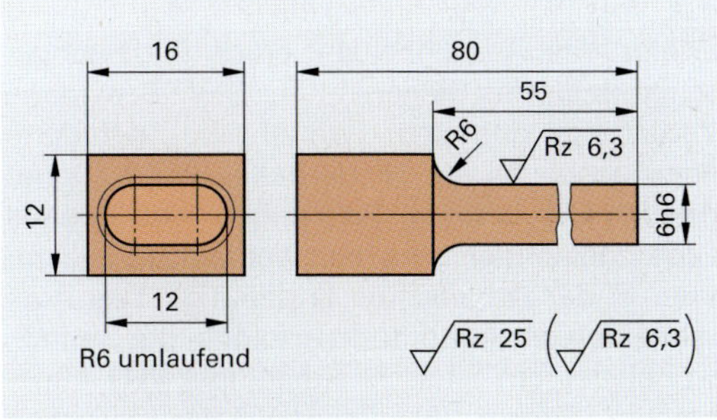

Bild 1: Langlochstempel

7

7.2 Folgeverbundwerkzeug (säulengeführt)

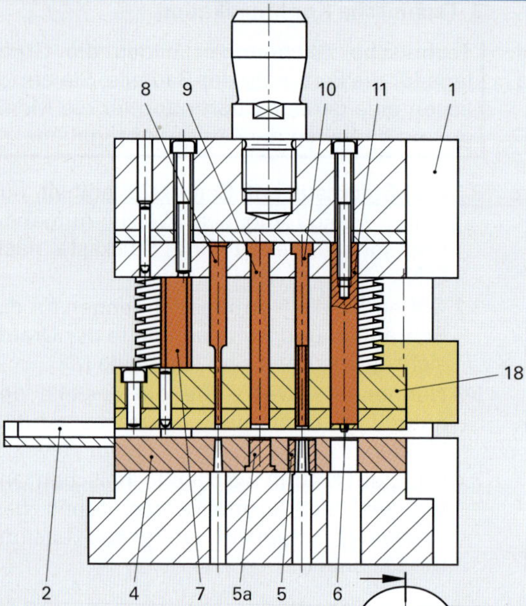

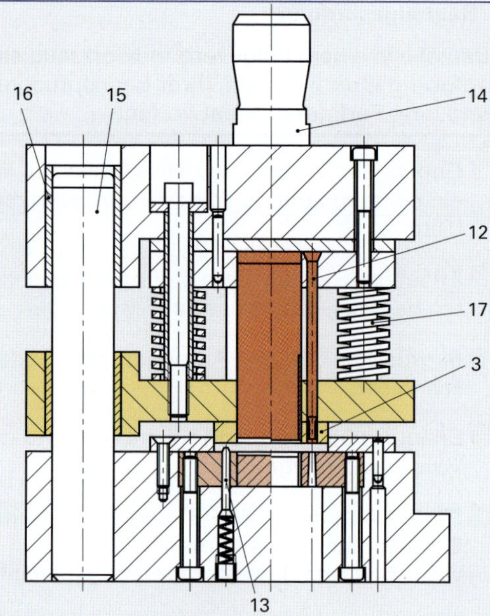

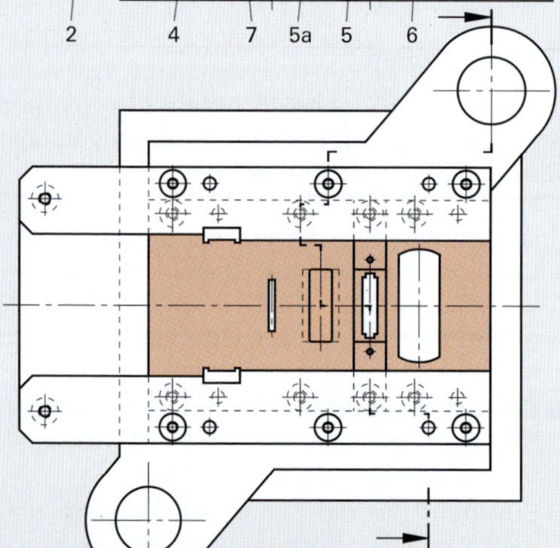

Werkstück

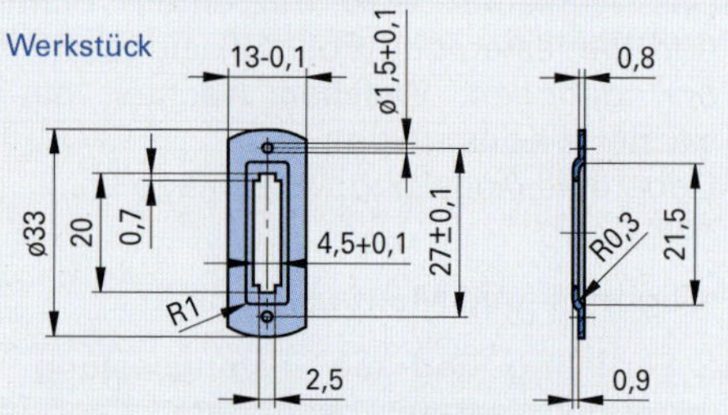

Schnitt-streifen

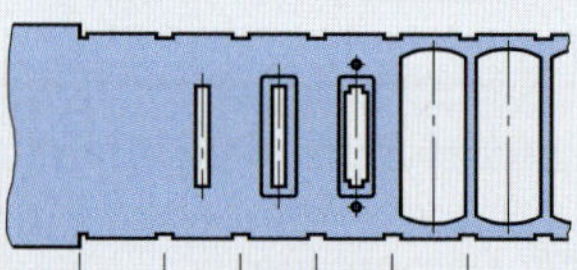

Arbeitsstufen | A | B | C | D | E |

Werkstoff: DC03

Mit dem Folgeverbundwerkzeug werden Abdeckplatten aus Bandmaterial gefertigt. In der Arbeitsstufe **A** wird mit dem Seitenschneider (7) das Vorschubmaß ausgeklinkt. In der Stufe **B** erfolgt das Ausschneiden eines Entlastungsschlitzes für das Biegen. In der Stufe **C** wird die Vertiefung gebogen, wobei die gefederte Führungsplatte als Niederhalter wirkt. Damit das Fenster und die Bohrungen eine genaue Lage zueinander erhalten, werden sie zusammen in der Arbeitsstufe **D** gefertigt. Das Ausschneiden der Außenform erfolgt in der Stufe **E**, wobei der am Ausschneidstempel (11) angebrachte Sucher (6) einen Versatz zwischen Fenster und Außenform verhindert.

Pos.	Menge	Benennung	Werkstoff
14	1	Einspannzapfen	C45U
13	2	Abdrückstift	C80U
12	1	Lochstempel	HS6-5-2
11	1	Ausschneidstempel	X210CrW12
10	1	Lochstempel	X210CrW 12
9	1	Biegestempel	X155CrVMo12-1
8	1	Vorschneidstempel	X210CrW12
7	2	Seitenschneider	X210CrW12
6	2	Sucher	X155CrVMo12-1
5	1	Schneideinsatz	90 MnCrV8
4	1	Schneidplatte	X 210CrW12
3	1	Führungsplatteneinsatz	90 MnCrV8
2	1	Streifenführung, links	C80U
1	1	Säulengestell	EN-GJL-250

7.2.1 Analyse des Folgeverbundwerkzeugs (säulengeführt)

1 Bauteilgestaltung

Bei der Gestaltung der Bauteile von Folgeverbundwerkzeugen muss besonders die fertigungs-, funktions- und beanspruchungsgerechte Ausführung beachtet werden.

1.1 Begründen Sie, von welchen Bedingungen die Länge der Schneidstempel abhängt.

1.2 Nennen Sie Gründe, warum die Führungssäulen bei diesem Folgeverbundwerkzeug über Eck angeordnet sind.

1.3 Erläutern Sie die Aufgaben der Abdrückstifte (Pos. 13).

1.4 Beurteilen Sie, unter welchen Bedingungen bei diesem Werkzeug die Verwendung eines Voranschlags sinnvoll ist.

1.5 Nennen Sie Vor- und Nachteile der verwendeten Führungsbuchsen (Pos. 16).

1.6 Beurteilen Sie die Gestaltung der Seitenschneider (Pos. 7) bei diesem Werkzeug.

2 Fertigungs- und Montagetechnik

Für die Fertigung und Instandsetzung von Folgeverbundwerkzeugen sind spezifische Arbeitstechniken notwendig.

2.1 Begründen Sie, warum die Schneidplatte (Pos. 4) geteilt ausgeführt wurde.

2.2 Erläutern Sie, in welcher Reihenfolge Sie bei der Demontage des Biegestempels (Pos. 9) vorgehen.

2.3 Beschreiben Sie, wie Sie vorgehen, wenn die Stempel nachgeschliffen werden müssen.

2.4 Erstellen Sie einen Arbeitsplan zur Fertigung des Vorschneidstempels (Pos. 8) **(Bild1).**

2.5 Erläutern Sie die erforderliche Wärmebehandlung für die Schneidplatte (Pos. 4).

2.6 Schreiben Sie ein CNC- Unterprogramm für die Geometriedaten zum Drahterodieren des Schneidplattendurchbruchs **(Bild 2).**

2.7 Geben Sie Ursachen an, die zum Bruch schlanker Schneidstempel führen können.

3 Technische Kommunikation

Der Zeichnungssatz für das Folgeverbundwerkzeug besteht aus der Gesamtzeichnung, den Teilzeichnungen und der Stückliste.

3.1 Erläutern Sie den Aufbau einer Stückliste und ihre Bedeutung als Fertigungsunterlage.

3.2 Geben Sie die Normkurzbezeichnung für den Einspannzapfen (Pos. 14, M20x1,5) an.

3.3 Begründen Sie, warum für den Einspannzapfen ein Feingewinde gewählt wurde.

3.4 Geben Sie das Hauptsymbol und die Klammersymbole für die Oberflächenangaben im Bild 1 an.

3.5 Erklären Sie die Werkstoffbezeichnung für die Schneidplatte.

4 Prozessgrößen

Um einen sicheren Streifenvorschub zu gewährleisten, ist die richtige Auslegung der Streifenmaße wichtig.

4.1 Ermitteln Sie für das Folgeverbundwerkzeug die Streifenbreite und den Vorschub.

4.2 Ermitteln Sie die Querschnittsmaße für den Ausschneidstempel (Pos.11).

4.3 Berechnen Sie die Schneidkraft für das Ausschneiden der Werkstückaußenform.

4.4 Berechnen Sie die Niederhaltekraft der vier Druckfedern (Pos.17), wenn deren Federrate $R = 20$ N/mm und der Vorspannweg $\Delta s = 20$ mm betragen.

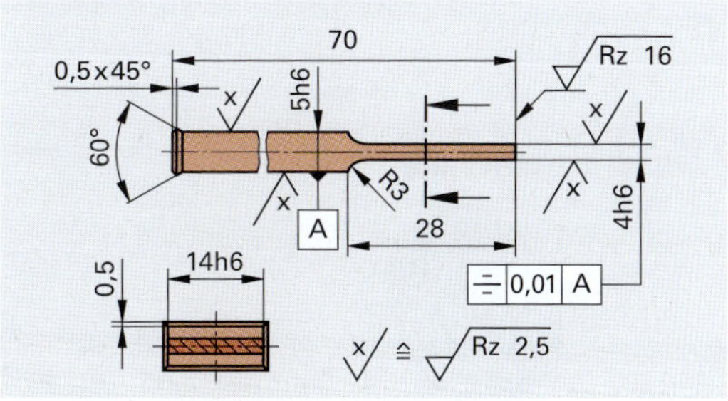

Bild 1: Vorschneidstempel

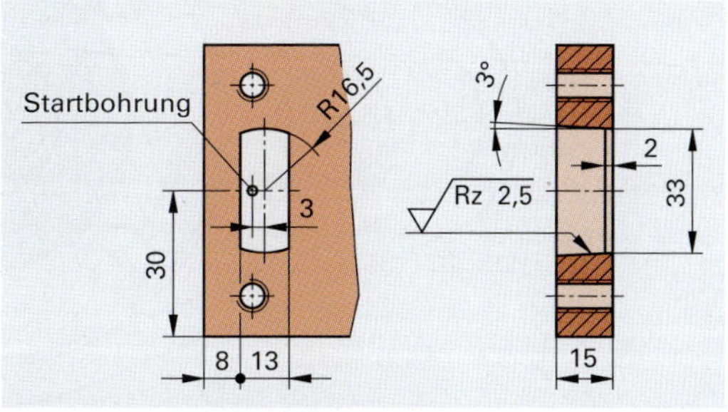

Bild 2: Schneidplattendurchbruch

7.3 Gesamtverbundwerkzeug

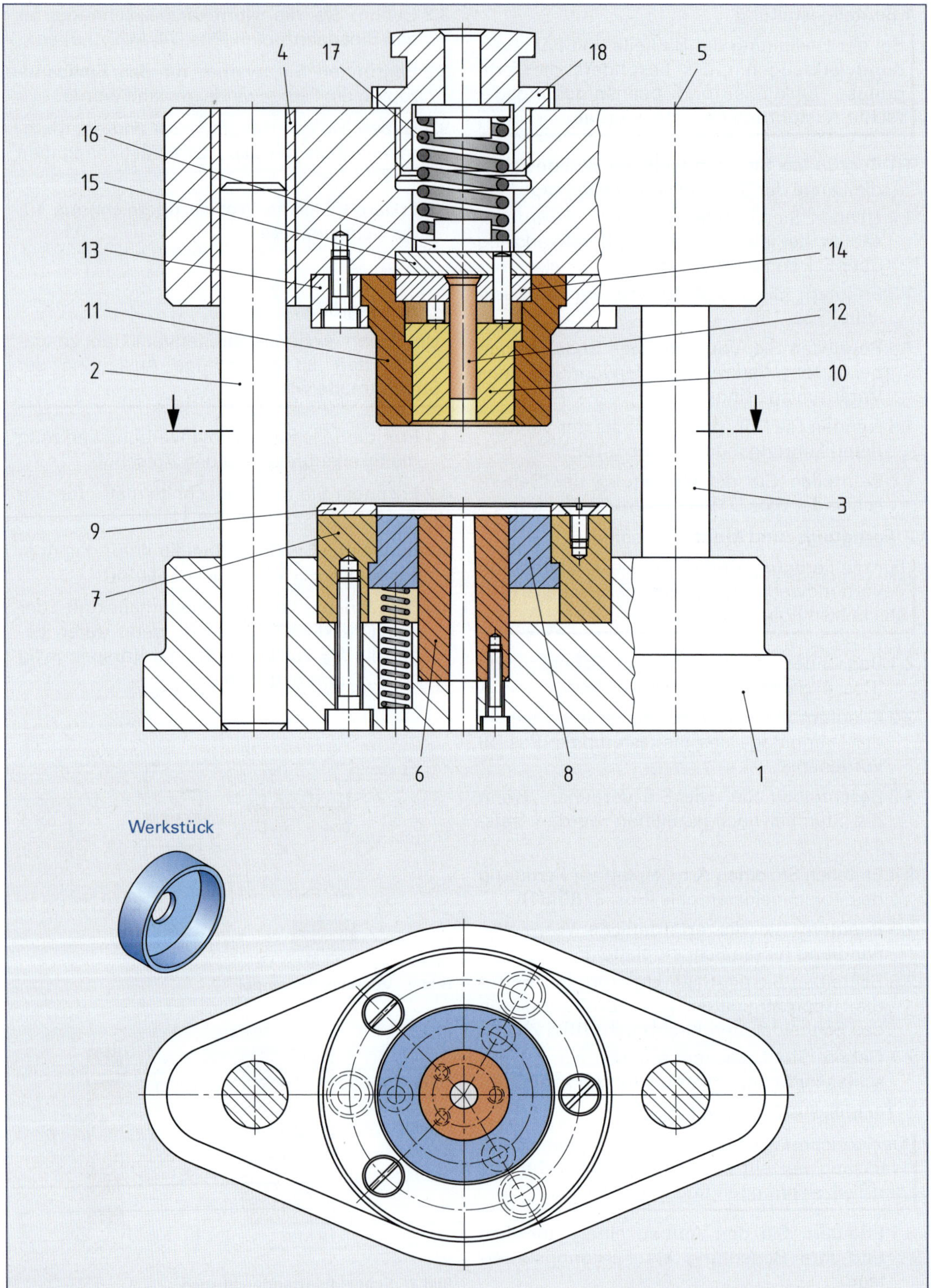

1	1	Säulengestell	DIN 9816	10	1	Auswerfer	90 MnCrV8
2	1	Führungssäule 1	DIN 9825	11	1	Ziehring	90 MnCrV8
3	1	Führungssäule 2	DIN 9825	12	1	Lochstempel	X210CrW125
4	1	Führungsbuchse 1	DIN 9831	13	1	Haltering	C45U
5	1	Führungsbuchse 2	DIN 9831	14	1	Stempelhalteplatte	C45U
6	1	Ziehschneidstempel	X210CrW12	15	1	Druckplatte	C45U
7	1	Führungsring	X210CrW12	16	2	Federplatte	C45U
8	1	Niederhalter	90 MnCrV8	17	1	Druckfeder	Federstahl
9	1	Aufnahme	90 MnCrV8	18	1	Kupplungszapfen	E335
Pos.	Menge	Benennung	Norm/Werkstoff	Pos.	Menge	Benennung	Norm/Werkstoff

Das Gesamtverbundwerkzeug dient zur Fertigung von deckelförmigen Blechteilen. Bei diesem Werkzeug wird das Napfziehen und das Ausschneiden der mittig liegenden Bohrung in einer Werkzeugstation und einer Werkzeugbewegung ausgeführt.

Das zugeschnittene Blechteil wird in die Aufnahme (Pos. 9) eingelegt. Der Ziehring (Pos. 11) drückt den Zuschnitt auf den Niederhalter (Pos. 8) und hält ihn fest.

Bei der Weiterbewegung des Ziehrings wird das Blech über die abgerundete Ziehkante des Ziehrings gezogen und mit Lochstempel (Pos. 12) gelocht. Beim Zurückfahren des Oberteils wird das Ziehteil durch den Niederhalter abgestreift.

7.3.1 Analyse des Gesamtverbundwerkzeugs

1 Bauteilgestaltung

Bei Gesamtverbundwerkzeugen ist die Gestaltung der Einzelteile besonders wichtig, weil in einer Station mehrere Arbeitsgänge ablaufen.

1.1 Erläutern Sie die besondere Funktionsweise des Werkzeugs.

1.2 Welche Aufgabe hat der Niederhalter?

1.3 Erläutern Sie die Funktion von Pos. 9.

1.4 Welchen Vorteil hat bei der Druckfeder (Pos. 8) ein rechteckiger Drahtquerschnitt?

2 Fertigungs- und Montagetechnik

Die Demontage von Gesamtverbundwerkzeugen ist schwierig, da miteinander arbeitende Umform und Schneidelemente auszubauen sind.

2.1 Wie wird erreicht, dass beim Zusammenbau Ober- und Unterteil in der richtigen Lage montiert werden?

2.2 Erläutern Sie die Aufgabe von Pos. 10 und Pos. 11.

2.3 Welche Folgen kann eine zu hohe Niederhaltekraft haben?

2.4 Welche Gründe führen beim Tiefziehen zur Zipfelbildung?

2.5 Welche Vor- und Nachteile hat die Gesamtbauweise?

3 Technische Kommunikation

Bei der Konstruktion von Werkzeugen werden heute überwiegend CAD-Systeme und Rechenprogramme verwendet.

3.1 Warum sind die anteiligen Konstruktionskosten für solche Zeichnungen relativ hoch?

3.2 Worin unterscheiden sich DIN-Normalien von Werks-Normalien?

3.3 Was versteht man unter Ziehverhältnis?

4 Prozessgrößen

Um eine Rissbildung im Ziehteil möglichst zu vermeiden, ist es vorteilhaft, mit mehreren Ziehstufen zu arbeiten. Im Beispiel ist nur eine Ziehstufe vorgesehen.

4.1 Nennen Sie Fehler, die beim Tiefziehen auftreten können.

4.2 Wovon ist das Ziehverhältnis abhängig?

4.3 Warum darf der Ziehspalt nicht zu groß sein?

4.4 Welche Folgen hat ein zu hoher Niederhalterdruck?

4.5 Welche Schmierstoffe werden beim Tiefziehen eingesetzt?

7.4 Zweifach-Spritzgießwerkzeug

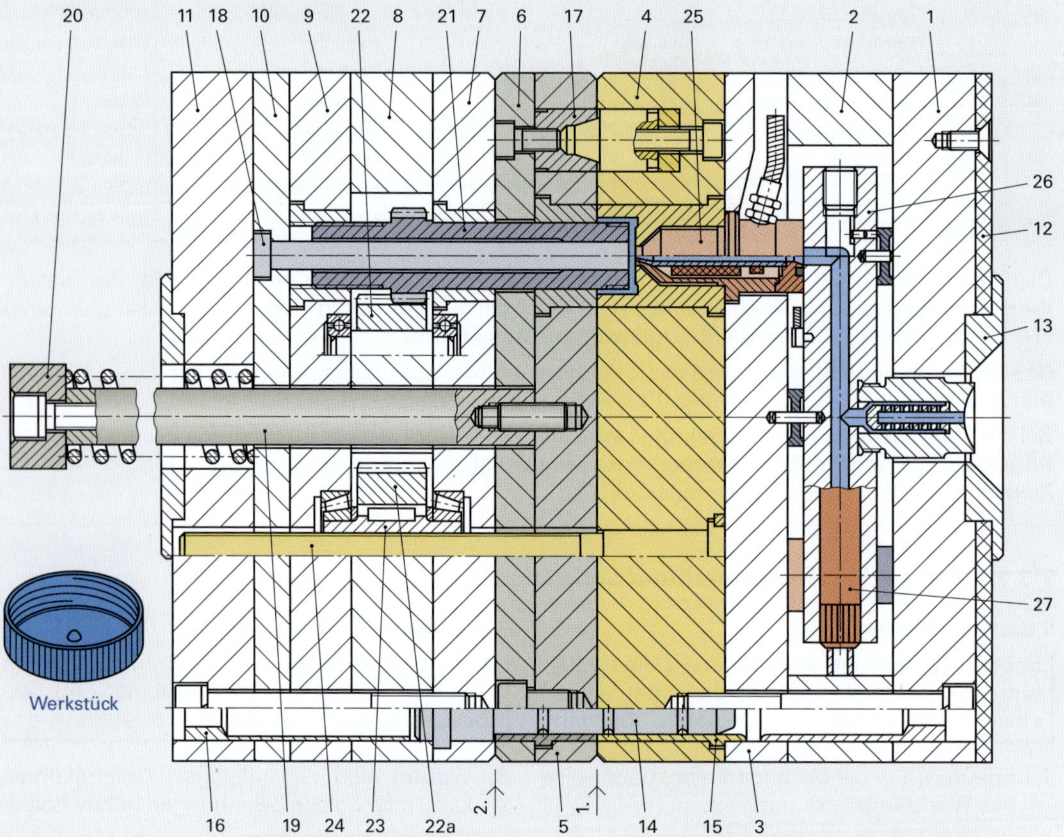

Mit dem Zweifachspritzgießwerkzeug werden Gewindekappen hergestellt. Bei der Öffnungsbewegung der Form werden die Gewindekerne (21) zwangsläufig über die Zahnräder (22 und 22a) von der Steilgewindespindel (24) angetrieben und entformen so das Innengewinde am Werkstück. Die Gewindekerne (21) werden hierbei durch das Leitgewinde am Ende der Kerne zurückgezogen.

In der Endphase der Formöffnungsbewegung wird die Abstreiferplatte (5) über den Ausstoßbolzen (19) nach vorne geschoben und streift so die eventuell noch auf den Gewinde- und Mittelkernen (18) hängenden Werkstücke ab.

Beim Schließen der Form wird die Abstreiferplatte (5) durch eine Druckfeder in Endstellung gebracht. Gleichzeitig dreht die Steilgewindespindel (24) die Gewindekerne wieder in Ausgangsstellung.

Die Abstreifer- und Formplatte werden im geschlossenen Zustand der Form durch die Zentriereinheiten (17) fixiert.

Pos.	Menge	Benennung	Werkstoff
27	4	Heizpatrone	X6CrNiTi18-10
26	1	Verteilerblock	40CrNiTi18-10
25	2	Heißkanal-Angießdüse	FeCuNi
24	1	Steilgewindespindel	45S20
23	1	Steilgewindemutter	45S20
22	1	Stirnrad	C45E
21	2	Gewindekern	X45NiCrMo4
20	1	Haltescheibe	C45U
19	1	Ausstoßbolzen	C45
18	2	Mittelkern	40CrMnMoS8-6
17	4	Zentriereinheit	21MnCr5
16	8	Zentrierhülse	21MnCr5
15	8	Führungsbuchse	21MnCr5
14	4	Führungsbolzen	21MnCr5
13	1	Zentrierflansch	C45U
12	1	Wärmeisolierplatte	Kunstharz
11	1	Aufspannplatte	C45U
10	1	Zwischenplatte	C45U
9	1	Zwischenplatte	C45U
8	1	Rahmenplatte	C45U
7	1	Zwischenplatte	C45U
6	1	Abstreifergrundplatte	40CrMnMoS8-6
5	1	Abstreiferplatte	40CrMnMoS8-6
4	1	Formplatte, Einsatz	40CrMnMoS8-6
3	1	Zwischenplatte	C45U
2	1	Rahmenplatte	C45U
1	1	Aufspannplatte	C45U

7

7.4.1 Analyse des Zweifach-Spritzgießwerkzeugs

1 Bauteilgestaltung

Kunststoff-Formteile mit Hinterschneidungen erfordern immer eine besondere Entformungstechnik.

1.1 Nennen Sie neben der Entformung mit rotierendem Kern weitere Entformungsvarianten von inneren Hinterschneidungen, auch mit einer evtl. Änderung des Formteils in Teilbereichen.

1.2 Beschreiben Sie die Gewindeform, die vorzugsweise für die Gewindekappe zu wählen ist.

1.3 Beschreiben Sie die Funktion der kleinen Erhebung in der Mitte des Formteilbodens (Innenseite), welche nur in der vergrößerten Ansicht links unten zu sehen ist.

1.4 Erläutern Sie Vor- und Nachteile der Entformungseinrichtung mittels Steilgewindespindel.

1.5 Beschreiben Sie Vor- und Nachteile, die der Einsatz eines Heißkanalsystems bringt.

1.6 Beschreiben Sie welche Angießtechniken möglich sind, wenn das Heißkanalsystem aufgrund der geringen Stückzahlen des Formteils zu hohe Werkzeugkosten verursachen würde.

2 Fertigungs- und Montagetechnik

Bei der Fertigung von Spritzgießwerkzeugen kann durch die Art der Konstruktion und die Materialauswahl großer Einfluß auf die Werkzeugkosten genommen werden.

2.1 Nennen Sie Bauteile des Werkzeuges, welche von Normalienherstellern bezogen werden können, und diejenigen, welche nachträglich noch bearbeitet werden müssen.

2.2 Beschreiben Sie wie die Zentriereinheiten (Pos. 17) zur richtigen Funktion eingepasst werden müssen.

2.3 Erläutern Sie welche Steigung das Leitgewinde am Ende der Gewindekerne (Pos. 21) besitzen muss.

2.4 Vergleichen Sie das Abstreifen des Formteils mit Hilfe der Abstreiferplatte (Pos. 5) mit dem Entformen mit Auswerferstiften bzw. mit einem Abstreifring.

2.5 Erläutern Sie die Notwendigkeit, die Steilgewindespindel (Pos. 24) gegen Verdrehen zu sichern.

3 Technische Kommunikation

Technische Zeichnungen von Spritzgießwerkzeugen beinhalten meist mehrere Ansichten und Vergrößerungen von Einzelheiten.

3.1 Nennen Sie 3 weitere Möglichkeiten, die in Technischen Zeichnungen zur eindeutigen Darstellung von zum Beispiel Spritzgießwerkzeugen nach Norm zur Verfügung stehen.

3.2 Welche Bauteilplanflächen liegen an der Trennebene 1 beziehungsweise Trennebene 2? (Hinweis: Benennen Sie nur die in der Stückliste aufgeführten Bauteile mit Positionsnummern).

3.3 Geben Sie die Passung zwischen Führungsbolzen (Pos. 14) und Führungsbuchse (Pos. 15) an. Erläutern Sie Passungssystem, Passungsart und geben Sie das Höchstspiel P_{SH} der Passung für einen Durchmesser von 35 mm an.

3.4 Die Führungsbuchsen werden von einem Nomalienhersteller bezogen. Bestimmen Sie für dieses Bauteil eines sinnvolle Lagetoleranz sowie eine Oberflächenqualität, damit diese Angaben im Normalienverzeichnis des Herstellers aufgenommen werden können.

4 Prozessgrößen

Spritzgießwerkzeuge sind aufgrund der großen Kräfte hoch belastete Werkzeuge. Sie sind meist aus Stahl gefertigt um die nötige Präzision über eine lange Standzeit zu gewährleisten.

4.1 Berechnen Sie die Auftriebskraft, die auf die Trennebene wirkt, wenn das Formteil einen Durchmesser von 6,5 cm besitzt, und der mittlere Innendruck p_i = 400 bar beträgt.

4.2 Berechnen Sie die Gewindesteigung P_S, der Steilgewindespindel wenn die Gewindesteigung im Formteil P_{FT} = 6 mm, der zur Verfügung stehende Öffnungsweg des Werkzeugs $l_Ö$ = 180 mm beträgt und das Gesamtübersetzungsverhältnis mit $i = 3:4$ festgelegt ist.

4.3 Berechnen Sie die Wärmeausdehnung des Verteilerblocks (Pos. 26), wenn dieser einer Temperaturänderung von ΔT = 220 K ausgesetzt ist und eine Länge von l_1 = 325 mm besitzt.

7.5 Spritzgießwerkzeug (Backenwerkzeug) – CAD-Ausdruck

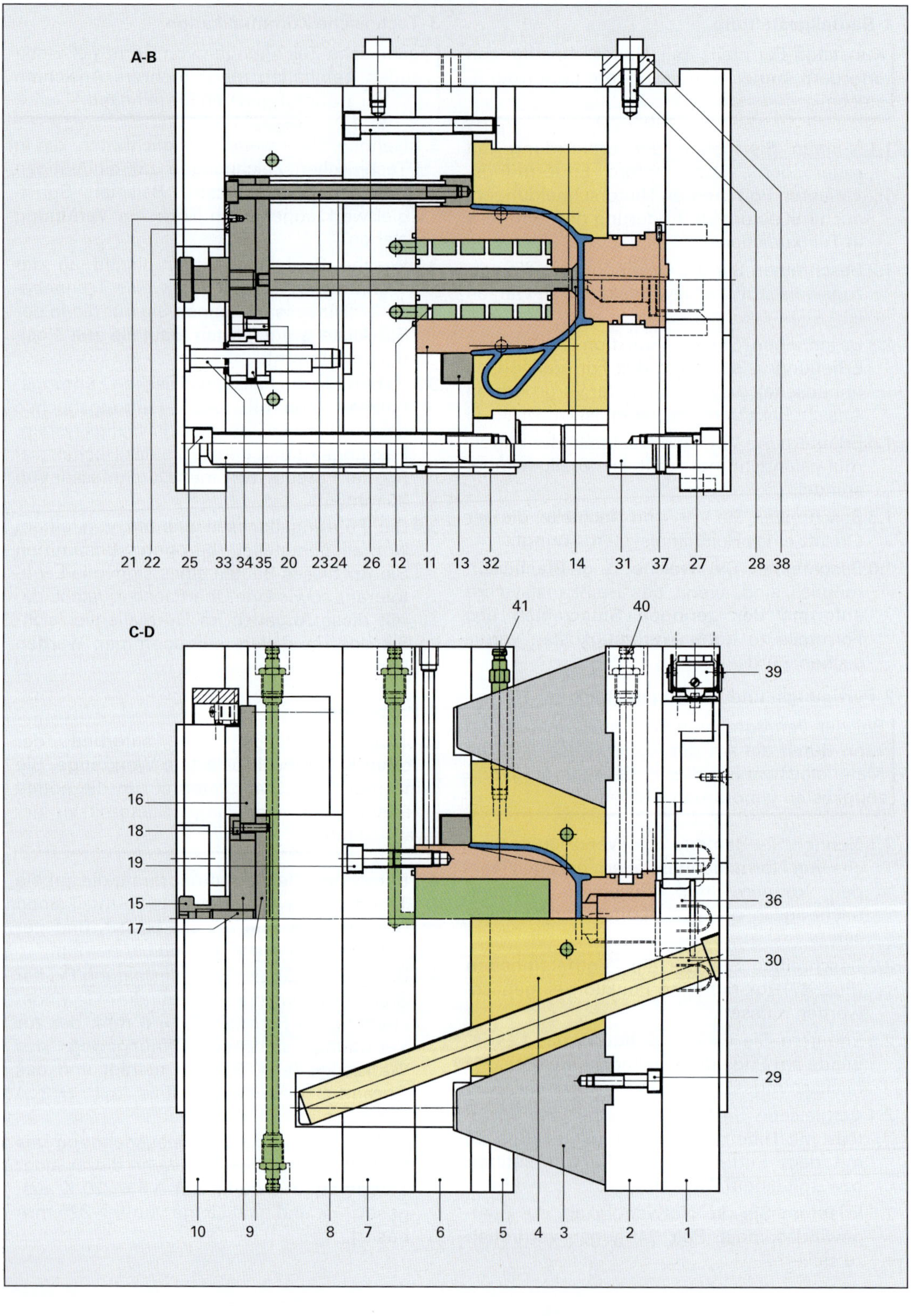

Pos.	Menge	Benennung	Norm/Werkstoff
18	1	Zylinderschraube M5×18	ISO 4762
17	1	Gewindestift M12 × 30	ISO 4026
16	1	Schaltstück Werkzeuglageüberwachung	
15	1	Auswerferkupplungsstück	
14	1	Mittelausstoßer/Belüftungsstempel	
13	1	Abstreifring	X45NiCrMo4
12	1	Kühl-Spiral-Einsatz	
11	1	Formkern	
10	1	Aufspannplatte bewegliche Seite	C45E[1]
9	1	Auswerferpaket	C45E[1]
8	2	Distanzleisten	C45E[1]
7	1	Kernhalteplatte	C45E[1]
6	1	Kernzentrierplatte	40CrMnMoS8-6
5	2	Backenführungsleiste gehärtet	X45NiCrMo4
4	2	Formbacken	
3	2	Zuhaltekeil	
2	1	Werkzeugplatte 2	40CrMnMoS8-6
1	1	Aufspannplatte feste Seite	C45E

Pos.	Menge	Benennung	Norm/Werkstoff
41	4	Anschlussnippel	
40	8	Anschlussnippel M14×1,5	
39	1	Steckverbinder-Aufbaugehäuse	
38	1	Werkzeugbrücke	
37	1	Zylinderstift 3×10-A-St	ISO 8734
36	1	Heißkanaldüse	
35	3	Zentrier- u. Führungsbuchse	
34	3	Führungssäulen	
33	4	Zentrierbuchse	
32	4	Führungsbuchse	
31	4	Führungssäulen	
30	4	Schrägbolzen	
29	4	Zylinderschraube M8×35	ISO 4762
28	2	Zylinderschraube M10×30	ISO 4762
27	4	Zylinderschraube M12×35	ISO 4762
26	2	Zylinderschraube M10×90	ISO 4762
25	4	Zylinderschraube M12×180	ISO 4762
24	3	Hülse	
23	3	Zylinderschraube M8×140	
22	3	Scheibe	
21	3	Senkschraube M4×8	ISO 10642
20	3	Zylinderschraube M8×16	ISO 4762
19	2	Zylinderschraube M10×45	ISO 4762

Das Spritzgießwerkzeug besteht aus 2 Formbacken (4), die die Außenkontur des Formteils gestalten. Die Bodenkontur wird angussseitig geformt. Die Innenkontur wird vom Kern (11) bestimmt. Jeder Formbacken wird von 2 Schrägbolzen (30) geführt und im geschlossenen Zustand über einen Zuhaltekeil (3), der mit Zylinderschrauben (29) befestigt ist, verriegelt. Das Werkzeug ist weitgehend aus handelsüblichen Normalien aufgebaut. Der Anguss erfolgt über einen Punktanguss. Beim Öffnen werden die Formbacken durch die Schrägbolzen auseinander geschoben und dadurch wird die Außenkontur des Formteils mit der Grifföse freigegeben. Die Kernhalteplatte (7) und die Formbacken haben Anschlüsse zum Temperieren. Im Formkern ist ein Kühleinsatz (12) mit Führungsnuten.

7.5.1 Analyse des Spritzgießwerkzeugs

1 Bauteilgestaltung

Bei der Gestaltung von Formteilen welche im Spritzgießverfahren hergestellt werden ist die Lage der Formtrennung und die Lage des Anspritzpunktes von großer Bedeutung.

1.1 Erläutern Sie die Wahl des Anspritzpunktes auf der Unterseite der Tasse.

1.2 Beschreiben Sie die Notwendigkeit eines Backenwerkzeuges für dieses Formteil.

1.3 Erläutern Sie Vor- und Nachteile der Entformungsvorrichtung mittels Abstreifring.

2 Fertigungs- und Montagetechnik

Bei der Fertigung von Backenwerkzeugen bedarf es besonderer Anpassungsarbeiten im Bereich der Formkerne.

2.1 Beschreiben Sie die Funktionsweise des auswerferseitigen Kernkühlsystems.

2.2 Beschreiben Sie eine Möglichkeit, wie ein falscher Zusammenbau der Werkzeughälften bei der Montage oder Wartung verhindert werden kann. Vergleichen Sie dazu die Positionen 31 und 32.

2.3 Erläutern Sie wie die Formbacken (Pos. 4) geführt werden.

3 Technische Kommunikation

Für die Konstruktion von Form-Werkzeugen werden meist CAD - Systeme verwendet.

3.1 Erläutern sie Vor- und Nachteile der Werkzeugkonstruktion mit Hilfe eines CAD-Systems.

3.2 Erstellen Sie eine Teilzeichnung für den Mittelausstoßer/Belüftungsstempel (Pos. 14).

4 Prozessgrößen

Im Spritzgießprozess treten verschiedene Arten von Kräften auf

4.1 Beschreiben Sie welche Kräfte bei der Entformung des Formteils auftreten.

4.2 Beschreiben Sie welche Kräfte bei der Werkzeugöffnung auf die Schrägbolzen (Pos. 30) wirken.

[1] Norm zurückgezogen

7.6 Druckgießwerkzeug

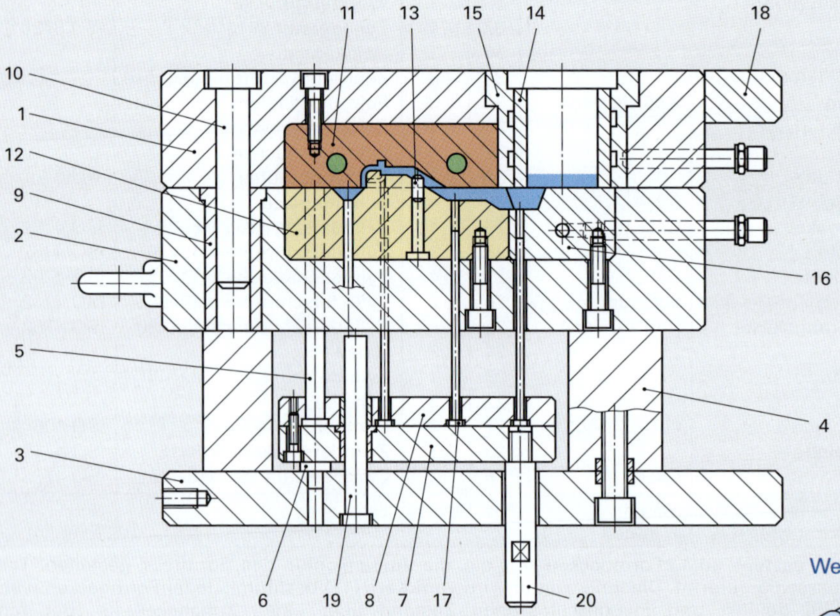

Werkstück

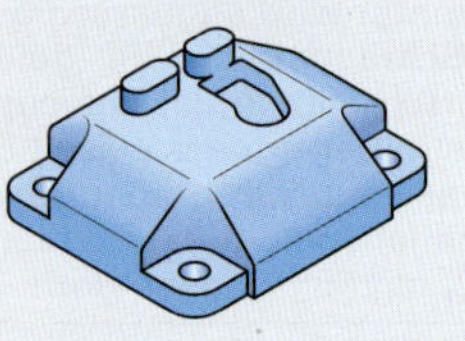

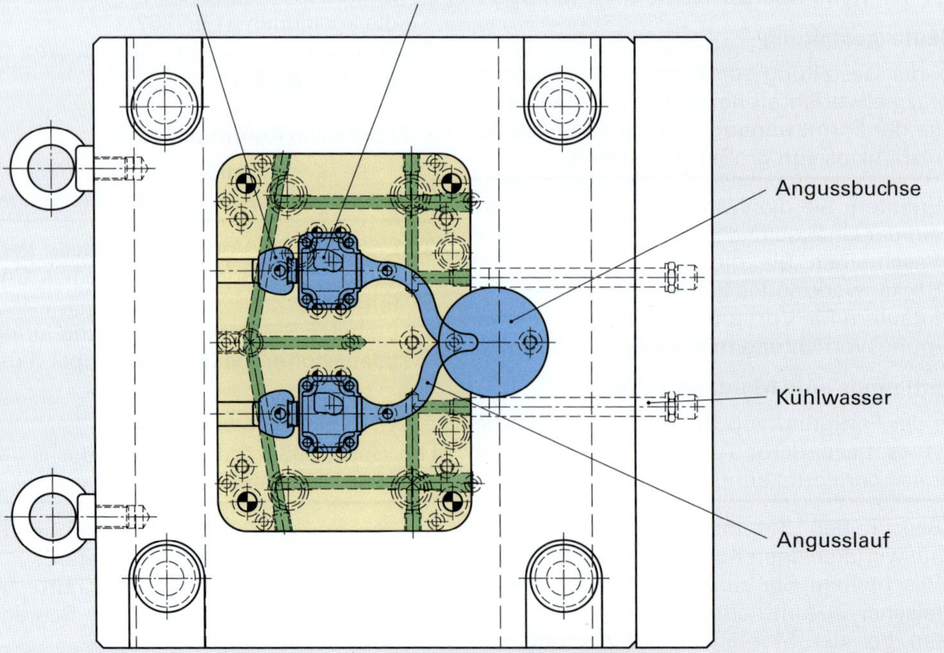

Pos.	Menge	Benennung	Werkstoff	Pos.	Menge	Benennung	Werkstoff
1	1	Formrahmen ES	40CrMnNiMo8-6-4	11	1	Einsatz ES	X37CrMoV5-1
2	1	Formrahmen AS	40CrMnNiMo8-6-4	12	1	Einsatz AS	X37CrMoV5-1
3	1	Aufspannplatte	C45U	13	1	Kernstift	X37CrMoV5-1
4	1	Leiste	C45U	14	1	Kühlring innen	C45U
5	4	Rückdrückstift	C45U	15	4	Kühlring außen	C45U
6	4	Auflagebolzen	C45U	16	4	Amboss	X37CrMoV5-1
7	1	Auswerferdeckplatte	C45U	17	8	Auswerferstift	MnCr5
8	1	Auswerferplatte	C45U	18	1	Abstellleiste	C45U
9	4	Führungsbuchse	X37CrMoV5-1	19	2	Führungssäule	C45U
10	4	Bolzen	C45U	20	2	Führungsbolzen	C45U

Mit dem Druckgießwerkzeug werden Abdeckgehäuse gegossen. Das Werkzeug wird auf einer Kaltkammer-Druckgießmaschine eingesetzt. Das Werkzeug ist als Zweifachwerkzeug ausgeführt. Die Formhälften werden durch ein Viersäulensystem genau fixiert. Die Werkzeugkühlung erfolgt durch zwei getrennte Kreisläufe.

7.6.1 Analyse des Druckgießwerkzeugs

1 Bauteilgestaltung

Druckgießwerkzeuge haben wegen der Abkühlgeschwindigkeit der zu verarbeitenden Gießwerkstoffe eine sehr kurze Formfüllphase.

1.1 Worauf muss bei der Gestaltung der Druckgießwerkzeuge daher besonders geachtet werden?

1.2 Welche Aufgabe haben Kerne beim Druckgießen?

1.3 Wozu dienen Einlegeteile beim Druckgießen?

1.4 Worauf ist bei der Verwendung von Einlegeteilen, z.B. Gewindebuchsen, zu achten?

2 Fertigungs- und Montagetechnik

Die Fertigungstechnik und die Montage der Werkzeuge ähneln denen bei der Spritzgießtechnik.

2.1 Worin unterscheiden sich das Kaltkammerverfahren vom Warmkammerverfahren?

2.2 Die Formeinsätze können durch HSC-Fräsen oder durch Erodieren hergestellt werden. Welche Vorteile hat HSC?

2.3 Welche Funktion haben Rückdrückstifte?

2.4 Welche Arbeitsschritte sind bei einer Werkzeugbemusterung notwendig?

2.5 Der Formeinsatz soll eine Härte von HRC 55 haben. Welches Härteprüfverfahren ist geeignet?

3 Technische Kommunikation

Bei der Konstruktion von Druckgießwerkzeugen müssen die verschiedenen Werkstoffeigenschaften der Gussteile berücksichtigt werden.

3.1 Nennen Sie drei wichtige Eigenschaften von Druckgussteilen.

3.2 Erklären Sie die Werkstoffbezeichnung GD-Z Al4Cu1?

3.3 Wodurch kann die Zentrierung der Formhälften erreicht werden?

3.4 Erstellen Sie eine Teilzeichnung (M 2:1) für den Kühlring (Pos. 15).

4 Prozessgrößen

Für eine gleichbleibende Qualität der Formteile ist die Temperierung des Werkzeugs wichtig.

4.1 Warum ist eine kurze Formfüllfase beim Druckgießen erforderlich?

4.2 Erläutern Sie den Begriff Schwindmaß.

4.3 Berechnen Sie für einen Gussteilaußendurchmesser von 116 mm das entsprechende Werkzeugmaß bei 1,3 % Schwindmaß.

4.4 Wozu dienen Schieber?

4.5 Welche Aufgabe haben Überläufe bei Druckgießwerkzeugen?

7.7 Fräsvorrichtung

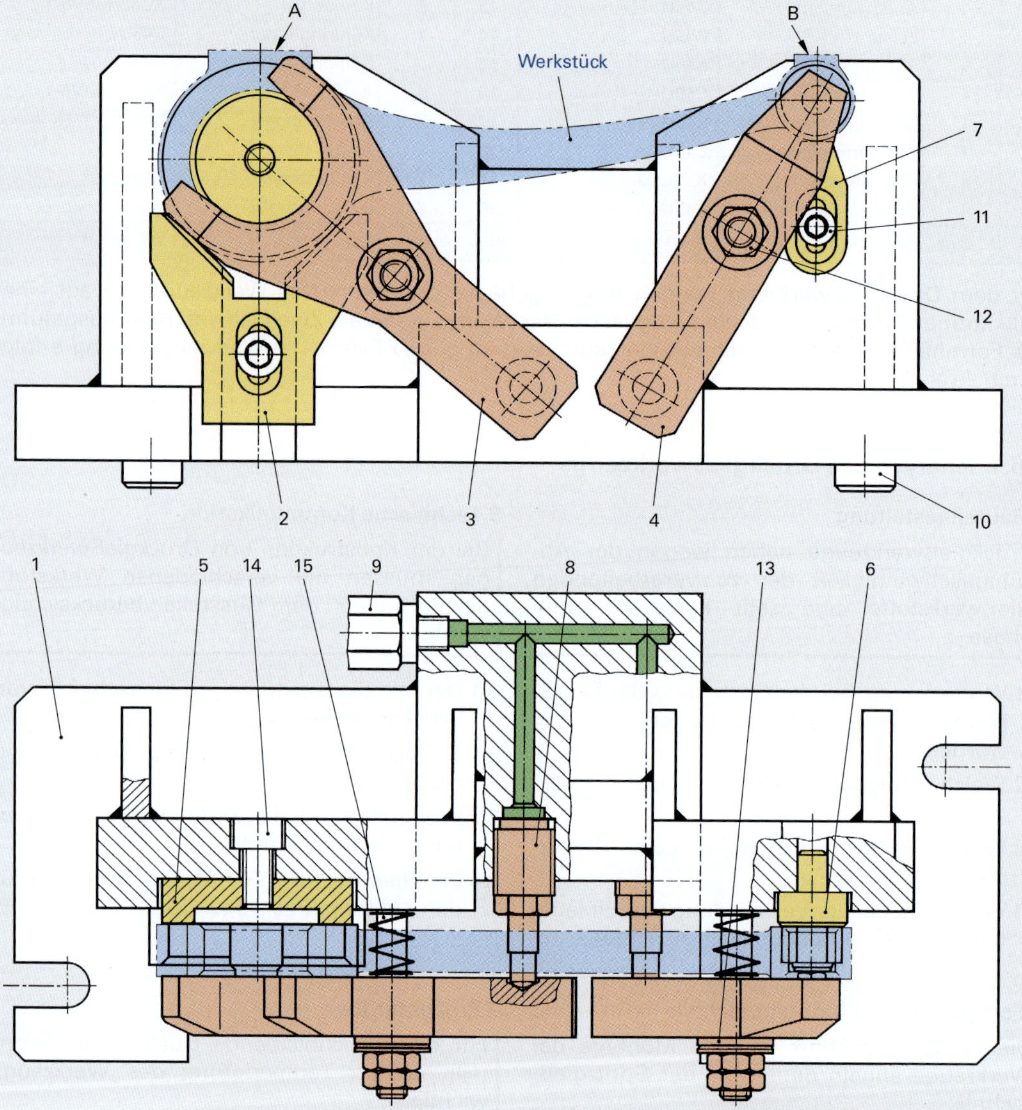

Die Fräsvorrichtung dient zum Fräsen der Auflageflächen A und B des Zwischenhebels aus EN-GJS-400-15 auf einer programmgesteuerten Senkrechtfräsmaschine.

Das Werkstück wird mit dem Prisma (2) und dem Anlagestück (7) positioniert. Beide Elemente sind verstellbar, sodass die Vorrichtung unterschiedlich ausfallenden Rohteilen angepasst werden kann. Das Spannen erfolgt mit dem Gabelstück (3) und dem Spanneisen (4). Um ein schnelles Spannen zu erreichen, wird die Spannkraft durch hydraulische Einschraubzylinder (8) erzeugt.

Pos.	Menge	Benennung	Norm/Werkstoff
13	2	Kugelscheibe	DIN 6319
12	4	Sechskantmutter	ISO 4033
11	1	Zylinderschraube	DIN ISO 4762
10	2	Nutenstein	C45E
9	1	Anschlussstück	St
8	2	Einschraubzylinder	St
7	1	Anlagestück	16MnCr5
6	1	Auflagebolzen	16MnCr5
5	1	Auflagering	16MnCr5
4	1	Spanneisen	C35
3	1	Gabelstück	C35
2	1	Prisma	C35
1	1	Grundkörper	S355JO

7.7.1 Analyse der Fräsvorrichtung

1 Bauteilgetaltung

Bei der Gestaltung der Bauteile von Frässvorrichtungen ist darauf zu achten, dass sie eine große Steifigkeit und einen günstigen Kraftflussverlauf aufweisen.

1.1 Nennen Sie Gründe, warum der Vorrichtungsgrundkörper der Fräsvorrichtung als Schweißkonstruktion gestaltet ist.

1.2 Nennen Sie Gestaltungsgrundsätze für geschweißte Vorrichtungskörper.

1.3 Geben Sie Vor- und Nachteile an, die sich durch das hydraulische Spannen bei der Vorrichtung ergeben.

1.4 Erläutern Sie, warum nur das linke Werkstückauge in einem Prisma (Pos. 2) aufgenommen wird.

1.5 Vergleichen Sie die bei dieser Vorrichtung verwendete Ölzuführung über Verteilerbohrungen mit anderen Zuführmöglichkeiten.

1.6 Begründen Sie, warum es zweckmäßig ist, unter den Sechskantmuttern (Pos. 12) Kugelscheiben (Pos. 13) anzuordnen.

2 Fertigungs- und Montagetechnik

Bei der Fertigung von geschweißten Werkstücken sind die besonderen Eigenheiten der Schweißverfahren zu beachten.

2.1 Wählen Sie ein geeignetes Schweißverfahren für die Fertigung des Grundkörpers (Pos. 1) aus. Begründen Sie Ihre Wahl.

2.2 Begründen Sie, warum der Grundkörper nach dem Schweißen geglüht wird.

2.3 Mit welchen Drücken wird bei hydraulisch spannenden Vorrichtungen gearbeitet und welche Pumpenarten eignen sich für Vorrichtungen?

2.4 Die Zylinder für die Spanneisen (Pos. 3 + 4) arbeiten einfachwirkend. Skizzieren Sie den Schaltplan für eine entsprechende Steuerung, wenn mit Maschinenbeeinflussung gearbeitet wird.

2.5 Die Vorrichtung wird über eine Schlauchleitung mit der Pumpe verbunden. Worauf ist beim Verlegen von Schläuchen zu achten?

3 Technische Kommunikation

Sinnbildliche Darstellungen vereinfachen und beschleunigen die Zeichenarbeit, insbesondere bei Schweiß- und Schraubverbindungen.

3.1 Skizzieren Sie das Nahtsinnbild für eine Kehlnaht mit einer Nahtdicke von 5 mm, umlaufend geschweißt und hergestellt durch Lichtbogenhandschweißung.

3.2 Nennen Sie weitere Angaben, welche in Schweißteilzeichnungen eingetragen werden können.

3.3 Geben Sie die vereinfachte zeichnerische Darstellung und Bemaßung für die Bohrung der Zylinderschraube M 8 (Pos. 14) an.

3.4 Erklären Sie die Werkstoffbezeichnung (S355J0) für den Grundkörper (Pos. 1).

3.5 Beschreiben Sie die Funktionen der in der Gesamtzeichnung rot gekennzeichneten Bauteile.

3.6 Erstellen Sie eine Teilzeichnung (M 1 : 1) für das Gabelstück (Pos. 3). Vorlage M 1 : 2.

4 Prozessgrößen

Bei hydraulisch spannenden Vorrichtungen ist es wichtig, dass die erzeugte Spannkraft nicht zu groß ist und der Volumenstrom ausreicht.

4.1 Welche Kolbenkraft ergibt sich, wenn der Zylinder (Pos. 8) einen Kolbendurchmesser von 15 mm hat und mit einem Druck von 200 bar arbeitet. Die Verluste werden mit 25 % angenommen.

4.2 Bestimmen Sie die Spannkraft die durch das Spanneisen (Pos. 4) **Bild 1** aufgebracht wird, wenn die wirksame Kraft des Spannzylinders $F_z = 2{,}8$ kN beträgt.

4.3 Die Vorrichtung soll wahlweise mit einer Handpumpe (Kolben-∅ $D_K = 15$ mm) betrieben werden, die einen Volumenstrom von 2 cm³ je Hub hat.
Bestimmen Sie die Anzahl der Hübe bei 5 mm Spannweg.

4.4 Bestimmen Sie die Größe der Druckfeder (Pos. 15) nach DIN EN 10270.

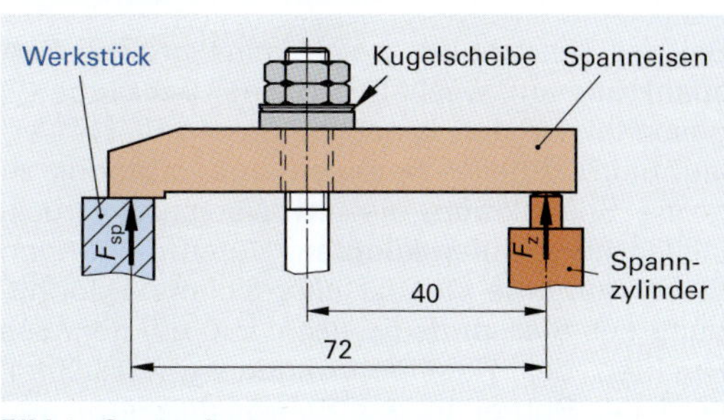

Bild 1: Spanneisen

7.8 Bohrvorrichtung

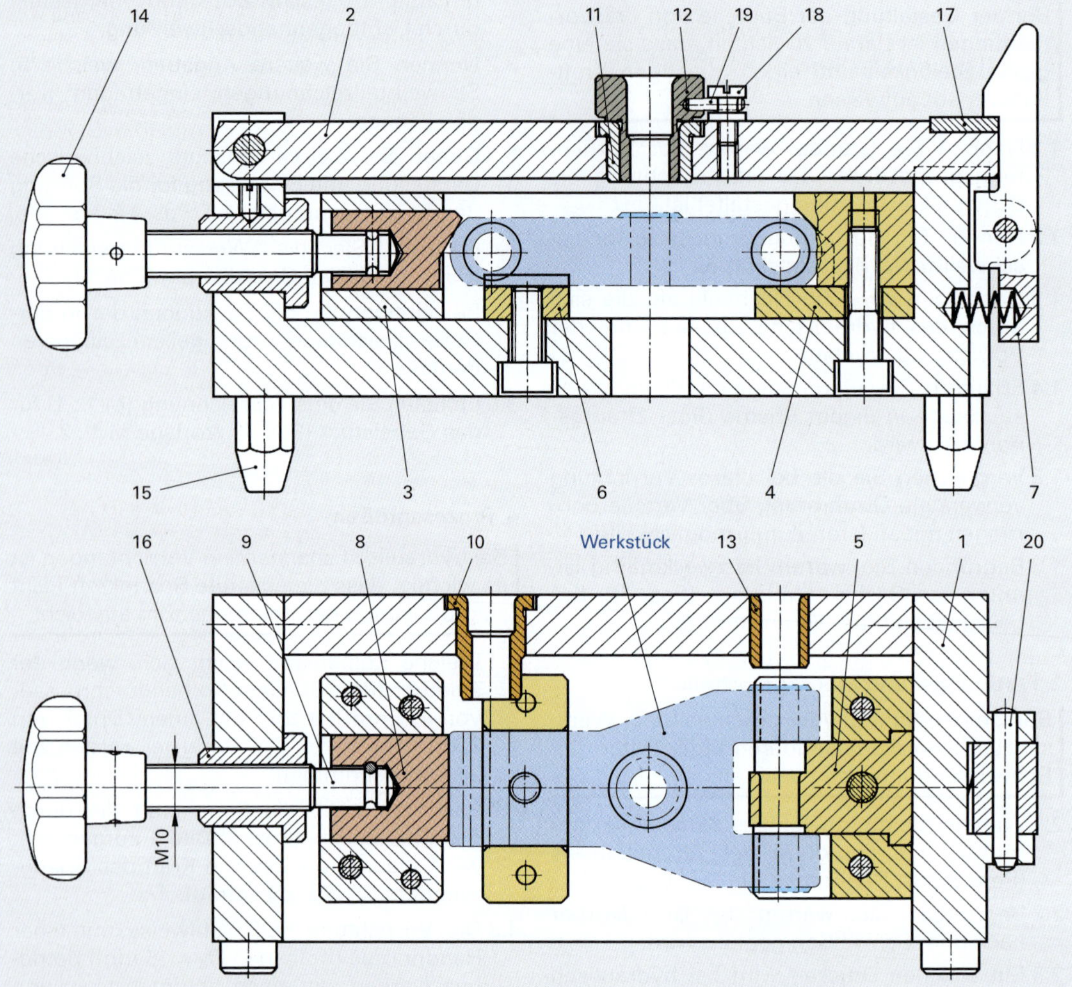

Die Bohrvorrichtung dient zum Bohren des Gabelstücks aus AC-AlMg5DF auf einer Reihenbohrmaschine. Da Druckgussteile sehr genau gegossen werden, kann das Werkstück mit dem Auflagestück (6) und dem Aufnahmestück (5) an der Außenform bestimmt werden.

Bei der Bearbeitung treten keine großen Zerspankräfte auf, weshalb mit einer Schraube (9) gespannt werden kann. Ihr Sterngriff (14) erlaubt ein schnelles Spannen und verhindert zu große Spannkräfte, die am Werkstück Druckstellen hervorrufen könnten. Durch die langen Einschraubfüße (15) ist eine sichere Handhabung des Sterngriffs möglich. Um ein genaues Fluchten der Gabelbohrungen zu erreichen, wird der Bohrer in der Bohrbuchse (13) und dem Aufnahmestück (5) geführt.

Pos.	Menge	Benennung	Norm/Werkstoff
17	1	Druckplatte	
16	1	Gewindebuchse	
15	4	Fuß	DIN 6320
14	1	Sterngriff	DIN 6336
13	1	Bohrbuchse	
12	1	Steckbohrbuchse	
11	1	Bundbohrbuchse	DIN 172
10	1	Bundbohrbuchse	100Cr6
9	1	Spannschraube	C35
8	1	Druckstück	100Cr6
7	1	Schnapper	C45
6	1	Auflagestück	C105W1
5	1	Aufnahmestück	C105W1
4	1	Anlage	C105W1
3	1	Führungsstück	C45
2	1	Bohrklappe	C45
1	1	Grundkörper	E 295

7

7.8.1 Analyse der Bohrvorrichtung

1 Bauteilgestaltung

Bei der Gestaltung der Bauteile für Bohrvorrichtungen sind besonders die Grundsätze für die richtige Werkzeugführung zu beachten.

1.1 Beurteilen Sie die Gestaltung der Bohrbuchse (Pos. 10).

1.2 Begründen Sie, warum das Aufnahmestück (Pos. 5) auch als Werkzeugführung dient.

1.3 Geben Sie Einflussgrößen an, die den Abstand zwischen Werkstück und Bohrbuchse bestimmen.

1.4 Eine Durchgangsbohrung ∅ 20H7 soll mit einer Bohrvorrichtung gefertigt werden. Geben Sie die Arbeitsfolge an und wählen Sie dafür geeignete Werkzeuge sowie Bohrbuchsen aus.

1.5 Skizzieren Sie drei Beispiele von Füßen für Bohrvorrichtungen und geben Sie an, in welchen Fällen sie verwendet werden.

1.6 Erläutern Sie, worauf bei der Gestaltung von Bohrklappen besonders zu achten ist.

1.7 Skizzieren Sie eine zweite Variante für die Verdrehsicherung der Buchse (Pos. 16).

1.8 Nennen Sie Gründe, warum das Auflagestück (Pos. 6) verschraubt und verstiftet wird.

1.9 Begründen Sie, warum Maschinenreibahlen nicht in Bohrbuchsen geführt werden.

1.10 Beurteilen Sie die Verwendung von Bohrbuchsen mit und ohne Bund.

2 Fertigungs- und Montagetechnik

Da Bohrvorrichtungen sehr wesentlich die beim Bohren erreichbare Werkstücktoleranz bestimmen, müssen sie sehr genau gefertigt werden.

2.1 Begründen Sie, warum lange Füße nur Oberflächengehärtet werden.

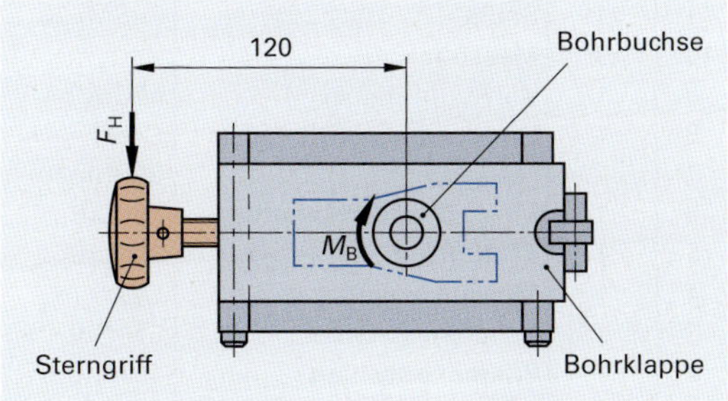

Bild 1: Bohrvorrichtung

2.2 Beschreiben Sie, was beim Einpressen der Bohrbuchse (Pos. 10) zu beachten ist.

2.3 Bohrvorrichtungsfüße sollten je Auflagenseite genau gleich hoch sein. Wie erreicht man das, ohne großen Fertigungsaufwand?

2.4 Begründen Sie, warum Vorrichtungsgrundkörper für kleinere Bohrvorrichtungen meist aus miteinander verschraubten und verstifteten Platten gefertigt sind.

3 Technische Kommunikation

Um Herstellkosten zu sparen, werden bei der vorgegebenen Bohrvorrichtung besonders viele genormte Bauteile verwendet.

3.1 Geben Sie die Normkurzbezeichnung für den Zylinderstift (Pos. 20, ∅ 5 × 20 lang) an.

3.2 Wählen Sie ein geeignetes Passmaß für die Bohrung des Schnappers (Pos. 7) und bestimmen Sie das Höchst- und Mindestspiel mit dem Zylinderstift (Pos. 20).

3.3 Vergleichen Sie den verwendeten Sterngriff DIN 6336 mit dem Kreuzgriff DIN 6335, hinsichtlich der ergonomischen Eignung für diese Bohrvorrichtung.

4 Prozessgrößen

Bei beweglichen Bohrvorrichtungen ist darauf zu achten, dass das beim Bohren auftretende Drehmoment noch beherrschbar ist.

4.1 Prüfen Sie nach, ob die Größe des wirksamen Hebelarms l = 120 mm für die Handkraft F_H = 150 N ausreicht, wenn durch das Bohrwerkzeug ein Drehmoment M_B = 12 Nm auf die Vorrichtung wirkt **(Bild 1)**.

4.2 Wie groß ist die Spannkraft F_S, wenn am Sterngriff (d = 40 mm) eine Handkraft F_H = 150 N angreift? Die Steigung für M10 beträgt 1,5 mm, der Schraubenwirkungsgrad 30 % **(Bild 2)**.

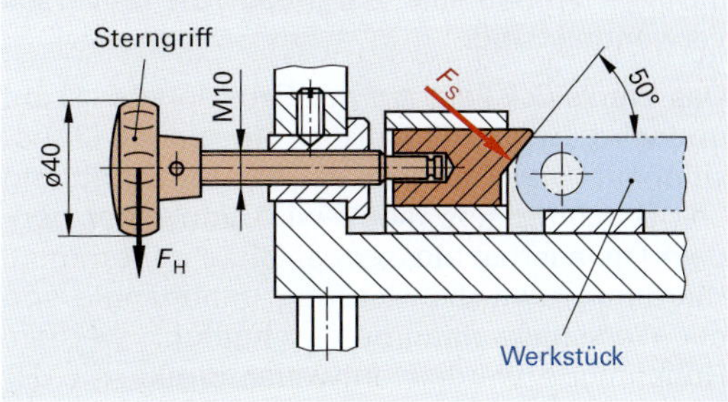

Bild 2: Spannkrafterzeugung

7

7.9 Messvorrichtung

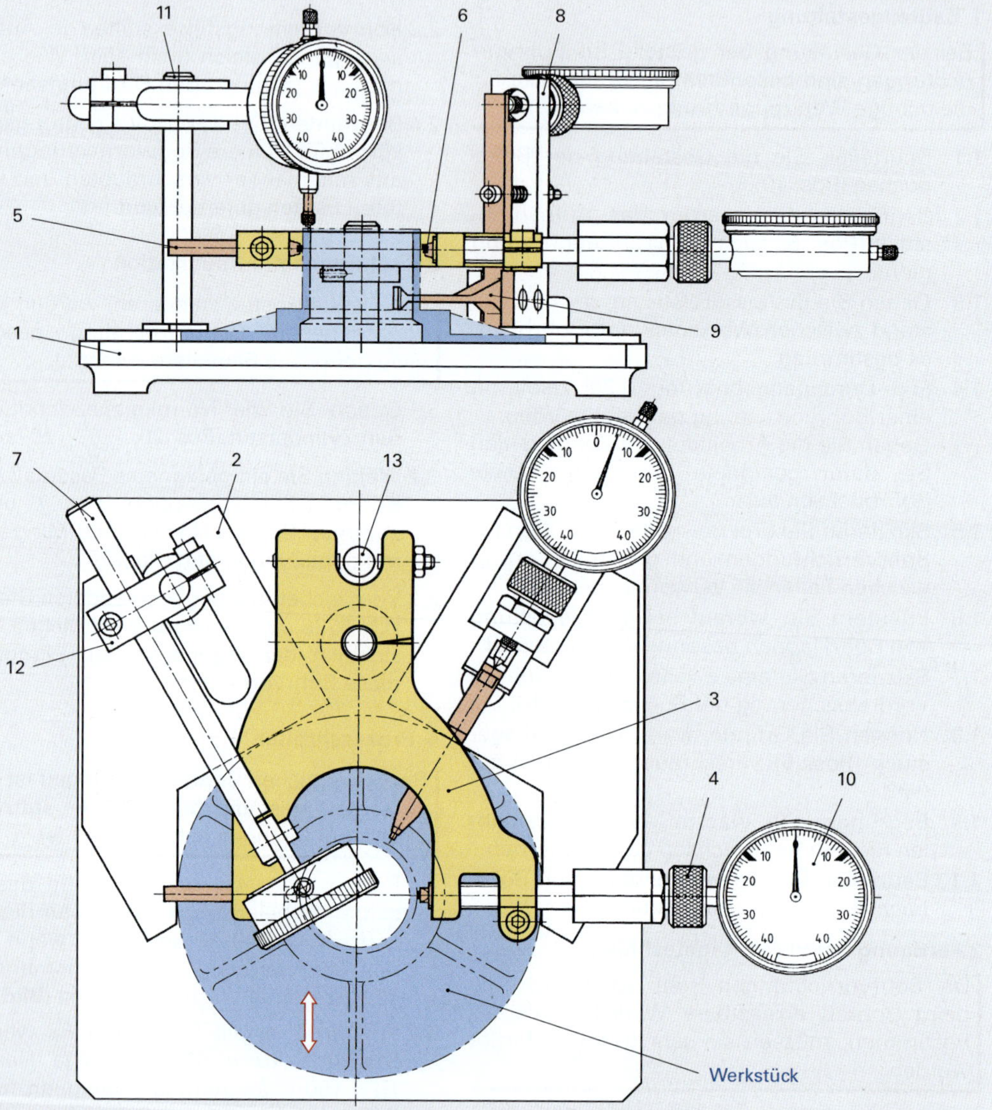

Die Messvorrichtung dient zum Messen flanschförmiger Werkstücke. Sie ist aus standardisierten Bauteilen aufgebaut, die universell verwendbar sind.

Das Werkstück liegt auf der Grundplatte (1) auf und wird durch prismatische Anschläge (2) positioniert. Die Messuhr (10), die zur Ermittlung des Durchmessers dient, wird von einer pendelnd gelagerten Messgabel (3) aufgenommen. Hierdurch kann die Messung unabhängig von der Werkstückaufnahme durchgeführt werden. Höhenmaße werden entweder direkt mit der Messuhr oder über Winkelfühlhebel (9) angetastet.

Pos.	Menge	Benennung	Werkstoff
13	1	Anschlagbolzen	C60U
12	1	Gelenkstück	C45U
11	1	Säule	38SMn28
10	3	Messuhr	–
9	1	Winkelfühlhebel	42CrMo4
8	1	Umlenkmessuhrenhalter	C45U
7	1	Messarm	38SMn28
6	1	Messuhrenverlängerung	100Cr6
5	1	Tastbolzen	100Cr6
4	1	Messuhrenhalter	C22
3	1	Pendelmessgabel	EN-GJL-250
2	2	Prismenanschlag	16MnCr5
1	1	Grundplatte	EN-GJL-250

7

7.9.1 Analyse der Messvorrichtung

1 Bauteilgestaltung

Um Herstell- und Konstruktionskosten zu sparen, werden Messvorrichtungen meist aus standardisierten Bauteilen aufgebaut.

1.1 Nennen Sie Vorteile, die sich hieraus für die Bauteilgestaltung und Konstruktion ergeben.

1.2 Der Messarm (Pos. 7) wird durch eine Schlitzklemmung in seiner Lage festgehalten. Skizzieren Sie zwei konstruktive Varianten zu dieser Befestigungsart.

1.3 Anstelle der Messuhren (Pos.10) sollen induktive Messtaster verwendet werden. Geben Sie deren Vor- und Nachteile an.

1.4 Die Pendelmessgabel (Pos. 3) soll möglichst reibungsarm gelagert werden. Schlagen Sie eine geeignete Lagerart vor und begründen Sie Ihre Antwort.

1.5 Beschreiben Sie die Aufgaben der Prismenanschläge (Pos. 2).

1.6 Aus welchen Gründen wird das Höhenmaß des Flanschabsatzes mit einem Winkelfühlhebel (Pos. 9) angetastet?

2 Fertigungs- und Montagetechnik

Da die Standardbauteile der Messvorrichtung in Serie gefertigt werden, sind entsprechende Fertigungsverfahren anzuwenden.

2.1 Die Bauteile Pos. 1 und Pos. 3 sind als Gussteile gestaltet. Geben Sie ein geeignetes Gießverfahren für diese Teile an.

2.2 Der Winkelfühlhebel soll durch Feingießen gefertigt werden. Beschreiben Sie dieses Verfahren.

2.3 Die Prismenanschläge (Pos. 2) werden aus Stahlblech gefertigt. Nennen Sie mögliche Fertigungsverfahren für deren Herstellung. Wählen Sie ein geeignetes Verfahren aus.

2.4 Beschreiben Sie, worauf beim Befestigen der Messuhren zu achten ist.

2.5 Die Messuhren müssen vor dem Gebrauch der Vorrichtung neu eingestellt werden. Beschreiben Sie den Vorgang und geben Sie die dabei benötigten Hilfsmittel an.

Tabelle 1: Messergebnisse

Messwert in mm	49,950	49,955	49,960	49,965
Häufigkeit	2	4	8	10
Messwert in mm	49,970	49,975	49,980	
Häufigkeit	7	3	1	

2.6 Beschreiben Sie, wie Messuhren (Pos.10) zu überprüfen sind.

3 Technische Kommunikation

Um die Funktion der gemessenen Werkstücke zu garantieren, ist die Größe der Toleranz von den Funktionsmaßen entscheidend.

3.1 Das Maß für die Höhe des Flansches **(Bild 1)** beträgt 50f7. Bestimmen Sie die Größe der Toleranz und das Höchst- und Mindestmaß.

3.2 Skizzieren Sie die Lage des Toleranzfeldes zur Nulllinie.

3.3 Geben Sie für den Abstand 12e8 des Flanschabsatzes **(Bild 1)** die Abmaße an.

3.4 Erklären Sie den Lagetoleranzeintrag für den Flansch **(Bild 1)**.

3.5 Erklären Sie, wie mit der Vorrichtung festgestellt wird, ob das Element für die Lagetoleranz innerhalb der Toleranz liegt.

3.6 Neben der Maßgenauigkeit ist auch die Oberflächengüte der Werkstücke für ihre Funktion entscheidend. Beschreiben Sie die Unterschiede zwischen dem Mittenrauwert und der gemittelten Rautiefe.

4 Prozessgrößen

Da Mehrstellenmessgeräte in der Serienfertigung eingesetzt werden, sind sie meist Teil der statistischen Qualitätskontrolle.

4.1 Eine Messreihe für das Maß 50f7 ergab die Ergebnisse in **Tabelle 1.** Bestimmen Sie den arithmetischen Mittelwert und die Standardabweichung.

4.2 Der Flansch besteht aus einer Al-Legierung und hat sich durch die Bearbeitung um 18 °C erwärmt. Um wie viel % ändert sich das Maß 50f7 durch die Temperaturänderung?

4.3 Beschreiben Sie die Vorteile der Qualitätsregelkarten bei der Fertigungsüberwachung.

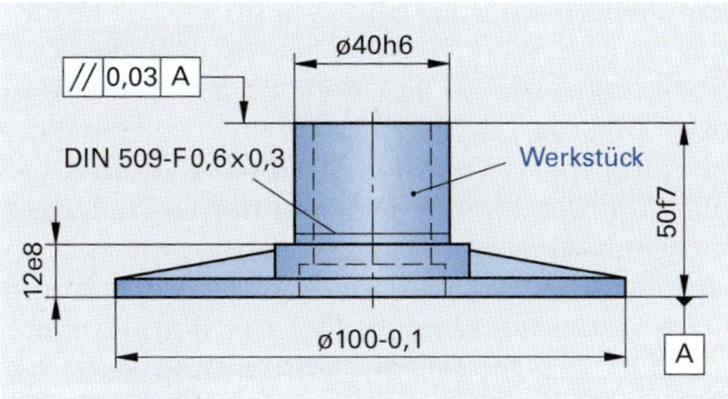

Bild 1: Flansch

7

7.10 Baukastenvorrichtung

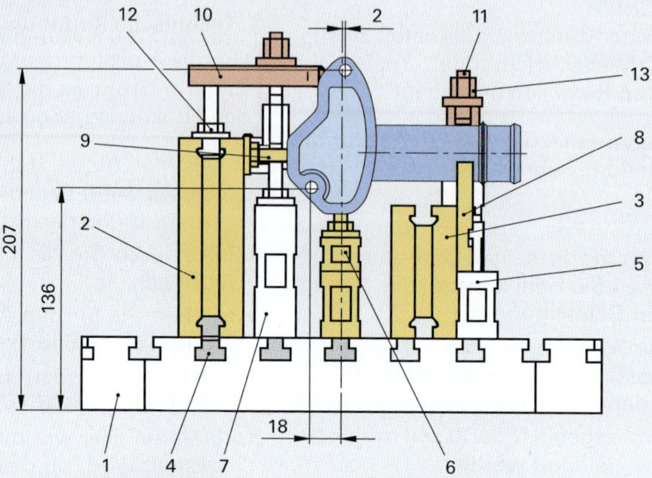

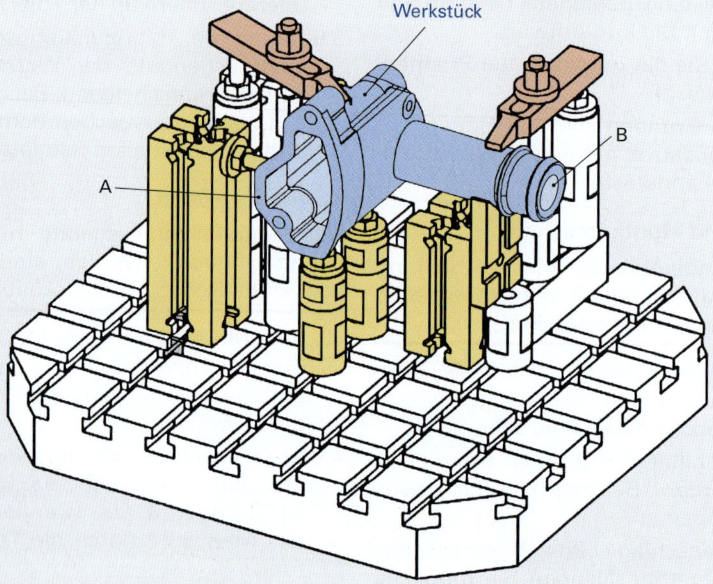

Mit der Vorrichtung werden Gehäuse aus AC-AlSi9CuDF gespannt, um sie im Bereich der Stirnseite A und der Stufenbohrung B zu bearbeiten. Die Werkstückzeichnung und die Vorrichtungselemente standen als **3-D-Zeichnung** bzw. Makros zur Verfügung, so dass die Vorrichtung mit Hilfe eines **3-D-CAD-Systems** geplant werden konnte. Dies hat den Vorteil, dass nicht nur Ansichtsdarstellungen, sondern auch isometrische Projektionen von der Vorrichtung erzeugt werden können. Das mit dem Rechner erzeugte **3-D-Modell** der Vorrichtung kann bei der NC-Programmierung auch zur Simulation der Bearbeitung eingesetzt werden.

13	2	Sechskantmutter	DIN 6331
12	5	Sechskantmutter	ISO 4032
11	2	Stiftschraube	DIN 6379
10	2	Spanneisen	C35
9	3	Pendelauflage	100Cr6
8	1	Auflageprisma	16MnCr5
7	7	Höhenzylinder	C35
6	1	Höhenzylinder	C35
5	2	Höhenzylinder	C35
4	4	Nutenspanner	16MnCr5
3	1	Aufspannkörper	16MnCr5
2	2	Aufspannkörper	16MnCr5
1	1	Grundplatte	16MnCr5
Pos.	Menge	Benennung	Norm/Werkstoff

7

7.10.1 Analyse der Baukastenvorrichtung

1 Bauteilgestaltung

Der Einsatz von Vorrichtungen die aus Baukastenelementen erstellt wurden, eignen sich besonders für Werkstücke die in kleinen Losgrößen zu fertigen sind.

1.1 Es werden verschiedene Baukastensysteme unterschieden. Nennen Sie die Einsatzbereiche der einzelnen Systeme.

1.2 Als Grundelemente werden vielfach Platten und Würfel verwendet. Beschreiben sie für welche Anwendungsfälle sie jeweils geeignet sind.

1.3 Erläutern Sie den Einsatz von Aufbauelementen.

1.4 Das Spannen der Werkstücke erfolgt bei Baukastenvorrichtungen meist mit einfachen Spannelementen wie Spanneisen (Pos. 10) und Sechskantmuttern (Pos. 13).
Nennen Sie Gründe für deren Anwendung.

1.5 Bei der vorgegebenen Vorrichtung wird der rechte Teil des Werkstücks durch ein Auflageprisma (Pos. 8) bestimmt. Welche Vorteile ergeben sich dadurch für die Lagebestimmung?

1.6 Beschreiben Sie die Aufgabe der Nutenspanner (Pos. 4).

2 Fertigungs- und Montagetechnik

Die Bauteile der Baukastenvorrichtungen müssen mit besonders hoher Genauigkeit gefertigt werden um eine entsprechend genaue Vorrichtung erstellen zu können.

2.1 Bei der vorgegebenen Vorrichtung werden die Nutabstände mit einer Toleranz von ± 0,01 mm durch Tiefschleifen gefertigt. Beschreiben Sie dieses Verfahren.

2.2 Erläutern Sie, wie Sie vorgehen, wenn Sie eine Baukastenvorrichtung ohne Konstruktionszeichnung in der Werkstatt planen müssen.

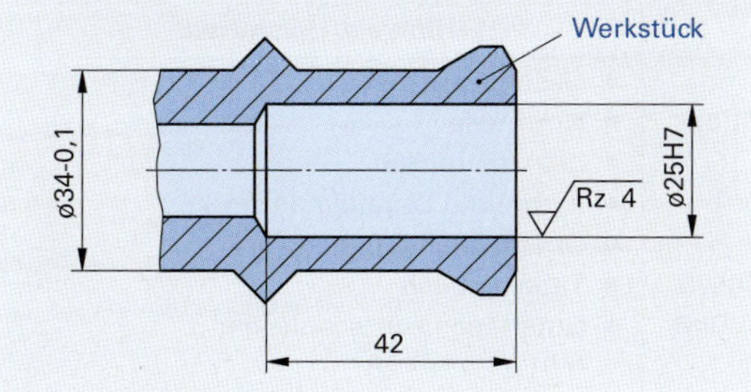

Bild 1: Stufenbohrung

2.3 Erstellen Sie einen Montageplan für die gelb gekennzeichneten Bauteile (Bild Seite 344).

2.4 Die Grundelemente sind durch Plasmanitrieren auf 700 HV1 gehärtet.
Beschreiben Sie dieses Verfahren.

2.5 Die Stufenbohrung **(Bild 1)** des Werkstücks wird durch Ausdrehen gefertigt.
Nennen Sie Gründe für die Anwendung dieses Fertigungsverfahrens.

3 Technische Kommunikation

Baukastenvorrichtungen werden bevorzugt mit CAD- Systemen geplant, da von den Bauelementen meist Vorlagezeichnungen der Hersteller verwendet werden können.

3.1 Erklären Sie was man unter der Abkürzung CAD versteht.

3.2 Erklären Sie, welche axonometrischen Projektionsarten unterschieden werden.

3.3 Erläutern Sie die Werkstoffbezeichnung AC-AlSi9CuDF für das Werkstück.

4 Prozessgrößen

Der Einsatz von Vorrichtungen verringert die Stückfertigungszeiten, da meist mit höheren Schnittwerten gearbeitet werden kann.

4.1 Die Stufenbohrung **(Bild 1)** wird mit einem Vorschub von 0,1mm und einer Schnittgeschwindigkeit von 120 m/min auf eine Tiefe von 42 mm ausgedreht.
Bestimmen Sie die Hauptnutzungszeit, wenn mit einem Anlauf von 1,5 mm gearbeitet wird.

4.2 Ermitteln Sie die Größe der Prüfkraft für den Härtewert in der Aufgabe 2.4.

4.3 Die Lagebestimmung mit dem Auflageprisma **(Bild 2)** kann zu Lagefehlern führen.
Ermitteln Sie die maximal mögliche Abweichung (ΔX) der Werkstücksmitte .

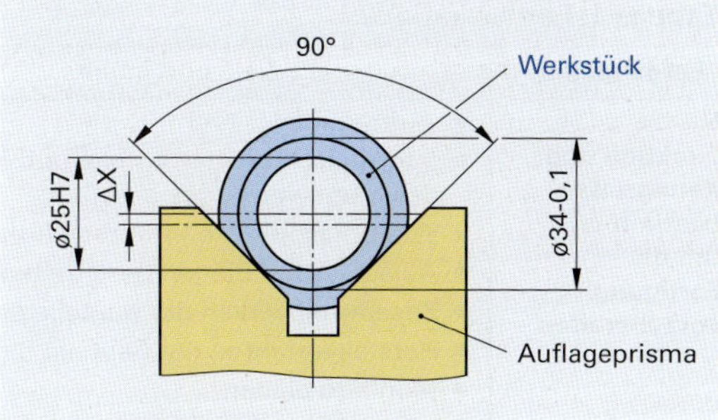

Bild 2: Auflageprisma

7

8 Lernfelder

8.1 Lernfeld 5: Formgebung von Bauelementen durch spanende Fertigung

Gewählter Lerngegenstand: Biegewerkzeug (Bild 1); Zeitrichtwert: 60 h

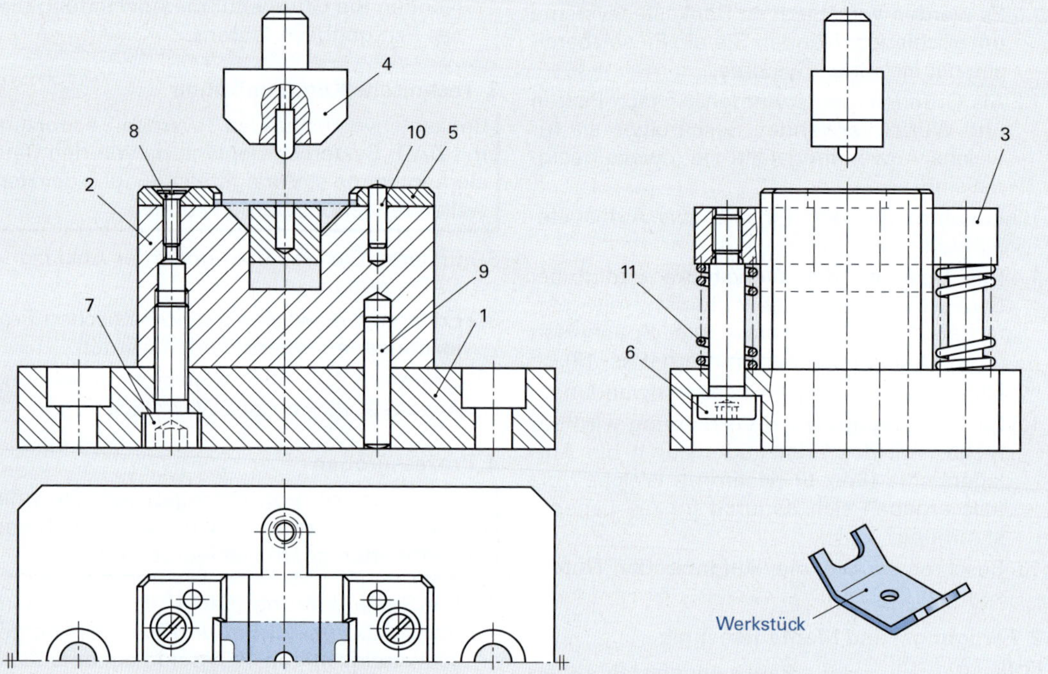

Pos.	Menge	Benennung	Norm/Werkstoff
6	2	Passschraube	C60U
5	2	Aufnahmeplatte	C80U
4	1	Biegestempel	90MnCrV8
3	1	Gegenhalter	C60U
2	1	Matrize	90MnCrV8
1	1	Grundplatte	E295

Pos.	Menge	Benennung	Norm/Werkstoff
11	2	Druckfeder	
10	3	Zylinderstift	St
9	2	Zylinderstift	St
8	4	Senkschraube	8.8
7	2	Zylinderschraube	10.9

Bild 1: Biegewerkzeug

Das Lernfeld wird in die in der Tabelle 1 aufgeführten 4 Lernsituationen aufgeteilt:

Tabelle 1: Lernsituationen

Lernsituation	Ziele und Inhalte	Hinweis, Hilfsmittel[1)]
5.1 Funktion und Kenngrößen bestimmen, um die Fertigung vorzubereiten	• Auftrag analysieren • Informationen über Aufbau und Funktion des Biegewerzeuges beschaffen • Wirkprinzipien am Werkzeug aufzeigen • Abläufe beim Biegen beschreiben • Zusammenwirken der Bauteile erläutern • Herstellverfahren der Bauteile bestimmen • Montage planen	• Gesamtzeichnung • Normteile • ISO-Toleranzen • Form- und Lagetoleranzen • Oberflächenangaben • Tabellenbuch • Unterlagen zur technischen Kommunikation

[1)] Alle Bilder sind im Bilder-Paket (siehe vordere Umschlaginnenseite) in größerem Maßstab verfügbar.

<table>
<tr><th colspan="3">Tabelle 1: Lernsituationen (Fortsetzung)</th></tr>
<tr><th>Lernsituation</th><th>Ziele und Inhalte</th><th>Hinweis, Hilfsmittel[1]</th></tr>
<tr><td>5.2
Fertigung des Drehteils (Pos. 6) planen und herstellen</td><td>• Fertigungszeichnung mit Oberflächenzeichen sowie Form- und Lagetoleranzen erstellen
• Vorgänge beim Drehen beschreiben
• Spannmöglichkeiten ermitteln
• Schneidstoff , Werkzeuge und technologische Daten auswählen
• Prüfgeräte bestimmen
• Arbeits- und Prüfpläne ausarbeiten
• Einflussgrößen auf Oberflächengüte und Standzeit ermitteln
• Herstellung des Drehteils
• Arbeitsergebnisse technisch und wirtschaftlich optimieren
• Ergebnisse präsentieren
• Zerspankräfte berechnen
• Leistungsbedarf der Drehmaschine ermitteln</td><td>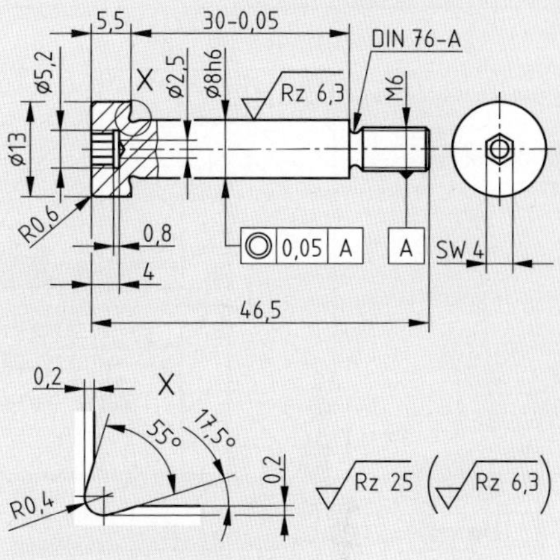

Bild 1: Drehteil (Pos. 6)</td></tr>
<tr><td>5.3
Fertigung des Frästeils (Pos. 2) planen und herstellen</td><td>• Fertigungszeichnung mit Oberflächenzeichen sowie Form- und Lagetoleranzen erstellen
• Fräsverfahren, Fräswerkzeuge und Fräsmaschinen anwendungsbezogen auswählen (Wirkprinzipien)
• Technologische Daten bestimmen
• Einflussgrößen auf Oberflächengüte und Standzeit ermitteln
• Spannmöglichkeiten ermitteln
• Arbeits- und Prüfplan erstellen
• Herstellung des Frästeils
• Arbeitsergebnisse technisch und wirtschaftlich optimieren
• Berechung der Hauptnutzungszeit
• Ergebnisse präsentieren</td><td>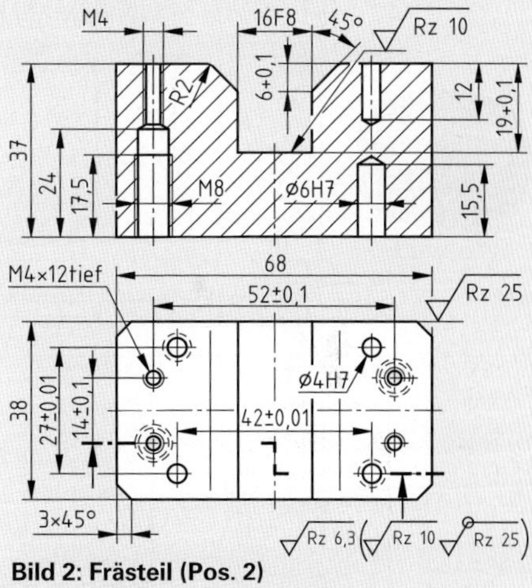

Bild 2: Frästeil (Pos. 2)</td></tr>
<tr><td>5.4
Fertigung des Schleifteils (Pos. 3) planen und herstellen</td><td>• Fertigungszeichnung mit Oberflächenzeichen sowie Form- und Lagetoleranzen erstellen
• Schleifverfahren, Schleifmaschine und Schleifscheiben anwendungsbezogen auswählen
• Technologische Daten ermitteln
• Spannmöglichkeiten beurteilen
• Einflussgrößen auf Oberflächengüte und Standzeit ermitteln
• Einsatz von Kühlschmiermitteln und ihre Aufbereitung und Entsorgung beurteilen
• Arbeits- und Prüfplan erstellen
• Herstellung des Schleifteils
• Arbeitsergebnisse technisch und wirtschaftlich optimieren
• Ergebnisse präsentieren</td><td>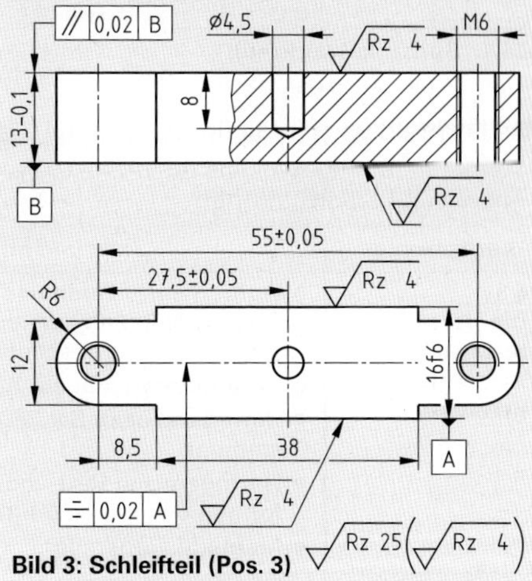

Bild 3: Schleifteil (Pos. 3)</td></tr>
</table>

[1] Alle Bilder sind im Bilder-Paket (siehe vordere Umscchlaginnenseite) in größerem Maßstab verfügbar.

8.2 Lernfeld 6: Herstellen technischer Systeme des Werkzeugbaus

Gewählter Lerngegenstand: Spritzgießwerkzeug (Bild 1); Zeitrichtwert: 80 h

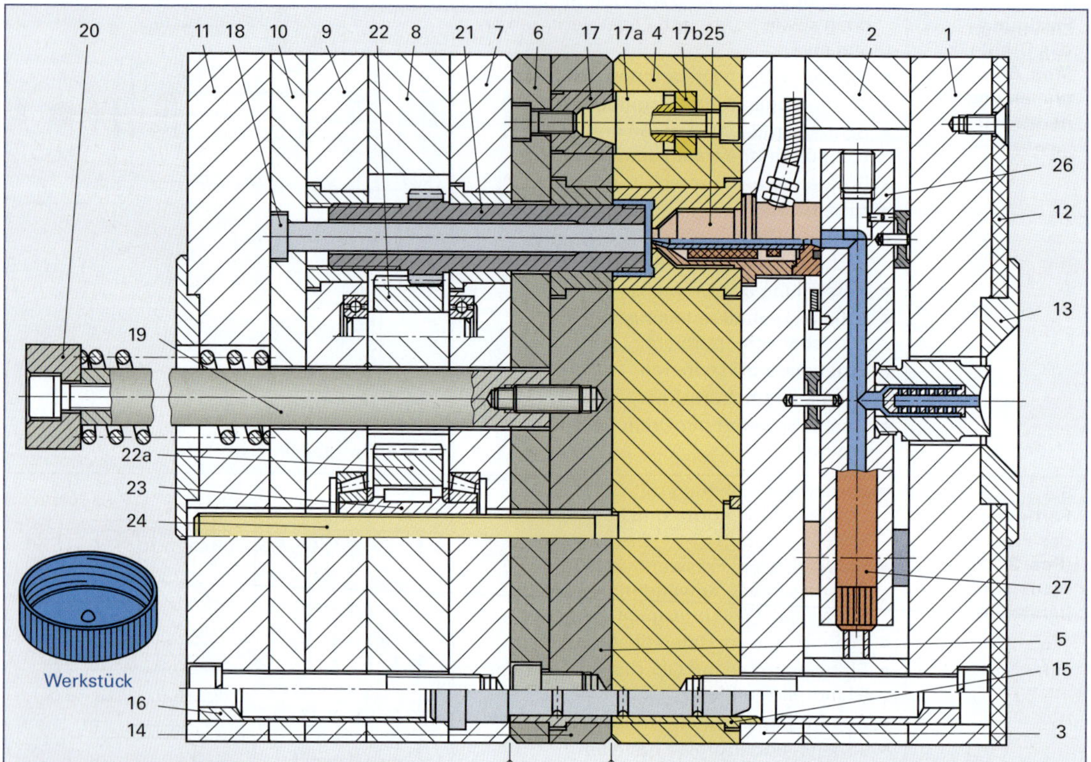

17b	4	Einstellscheibe	21MnCr5
17a	4	Zentrierkegel	21MnCr5
17	4	Zentriereinsatz	21MnCr5
15	8	Führungsbuchse	CuSn8Pb
6	1	Abstreifergrundplatte	90MnCrV8
5	1	Abstreiferplatte	90MnCrV8
4	1	Formplatte, Einsatz	90MnCrV8
1	1	Aufspannplatte	C45U
Pos.	Menge	Benennung	Werkstoff

26	1	Verteilerblock	40CrNiTi18-8
25	2	Heißkanalangießdüse	FeCuNi
24	1	Steilgewindespindel	45S20
23	1	Steilgewindemutter	45S20
22	1	Stirnrad	C45E
21	2	Gewindekern	X45NiCrMo4
19	1	Ausstoßbolzen	C45
18	2	Mittelkern	40CrMnMoS8
Pos.	Menge	Benennung	Werkstoff

Bild 1: Spritzgießwerkzeug

Das Lernfeld wird in die in der Tabelle 1 aufgeführten 4 Lernsituationen aufgeteilt:

Tabelle 1: Lernsituationen

Lernsituation	Ziele und Inhalte	Hinweis, Hilfsmittel[1]
6.1 Die Herstellung technischer Systeme vorbereiten	• Auftrag analysieren und Informationen über Aufbau und Funktion des Spritzgießwerkzeugs beschaffen • Zusammenwirken der Bauteile erläutern • Bewegung beim Schließen und Öffnen bestimmen • Normgerechte Bezeichnung der zum Entformen benötigten Bauteile erarbeiten • Montage vorbereiten	• Gesamtzeichnung • Normteilkatalog • Anschauungsmittel welche die Wirkprinzipien am Werkzeug aufzeigen • Tabellenbuch, Fachkundebuch • Unterlagen zur technischen Kommunikation • Firmenunterlagen

[1] Alle Bilder sind im Bilder-Paket (siehe vordere Umschlaginnenseite) in größerem Maßstab verfügbar.

8

<table>
<tr><th colspan="3">Tabelle 1: Lernsituationen (Fortsetzung)</th></tr>
<tr><th>Lernsituation</th><th>Ziele und Inhalte</th><th>Hinweis, Hilfsmittel[1]</th></tr>
<tr><td>6.2
Elemente und Funktionen für das Stützen, Tragen und Übertragen bestimmen</td><td>

- Funktionen ermitteln und den verwendeten Bauteilen zuordnen
- Größen am Zahnrad ermitteln
- Berechnungen durchführen
- Technische Funktion zweier Zahnräder als Getriebe erkennen
- Bestimmungsgrößen an Getrieben berechnen
- Sondergetriebe, hier Spindel und Mutter, beschreiben
- Unterscheidung von Wellen und Achsen durchführen
- Belastungen und deren Auswirkungen kennen
- Kraft und Drehmomentverläufe erarbeiten
- Baugrößen aus Belastungen ermitteln
- Lagerarten erkennen und unterscheiden
- Auswirkungen von Lagerbelastungen erarbeiten
- Reibverhalten erkennen und Kennwerte bestimmen

</td><td>

Bild 1: Steilgewindespindelantrieb (s. S. 163)

</td></tr>
<tr><td>6.3
Aus der Funktion Werkstoffeigenschaften bestimmen und ändern</td><td>

- Werkstoffkenngrößen für die Bauteile entsprechend ihrer Funktion bestimmen
- Technische Informationsquellen auswerten und anwenden
- Funktionspläne auswählen
- Einflüsse von Kräften und Momenten auf die Bauteile analysieren
- Werkstoffkenngrößen wie Zugfestigkeit, Verschleißfestigkeit und Härte durch Wärmebehandlungsverfahren ändern
- Arbeits- und Prüfpläne für Härteverfahren erstellen
- Ergebnisse dokumentieren und präsentieren

</td><td>

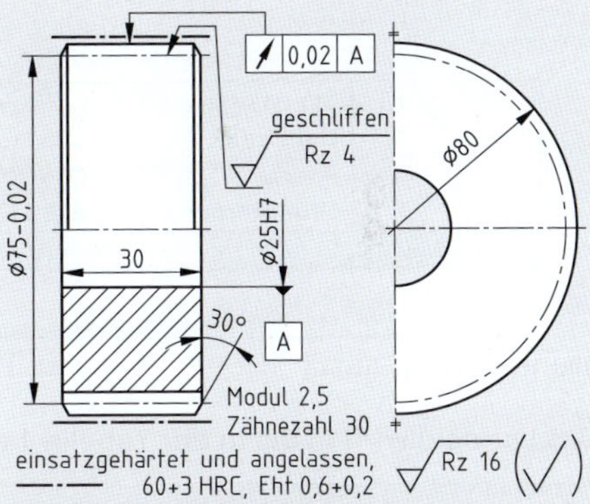

Bild 2: Zahnrad (Pos. 22)

</td></tr>
<tr><td>6.4
Die Montage von Teilsystemen vorbereiten und durchführen</td><td>

- Teil-, Gruppen- und Gesamtzeichnungen bearbeiten
- Technische Informationsquellen als Unterlagen benutzen
- Funktionspläne zur Montageplanung verwenden oder erstellen
- Werkzeuge zur Montage bestimmen
- Montagepläne erstellen
- Einsatz von Schmier- und Hilfsmitteln begründen
- Prüfplan erstellen
- Montagepläne nach technischen und wirtschaftlichen Gesichtspunkten optimieren
- Ergebnisse präsentieren

</td><td>

<table>
<tr><th colspan="3">Montageplan Baugruppe, Zentriersystem
(Bild 1 Seite 350)</th></tr>
<tr><th>Nr.</th><th>Arbeitsschritt</th><th>Werkzeug</th></tr>
<tr><td>1</td><td>Zentriereinsatz Pos. 17 in Abstreiferplatte Pos. 5 einsetzen</td><td></td></tr>
<tr><td>2</td><td>Zentriereinsatz mit Zylinderschraube festschrauben</td><td>Winkelschraubendreher</td></tr>
<tr><td>3</td><td>Zentrierkegel Pos. 17a und Einstellscheibe Pos. 17b in Formplatte Pos. 4 einsetzen</td><td></td></tr>
<tr><td>4</td><td>Position von Kegelstück mit Einstellscheibe Pos. 17b abstimmen</td><td>Schleifmaschine</td></tr>
<tr><td>5</td><td>Kegelstück mit Zylinderschraube festschrauben</td><td>Winkelschraubendreher</td></tr>
</table>

Bild 3: Montageplan

</td></tr>
</table>

[1] Alle Bilder sind im Bilder-Paket (siehe vordere Umschlaginnenseite) in größerem Maßstab verfügbar.

8

8.3 Lernfeld 7: Fertigen mit numerisch gesteuerten Werkzeugmaschinen

Gewählter Lerngegenstand: Gabelstück an Fräsvorrichtung (Bild 1); Zeitrichtwert: 80 h

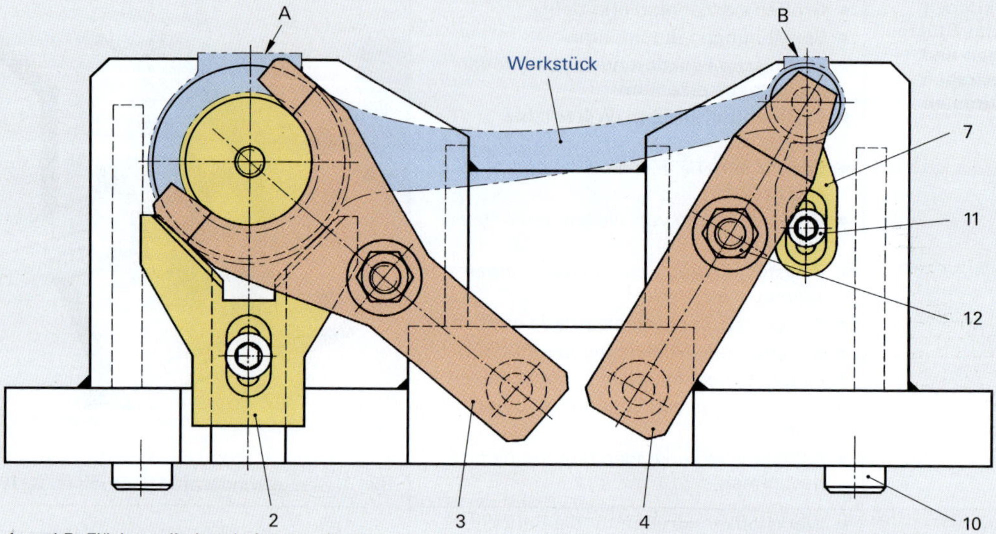

Pos.	Menge	Benennung	Norm/Werkstoff
4	1	Spanneisen	C35
3	1	Gabelstück	C35
2	1	Prisma	C35
1	1	Grundkörper	S235JO

Pos.	Menge	Benennung	Norm/Werkstoff
12	4	Sechskantmutter	ISO 4033
11	1	Zylinderschraube	ISO 4762
10	2	Nutenstein	C45E
7	1	Anlagestück	16MnCr5

Bild 1: Fräsvorrichtung

Das Lernfeld wird in die in der Tabelle 1 aufgeführten 5 Lernsituationen aufgeteilt:

Tabelle 1: Lernsituationen

Lernsituation	Ziele und Inhalte	Hinweis, Hilfsmittel[1]
7.1 Funktions-zusammen-hänge in der CNC-Technik erarbeiten	• Merkmale von CNC-Maschinen beschreiben • Steuerungsarten ermitteln • Lageregelkreis beschreiben • Wegmesssysteme beurteilen und vergleichen • Programmaufbau beschreiben • Technologiedaten ermitteln • Wegbedingungen beschreiben • räumliches Koordinatensystem darstellen • Bezugspunkte bestimmen • Anwendung von Funktionstasten erklären	• Gesamtzeichnung • Normteilkatalog • Anschauungsmittel, welche die Wirkprinzipien von Vorrichtungen aufzeigen • Tabellenbuch, Fachkundebuch • Unterlagen zur Technischen Kommunikation • Firmenunterlagen

[1] Alle Bilder sind im Bilder-Paket (siehe vordere Umschlaginnenseite) in größerem Maßstab verfügbar.

8

Tabelle 1: Lernsituationen (Fortsetzung)

Lernsituation	Ziele und Inhalte	Hinweis, Hilfsmittel[1)]
7.2 Unterlagen zur Programmerstellung erarbeiten und Maschine einrichten	• Teilzeichnungen mit NC-Bemaßung erstellen • Erweiterte Wegbedingungen ermitteln • Werkzeugvoreinstellung durchführen • Lage und Position des Werkstückes bestimmen • Aufspannplan erstellen	• Unterricht kann im Labor oder in der Werkstatt stattfinden 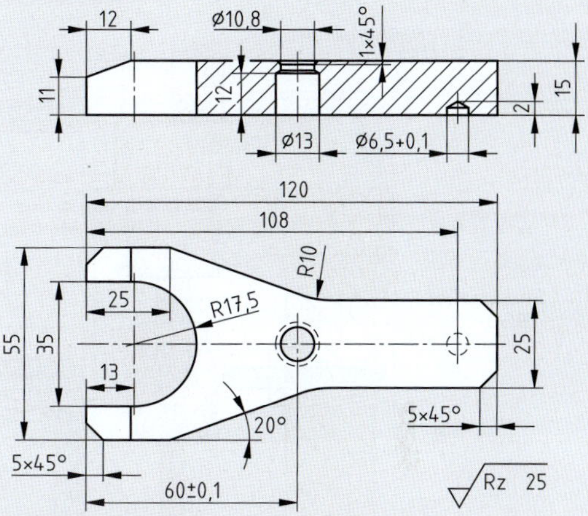 **Bild 1: Spannhebel**
7.3 Programme zur CNC-Fertigung erstellen, simulieren und anwenden	• Konturberechnungen durchführen • Arten der Radiuskorrekturmöglichkeiten bestimmen • Verfahrwege für die Bearbeitung festlegen • Werkzeuge bestimmen • Technologieparameter festlegen • Werkstücke herstellen	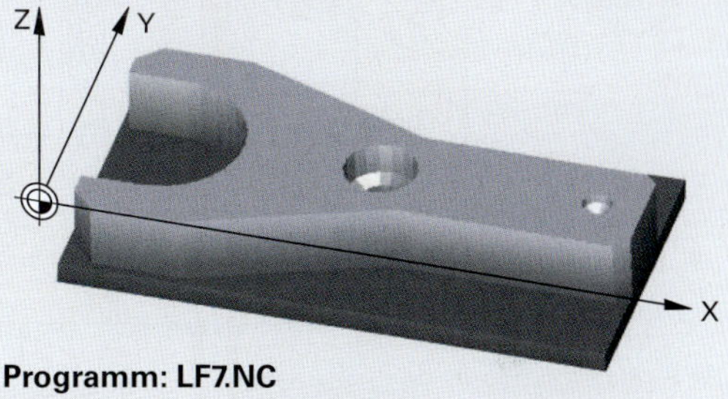
7.4 Fertigungsprozess nach fertigungstechnischen, steuerungstechnischen und wirtschaftlichen Aspekten optimieren	• Kreistaschen- und Bohrzyklen anwenden • Bearbeitungszeiten ermitteln und vergleichen • Arbeits- und Prüfpläne entwickeln • Einflüsse auf die Oberflächengüte und die Form- und Lagetoleranzen bestimmen	
7.5 Fertigungsprozess qualitätsmäßig überprüfen, Werkstück übergeben	• Werkstück herstellen • Prüfpläne anwenden • Produktqualität überprüfen • Qualitätssysteme anwenden • Übergabedokumente ausfüllen	

Programm: LF7.NC

```
N1  G90 G17                N15 G01 X117 Y17            N29 G00 Z2
N2  F200 S1000 T1 M03      N16 G01 X68.21 Y17          N30 G01 Z-4
N3  G00 X-18 Y20 Z2        N17 G01 X27 Y2              N31 G00 Z100
N4  G41                    N18 G01 X7 Y2               N32 F150 S1000 T3 M03
N5  G00 Z-15               N19 G01 X2 Y7               N33 G00 X62 Y29.5
N6  G03 X2 Y40 I0 J20      N20 G01 X2 Y12              N34 G00 Z2
N7  G01 X2 Y47             N21 G01 X15 Y12             N35 G01 Z-20
N8  G01 X2 Y52             N22 G03 X15 Y47 I0 J17.5    N36 G00 Z120
N9  G01 X7 Y57             N23 G01 X-7 Y47             N37 F150 S800 T4 M03
N10 G01 X27 Y57            N24 G40                     N38 G00 X62 Y29.5
N11 G01 X68.21 Y42         N25 G01 X-18 Y29.5          N39 G00 Z3
N12 G01 X117 Y42           N26 G00 Z120                N40 G01 Z-12
N13 G01 X122 Y37           N27 F150 S2000 T2 M03       N41 G00 Z20
N14 G01 X122 Y22           N28 G00 X110 Y29.5          N42 M30
```

Bild 2: CNC-Programm

Prüfplan Spannhebel		
Nr.	Prüfmerkmal	Prüfmittel
1	Länge 114 mm	Messschieber
2	Winkel 20°	Winkelmesser
3	Abstand Bohrungen	Messschieber Messstifte
4	Länge 35 mm	Messschieber
5	Oberfläche Rz 25	Oberflächenprüfgerät

Bild 3: Prüfplan

1) Alle Bilder sind im Bilder-Paket (siehe vordere Umschlaginnenseite) in größerem Maßstab verfügbar.

8.4 Lernfeld 8: Planen und Inbetriebnehmen steuerungstechnischer Systeme

Gewählter Lerngegenstand: Einpressvorrichtung (Bild 1); Zeitrichtwert: 60 h

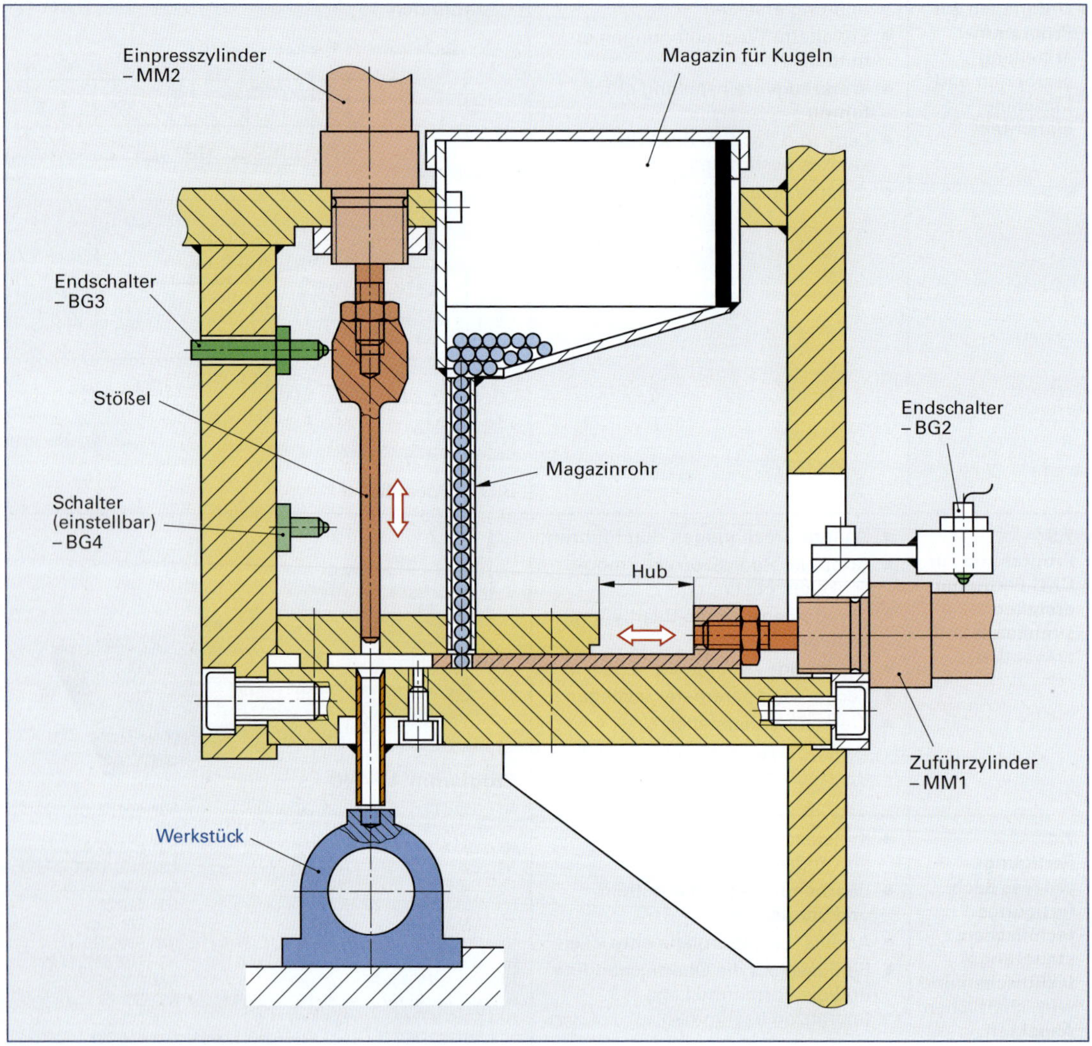

Bild 1: Einpressvorrichtung

Das Lernfeld wird in die in der Tabelle 1 aufgeführten 4 Lernsituationen aufgeteilt:

Tabelle 1: Lernsituationen

Lernsituation	Ziele und Inhalte	Hinweis, Hilfsmittel[1)]
8.1 Aufbau und Funktion der Einpressvorrichtung analysieren	• Informationen über Aufbau und Funktion der Einpressvorrichtung beschaffen • Zusammenwirken der Bauteile erläutern • Steuerungstechnische Bauteile bestimmen • Einpressvorgang dokumentieren	• Gesamtzeichnung • Normteile • Wirkprinzipien an der Vorrichtung aufzeigen • Tabellenbuch

[1)] Alle Bilder sind im Bilder-Paket (siehe vordere Umschlaginnenseite) in größerem Maßstab verfügbar.

8

Tabelle 1: Lernsituationen (Fortsetzung)

Lernsituation	Ziele und Inhalte	Hinweis, Hilfsmittel[1]
8.2 Pneumatische Steuerung für die Einpressvorrichtung planen und realisieren	• Aktoren auswählen • Sensoren bestimmen • Signalglieder ermitteln • Stellglieder auswählen • Logikelemente anwenden • Energieerzeugung beschreiben • GRAFCET erstellen • Pneumatikplan zeichnen • Schaltplan aufbauen • Funktion überprüfen • evtl. Fehlersuche • Ergebnisse präsentieren • Kosten ermitteln • Pneumatische Berechnungen durchführen • Kräfte ermitteln	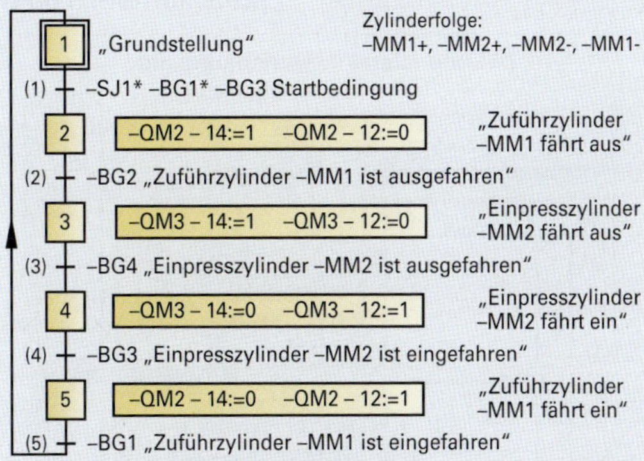 **Bild 1: GRAFCET für Einpressvorrichtung**
8.3 Elektropneumatische Steuerung für die Einpressvorrichtung planen und realisieren	• Aktoren auswählen • Sensoren bestimmen • Signalglieder und deren Betätigung ermitteln • Steuer- und Hauptstromkreis unterscheiden • Funktion und Bedeutung von Relais ermitteln • Signalverknüpfung mit GRAFCET darstellen • Steuerung aufbauen und in Betrieb nehmen • Arbeits- und Umweltschutz beachten • Kosten ermitteln • Ergebnisse präsentieren	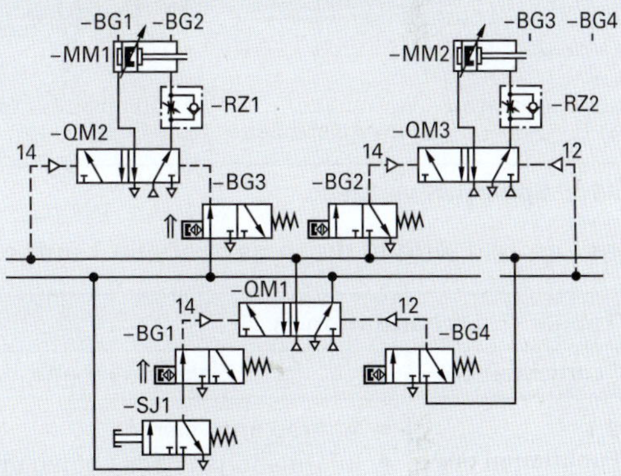 **Bild 2: Pneumatik-Schaltplan**
8.4 Hydraulische Steuerung für Einpressvorrichtung planen und realisieren	• Aktoren auswählen • Sensoren bestimmen • Signalglieder ermitteln • Druckerzeugung beschreiben • Druckbegrenzung realisieren • Bedeutung von Stromventilen ermitteln • Steuerung aufbauen und in Betrieb nehmen • Arbeits- und Umweltschutz beachten • Abläufe zur Störungssuche optimieren • Ergebnisse präsentieren	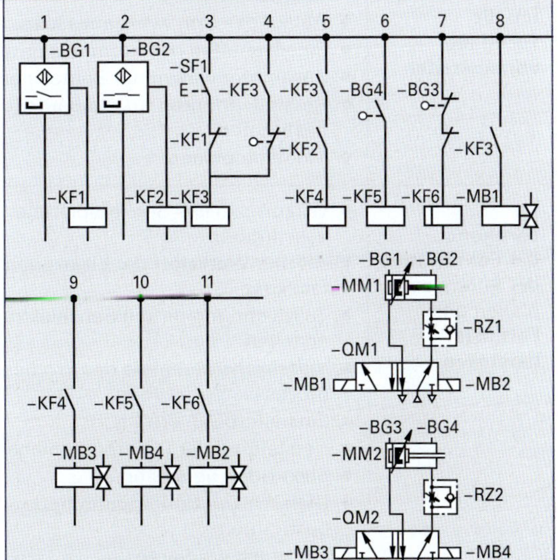 **Bild 3: Elektropneumatik – Schaltplan und Stromlaufplan**

[1] Alle Bilder sind im Bilder-Paket (siehe vordere Umschlaginnenseite) in größerem Maßstab verfügbar.

8.5 Lernfeld 9: Herstellen von formgebenden Werkzeugoberflächen

Gewählte Lerngegenstände: Spritzgießwerkzeug (Bild 1) und Folgeschneidwerkzeug (Bild 2); Zeitrichtwert: 60 h

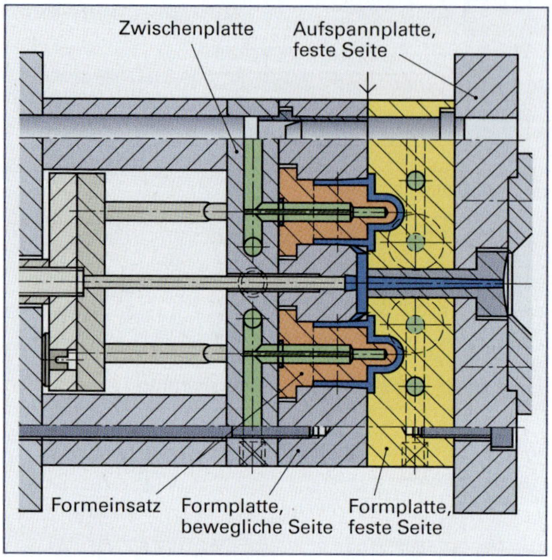

Bild 1: Spritzgießwerkzeug

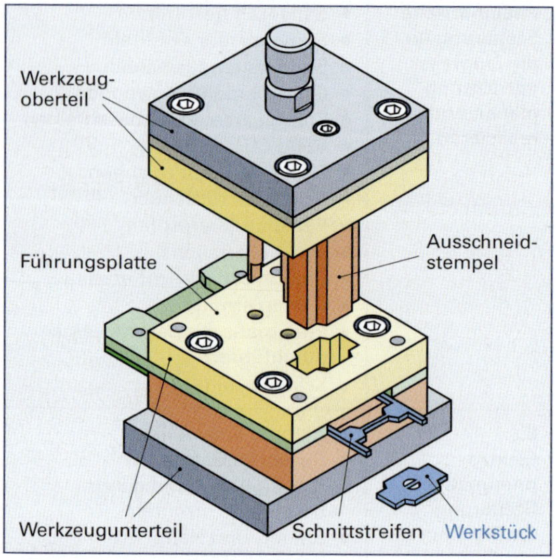

Bild 2: Folgeschneidwerkzeug

Das Lernfeld wird in die in der Tabelle 1 aufgeführten 6 Lernsituationen aufgeteilt:

Tabelle 1: Lernsituationen

Lernsituation	Ziele und Inhalte	Hinweis, Hilfsmittel[1]
9.1 Funktionen und Kenngrößen bestimmen um die Fertigung vorzubereiten	• Auftrag analysieren • Informationen über Aufbau und Funktion des Spritzgießwerkzeuges beschaffen • Ablauf des Spritzvorgangs klären • Eigenschaften des Formteils ermitteln • Zusammenwirken der Bauteile erläutern • Herstellverfahren für die Bauteile bestimmen • Montage planen	• Gesamtzeichnung (Vergl. Bild 3 Seite 158) • Normteilkataloge • Normteile auswählen • Maschinenkarte • Richtwerttabellen • Einstelltabellen • Oberflächennormen • Werkstoffnormen
9.2 Fertigung der Formnester der Formplatte planen und Formnest herstellen	• Wirkprinzip des Senkerodierens beschreiben • Art und Werkstoff der Elektroden festlegen. • Teilzeichnung für die Senkelektrode erstellen • Verfahrensmerkmale des Erodierprozesses bestimmen. • Einstellgrößen ermitteln • Herstellung der Elektroden planen • Elektroden herstellen • Dielektrikum und Spülmethode bestimmen • Formnest erodieren • Form und Maße prüfen und dokumentieren	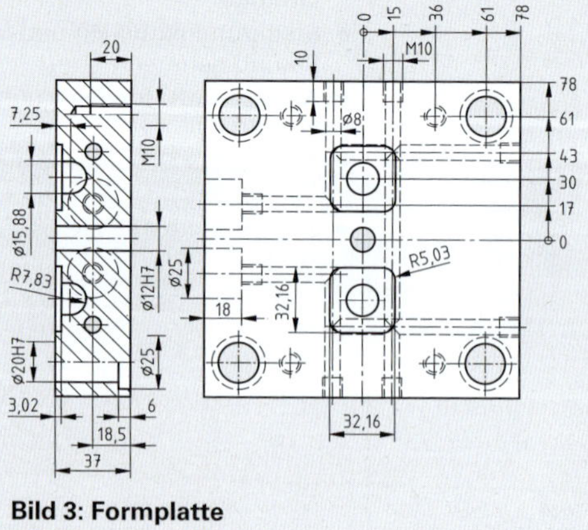 **Bild 3: Formplatte**

[1] Alle Bilder sind im Bilder-Paket (siehe vordere Umschlaginnenseite) in größerem Maßstab verfügbar.

Tabelle 1: Lernsituationen (Fortsetzung)

Lernsituation	Ziele und Inhalte	Hinweis, Hilfsmittel[1]
9.3 Fertigung der Kontur des Formeinsatzes planen und Kontur herstellen	• Wirkprinzip des Hochgeschwindigkeitsfräsens beschreiben • Konturmaße (Konizität) ermitteln • Verfahrensmerkmale bestimmen • Maschine und Werkzeuge auswählen • Technologische Daten ermitteln • Aufspannungen festlegen • Arbeitsplan erstellen • CNC- Programme erstellen • Kontur fertigen • Arbeitsergebnisse technisch und wirtschaftlich optimieren • Ergebnisse präsentieren	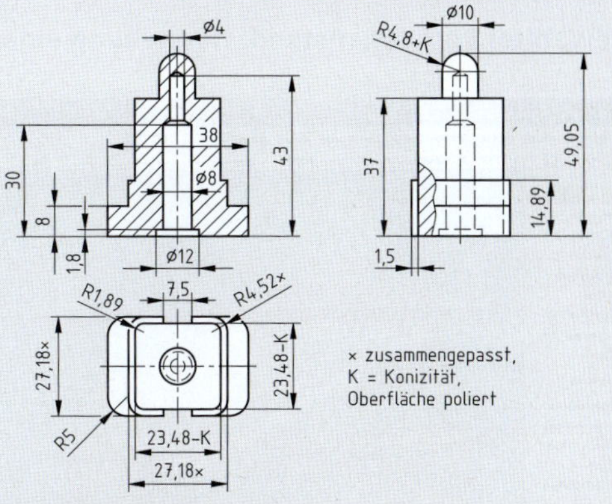 **Bild 1: Formeinsatz**
9.4 Fertigung des Durchbruchs der Führungsplatte planen und Durchbruch herstellen	• Folgeschneidwerkzeug analysieren • Teilzeichnung auswerten • Verfahren festlegen • Verfahrensmerkmale bestimmen • Maschinen und Schneiddraht auswählen • Technologische Daten ermitteln • Aufspannungen festlegen • Arbeitsplan erstellen • CNC- Programme erstellen • Durchbruch herstellen • Arbeitsergebnisse optimieren • Ergebnisse präsentieren	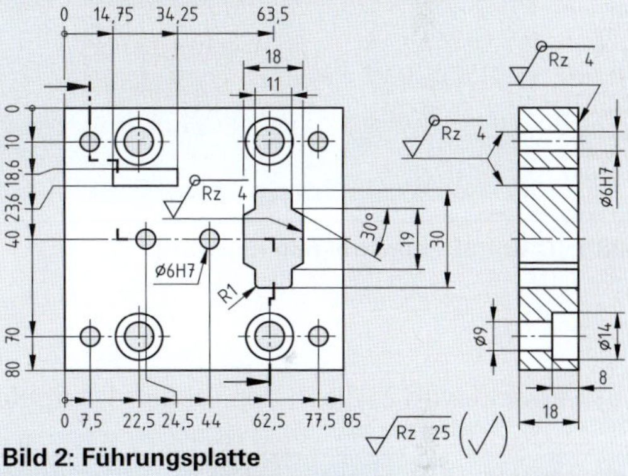 **Bild 2: Führungsplatte**
9.5 Oberflächenstruktur des Formeinatzes verbessern	• Informationen über Polierverfahren für Stahlformen sammeln • Polierverfahren auswählen • Poliereinrichtung bestimmen • Polierwerkzeuge und Poliermittel festlegen • Polierarbeit durchführen • Ergebnisse präsentieren	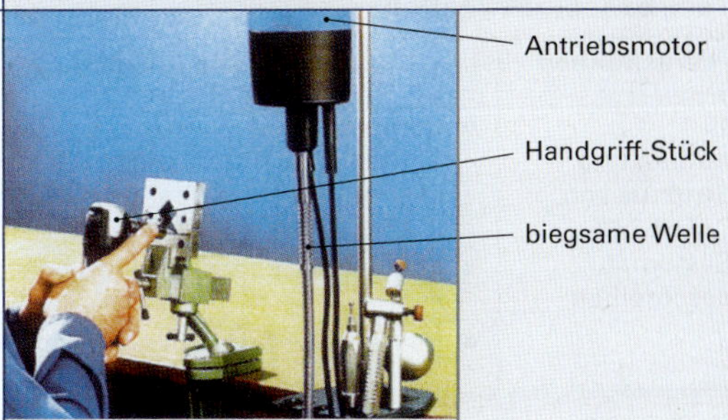 **Bild 3: Polierarbeitsplatz**
9.6 Prüfen und Dokumentieren der Kontur des Formeinsatzes	• Informationen über Fein- und Oberflächenprüfverfahren sammeln • Prüfmittel für Form und Oberfläche auswählen • Prüfvorschriften kennen • Prüfpläne erstellen • Prüfung durchführen • Ergebnisse dokumentieren	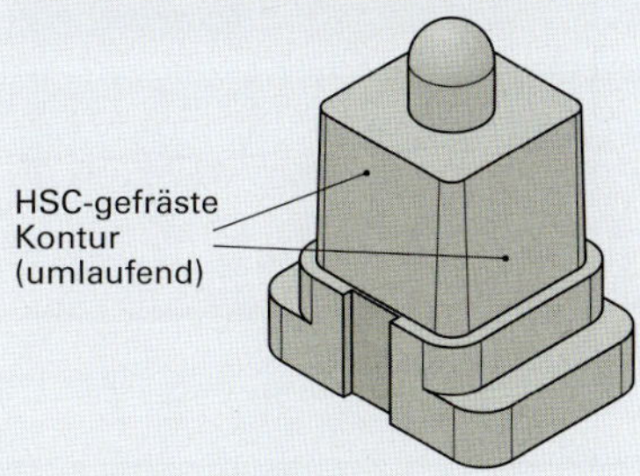 **Bild 4: Formeinsatz**

[1] Alle Bilder sind im Bilder-Paket (siehe vordere Umschlaginnenseite) in größerem Maßstab verfügbar.

8.6 Lernfeld 10: Fertigung von Bauelementen in der rechnergestützten Fertigung

Gewählter Lerngegenstand: Herstellung einer Senkerodierelektrode; Zeitrichtwert: 60 h

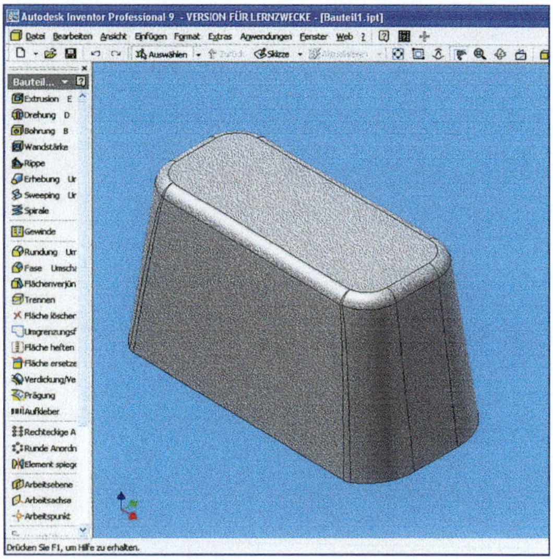

Bild 1: CAD – 3D- Konstruktion (Entwurf)

Bild 2: CNC - Bearbeitung

Das Lernfeld wird in die in der Tabelle 1 aufgeführten 5 Lernsituationen aufgeteilt:

Tabelle 1: Lernsituationen

Lernsituation	Ziele und Inhalte	Hinweis, Hilfsmittel[1]
10.1 Aufbau und Struktur von CAD/CAM-Systemen beschreiben	• Computer – Aided (CA) Techniken erklären, unterscheiden und voneinander abgrenzen (CAD, CAM, CAQ, CAP, CAE) • Kommunikationsstrukturen beschreiben • Betriebliche Strukturen vergleichen	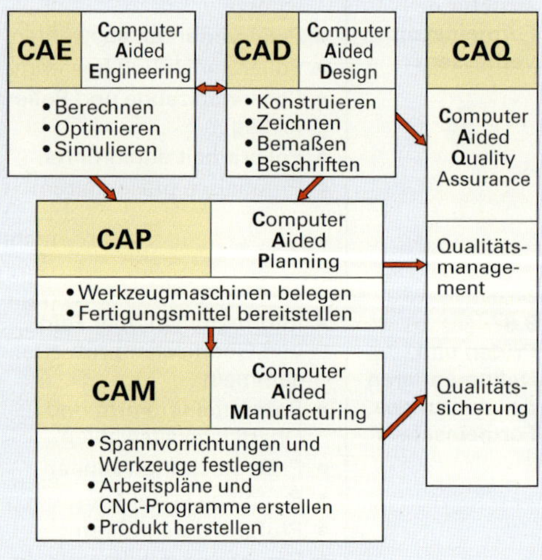 **Bild 3: Struktur CA – Techniken**

8

1) Alle Bilder sind im Bilder-Paket (siehe vordere Umschlaginnenseite) in größerem Maßstab verfügbar.

Tabelle 1: Lernsituationen (Fortsetzung)

Lernsituation	Ziele und Inhalte	Hinweis, Hilfsmittel[1]
10.2 EDV gestützte Auftrags-abwicklung organisieren	• Entwicklungs-, Konstruktions-, Fertigungs- und Prüfauftrag unterscheiden und Verbindungen ermitteln • Vorgehen in der Fertigungsplanung und -steuerung beschreiben • Computereinsatz in der Fertigung darstellen • Aufgaben des Fertigungsleitrechners bzw. Zellrechners beschreiben • Abläufe innerhalb der Rechner-hierarchien beschreiben	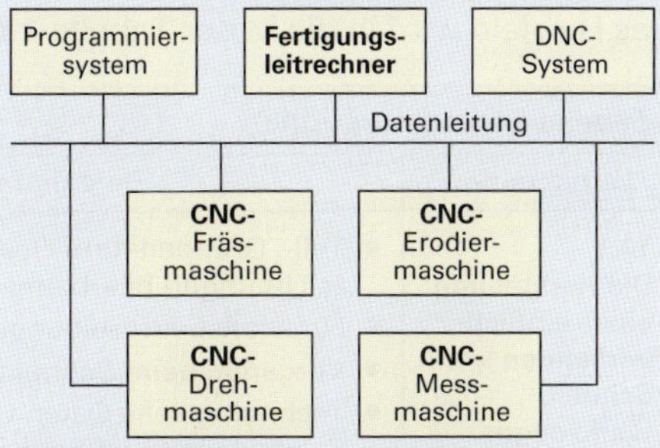 **Bild 1: Verknüpfung mit Leitrechner**
10.3 2- und 3-D-Zeichnungen erstellen	• Hardwarekomponenten für CAD-Arbeitsplatz bestimmen • CAD-Arbeitsplatz einrichten • Arbeitstechniken in 2-D – 3-D-CAD-Systeme unterscheiden • Zeichnungen in 2-D erstellen • 3-D Werkstücke modellieren und Zeichnungen ableiten • Baugruppenzeichnungen aus 3-D-Modellen zusammenstellen • Ansichten mit Stücklisten ableiten	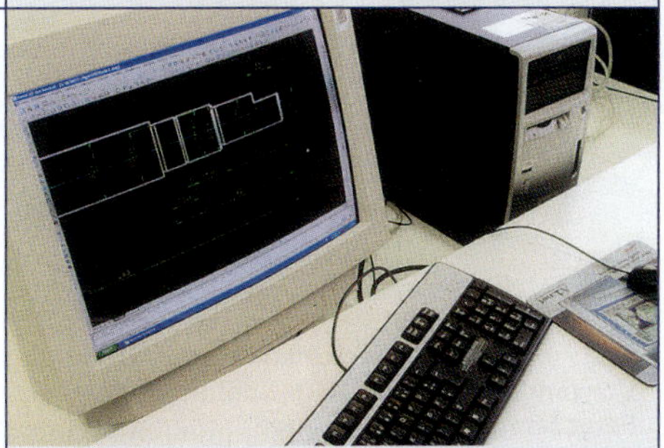 **Bild 2: CAD-Arbeitsplatz**
10.4 CNC-Programme aus CAD-Daten erstellen	• Datenübertragungsmöglichkeiten beschreiben • Filearten ermitteln • CAD-Daten übertragen • Mit CAD-Schnittstellen CNC-Programme erstellen • CAD-Dateien für andere CAM-Systeme aufbereiten • Aufgaben des Postprozessors beschreiben	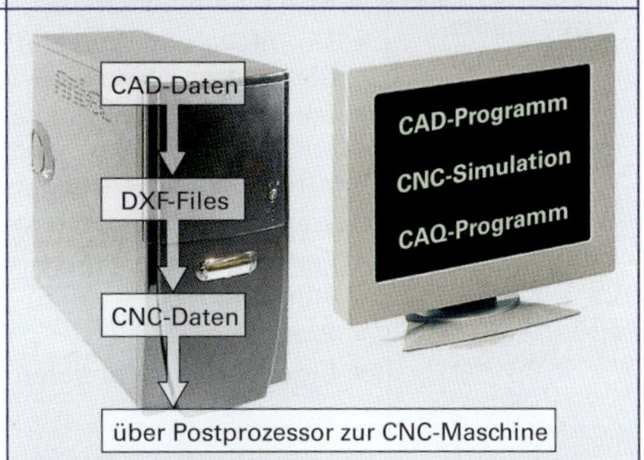 **Bild 3: Datenübertragung**
10.5 Bauteile fertigen und nach technischen und wirt-schaftlichen Gesichts-punkten optimieren	• Werkzeugmaschine einrichten • Werkzeugvermessung durchführen • CAD-CNC-Programm simulieren und mit CNC-Maschine fertigen • Programme optimieren • Teilfunktionen des Qualitäts-Managment, z.B. Qualitätsprüfung, anwenden • Ergebnisse dokumentieren und präsentieren	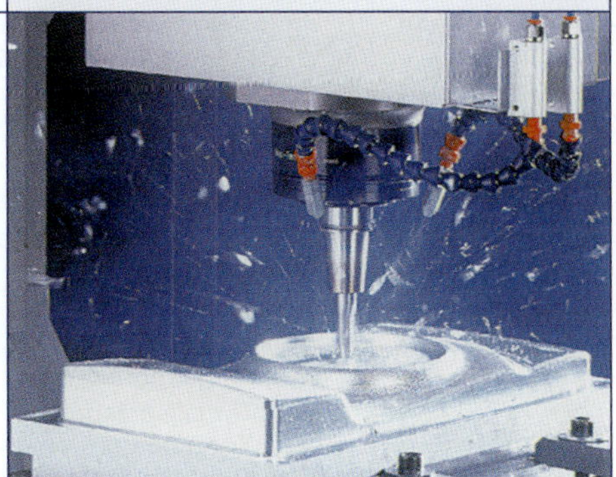 **Bild 4: Bauteilfertigung**

[1] Alle Bilder sind im Bilder-Paket (siehe vordere Umschlaginnenseite) in größerem Maßstab verfügbar.

8.7 Lernfeld 11: Herstellen der technischen Systeme des Werkzeugbaus

Gewählte Lerngegenstände: Jeweilige Werkzeuge in den Lernsituationen; Zeitrichtwert: 100 h

Das Lernfeld wird in die in der Tabelle 1 aufgeführten 6 Lernsituationen aufgeteilt:

Tabelle 1: Lernsituationen

Lernsituation	Ziele und Inhalte	Hinweis, Hilfsmittel[1]
11.1 Die Herstellung eines einfachwirkenden Schneidwerkzeuges vorbereiten	• Teil-, Gruppen- und Gesamtzeichnungen bearbeiten • Funktionsbeschreibungen anfertigen • Vorgänge beim Schneiden erläutern • Technologische Daten wie Schneidspalt und Schneidkraft ableiten • Führungsarten und Führungsgestaltung bestimmen • Stempelbefestigungen bestimmen • Einspannung festlegen • Gesamtzeichnung erstellen • Arbeits- und Prüfpläne formulieren • Ergebnisse präsentieren	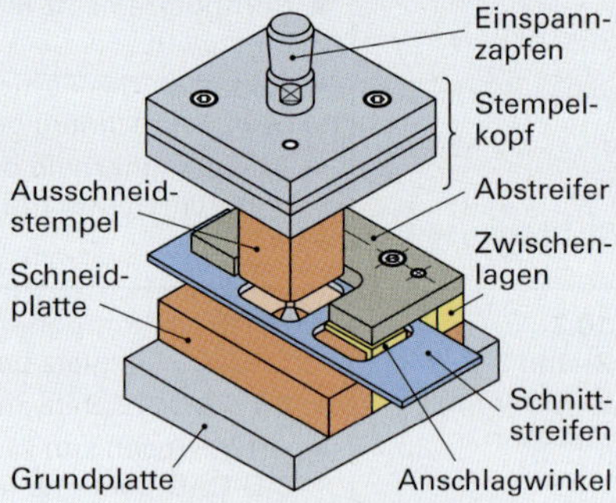 **Bild 1: Einfachwirkendes Schneidwerkzeug (Seite 11)**
11.2 Vorgänge beim Folgeschneidwerkzeug beschreiben und ausgewählte Werkzeugteile planen und herstellen	• Funktion und Aufbau des Werkzeuges aus dem Schnittteil ableiten • Schnittaufteilung ermitteln • Anordnung von Lagebestimm- und Schneidelementen bestimmen • Normteile und Werkstoffe für die Werkzeugteile auswählen • Parameter für die Herstellung von ausgewählten Werkzeugteilen ermitteln • Arbeitspläne zur Herstellung von Werkzeugteilen erstellen • Fertigungsgerechte Teilzeichnungen anfertigen • Prüfpläne erstellen • Ergebnisse präsentieren	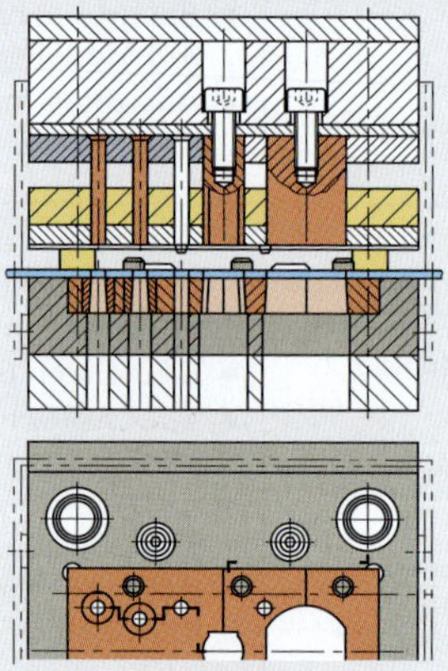 **Bild 2: Folgeschneidwerkzeug (Seite 18)**
11.3 Vorgänge beim Umformen beschreiben und einfache Umformwerkzeuge planen und herstellen	• Funktionen von ausgewählten Umformwerkzeugen erläutern • Vorgänge im Werkstoff bei Umformvorgängen erklären • Berechnungen zur Werkzeuggestaltung durchführen • Umformwerkzeuge planen • Fertigungsgerechte Teilzeichnungen anfertigen • Arbeits- und Prüfpläne erstellen • Werkzeugteile herstellen und Werkzeuge montieren • Umformteile erzeugen, nach Vorgaben prüfen und beurteilen • Änderungsvorschläge präsentieren	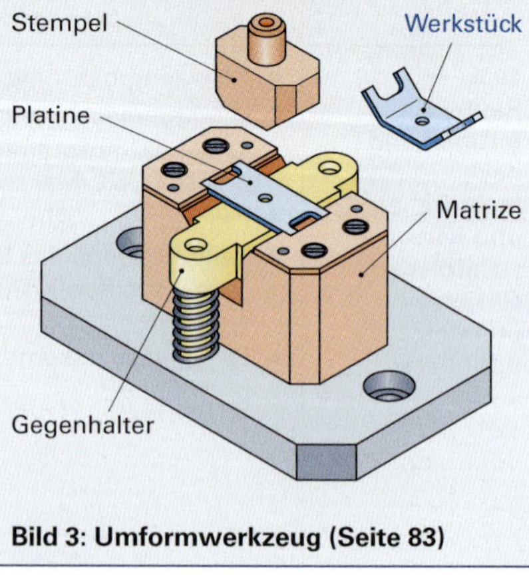 **Bild 3: Umformwerkzeug (Seite 83)**

[1] Alle Bilder sind im Bilder-Paket (siehe vordere Umschlaginnenseite) in größerem Maßstab verfügbar.

8

Tabelle 1: Lernsituationen (Fortsetzung)

Lernsituation	Ziele und Inhalte	Hinweis, Hilfsmittel[1]
11.4 Folgeverbundwerkzeug analysieren, Verfahrensvorgänge beschreiben und wichtige Werkzeugteile planen und herstellen	• Funktion und Aufbau beschreiben • Vorgänge in den einzelnen Stationen erläutern • Aus den Erzeugnissen die geometrischen Größen der formgebenden Werkzeugteile ableiten • Aufteilung des Streifens und des Werkzeuges bestimmen • Werkstoffe einzelner Werkzeugelemente nach bestimmten Kriterien auswählen • Herstellung einzelner Werkzeugteile planen • Arbeitspläne und Prüfpläne für Werkzeugteile erstellen • Vorschläge für verschleißmindernde Maßnahmen erarbeiten	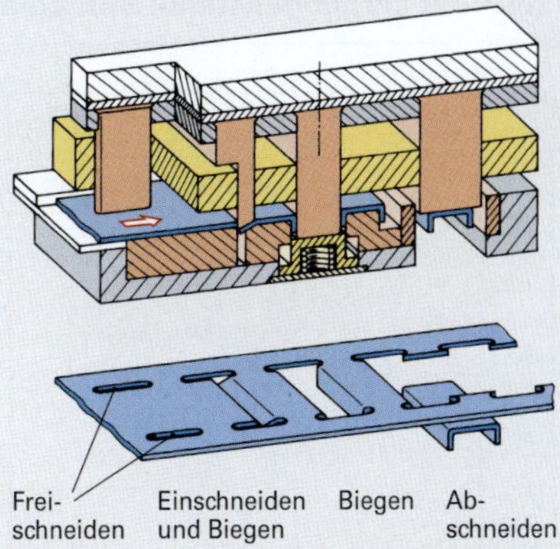 **Bild 1: Folgeverbundwerkzeug (Seite 92)**
11.5 Werkzeuge für die Formentechnik planen und herstellen	• Informationen zur Funktion und den Aufbau von Werkzeugen beschaffen • Vorgänge beim Formpressen, Druckgießen und Spritzgießen erläutern • Verhalten der zu verarbeitenden Werkstoffe analysieren und Kenngrößen ableiten • Kenngrößen auf die Herstellung formgebender Werkzeugelemente übertragen • Normteile bestimmen • Fertigungsgerechte Teilzeichnungen anfertigen • Arbeitspläne erstellen • Montage- bzw. Demontageanweisungen erstellen • Prüfpläne erstellen • Bemusterungsunterlagen erarbeiten • Abläufe zur Werkzeugübergabe vorbereiten • Dokumentation der Herstellung und Kontrolle erstellen	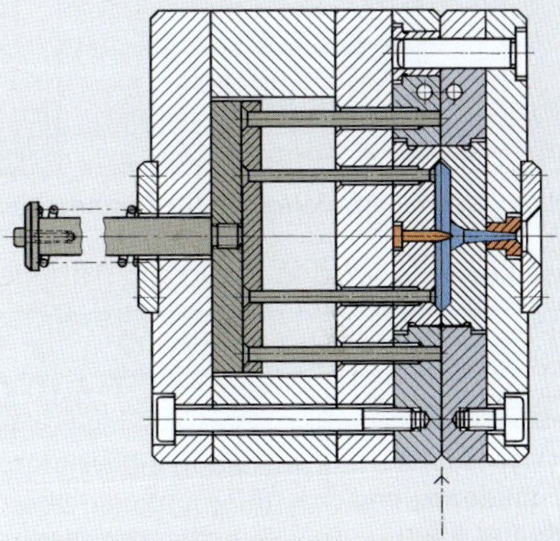 **Bild 2: Spritzgießwerkzeug (Seite 142)**
11.6 Die Herstellung von Vorrichtungen und Lehren vorbereiten und durchführen	• Informationen zum Aufbau und der Funktion von Vorrichtungen und Lehren beschaffen • Aufbau und Funktionen beschreiben • Gestaltungsrichtlinien aus der Funktion ableiten • Form der Aufnahme- und Bestimmelemente erläutern • Spannvorgänge und Spannkräfte bei Vorrichtungen bestimmen • Werkstoffe und Normteile auswählen • Herstellung von Bauteilen planen • Lehren nach ihrem Einsatz konzipieren und die Herstellung planen	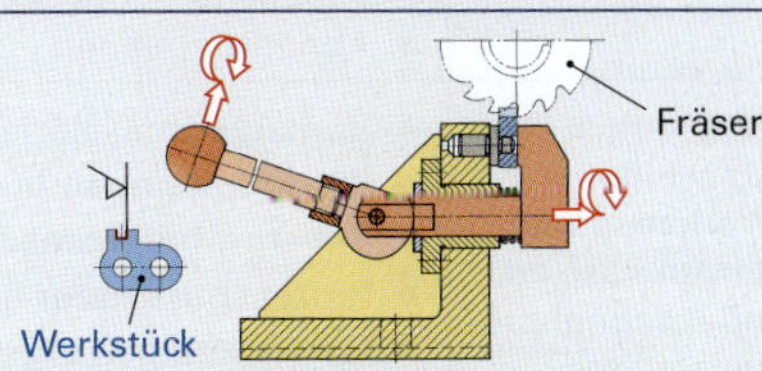 **Bild 3: Vorrichtung (Seite 230)** 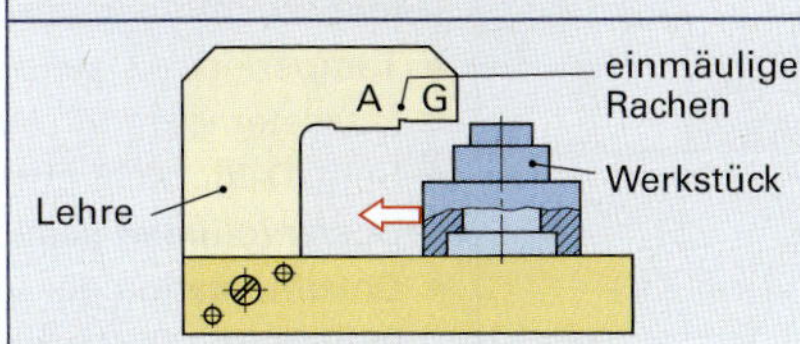 **Bild 4: Lehre**

[1] Alle Bilder sind im Bilder-Paket (siehe vordere Umschlaginnenseite) in größerem Maßstab verfügbar.

8

8.8 Lernfeld 12: Inbetriebnahme und Instandhalten von technischen Systemen des Werkzeugbaus

Gewählter Lerngegenstand: Spritzgießwerkzeug (Bild 1); Zeitrichtwert: 60 h

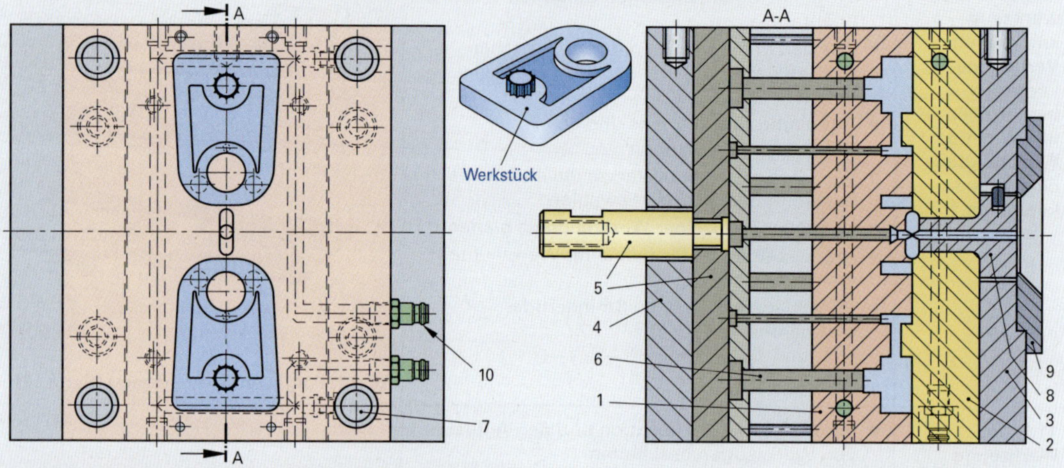

Pos.	Menge	Benennung	Norm	Werkstoff
5	1	Auswerfereinheit		
4	1	Aufspannplatte, bewegliche Seite		C45U
3	1	Aufspannplatte, feste Seite		C45U
2	1	Formplatte, feste Seite	DIN 16760	40CrMnMo7
1	1	Formplatte, bewegliche Seite	DIN 16760	40CrMnMo7

Pos.	Menge	Benennung	Norm	Werkstoff
10	4	Anschlussnippel	Werknorm	XCrNiS18-9
9	1	Zentrierflansch	ISO 10907-2	C45U
8	1	Angießbuchse	ISO 10072	60MnSiCr4
7	3+1	Führungseinheit	Baugruppe	
6	2	Auswerfer	DIN 1530	X38CrMoV5-1

Bild 1: Spritzgießwerkzeug für Distanzstück

Das Lernfeld wird in die in der Tabelle 1 aufgeführten 8 Lernsituationen aufgeteilt:

Tabelle 1: Lernsituationen

Lernsituation	Ziele und Inhalte	Hinweis, Hilfsmittel[1]
12.1 Funktionen und Kenngrößen des Spritzgießwerkzeugs ermitteln	• Auftrag analysieren • Informationen über Aufbau und Funktion des Werkzeuges beschaffen • Ablauf des Spritzvorgangs klären • Zusammenwirken der Bauteile erläutern • Eigenschaften des Formteils ermitteln • Abnahme planen	• Werkstückzeichnung • Gesamtzeichnung Spritzgießwerkzeug • Maschinenkarte • Richtwerttabellen • Einstelltabellen
12.2 Maschine, Werkzeug und Formmasse zur Inbetriebnahme vorbereiten	• Spritzgießmaschine vorbereiten • Werkzeugeinbau durchführen • Rohstoff bereitstellen • Prozessparameter ermitteln und einstellen • Gängigkeit des Werkzeugs prüfen • Maschinengrundeinstellung im Einrichtmodus prüfen • Temperierkreislauf prüfen • Massetemperatur prüfen • Spritzteilgewicht ermitteln • Dosiervolumen bestimmen • Dokumentation der Verarbeitungsparameter (Vergl. Bild 2)	(Bild 2)

Werkzeug-Nr. →	*21260/1008*	Bezeichnung			
Fachzahl →	*2fach*	*Distanzstück*			
Rohstoff-Bezeichnung 1) *PA 6.6 - Zytel natur*					
2) *mit 2% Schw*					
Teilegewicht Tol: +/-1% kompl. Schuss o. Anguss	✓ *74,55*	g			g
Angussgewicht	*1,81*	g			g
Umschaltgewicht Tol: +/-2% kompl. Schuss o. Anguss mit Einlegeteil	*68,82*	g			g
Siegelpunkt Tol: +2% Gewicht	*74,55*	g			g
Zeit	*12,0*	sec			sec
Schmelztemp. Tol: +/-3%	*295*	°C			°C

Bild 2: Verarbeitungsparameter (Auszug)

[1] Alle Bilder sind im Bilder-Paket (siehe vordere Umschlaginnenseite) in größerem Maßstab verfügbar.

8

Tabelle 1: Lernsituationen (Fortsetzung)

Lernsituation	Ziele und Inhalte	Hinweis, Hilfsmittel[1)]
12.3 Bemusterung durchführen	• Anzahl der Musterteile festlegen • Musterteile fertigen • Fehler bei der Formteilgestaltung ermitteln • Einstellfehler bestimmen • Fehler in der Werkzeugkonstruktion ermitteln • Fehler in der Materialvorbehandlung eingrenzen • Arbeitsergebnisse technisch und wirtschaftlich optimieren • Zweitbemusterung durchführen • Ergebnisse dokumentieren	Bild 1 (Tabelle unten)

Wenden Sie die Maßnahmen in numerischer Reihenfolge an
⇧ Erhöhung
⇩ Verminderung
⇳ Erhöhung oder Verminderung

Problem	Trockenheit sicherstellen	Staudruck	Zylindertemperatur	Kühlzeit	Massepolster	Nachdruck u. -zeit	Spritzdruck
		Verfahrensparameter					
Spröde Teile(1)-Polymer feucht	1⇧						
Spröde Teile(2)-Polymer kalt			2⇧			1⇧	5⇧
Spröde Teile(3)-Abbau		2⇩	1⇩	4⇩	5⇩		
Brenner	4⇧		5⇩				2⇩
Auswerfermarkierungen				1⇧		4⇩	3⇩
Gratbildung			4⇩			3⇩	2⇩

Bild 1: Fehlerbehebung (Auszug)

Lernsituation	Ziele und Inhalte	Hinweis, Hilfsmittel[1)]
12.4 Instandhaltungsmaßnahmen für das Spritzgießwerkzeug planen	• Begriff Instandhaltung klären • Istzustände mit Sollzuständen vergleichen: – Verarbeitungsparameter – Prozessdaten Werkzeug – Prozessdaten Maschine • Instandhaltungsmaßnahmen festlegen • Instandhaltungskosten schätzen	• DIN 31051 • Konstruktionsunterlagen • Formmasseunterlagen • Schmier- und Pflegevorschriften • Diagnosesysteme • Statistische Methoden
12.5 Maßnahmen zur Werkzeugwartung planen und durchführen	• Informationen über Wartungsmaßnahmen beschaffen • Wartungsintervalle bestimmen • Wartungsarbeiten durchführen • Ergebnisse präsentieren	• Wartungspläne • Schmierpläne • Werkzeugbegleitkarten • Checklisten
12.6 Inspektionsmaßnahmen planen und durchführen	• Informationen über Inspektionen beschaffen • Inspektionsarten unterscheiden • Inspektionen planen • Inspektionsarbeiten durchführen • Fehlerarten bestimmen • Schadensursache ermitteln • Maßnahmen zur Prävention planen • Ergebnisse präsentieren	Bild 2 (unten)

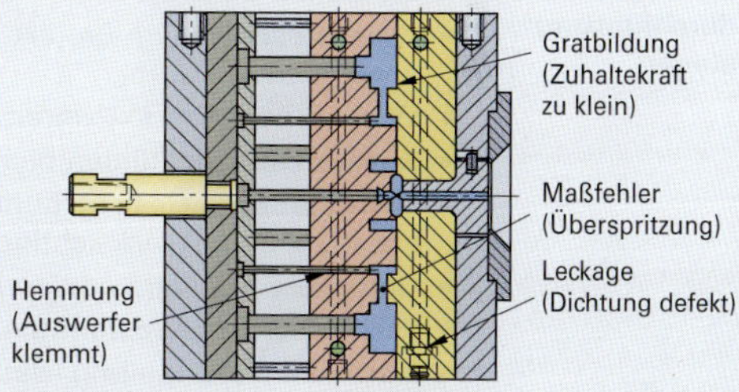

Bild 2: Fehlerarten (Ursachen)

Lernsituation	Ziele und Inhalte	Hinweis, Hilfsmittel[1)]
12.7 Instandsetzung planen und durchführen	• Informationen über Instandsetzung beschaffen • Instandsetzungsarten unterscheiden • Instandsetzung planen • Instandsetzungsarbeiten durchführen z.B. Auswerferbohrung kürzen	• Konstruktionsunterlagen • Abnahmeprotokolle • Eratzteilkataloge • Checklisten • Änderungsmitteilung
12.8 Abstimmen der qualitätssichernden Maßnahmen	• Qualitätssichernde Maßnahmen durchführen: – Sichtprüfung – Werkstoffprüfung – Maßprüfung – Funktionsprüfung • Ergebnisse dokumentieren (Vergl. Bild 3)	Bild 3 (unten)

Bemerkung: *Distanzstück*		Bemerkung:			
Nr.	Merkmal, Nennwert, Toleranz, Einheit, Prüfmethode	Istwerte Lieferant *Nost 1*	*Nost 2*	Istwerte Abnehmer	
1	*8*	*7,70*	*7,65*		
2	*15*	*14,85*	*14,86*		
3	*Ident-Nr. 973878408 erhaben*	✓	✓		
4	*Recyclingz. + Werkst. erhaben*	✓	✓		
5	*12 Zähne*	✓	✓		

Bild 3: Prüfergebnisse (Auszug)

1) Alle Bilder sind im Bilder-Paket (siehe vordere Umschlaginnenseite) in größerem Maßstab verfügbar.

8.9 Lernfeld 13: Planen und Fertigen technischer Systeme des Werkzeugbaus

Gewählter Lerngegenstand: Werkstück nach Kundenauftrag (Bild 1); Zeitrichtwert: 80 h

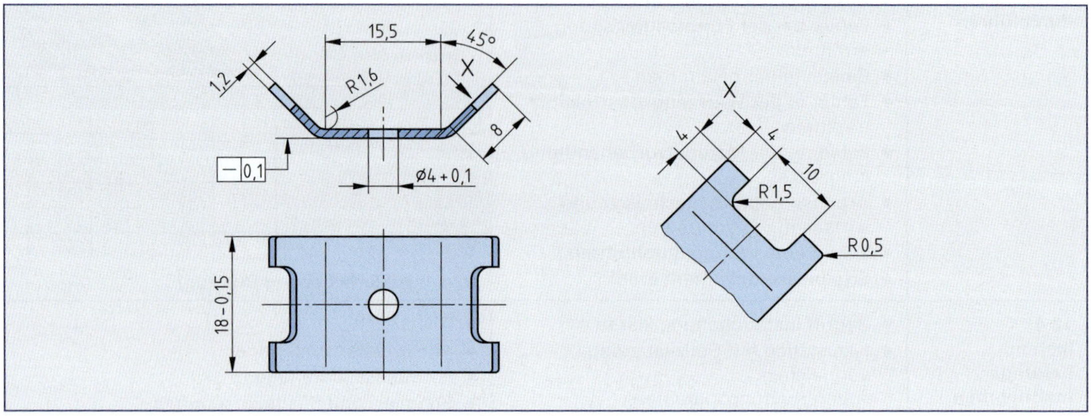

Bild 1: Werkstück

Das Lernfeld wird in die in der Tabelle 1 aufgeführten 4 Lernsituationen aufgeteilt:

Tabelle 1: Lernsituationen		
Lernsituation	**Ziele und Inhalte**	**Hinweis, Hilfsmittel**[1]
13.1 **Kundenauftrag analysieren und Auftragsdurchführung planen**	• Informationen aus den Angaben des Kundenauftrages sammeln • Grundsätze der Projektplanung erarbeiten und darstellen • Arbeitstechniken im Projekt anwenden • Werkzeugentwurf skizzieren • Konstruktionsrichtlinien beachten • Wirtschaftliche Gesichtspunkte ermitteln und berücksichtigen • Geeignete Software anwenden • Festigkeitswerte bestimmen • Normalienkataloge und -dateien anwenden	**Schritt 1** Ausgangssituation analysieren **Schritt 2** Ziele festlegen, Aufgaben abgrenzen **Schritt 3** Arbeitssystem festlegen z.B. Arbeitsabläufe erarbeiten **Schritt 4** Feinplanung durchführen z.B. Konstruktionsrichtlinien festlegen **Schritt 5** Arbeitsmöglichkeiten schaffen z.B. Arbeitsmittel beschaffen **Schritt 6** Projekt beenden z.B. Abschlussdokumentation erstellen **Bild 2: Verarbeitungsparameter (Auszug)**
13.2 **Projektteile in Teamarbeit planen und realisieren**	• Arbeitsabläufe im Werkzeug festlegen • Zuschnitt für das Werkstück berechnen und Streifenaufteilung ermitteln • Zerteil- und Umformkräfte berechnen • Fertigungs- und Führungsart sowie Werkzeugaufbau festlegen • Normalien bestimmen • Schneid- und Schneidplatteneinsätze, Biegestempel und Biegegesenke entwerfen • Fertigungsgerechte Teilzeichnungen anfertigen • Fertigungs- und Prüfpläne erstellen • Fremdfertigung planen • Fertigungsablauf verantwortlich überwachen	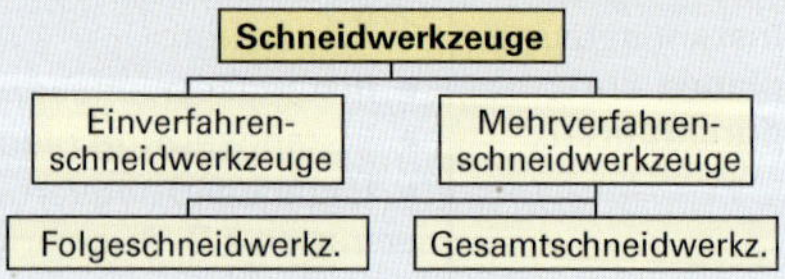 **Bild 3: Fertigungsarten** 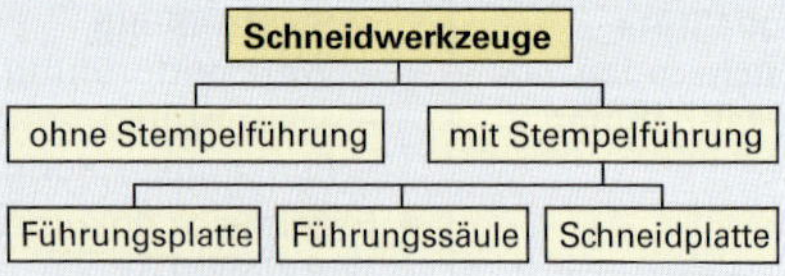 **Bild 4: Führungsarten**

[1] Alle Bilder sind im Bilder-Paket (siehe vordere Umschlaginnenseite) in größerem Maßstab verfügbar.

Tabelle 1: Lernsituationen (Fortsetzung)

Lernsituation	Ziele und Inhalte	Hinweis, Hilfsmittel[1]
13.3 Projektteile montieren und Funktionsfähigkeit prüfen	• Montagepläne erstellen • Einzelteile zu Teilsysteme montieren • Teilsysteme zu Gesamtsystemen montieren • Gesamtsystem überprüfen • Bemusterungskenngrößen ermitteln und Bemusterung durchführen und dokumentieren • Fertigungsprobe durchführen und Ablauf dokumentieren • Qualitätsmanagementsystem anwenden	**1. Vorgaben:** • Zeichnungen zur Montage • Einrichten des Montageplatzes **2. Inhalt:** • Reihenfolge des Zusammenbaus • erforderliche Vorrichtungen, Werkzeuge und Hilfsmittel • Mess- und Prüfmittel • Vorgabezeiten für die Montage **Bild 1: Struktur für Montageplan**
13.4 Fertiggestellten Auftrag präsentieren und übergeben	• Dokumentation zusammenstellen • Fertigungssystem zur Präsentation vorbereiten • Fertigungssystem dem Kunden präsentieren • Herstellunterlagen, Bemusterungsteile, Instandhaltungsvorgaben und Werkzeugsystem übergeben • Kommunikation auch in englischer Sprache	 **Bild 2: Präsentation**

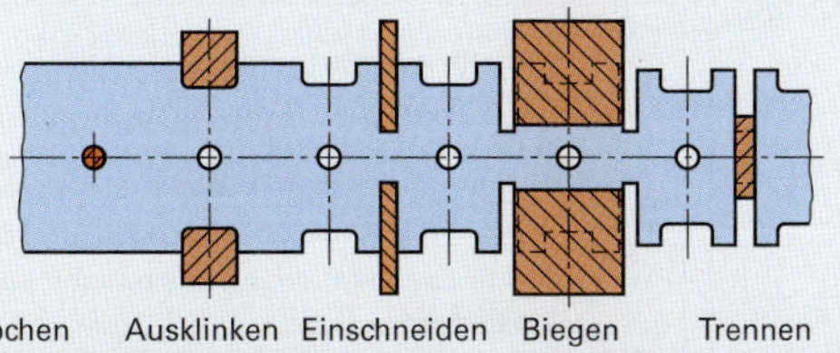

Bild 3: Streifenbild

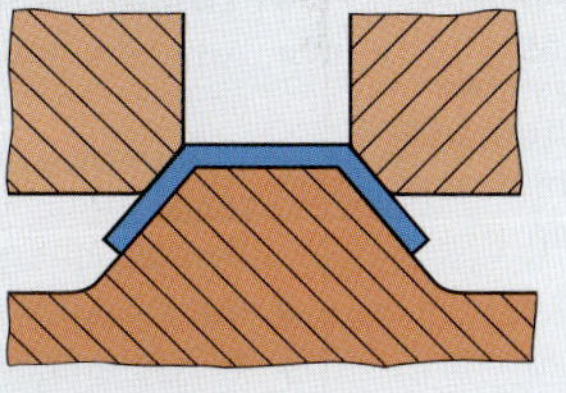

Bild 4: Biegestation

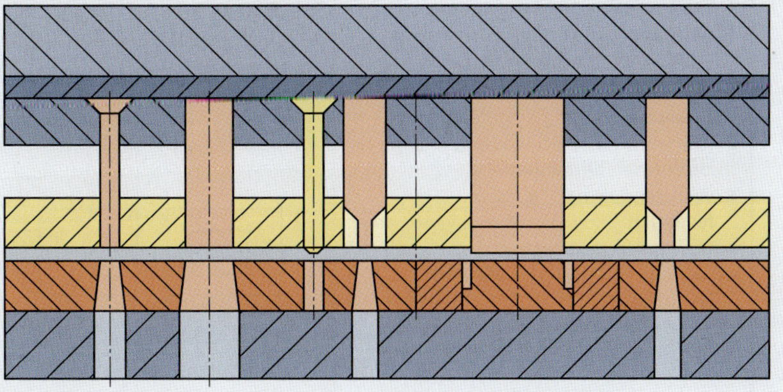

Bild 5: Entwurf Folgeverbundwerkzeug

[1] Alle Bilder sind im Bilder-Paket (siehe vordere Umschlaginnenseite) in größerem Maßstab verfügbar.

8

8.10 Lernfeld 14: Ändern und Anpassen technischer Systeme des Werkzeugbaus

Gewählter Lerngegenstand: Werkstück aus einem Folgeverbundwerkzeug nach geändertem Kundenauftrag (Bild 1) **Zeitrichtwert: 60 h**

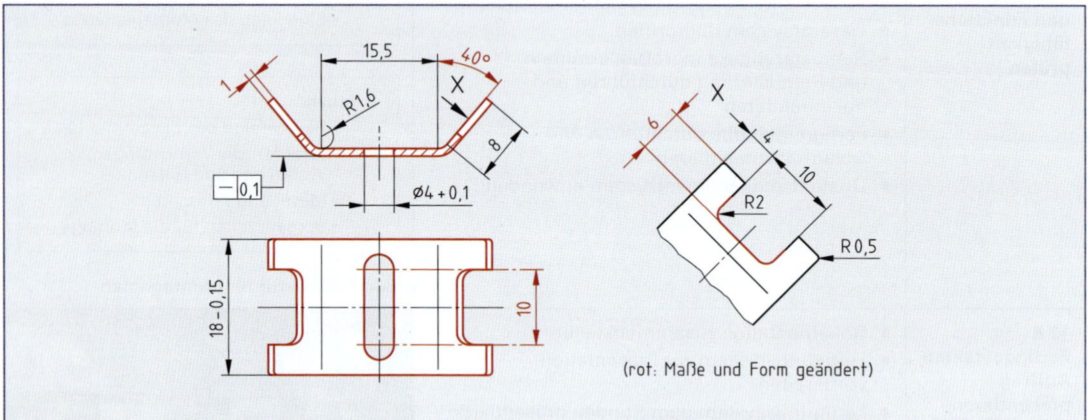

Bild 1: Werkstück abgeändert

Das Lernfeld wird in die in der Tabelle 1 aufgeführten 4 Lernsituationen aufgeteilt:

Tabelle 1: Lernsituationen

Lernsituation	Ziele und Inhalte	Hinweis, Hilfsmittel[1]
14.1 Geänderten Kundenauftrag analysieren und Auftragsdurchführung planen	• Informationen aus den Angaben des Kundenauftrages sammeln • Zusätzliche Informationen beschaffen • Arbeitstechniken im Projekt anwenden • Werkzeug entwerfen, ursprüngliche Werkzeugteile berücksichtigen • Konstruktionsrichtlinien beachten • Wirtschaftliche Gesichtspunkte ermitteln und berücksichtigen • Geeignete Software anwenden • Festigkeitswerte bestimmen • Beratung des Kunden vorbereiten	**Schritt 1** Klären der Aufgabe, Anforderungsliste erstellen **Schritt 2** Entwickeln einer prinzipiellen Lösung **Schritt 3** Gestalten des Entwurfs, z.B. Berechnungen durchführen, Werkstoff wählen **Schritt 4** Endgültiges Gestalten, z.B. Beseitigen von Schwachstellen, Kontrollieren auf Fehler **Schritt 5** Ausarbeiten der Fertigungsunterlagen, z.B. Teilzeichnungen, Montagevorschriften **Schritt 6** Freigabe zur Fertigung **Bild 2: Arbeitsschritte beim Konstruieren**
14.2 Überarbeitung der technischen Unterlagen durchführen und danach Projektteile in Teamarbeit planen und realisieren	• Streifenaufteilung ermitteln • Kräfte für das Zerteilen und Umformen berechnen • Werkzeugart und -aufbau festlegen • Normalien bestimmen • Schneid- und Biegestempel konstruieren	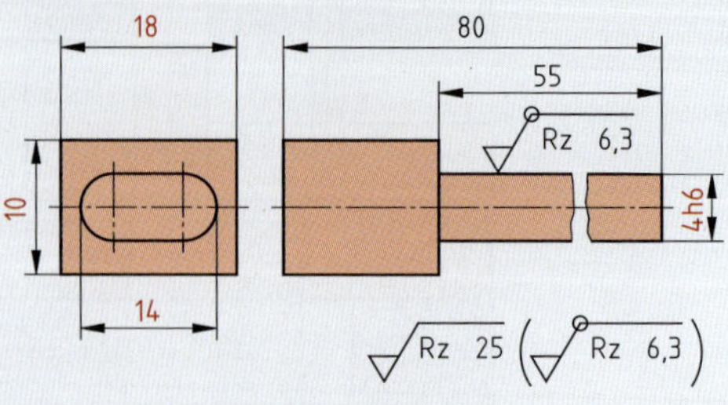 **Bild 2: Schneidstempel abändern**

[1] Alle Bilder sind im Bilder-Paket (siehe vordere Umschlaginnenseite) in größerem Maßstab verfügbar.

8

Tabelle 1: Lernsituationen (Fortsetzung)

Lernsituation	Ziele und Inhalte	Hinweis, Hilfsmittel[1]
14.2 (Fortsetzung)	• Schneidplatteneinsätze und Biegegesenke entwerfen • Fertigungsgerechte Teilzeichnungen anfertigen • Fertigungs- und Prüfpläne erstellen • CNC-Programme erstellen • Fremdfertigung planen • Fertigungsablauf verantwortlich überwachen	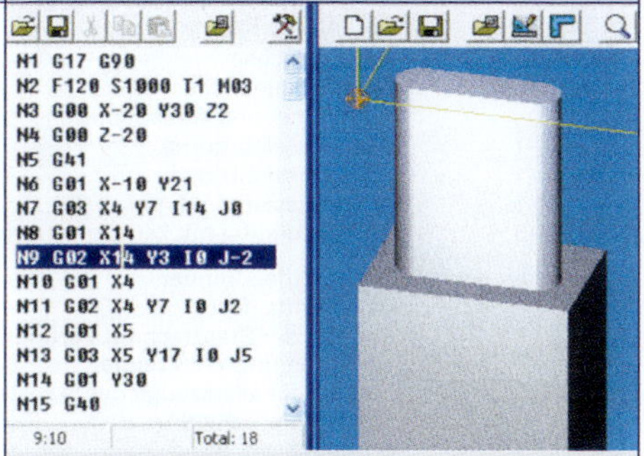 **Bild 1: CNC-Programm mit Lochstempel**
14.3 Demontage der zu ändernden Werkzeugteile und Montage der geänderten Werkzeugteile durchführen und Funktionsfähigkeit prüfen	• Demontage- und Montagepläne mit notwendigen Werkzeugen und Hilfsmitteln erstellen • Einzelteile zu Teilsystemen montieren • Teilsysteme zu Gesamtsystemen montieren • Gesamtsystem überprüfen • Bemusterungskenngrößen ermitteln und Bemusterung durchführen und dokumentieren • Fertigungsprobe durchführen und Ablauf dokumentieren • Qualitätsmanagementsystem anwenden	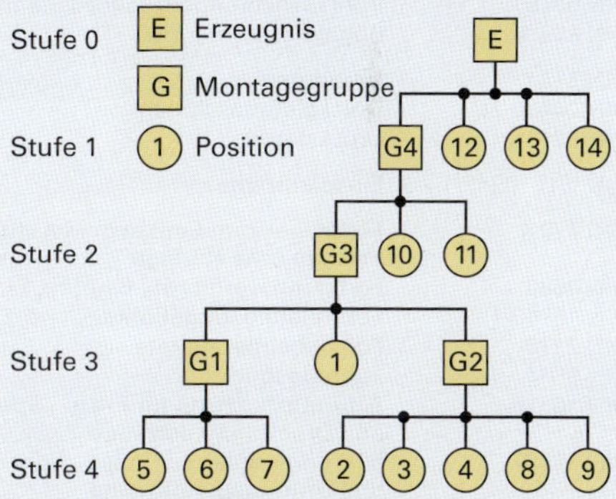 **Bild 2: Strukturbild für Montage**
14.4 Fertiggestellten Auftrag präsentieren und übergeben	• Dokumentation zusammenstellen • Fertigungssystem zur Präsentation vorbereiten • Fertigungssystem dem Kunden präsentieren • Kunden in Funktion und Handhabung des Werkzeugs einweisen • Herstellunterlagen, Bemusterungsteile, Instandhaltungsvorgaben und Werkzeugsystem übergeben • Kommunikation auch in englischer Sprache	 **Bild 3: Präsentation**
14.5 Lern- und Arbeitsprozesse reflektieren und weiterentwickeln	• Fertigungspläne nach fertigungstechnischen und wirtschaftlichen Gesichtspunkte überprüfen • Arbeitsabläufe optimieren • Arbeitsplatzgestaltung überprüfen und gegebenenfalls Änderungsvorschläge erarbeiten • Weiterbildungsmaßnahmen anregen	 **Bild 4: Arbeitsablauf optimieren**

[1] Alle Bilder sind im Bilder-Paket (siehe vordere Umschlaginnenseite) in größerem Maßstab verfügbar.

Auswahl der im Werkzeugbau verwendeten Normen und Normteile

Schrauben, Muttern und Stifte sowie Werkstoffnormen sind nicht aufgeführt, diese können im Tabellenbuch Metall nachgeschlagen werden.

	Technische Regel
DIN ISO 10072	**A**ngießbuchse
DIN ISO 16915	Angusshaltebuchse
DIN 6321	Aufnahme- und Auflagebolzen
DIN 2247-1	Ausschusslehrdorne
DIN 2254-1	Ausschusslehrringe
DIN 2249-1	Ausschusslehrenkörper
DIN 1530-3	Auswerferstifte mit kegeligem Kopf
DIN 98[1]	**B**allengriffe, drehbar
DIN 39[1]	Ballengriffe, fest
DIN 9870-1	Begriffe der Stanztechnik, Fertigungsverfahren und Werkzeuge
DIN 9869-2	Begriffe für Werkzeuge der Stanztechnik, Schneidwerkzeuge
DIN 172[1]	Bohrbuchsen, Bund-
DIN 173-1[1]	Bohrbuchsen, Steck-
DIN 179[1]	Bohrbuchsen, zylindrisch
DIN 6348	Bohrvorrichtungen, schnellspannend
DIN 863-1	Bügelmessschrauben
DIN 523	**D**rehdorne
DIN 24480-1	Druckgießmaschinen
DIN 6311	Druckstücke
DIN ISO 10242-1 + 2	**E**inspannzapfen
DIN 879-1	**F**einzeiger zum Einbau in Messtischen, mechanische Anzeige
DIN 8580	Fertigungsverfahren, Begriffe, Einteilung
DIN 16760-1	Formplatten, ungebohrt
DIN 2270	Fühlhebelmessgeräte
DIN 9834	Führungsbuchsen
DIN 16716	Führungsbuchsen für Press-, Spritzgieß- und Druckgießwerkzeuge
DIN 16761	Führungssäulen für Press-, Spritzgieß- und Druckgießwerkzeuge
DIN 9825-2	Führungssäulen für Säulengestelle
DIN 6320	Füße mit Gewindezapfen
DIN EN ISO 1	**G**eometrische Produktspezifikationen: Referenztemperatur
DIN EN ISO 286-1	Geometrische Produktspezifikationen: ISO-Toleranzsystem für Längenmaße
DIN 862	Geometrische Produktspezifikationen: Messschieber, Grenzwerte
DIN 7150-2	Geometrische Produktspezifikationen: System für Grenzmaße und Passungen – Teil 2: Grenzlehren und Lehrung für glatte Werkstücke
DIN EN 10243-1	Gesenkschmiedeteile aus Stahl, Maßtoleranzen
DIN 2280	Gewinde-Grenzlehrdorne für metrisches ISO-Gewinde
DIN EN 60646	GRAFCET
DIN 1319-1 ... 3	Grundbegriffe der Messtechnik
DIN 2250-1	Gutlehrringe und Einstellringe
DIN 2248-1	Gutlehrenkörper von 1 bis 40 mm Nenndurchmesser
DIN ISO 286-1	**I**SO-System für Grenzmaße und Passungen
DIN 6935	**K**altbiegen (Ausgleichswerte zur Berechnung der gestreckten Länge)
DIN 99	Kegelgriffe
DIN 234-1	Kegellehren metrisch, Kegellehrdorne
DIN 235-1	Kegellehren metrisch, mit Austreibschlitz
DIN 6335	Kreuzgriffe
DIN 6319	Kugelscheiben, Kegelpfannen
DIN 6337	Kugelgriffe, vorzugsweise für Spannzeuge
DIN 319	Kugelknöpfe

	Technische Regel
DIN 2279	**L**ehren für metrisches ISO-Gewinde, Übersicht
DIN 2259	Lehren für Rund- und Flachpassungen
DIN 24450	**M**aschinen zum Verarbeiten von Kunststoffen und Kautschuk, Begriffe
DIN 862	Messschieber, Anforderungen, Prüfung
DIN 863-1	Messschrauben, Bügelmessschrauben
DIN 878	Messuhren
DIN 229-1	Morsekegellehren
DIN 230-1	Morsekegellehren mit Austreibschlitz
DIN 6323	**N**utensteine, lose
DIN 55201-1	**P**aletten für Werkzeugmaschinen
DIN 6346	Parallelstücke
DIN 2271-1	Pneumatische Längenmessung, Grundlagen, Verfahren
DIN ISO 28238	Press- und Spritzgießwerkzeuge, Bauteile für Ausgusssysteme, Begriffe
DIN EN ISO 295	Presswerkzeuge zur Herstellung von genormten Proben aus härtbaren Formmassen
DIN 66025-1	Programmaufbau für numerisch gesteuerte Arbeitsmaschinen
DIN 876-1 + 2	Prüfplatten, Naturgestein bzw. Gusseisen
DIN 2269	Prüfstifte
DIN 82	**R**ändel
DIN 9812	**S**äulengestelle mit mittig stehenden Führungssäulen
DIN 9819	Säulengestelle mit übereck stehenden Führungssäulen
DIN 9822	Säulengestell mit hinten stehenden Führungssäulen
DIN 6310	Schnapper mit Druckfedern für Bohrvorrichtungen
DIN ISO 8977	Schneidbuchsen
DIN ISO 8020	Schneidstempel
DIN 9830	Schnittgrathöhen an Stanzteilen
DIN 2273	Sinuslineale
DIN 6314	Spanneisen, flach
DIN 6315	Spanneisen, gabelförmig
DIN 6316	Spanneisen, gekröpft
DIN 6326	Spannunterlagen, verstellbar
DIN 6930-2	Stanzteile aus Stahl, Allgemeintoleranzen
DIN 9870-1	Stanztechnik, Begriffe
DIN 9869-1	-, Begriffe für Werkzeuge
DIN 6336	Sterngriffe
ISO 10073	Stützrollen
DIN 2093	**T**ellerfedern
DIN EN ISO 20482	Tiefungsversuch nach Erichson
DIN 650	T-Nuten an Werkzeugmaschinen
DIN 787	T-Nutenschrauben
DIN 508	T-Nuten, Muttern
DIN 6318	Treppenböcke für Spanneisenauflage
DIN 228-1 + 2	**W**erkzeugkegel, Morsekegel und Metrische Kegel; Kegelhülsen
DIN 2080-1	Werkzeugschäfte mit Steilkegelschäften für Werk- und Spannzeuge
DIN ISO 10907-1	**Z**entrierflansche für Press-, Spritzgieß- und Druckgießwerkzeuge
DIN 16759	Zentrierhülsen für Press-, Spritzgieß- und Druckgießwerkzeuge
DIN EN 15800	Zylindrische Schraubenfedern aus runden Drähten

[1] Normen zurückgezogen

Dem Fachbuch „Der Werkzeugbau" wurden die neuesten Ausgaben der technischen Regeln zugrunde gelegt. Verbindlich sind jedoch nur die technischen Regeln des „Deutsches Institut für Normung e. V." im Format DIN A4. Sie können unter den angegebenen DIN-Blattnummern vom Beuth-Verlag GmbH, Burggrafenstraße 6, 10787 Berlin, bezogen werden.

Bildquellenverzeichnis

Die nachfolgend aufgeführten Firmen und Organisationen haben die Bearbeiter der einzelnen Abschnitte durch Beratung und Bereitstellung von Druckschriften und Fotos sowohl bei der Textbearbeitung als auch bei der bildlichen Ausgestaltung des Buches unterstützt. Es wird Ihnen hierfür herzlich gedankt.

Almet AG, D-70736 Fellbach: S. 309/1

Aarburg, D-72290 Loßburg: S. 135/3

Arnold GmbH, D-73760 Ostfildern: S. 242/3

Balzers AG, FL-9496 Balzers: S. 307/4

Bedra Berkenhoff GmbH, D-35745 Herborn: S. 299/4

Bihler Halblech, D-87629 Füssen: S. 86/2, 3, 5

Böhler-Uddenholm, D-40549 Düsseldorf: S. 306/1

Cimatron GmbH, D-76275 Ettlingen: S. 281/2

Demmeler, D-87751 Heimertingen: S. 237/3 u. 4

DE-STA-CO, D-61449 Steinbach: S. 236/3

Deutsche Lufthansa AG, D-51147 Köln: S. 311/1

DIGMA GmbH, D-73230 Kirchheim/Teck: S. 284/6; S. 357/4

DMG Trainingsakademie, D-33689 Bielefeld: S. 274/3

Eberle, D-86830 Schwabmünchen: S. 298/4

Erowa AG, CH-6233 Büron: S. 295/1; S. 299/1 u. 3

Feinprüf Perthen, D-37073 Göttingen: S. 257/2

Feintool AG, CH-3250 Lyss: S. 22/1; S. 108/3

Festo AG, D-73734 Esslingen: S. 213/3

Fotolia.com – ©apfelweile: S. 312/1

Fraunhofer-Institut für Produktionstechnologie IPT, D-52074 Aachen: S. 308/3

Oskar Frech GmbH & Co, D-73602 Schorndorf: S.122/1

GF Maschinensolution, D-73614 Schorndorf: S. 176/1 u. 3; S. 296/2; S. 300/1 u. 2

Hahn & Kolb, D-70173 Stuttgart; ATORN-Spannsysteme: S. 240/2; S. 241/1

Erwin Halder KG, D-88480 Achstetten: S. 110/1 2, 3; S. 245/1; S. 246/1

HASCO, D-58515 Lüdenscheid: S. 157/1; S. 163/1; S. 165/1; S. 168/2; S. 169/2; S. 304/1; S. 305/1; S. 349/1

Henri Hauser AG, CH-2500 Biel 4: S. 287/2 u. 3

Hermle AG, D-78559 Gosheim: S. 275/1 u. 2

Hilma-Römheld, D-57271 Hilchenbach: S. 239/1

Hohenstein Vorrichtungen, D-09337 Ernstthal: S. 237/1

Adolf Illig, D-74081 Heilbronn: S. 191/3

Intercam, D-33175 Bad Lippspringe: S. 283/1

Iscar Hartmetalle, D-76275 Ettlingen: S. 283/4 u. 5; S. 284/1

Heinrich Kipp, D-72172 Sulz: S. 216/1

Kramski GmbH, D-75179 Pforzheim: S. 94/3; S. 115/3

Kummer GmbH+Co.KG, D-75443 Ötisheim: S. 177/2, 3 u. 4

Leicht und Müller, D-75196 Remchingen: S. 177/1

Listemann Technology, LI-9487 Bendern: S. 151/3

Lüntech Erodiertechnik GmbH, D-33824 Werther: S. 296/3

Otto Männer GmbH, D-79353 Balingen: S. 274/1 u. 2

Deckel Maho GmbH, D-87459 Pfronten: S. 240/3; S. 272/4

Carl Mahr GmbH, D-73702 Esslingen: S.259/2; S. 260/4, S. 267/2; S. 268/1 u. 2

Andreas Maier GmbH, D-70734 Fellbach: S. 215/4

Matrix GmbH, D-73760 Ostfildern: S. 243/1 u. 2

Mersen GmbH, D-98527 Suhl: S. 294/2

PETEWE, D-97877 Wertheim: S. 286/1

RAMPF Gießharze, D-72661 Grafenberg: S. 312/2

Römheld GmbH, D-35321 Laubach: S. 211/3

Schuler GmbH, D-73012 Göppingen: S. 96/1, 2, 3; S. 111/2; S. 114/1 u. 3; S. 115/1

Schunk, D-74348 Lauffen: S. 242/2

SMG, D-68753 Waghäusel: S. 108/1

SMS Stamp Tool & Mould, NL-5047 TS Tilburg: S. 308/1

Technische Universität München: S. 75/3

Tebis, D-82152 Martinsried: S. 281/3; S. 282/3

Trumpf, D-71254 Ditzingen: S. 102/1 u. 3; S. 103/1, 2

Vester Elektronik GmbH, D-75334 Straubenhardt: S. 47/3; S. 115/2

Witte Gerätebau, D-21354 Bleckede: S. 232/3; S. 264/1, 2, 3

Wenzel Group GmbH, D-97859 Wiesthal: S. 269/2; S. 270/2

Wohlhaupter GmbH, D-72636 Frickenhausen: S. 273/4

Zecha GmbH, D-75203 Königsbach-Stein: S. 285/1, 3 u. 4

Carl Zeiss, D-73447 Oberkochen: S. 269/4

Alle Bilder im Buch ohne Quellenangabe wurden vom Zeichenbüro des Verlages Europa-Lehrmittel, Ostfildern oder von den Autoren erstellt und bearbeitet.

Beratung und Unterstützung

BASF AG, D-67056 Ludwigshafen

Robert Blohm, D-21514 Büchen

Blümle KG, D-70563 Stuttgart

Gebrüder Bühler, CH-9240 Uzwil

Burkhardt+Weber GmbH, D-72760 Reutlingen

Forkardt GmbH, D-40015 Düsseldorf

Geiger + Co, D-74076 Heilbronn

Gildemeister+Knoll GmbH, D-89150 Laichingen

Gühring KG, D-72423 Albstadt

Härter GmbH, D-75203 Königsbach-Stein

Haulik und Roos, D-75175 Pforzheim

HEK GmbH, D-23560 Lübeck

Dr. Johannes Heidenhain, D-83301 Traunreut

Hoechst AG, D-65390 Frankfurt

Hörauf und Kohler KG, D-86001 Augsburg

Hommelwerke GmbH, D-78056 V-Schwenningen

Hoogovens Aluminium Sidal GmbH, D-45881 Gelsenkirchen

Konstruktionsbüro Jürgen u. Bollig, D-70825 Bielefeld

Krupp Stahl AG, D-44713 Bochum

Kurfer, D-86836 Klosterlechfeld

KMW, D-56070 Koblenz

Ernst Leitz GmbH, D-35530 Wetzlar

Mannesmann Demag, D-41236 Mönchengladbach

Karl Marbach GmbH&Co, D-7080 Heilbronn

Marposs GmbH, D-70736 Fellbach

Mauser GmbH, D-78727 Oberndorf

Dr. Matzart GmbH, D-08209 Auerbach

Mühlberger GmbH, D-86356 Neusäß

Netstal Maschinen AG, CH-8752 Näfels

Norelem, D-71706 Markgröningen

Osterwalder Maschinenfabrik, CH-3250 Lyss

PAV, FL-9490 Vaduz

röders TEC, D-29614 Soltau

Sandvice GmbH, D-40549 Düsseldorf

Siemens AG, D-82378 Preißenberg

Société Genevoise d'Instruments de Physque, CH-1211 Genf 11

Strack Norma GmbH, D-42117 Wuppertal

Sylvac SA, CH-1023 Crissier

Tesa SA, CH-1020 Renens

Triag, CH-6319 Allenwinden

Trimos SA, CH-1022 Chavannes

Wafa Kunststofftechnik GmbH & Co KG, D-86179 Augsburg

3-D-Systems, D-59065 Hamm

A

Abfallgitter
scrap skeleton 51
Abfallscheren
scrap shears 113
Abfalltrenner
scrap cutter 19
Abgratschneiden
trimming 8
Abgratschneidwerkzeug
trimming die 20
Abkühlgeschwindigkeit
cooling rate 317
Abkühlung
cooling 135
Abnutzungsvorrat
wear margin 116
Abreißgrat
tear-off burr 44
Abschneiden
cut off 8, 51
Abschrecken
quenching 317
Abstreckziehen
ironing 79
Abstreifer
stripper 37
Abtragen
removal operation 288
Abtragvorgang beim Erodieren
metal removal in electrical discharge machining 288
Additive Fertigung
additive manufacturing .. 181 ff
Altern
ageing 321
Alternative Fertigungsverfahren zur Stanztechnik
alternative manufacturing processes to the punching technology 102
Aluminiumlegierungen
aluminium alloys 309
Amorphe Molekülketten
amorphous molecular chains 132
Angießbuchse
sprue bush 167, 169
Angießdüsen
sprue nozzles 170
Angießsysteme
gate systems 167
Angussauswerferstift
sprue puller pin 152
Angussformen
sprue types 124, 143
Angusshaltebuchse
sprue holding bush 167
Angusssysteme
gate systems 143, 167
Anlageplatte
feeding board 34
Anlagestift
locating pin 34
Anlassen
tempering 318
Anschläge
stops 34
Anschnitt
cut 125, 143
Arbeitsspalt beim Erodieren
spark gap in electrical discharge machining 289
Auflagen
supports 202
Aufnahme der Vorrichtung
fixture seats 220
Aufnahmebleche
locating plates 204, 205
Aufnahmebolzen
location pins 203
Aufnahmenuten
seating slots 220
Aufnahmestifte
locating pins 204
Aufschlagstück
overshoot stop 29
Aufsteckbohrvorrichtung
detachable drilling jig 223
Auftriebskraft
buoyant force 138
Ausdrehwerkzeug
boring tool 273
Ausklinken
notching 8
Ausklinkwerkzeug
notching die 18
Ausnutzungsgrad
utilisation rate 52
Ausschneiden
blanking 8
Ausschneidwerkzeug
blanking die 11
Ausschusslehre
no-go gauge 265
Ausstoßer
ejector 38
Ausstoßzone
ejection zone 136, 185
Auswerfer
ejector 39
Auswerferhülsen
ejector sleeves ... 125, 126, 171
Auswerferringe
ejector rings 152
Auswerferplatte
ejector plate 171
Auswerferstifte
ejector pins 125, 126, 171
Automatenstähle
free-cutting steels 302

B

Backen
followers of a mould 153
Backenwerkzeug
split mould 161, 334
Bajonett-Spannung
bayonet fixture 210
Bänder
strip steels 302
Baukastenvorrichtung
modular construction system for jigs and fixtures 237, 244, 344
Baustähle
structural steels 301
Bearbeitungsverfahren
machining processes 271
Bearbeitung mit CAM
processing with CAM 281
Bearbeitungszentrum
processing center 275
Beheizen von Werkzeugen
heating of dies 130, 149
Beispielsammlung
sample collection 326
Berechungen zum Biegen
bending calculations 87
Beschichtete Werkstoffe
coated materials 307
Beschneiden
trimming 8
Beschneidewerkzeuge
trimming dies 19
Bestimmelemente
determining elements 202
Bestimmflächen
reference surfaces 202
Biegeautomat
bending machine 86
Biegegrat
bending burr 44
Biegeumformen
bend forming 81
– Arbeitsregeln
working rules 82
– Berechnungen
calculations 87
– Werkstoffverhalten
material behaviour 82
Biegewerkzeuge
bending dies 83
Bindenaht
joint line 145
Blasdorn
blow pin 188, 190
Blaswerkzeug
blow mould 189
Bleche
sheet metals 302
Bohrbuchsen
press fit bushes 226

Bohrbuchsen, feste
fixed drill bushes 227
Bohrbuchsen, genormte
standard drill bushes 227
Bohrbuchsen, mitlaufende
revolving drill bushes 228
Bohrbuchsen, Steck-
slip-type drill bushes 228
Bohrschablone
drill template 223
Bohrvorrichtungen
drilling jigs 223, 340
– mit Bohrklappe
with drill bush flap 225
Bremswülste, Tiefziehen
break beads, deep drawing . . 80
Butzentrenner
flash cutter 190

C

Close Contur Pasten
close contur pastes 312
CNC-Bearbeitungsverfahren
CNC machining 274
CNC-Fräsmaschinen
CNC milling machine 274
CVD-Verfahren
CVD process 307

D

Dielektrikum
dielectric fluid 291, 297
Dieseleffekt
diesel effect 133, 156
Digitalisieren
digitize 269
Direkthärten
direct hardening 324
Docken
poppet heads 29
Doppelhärten
double hardening 324
Dorn
mandrel 187
Drahtelektrode
wire electrode 299
Drahterodieren
wire spark eroding . . . . . . 296 ff
Drahterodiertechnik
wire eroding technology . . . 297
Drehvorrichtungen
turning jigs 233
Dreiplattenwerkzeug
three-platen mould 148
Druckgießen
die casting 119
Druckgießmaschinen
diecasting machines 122
Druckgießwerkzeuge
diecasting moulds 123, 336
Druckgießteile, Gestaltung
diecastings design 122
Druckgießteile, Schwindung
shrinkage of diecastings . . . 123
Druckluft, Messen
compressed air used
for measuring 258
Druckluft, Spannen
compressed air used
for workpiece retention 210
Druckplatte
pressure plate 30
Druckumformen
compression-forming 62
Druckverlauf, Spritzgießen
pressure curve, injection
moulding 134
Durchdrücken
extrusion 68
Durchdrücken Fließpressen
extrusion as discrete
process for short products . . 69
Durchdrücken Strangpressen
extrusion as continuous
process for long products . . . 68
Durchziehen
die drawing 71
Düsen
nozzles 137, 187

E

Eindrücken
indent-forming 66
Eingießen
mould -forming 127
Einfachkokille
single permanent mould . . . 119
Einhärtungstiefe
hardness penetration
depth 318
Einlegen
feeding of workpieces 205
Einsatzhärten
case hardening 324
Einsatzstähle
case hardening steels 303
Einschneiden
lancing 8
Einsenken
hobbing 66
Einspannzapfen
punch holder shank 30
Einspritzdruck
injection pressure 134
Einspritzgeschwindigkeit
injection rate 133
Einstell-Lehre, Vorrichtungen
setting gauge, jigs 229
Einstellgrößen beim Erodieren
settings during eroding . . . 289
Einziehen, Werkzeuge
swaging dies 81
Einziehrundung, Schnittteil
deformation radii, cutting
part 10
Einziehwülste, Tiefziehen
draw beads, deep drawing . . 80
Einzugszone
feed section 136, 185
Elektroden beim Erodieren
electrodes used for
electrical discharge
machining 293
Elektroden, Herstellung
electrodes, production 294
Elektroden, Werkstoff
electrodes, material 294
Endmaße
gauge blocks 251
Entformen
part removal
from the mould 125, 152
Entnehmen
unloading workpieces 205
Erodierkenngrößen
EDM settings 289
Etagenwerkzeuge
multi-daylight moulds 148
Extrudieren
extrusion 185
Extrusionsblasformen
extrusion blow moulding . . 188
Exzenter
eccentric 208
Exzenterpressen
eccentric-shaft presses 105, 106
Exzenterspannung
eccentric fixture 208

F

Fallbeispiel,
case study of an
– Folgeschneidwerkzeug
progressive cutting die 60
– Fräsvorrichtung
milling jig 248
– Spritzgießwerkzeug
injection moulding die 198
Faserverbundwerkstoffe
fibre composite 311
Federelemente
springs 33
Feinschneiden
fine blanking 9
Feinschneidwerkzeug
fine-blanking tool 22
Feinzeiger
precision dial gauge 253
Feststellelemente
locking elements 218
Feststeller
locks 218

Filter- und Spülanlagen
filtering and
cleaning systems 295
Fließfront
frontal laminar flow 133
Fließmarkierungen
flow marks 133
Fließpressen
power-press extrusion 69
Fließpressen, Werkstoffe
cold extrusion materials 70
Fließpresswerkzeuge
cold extrusion dies 70
Fließverhalten
flow rating 133
Folgeschneidwerkzeuge
progressive cutting tools . . . 13
Folgeverbundwerkzeuge
progressive
compound tools . . . 91, 326, 328
Formenbau
die making 118
Formfüllungsgrad
mould filling ratio 134
Formpressen
compression moulding 128
Formpressen mit Grat
closed-die pressure forging . 62
Formpressen ohne Grat
flashless forging 64
Formteilung
parting 123
Fotochemisches Ätzverfahren
photochemical etching
technique 176
Fräsen
milling . . . . 272 ff
Fräsvorrichtungen
milling jigs . . . . 229 ff, 338
Fräsvorrichtungen, Einstück-
single-work milling jigs 230
Fräsvorrichtungen,
Mehrstück-
multiple-work milling jigs . . 231
Fräsvorrichtungen,
plattenförmig
flatbed milling jigs 230
Fräsvorrichtungen,
schraubstockförmig
vice-like milling jigs 230
Fräsvorrichtungen,
Spannzangen-
collet-chuck milling jigs 231
Fräsvorrichtungen,
winkelförmig
angular milling jigs 230
Freistrahlbildung
rapidly advancing flow 133
Fügevorrichtung
jointing jig 236
Führungsbuchse, Formenbau
bushing, die making 166
Führungsplatte
pressure pad 27
Führungssäulen
guide posts 31, 165
Füllgeschwindigkeit
filling rate 133
Füllraumform
positive mould 129
Füllreihe
fluidity run 134
Funkenerosionsverfahren
spark erosion process 288
Funkenerosives Schneiden
spark-erosive cutting 296
Funkenerosives Senken
spark-erosive
countersinking 290
Füße an Vorrichtungen
jig footings 220
Fused Layer Modeling FLM
fused layer modeling FLM . 184

G

Gasinnendruck-Verfahren
gas injection technique GIT 178
Gefrierspanntechnik
freeze clamping
technology 232
Gesamtschneidwerkzeug
compound cutting tool 14
Gesamtverbundwerkzeug
compound die 88, 95, 330
Gesenkbeanspruchung
load to dies 65
Gesenkformen
die forming 62
Gesenkteilung
parting line of a die 64
Glasfaserverstärkte Kunststoffe
glass fibre reinforced
plastic 311
Gleitziehen
wire and bar drawing 71
Glühen
annealing 313
Glühfehler
defects arising in
annealing 315
Grafische Programmierung
graphic programming 278
Gratbildung
formation of flashes 8, 138
Grenzlehrdorn
plug gauge
"Go and Not Go" 267
Grundplatte, Schneidwerkzeug
base plate, cutting die 24
Gutlehre
go gauge 265

H

Handlaminierverfahren
manual lamination
process 312
Härten
hardening 315
Hartverchromen
hard chromium plating 307
Hebelgesetz
principle of the lever 48
Heißkanalwerkzeug
hot runner mould 149
Heizelemente
heating elements 149
Heizpatrone
heating cartridge 168
Heiztorpedo
heating torpedo 168
Hilfsspannelemente
auxiliary fixtures 212
Hilfsspannelemente,
hydraulische
auxiliary hydraulic
fixtures 214
Hilfsspannelemente,
pneumatische
auxiliary pneumatic
fixtures 213
HSC-Fräsen
high-speed cutting 283
HSC in der Elektroden-
herstellung
high-speed in electrode
production 285
Hinterschneidungen
undercuts 153
Hochgeschwindigkeitsfräsen
high-speed cutting 283
Hohlprägen
embossing 67
Hydraulische Presse
hydraulic press 105, 108
Hydraulische Spannung
hydraulic fixtures 214
Hydroforming
hydroforming 89

I

Induktive Messtaster
inductive probes 256
Inkrementale Messtaster
incremental probes 255
Innenhochdruckumformen
internal high pressure
forming 89
Instandhaltung im
Werkzeugbau
maintenance in
toolmaking 115

Instandhaltung von
maintenance of
- Formen
moulds 196
- Lehren
gauges 267
- Messgeräten
measuring instruments 268
Instandhaltungsstrategien
maintenance strategies 115
Isolierkanalwerkzeug
insulated runner mould 148

K

Kalibrierblasdorn
sizing blow pin 190
Kalibrierrohr
sizing blow tube 187
Kaltarbeitsstähle
cold-work steels 305
Kalteinsenken
hobbing 66
Kaltkammerverfahren
cold-chamber
die casting process 121
Kegelpfanne
conical washers 213
Keilschneiden
wedge-action cutting 7, 57
Keilspannung
wedge-type fixture 208
Keramische Werkstoffe
ceramic materials 308
Kern
core 126, 163
Kernversatz
core shift 155
Kernzüge
core pullers 126
Klinkensystem
locking-pawl mechanism . . 160
Knabberschneiden
nibbling 9
Knabberschneidwerkzeug
nibbling cutter 18
Kniehebelpressen
toggle-lever presses . . 105, 107
Kniehebelspannung
toggle fixture 210
Kohlefaserverstärkte Kunststoffe
carbon-fiber-reinforced
plastics 311
Kokillen
permanent moulds 118
Kokillengießen
die casting 118
Kompressionszone
compression zone 136, 185
Koordinaten-Messgeräte
coordinate measuring
devices 261
Koordinatenschleifen
coordinate grinding 287
Kopfplatte
top plate 30
Kräfte am Schwerpunkt
forces at centre of gravity . . . 47
Kräftemittelpunkt
center of force 48
Kräfteschwerpunkt
centre of gravity of force 47
Kraft-Weg-Diagramm
load displacement curve . . . 112
Kraftverlauf an Pressen
power train at presses 112
Kragenziehen
plunging 58
Kreisexzenter
circular eccentric 208
Kristallisationsgrad
degree of crystallinity 132
Kugelknopf
ball knob 216
Kugelscheibe
spherical washer 213
Kupferlegierungen
copper alloys 310
Kupplungszapfen
coupling shank 30
Kurbelpressen
crank presses 105, 106

L

Lage des Grats
burr position 44
Lageberechnung, Kraftmittelpunkt
position calculation,
center of force 47
Lagebestimmung des Werkstücks
positioning of
workpiece 202
Laminated Layer Manufactoring
laminated layer
manufactoring 183
Laser-Brennschneiden
laser flame cutting 102
Laser-Schmelzschneiden
laser fusion cutting 102
Laserschneiden
laser cutting 102
Laser-Texturierung
laser texturisation 176
Lehrdorn
plug gauge 267
Lehren
gauges 265
–, Bauformen
–, construction 265
–, Grenz-
limit gauges 267
–, Handhabung
–, handling 265
–, Instandsetzen
repair of gauges 267
–, Prüf-
–, master 267
–, Toleranzen
–, tolerances 266
–, Vorteil und Nachteile
–, pros and cons 266
Lehrring
ring gauge 266
Lernfelder 5 bis 14
learning fields 5 to 14 . . . . 346 ff
Lochen
punching 8
Lochscheibe
breaker plate 186
Lochstempel
punch 29
Lochwerkzeug
punching die 12

M

Magnetspanntechnik
magnet clamping
technology 232
Maßänderung beim Härten
dimensional changes
in hardening 319
Maße, nicht werkzeuggebundene
not mould-related
dimensions 139
Maße, werkzeuggebundene
mould-related dimensions . 139
Maßverkörperung
metrological standards 251
Materialausnutzungsgrad
material utilisation rate 52
Mehrfachspannsysteme
multiple clamping system . . 239
Mehrstellenmessgeräte
multiple-dimension
measuring instruments 257
Mehrstückfräsvorrichtung
multiple-work milling
jig 231
Messaufnahmesysteme
measuring record
systems 264
Messbereich
measuring range 252
Messerschneiden
wedge-action cutting 57
Messerschneidwerkzeug
wedge-shaped cutting
edge 58
Messgeräte
measuring devices . . . . . . 250 ff
Messmikroskop
measuring microscope 254

Messschrauben
micrometers ... 253
Messtaster
probes ... 256
Messuhren
dial gauges ... 253
Messverfahren
measuring systems ... 252
Messvorrichtung
measuring device ... 342
Modulare Vorrichtungssysteme
modular fixture systems . 244 ff
Molekülorientierung
molecular orientation ... 132
Mundstück, Extrudieren
die, extrusion ... 187

N

Nachdruck
holding pressure ... 134, 141
Nachschneiden
shaving ... 9
Nachschneidwerkzeug
shaving die ... 21
Nadelverschlussdüse
needle shut-off nozzle ... 170
Negativwerkzeug
negative mould ... 192
Neigung
incline ... 140
Nichteisenmetalle
non-ferrous metals ... 309
Nichteisenmetalllegierungen
non-ferrous metal alloys ... 309
Niederhalter
blank holder ... 72, 76, 77
Nitrieren
nitriding ... 325
Nitrierstähle
nitriding steels ... 304
Normalglühen
normalizing anneal ... 314
Normalien, Formenbau
standard elements, die making ... 157
Normblattverzeichnis
standard sheets list ... 366
Nullpunktspannsysteme
Zero point clamping systems ... 240, 295
Nutensteine
slot stones ... 220

O

Öler
oiler ... 113

P

Palettierung
palletising process ... 238
Palettenwechseleinrichtung
pallet changer unit ... 238
Parallelregelung, Pressen
parallelism control, presses ... 47
Plotte, 3-D
plotting, 3-D ... 184
Pneumatische Messgeräte
pneumatic measuring devices ... 258
Pneumatische Spannung
pneumatic fixtures ... 210
Pneumatische Hilfsspannelemente
auxiliary pneumatic fixtures ... 213
Polyurethan-Blockmaterial
polyurethane board ... 311
Positivwerkzeug
positive mould ... 193
Prägen
coining ... 67
Prägerichten
planishing ... 67
Pressen
presses ... 104
Pressenarten
press types ... 105
Pressenauswahl
selection of presses ... 112
Presseneinteilung
press classification ... 104
Pressen, energiegebundene
work-related presses ... 104
Pressen, kraftgebundene
force-related presses ... 104
Pressenlinie
sheet metal forming lines ... 111
Pressen, mehrfach wirkende
multiple-action presses ... 109
Pressen, Stösselarten
types of press slides ... 109
Pressenstraße
sheet metal forming lines ... 111
Pressen, Sicherheitseinrichtungen
presses, safety device ... 114
Pressen, weggebundene
displacement-related presses ... 104
Pressen, Werkzeugeinbau
presses, tool mounting ... 114
Pressen, Wirkungsweise
action patterns of presses .. 109
Pressen, Zusatzgeräte
ancillary equipment to presses ... 113
Pressenzentrum
sheet metal forming centre ... 111
Presskraftüberwachung
measurement of pressing force ... 47
Presswerkzeuge, Formpressen
compression moulds, compression moulding ... 128
Prismen
prisms ... 204
Profilprojektor
profile projector ... 255
Profilschleifen
profile grinding ... 286
Programmierung beim Erodieren
electrical discharge machining programmes ... 300
Programmierung von CNC-Fräsmaschinen
electrical discharge of CNC milling machines ... 276
Prototypen
prototypes ... 181
Prüfen mit Lehren
controlling with gauges ... 265
Prüfmittel
measuring instruments ... 250
Pulver-Spritzgießen
powder injection moulding . 180
PVD-Verfahren
PVD technique ... 307

Q

Quellenverzeichnis
bibliography ... 367
Quellmaß
swelling value ... 43
Quellfluss
frontal laminar flow ... 133
Querrillen
transverse grooves ... 133
Quetschkante
squeeze edges ... 189
Quetschwinkel
squeeze angles ... 190
Quetschzone
squeeze section ... 190

R

Rachenlehre
snap gauge ... 267
Randbreite
rim width ... 51
Rapid Prototyping
Rapid Prototyping ... 181
Rechnergestützte Konstruktion von Stanzwerkzeugen
computer-aided design of cutting tools ... 98

Reihenanguss
in-line sprue 147
Rekristallisationsglühen
recrystallization annealing . 314
Richtapparate
straighteners 113
Ringaufnahmen
locating rings 204
Ringkanal
ring channel 147
Ringzacke
V-shaped projection 23
Rohrheizkörper
tubular heating elements . . 168
Rohrwerkzeug
tube-extruding mould 187
Rollbiegewerkzeug
roll-bending dies 85
Rückdruck
back pressure 186
Rückfederung
springback 10, 82
Rückwärts-Hohlfließpressen
backward extrusion 70

S

Scharnierkokille
hinged permanent mould . . 119
Scherschneiden
shear cutting 7, 8
Scherwärme
shear heating 185
Schiebekokille
sliding permanent mould 119
Schieber
core slides 126, 153
Schiebermechanik
core slide mechanism 162
Schiebersysteme
core slide systems 162
Schirmanguss
cone gate 145
Schleifen
grinding 286
Schließeinheit
clamp unit 138
Schließkraft
clamp force 138
Schnappverschluss
spring-loaded latche 217
Schneckenextruder
screw extruder 185
Schneckenkolbenextruder
reciprocating screw extruder 136
Schneidarbeit
cutting work 112
Schneidbuchsen
cutting die bushes 25
Schneidkraft
cutting force 45
Schneidplatte
cutting die plate 24
Schneidspalt
die clearance 42
Schneidspiel
clearance between punch and die 42
Schneidstempel
punches 28
Schneidvorgang
cutting action 10
Schneidwerkzeug
cutting die 11
Schrägbolzen
cam finger 162
Schraubkern
screw core 163
Schriftstempel
lettering punches 165
Schutzgitter
guards 59
Schweißvorrichtung
welding device 236
Schwenkscheiben
captive C-washers 217
Schwenkschrauben
swivel eyebolts 217
Schwimmhäute
flashing 138
Schwimmplatte
air-cushion fixture 222
Schwindung
shrinkage 123, 141
Schwindungsdifferenz
difference in shrinkage 141
Schwindung, Nach-
after-shrinkage 141
Schwingpresse
swinging-slide press 108
Säulengestelle
centre post press tool sets . . 31
Seele, plastisch
plastic core 133
Seitenschneider
notching punches 35
Selektives Lasersintern
selective laser sintering SLS 183
Siegelpunkt
gate freeze time 143
Sinterpresswerkzeuge
sintering press tools 195
Sinterwerkstoffe
sintered materials 306
Sinuslineal
sine bar 260
Skalenanzeige
scale indication 252
SL-Verfahren
stereolithography SL 182
SLS-Verfahren
selective laser sintering SLS 183
Solider-Verfahren
solid ground curing SGC . . . 182
Sonderpressen
special-purpose presses . . . 108
Sonderstähle
special steels 304
Sondervorrichtungen
special jigs and fixtures 247
Spanneisen
clamps 212
Spannelemente
clamping elements 207
Spannexzenter
eccentric clamps 208
Spannfutter
clamping chucks 235
Spannhaken
clamping hooks 212
Spannhebel
clamping levers 213
Spannkräfte
clamping forces 207
Spannkräfte, magnetische
magnetic clamping forces 211
Spannkräfte, pneumatische
pneumatic clamping forces 210
Spannplatte
mounting plate 27
Spannrahmen
mounting frames 193
Spannungsarmglühen
stress relief anneal 313
Spindelpressen
screw presses 107
Spiralexzenter
spiral eccentrics 209
Spreizkern
expanding core 164
Spritzblasformen
injection blow moulding . . . 189
Spritzeinheit
injection unit 136
Spritzgießen
injection moulding 131
–, Mehrkomponentenverfahren
–, multi-component processing 178
–, Sonderverfahren
–, special processes 176
Spritzgießmaschine
injection moulding machine 135
Spritzgießteile, Gestaltung
injection-moulded parts, construction 139
Spritzgießwerkzeuge
injection moulding dies 142, 148, 332, 334
–, Sonderbauarten
–, special constructions 175

Spritzpressen
transfer moulding 129
Spülmethoden beim Erodieren
cleaning in electrical discharge machining 292
Stammform
bolster 157
Staubüchse
breaker sleeve 186
Staudruck
impounded pressure 136
Stechen
lancing 58
Steckbohrbuchsen
slip-type jig bush 228
Steckbolzen
socket pins 203
Steckscheiben
C-washers 217
Stegbreite
web width 51
Steilgewindespindel
steep-pitch screw 163
Stempelführungsbuchse
punch bushing 27
Stempelmaße
punch dimensions 43
Stempelplatte
force plate 30
Stereolithographie
stereolithography 182
Strangpressen
extruding 68
Streckformen
stretch forming 192
Streckhelfer
secondary punch 192
Streckrahmen
flattener 193
Streifenlayout
layout of the strip 55
Stufenfolge beim Tiefziehen
sequence of stages in deep drawing 74, 75, 76
Stufenpresse
transfer press 110
Stülpziehen
reverse drawing 79
Stützbolzen
supporting pins 206
Stützelemente
supporting elements 206
Stützrollen
back-up rollers 138
Suchstift
pilots 34

T

Tauchblasformen
dip blow mouldings 188
Taumelpresse
wobble press 108
Teilvorrichtung
dividing device 218
Telleranguss
disk gate 145
Temperieren
temperature control 150
Tempern, Spritzgießen
tempering, injection moulding 132
Tiefkühlalterung
chill ageing 321
Tiefschleifen
deep grinding 287
Tiefziehen
deep-drawing 72, 192
– Fehler
defects 79
– Werkstoffbeanspruchung
material stress 73
– Zuschnitt
deep drawing blank 74
Tiefziehwerkzeuge
deep drawing dies 76, 77
Transfereinrichtungen an Pressen
transfer systems at presses 110
Trennebene
[1] mold parting surface . 124, 148
[2] mould parting surface 124, 148
[1] AE; [2] BE
Trennmittel
parting agents 197
Trennschneiden
parting 9
Tunnelanguss
tunnel gate 146, 159

U

Überlauf
spillway 125
Überspritzung
overpacking 138
Umformen mit Wirkmedien
forming with active means 88
Umformtechnik
forming technology 62
Umformverfahren
forming techniques 62
Umformwerkzeug mit Wirkmedien
forming die using active means 88
Umspritzen
overmoulding 176, 177
Unfallverhütung
accident prevention 59
Urformen
primary processing 118

V

Vakuumformen
vacuum moulding process . 192
Vakuumgießverfahren
vacuum casting processes . 184
Verbrennung
burn 133
Verbundwerkzeuge
compound dies 91
Vergüten
harden, quenching and tempering 323
Vergütungsstähle
quenched and tempered steels 303
Verschlussstopfen
screw plugs 174
Verteilerkanal
runners 147
Verteilerstern
runner manifold 147
Vollprägen
coining 67
Vollstabwerkzeug
massive bar mould 186
Voranschlag
trigger stop 35
Vorkammer
tab 144
Vorrichtungen
jigs and fixtures 200
Vorrichtung, Aufbau
constructional design of jig and fixture 201
Vorrichtung, Bohr-
drilling jig 223, 340
Vorrichtung, Dreh-
turning jig 233
Vorrichtung, Fräs-
milling jig 229, 338
Vorrichtung, Füge-
jointing jig 236
Vorrichtung, Mess-
measuring device 342
Vorrichtung, Schweiß-
welding device 236
Vorrichtungsbaukasten
jig and fixture construction kit 244, 344
Vorrichtungskörper
fixture bodies 219
Vorrichtungsverschlüsse
jig and fixture locks 217
Vorrichtungsbau
jig and fixture manufacture 200
Vorschub beim Folgeschneidwerkzeug
workpiece feed in progressive cutting die 13

Vorschubapparate
feeding devices 113
Vorschubbegrenzung
feeding limit 34

W

Walzenvorschub
roll feed 113
Warmarbeitsstähle
hot-work steels 306
Wärmealterung
thermal ageing 321
Wärmebehandlung (der)
heat treatment (of)
– Baustähle
structural steels 323
– Einsatzstähle
case hardening steels 324
– Kaltarbeitsstähle
cold-work steels 322
– Vergütungsstähle
quenched and tempered
steels 323
– Warmarbeitsstähle
hot-work steels 322
– Werkzeugstähle
tool steels 321
Wärmebehandlungsverfahren
heat treatment process 313
Wärmeisolierplatte
thermal
insulation board . . 157, 169, 332
Warmeinsenken
hot-die hobbing 66
Warmkammerverfahren
hot-chamber diecasting . . . 120
Warmumformen, Formenbau
hot forming, die making . . . 191
Wartung von Formen
maintenance of mould 197
Wasserstrahlschneiden
water jet cutting 103
Weichglühen
spheroidizie annealing 314
Weißbleche
tinned sheet iron 302
Weiten
bulge forming 81, 88
Wendeschneiden
turnover blanking 55
Werkstoffausnutzung
material utilization 50
Werkstoffe für
materials of
– Druckgießwerkzeuge
diecasting moulds 337
– Schneidwerkzeuge
cutting dies 40
Werkstoffe im Vorrichtungs-
und Werkzeugbau
materials for making jigs
and fixtures, moulds and
dies 301
Werkstoffe zum Tiefziehen
materials for deep-drawing . 73
Werkstückspanner für
workpiece clamps for
– 5-Achs-Bearbeitung
5 axes machining 242
– komplex geformte
Werkstücke
complexly formed
workpiece 243
Werkstückträger
workpiece carrier 238
Werkzeugbegleitkarte
tool identity card 117
Werkzeugentlüftung
mould venting . . . 138, 156, 191
Werkzeuginnendruck
mould cavity pressure 134
Werkzeugkühlung
mould cooling 150
Werkzeugtemperatur
mould temperature 135
Werkzeugtemperierung
mould temperature
control 150, 173
Werkzeugstähle
tool steels 305
Werkzeugstähle, legierte
alloy tool steels 305
Werkzeugstähle, unlegierte
plain tool steels 305
Winkelendmaße
angle gauges 260
Winkelprüfung
checking of angles 260
Winkelverzug, Spritzgießen
angular misalignment,
injection moulding 140

Z

Zangenvorschub
pliers feed motion 113
Zeit-Temperatur-Umwandlungs-
Schaubild
time-temperature-trans-
formation diagram 317, 318
Zentrierelemente, Formenbau
centering elements,
die making 166
Zerteilen
cutting 7, 8
Zieharbeit
drawing work 112
Ziehgrat
drawing burr 44
Ziehspalt
die clearance 72
Ziehverhältnis
drawing ratio 76
Ziehwerkzeuge
drawing dies 77
Zinklegierungen
zinc alloys 310
Zinnlegierungen
tin alloys 310
ZTU-Schaubild
TTT time-temperature-
transformation diagram . . . 318
Zug-Druckumformung
forming under combination
of tensile and compressive
conditions 71
Zugexzenter
eccentric pull clamps 209
Zugumformen
forming under tensile
conditions 81
Zuhaltekraft
clamp force 138
Zuschnitt beim Tiefziehen
deep drawing blank 74, 75
Zweifach-Spritzgießwerkzeug
double injection moulding
tool 332
Zweihandeinrückung
two-hand trip gear 114
Zweiplattenwerkzeug
two-plate mould 158
Zwischenlage
guide shoulder 26
Zyklus, Spritzgießen
moulding cycle, injection
moulding 135

A

accident prevention
Unfallverhütung 59
action patterns of presses
Pressen, Wirkungsweise . . . 109
additive manufacturing
Additive Fertigung . . . . . . 181 ff
after-shrinkage
Schwindung, Nach- 141
ageing
Altern 321
air-cushion fixture
Schwimmplatte 222
alloy tool steels
Werkzeugstähle, legierte . . . 305
alternative manufacturing processes to the punching technology
Alternative Fertigungsverfahren zur Stanztechnik 102
aluminium alloys
Aluminiumlegierungen 309
amorphous molecular chains
Amorphe Molekülketten . . . 132
ancillary equipment to presses
Pressen, Zusatzgeräte 113
angle gauges
Winkelendmaße 260
angular milling jigs
Fräsvorrichtungen, winkelförmig 230
angular misalignment
Winkelverzug 140
annealing
Glühen 313
auxiliary fixtures
Hilfsspannelemente 212
auxiliary hydraulic fixtures
Hilfsspannelemente, hydraulische 214
auxiliary pneumatic fixtures
Hilfsspannelemente, pneumatische 213

B

back pressure
Rückdruck 186
back-up rollers
Stützrollen 138
backward extrusion
Rückwärts-Hohlfließpressen . 70
ball knob
Kugelknopf 216
base plate, cutting die
Grundplatte, Schneidwerkzeug 24
bayonet fixture
Bajonett-Spannung 210
bend forming
Biegeumformen 81
–, calculations
Berechnungen 87
–, material behaviour
Werkstoffverhalten 82
–, working rules
Arbeitsregeln 82
bending burr
Biegegrat 44
bending calculations
Berechnungen zum Biegen . . 87
bending dies
Biegewerkzeuge 83
bending machine
Biegeautomat 86
bibliography
Quellenverzeichnis 367
blank holder
Niederhalter 72, 76, 77
blanking
Ausschneiden 9
blanking die
Ausschneidwerkzeug 11
blow mould
Blaswerkzeug 189
blow pin
Blasdorn 188, 190
bolster
Stammform 157
boring tool
Ausdrehwerkzeug 273
break beads, deep drawing
Bremswülste, Tiefziehen 80
breaker plate
Lochscheibe 186
breaker sleeve
Staubüchse 186
bulge forming
Weiten 81, 88
buoyant force
Auftriebskraft 138
burn
Verbrennung 133
burr position
Lage des Grats 44
bushing, die making
Führungsbuchse, Formenbau 166

C

C-washers
Steckscheiben 217
cam fingers
Schrägbolzen 162
captive C-washers
Schwenkscheiben 217
carbon fiber reinforced plastic
Kohlefaserverstärkte Kunststoffe 311
case hardening steels
Einsatzstähle 303
case study of an
Fallbeispiel,
– injection moulding die
Spritzgießwerkzeug 198
– milling jig
Fräsvorrichtung 247
– progressive cutting die
Folgeschneidwerkzeug 60
case-hardening
Einsatzhärten 324
center of force
Kräftemittelpunkt, Berechnung 48
centering elements
Zentrierelemente, Formenbau 166
centre of gravity of force
Kräfteschwerpunkt 47
centre post press tool sets
Säulengestelle 31
ceramic materials
Keramische Werkstoffe 308
check gauges
Lehren, Gegen- 268
checking of angles
Winkelprüfung 260
chill ageing
Tiefkühlalterung 321
circular eccentric
Kreisexzenter 208
clamp force
Schließkraft, Zuhaltekraft . . 138
clamp unit
Schließeinheit 138
clamping chuck
Spannfutter 235
clamping elements
Spannelemente 207
clamping forces
Spannkräfte 207
clamping hooks
Spannhaken 212
clamping levers
Spannhebel 213
clamps
Spanneisen 212
cleaning in electrical discharge machining
Spülmethoden beim Erodieren 292
clearance between punch and die
Schneidspiel 42
close contur pastes
Close Contur Pasten 312
closed-die pressure forging
Formpressen mit Grat 62
CNC machining
CNC-Bearbeitungsverfahren 276
CNC milling machine
CNC-Fräsmaschinen 274

coated materials
Beschichtete Werkstoffe . . . 307
coining
Prägen, Vollprägen 67
cold extrusion dies
Fließpresswerkzeuge 70
cold extrusion materials
Fließpressen, Werkstoffe . . . 70
cold-chamber die-casting process
Kaltkammerverfahren 121
cold-work steels
Kaltarbeitsstähle 305
collet-chuck milling jigs
Fräsvorrichtungen,
Spannzangen- 231
compound cutting tool
Gesamtschneidwerkzeug . . . 14
compound die
Gesamtverbund-
werkzeug 88, 95, 330
compound dies
Verbundwerkzeuge 91
compressed air used for
Druckluft verwendet zum
– measuring
Messen 258
– workpiece retention
Spannen 210
compression moulding
Formpressen 128
compression moulds
Presswerkzeuge 128
compression zone
Kompressionszone . . . 136, 185
compression-forming
Druckumformen 62
computer-aided design
of cutting tools
Rechnergestützte Konstruktion
von Stanzwerkzeugen 98
cone gate
Schirmanguss 145
conical washer
Kegelpfanne 213
constructional design
of jigs and fixtures
Vorrichtung, Aufbau 201
controlling with gauges
Prüfen mit Lehren 265
cooling
Abkühlung 135
cooling rate
Abkühlgeschwindigkeit 317
coordinate grinding
Koordinatenschleifen 287
coordinate measuring devices
Koordinaten-Messgeräte . . . 261
copper alloys
Kupferlegierungen 310
core pullers
Kernzüge 126
core shift
Kernversatz 155
core slide mechanism
Schiebermechanik 162
core slide systems
Schiebersysteme 162
core slides
Schieber 126, 153
core
Kern 126, 163
coupling shanks
Kupplungszapfen 30
crank presses
Kurbelpressen 105, 106
cut
Anschnitt 125, 143
cut off
Abschneiden 8, 51
cutting
Zerteilen 7, 8
cutting action
Schneidvorgang 10
cutting die bushes
Schneidbuchsen 25
cutting die plate
Schneidplatte 24
cutting die
Schneidwerkzeug 11
cutting force
Schneidkraft 45
cutting work
Schneidarbeit 112
CVD process
CVD-Verfahren 307

D

deep rawing
Tiefziehen 72, 192
deep drawing blank
Tiefziehen, Zuschnitt 74
deep drawing dies
Tiefziehwerkzeuge 76, 77
deep grinding
Tiefschleifen 287
defects arising in annealing
Glühfehler 316
defects in deep drawing
Tiefziehen, Fehler 79
deformation radii, cutting part
Einziehrundung, Schnittteil . . 10
degree of crystallinity
Kristallisationsgrad 132
detachable drilling jig
Aufsteckbohrvorrichtung . . 223
determining elements
Bestimmelemente 212
dial gauges
Messuhren 253
die, extrusion
Mundstück, Extrudieren . . . 187
die casting
Druckgießen 119
Kokillengießen 118
die clearance
Schneidspalt 42
Ziehspalt 72
die drawing
Durchziehen 71
die forming
Gesenkformen 62
die making
Formenbau 118
diecasting machines
Druckgießmaschinen 122
diecasting moulds
Druckgießwerkzeuge . . 123, 337
diecastings design
Druckgießteile, Gestaltung . 122
dielectric fluid
Dielektrikum 291, 297
diesel effect
Dieseleffekt 133, 156
differences in shrinkage
Schwindungsdifferenz 141
digitize
Digitalisieren 269
dimensional changes
in hardening
Maßänderung beim Härten 319
dip blow moulding
Tauchblasformen 188
direct hardening
Direkthärten 324
disk gate
Telleranguss 145
displacement-related presses
Pressen, weggebundene . . . 104
dividing device
Teilvorrichtung 218
double hardening
Doppelhärten 324
double injection moulding tool
Zweifach-
Spritzgießwerkzeug 332
draw beads, deep drawing
Einziehwülste, Tiefziehen . . . 80
drawing burr
Ziehgrat 44
drawing dies
Ziehwerkzeuge 77
drawing ratio
Ziehverhältnis 76
drawing work
Zieharbeit 112
drill template
Bohrschablone 223
drilling jigs
Bohrvorrichtungen . . . 223, 340
– with drill bush flap
mit Bohrklappe 225

E

eccentric
Exzenter 208
eccentric clamps
Spannexzenter 208
eccentric fixture
Exzenterspannung 208
eccentric pull clamp
Zugexzenter 209
eccentric-shaft presses
Exzenterpressen 105, 106
EDM settings
Erodierkenngrößen 289
ejection zone
Ausstoßzone 136, 185
ejector
Ausstoßer 38
Auswerfer 39
ejector pins
Auswerferstifte . . . 125, 126, 171
ejector plate
Auswerferplatte 171
ejector rings
Auswerferringe 152
ejector sleeves
Auswerferhülsen . 125, 126, 171
electrical discharge machining programmes
Programmierung beim Erodieren 300
electrical discharge of CNC milling machines
Programmierung von CNC-Fräsmaschinen 276
electrodes, material
Elektroden, Werkstoff 294
electrodes, production
Elektroden, Herstellung 294
electrodes used for electrical discharge machining
Elektroden beim Erodieren . 293
embossing
Hohlprägen 67
expanding core
Spreizkern 164
extruding
Strangpressen 68
extrusion
Durchdrücken 68
Extrudieren 185
extrusion as continuous process for long products
Durchdrücken
Strangpressen 68
extrusion as discrete process for short products
Durchdrücken Fließpressen . 69
extrusion blow moulding
Extrusionsblasformen 188

F

feed section
Einzugszone 136, 185
feeding board
Anlageplatte 34
feeding devices
Vorschubapparate 113
feeding limit
Vorschubbegrenzung 34
feeding of workpieces
Einlegen 205
fibre composite
Faserverbundwerkstoffe . . . 311
filling rate
Füllgeschwindigkeit 133
filtering and cleaning systems
Filter- und Spülanlagen 295
fine blanking
Feinschneiden 9
fine blanking tool
Feinschneidwerkzeug 22
fixed drill bushes
Bohrbuchsen, feste 227
fixture bodies
Vorrichtungskörper 219
fixture seats
Aufnahme der Vorrichtung . 220
flash cutter
Butzentrenner 190
flashing
Schwimmhäute 138
flashless forging
Formpressen ohne Grat 64
flatbed milling jigs
Fräsvorrichtungen, plattenförmig 230
flattener
Streckrahmen 193
flow marks
Fließmarkierungen 133
flow rating
Fließverhalten 133, 139
fluidity run
Füllreihe 134
followers of a mould
Backen 153
force plate
Stempelplatte 30
force-related presses
Pressen, kraftgebundene . . 104
forces at centre of gravity
Kräfte am Schwerpunkt 47
formation of flashes
Gratbildung 8, 138
forming dies using active means
Umformwerkzeug mit Wirkmedien 88
forming techniques
Umformverfahren 62
forming technology
Umformtechnik 62
forming under combination of tensile and compressive conditions
Zug-Druckumformung 71
forming under tensile conditions
Zugumformen 81
forming with active means
Umformen mit Wirkmedien 88
free-cutting steels
Automatenstähle 302
freeze clamping technology
Gefrierspanntechnik 232
frontal laminar flow
Fließfront 133
frontal laminar flow
Quellfluss 133
fused layer modeling FLM
Fused Layer Modeling FLM 184

G

gas injection technique GIT
Gasinnendruck-Verfahren . . 178
gate freeze time
Siegelpunkt 143
gate systems
Angießsysteme 167
Angusssysteme 143, 167
gauge blocks
Endmaße 251
gauges
Lehren 265
– constructions
– Bauformen 265
– handling
– Handhabung- 265
– pros and cons
– Vorteil und Nachteile 265
– tolerances
– Toleranzen 265
glass fibre reinforced plastic
Glasfaserverstärkte Kunststoffe 311
go gauge
Gutlehre 265
graphic programming
Grafische Programmierung 278
grinding
Schleifen 286
guards
Schutzgitter 59
guide posts
Führungssäulen 31, 165
guide shoulders
Zwischenlage 26

H

hard chromium plating
Hartverchromen 307
harden, quenching and tempering
Vergüten 323
hardening
Härten 315
hardness penetration depth
Einhärtungstiefe 318
heat treatment (of)
Wärmebehandlung (der)
– case hardening steels
Einsatzstähle 324
– cold-work steels
Kaltarbeitsstähle 322
– hot-work steels
Warmarbeitsstähle 322
– quenched and tempered steels
Vergütungsstähle 323
– structural steels
Baustähle 323
– tool steels
Werkzeugstähle 321
heat treatment process
Wärmebehandlungs-verfahren 313
heating cartridge
Heizpatrone 168
heating elements
Heizelemente 149
heating of dies
Beheizen von Werkzeugen 130, 149
heating torpedo
Heiztorpedo 168
high-speed cutting
HSC-Fräsen, Hoch-geschwindigkeitsfräsen 283
high-speed in electrode production
HSC in der Elektroden-herstellung 285
hinged permanent mould
Scharnierkokille 119
hobbing
Einsenken, Kalteinsenken ... 66
holding pressure
Nachdruck 134, 141
hot forming
Warmumformen, Formenbau 191
hot runner mould
Heißkanalwerkzeug 149
hot-chamber diecasting
Warmkammerverfahren ... 120
hot-die hobbing
Warmeinsenken 66
hot-work steels
Warmarbeitsstähle 306
hydraulic fixtures
Hydraulische Spannung ... 214
hydraulic press
Hydraulische Presse .. 105, 108
hydroforming
Hydroforming 89

I

impounded pressure
Staudruck 136
in-line sprues
Reihenanguss 147
incline
Neigung 140
incremental probes
Inkrementale Messtaster ... 255
indent-forming
Eindrücken 66
inductive probes
Induktive Messtaster 256
injection blow moulding
Spritzblasformen 189
injection moulding
Spritzgießen 131
–, multi-component processing
–, Mehrkomponenten-verfahren 178
–, special processes
–, Sonderverfahren 175
injection moulding dies
Spritzgieß-werkzeuge .. 142, 148, 332, 334
–, special constructions
–, Sonderbauarten 175
injection moulding machine
Spritzgießmaschine 135
injection pressure
Einspritzdruck 134
injection rate
Einspritzgeschwindigkeit .. 133
injection unit
Spritzeinheit 136
injection-moulded parts
Spritzgießteile 139
Insulated runner mould
Isolierkanalwerkzeug 148
internal high pressure forming
Innenhochdruck-umformen 89
ironing
Abstreckziehen 80

J

jig footings
Füße an Vorrichtungen 220
jigs and fixtures
Vorrichtungen 200
jigs and fixtures construction kits
Vorrichtungs-baukasten 243, 344
jigs and fixtures locks
Vorrichtungsverschlüsse ... 217
jigs and fixtures manufacture
Vorrichtungsbau 200
joint line
Bindenaht 145
jointing jig
Fügevorrichtung 236

L

laminated layer manufactoring
Laminated Layer Manufactoring 183
lancing
Einschneiden 8
Stechen 58
laser cutting
Laserschneiden 102
laser flame cutting
Laser-Brennschneiden 102
laser fusion cutting
Laser-Schmelzschneiden .. 102
laser texturisation
Laser-Texturierung 176
layout of the strip
Streifenlayout 55
learning fields 5 to 14
Lernfelder 5 bis 14 ...... 346 ff
lettering punches
Schriftstempel 165
load displacement curve
Kraft-Weg-Diagramm 112
load to dies
Gesenkbeanspruchung 65
locating pin
Anlagestift 34
locating pins
Aufnahmestifte 204
locating plates
Aufnahmebleche 204, 205
locating rings
Ringaufnahmen 204
location pins
Aufnahmebolzen 203
locking elements
Feststellelemente 218
locking-pawl mechanism
Klinkensystem 160
locks
Feststeller 218

M

machining processes
Bearbeitungsverfahren 271
machining processes with CAM
Bearbeitungsverfahren mit CAM 281

magnet clamping technology
Magnetspanntechnik 232
magnetic clamping forces
Spannkräfte, magnetische . 211
maintenance in toolmaking
Instandhaltung im
Werkzeugbau 115
maintenance of
Instandhaltung von
– gauges
Lehren 267
– measuring instruments
Messgeräten 268
– moulds
Formen 196, 197
maintenance strategies
Instandhaltungsstrategien . 115
mandrel
Dorn 187
manual lamination process
Handlaminierverfahren 312
manufacturing tolerances
of gauges
Lehrentoleranzen 264
massive bar mould
Vollstabwerkzeug 186
master gauges
Prüflehren 267
material stress in deep drawing
Tiefziehen, Werkstoff-
beanspruchung 73
material utilisation rate
Materialausnutzungsgrad . . . 52
material utilization
Werkstoffausnutzung 50
materials for deep-drawing
Werkstoffe zum Tiefziehen . . 73
materials for making jigs and
fixtures, moulds and dies
Werkstoffe im Vorrichtungs-
und Werkzeugbau 301
materials of cutting dies
Werkstoffe für Schneid-
werkzeuge 40
materials of diecasting moulds
Werkstoffe für Druckgieß-
werkzeuge 127
measurement of pressing force
Presskraftüberwachung 47
measuring device
Messgeräte . . . . 250 ff
Messvorrichtung 342
measuring instruments
Prüfmittel 250
measuring microscope
Messmikroskop 2543
measuring range
Messbereich 252
measuring record systems
Messaufnahmesysteme . . . 264
measuring systems
Messverfahren 252
metal removal in electrical
discharge machining
Abtragvorgang beim
Erodieren 288
metrological standards
Maßverkörperung 249, 251
micrometers
Messschrauben 253
milling
Fräsen . . . . 272 ff
milling jigs
Fräsvorrichtungen . . 229 ff, 338
modular construction system
for jigs and fixtures
Baukasten-
vorrichtung 237, 244, 344
modular fixture systems
Modulare
Vorrichtungssysteme . . . . 244 ff
molecular orientation
Molekülorientierung 132
mould cavity pressure
Werkzeuginnendruck 134
mould cooling
Werkzeugkühlung 150
mould filling ratio
Formfüllungsgrad 134
mould forming
Eingießen 127
mould temperature
Werkzeugtemperatur 135
mould temperature control
Werkzeugtemperierung 150, 173
mould venting
Werkzeug-
entlüftung 138, 156, 191
mould-related dimensions
Maße, werkzeuggebundene 139
moulding cycle
Zyklus, Spritzgießen 135
mounting frames
Spannrahmen 193
mounting plate
Spannplatte 27
multi-daylight moulds
Etagenwerkzeuge 148
multiple clamping system
Mehrfachspannsysteme . . . 239
multiple-action presses
Pressen, mehrfach wirkende 109
multiple-dimension measuring
instruments
Mehrstellenmessgeräte 257
multiple-work milling jigs
Fräsvorrichtungen,
Mehrstück- 231
multiple-work milling jig
Mehrstückfräsvorrichtung . . 231

N

needle shut-off nozzle
Nadelverschlussdüse 170
negative mould
Negativwerkzeug 192
nibbling
Knabberschneiden 9
nibbling cutter
Knabberschneidwerkzeug . . . 18
nitriding
Nitrieren 325
nitriding steels
Nitrierstähle 304
no-go gauge
Ausschusslehre 265
non-ferrous metal alloys
Nichteisenmetall-
legierungen 3095
non-ferrous metals
Nichteisenmetalle 315
normalizing anneal
Normalglühen 314
not mould-related dimensions
Maße, nicht werkzeug-
gebundene 139
notching
Ausklinken 8
notching die
Ausklinkwerkzeug 18
notching punch
Seitenschneider 35
nozzles
Düsen 137, 187

O

oiler
Öler 113
overpacking
Überspritzung 138
overshoot stop
Aufschlagstück 29

P

pallet changer unit
Palettenwechsel-
einrichtung 238
palletising process
Palettierung 238
parallelism control, presses
Parallelregelung, Pressen . . . 47
part removal from the mould
Entformen 125, 152
parting
Formteilung 123
parting
Trennschneiden 9
parting agents
Trennmittel 197

parting line of a die
Gesenkteilung 64
parting plane
Trennebene 124, 148
permanent mould
Kokillen 118
photochemical etching technique
Fotochemisches Ätzverfahren 176
pilot
Suchstift 34
plain tool steels
Werkzeugstähle, unlegierte 305
planishing
Prägerichten 67
plastic core
Seele, plastisch 133
pliers feed motion
Zangenvorschub 113
plug gauge
Lehrdorn 267
plug gauge "Go and Not Go"
Grenzlehrdorn 267
plunging
Kragenziehen 58
pneumatic clamping forces
Spannkräfte, pneumatische 210
pneumatic fixtures
Pneumatische Spannung . . 210
pneumatic measuring devices
Pneumatische Messgeräte . 258
polyurethane board material
Polyurethan-Blockmaterial . 311
poppet heads
Docken 29
position calculation
Lageberechnung 47
positioning of workpiece
Lagebestimmung des Werkstücks 202
positive mould
Füllraumform 129
positive mould
Positivwerkzeug 193
powder injection moulding
Pulver-Spritzgießen 180
power train at presses
Kraftverlauf an Pressen 112
power-press extrusion
Fließpressen 69
precision dial gauge
Feinzeiger 253
press classification
Presseneinteilung 104
press fit bushes
Bohrbuchsen 226
press types
Pressenarten 105
presses
Pressen 104
presses, safety device
Pressen, Sicherheitseinrichtungen 114
presses, tool mounting
Pressen, Werkzeugeinbau . 114
pressure curve
Druckverlauf, Spritzgießen . 134
pressure pad
Führungsplatte 27
pressure plate
Druckplatte 30
primary processing
Urformen 118
principle of the lever
Hebelgesetz 47
prisms
Prismen 204
probes
Messtaster 256
processing center
Bearbeitungszentrum 275
profile grinding
Profilschleifen 286
profile projectors
Profilprojektor 255
progressive compound tool
Folgeverbundwerkzeuge 92, 326, 328
progressive cutting tool
Folgeschneidwerkzeuge 13
prototypes
Prototypen 181
punch
Lochstempel 29
punch bushings
Stempelführungsbuchse 27
punch dimensions
Stempelmaße 43
punch holder shanks
Einspannzapfen 30
punches
Schneidstempel 28
punching
Lochen 8
punching die
Lochwerkzeug 12
PVD technique
PVD-Verfahren 307

Q

quenched and tempered steels
Vergütungsstähle 303
quenching
Abschrecken 317

R

Rapid Prototyping
Rapid Prototyping 181
rapidly advancing flow
Freistrahlbildung 133
reciprocating screw extruders
Schneckenkolbenextruder 136
recrystallization annealing
Rekristallisationsglühen . . . 314
reference surfaces
Bestimmflächen 212
removal operations
Abtragen 288
repair of gauges
Instandsetzen von Lehren . .267
reverse drawing
Stülpziehen 79
revolving drill bushes
Bohrbuchsen, mitlaufende . 228
rim width
Randbreite 51
ring channel
Ringkanal 147
ring gauge
Lehrring 266
roll feed
Walzenvorschub 113
roll-bending die
Rollbiegewerkzeug 85
runner manifold
Verteilerstern 147
runner
Verteilerkanal 147

S

sample collection
Beispielsammlung 326
scale indication
Skalenanzeige 252
scrap cutter
Abfalltrenner 19
scrap shears
Abfallscheren 113
scrap skeleton
Abfallgitter 51
screw core
Schraubkern 163
screw extruders
Schneckenextruder 185
screw plugs
Verschlussstopfen 174
screw presses
Spindelpressen 107
seating slots
Aufnahmenuten 220
secondary punch
Streckhelfer 192
selection of presses
Pressenauswahl 112
selective laser sintering SLS
SLS-Verfahren 183
selective laser sintering SLS
Selektives Lasersintern 183

sequence of stages in deep drawing
Stufenfolge beim Tiefziehen 74, 75, 76
setting gauge, jigs
Einstell-Lehre, Vorrichtungen 229
setting gauges
Lehren, Einstell- 269
settings during eroding
Einstellgrößen beim Erodieren 289
shape of gates
Anschnittform .... 147 ff
shaving
Nachschneiden 9
shaving die
Nachschneidwerkzeug 21
shear cutting
Scherschneiden 7, 8
shear heating
Scherwärme 185
sheet metal forming centres
Pressenzentrum 111
sheet metal forming line
Pressenlinie 111
sheet metal forming line
Pressenstraße 111
sheet metal
Bleche 302
shrinkage
Schwindung 123, 141
shrinkage of diecastings
Druckgießteile, Schwindung 123
sine bar
Sinuslineal 260
single permanent mould
Einfachkokille 119
single-work milling jigs
Fräsvorrichtungen, Einstück- 230
sintered materials
Sinterwerkstoffe 306
sintering press tools
Sinterpresswerkzeuge 195
sizing blow pin
Kalibrierblasdorn 190
sizing blow tube
Kalibrierrohr 187
sliding permanent mould
Schiebekokille 119
slip-type drill bushes
Bohrbuchsen, Steck- 228
slip-type jig bushes
Steckbohrbuchsen 228
slot stones
Nutensteine 220
snap gauges
Rachenlehre 267
socket pins
Steckbolzen 203
solid ground curing SGC
Solider-Verfahren 182
spark erosion processes
Funkenerosionsverfahren .. 288
spark gap in electrical discharge machining
Arbeitsspalt beim Erodieren 289
spark-erosive countersinking
Funkenerosives Senken ... 290
spark-erosive cutting
Funkenerosives Schneiden . 296
special jigs and fixtures
Sondervorrichtungen 247
special-purpose presses
Sonderpressen 108
special steels
Sonderstähle 304
spherical washer
Kugelscheibe 213
spheroidizie annealing
Weichglühen 314
spillway
Überlauf 125
spiral eccentrics
Spiralexzenter 209
split mould
Backenwerkzeug 161
spring-loaded latche
Schnappverschluss 217
springback
Rückfederung 10, 82
springs
Federelemente 33
sprue bush
Angießbuchse 167, 169
sprue holding bush
Angusshaltebuchse 167
sprue nozzles
Angießdüsen 170
sprue puller pin
Angussauswerferstift 152
sprue types
Angussformen 124, 143
squeeze angles
Quetschwinkel 190
squeeze edge
Quetschkante 189
squeeze section
Quetschzone 190
standard drill bushes
Bohrbuchsen, genormte ... 227
standard elements, die making
Normalien, Formenbau 157
standard sheets list
Normblattverzeichnis 366
steep-pitch screws
Steilgewindespindel 163
stereolithography
Stereolithographie 182
stereolithography SL
SL-Verfahren 182
stops
Anschläge 34
straighteners
Richtapparate 113
stress relief anneal
Spannungsarmglühen 313
stretch forming
Streckformen 192
strip steels
Bänder 302
stripper
Abstreifer 37
structural steels
Baustähle 301
supporting elements
Stützelemente 206
supporting pins
Stützbolzen 206
supports
Auflagen 202
swaging dies
Einziehen, Werkzeuge 81
swelling value
Quellmaß 43
swinging-slide presses
Schwingpresse 108
swivel eyebolts
Schwenkschrauben 217

T

tab
Vorkammer 144
taper gauges
Lehren, Kegel- 269
tear-off burr
Abreißgrat 44
temperature control
Temperieren 150
tempering
Anlassen, Tempern ... 132, 318
thermal ageing
Wärmealterung 321
three-platen mould
Dreiplattenwerkzeug 148
time-temperature-transformation diagram
Zeit-Temperatur-Umwandlungs-Schaubild 317, 318
tin alloys
Zinnlegierungen 310
tinned sheet iron
Weißbleche 302
toggle fixture
Kniehebelspannung 210
toggle-lever presses
Kniehebelpressen 105, 107
tool identity card
Werkzeugbegleitkarte 117
tool steels
Werkzeugstähle 305

top plate
Kopfplatte 30
transfer moulding
Spritzpressen 129
transfer presses
Stufenpresse 110
transfer systems at presses
Transfereinrichtungen an Presse 110
transverse grooves
Querrillen 133
trigger stops
Voranschlag 35
trimming
Abgratschneiden, Beschneiden 8
trimming die
Abgratschneidwerkzeug 20
trimming dies
Beschneidewerkzeuge 19
TTT time-temperature-transformation diagram
ZTU-Schaubild 318
tube-extruding mould
Rohrwerkzeug 187
tubular heating elements
Rohrheizkörper 168
tunnel gates
Tunnelanguss 146, 159
turning jigs
Drehvorrichtungen 233
turning jig
Vorrichtung, Dreh- 233
turnover blanking
Wendeschneiden 55
two-hand trip gear
Zweihandeinrückung 114
two-plate mould
Zweiplattenwerkzeug 158
types of press slides
Pressen, Stösselarten 109

U

ultrasonic sound
Ultraschall 177
undercuts
Hinterschneidungen 153
unloading workpieces
Entnehmen 205
utilisation rate
Ausnutzungsgrad 52

V

V-shaped projection
Ringzacke 23
vacuum casting processes
Vakuumgießverfahren 184
vacuum moulding process
Vakuumformen 192
vice-like milling jigs
Fräsvorrichtungen, schraubstockförmig 230

W

water jet cutting
Wasserstrahlschneiden 102
wear margin
Abnutzungsvorrat 116
web width
Stegbreite 51
wedge-action cutting
Keilschneiden, Messerschneiden 7, 57
wedge-shaped cutting edge
Messerschneidwerkzeug 58
wedge-type fixture
Keilspannung 208
welding device
Schweißvorrichtung 236
wire and bar drawing
Gleitziehen 71
wire electrode
Drahtelektrode . . . . 296 ff
wire eroding technology
Drahterodiertechnik 297
wire spark eroding
Drahterodieren . . . . 295 ff
wobble press
Taumelpresse 108
work-related presses
Pressen, energiegebundene 104
workpiece carrier
Werkstückträger 238
workpiece clamps for 5 axes machining
Werkstückspanner für 5-Achs-Bearbeitung 242
workpiece clamps for complexly formed workpiece
Werkstückspanner für komplex geformte Werkstücke 243
workpiece feed in progressive cutting dies
Vorschub beim Folgeschneidwerkzeug 13

Z

Zero point clamping systems
Nullpunktspannsysteme 240, 295
zinc alloys
Zinklegierungen 310